완자 기출 PICK

공통수학1

1189제

PICK 1 실전 개념

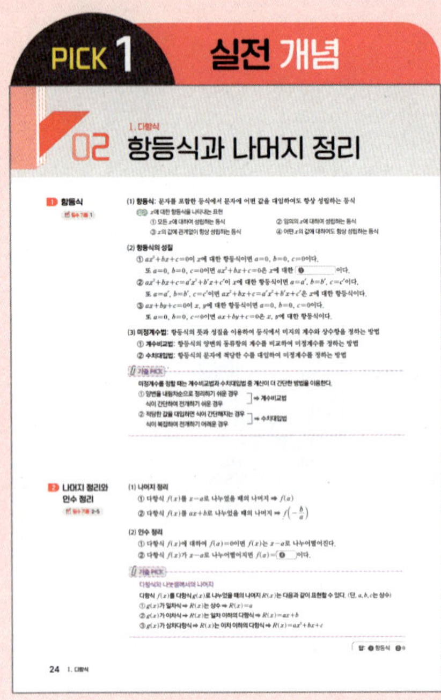

- 기출 문제 분석을 통해 정리한 실전 개념을 학습에 용이하도록 구성
- 중요한 개념을 확인할 수 있도록 □ 채우기 구성
- 빈출 유형에서 사용되는 주요 비법은 **기출 PICK**에 수록

PICK 2 난이도별 필수 기출

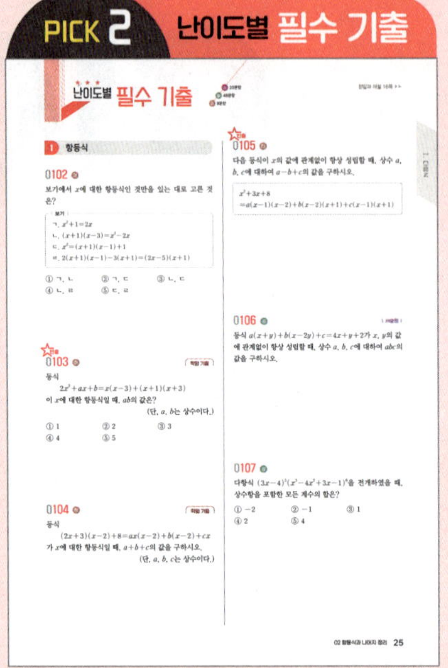

- 각종 시험의 기출 문제를 주제별, 난이도별로 구성
- 학평 기출 , 평가원 기출 , 수능 기출 내신에 출제 가능성이 높은 모의고사 기출 문제 수록
- | 서술형 | 내신에서 서술형 유형으로 자주 출제되는 문제 수록
- 신유형 최근 출제 경향의 새로운 문제 수록

PICK 3 최고수준 도전 기출

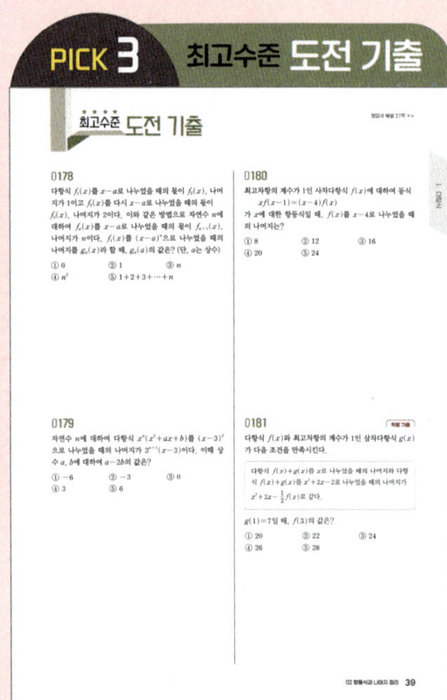

- 내신에서 변별력을 주기 위해 출제되는 1등급 달성을 위한 최고난도 문제 수록

세상이 변해도
배움의 즐거움은
변함없도록

시대는 빠르게 변해도
배움의 즐거움은
변함없어야 하기에

어제의 비상은
남다른 교재부터
결이 다른 콘텐츠
전에 없던 교육 플랫폼까지

변함없는 혁신으로
교육 문화 환경의 새로운 전형을
실현해왔습니다.

비상은 오늘, 다시 한번
새로운 교육 문화 환경을 실현하기 위한
또 하나의 혁신을 시작합니다.

오늘의 내가 어제의 나를 초월하고
오늘의 교육이 어제의 교육을 초월하여
배움의 즐거움을 지속하는 혁신,

바로, 메타인지 기반 완전 학습을.

상상을 실현하는 교육 문화 기업 비상

메타인지 기반 완전 학습

초월을 뜻하는 meta와 생각을 뜻하는 인지가 결합한 메타인지는
자신이 알고 모르는 것을 스스로 구분하고 학습계획을 세우도록 하는
궁극의 학습 능력입니다. 비상의 메타인지 기반 완전 학습 시스템은
잠들어 있는 메타인지를 깨워 공부를 100% 내 것으로 만들도록 합니다.

차례 contents

완자 기출 PICK 공통수학2 구성

01 다항식의 연산

1 다항식의 덧셈과 뺄셈
☑ 필수 기출 1

(1) 다항식의 정리
① [**❶**]: 한 문자에 대하여 차수가 높은 항부터 낮은 항의 순서로 나타내는 것
② [**❷**]: 한 문자에 대하여 차수가 낮은 항부터 높은 항의 순서로 나타내는 것

(2) 다항식의 덧셈과 뺄셈
다항식의 덧셈과 뺄셈은 괄호가 있는 경우 괄호를 푼 다음 동류항끼리 모아서 계산한다.

(3) 다항식의 덧셈에 대한 성질
세 다항식 A, B, C에 대하여
① 교환법칙: $A+B=B+A$
② 결합법칙: $(A+B)+C=A+(B+C)$

2 다항식의 곱셈
☑ 필수 기출 2

(1) 다항식의 곱셈
다항식의 곱셈은 단항식의 곱과 분배법칙을 이용하여 식을 전개한 다음 동류항끼리 모아서 계산한다.

(2) 다항식의 곱셈에 대한 성질
세 다항식 A, B, C에 대하여
① 교환법칙: $AB=BA$
② 결합법칙: $(AB)C=A(BC)$
③ 분배법칙: $A(B+C)=AB+AC$, $(A+B)C=AC+BC$

📎 기출 PICK

다항식의 곱셈의 전개식에서 특정한 항의 계수 구하기

분배법칙을 이용하여 특정한 항이 나오도록 각 다항식에서 하나씩 택하여 곱한다.
(1) x^3항이 나오는 경우 ➡ (x^3항)×(상수항), (x^2항)×(x항), (x항)×(x^2항), (상수항)×(x^3항)
(2) x^2항이 나오는 경우 ➡ (x^2항)×(상수항), (x항)×(x항), (상수항)×(x^2항)
(3) x항이 나오는 경우 ➡ (x항)×(상수항), (상수항)×(x항)

3 곱셈 공식
☑ 필수 기출 2, 3, 4

(1) 곱셈 공식
① $(a+b)^2=a^2+2ab+b^2$, $(a-b)^2=a^2-2ab+b^2$
② $(a+b)(a-b)=a^2-b^2$
③ $(x+a)(x+b)=x^2+(a+b)x+ab$
④ $(ax+b)(cx+d)=acx^2+(ad+bc)x+bd$
⑤ $(a+b+c)^2=a^2+b^2+c^2+2ab+2bc+2ca$
⑥ $(a+b)^3=a^3+3a^2b+3ab^2+b^3$, $(a-b)^3=a^3-3a^2b+3ab^2-b^3$
⑦ $(a+b)(a^2-ab+b^2)=a^3+b^3$, $(a-b)(a^2+ab+b^2)=a^3-b^3$
⑧ $(x+a)(x+b)(x+c)=x^3+(a+b+c)x^2+(ab+bc+ca)x+abc$
⑨ $(a+b+c)(a^2+b^2+c^2-ab-bc-ca)=a^3+b^3+c^3-3abc$
⑩ $(a^2+ab+b^2)(a^2-ab+b^2)=a^4+a^2b^2+b^4$

답: ❶ 내림차순 ❷ 오름차순

(2) **곱셈 공식의 변형**

① $a^2+b^2=(a+b)^2-2ab=(a-b)^2+$ ❸

② $(a+b)^2=(a-b)^2+4ab$, $(a-b)^2=(a+b)^2-4ab$

③ $a^3+b^3=(a+b)^3-3ab(a+b)$, $a^3-b^3=(a-b)^3+3ab(a-b)$

④ $a^2+b^2+c^2=(a+b+c)^2-2(ab+bc+ca)$

⑤ $a^2+b^2+c^2-ab-bc-ca=\dfrac{1}{2}\{(a-b)^2+(b-c)^2+(c-a)^2\}$

   $a^2+b^2+c^2+ab+bc+ca=\dfrac{1}{2}\{(a+b)^2+(b+c)^2+(c+a)^2\}$

⑥ $a^3+b^3+c^3=(a+b+c)(a^2+b^2+c^2-ab-bc-ca)+3abc$

⑦ $x^2+\dfrac{1}{x^2}=\left(x+\dfrac{1}{x}\right)^2-2=\left(x-\dfrac{1}{x}\right)^2+$ ❹

⑧ $x^3+\dfrac{1}{x^3}=\left(x+\dfrac{1}{x}\right)^3-3\left(x+\dfrac{1}{x}\right)$, $x^3-\dfrac{1}{x^3}=\left(x-\dfrac{1}{x}\right)^3+3\left(x-\dfrac{1}{x}\right)$

기출 PICK

$a^2+b^2+c^2-ab-bc-ca$의 변형과 응용

$a^2+b^2+c^2-ab-bc-ca=\dfrac{1}{2}\{(a-b)^2+(b-c)^2+(c-a)^2\}$이므로 실수 a, b, c에 대하여

$a^2+b^2+c^2-ab-bc-ca=0$이면 $\dfrac{1}{2}\{(a-b)^2+(b-c)^2+(c-a)^2\}=0$이므로 $a=b=c$이다.

또한 곱셈 공식 $(a+b+c)(a^2+b^2+c^2-ab-bc-ca)=a^3+b^3+c^3-3abc$를 이용하면

$a^3+b^3+c^3=3abc$일 때, $(a+b+c)(a^2+b^2+c^2-ab-bc-ca)=0$이므로 $a+b+c=0$ 또는 $a=b=c$

❹ 다항식의 나눗셈

✓ 필수 기출 5

(1) **다항식의 나눗셈**

각 다항식을 내림차순으로 정리한 후 자연수의 나눗셈과 같은 방법으로 계산한다.

(2) **다항식의 나눗셈에 대한 등식**

다항식 A를 다항식 $B\,(B\neq0)$로 나누었을 때의 몫을 Q, 나머지를 R라 하면

   $A=BQ+R$ (단, R는 상수 또는 $(R$의 차수$)<(B$의 차수$))$

특히 $R=0$이면 A는 B로 나누어떨어진다고 한다.

(3) **조립제법**

다항식을 일차식으로 나눌 때, 계수와 상수항을 이용하여 몫과 나머지를 구하는 방법

참고 특정한 차수의 항이 없을 때는 그 항의 계수를 0으로 쓴다.

기출 PICK

다항식 $f(x)$를 $x+\dfrac{b}{a}$와 $ax+b\,(a\neq0)$로 나누었을 때의 몫과 나머지 사이의 관계

다항식 $f(x)$를 $x+\dfrac{b}{a}$로 나누었을 때의 몫을 $Q(x)$, 나머지를 R라 하면

$$f(x)=\left(x+\dfrac{b}{a}\right)Q(x)+R=(ax+b)\times\dfrac{1}{a}Q(x)+R$$

따라서 다항식 $f(x)$를 $ax+b$로 나누었을 때의 몫은 $\dfrac{1}{a}Q(x)$, 나머지는 R이다.

➡ $f(x)$를 $ax+b$로 나누었을 때의 몫은 $x+\dfrac{b}{a}$로 나누었을 때의 몫의 $\dfrac{1}{a}$ 배이고, 나머지는 같다.

답: ❸ $2ab$ ❹ 2

1 다항식의 덧셈과 뺄셈

빈출
0001 하

세 다항식 $A=3x^2-2x+1$, $B=x^2+x-1$, $C=-3x+5$ 에 대하여 $2A-\{C+3(B-A)\}$를 계산한 식에서 x의 계수는?

① -10 ② -6 ③ 3

④ 6 ⑤ 12

빈출
0002 하

두 다항식 $A=x^2-2xy+y^2$, $B=3x^2-5y^2$에 대하여 $A+2X=B$를 만족시키는 다항식 X는?

① $x^2-xy-3y^2$ ② $x^2-xy+3y^2$

③ $x^2+xy-3y^2$ ④ $x^2+xy+3y^2$

⑤ $x^2+2xy-6y^2$

0003 중

두 다항식 P, Q에 대하여
$$\langle P,\ Q\rangle=3P-Q+2$$
라 할 때, $\langle x+2y-1,\ 3x-4y+1\rangle$을 계산하면?

① $-3x-2$ ② $-2x+y-2$

③ $2x-y-2$ ④ $3x+10y-2$

⑤ $10y-2$

0004 중

세 다항식 A, B, C에 대하여
$$A+B=2x^3-x^2+4x+6,$$
$$B+C=x^3-2x,$$
$$C+A=3x^3-x^2$$
일 때, $f(x)=A+B+C$에 대하여 $f(1)$의 값을 구하시오.

빈출
0005 중
| 서술형 |

두 다항식 A, B에 대하여
$$A+B=-x^2-x+4,\quad 2A-B=4x^2+4x-7$$
일 때, $A+2B$를 계산하시오.

빈출
0006 중

두 다항식 A, B에 대하여 $3A-B=x^2-9xy+7y^2$, $A-B=-x^2+5xy-y^2$일 때, $X-A=B$를 만족시키는 다항식 X는?

① $-3x^2+xy-9y^2$ ② $-3x^2+10xy-9y^2$

③ $3x^2+10xy+9y^2$ ④ $3x^2-19xy+9y^2$

⑤ $5x^2-8xy+9y^2$

0007 중 신유형

다항식 $2x^3-x^2+3$에서 어떤 식을 빼야 할 것을 잘못하여 더했더니 x^3-2x^2+x+5가 되었다고 할 때, 바르게 계산한 식은?

① $-x^3+x^2+2x-1$ ② $-x^3-x^2+x+2$
③ $3x^3+2x^2+2x+1$ ④ $3x^3-x+1$
⑤ $3x^3-2x^2-x+1$

0008 중 학평 기출

그림과 같이 8개의 다항식을 사각형 모양으로 배열하고 각 변에 배열된 3개의 다항식의 합을 각각 A, B, C, D라 하자. 다항식 A, B, C, D가 x의 값에 관계없이 모두 같을 때, 두 다항식의 합 $P(x)+Q(x)$는?

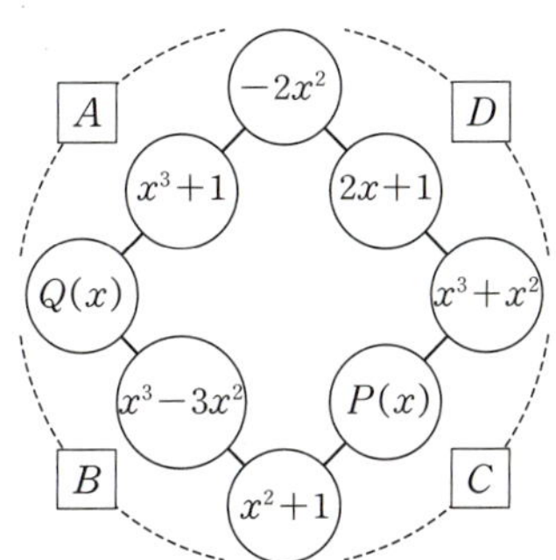

① $-3x^2+2x$ ② $-2x^2+4x$
③ $-x^2+4x+1$ ④ $2x^2+4x$
⑤ $3x^2+2x$

0009 상

각 칸에 다항식이 놓인 다음 표에서 가로, 세로, 대각선에 놓인 세 다항식의 합이 모두 $15x^2+6$이다. A에 알맞은 다항식이 $f(x)$일 때, $f(-1)$의 값을 구하시오.

$2x^2-3x+5$		$6x^2-x+3$
	$3x^2-4x+6$	A

2 다항식의 곱셈과 곱셈 공식

0010 하

다항식 $(2x^2-3x+1)(-x+3)$의 전개식에서 x^2의 계수는?

① -3 ② 3 ③ 6
④ 9 ⑤ 12

0011 하 학평 기출

다항식 $(4x-y-3z)^2$의 전개식에서 yz의 계수를 구하시오.

★ 빈출
0012 하

다음 중 옳지 <u>않은</u> 것은?

① $(x+1)(x^2-x+1)=x^3+1$
② $(2x-3)^3=8x^3-36x^2+54x-27$
③ $(a+b-c)(a-b+c)=a^2-b^2-c^2+2bc$
④ $(x-y-z)^2=x^2+y^2+z^2-2xy-2yz-2zx$
⑤ $(x-1)(x+3)(x-5)=x^3-3x^2-13x+15$

0013 중

보기에서 옳은 것만을 있는 대로 고른 것은?

> **보기**
>
> ㄱ. $(x-3y+2z)^2=x^2+9y^2+4z^2-6xy-12yz+4zx$
> ㄴ. $(3x-1)(9x^2+3x+1)=27x^3+1$
> ㄷ. $(a+b-1)(a^2+b^2-ab+a+b+1)$
> $=a^3+b^3+3ab-1$
> ㄹ. $(4x^2+2xy+y^2)(4x^2-2xy+y^2)$
> $=16x^4+4x^2y^2+y^4$

① ㄱ, ㄴ   ② ㄱ, ㄷ   ③ ㄴ, ㄹ
④ ㄷ, ㄹ   ⑤ ㄱ, ㄷ, ㄹ

0014 중

세 다항식 $A=3x^2-2xy+y^2$, $B=x^2+xy-2y^2$,
$C=3x^2+2xy-y^2$에 대하여 $AB-BC$를 계산하면?

① $-4x^3y-2x^2y^2-10xy^3-3y^4$
② $-4x^3y-2x^2y^2+10xy^3-4y^4$
③ $-4x^3y-x^2y^2+10xy^3+3y^4$
④ $4x^3y-2x^2y^2+6xy^3-4y^4$
⑤ $4x^3y+2x^2y^2-6xy^3-4y^4$

★ 빈출
0015 중

다항식 $(a-b)(a^2+ab+b^2)(a^3+b^3)(a^6+b^6)$을 전개하
면?

① a^6-b^6 ② $a^{12}-b^{12}$ ③ $a^{18}-b^{18}$
④ $a^{12}+b^{12}$ ⑤ $a^{18}+b^{18}$

0016 중

다항식 $(2x^2+3x-1)(x^2-ax-2a)$의 전개식에서 x의
계수가 15일 때, 상수 a의 값은?

① -3 ② -1 ③ 1
④ 3 ⑤ 5

0017 중   학평 기출

다항식 $(x+a)^3+x(x-4)$의 전개식에서 x^2의 계수가 10일
때, 상수 a의 값을 구하시오.

0018 중 | 서술형 |

다음 그림과 같은 사각기둥의 겉넓이를 전개하여 x에 대
한 식으로 나타내시오.

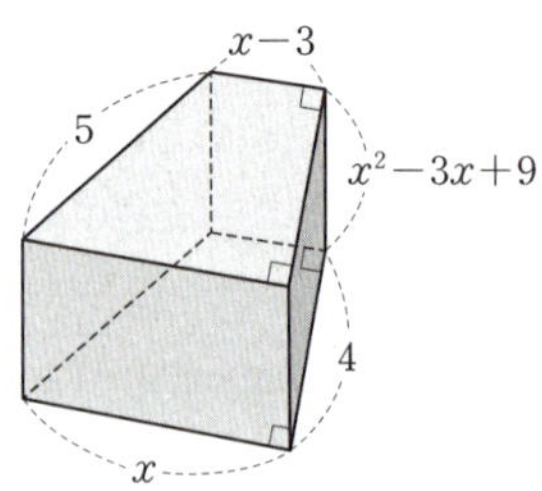

0019 중

$x^6=69$일 때, $(x-2)(x+2)(x^2+2x+4)(x^2-2x+4)$ 의 값은?

① 1   ② 2   ③ 3
④ 4   ⑤ 5

0020 중

다항식 $(3x^2+2xy+y^2)(x^2-2xy+2y^2)$의 전개식에서 x^2y^2의 계수를 a, 다항식 $(2x^4-5x^3+2x^2+x-3)^2$의 전개식에서 x^4의 계수를 b라 할 때, $\dfrac{b}{a}$의 값은?

① -7 ② -6 ③ -5
④ -4 ⑤ -3

0021 ★빈출 중

| 서술형 |

다항식 $(2x^3-x^2+x-a)^2$의 전개식에서 x^2의 계수와 x^4의 계수가 같을 때, 상수 a의 값을 구하시오.

0022 ★빈출 중

다항식 $(x-1)(x-2)(x+4)(x+5)$를 전개하면?

① $x^4+6x^3-5x^2+42x+40$
② $x^4+6x^3-5x^2-42x+40$
③ $x^4+6x^3+5x^2-42x+40$
④ $x^4-6x^3-5x^2+42x+40$
⑤ $x^4-6x^3+5x^2-42x+40$

0023 중

두 다항식 A, B에 대하여
$$\langle A, B \rangle = A^2 - AB + B^2$$
이라 할 때, $\langle x^2+x+1, x^2-x \rangle$를 계산하면?

① $-x^4-4x^2+3x-1$
② $-x^4+4x^2-3x+1$
③ x^4-4x^2+3x-1
④ x^4+4x^2-3x+1
⑤ x^4+4x^2+3x+1

0024 중

다항식 $(x^3-2x^2-2x+1)(x^3-2x^2+2x+1)$을 전개하면?

① $x^6+4x^5+4x^4+2x^3+4x^2+1$
② $x^6+4x^5+4x^4+2x^3-4x^2+1$
③ $x^6-4x^5+4x^4+2x^3-8x^2+1$
④ $x^6-4x^5+4x^4+2x^3-8x^2-1$
⑤ $x^6-4x^5-4x^4-2x^3+8x^2-1$

0025 중

다항식 $(x+1)(x-2)(x+3)(x-4)(x+5)$의 전개식에서 x^4의 계수는?

① -9 ② -6 ③ 3

④ 9 ⑤ 15

0026 중

| 서술형 |

다항식 $(1+x+2x^2+3x^3+\cdots+10x^{10})^2$의 전개식에서 x^4의 계수를 a, x^5의 계수를 b라 할 때, $b-a$의 값을 구하시오.

0027 상

$a=\sqrt{2}$일 때,
$$\{(3+2a)^3+(3-2a)^3\}^2-\{(3+2a)^3-(3-2a)^3\}^2$$
의 값을 구하시오.

0028 상

$x+y+z=3$, $xy+yz+zx=-1$, $xyz=-2$일 때, $(x+y)(y+z)(z+x)$의 값은?

① -1 ② 0 ③ 1

④ 2 ⑤ 3

0029 상

다항식 $(1+x+x^2+x^3+x^4)^4$의 전개식에서 x^2의 계수는?

① 2 ② 4 ③ 6

④ 8 ⑤ 10

0030 상

0이 아닌 세 실수 x, y, z가 다음 조건을 만족시킬 때, $x+y+z$의 값은?

> (가) x, y, z 중 적어도 하나는 6이다.
>
> (나) x, y, z 각각의 역수의 합은 $\dfrac{1}{6}$이다.

① 6 ② 8 ③ 12

④ 16 ⑤ 20

3 곱셈 공식의 변형

0031 하 학평 기출

$a-b=2$, $ab=\dfrac{1}{3}$일 때, a^3-b^3의 값은?

① 8 ② 9 ③ 10
④ 11 ⑤ 12

0032 하 학평 기출

$a+b=2$, $a^3+b^3=10$일 때, ab의 값은?

① $-\dfrac{2}{3}$ ② $-\dfrac{1}{3}$ ③ 0
④ $\dfrac{1}{3}$ ⑤ $\dfrac{2}{3}$

★ 빈출
0033 하

$a+b+c=0$, $a^2+b^2+c^2=2$일 때, $ab+bc+ca$의 값은?

① -3 ② -2 ③ -1
④ 0 ⑤ 1

0034 하

$x-\dfrac{2}{x}=2$일 때, $x^3-\dfrac{8}{x^3}$의 값을 구하시오.

0035 중 학평 기출

$x+y=\sqrt{2}$, $xy=-2$일 때, $\dfrac{x^2}{y}+\dfrac{y^2}{x}$의 값은?

① $-5\sqrt{2}$ ② $-4\sqrt{2}$ ③ $-3\sqrt{2}$
④ $-2\sqrt{2}$ ⑤ $-\sqrt{2}$

0036 중

$a-2b+c=10$, $2ab+2bc-ca=20$일 때, $a^2+4b^2+c^2$의 값은?

① 60 ② 80 ③ 100
④ 120 ⑤ 140

0037 중

$x+y=4$, $xy=-3$일 때, $(x-1)^3+(y-1)^3$의 값을 구하시오.

0038 중

$x=1+\sqrt{2}$, $y=1-\sqrt{2}$일 때, $x^3+y^3-x^2y-xy^2$의 값을 구하시오.

0039 중

$x+y=-2$, $xy=-6$일 때, x^4+y^4의 값은?

① 183　　　② 184　　　③ 185
④ 186　　　⑤ 187

0040 중

$x-y=4$, $x^3-y^3=28$일 때, $|x+y|$의 값은?

① 2　　　② 4　　　③ 6
④ 8　　　⑤ 10

0041 중

$x+\dfrac{1}{x}=3$일 때, $3x^3-x^2+2x+\dfrac{2}{x}-\dfrac{1}{x^2}+\dfrac{3}{x^3}$의 값은?

① 51　　　② 53　　　③ 55
④ 57　　　⑤ 59

★빈출 0042 중

$x^2-4x+1=0$일 때, $x^3-\dfrac{1}{x^3}$의 값은? (단, $x>1$)

① $\sqrt{3}$　　　② $3\sqrt{3}$　　　③ $10\sqrt{3}$
④ $30\sqrt{3}$　　　⑤ $31\sqrt{3}$

0043 중

양수 a, b에 대하여 $a^2+ab+b^2=33$, $a^2-ab+b^2=27$일 때, a^3+b^3의 값을 구하시오.

0044 중

$x+y=1$, $x^3+y^3=10$일 때, x^5+y^5의 값은?

① 60　　　② 61　　　③ 62
④ 63　　　⑤ 64

0045 상

| 서술형 |

$a+b+c=0$, $a^2+b^2+c^2=16$, $abc=1$일 때, $\dfrac{1}{a+b}+\dfrac{1}{b+c}+\dfrac{1}{c+a}$의 값을 구하시오.

0046 상

$x+y+z=5$, $x^2+y^2+z^2=19$, $xyz=-5$일 때, $(x+y)(y+z)(z+x)$의 값은?

① -10　　　② -5　　　③ 10
④ 15　　　⑤ 20

0047 상

$a-b=2$, $b-c=3$일 때, $a^2+b^2+c^2-ab-bc-ca$의 값은?

① 19　　　② 20　　　③ 21
④ 22　　　⑤ 23

0048 상

$\left(3x+\dfrac{1}{x}\right)^2+\left(x-\dfrac{3}{x}\right)^2=140$일 때, $x+x^3+\dfrac{1}{x}+\dfrac{1}{x^3}$의 값을 구하시오. (단, $x>0$)

0049 상

세 실수 a, b, c의 합이 5이고, $2a+b=4b(2a+c)$, $a+3b+c=4bc$, $3c+a=8ca$일 때, $a^2+b^2+c^2$의 값은?

① 10　　　② 20　　　③ 30
④ 40　　　⑤ 50

0050 상

$x-y=2\sqrt{2}$, $x^2+y^2=6$일 때, x^7-y^7의 값은?

① 169   ② $169\sqrt{2}$ ③ 338

④ $338\sqrt{2}$ ⑤ 676

0051 상

$x+y+z=3$, $x^2+y^2+z^2=11$, $xyz=-2$일 때, $x^4+y^4+z^4$의 값은?

① 81   ② 95   ③ 100

④ 114   ⑤ 121

0052 상

$a+b+c=1$, $a^2+b^2+c^2=5$, $\dfrac{1}{a}+\dfrac{1}{b}+\dfrac{1}{c}=2$일 때, $\dfrac{1}{a^2}+\dfrac{1}{b^2}+\dfrac{1}{c^2}$의 값은? (단, $abc\neq0$)

① 3   ② 4   ③ 6

④ 9   ⑤ 12

0053 상

$\dfrac{1}{x}+\dfrac{1}{y}+\dfrac{1}{z}=2$, $xyz=9$, $(x+y)(y+z)(z+x)=135$ 일 때, $x^2+y^2+z^2$의 값은?

① 20   ② 24   ③ 28

④ 32   ⑤ 36

0054 상

$a+b=1$, $ab=-1$, $x+y=-3$, $xy=1$이고 $m=ax+by$, $n=bx+ay$라 할 때, m^3+n^3의 값은?

① -81 ② -63 ③ 9

④ 63   ⑤ 81

0055 상

| 서술형 |

$x^2-\dfrac{1}{x^2}=-2\sqrt{3}$일 때, $\dfrac{x^6+x^4+x^2+1}{x^3}$의 값을 구하시오. (단, $x>0$)

4 곱셈 공식의 활용

0056 중

$98(10004+200)-102(10004-200)$을 계산하면?

① -16 ② -8 ③ -4
④ 8 ⑤ 16

0057 중

등식 $2\left(1+\dfrac{1}{3}\right)\left(1+\dfrac{1}{3^2}\right)\left(1+\dfrac{1}{3^4}\right)\left(1+\dfrac{1}{3^8}\right)=a-\dfrac{1}{3^b}$ 을 만족시키는 자연수 a, b에 대하여 $b-a$의 값은?

① 10 ② 11 ③ 12
④ 13 ⑤ 14

0058 중

$(405+\sqrt{404})^3+(405-\sqrt{404})^3$을 계산한 수의 일의 자리의 숫자를 구하시오.

0059 중

학평 기출

그림과 같이 $\angle C=90°$인 직각삼각형 ABC가 있다. $\overline{AB}=2\sqrt{6}$이고 삼각형 ABC의 넓이가 3일 때, $\overline{AC}^3+\overline{BC}^3$의 값을 구하시오.

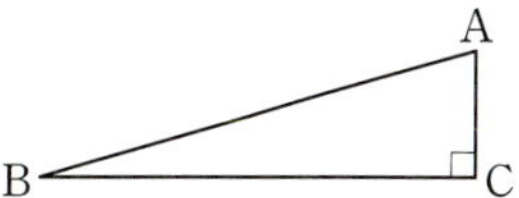

0060 중

오른쪽 그림과 같이 반지름의 길이가 8인 사분원이 있다. 호 AB 위의 점 C에서 두 선분 OA, OB에 내린 수선의 발을 각각 D, E라 하자. 직사각형 $ODCE$의 넓이가 18일 때, $\overline{AD}+\overline{DE}+\overline{EB}$의 값을 구하시오.

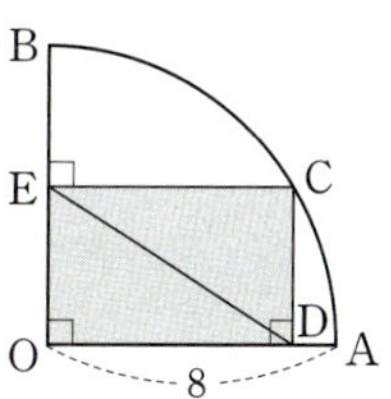

0061 중

한 면의 넓이가 각각 a^2, b^2인 두 정육면체가 있다. 두 정육면체의 모든 모서리의 길이의 합이 36이고, $a^2+b^2=5$일 때, 두 정육면체의 부피의 합은? (단, $a>0$, $b>0$)

① 4 ② 9 ③ 12
④ 24 ⑤ 36

0062 종

두 대각선 AC와 BD가 점 O에서 수직으로 만나는 사각형 ABCD가 다음 조건을 만족시킬 때, 세 삼각형 OAB, OBC, OCD의 넓이의 합을 구하시오.

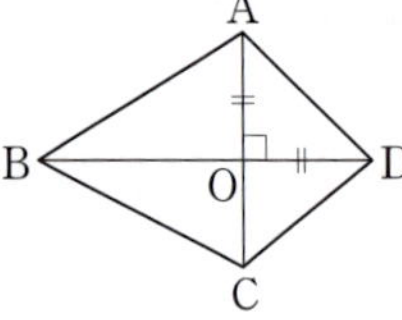

(가) $\overline{OA}=\overline{OD}$
(나) $\overline{OA}+\overline{OB}+\overline{OC}=17$
(다) $\overline{AB}^2+\overline{BC}^2+\overline{CD}^2=210$

0064 종

빈출

세 모서리의 길이가 a, b, c인 직육면체가 다음 조건을 만족시킬 때, 이 직육면체의 부피를 구하시오.

(가) $a+b+c=10$
(나) $(a+b)(b+c)(c+a)=294$
(다) 겉넓이는 66이다.

0065 종

오른쪽 그림과 같은 직육면체의 겉넓이가 148이고, 삼각형 BGD의 세 변의 길이의 제곱의 합이 154일 때, 이 직육면체의 모든 모서리의 길이의 합을 구하시오.

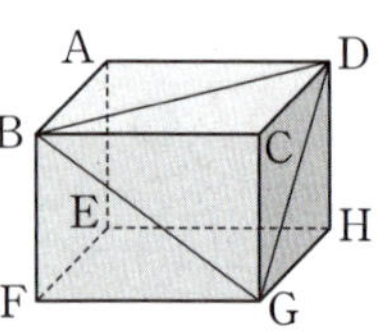

0063 종

빈출

오른쪽 그림과 같은 직육면체의 모든 모서리의 길이의 합이 28이고, 대각선 AG의 길이가 5일 때, 이 직육면체의 겉넓이는?

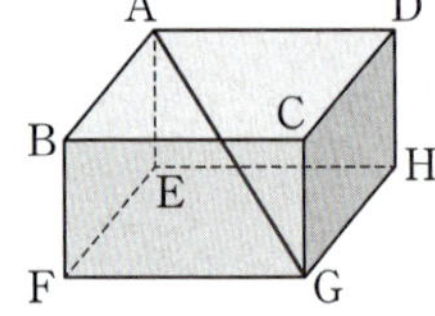

① 20　　　② 24　　　③ 29
④ 33　　　⑤ 38

0066 종

오른쪽 그림과 같이 직육면체 모양의 나무토막의 한 모퉁이에서 한 모서리의 길이가 1인 정육면체 모양을 잘라 낸 입체도형의 겉넓이가 94, 모든 모서리의 길이의 합이 54일 때, 처음 직육면체 모양의 나무토막의 대각선의 길이는?

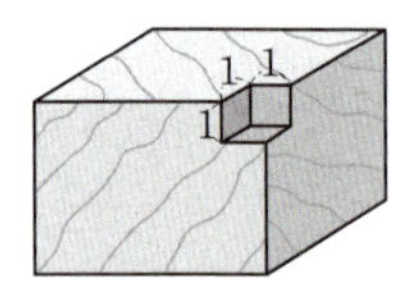

① 7　　　② $5\sqrt{2}$　　　③ $2\sqrt{13}$
④ $3\sqrt{6}$　　　⑤ 8

0067 중 ★빈출

오른쪽 그림과 같이 삼각형 OAB를 밑면으로 하고 $\overline{OA}\perp\overline{OB}$, $\overline{OB}\perp\overline{OC}$, $\overline{OC}\perp\overline{OA}$인 사면체 C−OAB가 다음 조건을 만족시킬 때, $\overline{AB}^2+\overline{BC}^2+\overline{CA}^2$의 값을 구하시오.

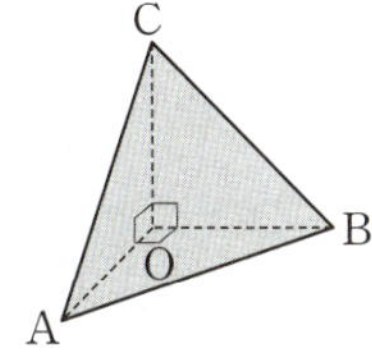

(가) 세 모서리 OA, OB, OC의 길이의 합은 16이다.
(나) 세 삼각형 OAB, OBC, OCA의 넓이의 합은 39이다.

0068 상

99^3+101^3의 각 자리의 숫자의 합은?

① 2 ② 4 ③ 6
④ 8 ⑤ 10

0069 상

$11\times101\times10001\times100000001=\dfrac{1}{m}(10^n-1)$을 만족시키는 자연수 m, n에 대하여 $m+n$의 값은?

(단, $m<10$)

① 21 ② 23 ③ 25
④ 27 ⑤ 29

0070 상 학평 기출

그림과 같이 직육면체 ABCD−EFGH에서 단면 AFC가 생기도록 사면체 F−ABC를 잘라 내었다. 입체도형 ACD−EFGH의 모든 모서리의 길이의 합을 l_1, 겉넓이를 S_1이라 하고, 사면체 F−ABC의 모든 모서리의 길이의 합을 l_2, 겉넓이를 S_2라 하자. $l_1-l_2=28$, $S_1-S_2=61$일 때, $\overline{AC}^2+\overline{CF}^2+\overline{FA}^2$의 값을 구하시오.

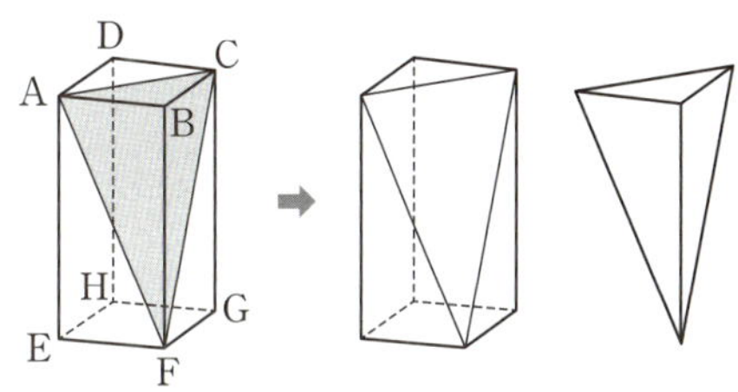

0071 상 학평 기출

그림과 같이 $\angle A=90^\circ$, $\overline{BC}=\sqrt{10}$, $\overline{AB}=x$, $\overline{AC}=y$인 삼각형 ABC에 대하여 선분 AB 위에 점 P, 선분 BC 위에 두 점 Q, R, 선분 AC 위에 점 S를 사각형 PQRS가 정사각형이 되도록 잡는다. $\overline{PQ}=\dfrac{2\sqrt{10}}{7}$일 때, x^3-y^3의 값은? (단, $x>y$)

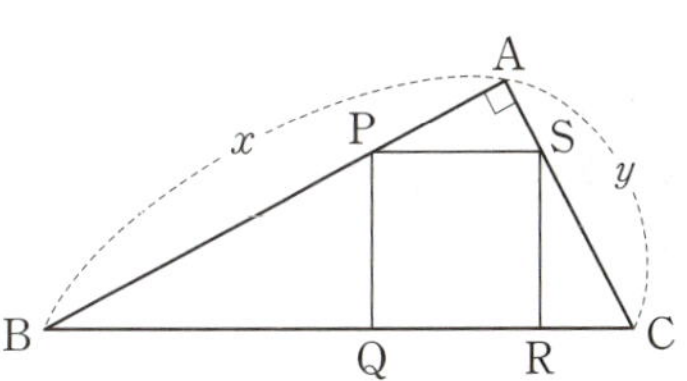

① $12\sqrt{2}$ ② $13\sqrt{2}$ ③ $14\sqrt{2}$
④ $15\sqrt{2}$ ⑤ $16\sqrt{2}$

0072 ⓗ

다음은 다항식 $4x^3-5x+3$을 $2x-1$로 나누는 과정이다. 이때 상수 a, b, c, d에 대하여 $a-b+c-d$의 값을 구하시오.

$$
\begin{array}{r}
ax^2+\ x\ -2 \\
2x-1\overline{)\,4x^3\qquad\ -5x+3} \\
\underline{4x^3-2x^2\qquad\qquad} \\
bx^2-5x\qquad \\
\underline{2x^2-\ x\qquad} \\
-4x+c \\
\underline{-4x+2} \\
d
\end{array}
$$

0073 ⓗ

오른쪽은 조립제법을 이용하여 다항식 x^3+2x^2-5x-8을 $x-2$로 나누었을 때의 몫과 나머지를 구하는 과정을 나타낸 것이다. 이때 상수 a, b, c에 대하여 $a+b+c$의 값을 구하시오.

$$
\begin{array}{r|rrrr}
a & 1 & 2 & -5 & -8 \\
  &   & 2 & 8 & 6 \\
\hline
  & 1 & b & 3 & c
\end{array}
$$

⭐ 빈출 0074 ⓗ

다항식 $2x^3+x^2-3x-5$를 $x+2$로 나누었을 때의 몫과 나머지를 차례대로 나열한 것은?

① $2x^2-3x-3,\ -1$ ② $2x^2-3x-3,\ 1$
③ $2x^2-3x+3,\ -11$ ④ $2x^2-3x+3,\ -1$
⑤ $2x^2+3x+3,\ 1$

0075 ⓗ 학평 기출

다음은 다항식 $3x^3-7x^2+5x+1$을 $3x-1$로 나눈 몫과 나머지를 구하기 위하여 조립제법을 이용하는 과정이다.

조립제법을 이용하면

$$
\begin{array}{r|rrrr}
\frac{1}{3} & 3 & -7 & 5 & 1 \\
  &   & \square & \square & \square \\
\hline
  & 3 & \square & \square & 2
\end{array}
$$

이므로

$$3x^3-7x^2+5x+1=\left(x-\frac{1}{3}\right)(\boxed{\text{(가)}})+2$$
$$=(3x-1)(\boxed{\text{(나)}})+2\text{이다.}$$

따라서 몫은 $\boxed{\text{(나)}}$ 이고, 나머지는 2이다.

위의 (가), (나)에 들어갈 식을 각각 $f(x)$, $g(x)$라 할 때, $f(2)+g(2)$의 값은?

① 1 ② 2 ③ 3
④ 4 ⑤ 5

0076 ⓒ 학평 기출

다항식 $2x^3-x^2+x+3$을 $x+1$로 나눈 몫을 $Q(x)$라 할 때, $Q(-1)$의 값을 구하시오.

0077 중

다항식 $3x^3-4x^2+4x+2$를 다항식 $P(x)$로 나누었을 때의 몫이 $3x^2-x+3$이고 나머지가 5일 때, $P(x)$는?

① $x-3$ ② $x-2$ ③ $x-1$
④ $x+1$ ⑤ $x+2$

0078 중

두 다항식
$$P(x)=x^4+2x^3-x^2+5, \quad Q(x)=x^2-x+1$$
에 대하여 다항식 $P(x)-2x^2$을 다항식 $Q(x)$로 나누었을 때의 나머지가 $-4x+a$이다. 이때 상수 a의 값은?

① -6 ② -3 ③ 3
④ 6 ⑤ 9

0079 중

다항식 $P(x)$를 x^2+3으로 나누었을 때의 몫이 $3x+1$, 나머지가 $x+5$일 때, $P(x)$를 $x-1$로 나누었을 때의 몫은?

① $3x^2-x+14$ ② $3x^2+x-12$
③ $3x^2-4x+12$ ④ $3x^2+4x+14$
⑤ $3x^2+6x-12$

0080 중

| 서술형 |

다항식 $P(x)$를 $3x-6$으로 나누었을 때의 몫을 $Q_1(x)$, 나머지를 R_1이라 하고, $P(x)$를 $x-2$로 나누었을 때의 몫을 $Q_2(x)$, 나머지를 R_2라 하자. 이때 $\dfrac{Q_2(x)}{Q_1(x)}+\dfrac{R_2}{R_1}$의 값을 구하시오. (단, $Q_1(x)\neq0$, $R_1\neq0$)

0081 중

다항식 A를 $2x^2-x+1$로 나누었을 때의 몫이 $x+2$이고 나머지가 $3x-5$이다. 다항식 A를 x^2+1로 나누었을 때의 나머지를 R라 할 때, 다항식 A와 나머지 R를 차례대로 나열한 것은?

① $2x^3-x^2-2x+3,\ -6$
② $2x^3-x^2-2x+3,\ 0$
③ $2x^3+x^2+2x-3,\ -6$
④ $2x^3+3x^2+2x-3,\ -6$
⑤ $2x^3+3x^2+2x-3,\ 0$

0082 중

다항식 x^3+4x^2+ax-5가 x^2-x+b로 나누어떨어질 때, 상수 a, b에 대하여 $a+b$의 값은?

① -7 ② -6 ③ -1
④ 1 ⑤ 5

0083 중

x에 대한 다항식 x^3+x^2+ax+b가 $(x-1)^2$으로 나누어 떨어질 때의 몫을 $Q(x)$라 하자. 두 상수 a, b에 대하여 $Q(ab)$의 값은?

① -15 ② -14 ③ -13
④ -12 ⑤ -11

0084 중

$x^2-2x-2=0$일 때, $x^4+5x^3-3x^2-40x+4$의 값을 구하시오.

0085 중 빈출

다항식 $f(x)$를 $3x-1$로 나누었을 때의 몫을 $Q(x)$, 나머지를 R라 할 때, 다항식 $3f(x)$를 $x-\dfrac{1}{3}$로 나누었을 때의 몫과 나머지를 차례대로 나열한 것은?

① $\dfrac{1}{3}Q(x)$, $\dfrac{1}{3}R$ ② $\dfrac{1}{3}Q(x)$, $3R$

③ $\dfrac{1}{3}Q(x)$, $9R$ ④ $9Q(x)$, $\dfrac{1}{3}R$

⑤ $9Q(x)$, $3R$

0086 중

다항식 $P(x)=2x^3+ax^2+x+b$를 $2x+1$로 나누었을 때의 몫과 나머지를 오른쪽 조립제법을 이용하여 구하려고 한다. 보기에서 옳은 것만을 있는 대로 고른 것은? (단, a, b, c, d, m은 상수)

m	2	a	1	b
		c	d	-2
	2	-6	4	-3

┌ 보기 ┐

ㄱ. $P(1)=-3$

ㄴ. 몫은 $2x^2-6x+4$이다.

ㄷ. 나머지는 $P\left(-\dfrac{1}{2}\right)$의 값과 같다.

① ㄱ ② ㄴ ③ ㄱ, ㄷ
④ ㄴ, ㄷ ⑤ ㄱ, ㄴ, ㄷ

0087 상

다항식 $P(x)$를 일차식 $x-a$로 나누었을 때의 몫을 $Q(x)$, 나머지를 R라 하자. 다항식 $xP(x)$를 $x-a$로 나누었을 때의 몫은? (단, a는 상수)

① $Q(x)$ ② $Q(x)-R$ ③ $Q(x)+R$
④ $xQ(x)-R$ ⑤ $xQ(x)+R$

★빈출
0088 ⑧

다항식 $f(x)$를 $x-2$로 나누었을 때의 몫을 $Q(x)$, 나머지를 R라 할 때, 다항식 $(x+1)f(x)$를 $x-2$로 나누었을 때의 몫과 나머지를 차례대로 나열한 것은?

① $(x+1)Q(x)-R,\ 2R$

② $(x+1)Q(x),\ R$

③ $(x+1)Q(x),\ 3R$

④ $(x+1)Q(x)+R,\ 2R$

⑤ $(x+1)Q(x)+R,\ 3R$

0089 ⑧

다항식 $f(x)$를 $2x-1$로 나누었을 때의 몫을 $Q(x)$, 나머지를 R라 하자. 다항식 $xf(x+1)$을 $x+\dfrac{1}{2}$로 나누었을 때의 몫과 나머지를 차례대로 나열한 것은?

① $2Q(x+1)-R,\ R$

② $\dfrac{1}{2}xQ(x+1)+R,\ -\dfrac{R}{2}$

③ $\dfrac{1}{2}xQ(x+1)+R,\ R$

④ $2xQ(x+1)+\dfrac{R}{2},\ \dfrac{R}{2}$

⑤ $2xQ(x+1)+R,\ -\dfrac{R}{2}$

0090 ⑧

다항식
$$(x^5+x^4+x^3+x^2+x+1)^2-(x^4+x^3+x^2+1)^2$$
을 x^6으로 나누었을 때의 나머지는?

① 10　　② $3x^2+x$　　③ $3x^4$

④ x^5+x^3　　⑤ $2x^5$

0091 ⑧

$x=\dfrac{1+\sqrt{3}}{2}$일 때, $2x^4-8x^3+11x^2-5x+5$의 값은?

① $5-\sqrt{3}$　　② $7-\sqrt{3}$　　③ $5+\sqrt{3}$

④ $7+\sqrt{3}$　　⑤ $9+\sqrt{3}$

0092 ⑧

다항식 $P(x)$를 $x-1$로 나누었을 때의 몫을 $Q(x)$, 나머지를 R라 할 때, 다항식 $x^2P(x)$를 $x-1$로 나누었을 때의 몫은?

① $xQ(x)+(x+1)R$　　② $xQ(x)+(x-1)R$

③ $x^2Q(x)+(x+1)R$　　④ $x^2Q(x)+(x-1)R$

⑤ $x^2Q(x)-(x+1)R$

0093 ⑧ 학평 기출

다항식 $f(x)$를 x^2+1로 나눈 나머지가 $x+1$이다. $\{f(x)\}^2$을 x^2+1로 나눈 나머지가 $R(x)$일 때, $R(3)$의 값은?

① 6　　② 7　　③ 8

④ 9　　⑤ 10

0094

자연수 n에 대하여 다항식 $f_n(x)$가 다음 조건을 만족시킬 때, 다항식 $f_5(x)$의 x의 계수는?

> (가) $f_1(x)=2x^3-5x^2+10$
> (나) $f_{n+1}(x)=f_n(x+n)$

① 480　　② 490　　③ 500
④ 510　　⑤ 520

0095

다항식 $f(x)$를 $(2x+1)(x+2)(x-1)$로 나누었을 때의 몫이 $Q(x)$, 나머지가 $2x^2+6x-5$일 때, 다항식 $f(x+3)$을 $(2x+7)(x+5)$로 나누었을 때의 나머지는?

① 5　　② $x-4$　　③ $x-1$
④ $x+2$　　⑤ $2x+1$

0096

삼차다항식 $P(x)$를 $3x+6$으로 나누었을 때의 몫을 $Q(x)$, 나머지를 R라 하자. 다항식 $P(x)$를 $6Q(x)+3$으로 나누었을 때의 몫과 나머지의 합을 $h(x)$라 할 때, $h(-5)-R$의 값을 구하시오.

0097

다항식 $(a^2x^2+bx-1)(b^2x^2+cx-1)(c^2x^2+ax-1)$의 전개식에서 x^2의 계수가 4일 때, 5 이하의 자연수 a, b, c에 대하여 $a+b+c$의 최댓값은?

① 10　　② 11　　③ 12
④ 13　　⑤ 14

0098

그림과 같이 중심이 O, 반지름의 길이가 4이고 중심각의 크기가 $90°$인 부채꼴 OAB가 있다. 호 AB 위의 점 P에서 두 선분 OA, OB에 내린 수선의 발을 각각 H, I라 하자. 삼각형 PIH에 내접하는 원의 넓이가 $\dfrac{\pi}{4}$일 때, $\overline{PH}^3+\overline{PI}^3$의 값은? (단, 점 P는 점 A도 아니고 점 B도 아니다.)

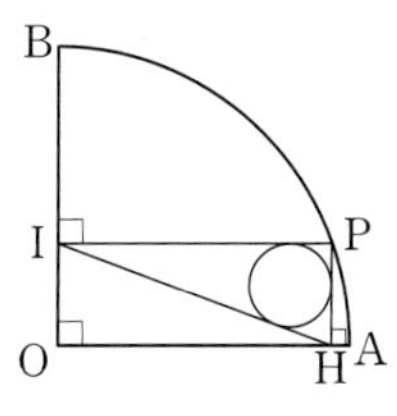

① 56
② $\dfrac{115}{2}$
③ 59
④ $\dfrac{121}{2}$
⑤ 62

0099

넓이가 324인 정사각형을 다음 그림과 같이 9개의 서로 겹치지 않는 직사각형으로 나누었다. A, B, C는 모두 정사각형이고 세 정사각형 A, B, C의 넓이를 각각 a, b, c라 하면 $a+b+c=108$이 성립할 때, $\sqrt{abc}$의 값을 구하시오.

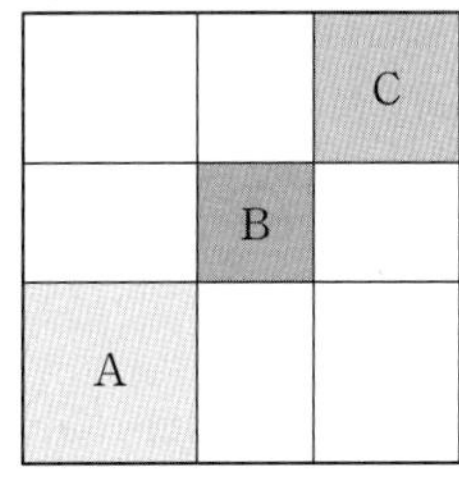

0100

그림과 같이 선분 AB를 빗변으로 하는 직각삼각형 ABC가 있다. 점 C에서 선분 AB에 내린 수선의 발을 H라 할 때, $\overline{CH}=1$이고 삼각형 ABC의 넓이는 $\dfrac{4}{3}$이다. $\overline{BH}=x$라 할 때, $3x^3-5x^2+4x+7$의 값은? (단, $x<1$)

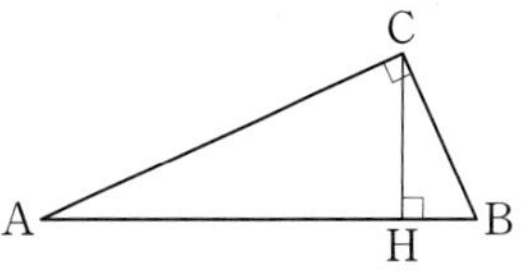

① $13-3\sqrt{7}$
② $14-3\sqrt{7}$
③ $15-3\sqrt{7}$
④ $16-3\sqrt{7}$
⑤ $17-3\sqrt{7}$

0101

그림과 같이 길이가 $2a$인 선분 AB를 지름으로 하는 반원이 있다. 호 AB 위의 두 점 C, D가
$$\overline{AC}=\overline{CD}=a-1, \quad \overline{BD}=8$$
을 만족시킬 때, $a^3-\dfrac{1}{a^3}$의 값은?

(단, a는 $a>4$인 상수이다.)

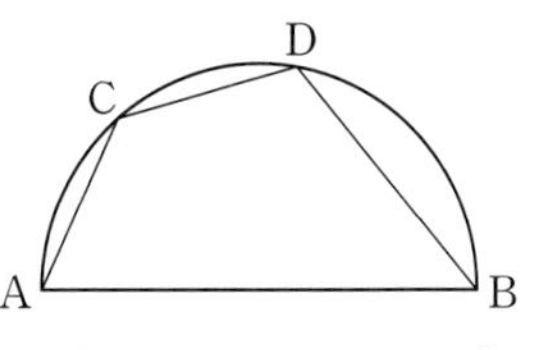

① 231
② 232
③ 233
④ 234
⑤ 235

02 항등식과 나머지 정리

1 항등식

✓ 필수 기출 1

(1) 항등식: 문자를 포함한 등식에서 문자에 어떤 값을 대입하여도 항상 성립하는 등식

> 참고 x에 대한 항등식을 나타내는 표현
> ① 모든 x에 대하여 성립하는 등식
> ② 임의의 x에 대하여 성립하는 등식
> ③ x의 값에 관계없이 항상 성립하는 등식
> ④ 어떤 x의 값에 대하여도 항상 성립하는 등식

(2) 항등식의 성질

① $ax^2+bx+c=0$이 x에 대한 항등식이면 $a=0$, $b=0$, $c=0$이다.

또 $a=0$, $b=0$, $c=0$이면 $ax^2+bx+c=0$은 x에 대한 ❶ [   ] 이다.

② $ax^2+bx+c=a'x^2+b'x+c'$이 x에 대한 항등식이면 $a=a'$, $b=b'$, $c=c'$이다.

또 $a=a'$, $b=b'$, $c=c'$이면 $ax^2+bx+c=a'x^2+b'x+c'$은 x에 대한 항등식이다.

③ $ax+by+c=0$이 x, y에 대한 항등식이면 $a=0$, $b=0$, $c=0$이다.

또 $a=0$, $b=0$, $c=0$이면 $ax+by+c=0$은 x, y에 대한 항등식이다.

(3) 미정계수법: 항등식의 뜻과 성질을 이용하여 등식에서 미지의 계수와 상수항을 정하는 방법

① **계수비교법**: 항등식의 양변의 동류항의 계수를 비교하여 미정계수를 정하는 방법

② **수치대입법**: 항등식의 문자에 적당한 수를 대입하여 미정계수를 정하는 방법

기출 PICK

미정계수를 정할 때는 계수비교법과 수치대입법 중 계산이 더 간단한 방법을 이용한다.

① 양변을 내림차순으로 정리하기 쉬운 경우
식이 간단하여 전개하기 쉬운 경우 ➡ 계수비교법

② 적당한 값을 대입하면 식이 간단해지는 경우
식이 복잡하여 전개하기 어려운 경우 ➡ 수치대입법

2 나머지 정리와 인수 정리

✓ 필수 기출 2~5

(1) 나머지 정리

① 다항식 $f(x)$를 $x-\alpha$로 나누었을 때의 나머지 ➡ $f(\alpha)$

② 다항식 $f(x)$를 $ax+b$로 나누었을 때의 나머지 ➡ $f\left(-\dfrac{b}{a}\right)$

(2) 인수 정리

① 다항식 $f(x)$에 대하여 $f(\alpha)=0$이면 $f(x)$는 $x-\alpha$로 나누어떨어진다.

② 다항식 $f(x)$가 $x-\alpha$로 나누어떨어지면 $f(\alpha)=$ ❷ [   ] 이다.

기출 PICK

다항식의 나눗셈에서의 나머지

다항식 $f(x)$를 다항식 $g(x)$로 나누었을 때의 나머지 $R(x)$는 다음과 같이 표현할 수 있다. (단, a, b, c는 상수)

① $g(x)$가 일차식 ➡ $R(x)$는 상수 ➡ $R(x)=a$

② $g(x)$가 이차식 ➡ $R(x)$는 일차 이하의 다항식 ➡ $R(x)=ax+b$

③ $g(x)$가 삼차다항식 ➡ $R(x)$는 이차 이하의 다항식 ➡ $R(x)=ax^2+bx+c$

답: ❶ 항등식 ❷ 0

난이도별 필수 기출

상 20문항
중 48문항
하 8문항

1 항등식

0102 하

보기에서 x에 대한 항등식인 것만을 있는 대로 고른 것은?

┌ 보기 ┐
ㄱ. $x^2+1=2x$
ㄴ. $(x+1)(x-3)=x^2-2x$
ㄷ. $x^2=(x+1)(x-1)+1$
ㄹ. $2(x+1)(x-1)-3(x+1)=(2x-5)(x+1)$

① ㄱ, ㄴ　　　② ㄱ, ㄷ　　　③ ㄴ, ㄷ
④ ㄴ, ㄹ　　　⑤ ㄷ, ㄹ

⭐빈출 0103 하 | 학평 기출

등식
$$2x^2+ax+b=x(x-3)+(x+1)(x+3)$$
이 x에 대한 항등식일 때, ab의 값은?
(단, a, b는 상수이다.)

① 1　　　② 2　　　③ 3
④ 4　　　⑤ 5

0104 하 | 학평 기출

등식
$$(2x+3)(x-2)+8=ax(x-2)+b(x-2)+cx$$
가 x에 대한 항등식일 때, $a+b+c$의 값을 구하시오.
(단, a, b, c는 상수이다.)

⭐빈출 0105 하

다음 등식이 x의 값에 관계없이 항상 성립할 때, 상수 a, b, c에 대하여 $a-b+c$의 값을 구하시오.

$$x^2+3x+8$$
$$=a(x-1)(x-2)+b(x-2)(x+1)+c(x-1)(x+1)$$

0106 중 | 서술형 |

등식 $a(x+y)+b(x-2y)+c=4x+y+2$가 x, y의 값에 관계없이 항상 성립할 때, 상수 a, b, c에 대하여 abc의 값을 구하시오.

0107 중

다항식 $(3x-4)^5(x^3-4x^2+3x-1)^6$을 전개하였을 때, 상수항을 포함한 모든 계수의 합은?

① -2　　　② -1　　　③ 1
④ 2　　　⑤ 4

0108 중 학평 기출

x에 대한 이차방정식
$x^2+k(2p-3)x-(p^2-2)k+q+2=0$이 실수 k의 값에 관계없이 항상 1을 근으로 가질 때, 두 상수 p, q에 대하여 $p+q$의 값은?

① -5 ② -2 ③ 1
④ 4 ⑤ 7

0109 중 | 서술형 |

$x+y=1$을 만족시키는 모든 실수 x, y에 대하여 등식
$$2ax+ay-3=(1-b)x+by$$
가 성립한다. 이때 상수 a, b에 대하여 a^2-b^2의 값을 구하시오.

0110 중

이차함수 $y=x^2+ax-2a$의 그래프는 상수 a의 값에 관계없이 항상 점 P를 지난다. 이때 점 P의 좌표는?

① $(-2, 2)$ ② $(-1, 4)$ ③ $(1, -2)$
④ $(2, 0)$ ⑤ $(2, 4)$

0111 중 학평 기출

다항식 $Q(x)$에 대하여 등식
$$x^3-5x^2+ax+1=(x-1)Q(x)-1$$
이 x에 대한 항등식일 때, $Q(a)$의 값은?
(단, a는 상수이다.)

① -6 ② -5 ③ -4
④ -3 ⑤ -2

0112 중 신유형

임의의 두 실수 p, q에 대하여 $p*q=p+q+pq$라 하자. 등식 $(x*a)+(y*b)=(y*2)+\{(-1)*4\}$가 x, y의 값에 관계없이 항상 성립할 때, 상수 a, b에 대하여 $b-a$의 값은?

① -2 ② -1 ③ 1
④ 2 ⑤ 3

★빈출 0113 중

다항식 $P(x)$에 대하여 x의 값에 관계없이 등식
$$(x^2-2x-3)P(x)+ax+b=2x^3-5x^2-2x-2$$
가 항상 성립할 때, 상수 a, b에 대하여 ab의 값은?

① -12 ② -10 ③ -8
④ 10 ⑤ 12

0114 중

다항식 $x^4+ax^3-bx^2$을 x^2+x-3으로 나누었을 때의 나머지가 $2x+3$일 때, 상수 a, b에 대하여 $a+b$의 값은?

① -2 ② -1 ③ 1
④ 2 ⑤ 3

0115 중

모든 실수 x에 대하여 등식

$$(x^2-2x-1)^{20}=a_0+a_1x+a_2x^2+\cdots+a_{40}x^{40}$$

이 성립할 때, $a_0+a_2+a_4+a_6+\cdots+a_{40}$의 값은?

(단, a_0, a_1, $\ldots$, a_{40}은 상수)

① $2^{10}-1$ ② 2^{10} ③ $2^{20}-1$
④ 2^{20} ⑤ $2^{20}+1$

0116 중

$\dfrac{ax-by+2}{2x+y-1}$의 값이 x, y의 값에 관계없이 항상 일정할 때, 상수 a, b에 대하여 ab의 값은? (단, $2x+y-1\neq0$)

① -8 ② -4 ③ 2
④ 4 ⑤ 8

0117 중

모든 실수 x에 대하여 등식
$$x^3-2x^2-4x+6=a(x-2)^3+b(x-2)^2+c(x-2)+d$$
가 성립할 때, 상수 a, b, c, d에 대하여 $a+b-c-d$의 값은?

① -1 ② 3 ③ 7
④ 10 ⑤ 12

0118 상

등식
$$(x^2+x-3)^5=a_{10}(x-1)^{10}+a_9(x-1)^9+\cdots+a_1(x-1)+a_0$$
이 x에 대한 항등식일 때, $a_{10}+a_8+a_6+a_4+a_2$의 값은?

(단, a_0, a_1, $\ldots$, a_{10}은 상수)

① -2 ② -1 ③ 0
④ 1 ⑤ 2

0119 상

자연수 n에 대하여 n차다항식 $P_n(x)$를 $P_n(x)=(x-1)(x-2)(x-3)\cdots(x-n)$이라 할 때, 모든 x에 대하여 등식
$$2x^3-4x^2+3=a+bP_1(x)+cP_2(x)+dP_3(x)$$
가 성립한다. 상수 a, b, c, d에 대하여 $a+b+c+d$의 값을 구하시오.

0120 상

x의 값에 관계없이 등식
$$64x^3-32x^2-4x+7$$
$$=a(2x-1)^3+b(2x-1)^2+c(2x-1)+d$$
가 항상 성립할 때, 상수 a, b, c, d에 대하여 $ab-cd$의 값을 구하시오.

0121 상

모든 실수 x에 대하여 등식
$$(2x^2-x+1)^5=a_0+a_1x+a_2x^2+\cdots+a_{10}x^{10}$$
이 성립할 때, $\dfrac{a_1}{2}+\dfrac{a_3}{2^3}+\dfrac{a_5}{2^5}+\dfrac{a_7}{2^7}+\dfrac{a_9}{2^9}$의 값은?

(단, a_0, a_1, ..., a_{10}은 상수)

① $-\dfrac{31}{2}$ ② -15 ③ -8

④ $-\dfrac{15}{2}$ ⑤ -4

0122 상 학평 기출

최고차항의 계수가 1인 삼차다항식 $f(x)$가 다음 조건을 만족시킨다.

> (가) $f(0)=0$
> (나) $f(x)$를 $(x-2)^2$으로 나눈 나머지가 $2(x-2)$이다.

$f(x)$를 $x-1$로 나눈 몫을 $Q(x)$라 할 때, $Q(5)$의 값은?

① 3   ② 6   ③ 9

④ 12   ⑤ 15

0123 상 | 서술형 |

다항식 $f(x)$에 대하여 다항식 $f(x^2)$을 $f(x)$로 나누었을 때의 몫이 x^2+2x-1이고 나머지가 $8x-6$일 때, 다음 물음에 답하시오.

(1) $f(x)$의 차수를 구하시오.
(2) $f(2)$의 값을 구하시오.

0124 상

다음 조건을 만족시키는 이차식 $f(x)$에 대하여 $f(2)$의 최댓값과 최솟값의 차를 구하시오.

> (가) 다항식 $f(x^2)$이 $f(x)$로 나누어떨어진다.
> (나) $f(0)=-1$

I. 다항식

2 나머지 정리 – 일차식으로 나누는 경우

0125 하 　　　　　　　　　학평 기출

다항식 x^3+ax^2-7을 $x-2$로 나눈 나머지가 17일 때, 상수 a의 값을 구하시오.

0126 하 　　　　　　　　　학평 기출

x에 대한 다항식 x^3+ax^2+12를 $x-2$로 나눈 나머지가 $2a-8$일 때, 상수 a의 값은?

① -6　　　② -8　　　③ -10
④ -12　　　⑤ -14

0127 중

다항식 x^3+mx^2+nx+1을 $x+1$로 나누었을 때의 나머지가 5이고, $x-2$로 나누었을 때의 나머지가 3이다. 이때 상수 m, n에 대하여 $3(m+n)$의 값은?

① -12　　　② -11　　　③ -10
④ -9　　　⑤ -8

0128 중

다항식 $f(x)$를 $x-2$로 나누었을 때의 나머지가 3이고, 다항식 $g(x)$를 $x-2$로 나누었을 때의 나머지가 -2이다. 이때 다항식 $2f(x)-3g(x)$를 $x-2$로 나누었을 때의 나머지는?

① 6　　　② 10　　　③ 12
④ 14　　　⑤ 16

0129 중 　　　　　　　　　학평 기출

다항식 $f(x)$에 대하여 다항식 $(x+3)\{f(x)-2\}$를 $x-1$로 나눈 나머지가 16일 때, 다항식 $f(x)$를 $x-1$로 나눈 나머지는?

① 6　　　② 7　　　③ 8
④ 9　　　⑤ 10

0130 중

세 다항식 $f(x)=2x^3-5x^2+3x-2$, $g(x)=2x^3-7x^2+4x-3$, $h(x)$에 대하여 등식 $\{f(x)\}^2+\{g(x)\}^2=(2x^2-x+1)h(x)$가 x에 대한 항등식일 때, $h(x)$를 $x-1$로 나누었을 때의 나머지는?

① 8　　　② 10　　　③ 12
④ 16　　　⑤ 20

0131 중

다항식 $f(x)+3g(x)$를 $2x-1$로 나누었을 때의 나머지가 7이고, 다항식 $2f(x)+g(x)$를 $2x-1$로 나누었을 때의 나머지가 4이다. 이때 다항식 $g\left(x-\dfrac{3}{2}\right)$을 $x-2$로 나누었을 때의 나머지는?

① 1   ② 2   ③ 3
④ 4   ⑤ 5

0132 중

다항식 $f(x)=x^3+x^2+2x+1$에 대하여 $f(x)$를 $x-a$로 나누었을 때의 나머지를 R_1, $x+a$로 나누었을 때의 나머지를 R_2라 하자. $R_1+R_2=4$일 때, $f(x)$를 $x-a^2$으로 나누었을 때의 나머지는? (단, a는 상수)

① -2 ② -1 ③ 2
④ 3   ⑤ 5

★ 빈출
0133 중

다항식 $P(x)$를 $x+1$로 나누었을 때의 몫이 $Q(x)$이고 나머지가 5일 때, $Q(x)$를 $x+2$로 나누었을 때의 나머지는 -2이다. 이때 $P(x)$를 $x+2$로 나누었을 때의 나머지는?

① 4   ② 5   ③ 6
④ 7   ⑤ 8

0134 중

두 다항식 $f(x)$, $g(x)$에 대하여 다항식 $f(x)+g(x)$를 $x-4$로 나누었을 때의 나머지가 2이고, 다항식 $f(x)g(x)$를 $x-4$로 나누었을 때의 나머지가 -5일 때, 다항식 $\{f(x)\}^3+\{g(x)\}^3$을 $x-4$로 나누었을 때의 나머지는?

① 32   ② 34   ③ 36
④ 38   ⑤ 40

0135 중   학평 기출

x에 대한 다항식 $x^5+ax^2+(a+1)x+2$를 $x-1$로 나누었을 때의 몫은 $Q(x)$이고 나머지는 6이다. $a+Q(2)$의 값은? (단, a는 상수이다.)

① 33   ② 35   ③ 37
④ 39   ⑤ 41

0136 중   학평 기출

최고차항의 계수가 1인 이차다항식 $P(x)$가 다음 조건을 만족시킬 때, $P(4)$의 값은?

> (가) $P(x)$를 $x-1$로 나누었을 때의 나머지는 1이다.
> (나) $xP(x)$를 $x-2$로 나누었을 때의 나머지는 2이다.

① 6   ② 7   ③ 8
④ 9   ⑤ 10

0137 중 | 서술형 |

다항식 x^3-2x^2+ax+5를 $x-2$로 나누었을 때의 몫을 $Q(x)$, 나머지를 R라 하자. $Q(x)$의 상수항을 포함한 모든 계수의 합이 3일 때, R의 값을 구하시오.

(단, a는 상수)

★빈출 0138 중

다항식 x^{10}을 $x-2$로 나누었을 때의 몫을 $Q(x)$라 할 때, $Q(x)$를 $x-4$로 나누었을 때의 나머지는?

① $2^{19}-2^9$　　② $2^{19}-2^{10}$　　③ $2^{20}-2^9$

④ $2^{20}-2^{10}$　　⑤ $2^{21}-2^{11}$

0139 중 학평 기출

이차식 $f(x)$와 일차식 $g(x)$가 다음 조건을 만족시킨다.

(개) 방정식 $f(x)-g(x)=0$이 중근 1을 갖는다.
(내) 두 다항식 $f(x)$, $g(x)$를 $x-2$로 나누었을 때의 나머지는 각각 2, 5이다.

다항식 $f(x)-g(x)$를 $x+1$로 나누었을 때의 나머지는?

① -16　　② -14　　③ -12

④ -10　　⑤ -8

0140 상 학평 기출

두 다항식 $f(x)$, $g(x)$가 모든 실수 x에 대하여 다음 조건을 만족시킬 때, $g(x)$를 $x-4$로 나눈 나머지는?

(개) $g(x)=x^2f(x)$
(내) $g(x)+(3x^2+4x)f(x)=x^3+ax^2+2x+b$

(단, a, b는 상수이다.)

① 16　　② 18　　③ 20
④ 22　　⑤ 24

0141 상 학평 기출

다항식 $P(x)$에 대하여 $(x-2)P(x)-x^2$을 $P(x)-x$로 나누었을 때의 몫은 $Q(x)$, 나머지는 $P(x)-3x$이다. $P(x)$를 $Q(x)$로 나눈 나머지가 10일 때, $P(30)$의 값을 구하시오. (단, 다항식 $P(x)-x$는 0이 아니다.)

0142 중 학평 기출

다항식 x^3+2를 $(x+1)(x-2)$로 나누었을 때의 나머지를 $ax+b$라 할 때, $a+b$의 값을 구하시오.

(단, a, b는 상수이다.)

★빈출
0143 중

다항식 $P(x)$를 $x-1$로 나누었을 때의 나머지가 3이고, $x+2$로 나누었을 때의 나머지가 6이다. $P(x)$를 x^2+x-2로 나누었을 때의 나머지를 $R(x)$라 할 때, $R(4)$의 값을 구하시오.

0144 중

다항식 $f(x)$를 $3x^2-2x-1$로 나누었을 때의 나머지가 $2x-5$일 때, 다항식 $f(2x+3)$을 $x+1$로 나누었을 때의 나머지는?

① -3 ② -1 ③ 1
④ 3 ⑤ 5

0145 중

다항식 $x^{10}+x^8+x^5+x^2$을 x^3-x로 나누었을 때의 나머지는?

① $-3x^2+x$ ② $-3x^2+3x$ ③ $3x^2-x$
④ $3x^2+x$ ⑤ $3x^2+3x$

0146 중

다항식 $f(x)$를 $x+2$로 나누었을 때의 나머지가 1이고, $x-2$로 나누었을 때의 나머지가 5이다. 다항식 $x^2f(x)$를 x^2-4로 나누었을 때의 나머지를 $R(x)$라 할 때, $R(-1)$의 값은?

① -16 ② -8 ③ 8
④ 16 ⑤ 18

0147 중

두 다항식 $f(x)$, $g(x)$를 $x+1$로 나누었을 때의 나머지는 각각 2, 3이고, $x-3$으로 나누었을 때의 나머지는 각각 1, -2이다. 이때 다항식 $f(x)g(x)$를 x^2-2x-3으로 나누었을 때의 나머지는?

① $-2x+4$ ② $-x+10$ ③ $x-10$
④ $2x-3$ ⑤ $2x+3$

0148 중 | 서술형 |

다항식 $P(x)$를 x^2-4x+3으로 나누었을 때의 나머지가 $3x$이고, x^2-5x+6으로 나누었을 때의 나머지가 $6x-9$일 때, 다음 물음에 답하시오.

(1) $P(1)$, $P(2)$의 값을 차례대로 구하시오.

(2) 다항식 $P(x)$를 x^2-3x+2로 나누었을 때의 나머지를 구하시오.

0149 중 | 서술형 |

다항식 $f(x)$를 x^3+8로 나누었을 때의 나머지가 x^2+x+1이고, 다항식 $g(x)$를 x^2-x-6으로 나누었을 때의 나머지가 $2x-1$이다. 다항식 $2f(x)-3g(x)$를 $x+2$로 나누었을 때의 나머지를 구하시오.

0150 중

다항식 $P(x)$를 $x(x-1)$로 나누었을 때의 나머지가 $2x-3$이고, $(x-1)(x+1)$로 나누었을 때의 나머지가 $x-2$이다. 이때 $P(x)$를 $x(x-1)(x+1)$로 나누었을 때의 나머지는?

① x^2-x-3 ② x^2-x+3
③ x^2+x-3 ④ x^2+x+3
⑤ x^2+2x-6

0151 중

다항식 $f(x)$에 대하여 다항식 $1-f(x)$를 x^2-3x+2로 나누었을 때의 나머지가 $-2x$이고, 다항식 $x+f(x)$를 x^2+3x+2로 나누었을 때의 나머지가 1이다. $f(x)$를 x^2-x-2로 나누었을 때의 나머지를 $R(x)$라 할 때, $R(1)$의 값은?

① 1 ② 2 ③ 4
④ 6 ⑤ 8

0152 상

다항식 $f(x)$를 $x-1$로 나누었을 때의 나머지가 2이고, $(x-2)^2$으로 나누었을 때의 나머지가 $3x-3$이다. $f(x)$를 $(x-2)^2(x-1)$로 나누었을 때의 나머지를 $R(x)$라 할 때, $R(2)$의 값을 구하시오.

0153 상 | 서술형 |

모든 실수 x에 대하여 $f(3+x)=f(3-x)$를 만족시키는 다항식 $f(x)$를 $x-5$로 나누었을 때의 나머지가 2일 때, $f(x)$를 $(x-1)(x-5)$로 나누었을 때의 나머지를 구하시오.

0154 (상)

다항식 $f(x)$가 다음 조건을 만족시킬 때, $f(x)$를 x^2-3x+2로 나누었을 때의 나머지는?

> (가) $f(0)=4$
> (나) $f(x+1)=f(x)-2x$

① $-2x+6$ ② $-x+4$ ③ $x+3$
④ $2x-4$ ⑤ $2x+6$

0155 (상)

삼차다항식 $P(x)$가 다음 조건을 만족시킬 때, $P(x)$를 $x-1$로 나누었을 때의 나머지는?

> (가) 다항식 $P(x)-2$는 x^2-x-1로 나누어떨어진다.
> (나) 다항식 $P(x+1)$을 x^2-4로 나누었을 때의 나머지는 -3이다.

① 1 ② 2 ③ 3
④ 4 ⑤ 5

0156 (상)

다항식 $f(x)$를 $(x+1)^3$으로 나누었을 때의 나머지가 $2x^2-2x+5$이고, $x-2$로 나누었을 때의 나머지가 -18이다. $f(x)$를 $(x+1)^3(x-2)$로 나누었을 때의 나머지를 $R(x)$라 할 때, $R(0)$의 값은?

① -1 ② 1 ③ 2
④ 4 ⑤ 5

0157 (상) 〔학평 기출〕

최고차항의 계수가 1인 다항식 $f(x)$가 다음 조건을 만족시킨다.

> (가) 다항식 $f(x)$를 다항식 $g(x)$로 나눈 몫과 나머지는 모두 $g(x)-2x^2$이다.
> (나) 다항식 $f(x)$를 $x-1$로 나눈 나머지는 $-\dfrac{9}{4}$이다.

$f(6)$의 값을 구하시오.

4 나머지 정리를 이용한 수의 나눗셈

0158 중 [학평 기출]

다음은 2022^{10}을 505로 나누었을 때의 나머지를 구하는 과정이다.

> 다항식 $(4x+2)^{10}$을 x로 나누었을 때의 몫을 $Q(x)$, 나머지를 R라고 하면
> $(4x+2)^{10}=xQ(x)+R$이다.
> 이때, $R=\boxed{(가)}$ 이다.
> 등식 $(4x+2)^{10}=xQ(x)+\boxed{(가)}$ 에
> $x=505$를 대입하면
> $2022^{10}=505\times Q(505)+\boxed{(가)}$
> $\qquad\quad=505\times\{Q(505)+\boxed{(나)}\}+\boxed{(다)}$ 이다.
> 따라서 2022^{10}을 505로 나누었을 때의 나머지는 $\boxed{(다)}$ 이다.

위의 (가), (나), (다)에 알맞은 수를 각각 a, b, c라 할 때, $a+b+c$의 값은?

① 1038   ② 1040   ③ 1042
④ 1044   ⑤ 1046

★빈출
0159 중 [학평 기출]

2024^4+2024^2+1을 2022로 나눈 나머지는?

① 17   ② 18   ③ 19
④ 20   ⑤ 21

0160 중

$10^{21}+10^{19}+10^{17}+10^{15}$을 11로 나누었을 때의 나머지는?

① 3   ② 4   ③ 5
④ 6   ⑤ 7

0161 상

$2^{2002}+2^{2001}+2^{2000}$을 31로 나누었을 때의 나머지는?

① 3   ② 4   ③ 5
④ 6   ⑤ 7

☆빈출 0162 하 `학평 기출`

x에 대한 다항식 x^3-2x^2-8x+a가 $x-3$으로 나누어 떨어질 때, 상수 a의 값은?

① 6 ② 9 ③ 12

④ 15 ⑤ 18

☆빈출 0163 하

다항식 x^3+ax+b가 x^2-3x+2로 나누어떨어질 때, 상수 a, b에 대하여 $b-a$의 값을 구하시오.

0164 중

다항식 x^3+ax^2+bx+3은 $x+1$로 나누어떨어지고 $x-2$로 나누었을 때의 나머지가 -3이다. 이때 상수 a, b에 대하여 $a+b$의 값은?

① -5 ② -4 ③ -3

④ -2 ⑤ -1

0165 중 `| 서술형 |`

다항식 x^3-2x^2+ax+b가 $x-1$, $x+2$를 인수로 가질 때, 다항식 x^2+ax+b를 $x+2$로 나누었을 때의 나머지를 구하시오. (단, a, b는 상수)

0166 중

다항식 $P(x)$는 최고차항의 계수가 1인 이차식이다. 다항식 $P(x)+2$는 $x+2$로 나누어떨어지고, 다항식 $P(x)-2$는 $x-2$로 나누어떨어질 때, $P(3)$의 값은?

① 8 ② 10 ③ 12

④ 14 ⑤ 16

0167 중 `학평 기출`

다항식 $f(x)=x^3+ax^2+bx+6$을 $x-1$로 나누었을 때의 나머지는 4이다. $f(x+2)$가 $x-1$로 나누어떨어질 때, $b-a$의 값은? (단, a, b는 상수이다.)

① 4 ② 5 ③ 6

④ 7 ⑤ 8

0168 중
| 서술형 |

다항식 $f(x)=2x^3-11x^2+ax+b$가 x^2-5x+6으로 나누어떨어질 때, $f(x)$를 $x+1$로 나누었을 때의 나머지를 구하시오. (단, a, b는 상수)

0169 중

다항식 $P(x)-1$이 x^2-4x+3으로 나누어떨어질 때, 다항식 $P(x+1)$을 x^2-2x로 나누었을 때의 나머지는?

① 1 ② $x-1$ ③ x
④ $x+1$ ⑤ $x+2$

0170 중

두 다항식 $f(x)$, $g(x)$에 대하여 다항식 $f(x)+g(x)$는 $x+2$로 나누어떨어지고, 다항식 $f(x)-g(x)$를 $x+2$로 나누었을 때의 나머지는 4이다. 보기의 다항식 중 $x+2$로 나누어떨어지는 것만을 있는 대로 고른 것은?

> 보기
> ㄱ. $x+f(x)$ ㄴ. $x^2+f(x)g(x)$
> ㄷ. $f(x)-xg(x)$

① ㄱ ② ㄷ ③ ㄱ, ㄴ
④ ㄴ, ㄷ ⑤ ㄱ, ㄴ, ㄷ

0171 중

두 다항식 $f(x)+2$, $g(x)-5$를 $x-1$로 나누었을 때의 나머지는 모두 3이고, $x+1$로 나누었을 때는 모두 나누어떨어진다. 이때 다항식 $f(x)g(x)$를 x^2-1로 나누었을 때의 나머지는?

① $2x-1$ ② $2x+1$ ③ $4x-1$
④ $4x+1$ ⑤ $9x-1$

0172 중
| 서술형 |

★ 빈출

x^3의 계수가 1인 삼차다항식 $f(x)$에 대하여 $f(-2)=f(-1)=f(1)=4$일 때, 다음 물음에 답하시오.

(1) $Q(x)=f(x)-4$라 할 때, 다항식 $Q(x)$를 구하시오.
(2) $f(2)$의 값을 구하시오.

0173 중

이차식 $f(x)$가 다음 조건을 만족시킬 때, $f(x)$를 $x-1$로 나누었을 때의 나머지는?

> (가) 다항식 $f(x+1)$을 $x-3$으로 나누었을 때의 나머지는 16이다.
> (나) 다항식 $xf(x)$는 $(x+4)(x-3)$으로 나누어떨어진다.

① -25 ② -20 ③ -15
④ -10 ⑤ -5

0174 ⓢ

x에 대한 다항식 x^3+ax^2+bx-4를 $x+1$로 나누었을 때의 몫은 $Q(x)$이고 나머지는 3이다. $(x^2+a)Q(x-2)$가 $x-2$로 나누어떨어질 때, $Q(1)$의 값은?

(단, a, b는 상수이다.)

① -15 ② -13 ③ -11
④ -9 ⑤ -7

0175 ⓢ

다항식 $g(x)$를 다항식 $f(x)$로 나누었을 때의 몫과 나머지가 모두 $f(x)+x^2$이다. $g(x)$는 $x-1$을 인수로 갖고 $f(x)$는 $x+1$을 인수로 가질 때, $g(3)$의 값은?

① 3   ② 6   ③ 9
④ 12   ⑤ 15

0176 ⓢ

삼차다항식 $f(x)$가 다음 조건을 만족시킬 때, $f(0)$의 값은?

> ㈎ $f(1)=f(3)=f(5)$
> ㈏ $f(x)$가 $x+1$로 나누어떨어진다.
> ㈐ $f(x)$를 $x-2$로 나누었을 때의 나머지가 102이다.

① 66   ② 72   ③ 88
④ 96   ⑤ 102

0177 ⓢ

이차항의 계수가 1인 이차식 $f(x)$와 일차항의 계수가 1인 일차식 $g(x)$가 다음 조건을 만족시킨다.

> ㈎ 다항식 $f(x-1)+g(x-1)$은 $x-1$로 나누어떨어진다.
> ㈏ 방정식 $f(x)+g(x)=0$은 중근을 갖는다.

다항식 $f(x)-g(x)$를 $x-2$로 나누었을 때의 나머지가 4일 때, $f(2)$의 값은?

① 0   ② 1   ③ 2
④ 3   ⑤ 4

0178

다항식 $f_1(x)$를 $x-a$로 나누었을 때의 몫이 $f_2(x)$, 나머지가 1이고 $f_2(x)$를 다시 $x-a$로 나누었을 때의 몫이 $f_3(x)$, 나머지가 2이다. 이와 같은 방법으로 자연수 n에 대하여 $f_n(x)$를 $x-a$로 나누었을 때의 몫이 $f_{n+1}(x)$, 나머지가 n이다. $f_1(x)$를 $(x-a)^n$으로 나누었을 때의 나머지를 $g_n(x)$라 할 때, $g_n(a)$의 값은? (단, a는 상수)

① 0 ② 1 ③ n

④ n^2 ⑤ $1+2+3+\cdots+n$

0179

자연수 n에 대하여 다항식 $x^n(x^2+ax+b)$를 $(x-3)^2$으로 나누었을 때의 나머지가 $3^{n+1}(x-3)$이다. 이때 상수 a, b에 대하여 $a-2b$의 값은?

① -6 ② -3 ③ 0

④ 3 ⑤ 6

0180

최고차항의 계수가 1인 사차다항식 $f(x)$에 대하여 등식
$$xf(x-1)=(x-4)f(x)$$
가 x에 대한 항등식일 때, $f(x)$를 $x-4$로 나누었을 때의 나머지는?

① 8 ② 12 ③ 16

④ 20 ⑤ 24

0181

학평 기출

다항식 $f(x)$와 최고차항의 계수가 1인 삼차다항식 $g(x)$가 다음 조건을 만족시킨다.

> 다항식 $f(x)+g(x)$를 x로 나누었을 때의 나머지와 다항식 $f(x)+g(x)$를 x^2+2x-2로 나누었을 때의 나머시가 $x^2+2x-\dfrac{1}{2}f(x)$로 같다.

$g(1)=7$일 때, $f(3)$의 값은?

① 20 ② 22 ③ 24

④ 26 ⑤ 28

0182

최고차항의 계수가 1인 삼차다항식 $f(x)$가 다음 조건을 만족시킬 때, $f(0)$의 값은?

> (가) 다항식 $f(x+3)-f(x)$는 $(x-1)(x+2)$로 나누어 떨어진다.
> (나) 다항식 $f(x)$를 $x-2$로 나누었을 때의 나머지는 -3이다.

① 13   ② 14   ③ 15
④ 16   ⑤ 17

0183

$n \geq 2$인 자연수 n에 대하여
$$x^n - 1 = (x-1)(x^{n-1} + x^{n-2} + x^{n-3} + \cdots + x + 1)$$
이 성립한다. 다항식 $x^{10} - x$를 $(x-1)^2$으로 나누었을 때의 나머지를 $R(x)$라 할 때, $R(2)$의 값은?

① 3   ② 6   ③ 9
④ 12   ⑤ 15

0184

모든 실수 x에 대하여 다항식 $P(x)$가
$$\{P(x)+2\}^2 = (x-a)(x-2a)+4$$
를 만족시킬 때, 모든 $P(1)$의 값의 합은?

(단, a는 실수이다.)

① -9 ② -8 ③ -7
④ -6 ⑤ -5

0185

이차다항식 $f(x)$와 일차다항식 $g(x)$에 대하여 $f(x)g(x)$를 $f(x)-2x^2$으로 나누었을 때의 몫은 x^2-3x+3이고 나머지는 $f(x)+xg(x)$이다. $f(-2)$의 값을 구하시오.

0186

이차식 $f(x)$와 다항식 $g(x)$가 다음 조건을 만족시킬 때, $g(1)$의 값을 구하시오.

(가) x^3+3x^2+5x+6을 $f(x)$로 나누었을 때의 나머지는 $g(x)$이다.
(나) x^3+3x^2+5x+6을 $g(x)$로 나누었을 때의 나머지는 $f(x)-x^2-x$이다.

0187

학평 기출

최고차항의 계수가 1인 사차다항식 $f(x)$가 다음 조건을 만족시킬 때, $f(4)$의 값은?

(가) $f(x)$를 $x+1$로 나눈 나머지와 $f(x)$를 x^2-3으로 나눈 나머지는 서로 같다.
(나) $f(x+1)-5$는 x^2+x로 나누어떨어진다.

① -9 ② -8 ③ -7
④ -6 ⑤ -5

0188

학평 기출

다항식 $P(x)$와 최고차항의 계수가 1인 삼차다항식 $Q(x)$가 모든 실수 x에 대하여
$$\{Q(x+1)\}^2+\{Q(x)\}^2=(x^2-x)P(x)$$
를 만족시킨다. $P(x)$를 $Q(x)$로 나눈 나머지를 $R(x)$라 할 때, $R(3)$의 값을 구하시오.

(단, 다항식 $Q(x)$의 계수는 실수이다.)

0189

학평 기출

최고차항의 계수가 1인 사차다항식 $f(x)$가 다음 조건을 만족시킬 때, 양수 p의 값은?

(가) $f(x)$를 $x+2$, x^2+4로 나눈 나머지는 모두 $3p^2$이다.
(나) $f(1)=f(-1)$
(다) $x-\sqrt{p}$는 $f(x)$의 인수이다.

① $\dfrac{1}{2}$ ② 1 ③ $\dfrac{3}{2}$
④ 2 ⑤ $\dfrac{5}{2}$

03 인수분해

1 인수분해

☑ 필수 기출 1~3

(1) 인수분해

하나의 다항식을 두 개 이상의 다항식의 곱으로 나타내는 것

(2) 인수분해 공식

① $a^2+2ab+b^2=(a+b)^2$
  $a^2-2ab+b^2=$ ❶

② $a^2-b^2=(a+b)(a-b)$

③ $x^2+(a+b)x+ab=(x+a)(x+b)$

④ $acx^2+(ad+bc)x+bd=(ax+b)(cx+d)$

⑤ $a^2+b^2+c^2+2ab+2bc+2ca=(a+b+c)^2$

⑥ $a^3+3a^2b+3ab^2+b^3=(a+b)^3$
  $a^3-3a^2b+3ab^2-b^3=(a-b)^3$

⑦ $a^3+b^3=(a+b)(a^2-ab+b^2)$
  $a^3-b^3=(a-b)(a^2+ab+b^2)$

⑧ $a^3+b^3+c^3-3abc=(a+b+c)(a^2+b^2+c^2-ab-bc-ca)$
$$=\frac{1}{2}(a+b+c)\{(a-b)^2+(b-c)^2+(c-a)^2\}$$

⑨ $a^4+a^2b^2+b^4=(a^2+ab+b^2)($ ❷ $)$

$$\begin{array}{c} x^2+2x+1 \\ \text{인수분해} \updownarrow \text{전개} \\ (x+1)^2 \end{array}$$

참고 • 인수분해 공식은 곱셈 공식의 좌변과 우변을 바꾸어 놓은 것이다.
  • 인수분해는 특별한 언급이 없으면 계수가 유리수인 범위까지 한다.

2 복잡한 식의 인수분해

☑ 필수 기출 1~3

(1) 공통부분이 있는 식의 인수분해

공통부분을 하나의 문자로 치환하여 인수분해한다.

(2) x^4+ax^2+b 꼴인 식의 인수분해

$x^2=X$로 치환하였을 때

① X^2+aX+b가 인수분해되는 경우

  ➡ X^2+aX+b를 인수분해한 후 $X=x^2$을 대입하여 정리한다.

② X^2+aX+b가 인수분해되지 않는 경우

  ➡ X^2+aX+b에 적당한 이차식을 더하거나 빼서 A^2-B^2 꼴로 변형한 후 인수분해한다.

(3) 여러 개의 문자를 포함한 식의 인수분해

차수가 가장 낮은 한 문자에 대하여 내림차순으로 정리한 후 인수분해한다.

이때 차수가 모두 같으면 어느 한 문자에 대하여 내림차순으로 정리한 후 인수분해한다.

(4) 인수 정리를 이용한 식의 인수분해

$f(x)$가 삼차 이상의 다항식이면 다음과 같은 순서로 인수분해한다.

① $f(\alpha)=0$을 만족시키는 상수 α의 값을 구한다.

② 조립제법을 이용하여 $f(x)$를 $x-\alpha$로 나누었을 때의 몫 $Q(x)$를 구한 후

  $f(x)=(x-\alpha)Q(x)$ 꼴로 나타낸다.

③ $Q(x)$를 더 이상 인수분해할 수 없을 때까지 인수분해한다.

답: ❶ $(a-b)^2$ ❷ a^2-ab+b^2

1 인수분해 (1)

0190 하

다음 중 인수분해가 옳지 <u>않은</u> 것은?

① $8x^3+12x^2+6x+1=(2x+1)^3$
② $10x^2+31x+15=(5x+3)(2x+5)$
③ $x^3+8y^3=(x+2y)(x^2-2xy+4y^2)$
④ $x^2+y^2+z^2-2xy+2yz-2zx=(x-y+z)^2$
⑤ $mx^2-4my^2=m(x+2y)(x-2y)$

0191 하 | 학평 기출 |

다항식 $(x^2+1)^2+3(x^2+1)+2$가 $(x^2+a)(x^2+b)$로 인수분해될 때, 두 상수 a, b에 대하여 $a+b$의 값은?

① 1　　　　② 2　　　　③ 3
④ 4　　　　⑤ 5

0192 하 | 학평 기출 |
빈출

다항식 x^4-x^2-12가 $(x-a)(x+a)(x^2+b)$로 인수분해될 때, 두 양수 a, b에 대하여 $a+b$의 값은?

① 4　　　　② 5　　　　③ 6
④ 7　　　　⑤ 8

0193 하
빈출

다항식 $(x^2+5x+4)(x^2+5x+2)-24$를 인수분해하였더니 $(x^2+ax+b)(x^2+ax+c)$가 되었다. 이때 상수 a, b, c에 대하여 $a+b+c$의 값은?

① -11　　　　② -5　　　　③ -1
④ 5　　　　　⑤ 11

0194 중 | 서술형 |

$x=1-\sqrt{3}$, $y=1+\sqrt{3}$일 때, $x^2y-3x^2-xy^2+3y^2$의 값을 구하시오.

0195 중

다음 중 다항식 x^4-13x^2+4의 인수인 것은?

① $x-1$　　　　② $x-2$　　　　③ $x+2$
④ x^2+3x-2　　　⑤ x^2+3x+2

0196 중

다항식 $(x-1)(x+2)(x-3)(x+4)+24$를 인수분해 하면?

① $(x-2)(x+3)(x^2+x-8)$
② $(x-2)(x+3)(x^2+x+8)$
③ $(x+2)(x+3)(x^2+x-8)$
④ $(x^2+x+6)(x^2+x-8)$
⑤ $(x^2+4x+6)(x^2+x+8)$

0197 중

다항식 $x^2-2xy+y^2+3x-3y+2$를 인수분해하면?

① $(x-y-1)(x-y-2)$
② $(x-y+1)(x-y+2)$
③ $(x-y+1)(x+y-2)$
④ $(x+y-1)(x+y-2)$
⑤ $(x+y+1)(x+y+2)$

0198 중

다항식 $x^2-4xy+3y^2+x-5y-2$가 x의 계수가 1인 두 일차식의 곱으로 인수분해될 때, 두 일차식의 합은?

① $2x+4y-1$
② $2x-4y+1$
③ $2x-4y+2$
④ $2x-2y+1$
⑤ $2x-y+3$

0199 중 ｜ 학평 기출

다항식 $(x^2+4)^2-3x(x^2+4)-4x^2$이 $(x+a)^2(x^2+bx+c)$로 인수분해될 때, 세 정수 a, b, c 에 대하여 $a+b+c$의 값은?

① 3
② 5
③ 7
④ 9
⑤ 11

0200 중

보기에서 다항식 $a^2+3b^2+c^2-4ab-4bc+2ca$의 인수 인 것만을 있는 대로 고른 것은?

보기
ㄱ. $a+b-c$ ㄴ. $a-b+c$ ㄷ. $a-2b+c$ ㄹ. $a-3b+c$

① ㄱ, ㄴ
② ㄱ, ㄹ
③ ㄴ, ㄷ
④ ㄴ, ㄹ
⑤ ㄷ, ㄹ

0201 중

두 자연수 a, b에 대하여 $a^2b-2ab+2a^2-4a+b+2$의 값이 75일 때, $a+b$의 값은?

① 5
② 6
③ 7
④ 8
⑤ 9

0202 중

x에 대한 다항식 $(x-1)(x-4)(x-5)(x-8)+a$가 $(x+b)^2(x+c)^2$으로 인수분해될 때, 세 정수 a, b, c에 대하여 $a+b+c$의 값은?

① 19 ② 21 ③ 23
④ 25 ⑤ 27

0203 중

x, y에 대한 이차식 $x^2+kxy-3y^2+x+11y-6$이 x, y에 대한 두 일차식의 곱으로 인수분해 되도록 하는 자연수 k의 값을 구하시오.

0204 중

다음 중 다항식 $x^4-4x^3+5x^2-4x+1$의 인수인 것은?

① x^2-x-1 ② x^2-3x-1
③ x^2-3x+1 ④ x^2+x-1
⑤ x^2+3x-1

0205 중

보기에서 다항식 $a(b+c)^2+b(c+a)^2+c(a+b)^2-4abc$의 인수인 것만을 있는 대로 고른 것은?

보기

ㄱ. $a+b$ ㄴ. $a+c$ ㄷ. $b-a$
ㄹ. $c-a$ ㅁ. $a+b-c$ ㅂ. $a-b+c$

① ㄱ, ㄴ ② ㄷ, ㄹ ③ ㅁ, ㅂ
④ ㄱ, ㄴ, ㅁ ⑤ ㄷ, ㄹ, ㅂ

0206 중

서로 다른 세 실수 a, b, c에 대하여 $a^3+b^3+c^3=3abc$일 때, $\dfrac{b+c}{a}+\dfrac{c+a}{b}+\dfrac{a+b}{c}$의 값은? (단, $abc \neq 0$)

① -5 ② -3 ③ 0
④ 3 ⑤ 5

0207 상

보기에서 다항식 $(x-2y)^3+(2y-3z)^3-(x-3z)^3$의 인수인 것만을 있는 대로 고른 것은?

보기

ㄱ. $-x+3z$ ㄴ. $x-2y$ ㄷ. $2x-z$
ㄹ. $2y-3z$ ㅁ. $2y+z$

① ㄱ, ㄴ, ㄹ ② ㄱ, ㄷ, ㄹ
③ ㄱ, ㄷ, ㅁ ④ ㄴ, ㄹ, ㅁ
⑤ ㄷ, ㄹ, ㅁ

0208 상

최고차항의 차수가 1 이상인 세 다항식 $P(x)$, $Q(x)$, $R(x)$에 대하여 다항식 $(x^2-5x-8)(x^2-x-8)-12x^2$ 이 $P(x)\times Q(x)\times R(x)$로 인수분해된다. 세 다항식 $P(x)$, $Q(x)$, $R(x)$ 중에서 $P(x)$의 차수가 가장 클 때, $P(3)+Q(9)+R(9)$의 값을 구하시오.

0209 상

최고차항의 계수가 2인 이차식 $f(x)$에 대하여 다항식 $(4x^2-8x-5)(x^2-x-2)+k$가 $\{f(x)\}^2$으로 인수분해될 때, $\dfrac{f(1)}{k}$의 값은? (단, $k\neq 0$)

① -7 ② -2 ③ 1
④ 2 ⑤ 7

2 인수분해 ⑵

0210 하

다항식 $2x^3-7x^2+11x-4$가 $(ax+b)(x^2+cx+d)$로 인수분해될 때, 정수 a, b, c, d에 대하여 $a+b+c+d$의 값을 구하시오.

☆빈출
0211 하

다음 중 다항식 $x^4+2x^3-9x^2-2x+8$의 인수가 <u>아닌</u> 것은?

① $x-4$ ② $x-2$ ③ $x-1$
④ $x+1$ ⑤ $x+4$

0212 중

다음 중 두 다항식 x^3+2x^2-x-2, $x^3+3x^2-4x-12$의 공통인 인수는?

① $x-2$ ② $x-1$ ③ $x+1$
④ $x+2$ ⑤ $x+3$

0213 중

다항식 x^3+ax^2-2x+4를 인수분해하였더니
$(x-2)(x^2+bx+c)$가 되었다. 이때 정수 a, b, c에 대
하여 $a-b+c$의 값은?

① -5 ② -4 ③ -3
④ -2 ⑤ -1

★빈출
0214 중

| 서술형 |

다항식 $P(x)=x^3+5x^2+ax+b$는 $x-1$로 나누어떨어
지고, $x-2$로 나누었을 때의 나머지가 24이다. 다음 물
음에 답하시오.

(1) 상수 a, b의 값을 구하시오.
(2) $P(x)$를 인수분해하시오.

0215 중

다항식 $x^4+3x^3+ax^2+bx+2$가 $(x-1)(x+2)Q(x)$
로 인수분해될 때, $Q(-1)$의 값은? (단, a, b는 상수)

① -2 ② -1 ③ 0
④ 1 ⑤ 2

0216 중

학평 기출

x에 대한 두 다항식 x^3+2x^2+3x+6과 x^3+x+a가 모
두 $x+b$로 나누어떨어질 때, $a+b$의 값은?

(단, a, b는 실수이다.)

① 11 ② 12 ③ 13
④ 14 ⑤ 15

0217 중

다음 중 다항식 $x^3+(1-2a)x^2+(a^2-2a-1)x+a^2-1$
의 인수인 것은?

① $x-a+1$ ② $x+a+1$ ③ $x+a-1$
④ $x-1$ ⑤ $x-2$

0218 중

$x-1$이 다항식 $f(x)=ax^4-bx^3-cx-a$의 인수일 때,
다음 중 세 실수 a, b, c의 값에 관계없이 항상 $f(x)$의
인수인 것은?

① $x-2$ ② x ③ $x+1$
④ $x+2$ ⑤ x^2+1

0219 ^중

다항식 $x^3-(a+1)x^2-a(2a-1)x+2a^2$이 x의 계수가 1인 세 일차식의 곱으로 인수분해될 때, 세 일차식의 합이 $3x-6$이 되도록 하는 상수 a의 값은?

① -7 ② -5 ③ 0
④ 5 ⑤ 7

0220 ^중

| 서술형 |

두 이차식 $f(x)$, $g(x)$의 합이 $2x^2+8x-10$이고 곱이 $x^4+8x^3+5x^2-50x$이다. $f(1)=6$일 때, $g(4)$의 값을 구하시오.

0221 ^중

| 서술형 |

다항식 $f(x)$에 대하여 다항식 x^4+ax+b가 $(x+2)^2 f(x)$로 인수분해될 때, $a+b+f(1)$의 값을 구하시오.

(단, a, b는 상수)

0222 ^상

최고차항의 계수가 1인 두 이차식 $f(x)$, $g(x)$의 곱이 $x^4-x^3-7x^2+13x-6$이다. 다음 조건을 만족시키는 실수 a가 존재할 때, $f(a)+g(a)$의 값은?

> (개) $x+a$는 $f(x)g(x)$의 인수이다.
> (내) $x+a$는 $f(x)+g(x)$의 인수이다.

① -2 ② -1 ③ 0
④ 1 ⑤ 2

0223 ^상

두 다항식 $f(x)=x^3+3x^2-6x-8$, $g(x)=2x^3+(2a-3)x^2-7x-2a-2$가 같은 이차식으로 각각 나누어떨어지도록 하는 모든 상수 a의 값의 합은?

① 7 ② 9 ③ 11
④ 13 ⑤ 15

0224 상

다항식 $2x^3+ax^2+(2a+4)x+24$가 계수가 모두 정수인 세 일차식의 곱으로 인수분해될 때, 정수 a의 최댓값과 최솟값의 합은?

① 5   ② 8   ③ 11
④ 16   ⑤ 29

0225 상

학평 기출

모든 실수 x에 대하여 두 이차다항식 $P(x)$, $Q(x)$가 다음 조건을 만족시킨다.

> (가) $P(x)+Q(x)=4$
> (나) $\{P(x)\}^3+\{Q(x)\}^3=12x^4+24x^3+12x^2+16$

$P(x)$의 최고차항의 계수가 음수일 때, $P(2)+Q(3)$의 값은?

① 6   ② 7   ③ 8
④ 9   ⑤ 10

3 인수분해의 활용

0226 하

학평 기출

$101^3-3\times101^2+3\times101-1$의 값은?

① 10^5 ② 3×10^5 ③ 10^6
④ 3×10^6 ⑤ 10^7

0227 중

$\sqrt{100\times101\times102\times103+1}$의 값은?

① 10030   ② 10031   ③ 10299
④ 10300   ⑤ 10301

0228 중

$f(x)=x^4-8x^3+18x^2-27$일 때, $f(3.1)$의 값은?

① 0.0021   ② 0.0031   ③ 0.0041
④ 0.0051   ⑤ 0.0061

0229

그림과 같이 세 모서리의 길이가 각각 x, x, $x+3$인 직육면체 모양에 한 모서리의 길이가 1인 정육면체 모양의 구멍이 두 개 있는 나무 블록이 있다. 세 정수 a, b, c에 대하여 이 나무 블록의 부피를 $(x+a)(x^2+bx+c)$로 나타낼 때, $a \times b \times c$의 값은? (단, $x>1$)

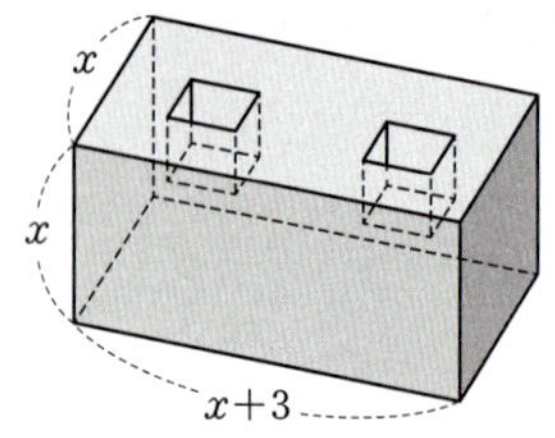

① -5 ② -4 ③ -3
④ -2 ⑤ -1

0230

2 이상의 네 자연수 a, b, c, d에 대하여
$(14^2+2\times14)^2-18\times(14^2+2\times14)+45=a\times b\times c\times d$
일 때, $a+b+c+d$의 값은?

① 56   ② 58   ③ 60
④ 62   ⑤ 64

0231

부피가 $\pi(x^3+8x^2+20x+16)$인 원기둥의 밑면의 반지름의 길이와 높이가 각각 x의 계수가 1인 일차식일 때, 이 원기둥의 겉넓이는? (단, $x>0$)

① $4\pi(x+1)(x+2)$ ② $4\pi(x+1)(x+3)$
③ $4\pi(x+1)(x+4)$ ④ $4\pi(x+2)(x+3)$
⑤ $4\pi(x+2)(x+4)$

0232 빈출

삼각형의 세 변의 길이 a, b, c에 대하여
$$b^3-c^3-b^2c+bc^2+a^2b-a^2c=0$$
이 성립할 때, 이 삼각형은 어떤 삼각형인가?

① 정삼각형
② $a=b$인 이등변삼각형
③ $b=c$인 이등변삼각형
④ 빗변의 길이가 a인 직각삼각형
⑤ 빗변의 길이가 c인 직각삼각형

0233 중

오른쪽 그림과 같이 높이가 $2x+2$이고 부피가 $8x^3-16x^2-8x+16$인 직육면체가 있다. 이 직육면체의 밑면의 가로의 길이와 세로의 길이가 모두 x의 계수가 2인 일차식일 때, 이 직육면체에 들어갈 수 있는 가장 큰 구의 반지름의 길이는? (단, $x>2$)

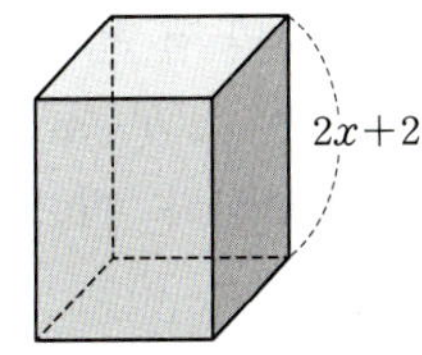

① $x-2$
② $x-1$
③ $x+1$
④ $x+2$
⑤ $x+3$

0234 상

삼각형의 세 변의 길이 a, b, c에 대하여
$$a^3+b^3+c^3=ab(a+b)-bc(b+c)+ca(c+a)$$
가 성립할 때, 이 삼각형에 대하여 다음 중 옳은 것은?

① 정삼각형이다.
② $a=c$인 이등변삼각형이다.
③ $b=c$인 이등변삼각형이다.
④ 빗변의 길이가 a인 직각삼각형이다.
⑤ 빗변의 길이가 c인 직각삼각형이다.

0235 상

넓이가 각각 x^3+ax^2+2x, x^2+4x+a, $x^3+x^2-2x+4a$인 세 직사각형 A, B, C가 오른쪽 그림과 같이 맞대어 있다. 직사각형 A의 세로의 길이가 $x(x+2)$, 직사각형 C의 가로의 길이가 x^2+bx+c일 때, 상수 a, b, c에 대하여 $a+b+c$의 값을 구하시오.

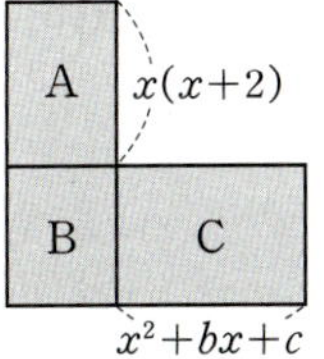

0236 상

다항식 $f(x)=x^4-x^3+x^2-2x+1$에 대하여 $f(101)$의 값의 각 자리의 숫자의 합은?

① 5
② 6
③ 7
④ 8
⑤ 9

0237 상
| 서술형 |

7^6-1이 자연수 n으로 나누어떨어질 때, 다음 물음에 답하시오.

(1) x^6-1을 인수분해하시오.
(2) 7^6-1이 2 이상의 한 자리의 자연수 n으로 나누어떨어질 때, n의 개수를 구하시오.
(3) 7^6-1이 두 자리의 자연수 n으로 나누어떨어질 때, n의 개수를 구하시오.

0238 상

다항식 $x^3-3abx+a^3+b^3$이 $x-c$로 나누어떨어진다. 세 변의 길이가 a, b, c인 삼각형의 둘레의 길이가 12일 때, 이 삼각형의 넓이는?

① $2\sqrt{3}$ ② $4\sqrt{3}$ ③ $6\sqrt{3}$
④ $8\sqrt{3}$ ⑤ $10\sqrt{3}$

0239 상

삼각형의 세 변의 길이 a, b, c에 대하여
$$a^3+a^2b-ac^2+ab^2+b^3-bc^2=0$$
이 성립한다. 이 삼각형의 넓이가 30일 때, ab의 값을 구하시오.

0240 상
| 서술형 |

다음 그림과 같이 찰흙으로 만든 두 직육면체 A, B를 합하여 새로운 직육면체 C를 만들었다. 직육면체 A의 밑면의 가로의 길이, 세로의 길이, 높이가 각각 a, b, c이고, 직육면체 B의 밑면의 가로의 길이, 세로의 길이, 높이가 각각 $a+b$, $b+c$, $c+a$이다. 직육면체 C의 밑면의 가로의 길이가 $a+b+c$, 높이가 1일 때, 직육면체 C의 밑면의 세로의 길이를 구하시오.

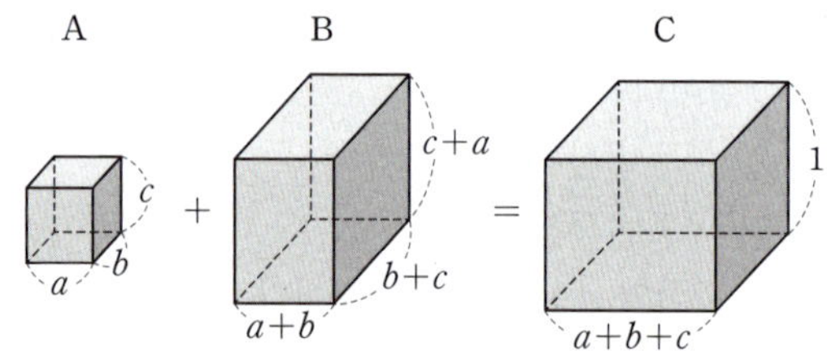

최고수준 도전 기출

0241

a, b가 정수이고, n이 10 이상 50 이하의 자연수일 때, 다항식 $x^3+(ab-1)x-n$ 중에서 $(x+1)(x-a)(x-b)$ 꼴로 인수분해되는 다항식의 개수는?

① 2 　　② 4 　　③ 6
④ 8 　　⑤ 10

0242

$f(x, y, z)=x^3+y^3+z^3-3xyz$에 대하여 $f(a, b, c)=1$일 때, $f(2b+2c-a, 2c+2a-b, 2a+2b-c)$의 값은?

① 18 　　② 21 　　③ 24
④ 27 　　⑤ 30

0243

두 자연수 a, b에 대하여 일차식 $x-a$를 인수로 가지는 다항식 $P(x)=x^4-290x^2+b$가 다음 조건을 만족시킬 때, 모든 다항식 $P(x)$의 개수를 구하시오.

> 계수와 상수항이 모두 정수인 서로 다른 세 개의 다항식의 곱으로 인수분해된다.

0244

세 변의 길이가 a, b, c인 삼각형 ABC가 다음 조건을 만족시킬 때, 삼각형 ABC의 넓이를 구하시오.

> (가) $a+5b=5c$
> (나) 삼각형 ABC의 둘레의 길이는 32이다.
> (다) $a^3+2a^2c+ac^2=ab^2+b^2c+bc^2+abc$

04 복소수

1 복소수

☑ 필수 기출 1, 3

(1) 허수단위 i

제곱하여 -1이 되는 수를 i로 나타내고, 이것을 허수단위라 한다.

$$i^2=-1, \ \text{즉} \ i=\sqrt{-1}$$

(2) 복소수

실수 a, b에 대하여 $a+bi$ 꼴로 나타내어지는 수를 복소수라 하고, a를 ❶   , b를 ❷   이라 한다.

복소수 $a+bi$ (a, b는 실수)는 다음과 같이 분류할 수 있다.

$$\Rightarrow \text{복소수} \ a+bi \begin{cases} \text{실수} \ a & (b=0) \\ \text{허수} \begin{cases} \text{순허수} \ bi & (a=0, \ b\neq 0) \\ \text{순허수가 아닌 허수} \ a+bi & (a\neq 0, \ b\neq 0) \end{cases} \end{cases}$$

(3) 복소수가 서로 같을 조건

두 복소수 $a+bi$, $c+di$ (a, b, c, d는 실수)에 대하여

① $a+bi=c+di$이면 $a=c$, $b=d$

② $a+bi=0$이면 $a=0$, $b=0$

예 실수 x, y에 대하여

　① $2+xi=y-3i$이면 $x=-3, y=2$

　② $x-2+(y+1)i=0$이면

　　$x-2=0, y+1=0$　　∴ $x=2, y=-1$

📎 기출 PICK

복소수가 실수 또는 순허수가 되는 조건

$z=a+bi$ (a, b는 실수)에 대하여

① z가 실수 $\Rightarrow b=0$

② z가 순허수 $\Rightarrow a=0, b\neq 0$

③ z^2이 실수 $\Rightarrow z$가 실수 또는 순허수 $\Rightarrow a=0$ 또는 $b=0$

④ z^2이 양의 실수 $\Rightarrow z$는 0이 아닌 실수 $\Rightarrow a\neq 0, b=0$

⑤ z^2이 음의 실수 $\Rightarrow z$가 순허수 $\Rightarrow a=0, b\neq 0$

2 켤레복소수

☑ 필수 기출 1~4

복소수 $a+bi$ (a, b는 실수)에 대하여 허수부분의 부호를 바꾼 복소수 ❸   를 $a+bi$의 켤레복소수라 하고, 기호로 $\overline{a+bi}$와 같이 나타낸다.

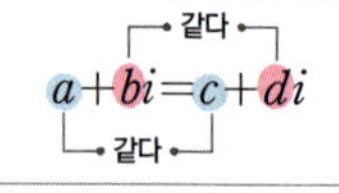

3 복소수의 사칙연산

☑ 필수 기출 1~5

(1) 복소수의 사칙연산

a, b, c, d가 실수일 때

① $(a+bi)+(c+di)=(a+c)+(b+d)i$

② $(a+bi)-(c+di)=(a-c)+(b-d)i$

③ $(a+bi)(c+di)=(ac-bd)+(ad+bc)i$

④ $\dfrac{a+bi}{c+di}=\dfrac{(a+bi)(c-di)}{(c+di)(c-di)}=\dfrac{ac+bd}{c^2+d^2}+\dfrac{bc-ad}{c^2+d^2}i$ (단, $c+di\neq 0$)

답: ❶ 실수부분 　❷ 허수부분 　❸ $a-bi$

> **참고** 세 복소수 z_1, z_2, z_3에 대하여 다음이 성립한다.
> ① 교환법칙: $z_1+z_2=z_2+z_1$, $z_1z_2=z_2z_1$
> ② 결합법칙: $(z_1+z_2)+z_3=z_1+(z_2+z_3)$, $(z_1z_2)z_3=z_1(z_2z_3)$
> ③ 분배법칙: $z_1(z_2+z_3)=z_1z_2+z_1z_3$, $(z_1+z_2)z_3=z_1z_3+z_2z_3$

(2) 켤레복소수의 성질

두 복소수 z_1, z_2와 그 켤레복소수 $\overline{z_1}$, $\overline{z_2}$에 대하여

① $z_1+\overline{z_1}$, $z_1\overline{z_1}$는 실수이다.

② $\overline{z_1+z_2}=\overline{z_1}+\overline{z_2}$, $\overline{z_1-z_2}=\overline{z_1}-\overline{z_2}$

③ $\overline{z_1z_2}=\overline{z_1}\times\overline{z_2}$, $\overline{\left(\dfrac{z_1}{z_2}\right)}=\dfrac{\overline{z_1}}{\overline{z_2}}$ (단, $z_2\neq0$)

(3) i의 거듭제곱

허수단위 i에 대하여 i, $i^2=-1$, $i^3=-i$, $i^4=1$, …이므로

① $i^{4k+1}=i$, $i^{4k+2}=-1$, $i^{4k+3}=-i$, $i^{4k+4}=1$ (단, k는 음이 아닌 정수)

② $i+i^2+i^3+i^4=0$

$$\dfrac{1}{i}+\dfrac{1}{i^2}+\dfrac{1}{i^3}+\dfrac{1}{i^4}=\boxed{❹}$$

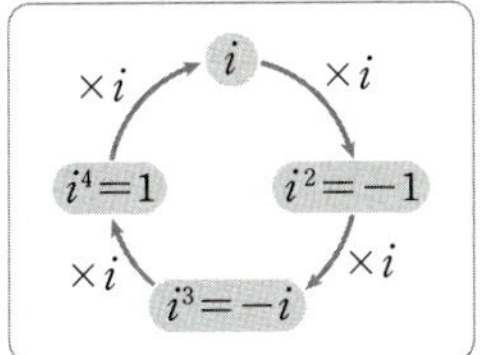

📎 기출 PICK

복소수의 거듭제곱

복소수 z에 대하여 z^n(n은 자연수)의 값을 구할 때는 다음을 이용하여 z 또는 z^2을 ai(a는 실수) 꼴로 나타낸 후 i의 거듭제곱을 이용한다.

① $\left(\dfrac{1+i}{1-i}\right)^n$, $\left(\dfrac{1-i}{1+i}\right)^n$ 꼴이 주어지면 각각 $\dfrac{1+i}{1-i}=i$, $\dfrac{1-i}{1+i}=-i$임을 이용한다.

② $(1+i)^n$, $(1-i)^n$ 꼴이 주어지면 각각 $(1+i)^2=2i$, $(1-i)^2=-2i$임을 이용한다.

③ $\left(\dfrac{1+i}{\sqrt{2}}\right)^n$, $\left(\dfrac{1-i}{\sqrt{2}}\right)^n$ 꼴이 주어지면 각각 $\left(\dfrac{1+i}{\sqrt{2}}\right)^2=i$, $\left(\dfrac{1-i}{\sqrt{2}}\right)^2=-i$임을 이용한다.

🟥4 음수의 제곱근

 ☑ **필수 기출 6**

(1) 음수의 제곱근

$a>0$일 때

① $\sqrt{-a}=\sqrt{a}\,i$

② $-a$의 제곱근은 $\pm\sqrt{a}\,i$이다.

예 -4의 제곱근은 $\pm\sqrt{4}\,i$, 즉 $\pm2i$이다.

(2) 음수의 제곱근의 성질

① $a<0$, $b<0$이면 $\sqrt{a}\sqrt{b}=-\sqrt{ab}$

그 외의 경우, 즉 $a\geq0$ 또는 $b\geq0$이면 $\sqrt{a}\sqrt{b}=\sqrt{ab}$

② $a>0$, $b<0$이면 $\dfrac{\sqrt{a}}{\sqrt{b}}=-\sqrt{\dfrac{a}{b}}$

그 외의 경우, 즉 $a\leq0$ 또는 $b>0$이면 $\dfrac{\sqrt{a}}{\sqrt{b}}=\sqrt{\dfrac{a}{b}}$

> **참고** 0이 아닌 두 실수 a, b에 대하여 다음이 성립한다.
> ① $\sqrt{a}\sqrt{b}=-\sqrt{ab}$이면 $a<0$, $b<0$
> ② $\dfrac{\sqrt{a}}{\sqrt{b}}=-\sqrt{\dfrac{a}{b}}$이면 $a>0$, $b<0$

답: ❹ 0

1 복소수의 뜻과 사칙연산

0245 하

다음 복소수 중 실수의 개수를 a, 순허수의 개수를 b, 순허수가 아닌 허수의 개수를 c라 할 때, $2a+3b-c$의 값은?

$$5-\sqrt{5}i, \quad 3+i, \quad \sqrt{13}-\sqrt{2}, \quad -36i, \quad \pi-3.14$$
$$-2+2i, \quad 16i, \quad -2i+2, \quad 0, \quad \frac{i}{2}-1$$

① -2 ② -1 ③ 1
④ 4 ⑤ 7

☆빈출 0246 하

복소수 $(x^2-5x-6)+(x+3)i$의 실수부분이 0일 때, 모든 실수 x의 값의 합은?

① -1 ② 1 ③ 3
④ 5 ⑤ 6

0247 하   [학평 기출]

등식 $3x+(2+i)y=1+2i$를 만족시키는 두 실수 x, y에 대하여 $x+y$의 값은? (단, $i=\sqrt{-1}$)

① 1 ② 2 ③ 3
④ 4 ⑤ 5

0248 하

다음 중 옳지 <u>않은</u> 것은?

① $(3-2i)+(1+5i)=4+3i$
② $(-4+3i)-(3-4i)=-7+7i$
③ $(2+\sqrt{5}i)(2-\sqrt{5}i)=-1$
④ $(4+7i)(3-5i)=47+i$
⑤ $\dfrac{7+i}{1+i}=4-3i$

☆빈출 0249 하   [학평 기출]

$(3+ai)(2-i)=13+bi$를 만족시키는 두 실수 a, b에 대하여 $a+b$의 값을 구하시오. (단, $i=\sqrt{-1}$이다.)

0250 중

다음 보기에서 옳은 것만을 있는 대로 고른 것은?

보기
ㄱ. $1-3i$는 복소수이지만 허수는 아니다.
ㄴ. $\sqrt{3}$은 실수이지만 복소수는 아니다.
ㄷ. $2+2i>1+i$
ㄹ. 허수의 제곱은 항상 음수이다.
ㅁ. 복소수와 그 켤레복소수의 합과 곱은 항상 실수이다.

① ㄴ   ② ㅁ   ③ ㄴ, ㅁ
④ ㄱ, ㄷ, ㄹ   ⑤ ㄷ, ㄹ, ㅁ

0251 ^중 학평 기출

복소수 $\dfrac{a+3i}{2-i}$ 의 실수부분과 허수부분의 합이 3일 때, 실수 a의 값은? (단, $i=\sqrt{-1}$)

① 1   ② 2   ③ 3
④ 4   ⑤ 5

0252 ^중

★ 빈출

$\dfrac{1-i}{1+i}-2(i+2)+i^2=a+bi$ 일 때, 실수 a, b에 대하여 $a-b$의 값은?

① -8 ② -5 ③ -2
④ 2 ⑤ 8

0253 ^중

$\alpha=1+3i$, $\beta=2-i$에 대하여 다음을 계산하여 $a+bi$ 꼴로 나타낼 때, a의 값이 가장 작은 것은?

(단, a, b는 실수)

① $\alpha+\beta$ ② $\beta-\alpha$ ③ $\dfrac{\beta}{\alpha}$
④ β^2 ⑤ $(\alpha-1)(\beta-1)$

0254 ^중

두 복소수 $z=5+3i$, $\omega=4-i$에 대하여
$\dfrac{1}{z}+\dfrac{1}{\omega}=a+bi$일 때, 실수 a, b에 대하여 $a+b$의 값은?

(단, $\bar{z}$는 z의 켤레복소수)

① $\dfrac{15}{34}$ ② $\dfrac{8}{17}$ ③ $\dfrac{1}{2}$
④ $\dfrac{9}{17}$ ⑤ $\dfrac{19}{34}$

0255 ^중

$(4+i)-\overline{(3-2i)}(1-i)+\dfrac{1-7i}{1-2i}=a+bi$일 때, 실수 a, b에 대하여 $a+b$의 값은?

① -1 ② 0 ③ 3
④ 5 ⑤ 7

0256 ^중 | 서술형 |

등식 $y+xyi-\dfrac{1}{2}=3i+x$를 만족시키는 실수 x, y에 대하여 x^3-y^3의 값을 구하시오.

0257 ^중

두 복소수 α, β에 대하여
$$\alpha\triangle\beta=\alpha\beta+\dfrac{\alpha}{\beta}i\,(\beta\neq0)$$
라 할 때, $(1-3i)\triangle(1+i)$의 값은?

① $-6-4i$ ② $-6-3i$ ③ $6-3i$
④ $6+3i$ ⑤ $6+4i$

0258 중

두 복소수 $z_1 = (1-i)^2$, $z_2 = \dfrac{\sqrt{2}+2i}{\sqrt{2}-2i}$ 에 대하여 $z_1 z_2$의

실수부분을 a, 허수부분을 b라 할 때, $\dfrac{a}{b}$의 값은?

① $\sqrt{2}$ ② $\sqrt{3}$ ③ 2

④ $2\sqrt{2}$ ⑤ 3

★빈출
0259 중

등식 $\dfrac{x}{1+3i} + \dfrac{y}{1-3i} = \dfrac{9}{2+i}$ 를 만족시키는 실수 x, y에 대하여 xy의 값을 구하시오.

0260 중

등식 $x(2-i)^2 - y(3+i) = \overline{3y-(5-2x)i}$ 를 만족시키는 실수 x, y에 대하여 $x+y$의 값은?

① -5 ② -3 ③ -1

④ 1 ⑤ 3

0261 상

복소수 $z = a+bi$ (a, b는 0이 아닌 실수)에 대하여

$$iz = \bar{z}$$

일 때, 보기에서 옳은 것만을 있는 대로 고른 것은?

(단, $i = \sqrt{-1}$이고, $\bar{z}$는 z의 켤레복소수이다.)

| 보기 |

ㄱ. $z + \bar{z} = -2b$ ㄴ. $i\bar{z} = -z$

ㄷ. $\dfrac{\bar{z}}{z} + \dfrac{z}{\bar{z}} = 0$

① ㄱ   ② ㄷ   ③ ㄱ, ㄴ

④ ㄴ, ㄷ   ⑤ ㄱ, ㄴ, ㄷ

0262 상

0이 아닌 두 실수 a, b에 대하여 $f(a, b) = \dfrac{a-bi}{a+bi}$ 라 할 때,

$$f(1, 2) + f(2, 4) + f(3, 6) + \cdots + f(50, 100)$$

의 값은?

① $-30-40i$ ② $-30+40i$ ③ $50-60i$

④ $50+60i$ ⑤ $60-70i$

0263 상

복소수 0, i, $-2i$, $3i$, $-4i$, $5i$가 적힌 다트판에 3개의 다트를 던져 맞히는 게임이 있다. 3개의 다트를 모두 다트판에 맞혔을 때, 얻을 수 있는 세 복소수를 a, b, c라 하자. $a^2 - bc$의 최솟값은?

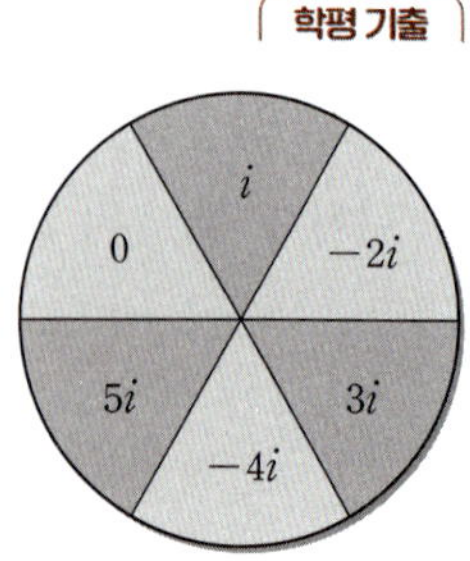

(단, $i = \sqrt{-1}$이고 경계에 맞는 경우는 없다.)

① -49 ② -47 ③ -45

④ -43 ⑤ -41

2 복소수가 주어질 때의 식의 값 구하기

0264 (하) 학평 기출

복소수 $z=2+\sqrt{2}i$에 대하여 z^2-4z의 값은?

(단, $i=\sqrt{-1}$)

① -12 ② -10 ③ -8
④ -6 ⑤ -4

0265 (하) 학평 기출

복소수 $z=2+i$의 켤레복소수가 $\bar{z}$일 때, $z+i\bar{z}$의 값은?

(단, $i=\sqrt{-1}$)

① $1-3i$ ② $1+i$ ③ $1+3i$
④ $3-i$ ⑤ $3+3i$

0266 (중)

$x=1-i$, $y=1+i$일 때, $\dfrac{y}{x}+\dfrac{x}{y}$의 값은?

① -4 ② -2 ③ 0
④ 2 ⑤ 4

★빈출 0267 (중)

$x=\dfrac{1+\sqrt{3}i}{2}$, $y=\dfrac{1-\sqrt{3}i}{2}$일 때, x^3+y^3의 값은?

① -3 ② -2 ③ 2
④ 3 ⑤ 4

★빈출 0268 (중)

$z=1+i$일 때, $\dfrac{z+1}{z}+\dfrac{\bar{z}+1}{\bar{z}}$의 값은?

(단, $\bar{z}$는 z의 켤레복소수)

① -1 ② 0 ③ 3
④ $-2+i$ ⑤ $2+i$

0269 (중)

두 복소수 α, β에 대하여 $\bar{\alpha}\beta=1$, $\beta+\dfrac{1}{\bar{\beta}}=3i$일 때,

$\alpha+\dfrac{1}{\bar{\alpha}}$의 값은? (단, $\bar{\alpha}$, $\bar{\beta}$는 각각 α, β의 켤레복소수)

① $-3i$ ② $-i$ ③ i
④ $3i$ ⑤ $6i$

0270 중

$z=\dfrac{10}{3-i}$일 때, $z+\bar{z}-z\bar{z}$의 값은?

(단, $\bar{z}$는 z의 켤레복소수)

① -4 ② -2 ③ 2

④ 4 ⑤ 8

두 복소수 $\alpha=2-3i$, $\beta=3+2i$와 그 켤레복소수 $\bar{\alpha}$, $\bar{\beta}$에 대하여 $\alpha\bar{\alpha}-\bar{\alpha}\beta-\alpha\bar{\beta}+\beta\bar{\beta}$의 값은?

① $-1-26i$ ② $-1+26i$ ③ 26

④ $26-i$ ⑤ $26+i$

빈출
0271 중 〔 학평 기출 〕

$x=-2+3i$, $y=2+3i$일 때, $x^3+x^2y-xy^2-y^3$의 값은?
(단, $i=\sqrt{-1}$)

① 144 ② 150 ③ 156

④ 162 ⑤ 168

0274 중

두 복소수 $\alpha=\dfrac{5}{1-2i}$, $\beta=\dfrac{5}{2+i}$와 그 켤레복소수 $\bar{\alpha}$, $\bar{\beta}$에 대하여 $\bar{\alpha}\alpha+\alpha\bar{\beta}+\bar{\alpha}\beta+\beta\bar{\beta}$의 값을 구하시오.

0272 중 〔 학평 기출 〕

$x=2+i$, $y=2-i$일 때, $x^4+x^2y^2+y^4$의 값은?
(단, $i=\sqrt{-1}$이다.)

① 9 ② 10 ③ 11

④ 12 ⑤ 13

0275 중 | 서술형 |

$a=\dfrac{2}{1+i}$, $b=\dfrac{2}{1-i}$일 때, a^3+b^3+ab의 값을 구하시오.

0276 중

복소수 $\alpha=\dfrac{1+\sqrt{3}\,i}{2}$에 대하여 $z=\dfrac{\alpha+3}{\alpha-1}$일 때, $z\bar{z}$의 값은?

(단, $\bar{z}$는 z의 켤레복소수)

① 7 ② 9 ③ 11
④ 13 ⑤ 15

★빈출
0277 중

$z=\dfrac{2+\sqrt{5}\,i}{2-\sqrt{5}\,i}$일 때, $81z^2+18z+11$의 값은?

① -90 ② -80 ③ -70
④ 80 ⑤ 90

0278 중

| 서술형 |

$x=\dfrac{1-\sqrt{3}\,i}{2}$일 때, x^3-x^2-x+1의 값을 구하시오.

0279 중

$x=\dfrac{2-i}{1+i}$일 때, $\dfrac{2x^3-4x^2+3x}{2x^2-2x+2}$의 값은?

① $-3-6i$ ② $-1-2i$ ③ $1+2i$
④ $1+3i$ ⑤ $3+6i$

0280 중

복소수 z에 대하여 $\bar{z}^2=-1+4i$일 때, $z^4+3z^2+20=a+bi$이다. 실수 a, b에 대하여 $a+b$의 값은? (단, $\bar{z}$는 z의 켤레복소수)

① -4 ② -2 ③ 0
④ 2 ⑤ 4

0281 상

복소수 z에 대하여 $z^2=-1+3i$일 때, $z^4+2z^3+2z^2+4z+\dfrac{20}{z}$의 값은?

① -12 ② -10 ③ -8
④ 8 ⑤ 10

0282 하

복소수 $z=x(1-2i)+3(2+i)$가 순허수가 되도록 하는 실수 x의 값은?

① -8 ② -6 ③ -4
④ -2 ⑤ 2

0283 하

복소수 $z=i(x-i)^2$이 실수가 되도록 하는 모든 실수 x의 값의 합은?

① 0 ② 1 ③ 2
④ 3 ⑤ 4

0284 중

0이 아닌 복소수 z와 그 켤레복소수 $\bar{z}$에 대하여 다음 중 옳지 <u>않은</u> 것은?

① $\bar{z}$의 켤레복소수는 z이다.
② $z+\bar{z}$는 실수이다.
③ $z\bar{z}$는 실수이다.
④ $z+\bar{z}=0$을 만족시키는 z는 실수이다.
⑤ z가 허수일 때, $\dfrac{1}{z}-\dfrac{1}{\bar{z}}$은 순허수이다.

0285 중

복소수 $z=a(a-i)-2a-2-(1+i)$가 순허수가 되도록 하는 실수 a의 값을 α, 그때의 z의 값을 β라 할 때, $\alpha^2+\beta^2$의 값은?

① -7 ② -5 ③ 0
④ 9 ⑤ 25

0286 빈출 중

복소수 $z=k(1+2i)-3+4i$에 대하여 z^2이 실수가 되도록 하는 모든 실수 k의 값의 곱은?

① -8 ② -6 ③ -2
④ 3 ⑤ 6

0287 빈출 중

복소수 $z=(1+i)x^2-(1+2i)x-2-3i$에 대하여 z^2이 음의 실수가 되도록 하는 실수 x의 값을 구하시오.

0288 중

복소수 $z=2+ai(i-1)$에 대하여 z^2이 음의 실수일 때, z^6의 값은? (단, a는 실수)

① -64 ② -36 ③ -27
④ -9 ⑤ -8

0289 중 | 서술형 |

복소수 $z=(a+2i)(a-3i)+a^2(i-2)-5$에 대하여 z^2이 양의 실수가 되도록 하는 실수 a의 값을 구하시오.

0290 중

빈출

복소수 z와 그 켤레복소수 $\overline{z}$에 대하여 보기에서 옳은 것만을 있는 대로 고른 것은?

┤ 보기 ├

ㄱ. $z+\overline{z}+z\overline{z}$는 실수이다.
ㄴ. $\overline{z}$가 순허수이면 z도 순허수이다.
ㄷ. $z\overline{z}=0$이면 $z=0$이다.
ㄹ. $z^2+\overline{z}^2=0$이면 $z=0$이다.

① ㄱ, ㄴ　　② ㄱ, ㄷ　　③ ㄴ, ㄹ
④ ㄱ, ㄴ, ㄷ　　⑤ ㄴ, ㄷ, ㄹ

0291 중

실수가 아닌 복소수 z에 대하여 $(z-1)^2$이 실수일 때, 다음 중 옳지 <u>않은</u> 것은? (단, $\overline{z}$는 z의 켤레복소수)

① $z-1$의 실수부분은 0이다.
② $(z-1)^2<0$
③ $z+\overline{z}=2$
④ $(z+1)^2=(\overline{z}+1)^2$
⑤ $(\overline{z}-1)^2$도 실수이다.

0292 중

실수가 아닌 두 복소수 z, ω와 그 켤레복소수 $\overline{z}$, $\overline{\omega}$에 대하여 $\overline{z}+\omega=0$이 성립할 때, 보기에서 항상 실수인 것의 개수는?

┤ 보기 ├

ㄱ. $z+\overline{\omega}$　　　　ㄴ. $i(z+\omega)$
ㄷ. $\overline{z}\omega$　　　　ㄹ. $\dfrac{\overline{\omega}}{z}$

① 0　　　　② 1　　　　③ 2
④ 3　　　　⑤ 4

0293 상 학평 기출

5 이하의 두 자연수 m, n에 대하여 복소수 z를 $z=(m-n)+(m+n-4)i$라 하자. z^2이 실수가 되도록 하는 m, n의 모든 순서쌍 (m, n)의 개수는?

(단, $i=\sqrt{-1}$)

① 5　　　　② 7　　　　③ 9
④ 11　　　⑤ 13

0294 상

두 복소수 z_1, z_2와 그 켤레복소수 $\overline{z_1}$, $\overline{z_2}$에 대하여 보기에서 옳은 것만을 있는 대로 고른 것은?

┤ 보기 ├

ㄱ. $z_1=\overline{z_2}$이면 z_1+z_2는 실수이다.
ㄴ. $z_1=\overline{z_2}$일 때, $z_1z_2=0$이면 $z_2=0$이다.
ㄷ. $z_1^2+z_2^2=0$이면 $z_1=0$이고 $z_2=0$이다.
ㄹ. $z_1\overline{z_1}=1$이면 $\overline{z_1}-\dfrac{1}{z_1}$은 실수이다.
ㅁ. $\overline{z_1}^2$이 실수이면 z_1도 실수이다.

① ㄱ, ㄴ　　② ㄴ, ㄹ　　③ ㄷ, ㅁ
④ ㄱ, ㄴ, ㄹ　　⑤ ㄷ, ㄹ, ㅁ

★빈출
0295 중

복소수 z와 그 켤레복소수 $\bar{z}$에 대하여
$$z+\bar{z}=6, \quad z\bar{z}=10$$
일 때, 복소수 z는?

① $-3-i$ 또는 $-3+i$
② $-1-3i$ 또는 $-1+3i$
③ $1-i$ 또는 $1+i$
④ $1-3i$ 또는 $1+3i$
⑤ $3-i$ 또는 $3+i$

0296 중 | 학평 기출

복소수 z에 대하여 등식 $3z-2\bar{z}=5+10i$가 성립할 때, $z\bar{z}$의 값을 구하시오.
(단, $\bar{z}$는 z의 켤레복소수이고, $i=\sqrt{-1}$이다.)

★빈출
0297 중 | 서술형 |

복소수 z와 그 켤레복소수 $\bar{z}$에 대하여
$$3(z-\bar{z})+10=z\bar{z}+6i$$
가 성립할 때, 복소수 z를 구하시오.

0298 중 | 학평 기출

실수부분이 1인 복소수 z에 대하여
$$\frac{z}{2+i}+\frac{\bar{z}}{2-i}=2$$
일 때, $z\bar{z}$의 값은?
(단, $i=\sqrt{-1}$이고, $\bar{z}$는 z의 켤레복소수이다.)

① 2　　② 4　　③ 6
④ 8　　⑤ 10

0299 중

등식 $(1-i)z+(1+i)\bar{z}=10$을 만족시키는 복소수 z가 될 수 있는 것만을 보기에서 있는 대로 고른 것은?
(단, $\bar{z}$는 z의 켤레복소수)

보기
ㄱ. $8-3i$　　　ㄴ. $-2+7i$
ㄷ. $3+2i$　　　ㄹ. $1+3i$

① ㄱ, ㄴ　　② ㄴ, ㄷ　　③ ㄷ, ㄹ
④ ㄱ, ㄴ, ㄷ　　⑤ ㄴ, ㄷ, ㄹ

0300 중 | 학평 기출

복소수 $z=x^2-(5-i)x+4-2i$에 대하여 $\bar{z}=-z$를 만족시키는 모든 실수 x의 값의 합은?
(단, $i=\sqrt{-1}$이고, $\bar{z}$는 z의 켤레복소수이다.)

① 1　　② 2　　③ 3
④ 4　　⑤ 5

0301 중

복소수 z와 그 켤레복소수 $\bar{z}$가 다음 조건을 만족시킬 때, $\dfrac{1}{2}(z+\bar{z})$의 값은?

> (가) $z+(1-i)$는 양의 실수이다.
> (나) $z\bar{z}=7$

① 2   ② $\sqrt{5}$ ③ $\sqrt{6}$
④ 3   ⑤ 4

0302 중

복소수 z와 그 켤레복소수 $\bar{z}$에 대하여
$$\overline{z+\bar{z}i}=z+1+2i$$
가 성립할 때, $z^2+\bar{z}^2$의 값은?

① 16   ② 24   ③ 30
④ 32   ⑤ 34

0303 중

| 서술형 |

실수가 아닌 복소수 z와 그 켤레복소수 $\bar{z}$에 대하여 $z^2=\bar{z}$가 성립할 때, $(1+z)(1+\bar{z})$의 값을 구하시오.

0304 상

0이 아닌 임의의 복소수 z에 대하여 $-z=\dfrac{1}{z}$을 만족시키는 복소수 z의 개수는?

① 1   ② 2   ③ 3
④ 4   ⑤ 5

0305 상

허수 z에 대하여 $\dfrac{z}{z^2+1}$가 실수일 때, $z\bar{z}$의 값을 구하시오. (단, $\bar{z}$는 z의 켤레복소수, $z^2+1\neq0$)

0306 상

허수 z에 대하여 $z+\dfrac{1}{z}$이 실수일 때, $\dfrac{(z+\bar{z})^2-(z-\bar{z})^2}{4}$의 값을 구하시오.

(단, $\bar{z}$는 z의 켤레복소수)

0307 (상)

두 복소수

$$z_1 = a + bi, \ z_2 = c + di$$

에 대하여 a, b, c, d는 자연수이고 $z_1\overline{z_1} = 10$일 때, 보기에서 옳은 것만을 있는 대로 고른 것은?

(단, $i = \sqrt{-1}$ 이고, $\overline{z}$는 복소수 z의 켤레복소수이다.)

보기
ㄱ. $a^2 + b^2 = 10$
ㄴ. $z_1 + \overline{z_2} = 3$이면 $c + d = 5$이다.
ㄷ. $(z_1 + z_2)(\overline{z_1 + z_2}) = 41$이면 $z_2\overline{z_2}$의 최댓값은 17이다.

① ㄱ   ② ㄱ, ㄴ   ③ ㄱ, ㄷ

④ ㄴ, ㄷ   ⑤ ㄱ, ㄴ, ㄷ

0308 (상)

다음 조건을 만족시키는 복소수 z가 존재하도록 하는 모든 실수 k의 값의 곱은? (단, $\overline{z}$는 z의 켤레복소수이다.)

(가) $\overline{z} = -z$
(나) $z^2 + (k^2 - 3k - 4)z + (k^2 + 2k - 8) = 0$

① -32 ② -16 ③ -8

④ -4 ⑤ -2

5 복소수의 거듭제곱

0309 (하)

$i + i^2 + i^3 + i^4 + \cdots + i^{200}$을 간단히 하면?

① -1 ② 0 ③ 1

④ $-i$ ⑤ i

0310 (중)

$(1+i)^{20} - (1-i)^{20} + 2$를 간단히 하면?

① -2 ② 0 ③ 2

④ $-2i$ ⑤ $2i$

★빈출
0311 (중)

$\left(\dfrac{1-i}{1+i}\right)^{100} - \left(\dfrac{1+i}{1-i}\right)^{101}$을 간단히 하면?

① $-i$ ② i ③ $1-i$

④ $-1+i$ ⑤ $2+3i$

0312 중

$\dfrac{1}{i}+\dfrac{1}{i^2}+\dfrac{1}{i^3}+\dfrac{1}{i^4}+\cdots+\dfrac{1}{i^{99}}=a+bi$일 때, 실수 a, b에 대하여 $a-b$의 값은?

① -2 ② -1 ③ 0
④ 1 ⑤ 2

0313 중

$z=\dfrac{1-i}{1+i}$일 때, $z+z^2+z^3+\cdots+z^{10}$의 값은?

① $-1-i$ ② $-i$ ③ -1
④ $1+i$ ⑤ i

0314 중

$i+2i^2+3i^3+\cdots+1001i^{1001}=a+bi$일 때, 실수 a, b에 대하여 $a+b$의 값은?

① -500 ② 0 ③ 1
④ 500 ⑤ 1001

| 서술형 |

0315 중

$z=\dfrac{1+\sqrt{3}\,i}{2}$일 때, $z+z^2+z^3+z^4+z^5+z^6$의 값을 구하시오.

0316 중

n이 자연수일 때, $\left(\dfrac{1-i}{\sqrt{2}}\right)^{8n}+\left(\dfrac{\sqrt{2}}{1-i}\right)^{8n}$의 값은?

① -2 ② -1 ③ 0
④ 1 ⑤ 2

0317 중

자연수 n에 대하여 함수 $f(n)=i+i^2+i^3+i^4+\cdots+i^n$일 때, $f(k)=i$가 되도록 하는 100 이하의 자연수 k의 개수는?

① 21 ② 22 ③ 23
④ 24 ⑤ 25

Ⅱ. 방정식과 부등식

0318 중

복소수 $z=\dfrac{\sqrt{2}\,i}{1-i}$에 대하여 $z^n=1$을 만족시키는 자연수 n의 최솟값은?

① 2   ② 4   ③ 6
④ 8   ⑤ 10

0319 중

복소수 $z=\dfrac{2}{1+\sqrt{3}\,i}$에 대하여 $z^n=-1$을 만족시키는 200 이하의 자연수 n의 개수는?

① 29   ② 30   ③ 31
④ 32   ⑤ 33

0320 중

$z=\dfrac{1+i}{\sqrt{2}}$일 때, $\dfrac{1}{z^2}-\dfrac{1}{z^4}+\dfrac{1}{z^6}-\dfrac{1}{z^8}+\cdots+\dfrac{1}{z^{30}}$의 값은?

① $-i$ ② $1-i$ ③ 1
④ i ⑤ $1+i$

0321 상

| 서술형 |

$\left(\dfrac{1+i}{1-i}\right)^n=-i$를 만족시키는 가장 작은 자연수 n에 대하여 $\left(\dfrac{1+i}{\sqrt{2}}\right)^{6n}$의 값을 구하시오.

0322 상

학평 기출

100 이하의 자연수 n에 대하여
$$(1-i)^{2n}=2^n i$$
를 만족시키는 모든 n의 개수를 구하시오.
(단, $i=\sqrt{-1}$이다.)

0323 상

$z=\dfrac{\sqrt{2}\,i}{1+i}$일 때, $z^{1235}\times z^n=z^{88}$을 만족시키는 100 이하의 자연수 n의 개수는?

① 10   ② 11   ③ 12
④ 13   ⑤ 14

0324 상

자연수 n에 대하여

$$f(n)=i^{n+2}+\frac{n+1}{i^n}$$

일 때, $f(1)+f(2)+f(3)+\cdots+f(100)$의 값은?

① $25-25i$ ② $25+25i$ ③ $50-50i$

④ $50+25i$ ⑤ $50+50i$

0325 상   학평 기출

$\left(\dfrac{\sqrt{2}}{1+i}\right)^n+\left(\dfrac{\sqrt{3}+i}{2}\right)^n=2$를 만족시키는 자연수 n의 최

솟값을 구하시오. (단, $i=\sqrt{-1}$)

0326 상   학평 기출

실수 a에 대하여 복소수 z를 $z=a^2-1+(a-1)i$라 하자. z^2이 음의 실수일 때,

$$\left(\frac{1-i}{\sqrt{2}}\right)^n=\frac{(z-\bar{z})i}{4}$$

가 되도록 하는 100 이하의 자연수 n의 개수는?

(단, $\bar{z}$는 z의 켤레복소수이고, $i=\sqrt{-1}$ 이다.)

① 8   ② 9   ③ 10

④ 11   ⑤ 12

---

6   음수의 제곱근

빈출

0327 하

다음 중 옳지 <u>않은</u> 것은?

① $\sqrt{-2}\sqrt{3}=\sqrt{-6}$ ② $\sqrt{-2}\sqrt{-5}=-\sqrt{10}$

③ $\dfrac{\sqrt{3}}{\sqrt{-2}}=\sqrt{-\dfrac{3}{2}}$ ④ $\dfrac{\sqrt{-3}}{\sqrt{5}}=\sqrt{-\dfrac{3}{5}}$

⑤ $\dfrac{\sqrt{-3}}{\sqrt{-2}}=\sqrt{\dfrac{3}{2}}$

0328 중

$a<0$, $b<0$일 때, 다음 중 옳지 <u>않은</u> 것은?

① $\sqrt{a^3b}=-a\sqrt{ab}$ ② $\sqrt{a}\sqrt{b}=-\sqrt{ab}$

③ $\dfrac{\sqrt{a}}{\sqrt{b}}=\sqrt{\dfrac{a}{b}}$ ④ $\sqrt{\dfrac{b}{a^2}}=\dfrac{\sqrt{b}}{a}$

⑤ $\sqrt{a^2}\sqrt{b^2}=ab$

빈출

0329 중

등식 $\sqrt{\dfrac{x+2}{x-7}}=-\dfrac{\sqrt{x+2}}{\sqrt{x-7}}$를 만족시키는 정수 x의 개수는?

① 5   ② 6   ③ 7

④ 8   ⑤ 9

0330 중

$\sqrt{-3}\sqrt{-27}+2\sqrt{3}\sqrt{-9}+\dfrac{\sqrt{54}}{\sqrt{-2}}$ 를 계산하면?

① $-9-3\sqrt{3}i$ ② $-9+3\sqrt{3}i$ ③ $-3\sqrt{3}i$

④ $9-3\sqrt{3}i$ ⑤ $9+3\sqrt{3}i$

0331 중

다음 중 옳지 <u>않은</u> 것은?

① $\sqrt{-3}\sqrt{-12}+\sqrt{-27}\sqrt{3}=-6+9i$

② $\sqrt{-2}\,(\sqrt{6}-\sqrt{-32}\,)=8+2\sqrt{3}i$

③ $\dfrac{\sqrt{-16}}{\sqrt{-2}}-\sqrt{-9}\sqrt{4}=2\sqrt{2}-6i$

④ $\dfrac{\sqrt{-25}\sqrt{2}}{\sqrt{-5}}-\dfrac{\sqrt{25}}{\sqrt{-5}}=\sqrt{10}+\sqrt{5}i$

⑤ $\sqrt{-2}\sqrt{-6}-\dfrac{\sqrt{-21}}{\sqrt{-7}}=-\sqrt{3}$

0332 중

등식 $(1+2i)x+(1-i)y=-3$을 만족시키는 실수 x, y

에 대하여 $\sqrt{2x}\sqrt{y}+\dfrac{\sqrt{8x}}{\sqrt{y}}$ 의 값은?

① $-4i$ ② $-2+2i$ ③ -1

④ 0 ⑤ 1

0333 중

$0<y<x$인 두 실수 x, y에 대하여 보기에서 옳은 것만을
있는 대로 고른 것은?

> **보기**
>
> ㄱ. $\sqrt{x^2}+\sqrt{-x}\sqrt{-x}=0$
>
> ㄴ. $\sqrt{(y-x)^2}=x-y$
>
> ㄷ. $\sqrt{x}\sqrt{-y}=-\sqrt{xy}$
>
> ㄹ. $\dfrac{\sqrt{x-y}}{\sqrt{y-x}}=1$

① ㄱ   ② ㄱ, ㄴ   ③ ㄴ, ㄹ

④ ㄷ, ㄹ   ⑤ ㄴ, ㄷ, ㄹ

0334 중

$z=\sqrt{-2}\sqrt{-18}+\dfrac{\sqrt{-36}}{\sqrt{-4}}-\sqrt{-3^2}-\sqrt{(-3)^2}+ai+a$에
대하여 z^2이 실수가 되도록 하는 모든 실수 a의 값의 곱
은?

① 3 ② 6 ③ 9

④ 15 ⑤ 18

0335 중 | 서술형 |

$a<b$인 두 실수 a, b에 대하여 $\sqrt{a}\sqrt{b}=-\sqrt{ab}$일 때,

$\dfrac{\sqrt{a}}{\sqrt{-a}}-\dfrac{\sqrt{b-a}}{\sqrt{a-b}}$ 를 간단히 하시오. (단, $ab\neq0$)

0336 중

0이 아닌 두 실수 a, b에 대하여 $\sqrt{\dfrac{a}{b}}=-\dfrac{\sqrt{a}}{\sqrt{b}}$일 때, 다음 중 옳은 것은?

① $|ab|=ab$
② $\sqrt{ab^2}=b\sqrt{a}$
③ $|a-b|=-a+b$
④ $\sqrt{ab}=-\sqrt{a}\sqrt{b}$
⑤ $\sqrt{-a}\sqrt{-b}=\sqrt{ab}$

0337 중

| 서술형 |

0이 아닌 세 실수 a, b, c에 대하여 다음이 성립할 때, 물음에 답하시오.

$$\sqrt{a}\sqrt{b}=-\sqrt{ab}, \quad \frac{\sqrt{c}}{\sqrt{b}}=-\sqrt{\frac{c}{b}}$$

(1) 세 실수 a, b, c의 부호를 각각 정하시오.
(2) $\sqrt{(a+b)^2}-\sqrt{(b-c)^2}+|c-a|$를 간단히 하시오.

★빈출
0338 중

실수 x, y에 대하여 $\dfrac{\sqrt{x+1}}{\sqrt{y+2}}=-\sqrt{\dfrac{x+1}{y+2}}$일 때, $\sqrt{(x+1)^2}-\sqrt{(y+2)^2}-\sqrt{(x-y)^2}$을 간단히 하면?

(단, $x\neq-1$)

① $-2y-3$
② $-2x-3$
③ -1
④ 1
⑤ $2y+3$

0339 상

다음 조건을 만족시키는 세 실수 a, b, c의 대소 관계로 옳은 것은? (단, $a\neq-2$, $b\neq2$)

> (가) $b+c<a$
> (나) $\dfrac{\sqrt{b-2}}{\sqrt{a+2}}+\sqrt{\dfrac{b-2}{a+2}}=0$

① $a<b<c$
② $a<c<b$
③ $b<c<a$
④ $c<a<b$
⑤ $c<b<a$

0340 상

등식 $\dfrac{\sqrt{a}}{\sqrt{b}}=-\sqrt{\dfrac{a}{b}}$를 만족시키는 0이 아닌 두 실수 a, b에 대하여 $z=\sqrt{a}+\sqrt{b}$라 하자. $(2+i)z+(1-i)\bar{z}=1+i$일 때, ab의 값은? (단, $\bar{z}$는 z의 켤레복소수)

① -2
② -1
③ 0
④ 1
⑤ 2

0341 상

0이 아닌 두 실수 a, b가 다음 조건을 만족시킬 때, $a-b$의 값은?

> (가) $\sqrt{a}\sqrt{b}=-\sqrt{ab}$
> (나) $z=a^2+bi-2a-3-i$일 때 $z^2=-9$

① -2
② -1
③ 0
④ 1
⑤ 2

0342

두 복소수 z, ω가 다음 조건을 만족시킬 때, 복소수 $z\omega$의 실수부분은? (단, $\overline{z}$, $\overline{\omega}$는 각각 z, ω의 켤레복소수)

> (가) z와 ω의 실수부분의 합은 허수부분의 합과 같다.
> (나) z의 실수부분과 $\overline{\omega}$의 허수부분의 합이 6이다.
> (다) $\overline{z}-\omega$의 실수부분은 4이다.

① 6 ② 8 ③ 10
④ 12 ⑤ 14

0343

실수부분과 허수부분이 모두 0이 아닌 두 복소수 z, ω에 대하여 $z+\omega$의 실수부분과 $z\omega$의 허수부분이 모두 0일 때, 보기에서 옳은 것만을 있는 대로 고른 것은?

> **보기**
> ㄱ. $z^2+\omega^2 \geq 0$ ㄴ. $z-\omega=0$
> ㄷ. $z\omega < 0$

① ㄱ ② ㄴ ③ ㄷ
④ ㄴ, ㄷ ⑤ ㄱ, ㄴ, ㄷ

0344

$\alpha+\beta=-1$, $\alpha^2+\beta^2=3+6i$, $\alpha^3-\beta^3=13i$를 만족시키는 복소수 α, β에 대하여 $m\alpha^3+n\beta^3=-26$일 때, 실수 m, n에 대하여 $m+n$의 값을 구하시오.

0345

두 복소수 z, ω에 대하여 $z^2=3i$, $\omega^2=-3i$일 때, 보기에서 옳은 것만을 있는 대로 고른 것은?

> **보기**
> ㄱ. $(z-\omega)^2=-6$
> ㄴ. $(z+\omega)^4=36$
> ㄷ. $\dfrac{z+\omega}{z-\omega}$는 순허수이다.

① ㄱ ② ㄱ, ㄴ ③ ㄱ, ㄷ
④ ㄴ, ㄷ ⑤ ㄱ, ㄴ, ㄷ

0346

학평 기출

49 이하의 두 자연수 m, n이
$$\left\{\left(\frac{1+i}{\sqrt{2}}\right)^m - i^n\right\}^2 = 4$$
를 만족시킬 때, $m+n$의 최댓값을 구하시오.

(단, $i=\sqrt{-1}$)

0347

$\alpha = \dfrac{2}{\sqrt{3}-i}$, $\beta = \dfrac{2}{1-\sqrt{3}i}$일 때, $\alpha^m \beta^n = i$를 만족시키는 20 이하의 자연수 m, n에 대하여 $m+2n$의 최댓값은?

① 51　　　　② 53　　　　③ 55

④ 57　　　　⑤ 59

0348

실수가 아닌 복소수 z에 대하여 $\dfrac{z^2}{1+z}$이 실수일 때, 보기에서 옳은 것만을 있는 대로 고른 것은?

(단, $\bar{z}$는 z의 켤레복소수)

| 보기 |
ㄱ. $\bar{z}^2(1+z)$는 실수이다.
ㄴ. $(z+1)(\bar{z}+1)=1$
ㄷ. 복소수 z의 실수부분은 양수이다.

① ㄴ　　　　② ㄷ　　　　③ ㄱ, ㄴ

④ ㄴ, ㄷ　　　　⑤ ㄱ, ㄴ, ㄷ

0349

복소수 $z=a+bi$ (a, b는 0이 아닌 실수)에 대하여 z^2+z가 실수일 때, 보기에서 옳은 것만을 있는 대로 고른 것은? (단, $\bar{z}$는 z의 켤레복소수)

| 보기 |
ㄱ. $z+\bar{z}=1$
ㄴ. $z\bar{z} > \dfrac{1}{4}$
ㄷ. $z^6 = z^3$이 성립하면 $a^2+b^2=1$이다.

① ㄱ　　　　② ㄱ, ㄴ　　　　③ ㄱ, ㄷ

④ ㄴ, ㄷ　　　　⑤ ㄱ, ㄴ, ㄷ

05 이차방정식

❶ 이차방정식의 풀이

☑ 필수 기출 1, 8

(1) 이차방정식의 실근과 허근

계수가 실수인 이차방정식은 복소수의 범위에서 항상 근을 갖는다. 이때 실수인 근을 실근, 허수인 근을 ❶ [   ] 이라 한다.

(2) 이차방정식의 풀이

① 인수분해를 이용

x에 대한 이차방정식 $(ax-b)(cx-d)=0$의 근은

$$x=\frac{b}{a} \ \text{또는} \ x=\frac{d}{c}$$

② 근의 공식을 이용

계수가 실수인 이차방정식 $ax^2+bx+c=0$의 근은

$$x=\frac{-b\pm\sqrt{b^2-4ac}}{2a} \quad \text{← 근의 공식}$$

이때 x의 계수가 짝수인 이차방정식 $ax^2+2b'x+c=0$의 근은

$$x=\frac{-b'\pm\sqrt{\boxed{\ ❷\ }}}{a} \quad \text{← 짝수 근의 공식}$$

✎ 기출 PICK

한 근이 주어진 이차방정식

이차방정식 $ax^2+bx+c=0$의 한 근이 α이면

➡ $x=\alpha$를 $ax^2+bx+c=0$에 대입하면 등식이 성립한다.

➡ $a\alpha^2+b\alpha+c=0$

❷ 이차방정식의 근의 판별

☑ 필수 기출 2

(1) 이차방정식의 판별식

계수가 실수인 이차방정식 $ax^2+bx+c=0$에 대하여 b^2-4ac를 이 이차방정식의 ❸ [   ] 이라 하고, 기호 D로 나타낸다.

(2) 이차방정식의 근의 판별

계수가 실수인 이차방정식 $ax^2+bx+c=0$에서 $D=b^2-4ac$라 할 때

① $D>0$이면 서로 다른 두 실근을 갖는다.
② $D=0$이면 중근을 갖는다. $\left. \right\}$ $D\geq0$이면 실근을 갖는다.
③ $D<0$이면 서로 다른 두 허근을 갖는다.

✎ 기출 PICK

이차식이 완전제곱식이 될 조건

이차식 ax^2+bx+c가 완전제곱식이면

➡ 이차방정식 $ax^2+bx+c=0$이 중근을 갖는다.

➡ 이차방정식 $ax^2+bx+c=0$의 판별식을 D라 하면 $D=b^2-4ac=0$

답: ❶ 허근 ❷ b'^2-ac ❸ 판별식

3 이차방정식의 근과 계수의 관계

✅ 필수 기출 3~8

(1) 이차방정식의 근과 계수의 관계

이차방정식 $ax^2+bx+c=0$의 두 근을 α, β라 하면

$$\alpha+\beta=-\frac{b}{a},\ \alpha\beta=\frac{c}{a}$$

예 이차방정식 $2x^2+5x-6=0$의 두 근을 α, β라 하면

$$\alpha+\beta=-\frac{5}{2},\ \alpha\beta=\frac{-6}{2}=-3$$

(2) 두 수를 근으로 하는 이차방정식

두 수 α, β를 근으로 하고 x^2의 계수가 1인 이차방정식은

$$x^2-(\alpha+\beta)x+\alpha\beta=0$$

참고 두 수 α, β를 근으로 하고 x^2의 계수가 a인 이차방정식은

$$a\{x^2-(\alpha+\beta)x+\alpha\beta\}=0$$

(3) 이차식의 인수분해

이차방정식 $ax^2+bx+c=0$의 두 근을 α, β라 하면

$$ax^2+bx+c=a(x-\alpha)(x-\beta)$$

📎 **기출 PICK**

이차방정식의 근과 계수의 관계를 이용하여 식의 값 구하기

이차방정식 $ax^2+bx+c=0$의 두 근이 α, β일 때

① $\alpha^2+\beta^2$, $\alpha^3+\beta^3$, $\dfrac{\beta}{\alpha}+\dfrac{\alpha}{\beta}$ 등과 같은 식의 값을 구하는 경우

➡ 곱셈 공식의 변형

$$\alpha^2+\beta^2=(\alpha+\beta)^2-2\alpha\beta,$$
$$\alpha^3+\beta^3=(\alpha+\beta)^3-3\alpha\beta(\alpha+\beta)$$

등을 이용하여 두 근의 합, 곱을 포함한 식으로 변형한다.

② 곱셈 공식의 변형을 이용할 수 없는 식의 값을 구하는 경우

➡ $a\alpha^2+b\alpha+c=0$, $a\beta^2+b\beta+c=0$임을 이용하여 주어진 식을 간단히 한 후 이차방정식의 근과 계수의 관계를 이용한다.

두 근의 조건이 주어진 이차방정식

이차방정식의 두 근에 대한 조건이 주어지면 두 근을 다음과 같이 놓고 식을 세운 후 근과 계수의 관계를 이용하여 미정계수를 구한다.

① 두 근의 비가 $m:n$인 경우 ➡ $m\alpha, n\alpha\,(\alpha\neq0)$
② 한 근이 다른 근의 k배인 경우 ➡ $\alpha, k\alpha\,(\alpha\neq0)$
③ 두 근이 연속하는 정수인 경우 ➡ $\alpha, \alpha+1\,(\alpha$는 정수$)$
④ 두 근이 연속하는 홀수인 경우 ➡ $\alpha, \alpha+2\,(\alpha$는 홀수$)$
⑤ 두 근의 차가 k인 경우 ➡ $\alpha, \alpha+k$
⑥ 두 근의 절댓값이 같고 부호가 서로 다른 경우 ➡ $\alpha, -\alpha\,(\alpha\neq0)$

---

4 이차방정식의 켤레근의 성질

✅ 필수 기출 7

이차방정식 $ax^2+bx+c=0$에서

(1) a, b, c가 유리수일 때, $p+q\sqrt{m}$이 근이면 **❹**〔 　 〕도 근이다.

(단, p, q는 유리수, $q\neq0$, $\sqrt{m}$은 무리수)

(2) a, b, c가 실수일 때, $p+qi$가 근이면 **❺**〔 　 〕도 근이다. (단, p, q는 실수, $q\neq0$, $i=\sqrt{-1}$)

예 (1) 유리수 a, b, c에 대하여 이차방정식 $ax^2+bx+c=0$의 한 근이 $1-\sqrt{5}$이면 다른 한 근은 $1+\sqrt{5}$이다.

(2) 실수 a, b, c에 대하여 이차방정식 $ax^2+bx+c=0$의 한 근이 $1+2i$이면 다른 한 근은 $1-2i$이다.

참고 $q\neq0$일 때, $p+q\sqrt{m}$과 $p-q\sqrt{m}$, $p+qi$와 $p-qi$를 각각 켤레근이라 한다.

답: ❹ $p-q\sqrt{m}$　❺ $p-qi$

난이도별 필수 기출

1 이차방정식의 풀이

0350 하

이차방정식 $x^2+4x+7=0$의 해가 $x=a\pm\sqrt{b}\,i$일 때, 유리수 a, b에 대하여 $a-b$의 값은? (단, $i=\sqrt{-1}$)

① -6　　　② -5　　　③ -1
④ 1　　　⑤ 5

0351 하

이차방정식 $x^2-2x+a=0$의 한 근이 $3+\sqrt{2}$일 때, 상수 a의 값은?

① $-5-4\sqrt{2}$　　② $-4-4\sqrt{2}$　　③ $4+4\sqrt{2}$
④ $5+4\sqrt{2}$　　⑤ $5+5\sqrt{2}$

★빈출 0352 중

학평 기출

x에 대한 이차방정식 $x^2-3x+a=0$의 두 근이 1, b일 때, ab의 값을 구하시오. (단, a, b는 상수이다.)

0353 중

| 서술형 |

방정식 $x^2-|x|-12=0$을 푸시오.

0354 중

두 실수 a, b에 대하여 $a\circ b=ab-a-b$라 할 때, 방정식 $(x\circ x)+(4\circ x)+3=0$의 해는?

① $x=\dfrac{-1\pm\sqrt{2}}{2}$　　　② $x=\dfrac{-1\pm\sqrt{3}}{2}$

③ $x=\dfrac{-1\pm\sqrt{5}}{2}$　　　④ $x=\dfrac{1\pm\sqrt{3}}{2}$

⑤ $x=\dfrac{1\pm\sqrt{5}}{2}$

0355 중

이차방정식 $(\sqrt{2}-1)x^2-(2+\sqrt{2})x+3=0$의 유리수가 아닌 근은?

① $-2+3\sqrt{2}$　　② $-1+3\sqrt{2}$　　③ $1+3\sqrt{2}$
④ $2+3\sqrt{2}$　　⑤ $3+3\sqrt{2}$

0356 중

방정식 $x^2-|x+1|-1=0$의 모든 근의 곱은?

① -3　　　② -2　　　③ -1
④ 1　　　⑤ 2

0357 (상)

x에 대한 이차방정식 $(t-1)x^2-(t^2+4)x+2t+3=0$ 의 한 근이 1일 때, 다른 한 근을 a라 하자. a^{200}의 일의 자리의 숫자는? (단, t는 상수)

① 1 ② 3 ③ 5
④ 7 ⑤ 9

0358 (상)

$1<x<3$일 때, 방정식 $x^2-[x]-2=0$의 모든 근의 곱은? (단, $[x]$는 x보다 크지 않은 최대의 정수)

① 3 ② $2\sqrt{3}$ ③ 4
④ 6 ⑤ $4\sqrt{3}$

0359 (상)

방정식 $x^2-2=\sqrt{x^2}+\sqrt{(x+1)^2}$의 해는?

① $x=-1-\sqrt{2}$ 또는 $x=\sqrt{3}$
② $x=-1-\sqrt{2}$ 또는 $x=3$
③ $x=-\sqrt{3}$ 또는 $x=-1$
④ $x=-\sqrt{3}$ 또는 $x=-1+\sqrt{2}$
⑤ $x=-1$ 또는 $x=-1+\sqrt{2}$

---

2 이차방정식의 근의 판별

0360 (하)

보기에서 허근을 갖는 이차방정식인 것만을 있는 대로 고른 것은?

| 보기 |
| ㄱ. $x^2+x+7=0$ ㄴ. $x^2+3x-2=0$ |
| ㄷ. $x^2-4x+5=0$ ㄹ. $x^2+8x+16=0$ |

① ㄱ, ㄴ ② ㄱ, ㄷ ③ ㄴ, ㄷ
④ ㄴ, ㄹ ⑤ ㄱ, ㄷ, ㄹ

0361 (하) [학평 기출]

x에 대한 이차방정식 $x^2+10x+a=0$이 중근을 갖도록 하는 상수 a의 값을 구하시오.

0362 (중) [학평 기출]

x에 대한 이차방정식 $x^2+2(k-2)x+k^2-24=0$이 서로 다른 두 실근을 갖도록 하는 모든 자연수 k의 개수를 구하시오.

0363 중 학평 기출

x에 대한 이차방정식 $x^2-2kx+k^2+3k-22=0$이 서로 다른 두 허근을 갖도록 하는 자연수 k의 최솟값은?

① 5 　　　　② 6 　　　　③ 7
④ 8 　　　　⑤ 9

0364 중 학평 기출

x에 대한 이차방정식 $x^2+2ax+a^2+4a-28=0$이 실근을 갖도록 하는 모든 자연수 a의 개수를 구하시오.

0365 중

이차방정식 $x^2-kx+k-1=0$이 중근 a를 가질 때, $k+a$의 값은? (단, k는 실수)

① 1 　　　　② 2 　　　　③ 3
④ 4 　　　　⑤ 5

0366 중

이차방정식 $ax^2-4ax+3a+5=0$이 중근을 갖도록 하는 실수 a의 값은?

① 1 　　　　② 2 　　　　③ 3
④ 4 　　　　⑤ 5

0367 중

0이 아닌 두 실수 a, b에 대하여 $\sqrt{a}\sqrt{b}=-\sqrt{ab}$일 때, 이차방정식 $x^2+ax+b=0$의 근을 판별하면?

① 중근을 갖는다.
② 서로 다른 두 실근을 갖는다.
③ 서로 다른 두 허근을 갖는다.
④ 해가 없다.
⑤ 해를 판별할 수 없다.

0368 중

이차방정식 $(a+c)x^2+2bx+a-c=0$이 서로 다른 두 실근을 가질 때, 실수 a, b, c를 세 변의 길이로 하는 삼각형은 어떤 삼각형인가? (단, $a \geq b \geq c$)

① 정삼각형
② 예각삼각형
③ 둔각삼각형
④ $a=b$인 이등변삼각형
⑤ 빗변의 길이가 a인 직각삼각형

0369 중

x에 대한 이차식 $x^2+(k-1)x+k+1$이 완전제곱식이 되도록 하는 모든 실수 k의 값의 합은?

① -6 ② -2 ③ 2
④ 3 ⑤ 6

0370 중

x에 대한 이차방정식 $x^2-2ax+b^2=0$이 중근을 가질 때, x에 대한 이차방정식 $x^2+ax+b^2+1=0$의 근을 판별하면? (단, a, b는 실수)

① 실근을 갖는다.
② 중근을 갖는다.
③ 서로 다른 두 실근을 갖는다.
④ 서로 다른 두 허근을 갖는다.
⑤ 해가 없다.

0371 중

이차방정식 $x^2+4x-a+3=0$이 중근을 갖도록 하는 실수 a에 대하여 이차방정식 $x^2-ax+b=0$이 서로 다른 두 허근을 갖도록 하는 정수 b의 최솟값은?

① -3 ② -2 ③ -1
④ 0 ⑤ 1

0372 중 | 서술형 |

이차방정식 $3x^2+5x+a-7=0$이 서로 다른 두 실근을 갖도록 하는 정수 a의 최댓값을 M, 이차방정식 $x^2-3x+b=0$이 서로 다른 두 허근을 갖도록 하는 정수 b의 최솟값을 m이라 할 때, $M-m$의 값을 구하시오.

0373 중 | 학평 기출 |

x에 대한 이차방정식 $x^2-2(m+a)x+m^2+m+b=0$이 실수 m의 값에 관계없이 항상 중근을 가질 때, $12(a+b)$의 값은? (단, a, b는 상수이다.)

① 9 ② 10 ③ 11
④ 12 ⑤ 13

0374 중 | 서술형 |

x에 대한 이차방정식 $ax^2+4x-a+\sqrt{b}=0$이 중근을 갖도록 하는 서로 다른 실수 a의 개수가 2일 때, 자연수 b의 최솟값을 구하시오.

0375 (중)

0이 아닌 두 실수 a, b에 대하여 $\dfrac{\sqrt{b}}{\sqrt{a}}=-\sqrt{\dfrac{b}{a}}$ 일 때, 다음 중 항상 서로 다른 두 실근을 갖는 이차방정식이 <u>아닌</u> 것은?

① $x^2+ax-b=0$ ② $x^2-bx+a=0$

③ $x^2+x+ab=0$ ④ $ax^2-2x-b=0$

⑤ $-ax^2+bx-b=0$

0376 (중)

이차방정식 $ax^2+4bx-a+4b-\dfrac{k}{a}=0$에 대하여 보기에서 옳은 것만을 있는 대로 고른 것은?

(단, a, b, k는 실수)

보기
ㄱ. $a=2b$, $k=0$이면 중근을 갖는다.
ㄴ. $k>0$이면 서로 다른 두 실근을 갖는다.
ㄷ. $k<0$이면 서로 다른 두 허근을 갖는다.

① ㄱ   ② ㄷ   ③ ㄱ, ㄴ

④ ㄴ, ㄷ   ⑤ ㄱ, ㄴ, ㄷ

0377 (상)

정수 n에 대하여 이차방정식 $(4n-3)x^2+2nx+1=0$의 서로 다른 실근의 개수를 $f(n)$이라 할 때, $f(0)+f(1)-f(2)$의 값은?

① 1   ② 2   ③ 3

④ 4   ⑤ 5

★빈출 0378 (상)

x에 대한 이차방정식 $x^2+2(k+2a)x-ak^2-bk+c=0$이 실수 k의 값에 관계없이 항상 중근을 가질 때, 실수 a, b, c에 대하여 $a+b+c$의 값은?

① -1 ② 1   ③ 4

④ 7   ⑤ 9

0379 (상)

두 이차방정식

$$x^2-ax+b=0 \quad \cdots\cdots ㉠$$
$$x^2-bx-a=0 \quad \cdots\cdots ㉡$$

에 대하여 보기에서 옳은 것만을 있는 대로 고른 것은?

(단, a, b는 0이 아닌 실수)

보기
ㄱ. $a+b>0$, $ab>0$이면 ㉠, ㉡ 중 적어도 하나는 실근을 갖는다.
ㄴ. $\sqrt{a}\sqrt{b}=-\sqrt{ab}$이면 ㉠, ㉡ 모두 실근을 갖는다.
ㄷ. $\dfrac{\sqrt{a}}{\sqrt{b}}=-\sqrt{\dfrac{a}{b}}$ 이면 ㉠, ㉡ 모두 실근을 갖는다.

① ㄱ   ② ㄴ   ③ ㄷ

④ ㄱ, ㄷ   ⑤ ㄱ, ㄴ, ㄷ

3 이차방정식의 근과 계수의 관계 (1)

0380  하

이차방정식 $2x^2-x+5=0$의 두 근을 α, β라 할 때, $(\alpha+1)(\beta+1)$의 값은?

① -1 ② 1 ③ 2
④ 3 ⑤ 4

0381 하 　[학평 기출]

이차방정식 $x^2-2x+5=0$의 두 근을 α, β라 할 때, $\dfrac{1}{\alpha}+\dfrac{1}{\beta}$의 값은?

① $\dfrac{1}{10}$ ② $\dfrac{1}{5}$ ③ $\dfrac{3}{10}$
④ $\dfrac{2}{5}$ ⑤ $\dfrac{1}{2}$

0382 ★빈출 하 　[학평 기출]

이차방정식 $x^2+2x+7=0$의 서로 다른 두 근을 α, β라 할 때, $\alpha^2+\alpha\beta+\beta^2$의 값은?

① -3 ② -1 ③ 1
④ 3 ⑤ 5

0383 ★빈출  중

이차방정식 $3x^2-6x+2=0$의 두 근을 α, β라 할 때, $\dfrac{\alpha^2}{\beta}+\dfrac{\beta^2}{\alpha}$의 값은?

① 3 ② 4 ③ 5
④ 6 ⑤ 7

0384 중

이차방정식 $x^2-3x-6=0$의 두 근을 α, β라 할 때, $3\alpha+\beta^2$의 값을 구하시오.

0385 중

이차방정식 $x^2-2x+7=0$의 두 근을 α, β라 할 때, $\dfrac{2}{\alpha}+\dfrac{2}{\beta}+\dfrac{\alpha^2-\alpha\beta+\beta^2}{\alpha\beta}$의 값은?

① $-\dfrac{13}{7}$ ② $-\dfrac{5}{7}$ ③ 0
④ $\dfrac{5}{7}$ ⑤ $\dfrac{13}{7}$

0386 중

이차방정식 $x^2-6x+4=0$의 두 근을 α, β라 할 때, $\sqrt{\alpha}+\sqrt{\beta}$의 값을 구하시오.

0387 중 (빈출)

이차방정식 $x^2-4x-1=0$의 두 근을 α, β라 할 때, 다음 중 옳지 <u>않은</u> 것은?

① $\alpha^2\beta+\alpha\beta^2=-4$
② $(\alpha+2)(\beta+2)=11$
③ $(\alpha-\beta)^2=20$
④ $\dfrac{2+\alpha}{2-\alpha}+\dfrac{2+\beta}{2-\beta}=1$
⑤ $\dfrac{\beta}{\alpha-3}+\dfrac{\alpha}{\beta-3}=-\dfrac{3}{2}$

0388 중 (빈출)

이차방정식 $x^2-3x+4=0$의 두 근을 α, β라 할 때, $(\alpha^2-\alpha+1)(\beta^2-\beta+1)$의 값을 구하시오.

0389 중

이차방정식 $x^2-2(3-p)x+3=0$의 두 근을 α, β라 할 때, $(\alpha^2+2p\alpha+3)(\beta^2+2p\beta+3)$의 값은? (단, p는 상수)

① 36
② 48
③ 72
④ 96
⑤ 108

0390 중 (빈출)

| 학평 기출 |

이차방정식 $x^2+2x+3=0$의 서로 다른 두 근을 α, β라 할 때, $\dfrac{1}{\alpha^2+3\alpha+3}+\dfrac{1}{\beta^2+3\beta+3}$의 값은?

① $-\dfrac{1}{3}$
② $-\dfrac{1}{2}$
③ $-\dfrac{2}{3}$
④ $-\dfrac{5}{6}$
⑤ -1

0391 중

이차방정식 $x^2-5x+3=0$의 두 근을 α, β라 할 때, $\alpha^3-5\alpha^2+2\alpha\beta-3\beta$의 값은?

① -9
② -6
③ -3
④ 3
⑤ 6

0392 중

이차방정식 $3x^2-x-9=0$의 두 근을 α, β라 할 때, $(6\alpha^2+\alpha)(3\beta^2+2\beta+9)$의 값은?

① 295 ② 300 ③ 305
④ 310 ⑤ 315

0393 상

이차방정식 $x^2-4x+2=0$의 두 근을 α, β라 하자. 다항식 $P(x)=x^2-2x$에 대하여 $\beta P(\alpha)+\alpha P(\beta)$의 값은?

① -2 ② -1 ③ 0
④ 1 ⑤ 2

0394 상

| 서술형 |

이차방정식 $x^2-2x-2=0$의 두 근을 α, β라 할 때, 다음 식의 값을 구하시오.

(1) $\alpha^2+\beta^2$

(2) $\alpha^3+\beta^3$

(3) $\alpha^5+\beta^5$

0395 상

이차방정식 $x^2-\sqrt{3}x+1=0$의 두 근을 α, β라 할 때,
$$(\alpha^6+\alpha^4-\alpha^2+1)(\beta^6+\beta^4-\beta^2+1)$$
의 값은? (단, $i=\sqrt{-1}$)

① $-i$ ② i ③ 0
④ -1 ⑤ 1

0396 상

자연수 n에 대하여 x에 대한 이차방정식
$x^2-(n^2-3n-4)x+n+1=0$의 두 근을 α_n, β_n이라 할 때, $\left(\dfrac{1}{\alpha_1}+\dfrac{1}{\alpha_2}+\cdots+\dfrac{1}{\alpha_8}\right)+\left(\dfrac{1}{\beta_1}+\dfrac{1}{\beta_2}+\cdots+\dfrac{1}{\beta_8}\right)$의 값을 구하시오.

0397 상

이차방정식 $x^2+3x+1=0$의 두 근을 α, β라 할 때,
$\sqrt{\alpha^4+6\alpha^3+9\alpha^2-3\alpha-2}+\sqrt{\beta^4+6\beta^3+9\beta^2-3\beta-2}$의 값을 구하시오.

0398 (하) 빈출

이차방정식 $x^2-ax+b=0$의 두 근이 -1, 2일 때, 이차방정식 $2ax^2+(a+b)x+b=0$의 두 근의 합은?

(단, a, b는 상수)

① -1 ② $-\dfrac{1}{2}$ ③ $\dfrac{1}{2}$

④ 1 ⑤ 2

0399 (중)

학평 기출

x에 대한 이차방정식 $x^2-ax-4=0$의 두 근을 α, β라 하자. $\dfrac{\alpha}{\beta}+\dfrac{\beta}{\alpha}=-6$일 때, 양수 a의 값은?

① 3 ② 4 ③ 5

④ 6 ⑤ 7

0400 (중)

이차방정식 $x^2-mx-m-1=0$의 두 근이 α, β일 때, $\alpha^2+\beta^2=7$을 만족시키는 모든 상수 m의 값의 합은?

① -6 ② -4 ③ -2

④ 2 ⑤ 4

0401 (중) 빈출

이차방정식 $x^2+ax-6=0$의 두 근이 α, β이고, 이차방정식 $x^2+bx+18=0$의 두 근이 $\alpha+\beta$, $\alpha\beta$일 때, 상수 a, b에 대하여 $a+b$의 값은?

① 10 ② 11 ③ 12

④ 13 ⑤ 14

0402 (중)

이차방정식 $x^2-ax+b=0$의 두 근이 α, β이고, 이차방정식 $2x^2+ax+a+b=0$의 두 근이 $\dfrac{1}{\alpha}$, $\dfrac{1}{\beta}$일 때, 상수 a, b에 대하여 ab의 값은? (단, $ab\neq0$)

① -3 ② -2 ③ -1

④ 2 ⑤ 3

0403 (중)

이차방정식 $x^2-6kx+7k+1=0$의 한 근이 다른 근의 2배일 때, 음수 k의 값은?

① -1 ② $-\dfrac{1}{2}$ ③ $-\dfrac{1}{3}$

④ $-\dfrac{1}{4}$ ⑤ $-\dfrac{1}{8}$

0404 중

이차방정식 $x^2-10x+a=0$의 두 근의 비가 $2:3$일 때, 이차방정식 $x^2+ax+2a+3=0$의 두 근의 곱은?

(단, a는 상수)

① 39   ② 42   ③ 44

④ 48   ⑤ 51

0405 중 | 학평 기출 |

x에 대한 이차방정식 $x^2-3x+k=0$의 두 근을 α, β라 할 때, $\dfrac{1}{\alpha^2-\alpha+k}+\dfrac{1}{\beta^2-\beta+k}=\dfrac{1}{4}$을 만족시키는 실수 k의 값을 구하시오.

★빈출 0406 중 | 서술형 |

x에 대한 이차방정식 $x^2+(m^2-2m-3)x-4m+2=0$의 두 실근의 절댓값이 같고 부호가 다를 때, 상수 m의 값을 구하시오.

★빈출 0407 중

이차방정식 $x^2-8kx-k+2=0$의 두 근의 비가 $3:5$일 때, 모든 실수 k의 값의 곱은?

① $-\dfrac{2}{5}$ ② $-\dfrac{1}{3}$ ③ $-\dfrac{2}{15}$

④ $\dfrac{1}{3}$ ⑤ $\dfrac{2}{5}$

0408 중 | 서술형 |

x에 대한 이차방정식 $x^2-(2k+1)x+k^2+2k+3=0$의 두 근이 연속하는 정수일 때, 상수 k의 값을 구하시오.

0409 중

이차방정식 $x^2-(2k+5)x-k-5=0$의 두 근의 차가 3일 때, 이차방정식 $x^2+(k+1)x+2k=0$의 두 근의 곱은? (단, k는 상수)

① -6 ② -3 ③ 2

④ 3   ⑤ 6

0410 중

x에 대한 이차방정식 $x^2+4(k-2)x+k^2-16k+42=0$
의 두 근이 연속인 양의 홀수일 때, 두 근의 곱을 구하시오.
(단, k는 상수)

0411 중

이차방정식 $x^2+(p-5)x+48=0$의 두 근의 절댓값의
비가 $3:1$일 때, 양수 p의 값은?

① 11 ② 16 ③ 21
④ 26 ⑤ 31

0412 중

x에 대한 이차방정식 $3x^2-5x+k=0$의 두 근을 α, β라
할 때, $(3\alpha-k)(\alpha-1)+(3\beta-k)(\beta-1)=-10$을 만
족시키는 실수 k의 값을 구하시오.

0413 상

이차방정식 $x^2-ax-3a=0$의 두 근 α, β는 부호가 서로
다르고, 이차방정식 $x^2-2ax+3a=0$의 두 근은 $|\alpha|$, $|\beta|$
이다. 실수 a의 값을 구하시오.

0414 상

이차방정식 $2x^2+mx+n=0$의 서로 다른 두 근을 α, β라
할 때,
$$\alpha^2-4\alpha+5=3\beta^2, \quad \beta^2-4\beta+5=3\alpha^2$$
이 성립한다. 상수 m, n에 대하여 $m+n$의 값은?

① -4 ② -2 ③ 1
④ 2 ⑤ 4

0415 상

이차방정식 $x^2-ax-1=0$의 두 근을 α, β라 하고, 이차방정식 $x^2-(a+2)x+b=0$의 두 근을 α, γ라 할 때, $\alpha=2\beta+2\gamma$가 성립한다. 상수 a, b에 대하여 $2a+b$의 값은?

① 6   ② 7   ③ 8
④ 9   ⑤ 10

0416 상   학평 기출

x에 대한 이차방정식 $x^2+2ax-b=0$의 두 근을 α, β라 할 때, $|\alpha-\beta|<12$를 만족시키는 두 자연수 a, b의 모든 순서쌍 (a, b)의 개수를 구하시오.

---

5   **두 수를 근으로 하는 이차방정식**

⭐빈출
0417 하

-3, 1을 두 근으로 하고 x^2의 계수가 2인 이차방정식은?

① $2x^2-2x-6=0$ ② $2x^2-4x+6=0$
③ $2x^2+2x-6=0$ ④ $2x^2+4x-6=0$
⑤ $2x^2+4x+6=0$

⭐빈출
0418 중

이차방정식 $x^2-4x-1=0$의 두 근을 α, β라 할 때, $\alpha+\beta$, $\alpha\beta$를 두 근으로 하고 x^2의 계수가 1인 이차방정식은?

① $x^2-5x-4=0$ ② $x^2-5x+4=0$
③ $x^2-3x-4=0$ ④ $x^2-3x+4=0$
⑤ $x^2+3x-4=0$

0419 중 | 서술형 |

x^2의 계수가 1이고, $\alpha+2$, $\beta+2$를 두 근으로 하는 이차방정식이 $x^2+2x-7=0$일 때, x^2의 계수가 1이고 두 근이 α, β인 이차방정식을 구하시오.

빈출
0420 중

이차방정식 $x^2-12x+3=0$의 두 근을 α, β라 할 때, $\dfrac{1}{\alpha}$, $\dfrac{1}{\beta}$을 두 근으로 하는 이차방정식은 $3x^2+ax+b=0$이다. 이때 상수 a, b에 대하여 $a+b$의 값은?

① -12 　　② -11 　　③ -10
④ 10 　　⑤ 11

0421 중

이차방정식 $x^2+3x+1=0$의 두 근을 α, β라 할 때, $\dfrac{\beta}{\alpha^2+5\alpha+2}$, $\dfrac{\alpha}{\beta^2+5\beta+2}$를 두 근으로 하고 x^2의 계수가 1인 이차방정식은?

① $x^2-12x+11=0$ 　　② $x^2-11x+1=0$
③ $x^2+11x-1=0$ 　　④ $x^2+11x+10=0$
⑤ $x^2+12x-11=0$

0422 중

이차방정식 $x^2+ax+b=0$의 두 근이 2, α이고, 이차방정식 $x^2-(b-1)x-2(a+b)=0$의 두 근이 -2, β일 때, α, β를 두 근으로 하고 x^2의 계수가 1인 이차방정식은? (단, a, b는 상수)

① $x^2-8x-15=0$ 　　② $x^2-8x+12=0$
③ $x^2-6x+15=0$ 　　④ $x^2+6x+12=0$
⑤ $x^2+8x+15=0$

0423 하

이차식 $x^2-6x+10$을 복소수의 범위에서 인수분해하면? (단, $i=\sqrt{-1}$)

① $(x+2)(x-5)$ 　　② $(x+2i)(x-5i)$
③ $(x+3-i)(x+3+i)$ 　　④ $(x+2-i)(x+5-i)$
⑤ $(x-3-i)(x-3+i)$

빈출
0424 중

x에 대한 이차방정식 $3x^2+ax+b=0$을 푸는데 현수는 a를 잘못 보고 풀어서 두 근 -2, $\dfrac{1}{3}$을 얻었고, 수현이는 b를 잘못 보고 풀어서 두 근 2, $-\dfrac{5}{2}$를 얻었다. 이때 실수 a, b에 대하여 $a+b$의 값은?

① -2 　　② $-\dfrac{1}{2}$ 　　③ $\dfrac{1}{2}$
④ $\dfrac{3}{2}$ 　　⑤ 2

0425 중

이차식 $5x^2-4x+4$를 복소수의 범위에서 인수분해하면 $\dfrac{1}{5}(5x+a+bi)(5x+c+di)$일 때, 실수 a, b, c, d에 대하여 $ac+bd$의 값은? (단, $i=\sqrt{-1}$)

① -16 　　② -12 　　③ -8
④ 8 　　⑤ 12

0426 _중

이차방정식 $f(x)=0$의 두 근을 α, β라 하면 $\alpha+\beta=2$일 때, 이차방정식 $f(3x-5)=0$의 두 근의 합은?

① 3   ② 4   ③ 5

④ 6   ⑤ 7

★빈출 0427 _중

이차방정식 $ax^2+bx+c=0$을 푸는데 지은이는 c를 잘못 보고 풀어서 두 근 -1, 5를 얻었고, 승건이는 b를 잘못 보고 풀어서 두 근 $1\pm\sqrt{5}i$를 얻었다. 이 이차방정식을 바르게 풀어 구한 근이 $p\pm qi$일 때, 양의 실수 p, q에 대하여 pq의 값은? (단, a, b, c는 실수, $i=\sqrt{-1}$)

① $\sqrt{2}$ ② 2 ③ $2\sqrt{2}$

④ 3 ⑤ $2\sqrt{3}$

0428 _중

이차방정식 $f(x)=0$의 두 근의 합과 곱이 각각 -3, 6일 때, 이차방정식 $f(2x+1)=0$의 두 근의 곱은?

① -1 ② $-\dfrac{1}{2}$ ③ $\dfrac{1}{2}$

④ $\dfrac{3}{2}$ ⑤ $\dfrac{5}{2}$

0429 _중

이차방정식 $x^2+2x-4=0$의 두 근을 α, β라 할 때, $f(\alpha)=f(\beta)=2$를 만족시키는 이차식 $f(x)$가 있다. $f(x)$의 x^2의 계수가 1일 때, $f(2)$의 값은?

① 2   ② 4   ③ 6

④ 8   ⑤ 10

0430 _중

이차방정식 $x^2-x+2=0$의 두 근을 α, β라 할 때, $f(\alpha)=\alpha$, $f(\beta)=\beta$, $f(0)=4$를 만족시키는 이차식 $f(x)$에 대하여 $f(1)$의 값은?

① 1   ② 3   ③ 5

④ 7   ⑤ 9

0431 _상

이차방정식 $f(2x+1)=0$의 두 근을 α, β라 하면 $\alpha+\beta=3$, $\alpha\beta=-4$일 때, 이차방정식 $f(x-2)=0$의 두 근의 곱은?

① 11   ② 12   ③ 13

④ 14   ⑤ 15

0432 (상)

이차방정식 $ax^2+bx+c=0$에서 근의 공식을
$x=\dfrac{b\pm\sqrt{b^2-ac}}{2a}$로 잘못 알고 풀어서 두 근 -1, 2를 얻었다. 이 이차방정식의 올바른 두 근을 α, β라 할 때, $\alpha^3+\beta^3$의 값은? (단, a, b, c는 실수)

① -25 ② -20 ③ -16
④ -12 ⑤ -10

0433 (상)

| 서술형 |

이차방정식 $x^2+x-1=0$의 두 근을 α, β라 할 때, 다음 조건을 만족시키는 이차식 $f(x)$가 있다. 이차방정식 $f(x)=0$의 두 근 m, n에 대하여 $|m-n|$의 값을 구하시오.

> (가) $\beta f(\alpha)=1$ (나) $\alpha f(\beta)=1$ (다) $f(0)=1$

★빈출
0434 (하)

학평 기출

x에 대한 이차방정식 $2x^2+ax+b=0$의 한 근이 $2-i$일 때, $b-a$의 값은? (단, a, b는 실수이고, $i=\sqrt{-1}$이다.)

① 12 ② 14 ③ 16
④ 18 ⑤ 20

0435 (하)

학평 기출

계수가 실수인 이차방정식의 한 근이 $2-3i$이고 다른 한 근을 α라 하자. 두 실수 a, b에 대하여 $\dfrac{1}{\alpha}=a+bi$일 때, $a+b$의 값은? (단, $i=\sqrt{-1}$)

① $-\dfrac{1}{13}$ ② $-\dfrac{2}{13}$ ③ $-\dfrac{3}{13}$
④ $-\dfrac{4}{13}$ ⑤ $-\dfrac{5}{13}$

0436 (하)

학평 기출

두 실수 a, b에 대하여 이차방정식 $x^2+ax+b=0$의 한 근이 $\dfrac{b}{2}+i$일 때, ab의 값은? (단, $i=\sqrt{-1}$)

① -16 ② -8 ③ -4
④ -2 ⑤ -1

0437 ⊙

x에 대한 이차방정식 $x^2-2(a+b)x-2ab-3=0$의 한 근이 $\dfrac{5}{1+2i}$일 때, 실수 a, b에 대하여 a^3+b^3의 값은?

(단, $i=\sqrt{-1}$)

① -11 ② -9 ③ -3
④ 13 ⑤ 15

0438 ⊙

다음은 유리수 a, b에 대하여 이차방정식 $x^2+ax+b=0$의 한 근이 $2+\sqrt{3}$이면 $2-\sqrt{3}$도 이 이차방정식의 근임을 증명한 것이다.

> $2+\sqrt{3}$이 $x^2+ax+b=0$의 근이므로
> $(2+\sqrt{3})^2+a(2+\sqrt{3})+b=0$을 만족시킨다.
> 이 식을 정리하면 $(7+2a+b)+(\boxed{\ (가)\ })\sqrt{3}=0$
> 이때 a, b가 유리수이므로
> $7+2a+b=0$, $\boxed{\ (가)\ }=0$
> $\therefore a=\boxed{\ (나)\ }$, $b=1$
> 따라서 원래의 방정식은 $x^2+(\boxed{\ (나)\ })x+1-0$
> 이 방정식을 풀면 $x=2\pm\sqrt{3}$
> 따라서 $2-\sqrt{3}$도 주어진 이차방정식의 근이다.

(가), (나)에 알맞은 것을 차례대로 적은 것은?

① $-4-a$, -4 ② $-4-a$, -2 ③ $2+a$, -2
④ $4+a$, -4 ⑤ $4+a$, 0

0439 ⊙

이차방정식 $x^2-6x+11=0$의 서로 다른 두 허근을 α, β라 할 때, $11\left(\dfrac{\overline{\alpha}}{\alpha}+\dfrac{\overline{\beta}}{\beta}\right)$의 값을 구하시오.

(단, $\overline{\alpha}$, $\overline{\beta}$는 각각 α, β의 켤레복소수이다.)

★ 빈출
0440 ⊙

이차방정식 $x^2+ax+b=0$의 한 근이 $2-\sqrt{3}i$일 때, $a+b$, $a-b$를 두 근으로 하고 x^2의 계수가 1인 이차방정식은? (단, a, b는 실수, $i=\sqrt{-1}$)

① $x^2-8x-33=0$ ② $x^2-3x-11=0$
③ $x^2+3x-11=0$ ④ $x^2+8x-33=0$
⑤ $x^2+8x+33=0$

0441 ⊙

이차방정식 $x^2-mx+n=0$의 한 근이 $\dfrac{1}{4-\sqrt{15}}$일 때, $m+n$, $m-n$을 두 근으로 하는 이차방정식이 $x^2+ax+b=0$이다. 이때 상수 a, b에 대하여 $b-a$의 값을 구하시오. (단, m, n은 유리수)

0442 중

| 서술형 |

이차방정식 $2x^2+ax+b=0$을 푼 후 두 친구가 나눈 대화이다. 실수 a, b에 대하여 $a+b$의 값을 구하시오.

(단, $i=\sqrt{-1}$)

> 유빈: 나는 a를 잘못 보고 풀어서 두 근 중 한 근으로 $\dfrac{-3+\sqrt{15}i}{4}$를 얻었어.
>
> 정호: 나는 b를 잘못 보고 풀어서 두 근 중 한 근으로 $\dfrac{1-i}{2}$를 얻었어.

0443 중

| 학평 기출 |

x에 대한 이차방정식 $x^2-px+p+19=0$이 서로 다른 두 허근을 갖는다. 한 허근의 허수부분이 2일 때, 양의 실수 p의 값을 구하시오.

0444 중

| 서술형 |

이차방정식 $x^2+ax+5b=0$의 한 근이 $\dfrac{1}{i^3}-\dfrac{1}{i^{10}}+\dfrac{1}{i^{11}}$일 때, a^2+b^2, $\dfrac{ab}{a+b}$ 를 두 근으로 하고 x^2의 계수가 1인 이차방정식을 구하시오. (단, a, b는 실수, $i=\sqrt{-1}$)

0445 상

x에 대한 이차방정식 $x^2+z\bar{z}x+z+\bar{z}=0$의 한 근이 $\dfrac{-1+\sqrt{3}i}{2}$일 때, 이 이차방정식을 만족시키는 복소수 z는? (단, $\bar{z}$는 z의 켤레복소수이고, $i=\sqrt{-1}$)

① $\dfrac{-2\pm\sqrt{3}i}{4}$ ② $\dfrac{-1\pm\sqrt{3}i}{2}$ ③ $\dfrac{1\pm\sqrt{2}i}{2}$

④ $\dfrac{1\pm\sqrt{3}i}{2}$ ⑤ $\dfrac{2\pm\sqrt{3}i}{4}$

0446 상

x에 대한 이차방정식 $x^2+(p^2-4)x-(p+1)=0$이 허근 α를 가질 때, α^2이 음의 실수가 되도록 하는 실수 p의 값은?

① -4 ② -2 ③ -1

④ 2 ⑤ 4

0447 상

| 학평 기출 |

다음 조건을 만족시키는 허수 z가 존재하도록 하는 두 정수 m, n에 대하여 $m+n$의 최솟값은?

(단, $\bar{z}$는 z의 켤레복소수이다.)

> (가) $z^2+mz+n=0$
> (나) $z+\bar{z}=8$

① 3 ② 5 ③ 7

④ 9 ⑤ 11

0448 (상)

다항식 $f(x)=x^2+ax+b$가 다음 조건을 만족시킬 때, 실수 a, b에 대하여 a^2+b^2의 값을 구하시오.

(단, $i=\sqrt{-1}$)

(가) 다항식 $f(x)$를 $x-1$로 나누었을 때의 나머지는 2이다.
(나) 0이 아닌 실수 k에 대하여 이차방정식 $f(x)=0$의 한 근은 $k+i$이다.

0449 (상)

이차방정식 $x^2-2x-k=0$의 한 허근을 α라 하고, $z=\alpha^2-\alpha+1$이라 하자. $z\bar{z}=21$일 때, 실수 k의 값은?

(단, $\bar{z}$는 z의 켤레복소수)

① -6 ② -3 ③ 1
④ 3 ⑤ 6

---

8 이차방정식의 활용

0450 (하)   학평 기출

어느 가족이 작년까지 한 변의 길이가 10 m인 정사각형 모양의 밭을 가꾸었다. 올해는 그림과 같이 가로의 길이를 x m만큼, 세로의 길이를 $(x-10)$ m만큼 늘여서 새로운 직사각형 모양의 밭을 가꾸었다. 올해 늘어난 모양의 밭의 넓이가 500 m²일 때, x의 값은? (단, $x>10$)

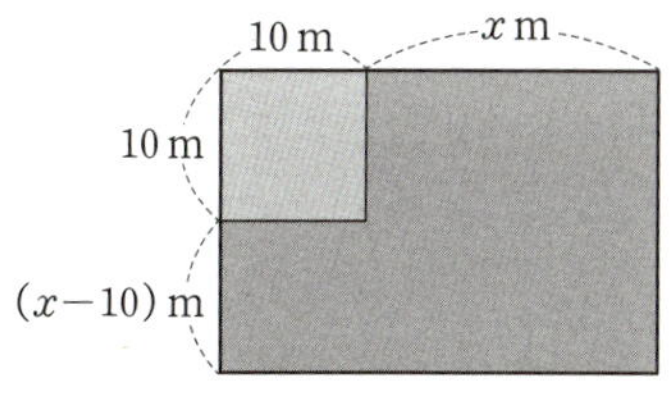

① 20   ② 21   ③ 22
④ 23   ⑤ 24

0451 (하)

정육면체 모양의 상자 A의 밑면의 가로의 길이를 2 cm 줄이고, 세로의 길이는 1 cm 늘여서 직육면체 모양의 상자 B를 만들었다. 두 상자 A, B의 부피의 비가 2 : 1일 때, 상자 A의 한 모서리의 길이는?

① $(4-\sqrt{3})$ cm   ② $(5-\sqrt{5})$ cm   ③ 3 cm
④ $(1+\sqrt{5})$ cm   ⑤ $(2+\sqrt{3})$ cm

0452 중　　　　　　　　　　　| 서술형 |

가로, 세로의 길이가 각각 16 m, 10 m인 직사각형 모양의 땅에 오른쪽 그림과 같이 폭이 일정한 도로를 만들려고 한다. 도로를 제외한 부분의 넓이가 70 m²가 되도록 할 때, 이 도로의 폭은 몇 m인지 구하시오.

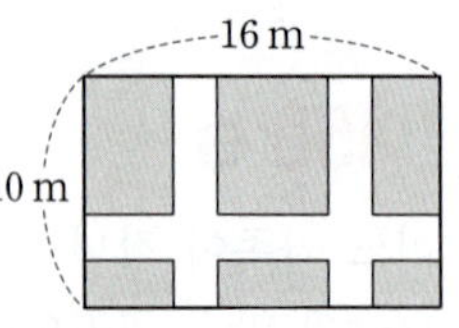

0453 중

둘레의 길이가 28 cm인 직사각형의 가로의 길이는 2 cm 줄이고, 세로의 길이는 3 cm 늘여서 새로운 직사각형을 만들었더니 새로운 직사각형의 넓이가 처음 직사각형의 넓이의 $\dfrac{9}{8}$배가 되었다. 이때 처음 직사각형의 넓이는?

① 32 cm²　　② 40 cm²　　③ 48 cm²
④ 56 cm²　　⑤ 72 cm²

0454 중

오른쪽 그림과 같이 한 변의 길이가 2인 정사각형 ABCD에서 두 변 BC, CD 위에 각각 점 P, Q를 잡아 삼각형 APQ를 만들었다. 삼각형 APQ가 정삼각형일 때, 선분 CP의 길이는?

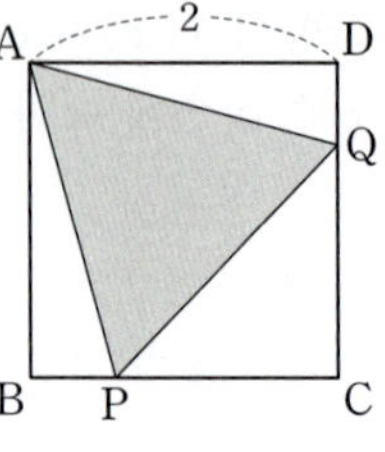

① $\sqrt{2}-1$　　② $2\sqrt{3}-3$　　③ $\sqrt{3}-1$
④ $2\sqrt{2}-2$　　⑤ $2\sqrt{3}-2$

0455 중　　　　　　　　　　　| 서술형 |

오른쪽 그림과 같이 선분 AB를 지름으로 하는 반원의 호 위의 점 C에서 선분 AB에 내린 수선의 발을 D라 하자. $\overline{AB}=8$, $\overline{CD}=3$일 때, 두 선분 AD, BD의 길이를 두 근으로 하고 x^2의 계수가 1인 이차방정식을 구하시오.

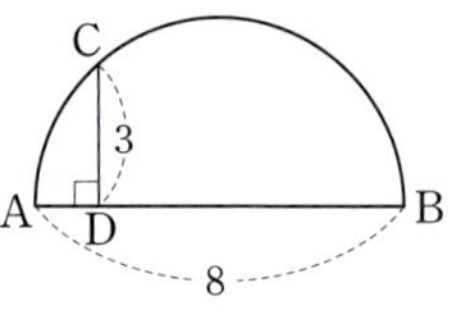

0456 (중)

오른쪽 그림과 같이 넓이가 6인 직각삼각형 ABC에 내접하는 원 O에 대하여 세 변 AC, AB, BC에 접하는 점을 각각 P, Q, R라 하자. 원 O의 반지름의 길이는 1이고, 빗변 AC의 길이가 점 P에 의하여 a, b로 나누어질 때, a, b를 두 근으로 하고 x^2의 계수가 1인 이차방정식은?

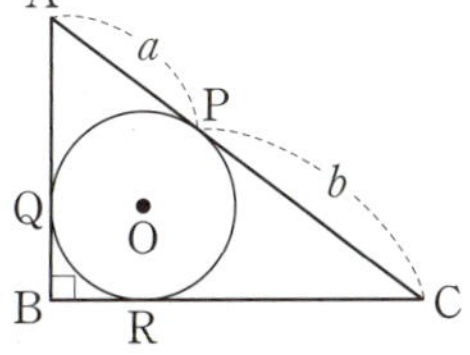

① $x^2-4x+2=0$ ② $x^2-4x+3=0$
③ $x^2-5x+3=0$ ④ $x^2-5x+4=0$
⑤ $x^2-5x+6=0$

0457 (상) ★빈출

어느 미술관의 입장료를 x % 할인하였더니 관람객의 수가 $3x$ % 증가하여 총수입이 32 % 증가하였다고 한다. 이때 자연수 x의 값은?

① 20   ② 25   ③ 30
④ 35   ⑤ 40

0458 (상)

한 변의 길이가 10인 정사각형 ABCD가 있다. 그림과 같이 정사각형 ABCD의 내부에 한 점 P를 잡고, 점 P를 지나고 정사각형의 각 변에 평행한 두 직선이 정사각형의 네 변과 만나는 점을 각각 E, F, G, H라 하자. 직사각형 PFCG의 둘레의 길이가 28이고 넓이가 46일 때, 두 선분 AE와 AH의 길이를 두 근으로 하는 이차방정식은?

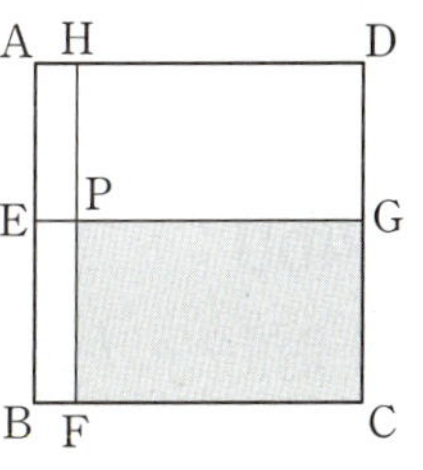

(단, 이차방정식의 이차항의 계수는 1이다.)

① $x^2-6x+4=0$ ② $x^2-6x+6=0$
③ $x^2-6x+8=0$ ④ $x^2-8x+6=0$
⑤ $x^2-8x+8=0$

0459 (상) ★빈출

이차방정식 $x^2-4x+2=0$의 두 실근을 α, β $(\alpha<\beta)$라 하자. 그림과 같이 $\overline{AB}=\alpha$, $\overline{BC}=\beta$인 직각삼각형 ABC에 내접하는 정사각형의 넓이와 둘레의 길이를 두 근으로 하는 x에 대한 이차방정식이 $4x^2+mx+n=0$일 때, 두 상수 m, n에 대하여 $m+n$의 값은? (단, 정사각형의 두 변은 선분 AB와 선분 BC 위에 있다.)

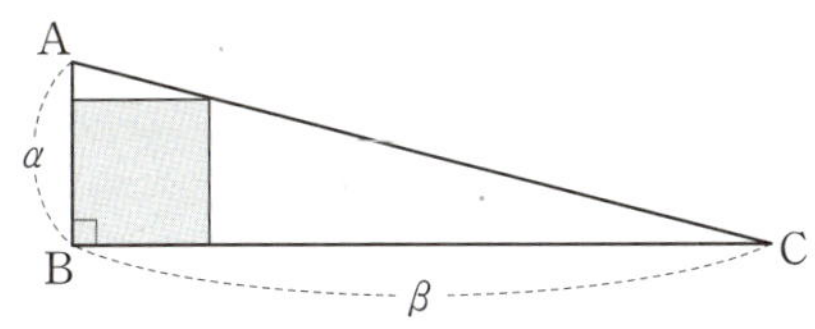

① -11 ② -10 ③ -9
④ -8 ⑤ -7

0460

학평 기출

세 유리수 a, b, c에 대하여 x에 대한 이차방정식
$$ax^2+\sqrt{3}bx+c=0$$
의 한 근이 $\alpha=2+\sqrt{3}$이다. 다른 한 근을 β라 할 때, $\alpha+\dfrac{1}{\beta}$의 값은?

① -4 ② $-2\sqrt{3}$ ③ 0
④ $2\sqrt{3}$ ⑤ 4

0461

이차방정식 $3x^2+2(a+b+c)x+ab+bc+ca=0$이 중근을 가질 때, 실수 a, b, c를 세 변의 길이로 하는 삼각형의 넓이가 $16\sqrt{3}$이다. 이때 $\dfrac{1}{2}abc$의 값은?

① 64 ② 100 ③ 128
④ 200 ⑤ 256

0462

오른쪽 그림과 같이 $\overline{AB}=4$, $\overline{BC}=6$인 직사각형 ABCD의 대각선 BD 위에 한 점 O를 잡고, 점 O에서 네 변 AB, BC, CD, DA에 내린 수선의 발을 각각 P, Q, R, S라 하자. 사각형 APOS와 사각형 OQCR의 넓이의 합이 9일 때, 선분 AP의 길이를 구하시오.

(단, $\overline{AP}<\overline{PB}$)

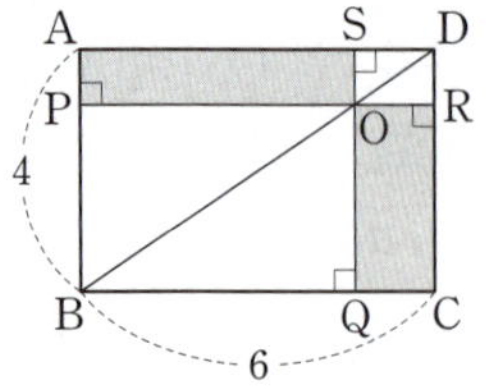

0463

신유형

이차방정식 $x^2+2x-1=0$의 두 근을 α, β $(\alpha>\beta)$라 할 때, $\left(\sqrt{\dfrac{\alpha}{2}}+\sqrt{\dfrac{2}{\beta}}\right)^2+\left(\sqrt{\dfrac{\beta}{2}}+\sqrt{\dfrac{2}{\alpha}}\right)^2$의 값은?

(단, $i=\sqrt{-1}$)

① $3-4\sqrt{2}i$ ② $3-2\sqrt{2}i$ ③ $3+\sqrt{2}i$
④ $3+2\sqrt{2}i$ ⑤ $3+4\sqrt{2}i$

0464

이차식 $f(x)=ax^2+bx+c$가 다음 조건을 만족시킬 때, $f(3)$의 값을 구하시오.

(단, a, b, c는 실수이고, $i=\sqrt{-1}$)

> (개) 이차방정식 $f(x)=0$의 한 근은 $2+i$이다.
> (내) 이차방정식 $x^2-2x-1=0$의 두 근 α, β에 대하여
> $f(\alpha)+f(\beta)=4$이다.

0465

이차방정식 $x^2-x+1=0$의 두 근 α, β에 대하여 이차식 $f(x)=x^2+px+q$가 $f(\alpha^2)=-4\alpha+2$, $f(\beta^2)=-4\beta+2$를 만족시킨다. 이때 이차방정식 $f(2x+3)=0$의 두 근의 합은? (단, p, q는 상수)

① -2　　② $-\dfrac{3}{2}$　　③ -1

④ $\dfrac{3}{2}$　　⑤ 2

0466

이차식 $f(x)=x^2+ax+4$에 대하여 $f(1+bi)=0$이다. 계수가 모두 실수인 이차 이상의 다항식 $g(x)$에 대하여 $g(1-bi)=2a+3\sqrt{3}\,i$일 때, $g(x)$를 $f(x)$로 나누었을 때의 나머지는? (단, a, b는 실수이고, $b>0$, $i=\sqrt{-1}$)

① $-3x-4$　　② $-3x-1$　　③ $3x-4$

④ $3x-1$　　⑤ $3x+1$

0467

다음 그림과 같이 반원에 내접하는 가장 큰 원 C와 반원에 내접하고 원 C에 외접하는 원 C'이 있다. $\overline{AB}=8$일 때, 두 원 C, C'의 반지름의 길이를 두 근으로 하고 x^2의 계수가 1인 이차방정식은?

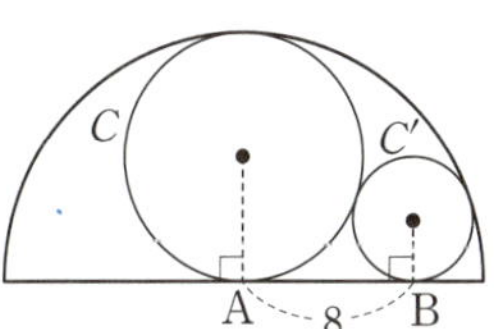

① $x^2-4\sqrt{2}x+6=0$　　② $x^2-4\sqrt{2}x+8=0$

③ $x^2-6\sqrt{2}x+12=0$　　④ $x^2-6\sqrt{2}x+16=0$

⑤ $x^2-6\sqrt{2}x+18=0$

06 이차방정식과 이차함수의 관계

1 이차방정식과 이차함수의 관계

☑ 필수 기출 1, 2

(1) 이차방정식과 이차함수의 관계

이차함수 $y=ax^2+bx+c$의 그래프와 x축의 교점의 x좌표는 이차방정식 ❶ __________ 의 실근과 같다.

(2) 이차함수의 그래프와 x축의 위치 관계

이차함수 $y=ax^2+bx+c$의 그래프와 x축의 위치 관계는 이차방정식 $ax^2+bx+c=0$의 판별식 D의 부호에 따라 다음과 같다.

		$D>0$	$D=0$	$D<0$
$y=ax^2+bx+c$의 그래프	$a>0$			
	$a<0$			
$y=ax^2+bx+c$의 그래프와 x축의 위치 관계		서로 다른 두 점에서 만난다.	한 점에서 만난다. (접한다.)	만나지 않는다.

2 이차함수의 그래프와 직선의 위치 관계

☑ 필수 기출 3, 4

(1) 이차함수의 그래프와 직선의 교점

이차함수 $y=ax^2+bx+c$의 그래프와 직선 $y=mx+n$의 교점의 x좌표는 이차방정식 $ax^2+bx+c=mx+n$의 ❷ __________ 과 같다.

(2) 이차함수의 그래프와 직선의 위치 관계

이차함수 $y=ax^2+bx+c$의 그래프와 직선 $y=mx+n$의 위치 관계는 이차방정식 $ax^2+(b-m)x+c-n=0$의 판별식 D의 부호에 따라 다음과 같다.

	$D>0$	$D=0$	$D<0$
$y=ax^2+bx+c\,(a>0)$의 그래프와 직선 $y=mx+n\,(m>0)$의 위치 관계	서로 다른 두 점에서 만난다.	한 점에서 만난다. (접한다.)	만나지 않는다.

📎 **기출 PICK**

이차방정식의 근과 계수의 관계의 활용

이차함수 $y=ax^2+bx+c$의 그래프와 직선 $y=mx+n$의 교점의 x좌표를 α, β라 하면

➡ 이차방정식 $ax^2+bx+c=mx+n$, 즉 $ax^2+(b-m)x+c-n=0$의 두 실근이 α, β이다.

➡ 이차방정식의 근과 계수의 관계에 의하여

$$\alpha+\beta=-\frac{b-m}{a},\ \alpha\beta=\frac{c-n}{a}$$

답: ❶ $ax^2+bx+c=0$ ❷ 실근

난이도별 필수 기출

상 13문항
중 31문항
하 10문항

1 이차함수의 그래프와 x축의 교점

0468 (하)

이차함수 $y=x^2-6x-16$의 그래프와 x축의 두 교점의 x좌표를 각각 x_1, x_2 $(x_1>x_2)$라 할 때, $2x_1-3x_2$의 값을 구하시오.

0469 (하) 빈출

이차함수 $y=x^2+ax+b$의 그래프가 오른쪽 그림과 같을 때, 상수 a, b에 대하여 ab의 값을 구하시오.

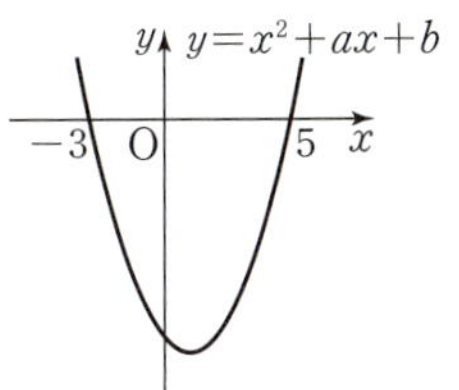

0470 (중)

| 서술형 |

이차함수 $y=-x^2+ax+b$의 그래프와 x축의 두 교점의 x좌표가 -6, 3일 때, 이차함수 $y=x^2+\dfrac{b}{9}x+a$의 그래프가 x축과 만나는 두 점 사이의 거리를 구하시오.

(단, a, b는 상수)

0471 (중)

최고차항의 계수가 1인 이차함수 $y=f(x)$의 그래프가 x축과 서로 다른 두 점 $(\alpha, 0)$, $(\beta, 0)$에서 만나고 $\alpha+\beta=2$이다. 함수 $y=f(x)$의 그래프의 꼭짓점이 직선 $y=3x-6$ 위에 있을 때, $f(-2)$의 값을 구하시오.

0472 (중) 빈출

이차함수 $y=x^2-(k+1)x-2k$의 그래프와 x축이 만나는 두 점 사이의 거리가 5일 때, 음수 k의 값은?

① -14 ② -12 ③ -10
④ -8 ⑤ -6

0473 (중)

이차함수 $y=f(x)$의 그래프가 오른쪽 그림과 같을 때, 이차방정식 $f(2x+1)=0$의 두 근의 곱은?

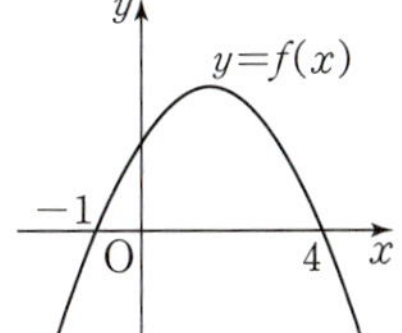

① $-\dfrac{3}{2}$ ② -1
③ $-\dfrac{1}{2}$ ④ $\dfrac{1}{2}$
⑤ $\dfrac{3}{2}$

0474 (중)

이차함수 $y=ax^2+bx+c$의 그래프는 꼭짓점의 좌표가 $(3, -4)$이고, x축과 두 점 P, Q에서 만난다. $\overline{PQ}=4$일 때, 상수 a, b, c에 대하여 $a-bc$의 값을 구하시오.

0475 〔중〕

이차함수 $y=x^2+ax-a-2$의 그래프는 a의 값에 관계 없이 항상 점 P를 지난다. 점 P가 이 이차함수의 그래프 의 꼭짓점일 때, 이 그래프의 x절편의 합은?

① 1 　　　　② 2 　　　　③ 3
④ 4 　　　　⑤ 5

0476 〔상〕 ★빈출

이차항의 계수가 1인 이차함수 $y=f(x)$가 다음 조건을 만 족시킨다. 함수 $y=f(x)$의 그래프가 x축과 두 점 $(a, 0)$, $(b, 0)$에서 만날 때, ab의 값을 구하시오.

> (개) 이차함수 $y=f(x)$의 그래프의 축의 방정식은 $x=3$이 다.
> (내) 이차방정식 $f(x)=-2$는 중근을 갖는다.

0477 〔상〕 〔학평 기출〕

그림과 같이 최고차항의 계수의 절댓값이 같은 세 이차함 수 $y=f(x)$, $y=g(x)$, $y=h(x)$의 그래프가 있다. 방정 식 $f(x)+g(x)+h(x)=0$의 모든 근의 합은?

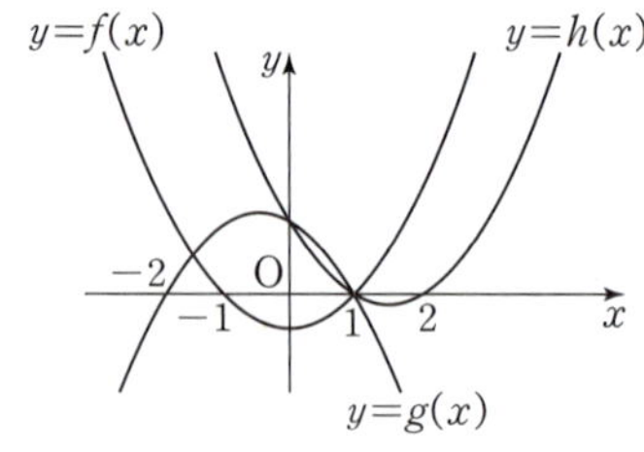

① 1 　　　　② 2 　　　　③ 3
④ 4 　　　　⑤ 5

0478 〔상〕 　　　　| 서술형 |

이차함수 $y=f(x)$의 그래프의 꼭짓점을 A라 하고, x축 과 만나는 두 점을 B, C라 할 때, 세 점 A, B, C가 다음 조건을 만족시킨다. 이때 $f(3)$의 값을 구하시오.

> (개) 점 A는 이차함수 $y=-3x^2-12x-21$의 그래프의 꼭 짓점과 같다.
> (내) 삼각형 ABC의 넓이가 27이다.

0479 〔상〕

다음 그림과 같이 양수 a에 대하여 이차함수 $y=2x^2-4ax$ 의 그래프의 꼭짓점을 A, 원점이 아닌 x축과 만나는 점 을 B라 하자. 두 점 A, B를 지나고 최고차항의 계수가 -1인 이차함수 $y=f(x)$의 그래프가 x축과 만나는 다른 한 점을 C라 할 때, 선분 BC의 길이는 3이다. 이때 삼각 형 ABC의 넓이를 구하시오.

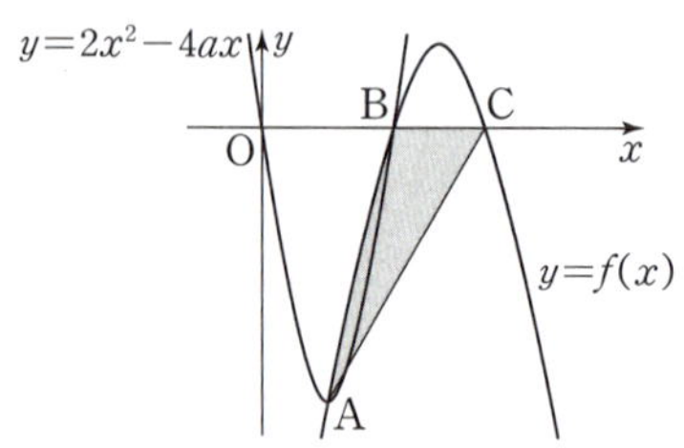

2 이차함수의 그래프와 x축의 위치 관계

0480 

다음 중 이차함수의 그래프와 x축의 교점의 개수가 나머지 넷과 다른 하나는?

① $y=-x^2+x+5$ ② $y=-\dfrac{1}{3}x^2-6x+9$

③ $y=x^2+x+2$ ④ $y=x^2+2x-3$

⑤ $y=3x^2-12x-5$

0481

이차함수 $y=x^2+2(k-2)x+k^2$의 그래프가 x축과 만나지 않도록 하는 상수 k의 값의 범위는?

① $k\le1$ ② $k\ge1$ ③ $k=1$
④ $k<1$ ⑤ $k>1$

0482

이차함수 $y=x^2-(4k+1)x+4k^2+3k-1$의 그래프가 x축과 만날 때, 정수 k의 최댓값을 구하시오.

0483

자연수 k에 대하여 이차함수 $y=x^2-6x+k$의 그래프가 x축과 만나는 점의 개수를 $g(k)$라 할 때, $g(1)+g(2)+\cdots+g(10)$의 값을 구하시오.

0484 | 서술형 |

이차함수 $y=x^2+2ax+a+2$의 그래프가 x축에 접할 때, 접점의 x좌표를 b라 하자. 상수 a, b에 대하여 ab의 값을 구하시오. (단, $a>0$)

0485

이차함수 $y=x^2+2kx+k+2$의 그래프는 x축과 한 점에서 만나고, 이차함수 $y=x^2-2x+2k-2$의 그래프는 x축과 서로 다른 두 점에서 만나도록 하는 상수 k의 값은?

① -3 ② -2 ③ -1
④ 1 ⑤ 2

0486   학평 기출

두 상수 a, b에 대하여 이차함수 $y=x^2+ax+b$의 그래프가 점 $(1, 0)$에서 x축과 접할 때, 이차함수 $y=x^2+bx+a$의 그래프가 x축과 만나는 두 점 사이의 거리는?

① 1 ② 2 ③ 3
④ 4 ⑤ 5

0487 중

이차함수 $y=ax^2+bx+c$의 그래프가 오른쪽 그림과 같을 때, 보기에서 옳은 것만을 있는 대로 고른 것은?
(단, a, b, c는 상수)

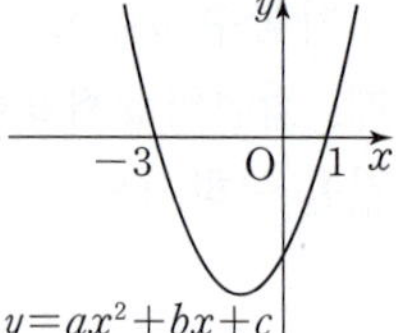

┤ 보기 ├

ㄱ. $b^2-4ac>0$ ㄴ. $\dfrac{bc}{a^2}=6$

ㄷ. 이차함수 $y=cx^2+ax+b$의 그래프는 x축과 서로 다른 두 점에서 만난다.

① ㄱ   ② ㄷ   ③ ㄱ, ㄴ
④ ㄱ, ㄷ   ⑤ ㄴ, ㄷ

0488 상

이차함수 $y=ax^2+bx+c$의 그래프가 x축과 만나지 않을 때, 이차함수 $y=bx^2-2(a+c)x+b$의 그래프와 x축의 교점의 개수를 구하시오. (단, a, b, c는 상수)

빈출
0489 상 | 서술형 |

이차함수 $y=x^2-2(a+k)x+k^2+2k+b$의 그래프가 실수 k의 값에 관계없이 항상 x축에 접할 때, 상수 a, b에 대하여 $a+b$의 값을 구하시오.

0490 하

이차함수 $y=x^2-3x+1$의 그래프와 직선 $y=x+1$이 서로 다른 두 점 $A(a, b)$, $B(c, d)$에서 만날 때, $ab+cd$의 값은?

① 16   ② 20   ③ 24
④ 28   ⑤ 32

0491 중

이차함수 $y=2x^2-6x+3$의 그래프가 직선 $y=ax-2$와 두 점 (x_1, y_1), (x_2, y_2)에서 만난다. $x_1+x_2=4$일 때, 실수 a의 값은?

① -2 ② -1 ③ 1
④ 2   ⑤ 4

빈출
0492 중

이차함수 $y=3x^2-x-6$의 그래프와 직선 $y=ax+b$의 두 교점의 x좌표의 합이 -3, 곱이 2일 때, 상수 a, b에 대하여 $a-b$의 값을 구하시오.

⭐빈출 0493 ⓒ

이차함수 $y=x^2+mx+1$의 그래프와 직선 $y=-x+n$이 오른쪽 그림과 같을 때, 상수 m, n에 대하여 $m+n$의 값은?

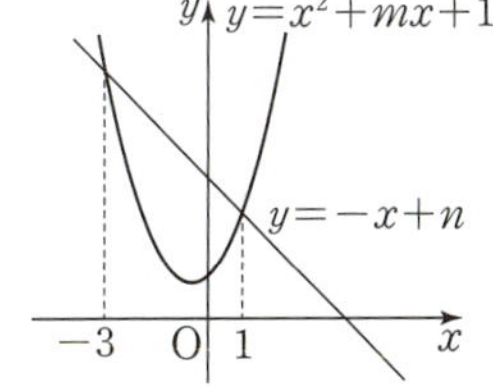

① 3　　② 4
③ 5　　④ 6
⑤ 7

0494 ⓒ
| 서술형 |

이차함수 $y=-x^2+ax+3$의 그래프와 직선 $y=-2x+b$가 만나는 두 점 중 한 점의 x좌표가 $2+\sqrt{5}$일 때, 유리수 a, b에 대하여 a^2+b^2의 값을 구하시오.

0495 ⓒ

이차함수 $y=x^2-5x-3$의 그래프와 직선 $y=-ax+1$의 두 교점의 x좌표를 α, β라 하자. $|\alpha-\beta|=4\sqrt{5}$일 때, 양수 a의 값은?

① 3　　② 6　　③ 10
④ 13　　⑤ 15

0496 ⓒ

이차함수 $y=2x^2-(a^2-2a+3)x+(3a-1)$의 그래프와 직선 $y=-2ax+a^2$이 서로 다른 두 점에서 만난다. 두 교점의 x좌표의 절댓값이 같고 부호가 다를 때, 상수 a의 값은?

① 1　　② 2　　③ 3
④ 4　　⑤ 5

0497 ⓒ

이차함수 $y=2x^2+ax+3$의 그래프와 직선 $y=x+2$의 두 교점의 y좌표의 합이 6일 때, 상수 a의 값은?

① -3　　② -1　　③ 1
④ 3　　⑤ 6

0498 ⓒ
| 학평 기출 |

이차함수 $y=\dfrac{1}{2}(x-k)^2$의 그래프와 직선 $y=x$가 서로 다른 두 점 A, B에서 만난다. 두 점 A, B에서 x축에 내린 수선의 발을 C, D라 하자. 선분 CD의 길이가 6일 때, 상수 k의 값은?

① $\dfrac{7}{2}$　　② 4　　③ $\dfrac{9}{2}$
④ 5　　⑤ $\dfrac{11}{2}$

오른쪽 그림과 같이 이차함수
$y=-x^2+4$의 그래프가 직선
$y=kx$와 서로 다른 두 점 A, B에서
만날 때, $\overline{OA}:\overline{OB}=2:1$이 되도록
하는 양수 k의 값은? (단, O는 원점)

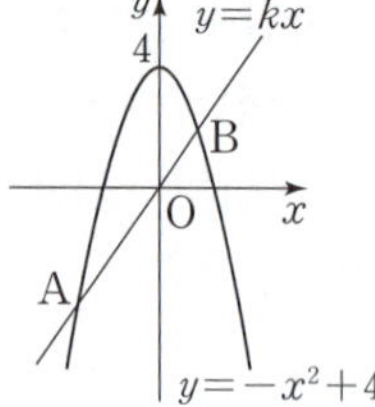

① 1
② $\sqrt{2}$
③ 2
④ $2\sqrt{2}$
⑤ 4

0500 상

이차함수 $f(x)=x^2-x+k$의 그래프와 직선 $y=x+1$
의 두 교점의 x좌표를 각각 α, $\beta\,(\alpha<\beta)$라 하자. 세 점
$A(\alpha,\,f(\alpha))$, $B(\beta,\,f(\alpha))$, $C(\beta,\,f(\beta))$를 꼭짓점으로
하는 삼각형 ABC의 넓이가 18일 때, $f(1)$의 값은?

(단, k는 상수)

① -3
② -4
③ -5
④ -6
⑤ -7

0501 상

다음 조건을 만족시키는 이차항의 계수가 1인 이차함수
$f(x)$에 대하여 $y=f(x)$의 그래프가 직선 $y=2x-3$과
서로 다른 두 점 A, B에서 만난다. 두 점 A, B에서 x축
에 내린 수선의 발을 각각 C, D라 할 때, 선분 CD의 길
이는?

> (가) 모든 실수 x에 대하여 $f(6-x)=f(x)$이다.
> (나) 함수 $y=f(x)$의 그래프가 점 $(1,\,1)$을 지난다.

① $2\sqrt{7}$
② $\sqrt{30}$
③ $4\sqrt{2}$
④ $\sqrt{35}$
⑤ 6

0502 상

그림과 같이 이차함수 $y=ax^2$
$(a>0)$의 그래프와 직선 $y=x+6$
이 만나는 두 점 A, B의 x좌표를
각각 α, β라 하자. 점 B에서 x축에
내린 수선의 발을 H, 점 A에서 선
분 BH에 내린 수선의 발을 C라 하
자. $\overline{BC}=\dfrac{7}{2}$일 때, $\alpha^2+\beta^2$의 값은? (단, $\alpha<\beta$)

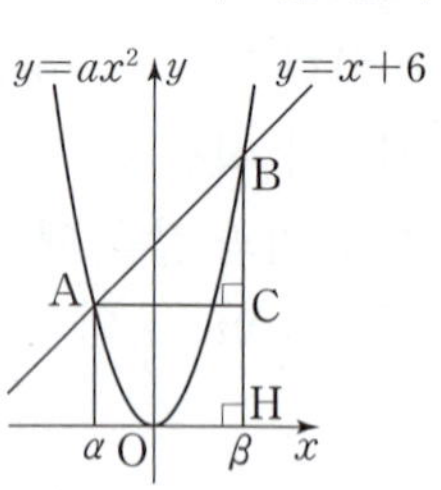

① $\dfrac{23}{4}$
② $\dfrac{25}{4}$
③ $\dfrac{27}{4}$
④ $\dfrac{29}{4}$
⑤ $\dfrac{31}{4}$

★빈출
0503 상

오른쪽 그림과 같이 이차함수
$y=x^2$의 그래프와 직선
$y=x+3k$가 만나는 두 점을 각
각 A, B라 하고, 두 점 A, B에
서 x축에 내린 수선의 발을 각
각 C, D라 하자. 삼각형 AOC
의 넓이를 S_1, 삼각형 BOD의 넓이를 S_2라 할 때,
$S_1-S_2=32$를 만족시키는 양수 k의 값을 구하시오.
(단, O는 원점이고, 두 점 A, B는 각각 제1사분면과
제2사분면 위에 있다.)

4 이차함수의 그래프와 직선의 위치 관계

0504 하

다음 중 이차함수 $y=x^2-3x+1$의 그래프와 만나지 <u>않는</u> 직선은?

① $y=x+1$ ② $y=x-3$ ③ $y=2x-1$
④ $y=-x+1$ ⑤ $y=-2x-1$

0505 하   빈출   학평 기출

이차함수 $y=x^2+4x+k$의 그래프와 직선 $y=-2x+1$이 서로 다른 두 점에서 만나도록 하는 자연수 k의 최댓값을 구하시오.

0506 하   빈출   학평 기출

이차함수 $y=x^2+ax+a^2$의 그래프가 직선 $y=-x$에 접하도록 하는 양수 a의 값은?

① $\dfrac{2}{3}$ ② 1 ③ $\dfrac{4}{3}$
④ $\dfrac{5}{3}$ ⑤ 2

0507 하   학평 기출

이차함수 $y=x^2+5x+9$의 그래프와 직선 $y=x+k$가 만나지 않도록 하는 자연수 k의 개수는?

① 1 ② 2 ③ 3
④ 4 ⑤ 5

0508 하

직선 $y=2x+k$가 이차함수 $y=3x^2-2x+5$의 그래프와 만나도록 하는 자연수 k의 최솟값을 구하시오.

0509 중 | 서술형 |

이차함수 $y=2x^2+x-1$의 그래프와 직선 $y=3x+k$가 한 점 $(a,\ b)$에서 만날 때, $a+b+k$의 값을 구하시오.
(단, k는 실수)

0510 중

이차함수 $y=-x^2+2x-3$의 그래프와 접하고 직선 $y=-2x+5$에 평행한 직선의 방정식은?

① $y=-2x-2$ ② $y=-2x-1$
③ $y=-2x$ ④ $y=-2x+1$
⑤ $y=-2x+2$

0511 중

기울기가 음수인 직선 $y=ax+b$가 이차함수 $y=-\dfrac{1}{2}x^2+2x$의 그래프와 접하고 점 $(0, 8)$을 지날 때, 실수 a, b에 대하여 $a+b$의 값은?

① 3   ② 4   ③ 5
④ 6   ⑤ 7

0512 중

자연수 k에 대하여 이차함수 $y=x^2+2(k+2)x+4$의 그래프가 직선 $y=kx-5$와 만나는 점의 개수를 $f(k)$라 할 때, $f(1)+f(2)+\cdots+f(10)$의 값은?

① 15   ② 16   ③ 17
④ 18   ⑤ 19

0513 중

이차함수 $y=x^2+3x+a$의 그래프가 직선 $y=x+1$과 접하고, 직선 $y=5x+b$와 서로 다른 두 점에서 만난다. 정수 b의 최솟값을 m이라 할 때, $a+m$의 값은?

(단, a는 상수)

① 3   ② 4   ③ 5
④ 6   ⑤ 7

0514 중

점 $(-3, 1)$을 지나고 이차함수 $y=-x^2+2x+3$의 그래프에 접하는 두 직선의 기울기의 곱을 구하시오.

0515 중

| 서술형 |

이차함수 $y=x^2+4ax+b$의 그래프가 x축에 접하고, 직선 $y=2x$와 적어도 한 점에서 만날 때, a의 최댓값을 구하시오. (단, a, b는 상수)

0516 （중）

그림과 같이 이차함수 $y=-x^2+4x+5$의 그래프와 직선 $y=2x+a$가 한 점 A에서만 만난다. 이차함수 $y=-x^2+4x+5$의 그래프가 x축과 만나는 두 점 B, C에 대하여 삼각형 ABC의 넓이는? (단, a는 상수이다.)

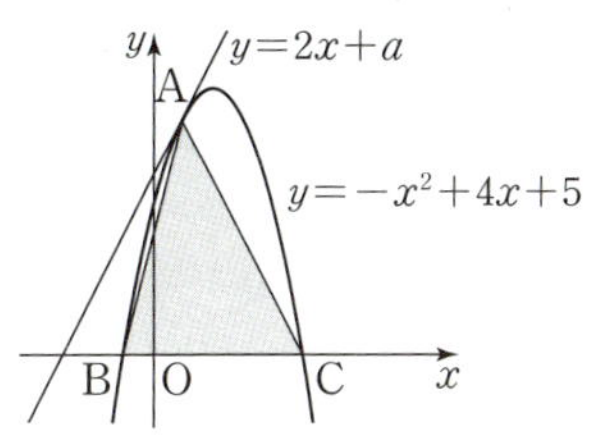

① 21   ② 22   ③ 23
④ 24   ⑤ 25

0517 （중）

두 이차함수 $y=x^2-3x+4$, $y=-2x^2+3x+a$의 그래프가 직선 $y=-x+b$에 동시에 접할 때, 상수 a, b에 대하여 $a+b$의 값은?

① 1   ② 2   ③ 3
④ 4   ⑤ 5

0518 （중）

이차항의 계수가 -1인 이차함수 $y=f(x)$의 그래프가 다음 조건을 만족시킬 때, 함수 $y=f(x)$의 그래프와 x축의 교점의 x좌표를 모두 구하시오.

> (가) 꼭짓점의 x좌표는 -1이다.
> (나) 직선 $y=2x+7$과 한 점에서 만난다.

0519 （상）

빈출

이차함수 $y=x^2-2ax+a^2-5a$의 그래프와 직선 $y=mx+n$이 실수 a의 값에 관계없이 항상 접할 때, 상수 m, n에 대하여 $4mn$의 값은?

① 100   ② 125   ③ 150
④ 175   ⑤ 200

0520 （상）

방정식 $|x^2-9|=k$가 서로 다른 네 실근을 가질 때, 정수 k의 최댓값은?

① 6   ② 7   ③ 8
④ 9   ⑤ 10

0521 （상）

스트링 예술의 한 작품을 오른쪽 그림과 같이 좌표평면 위에 나타내면 이차함수 $y=f(x)$의 그래프를 찾을 수 있다. 이 이차함수의 그래프와 접하고 기울기가 음수인 직선이 점 $(0, 6)$을 지날 때, 이 직선의 기울기는?

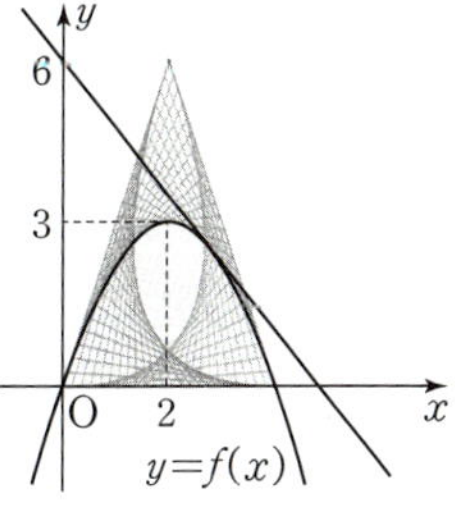

① $3-4\sqrt{3}$ ② $3-3\sqrt{2}$ ③ $2-2\sqrt{3}$
④ $2-2\sqrt{2}$ ⑤ $1-2\sqrt{3}$

0522

그림과 같이 이차함수 $y=x^2-4x+\dfrac{25}{4}$ 의 그래프가 직선 $y=ax\,(a>0)$ 과 한 점 A에서만 만난다.

이차함수 $y=x^2-4x+\dfrac{25}{4}$ 의 그래프가 y축과 만나는 점을 B, 점 A에서 x축에 내린 수선의 발을 H라 하고, 선분 OA와 선분 BH가 만나는 점을 C라 하자.

삼각형 BOC의 넓이를 S_1, 삼각형 ACH의 넓이를 S_2라 할 때, $S_1-S_2=\dfrac{q}{p}$ 이다. $p+q$의 값을 구하시오.

(단, O는 원점이고, p와 q는 서로소인 자연수이다.)

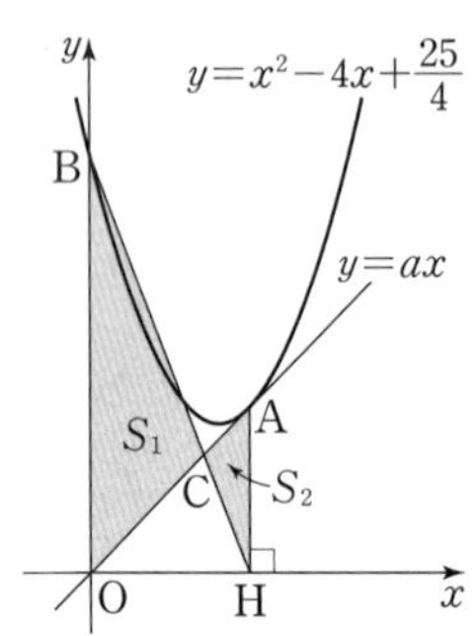

0523

방정식 $|2x^2-2|-x-k=0$이 서로 다른 세 실근을 갖도록 하는 모든 실수 k의 값의 곱은?

① $\dfrac{17}{8}$ ② $\dfrac{19}{8}$ ③ $\dfrac{21}{8}$

④ $\dfrac{23}{8}$ ⑤ $\dfrac{25}{8}$

0524

이차함수 $y=f(x)$와 일차함수 $y=g(x)$의 그래프가 오른쪽 그림과 같을 때, 보기에서 옳은 것만을 있는 대로 고른 것은?

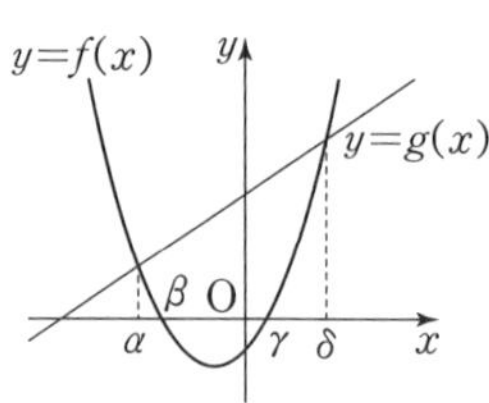

┤ 보기 ├

ㄱ. 방정식 $f(-x)=0$의 두 근의 합은 $-(\beta+\gamma)$이다.

ㄴ. 방정식 $f(x)=g(-x)$의 두 근의 곱은 $\alpha\delta$이다.

ㄷ. $\beta\gamma<\alpha\delta$

① ㄱ   ② ㄱ, ㄴ   ③ ㄱ, ㄷ

④ ㄴ, ㄷ   ⑤ ㄱ, ㄴ, ㄷ

0525

다음 조건을 만족시키는 두 직선 l_1, l_2에 대하여 직선 $y=-x+3$과 직선 l_1, l_2로 만들어지는 삼각형의 넓이는?

> (가) 이차함수 $y=-x^2+2ax-a^2$의 그래프와 직선 l_1은 실수 a의 값에 관계없이 항상 접한다.
> (나) 이차함수 $y=x^2-2bx+b^2+2b+4$의 그래프와 직선 l_2는 실수 b의 값에 관계없이 항상 접한다.

① $\dfrac{13}{2}$　　② $\dfrac{27}{4}$　　③ 7

④ $\dfrac{29}{4}$　　⑤ $\dfrac{15}{2}$

0526

두 이차함수 $y=f(x)$, $y=g(x)$와 일차함수 $y=h(x)$에 대하여 두 함수 $y=f(x)$, $y=h(x)$의 그래프가 접하는 점의 x좌표를 α, 두 함수 $y=g(x)$, $y=h(x)$의 그래프가 접하는 점의 x좌표를 β라 할 때, 다음 조건을 만족시킨다.

> (가) 두 함수 $y=f(x)$와 $y=g(x)$의 최고차항의 계수는 각각 1과 4이다.
> (나) 두 양수 α, β에 대하여 $\alpha : \beta = 1 : 2$

두 이차함수 $y=f(x)$와 $y=g(x)$의 그래프가 만나는 점 중에서 x좌표가 α와 β 사이에 있는 점의 x좌표를 t라 할 때, $\dfrac{t}{\alpha}$의 값은?

① $\dfrac{7}{6}$　　② $\dfrac{4}{3}$　　③ $\dfrac{3}{2}$

④ $\dfrac{5}{3}$　　⑤ $\dfrac{11}{6}$

0527

자연수 n에 대하여 직선 $y=n$이 이차함수 $y=x^2-4x+4$의 그래프와 만나는 두 점의 x좌표를 각각 x_1, x_2라 하자. $\dfrac{|x_1|+|x_2|}{2}$의 값이 자연수가 되도록 하는 100 이하의 자연수 n의 개수를 구하시오.

0528

이차함수 $y=x^2-3x-4$의 그래프 위의 세 점 A$(-1, 0)$, B$(5, 6)$, C(a, b)를 꼭짓점으로 하는 삼각형 ABC의 넓이가 최대일 때, $4a+b$의 값을 구하시오. (단, $-1<a<5$)

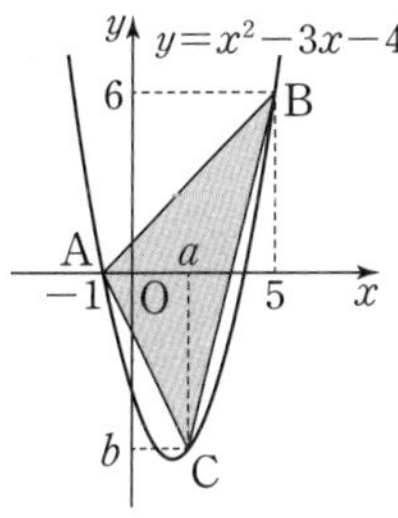

07 이차함수의 최대, 최소

1 이차함수의 최대, 최소
☑ 필수 기출 1~3

x의 값의 범위가 실수 전체일 때, 이차함수 $y=a(x-p)^2+q$의 최댓값과 최솟값은 다음과 같다.

(1) $a>0$일 때 ➡ $x=p$에서 최솟값 q를 갖고, ❶ [   ]은 없다.

(2) $a<0$일 때 ➡ $x=p$에서 최댓값 q를 갖고, ❷ [   ]은 없다.

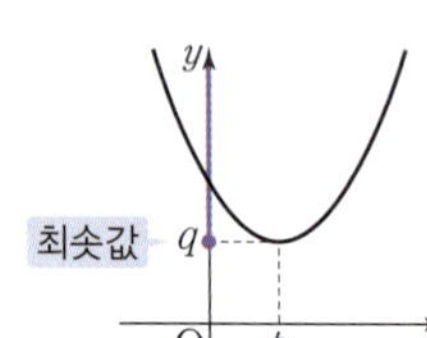

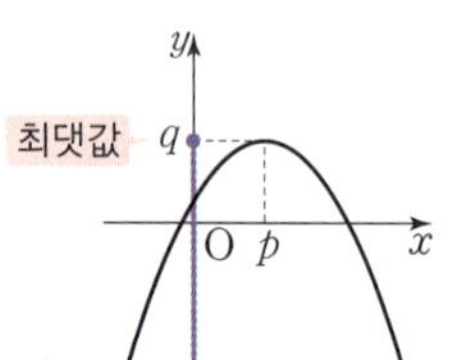

2 제한된 범위에서의 이차함수의 최대, 최소
☑ 필수 기출 1~3

x의 값의 범위가 $\alpha \le x \le \beta$일 때, 이차함수 $f(x)=a(x-p)^2+q$의 최댓값과 최솟값은 다음과 같다.

(1) 꼭짓점의 x좌표 p가 $\alpha \le x \le \beta$에 포함될 때

➡ $f(\alpha)$, $f(p)$, $f(\beta)$ 중 가장 큰 값이 최댓값, 가장 작은 값이 최솟값이다.

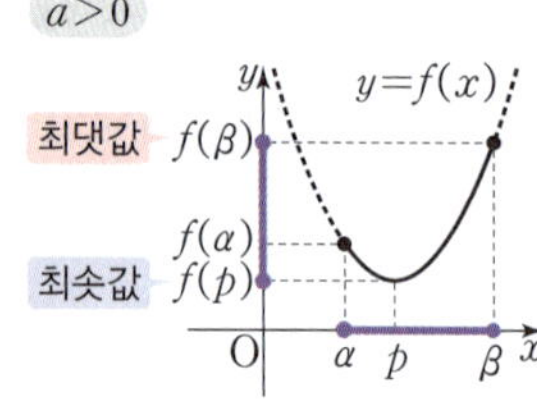

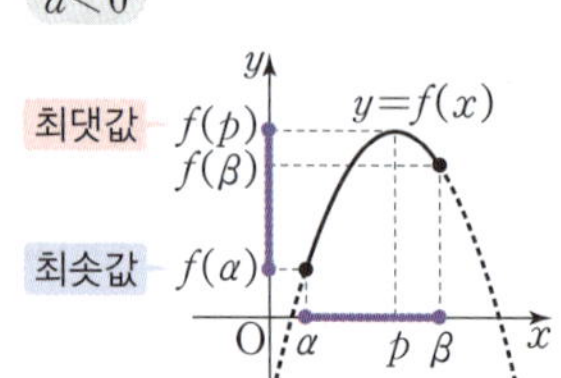

(2) 꼭짓점의 x좌표 p가 $\alpha \le x \le \beta$에 포함되지 않을 때

➡ $f(\alpha)$, $f(\beta)$ 중 큰 값이 최댓값, 작은 값이 최솟값이다.

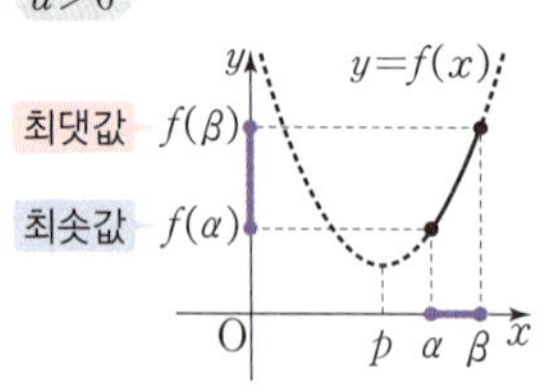

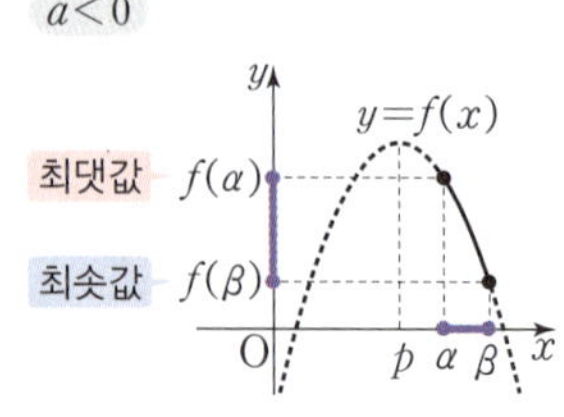

답: ❶ 최댓값 ❷ 최솟값

1 이차함수의 최대, 최소

0529 하

$1 \leq x \leq 4$에서 이차함수 $f(x) = -(x-2)^2 + 15$의 최솟값을 구하시오.

★빈출
0530 하

$-2 \leq x \leq 0$에서 이차함수 $y = x^2 - 2x - 2$의 최댓값을 M, 최솟값을 m이라 할 때, $M - m$의 값은?

① 4 ② 6 ③ 8
④ 10 ⑤ 12

0531 중

실수 p에 대하여 $0 \leq x \leq 2$에서 이차함수
$f(x) = x^2 - 4px$의 최솟값을 $g(p)$라 하자.
$g(1) + g\left(-\dfrac{1}{3}\right)$의 값은?

① -4 ② $-\dfrac{10}{3}$ ③ $-\dfrac{8}{3}$
④ -2 ⑤ $-\dfrac{4}{3}$

0532 중

x, y가 실수일 때, $-x^2 - y^2 + 2x - 8y + 4$의 최댓값은?

① 1 ② 4 ③ 10
④ 16 ⑤ 21

0533 중

실수 x, y에 대하여 $4x + y^2 = 2$가 성립할 때, $x^2 + y^2 + 3$의 최솟값은?

① 1 ② $\dfrac{5}{2}$ ③ 3
④ $\dfrac{13}{4}$ ⑤ 4

0534 중

x, y, z가 실수일 때,
$$2x^2 + y^2 + 3z^2 - 4x + 4y + 6z + 12$$
의 최솟값은?

① 0 ② 1 ③ 2
④ 3 ⑤ 4

II. 방정식과 부등식

0535 중

함수 $y=(x^2+4x+5)(x^2+4x+7)+2x^2+8x+3$의 최솟값은?

① -11 ② -2 ③ 2

④ 8 ⑤ 11

0536 중

이차함수 $y=x^2+2mx-m^2+4m-1$의 최솟값을 $g(m)$이라 할 때, $-1\le m\le 2$에서 $g(m)$의 최댓값과 최솟값의 곱은?

① -7 ② -6 ③ -5

④ 5 ⑤ 6

0537 중

$-2\le x\le 2$에서 함수
$$y=(x^2-2x-2)^2-4(x^2-2x-2)+1$$
의 최댓값을 M, 최솟값을 m이라 할 때, $M+m$의 값은?

① 13 ② 19 ③ 21

④ 23 ⑤ 25

0538 중 | 서술형 |

$-1\le x\le 2$에서 함수 $y=x^2+|x|+1$의 최댓값을 M, 최솟값을 m이라 할 때, $M-m$의 값을 구하시오.

0539 중

$3\le x\le 6$에서 함수 $y=|x^2-4x-5|$의 최댓값과 최솟값의 합은?

① 7 ② 8 ③ 9

④ 10 ⑤ 11

0540 중 | 서술형 |

$-1\le x\le 3$에서 함수
$$y=(x-1)(x-3)(x+3)(x+5)+30$$
의 최댓값과 최솟값을 구하시오.

0541 중

이차함수 $f(x)=ax^2-2ax+b$의 그래프가 x축과 서로 다른 두 점에서 만날 때, 보기에서 항상 옳은 것만을 있는 대로 고른 것은? (단, a, b는 실수, $a>1$)

┌ 보기 ┐
ㄱ. $a>b$ 　　　　ㄴ. $b<0$
ㄷ. $0 \leq x \leq 3$에서 이차함수 $f(x)$의 최댓값은 $3a+b$이다.
└───┘

① ㄱ 　　② ㄱ, ㄴ 　　③ ㄱ, ㄷ
④ ㄴ, ㄷ 　　⑤ ㄱ, ㄴ, ㄷ

0542 상

양의 실수 x, y가 $5x+4y=20$을 만족시킬 때, $(\sqrt{1+5x}+\sqrt{1+4y})^2$의 최댓값은?

① 40 　　② 42 　　③ 44
④ 46 　　⑤ 48

0543 상

계수가 유리수인 이차함수 $f(x)$가 다음 조건을 만족시킬 때, $2<x \leq 5$에서 $f(x)$의 최댓값은?

(가) $f(3)=-1$
(나) 이차함수 $y=f(x)$의 그래프와 직선 $y=-2x+1$의 두 교점 중 한 점의 x좌표가 $1-\sqrt{2}$이다.

① 19 　　② 20 　　③ 21
④ 22 　　⑤ 23

0544 상

이차함수 $f(x)$가 다음 조건을 만족시킬 때, $0 \leq x \leq 2$에서 $f(x)$의 최댓값과 최솟값의 곱은?

(가) 이차함수 $y=f(x)$의 그래프의 y절편은 1이다.
(나) 모든 실수 x에 대하여 $f(x+1)-f(x-1)=4x+8$이다.

① 9 　　② 13 　　③ 15
④ 18 　　⑤ 19

0545 상 　학평 기출

함수 $f(x)=x-3$에 대하여 $-1 \leq x \leq 5$에서 함수 $f(x) \times f(|x-2|)$의 최댓값과 최솟값의 합은?

① 1 　　② 2 　　③ 3
④ 4 　　⑤ 5

0546 중

$-4 \leq x \leq -2$에서 이차함수 $y=-x^2-2x+k$의 최댓값이 4일 때, 이 이차함수의 최솟값은? (단, k는 상수)

① -5 ② -4 ③ -3
④ -2 ⑤ -1

0547 중

실수 x, y에 대하여 $2x^2+\dfrac{1}{3}y^2-4x+2y+k$의 최솟값이 15일 때, 상수 k의 값은?

① 10 ② 15 ③ 20
④ 25 ⑤ 30

0548 중

$-2 \leq x \leq 4$에서 이차함수 $y=x^2-6x+a$의 최댓값과 최솟값의 합이 21일 때, 상수 a의 값을 구하시오.

0549 중

$2 \leq x \leq 5$에서 이차함수 $y=ax^2-8ax+b$의 최댓값이 17, 최솟값이 13일 때, 상수 a, b에 대하여 ab의 값은?

(단, $a<0$)

① -2 ② -1 ③ 1
④ 2 ⑤ 4

0550 중

함수 $y=(x^2+4x+1)^2+4(x^2+4x)+k$의 최솟값이 -1일 때, 상수 k의 값을 구하시오.

0551 중

$-1 \leq x \leq a$에서 이차함수 $y=-x^2+4x-1$의 최댓값이 2이고 최솟값이 b일 때, $a+b$의 값은?

① -6 ② -5 ③ -4
④ -3 ⑤ -2

0552 중

$1 \leq x \leq 3$에서 함수
$$y = -(x^2 - 2x + 2)^2 + 6(x^2 - 2x + 2) + k$$
의 최솟값이 0일 때, 이 함수의 최댓값은? (단, k는 상수)

① 2   ② 4   ③ 6
④ 8   ⑤ 10

0553 중

$x \geq 1$에서 이차함수 $y = x^2 - 2kx + 11$의 최솟값이 2일 때, 상수 k의 값은?

① 1   ② 2   ③ 3
④ 4   ⑤ 5

★빈출 0554 상

이차함수 $f(x) = x^2 + ax + b$가 다음 조건을 만족시킨다.

> (가) $f(-1) = f(3)$
> (나) 함수 $f(x)$의 최솟값은 -3이다.

$2 \leq x \leq 5$에서 함수 $f(x)$의 최댓값을 M이라 할 때, $a - b + M$의 값은? (단, a, b는 상수)

① 10   ② 11   ③ 12
④ 13   ⑤ 14

★빈출 0555 상 | 서술형 |

최고차항의 계수가 $k(k>0)$인 이차함수 $f(x)$가 다음 조건을 만족시킬 때, k의 값을 구하시오.

> (가) 직선 $y = 2kx - 6$과 $y = f(x)$의 그래프가 만나는 두 점의 x좌표는 2, 4이다.
> (나) $1 \leq x \leq 4$에서 $f(x)$의 최댓값은 10이다.

0556 상 학평 기출

이차함수 $f(x) = ax^2 + bx + 5$가 다음 조건을 만족시킬 때, $f(-2)$의 값을 구하시오.

> (가) a, b는 음의 정수이다.
> (나) $1 \leq x \leq 2$일 때, 이차함수 $f(x)$의 최댓값은 3이다.

0557 상
| 서술형 |

두 양수 p, q에 대하여 이차함수 $f(x)=x^2-px+q$가 다음 조건을 만족시킬 때, $p+q$의 값을 구하시오.

> (가) $y=f(x)$의 그래프는 x축에 접한다.
> (나) $-p\leq x\leq p$에서 $f(x)$의 최댓값은 9이다.

0558 상
학평 기출

$-2\leq x\leq 2$에서 이차함수
$$f(x)=x^2-(2a-b)x+a^2-4b$$
가 다음 조건을 만족시킨다.

> (가) 함수 $f(x)$는 $x=1$에서 최솟값을 가진다.
> (나) 함수 $f(x)$의 최댓값은 0이다.

$a+b$의 값은? (단, a, b는 상수이다.)

① 10 ② 11 ③ 12
④ 13 ⑤ 14

0559 상
학평 기출

$0\leq x\leq 2$에서 정의된 이차함수 $f(x)=x^2-2ax+2a^2$의 최솟값이 10일 때, 함수 $f(x)$의 최댓값을 구하시오.
(단, a는 양수이다.)

0560 상

$m\leq x\leq m+1$에서 이차함수 $y=-x^2+3x+m-1$의 최댓값이 2일 때, 모든 실수 m의 값의 합은?

① $\dfrac{3}{4}$ ② 1 ③ 2
④ $\dfrac{13}{4}$ ⑤ $\dfrac{15}{4}$

3 이차함수의 최대, 최소의 활용

0561 하

어느 다이빙 선수가 다이빙 타워에서 뛰어올랐을 때, x초 후 수면으로부터의 이 선수의 높이 y m는 $y=-5x^2+6x+5$ 라 한다. 이 선수가 뛰어오른 이후 $\frac{3}{2}$초까지 가장 높이 올라갔을 때의 수면으로부터의 높이는?

① $\frac{18}{5}$ m ② $\frac{22}{5}$ m ③ $\frac{26}{5}$ m

④ 6 m ⑤ $\frac{34}{5}$ m

0562 중

학평 기출

그림과 같이 윗면이 개방된 원통형 용기에 높이가 h인 지점까지 물이 채워져 있다. 용기에 충분히 작은 구멍을 뚫어 물을 흘려보내는 동시에 물을 공급하여 물의 높이를 h로 유지한다. 구멍의 높이를 a, 구멍으로부터 물이 바닥에 떨어지는 지점까지의 수평거리를 b라 하면 다음과 같은 관계식이 성립한다.

$$b=\sqrt{4a(h-a)} \ (단, 0<a<h)$$

$h=10$일 때, b^2의 최댓값은?

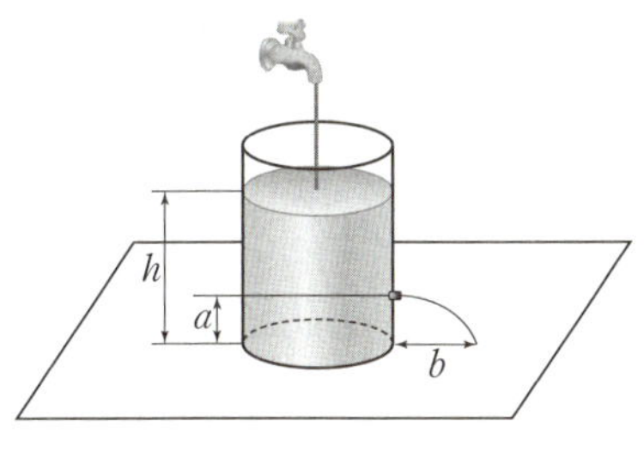

① 64 ② 81 ③ 100

④ 121 ⑤ 144

0563 중

오른쪽 그림과 같이 이차함수 $f(x)=x^2-4ax+14a$의 그래프의 꼭짓점을 A라 하고, 제1사분면 위의 점인 A에서 x축에 내린 수선의 발을 B라 하자. $0<a<\frac{7}{2}$일 때, $\overline{OB}+\overline{AB}$의 최댓값을 구하시오. (단, O는 원점이고, a는 실수)

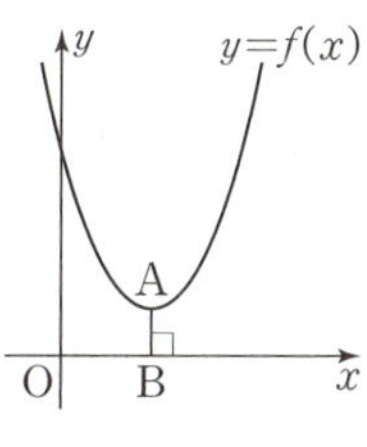

0564 중

너비가 60 cm인 철판의 양쪽을 접은 후 다음 그림과 같이 칠한 직사각형으로 한 면을 막아 물받이를 만들려고 한다. 칠한 직사각형의 넓이가 최대가 될 때, 물받이의 높이는?
(단, 철판의 두께는 생각하지 않는다.)

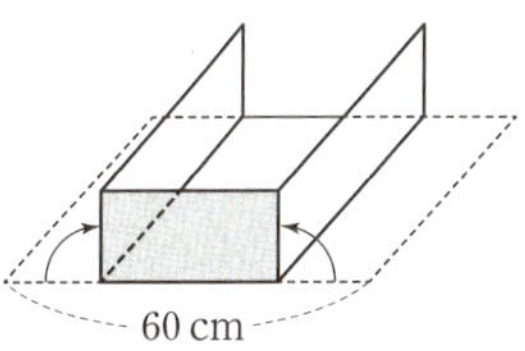

① 11 cm ② 13 cm ③ 15 cm

④ 17 cm ⑤ 19 cm

0565 중

서술형

어느 튀김 가게에서 1인분에 3000원인 튀김이 하루에 100인분 판매되는데, 이 튀김 1인분의 가격을 $50x$원 올리면 하루 판매량이 x인분 줄어든다고 한다. 이 튀김 가게의 하루 판매 금액이 최대가 되도록 하는 튀김 1인분의 가격을 구하시오.

오른쪽 그림과 같이 이차함수 $y=-x^2+4x$의 그래프와 x축으로 둘러싸인 부분에 내접하는 직사각형 PQRS가 있다. 이 직사각형 PQRS의 둘레의 길이의 최댓값을 구하시오.

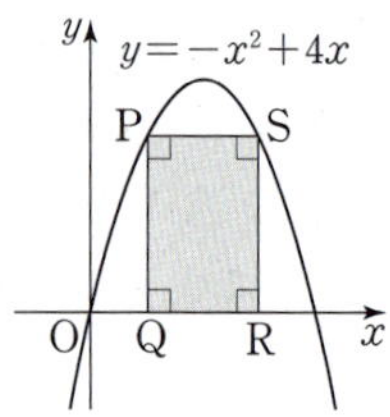

오른쪽 그림과 같은 직각삼각형 ABC의 빗변 AC 위의 한 점 D에서 두 변 AB, BC에 내린 수선의 발을 각각 E, F라 할 때, 직사각형 EBFD의 넓이의 최댓값은?

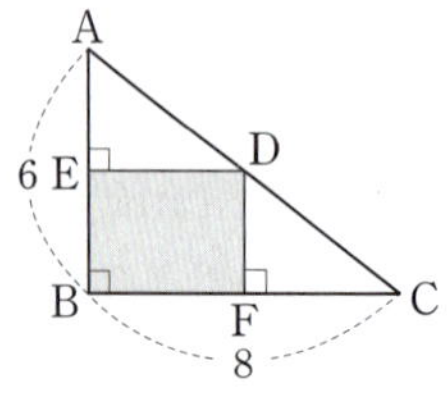

① 8　　　　② 10　　　　③ 12
④ 14　　　　⑤ 16

0568 중　　　　학평 기출

그림과 같이 한 변의 길이가 2인 정삼각형 ABC에 대하여 변 BC의 중점을 P라 하고, 선분 AP 위의 점 Q에 대하여 선분 PQ의 길이를 x라 하자. $\overline{AQ}^2+\overline{BQ}^2+\overline{CQ}^2$은 $x=a$에서 최솟값 m을 가진다. $\dfrac{m}{a}$의 값은? (단, $0<x<\sqrt{3}$이고, a는 실수이다.)

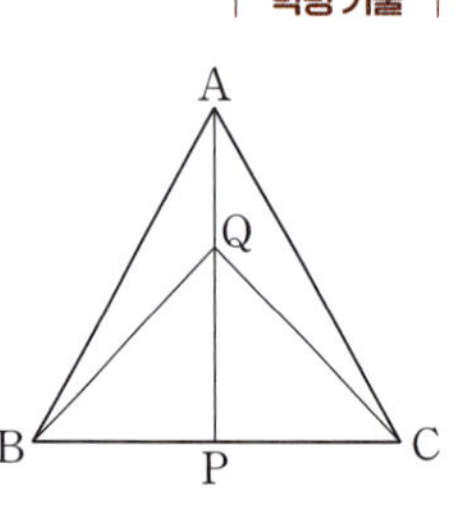

① $3\sqrt{3}$　　　② $\dfrac{7}{2}\sqrt{3}$　　　③ $4\sqrt{3}$
④ $\dfrac{9}{2}\sqrt{3}$　　　⑤ $5\sqrt{3}$

0569 중　　　　학평 기출

그림과 같이 직선 $x=t\,(0<t<3)$이 두 이차함수 $y=2x^2+1$, $y=-(x-3)^2+1$의 그래프와 만나는 점을 각각 P, Q라 하자. 두 점 A(0, 1), B(3, 1)에 대하여 사각형 PAQB의 넓이의 최솟값은?

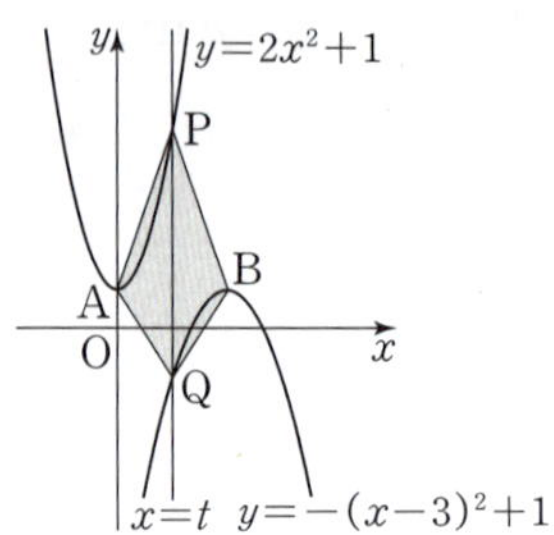

① $\dfrac{15}{2}$　　　② 9　　　③ $\dfrac{21}{2}$
④ 12　　　⑤ $\dfrac{27}{2}$

0570 중　　　　학평 기출

그림과 같이 이차함수 $y=x^2-(a+4)x+3a+3$의 그래프가 x축과 만나는 서로 다른 두 점을 각각 A, B라 하고, y축과 만나는 점을 C라 하자.

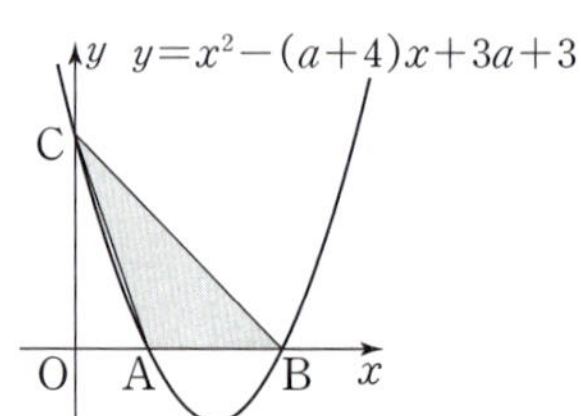

삼각형 ABC의 넓이의 최댓값은? (단, $0<a<2$)

① $\dfrac{13}{4}$　　　② $\dfrac{27}{8}$　　　③ $\dfrac{7}{2}$
④ $\dfrac{29}{8}$　　　⑤ $\dfrac{15}{4}$

0571 (중)

오른쪽 그림과 같이 이차함수 $y=x^2-4x+3$의 그래프와 y축의 교점을 A, x축의 교점을 B, C라 하자. 점 $P(a, b)$가 이차함수의 그래프를 따라 점 A에서 점 C까지 움직일 때, $2a+b$의 최댓값과 최솟값의 합을 구하시오.

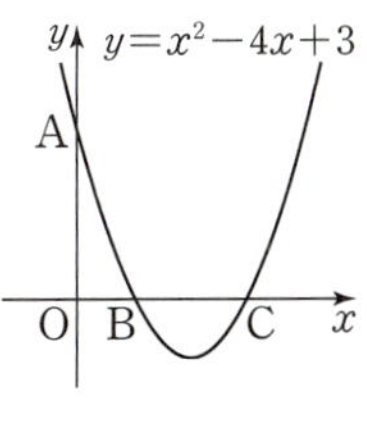

0572 (상)

학평 기출

그림과 같이 두 직선
$$l_1: 2x-y+1=0$$
$$l_2: x+y-4=0$$
과 x축으로 둘러싸인 부분에 직사각형이 있다. 이 직사각형의 한 변은 x축 위에 있고 두 꼭짓점은 각각 l_1, l_2 위에 있을 때, 직사각형의 넓이의 최댓값은?

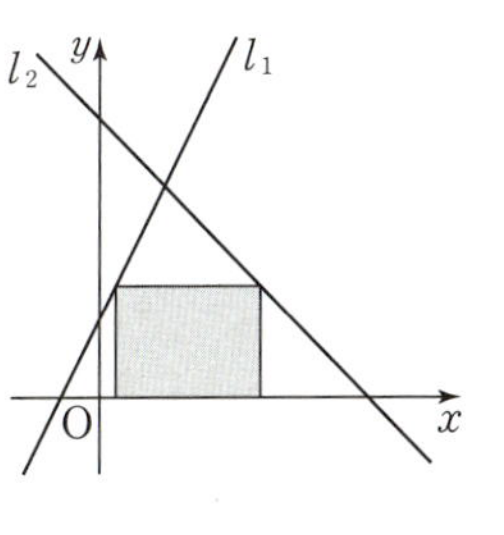

① $\dfrac{23}{8}$ ② 3 ③ $\dfrac{25}{8}$

④ $\dfrac{13}{4}$ ⑤ $\dfrac{27}{8}$

0573 (상)

어떤 상품의 가격을 작년보다 x % 인상하면 이 상품의 판매량은 작년보다 $0.6x$ % 감소한다고 한다. 이 상품의 가격을 20 % 이상 50 % 이하의 범위에서 인상할 때, 올해 이 상품의 총판매 금액이 최대가 되기 위한 x의 값은?

① 33 ② $\dfrac{100}{3}$ ③ $\dfrac{101}{3}$

④ 34 ⑤ $\dfrac{103}{3}$

0574 (상)

오른쪽 그림과 같이 $\angle B=90°$, $\overline{AB}=2$, $\overline{BC}=2\sqrt{3}$인 직각삼각형 ABC가 있다. 점 P가 변 AC 위를 움직일 때, $\overline{PA}^2-\overline{PB}^2+\overline{PC}^2$의 최솟값을 구하시오.

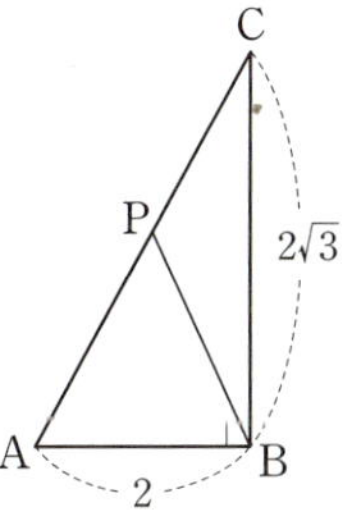

0575

$-1 \leq x \leq 3$일 때, 이차함수 $f(x)=x^2-2x-4$에 대하여 이차함수 $y=f(x-m)$의 최솟값이 11이 되도록 하는 모든 실수 m의 값의 곱은?

① -48 ② -44 ③ -40
④ -36 ⑤ -32

0577

학평 기출

그림과 같이 $2<a<4$인 실수 a에 대하여 두 함수 $f(x)=ax^2$, $g(x)=-a(x-a)^2+a^2$의 그래프가 있다. 직선 $y=4a$와 함수 $y=f(x)$의 그래프가 만나는 점을 각각 A, B라 하고, 직선 $y=ax$와 함수 $y=g(x)$의 그래프가 만나는 점을 각각 C, D라 하자. 사각형 ACDB의 넓이의 최댓값을 M이라 할 때, $8 \times M$의 값을 구하시오. (단, 점 A의 x좌표는 점 B의 x좌표보다 작고, 점 C의 x좌표는 점 D의 x좌표보다 작다.)

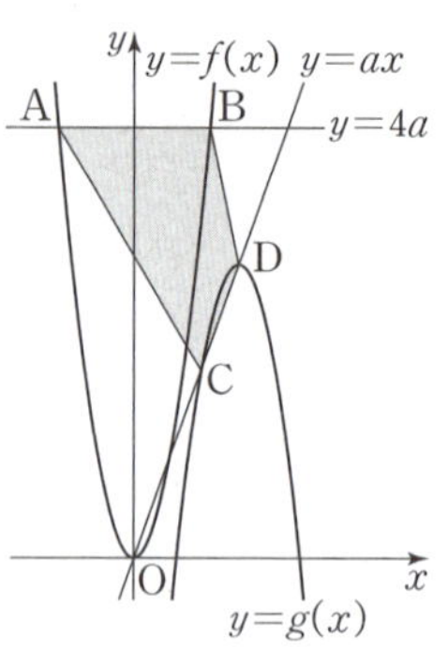

0576

학평 기출

그림과 같이 한 변의 길이가 20인 정삼각형 ABC에 대하여 변 AB 위의 점 D, 변 AC 위의 점 G, 변 BC 위의 두 점 E, F를 꼭짓점으로 하는 직사각형 DEFG가 있다. 직사각형 DEFG의 넓이가 최대일 때, 삼각형 DBE에 내접하는 원의 둘레의 길이는 $(p\sqrt{3}+q)\pi$이다. p^2+q^2의 값은? (단, p, q는 유리수이다.)

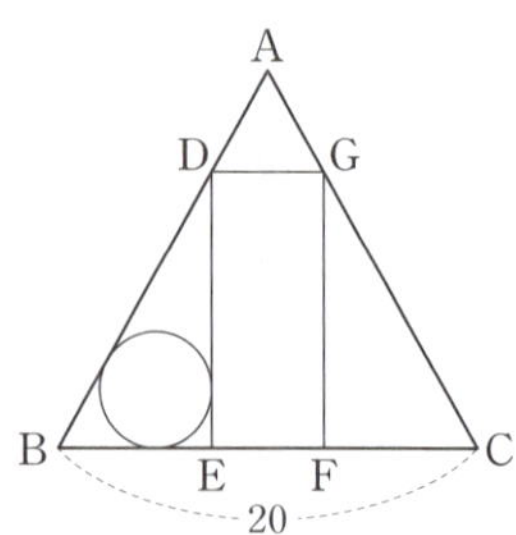

① 10   ② 20   ③ 30
④ 40   ⑤ 50

0578

학평 기출

실수 a에 대하여 이차함수 $f(x)=(x-a)^2$이 다음 조건을 만족시킨다.

> (가) $2 \leq x \leq 10$에서 함수 $f(x)$의 최솟값은 0이다.
> (나) $2 \leq x \leq 6$에서 함수 $f(x)$의 최댓값과 $6 \leq x \leq 10$에서 함수 $f(x)$의 최솟값은 같다.

$f(-1)$의 최댓값을 M, 최솟값을 m이라 할 때, $M+m$의 값은?

① 34   ② 35   ③ 36
④ 37   ⑤ 38

0579

$-2 \le x \le 5$에서 이차함수 $f(x)$가 다음 조건을 만족시킬 때, 이 범위에서 $f(x)$의 최댓값을 구하시오.

> (가) $f(0)=f(4)$
> (나) $f(1)+|f(4)|=0$
> (다) $f(x)$의 최솟값이 -5이다.

0581

신유형

실수 k에 대하여 $k \le x \le k+1$에서 이차함수 $y=x^2-4$의 최댓값을 $g(k)$라 하자. $g(k)$의 최솟값은?

① $-\dfrac{15}{4}$ ② $-\dfrac{7}{2}$ ③ $-\dfrac{13}{4}$

④ -3 ⑤ $-\dfrac{11}{4}$

0580

학평 기출

$1 \le x \le 2$에서 이차함수 $f(x)=(x-a)^2+b$의 최솟값이 5일 때, 두 실수 a, b에 대하여 옳은 것만을 보기에서 있는 대로 고른 것은?

> ┤ 보기 ├
> ㄱ. $a=\dfrac{3}{2}$일 때, $b=5$이다.
> ㄴ. $a \le 1$일 때, $b=-a^2+2a+4$이다.
> ㄷ. $a+b$의 최댓값은 $\dfrac{29}{4}$이다.

① ㄱ ② ㄱ, ㄴ ③ ㄱ, ㄷ
④ ㄴ, ㄷ ⑤ ㄱ, ㄴ, ㄷ

0582

다음 조건을 만족시키는 이차함수 $f(x)$에 대하여 $p \le x \le p+2$에서 함수 $f(x)$의 최솟값을 $g(p)$라 하자. 함수 $g(p)$의 최댓값이 4일 때, $f(3)$의 값은?

(단, p는 실수)

> (가) $f(-4)=0$
> (나) 모든 실수 x에 대하여 $f(x) \le f(-1)$이다.

① -4 ② $-\dfrac{7}{2}$ ③ -3

④ $-\dfrac{5}{2}$ ⑤ -2

08 삼차방정식과 사차방정식

1 삼차방정식과 사차방정식의 풀이
☑ 필수 기출 1,2,5,6

(1) 인수 정리를 이용한 풀이

삼차방정식 또는 사차방정식 $f(x)=0$에서 다항식 $f(x)$에 대하여 $f(\alpha)=0$이면 $f(x)=(x-\alpha)Q(x)$임을 이용한다.

(2) 공통부분이 있는 방정식의 풀이

방정식에 공통부분이 있으면 공통부분을 한 문자로 치환한 후 인수분해하여 푼다.

(3) $x^4+ax^2+b=0$ 꼴의 방정식의 풀이

$x^2=X$로 치환하였을 때, $X^2+aX+b=0$의 좌변이

① 인수분해되는 경우 ➡ 좌변을 인수분해한 후 $X=x^2$을 대입하여 푼다.

② 인수분해되지 않는 경우 ➡ $x^4+ax^2+b=0$의 좌변의 이차항 ax^2을 적당히 분리하여 $A^2-B^2=0$ 꼴로 변형한 후 인수분해하여 푼다.

(4) $ax^4+bx^3+cx^2+bx+a=0\,(a\neq0)$ 꼴의 방정식의 풀이

양변을 x^2으로 나눈 후 $x+\dfrac{1}{x}=t$로 치환하여 t에 대한 이차방정식을 푼다.

2 삼차방정식의 근과 계수의 관계
☑ 필수 기출 3,4,6

(1) 삼차방정식의 근과 계수의 관계

삼차방정식 $ax^3+bx^2+cx+d=0$의 세 근을 α, β, γ라 하면

$$\alpha+\beta+\gamma=-\frac{b}{a},\ \alpha\beta+\beta\gamma+\gamma\alpha=\frac{c}{a},\ \alpha\beta\gamma=-\frac{d}{a}$$

(2) 세 수를 근으로 하는 삼차방정식

세 수 α, β, γ를 근으로 하고 x^3의 계수가 1인 삼차방정식은

$$x^3-(\boxed{①}\ )x^2+(\alpha\beta+\beta\gamma+\gamma\alpha)x-\alpha\beta\gamma=0$$

3 삼차방정식의 켤레근의 성질
☑ 필수 기출 3,4

삼차방정식 $ax^3+bx^2+cx+d=0$에서

(1) a, b, c, d가 유리수일 때, 한 근이 $p+q\sqrt{m}$이면 $p-q\sqrt{m}$도 근이다.

(단, p, q는 유리수, $q\neq0$, $\sqrt{m}$은 무리수)

(2) a, b, c, d가 실수일 때, 한 근이 $p+qi$이면 $\boxed{②}$ 도 근이다.

(단, p, q는 실수, $q\neq0$, $i=\sqrt{-1}$)

4 방정식 $x^3=1$의 허근의 성질
☑ 필수 기출 5

(1) 방정식 $x^3=1$의 한 허근을 ω라 하면 다음이 성립한다. (단, $\overline{\omega}$는 ω의 켤레복소수)

① $\omega^3=1$, $\omega^2+\omega+1=0$ ② $\omega+\overline{\omega}=-1$, $\omega\overline{\omega}=1$ ③ $\omega^2=\overline{\omega}=\dfrac{1}{\omega}$

참고 $\omega^3=1$이면 $\overline{\omega}^3=1$이므로 $\overline{\omega}^2+\overline{\omega}+1=0$, $\overline{\omega}^2=\omega$도 성립한다.

(2) 방정식 $x^3=-1$의 한 허근을 ω라 하면 다음이 성립한다. (단, $\overline{\omega}$는 ω의 켤레복소수)

① $\omega^3=\boxed{③}$, $\omega^2-\omega+1=0$ ② $\omega+\overline{\omega}=1$, $\omega\overline{\omega}=1$ ③ $\omega^2=-\overline{\omega}=-\dfrac{1}{\omega}$

답: ① $\alpha+\beta+\gamma$ ② $p-qi$ ③ -1

난이도별 필수 기출

1 삼차방정식과 사차방정식의 풀이

0583 하

방정식 $x^3-8=0$의 해는?

① $x=-2$ 또는 $x=-1\pm\sqrt{3}i$
② $x=-2$ 또는 $x=1\pm\sqrt{5}i$
③ $x=2$ 또는 $x=-1\pm\sqrt{3}i$
④ $x=2$ 또는 $x=-1\pm\sqrt{5}i$
⑤ $x=2$ 또는 $x=1\pm\sqrt{3}i$

★빈출 0584 하

삼차방정식 $x^3-2x^2-2x+1=0$의 세 근을 α, β, γ라 할 때, $\alpha+\beta\gamma$의 값을 구하시오. (단, $\alpha<\beta<\gamma$)

0585 하 학평 기출

삼차방정식 $x^3+2x-3=0$의 한 허근을 $a+bi$라 할 때, a^2b^2의 값은? (단, a, b는 실수이고, $i=\sqrt{-1}$이다.)

① $\dfrac{11}{16}$ 　　② $\dfrac{3}{4}$ 　　③ $\dfrac{13}{16}$
④ $\dfrac{7}{8}$ 　　⑤ $\dfrac{15}{16}$

★빈출 0586 중

사차방정식 $x^4+3x^2-18=0$의 모든 허근의 곱은?

① -6 　　② -3 　　③ 1
④ 3 　　⑤ 6

0587 중

사차방정식 $x^4-24x^2+16=0$의 근인 것만을 보기에서 있는 대로 고른 것은? (단, $i=\sqrt{-1}$)

보기
ㄱ. $-2+2\sqrt{2}i$ 　　ㄴ. $-2-2\sqrt{2}$ ㄷ. $2-2\sqrt{2}i$ 　　ㄹ. $2+2\sqrt{2}$

① ㄱ, ㄴ 　　② ㄱ, ㄷ 　　③ ㄴ, ㄷ
④ ㄴ, ㄹ 　　⑤ ㄷ, ㄹ

★빈출 0588 중

사차방정식 $x^4-7x^3+16x^2-14x+4=0$의 가장 큰 근을 α, 가장 작은 근을 β라 할 때, $\alpha+\beta$의 값은?

① $-2\sqrt{2}$ 　　② -2 　　③ $\sqrt{2}$
④ $2\sqrt{2}$ 　　⑤ 4

삼차방정식 $x^3+x^2+x-3=0$의 서로 다른 두 허근을 α, β라 할 때, $(\alpha^2+2\alpha+6)(\beta^2+2\beta+8)$의 값은?

① 11   ② 12   ③ 13

④ 14   ⑤ 15

0590 중 | 서술형 |

사차방정식 $x^4+4x^3+3x^2-2x-6=0$의 두 허근을 α, β라 할 때, $\left\{\left(\dfrac{\alpha+\beta}{2}\right)i\right\}^{1234}$의 값을 구하시오. (단, $i=\sqrt{-1}$)

☆ 빈출
0591 중

사차방정식 $(x^2+3x-1)^2+7(x^2+3x)+3=0$의 두 허근을 α, β라 할 때, $\alpha^2+\beta^2$의 값을 구하시오.

0592 중   학평 기출

사차방정식 $(x^2-3x)(x^2-3x+6)+5=0$의 서로 다른 두 실근을 α, β라 할 때, $\alpha\beta$의 값은?

① 1   ② 2   ③ 3

④ 4   ⑤ 5

0593 중   학평 기출

x에 대한 삼차방정식 $x^3+(k-1)x^2-k=0$의 한 허근을 z라 할 때, $z+\bar{z}=-2$이다. 실수 k의 값은?
(단, $\bar{z}$는 z의 켤레복소수이다.)

① $\dfrac{3}{2}$ ② 2   ③ $\dfrac{5}{2}$

④ 3   ⑤ $\dfrac{7}{2}$

☆ 빈출
0594 중   학평 기출

삼차방정식 $x^3+(k+1)x^2+(4k-3)x+k+7=0$은 서로 다른 세 실근 1, α, β를 갖는다. $|\alpha-\beta|$의 값은?
(단, k는 상수이다.)

① 5   ② 7   ③ 9

④ 11   ⑤ 13

0595 중

사차방정식 $x^4-ax^3-(3a+1)x^2+8x+6a=0$의 한 근이 -1일 때, 이 방정식의 네 근 중 가장 큰 근과 가장 작은 근의 합은? (단, a는 실수)

① -2　　　② -1　　　③ 0
④ 1　　　⑤ 2

0596 중

사차방정식 $2x^4-ax^3+bx^2+3x+a+4=0$의 두 근이 -1, 2일 때, 나머지 두 근의 곱은? (단, a, b는 실수)

① -2　　　② $-\dfrac{3}{2}$　　　③ $-\dfrac{1}{2}$
④ $\dfrac{3}{2}$　　　⑤ 2

0597 중
빈출

| 서술형 |

방정식 $(x-1)(x-2)(x+3)(x+4)-14=0$의 모든 근의 합을 구하시오.

0598 중

사차방정식 $x^4+2x^3-x^2+2x+1=0$의 한 실근을 α라 할 때, $\alpha+\dfrac{1}{\alpha}$의 값은?

① -3　　　② -1　　　③ $\dfrac{1}{3}$
④ 1　　　⑤ 3

0599 상

신유형

사차방정식 $x^4+5x^2+9=0$의 한 근을 α라 하자. 실수 k에 대하여 $(\alpha+k)^2$이 음수가 될 때, k^2의 값은?

① $\dfrac{1}{9}$　　　② $\dfrac{1}{4}$　　　③ $\dfrac{4}{9}$
④ $\dfrac{9}{16}$　　　⑤ 1

0600 ㈜

삼차방정식 $x^3-x^2+(k-6)x-3k=0$의 근이 모두 실수가 되도록 하는 정수 k의 최댓값은?

① -2 ② -1 ③ 0
④ 1 ⑤ 2

0601 ㈜
빈출

삼차방정식 $x^3+(a-1)x-a=0$이 서로 다른 세 실근을 갖도록 하는 실수 a의 값의 범위는?

① $a<\dfrac{1}{4}$ ② $-2\le a<\dfrac{1}{4}$

③ $1<a<2$ ④ $1<a<4$

⑤ $a<-2$ 또는 $-2<a<\dfrac{1}{4}$

0602 ㈜
빈출

삼차방정식 $x^3+(k-1)x^2-2kx+k=0$이 중근을 가질 때, 모든 실수 k의 값의 합은?

① -4 ② -2 ③ 0
④ 2 ⑤ 4

0603 ㈜

삼차방정식 $x^3-6x^2+(a+8)x-2a=0$이 한 개의 실근과 두 개의 허근을 갖도록 하는 자연수 a의 최솟값은?

① 4 ② 5 ③ 6
④ 7 ⑤ 8

0604 ㈜   학평 기출

삼차방정식 $x^3-5x^2+(a+4)x-a=0$의 서로 다른 실근의 개수가 2가 되도록 하는 모든 실수 a의 값의 합을 구하시오.

0605 ㈜ | 서술형 |

삼차방정식 $x^3+4x^2-(k+5)x+k=0$의 서로 다른 실근의 개수가 1일 때, 정수 k의 최댓값을 구하시오.

0606 상

삼차방정식 $x^3-x^2-kx+k=0$의 세 근을 α, β, γ라 하자. α, β 중 실수는 하나뿐이고 $\alpha^2=-2\beta$일 때, $\beta^2+\gamma^2$의 값은? (단, k는 0이 아닌 실수이다.)

① -5 ② -4 ③ -3

④ -2 ⑤ -1

0607 상

사차방정식

$$x^4-(k+4)x^3+(3k+4)x^2+(k^2-2k)x-2k^2=0$$

이 서로 다른 네 실근을 갖도록 하는 5 이하의 정수 k의 개수는?

① 1 ② 2 ③ 3

④ 4 ⑤ 5

---

3 삼차방정식의 근과 계수의 관계

0608 하

삼차방정식 $x^3-3x^2+4x+9=0$의 세 근을 α, β, γ라 할 때, $\dfrac{1}{\alpha\beta}+\dfrac{1}{\beta\gamma}+\dfrac{1}{\gamma\alpha}$의 값은?

① -1 ② $-\dfrac{1}{3}$ ③ $\dfrac{1}{3}$

④ 1 ⑤ 3

0609 중

빈출

| 서술형 |

삼차방정식 $2x^3-8x^2-5x-10=0$의 세 근을 α, β, γ라 할 때, $\alpha^3+\beta^3+\gamma^3$의 값을 구하시오.

0610 중

삼차방정식 $x^3+px^2+qx-105=0$의 서로 다른 세 근이 모두 2보다 큰 자연수일 때, 실수 p, q에 대하여 $p+q$의 값은?

① 6 ② 10 ③ 14

④ 28 ⑤ 56

0611 중

삼차방정식 $x^3-7x^2+10x+6=0$의 세 근을 α, β, γ라 할 때, $(2-\alpha)(2-\beta)(2-\gamma)$의 값을 구하시오.

0612 중

삼차방정식 $x^3-(a+2)x^2+bx+4=0$의 한 근이 $2-\sqrt{2}$일 때, 유리수 a, b에 대하여 $a-b$의 값은?

① -6 ② -2 ③ 0
④ 2 ⑤ 6

★빈출
0613 중

삼차방정식 $x^3+px^2+qx+6=0$의 한 근이 $1+i$일 때, 실수 p, q에 대하여 $p+q$의 값은? (단, $i=\sqrt{-1}$)

① -5 ② -3 ③ 1
④ 2 ⑤ 4

0614 중

삼차방정식 $x^3+3x-1=0$의 세 근을 α, β, γ라 할 때, $\dfrac{\beta\gamma}{\alpha}+\dfrac{\gamma\alpha}{\beta}+\dfrac{\alpha\beta}{\gamma}$의 값은?

① 6 ② 7 ③ 8
④ 9 ⑤ 10

0615 중

삼차방정식 $2x^3-7x^2+ax+b=0$의 세 근의 비가 $1:2:4$일 때, 실수 a, b에 대하여 $a-b$의 값은?

① -11 ② -2 ③ 9
④ 11 ⑤ 13

| 서술형 |
0616 중

삼차방정식 $x^3-ax^2+26x-b=0$의 세 근이 연속하는 세 자연수일 때, 실수 a, b에 대하여 $b-a$의 값을 구하시오.

0617 (중)

삼차방정식 $x^3-4x^2-2x+5=0$의 세 근을 α, β, γ라 할 때, $\dfrac{1}{\alpha}$, $\dfrac{1}{\beta}$, $\dfrac{1}{\gamma}$을 세 근으로 하고 x^3의 계수가 5인 삼차방정식은 $5x^3+ax^2+bx+c=0$이다. 이때 실수 a, b, c에 대하여 abc의 값은?

① -8　　　② -6　　　③ 4
④ 6　　　⑤ 8

★빈출
0618 (중)

삼차방정식 $x^3+ax^2+bx-3=0$의 한 근이 -1이고, 나머지 두 근의 제곱의 합이 6일 때, 실수 a, b에 대하여 $a+b$의 값은?

① -2　　　② -1　　　③ 0
④ 1　　　⑤ 2

0619 (중)

삼차방정식 $2x^3+8x^2-ax+3=0$의 세 근 중 두 근이 삼차방정식 $2x^3+6x^2+bx=0$의 근일 때, 실수 a, b에 대하여 $a+b$의 값은?

① -11　　　② -6　　　③ -3
④ 3　　　⑤ 9

4　삼차방정식과 사차방정식의 근의 성질

0620 (중)

삼차방정식 $x^3+ax^2-7x+4b=0$이 중근 1을 갖도록 하는 실수 a, b에 대하여 ab의 값은?

① 1　　　② 2　　　③ 3
④ 4　　　⑤ 5

0621 (중)

삼차방정식 $f(x)=0$의 세 근의 합이 303일 때, 방정식 $f(121-3x)=0$의 세 근의 합은?

① 18　　　② 19　　　③ 20
④ 21　　　⑤ 22

0622 (중)

실수 a, b, c에 대하여 한 근이 $2-i$인 삼차방정식 $x^3+ax^2+bx+c=0$과 이차방정식 $x^2+ax+20=0$이 공통인 근 m을 가질 때, $m+a+b+c$의 값은?
(단, $i=\sqrt{-1}$)

① -30　　　② -17　　　③ -4
④ 26　　　⑤ 51

0623 상

x에 대한 사차방정식 $x^4-(2a-9)x^2+4=0$이 서로 다른 네 실근 α, β, γ, $\delta\,(\alpha<\beta<\gamma<\delta)$를 가진다. $\alpha^2+\beta^2=5$일 때, 상수 a의 값을 구하시오.

0624 상 빈출

사차방정식 $x^4-x^3+kx^2+(10-k)x-10=0$의 한 근이 $1-2i$일 때, 실수 k의 값은? (단, $i=\sqrt{-1}$)

① 1   ② 3   ③ 5
④ 7   ⑤ 9

0625 상

계수가 모두 실수인 사차다항식 $f(x)$가 다음 조건을 만족시킬 때, $f(2)$의 값을 구하시오. (단, $i=\sqrt{-1}$)

> (가) $f(x)$의 최고차항의 계수는 1이고, 삼차항의 계수는 0이다.
> (나) $1+i$는 방정식 $f(x)=0$의 한 근이고, 이 방정식은 실수인 중근을 갖는다.

0626 상 빈출

계수가 모두 실수인 삼차다항식 $f(x)$에 대하여
$$f(-1)=f(2)=f(5)=3,\ f(1)=19$$
일 때, 삼차방정식 $f(x)=0$의 모든 근의 합은?

① -12 ② -6 ③ 3
④ 6   ⑤ 12

0627 상

삼차방정식 $x^3+px^2-2x-3=0$이 두 허근 α, α^2과 한 실근을 가질 때, 실수 p의 값은?

① -3 ② -2 ③ 1
④ 2   ⑤ 3

0628 상

사차방정식 $x^4-5x^3+7x^2-x-2=0$의 네 근을 α, β, γ, δ라 할 때,
$$(\alpha^4-5\alpha^3+7\alpha^2)(\beta^4-5\beta^3+7\beta^2)$$
$$\times(\gamma^4-5\gamma^3+7\gamma^2)(\delta^4-5\delta^3+7\delta^2)$$
의 값은?

① 40   ② 65   ③ 84
④ 97   ⑤ 114

0629 (상) 학평 기출

세 실수 a, b, c에 대하여 삼차다항식
$$P(x)=x^3+ax^2+bx+c$$
가 다음 조건을 만족시킨다.

> (가) x에 대한 삼차방정식 $P(x)=0$은 한 실근과 서로 다른 두 허근을 갖고, 서로 다른 두 허근의 곱은 5이다.
> (나) x에 대한 삼차방정식 $P(3x-1)=0$은 한 근 0과 서로 다른 두 허근을 갖고, 서로 다른 두 허근의 합은 2이다.

$a+b+c$의 값은?

① 3 ② 4 ③ 5
④ 6 ⑤ 7

0630 (상)

삼차방정식 $ax^3+bx^2+cx+d=0$의 세 근을 α, β, γ라 할 때, 보기에서 옳은 것만을 있는 대로 고른 것은?
(단, a, b, c, d는 실수이고, $\alpha\beta\gamma\neq0$)

보기

ㄱ. 방정식 $a(x-1)^3+b(x-1)^2+c(x-1)+d=0$의 세 근은 $\alpha-1$, $\beta-1$, $\gamma-1$이다.

ㄴ. 방정식 $ax^3-bx^2+cx-d=0$의 세 근은 $-\alpha$, $-\beta$, $-\gamma$이다.

ㄷ. 방정식 $ax^3+\dfrac{b}{2}x^2+\dfrac{c}{4}x+\dfrac{d}{8}=0$의 세 근은 $\dfrac{\alpha}{2}$, $\dfrac{\beta}{2}$, $\dfrac{\gamma}{2}$이다.

ㄹ. 방정식 $dx^3+cx^2+bx+a=0$의 세 근은 $\dfrac{1}{\alpha}$, $\dfrac{1}{\beta}$, $\dfrac{1}{\gamma}$이다.

① ㄱ ② ㄱ, ㄹ ③ ㄴ, ㄷ
④ ㄴ, ㄹ ⑤ ㄴ, ㄷ, ㄹ

5 방정식 $x^3=1$의 허근의 성질

⭐빈출
0631 (하)

방정식 $x^3=1$의 한 허근을 ω라 할 때, $\omega^{50}+\omega^{51}+\omega^{52}$의 값은?

① -2 ② -1 ③ 0
④ 1 ⑤ 2

0632 (중)

방정식 $x^3-1=0$의 한 허근을 ω라 할 때, 다음 중 그 값이 가장 큰 것은?

① ω^3
② $\omega^2+\omega$
③ $1+\omega+\omega^2+\cdots+\omega^8$
④ $(1+\omega)(1+\omega^2)(1+\omega^3)$
⑤ $\dfrac{\omega^2}{1+\omega}+\dfrac{1+\omega^2}{\omega}+\dfrac{1}{\omega+\omega^2}$

0633 (중)

방정식 $x^3+1=0$의 한 허근을 ω라 할 때, $(2\omega-1)(2\overline{\omega}-1)$의 값은? (단, $\overline{\omega}$는 ω의 켤레복소수)

① -7 ② -5 ③ -1
④ 3 ⑤ 7

이차방정식 $x^2+x+1=0$의 한 허근을 ω라 할 때, $1+\omega+\omega^2+\omega^3+\cdots+\omega^{90}$의 값은?

① -40 ② -1 ③ 0

④ 1 ⑤ 40

0635 중

방정식 $x^3=1$의 한 허근을 ω라 할 때, $\dfrac{1}{1+\omega^{20}}-\dfrac{1}{1+\omega^{21}}+\dfrac{1}{1+\omega^{22}}$의 값은?

① $-\dfrac{3}{2}$ ② $-\dfrac{1}{2}$ ③ $\dfrac{1}{2}$

④ 1 ⑤ $\dfrac{3}{2}$

0636 중

방정식 $x^3=1$의 한 허근을 ω라 할 때, 보기에서 옳은 것만을 있는 대로 고른 것은? (단, $\overline{\omega}$는 ω의 켤레복소수)

┤ 보기 ├

ㄱ. $\omega+\overline{\omega}=-\omega\overline{\omega}$

ㄴ. $\omega^2-\omega+1=0$

ㄷ. $\omega^3+\overline{\omega}^3=\omega\overline{\omega}-(\omega^2+\overline{\omega}^2)$

① ㄱ ② ㄱ, ㄴ ③ ㄱ, ㄷ

④ ㄴ, ㄷ ⑤ ㄱ, ㄴ, ㄷ

0637 중

방정식 $x^3=1$의 한 허근을 ω라 할 때, 보기에서 옳은 것만을 있는 대로 고른 것은?

┤ 보기 ├

ㄱ. $1+\dfrac{1}{\omega}+\dfrac{1}{\omega^2}+\dfrac{1}{\omega^3}=1$

ㄴ. $\omega^2+1=\dfrac{1}{\omega+1}$

ㄷ. $(1+\omega)(1+\omega^2)(1+\omega^3)(1+\omega^4)(1+\omega^5)=2$

① ㄱ ② ㄱ, ㄴ ③ ㄱ, ㄷ

④ ㄴ, ㄷ ⑤ ㄱ, ㄴ, ㄷ

빈출
0638 중

방정식 $x^3-1=0$의 한 허근을 ω라 할 때,
$$1-2\omega+3\omega^2-4\omega^3+5\omega^4-6\omega^5=a\omega+b$$
를 만족시키는 실수 a, b에 대하여 $a+b$의 값은?

① 3 ② 4 ③ 5

④ 6 ⑤ 7

빈출
0639 상 학평 기출

복소수 z에 대하여 $z+\overline{z}=-1$, $z\overline{z}=1$일 때, $\dfrac{\overline{z}}{z^5}+\dfrac{(\overline{z})^2}{z^4}+\dfrac{(\overline{z})^3}{z^3}+\dfrac{(\overline{z})^4}{z^2}+\dfrac{(\overline{z})^5}{z}$의 값은?

(단, $\overline{z}$는 z의 켤레복소수이다.)

① 2 ② 3 ③ 4

④ 5 ⑤ 6

0640 (상)

방정식 $x^3+1=0$의 한 허근을 ω라 할 때, 보기에서 옳은 것만을 있는 대로 고른 것은? (단, $\bar{z}$는 z의 켤레복소수)

| 보기 |

ㄱ. $\omega+\dfrac{1}{\omega}=1$

ㄴ. $1+\omega+\omega^2+\cdots+\omega^{20}=2\omega$

ㄷ. $z=\dfrac{\omega+1}{2\omega-1}$일 때, $z\bar{z}=1$이다.

① ㄱ   ② ㄱ, ㄴ   ③ ㄱ, ㄷ
④ ㄴ, ㄷ   ⑤ ㄱ, ㄴ, ㄷ

0641 (상)

방정식 $x+\dfrac{1}{x}=-1$의 한 허근을 ω라 할 때,

$$\left(\omega+\dfrac{1}{\omega}\right)+\left(\omega^3+\dfrac{1}{\omega^3}\right)+\left(\omega^5+\dfrac{1}{\omega^5}\right)+\cdots+\left(\omega^{19}+\dfrac{1}{\omega^{19}}\right)$$

의 값은?

① -2 ② -1 ③ 0
④ 1 ⑤ 2

0642 (상)

사차방정식 $x^4-4x^3+x-4=0$의 한 허근을 α라 할 때, $\alpha^{503}+\alpha^{504}+\alpha^{505}$의 값은?

① -2 ② -1 ③ 0
④ 1 ⑤ 2

0643 (상)

| 서술형 |

방정식 $x^3=1$의 두 허근을 α, β라 할 때, 자연수 n에 대하여 $f(n)=\alpha^n+\beta^n$이라 하자. 이때 $f(1)+f(2)+f(3)+\cdots+f(100)$의 값을 구하시오.

0644 (상)

방정식 $x^3=1$의 한 허근을 ω라 할 때,

$$\dfrac{\bar{\omega}}{\omega}+\dfrac{\omega^2}{\bar{\omega}^2}+\dfrac{\bar{\omega}^3}{\omega^3}+\dfrac{\omega^4}{\bar{\omega}^4}+\dfrac{\bar{\omega}^5}{\omega^5}+\cdots+\dfrac{\omega^{100}}{\bar{\omega}^{100}}$$ 을 간단히 하면?

(단, $\bar{\omega}$는 ω의 켤레복소수)

① ω ② 2ω ③ $2\omega+1$
④ 1 ⑤ 2

0645 상

방정식 $x^3=1$의 한 허근 ω에 대하여 $f(n)=\dfrac{1+\omega^n}{\omega^{2n}}$이라 할 때, $f(1)+f(2)+f(3)+\cdots+f(50)$의 값은?

(단, n은 자연수)

① -3 ② -2 ③ 2

④ 3 ⑤ 6

0646 상

삼차방정식 $x^3=27$의 한 허근을 ω라 할 때, 보기에서 옳은 것만을 있는 대로 고른 것은?

(단, $\overline{\omega}$는 ω의 켤레복소수)

> **보기**
>
> ㄱ. $\dfrac{\overline{\omega}}{\omega}+\dfrac{\omega}{\overline{\omega}}=-1$ ㄴ. $\overline{\omega}^2=-3\omega$
>
> ㄷ. $\dfrac{\overline{\omega}^2}{\omega^2+9}=-1$

① ㄱ   ② ㄴ   ③ ㄱ, ㄷ

④ ㄴ, ㄷ   ⑤ ㄱ, ㄴ, ㄷ

0647 상

이차방정식 $x^2+x+1=0$의 한 근을 ω라 하자. $(\omega^2+1)^{3n}\times(\overline{\omega}+1)^n$의 값이 양의 실수가 되도록 하는 50 이하의 자연수 n의 개수는? (단, $\overline{\omega}$는 ω의 켤레복소수)

① 15 ② 16 ③ 17

④ 18 ⑤ 19

0648 상

방정식 $x^3+1=0$의 한 허근을 ω라 할 때,
$$\omega^{4n}+(1-\omega)^{4n}+1=0$$
을 만족시키는 100 이하의 자연수 n의 개수는?

① 33 ② 34 ③ 66

④ 67 ⑤ 99

6 삼차방정식과 사차방정식의 활용

0649 중

어떤 정육면체의 밑면의 가로의 길이를 1만큼 줄이고, 밑면의 세로의 길이와 높이를 각각 2만큼씩 늘여서 만든 직육면체의 부피가 50일 때, 처음 정육면체의 부피는?

① 8   ② 27   ③ 64
④ 81   ⑤ 125

★빈출 0650 중

오른쪽 그림과 같이 가로의 길이와 세로의 길이가 각각 20 cm, 16 cm인 직사각형의 네 모퉁이에서 한 변의 길이가 x cm인 정사각형을 잘라 내고 점선을 따라

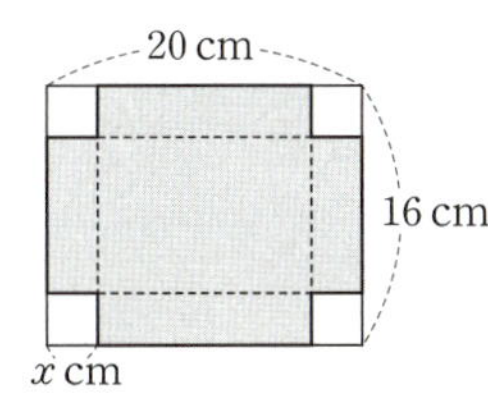

접어서 뚜껑이 없는 상자를 만들었다. 이 상자의 부피가 420 cm³일 때, 자연수 x의 값을 구하시오.

0651 중

| 서술형 |

오른쪽 그림과 같이 밑면의 반지름의 길이와 높이의 비가 1 : 2인 원기둥 모양의 수족관에 27π m³의 물을 부었더니 수족관의 위에서부터 3 m를 남기고 물이 채워졌다. 이때 수족관의 높이를 구하시오. (단, 수족관의 두께는 생각하지 않는다.)

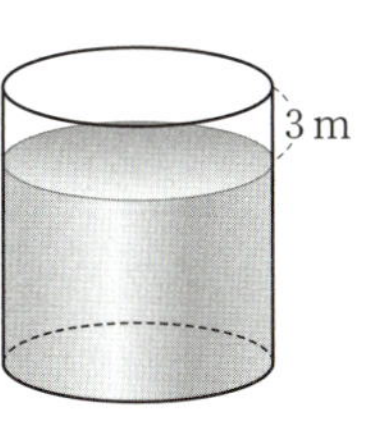

0652 중

오른쪽 그림과 같이 밑면의 가로, 세로의 길이가 각각 $(x+2)$ cm, $(x+1)$ cm이고 높이가 x cm인 직육면체에서 밑면의 가로, 세로의 길이가 모두 x cm이고 높이가 $\dfrac{x}{2}$ cm인 직육면체 모양의 구멍을 팠더니 남은 부분의 부피가 228 cm³가 되었다. 이때 x의 값은?

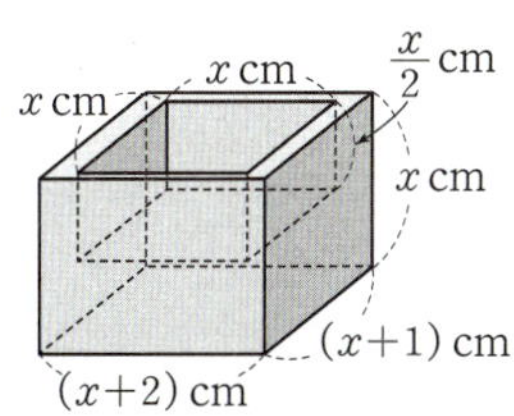

① 3   ② 4   ③ 5
④ 6   ⑤ 7

0653 중

오른쪽 그림과 같이 선분 AB 위의 점 C에 대하여 선분 AC와 선분 BC를 각각의 반지름으로 하고 점 C에서 외접하는 두 구가 있다. 큰 구의 반지름의 길이는 작은 구의 반지름의 길이의 2배보다 1만큼 길고, 두 구의 부피의 차가 $\dfrac{1264}{3}\pi$일 때, 작은 구의 반지름의 길이는?

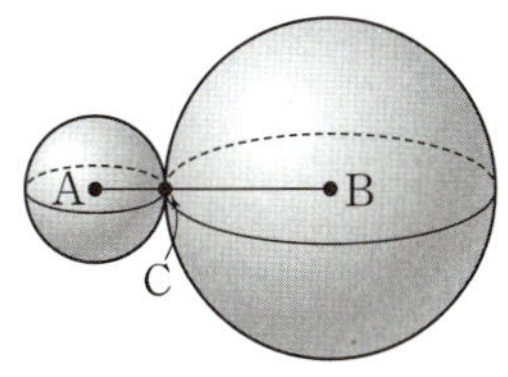

① 3   ② 4   ③ 5
④ 6   ⑤ 7

0654 중

삼차방정식 $x^3-10x^2+(a+16)x-2a=0$의 세 근이 이등변삼각형의 세 변의 길이와 같을 때, 이 세 변의 길이는? (단, a는 실수)

① 2, 2, 2   ② 2, 2, 3   ③ 2, 3, 3
④ 2, 4, 4   ⑤ 3, 3, 3

0655 상

직육면체의 밑면의 가로, 세로의 길이와 높이를 세 근으로 하는 삼차방정식이 $x^3-4\sqrt{2}x^2+10x+k=0$일 때, 이 직육면체의 서로 다른 두 꼭짓점 사이의 거리의 최댓값은?

(단, k는 실수)

① $\sqrt{10}$ ② $2\sqrt{3}$ ③ $\sqrt{14}$
④ 4 ⑤ $3\sqrt{2}$

0656 상

모든 모서리의 길이의 합이 32 cm, 겉넓이가 34 cm^2, 부피가 10 cm^{3}인 직육면체의 가장 긴 모서리의 길이와 가장 짧은 모서리의 길이의 합은?

① 3 cm ② 4 cm ③ 5 cm
④ 6 cm ⑤ 7 cm

0657 상

| 서술형 |

어떤 제약 회사에서 오른쪽 그림과 같이 원기둥의 두 밑면에 반구가 붙어 있는 모양의 캡슐 약을 만들려고 한다. 이 캡슐의 길이가 10 mm이고 부피가 72π mm^{3}가 되도록 할 때, 반구의 반지름의 길이는 몇 mm인지 구하시오.

(단, 캡슐의 두께는 생각하지 않는다.)

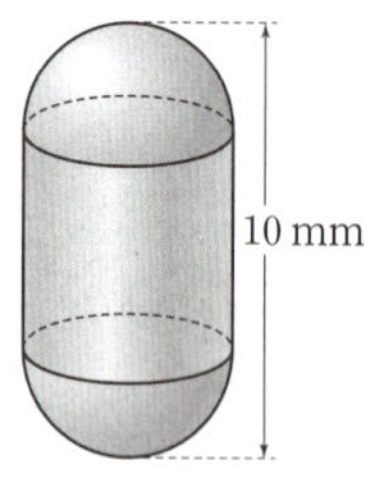

0658 상

학평 기출

그림과 같이 이차함수 $y=x^2-8x+12$의 그래프와 직선 $y=k$가 만나는 두 점을 각각 A, B라 하자. 삼각형 AOB의 넓이가 15일 때, 양수 k의 값을 구하시오.

(단, O는 원점이다.)

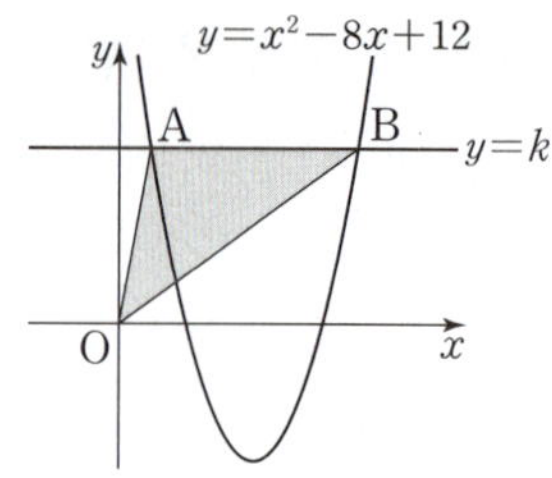

0659 상

삼차방정식 $x^3-8x^2+(12+k)x-2k=0$의 서로 다른 세 실근이 직각삼각형의 세 변의 길이와 같을 때, 실수 k에 대하여 $36k$의 값은?

① 315 ② 318 ③ 320
④ 322 ⑤ 325

최고수준 도전 기출
★ ★ ★ ★

0660

사차방정식 $x^4+2ax^3+(a^2+7)x^2+7ax+12=0$의 서로 다른 실근의 개수를 $f(a)$라 할 때,
$f(-6)+f(-4)+f(3)+f(5)$의 값은? (단, a는 실수)

① 11   ② 12   ③ 13
④ 14   ⑤ 15

0661

사차방정식 $x^4-27x^2+2a-4=0$은 서로 다른 네 개의 실근을 갖는다. 이 중 서로 다른 두 근 α, β에 대하여 $|\alpha| \neq |\beta|$, $\alpha\beta=6$이 성립할 때, 실수 a의 값을 구하시오.

0662

삼차방정식 $x^3-3x^2+4x-2=0$의 한 허근을 ω라 할 때, $\{\omega(\overline{\omega}-1)\}^n=256$을 만족시키는 자연수 n의 값을 구하시오. (단, $\overline{\omega}$는 ω의 켤레복소수이다.)

0663

다항식 $f(x)=x^3+ax^2+bx+c$가 다음 조건을 만족시킬 때, 방정식 $(2x+3)^3+a(2x+3)^2+b(2x+3)+c=0$의 모든 근의 합은? (단, a, b, c는 유리수)

> (가) $f(x)$는 $x+1$로 나누어떨어진다.
> (나) 삼차방정식 $f(x)=0$의 한 근이 $\sqrt{3}-2$이다.

① -7 ② -2 ③ 2
④ 5 ⑤ 7

0664

삼차방정식 $x^3+ax^2+bx+c=0$의 세 근을 α, β, γ라 할 때, 삼차방정식 $x^3-3x^2-2x-1=0$의 세 근은 $\dfrac{1}{\alpha\beta}$, $\dfrac{1}{\beta\gamma}$, $\dfrac{1}{\gamma\alpha}$이다. 이때 실수 a, b, c에 대하여 $(abc)^2$의 값은?

① 9   ② 16   ③ 25

④ 36   ⑤ 49

0665

학평 기출

x에 대한 사차방정식 $x^4+(3-2a)x^2+a^2-3a-10=0$이 실근과 허근을 모두 가질 때, 이 사차방정식에 대하여 보기에서 옳은 것만을 있는 대로 고른 것은?

(단, a는 실수이다.)

보기

ㄱ. $a=1$이면 모든 실근의 곱은 -3이다.

ㄴ. 모든 실근의 곱이 -4이면 모든 허근의 곱은 3이다.

ㄷ. 정수인 근을 갖도록 하는 모든 실수 a의 값의 합은 -1이다.

① ㄱ   ② ㄱ, ㄴ   ③ ㄱ, ㄷ

④ ㄴ, ㄷ   ⑤ ㄱ, ㄴ, ㄷ

0666

방정식 $x^3=1$의 한 허근을 ω라 하자. $\alpha=a+b\omega$ (a, b는 실수)에 대하여 $N(\alpha)=a^2+b^2-ab$라 할 때, 보기에서 옳은 것만을 있는 대로 고른 것은?

(단, $\overline{\alpha}$는 α의 켤레복소수)

보기

ㄱ. $\alpha=3+\omega$일 때, $N(\alpha)=7$

ㄴ. $N(\alpha)=\alpha\overline{\alpha}$

ㄷ. $\beta=p+q\omega$ (p, q는 실수)일 때, $N(\alpha\beta)=N(\alpha)N(\beta)$

① ㄱ   ② ㄴ   ③ ㄱ, ㄴ

④ ㄱ, ㄷ   ⑤ ㄱ, ㄴ, ㄷ

0667

오른쪽 그림과 같이 가로, 세로의 길이가 각각 x cm, 10 cm인 직사각형 모양의 종이가 있다. 이 종이의 한 대각선을 따라 접어서 겹쳐지는 부분의 넓이가 $\dfrac{26}{5}$ cm²일 때, x의 값을 구하시오.

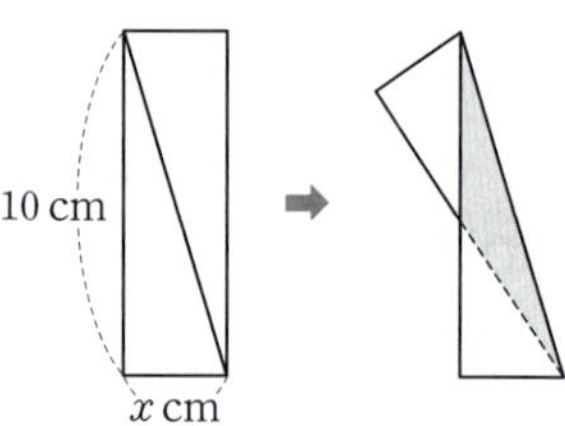

0668

삼차방정식 $ax^3+(-a+b)x^2+(-5a-2b)x+6a=0$
이 서로 다른 세 정수를 근으로 갖는다. $|a|\leq 15$, $|b|\leq 15$
인 정수 a, b에 대하여 순서쌍 (a, b)의 개수를 구하시오.

0669

학평 기출

x에 대한 삼차방정식
$$x^3-(a^2+a-1)x^2-a(a-3)x+4a=0$$
이 서로 다른 세 실근 α, β, γ $(\alpha<\beta<\gamma)$를 가질 때,
$\alpha\times\gamma=-4$가 되도록 하는 모든 실수 a의 값의 합은?

① 1　　　　② 2　　　　③ 3
④ 4　　　　⑤ 5

0670

방정식 $x^3=-1$의 한 허근을 ω라 하자. $\omega^m+\omega^n$의 값이
음수가 되도록 하는 9 이하의 자연수 m, n에 대하여
$m+n=a$라 할 때, 서로 다른 자연수 a의 개수는?

① 3　　　　② 4　　　　③ 5
④ 6　　　　⑤ 8

0671

학평 기출

x에 대한 사차방정식
$$x^4+(2a+1)x^3+(3a+2)x^2+(a+2)x=0$$
의 서로 다른 실근의 개수가 3이 되도록 하는 모든 실수 a
의 값의 곱을 구하시오.

09 연립이차방정식

1 연립이차방정식

☑ 필수 기출 1, 2

(1) 미지수가 2개인 연립이차방정식

미지수가 2개인 연립방정식에서 차수가 가장 높은 방정식이 ❶ [   ]일 때, 이 연립방정식을 미지수가 2개인 연립이차방정식이라 한다.

(2) $\begin{cases} 일차방정식 \\ 이차방정식 \end{cases}$ **꼴의 연립이차방정식의 풀이**

일차방정식을 한 미지수에 대하여 정리한 것을 이차방정식에 대입하여 푼다.

(3) $\begin{cases} 이차방정식 \\ 이차방정식 \end{cases}$ **꼴의 연립이차방정식의 풀이**

한 이차방정식에서 이차식을 두 일차식의 곱으로 인수분해하여 얻은 두 일차방정식을 한 미지수에 대하여 정리한 후 나머지 이차방정식에 각각 대입하여 푼다.

(4) 대칭식으로 이루어진 연립이차방정식의 풀이

$x+y=u$, $xy=v$로 놓고 u, v에 대한 연립방정식으로 변형하여 방정식을 푼 후 x, y가 t에 대한 이차방정식 $t^2-ut+v=0$의 두 근임을 이용한다.

📎 기출 PICK

두 이차방정식이 모두 인수분해되지 않는 연립이차방정식의 풀이

(1) 이차항을 소거할 수 있는 경우

　① 이차항을 소거하여 일차방정식을 얻는다.

　② ①에서 얻은 일차방정식과 주어진 이차방정식을 연립하여 푼다.

(2) 이차항을 소거할 수 없는 경우

　① 상수항을 소거하여 인수분해되는 이차방정식을 얻는다.

　② ①에서 얻은 인수분해되는 이차방정식과 주어진 이차방정식을 연립하여 푼다.

공통근을 갖는 경우

두 이차방정식 $f(x)=0$, $g(x)=0$이 공통근 α를 가지면

➡ $f(\alpha)=0$, $g(\alpha)=0$을 연립하여 이차항이나 상수항을 소거한 후 α의 값을 구한다.

---

2 부정방정식

☑ 필수 기출 3

(1) 부정방정식

방정식의 개수가 미지수의 개수보다 적을 때, 그 해가 무수히 많은 방정식을 부정방정식이라 한다.

(2) 정수 조건의 부정방정식의 풀이

(일차식) × (일차식) = (정수) 꼴로 변형한 후 약수와 배수의 성질을 이용한다.

(3) 실수 조건의 부정방정식의 풀이

[방법 1] $A^2+B^2=0$ 꼴로 변형한 후 A, B가 실수이면 $A=0$, $B=0$임을 이용한다.

[방법 2] 한 문자에 대하여 내림차순으로 정리한 후 이차방정식의 판별식 D가 $D \geq 0$임을 이용한다.

답: ❶ 이차방정식

난이도별 필수 기출

상 9문항
중 23문항
하 3문항

1 연립이차방정식

0672 하
[학평 기출]

연립방정식
$$\begin{cases} x-y=3 \\ x^2-3xy+2y^2=6 \end{cases}$$
의 해가 $x=\alpha$, $y=\beta$일 때, $\alpha+\beta$의 값을 구하시오.

0673 하
[학평 기출]

연립방정식
$$\begin{cases} 3x-2y=7 \\ 6x^2-xy-2y^2=0 \end{cases}$$
의 해를 $x=\alpha$, $y=\beta$라 할 때, $\alpha-\beta$의 값은?

① 1 ② 2 ③ 3
④ 4 ⑤ 5

0674 하
| 서술형 |

연립방정식 $\begin{cases} 3x+y=a \\ x^2-xy-y^2=b \end{cases}$ 의 한 근이 $x=1$, $y=-2$
일 때, 실수 a, b의 값과 나머지 한 근을 구하시오.

0675 중
빈출

연립방정식 $\begin{cases} 3x^2-4xy-4y^2=0 \\ x^2-y-10=0 \end{cases}$ 을 만족시키는 정수 x,
y에 대하여 $xy<0$일 때, $x+y$의 값은?

① 2 ② 3 ③ 4
④ 5 ⑤ 6

0676 중
빈출
| 서술형 |

두 연립방정식 $\begin{cases} 3x+y=4 \\ ax^2-y^2=-1 \end{cases}$, $\begin{cases} x+y=b \\ x^2-y^2=-48 \end{cases}$ 의 공통
인 해가 있을 때, 정수 a, b에 대하여 $a-b$의 값을 구하
시오.

0677 중

연립방정식 $\begin{cases} x^2-y^2=6 \\ (x+y)^2-2(x+y)=3 \end{cases}$ 을 만족시키는 양수
x, y에 대하여 $12xy$의 값은?

① 13 ② 14 ③ 15
④ 16 ⑤ 17

연립방정식 $\begin{cases} x^2+y^2=a \\ x+y=-3 \end{cases}$ 을 만족시키는 실수 x, y가 연

립방정식 $\begin{cases} ax-3y=b \\ xy=2 \end{cases}$ 를 만족시킬 때, 실수 a, b에 대하

여 $a+b$의 값은? (단, $b<0$)

① -2 ② -1 ③ 0
④ 1 ⑤ 2

빈출
0679 ❸

연립방정식 $\begin{cases} x+y=a \\ x^2-2xy=-3 \end{cases}$ 이 오직 한 쌍의 해를 갖도록

하는 양수 a의 값은?

① 1 ② 2 ③ 3
④ 4 ⑤ 5

0680 ❸

연립방정식 $\begin{cases} x-y=2a \\ 2x^2-xy=-a^2-a+1 \end{cases}$ 을 만족시키는 실수

x, y가 존재하지 않을 때, 정수 a의 최솟값을 구하시오.

0681 ❸

연립방정식 $\begin{cases} x+y=4 \\ xy+x+y=a \end{cases}$ 가 실근을 갖도록 하는 실수

a의 최댓값은?

① 6 ② 7 ③ 8
④ 9 ⑤ 10

0682 ❸ 학평 기출

x, y에 대한 연립방정식

$$\begin{cases} x-y=3 \\ x^2-xy-y^2=k \end{cases}$$

의 해를 $\begin{cases} x=\alpha \\ y=\alpha-3 \end{cases}$ 또는 $\begin{cases} x=\beta \\ y=\beta-3 \end{cases}$ 이라 하자.

α, β가 서로 다른 두 실수가 되도록 하는 자연수 k의 최

댓값은?

① 10 ② 11 ③ 12
④ 13 ⑤ 14

0683 ❸

서로 다른 두 이차방정식

$$x^2+(2k+1)x+6=0, \quad x^2-(k+1)x-3k+4=0$$

이 공통근 α를 가질 때, 실수 k에 대하여 $\alpha-k$의 값은?

① -4 ② -2 ③ 2
④ 3 ⑤ 4

0684 🟢중

세 실수 a, b, c에 대하여 삼차방정식
$x^3+ax^2+bx+c=0$의 한 근이 $1+\sqrt{2}i$이고, 연립방정식
$\begin{cases} x^3+ax^2+bx+c=0 \\ x^2+ax+6=0 \end{cases}$의 근이 m일 때, $a+b+c+m$의
값은? (단, $i=\sqrt{-1}$)

① -5 ② -4 ③ -3
④ -2 ⑤ -1

0685 🟢중

연립방정식 $\begin{cases} 12x^2+5x-7y=-26 \\ 2x^2+x-y=-2 \end{cases}$를 만족시키는 양수
x, y에 대하여 xy의 값을 구하시오.

0686 🔴상

연립방정식 $\begin{cases} xy+x+y=11 \\ x^2y+xy^2=30 \end{cases}$을 만족시키는 x, y에 대하
여 $2x-y$의 최댓값은?

① 8 ② 9 ③ 10
④ 11 ⑤ 12

0687 🔴상

| 서술형 |

연립방정식 $\begin{cases} 12x^2-y^2=2 \\ 2x^2+xy=1 \end{cases}$의 실근이 $x=\alpha$, $y=\beta$일 때,
$|\alpha-\beta|$의 값을 구하시오.

0688 🔴상

서로 다른 두 이차식 $f(x)=x^2-px-2q$,
$g(x)=x^2-qx-2p$에 대하여 두 이차방정식 $f(x)=0$,
$g(x)=0$이 오직 하나의 공통근을 갖는다. 공통근이 아닌
$f(x)=0$의 근과 $g(x)=0$의 근의 비가 $2:1$일 때, 실수
p, q에 대하여 $\dfrac{q}{p}$의 값을 구하시오.

0689 🔴상

| 서술형 |

두 실수 x, y에 대하여
$$[x, y]=\begin{cases} y\ (x\ge y) \\ x\ (x<y) \end{cases}, \quad \langle x, y\rangle=\begin{cases} x\ (x\ge y) \\ y\ (x<y) \end{cases}$$
라 할 때, 연립방정식 $\begin{cases} x-y=2[x, y]+2 \\ x^2-xy+y^2=\langle x, y\rangle+16 \end{cases}$을 만족
시키는 x, y에 대하여 xy의 최댓값을 구하시오.

0690 중

어떤 두 원의 둘레의 길이의 합은 12π이고 넓이의 합은 26π일 때, 두 원 중 큰 원의 반지름의 길이는?

① 1　　　　② 2　　　　③ 3
④ 4　　　　⑤ 5

0691 중

빗변의 길이가 13 cm이고, 넓이가 30 cm^{2}인 직각삼각형이 있다. 이 직각삼각형에서 직각을 낀 두 변 중 짧은 변의 길이는?

① 1 cm　　　② 3 cm　　　③ 5 cm
④ 6 cm　　　⑤ 9 cm

0692 중

빈출

오른쪽 그림과 같이 지름의 길이가 25 cm인 원에 둘레의 길이가 62 cm인 직사각형이 내접한다. 이 직사각형의 가로의 길이를 a cm, 세로의 길이를 b cm라 할 때, $a+2b$의 값을 구하시오. (단, $a>b$)

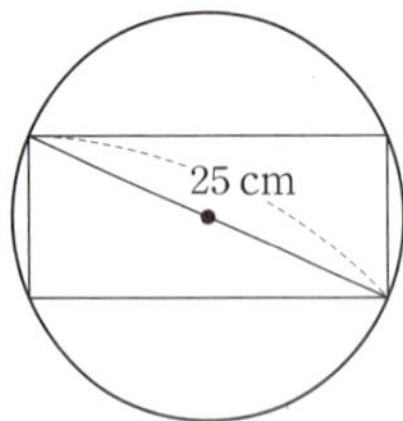

0693 중

길이가 120 cm인 철사를 잘라서 한 변의 길이가 각각 a cm, b cm $(a<b)$인 두 개의 정사각형을 만들었다. 이 두 정사각형의 넓이의 차가 180 cm^{2}일 때, $2a-b$의 값을 구하시오.

(단, 철사는 모두 사용하고, 철사의 굵기는 무시한다.)

0694 중

빈출

대각선의 길이가 10 m인 직사각형 모양의 꽃밭이 있다. 이 꽃밭의 가로의 길이와 세로의 길이를 각각 3 m씩 늘이면 꽃밭의 넓이는 51 m^{2}만큼 늘어난다고 할 때, 처음 꽃밭의 가로의 길이와 세로의 길이의 차는?

① 2 m　　　② 3 m　　　③ 4 m
④ 5 m　　　⑤ 6 m

0695 중

어느 가게에서 판매하는 제품 A의 하루 평균 매출 금액은 12만 원이다. 판매량을 늘리기 위하여 제품 A의 개당 판매 가격을 100원 할인하였더니 하루 판매량이 200개 증가하였고, 하루 매출은 15만 원이 되었다. 할인하기 전 제품 A의 개당 판매 가격은?

① 400원　　② 500원　　③ 600원
④ 700원　　⑤ 800원

0696 〈중〉

오른쪽 그림과 같이 높이가
50 cm이고, 가운데가 빈 원기둥
모양의 물통이 다음 조건을 만족
시킨다. 밑면의 바깥쪽 반지름과
안쪽 반지름의 길이를 각각
x cm, y cm라 할 때, $x+2y$의 값을 구하시오.

(단, 물통의 두께는 생각하지 않는다.)

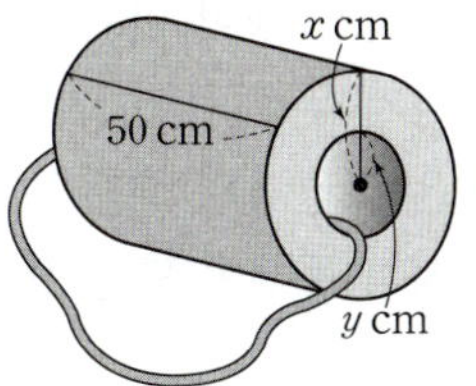

(개) 밑면의 두 반지름의 길이의 차는 10 cm이다.
(내) 물통에 담을 수 있는 전체 물의 양은 16000π cm³이다.

0697 〈중〉

두 자리의 자연수가 있다. 각 자리의 숫자의 제곱의 합은
73이고, 십의 자리의 숫자와 일의 자리의 숫자를 바꾼 수
와 처음 수의 합이 121일 때, 처음 수를 구하시오.

(단, 처음 수가 바꾼 수보다 더 크다.)

0698 〈상〉

오른쪽 그림에서 네 사각형 A, B,
C, D는 모두 정사각형이고, A의
한 변의 길이와 B의 한 변의 길
이의 합이 11이다. 두 정사각형
A, D의 넓이의 차가 48일 때, 정
사각형 C의 둘레의 길이를 구하시오.

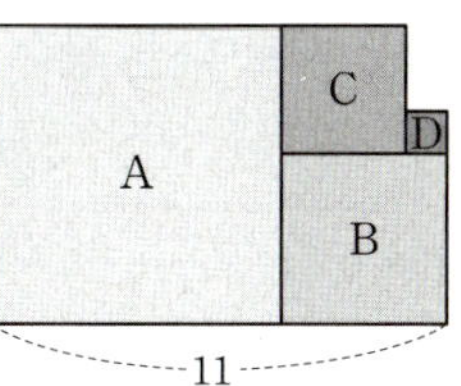

0699 〈상〉

오른쪽 그림과 같이 한 변의 길이
가 $4+2\sqrt{2}$인 정사각형 ABCD의
내부에 있는 두 원 C_1, C_2가 정사
각형 ABCD의 두 변에 각각 접하
고, 서로 외접하고 있다. 두 원 C_1,
C_2의 넓이의 합이 10π일 때, 두 원
의 반지름의 길이의 곱을 구하시오.

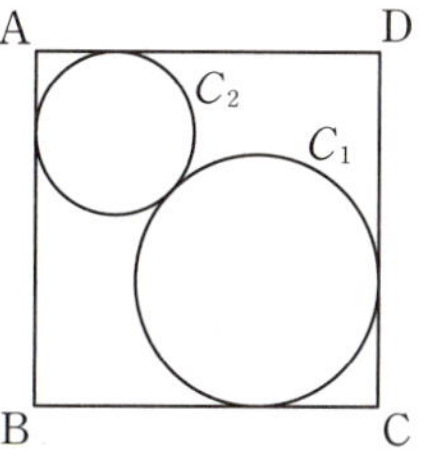

0700 〈상〉   [학평 기출]

그림과 같이 삼각형 ABC의 변 BC 위의 점 D에 대하여
$\overline{AD}=6$, $\overline{BD}=8$이고, $\angle BAD=\angle BCA$이다.
$\overline{AC}=\overline{CD}-1$일 때, 삼각형 ABC의 둘레의 길이를 구하
시오.

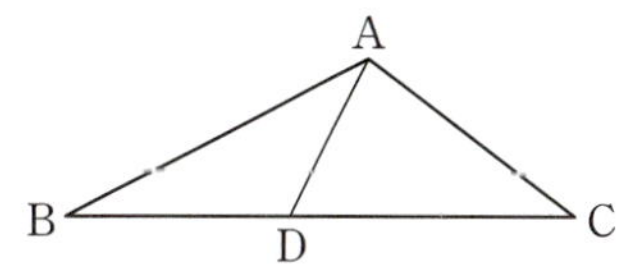

3 부정방정식

0701 중

방정식 $x^2+y^2-6x+4y+9=0$을 만족시키는 정수 x, y의 순서쌍 (x, y)의 개수는?

① 2 　　　　② 4 　　　　③ 6
④ 8 　　　　⑤ 10

0702 중

방정식 $xy-x-y-1=0$을 만족시키는 정수 x, y에 대하여 $x+y$의 최댓값은?

① 3 　　　　② 4 　　　　③ 5
④ 6 　　　　⑤ 7

0703 중

방정식 $2x^2-2xy+y^2-2x-2y+5=0$을 만족시키는 실수 x, y에 대하여 xy의 값은?

① 2 　　　　② 3 　　　　③ 4
④ 5 　　　　⑤ 6

0704 중 　　　　|서술형|

형과 동생이 만화 캐릭터 장난감을 모으고 있는데, 현재까지 두 사람이 모은 장난감의 개수의 곱은 두 사람이 모은 장난감의 개수의 차의 2배보다 13만큼 더 크다. 이때 형과 동생이 모은 장난감의 개수의 차를 구하시오.

0705 상

방정식 $(2x^2+y^2-11)^2+(xy+x-2y-4)^2=0$을 만족시키는 정수 x, y에 대하여 $x-y$의 값은?

① 1 　　　　② 2 　　　　③ 3
④ 4 　　　　⑤ 5

0706 상

이차식 m^2+2m+4의 값이 어떤 정수의 제곱이 되도록 하는 서로 다른 정수 m의 값의 합은?

① -2 　　　　② -1 　　　　③ 0
④ 1 　　　　⑤ 2

0707

이차방정식 $x^2-kx+k+2=0$의 두 근이 모두 정수가 되도록 하는 모든 실수 k의 값의 곱은?

① -12 ② -6 ③ 4
④ 6 ⑤ 24

0708

연립방정식 $\begin{cases} x^2+y^2+x+y=2 \\ x^2+xy+y^2=1 \end{cases}$ 을 만족시키는 $x,\ y$에 대하여 $x+2y$의 최솟값은?

① -2 ② -1 ③ 0
④ 1 ⑤ 2

0709

A 지점에서 동쪽으로 3 m 떨어진 지점을 B, 서쪽으로 1 m 떨어진 지점을 C라 하자. 형수는 B 지점, 지효는 C 지점에서 출발하여 두 사람 모두 북쪽 방향으로 달려 각각 P, Q 지점에 도착하였다. $\overline{AP}=\overline{AQ}$이고, $\angle PAQ=60°$일 때, $t\overline{BP}=s\overline{CQ}$가 되는 서로소인 두 자연수 $t,\ s$에 대하여 $t+s$의 값은?

① 5 ② 7 ③ 10
④ 12 ⑤ 15

0710

연립방정식 $\begin{cases} x^2+y^2=m^2+4m-6 \\ xy=3-2m \end{cases}$ 을 만족시키는 자연수 $x,\ y$에 대하여 $x+y$의 값은? (단, m은 정수)

① 8 ② 9 ③ 10
④ 11 ⑤ 12

10 연립일차부등식

① 연립일차부등식

☑ 필수 기출 1, 3

(1) 연립일차부등식

미지수가 1개인 ❶ [　　　　] 두 개를 한 쌍으로 묶어 나타낸 연립부등식

(2) 연립일차부등식의 풀이

연립일차부등식은 다음과 같은 순서로 푼다.

① 각 일차부등식을 푼다.

② 각 부등식의 해를 하나의 수직선 위에 나타낸다.

③ 공통부분을 찾아 연립부등식의 해를 구한다.

참고 $A<B<C$ 꼴의 부등식은 연립부등식 $\begin{cases} A<B \\ B<C \end{cases}$ 꼴로 고쳐서 푼다.

🖊 기출 PICK

해의 조건이 주어진 연립일차부등식

각 일차부등식의 해를 구한 후 주어진 해의 조건에 맞도록 수직선 위에 나타낸다.

(1) 해를 갖는 경우 ➡ 공통부분이 있다.

(2) 해를 갖지 않는 경우 ➡ 공통부분이 없다.

(3) 정수인 해가 n개인 경우 ➡ 공통부분에 n개의 정수만 포함된다.

(4) 정수인 해의 합이 주어진 경우 ➡ 공통부분에 포함되는 정수의 합이 조건을 만족시킨다.

② 절댓값 기호를 포함한 일차부등식

☑ 필수 기출 2, 3

(1) 절댓값의 성질을 이용하여 풀기

$a>0$, $b>0$일 때,

① $|x|<a$이면 $-a<x<a$

② $|x|>a$이면 $x<-a$ 또는 $x>a$

③ $a<|x|<b$이면 $-b<x<-a$ 또는 $a<x<b$ (단, $0<a<b$)

(2) 구간을 나누어 풀기

① 절댓값 기호 안의 식의 값이 ❷ [　　] 이 되는 x의 값을 기준으로 x의 값의 범위를 나눈다.

② 각 범위에서 절댓값 기호를 없앤 후 일차부등식을 푼다. 이때 해당 범위를 만족시키는 것만 해이다.

③ ②에서 구한 해를 합한 x의 값의 범위를 구한다.

참고 $|x-a|+|x-b|<c$ $(a<b, c>0)$ 꼴의 부등식은 절댓값 기호 안의 식의 값이 0이 되는 $x=a$, $x=b$를 기준으로 하여

(ⅰ) $x<a$ (ⅱ) $a\le x<b$ (ⅲ) $x\ge b$

인 경우로 구간을 나누어 푼다.

🖊 기출 PICK

$||x-a|+b|<c$ $(c\ge 0)$ 꼴의 부등식

$||x-a|+b|<c$에서

$-c<|x-a|+b<c$ ∴ $-c-b<|x-a|<c-b$

그런데 $|x-a|\ge 0$이므로 $-c-b\le 0$이면 주어진 부등식의 해는 $0\le|x-a|<c-b$를 풀어 구한다.

답: ❶ 일차부등식 ❷ 0

1 연립일차부등식

빈출
0711 (하)

연립부등식 $\begin{cases} 5x-2 \geq 3x \\ 2x-1 > 4x+5 \end{cases}$ 의 해는?

① $x < -3$　② $x \geq 1$　③ $-1 \leq x < 3$
④ $-3 < x \leq 1$　⑤ 해는 없다.

0712 (중)

연립부등식 $\begin{cases} 3(x-1) < 2x+3 \\ 2+2(x-2) \leq 3x+11 \end{cases}$ 의 해가 $a \leq x < b$일 때, $a+b$의 값은?

① -13　② -7　③ -1
④ 7　⑤ 13

빈출
0713 (중)

부등식 $x+2 \leq \dfrac{3x+1}{2} \leq \dfrac{1}{3}x+4$를 풀면?

① $x \leq -3$　② $x < 3$　③ $x = 3$
④ $x \geq 3$　⑤ 해는 없다.

0714 (중)

연립부등식 $\begin{cases} 1.5x-2.4 < \dfrac{x}{2}+1 \\ \dfrac{x-1}{2}+3 \geq \dfrac{3-2x}{4} \end{cases}$ 를 만족시키는 정수 x의 최솟값은?

① -2　② -1　③ 0
④ 1　⑤ 2

0715 (중)

보기의 연립부등식 중 해가 없는 것만을 있는 대로 고른 것은?

┤ 보기 ├

ㄱ. $\begin{cases} 2x < 2-x \\ 3+x \geq 4x \end{cases}$　　ㄴ. $\begin{cases} x-1 > 2x+3 \\ 2x-1 \geq -3 \end{cases}$

ㄷ. $\begin{cases} 3x-1 \geq 2-3x \\ 2(3-x) > 4x+3 \end{cases}$　　ㄹ. $\begin{cases} 0.5x-1.5 \leq 0.3x+2 \\ \dfrac{1}{2}x+1 < \dfrac{3}{4}x-2 \end{cases}$

ㅁ. $2x-3 < 2(1-2x) \leq 4x-1$

① ㄱ, ㄷ　② ㄴ, ㄷ　③ ㄱ, ㄴ, ㄹ
④ ㄱ, ㄹ, ㅁ　⑤ ㄴ, ㄷ, ㅁ

0716 (중)　　　　　　| 서술형 |

다음 부등식을 만족시키는 정수 x의 개수를 구하시오.

$$\dfrac{3}{10}x - \dfrac{1}{5} < 0.5x+0.2 < 0.4x+0.5$$

0717 충

연립부등식 $\begin{cases} 2x-1\leq 3 \\ 3x+2a+2>5 \end{cases}$ 의 해를 수직선 위에 나타내면 오른쪽 그림과 같을 때, 상수 a의 값은?

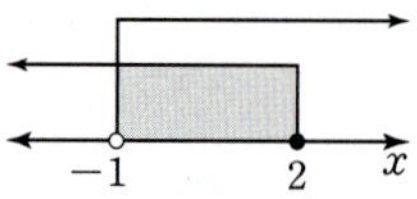

① 1　　　　② 2　　　　③ 3
④ 4　　　　⑤ 5

⭐빈출
0718 충

연립부등식 $\begin{cases} 3x-7>a-2x \\ 4x-5\leq x+4 \end{cases}$ 의 해가 $2<x\leq b$일 때, 상수 a, b에 대하여 $a+b$의 값은?

① 2　　　　② 5　　　　③ 6
④ 8　　　　⑤ 9

0719 충

부등식 $\dfrac{x-a}{2}<x+4\leq -x-2a$의 해가 $-4<x\leq 2$일 때, 상수 a의 값은?

① -8　　　② -4　　　③ -2
④ 2　　　　⑤ 4

0720 충　　　| 서술형 |

연립부등식 $\begin{cases} 2x+b\geq x-1+a \\ 3x-a\leq 5+b \end{cases}$ 의 해가 $x=-3$일 때, 상수 a, b에 대하여 $a-2b$의 값을 구하시오.

0721 충

연립부등식 $\begin{cases} x>a \\ x<b \end{cases}$ 에 대하여 보기에서 옳은 것만을 있는 대로 고른 것은? (단, a, b는 상수)

| 보기 |

ㄱ. $a<b$이면 해는 $a<x<b$이다.
ㄴ. $a>b$이면 해는 $x<b$이다.
ㄷ. $a\leq b$이면 해는 모든 실수이다.
ㄹ. $a\geq b$이면 해는 없다.

① ㄱ, ㄴ　　② ㄱ, ㄹ　　③ ㄴ, ㄷ
④ ㄷ, ㄹ　　⑤ ㄴ, ㄷ, ㄹ

0722 충

연립부등식 $\begin{cases} x+3\leq 2x+k \\ 3x+2\geq -x+2k+3 \end{cases}$ 의 해가 $x\geq 2$일 때, 모든 상수 k의 값의 합은?

① $\dfrac{1}{2}$　　　② $\dfrac{3}{2}$　　　③ $\dfrac{5}{2}$
④ $\dfrac{7}{2}$　　　⑤ $\dfrac{9}{2}$

0723 중

연립부등식 $\begin{cases} 4-x<2(x-1) \\ 3x-a\le 2x \end{cases}$ 가 해를 갖지 않도록 하는 상수 a의 최댓값은?

① 0   ② 1   ③ 2
④ 3   ⑤ 4

0724 중

부등식 $2x+a-6\le 3x-4\le 12-x$가 해를 갖도록 하는 상수 a의 값의 범위는?

① $a\le 6$ ② $-2<a\le 6$
③ $6\le a<8$ ④ $a<-2$ 또는 $a\ge 6$
⑤ $a\le 6$ 또는 $a>8$

0725 중

연립부등식 $\begin{cases} \dfrac{x}{2}-\dfrac{a}{4}\ge \dfrac{x}{4}-\dfrac{1}{8} \\ 3x-1\ge 5x-7 \end{cases}$ 을 만족시키는 정수 x가 5개일 때, 상수 a의 최댓값은?

① -2 ② $-\dfrac{3}{2}$ ③ -1
④ $-\dfrac{1}{2}$ ⑤ 0

0726 중

부등식 $2(x-2)-1<4x+1\le 3x+2a$를 만족시키는 정수 x가 12개 이상일 때, 상수 a의 최솟값은?

① 3   ② 4   ③ 5
④ 6   ⑤ 7

0727 중

연립부등식 $\begin{cases} 3x+1<2(3-x) \\ x-a\le 2x-3 \end{cases}$ 을 만족시키는 정수 x가 -1과 0뿐일 때, 상수 a의 값의 범위가 $\alpha\le a<\beta$이다. 이때 $\alpha\beta$의 값은?

① -20 ② -12 ③ 12
④ 20 ⑤ 30

0728 중 | 서술형 |

부등식 $3(x-a)-2<x+4\le 4(x-2)$를 만족시키는 모든 정수 x의 값의 합이 9일 때, 상수 a의 최댓값을 구하시오.

0729 ⓒ

연립부등식 $\begin{cases} 4x-1 \leq 2x+k \\ 5x-3 < 6x+1 \end{cases}$ 에 대하여 보기에서 옳은 것

만을 있는 대로 고른 것은? (단, k는 상수)

| 보기 |

ㄱ. $k<0$이면 연립부등식은 반드시 해를 갖는다.
ㄴ. 연립부등식이 해를 갖지 않도록 하는 k의 최댓값은 -9이다.
ㄷ. $k=9$이면 연립부등식을 만족시키는 정수 x의 개수는 10이다.

① ㄱ
② ㄴ
③ ㄱ, ㄴ
④ ㄴ, ㄷ
⑤ ㄱ, ㄴ, ㄷ

0730 ⓒ

부등식 $3x-a < 2x < bx+2$의 해가 $-1<x<3$일 때, 상수 a, b에 대하여 $a-b$의 값은?

① -3
② -1
③ 1
④ 3
⑤ 4

0731 ⓢ

연립부등식 $\begin{cases} 6x-2 > 3x+10 \\ (a-1)x-5 < x-2 \end{cases}$ 가 해를 갖지 않도록

하는 정수 a의 최솟값을 m, 해를 갖도록 하는 정수 a의 최댓값을 n이라 할 때, mn의 값을 구하시오.

0732 ⓢ

부등식 $3x-a \leq x+2a < 4x-b$를 연립부등식

$\begin{cases} 3x-a \leq x+2a \\ 3x-a < 4x-b \end{cases}$ 로 잘못 나타내어 풀었더니 해가

$3<x\leq 9$이었다. 이때 처음 부등식의 해는?

(단, a, b는 상수)

① $4<x\leq 9$
② $5<x\leq 9$
③ $6<x\leq 9$
④ $7<x\leq 9$
⑤ $8<x\leq 9$

0733 ⓢ

| 서술형 |

연립부등식 $\begin{cases} ax-b<0 \\ cx-d\leq 0 \end{cases}$ 의 해가 $-2\leq x<3$일 때, 연립

부등식 $\begin{cases} ax+b>0 \\ cx+d\leq 0 \end{cases}$ 의 해를 구하시오.

(단, a, b, c, d는 상수)

0734 ⓢ

부등식 $ax-1 \leq -x+2 < bx+3$의 해가 $-\dfrac{3}{4} < x \leq \dfrac{6}{5}$

일 때, 보기에서 옳은 것만을 있는 대로 고른 것은?

(단, a, b는 상수)

| 보기 |

ㄱ. $a>-1$
ㄴ. $b<-1$
ㄷ. $ab=\dfrac{1}{2}$

① ㄱ
② ㄷ
③ ㄱ, ㄴ
④ ㄱ, ㄷ
⑤ ㄱ, ㄴ, ㄷ

2 절댓값 기호를 포함한 일차부등식

0735 (하) 빈출

부등식 $|9-2x|<3$의 해가 $a<x<b$일 때, $b-a$의 값은?

① 2　　　　② 3　　　　③ 4
④ 5　　　　⑤ 6

0736 (중)　　　학평 기출

연립부등식 $\begin{cases} 2x+5\le 9 \\ |x-3|\le 7 \end{cases}$ 를 만족시키는 정수 x의 개수를 구하시오.

0737 (중) 빈출

부등식 $|x-a|+2\le b$의 해가 $-2\le x\le 8$일 때, 상수 a, b에 대하여 ab의 값은?

① 9　　　　② 12　　　　③ 15
④ 18　　　　⑤ 21

0738 (중) 빈출

부등식 $1<|x-2|\le 3$을 만족시키는 정수 x의 개수는?

① 2　　　　② 3　　　　③ 4
④ 5　　　　⑤ 6

0739 (중)

연립부등식 $\begin{cases} |2x-a|<7 \\ 3-2x\le 5 \end{cases}$ 의 해가 $b\le x<4$일 때, 상수 a, b에 대하여 $a+b$의 값은?

① -2　　　　② -1　　　　③ 0
④ 1　　　　⑤ 2

0740 (중)

부등식 $|2x+a|<3$을 만족시키는 정수 x의 최댓값이 4일 때, 모든 정수 a의 값의 합은?

① -18　　　　② -13　　　　③ -11
④ -7　　　　⑤ -6

Ⅱ. 방정식과 부등식

 중   학평 기출

x에 대한 부등식 $|x-1|<n$을 만족시키는 정수 x의 개수가 9가 되도록 하는 자연수 n의 값은?

① 3   ② 4   ③ 5
④ 6   ⑤ 7

0742 중

부등식 $|x-1|<2x-7$의 해는?

① $x<6$ ② $x\leq6$ ③ $x>6$
④ $x\geq6$ ⑤ $0<x\leq6$

빈출
0743 중   학평 기출

부등식 $x>|3x+1|-7$을 만족시키는 모든 정수 x의 값의 합은?

① -2 ② -1 ③ 0
④ 1   ⑤ 2

0744 중 | 서술형 |

연립부등식 $\begin{cases} |3x-1|<4 \\ ax-3a+b<0 \end{cases}$ 의 해가 $-1<x<1$일 때, 부등식 $ax-2a-3b\geq0$을 만족시키는 x의 최솟값을 구하시오. (단, a, b는 상수)

빈출
0745 중

부등식 $2|1-x|+3|x+1|<9$를 만족시키는 정수 x의 개수는?

① 1   ② 2   ③ 3
④ 4   ⑤ 5

0746 중

부등식 $3|x-1|+2|x+1|>11$의 해가 $x<\alpha$ 또는 $x>\beta$일 때, $\alpha+\beta$의 값은?

① -2 ② $-\dfrac{4}{5}$ ③ $\dfrac{1}{5}$
④ $\dfrac{2}{5}$ ⑤ 3

0747 〈중〉

부등식 $|2x-4| \leq x+a$의 해가 $\dfrac{1}{3} \leq x \leq 7$일 때, 양수 a의 값은?

① 1 ② 2 ③ 3
④ 4 ⑤ 5

0748 〈중〉

| 서술형 |

부등식 $|x-3k| < k^2$의 해가 $2 < x < 10$일 때, 부등식 $|x-3| < k$를 만족시키는 모든 정수 x의 값의 합을 구하시오. (단, k는 상수)

★빈출
0749 〈중〉

부등식 $2|x+2| + \sqrt{(x-1)^2} \leq 6$을 만족시키는 정수 x의 개수는?

① 2 ② 3 ③ 4
④ 5 ⑤ 6

0750 〈중〉

연립부등식 $\begin{cases} x+|2x-3| \leq 6 \\ |x-1| > a \end{cases}$를 만족시키는 정수 x의 개수가 1일 때, 다음 중 양수 a의 값이 될 수 있는 것은?

① $\dfrac{5}{3}$ ② 2 ③ $\dfrac{7}{3}$
④ $\dfrac{8}{3}$ ⑤ 3

0751 〈중〉

부등식 $|ax-1| < b$의 해가 $-5 < x < 3$일 때, 상수 a, b에 대하여 $b-a$의 값은? (단, $ab < 0$)

① 2 ② 3 ③ 4
④ 5 ⑤ 6

0752 〈상〉

부등식 $||x-2|+3| < 7$을 만족시키는 정수 x의 개수는?

① 3 ② 4 ③ 7
④ 11 ⑤ 13

0753 상

부등식 $|\sqrt{x^2-6x+9}+|x+4||\leq8$의 해가 $a\leq x\leq b$일 때, $4ab$의 값은? (단, $a<b$)

① -63 ② -54 ③ -24

④ -15 ⑤ -9

0754 상

부등식 $2|x+3|+|x-3|\leq k$가 해를 갖도록 하는 실수 k의 값의 범위는?

① $0<k\leq3$ ② $k>3$

③ $k\geq6$ ④ $2\leq k<6$

⑤ $3<k\leq6$

0755 상

자연수 a, b에 대하여 부등식 $|x-a|+|x|\leq b$를 만족시키는 정수 x의 개수를 $f(a,b)$라 하자. 이때 $f(n,n+5)=7$을 만족시키는 자연수 n의 값을 구하시오.

---

3   **연립일차부등식의 활용**

0756 중

다음 조건을 만족시키는 자연수의 개수는?

> (개) 어떤 자연수의 6배에서 320을 빼면 40보다 크다.
>
> (내) 어떤 자연수의 3배에서 190을 빼면 5보다 크지 않다.

① 4   ② 5   ③ 6

④ 7   ⑤ 8

0757 중

한 개에 700원인 과자와 한 개에 500원인 사탕을 합하여 20개를 사려고 한다. 과자를 사탕보다 많이 사고 총금액이 13000원 이하가 되도록 할 때, 살 수 있는 과자의 최대 개수는?

① 13   ② 14   ③ 15

④ 16   ⑤ 17

0758 중

가로의 길이가 세로의 길이의 3배보다 $4\,\mathrm{cm}$만큼 짧은 직사각형이 있다. 이 직사각형의 둘레의 길이가 $88\,\mathrm{cm}$ 이상 $112\,\mathrm{cm}$ 이하일 때, 세로의 길이는 $a\,\mathrm{cm}$ 이상 $b\,\mathrm{cm}$ 이하이다. 이때 $a+b$의 값을 구하시오.

0759 중 | 서술형 |

연속하는 세 홀수의 합이 63보다 크고 72보다 작다고 할 때, 세 홀수 중에서 가장 큰 수를 구하시오.

0760 중

증명사진을 8장 인화하는 데 드는 비용은 5000원이고, 8장을 초과하면 한 장당 200원씩 추가된다고 한다. 증명사진 한 장당 가격이 400원 이상 450원 미만이 되게 하려면 증명사진을 최소 몇 장 인화해야 하는가?

① 12장 ② 13장 ③ 14장
④ 15장 ⑤ 16장

0761 중 | 서술형 |

길이가 36 cm인 끈의 양 끝을 각각 x cm만큼 자른 후 세 조각의 끈을 세 변으로 하는 삼각형을 만들려고 한다. 이때 삼각형을 만들 수 있는 x의 값의 범위를 구하시오.

0762 빈출 중

오른쪽 표는 두 식품 A, B를 각각 100 g씩 섭취했을 때 얻을 수 있는 열량과 단백질의 양을 조사하여 나타낸 것이다.

식품	열량 (kcal)	단백질 (g)
A	150	23
B	200	13

두 식품 A, B를 합하여 300 g을 섭취하여 열량을 500 kcal 이상, 단백질을 50 g 이상 얻으려고 할 때, 식품 A의 최소 섭취량과 최대 섭취량의 합은?

① 300 g ② 310 g ③ 320 g
④ 330 g ⑤ 340 g

0763 중

수직선 위의 두 점 A(-1), B(4)에 대하여 점 P(x)가 $\overline{AP}-\overline{BP}\leq 3$을 만족시킬 때, x의 최댓값을 구하시오.

0764 중

어느 동아리에서 회장 1명을 포함한 모든 회원에게 쿠폰을 나누어 주려고 한다. 회장이 쿠폰을 11장 받으면 나머지 회원들에게 3장씩 줄 수 있고, 회장이 쿠폰을 1장 이상 4장 미만으로 받으면 나머지 회원들에게 4장씩 줄 수 있다고 한다. 이때 회장 1명을 포함한 최대 회원 수를 구하시오.

0765 (중)

어느 카페 직원이 과즙 10 % 함유 음료 200 g에 과즙을 더 넣어서 과즙을 20 % 이상 25 % 이하로 함유한 음료를 만들려고 한다. 더 넣어야 하는 과즙의 양의 최댓값을 M g, 최솟값을 m g이라 할 때, $M+m$의 값을 구하시오.

(단, 과즙 음료는 과즙과 정제수만으로 만들어진다.)

0766 (상)

지점 A에서 남서쪽으로 400 km 떨어진 위치에 태풍의 중심이 있다. 이 태풍은 현재의 중심에서 반지름 50 km까지가 폭풍권이며 폭풍권의 반지름의 길이가 한 시간마

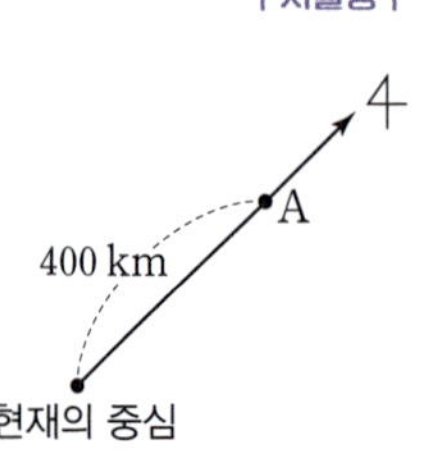

다 5 km만큼씩 커진다. 태풍의 중심이 시속 20 km의 속력으로 북동쪽으로 진행할 때, 지점 A는 몇 시간 동안 태풍의 폭풍권에 들어 있는지 구하시오.

0767 (상)

어느 모임의 학생들이 상자당 낱개 과자가 5개씩 들어 있는 과자를 나누어 먹으려고 한다. 한 명이 낱개 과자를 4개씩 먹으면 4명은 과자를 전혀 먹을 수 없고, 한 명이 낱개 과자를 3개씩 먹으면 과자가 두 상자 이하로 남는다고 할 때, 이 모임의 최소 학생 수를 구하시오.

0768 (상)

어느 동호회의 야유회에서 회원들에게 숙소의 방을 배정하는데, 한 방에 6명씩 배정하면 9명의 회원이 남고, 8명씩 배정하면 방이 4개 남는다고 한다. 다음 중 야유회에 참석한 회원 수가 될 수 있는 것은?

① 129　　② 139　　③ 143
④ 147　　⑤ 155

0769

실수 a, b, c에 대하여 $a<b<c$일 때, 부등식 $|x-a|<|x-b|<|x-c|$의 해는?

① $x<\dfrac{a+b}{2}$ ② $x<\dfrac{b+c}{2}$ ③ $x<\dfrac{c+a}{2}$

④ $x>\dfrac{a+b}{2}$ ⑤ $x>\dfrac{b+c}{2}$

0770

연립부등식 $\begin{cases} |x|+|x-8|<10 \\ |a|<x<3|a| \end{cases}$ 를 만족시키는 정수 x의 개수가 3이 되도록 하는 모든 정수 a의 개수는?

① 2   ② 3   ③ 4
④ 5   ⑤ 6

0771

영민이는 이번 달까지 매달 7만 원씩 저축을 하고, 35만 원씩 소비를 했는데 다음 달부터 저축은 늘리고 소비는 줄이려고 한다. 매달 저축한 금액의 $x\%$만큼 저축을 늘리고, 매달 소비한 금액의 7%만큼 소비를 줄이면 저축 금액과 소비 금액의 합이 이번 달보다 4% 넘게 줄게 된다. 또한 매달 저축한 금액의 8%만큼 저축을 늘리고, 매달 소비한 금액의 $x\%$만큼 소비를 줄이면 저축 금액과 소비 금액의 합이 이번 달보다 7% 이상 줄게 된다고 할 때, 정수 x의 값을 구하시오.

0772

일차부등식 $(2a-b)x>a-4$의 해가 $x<1$일 때, 연립부등식 $\begin{cases} (a+2)x+3a<b(x-1)+6 \\ ax+2a+b>(b-3)x+4 \end{cases}$ 를 만족시키는 정수 x의 개수를 $f(a)$라 하자. 보기에서 옳은 것만을 있는 대로 고른 것은? (단, a, b는 상수)

┌ 보기 ├
ㄱ. $f(1)=1$
ㄴ. $f(a)=0$이면 $a\le-1$이다.
ㄷ. $1<f(a)<10-a$를 만족시키는 정수 a의 개수는 2이다.

① ㄱ   ② ㄱ, ㄴ   ③ ㄱ, ㄷ
④ ㄴ, ㄷ   ⑤ ㄱ, ㄴ, ㄷ

11 이차부등식

1 이차부등식

☑ 필수 기출 1,5

(1) 이차부등식

부등식의 모든 항을 좌변으로 이항하여 정리하였을 때, 좌변이 x에 대한 ❶ [　　　　]으로 나타내어지는 부등식을 x에 대한 이차부등식이라 한다.

(2) 이차부등식과 이차함수의 관계

① 이차부등식 $ax^2+bx+c>0$의 해

➡ 이차함수 $y=ax^2+bx+c$의 그래프가 x축보다 위쪽에 있는 부분의 x의 값의 범위

② 이차부등식 $ax^2+bx+c<0$의 해

➡ 이차함수 $y=ax^2+bx+c$의 그래프가 x축보다 아래쪽에 있는 부분의 x의 값의 범위

참고 이차부등식 $ax^2+bx+c\geq0$, $ax^2+bx+c\leq0$의 해는 이차함수 $y=ax^2+bx+c$의 그래프와 x축의 교점의 x좌표를 포함하여 생각한다.

(3) 이차부등식의 해

이차방정식 $ax^2+bx+c=0\,(a>0)$의 판별식을 D라 할 때, 이차함수 $y=ax^2+bx+c$의 그래프를 이용하여 이차부등식의 해를 구하면 다음과 같다. (단, $\alpha<\beta$)

	$D>0$	$D=0$	$D<0$
$ax^2+bx+c=0$의 해	서로 다른 두 실근 α, β	중근 α	서로 다른 두 허근
$ax^2+bx+c>0$의 해	$x<\alpha$ 또는 $x>\beta$	$x\neq\alpha$인 모든 실수	모든 실수
$ax^2+bx+c\geq0$의 해	$x\leq\alpha$ 또는 $x\geq\beta$	모든 실수	❷ [　　　　]
$ax^2+bx+c<0$의 해	$\alpha<x<\beta$	없다.	없다.
$ax^2+bx+c\leq0$의 해	$\alpha\leq x\leq\beta$	$x=\alpha$	없다.

2 이차부등식의 작성

☑ 필수 기출 1

(1) 해가 $\alpha<x<\beta$이고 x^2의 계수가 1인 이차부등식은

$$(x-\alpha)(x-\beta)<0 \implies x^2-(\alpha+\beta)x+\alpha\beta<0$$

(2) 해가 $x<\alpha$ 또는 $x>\beta\,(\alpha<\beta)$이고 x^2의 계수가 1인 이차부등식은

$$(x-\alpha)(x-\beta)>0 \implies x^2-(\alpha+\beta)x+\alpha\beta>0$$

3 이차부등식이 항상 성립할 조건

☑ 필수 기출 2

이차방정식 $ax^2+bx+c=0$의 판별식을 D라 할 때, 모든 실수 x에 대하여 주어진 이차부등식이 성립할 조건은 다음과 같다.

(1) $ax^2+bx+c>0 \implies a>0,\ D<0$

(2) $ax^2+bx+c\geq0 \implies a>0,\ D\leq0$

(3) $ax^2+bx+c<0 \implies a<0,\ D<0$

(4) $ax^2+bx+c\leq0 \implies a<0,\ D\leq0$

참고 이차부등식이 해를 갖지 않을 조건은 다음과 같이 이차부등식이 항상 성립할 조건으로 바꾸어 생각한다.

· $ax^2+bx+c>0$의 해가 없다. ➡ $ax^2+bx+c\leq0$이 항상 성립한다.

· $ax^2+bx+c\geq0$의 해가 없다. ➡ $ax^2+bx+c<0$이 항상 성립한다.

답: ❶ 이차식 ❷ 모든 실수

4 **연립이차부등식**
☑ 필수 기출 3, 4, 5

(1) 연립이차부등식

연립부등식을 이루는 부등식 중 차수가 가장 높은 부등식이 ⓷ ⬚ 인 연립부등식

(2) 연립이차부등식의 풀이

연립이차부등식은 다음과 같은 순서로 푼다.

① 각 부등식을 푼다.

② 각 부등식의 해를 하나의 수직선 위에 나타낸다.

③ 공통부분을 찾아 연립부등식의 해를 구한다.

5 **이차방정식의
실근의 조건**
☑ 필수 기출 6, 7

(1) 이차방정식의 실근의 부호

계수가 실수인 이차방정식 $ax^2+bx+c=0$의 두 실근을 α, β, 판별식을 D라 하면

① 두 근이 모두 양수

➡ $D \geq 0$, $\alpha+\beta>0$, $\alpha\beta>0$

② 두 근이 모두 음수

➡ $D \geq 0$, $\alpha+\beta<0$, $\alpha\beta>0$

③ 두 근이 서로 다른 부호

➡ $\alpha\beta<0$

> **참고** 부호가 서로 다른 두 실근의 절댓값에 대한 조건이 주어진 경우
> ① 두 근의 절댓값이 같을 때 ➡ $\alpha+\beta=0$, $\alpha\beta<0$
> ② 양수인 근의 절댓값이 더 클 때 ➡ $\alpha+\beta>0$, $\alpha\beta<0$
> ③ 음수인 근의 절댓값이 더 클 때 ➡ $\alpha+\beta<0$, $\alpha\beta<0$

(2) 이차방정식의 실근의 위치

계수가 실수인 이차방정식 $ax^2+bx+c=0\,(a>0)$의 판별식을 D, $f(x)=ax^2+bx+c$라 할 때, 상수 p, $q\,(p<q)$에 대하여

① 두 근이 모두 p보다 크다.

➡ $D \geq 0$, $f(p)>0$, $-\dfrac{b}{2a}>p$

② 두 근이 모두 p보다 작다.

➡ $D \geq 0$, $f(p)>0$, $-\dfrac{b}{2a}<p$

③ 두 근 사이에 p가 있다.

➡ $f(p)<0$

④ 두 근이 모두 p, q 사이에 있다.

➡ $D \geq 0$, $f(p)>0$, $f(q)>0$, $p<-\dfrac{b}{2a}<q$

🖋 기출 PICK

삼차방정식과 사차방정식의 근의 판별

(1) 삼차방정식 $f(x)=0$의 근의 조건이 주어진 경우

$f(x)$를 인수분해하여 $(x-\alpha)(ax^2+bx+c)=0$ 꼴로 나타낸 후 주어진 조건을 만족시키도록 이차방정식 $ax^2+bx+c=0$의 근을 조사한다.

(2) 사차방정식 $ax^4+bx^2+c=0$의 근의 조건이 주어진 경우

$x^2=X$로 놓고 X에 대한 이차방정식 $aX^2+bX+c=0$ 꼴로 나타낸 후 주어진 조건을 만족시키도록 이차방정식 $aX^2+bX+c=0$의 근을 조사한다.

답: ⓷ 이차부등식

1 이차부등식

⭐빈출
0773 하

이차부등식 $x^2-2x-1<0$을 만족시키는 모든 정수 x의 값의 합은?

① -1 ② 0 ③ 3
④ 5 ⑤ 6

0774 하

다음 부등식 중 이차부등식 $x^2+6x-7\geq0$과 해가 같은 것은?

① $|x+2|\leq5$ ② $|x-3|\geq2$ ③ $|x-3|\leq2$
④ $|x+3|\leq4$ ⑤ $|x+3|\geq4$

0775 중

보기에서 해가 모든 실수인 부등식인 것만을 있는 대로 고른 것은?

보기
ㄱ. $2x^2\geq3x-6$ ㄴ. $x^2+81>18x$
ㄷ. $-16x^2+8x-1>0$ ㄹ. $x^2-12x+36\geq0$

① ㄱ, ㄴ ② ㄱ, ㄷ ③ ㄱ, ㄹ
④ ㄴ, ㄷ ⑤ ㄷ, ㄹ

⭐빈출
0776 중

다음 이차부등식 중 해가 <u>없는</u> 것은?

① $x^2-4x+3>0$ ② $x^2-2x+4<0$
③ $-9x^2+12x-4<0$ ④ $-2x^2+5x-2\geq0$
⑤ $x^2-6x+9\geq0$

⭐빈출
0777 중

두 이차함수 $y=f(x)$, $y=g(x)$의 그래프가 오른쪽 그림과 같을 때, 부등식 $f(x)-g(x)\leq0$의 해는?

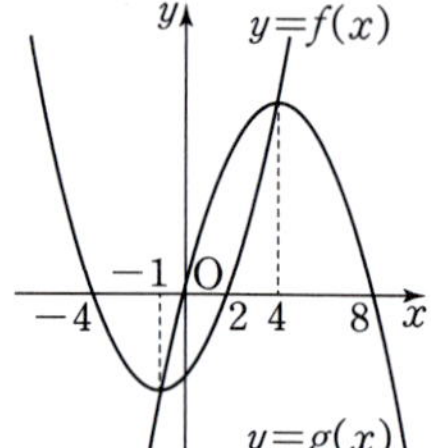

① $-4\leq x\leq4$
② $x\leq-1$ 또는 $x\geq4$
③ $-1\leq x\leq4$
④ $x\leq0$ 또는 $x\geq2$
⑤ $2\leq x\leq8$

0778 중

이차함수 $y=ax^2+bx+c$의 그래프와 직선 $y=mx+n$이 오른쪽 그림과 같을 때, 부등식 $ax^2+(b-m)x+c-n>0$의 해는? (단, a, b, c, m, n은 상수)

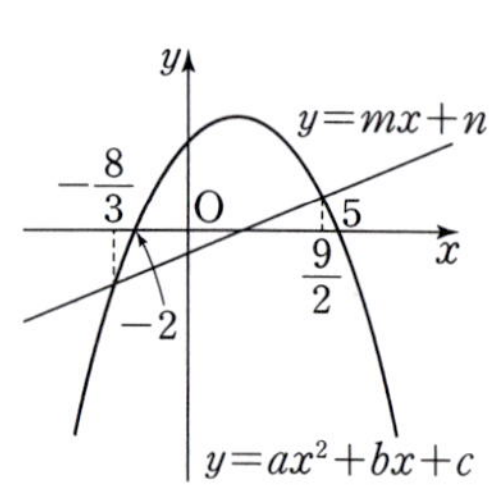

① $x\leq-2$ 또는 $x\geq5$
② $-2\leq x\leq5$
③ $-2<x<5$
④ $x<-\dfrac{8}{3}$ 또는 $x>\dfrac{9}{2}$
⑤ $-\dfrac{8}{3}<x<\dfrac{9}{2}$

0779 중

부등식 $x^2 - |x| - 6 < 0$의 해는?

① $x < -3$ 또는 $x > 3$ ② $-3 < x < 3$

③ $x > -2$ ④ $x < 2$

⑤ 해가 없다.

0780 중

이차항의 계수가 음수인 이차함수 $y = f(x)$의 그래프와 직선 $y = 2x + 1$이 서로 다른 두 점에서 만나고 그 교점의 y좌표가 1, 7이다. 이때 이차부등식 $f(x) - 2x - 1 > 0$을 만족시키는 정수 x의 개수는?

① 1   ② 2   ③ 3

④ 4   ⑤ 5

0781 중

| 서술형 |

두 이차함수 $y = f(x)$, $y = g(x)$의 그래프가 오른쪽 그림과 같을 때, 부등식 $f(x)g(x) < 0$의 해를 구하시오.

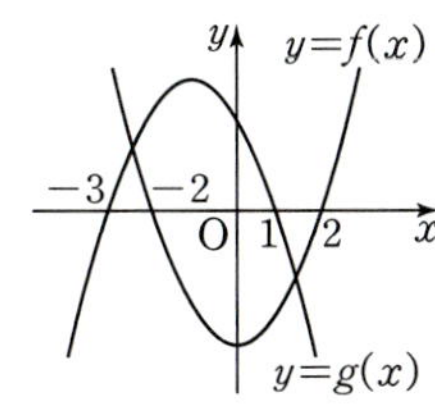

0782 중

부등식 $|2x + 3| < 2$의 해가 이차부등식 $2x^2 + ax + b < 0$의 해와 같을 때, 상수 a, b에 대하여 ab의 값은?

① 10   ② 15   ③ 20

④ 25   ⑤ 30

0783 중 ★빈출

이차부등식 $2x^2 - 12x + 4a > 0$의 해가 $x < b$ 또는 $x > 4$일 때, 상수 a, b에 대하여 $a + b$의 값은? (단, $b < 4$)

① 2   ② 4   ③ 6

④ 8   ⑤ 10

0784 중

일차부등식 $ax - b > 0$의 해가 $x > \dfrac{1}{4}$일 때, 이차부등식 $ax^2 - ax + b > 0$의 해는? (단, a, b는 실수)

① $x < \dfrac{1}{2}$ ② $x > \dfrac{1}{2}$ ③ $x = \dfrac{1}{2}$

④ 해는 없다.   ⑤ $x \neq \dfrac{1}{2}$인 모든 실수

0785 중

이차함수 $y=x^2-ax+b$의 그래프가 직선 $y=x+2$보다 아래쪽에 있는 부분의 x의 값의 범위가 $1<x<4$일 때, 상수 a, b에 대하여 $a+b$의 값은?

① 4 ② 6 ③ 8
④ 10 ⑤ 12

0786 중

이차부등식 $f(x)\leq 0$의 해가 $-5\leq x\leq -3$일 때, 다음 중 부등식 $f(10-3x)>0$을 만족시키는 정수 x의 값이 될 수 <u>없는</u> 것은?

① 4 ② 5 ③ 6
④ 7 ⑤ 8

0787 중

이차부등식 $x^2+2(a-2)x+a^2-4a\leq 0$을 만족시키는 모든 정수 x의 값의 합이 5일 때, 정수 a의 값은?

① 1 ② 2 ③ 3
④ 4 ⑤ 5

0788 중

이차부등식 $ax^2+bx+c<0$의 해가 $x<-3$ 또는 $x>4$일 때, 이차부등식 $cx^2+ax-b<0$의 해는?

(단, a, b, c는 상수)

① $-\dfrac{1}{4}<x<\dfrac{1}{3}$ ② $-\dfrac{1}{4}<x<3$

③ $-\dfrac{1}{3}<x<\dfrac{1}{4}$ ④ $x<-\dfrac{1}{4}$ 또는 $x>\dfrac{1}{3}$

⑤ $x<-\dfrac{1}{3}$ 또는 $x>\dfrac{1}{4}$

0789 중

이차부등식 $ax^2+bx+c\geq 0$의 해가 $x=3$뿐일 때, 보기에서 옳은 것만을 있는 대로 고른 것은?

(단, a, b, c는 상수)

보기
ㄱ. $a>0$ ㄴ. $b^2-4ac<0$ ㄷ. $3a+b+\dfrac{c}{3}=0$ ㄹ. $a-b+c<0$

① ㄷ ② ㄹ ③ ㄱ, ㄴ
④ ㄴ, ㄷ ⑤ ㄷ, ㄹ

0790 중

이차부등식 $ax^2+bx+c<0$의 해가 $-1<x<5$일 때, 이차부등식 $a(x-3)^2+b(x-3)+c\leq 0$을 만족시키는 정수 x의 개수를 구하시오. (단, a, b, c는 상수)

0791 중 | 서술형 |

이차부등식 $x^2-(k+1)x+k \leq 0$을 만족시키는 정수 x가 5개일 때, 모든 정수 k의 값의 합을 구하시오.

0792 중 학평 기출

이차다항식 $P(x)$가 다음 조건을 만족시킬 때, $P(-1)$의 값은?

(가) 부등식 $P(x) \geq -2x-3$의 해는 $0 \leq x \leq 1$이다.
(나) 방정식 $P(x) = -3x-2$는 중근을 가진다.

① -3 ② -4 ③ -5
④ -6 ⑤ -7

0793 상

이차함수 $y=f(x)$의 그래프가 오른쪽 그림과 같고 부등식 $f\left(\dfrac{x+k}{2}\right) \geq 0$의 해가 $-4 \leq x \leq 2$일 때, 실수 k의 값은?

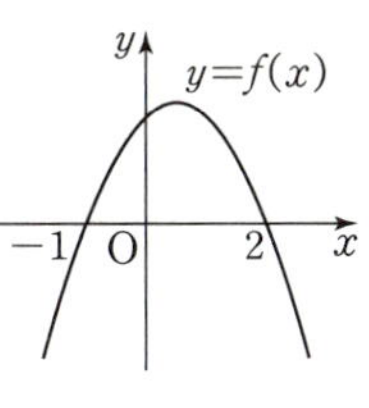

① -2 ② -1 ③ 1
④ 2 ⑤ 3

0794 상

부등식 $[x-2]^2-[x]-10 \leq 0$의 해가 $\alpha \leq x < \beta$일 때, $\alpha+\beta$의 값은? (단, $[x]$는 x보다 크지 않은 최대의 정수)

① 3 ② 4 ③ 5
④ 6 ⑤ 7

0795 상

이차부등식 $(a+c)x^2+(a+b)x+(b+c) > 0$의 해가 $-2 < x < -1$일 때, 이차부등식 $ax^2+bx+c > 0$의 해는? (단, a, b, c는 상수)

① $-3 < x < -2$ ② $-2 < x < 0$
③ $-1 < x < 1$ ④ $0 < x < 1$
⑤ $1 < x < 3$

0796 상 학평 기출

최고차항의 계수가 각각 $\dfrac{1}{2}$, 2인 두 이차함수 $y=f(x)$, $y=g(x)$가 다음 조건을 만족시킨다.

(가) 두 함수 $y=f(x)$와 $y=g(x)$의 그래프는 직선 $x=p$를 축으로 한다.
(나) 부등식 $f(x) \geq g(x)$의 해는 $-1 \leq x \leq 5$이다.

$p \times \{f(2)-g(2)\}$의 값을 구하시오. (단, p는 상수이다.)

0797 하

이차부등식 $2x^2+8x+a\leq0$의 해가 오직 한 개일 때, 상수 a의 값을 구하시오.

0798 중

빈출

학평 기출

모든 실수 x에 대하여 이차부등식
$$x^2+(m+2)x+2m+1>0$$
이 성립하도록 하는 모든 정수 m의 값의 합은?

① 3　　　　② 4　　　　③ 5
④ 6　　　　⑤ 7

0799 중

빈출

이차부등식 $x^2-2(k+2)x-4(k+2)<0$이 해를 갖지 않도록 하는 상수 k의 최댓값은?

① -2　　　② 0　　　　③ 2
④ 4　　　　⑤ 6

0800 중

모든 실수 x에 대하여 $-x^2+(m+3)x-m$의 값이 3보다 작을 때, 상수 m의 값의 범위는?

① $-3\leq m\leq-1$　　② $-3<m<-1$
③ $-3<m\leq0$　　　④ $-3<m<1$
⑤ $-3\leq m\leq1$

0801 중

이차함수 $y=x^2+x+3a$의 그래프가 직선 $y=2x+a+1$보다 항상 위쪽에 있을 때, 정수 a의 최솟값은?

① -1　　　② 0　　　　③ 1
④ 2　　　　⑤ 3

0802 중

이차함수 $y=-x^2+(k+1)x-5$의 그래프가 직선 $y=x-1$보다 항상 아래쪽에 있도록 하는 정수 k의 개수는?

① 5　　　　② 6　　　　③ 7
④ 8　　　　⑤ 9

0803 (중)

이차부등식 $(k-1)x^2+2(k-1)x-2\geq0$의 해가 오직 한 개일 때, 상수 k의 값은?

① $-\dfrac{4}{3}$ ② -1 ③ $-\dfrac{1}{3}$

④ $\dfrac{1}{3}$ ⑤ 1

0804 (중)

$x\geq2$인 모든 실수 x에 대하여 이차부등식

$$-x^2+2x+3a+1\leq0$$

이 성립하도록 하는 상수 a의 최댓값은?

① -1 ② $-\dfrac{1}{3}$ ③ $\dfrac{1}{3}$

④ 1 ⑤ $\dfrac{5}{3}$

★빈출 0805 (중)

$-2\leq x\leq2$에서 이차부등식 $2x^2+4x+a^2+3a-20<0$ 이 항상 성립하도록 하는 모든 정수 a의 값의 합은?

① -6 ② -4 ③ -2

④ 0 ⑤ 2

0806 (중)

모든 실수 x에 대하여 $\sqrt{x^2+2(k+1)x+2k^2-k-9}$가 실수가 되도록 하는 상수 k의 값의 범위는?

① $-2\leq k\leq5$ ② $-2<k<5$

③ $k\leq-5$ 또는 $k\geq2$ ④ $k<-2$ 또는 $k>5$

⑤ $k\leq-2$ 또는 $k\geq5$

0807 (중) | 서술형 |

이차부등식 $ax^2+2(a+2)x+2a+1<0$이 해를 갖지 않도록 하는 상수 a의 최솟값을 구하시오.

★빈출 0808 (중)

이차부등식 $ax^2+2(a+1)x+6(a+1)\leq0$이 해를 갖도록 하는 상수 a의 값의 범위는?

① $-1<a<0$ 또는 $0<a<\dfrac{1}{5}$

② $a<\dfrac{1}{5}$

③ $a<0$ 또는 $a\geq\dfrac{1}{5}$

④ $a<0$ 또는 $0<a\leq\dfrac{1}{5}$

⑤ $-1<a<0$ 또는 $a>0$

0809 중

두 이차함수 $y=x^2-6x+4$, $y=-x^2+2kx+2$의 그래프가 서로 만나지 않도록 하는 정수 k의 개수는?

① 2   ② 3   ③ 4
④ 5   ⑤ 6

★빈출
0810 상

x의 값에 관계없이 부등식
$$(a-1)x^2+2(a-1)x+4a+2>0$$
이 항상 성립할 때, 상수 a의 값의 범위는?

① $a<1$ ② $a\leq1$ ③ $0<a<1$
④ $a>1$ ⑤ $a\geq1$

0811 상

| 서술형 |

두 이차함수
$$f(x)=ax^2-2ax+3, \ g(x)=-3x^2+6x+1$$
에 대하여 부등식 $f(x)>g(x)$가 모든 실수 x에 대하여 성립하도록 하는 상수 a의 값의 범위를 구하시오.

★빈출
0812 상

이차부등식 $(x-1)(x-5)\leq k(x-p)$가 실수 k의 값에 관계없이 항상 해를 갖도록 하는 상수 p의 값의 범위가 $\alpha\leq p\leq\beta$일 때, $\alpha+\beta$의 값은?

① 5   ② 6   ③ 7
④ 8   ⑤ 9

0813 상

최고차항의 계수가 1인 이차식 $f(x)$가 다음 조건을 만족시킨다.

> ㈎ $f(x)$를 $x-1$로 나눈 나머지는 4이다.
> ㈏ 모든 실수 x에 대하여 $f(x+3)=f(1-x)$이다.

모든 실수 x에 대하여 부등식 $f(2x)+f(-x)\geq k$가 항상 성립하도록 하는 정수 k의 최댓값을 구하시오.

0814 상

두 함수 $f(x)=x^2-2ax+a+2$, $g(x)=-x^2+2ax-a^2$ 에 대하여 $0\leq x\leq 2$에서 부등식 $f(x)>g(x)$가 항상 성립하도록 하는 상수 a의 값의 범위는?

① $-5<a<2$ 　　② $-2<a<5$
③ $a<-2$ 　　④ $a<-5$ 또는 $a>2$
⑤ $a<2$ 또는 $a>5$

0815 상　　[학평 기출]

다음 조건을 만족시키는 이차함수 $f(x)$에 대하여 $f(3)$의 최댓값을 M, 최솟값을 m이라 할 때, $M-m$의 값은?

> (가) 부등식 $f\left(\dfrac{1-x}{4}\right)\leq 0$의 해가 $-7\leq x\leq 9$이다.
> (나) 모든 실수 x에 대하여 부등식 $f(x)\geq 2x-\dfrac{13}{3}$이 성립한다.

① $\dfrac{7}{4}$ 　　② $\dfrac{11}{6}$ 　　③ $\dfrac{23}{12}$
④ 2 　　⑤ $\dfrac{25}{12}$

3　연립이차부등식의 풀이

빈출
0816 하

연립부등식 $\begin{cases} x^2+6x+5\geq 0 \\ x^2+4x-21<0 \end{cases}$ 을 만족시키는 모든 정수 x의 값의 합은?

① -9 　　② -6 　　③ -3
④ 0 　　⑤ 3

빈출
0817 하　　| 서술형 |

부등식 $x^2+4x-6\leq 2x^2-3\leq x^2+x+3$의 해를 구하시오.

0818 중

연립부등식 $\begin{cases} 2x^2+3x-14>0 \\ x^2-2x>3 \end{cases}$ 의 해가 이차부등식 $2x^2+ax+b>0$의 해와 같을 때, 상수 a, b에 대하여 $a+b$의 값은?

① -20 　　② -15 　　③ -10
④ -5 　　⑤ 0

0819 종

연립부등식 $\begin{cases} x^2-2x-15<0 \\ x^2-3|x|-4<0 \end{cases}$ 을 만족시키는 정수 x의 개수는?

① 3   ② 4   ③ 5
④ 6   ⑤ 7

0820 중

부등식 $x(x+1)<2(x+6)<x^2+3x+6$의 해가 이차부등식 $x^2+ax+b<0$의 해와 같을 때, 상수 a, b에 대하여 $a+b$의 값은?

① 2   ② 5   ③ 8
④ 11   ⑤ 14

0821 상

두 함수 $f(x)=|x^2-2x-8|$, $g(x)=x+6$에 대하여 부등식 $f(x)\leq g(x)$를 만족시키는 모든 정수 x의 값의 합은?

① 9   ② 10   ③ 11
④ 12   ⑤ 13

4 해가 주어진 연립이차부등식

0822 중

연립부등식 $\begin{cases} x^2-3x-10>0 \\ x^2-(8+a)x+8a\leq0 \end{cases}$ 의 해가 $5<x\leq8$일 때, 상수 a의 최댓값은?

① 3   ② 4   ③ 5
④ 6   ⑤ 7

0823 중

연립부등식 $\begin{cases} x^2-x-a<0 \\ x^2-2x+b\geq0 \end{cases}$ 의 해가 $-2<x\leq0$ 또는 $2\leq x<3$이 되도록 하는 상수 a, b에 대하여 $a+b$의 값은?

① 6   ② 7   ③ 8
④ 9   ⑤ 10

0824 중 학평 기출

x에 대한 연립부등식 $\begin{cases} |x-5|<1 \\ x^2-4ax+3a^2>0 \end{cases}$ 이 해를 갖지 않도록 하는 자연수 a의 개수는?

① 3   ② 4   ③ 5
④ 6   ⑤ 7

0825 중

연립부등식 $\begin{cases} x^2-6x+8\leq 0 \\ x^2-7ax+10a^2>0 \end{cases}$ 이 해를 갖지 않도록 하

는 양수 a의 값의 범위가 $\alpha\leq a\leq\beta$일 때, $\alpha\beta$의 값은?

① $\dfrac{4}{5}$ ② 1   ③ $\dfrac{6}{5}$

④ $\dfrac{8}{5}$ ⑤ 2

★빈출 0826 중

연립부등식 $\begin{cases} x^2-4x-5\leq 0 \\ x^2+(3-a)x-3a<0 \end{cases}$ 을 만족시키는 정수

x가 4개일 때, 상수 a의 최댓값은?

① 2   ② 3   ③ 4

④ 5   ⑤ 6

0827 중

연립부등식 $\begin{cases} x^2-3x+2>0 \\ x^2-(a+2)x+2a<0 \end{cases}$ 을 만족시키는 정수

x의 값이 -1과 0뿐일 때, 상수 a의 값의 범위는

$\alpha\leq a<\beta$이다. 이때 $\alpha+\beta$의 값은?

① -4 ② -3 ③ -2

④ 1   ⑤ 2

0828 중

$a<b<c$인 실수 a, b, c에 대하여 연립부등식

$\begin{cases} (x-a)(x-b)>0 \\ (x-b)(x-c)>0 \end{cases}$ 의 해가 $x<-3$ 또는 $x>4$일 때, 이

차부등식 $x^2+ax-c<0$을 만족시키는 모든 정수 x의 값

의 합을 구하시오.

★빈출 0829 중 | 서술형 |

모든 실수 x에 대하여 부등식

$$-x^2+1<x^2+2x+a\leq 3x^2+5$$

가 성립하도록 하는 상수 a의 값의 범위를 구하시오.

0830 중 | 학평 기출 |

$a<0$일 때, x에 대한 연립부등식

$\begin{cases} (x-a)^2<a^2 \\ x^2+a<(a+1)x \end{cases}$

의 해가 $b<x<b+1$이다. $a+b$의 값은?

(단, a, b는 상수이다.)

① 2   ② 1   ③ 0

④ -1 ⑤ -2

0831 중

| 서술형 |

두 부등식 $x^2-2x-15\leq0$, $x^2-(2a+1)x+2a<0$을 모두 만족시키는 정수 x의 개수가 3이 되도록 하는 상수 a의 값의 범위를 구하시오.

0832 상

부등식 $2x+a\leq x^2\leq 2x+b$가 $-1\leq x\leq 1$에서 항상 성립할 때, $b-a$의 최솟값은? (단, a, b는 상수)

① -4 ② -2 ③ 0
④ 4 ⑤ 6

0833 상

학평 기출

x에 대한 연립부등식

$$\begin{cases} x^2-(a^2-3)x-3a^2<0 \\ x^2+(a-9)x-9a>0 \end{cases}$$

을 만족시키는 정수 x가 존재하지 않도록 하는 실수 a의 최댓값을 M이라 하자. M^2의 값을 구하시오. (단, $a>2$)

0834 상

연립부등식 $\begin{cases} x^2+6x-16\leq0 \\ x^2-3kx-4k^2>0 \end{cases}$ 이 해를 갖도록 하는 상수 k의 값의 범위는?

① $k>8$ ② $k<-2$
③ $-2<k<8$ ④ $0<k<8$
⑤ $-2<k<0$ 또는 $k>8$

0835 상

학평 기출

자연수 n에 대하여 x에 대한 연립부등식

$$\begin{cases} |x-n|>2 \\ x^2-14x+40\leq0 \end{cases}$$

을 만족시키는 자연수 x의 개수가 2가 되도록 하는 모든 n의 값의 합을 구하시오.

0836 상

연립부등식 $\begin{cases} x^2+x+a\geq 0 \\ |x+b|\leq 1 \end{cases}$ 의 해가 $2\leq x\leq 3$일 때, 이차

부등식 $x^2+ax-4b\leq 0$을 만족시키는 정수 x의 개수는?

(단, a, b는 상수)

① 2   ② 3   ③ 4

④ 5   ⑤ 6

0837 상   학평 기출

x에 대한 연립부등식

$$\begin{cases} x^2-11x+24<0 \\ x^2-2kx+k^2-9>0 \end{cases}$$

의 해가 $\alpha<x<\beta$일 때, $\beta-\alpha=2$를 만족시키는 모든 실수 k의 값의 합을 구하시오.

0838 상 | 서술형 |

모든 실수 x에 대하여 부등식

$$-x^2-x+1\leq mx+n\leq x^2-5x+3$$

이 성립할 때, 상수 m, n에 대하여 m^2+n^2의 값을 구하시오.

0839 상

$|a|+|b|=3$을 만족시키는 두 실수 a, b에 대하여 연립부등식

$$\begin{cases} -2x-|a|\leq |b|-3 \\ x^2+ax+b<0 \end{cases}$$

의 해가 $0\leq x<2$일 때, $a+b$의 값은?

① -3 ② -2 ③ 1

④ 2   ⑤ 3

0840 (하)

지면으로부터 1 m의 높이에서 똑바로 위로 던져 올린 공의 t초 후의 지면으로부터의 높이를 h m라 할 때, $h=-5t^2+7t+1$의 관계가 성립한다고 한다. 이 공의 높이가 지면으로부터 3 m 이상이 되는 시각 t의 값의 범위는?

① $t \leq \dfrac{2}{5}$ ② $t > 1$ ③ $t \geq 1$

④ $\dfrac{2}{5} < t < 1$ ⑤ $\dfrac{2}{5} \leq t \leq 1$

0841 (중)

정사각형의 가로의 길이를 3 cm, 세로의 길이를 2 cm만큼 늘여서 직사각형을 만들려고 한다. 이 직사각형의 넓이가 42 cm^2 이상 72 cm^2 이하가 되도록 할 때, 처음 정사각형의 한 변의 길이의 최댓값은?

① 2 cm ② 3 cm ③ 4 cm

④ 5 cm ⑤ 6 cm

0842 (중)

오른쪽 그림과 같이 한 변의 길이가 10 m인 정사각형 모양의 땅에 폭이 x m인 길을 만들고 나머지 땅을 꽃밭으로 만들려고 한다. 꽃밭의 넓이가 81 m^2 이상이 되도록 할 때, x의 값의 범위는?

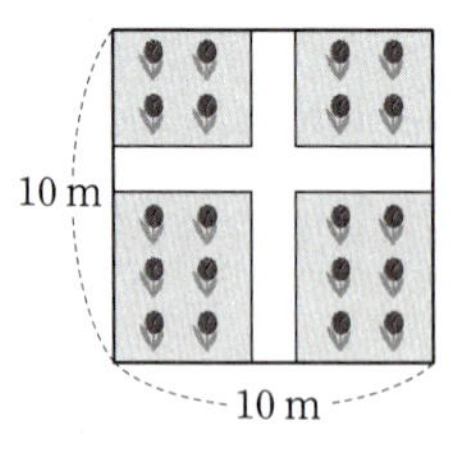

① $0 < x \leq 1$ ② $0 < x \leq 2$ ③ $0 < x \leq 3$

④ $1 \leq x \leq 3$ ⑤ $2 \leq x \leq 3$

0843 (중)

어느 공장에서 다음 조건을 만족시키는 직사각형 모양의 출입문을 만들려고 한다. 출입문의 세로의 길이를 x m라 할 때, x의 값의 범위는?

> (가) 출입문의 둘레의 길이는 24 m이다.
> (나) 출입문의 세로의 길이는 가로의 길이의 2배보다 길다.
> (다) 출입문의 넓이는 20 m^2 이상이다.

① $2 \leq x < 10$ ② $4 < x \leq 10$ ③ $4 \leq x < 10$

④ $8 < x \leq 10$ ⑤ $8 \leq x < 10$

0844 (중) 학평 기출

어느 라면 전문점에서 라면 한 그릇의 가격이 2000원이면 하루에 200그릇이 판매되고, 라면 한 그릇의 가격을 100원씩 내릴 때마다 하루 판매량이 20그릇씩 늘어난다고 한다. 하루의 라면 판매액의 합계가 442000원 이상이 되기 위한 라면 한 그릇의 가격의 최댓값은?

① 1500원 ② 1600원 ③ 1700원

④ 1800원 ⑤ 1900원

0845 종

세 변의 길이가 $x-2$, x, $x+2$인 삼각형이 둔각삼각형이 되도록 하는 모든 자연수 x의 값의 합은?

① 13 　　　　② 14 　　　　③ 15
④ 17 　　　　⑤ 18

0846 종

오른쪽 그림과 같이 $\overline{AC}=\overline{BC}=10$인 직각이등변삼각형 ABC가 있다. 빗변 AB 위의 점 P에서 변 BC와 변 AC에 내린 수선의 발을 각각 Q, R라 할 때, 직사각형 PQCR의 넓이는 두 삼각형 APR와 PBQ의 각각의 넓이보다 크다. $\overline{QC}=a$일 때, 모든 자연수 a의 값의 합을 구하시오.

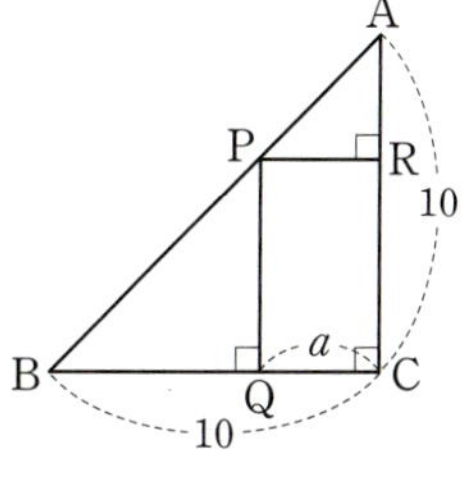

0847 종

오른쪽 그림과 같이 직사각형 ABCD에서 $\overline{AE}=\overline{AF}=\overline{BF}$, $\overline{ED}=2$인 점 E, F를 잡아 $\overline{AD}\,/\!/\,\overline{FH}$, $\overline{AB}\,/\!/\,\overline{EG}$인 점 H, G를 정한다. 두 직사각형 AFIE, IGCH의 넓이의 합이 24 이상이고, 둘레의 길이의 합이 40 이하가 되도록 하는 선분 AE의 길이의 범위는?

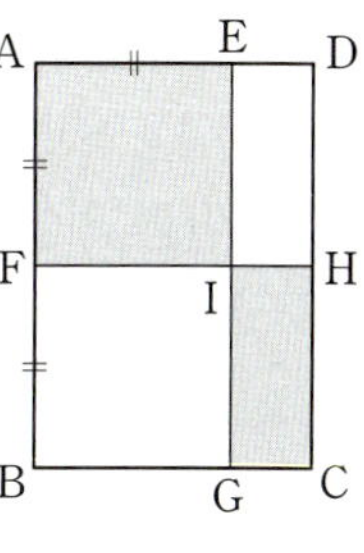

① $\dfrac{5}{2}\le\overline{AE}\le 4$ 　② $3\le\overline{AE}\le 5$ 　③ $\dfrac{7}{2}\le\overline{AE}\le\dfrac{9}{2}$

④ $4\le\overline{AE}\le 6$ 　⑤ $\dfrac{9}{2}\le\overline{AE}\le\dfrac{11}{2}$

0848 종

어느 지역의 우체국에서는 우편물을 $10x$ km의 거리만큼 배달하는 데 일반 우편을 이용할 경우 $\left(\dfrac{1}{4}x+8\right)$원, 등기 우편을 이용할 경우 $\left(\dfrac{1}{2}x+7\right)$원, 익일 특급 우편을 이용할 경우 $\left(\dfrac{1}{2}x^2+x+1\right)$원의 요금을 부과한다고 한다. 등기 우편을 이용하는 것이 가장 유리한 배달 거리의 범위가 a km 초과 b km 미만일 때, $a+b$의 값을 구하시오.

0849 중

어느 헬스장에서 한 달 이용료를 x %만큼 인상하면 회원 수는 $0.4x$ %만큼 감소한다고 한다. 이 헬스장의 한 달 수입이 20 % 이상 늘어나도록 할 때, x의 최솟값을 구하시오.

0850 상

그림과 같이 이차함수 $f(x)=-x^2+2kx+k^2+4\,(k>0)$의 그래프가 y축과 만나는 점을 A라 하자. 점 A를 지나고 x축에 평행한 직선이 이차함수 $y=f(x)$의 그래프와 만나는 점 중 A가 아닌 점을 B라 하고, 점 B에서 x축에 내린 수선의 발을 C라 하자. 사각형 OCBA의 둘레의 길이를 $g(k)$라 할 때, 부등식 $14\leq g(k)\leq 78$을 만족시키는 모든 자연수 k의 값의 합을 구하시오.

(단, O는 원점이다.)

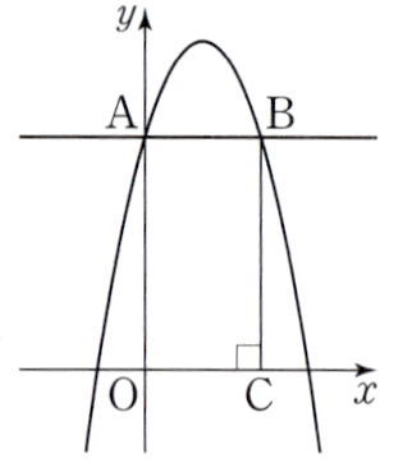

0851 상

오른쪽 그림과 같이 $\overline{AB}=\overline{CD}$인 등변사다리꼴 ABCD에서 $\overline{AD}=12$, $\angle ABC=60°$이다. 선분 AD의 길이는 선분 AB의 길이의 2배보다 길지 않고, 사다리꼴 ABCD의 넓이는 $64\sqrt{3}$ 이하이다. 선분 BC의 길이를 d라 할 때, d의 최댓값과 최솟값의 합은?

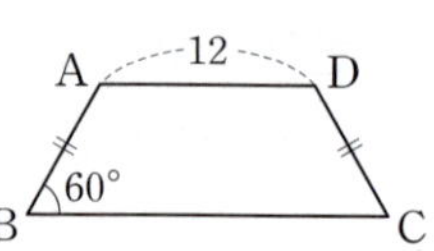

① 30 ② 34 ③ 38
④ 42 ⑤ 46

0852 상

변 AD의 길이가 변 AB의 길이보다 6만큼 긴 직사각형 ABCD가 있다. 오른쪽 그림과 같이 변 AD를 삼등분한 점 중에서 A에 가까운 점을 P_1, D에 가까운 점을 P_2라 하고, 변 DC를 삼등분한 점 중에서 D에 가까운 점을 Q_1, C에 가까운 점을 Q_2라 하자. 삼각형 BCP_1의 넓이를 S_1, 사각형 $P_1Q_2Q_1P_2$의 넓이를 S_2라 할 때, $9\leq S_1-S_2\leq 24$를 만족시키는 변 AB의 길이의 최댓값과 최솟값의 합을 구하시오.

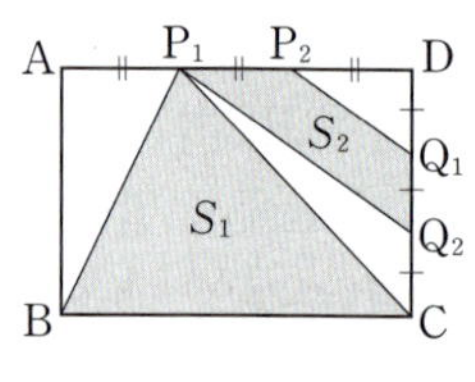

6 방정식의 근의 판별

0853 하

x에 대한 이차방정식 $x^2+4ax+3a^2+25=0$이 허근을 갖도록 하는 실수 a의 값의 범위는?

① $a \geq -5$
② $a \leq 5$
③ $-5 < a < 5$
④ $a < -5$ 또는 $a > 5$
⑤ $a < 0$ 또는 $a > 5$

0854 중

이차방정식 $x^2+ax-a+3=0$은 서로 다른 두 실근을 갖고, 이차방정식 $x^2+(a+2)x+2a+1=0$은 허근을 갖도록 하는 실수 a의 값의 범위는?

① $a < 2$
② $a \geq 2$
③ $a > 4$
④ $0 < a < 4$
⑤ $2 < a < 4$

0855 중

x에 대한 이차방정식 $x^2-3ax+a(2a+1)=0$은 실근을 갖고, x에 대한 이차방정식 $x^2+2(3a+1)x+4a^2+9=0$은 허근을 갖도록 하는 실수 a의 값의 범위는?

① $a \geq -2$
② $a > 0$
③ $a \geq 2$
④ $-2 < a \leq 0$
⑤ $0 < a \leq 2$

0856 중

두 이차방정식 $ax^2+4x+3=0$, $x^2-5x-a=0$의 실근의 개수가 같을 때, 정수 a의 개수는?

① 5
② 6
③ 7
④ 8
⑤ 9

0857 중　　　　　　　　　　　　　| 서술형 |

이차방정식 $x^2+2mx+2m+3=0$이 실근을 갖고, 모든 실수 x에 대하여 부등식 $(m+2)x^2-2(m+2)x+7>0$이 성립할 때, 모든 정수 m의 값의 합을 구하시오.

0858 중

두 이차방정식 $x^2+2ax+3a=0$, $ax^2+ax+1=0$ 중 한 방정식만 허근을 갖도록 실수 a의 값을 정할 때, a의 최솟값을 구하시오.

0859 중

다음 중 x에 대한 두 이차방정식 $x^2-ax+a=0$, $x^2-2x-a^2+5=0$ 중 적어도 하나는 실근을 갖도록 하는 실수 a의 값의 범위는?

① $a\geq0$ ② $a\leq4$
③ $0\leq a\leq2$ ④ $a\leq0$ 또는 $a\geq2$
⑤ $a\leq2$ 또는 $a\geq4$

0860 상 학평 기출

사차방정식 $(x^2+kx+2)(x^2+kx+6)+3=0$이 실근과 허근을 모두 갖도록 하는 자연수 k의 값을 구하시오.

0861 상

이차항의 계수와 그래프의 꼭짓점의 좌표가 모두 자연수인 이차함수 $f(x)$가 다음 조건을 만족시킨다.

> ㈎ $f(2+x)=f(2-x)$
> ㈏ 이차함수 $y=f(x)$의 그래프와 직선 $y=2x-4$는 한 점에서 만난다.

이차함수 $y=f(x)$의 그래프와 직선 $y=kx+6-k-k^2$이 서로 다른 두 점에서 만나도록 하는 정수 k의 개수는?

① 2 ② 3 ③ 4
④ 5 ⑤ 6

0862 상 학평 기출

x에 대한 삼차방정식 $x^3+(a-1)x^2+ax-2a=0$이 한 실근과 서로 다른 두 허근을 갖도록 하는 정수 a의 개수는?

① 5 ② 6 ③ 7
④ 8 ⑤ 9

0863 상

x에 대한 방정식 $x^3+(8-a)x^2+(a^2-8a)x-a^3=0$이 서로 다른 세 실근을 갖기 위한 정수 a의 개수는?

① 6 ② 8 ③ 10
④ 12 ⑤ 14

0864 상

함수 $f(x)=x^2+4x-3k^2-12k+40$의 그래프와 x축이 만나는 점의 개수와, 함수 $g(x)=x^2-12x+3k^2-36k+96$의 그래프와 x축이 만나는 점의 개수가 서로 같도록 하는 모든 정수 k의 개수는?

① 11 ② 13 ③ 15
④ 17 ⑤ 19

7 방정식의 근의 위치와 부호

0865 중

$a>0$, $b>0$, $c>0$이고 $b^2-4ac>0$일 때, 다음 중 이차방정식 $ax^2+bx+c=0$의 근에 대한 설명으로 옳은 것은?

① 양의 중근을 갖는다.
② 음의 중근을 갖는다.
③ 양의 근 한 개, 음의 근 한 개를 갖는다.
④ 서로 다른 두 개의 양의 근을 갖는다.
⑤ 서로 다른 두 개의 음의 근을 갖는다.

0866 중

이차방정식 $x^2-2kx+3k+4=0$의 두 근이 모두 양수일 때, 실수 k의 값의 범위는?

① $k\le-1$ ② $k>-\dfrac{4}{3}$
③ $k\ge4$ ④ $-\dfrac{4}{3}<k\le4$
⑤ $k\le-1$ 또는 $k\ge\dfrac{4}{3}$

0867 중

이차방정식 $x^2+2(k+1)x-k+5=0$이 서로 다른 두 실근 α, β를 가질 때, $\alpha\beta>0$을 만족시키는 모든 자연수 k의 값의 합을 구하시오.

0868 중

이차방정식 $x^2-2(a-2)x+a=0$의 서로 다른 두 실근을 α, β라 할 때, $\sqrt{a}\sqrt{\beta}=-\sqrt{\alpha\beta}$를 만족시키는 실수 a의 값의 범위는? (단, $\alpha\beta\neq0$)

① $-1<a<0$ ② $0<a<1$
③ $2<a<4$ ④ $a\geq0$
⑤ $a>4$

0869 중

이차방정식 $x^2+2mx+2=0$의 한 근은 1보다 크고, 다른 한 근은 1보다 작을 때, 정수 m의 최댓값은?

① -2 ② -1 ③ 0
④ 1 ⑤ 2

0870 중
★빈출

이차방정식 $x^2-2kx+25=0$의 두 근이 모두 1보다 클 때, 정수 k의 최댓값은?

① 9 ② 10 ③ 11
④ 12 ⑤ 13

0871 중
★빈출

이차방정식 $x^2+2(k+2)x-k-2=0$의 두 근이 모두 -1과 4 사이에 있을 때, 다음 중 실수 k의 값이 될 수 <u>없</u>는 것은?

① -4 ② $-\dfrac{7}{2}$ ③ -3
④ $-\dfrac{5}{2}$ ⑤ -2

0872 중

이차방정식 $x^2-2kx+k+2=0$의 서로 다른 두 근이 모두 3보다 작은 양수일 때, 실수 k의 값의 범위는 $\alpha<k<\beta$이다. 이때 $10\alpha\beta$의 값을 구하시오.

0873 중
★빈출

이차방정식 $x^2+(2a^2+a-15)x+a-2=0$이 서로 다른 부호의 두 근을 갖고, 양수인 근의 절댓값이 음수인 근의 절댓값보다 클 때, 정수 a의 개수는?

① 4 ② 5 ③ 6
④ 7 ⑤ 8

0874 중

이차방정식 $x^2-ax+2=0$의 두 근 중에서 한 근만이 이차방정식 $x^2+5x+6=0$의 두 근 사이에 있도록 하는 실수 a의 값의 범위가 $\alpha<a<\beta$일 때, $\alpha\beta$의 값은?

① -33 ② -11 ③ -3
④ 11 ⑤ 33

0875 상

이차방정식 $x^2+2mx-4m-5=0$의 서로 다른 두 근 중 적어도 하나는 음의 실수가 되도록 하는 정수 m의 최솟값은?

① -3 ② -2 ③ -1
④ 0 ⑤ 1

0876 상

사차방정식 $x^4+mx^2-2m+5=0$이 서로 다른 네 실근을 가질 때, 정수 m의 최댓값은?

① -11 ② -10 ③ -9
④ -8 ⑤ -7

0877 상

이차방정식 $x^2-2(m+2)x-m=0$이 $-2\le x\le3$에서 실근을 갖도록 하는 정수 m의 개수를 구하시오.

(단, $-6\le m\le6$)

0878 상

| 서술형 |

이차방정식 $ax^2-2x+a^2-4=0$의 두 근을 α, β라 하면 $-2<\alpha<-1$, $0<\beta<1$이 성립한다. 실수 a의 값의 범위를 구하시오.

0879

$(x+1)(x-2)$를 소수 첫째 자리에서 반올림한 값이 $1+5x$와 같다. $x=\dfrac{q}{p}$일 때, $p+q$의 값을 구하시오.

(단, p, q는 서로소인 자연수)

0880

부등식 $\dfrac{1}{2}x^2-x+k\geq|x-1|+|x-4|$가 x의 값에 관계없이 항상 성립할 때, 실수 k의 최솟값은?

① $\dfrac{7}{2}$　　　② 4　　　③ $\dfrac{9}{2}$

④ 5　　　⑤ $\dfrac{11}{2}$

0881

두 이차부등식 $ax^2-2bx+c>0$, $px^2-2qx+r>0$이 모두 x의 값에 관계없이 항상 성립할 때, 보기에서 옳은 것만을 있는 대로 고른 것은? (단, a, b, c, p, q, r는 실수)

| 보기 |

ㄱ. $ap>0$
ㄴ. $b^2+q^2<ac+pr$
ㄷ. $(b+q)^2<(a+p)(c+r)$

① ㄱ　　　② ㄴ　　　③ ㄱ, ㄴ
④ ㄱ, ㄷ　　　⑤ ㄱ, ㄴ, ㄷ

0882

x^2의 계수가 1인 이차함수 $f(x)$와 x^2의 계수가 -1인 이차함수 $g(x)$가 다음 조건을 만족시킬 때, $f(3)g(3)$의 값을 구하시오.

(가) $f(3)-f(-1)=0$, $f(1)+g(1)=10$
(나) 함수 $g(x)$의 최댓값이 함수 $f(x)$의 최솟값보다 9만큼 크다.
(다) 부등식 $f(x)<g(x)$의 해가 $1<x<4$이다.

0883

0이 아닌 실수 p에 대하여 이차함수 $f(x)=x^2+px+p$
의 그래프의 꼭짓점을 A, 이 이차함수의 그래프가 y축과
만나는 점을 B라 할 때, 두 점 A, B를 지나는 직선을 l,
직선 l의 방정식을 $y=g(x)$라 하자. 부등식
$f(x)-g(x)\leq0$을 만족시키는 정수 x의 개수가 10이 되
도록 하는 정수 p의 최댓값을 M, 최솟값을 m이라 할 때,
$M-m$의 값은?

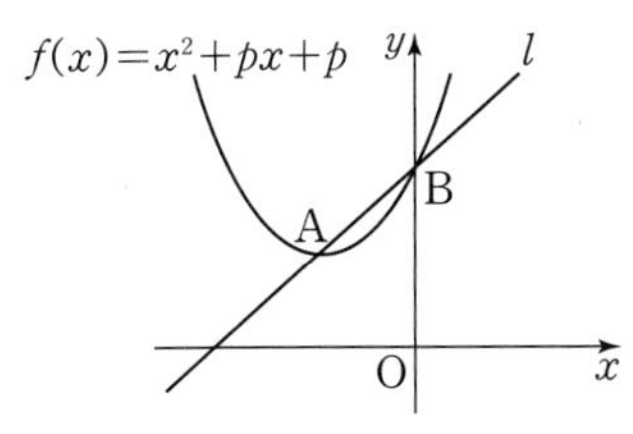

① 32   ② 34   ③ 36
④ 38   ⑤ 40

0884

최고차항의 계수가 2인 이차함수 $f(x)$와 최고차항의 계
수가 -1인 이차함수 $g(x)$가 다음 조건을 만족시킨다.

> (가) 함수 $y=f(x)$의 그래프가 직선 $y=x$와 원점이 아닌
> 서로 다른 두 점 P, Q에서 만난다.
> (나) 함수 $y=g(x)$의 그래프가 직선 $y=x$와 한 점 P에서
> 만난다.
> (다) 점 P의 x좌표는 점 Q의 x좌표보다 작고, $\overline{OP}=\overline{PQ}$이다.

부등식 $f(x)+g(x)\geq0$의 해가 모든 실수일 때, 점 P의
x좌표의 최댓값은? (단, O는 원점이다.)

① $1+\sqrt{3}$ ② $2+\sqrt{3}$ ③ $3+\sqrt{3}$
④ $4+\sqrt{3}$ ⑤ $5+\sqrt{3}$

0885

$x\leq t\leq x+3$에서 t^2-2t-2의 최솟값을 $f(x)$라 할 때,
부등식 $f(x)\leq x$를 만족시키는 모든 정수 x의 개수는?

① 3   ② 4   ③ 5
④ 6   ⑤ 7

0886

x에 대한 방정식 $(x^2+ax+a)(x^2+x+a)=0$의 근 중
서로 다른 허근의 개수가 2이기 위한 실수 a의 값의 범위
는 $0<a\leq k$ 또는 $a=m$ 또는 $a\geq n$이다. 실수 k, m, n
에 대하여 $8k+4m+2n$의 값은?

① 10   ② 11   ③ 12
④ 13   ⑤ 14

12 합의 법칙과 곱의 법칙

1 사건과 경우의 수

☑ 필수 기출 1, 2

(1) **사건**: 같은 조건에서 반복할 수 있는 실험이나 관찰에 의해 일어나는 결과
(2) **경우의 수**: 어떤 사건이 일어날 수 있는 모든 경우의 가짓수

2 합의 법칙

☑ 필수 기출 1

두 사건 A, B가 동시에 일어나지 않을 때, 사건 A가 일어나는 경우의 수가 m, 사건 B가 일어나는 경우의 수가 n이면 사건 A 또는 사건 B가 일어나는 경우의 수는

$$m \boxed{①} n$$

이를 합의 법칙이라 한다.

합의 법칙은 어느 두 사건도 동시에 일어나지 않는 셋 이상의 사건에 대해서도 성립한다.

참고 사건 A가 일어나는 경우의 수가 m, 사건 B가 일어나는 경우의 수가 n, 두 사건 A, B가 동시에 일어나는 경우의 수가 l이면 사건 A 또는 사건 B가 일어나는 경우의 수는

$$m+n-l$$

기출 PICK

방정식의 해의 개수

방정식 $ax+by+cz=d$ (a, b, c, d는 상수)를 만족시키는 순서쌍 (x, y, z)의 개수
➡ x, y, z 중 계수의 절댓값이 큰 문자부터 수를 대입하여 순서쌍을 구한다.

부등식의 해의 개수

부등식 $ax+by \leq c$ (a, b, c는 상수)를 만족시키는 순서쌍 (x, y)의 개수
➡ x, y 중 계수의 절댓값이 큰 문자부터 수를 대입하여 순서쌍을 구하거나
부등식을 만족시키는 $ax+by=d$ (d는 상수) 꼴의 방정식을 만든 후 순서쌍을 구한다.

3 곱의 법칙

☑ 필수 기출 2

사건 A가 일어나는 경우의 수가 m, 그 각각에 대하여 사건 B가 일어나는 경우의 수가 n이면 두 사건 A, B가 동시에 또는 잇달아 일어나는 경우의 수는

$$m \boxed{②} n$$

이를 곱의 법칙이라 한다.

곱의 법칙은 동시에 일어나는 셋 이상의 사건에 대해서도 성립한다.

기출 PICK

도로망에서의 방법의 수

① 동시에 갈 수 없는 길이면 합의 법칙을 이용한다.
② 동시에 갈 수 있거나 이어지는 길이면 곱의 법칙을 이용한다.

색칠하는 방법의 수

① 인접하는 영역이 가장 많은 영역에 칠하는 경우의 수를 먼저 구한다.
② 서로 같은 색을 칠할 수 있는 영역은 같은 색을 칠하는 경우와 다른 색을 칠하는 경우로 나눈다.

답: ① + ② ×

난이도별 필수 기출

1 경우의 수 (1)

0887 ⓗ

어느 대학교에서 사범 대학의 2개 학과, 인문 사회 대학의 3개 학과, 자연 과학 대학의 5개 학과에서 진로 캠프를 개최한다고 한다. 이 중에서 한 가지 학과에 진로 캠프를 지원하는 방법의 수를 구하시오.

0888 ⓗ

서로 다른 두 개의 주사위를 동시에 던질 때, 나오는 눈의 수의 합이 6 또는 10이 되는 경우의 수는?

① 8   ② 9   ③ 10
④ 11   ⑤ 12

0889 ⓒ

1부터 50까지의 자연수 중에서 2 또는 5로 나누어떨어지는 자연수의 개수는?

① 25   ② 30   ③ 35
④ 40   ⑤ 45

0890 ⓒ

부등식 $x+y \leq 3$을 만족시키는 음이 아닌 정수 x, y의 순서쌍 (x, y)의 개수는?

① 6   ② 7   ③ 8
④ 9   ⑤ 10

0891 ⓒ

부등식 $x+2y \leq 10$을 만족시키는 자연수 x, y의 순서쌍 (x, y)의 개수는?

① 20   ② 21   ③ 22
④ 23   ⑤ 24

0892 ⓒ | 서술형 |

서로 다른 두 개의 주사위를 동시에 던질 때, 나오는 눈의 수의 합이 10의 약수가 되는 경우의 수를 구하시오.

0893 중

숫자 1, 2, 3, 4가 각각 하나씩 적힌 4개의 공이 들어 있는 주머니에서 한 개씩 두 번 공을 꺼낼 때, 꺼낸 공에 적힌 수를 차례대로 a, b라 하자. 이때 부등식 $|a-b| \leq 2$를 만족시키는 경우의 수는? (단, 꺼낸 공은 다시 넣는다.)

① 8   ② 10   ③ 12
④ 14   ⑤ 16

0894 중

주사위 한 개를 세 번 던져서 나오는 눈의 수를 차례대로 a_1, a_2, a_3이라 할 때, $2a_1 = a_2 + a_3$을 만족시키는 경우의 수는?

① 10   ② 12   ③ 14
④ 16   ⑤ 18

0895 중

한 개의 가격이 각각 400원, 800원인 두 종류의 빵을 적어도 한 개씩 사려고 할 때, 빵을 3600원어치 사는 방법의 수를 구하시오.

0896 중

오른쪽 그림과 같은 육면체의 꼭짓점 A에서 출발하여 모서리를 따라 움직여 꼭짓점 E에 도착하는 경우의 수를 구하시오. (단, 한 번 지나간 꼭짓점은 다시 지나지 않는다.)

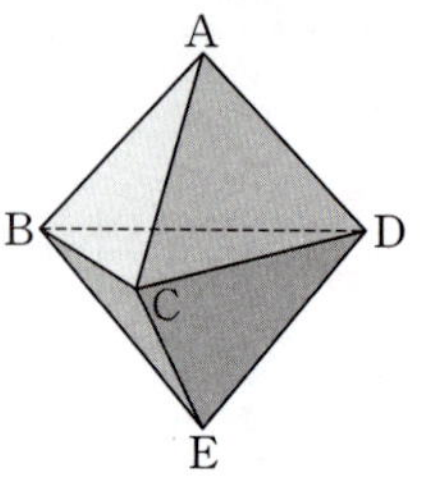

0897 중

방정식 $x + 2y + z = 10$을 만족시키는 자연수 x, y, z의 순서쌍 (x, y, z)의 개수는?

① 14   ② 16   ③ 18
④ 20   ⑤ 22

0898 중

1부터 100까지의 자연수 중에서 36과 서로소가 아닌 자연수의 개수는?

① 48   ② 59   ③ 67
④ 75   ⑤ 83

0899 중

이차방정식 $ax^2+6x+b=0$이 서로 다른 두 실근을 가질 때, 5 이하의 자연수 a, b의 순서쌍 (a, b)의 개수는?

① 14 ② 15 ③ 16
④ 17 ⑤ 18

빈출 0900 중

8 이하의 음이 아닌 정수 x, y, z에 대하여 방정식 $x+2y+3z=11$을 만족시키는 순서쌍 (x, y, z)의 개수를 구하시오.

0901 중

| 서술형 |

한 개의 가격이 각각 100원, 300원, 600원인 3종류의 사탕을 1500원어치 사는 방법의 수를 구하시오.

0902 중

네 학생 A, B, C, D의 학생증을 섞은 다음 네 학생에게 임의로 한 개씩 나누어 주려고 한다. 이때 네 학생이 모두 자신의 것이 아닌 학생증을 받는 경우의 수는?

① 7 ② 8 ③ 9
④ 10 ⑤ 11

0903 중

다섯 개의 숫자 1, 2, 3, 4, 5를 일렬로 배열하여 다섯 자리의 자연수 $a_1a_2a_3a_4a_5$를 만들 때,
$$a_2=2, \ a_k \neq k \,(k=1, 3, 4, 5)$$
를 만족시키는 자연수의 개수를 구하시오.

빈출 0904 중

| 서술형 |

한 개의 주사위를 두 번 던져서 나오는 눈의 수를 차례대로 a, b라 할 때, 좌표평면에서 함수 $y=x^2$의 그래프와 직선 $y=ax-b$가 서로 다른 두 점에서 만나도록 하는 순서쌍 (a, b)의 개수를 구하시오.

0905 상

| 서술형 |

삼각형의 세 변의 길이 a, b, c가 자연수일 때,
$$a \geq b \geq c, \ a+b+c=24$$
를 만족시키는 삼각형의 개수를 구하시오.

0906 상

500 이하의 자연수 중에서 7의 배수가 아니고 5로 나누었을 때의 나머지가 4가 아닌 자연수의 개수는?

① 342   ② 343   ③ 344
④ 486   ⑤ 487

0907 상

주사위 한 개를 두 번 던져서 나오는 눈의 수를 차례대로 a, b라 하자. 이차방정식 $x^2+ax+b=0$은 허근을 갖고, 이차방정식 $x^2+4x+b=0$은 실근을 가질 때, 순서쌍 (a, b)의 개수는?

① 8   ② 9   ③ 11
④ 15   ⑤ 21

0908 상

$1 \leq m \leq 4$, $1 \leq n \leq 16$인 두 자연수 m, n에 대하여 n^m이 어떤 자연수의 네제곱이 되도록 하는 순서쌍 (m, n)의 개수는?

① 21   ② 22   ③ 23
④ 24   ⑤ 25

0909 상

$a \geq -2$, $b \leq 2$, $c \geq 4$인 세 정수 a, b, c에 대하여 방정식 $a-2b+c=6$을 만족시키는 순서쌍 (a, b, c)의 개수는?

① 15   ② 16   ③ 21
④ 24   ⑤ 25

0910 상

여섯 개의 숫자 1, 2, 3, 4, 5, 6을 한 번씩만 사용하여 두 개의 세 자리의 자연수를 만들었을 때, 두 자연수의 합이 500보다 작은 경우의 수를 구하시오.
(단, $142+365$, $162+345$와 같이 두 자연수의 합이 같으면 같은 경우로 생각한다.)

2 경우의 수 (2)

0911 (하)

서로 다른 2개의 동전과 서로 다른 2개의 주사위를 동시에 던질 때 나오는 모든 경우의 수는?

① 12 ② 24 ③ 36
④ 72 ⑤ 144

0912 (하)

백의 자리의 숫자는 3의 배수이고, 십의 자리의 숫자는 4의 약수이며 일의 자리의 숫자는 홀수인 세 자리의 자연수의 개수를 구하시오.

0913 (중) ★빈출

72의 약수의 개수를 a, 189의 약수의 개수를 b라 할 때, $a+b$의 값은?

① 12 ② 16 ③ 18
④ 20 ⑤ 24

0914 (중) 평가원 기출

다음 조건을 만족시키는 두 자리의 자연수의 개수는?

> (가) 2의 배수이다.
> (나) 십의 자리의 수는 6의 약수이다.

① 16 ② 20 ③ 24
④ 28 ⑤ 32

0915 (중)

서로 다른 n종류의 커피와 서로 다른 4종류의 케이크를 파는 카페에서 희연이가 먼저 커피와 케이크를 하나씩 주문하고, 동균이가 희연이와 다른 커피와 케이크를 하나씩 주문하는 경우의 수는 240이다. 이때 자연수 n의 값을 구하시오.

0916 (중) ★빈출

다항식 $(a+b)(p+q)(x+y+z)$를 전개할 때 생기는 항의 개수는?

① 10 ② 12 ③ 14
④ 16 ⑤ 18

자연수 $4^k \times 7^3$의 약수의 개수가 36일 때, 자연수 k의 값은?

① 4　　　　② 6　　　　③ 8

④ 9　　　　⑤ 12

0918 중 빈출

네 도시 A, B, C, D를 잇는 도로가 오른쪽 그림과 같다. A 도시를 출발하여 B, C 두 도시를 모두 거쳐 D 도시까지 가는 경우의 수는? (단, 같은 도시는 두 번 지나지 않는다.)

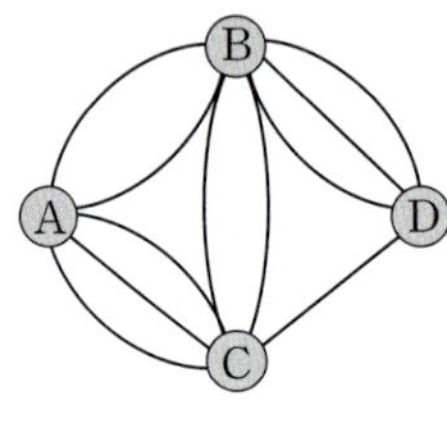

① 18　　　　② 20　　　　③ 22

④ 24　　　　⑤ 26

0919 중 빈출

오른쪽 그림의 A, B, C, D 4개의 영역을 서로 다른 4가지 색으로 칠하려고 한다. 같은 색을 중복하여 사용해도 좋으나 인접한 영역은 서로 다른 색으로 칠할 때, 칠하는 경우의 수는?

(단, 각 영역에는 한 가지 색만 칠한다.)

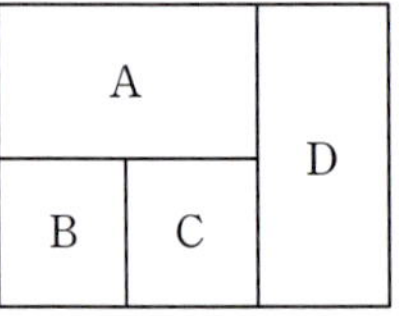

① 12　　　　② 24　　　　③ 36

④ 48　　　　⑤ 60

0920 중

108과 360의 공약수의 개수는?

① 9　　　　② 10　　　　③ 12

④ 14　　　　⑤ 15

0921 중

다항식 $(x+y)^2(a+b+c)$를 전개할 때 생기는 항의 개수를 구하시오.

0922 중

오른쪽 그림과 같이 세 지점 A, B, C를 연결하는 도로가 있다. A 지점에서 출발하여 C 지점을 거쳐 다시 A 지점으로 돌아올 때, B 지점을 한 번만 지나는 경우의 수는?

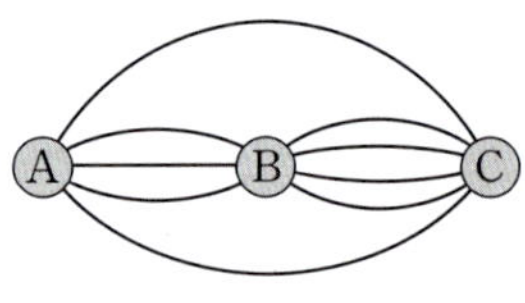

① 24　　　　② 30　　　　③ 36

④ 42　　　　⑤ 48

0923 중

1000원짜리 지폐 2장, 5000원짜리 지폐 3장, 10000원짜리 지폐 1장이 있다. 이 지폐를 일부 또는 전부 사용하여 거스름돈 없이 지불할 수 있는 금액의 수는?

(단, 0원을 지불하는 경우는 제외한다.)

① 15   ② 16   ③ 17
④ 18   ⑤ 19

0924 중

10부터 99까지의 자연수 중에서 십의 자리의 숫자와 일의 자리의 숫자의 합이 짝수인 자연수의 개수는?

① 20   ② 25   ③ 40
④ 45   ⑤ 50

0925 중

오른쪽 그림과 같이 5개의 영역 A, B, C, D, E를 서로 다른 5가지 색으로 칠하려고 한다. 같은 색을 중복하여 사용해도 좋으나 인접한 영역은 서로 다른 색으로 칠할 때, 칠하는 경우의 수는?

(단, 각 영역에는 한 가지 색만 칠한다.)

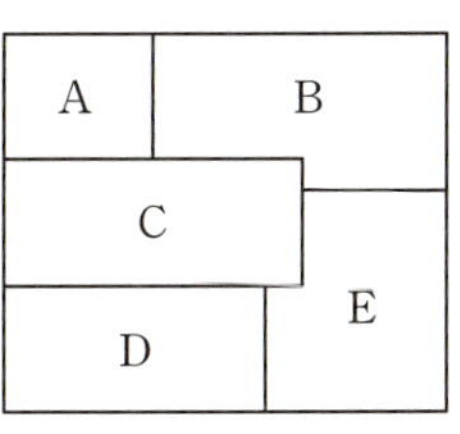

① 450   ② 540   ③ 720
④ 960   ⑤ 1280

0926 중

| 서술형 |

540의 약수 중 짝수의 개수를 a, 9의 배수의 개수를 b라 할 때, $a+b$의 값을 구하시오.

0927 중

오른쪽 그림의 A, B, C, D 4개의 영역을 서로 다른 4가지 색으로 칠하려고 한다. 같은 색을 중복하여 사용해도 좋으나 인접한 영역은 서로 다른 색으로 칠할 때, 칠하는 경우의 수는? (단, 각 영역에는 한 가지 색만 칠한다.)

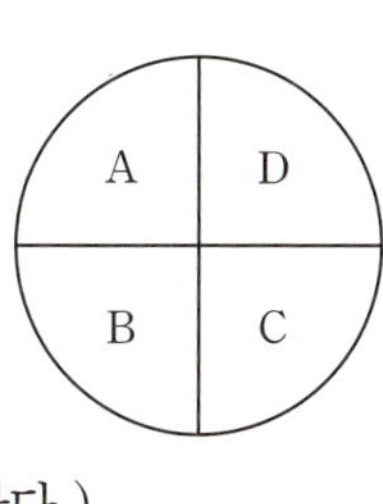

① 80   ② 84   ③ 88
④ 92   ⑤ 96

0928 상

숫자 2, 2, 3, 3, 3, 5, 5, 7이 각각 하나씩 적혀 있는 8장의 카드 중에서 2장 이상의 카드를 동시에 뽑을 때, 카드에 적혀 있는 숫자들의 곱으로 만들 수 있는 서로 다른 자연수의 개수를 구하시오.

0929 (상)

오른쪽 그림과 같은 도로망에서 B 지점과 D 지점을 연결하는 도로를 추가하여 A 지점에서 출발하여 C 지점으로 가는 경우의 수가 36이 되도록 하려고 한다. 추가해야 하는 도로의 개수를 구하시오. (단, 같은 지점은 두 번 이상 지나지 않고, 도로끼리는 서로 만나지 않는다.)

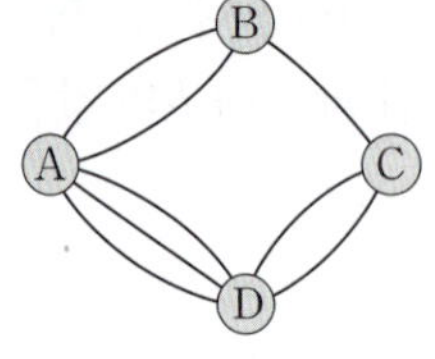

0930 (상)

한 개의 주사위를 세 번 던져서 나오는 눈의 수를 차례대로 a, b, c라 하자. 이때 $abc+a+b+c$의 값이 짝수가 되는 경우의 수를 구하시오.

0931 (상)

학평 기출

그림과 같이 6개의 섬이 다리로 연결되어 있다. 흰색, 노란색, 파란색 깃발이 각각 2개씩 총 6개 있을 때, 이 6개의 깃발을 섬에 한 개씩 세우고자 한다. 다리로 연결된 이웃한 두 섬에는 같은 색의 깃발을 세우지 않는다고 할 때, 깃발을 세우는 경우의 수는?

(단, 같은 색의 깃발끼리는 서로 구별하지 않는다.)

① 6   ② 8   ③ 10
④ 12   ⑤ 14

0932 (상)

오른쪽 그림과 같이 크기가 같은 정사각형 6개를 붙여서 만든 도형이 있다. 빨강, 노랑, 파랑 세 가지 색을 전부 또는 일부 사용하여 각 정사각형에 색을 칠하려고 한다. 인접한 정사각형에는 서로 다른 색을 칠할 때, 칠하는 경우의 수를 구하시오.

(단, 한 정사각형은 한 가지 색으로만 칠한다.)

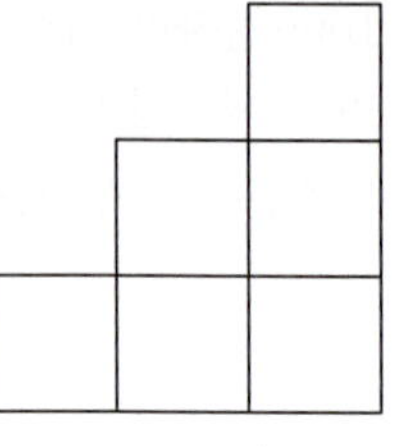

0933 (상)

신유형

1부터 700까지의 자연수를 차례대로 한 번씩 쓸 때, 숫자 3을 쓰는 총 횟수는?

① 200   ② 210   ③ 220
④ 230   ⑤ 240

0934

다음 조건을 만족시키는 정수 x, y, z의 순서쌍 (x, y, z)의 개수는?

> (가) $|x|+|y|+|z|=12$
> (나) $|x|>|y|>|z|$

① 72   ② 74   ③ 76
④ 78   ⑤ 80

0935

다섯 개의 숫자 1, 2, 3, 4, 5를 일렬로 배열하여 다섯 자리의 자연수 $a_1a_2a_3a_4a_5$를 만들 때, $a_1\neq1$, $a_2\neq2$, $a_3\neq3$, $a_4\neq4$, $a_5\neq5$를 만족시키는 자연수의 개수는?

① 44   ② 48   ③ 52
④ 56   ⑤ 60

0936

30 이하의 두 자연수 m, n에 대하여 2^m+3^n의 일의 자리의 숫자가 3이 되는 경우의 수는?

① 161   ② 163   ③ 165
④ 167   ⑤ 169

0937

한 개의 주사위를 세 번 던져서 나오는 눈의 수를 차례대로 a, b, c라 하자. 이때 x, y에 대한 연립방정식
$$\begin{cases} x^2+ax-y=0 \\ bx+y+c=0 \end{cases}$$
이 실수인 해를 갖는 경우의 수는?

① 196   ② 197   ③ 198
④ 199   ⑤ 200

13 순열

1 순열

☑ 필수 기출 1~5

(1) 순열의 뜻과 순열의 수

서로 다른 n개에서 $r\,(0<r\leq n)$개를 택하여 일렬로 배열하는 것을 n개에서 r개를 택하는

① [   ]이라 한다. 이때 순열의 가짓수를 순열의 수라 하고 기호로 $_n\mathrm{P}_r$와 같이 나타낸다.

$$_n\mathrm{P}_r=\underbrace{n(n-1)(n-2)\times\cdots\times(n-r+1)}_{r개}\ (단,\ 0<r\leq n)$$

(2) 계승

1부터 n까지의 자연수를 차례대로 곱한 것을 n의 ② [   ]이라 하고, 기호로 $n!$과 같이 나타낸다. 즉

$$n!=n(n-1)(n-2)\times\cdots\times3\times2\times1$$

(3) 순열의 수의 성질

① $_n\mathrm{P}_n=n!$, $_n\mathrm{P}_0=1$, $0!=1$

② $_n\mathrm{P}_r=\dfrac{n!}{(n-r)!}$ (단, $0\leq r\leq n$)

③ $_n\mathrm{P}_r=n\times{}_{n-1}\mathrm{P}_{r-1}$ (단, $1\leq r\leq n$)

④ $_n\mathrm{P}_r={}_{n-1}\mathrm{P}_r+r\times{}_{n-1}\mathrm{P}_{r-1}$ (단, $1\leq r<n$)

🖉 기출 PICK

'이웃하는' 조건이 있는 순열의 수

'이웃하는' 조건이 있는 순열의 수는 다음과 같은 순서로 구한다.

① 이웃하는 것을 한 묶음으로 생각하여 일렬로 배열하는 경우의 수를 구한다.

② 묶음 안에서 이웃하는 것끼리 자리를 바꾸는 경우의 수를 구한다.

③ ①, ②에서 구한 경우의 수를 곱한다.

'이웃하지 않는' 조건이 있는 순열의 수

'이웃하지 않는' 조건이 있는 순열의 수는 다음과 같은 순서로 구한다.

① 이웃해도 되는 것을 일렬로 배열하는 경우의 수를 구한다.

② 이웃해도 되는 것 사이사이와 양 끝에 이웃하지 않는 것을 배열하는 경우의 수를 구한다.

③ ①, ②에서 구한 경우의 수를 곱한다.

'적어도'의 조건이 있는 경우의 수

사건 A가 적어도 한 번 일어나는 경우의 수는

(모든 경우의 수) $-$ (사건 A가 일어나지 않는 경우의 수)

임을 이용하여 구할 수 있다.

배수 판정법

① 2의 배수 ➡ 일의 자리의 숫자가 0 또는 짝수

② 3의 배수 ➡ 각 자리의 숫자의 합이 3의 배수

③ 4의 배수 ➡ 끝의 두 자리의 수가 4의 배수

④ 5의 배수 ➡ 일의 자리의 숫자가 0 또는 5

답: ❶ 순열 ❷ 계승

1 순열의 수

0938 하

6명의 학생이 이어달리기를 할 때, 달리는 순서를 정하는 경우의 수는?

① 120 ② 240 ③ 360
④ 600 ⑤ 720

0939 하

HISTORY에 있는 7개의 문자 중에서 서로 다른 문자 3개를 뽑아 일렬로 나열하는 경우의 수는?

① 35 ② 42 ③ 70
④ 84 ⑤ 210

0940 하

어느 고등학교 1학년은 11개의 학급으로 이루어져 있다. 이 학교에 1학년 학생 3명이 전학을 왔을 때, 3명을 서로 다른 학급에 배정하는 경우의 수를 구하시오.

0941 중

오른쪽 그림과 같은 4개의 칸 A, B, C, D가 있다. 1부터 6까지의 자연수 중에서 서로 다른 4개의 수를 택하여 각 칸에 한 개씩 적으려고 할 때, D 칸에 짝수를 적는 방법의 수는?

A	B	C
		D

① 120 ② 180 ③ 240
④ 300 ⑤ 360

★빈출 0942 중

어느 동호회 회원 n명 중에서 회장, 부회장, 총무를 각각 1명씩 선출하는 경우의 수가 720일 때, n의 값을 구하시오.

0943 중

어느 학교에서 동아리 발표회를 두 번 진행한다고 한다. 첫 번째 발표회에서 동아리 A, B, C가 발표하고, 두 번째 발표회에서 동아리 D, E가 발표할 때, 발표 순서를 정하는 경우의 수를 구하시오.

0944 하

정민이와 지은이를 포함한 7명을 일렬로 세우려고 할 때, 정민이와 지은이가 양 끝에 서는 경우의 수를 구하시오.

★빈출
0945 중

남학생 4명과 여학생 2명을 일렬로 세울 때, 여학생 2명이 서로 이웃하도록 세우는 경우의 수는?

① 60   ② 72   ③ 120
④ 150   ⑤ 240

0946 중

주장 한 명을 포함하여 9명의 축구 선수 중에서 승부차기에 나갈 5명의 선수를 정하려고 한다. 주장은 첫 번째 또는 다섯 번째 순서에 공을 차도록 순서를 정하는 경우의 수는?

① 1512   ② 1680   ③ 3024
④ 3360   ⑤ 6048

★빈출
0947 중

학생 5명, 선생님 3명을 일렬로 세울 때, 어느 선생님끼리도 서로 이웃하지 않게 세우는 경우의 수는?

① 3600   ② 5400   ③ 7200
④ 10800   ⑤ 14400

0948 중 | 서술형 |

중학생 n명과 고등학생 4명을 일렬로 세울 때, 고등학생끼리 서로 이웃하게 세우는 경우의 수는 576이다. 이때 n의 값을 구하시오.

0949 중   학평 기출

숫자 1, 2, 3, 4, 5가 하나씩 적혀 있는 5장의 카드가 있다. 이 5장의 카드를 모두 일렬로 나열할 때, 짝수가 적혀 있는 카드끼리 서로 이웃하지 않도록 나열하는 경우의 수는?

① 24   ② 36   ③ 48
④ 60   ⑤ 72

0950 중

남학생 3명, 여학생 4명을 일렬로 세울 때, 남학생 사이사이에 항상 2명의 여학생이 있도록 세우는 경우의 수는?

① 144   ② 156   ③ 172
④ 180   ⑤ 195

0951 (중)

체육 대회에서 남학생 4명과 여학생 4명이 교대로 서서 줄다리기를 하려고 한다. 남학생과 여학생이 교대로 서는 경우의 수는?

① 576 ② 864 ③ 1152
④ 1440 ⑤ 1728

0952 (중)

1학년 학생 2명, 2학년 학생 2명, 3학년 학생 3명을 일렬로 세울 때, 같은 학년 학생끼리 서로 이웃하게 세우는 경우의 수는?

① 128 ② 144 ③ 196
④ 218 ⑤ 256

★빈출
0953 (중)

가현이와 강빈이가 포함된 학생 6명이 일렬로 서서 사진을 찍으려고 한다. 가현이와 강빈이 사이에 적어도 한 명의 학생이 서서 사진을 찍는 경우의 수는?

① 472 ② 476 ③ 480
④ 484 ⑤ 492

0954 (중)

어느 오디션 프로그램에서 10대 참가자 1명, 20대 참가자 3명, 30대 참가자 2명이 생방송 무대에 오른다. 첫 번째와 마지막 순서에 같은 연령대의 참가자가 무대에 오르도록 순서를 정하는 경우의 수를 구하시오.

(단, 모든 참가자는 무대에 한 번씩 오른다.)

0955 (상)

1층부터 7층까지 운행하는 승강기가 있다. 1층에서 탑승한 3명이 7층까지 1회 운행하는 동안 모두 내릴 때, 서로 연속한 층에서 내리지 않고, 각 층에서 1명씩만 내리는 경우의 수를 구하시오. (단, 1층에서 내리는 사람은 없다.)

0956 (상)

1학년 학생 10명과 2학년 학생 3명을 일렬로 세울 때, 1학년 학생끼리 서로 이웃한 학생 수는 모두 짝수이고, 2학년 학생끼리는 서로 이웃하지 않게 세우는 경우의 수가 $n \times 10!$이다. 이때 자연수 n의 값을 구하시오.

0957 상

어느 동물병원에서 오른쪽 그림과 같이 문자가 적힌 6칸의 케이지에 강아지, 고양이, 토끼, 햄스터, 고슴도치, 도마뱀을 각각 한 마리씩 넣으려고 한다. 고양이와 햄스터는 서로 이웃하지 않게 넣으려고 할 때, 6마리의 동물을 서로 다른 케이지에 넣는 경우의 수는? (예를 들어 e는 b, d와 서로 이웃한 케이지이고, a, c, f와 서로 이웃하지 않는 케이지이다.)

① 360
② 384
③ 408
④ 432
⑤ 456

0958 상

다음 그림과 같이 경계가 구분된 6개 지역의 인구조사를 조사원 5명이 담당하여 조사하려고 한다. 조사원 5명 중에서 1명은 서로 이웃한 2개 지역을, 나머지 4명은 남은 4개 지역을 각각 1개씩 담당한다. 이 조사원 5명의 담당 지역을 정하는 경우의 수를 구하시오. (단, 경계가 일부라도 닿은 두 지역은 서로 이웃한 지역으로 본다.)

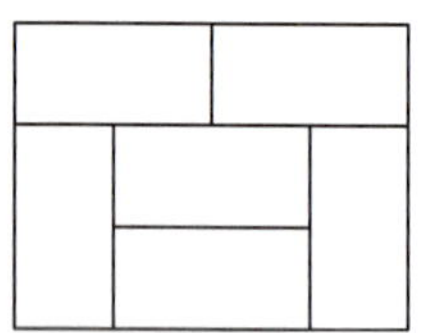

0959 하

5개의 숫자 0, 1, 2, 3, 4 중에서 서로 다른 4개를 사용하여 만들 수 있는 네 자리의 자연수의 개수는?

① 96
② 100
③ 108
④ 112
⑤ 120

0960 하

7개의 숫자 1, 2, 3, 4, 5, 6, 7 중에서 서로 다른 5개를 사용하여 만들 수 있는 다섯 자리의 자연수 중 홀수의 개수는?

① 54
② 72
③ 540
④ 1080
⑤ 1440

0961 중

| 서술형 |

6개의 숫자 0, 1, 2, 3, 4, 5를 모두 사용하여 만들 수 있는 여섯 자리의 자연수 중 짝수의 개수를 구하시오.

0962 중

1부터 9까지의 숫자 중에서 홀수를 적어도 1개 포함한 서로 다른 4개의 숫자를 사용하여 만들 수 있는 네 자리의 비밀번호의 개수는?

① 3000 ② 3002 ③ 3004
④ 3006 ⑤ 3008

0963 중

5개의 숫자 3, 4, 5, 6, 7을 한 번씩만 사용하여 다섯 자리의 자연수를 만들 때, 57000보다 큰 자연수의 개수를 구하시오.

0964 중

5개의 숫자 1, 2, 3, 4, 5를 모두 배열하여 만들 수 있는 다섯 자리의 자연수 중 30000보다 작은 5의 배수의 개수는?

① 12 ② 16 ③ 24
④ 60 ⑤ 96

0965 중

5개의 숫자 0, 1, 2, 3, 4 중에서 서로 다른 4개를 사용하여 만든 네 자리의 자연수 중 3104는 몇 번째로 작은 수인가?

① 55번째 ② 56번째 ③ 57번째
④ 58번째 ⑤ 59번째

0966 중

5개의 숫자 0, 1, 3, 5, 7 중에서 서로 다른 3개를 택하여 세 자리의 자연수를 만들려고 한다. 큰 수부터 차례대로 나열할 때, 40번째에 오는 수는?

① 150 ② 153 ③ 157
④ 170 ⑤ 173

0967 중

| 서술형 |

5개의 숫자 0, 2, 4, 6, 8 중에서 서로 다른 3개를 택하여 세 자리의 자연수를 만들 때, 3의 배수의 개수를 구하시오.

0968 중

6개의 숫자 0, 1, 2, 3, 4, 5 중에서 서로 다른 4개를 택하여 네 자리의 자연수를 만들 때, 4의 배수의 개수는?

① 36 　　　② 60 　　　③ 64
④ 72 　　　⑤ 84

0969 상

6개의 숫자 1, 2, 3, 4, 5, 6을 다음 조건을 만족시키도록 일렬로 배열하여 만들 수 있는 자연수의 개수는?

> (가) 소수끼리 서로 이웃하지 않는다.
> (나) 4와 6은 서로 이웃하지 않는다.

① 60 　　　② 80 　　　③ 100
④ 120 　　　⑤ 140

0970 상

9개의 숫자 0, 1, 2, 3, 4, 5, 6, 7, 8 중에서 서로 다른 3개를 사용하여 만들 수 있는 세 자리의 자연수 중 9의 배수의 개수는?

① 26 　　　② 42 　　　③ 52
④ 76 　　　⑤ 84

0971 상

0부터 9까지의 숫자가 각각 하나씩 적힌 10장의 카드에서 서로 다른 3장을 뽑아 일렬로 배열하여 만들 수 있는 세 자리의 자연수 중 각 자리의 숫자들의 합이 홀수인 자연수의 개수는?

① 300 　　　② 310 　　　③ 320
④ 330 　　　⑤ 340

0972 상

5개의 숫자 1, 2, 3, 4, 5를 전부 또는 일부 사용하여 만들 수 있는 자연수 중에서 400보다 크고 4000보다 작은 자연수의 개수를 구하시오.

(단, 자연수의 각 자리의 숫자는 모두 다르다.)

0973 상 ☆빈출 　　　학평 기출

9개의 숫자 1, 2, 3, 4, 5, 6, 7, 8, 9 중에서 서로 다른 3개의 숫자를 택하여 다음 조건을 만족시키도록 세 자리 자연수를 만들려고 한다.

> 각 자리의 수 중 어떤 두 수의 합도 9가 아니다.

예를 들어, 217은 조건을 만족시키지 않는다. 조건을 만족시키는 세 자리 자연수의 개수를 구하시오.

0974 상

지우가 사물함의 비밀번호를 정하는데, 1부터 9까지의 자연수 중에서 서로 다른 3개의 수를 뽑아 세 자리의 비밀번호를 만들었다고 한다. 이때 이 비밀번호는 소수를 2개 이상 포함한 세 자리의 자연수를 가장 큰 수부터 차례대로 나열할 때 62번째의 수와 같다. 이 비밀번호를 구하시오.

0975 상

컴퓨터를 이용하여 4000부터 4999까지 네 자리의 자연수를 전송하려고 한다. 전송 과정에서 일어날지도 모르는 오류를 확인할 수 있도록 다음 규칙에 따라 전송하는 수의 끝에 하나를 덧붙여서 다섯 자리의 수를 전송한다.

> 네 자리의 수의 각 자리의 숫자의 합이 짝수이면 0, 홀수이면 1을 전송하는 수의 끝에 덧붙인다.

예를 들어, 4026은 40260으로, 4102는 41021로 전송한다. 이때 끝에 0을 덧붙인 다섯 자리의 수 중에서 가운데 세 자리의 각각의 숫자가 모두 다른 경우의 수는?

① 360　　　　② 380　　　　③ 400
④ 420　　　　⑤ 440

4 문자를 나열하는 순열의 수

0976 하　　　　　　　　　　학평 기출

7개의 문자 c, h, e, e, r, u, p를 모두 일렬로 나열할 때, 2개의 문자 e가 서로 이웃하게 되는 경우의 수를 구하시오.

★빈출
0977 하

provide에 있는 7개의 문자를 일렬로 배열할 때, 자음이 양 끝에 오도록 배열하는 경우의 수를 구하시오.

★빈출
0978 중

friend에 있는 6개의 문자를 일렬로 배열할 때, 모음끼리 서로 이웃하도록 배열하는 경우의 수는?

① 120　　　　② 150　　　　③ 180
④ 210　　　　⑤ 240

6개의 문자 A, B, C, D, E, F를 일렬로 배열할 때, A, B가 서로 이웃하지 않도록 배열하는 경우의 수를 구하시오.

0980 중

almond에 있는 6개의 문자를 일렬로 배열할 때, 적어도 한쪽 끝에 모음이 오는 경우의 수는?

① 288　　　② 432　　　③ 554
④ 624　　　⑤ 700

0981 중

justice에 있는 7개의 문자를 일렬로 배열할 때, 자음과 모음이 교대로 오도록 배열하는 경우의 수를 구하시오.

0982 중

6개의 문자 a, b, c, d, e, f를 일렬로 배열할 때, 모음이 홀수 번째에 오도록 배열하는 경우의 수는?

① 128　　　② 132　　　③ 136
④ 140　　　⑤ 144

★빈출
0983 중　　　　　　　　　　　　| 서술형 |

5개의 문자 s, m, a, r, t를 모두 한 번씩 사용하여 만든 문자열을 사전식으로 amrst부터 tsrma까지 배열할 때, smart는 몇 번째에 나타나는지 구하시오.

0984 중

서로 다른 7개의 알파벳을 일렬로 배열할 때, 적어도 한쪽 끝에 자음이 오도록 배열하는 경우의 수는 4320이다. 이때 자음의 개수를 구하시오.

0985 중

7개의 문자 A, B, C, D, E, F, G를 일렬로 배열할 때, C와 G 사이에 3개의 문자가 들어가도록 배열하는 경우의 수는?

① 280   ② 360   ③ 420
④ 540   ⑤ 720

0986 중

5개의 문자 a, b, c, d, e를 일렬로 배열할 때, a와 b가 서로 이웃하거나 b와 c가 서로 이웃하는 경우의 수는?

① 48   ② 60   ③ 72
④ 84   ⑤ 96

0987 중

| 서술형 |

5개의 문자 a, b, c, d, e를 모두 한 번씩 사용하여 만든 문자열을 사전식으로 $abcde$부터 $edcba$까지 배열할 때, 79번째에 오는 문자열을 구하시오.

0988 상

7명의 학생 A, B, C, D, E, F, G를 일렬로 세울 때, 다음 조건을 만족시키는 경우의 수는?

> ㈎ A와 B는 서로 이웃한다.
> ㈏ C와 D는 서로 이웃한다.
> ㈐ B와 C는 서로 이웃하지 않는다.

① 372   ② 392   ③ 412
④ 432   ⑤ 452

0989 상

VISANG에 있는 6개의 문자를 일렬로 배열할 때, V와 S 사이에 문자가 2개 이상인 경우의 수는?

① 192   ② 240   ③ 288
④ 432   ⑤ 512

0990 상

6개의 문자 a, b, c, d, e, f를 일렬로 배열할 때, 다음 조건을 만족시키도록 배열하는 경우의 수는?

> (가) b와 d 사이에 2개의 문자가 있다.
> (나) 모음은 서로 이웃하게 배열한다.

① 20   ② 24   ③ 30
④ 32   ⑤ 40

0991 상

5개의 문자 A, B, C, D, E를 일렬로 배열하여 만든 문자열 중에서 다음 조건을 만족시키는 문자열의 개수는?

> (가) A의 바로 다음 자리에 B가 올 수 없다.
> (나) B의 바로 다음 자리에 C가 올 수 없다.
> (다) C의 바로 다음 자리에 A가 올 수 없다.

① 60   ② 66   ③ 68
④ 72   ⑤ 78

---

5 좌석에 대한 조건이 있는 경우의 수

0992 하

오른쪽 그림과 같은 8개의 좌석이 있다. 남학생 4명과 여학생 3명이 앉는다고 할 때, 앞줄에 여학생이, 뒷줄에 남학생이 앉는 경우의 수를 구하시오.

0993 중

빈출

세 쌍의 부부가 뮤지컬 관람을 하기로 하였다. 좌석 번호가 R1부터 R6까지 일렬로 나란히 붙어 있는 티켓을 구매하였을 때, 부부끼리 서로 이웃하여 앉는 경우의 수는?

① 24   ② 48   ③ 60
④ 96   ⑤ 120

0994 중

| 서술형 |

5명의 학생 A, B, C, D, E가 3인용 소파에 3명, 2인용 소파에 2명으로 나누어 앉으려고 한다. 이때 A와 B가 서로 이웃하지 않도록 앉는 경우의 수를 구하시오.
(단, 분리된 소파에 앉는 경우는 서로 이웃하지 않는 것으로 본다.)

0995 중

다음 그림과 같이 빈 의자 9개가 일렬로 놓여 있다. 두 명의 학생이 서로 다른 의자에 앉을 때, 두 명 사이에 적어도 하나의 빈 의자가 있도록 앉는 경우의 수는?

① 48   ② 56   ③ 64
④ 72   ⑤ 80

0996 중

학평 기출

1학년 학생 2명과 2학년 학생 4명이 있다. 이 6명의 학생이 일렬로 나열된 6개의 의자에 다음 조건을 만족시키도록 모두 앉는 경우의 수는?

> (가) 1학년 학생끼리는 이웃하지 않는다.
> (나) 양 끝에 있는 의자에는 모두 2학년 학생이 앉는다.

① 96   ② 120   ③ 144
④ 168   ⑤ 192

0997 중

일렬로 나란히 붙어 있는 7개의 의자가 있다. 여학생 2명과 남학생 3명이 모두 의자에 앉을 때, 여학생이 서로 이웃하도록 앉는 경우의 수를 구하시오.
(단, 두 학생 사이에 빈 의자가 있는 경우는 서로 이웃하지 않는 것으로 본다.)

0998 중

학평 기출

그림과 같이 한 줄에 3개씩 모두 6개의 좌석이 있는 케이블카가 있다. 두 학생 A, B를 포함한 5명의 학생이 이 케이블카에 탑승하여 A, B는 같은 줄의 좌석에 앉고 나머지 세 명은 맞은편 줄의 좌석에 앉는 경우의 수는?

① 48   ② 54   ③ 60
④ 66   ⑤ 72

0999 상

할아버지, 할머니, 아버지, 어머니, 아들, 딸로 구성된 가족이 있다. 이 가족 6명이 다음 그림과 같은 6개의 좌석에 모두 앉을 때, 할아버지, 할머니가 같은 열에 이웃하여 앉고, 아버지와 어머니는 다른 열에 앉는 경우의 수는?

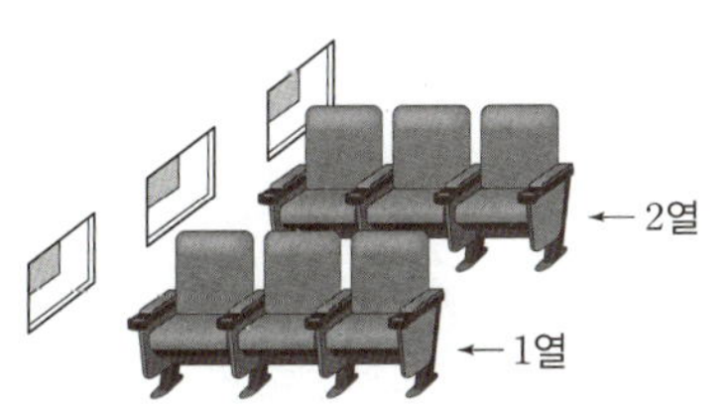

① 48   ② 60   ③ 72
④ 84   ⑤ 96

1000 (상)

1학년 학생 2명, 2학년 학생 2명, 3학년 학생 2명이 영화를 보러 갔더니 예매 좌석이 다음 그림과 같았다. 같은 학년 학생끼리 앞뒤로 앉거나 옆으로 나란히 앉는 방법의 수는?

F1	F2	F3

G1	G2	G3

① 36   ② 72   ③ 104
④ 128   ⑤ 144

1001 (상) 　〔학평 기출〕

어느 관광지에서 7명의 관광객 A, B, C, D, E, F, G가 마차를 타려고 한다. 그림과 같이 이 마차에는 4개의 2인용 의자가 있고, 마부는 가장 앞에 있는 2인용 의자의 오른쪽 좌석에 앉는다. 7명의 관광객이 다음 조건을 만족시키도록 비어 있는 7개의 좌석에 앉는 경우의 수를 구하시오.

> (가) A와 B는 같은 2인용 의자에 이웃하여 앉는다.
> (나) C와 D는 같은 2인용 의자에 이웃하여 앉지 않는다.

1002 (상)

A를 포함한 남학생 3명과 B를 포함한 여학생 2명이 5개의 나란한 의자에 앉으려고 한다. A의 양옆에 여학생이 앉거나 B의 양옆에 남학생이 앉는 경우의 수를 구하시오.

1003 (상) 　〔학평 기출〕

그림과 같이 둥근 의자 3개와 사각 의자 3개가 교대로 나열되어 있다.

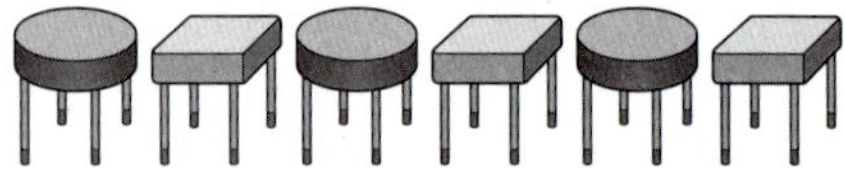

1학년 학생 2명, 2학년 학생 2명, 3학년 학생 2명이 다음 조건을 만족시키도록 이 6개의 의자에 모두 앉는 경우의 수는?

> (가) 2학년 학생은 사각 의자에만 앉는다.
> (나) 같은 학년 학생은 서로 이웃하여 앉지 않는다.

① 64   ② 72   ③ 80
④ 88   ⑤ 96

★ ★ ★ ★ 최고수준 도전 기출

1004

5개의 숫자 1, 2, 3, 4, 5 중에서 서로 다른 3개를 택하여 세 자리의 자연수를 만들려고 한다. 이때 모든 세 자리의 자연수의 총합은?

① 15540 ② 16650 ③ 17760
④ 18870 ⑤ 19980

1005

어느 은행의 본점이 있는 도시에 $2n+1$개의 지점이 있는데, 본점에서 각 지점까지의 거리는 모두 다르다. 본점에 소속된 $2n+1$명의 직원을 각 지점에 출장을 보내려고 한다. 갑은 을보다 가까운 지점으로, 을은 병보다 가까운 지점으로 보내는 경우의 수를 A라 할 때, 다음 식에서 ab의 값은? (단, a, b는 정수)

$$_{2n-1}\mathrm{P}_{n-2} + \frac{A}{(n+1)!} = \frac{(2n+a)! \times (2n^2+n+b)}{3(n+1)!}$$

① -6 ② -4 ③ -3
④ 3 ⑤ 4

1006

그림과 같이 좌석 번호가 적힌 10개의 의자가 배열되어 있다.

두 학생 A, B를 포함한 5명의 학생이 다음 규칙에 따라 10개의 의자 중에서 서로 다른 5개의 의자에 앉는 경우의 수는?

⑦ A의 좌석 번호는 24 이상이고, B의 좌석 번호는 14 이하이다.

⑧ 5명의 학생 중에서 어느 두 학생도 좌석 번호의 차가 1이 되도록 앉지 않는다.

⑨ 5명의 학생 중에서 어느 두 학생도 좌석 번호의 차가 10이 되도록 앉지 않는다.

① 54 ② 60 ③ 66
④ 72 ⑤ 78

14 조합

1 조합

☑ 필수 기출 1~5

(1) 조합의 뜻과 조합의 수

서로 다른 n개에서 순서를 생각하지 않고 $r\,(0<r\leq n)$개를 택하는 것을 n개에서 r개를 택하는

❶ 이라 한다. 이때 조합의 가짓수를 조합의 수라 하고 기호로 $_n\mathrm{C}_r$와 같이 나타낸다.

$$_n\mathrm{C}_r=\frac{_n\mathrm{P}_r}{r!}=\frac{n!}{r!(n-r)!} \ (\text{단}, \ 0\leq r\leq n)$$

(2) 조합의 수의 성질

① $_n\mathrm{C}_0=1$, $_n\mathrm{C}_n=1$

② $_n\mathrm{C}_r=_n\mathrm{C}_{n-r}$ (단, $0\leq r\leq n$)

③ $_n\mathrm{C}_r=_{n-1}\mathrm{C}_r+_{n-1}\mathrm{C}_{r-1}$ (단, $1\leq r<n$)

참고 $_n\mathrm{C}_r$에서 $r>n-r$일 때는 $_n\mathrm{C}_r=_n\mathrm{C}_{n-r}$를 이용하여 그 값을 구하면 편리하다.

기출 PICK

특정한 것을 포함하거나 포함하지 않을 때의 조합의 수

(1) 특정한 것을 포함할 때의 조합의 수

서로 다른 n개에서 특정한 k개를 포함하여 r개를 뽑는 경우의 수 ➡ $_{n-k}\mathrm{C}_{r-k}$

(2) 특정한 것을 포함하지 않을 때의 조합의 수

서로 다른 n개에서 특정한 k개를 제외하고 r개를 뽑는 경우의 수 ➡ $_{n-k}\mathrm{C}_r$

크기순으로 나열하는 경우의 수

크기순으로 나열하는 경우의 수는 배열 방법이 이미 정해져 있으므로 순열이 아닌 조합을 이용한다.

예를 들어 3개의 숫자 1, 2, 3 중에서

① 두 개를 뽑아 나열하는 경우의 수는 $_3\mathrm{P}_2$

② 두 개를 뽑아 크기가 큰 순서대로 나열하는 경우의 수는 $_3\mathrm{C}_2$

2 분할과 분배

☑ 필수 기출 5

(1) 서로 다른 n개를 p개, q개, r개$(p+q+r=n)$의 3묶음으로 나누는 경우의 수는

① p, q, r가 모두 다른 수인 경우 ➡ $_n\mathrm{C}_p\times_{n-p}\mathrm{C}_q\times_r\mathrm{C}_r$

② p, q, r 중에서 어느 두 수가 같은 경우 ➡ $_n\mathrm{C}_p\times_{n-p}\mathrm{C}_q\times_r\mathrm{C}_r\times\dfrac{1}{2!}$

③ p, q, r가 모두 같은 수인 경우 ➡ $_n\mathrm{C}_p\times_{n-p}\mathrm{C}_q\times_r\mathrm{C}_r\times\dfrac{1}{3!}$

(2) n묶음으로 나누어 n명에게 나누어 주는 경우의 수는

$$(n\text{묶음으로 나누는 경우의 수})\times n!$$

기출 PICK

대진표 작성하기

오른쪽 그림과 같은 대진표를 작성하는 경우의 수는 다음과 같은 순서로 구한다.

① 5개를 2개, 3개의 두 조로 나누는 경우의 수를 구한다.

② 3개의 조에서 부전승으로 올라갈 1개를 택하는 경우의 수를 구한다.

③ ①, ②에서 구한 경우의 수를 곱한다.

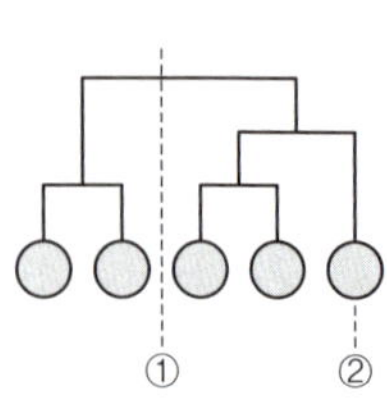

답: ❶ 조합

난이도별 **필수 기출**

1 $_nP_r$, $_nC_r$의 계산

1007 하

$_8P_2+_7C_4$의 값은?

① 89 ② 91 ③ 93
④ 95 ⑤ 97

1008 하

다음 중 옳은 것은?

① $0!=0$ ② $_7C_0=0$ ③ $_7P_7=1$
④ $_7P_6=7!$ ⑤ $_7C_2=42$

1009 하

$_nP_3 : _nP_4=1 : 5$를 만족시키는 자연수 n의 값을 구하시오.

1010 중 | 서술형 |

다음 등식을 만족시키는 자연수 n, r, k에 대하여 $n+r+k$의 값을 구하시오.

> (가) $_nC_7=_nC_5$
> (나) $_{10}C_r=_{10}C_{r-2}$
> (다) $_7C_3+_7C_4=_8C_k$

1011 중

$_6C_1+_6C_2+_7C_3+_8C_4+_9C_5+_{10}C_6$의 값은?

① 461 ② 462 ③ 463
④ 464 ⑤ 465

1012 중

등식 $3\times_{n-1}P_2+4\times_nC_2=_nP_3$을 만족시키는 자연수 n의 값을 구하시오.

다음은 $1 \leq r \leq n$일 때, 등식 $n \times {}_{n-1}\mathrm{C}_{r-1} = r \times {}_n\mathrm{C}_r$가 성립함을 증명하는 과정이다. (가), (나)에 알맞은 두 식의 합은?

$$n \times {}_{n-1}\mathrm{C}_{r-1} = n \times \frac{(n-1)!}{(r-1)! \times (\boxed{\text{(가)}})!}$$
$$= \frac{\boxed{\text{(나)}}!}{(r-1)!(\boxed{\text{(가)}})!}$$
$$= r \times \frac{\boxed{\text{(나)}}!}{r!(\boxed{\text{(가)}})!}$$
$$= r \times {}_n\mathrm{C}_r$$

① $-n$ ② $-r$ ③ $n-r$
④ $n-2r$ ⑤ $2n-r$

다음은 $1 \leq r < n$일 때, 등식 ${}_{n-1}\mathrm{P}_r + r \times {}_{n-1}\mathrm{P}_{r-1} = {}_n\mathrm{P}_r$가 성립함을 증명하는 과정이다. (가), (나), (다), (라)에 알맞은 것은?

$$_{n-1}\mathrm{P}_r + r \times {}_{n-1}\mathrm{P}_{r-1} = \frac{(n-1)!}{\boxed{\text{(가)}}} + r \times \frac{(n-1)!}{\boxed{\text{(나)}}}$$
$$= \frac{(n-1)!}{(n-r)!} \times \boxed{\text{(다)}}$$
$$= \frac{\boxed{\text{(라)}}}{(n-r)!} = {}_n\mathrm{P}_r$$
$$\therefore {}_{n-1}\mathrm{P}_r + r \times {}_{n-1}\mathrm{P}_{r-1} = {}_n\mathrm{P}_r$$

	(가)	(나)	(다)	(라)
①	$(n-r-1)!$	$(n-r)!$	n	$n!$
②	$(n-r-1)!$	$(n-r)!$	$n+1$	$(n+1)!$
③	$(n-r-1)!$	$(n-r-1)!$	n	$n!$
④	$(n-r)!$	$(n-r-1)!$	n	$n!$
⑤	$(n-r)!$	$(n-r)!$	$n+1$	$(n+1)!$

${}_n\mathrm{C}_{r-1} + 2 \times {}_n\mathrm{C}_r + {}_n\mathrm{C}_{r+1}$을 간단히 한 것은?

(단, $1 \leq r < n$)

① ${}_{n+2}\mathrm{C}_{r+2}$ ② ${}_{n+2}\mathrm{C}_{r+1}$ ③ ${}_{n+2}\mathrm{C}_r$
④ ${}_{n+1}\mathrm{C}_{r+1}$ ⑤ ${}_{n+1}\mathrm{C}_r$

부등식 ${}_{n+1}\mathrm{P}_4 - 3 \times {}_{n+1}\mathrm{P}_3 - 7 \times {}_n\mathrm{P}_2 \leq 0$을 만족시키는 모든 자연수 n의 값의 합은?

① 16   ② 18   ③ 20
④ 22   ⑤ 24

다음 등식 중 옳지 <u>않은</u> 것은? (단, $0 \leq r \leq n$)

① ${}_n\mathrm{C}_0 = {}_n\mathrm{C}_n$ ② ${}_n\mathrm{P}_r = {}_n\mathrm{C}_r \times r!$
③ ${}_{n+1}\mathrm{C}_r = {}_{n+1}\mathrm{C}_{n-r}$ ④ ${}_n\mathrm{C}_r = {}_n\mathrm{C}_{n-r}$
⑤ $n \times {}_{n-1}\mathrm{C}_{r-1} = r \times {}_n\mathrm{C}_r$ (단, $1 \leq r \leq n$)

1018 중

등식 $_{n+3}C_{n+1}=28$, $_{11}C_{r+2}=_{11}C_{3r-3}$을 만족시키는 자연수 n, r에 대하여 $n+r$의 값은?

① 5   ② 6   ③ 7
④ 8   ⑤ 9

빈출 1019 중 | 서술형 |

x에 대한 이차방정식 $5x^2+_nC_r x-2\times_nP_r=0$의 두 근이 -6, 4가 되도록 하는 자연수 n, r에 대하여 $n+r$의 값을 구하시오.

1020 상

연립방정식 $\begin{cases} _nP_r+_nC_r=140 \\ _nP_r\times_nC_r=2400 \end{cases}$ 을 만족시키는 자연수 n, r에 대하여 nr의 값은?

① 12   ② 14   ③ 16
④ 18   ⑤ 20

2   조합의 수

1021 하

어느 문화 센터에 생활 공예반 6개, 손뜨개반 4개가 개설되었다. 이 중에서 생활 공예반 2개, 손뜨개반 2개를 택하는 경우의 수는?

① 45   ② 60   ③ 75
④ 90   ⑤ 105

1022 하

크기가 서로 다른 빨간 구슬 5개와 노란 구슬 4개가 들어 있는 주머니에서 빨간 구슬 2개와 노란 구슬 1개를 동시에 꺼내는 경우의 수는?

① 28   ② 32   ③ 36
④ 40   ⑤ 44

1023 하

A 모둠 학생 6명과 B 모둠 학생 5명 중에서 3명을 뽑을 때, 3명의 학생이 모두 같은 모둠인 경우의 수는?

(단, 한 학생은 한 모둠에만 속해 있다.)

① 10   ② 20   ③ 30
④ 40   ⑤ 50

1024 〈중〉

n명의 학생 중에서 대표 3명을 선택하는 경우의 수가 455일 때, n의 값은?

① 10 ② 15 ③ 20
④ 25 ⑤ 30

1025 〈중〉

다음 중 경우의 수가 가장 큰 것은?

① 학생 6명 중에서 임원 3명을 선출하는 경우의 수
② 후보 5명 중에서 회장, 부회장을 각각 1명씩 뽑는 경우의 수
③ 남자 4명, 여자 5명 중에서 3명을 뽑을 때, 3명의 성별이 모두 같은 경우의 수
④ 서로 다른 주사위 2개를 동시에 던질 때, 나오는 눈의 수의 차가 1인 경우의 수
⑤ 남자 3명, 여자 3명이 일렬로 줄을 설 때, 남자와 여자가 교대로 서는 경우의 수

1026 〈중〉

다음 표는 세 음식점 A, B, C에서 주문할 수 있는 밥 종류의 음식과 면 종류의 음식의 가짓수를 나타낸 것이다. 세 음식점 A, B, C 중 한 곳에서 밥 종류의 음식 2가지와 면 종류의 음식 1가지를 주문하는 경우의 수는?

(단위: 가지)

	A	B	C
밥 종류	3	4	2
면 종류	2	4	5

① 35 ② 36 ③ 37
④ 38 ⑤ 39

★빈출 1027 〈중〉

어느 고등학교 야구 대회에 참가한 n개의 팀이 다른 팀과 모두 한 번씩 경기를 하였더니 전체 경기 수가 78이었다. 이때 n의 값을 구하시오.

1028 〈중〉 | 학평 기출 |

1부터 8까지의 자연수가 각각 하나씩 적혀 있는 8장의 카드 중에서 동시에 5장의 카드를 선택하려고 한다. 선택한 카드에 적혀 있는 수의 합이 짝수인 경우의 수는?

① 24 ② 28 ③ 32
④ 36 ⑤ 40

1029 〈중〉 | 서술형 |

남학생의 수와 여학생의 수가 같은 어느 동아리에서 3명을 택하는 경우의 수는 남학생 중에서 3명을 택하는 경우의 수의 12배이다. 이 동아리의 여학생 중에서 3명을 택하는 경우의 수를 구하시오.

(단, 남학생과 여학생은 각각 3명 이상 속해 있다.)

3 여러 가지 조합의 수

1030 하

7가지 무지개 색 중에서 5가지 색을 택할 때, 빨간색은 포함하지 않고 주황색과 노란색은 포함하여 택하는 경우의 수는?

① 4 　　　② 5 　　　③ 6
④ 7 　　　⑤ 8

★빈출 1031 중

여자 5명과 남자 8명으로 구성된 혼성 그룹에서 임의로 3명을 뽑아 유닛 그룹을 만들려고 할 때, 여자와 남자가 적어도 한 명씩은 포함되도록 뽑는 경우의 수를 구하시오.

1032 중

2개의 숫자 0, 1만을 사용하여 만든 12자리의 자연수 중에서 다음 조건을 만족시키는 자연수의 개수는?

> (가) 0의 개수는 4, 1의 개수는 8이다.
> (나) 0은 연속해서 나오지 않는다.

① 70 　　　② 86 　　　③ 101
④ 117 　　　⑤ 132

1033 중

합창단 단원 9명 중에서 성은이와 희근이를 포함한 5명을 뽑아 무대 위에 일렬로 줄을 세워 공연 연습을 하려고 한다. 성은이와 희근이를 서로 이웃하게 세우는 경우의 수는?

① 1540 　　　② 1680 　　　③ 1840
④ 2000 　　　⑤ 2120

★빈출 1034 중

서로 다른 종류의 노란 공 3개, 빨간 공 4개, 파란 공 3개가 있다. 이 중에서 4개의 공을 택할 때, 빨간 공이 적어도 2개 포함되는 경우의 수는?

① 110 　　　② 115 　　　③ 120
④ 125 　　　⑤ 130

1035 중

서로 다른 7가지 토핑 중에서 원하는 토핑을 3가지 이상 선택하는 피자를 주문하려고 할 때, 토핑을 선택하는 경우의 수는? (단, 하나의 토핑은 한 번만 선택할 수 있다.)

① 96 　　　② 97 　　　③ 98
④ 99 　　　⑤ 100

1036 중

| 서술형 |

남자 5명, 여자 4명 중에서 4명의 위원을 선출할 때, 남자 2명, 여자 2명을 뽑는 경우의 수를 a, 여자를 적어도 1명 뽑는 경우의 수를 b, 여자 1명, 남자 1명을 반드시 포함하는 경우의 수를 c라 하자. a, b, c의 대소를 비교하시오.

1037 중

1학년 학생 2명, 2학년 학생 3명, 3학년 학생 4명으로 이루어진 방송부가 있다. 3학년 학생 중에서 2명을 선택하여 1, 2학년 학생 5명과 함께 개인 방송 순서를 정하려고 한다. 2학년 학생 중에서 어떤 2명도 방송 순서가 서로 이웃하지 않는 경우의 수는?

① 8600　　② 8640　　③ 8680
④ 9200　　⑤ 9240

1038 중

| 학평 기출 |

$c<b<a<10$인 자연수 a, b, c에 대하여 백의 자리의 수, 십의 자리의 수, 일의 자리의 수가 각각 a, b, c인 세 자리의 자연수 중 500보다 크고 700보다 작은 모든 자연수의 개수는?

① 12　　② 14　　③ 16
④ 18　　⑤ 20

1039 중

1부터 30까지의 자연수가 각각 하나씩 적혀 있는 30장의 카드가 들어 있는 주머니에서 A, B 두 사람이 차례대로 10장씩의 카드를 뽑는다. A가 뽑은 카드에 적힌 숫자의 최솟값이 8, B가 뽑은 카드에 적힌 숫자의 최솟값이 19가 되는 경우의 수가 k^2일 때, 자연수 k의 값은?

① 80　　② 90　　③ 100
④ 110　　⑤ 120

1040 중

빈출

서로 다른 5켤레의 양말 10짝 중에서 4짝을 택할 때, 한 켤레만 짝이 맞도록 택하는 경우의 수는?

(단, 양말의 오른쪽과 왼쪽은 서로 구분한다.)

① 100　　② 110　　③ 120
④ 130　　⑤ 140

1041 중

빈출

| 서술형 |

전체 회원이 12명인 어느 동호회에서 운영진 3명을 뽑으려고 한다. 여자 회원이 적어도 1명은 포함되도록 뽑는 경우의 수가 185일 때, 여자 회원은 몇 명인지 구하시오.

1042 중

어느 학교 육상부 선수 중에서 A, B를 포함하여 4명을 뽑아 이어달리기를 할 순서를 정하는 경우의 수가 864일 때, A, B를 포함한 이 학교의 육상부 선수의 수를 구하시오.

1043 중

새로 나온 제품을 홍보하기 위해 다음 규칙에 따라 일주일 동안 하루에 한 가지 제품을 홍보하는 계획을 세우는 경우의 수는?

> (가) 3일 동안 A 제품을 홍보한다.
> (나) 2일 동안 B 제품을 홍보한다.
> (다) 2일 동안 C, D, E, F 제품 중에서 두 제품을 홍보한다.

① 1260　　② 1820　　③ 2160
④ 2520　　⑤ 2860

1044 중 〔학평 기출〕

서로 다른 네 종류의 인형이 각각 2개씩 있다. 이 8개의 인형 중에서 5개를 선택하는 경우의 수를 구하시오.
(단, 같은 종류의 인형끼리는 서로 구별하지 않는다.)

1045 상

흰 공 5개, 검은 공과 파란 공이 각각 2개씩, 빨간 공과 노란 공이 각각 1개씩 총 11개의 공이 들어 있는 주머니가 있다. 이 주머니에서 5개의 공을 동시에 꺼낼 때, 꺼낸 공의 색이 3종류인 경우의 수는?
(단, 같은 색의 공은 구별하지 않는다.)

① 11　　　② 12　　　③ 13
④ 14　　　⑤ 15

★빈출 1046 상

오른쪽 그림과 같은 8단의 계단을 한 단 또는 두 단씩 차례대로 올라갈 때, 계단을 오르는 경우의 수는?

① 34　　　② 35
③ 36　　　④ 37
⑤ 38

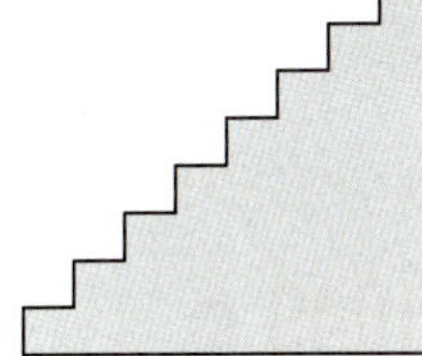

★빈출 1047 상

1부터 18까지의 18개의 자연수 중에서 서로 다른 네 수를 택할 때, 네 수의 합과 곱이 모두 3의 배수인 경우의 수는?

① 675　　② 705　　③ 735
④ 765　　⑤ 795

1048 (상)

다음 그림과 같이 가로 방향의 직선 도로 2개와 이들을
연결하는 세로 방향의 직선 도로 9개로 이루어진 도로망
이 있다. A 지점에서 출발하여 이 도로망을 따라 B 지점
까지 가는 경우 중 도중에 진행 방향을 5번 바꾸는 경우
의 수를 구하시오.

(단, 한 번 지나간 도로는 다시 지나지 않는다.)

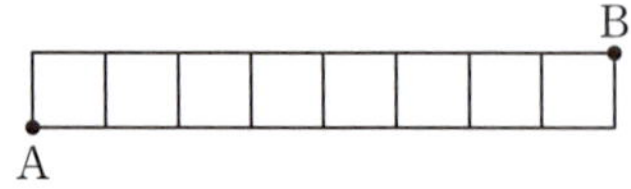

1049 (상)

그림과 같이 한 개의 정삼각형과
세 개의 정사각형으로 이루어진
도형이 있다. 숫자 1, 2, 3, 4, 5,
6 중에서 중복을 허락하여 네 개

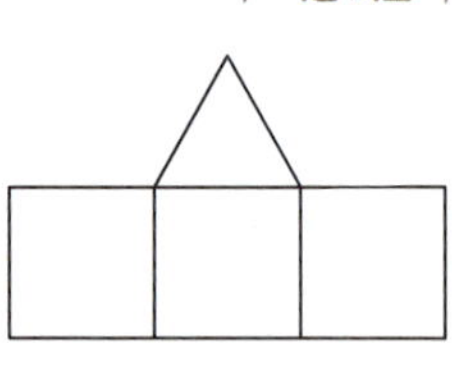

를 택해 네 개의 정다각형 내부에 하나씩 적을 때, 다음
조건을 만족시키는 경우의 수를 구하시오.

> (가) 세 개의 정사각형에 적혀 있는 수는 모두 정삼각형에
>   적혀 있는 수보다 작다.
> (나) 변을 공유하는 두 정사각형에 적혀 있는 수는 서로 다
>   르다.

1050 (하)

오른쪽 그림과 같이 원 위에 있는 8
개의 점 중에서 4개의 점을 꼭짓점으
로 하는 사각형의 개수는?

① 46   ② 52

③ 58   ④ 64

⑤ 70

1051 (하)

오른쪽 그림과 같은 팔각형에서 대각
선의 개수는?

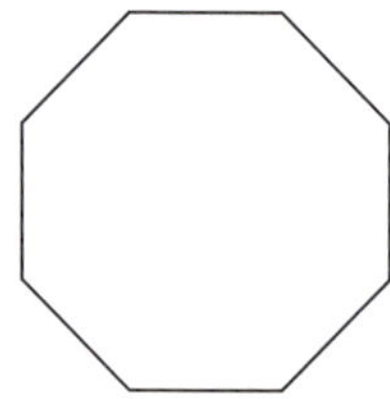

① 18   ② 20

③ 24   ④ 28

⑤ 32

⭐빈출 1052 (중)

다음 그림과 같이 5개의 평행한 직선과 7개의 평행한 직
선이 서로 만날 때, 이 직선으로 만들어지는 평행사변형
의 개수를 구하시오.

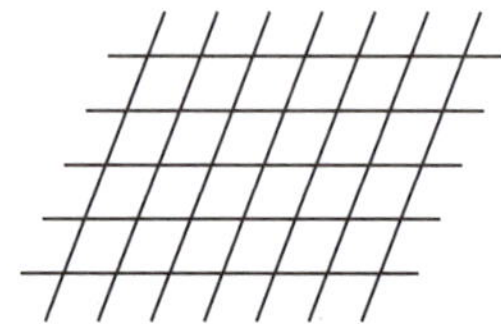

빈출 1053 (중)

오른쪽 그림과 같이 서로 평행한 두 직선 위에 15개의 점이 있을 때, 2개의 점을 연결하여 만들 수 있는 서로 다른 직선의 개수는?

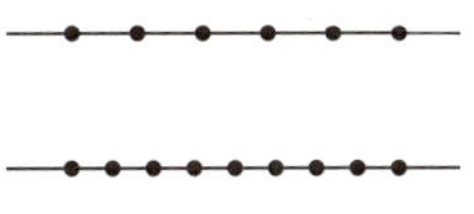

① 54 　　② 56 　　③ 58
④ 60 　　⑤ 62

1054 (중)

| 서술형 |

오른쪽 그림과 같이 각각 3개, 3개, 4개의 평행한 직선이 서로 만날 때, 이 직선으로 만들어지는 평행사변형의 개수를 구하시오.

1055 (중)

서로 평행한 n개의 직선과 만나는 서로 평행한 $(n+2)$개의 직선이 있다. 이 직선으로 만들 수 있는 평행사변형의 개수가 420일 때, n의 값을 구하시오.

빈출 1056 (중)

오른쪽 그림과 같이 정삼각형 위에 같은 간격으로 놓인 9개의 점 중에서 3개의 점을 꼭짓점으로 하는 삼각형의 개수는?

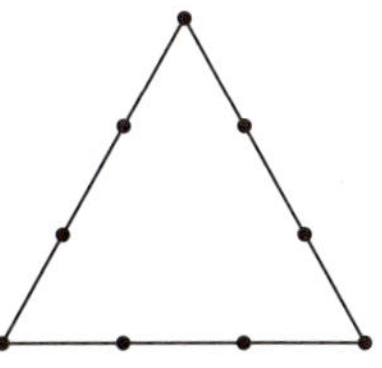

① 68 　　② 72
③ 76 　　④ 80
⑤ 84

1057 (중)

한 평면 위에 있는 서로 다른 10개의 점 중에서 한 직선 위에 n개의 점이 있고, 나머지 점은 어느 세 점도 한 직선 위에 있지 않다. 이 10개의 점으로 만들 수 있는 서로 다른 직선의 개수가 31일 때, n의 값은?

① 4 　　② 5 　　③ 6
④ 7 　　⑤ 8

1058 (중)

오른쪽 그림과 같이 정사면체의 세 모서리에 각각 6개씩 모두 18개의 점이 있다. 이 18개의 점 중에서 3개의 점을 꼭짓점으로 하는 삼각형의 개수를 구하시오.

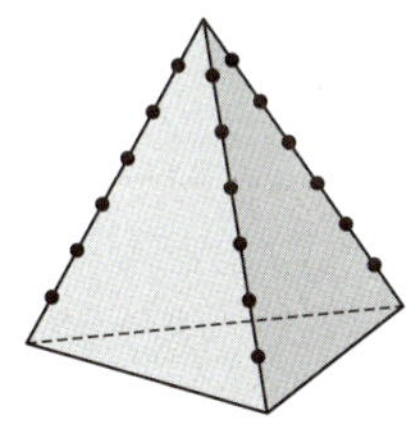

1059 중

아래 그림과 같이 한 점에서 만나는 두 직선 l과 m 위에 11개의 점이 있다. 다음을 구하시오.

(1) 11개의 점 중에서 두 점을 이어서 만들 수 있는 서로 다른 직선의 개수
(2) 11개의 점 중에서 3개의 점을 꼭짓점으로 하는 삼각형의 개수

1060 상

오른쪽 그림과 같이 사다리꼴 위에 있는 10개의 점 중에서 4개의 점을 꼭짓점으로 하는 사각형의 개수는?

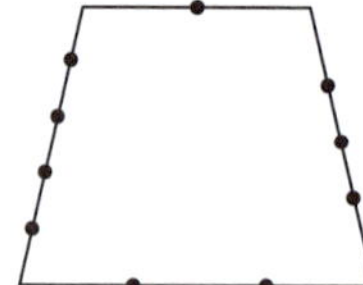

① 130 ② 142
③ 154 ④ 166
⑤ 178

1061 상

오른쪽 그림과 같이 한 변의 길이가 1인 정사각형 10개를 붙여서 만든 도형이 있다. 18개의 점 중에서 서로 다른 두 점을 이어서 만든 선분 중에서 길이가 무리수인 것의 개수는?

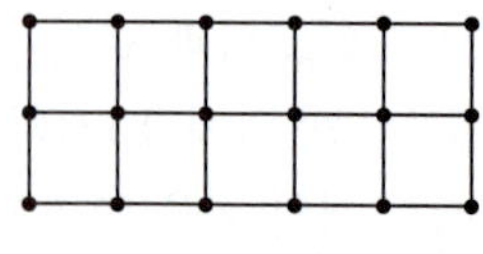

① 80 ② 85 ③ 90
④ 95 ⑤ 100

1062 상

오른쪽 그림은 합동인 24개의 정사각형을 이어 붙인 것이다. 이 그림에 있는 선들로 만들 수 있는 직사각형의 개수는?

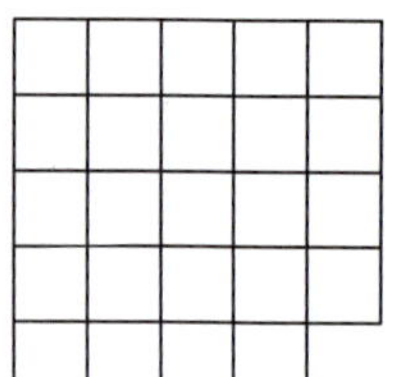

① 200 ② 205
③ 210 ④ 220
⑤ 225

5 분할과 분배

1063 중

서로 다른 6개의 구슬을 3개, 3개의 두 묶음으로 나누는 경우의 수를 a, 2개, 4개의 두 묶음으로 나누는 경우의 수를 b라 할 때, $b-a$의 값은?

① 1 ② 3 ③ 5
④ 7 ⑤ 9

1064 중

같은 종류의 우유 3개와 서로 다른 종류의 빵 3개를 5명에게 나누어 주려고 한다. 우유는 한 사람이 한 개씩만 받도록 남김없이 나누어 주고, 빵은 우유를 받지 않은 사람에게만 하나씩 나누어 주는 경우의 수는?

(단, 나누어 주고 남는 빵이 1개 있다.)

① 60 ② 70 ③ 80
④ 90 ⑤ 100

☆빈출 1065 중

7명의 학생을 3명, 2명, 2명의 3개의 조로 나누어 서로 다른 3곳에서 봉사 활동을 하는 경우의 수는?

① 105 ② 210 ③ 315
④ 505 ⑤ 630

1066 중

5명으로 이루어진 음악 동아리에서 3개의 조로 나누어 연습을 하려고 할 때, 5명을 3개의 조로 나누는 경우의 수는? (단, 한 사람은 1개의 조에만 속할 수 있으며 각 조에는 적어도 한 사람이 속해야 한다.)

① 25 ② 26 ③ 27
④ 28 ⑤ 29

1067 중

지하철에 타고 있는 5명의 사람이 3개의 역 A, B, C를 차례대로 지날 때, 5명이 2개의 역에서 모두 내리는 경우의 수는?

(단, 내리는 역에서는 적어도 한 명 이상이 내린다.)

① 30 ② 60 ③ 90
④ 120 ⑤ 150

☆빈출 1068 중 | 서술형 |

축구 대회에 참가한 6개의 팀이 다음 그림과 같은 토너먼트 방식으로 시합을 할 때, 대진표를 작성하는 경우의 수를 구하시오.

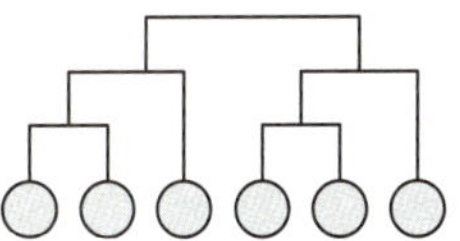

1069 중

남학생 7명, 여학생 3명을 5명씩 2개의 조로 나눌 때, 각 조에 적어도 한 명의 여학생이 포함되도록 나누는 경우의 수는?

① 81   ② 96   ③ 105
④ 111   ⑤ 126

1070 중

서로 다른 7개의 공을 똑같은 상자 3개에 빈 상자가 없도록 나누어 담는 경우의 수는?

① 297   ② 298   ③ 300
④ 301   ⑤ 302

★ 빈출
1071 중

야구 대회에 참가한 7개의 팀이 다음 그림과 같은 토너먼트 방식으로 시합을 할 때, 대진표를 작성하는 경우의 수를 구하시오.

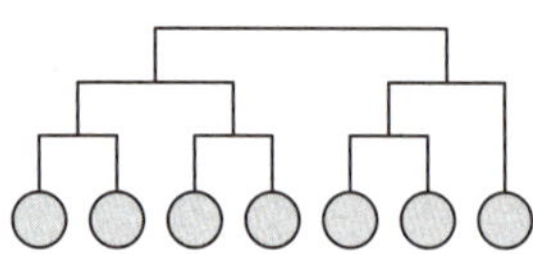

1072 상

두 학생 A, B를 포함한 8명의 학생을 2명, 3명, 3명의 3개의 조로 나눌 때, A와 B가 서로 다른 조에 속하는 경우의 수를 구하시오.

1073 상   학평 기출

다음 조건을 만족시키도록 서로 다른 5개의 바구니에 빨간색 공 3개와 파란색 공 6개를 모두 넣는 경우의 수를 구하시오. (단, 같은 색의 공은 서로 구별하지 않는다.)

(가) 각 바구니에 공은 1개 이상, 3개 이하로 넣는다.
(나) 빨간색 공은 한 바구니에 2개 이상 넣을 수 없다.

★★★★ 최고수준 도전 기출

1074

어느 학교에서는 '확률과 통계', '미적분', '기하'의 수학 과목 3개와 '물리학Ⅱ', '화학Ⅱ', '생명과학Ⅱ', '지구과학Ⅱ'의 과학 과목 4개를 선택 교육 과정으로 운영한다. 두 학생 A, B가 이 7개의 과목 중에서 다음 조건을 만족시키도록 과목을 선택하려고 한다.

> - A, B는 각자 1개 이상의 수학 과목을 포함한 3개의 과목을 선택한다.
> - A가 선택하는 3개의 과목과 B가 선택하는 3개의 과목 중에서 서로 일치하는 과목의 개수는 1이다.

다음은 A, B가 과목을 선택하는 경우의 수를 구하는 과정이다.

> A, B가 선택하는 과목 중에서 서로 일치하는 과목이 수학 과목인 경우와 과학 과목인 경우로 나누어 구할 수 있다.
>
> (ⅰ) 서로 일치하는 과목이 수학 과목일 때
> 3개의 수학 과목 중에서 1개를 선택하는 경우의 수는
> $_3C_1=3$
> 위의 각 경우에 대하여 나머지 6개의 과목 중에서 A가 2개를 선택하고, 나머지 4개의 과목 중에서 B가 2개를 선택하는 경우의 수는 (가)
> 이때의 경우의 수는 $3 \times$ (가)
>
> (ⅱ) 서로 일치하는 과목이 과학 과목일 때
> 4개의 과학 과목 중에서 1개를 선택하는 경우의 수는
> $_4C_1=4$
> 위의 각 경우에 대하여 나머지 6개의 과목 중에서 A, B는 수학 과목을 1개 이상 선택해야 하므로 다음 두 가지 경우로 나눌 수 있다.
> (ⅱ-1) A, B 모두 수학 과목 1개와 과학 과목 1개를 선택하는 경우의 수는 $(_3C_1 \times _3C_1) \times (_2C_1 \times _2C_1)=36$
> (ⅱ-2) A, B 중 한 명은 수학 과목 2개를 선택하고, 다른 한 명은 수학 과목 1개와 과학 과목 1개를 선택하는 경우의 수는 (나)
> 이때의 경우의 수는 $4 \times (36+$ (나) $)$
>
> (ⅰ), (ⅱ)에 의하여 구하는 경우의 수는
> $3 \times$ (가) $+4 \times (36+$ (나) $)$이다.

위의 (가), (나)에 알맞은 수를 각각 p, q라 할 때, $p+q$의 값은?

① 102 ② 108 ③ 114
④ 120 ⑤ 126

1075

A, B, C, D 네 학생이 서로 다른 네 종류의 아이스크림을 판매하는 매점에 가서 아이스크림을 구매하려고 한다. 매점의 아이스크림이 종류별로 세 개씩 총 12개 있을 때, 다음 조건을 만족시키도록 구매하는 경우의 수를 구하시오.
(단, 같은 종류의 아이스크림끼리는 구별하지 않는다.)

> (가) 각 학생은 서로 다른 두 종류의 아이스크림을 각각 1개씩 구매한다.
> (나) A, B 두 학생은 같은 종류의 아이스크림을 적어도 1개 구매한다.

1076

어느 건축 설계사가 단면이 아래 그림과 같은 계단을 설계하려고 한다. $\overline{AC}=3(m)$, $\overline{BC}=7(m)$일 때, 다음 조건을 만족시키도록 계단을 설계하는 경우의 수를 구하시오.

> (가) 각 단의 높이는 모두 30 cm이다.
> (나) 각 단의 폭은 50의 배수(cm)이다.
> (다) 첫 번째 단과 마지막 단의 폭은 각각 100 cm 이상 200 cm 미만이다.

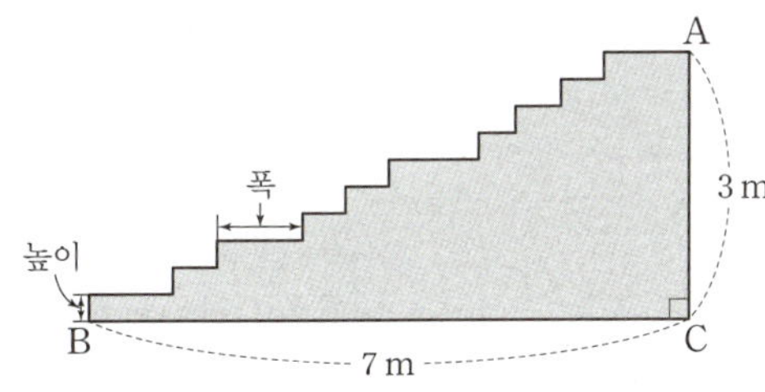

15 행렬의 연산

1 행렬의 뜻
☑ 필수 기출 1

(1) 행렬

① 행렬: 여러 개의 수나 문자를 직사각형 모양으로 배열하여 괄호로 묶어 나타낸 것

② 성분: 행렬을 구성하고 있는 각각의 수나 문자

③ 행: 행렬의 성분을 가로로 배열한 줄

④  : 행렬의 성분을 세로로 배열한 줄

⑤ $m \times n$ 행렬: m개의 행과 n개의 열로 이루어진 행렬

⑥ 정사각행렬: 행의 개수와 열의 개수가 서로 같은 행렬

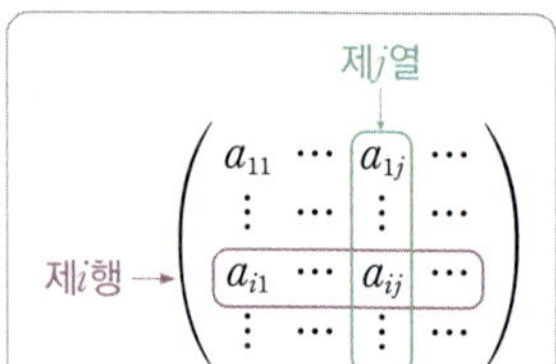

(2) 행렬의 성분

행렬 A의 제i행과 제j열이 만나는 위치에 있는 성분을 행렬 A의
(i, j) 성분이라 하고, 기호로 a_{ij}와 같이 나타낸다.
이때 행렬 A를 간단히 $A = (a_{ij})$로 나타낼 수 있다.

$$\begin{pmatrix} a_{11} & \cdots & a_{1j} & \cdots \\ \vdots & \cdots & \vdots & \cdots \\ a_{i1} & \cdots & a_{ij} & \cdots \\ \vdots & \cdots & \vdots & \cdots \end{pmatrix}$$

제j열 / 제i행

(3) 서로 같은 행렬

두 행렬 A, B가 같은 꼴이고 대응하는 성분이 각각 같을 때, 두 행렬
A, B는 서로 같다고 하고, 기호로 $A = B$와 같이 나타낸다.

두 행렬 $A = \begin{pmatrix} a_{11} & a_{12} \\ a_{21} & a_{22} \end{pmatrix}$, $B = \begin{pmatrix} b_{11} & b_{12} \\ b_{21} & b_{22} \end{pmatrix}$에 대하여 $A = B$이면

$$a_{11} = b_{11},\ a_{12} = b_{12},\ a_{21} = b_{21},\ a_{22} = \boxed{2}$$

2 행렬의 덧셈과 뺄셈, 실수배
☑ 필수 기출 2, 7

(1) 행렬의 덧셈과 뺄셈, 실수배

두 행렬 $A = \begin{pmatrix} a_{11} & a_{12} \\ a_{21} & a_{22} \end{pmatrix}$, $B = \begin{pmatrix} b_{11} & b_{12} \\ b_{21} & b_{22} \end{pmatrix}$와 실수 k에 대하여

$$A + B = \begin{pmatrix} a_{11}+b_{11} & a_{12}+b_{12} \\ a_{21}+b_{21} & a_{22}+b_{22} \end{pmatrix},\ A - B = \begin{pmatrix} a_{11}-b_{11} & a_{12}-b_{12} \\ a_{21}-b_{21} & a_{22}-b_{22} \end{pmatrix},\ kA = \begin{pmatrix} ka_{11} & ka_{12} \\ ka_{21} & ka_{22} \end{pmatrix}$$

(2) 행렬의 덧셈, 실수배에 대한 성질

같은 꼴의 세 행렬 A, B, C와 실수 k, l에 대하여

① $A + B = B + A$

② $(A + B) + C = A + (B + C)$

③ $(kl)A = k(lA) = l(kA)$

④ $(k + l)A = kA + lA$, $k(A + B) = kA + kB$

(3) 영행렬

① $(0\ \ 0)$, $\begin{pmatrix} 0 \\ 0 \end{pmatrix}$, $\begin{pmatrix} 0 & 0 \\ 0 & 0 \end{pmatrix}$, $\begin{pmatrix} 0 & 0 & 0 \\ 0 & 0 & 0 \end{pmatrix}$과 같이 행렬의 성분이 모두 0인 행렬을 영행렬이라 하고,
기호 O로 나타낸다.

② 같은 꼴의 행렬 A와 영행렬 O에 대하여
$$A + O = A,\ A - O = A,\ A - A = O$$

답: ❶ 열 ❷ b_{22}

(1) 행렬의 곱셈

① $(a \ b)\begin{pmatrix} x \\ y \end{pmatrix} = (ax+by)$

② $(a \ b)\begin{pmatrix} x & y \\ z & w \end{pmatrix} = (ax+bz \ \ ay+bw)$

③ $\begin{pmatrix} a \\ b \end{pmatrix}(x \ y) = \begin{pmatrix} ax & ay \\ bx & by \end{pmatrix}$

④ $\begin{pmatrix} a & b \\ c & d \end{pmatrix}\begin{pmatrix} x \\ y \end{pmatrix} = \begin{pmatrix} ax+by \\ \boxed{\textbf{3}} \end{pmatrix}$

⑤ $\begin{pmatrix} a & b \\ c & d \end{pmatrix}\begin{pmatrix} x & y \\ z & w \end{pmatrix} = \begin{pmatrix} ax+bz & ay+bw \\ cx+dz & cy+dw \end{pmatrix}$

(2) 행렬의 거듭제곱

정사각행렬 A와 자연수 m, n에 대하여

① $AA=A^2, \ A^2A=A^3, \ A^3A=A^4, \ \cdots, \ A^nA=A^{n+1}$

② $A^mA^n=A^{m+n}, \ (A^m)^n=A^{\boxed{\textbf{4}}}$

(3) 행렬의 곱셈에 대한 성질

합과 곱이 정의되는 세 행렬 A, B, C에 대하여

① 일반적으로 곱셈에 대한 교환법칙이 성립하지 않는다. 즉, $AB \neq BA$이다.

② $(AB)C=A(BC)$

③ $A(B+C)=AB+AC, \ (A+B)C=AC+BC$

④ $k(AB)=(kA)B=A(kB)$ (단, k는 실수)

> ✎ **기출 PICK**
>
> **행렬의 곱셈에서 주의해야 할 연산**
>
> ⑴ $AB \neq BA$
>
>   ① $(AB)^2 \neq A^2B^2 \ \Rightarrow \ (AB)^2=ABAB$
>
>   ② $(A+B)^2 \neq A^2+2AB+B^2 \ \Rightarrow \ (A+B)^2=A^2+AB+BA+B^2$
>
>   ③ $(A-B)^2 \neq A^2-2AB+B^2 \ \Rightarrow \ (A-B)^2=A^2-AB-BA+B^2$
>
>   ④ $(A+B)(A-B) \neq A^2-B^2 \ \Rightarrow \ (A+B)(A-B)=A^2-AB+BA-B^2$
>
> ⑵ $AB=O$이면 $A=O$ 또는 $B=O$는 일반적으로 성립하지 않는다.
>
>   즉, $A \neq O, B \neq O$이지만 $AB=O$인 행렬 A, B가 존재한다.
>
> ⑶ $A \neq O$일 때, $AB=AC$이면 $B=C$는 일반적으로 성립하지 않는다.
>
>   즉, $A \neq O$일 때, $AB=AC$이지만 $B \neq C$인 행렬 B, C가 존재한다.

(1) 단위행렬

$(1), \begin{pmatrix} 1 & 0 \\ 0 & 1 \end{pmatrix}, \begin{pmatrix} 1 & 0 & 0 \\ 0 & 1 & 0 \\ 0 & 0 & 1 \end{pmatrix}$과 같이 왼쪽 위에서 오른쪽 아래로 내려가는 대각선 위의 성분이 모두

$\boxed{\textbf{5}}$ 이고, 그 외 나머지 성분이 모두 0인 정사각행렬을 단위행렬이라 하고, 기호 E로 나타낸다.

(2) 임의의 n차 정사각행렬 A와 n차 단위행렬 E에 대하여 $AE=EA=A$

(3) 단위행렬의 거듭제곱

단위행렬 E와 자연수 n에 대하여 $E^n=E$

참고 케일리–해밀턴 정리

    세 행렬 $A=\begin{pmatrix} a & b \\ c & d \end{pmatrix}, \ E=\begin{pmatrix} 1 & 0 \\ 0 & 1 \end{pmatrix}, \ O=\begin{pmatrix} 0 & 0 \\ 0 & 0 \end{pmatrix}$에 대하여 $A^2-(a+d)A+(ad-bc)E=O$가 성립한다.

답: **3** $cx+dy$ **4** mn **5** 1

난이도별 필수 기출

1 행렬의 뜻과 성분

1077 하

다음 표는 어느 회사원의 3월, 4월, 5월의 휴대 전화 사용량을 나타낸 것이다.

	데이터(GB)	통화량(분)	문자(건)
3월	6	250	80
4월	4	420	115
5월	5	510	49

이를 행렬로 나타내면 $\begin{pmatrix} 6 & 250 & a \\ 4 & b & 115 \\ 5 & 510 & c \end{pmatrix}$일 때, 다음 중 c 가 나타내는 것은?

① 3월에 사용한 문자(건)
② 4월에 사용한 데이터(GB)
③ 4월의 통화량(분)
④ 5월에 사용한 데이터(GB)
⑤ 5월에 사용한 문자(건)

1078 하 빈출

등식 $\begin{pmatrix} 1 & 3x-5 \\ -3 & 6 \end{pmatrix} = \begin{pmatrix} 1 & -2 \\ y-2 & 6 \end{pmatrix}$을 만족시키는 실수 x, y에 대하여 $x+y$의 값을 구하시오.

1079 하

행렬 $A = \begin{pmatrix} 1 & 3 & -1 \\ 1 & -2 & 2 \\ 2 & -1 & 4 \end{pmatrix}$에서 $A = (a_{ij})$일 때, 다음 중 옳은 것은?

① 행렬 A는 3×2 행렬이다.
② 제2행의 모든 성분의 합은 0이다.
③ $i+j=4$를 만족시키는 모든 성분의 합은 0이다.
④ $j=3$인 모든 성분의 합은 5이다.
⑤ $i<j$인 모든 성분의 합은 5이다.

1080 하 빈출

2×3 행렬 A의 (i, j) 성분 a_{ij}가 $a_{ij} = i^2 + j^2 - ij$일 때, 행렬 A는?

① $\begin{pmatrix} 1 & 1 & 9 \\ 4 & 4 & 4 \end{pmatrix}$ ② $\begin{pmatrix} 1 & 2 & 3 \\ 2 & 3 & 4 \end{pmatrix}$ ③ $\begin{pmatrix} 1 & 3 & 6 \\ 3 & 4 & 6 \end{pmatrix}$

④ $\begin{pmatrix} 1 & 3 & 7 \\ 3 & 4 & 7 \end{pmatrix}$ ⑤ $\begin{pmatrix} 1 & 4 & 2 \\ 1 & 4 & 4 \end{pmatrix}$

1081 중 빈출

학평 기출

이차정사각행렬 A의 (i, j) 성분 a_{ij}를

$$a_{ij} = \begin{cases} 3i+j & (i가 \ 홀수일 \ 때) \\ 3i-j & (i가 \ 짝수일 \ 때) \end{cases}$$

로 정의하자. 이때 행렬 A의 모든 성분의 합은?

① 12　　② 15　　③ 18
④ 21　　⑤ 24

1082 중

학평 기출

번호가 부여된 4개의 키워드와 이 키워드 중 일부를 포함하고 있는 4권의 책이 다음 표와 같다.

번호	키워드
1	기초
2	수학
3	심화
4	이론

책 번호	포함하고 있는 키워드
1	기초, 이론
2	기초, 수학, 이론
3	심화
4	수학, 심화

행렬 A의 (i, j) 성분 a_{ij}를

$$a_{ij}=\begin{cases} 1 & (i\text{번 책이 }j\text{번 키워드를 포함한다.}) \\ 0 & (i\text{번 책이 }j\text{번 키워드를 포함하지 않는다.}) \end{cases}$$

$$(i=1, 2, 3, 4, \; j=1, 2, 3, 4)$$

로 정의하자. 행렬 A는?

① $\begin{pmatrix} 1 & 0 & 0 & 1 \\ 1 & 1 & 0 & 1 \\ 0 & 0 & 1 & 0 \\ 0 & 1 & 1 & 0 \end{pmatrix}$ ② $\begin{pmatrix} 0 & 1 & 1 & 0 \\ 1 & 0 & 1 & 0 \\ 1 & 1 & 0 & 1 \\ 1 & 0 & 0 & 1 \end{pmatrix}$

③ $\begin{pmatrix} 1 & 0 & 0 & 1 \\ 0 & 1 & 1 & 0 \\ 0 & 0 & 1 & 0 \\ 1 & 1 & 0 & 1 \end{pmatrix}$ ④ $\begin{pmatrix} 0 & 0 & 1 & 1 \\ 1 & 0 & 1 & 0 \\ 1 & 0 & 0 & 0 \\ 0 & 1 & 1 & 1 \end{pmatrix}$

⑤ $\begin{pmatrix} 1 & 0 & 0 & 0 \\ 1 & 1 & 0 & 1 \\ 0 & 1 & 1 & 1 \\ 1 & 1 & 0 & 0 \end{pmatrix}$

1083 중

| 서술형 |

두 행렬 $A=\begin{pmatrix} 4+a\sqrt{3} & -2 \\ 4 & b\sqrt{3} \end{pmatrix}$, $B=\begin{pmatrix} c-\sqrt{3} & -2 \\ b^2 & d+2\sqrt{3} \end{pmatrix}$

에 대하여 $A=B$일 때, 유리수 a, b, c, d에 대하여 $a-b+c-d$의 값을 구하시오.

1084 중

삼차정사각행렬 A의 (i, j) 성분 a_{ij}가

$$a_{ij}=\begin{cases} 1 & (i=j) \\ pi+qj-2 & (i\neq j) \end{cases}$$

일 때, $A=\begin{pmatrix} 1 & 5 & 7 \\ 6 & 1 & 10 \\ 9 & 11 & 1 \end{pmatrix}$이다. 이때 실수 p, q에 대하여 $p+q$의 값을 구하시오.

★빈출
1085 중

학평 기출

두 행렬 $A=\begin{pmatrix} 1-x & x+y \\ -1 & xy \end{pmatrix}$, $B=\begin{pmatrix} y-2 & xy+1 \\ -1 & 4-xy \end{pmatrix}$에 대하여 $A=B$일 때, x^3+y^3의 값은?

① 7   ② 8   ③ 9
④ 10   ⑤ 11

1086 중

이차정사각행렬 A의 (i, j) 성분 a_{ij}가

$$a_{ij}=(3i+4j+1\text{의 약수의 개수})$$

일 때, 행렬 A는?

① $\begin{pmatrix} 2 & 4 \\ 2 & 4 \end{pmatrix}$ ② $\begin{pmatrix} 2 & 6 \\ 1 & 4 \end{pmatrix}$ ③ $\begin{pmatrix} 3 & 2 \\ 1 & 2 \end{pmatrix}$

④ $\begin{pmatrix} 4 & 2 \\ 6 & 4 \end{pmatrix}$ ⑤ $\begin{pmatrix} 4 & 6 \\ 2 & 4 \end{pmatrix}$

1087 중

두 이차정사각행렬 A, B의 (i, j) 성분을 각각 a_{ij}, b_{ij}라 할 때,

$$a_{ij}=pi+qj,\ b_{ij}=\begin{cases} 3^i-i & (i+j\text{가 홀수}) \\ 3j & (i+j\text{가 짝수}) \end{cases}$$

이다. $A=B$일 때, 상수 p, q에 대하여 pq의 값은?

① -4 ② -2 ③ 2
④ 4 ⑤ 6

빈출
1088 중

2×3 행렬 A의 (i, j) 성분 a_{ij}가 $a_{ij}=2i(j-i)$일 때, 3×2 행렬 B의 (i, j) 성분 b_{ij}는 $b_{ij}=2a_{ji}$를 만족시킨다. 이때 행렬 B는?

① $\begin{pmatrix} 0 & -6 \\ -8 & 0 \\ 0 & 4 \end{pmatrix}$ ② $\begin{pmatrix} 0 & -8 \\ -4 & 0 \\ 0 & 8 \end{pmatrix}$ ③ $\begin{pmatrix} 0 & -8 \\ 4 & 0 \\ 8 & 8 \end{pmatrix}$

④ $\begin{pmatrix} 0 & 4 \\ 4 & 0 \\ 0 & 4 \end{pmatrix}$ ⑤ $\begin{pmatrix} 0 & 8 \\ 4 & 0 \\ 0 & -8 \end{pmatrix}$

1089 중

두 행렬 $A=\begin{pmatrix} x+y & 2 \\ 5 & y+z \end{pmatrix}$, $B=\begin{pmatrix} -1 & 2 \\ x+z & -2 \end{pmatrix}$에 대하여 $A=B$일 때, 실수 x, y, z에 대하여 xyz의 값은?

① -36 ② -24 ③ -12
④ 0 ⑤ 12

1090 중

행렬 $\begin{pmatrix} a & 3e & -d \\ 9 & b & d \\ f & -e & c \end{pmatrix}$의 (i, j) 성분을 a_{ij}라 하자.

$a_{ij}=-a_{ji}$를 만족시킬 때, $abc-def$의 값을 구하시오.

(단, a, b, c, d, e, f는 실수)

1091 중

어느 도시의 세 지점 1, 2, 3에 대하여 행렬 A의 (i, j) 성분 a_{ij}는 i 지점에서 j 지점으로 직접 가는 도로의 수를 나타낸 것이다. $A=\begin{pmatrix} 1 & 0 & 0 \\ 1 & 0 & 2 \\ 1 & 0 & 1 \end{pmatrix}$일 때, 다음 중 세 지점 1, 2, 3의 도로의 연결 상태를 바르게 나타낸 것은? (단, 지점 사이의 도로는 화살표 방향으로만 지나갈 수 있다.)

① 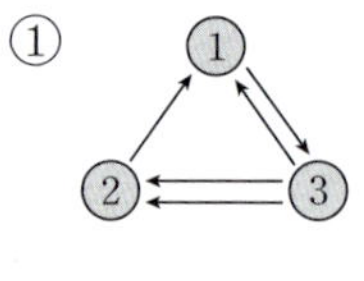 ② 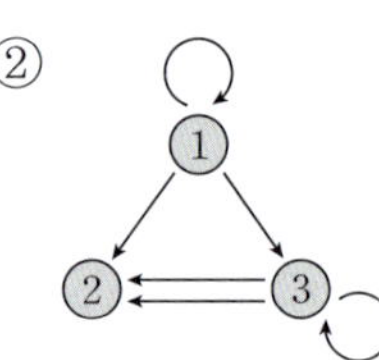 ③ 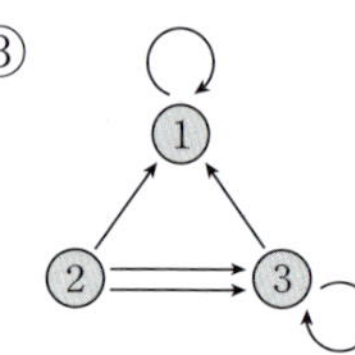

④ 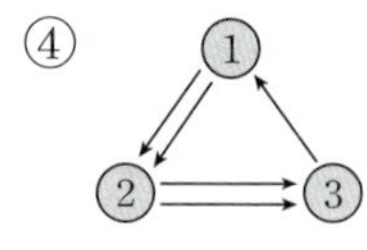 ⑤ 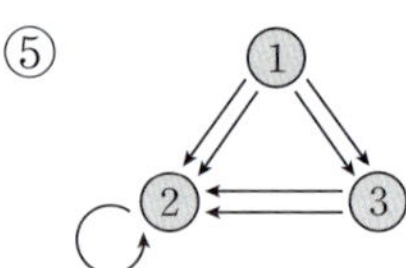

1092 중

| 서술형 |

다항식 $f(x)=x^3+ix^2-jx+1$에 대하여 행렬 A의 (i, j) 성분 a_{ij}가 $a_{ij}=(f(x)$를 $x-j$로 나누었을 때의 나머지)일 때, 행렬 A의 모든 성분의 합을 구하시오.

(단, $i=1, 2, j=1, 2$)

1093 상

이차정사각행렬 A의 (i, j) 성분 a_{ij}를 이차함수 $y=x^2-2(i+j)x+9$의 그래프와 x축이 만나는 점의 개수로 정의할 때, 행렬 A는?

① $\begin{pmatrix} 0 & 1 \\ 1 & 1 \end{pmatrix}$ ② $\begin{pmatrix} 0 & 1 \\ 1 & 2 \end{pmatrix}$ ③ $\begin{pmatrix} 0 & 2 \\ 2 & 1 \end{pmatrix}$

④ $\begin{pmatrix} 1 & 0 \\ 0 & 2 \end{pmatrix}$ ⑤ $\begin{pmatrix} 1 & 2 \\ 1 & 0 \end{pmatrix}$

1094 상

1번 주머니에는 숫자 1, 2, 3, 4, 5가 각각 하나씩 적힌 카드가 5장 들어 있고, 2번 주머니에는 숫자 0, 1, 2, 3, 4, 5가 각각 하나씩 적힌 카드가 6장 들어 있다. i번 주머니에서 서로 다른 카드 3장을 동시에 뽑아 일렬로 배열하여 만들 수 있는 세 자리의 자연수 중 j의 배수의 개수를 행렬 A의 (i, j) 성분 a_{ij}로 정의할 때, 행렬 A의 모든 성분의 합을 구하시오. (단, $i=1$, 2, $j=1$, 2이고, 1의 배수는 모든 자연수로 생각한다.)

1095 상

3×3 행렬 A의 각 성분은 1을 제외한 2부터 9까지의 자연수 중 하나일 때, 다음 조건을 만족시키는 행렬 A의 개수를 구하시오.

> (가) 제1행의 모든 성분의 곱은 30이다.
> (나) 제2열의 모든 성분의 곱은 27이다.
> (다) 제3행의 모든 성분의 곱은 48이다.

---

2 행렬의 덧셈과 뺄셈, 실수배

1096 하

두 행렬 $A=\begin{pmatrix} 1 & 2 \\ 1 & 0 \end{pmatrix}$, $B=\begin{pmatrix} 0 & 1 \\ 3 & 2 \end{pmatrix}$에 대하여 행렬 $A+2B$의 $(1, 2)$ 성분은?

① 1 ② 2 ③ 3
④ 4 ⑤ 5

1097 하

두 행렬 $A=\begin{pmatrix} 2 & 0 \\ 1 & 0 \end{pmatrix}$, $B=\begin{pmatrix} a & 0 \\ 2 & -3 \end{pmatrix}$에 대하여 행렬 $A+B$의 모든 성분의 합이 6일 때, a의 값은?

① 1 ② 2 ③ 3
④ 4 ⑤ 5

1098 하

등식 $2\begin{pmatrix} a & 1 \\ 5 & b \end{pmatrix}-3\begin{pmatrix} -2 & a \\ b & 5 \end{pmatrix}=\begin{pmatrix} 4 & 5 \\ -2 & -7 \end{pmatrix}$을 만족시키는 실수 a, b에 대하여 a^2+b^2의 값을 구하시오.

1099 하

$A=\begin{pmatrix} 2 & 0 \\ 0 & -1 \end{pmatrix}$, $2A+B=\begin{pmatrix} 5 & 2 \\ 3 & -1 \end{pmatrix}$일 때, 행렬 B는?

① $\begin{pmatrix} 1 & 2 \\ 3 & 1 \end{pmatrix}$ 　② $\begin{pmatrix} 1 & 2 \\ 3 & 2 \end{pmatrix}$ 　③ $\begin{pmatrix} 2 & 2 \\ 3 & 1 \end{pmatrix}$

④ $\begin{pmatrix} 1 & 2 \\ 3 & 3 \end{pmatrix}$ 　⑤ $\begin{pmatrix} 3 & 2 \\ 3 & 1 \end{pmatrix}$

1100 하

두 행렬 $P=\begin{pmatrix} 3 & 0 \\ 2 & 1 \end{pmatrix}$, $Q=\begin{pmatrix} 1 & -1 \\ 0 & 2 \end{pmatrix}$에 대하여 행렬 $2\left(P-\dfrac{1}{2}Q\right)-(P-3Q)$는?

① $\begin{pmatrix} -2 & 0 \\ 0 & 2 \end{pmatrix}$ 　② $\begin{pmatrix} 5 & -2 \\ -2 & 5 \end{pmatrix}$ 　③ $\begin{pmatrix} 5 & 1 \\ -1 & 5 \end{pmatrix}$

④ $\begin{pmatrix} 5 & 2 \\ -2 & 5 \end{pmatrix}$ 　⑤ $\begin{pmatrix} 5 & -2 \\ 2 & 5 \end{pmatrix}$

1101 중

삼차정사각행렬 A의 모든 성분의 합이 30일 때, $2(X-2A)=4X+3(A-4X)$를 만족시키는 행렬 X의 모든 성분의 합을 구하시오.

1102 중

두 행렬 $A=\begin{pmatrix} 1 & 2 \\ 0 & -1 \end{pmatrix}$, $B=\begin{pmatrix} 4 & 3 \\ -2 & 6 \end{pmatrix}$에 대하여 $2X-3A=3(X-B)+A$를 만족시키는 행렬 X의 모든 성분의 합을 구하시오.

두 행렬 A, B에 대하여
$$A+B=\begin{pmatrix} -3 & 4 \\ 2 & 3 \end{pmatrix}, \quad A-2B=\begin{pmatrix} -2 & 3 \\ 1 & 4 \end{pmatrix}$$
일 때, 행렬 $A-B$의 모든 성분의 합은?

① 5 　② 6 　③ 7

④ 8 　⑤ 9

1104 중

세 행렬 $A=\begin{pmatrix} 5 & -1 \\ 1 & 2 \end{pmatrix}$, $B=\begin{pmatrix} 4 & 5 \\ 1 & 3 \end{pmatrix}$, $C=\begin{pmatrix} -1 & 6 \\ 0 & 1 \end{pmatrix}$에 대하여 $xA+yB=C$일 때, 실수 x, y에 대하여 xy의 값은?

① -1 　② 0 　③ 1

④ 2 　⑤ 3

1105 중 | 서술형 |

두 행렬 $A=\begin{pmatrix} 1 & 0 \\ -1 & 2 \end{pmatrix}$, $B=\begin{pmatrix} 3 & 0 \\ -1 & 2 \end{pmatrix}$와 두 행렬 X, Y가

$$X+Y=A-2B, \quad X-Y=2A+B$$

를 만족시킨다. 행렬 X의 성분 중 그 값이 가장 큰 것을 M, 행렬 Y의 성분 중 그 값이 가장 작은 것을 m이라 할 때, $M-m$의 값을 구하시오.

1106 중

세 행렬 $A=\begin{pmatrix} 2 & 1 \\ 0 & 1 \end{pmatrix}$, $B=\begin{pmatrix} 3 & a \\ 2 & -4 \end{pmatrix}$, $C=\begin{pmatrix} -1 & 2 \\ 2 & b \end{pmatrix}$가 실수 x, y에 대하여 $xA+yB=C$를 만족시킬 때, 실수 a, b에 대하여 $a-b$의 값을 구하시오.

1107 상 학평 기출

두 이차정사각행렬 A, B에 대하여 행렬 A의 (i, j) 성분 a_{ij}와 행렬 B의 (i, j) 성분 b_{ij}가 각각 $a_{ij}=a_{ji}$, $b_{ij}=-b_{ji}$를 만족시킨다. $A+B=\begin{pmatrix} 8 & 15 \\ -1 & 7 \end{pmatrix}$일 때, $a_{21}+a_{22}$의 값을 구하시오.

3 행렬의 곱셈

1108 하

세 행렬 $A=\begin{pmatrix} 4 \\ 8 \end{pmatrix}$, $B=\begin{pmatrix} 2 & 0 \\ 1 & 1 \end{pmatrix}$, $C=(3 \quad 6)$에 대하여 보기에서 그 곱이 정의되는 것만을 있는 대로 고른 것은?

> | 보기 |
> ㄱ. AB ㄴ. BA ㄷ. BC
> ㄹ. CA ㅁ. CB ㅂ. CC

① ㄱ, ㄷ   ② ㄴ, ㄹ   ③ ㅁ, ㅂ
④ ㄱ, ㄷ, ㄹ   ⑤ ㄴ, ㄹ, ㅁ

1109 하 학평 기출

세 행렬 $A=\begin{pmatrix} 1 & 4 \\ 5 & 1 \end{pmatrix}$, $B=\begin{pmatrix} 0 & 2 \\ 2 & 0 \end{pmatrix}$, $C=\begin{pmatrix} 3 \\ 3 \end{pmatrix}$에 대하여 행렬 $(A-B)C$의 모든 성분의 합을 구하시오.

1110 하 빈출 학평 기출

두 행렬 $A=\begin{pmatrix} 1 & -1 \\ 1 & -1 \end{pmatrix}$, $B=\begin{pmatrix} 0 & 1 \\ 1 & 0 \end{pmatrix}$에 대하여 $X+AB=B$를 만족시키는 행렬 X의 모든 성분의 합은?

① 1   ② 2   ③ 3
④ 4   ⑤ 5

두 행렬 $A = \begin{pmatrix} 1 & 2 \\ 3 & x \end{pmatrix}$, $B = \begin{pmatrix} y & -2 \\ -3 & 1 \end{pmatrix}$에 대하여

$AB = O$일 때, 실수 x, y에 대하여 xy의 값을 구하시오.
(단, O는 영행렬)

1112 ⓒ ★빈출

두 체육 용품 가게 A, B에서 판매된 축구공과 축구화의 판매가는 다음 [표 1]과 같고, [표 2]는 지난 4월과 5월에 가게 A에서 판매된 축구공과 축구화의 수량을 나타낸 것이다.

<table>
<tr><td></td><td colspan="2">(단위: 원)</td><td></td><td colspan="2">(단위: 개)</td></tr>
<tr><td></td><td>A</td><td>B</td><td></td><td>축구공</td><td>축구화</td></tr>
<tr><td>축구공</td><td>23000</td><td>28000</td><td>4월</td><td>37</td><td>47</td></tr>
<tr><td>축구화</td><td>56000</td><td>72000</td><td>5월</td><td>59</td><td>65</td></tr>
<tr><td></td><td colspan="2">[표 1]</td><td></td><td colspan="2">[표 2]</td></tr>
</table>

이때 두 행렬 X, Y를 $X = \begin{pmatrix} 23000 & 28000 \\ 56000 & 72000 \end{pmatrix}$,

$Y = \begin{pmatrix} 37 & 47 \\ 59 & 65 \end{pmatrix}$라 할 때, 다음 중 행렬 YX의 $(2, 1)$ 성분이 나타내는 것은?

① 가게 A의 4월의 축구공과 축구화의 판매 총액
② 가게 A의 5월의 축구공과 축구화의 판매 총액
③ 가게 A의 4월과 5월의 축구공의 판매 총액
④ 가게 A의 4월과 5월의 축구화의 판매 총액
⑤ 가게 A의 4월의 축구공과 5월의 축구화의 판매 총액

1113 ⓒ ｜학평 기출｜

이차정사각행렬 A의 (i, j) 성분 a_{ij}와 이차정사각행렬 B의 (i, j) 성분 b_{ij}를 각각
$$a_{ij} = i - j + 1, \; b_{ij} = i + j + 1 \; (i = 1, 2, \; j = 1, 2)$$
라 할 때, 행렬 AB의 $(2, 2)$ 성분을 구하시오.

1114 ⓒ ｜평가원 기출｜

두 상수 a, b에 대하여 행렬 $A = \begin{pmatrix} -1 & a \\ b & 2 \end{pmatrix}$가 $A^2 = A$이고 $a^2 + b^2 = 10$일 때, $(a+b)^2$의 값은?

① 6 ② 7 ③ 8
④ 9 ⑤ 10

1115 ⓒ ★빈출 ｜서술형｜

두 이차정사각행렬 A, B에 대하여
$$A + B = \begin{pmatrix} 1 & 3 \\ 2 & 3 \end{pmatrix}, \; A - B = \begin{pmatrix} 1 & -1 \\ 2 & -1 \end{pmatrix}$$
이 성립한다. $A^2 - B^2 = \begin{pmatrix} a & b \\ c & d \end{pmatrix}$라 할 때, $ac - bd$의 값을 구하시오.

1116 중

다음 표는 어느 회사의 두 직군 A, B의 신입 채용과 경력직 채용의 채용 인원수와 경쟁률을 나타낸 것이다.

구분	A	B
신입 채용	30	40
경력직 채용	10	20

〈채용 인원수〉

구분	신입 채용	경력직 채용
A	5.1	21.4
B	10.7	11.5

〈경쟁률〉

경쟁률은 $\dfrac{(\text{지원자 수})}{(\text{채용 인원수})}$의 값이고, 신입 채용과 경력직 채용에 동시에 지원할 수 없으며 두 직군 A와 B에 동시에 지원할 수 없다고 한다. 두 직군 A, B의 신입 채용 지원자 수의 합을 m, 직군 B의 신입과 경력직 채용 지원자 수의 합을 n이라 하자. 두 행렬 $P=\begin{pmatrix} 30 & 40 \\ 10 & 20 \end{pmatrix}$,

$Q=\begin{pmatrix} 5.1 & 21.4 \\ 10.7 & 11.5 \end{pmatrix}$에 대하여 $m+n$의 값과 같은 것은?

① 행렬 PQ의 $(1, 1)$ 성분과 $(2, 2)$ 성분의 합
② 행렬 PQ의 $(1, 1)$ 성분과 행렬 QP의 $(1, 1)$ 성분의 합
③ 행렬 PQ의 $(1, 1)$ 성분과 행렬 QP의 $(2, 2)$ 성분의 합
④ 행렬 PQ의 $(2, 2)$ 성분과 행렬 QP의 $(1, 1)$ 성분의 합
⑤ 행렬 PQ의 $(2, 2)$ 성분과 행렬 QP의 $(2, 2)$ 성분의 합

1117 중

행렬 $A=\begin{pmatrix} a^2 & 3 \\ 2 & a+1 \end{pmatrix}$에 대하여 행렬 A^2의 $(1, 1)$ 성분과 $(2, 2)$ 성분이 서로 같을 때, 모든 실수 a의 값의 곱은?

① -2 ② -1 ③ 0
④ 1 ⑤ 2

1118 중

임의의 행렬 $X=\begin{pmatrix} a & b \\ c & d \end{pmatrix}$에 대하여 $f(X)=a^2-bcd$라 할 때, 행렬 $A=\begin{pmatrix} 1 & 2 \\ -1 & 0 \end{pmatrix}$에 대하여 x에 대한 방정식 $f(A^2-xE)=0$의 모든 실근의 곱은? (단, E는 단위행렬)

① -3 ② -2 ③ 2
④ 3 ⑤ 4

1119 중 | 학평 기출

이차방정식 $x^2-5x-4=0$의 두 근을 α, β라 하자. 두 행렬 $A=\begin{pmatrix} 1 & \alpha \\ 2 & -1 \end{pmatrix}$, $B=\begin{pmatrix} 1 & -1 \\ -1 & \beta \end{pmatrix}$에 대하여 행렬 AB의 모든 성분의 합은?

① -4 ② -5 ③ -6
④ -7 ⑤ -8

1120 중 | 서술형 |

세 행렬

$$A=(x \quad 2),\ B=\begin{pmatrix} 2 & 1 \\ 3 & 1 \end{pmatrix},\ C=\begin{pmatrix} x \\ 2 \end{pmatrix}$$

에 대하여 행렬 ABC의 성분은 $x=a$일 때, 최솟값 m을 갖는다. 이때 am의 값을 구하시오. (단, x는 실수)

1121 중

다음은 이차정사각행렬 $A=\begin{pmatrix} a & b \\ c & a+6 \end{pmatrix}$에 대하여

$A^2=E$를 만족시키는 행렬 A의 개수를 구하는 과정이다. (단, a, b, c는 정수이고 E는 단위행렬이다.)

> A가 $A^2=E$를 만족시키므로
> $$A^2=\begin{pmatrix} a^2+bc & 2b(a+3) \\ 2c(a+3) & (a+6)^2+bc \end{pmatrix}=\begin{pmatrix} 1 & 0 \\ 0 & 1 \end{pmatrix}$$이다.
> (ⅰ) $a\neq\boxed{(가)}$인 경우
> $b=0$이고 $c=0$이므로 $A^2=\begin{pmatrix} a^2 & 0 \\ 0 & (a+6)^2 \end{pmatrix}$ …… ㉠
> 이다.
> ㉠에서 $A^2\neq E$이므로 주어진 조건에 모순이다.
> (ⅱ) $a=\boxed{(가)}$인 경우
> 주어진 조건 $A^2=E$에서 $bc=\boxed{(나)}$이다.
> b, c가 정수이므로 $bc=\boxed{(나)}$를 만족시키는 순서쌍
> (b,c)의 개수는 $\boxed{(다)}$이다.
> 따라서 $A^2=E$를 만족시키는 행렬 A의 개수는 $\boxed{(다)}$
> 이다.

위의 (가), (나), (다)에 알맞은 수를 각각 p, q, r라 할 때, $p+q+r$의 값은?

① -3 ② -1 ③ 0
④ 1 ⑤ 3

1122 상

등식 $\begin{pmatrix} 1 & -2 \\ x & y \end{pmatrix}\begin{pmatrix} x-1 \\ y-2 \end{pmatrix}=\begin{pmatrix} 0 \\ n \end{pmatrix}$을 만족시키는 실수 x, y

가 존재할 때, 정수 n의 최솟값은?

① -2 ② -1 ③ 0
④ 1 ⑤ 2

1123 상

[표 1]은 도시형, 전원형 가옥 1채를 짓는 데 필요한 철재와 목재를 일정한 단위로 나타낸 것이고, 이들 자재의 단위당 가격과 운송비는 [표 2]와 같다.

(단위: 만 원)

	도시형	전원형
철재	8	5
목재	20	25

[표 1]

	철재	목재
가격	35	12
운송비	5	2

[표 2]

다음 중 도시형 가옥 4채와 전원형 가옥 6채를 짓기 위해 필요한 철재와 목재의 구매 비용과 운송비를 계산하는 데 알맞은 식은?

① $(4 \quad 6)\begin{pmatrix} 8 & 5 \\ 20 & 25 \end{pmatrix}\begin{pmatrix} 35 & 12 \\ 5 & 2 \end{pmatrix}$

② $(4 \quad 6)\begin{pmatrix} 35 & 12 \\ 5 & 2 \end{pmatrix}\begin{pmatrix} 8 & 5 \\ 20 & 25 \end{pmatrix}$

③ $\begin{pmatrix} 8 & 5 \\ 20 & 25 \end{pmatrix}\begin{pmatrix} 35 & 12 \\ 5 & 2 \end{pmatrix}\begin{pmatrix} 4 \\ 6 \end{pmatrix}$

④ $\begin{pmatrix} 35 & 12 \\ 5 & 2 \end{pmatrix}\begin{pmatrix} 8 & 5 \\ 20 & 25 \end{pmatrix}\begin{pmatrix} 4 \\ 6 \end{pmatrix}$

⑤ $\begin{pmatrix} 35 & 12 \\ 5 & 2 \end{pmatrix}\begin{pmatrix} 8 & 5 \\ 20 & 25 \end{pmatrix}\begin{pmatrix} 6 \\ 4 \end{pmatrix}$

1124 상

두 용기 A, B에 각각 농도가 a_0 %, b_0 %인 소금물이 100 g씩 들어 있다. 두 용기 A, B에서 동시에 각각 10 g의 소금물을 덜어 내어 서로 바꾸어 넣고 섞는 작업을 시행하였다. 이와 같은 작업을 5번 시행한 후의 두 용기 A, B의 소금물의 농도를 각각 a %, b %라 할 때, $\binom{a}{b} = T\binom{a_0}{b_0}$ 으로 나타낼 수 있다. 다음 중 행렬 T로 적절한 것은?

① $\begin{pmatrix} 0.9 & 0.1 \\ 0.1 & 0.9 \end{pmatrix}^5$　② $\begin{pmatrix} 1 & 0.1 \\ 0.9 & 1 \end{pmatrix}^5$　③ $\begin{pmatrix} 1 & 0.9 \\ 0.1 & 1 \end{pmatrix}^5$

④ $\begin{pmatrix} 1 & 1 \\ 1 & 9 \end{pmatrix}^5$　⑤ $\begin{pmatrix} 9 & 1 \\ 1 & 9 \end{pmatrix}^5$

1125 상

학평 기출

행렬 $M = \begin{pmatrix} 4 \\ -5 \end{pmatrix}$에 대하여 $MA + B = \begin{pmatrix} -1 & -2 \\ 3 & -6 \end{pmatrix}$이다. 행렬 B의 모든 성분의 합이 18일 때, 행렬 A의 모든 성분의 합을 구하시오.

1126 상

모든 실수 x, y에 대하여 행렬 $(x \ \ y)\begin{pmatrix} a & b \\ b & a \end{pmatrix}\begin{pmatrix} x \\ y \end{pmatrix}$의 성분이 음이 아닐 때, 실수 a, b에 대하여 $a^2 + (b-2)^2$의 최솟값을 구하시오.

---

4 행렬의 곱셈에 대한 성질

빈출

1127 중

행렬 $A = \begin{pmatrix} 1 & -3 \\ 0 & 2 \end{pmatrix}$에 대하여 행렬 $(A-E)(A^2+A+E)$의 $(2, 2)$ 성분을 구하시오.

(단, E는 단위행렬)

1128 중

세 행렬 $A = \begin{pmatrix} 1 & 0 \\ 1 & 1 \end{pmatrix}$, $B = \begin{pmatrix} 0 & 6 \\ 9 & -3 \end{pmatrix}$, $C = \begin{pmatrix} 1 & 0 \\ -2 & 3 \end{pmatrix}$에 대하여 행렬 $A(B+C) - (C+A)B + C(A+B)$의 모든 성분의 합을 구하시오.

1129 중

이차정사각행렬 A에 대하여 $A\binom{a}{b} = \binom{2}{-3}$, $A\binom{c}{d} = \binom{-1}{4}$일 때, $A\binom{2a-3c}{2b-3d} = \binom{p}{q}$를 만족시키는 실수 p, q에 대하여 $p-q$의 값을 구하시오.

1130 중

행렬 $A=\begin{pmatrix} -1 & 1 \\ a & b \end{pmatrix}$에 대하여

$$(A+2E)(A-2E)=-3E$$

가 성립할 때, 실수 a, b에 대하여 $2a+3b$의 값을 구하시오. (단, E는 단위행렬)

★빈출
1131 중

두 이차정사각행렬 $A=\begin{pmatrix} 1 & 0 \\ 2 & 0 \end{pmatrix}$, $B=\begin{pmatrix} 0 & x \\ 2y & -3 \end{pmatrix}$이

$(A+B)^2=A^2+2AB+B^2$을 만족시킬 때, $x+y$의 값은?

① 1 ② 2 ③ 3
④ 4 ⑤ 5

1132 중

두 행렬 $A=\begin{pmatrix} 0 & 0 \\ 4 & -1 \end{pmatrix}$, $B=\begin{pmatrix} 1 & -3 \\ -2 & 0 \end{pmatrix}$에 대하여

행렬 $A^2-AB+2BA-2B^2$은?

① $\begin{pmatrix} -40 & 24 \\ -8 & 3 \end{pmatrix}$ ② $\begin{pmatrix} -38 & 6 \\ -12 & -1 \end{pmatrix}$

③ $\begin{pmatrix} -38 & 12 \\ -6 & 1 \end{pmatrix}$ ④ $\begin{pmatrix} -36 & -2 \\ 6 & 1 \end{pmatrix}$

⑤ $\begin{pmatrix} -36 & 12 \\ -6 & 2 \end{pmatrix}$

1133 중

이차정사각행렬 A에 대하여 $A\begin{pmatrix} a \\ b \end{pmatrix}=\begin{pmatrix} 5 \\ 2 \end{pmatrix}$, $A\begin{pmatrix} c \\ d \end{pmatrix}=\begin{pmatrix} x \\ y \end{pmatrix}$

이고, $A\begin{pmatrix} 2a & -2c \\ 2b & -2d \end{pmatrix}=\begin{pmatrix} z & 4 \\ w & -6 \end{pmatrix}$일 때, 실수 x, y, z, w에 대하여 $x+y+z+w$의 값을 구하시오.

1134 중

두 행렬 $A=\begin{pmatrix} 1 & 1 \\ x & y \end{pmatrix}$, $B=\begin{pmatrix} 1 & 2 \\ 2 & 3 \end{pmatrix}$에 대하여

$(2A-3B)^2=4A^2-12AB+9B^2$이 성립할 때, 실수 x, y에 대하여 x^2+y^2의 값은?

① 1 ② 2 ③ 4
④ 5 ⑤ 8

1135 중

이차정사각행렬 A에 대하여 $A^2=2A-E$, $A\begin{pmatrix} 2 \\ 1 \end{pmatrix}=\begin{pmatrix} 1 \\ 2 \end{pmatrix}$

를 만족시킬 때, 행렬 $A^2\begin{pmatrix} 2 \\ 1 \end{pmatrix}$은?

① $\begin{pmatrix} 1 \\ 2 \end{pmatrix}$ ② $\begin{pmatrix} 2 \\ 1 \end{pmatrix}$ ③ $\begin{pmatrix} 0 \\ 3 \end{pmatrix}$

④ $\begin{pmatrix} 3 \\ 3 \end{pmatrix}$ ⑤ $\begin{pmatrix} 4 \\ 1 \end{pmatrix}$

1136 ⓒ 수능 기출

이차정사각행렬 A는 모든 성분의 합이 0이고
$$A^2+A^3=-3A-3E$$
를 만족시킨다. 행렬 A^4+A^5의 모든 성분의 합을 구하시오. (단, E는 단위행렬이다.)

1137 ⓒ | 서술형 |

실수 x, y에 대하여 두 행렬 $A=\begin{pmatrix} x & y \\ 1 & x \end{pmatrix}$, $B=\begin{pmatrix} x & 1 \\ y & 1 \end{pmatrix}$ 이 $(A+B)(A-B)=A^2-B^2$을 만족시킬 때, 좌표평면 위의 모든 점 (x, y)와 원점을 꼭짓점으로 하는 도형의 넓이를 구하시오.

1138 ⓒ

단위행렬의 실수배가 아닌 이차정사각행렬 A에 대하여 $(A+2E)^2=5A+6E$가 성립할 때, $(A+2E)^3=pA+qE$를 만족시키는 실수 p, q에 대하여 $p+q$의 값은? (단, E는 단위행렬)

① 40 ② 41 ③ 42
④ 43 ⑤ 44

★빈출 1139 ⓒ

이차정사각행렬 A에 대하여 $A\begin{pmatrix} 1 \\ -2 \end{pmatrix}=\begin{pmatrix} 1 \\ 3 \end{pmatrix}$, $A\begin{pmatrix} 3 \\ 1 \end{pmatrix}=\begin{pmatrix} -1 \\ 3 \end{pmatrix}$일 때, $A\begin{pmatrix} 15 \\ -2 \end{pmatrix}=\begin{pmatrix} p \\ q \end{pmatrix}$를 만족시키는 실수 p, q에 대하여 $p+q$의 값은?

① 16 ② 18 ③ 20
④ 22 ⑤ 24

1140 ⓒ

단위행렬의 실수배가 아닌 두 이차정사각행렬 A, B에 대하여 $A^2+A=2E$, $BA=4E$가 성립할 때, $B^2=pA+qE$를 만족시키는 실수 p, q에 대하여 pq의 값은? (단, E는 단위행렬)

① 36 ② 40 ③ 44
④ 48 ⑤ 52

1141 ⓢ

행렬 $A=\begin{pmatrix} 1 & 0 \\ 1 & 1 \end{pmatrix}$과 이차정사각행렬 B에 대하여 $AB-BA=\begin{pmatrix} -2 & 0 \\ -2 & 2 \end{pmatrix}$일 때, 행렬 A^2B-BA^2은?

① $\begin{pmatrix} -8 & 0 \\ 4 & -4 \end{pmatrix}$ ② $\begin{pmatrix} -4 & 0 \\ -4 & 4 \end{pmatrix}$ ③ $\begin{pmatrix} -4 & 0 \\ -4 & 0 \end{pmatrix}$
④ $\begin{pmatrix} -2 & 0 \\ -2 & 2 \end{pmatrix}$ ⑤ $\begin{pmatrix} 2 & 0 \\ 2 & 2 \end{pmatrix}$

1142 상

두 이차정사각행렬 A, B가
$(A-3B)^2=A^2-6AB+9B^2$을 만족시키고
$A-B=\begin{pmatrix} 1 & 2 \\ -2 & -1 \end{pmatrix}$, $AB=\begin{pmatrix} 3 & 0 \\ 0 & 3 \end{pmatrix}$일 때, 행렬
A^3-B^3은?

① $\begin{pmatrix} -12 & -24 \\ 24 & 12 \end{pmatrix}$ ② $\begin{pmatrix} -6 & -12 \\ 12 & -6 \end{pmatrix}$

③ $\begin{pmatrix} 3 & 6 \\ -6 & 3 \end{pmatrix}$ ④ $\begin{pmatrix} 6 & 12 \\ -12 & -6 \end{pmatrix}$

⑤ $\begin{pmatrix} 12 & 12 \\ -24 & 24 \end{pmatrix}$

1143 상

이차정사각행렬 A가 다음 조건을 만족시킨다.

> (가) $A^2=\begin{pmatrix} 1 & 2 \\ 0 & -2 \end{pmatrix}$ (나) $A\begin{pmatrix} x \\ y \end{pmatrix}=\begin{pmatrix} 1 \\ 2 \end{pmatrix}$

이때 행렬 $A\begin{pmatrix} x+1 \\ y+2 \end{pmatrix}$의 모든 성분의 합은?

① 1 ② 3 ③ $x-3$
④ x ⑤ $x+3$

1144 상

두 이차정사각행렬 A, B에 대하여
$$A-B=\begin{pmatrix} 3 & 0 \\ 0 & 3 \end{pmatrix}, \quad AB=\begin{pmatrix} -2 & 1 \\ 0 & -2 \end{pmatrix}$$
가 성립할 때, 행렬 A^2+B^2의 모든 성분의 합을 구하시오.

---

5 A^n의 추정 (1)

1145 중

행렬 $A=\begin{pmatrix} 0 & -1 \\ 1 & 0 \end{pmatrix}$에 대하여 다음 중 행렬 A^n이 될 수 없는 것은? (단, n은 자연수)

① $\begin{pmatrix} -1 & 0 \\ 0 & -1 \end{pmatrix}$ ② $\begin{pmatrix} -1 & 0 \\ 0 & 1 \end{pmatrix}$ ③ $\begin{pmatrix} 0 & -1 \\ 1 & 0 \end{pmatrix}$

④ $\begin{pmatrix} 0 & 1 \\ -1 & 0 \end{pmatrix}$ ⑤ $\begin{pmatrix} 1 & 0 \\ 0 & 1 \end{pmatrix}$

1146 중 ★빈출

행렬 $A=\begin{pmatrix} 1 & 1 \\ -3 & -2 \end{pmatrix}$에 대하여 행렬 A^{212}의 모든 성분의 곱은?

① -6 ② -3 ③ 3
④ 6 ⑤ 9

1147 중

행렬 $A=\begin{pmatrix} -2 & 3 \\ -1 & 2 \end{pmatrix}$에 대하여 $A^{1010}\begin{pmatrix} p \\ q \end{pmatrix}=\begin{pmatrix} 5 \\ 1 \end{pmatrix}$이 성립할 때, 실수 p, q에 대하여 $p-q$의 값은?

① 2 ② 4 ③ 6
④ 8 ⑤ 10

1148 중

행렬 $A=\begin{pmatrix} -1 & 3 \\ -1 & -1 \end{pmatrix}$이 $A^9\begin{pmatrix} 1 \\ 1 \end{pmatrix}=\begin{pmatrix} p \\ q \end{pmatrix}$를 만족시킬 때, 실수 p, q에 대하여 $p+q$의 값은?

① 128   ② 256   ③ 512
④ 1024   ⑤ 2048

1149 중

학평 기출

행렬 $A=\begin{pmatrix} 1 & -1 \\ 1 & 1 \end{pmatrix}$에 대하여 $A^2+A^4+A^6+A^8+A^{10}$의 모든 성분의 합을 구하시오.

1150 중

| 서술형 |

행렬 $A=\begin{pmatrix} -4 & 8 \\ -3 & 6 \end{pmatrix}$에 대하여 행렬 $A+A^2+A^3+\cdots+A^7$의 $(2, 2)$ 성분을 구하시오.

1151 중

학평 기출

행렬 $A=\begin{pmatrix} 1 & 0 \\ 3 & 1 \end{pmatrix}$과 자연수 n에 대하여 A^n의 $(2, 1)$ 성분을 a_n이라 할 때, $a_n>100$을 만족시키는 n의 최솟값을 구하시오.

1152 중

행렬 $A=\begin{pmatrix} 1 & 2 \\ 4 & 8 \end{pmatrix}$에 대하여 행렬 A^{10}의 모든 성분의 합은?

① 3^{18} ② 2×3^{18} ③ $3^{18}\times 5$
④ 2×3^{19} ⑤ $3^{19}\times 5$

1153 중

이차방정식 $2x^2+x-4=0$의 두 근을 α, β라 하자. 행렬 $A=\begin{pmatrix} 1 & 2\alpha+2\beta+1 \\ \alpha\beta & \dfrac{4}{\alpha}+\dfrac{4}{\beta} \end{pmatrix}$에 대하여 행렬 A^n의 모든 성분의 합이 -100일 때, 자연수 n의 값을 구하시오.

1154 중 | 서술형 |

두 이차정사각행렬 A, B에 대하여

$$AB+BA=\begin{pmatrix} -3 & 4 \\ 0 & 3 \end{pmatrix},\ A^2+B^2=\begin{pmatrix} 3 & -4 \\ 1 & -2 \end{pmatrix}$$

일 때, 행렬 $(A+B)^{30}$의 모든 성분의 합을 구하시오.

1155 중 학평 기출

두 행렬 $A=\begin{pmatrix} a & -1 \\ 1 & b \end{pmatrix}$, $B=\begin{pmatrix} -1 & -1 \\ 0 & -2 \end{pmatrix}$에 대하여

$AB+A=O$를 만족시킬 때,

$A+A^2+A^3+\cdots+A^{2010}=\begin{pmatrix} p & q \\ r & s \end{pmatrix}$이다.

$p^2+q^2+r^2+s^2$의 값을 구하시오. (단, O는 영행렬이다.)

1156 상

두 행렬 $A=\begin{pmatrix} 1 & 2 \\ 0 & 1 \end{pmatrix}$, $B=\begin{pmatrix} 1 & 3 \\ 0 & 1 \end{pmatrix}$에 대하여 행렬

A^m-B^n의 모든 성분의 합이 10이고, $m+n=30$일 때,
자연수 m, n에 대하여 mn의 값을 구하시오.

1157 상 빈출

삼차방정식 $x^3=1$의 한 허근을 ω라 할 때, 행렬

$$A=\begin{pmatrix} \omega & 1 \\ \omega+1 & -\omega \end{pmatrix}$$에 대하여 다음 중

$A+A^2+A^3+\cdots+A^{300}$과 같은 행렬은? (단, O는 영행렬)

① O ② A ③ A^2

④ A^3 ⑤ $300A$

1158 상 | 서술형 |

행렬 $A=\begin{pmatrix} \sqrt{2} & -1 \\ 3 & -\sqrt{2} \end{pmatrix}$가

$$A\begin{pmatrix} p \\ q \end{pmatrix}+A^2\begin{pmatrix} p \\ q \end{pmatrix}+A^3\begin{pmatrix} p \\ q \end{pmatrix}+\cdots+A^{81}\begin{pmatrix} p \\ q \end{pmatrix}=\begin{pmatrix} 0 \\ 1 \end{pmatrix}$$

을 만족시킬 때, 실수 p, q에 대하여 p^2+q^2의 값을 구하시오.

1159 상

행렬 $A=\begin{pmatrix} 3 & -6 \\ -1 & 2 \end{pmatrix}$에 대하여 $A^n=\begin{pmatrix} a & b \\ c & d \end{pmatrix}$라 할 때,
$f(n)=|ac-bd|$라 하자. $f(n)$의 약수의 개수가 45가
되도록 하는 자연수 n의 값을 구하시오.

1160 (상)

두 행렬 $A=\begin{pmatrix} 1 & 0 \\ 0 & -1 \end{pmatrix}$, $B=\begin{pmatrix} 2 & 0 \\ 0 & 1 \end{pmatrix}$에 대하여 행렬

$$A^{100}B^{100}+A^{101}B^{101}+A^{102}B^{102}+A^{103}B^{103}$$

의 모든 성분의 합은 $k\times 2^{100}$이다. 이때 자연수 k의 값을 구하시오.

1161 (상)

두 행렬 $A=\begin{pmatrix} 2 & 0 \\ 1 & 1 \end{pmatrix}$, $B=\dfrac{1}{2}\begin{pmatrix} -1 & 0 \\ 1 & -2 \end{pmatrix}$에 대하여 행렬 B^4A^8의 모든 성분의 합을 구하시오.

1162 (상)

두 행렬 $A=\begin{pmatrix} 0 & 1 \\ -1 & 0 \end{pmatrix}$, $X=\begin{pmatrix} 1 & 3 \\ 2 & 4 \end{pmatrix}$에 대하여 행렬 X_n이 다음 조건을 만족시킨다. (단, n은 자연수)

> (가) $X_1=X$
> (나) n이 홀수일 때, $X_{n+1}=AX_n$
> (다) n이 짝수일 때, $X_{n+1}=X_nA$

이때 행렬 $X_{15}+X_{20}+X_{25}-X_{30}$의 모든 성분의 합은?

① 10   ② 11   ③ 12
④ 13   ⑤ 14

---

6 A^n의 추정 (2)

★빈출
1163 (중)

두 이차정사각행렬 A, B에 대하여 $A+B=O$, $AB=E$일 때, 다음 중 행렬 $A^{100}+B^{102}$과 같은 것은?

(단, O는 영행렬, E는 단위행렬)

① $-E$ ② E ③ O
④ $A-E$ ⑤ $A+E$

1164 (중)   [학평 기출]

이차정사각행렬 A가 등식 $A^2-2A+E=O$를 만족시킨다. 다음은 n이 2 이상의 자연수일 때, 행렬 A^n을 구하는 과정이다. (단, E는 단위행렬이고, O는 영행렬이다.)

> $A^2-2A+E=O$에서
> $A^2-A=A-E$
> $A^3-A^2=A(A^2-A)=A(A-E)=A^2-A$
> $=A-E$
> $A^4-A^3=A(A^3-A^2)=A(A-E)=A^2-A$
> $=A-E$
> $\vdots$
> $A^n-A^{n-1}=A-E$
> 위 등식들을 변끼리 더하면
> $A^n-A=\boxed{(가)}(A-E)$
> $\therefore A^n=\boxed{(나)}A-\boxed{(가)}E$

위의 과정에서 (가), (나)에 알맞은 식을 각각 $f(n)$, $g(n)$이라 할 때, $f(100)+g(100)$의 값은?

① 191   ② 193   ③ 195
④ 197   ⑤ 199

1165 ㉛ 　　　　　　　　　　　　　　학평 기출

이차정사각행렬 A, B가 $A+B=-E$, $AB=E$를 만족시킬 때, $(A+B)+(A^2+B^2)+\cdots+(A^{2011}+B^{2011})$을 간단히 한 것은? (단, E는 단위행렬이다.)

① $-2E$ 　　　② $-E$ 　　　③ E

④ $2E$ 　　　⑤ $3E$

1166 ㉛

영행렬이 아닌 이차정사각행렬 A가 임의의 자연수 n에 대하여 $A^{n+1}=A^{n+2}+A^n$을 만족시킬 때, $A^{100}+A^{102}$을 간단히 하면? (단, O는 영행렬)

① $-A^2$ 　　　② $-A$ 　　　③ O

④ A 　　　⑤ A^2+A

1167 ㉛ 　　　　　　　　　　　　　| 서술형 |

두 이차정사각행렬 A, B가 $A-B=-3E$, $AB=O$를 만족시킬 때, 행렬 A^3-B^3의 모든 성분의 합을 구하시오. (단, E는 단위행렬, O는 영행렬)

1168 ㉛

이차정사각행렬 A가 $A^2+2A+4E=O$를 만족시킬 때, $A^{30}=kE$가 성립하도록 하는 실수 k의 값은?
　　　　　　　　(단, E는 단위행렬, O는 영행렬)

① -2^{30} 　　　② -2^{15} 　　　③ 2^{10}

④ 2^{15} 　　　⑤ 2^{30}

1169 ㉺ 　　　　　　　　　　　　　학평 기출

영행렬이 아닌 두 이차정사각행렬 A, B가 $A^2-A+E=O$, $B^2+2B=O$를 만족시킬 때, $A^7B^7=kAB$가 성립하도록 하는 실수 k의 값을 구하시오. (단, E는 단위행렬이고, O는 영행렬이다.)

1170 ㉺

이차정사각행렬 A에 대하여 $A\begin{pmatrix}1\\-2\end{pmatrix}=\begin{pmatrix}-2\\4\end{pmatrix}$, $A\begin{pmatrix}3\\2\end{pmatrix}=\begin{pmatrix}0\\0\end{pmatrix}$, $A^{10}\begin{pmatrix}4\\0\end{pmatrix}=\begin{pmatrix}p\\q\end{pmatrix}$일 때, 실수 p, q에 대하여 $\dfrac{p}{q}$의 값은?

① -2 　　　② -1 　　　③ $-\dfrac{1}{2}$

④ $\dfrac{1}{2}$ 　　　⑤ 2

7 행렬의 성질 합답형

1171 중

두 실수 x, y에 대하여 $\langle x, y \rangle = \begin{pmatrix} x & y \\ y & x \end{pmatrix}$라 할 때, 보기에서 옳은 것만을 있는 대로 고른 것은?

보기

ㄱ. 임의의 실수 k에 대하여 $k\langle x, y \rangle = \langle kx, ky \rangle$

ㄴ. 실수 a, b, c, d에 대하여
$\langle a, b \rangle - \langle c, d \rangle = \langle a-c, b-d \rangle$

ㄷ. 실수 a, b, c, d에 대하여
$\langle a, b \rangle \langle c, d \rangle = \langle c, d \rangle \langle a, b \rangle$

① ㄱ ② ㄴ ③ ㄱ, ㄷ
④ ㄴ, ㄷ ⑤ ㄱ, ㄴ, ㄷ

★빈출 1172 중

두 이차정사각행렬 A, B에 대하여 $AB=BA$일 때, 보기에서 옳은 것만을 있는 대로 고른 것은?
(단, O는 영행렬, E는 단위행렬)

보기

ㄱ. $(A+B)(A-B)=A^2-B^2$

ㄴ. $AB+BA=O$이면 $A=O$이고 $B=O$이다.

ㄷ. $A+2BA=BA+E$이면 $A(B+E)=E$이다.

① ㄱ ② ㄴ ③ ㄱ, ㄴ
④ ㄱ, ㄷ ⑤ ㄴ, ㄷ

1173 중

두 이차정사각행렬 A, B에 대하여 $A \diamond B = AB - BA$라 할 때, 보기에서 옳은 것만을 있는 대로 고른 것은?

보기

ㄱ. $A \diamond B = B \diamond A$

ㄴ. 0이 아닌 실수 k에 대하여 $kA \diamond kB = k(A \diamond B)$

ㄷ. $(A \diamond B) + (A \diamond C) = A \diamond (B+C)$

(단, C는 이차정사각행렬)

① ㄱ ② ㄷ ③ ㄱ, ㄴ
④ ㄱ, ㄷ ⑤ ㄴ, ㄷ

★빈출 1174 중

두 이차정사각행렬 A, B에 대하여 보기에서 옳은 것만을 있는 대로 고른 것은? (단, O는 영행렬, E는 단위행렬)

보기

ㄱ. $A^2=O$이면 $A^3=O$이다.

ㄴ. $(A-E)^2=O$이면 $A=E$이다.

ㄷ. $A+B=O$이면 $AB=BA$이다.

ㄹ. $A(A-E)=E$, $AB=E$이면 $B^2=-A+2E$이다.

① ㄱ, ㄴ ② ㄷ, ㄹ ③ ㄱ, ㄴ, ㄷ
④ ㄱ, ㄷ, ㄹ ⑤ ㄴ, ㄷ, ㄹ

1175 중

두 이차정사각행렬 A, B에 대하여 옳은 것만을 보기에서 있는 대로 고른 것은?

(단, E는 단위행렬이고, O는 영행렬이다.)

보기

ㄱ. $A^2=E$이면 $A=E$이다.

ㄴ. $(A+2B)^2=(A-2B)^2$이면 $AB+BA=O$이다.

ㄷ. $AB=A$, $BA=B$이면 $A^2+B^2=A+B$이다.

① ㄱ   ② ㄴ   ③ ㄷ

④ ㄴ, ㄷ   ⑤ ㄱ, ㄴ, ㄷ

1176 상

어느 회사에서 생산한 두 제품 (가), (나)의 제품 한 개당 제조 원가와 판매 가격 및 그 해 판매량을 나타낸 표가 다음과 같다.

(단위: 만 원)

	(가)	(나)
제조 원가	a_{11}	a_{12}
판매 가격	a_{21}	a_{22}

(단위: 개)

	상반기 판매량	하반기 판매량
(가)	b_{11}	b_{12}
(나)	b_{21}	b_{22}

위의 표를 각각 행렬 $A=\begin{pmatrix} a_{11} & a_{12} \\ a_{21} & a_{22} \end{pmatrix}$, $B=\begin{pmatrix} b_{11} & b_{12} \\ b_{21} & b_{22} \end{pmatrix}$로 나타낼 때, $AB=\begin{pmatrix} x & y \\ z & w \end{pmatrix}$라 하자. 제품 한 개당 판매 이익금을 (판매 이익금)$=$(판매 가격)$-$(제조 원가)라 할 때, 보기에서 옳은 것만을 있는 대로 고른 것은?

보기

ㄱ. 상반기에 판매된 두 제품의 제조 원가 총액은 $(x+y)$만 원이다.

ㄴ. 1년 동안 판매된 두 제품의 판매 총액은 $(z+w)$만 원이다.

ㄷ. 하반기에 판매된 두 제품의 판매 이익금 총액은 $(w-y)$만 원이다.

① ㄱ   ② ㄴ   ③ ㄱ, ㄷ

④ ㄴ, ㄷ   ⑤ ㄱ, ㄴ, ㄷ

1177 상

두 이차정사각행렬 A, B가

$$AB=kA,\ BA=kB\ (k는\ 0이\ 아닌\ 실수)$$

를 만족시킬 때, 보기에서 옳은 것만을 있는 대로 고른 것은? (단, n은 자연수)

보기

ㄱ. $A^2=kA$

ㄴ. $AB^2A=k^3A$

ㄷ. $AB^n=A^nB$

① ㄱ   ② ㄷ   ③ ㄱ, ㄴ

④ ㄴ, ㄷ   ⑤ ㄱ, ㄴ, ㄷ

1178 상

두 이차정사각행렬 A, B에 대하여 $A+B=E$, $AB=-E$가 성립할 때, 옳은 것만을 보기에서 있는 대로 고른 것은? (단, E는 단위행렬이다.)

보기

ㄱ. $A^2+B^2=3E$

ㄴ. $A^{n+2}+B^{n+2}=A^{n+1}+B^{n+1}+A^n+B^n$

(단, n은 자연수)

ㄷ. $A^9+B^9=76E$

① ㄱ   ② ㄱ, ㄴ   ③ ㄱ, ㄷ

④ ㄴ, ㄷ   ⑤ ㄱ, ㄴ, ㄷ

1179 상

두 이차정사각행렬 A, B에 대하여 $A+B=2E$, $AB=3B$가 성립할 때, 보기에서 옳은 것만을 있는 대로 고른 것은? (단, E는 단위행렬, O는 영행렬)

보기

ㄱ. $A=3E$
ㄴ. $B^2+B=O$
ㄷ. $A^2-B^2=2(A-B)$

① ㄱ   ② ㄴ   ③ ㄱ, ㄷ
④ ㄴ, ㄷ   ⑤ ㄱ, ㄴ, ㄷ

1180 상

행렬 $X=\begin{pmatrix} p & q \\ r & s \end{pmatrix}$에 대하여 $S(X)=p+q+r+s$라 할 때, 행렬 $A=\begin{pmatrix} 1 & 3 \\ -1 & -2 \end{pmatrix}$에 대하여 보기에서 옳은 것만을 있는 대로 고른 것은?

보기

ㄱ. $S(A)+S(A^2)+S(A^3)=S(A+A^2+A^3)$
ㄴ. $S(A)+S(A^2)+\cdots+S(A^{100})=1$
ㄷ. 모든 자연수 m, n에 대하여
     $S(A^m A^n)=S(A^m) \times S(A^n)$

① ㄱ   ② ㄱ, ㄴ   ③ ㄱ, ㄷ
④ ㄴ, ㄷ   ⑤ ㄱ, ㄴ, ㄷ

1181 상   학평 기출

두 실수 a, b에 대하여 행렬 A를 $A=\begin{pmatrix} a & -b \\ b & a \end{pmatrix}$라 할 때, 옳은 것만을 보기에서 있는 대로 고른 것은?
(단, E는 단위행렬이고, O는 영행렬이다.)

보기

ㄱ. $A^2=O$이면 $A=O$이다.
ㄴ. $A^2+E=O$를 만족시키는 행렬 A의 개수는 2이다.
ㄷ. $A^2-A=O$를 만족시키는 행렬 A의 개수는 2이다.

① ㄱ   ② ㄷ   ③ ㄱ, ㄴ
④ ㄴ, ㄷ   ⑤ ㄱ, ㄴ, ㄷ

1182 상   학평 기출

두 이차정사각행렬 A, B가 $A^2+A+E=O$, $B=A-E$를 만족시킬 때, 옳은 것만을 보기에서 있는 대로 고른 것은? (단, O는 영행렬이고, E는 단위행렬이다.)

보기

ㄱ. $A^3=E$
ㄴ. $AB=BA$
ㄷ. $(A+B)(A^2+B^2)(A^4+B^4)=-82A-E$

① ㄱ   ② ㄷ   ③ ㄱ, ㄴ
④ ㄴ, ㄷ   ⑤ ㄱ, ㄴ, ㄷ

1183

학평 기출

어느 식품회사의 숙성창고 출입문은 다음 규칙에 따라 생성되는 번호 $\boxed{a}\boxed{b}\boxed{c}\boxed{d}$ 에 의해 작동된다.

> (가) 출입문 번호 $\boxed{a}\boxed{b}\boxed{c}\boxed{d}$ 는 다음 날
> $$\begin{pmatrix} 1 & 0 \\ 2 & 1 \end{pmatrix}\begin{pmatrix} a & b \\ c & d \end{pmatrix}=\begin{pmatrix} a' & b' \\ c' & d' \end{pmatrix}$$ 에 의해 얻어지는 새로운
> 수 a', b', c', d' 의 각각의 일의 자리 숫자로 구성된 $\boxed{p}\boxed{q}\boxed{r}\boxed{s}$ 로 자동으로 바뀐다.
> (나) 출입문 번호는 (가)에 따라 매일 한 번씩 바뀐다.
> (다) 처음 설정한 번호가 $\boxed{a}\boxed{b}\boxed{c}\boxed{d}$ 일 때, 바뀐 번호가 다시 $\boxed{a}\boxed{b}\boxed{c}\boxed{d}$ 가 되는 날 숙성창고 출입문이 처음으로 열린다.

예를 들어, 어느 날 번호가 $\boxed{3}\boxed{8}\boxed{2}\boxed{4}$ 이면
$$\begin{pmatrix} 1 & 0 \\ 2 & 1 \end{pmatrix}\begin{pmatrix} 3 & 8 \\ 2 & 4 \end{pmatrix}=\begin{pmatrix} 3 & 8 \\ 8 & 20 \end{pmatrix}$$ 이므로 다음 날 번호는
$\boxed{3}\boxed{8}\boxed{8}\boxed{0}$ 으로 자동으로 바뀐다. 수요일에 처음 설정한 번호가 $\boxed{1}\boxed{1}\boxed{2}\boxed{5}$ 일 때, 숙성창고 출입문이 처음으로 열리는 요일은?

① 월요일　　　② 화요일　　　③ 수요일
④ 목요일　　　⑤ 금요일

1184

수능 기출

이차정사각행렬 A가 다음 조건을 만족시킨다.
(단, E는 단위행렬이고, O는 영행렬이다.)

> (가) $A^2+2A-E=O$
> (나) $A\begin{pmatrix} 1 \\ -1 \end{pmatrix}=\begin{pmatrix} 3 \\ 4 \end{pmatrix}$

$(A+2E)\begin{pmatrix} x \\ y \end{pmatrix}=\begin{pmatrix} 3 \\ -3 \end{pmatrix}$ 을 만족시키는 실수 x, y에 대하여 $x+y$의 값을 구하시오.

1185

학평 기출

이차정사각행렬 A, B와 실수 k에 대하여
$$A+kB=\begin{pmatrix} 2 & 2 \\ 1 & 3 \end{pmatrix},\ A+B=E,\ B^2=B$$
가 성립할 때, $10k$의 값을 구하시오.
(단, E는 단위행렬이다.)

1186

평가원 기출

행렬 $A=\begin{pmatrix} 1 & 1 \\ a & a \end{pmatrix}$ 와 이차정사각행렬 B가 다음 조건을 만족시킬 때, 행렬 $A+B$의 $(1, 2)$ 성분과 $(2, 1)$ 성분의 합은?

> (가) $B\begin{pmatrix} 1 \\ -1 \end{pmatrix}=\begin{pmatrix} 0 \\ 0 \end{pmatrix}$ 이다.
> (나) $AB=2A$ 이고, $BA=4B$ 이다.

① 2　　　　② 4　　　　③ 6
④ 8　　　　⑤ 10

1187

학평 기출

그림과 같은 두 개의 도로망이 있다.

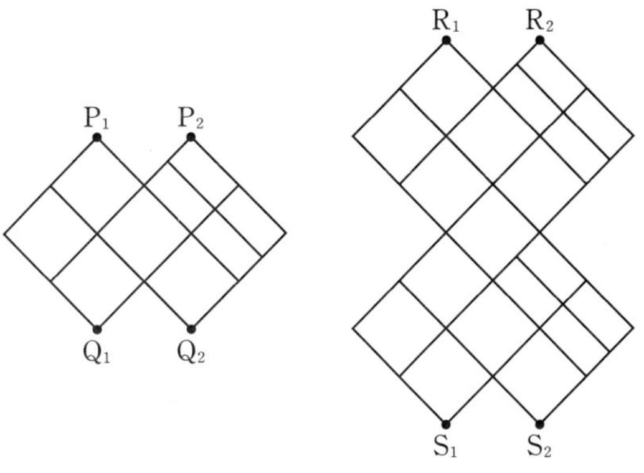

이차정사각행렬 A의 $(i,\ j)$ 성분 $a_{ij}\,(i=1,\ 2,\ j=1,\ 2)$를

$$a_{ij}=(\text{P}_i \text{ 지점에서 도로망을 따라 } \text{Q}_j \text{ 지점까지 최단}$$
$$\text{거리로 가는 방법의 수})$$

로 정의하자.

다음 중 R_1 지점에서 도로망을 따라 S_2 지점까지 최단 거리로 가는 방법의 수와 같은 것은?

(단, 모든 도로는 서로 평행하거나 수직이다.)

① 행렬 $2A$의 $(1,\ 2)$ 성분
② 행렬 A^2의 $(1,\ 2)$ 성분
③ 행렬 A^2의 $(2,\ 1)$ 성분
④ 행렬 A의 $(1,\ 2)$ 성분과 $(2,\ 2)$ 성분의 곱
⑤ 행렬 A의 $(1,\ 2)$ 성분과 $(2,\ 1)$ 성분의 곱

1188

이차정사각행렬 A가 다음 조건을 만족시킨다.

> (가) $A^2\begin{pmatrix} 2 \\ 1 \end{pmatrix}=\begin{pmatrix} 2 \\ 1 \end{pmatrix}$
>
> (나) $A^3\begin{pmatrix} 2 \\ 1 \end{pmatrix}=\begin{pmatrix} -2 \\ 4 \end{pmatrix}$

$A\begin{pmatrix} -8 \\ 11 \end{pmatrix}=\begin{pmatrix} p \\ q \end{pmatrix}$를 만족시키는 실수 p, q에 대하여 $p-q$의 값을 구하시오.

1189

두 이차정사각행렬 A, B가 $AB+B=A$, $ABA-A^2=E$를 만족시킬 때, 보기에서 옳은 것만을 있는 대로 고른 것은? (단, E는 단위행렬)

> **보기**
>
> ㄱ. $AB=BA$
> ㄴ. $A^{99}B^{99}=E$
> ㄷ. $(A-E)^{200}=3^{100}A$

① ㄱ 　② ㄴ 　③ ㄱ, ㄷ
④ ㄴ, ㄷ 　⑤ ㄱ, ㄴ, ㄷ

MEMO

완자

기출 PICK

정답과 해설

공통수학 1

 책 속의 가접 별책 (특허 제 0557442호)

정답과 해설

공통수학 1

난이도별 **필수 기출** 6~21쪽

0001 답 ①

$2A-\{C+3(B-A)\}$
$=2A-C-3B+3A$
$=5A-3B-C$
$=5(3x^2-2x+1)-3(x^2+x-1)-(-3x+5)$
$=15x^2-10x+5-3x^2-3x+3+3x-5$
$=12x^2-10x+3$
이므로 x의 계수는 -10이다.

0002 답 ③

$A+2X=B$에서 $2X=B-A$
$\therefore X=\dfrac{1}{2}(B-A)$
$\qquad =\dfrac{1}{2}\{(3x^2-5y^2)-(x^2-2xy+y^2)\}$
$\qquad =\dfrac{1}{2}(2x^2+2xy-6y^2)=x^2+xy-3y^2$

0003 답 ⑤

$\langle x+2y-1,\ 3x-4y+1\rangle=3(x+2y-1)-(3x-4y+1)+2$
$\qquad\qquad\qquad\qquad\quad =3x+6y-3-3x+4y-1+2$
$\qquad\qquad\qquad\qquad\quad =10y-2$

0004 답 6

$A+B=2x^3-x^2+4x+6$ $\quad\cdots\cdots$ ㉠
$B+C=x^3-2x$ $\quad\cdots\cdots$ ㉡
$C+A=3x^3-x^2$ $\quad\cdots\cdots$ ㉢
㉠$+$㉡$+$㉢을 하면 $2(A+B+C)=6x^3-2x^2+2x+6$
$\therefore A+B+C=3x^3-x^2+x+3$
즉, $f(x)=3x^3-x^2+x+3$이므로
$f(1)=3-1+1+3=6$

0005 답 $-3x^2-3x+9$

$A+B=-x^2-x+4$ $\quad\cdots\cdots$ ㉠
$2A-B=4x^2+4x-7$ $\quad\cdots\cdots$ ㉡
㉠$+$㉡을 하면 $3A=3x^2+3x-3$
$\therefore A=x^2+x-1$ $\qquad\qquad\qquad\cdots\cdots$ ⓘ
이를 ㉠에 대입하면
$(x^2+x-1)+B=-x^2-x+4$
$\therefore B=-x^2-x+4-(x^2+x-1)$
$\qquad =-2x^2-2x+5$ $\qquad\qquad\cdots\cdots$ ⓘⓘ
$\therefore A+2B=(x^2+x-1)+2(-2x^2-2x+5)$
$\qquad\qquad =x^2+x-1-4x^2-4x+10$
$\qquad\qquad =-3x^2-3x+9$ $\qquad\cdots\cdots$ ⓘⓘⓘ

0006 답 ④

$3A-B=x^2-9xy+7y^2$ $\quad\cdots\cdots$ ㉠
$A-B=-x^2+5xy-y^2$ $\quad\cdots\cdots$ ㉡
㉠$-$㉡을 하면 $2A=2x^2-14xy+8y^2$
$\therefore A=x^2-7xy+4y^2$
이를 ㉡에 대입하면
$(x^2-7xy+4y^2)-B=-x^2+5xy-y^2$
$\therefore B=(x^2-7xy+4y^2)-(-x^2+5xy-y^2)$
$\qquad =2x^2-12xy+5y^2$
이때 $X-A=B$에서 $X=A+B$이므로
$X=(x^2-7xy+4y^2)+(2x^2-12xy+5y^2)$
$\qquad =3x^2-19xy+9y^2$

0007 답 ④

어떤 식을 A라 하면
$2x^3-x^2+3+A=x^3-2x^2+x+5$이므로
$A=x^3-2x^2+x+5-(2x^3-x^2+3)$
$\qquad =-x^3-x^2+x+2$
따라서 바르게 계산하면
$2x^3-x^2+3-A=2x^3-x^2+3-(-x^3-x^2+x+2)$
$\qquad\qquad\qquad\quad =3x^3-x+1$

0008 답 ②

$D=(-2x^2)+(2x+1)+(x^3+x^2)$
$\qquad =x^3-x^2+2x+1$
$A=D$이므로
$Q(x)+(x^3+1)+(-2x^2)=x^3-x^2+2x+1$
$\therefore Q(x)=x^3-x^2+2x+1-(x^3-2x^2+1)=x^2+2x$
$C=D$이므로
$(x^2+1)+P(x)+(x^3+x^2)=x^3-x^2+2x+1$
$\therefore P(x)=x^3-x^2+2x+1-(x^3+2x^2+1)=-3x^2+2x$
$\therefore P(x)+Q(x)=(-3x^2+2x)+(x^2+2x)$
$\qquad\qquad\qquad\quad =-2x^2+4x$

$D=(-2x^2)+(2x+1)+(x^3+x^2)$
$\qquad =x^3-x^2+2x+1$
$A=D,\ C=D$이므로
$Q(x)+(x^3+1)+(-2x^2)=x^3-x^2+2x+1$ $\quad\cdots\cdots$ ㉠
$(x^2+1)+P(x)+(x^3+x^2)=x^3-x^2+2x+1$ $\quad\cdots\cdots$ ㉡
㉠$+$㉡을 하면
$P(x)+Q(x)+2x^3+2=2x^3-2x^2+4x+2$
$\therefore P(x)+Q(x)=-2x^2+4x$

0009 답 4

$2x^2-3x+5$	$\bigcirc$	$6x^2-x+3$
	$\bigcirc$	
	$3x^2-4x+6$	A

위의 표에서 가로에 놓인 세 다항식의 합이 $15x^2+6$이므로
$(2x^2-3x+5)+\bigcirc+(6x^2-x+3)=15x^2+6$
$\therefore \bigcirc=15x^2+6-(2x^2-3x+5)-(6x^2-x+3)$
$\qquad=7x^2+4x-2$
세로에 놓인 세 다항식의 합이 $15x^2+6$이므로
$(7x^2+4x-2)+\bigcirc+(3x^2-4x+6)=15x^2+6$
$\therefore \bigcirc=15x^2+6-(7x^2+4x-2)-(3x^2-4x+6)$
$\qquad=5x^2+2$
대각선에 놓인 세 다항식의 합이 $15x^2+6$이므로
$(2x^2-3x+5)+(5x^2+2)+A=15x^2+6$
$\therefore A=15x^2+6-(2x^2-3x+5)-(5x^2+2)$
$\qquad=8x^2+3x-1$
따라서 $f(x)=8x^2+3x-1$이므로
$f(-1)=8-3-1=4$

0010 답 ④

$(2x^2-3x+1)(-x+3)$의 전개식에서 x^2항은
$2x^2\times3+(-3x)\times(-x)=6x^2+3x^2$
$\qquad\qquad\qquad\qquad=9x^2$
따라서 x^2의 계수는 9이다.

0011 답 6

$(4x-y-3z)^2=(4x-y-3z)(4x-y-3z)$의 전개식에서 yz항
은
$(-y)\times(-3z)+(-3z)\times(-y)=3yz+3yz$
$\qquad\qquad\qquad\qquad\qquad=6yz$
따라서 yz의 계수는 6이다.

0012 답 ④

③ $(a+b-c)(a-b+c)=\{a+(b-c)\}\{a-(b-c)\}$
$\qquad\qquad\qquad\qquad=a^2-(b-c)^2$
$\qquad\qquad\qquad\qquad=a^2-b^2-c^2+2bc$
④ $(x-y-z)^2=x^2+y^2+z^2-2xy+2yz-2zx$
따라서 옳지 않은 것은 ④이다.

0013 답 ⑤

ㄴ. $(3x-1)(9x^2+3x+1)=(3x)^3-1^3=27x^3-1$
ㄷ. $(a+b-1)(a^2+b^2-ab+a+b+1)$
$\quad=\{a+b+(-1)\}$
$\qquad\quad\times\{a^2+b^2+(-1)^2-a\times b-b\times(-1)-(-1)\times a\}$
$\quad=a^3+b^3+(-1)^3-3\times a\times b\times(-1)$
$\quad=a^3+b^3+3ab-1$

ㄹ. $(4x^2+2xy+y^2)(4x^2-2xy+y^2)$
$\quad=\{(2x)^2+2x\times y+y^2\}\{(2x)^2-2x\times y+y^2\}$
$\quad=(2x)^4+(2x)^2\times y^2+y^4$
$\quad=16x^4+4x^2y^2+y^4$
따라서 보기에서 옳은 것은 ㄱ, ㄷ, ㄹ이다.

0014 답 ②

$A-C=(3x^2-2xy+y^2)-(3x^2+2xy-y^2)$
$\qquad\quad=-4xy+2y^2$
이므로
$AB-BC=(A-C)B$
$\qquad\qquad=(-4xy+2y^2)(x^2+xy-2y^2)$
$\qquad\qquad=-4x^3y-4x^2y^2+8xy^3+2x^2y^2+2xy^3-4y^4$
$\qquad\qquad=-4x^3y-2x^2y^2+10xy^3-4y^4$

0015 답 ②

$(a-b)(a^2+ab+b^2)(a^3+b^3)(a^6+b^6)$
$=(a^3-b^3)(a^3+b^3)(a^6+b^6)$
$=(a^6-b^6)(a^6+b^6)$
$=a^{12}-b^{12}$

0016 답 ①

주어진 다항식의 전개식에서 x항은
$3x\times(-2a)+(-1)\times(-ax)=-6ax+ax=-5ax$
따라서 $-5a=15$이므로
$a=-3$

0017 답 3

$(x+a)^3+x(x-4)=(x^3+3ax^2+3a^2x+a^3)+x^2-4x$
$\qquad\qquad\qquad\qquad=x^3+(3a+1)x^2+(3a^2-4)x+a^3$
이때 x^2의 계수가 10이므로
$3a+1=10$ $\qquad\therefore a=3$

0018 답 $2x^3+8x+42$

밑면의 모양이 사다리꼴이므로 사각기둥의 밑넓이는
$\dfrac{1}{2}\times\{(x-3)+x\}\times4=4x-6$ $\qquad\qquad\cdots\cdots$ ❶
사각기둥의 옆넓이는
$\{(x-3)+5+x+4\}\times(x^2-3x+9)$
$=2(x+3)(x^2-3x+9)$
$=2(x^3+27)$
$=2x^3+54$ $\qquad\qquad\cdots\cdots$ ❷
따라서 사각기둥의 겉넓이는
$(4x-6)\times2+(2x^3+54)=8x-12+2x^3+54$
$\qquad\qquad\qquad\qquad\qquad=2x^3+8x+42$ $\qquad\cdots\cdots$ ❸

0019 답 ⑤

$(x-2)(x+2)(x^2+2x+4)(x^2-2x+4)$
$=\{(x-2)(x^2+2x+4)\}\{(x+2)(x^2-2x+4)\}$
$=(x^3-2^3)(x^3+2^3)$
$=x^6-2^6$
$=69-64=5$

다른 풀이

$(x-2)(x+2)(x^2+2x+4)(x^2-2x+4)$
$=\{(x-2)(x+2)\}\{(x^2+2x+4)(x^2-2x+4)\}$
$=(x^2-4)(x^4+4x^2+16)$
$=x^6-4^3$
$=69-64=5$

0020 답 ②

$(3x^2+2xy+y^2)(x^2-2xy+2y^2)$의 전개식에서 x^2y^2항은
$3x^2 \times 2y^2 + 2xy \times (-2xy) + y^2 \times x^2 = 6x^2y^2 - 4x^2y^2 + x^2y^2$
$\qquad\qquad\qquad\qquad\qquad\qquad = 3x^2y^2$
$\therefore a=3$
$(2x^4-5x^3+2x^2+x-3)^2$, 즉
$(2x^4-5x^3+2x^2+x-3)(2x^4-5x^3+2x^2+x-3)$의 전개식에서
x^4항은
$2x^4 \times (-3) + (-5x^3) \times x + 2x^2 \times 2x^2 + x \times (-5x^3)$
$\qquad\qquad\qquad\qquad\qquad\qquad\qquad + (-3) \times 2x^4$
$= -6x^4 - 5x^4 + 4x^4 - 5x^4 - 6x^4$
$= -18x^4$
$\therefore b=-18$
$\therefore \dfrac{b}{a} = \dfrac{-18}{3} = -6$

0021 답 2

$(2x^3-x^2+x-a)^2$, 즉 $(2x^3-x^2+x-a)(2x^3-x^2+x-a)$의
전개식에서 x^2항은
$(-x^2) \times (-a) + x \times x + (-a) \times (-x^2) = (2a+1)x^2$ ······ ⓘ
x^4항은
$2x^3 \times x + (-x^2) \times (-x^2) + x \times 2x^3 = 5x^4$ ······ ⓘⓘ
x^2의 계수와 x^4의 계수가 같으므로
$2a+1=5,\ 2a=4 \qquad \therefore a=2$ ······ ⓘⓘⓘ

채점 기준	
ⓘ x^2항 구하기	40%
ⓘⓘ x^4항 구하기	40%
ⓘⓘⓘ a의 값 구하기	20%

0022 답 ②

$(x-1)(x-2)(x+4)(x+5)$
$=\{(x-1)(x+4)\}\{(x-2)(x+5)\}$
$=(x^2+3x-4)(x^2+3x-10)$
$x^2+3x=X$로 놓으면
(주어진 식)$=(X-4)(X-10)=X^2-14X+40$
$\qquad\qquad = (x^2+3x)^2 - 14(x^2+3x) + 40$
$\qquad\qquad = x^4 + 6x^3 + 9x^2 - 14x^2 - 42x + 40$
$\qquad\qquad = x^4 + 6x^3 - 5x^2 - 42x + 40$

0023 답 ⑤

$\langle A,\ B \rangle = A^2 - AB + B^2 = (A-B)^2 + AB$이므로
$\langle x^2+x+1,\ x^2-x \rangle = (2x+1)^2 + (x^2+x+1)(x^2-x)$
$\qquad\qquad\qquad = (2x+1)^2 + x(x-1)(x^2+x+1)$
$\qquad\qquad\qquad = (2x+1)^2 + x(x^3-1)$
$\qquad\qquad\qquad = (4x^2+4x+1) + (x^4-x)$
$\qquad\qquad\qquad = x^4 + 4x^2 + 3x + 1$

0024 답 ③

$(x^3-2x^2-2x+1)(x^3-2x^2+2x+1)$
$=(x^3-2x^2+1)^2 - (2x)^2$
$=(x^6+4x^4+1-4x^5-4x^2+2x^3) - 4x^2$
$=x^6 - 4x^5 + 4x^4 + 2x^3 - 8x^2 + 1$

0025 답 ③

$(x+1)(x-2)(x+3)(x-4)(x+5)$의 전개식에서 x^4항은
$x+1$, $x-2$, $x+3$, $x-4$, $x+5$ 중 4개의 일차식에서 x를, 나머지 1개의 일차식에서 상수항을 뽑아 곱하면 되므로
$x^4 - 2x^4 + 3x^4 - 4x^4 + 5x^4 = 3x^4$
따라서 x^4의 계수는 3이다.

0026 답 12

$(1+x+2x^2+3x^3+\cdots+10x^{10})^2$, 즉
$(1+x+2x^2+3x^3+\cdots+10x^{10})(1+x+2x^2+3x^3+\cdots+10x^{10})$
의 전개식에서 x^4항은
$1 \times 4x^4 + x \times 3x^3 + 2x^2 \times 2x^2 + 3x^3 \times x + 4x^4 \times 1$
$= 4x^4 + 3x^4 + 4x^4 + 3x^4 + 4x^4 = 18x^4$
$\therefore a=18$ ······ ⓘ
x^5항은
$1 \times 5x^5 + x \times 4x^4 + 2x^2 \times 3x^3 + 3x^3 \times 2x^2 + 4x^4 \times x + 5x^5 \times 1$
$= 5x^5 + 4x^5 + 6x^5 + 6x^5 + 4x^5 + 5x^5 = 30x^5$
$\therefore b=30$ ······ ⓘⓘ
$\therefore b-a = 30-18 = 12$ ······ ⓘⓘⓘ

채점 기준	
ⓘ a의 값 구하기	40%
ⓘⓘ b의 값 구하기	40%
ⓘⓘⓘ $b-a$의 값 구하기	20%

0027 답 4

$(3+2a)^3=A$, $(3-2a)^3=B$로 놓으면
$\{(3+2a)^3+(3-2a)^3\}^2-\{(3+2a)^3-(3-2a)^3\}^2$
$=(A+B)^2-(A-B)^2$
$=(A^2+2AB+B^2)-(A^2-2AB+B^2)=4AB$
$=4(3+2a)^3(3-2a)^3=4(9-4a^2)^3$
$=4\times(9-4\times2)^3\;(\because\;a=\sqrt{2})$
$=4$

0028 답 ①

$x+y+z=3$에서
$x+y=3-z$, $y+z=3-x$, $z+x=3-y$
$\therefore\;(x+y)(y+z)(z+x)$
$\quad=(3-z)(3-x)(3-y)$
$\quad=3^3-(x+y+z)\times3^2+(xy+yz+zx)\times3-xyz$
$\quad=27-3\times9+(-1)\times3-(-2)=-1$

0029 답 ⑤

$(1+x+x^2+x^3+x^4)^4$
$=(1+x+x^2+x^3+x^4)\times(1+x+x^2+x^3+x^4)$
$\qquad\times(1+x+x^2+x^3+x^4)\times(1+x+x^2+x^3+x^4)$
위의 전개식에서 x^2항은
$x^2\times1\times1\times1+1\times x^2\times1\times1+1\times1\times x^2\times1+1\times1\times1\times x^2$
$\qquad+x\times x\times1\times1+x\times1\times x\times1+x\times1\times1\times x$
$\qquad+1\times x\times x\times1+1\times x\times1\times x+1\times1\times x\times x$
$=10x^2$
따라서 x^2의 계수는 10이다.

다른 풀이

구하는 것이 x^2의 계수이므로 $(1+x+x^2+x^3+x^4)^4$에서 x^3, x^4은
고려하지 않아도 된다.
즉, $(1+x+x^2+x^3+x^4)^4$의 전개식에서 x^2의 계수는
$(1+x+x^2)^4$의 전개식에서 x^2의 계수와 같다.
$(1+x+x^2)^4$
$=(1+x+x^2)^2(1+x+x^2)^2$
$=(1+2x+3x^2+2x^3+x^4)(1+2x+3x^2+2x^3+x^4)$
위의 전개식에서 x^2항은
$1\times3x^2+2x\times2x+3x^2\times1=10x^2$
따라서 x^2의 계수는 10이다.

0030 답 ①

㈎에서 $(6-x)(6-y)(6-z)=0$이므로
$216-(x+y+z)\times36+(xy+yz+zx)\times6-xyz=0$　……㉠
㈏에서 $\dfrac{1}{x}+\dfrac{1}{y}+\dfrac{1}{z}=\dfrac{1}{6}$이므로
$\dfrac{xy+yz+zx}{xyz}=\dfrac{1}{6}$
$\therefore\;xyz=6(xy+yz+zx)$
이를 ㉠에 대입하면 $216-(x+y+z)\times36=0$
$\therefore\;x+y+z=6$

0031 답 ③

$a^3-b^3=(a-b)^3+3ab(a-b)$
$\qquad=2^3+3\times\dfrac{1}{3}\times2=10$

0032 답 ②

$a^3+b^3=(a+b)^3-3ab(a+b)$에서
$10=2^3-3ab\times2$, $6ab=-2$
$\therefore\;ab=-\dfrac{1}{3}$

0033 답 ③

$a^2+b^2+c^2=(a+b+c)^2-2(ab+bc+ca)$에서
$2=0-2(ab+bc+ca)$　　$\therefore\;ab+bc+ca=-1$

0034 답 20

$x^3-\dfrac{8}{x^3}=\left(x-\dfrac{2}{x}\right)^3+3\times x\times\dfrac{2}{x}\times\left(x-\dfrac{2}{x}\right)$
$\qquad=2^3+6\times2=20$

0035 답 ②

$\dfrac{x^2}{y}+\dfrac{y^2}{x}=\dfrac{x^3+y^3}{xy}=\dfrac{(x+y)^3-3xy(x+y)}{xy}$
$\qquad=\dfrac{(\sqrt{2})^3-3\times(-2)\times\sqrt{2}}{-2}$
$\qquad=\dfrac{2\sqrt{2}+6\sqrt{2}}{-2}=-4\sqrt{2}$

0036 답 ⑤

$a^2+4b^2+c^2=(a-2b+c)^2-2(-2ab-2bc+ca)$
$\qquad=(a-2b+c)^2+2(2ab+2bc-ca)$
$\qquad=10^2+2\times20=140$

0037 답 44

$(x-1)^3+(y-1)^3$
$=x^3-3x^2+3x-1+y^3-3y^2+3y-1$
$=x^3+y^3-3(x^2+y^2)+3(x+y)-2$
$=(x+y)^3-3xy(x+y)-3\{(x+y)^2-2xy\}+3(x+y)-2$
$=4^3-3\times(-3)\times4-3\times\{4^2-2\times(-3)\}+3\times4-2$
$=44$

0038 답 16

$x+y=(1+\sqrt{2})+(1-\sqrt{2})=2$
$xy=(1+\sqrt{2})(1-\sqrt{2})=-1$　　　　……❶
$\therefore\;x^3+y^3-x^2y-xy^2=x^3+y^3-xy(x+y)$
$\qquad\qquad=(x+y)^3-3xy(x+y)-xy(x+y)$
$\qquad\qquad=(x+y)^3-4xy(x+y)$
$\qquad\qquad=2^3-4\times(-1)\times2=16$　　……❷

채점 기준

❶ $x+y$, xy의 값 구하기	40%
❷ $x^3+y^3-x^2y-xy^2$의 값 구하기	60%

0039 답 ②

$x^2+y^2=(x+y)^2-2xy$
$\qquad =(-2)^2-2\times(-6)=16$
$\therefore x^4+y^4=(x^2+y^2)^2-2x^2y^2=(x^2+y^2)^2-2\times(xy)^2$
$\qquad =16^2-2\times(-6)^2=184$

0040 답 ①

$x^3-y^3=(x-y)^3+3xy(x-y)$에서
$28=4^3+3xy\times4,\ -12xy=36$
$\therefore xy=-3$
$(x+y)^2=(x-y)^2+4xy=4^2+4\times(-3)=4$이므로
$|x+y|=2$

0041 답 ②

$x^2+\dfrac{1}{x^2}=\left(x+\dfrac{1}{x}\right)^2-2=3^2-2=7$
$x^3+\dfrac{1}{x^3}=\left(x+\dfrac{1}{x}\right)^3-3\left(x+\dfrac{1}{x}\right)=3^3-3\times3=18$
$\therefore 3x^3-x^2+2x+\dfrac{2}{x}-\dfrac{1}{x^2}+\dfrac{3}{x^3}$
$\quad =3\left(x^3+\dfrac{1}{x^3}\right)-\left(x^2+\dfrac{1}{x^2}\right)+2\left(x+\dfrac{1}{x}\right)$
$\quad =3\times18-7+2\times3=53$

0042 답 ④

$x>1$이므로 $x^2-4x+1=0$의 양변을 x로 나누면
$x-4+\dfrac{1}{x}=0\qquad \therefore x+\dfrac{1}{x}=4$
$\left(x-\dfrac{1}{x}\right)^2=\left(x+\dfrac{1}{x}\right)^2-4=4^2-4=12$
그런데 $x>1$이므로 $x-\dfrac{1}{x}>0$
$\therefore x-\dfrac{1}{x}=2\sqrt{3}$
$\therefore x^3-\dfrac{1}{x^3}=\left(x-\dfrac{1}{x}\right)^3+3\left(x-\dfrac{1}{x}\right)$
$\qquad =(2\sqrt{3})^3+3\times2\sqrt{3}$
$\qquad =30\sqrt{3}$

0043 답 162

$a^2+ab+b^2=33\qquad \cdots\cdots\ ㉠$
$a^2-ab+b^2=27\qquad \cdots\cdots\ ㉡$
㉠$-$㉡을 하면
$2ab=6\qquad \therefore ab=3$
이를 ㉠에 대입하면
$a^2+3+b^2=33\qquad \therefore a^2+b^2=30$
$\therefore (a+b)^2=a^2+b^2+2ab=30+2\times3=36$
그런데 $a>0,\ b>0$이므로 $a+b=6$
$\therefore a^3+b^3=(a+b)^3-3ab(a+b)$
$\qquad =6^3-3\times3\times6=162$

0044 답 ②

$x^3+y^3=(x+y)^3-3xy(x+y)$에서
$10=1^3-3xy\times1\qquad \therefore xy=-3$
$\therefore x^2+y^2=(x+y)^2-2xy$
$\qquad =1^2-2\times(-3)=7$
$(x^3+y^3)(x^2+y^2)=x^5+x^3y^2+x^2y^3+y^5$
$\qquad =x^5+y^5+x^2y^2(x+y)$
이므로
$x^5+y^5=(x^3+y^3)(x^2+y^2)-x^2y^2(x+y)$
$\qquad =10\times7-(-3)^2\times1=61$

0045 답 8

$a+b+c=0$에서 $a+b=-c,\ b+c=-a,\ c+a=-b$이므로
$\dfrac{1}{a+b}+\dfrac{1}{b+c}+\dfrac{1}{c+a}$
$=\dfrac{1}{-c}+\dfrac{1}{-a}+\dfrac{1}{-b}$
$=-\dfrac{ab+bc+ca}{abc}\qquad \cdots\cdots ㉠$ $\qquad\qquad \cdots\cdots$ ❶
$a^2+b^2+c^2=(a+b+c)^2-2(ab+bc+ca)$에서
$16=0-2(ab+bc+ca)$
$\therefore ab+bc+ca=-8\qquad\qquad\qquad \cdots\cdots$ ❷
따라서 $abc=1,\ ab+bc+ca=-8$을 ㉠에 대입하면
$\dfrac{1}{a+b}+\dfrac{1}{b+c}+\dfrac{1}{c+a}=-\dfrac{-8}{1}=8\qquad \cdots\cdots$ ❸

채점 기준

❶ $\dfrac{1}{a+b}+\dfrac{1}{b+c}+\dfrac{1}{c+a}$을 변형하기		40%
❷ $ab+bc+ca$의 값 구하기		40%
❸ $\dfrac{1}{a+b}+\dfrac{1}{b+c}+\dfrac{1}{c+a}$의 값 구하기		20%

0046 답 ⑤

$x^2+y^2+z^2=(x+y+z)^2-2(xy+yz+zx)$에서
$19=5^2-2(xy+yz+zx)\qquad \therefore xy+yz+zx=3$
$x+y+z=5$에서 $x+y=5-z,\ y+z=5-x,\ z+x=5-y$이므로
$(x+y)(y+z)(z+x)$
$=(5-z)(5-x)(5-y)$
$=5^3-(x+y+z)\times5^2+(xy+yz+zx)\times5-xyz$
$=125-5\times25+3\times5-(-5)=20$

0047 답 ①

$a-b=2,\ b-c=3$을 변끼리 더하면
$a-c=5\qquad \therefore c-a=-5$
$\therefore a^2+b^2+c^2-ab-bc-ca$
$\quad =\dfrac{1}{2}(2a^2+2b^2+2c^2-2ab-2bc-2ca)$
$\quad =\dfrac{1}{2}\{(a^2-2ab+b^2)+(b^2-2bc+c^2)+(c^2-2ca+a^2)\}$
$\quad =\dfrac{1}{2}\{(a-b)^2+(b-c)^2+(c-a)^2\}$
$\quad =\dfrac{1}{2}\{2^2+3^2+(-5)^2\}=19$

0048 답 56

$\left(3x+\dfrac{1}{x}\right)^2+\left(x-\dfrac{3}{x}\right)^2=140$에서

$9x^2+6+\dfrac{1}{x^2}+x^2-6+\dfrac{9}{x^2}=140$

$10x^2+\dfrac{10}{x^2}=140$ $\qquad \therefore x^2+\dfrac{1}{x^2}=14$

$\therefore \left(x+\dfrac{1}{x}\right)^2=x^2+\dfrac{1}{x^2}+2$

$\qquad\qquad\quad =14+2=16$

그런데 $x>0$이므로 $x+\dfrac{1}{x}=4$

$\therefore x+x^3+\dfrac{1}{x}+\dfrac{1}{x^3}=\left(x+\dfrac{1}{x}\right)+\left(x^3+\dfrac{1}{x^3}\right)$

$\qquad\qquad\qquad\quad =\left(x+\dfrac{1}{x}\right)+\left(x+\dfrac{1}{x}\right)^3-3\left(x+\dfrac{1}{x}\right)$

$\qquad\qquad\qquad\quad =4+4^3-3\times 4=56$

0049 답 ②

$2a+b=4b(2a+c)$, $a+3b+c=4bc$, $3c+a=8ca$를 변끼리 모두 더하면

$4(a+b+c)=8(ab+bc+ca)$

$a+b+c=2(ab+bc+ca)$

이때 $a+b+c=5$이므로

$2(ab+bc+ca)=5$

$\therefore a^2+b^2+c^2=(a+b+c)^2-2(ab+bc+ca)$

$\qquad\qquad\qquad =5^2-5=20$

0050 답 ④

$x^2+y^2=(x-y)^2+2xy$에서

$6=(2\sqrt{2})^2+2xy$ $\qquad \therefore xy=-1$

$x^3-y^3=(x-y)^3+3xy(x-y)$

$\qquad\quad =(2\sqrt{2})^3+3\times(-1)\times 2\sqrt{2}=10\sqrt{2}$,

$x^4+y^4=(x^2+y^2)^2-2x^2y^2$

$\qquad\quad =6^2-2\times(-1)^2=34$

이므로

$(x^3-y^3)(x^4+y^4)=x^7+x^3y^4-x^4y^3-y^7$

$\qquad\qquad\qquad\qquad =x^7-y^7-x^3y^3(x-y)$

$\therefore x^7-y^7=(x^3-y^3)(x^4+y^4)+x^3y^3(x-y)$

$\qquad\qquad\quad =10\sqrt{2}\times 34+(-1)^3\times 2\sqrt{2}=338\sqrt{2}$

0051 답 ②

$x^2+y^2+z^2=(x+y+z)^2-2(xy+yz+zx)$에서

$11=3^2-2(xy+yz+zx)$

$\therefore xy+yz+zx=-1$

$(xy+yz+zx)^2=x^2y^2+y^2z^2+z^2x^2+2xyz(x+y+z)$에서

$x^2y^2+y^2z^2+z^2x^2=(xy+yz+zx)^2-2xyz(x+y+z)$

$\qquad\qquad\qquad\qquad =(-1)^2-2\times(-2)\times 3=13$

$\therefore x^4+y^4+z^4=(x^2+y^2+z^2)^2-2(x^2y^2+y^2z^2+z^2x^2)$

$\qquad\qquad\qquad\quad =11^2-2\times 13=95$

0052 답 ③

$a^2+b^2+c^2=(a+b+c)^2-2(ab+bc+ca)$에서

$5=1^2-2(ab+bc+ca)$

$\therefore ab+bc+ca=-2$

$\dfrac{1}{a}+\dfrac{1}{b}+\dfrac{1}{c}=2$에서

$\dfrac{ab+bc+ca}{abc}=2$

$\dfrac{-2}{abc}=2$ $\qquad \therefore abc=-1$

$(ab+bc+ca)^2=a^2b^2+b^2c^2+c^2a^2+2abc(a+b+c)$에서

$a^2b^2+b^2c^2+c^2a^2=(ab+bc+ca)^2-2abc(a+b+c)$

$\qquad\qquad\qquad\qquad =(-2)^2-2\times(-1)\times 1=6$

$\therefore \dfrac{1}{a^2}+\dfrac{1}{b^2}+\dfrac{1}{c^2}=\dfrac{a^2b^2+b^2c^2+c^2a^2}{a^2b^2c^2}$

$\qquad\qquad\qquad\quad =\dfrac{6}{(-1)^2}=6$

0053 답 ③

$\dfrac{1}{x}+\dfrac{1}{y}+\dfrac{1}{z}=2$에서 $\dfrac{xy+yz+zx}{xyz}=2$

$\dfrac{xy+yz+zx}{9}=2$ $\qquad \therefore xy+yz+zx=18$

이때 $x+y+z=k$ (k는 상수)라 하면

$x+y=k-z$, $y+z=k-x$, $z+x=k-y$이므로

$(x+y)(y+z)(z+x)$

$=(k-z)(k-x)(k-y)$

$=k^3-(x+y+z)k^2+(xy+yz+zx)k-xyz$

$=k^3-k\times k^2+18k-9$

$=18k-9$

즉, $18k-9=135$이므로

$k=8$

따라서 $x+y+z=8$이므로

$x^2+y^2+z^2=(x+y+z)^2-2(xy+yz+zx)$

$\qquad\qquad\qquad =8^2-2\times 18=28$

0054 답 ②

$m+n=(ax+by)+(bx+ay)=(a+b)x+(a+b)y$

$\qquad\quad =x+y=-3$

$mn=(ax+by)(bx+ay)$

$\qquad =abx^2+a^2xy+b^2xy+aby^2$

$\qquad =ab(x^2+y^2)+(a^2+b^2)xy$

이때 $a^2+b^2=(a+b)^2-2ab=1^2-2\times(-1)=3$,

$x^2+y^2=(x+y)^2-2xy=(-3)^2-2\times 1=7$이므로

$mn=ab(x^2+y^2)+(a^2+b^2)xy$

$\qquad =(-1)\times 7+3\times 1$

$\qquad =-4$

$\therefore m^3+n^3=(m+n)^3-3mn(m+n)$

$\qquad\qquad\quad =(-3)^3-3\times(-4)\times(-3)$

$\qquad\qquad\quad =-63$

m^3+n^3

$=(ax+by)^3+(bx+ay)^3$

$=a^3x^3+3a^2bx^2y+3ab^2xy^2+b^3y^3$

$\qquad\qquad\qquad +b^3x^3+3ab^2x^2y+3a^2bxy^2+a^3y^3$

$=(a^3+b^3)x^3+3ab(a+b)x^2y+3ab(a+b)xy^2+(a^3+b^3)y^3$

$=(a^3+b^3)(x^3+y^3)+3ab(a+b)(x+y)xy$

이때

$a^3+b^3=(a+b)^3-3ab(a+b)$

$\qquad =1^3-3\times(-1)\times1=4,$

$x^3+y^3=(x+y)^3-3xy(x+y)$

$\qquad =(-3)^3-3\times1\times(-3)$

$\qquad =-18$

이므로

$m^3+n^3=(a^3+b^3)(x^3+y^3)+3ab(a+b)(x+y)xy$

$\qquad\qquad =4\times(-18)+3\times(-1)\times1\times(-3)\times1$

$\qquad\qquad =-63$

0055 답 $4\sqrt{6}$

$\left(x^2+\dfrac{1}{x^2}\right)^2=\left(x^2-\dfrac{1}{x^2}\right)^2+4=(-2\sqrt3)^2+4=16$

그런데 $x^2>0$이므로

$x^2+\dfrac{1}{x^2}=4$ $\qquad\qquad\qquad\qquad$ $\cdots\cdots$ ⓘ

$\therefore \left(x+\dfrac{1}{x}\right)^2=x^2+\dfrac{1}{x^2}+2=4+2=6$

그런데 $x>0$이므로

$x+\dfrac{1}{x}=\sqrt6$ $\qquad\qquad\qquad\qquad$ $\cdots\cdots$ ⓙ

$\therefore \dfrac{x^6+x^4+x^2+1}{x^3}=x^3+x+\dfrac{1}{x}+\dfrac{1}{x^3}$

$\qquad\qquad =\left(x^3+\dfrac{1}{x^3}\right)+\left(x+\dfrac{1}{x}\right)$

$\qquad\qquad =\left(x+\dfrac{1}{x}\right)^3-3\left(x+\dfrac{1}{x}\right)+\left(x+\dfrac{1}{x}\right)$

$\qquad\qquad =\left(x+\dfrac{1}{x}\right)^3-2\left(x+\dfrac{1}{x}\right)$

$\qquad\qquad =(\sqrt6)^3-2\times\sqrt6=4\sqrt6$ $\qquad$ $\cdots\cdots$ ⓚ

ⓘ $x^2+\dfrac{1}{x^2}$의 값 구하기		20%
ⓙ $x+\dfrac{1}{x}$의 값 구하기		30%
ⓚ $\dfrac{x^6+x^4+x^2+1}{x^3}$의 값 구하기		50%

0056 답 ①

$98(10004+200)-102(10004-200)$

$=(100-2)(10000+200+4)-(100+2)(10000-200+4)$

$=(100^3-2^3)-(100^3+2^3)$

$=-8-8=-16$

0057 답 ③

$2\left(1+\dfrac{1}{3}\right)\left(1+\dfrac{1}{3^2}\right)\left(1+\dfrac{1}{3^4}\right)\left(1+\dfrac{1}{3^8}\right)$

$=3\times\dfrac{2}{3}\times\left(1+\dfrac{1}{3}\right)\left(1+\dfrac{1}{3^2}\right)\left(1+\dfrac{1}{3^4}\right)\left(1+\dfrac{1}{3^8}\right)$

$=3\times\left(1-\dfrac{1}{3}\right)\left(1+\dfrac{1}{3}\right)\left(1+\dfrac{1}{3^2}\right)\left(1+\dfrac{1}{3^4}\right)\left(1+\dfrac{1}{3^8}\right)$

$=3\times\left(1-\dfrac{1}{3^2}\right)\left(1+\dfrac{1}{3^2}\right)\left(1+\dfrac{1}{3^4}\right)\left(1+\dfrac{1}{3^8}\right)$

$=3\times\left(1-\dfrac{1}{3^4}\right)\left(1+\dfrac{1}{3^4}\right)\left(1+\dfrac{1}{3^8}\right)$

$=3\times\left(1-\dfrac{1}{3^8}\right)\left(1+\dfrac{1}{3^8}\right)$

$=3\times\left(1-\dfrac{1}{3^{16}}\right)=3-\dfrac{1}{3^{15}}$

따라서 $a=3$, $b=15$이므로 $b-a=12$

0058 답 0

$405=a$, $\sqrt{404}=b$로 놓으면

$(405+\sqrt{404})^3+(405-\sqrt{404})^3$

$=(a+b)^3+(a-b)^3$

$=(a^3+3a^2b+3ab^2+b^3)+(a^3-3a^2b+3ab^2-b^3)$

$=2a^3+6ab^2=2a(a^2+3b^2)$

$=2\times405\times(405^2+3\times404)$

이때 $2\times405=810$이므로 주어진 식을 계산한 수의 일의 자리의 숫자는 0이다.

0059 답 108

$\overline{AC}=a$, $\overline{BC}=b$라 하면 직각삼각형 ABC에서 $\overline{AB}=2\sqrt6$이므로

$a^2+b^2=(2\sqrt6)^2=24$

삼각형 ABC의 넓이가 3이므로

$\dfrac{1}{2}ab=3$ $\qquad\therefore ab=6$

$\therefore (a+b)^2=a^2+b^2+2ab$

$\qquad\qquad =24+2\times6=36$

그런데 $a>0$, $b>0$이므로 $a+b=6$

$\therefore \overline{AC}^3+\overline{BC}^3=a^3+b^3$

$\qquad\qquad\qquad =(a+b)^3-3ab(a+b)$

$\qquad\qquad\qquad =6^3-3\times6\times6=108$

0060 답 14

직사각형 ODCE에서 $\overline{DE}=\overline{OC}=8$

$\overline{OD}=a$, $\overline{OE}=b$라 하면

직사각형 ODCE의 대각선의 길이가 8이므로

$\sqrt{a^2+b^2}=8$ $\qquad\therefore a^2+b^2=64$

또 직사각형 ODCE의 넓이가 18이므로

$ab=18$

$\therefore (a+b)^2=a^2+b^2+2ab=64+2\times18=100$

그런데 $a>0$, $b>0$이므로 $a+b=10$

$\therefore \overline{AD}+\overline{DE}+\overline{EB}=(8-a)+8+(8-b)$

$\qquad\qquad\qquad\qquad =24-(a+b)$

$\qquad\qquad\qquad\qquad =24-10=14$

0061 답 ②

$a>0$, $b>0$이므로 한 면의 넓이가 각각 a^2, b^2인 두 정육면체의 한 모서리의 길이는 각각 a, b이다.

두 정육면체의 모든 모서리의 길이의 합이 36이므로

$12a+12b=36$ $\therefore a+b=3$

$a^2+b^2=(a+b)^2-2ab$에서

$5=3^2-2ab$ $\therefore ab=2$

따라서 두 정육면체의 부피의 합은

$a^3+b^3=(a+b)^3-3ab(a+b)$
$\qquad\quad=3^3-3\times2\times3=9$

0062 답 46

$\overline{OA}=\overline{OD}=a$, $\overline{OB}=b$, $\overline{OC}=c$라 하면

(나)에서 $a+b+c=17$

세 삼각형 OAB, OBC, OCD에서

$\overline{AB}^2=a^2+b^2$, $\overline{BC}^2=b^2+c^2$, $\overline{CD}^2=c^2+a^2$이므로

(다)에서 $(a^2+b^2)+(b^2+c^2)+(c^2+a^2)=210$

$2(a^2+b^2+c^2)=210$

$\therefore a^2+b^2+c^2=105$

$(a+b+c)^2=a^2+b^2+c^2+2(ab+bc+ca)$에서

$17^2=105+2(ab+bc+ca)$

$\therefore ab+bc+ca=92$

따라서 세 삼각형 OAB, OBC, OCD의 넓이의 합은

$\dfrac{1}{2}ab+\dfrac{1}{2}bc+\dfrac{1}{2}ca=\dfrac{1}{2}(ab+bc+ca)$
$\qquad\qquad\qquad\qquad=\dfrac{1}{2}\times92=46$

0063 답 ②

$\overline{BC}=a$, $\overline{CD}=b$, $\overline{CG}=c$라 하면 직육면체의 모든 모서리의 길이의 합이 28이므로

$4a+4b+4c=28$ $\therefore a+b+c=7$

대각선 AG의 길이가 5이므로

$\sqrt{a^2+b^2+c^2}=5$ $\therefore a^2+b^2+c^2=25$

이때 $(a+b+c)^2=a^2+b^2+c^2+2(ab+bc+ca)$이므로

구하는 직육면체의 겉넓이는

$2(ab+bc+ca)=(a+b+c)^2-(a^2+b^2+c^2)$
$\qquad\qquad\qquad=7^2-25=24$

✔ 중2 다시보기

오른쪽 그림과 같이 밑면의 가로의 길이, 세로의 길이, 높이가 각각 a, b, c인 직육면체에 대하여 다음이 성립한다.

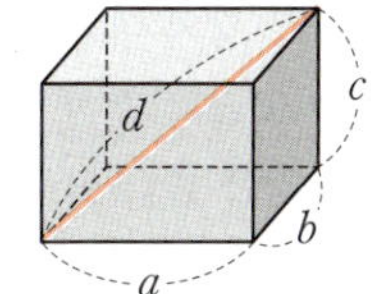

① 모든 모서리의 길이의 합은
$\qquad 4(a+b+c)$

② 겉넓이는 $2(ab+bc+ca)$

③ 대각선의 길이 d에 대하여 $d^2=a^2+b^2+c^2$

0064 답 36

(다)에서 $2(ab+bc+ca)=66$이므로

$ab+bc+ca=33$ ······ ❶

(가), (나)에서

$(a+b)(b+c)(c+a)$
$=(10-c)(10-a)(10-b)$
$=10^3-(a+b+c)\times10^2+(ab+bc+ca)\times10-abc$
$=10^3-10\times10^2+33\times10-abc$
$=330-abc$ ······ ❷

즉, $330-abc=294$이므로

$abc=36$

따라서 직육면체의 부피는 36이다. ······ ❸

채점 기준

❶ $ab+bc+ca$의 값 구하기		30%
❷ $(a+b)(b+c)(c+a)$를 변형하기		40%
❸ 직육면체의 부피 구하기		30%

0065 답 60

$\overline{BC}=a$, $\overline{CD}=b$, $\overline{CG}=c$라 하면 직육면체의 겉넓이가 148이므로

$2(ab+bc+ca)=148$

$\therefore ab+bc+ca=74$ ······ ㉠

삼각형 BGD의 세 변의 길이의 제곱의 합이 154이므로

$\overline{BD}^2+\overline{DG}^2+\overline{BG}^2=154$에서

$(a^2+b^2)+(b^2+c^2)+(c^2+a^2)=154$

$2(a^2+b^2+c^2)=154$

$\therefore a^2+b^2+c^2=77$ ······ ㉡

㉠, ㉡에서

$(a+b+c)^2=a^2+b^2+c^2+2(ab+bc+ca)$
$\qquad\qquad\quad=77+2\times74=225$

그런데 $a+b+c>0$이므로

$a+b+c=15$

따라서 직육면체의 모든 모서리의 길이의 합은

$4(a+b+c)=4\times15=60$

0066 답 ②

처음 직육면체의 밑면의 가로의 길이, 세로의 길이, 높이를 각각 a, b, c라 하면 한 모퉁이에서 한 모서리의 길이가 1인 정육면체 모양을 잘라 낸 입체도형의 겉넓이가 94이므로

$2(ab+bc+ca)=94$

$\therefore ab+bc+ca=47$

모든 모서리의 길이의 합이 54이므로

$4(a+b+c)+6=54$, $4(a+b+c)=48$

$\therefore a+b+c=12$

$\therefore a^2+b^2+c^2=(a+b+c)^2-2(ab+bc+ca)$
$\qquad\qquad\qquad=12^2-2\times47=50$

따라서 처음 직육면체 모양의 나무토막의 대각선의 길이는

$\sqrt{a^2+b^2+c^2}=\sqrt{50}=5\sqrt{2}$

 잘랐을 때 생기는 세 단면과 직육면체의 세 면에서 잘라 낸 부분의 넓이
가 같으므로 잘라 낸 입체도형의 겉넓이는 원래 직육면체의 겉넓이와 같다.
또한 잘랐을 때 생기는 9개의 모서리 중 3개의 모서리가 직육면체의 세 모서리
에서 잘라 낸 부분의 길이와 같으므로 잘라 낸 입체도형의 모든 모서리의 길이
의 합은 원래 직육면체의 모든 모서리의 길이의 합보다 6만큼 더 크다.

0067 답 200

$\overline{OA}=a$, $\overline{OB}=b$, $\overline{OC}=c$라 하면

$\overline{AB}^2+\overline{BC}^2+\overline{CA}^2$

$=(\overline{OA}^2+\overline{OB}^2)+(\overline{OB}^2+\overline{OC}^2)+(\overline{OC}^2+\overline{OA}^2)$

$=(a^2+b^2)+(b^2+c^2)+(c^2+a^2)$

$=2(a^2+b^2+c^2)$

(가)에서 $a+b+c=16$

(나)에서 $\dfrac{1}{2}ab+\dfrac{1}{2}bc+\dfrac{1}{2}ca=39$

$\therefore ab+bc+ca=78$

$a^2+b^2+c^2=(a+b+c)^2-2(ab+bc+ca)$

$\qquad\qquad =16^2-2\times78=100$

이므로

$\overline{AB}^2+\overline{BC}^2+\overline{CA}^2=2(a^2+b^2+c^2)=2\times100=200$

0068 답 ④

$100=a$로 놓으면

$99^3+101^3=(a-1)^3+(a+1)^3$

$\qquad\qquad =(a^3-3a^2+3a-1)+(a^3+3a^2+3a+1)$

$\qquad\qquad =2a^3+6a=2\times100^3+6\times100=2000600$

따라서 구하는 각 자리의 숫자의 합은 $2+6=8$

0069 답 ③

주어진 등식의 좌변을 변형하면

$11\times101\times10001\times100000001$

$=(10+1)(100+1)(10000+1)(100000000+1)$

$=\dfrac{1}{10-1}(10-1)(10+1)(10^2+1)(10^4+1)(10^8+1)$

$=\dfrac{1}{10-1}(10^2-1)(10^2+1)(10^4+1)(10^8+1)$

$=\dfrac{1}{10-1}(10^4-1)(10^4+1)(10^8+1)$

$=\dfrac{1}{10-1}(10^8-1)(10^8+1)$

$=\dfrac{1}{10-1}(10^{16}-1)$

$=\dfrac{1}{9}(10^{16}-1)$

따라서 $m=9$, $n=16$이므로 $m+n=25$

0070 답 148

$\overline{AB}=a$, $\overline{BC}=b$, $\overline{BF}=c$라 하면
모서리의 길이의 합 l_1, l_2는

$l_1=3a+3b+3c+\overline{AC}+\overline{CF}+\overline{FA}$,

$l_2=a+b+c+\overline{AC}+\overline{CF}+\overline{FA}$

$l_1-l_2=28$에서

$2(a+b+c)=28$ $\quad\therefore a+b+c=14$

겉넓이 S_1, S_2는

$S_1=ab+bc+ca+\dfrac{1}{2}ab+\dfrac{1}{2}bc+\dfrac{1}{2}ca+$(삼각형 AFC의 넓이)

$S_2=\dfrac{1}{2}ab+\dfrac{1}{2}bc+\dfrac{1}{2}ca+$(삼각형 AFC의 넓이)

$S_1-S_2=61$에서

$ab+bc+ca=61$

$\therefore \overline{AC}^2+\overline{CF}^2+\overline{FA}^2=(a^2+b^2)+(b^2+c^2)+(c^2+a^2)$

$\qquad\qquad =2(a^2+b^2+c^2)$

$\qquad\qquad =2\{(a+b+c)^2-2(ab+bc+ca)\}$

$\qquad\qquad =2\times(14^2-2\times61)$

$\qquad\qquad =148$

0071 답 ③

삼각형 ABC가 $\angle A=90°$인 직각삼각형이므로

$\overline{AB}^2+\overline{AC}^2=\overline{BC}^2$에서

$x^2+y^2=10$ $\quad\cdots\cdots$ ㉠

$\triangle ABC\infty\triangle APS$ (AA 닮음)이고, 닮음비는

$\overline{BC} : \overline{PS}=\sqrt{10} : \dfrac{2\sqrt{10}}{7}=7 : 2$이므로

$\overline{AP}=\dfrac{2}{7}x$, $\overline{AS}=\dfrac{2}{7}y$

또 $\triangle APS\infty\triangle RSC$ (AA 닮음)이므로

$\overline{AP} : \overline{RS}=\overline{PS} : \overline{SC}$에서

$\dfrac{2}{7}x : \dfrac{2\sqrt{10}}{7}=\dfrac{2\sqrt{10}}{7} : \left(y-\dfrac{2}{7}y\right)$

$2x : 2\sqrt{10}=2\sqrt{10} : 5y$, $10xy=40$

$\therefore xy=4$ $\quad\cdots\cdots$ ㉡

㉠, ㉡에서 $(x-y)^2=x^2+y^2-2xy=10-2\times4=2$

그런데 $x>y$이므로 $x-y=\sqrt{2}$

$\therefore x^3-y^3=(x-y)^3+3xy(x-y)$

$\qquad\qquad =(\sqrt{2})^3+3\times4\times\sqrt{2}=14\sqrt{2}$

 $\triangle APS$와 $\triangle RSC$에서

$\angle PAS=\angle SRC=90°$이고,

$\angle PSA=90°-\angle CSR=\angle SCR$이므로

$\triangle APS\infty\triangle RSC$ (AA 닮음)

두 삼각형은 다음의 각 경우에 서로 닮음이다.

(1) 세 쌍의 대응변의 길이의 비
　 가 같을 때 (SSS 닮음)
　 ➡ $a : a'=b : b'=c : c'$
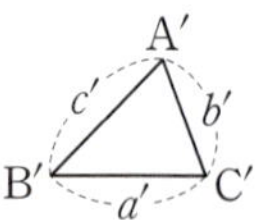

(2) 두 쌍의 대응변의 길이의 비
　 가 같고 그 끼인각의 크기가
　 같을 때 (SAS 닮음)
　 ➡ $a : a'=b : b'$, $\angle C=\angle C'$
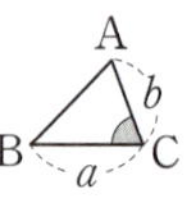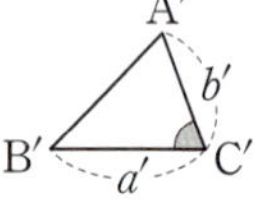

(3) 두 쌍의 대응각의 크기가 각
　 각 같을 때 (AA 닮음)
　 ➡ $\angle B=\angle B'$, $\angle C=\angle C'$
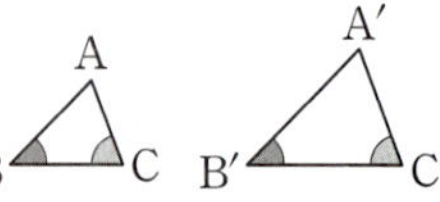

0072 답 2

$$
\begin{array}{r}
2x^2+\ x-2 \\
2x-1\ \overline{)\ 4x^3\qquad\ -5x+3} \\
\underline{4x^3-2x^2\qquad\ } \\
2x^2-5x \\
\underline{2x^2-\ x} \\
-4x+3 \\
\underline{-4x+2} \\
1
\end{array}
$$

따라서 $a=2$, $b=2$, $c=3$, $d=1$이므로
$a-b+c-d=2$

0073 답 4

x^3+2x^2-5x-8을 $x-2$로 나누었을 때의 몫과 나머지를 조립제법을 이용하여 구하면

$$
\begin{array}{r|rrrr}
2 & 1 & 2 & -5 & -8 \\
  &   & 2 & 8 & 6 \\
\hline
  & 1 & 4 & 3 & \boxed{-2}
\end{array}
$$

따라서 $a=2$, $b=4$, $c=-2$이므로
$a+b+c=4$

0074 답 ③

$2x^3+x^2-3x-5$를 $x+2$로 나누면

$$
\begin{array}{r}
2x^2-3x+3 \\
x+2\ \overline{)\ 2x^3+\ x^2-3x-\ 5} \\
\underline{2x^3+4x^2} \\
-3x^2-3x \\
\underline{-3x^2-6x} \\
3x-\ 5 \\
\underline{3x+\ 6} \\
-11
\end{array}
$$

따라서 몫은 $2x^2-3x+3$, 나머지는 -11이다.

다른 풀이

$2x^3+x^2-3x-5$를 $x+2$로 나누었을 때의 몫과 나머지를 조립제법을 이용하여 구하면

$$
\begin{array}{r|rrrr}
-2 & 2 & 1 & -3 & -5 \\
   &   & -4 & 6 & -6 \\
\hline
   & 2 & -3 & 3 & \boxed{-11}
\end{array}
$$

따라서 몫은 $2x^2-3x+3$, 나머지는 -11이다.

0075 답 ④

$$
\begin{array}{r|rrrr}
\frac{1}{3} & 3 & -7 & 5 & 1 \\
   &   & \boxed{1} & \boxed{-2} & \boxed{1} \\
\hline
   & 3 & \boxed{-6} & \boxed{3} & 2
\end{array}
$$

$$3x^3-7x^2+5x+1=\left(x-\frac{1}{3}\right)\!\left(\boxed{\text{(가)}\ 3x^2-6x+3}\right)+2$$
$$=(3x-1)\left(\boxed{\text{(나)}\ x^2-2x+1}\right)+2$$

$f(x)=3x^2-6x+3$, $g(x)=x^2-2x+1$이므로
$f(2)=12-12+3=3$, $g(2)=4-4+1=1$
$\therefore\ f(2)+g(2)=4$

0076 답 9

$2x^3-x^2+x+3$을 $x+1$로 나누면

$$
\begin{array}{r}
2x^2-3x+4 \\
x+1\ \overline{)\ 2x^3-\ x^2+\ x+3} \\
\underline{2x^3+2x^2} \\
-3x^2+\ x \\
\underline{-3x^2-3x} \\
4x+3 \\
\underline{4x+4} \\
-1
\end{array}
$$

따라서 $Q(x)=2x^2-3x+4$이므로
$Q(-1)=2+3+4=9$

0077 답 ③

$3x^3-4x^2+4x+2=P(x)(3x^2-x+3)+5$이므로
$3x^3-4x^2+4x-3=P(x)(3x^2-x+3)$
$\therefore\ P(x)=(3x^3-4x^2+4x-3)\div(3x^2-x+3)$

$$
\begin{array}{r}
x-1 \\
3x^2-x+3\ \overline{)\ 3x^3-4x^2+4x-3} \\
\underline{3x^3-\ x^2+3x} \\
-3x^2+\ x-3 \\
\underline{-3x^2+\ x-3} \\
0
\end{array}
$$

$\therefore\ P(x)=x-1$

0078 답 ④

$P(x)-2x^2=(x^4+2x^3-x^2+5)-2x^2$
$=x^4+2x^3-3x^2+5$
이 식을 $Q(x)=x^2-x+1$로 나누면

$$
\begin{array}{r}
x^2+3x-1 \\
x^2-x+1\ \overline{)\ x^4+2x^3-3x^2\qquad+5} \\
\underline{x^4-\ x^3+\ x^2} \\
3x^3-4x^2 \\
\underline{3x^3-3x^2+3x} \\
-\ x^2-3x+5 \\
\underline{-\ x^2+\ x-1} \\
-4x+6
\end{array}
$$

따라서 나머지가 $-4x+6$이므로
$a=6$

0079 답 ④

$$P(x)=(x^2+3)(3x+1)+x+5$$
$$=3x^3+x^2+10x+8$$

$3x^3+x^2+10x+8$을 $x-1$로 나누면

$$
\begin{array}{r}
3x^2+4x\ +14 \\
x-1\,)\overline{\,3x^3+\ x^2+10x+\ 8\,} \\
\underline{3x^3-3x^2\ \ \ \ \ \ \ \ \ \ \ \ } \\
4x^2+10x \\
\underline{4x^2-\ 4x\ \ \ \ } \\
14x+\ 8 \\
\underline{14x-14} \\
22
\end{array}
$$

따라서 몫은 $3x^2+4x+14$이다.

다른 풀이

$P(x)=3x^3+x^2+10x+8$을 $x-1$로 나누었을 때의 몫과 나머지를 조립제법을 이용하여 구하면

$$
\begin{array}{c|cccc}
1 & 3 & 1 & 10 & 8 \\
  &   & 3 & 4 & 14 \\
\hline
  & 3 & 4 & 14 & \boxed{22}
\end{array}
$$

따라서 몫은 $3x^2+4x+14$, 나머지는 22이다.

0080 답 4

$P(x)$를 $3x-6$으로 나누었을 때의 몫이 $Q_1(x)$, 나머지가 R_1이므로

$$P(x)=(3x-6)Q_1(x)+R_1$$
$$=(x-2)\times 3Q_1(x)+R_1 \qquad \cdots\cdots \ \text{❶}$$

따라서 $P(x)$를 $x-2$로 나누었을 때의 몫 $Q_2(x)$와 나머지 R_2는

$$Q_2(x)=3Q_1(x),\ R_2=R_1 \qquad \cdots\cdots \ \text{❷}$$

$$\therefore\ \frac{Q_2(x)}{Q_1(x)}+\frac{R_2}{R_1}=\frac{3Q_1(x)}{Q_1(x)}+\frac{R_1}{R_1}$$
$$=3+1=4 \qquad \cdots\cdots \ \text{❸}$$

채점 기준

❶ $P(x)$에 대한 식을 변형하기	30 %
❷ $Q_2(x)$, R_2를 $Q_1(x)$, R_1로 나타내기	50 %
❸ $\dfrac{Q_2(x)}{Q_1(x)}+\dfrac{R_2}{R_1}$의 값 구하기	20 %

0081 답 ④

$$A=(2x^2-x+1)(x+2)+3x-5$$
$$=2x^3+3x^2+2x-3$$

$2x^3+3x^2+2x-3$을 x^2+1로 나누면

$$
\begin{array}{r}
2x\ +3 \\
x^2+1\,)\overline{\,2x^3+3x^2+2x-3\,} \\
\underline{2x^3\ \ \ \ \ \ +2x\ \ \ \ } \\
3x^2\ \ \ \ \ -3 \\
\underline{3x^2\ \ \ \ \ +3} \\
-6
\end{array}
$$

$$\therefore\ A=2x^3+3x^2+2x-3,\ R=-6$$

0082 답 ①

x^3+4x^2+ax-5를 x^2-x+b로 나누면

$$
\begin{array}{r}
x\ +5 \\
x^2-x+b\,)\overline{\,x^3+4x^2+\ \ \ \ \ \ \ \ ax-5\,} \\
\underline{x^3-\ x^2+\ \ \ \ \ \ \ \ bx\ \ \ \ } \\
5x^2+\ \ \ (a-b)x-5 \\
\underline{5x^2-\ \ \ \ \ \ \ \ 5x+5b} \\
(a-b+5)x-5\ -5b
\end{array}
$$

나누어떨어지려면 $a-b+5=0,\ -5-5b=0$이어야 하므로
$$a=-6,\ b=-1 \qquad \therefore\ a+b=-7$$

0083 답 ④

x^3+x^2+ax+b를 $(x-1)^2$, 즉 x^2-2x+1로 나누면

$$
\begin{array}{r}
x\ +3 \\
x^2-2x+1\,)\overline{\,x^3+\ x^2+\ \ \ \ \ \ \ ax+b\,} \\
\underline{x^3-2x^2+\ \ \ \ \ \ \ x\ \ \ \ } \\
3x^2+(a-1)x+b \\
\underline{3x^2-\ \ \ \ \ \ \ 6x+3} \\
(a+5)x+b-3
\end{array}
$$

나누어떨어지려면 $a+5=0,\ b-3=0$이어야 하므로
$$a=-5,\ b=3 \qquad \therefore\ ab=-15$$
$Q(x)=x+3$이므로
$$Q(ab)=Q(-15)=-15+3=-12$$

0084 답 30

$x^4+5x^3-3x^2-40x+4$를 x^2-2x-2로 나누면

$$
\begin{array}{r}
x^2+7x\ +13 \\
x^2-2x-2\,)\overline{\,x^4+5x^3-\ 3x^2-40x+\ 4\,} \\
\underline{x^4-2x^3-\ 2x^2\ \ \ \ \ \ \ \ \ \ \ } \\
7x^3-\ \ x^2-40x \\
\underline{7x^3-14x^2-14x} \\
13x^2-26x+\ 4 \\
\underline{13x^2-26x-26} \\
30
\end{array}
$$

$$\therefore\ x^4+5x^3-3x^2-40x+4=(x^2-2x-2)(x^2+7x+13)+30$$
$$=30\ (\because\ x^2-2x-2=0)$$

0085 답 ⑤

$f(x)$를 $3x-1$로 나누었을 때의 몫이 $Q(x)$, 나머지가 R이므로

$$f(x)=(3x-1)Q(x)+R$$
$$\therefore\ 3f(x)=3(3x-1)Q(x)+3R$$
$$=9\left(x-\frac{1}{3}\right)Q(x)+3R$$
$$=\left(x-\frac{1}{3}\right)\times 9Q(x)+3R$$

따라서 구하는 몫은 $9Q(x)$, 나머지는 $3R$이다.

0086 답 ③

$2x+1$로 나누었으므로 $m=-\dfrac{1}{2}$

$$c = m \times 2 = \left(-\frac{1}{2}\right) \times 2 = -1$$

$a + c = -6$이므로 $a = -6 - (-1) = -5$

$$d = m \times (-6) = \left(-\frac{1}{2}\right) \times (-6) = 3$$

$b + (-2) = -3$이므로 $b = -1$

$$\therefore P(x) = 2x^3 - 5x^2 + x - 1$$

ㄱ. $P(1) = 2 - 5 + 1 - 1 = -3$

ㄴ. $P(x) = \left(x + \dfrac{1}{2}\right)(2x^2 - 6x + 4) - 3$

$\qquad = (2x+1)(x^2 - 3x + 2) - 3$

따라서 몫은 $x^2 - 3x + 2$이다.

ㄷ. 나머지는 -3이고 $P\left(-\dfrac{1}{2}\right) = -3$과 같다.

따라서 보기에서 옳은 것은 ㄱ, ㄷ이다.

0087 답 ⑤

$P(x)$를 $x - a$로 나누었을 때의 몫이 $Q(x)$, 나머지가 R이므로

$$P(x) = (x-a)Q(x) + R$$

$$\begin{aligned}\therefore \ xP(x) &= x(x-a)Q(x) + Rx \\ &= x(x-a)Q(x) + R(x-a) + aR \\ &= (x-a)\{xQ(x) + R\} + aR\end{aligned}$$

따라서 구하는 몫은 $xQ(x) + R$이다.

0088 답 ⑤

$f(x)$를 $x - 2$로 나누었을 때의 몫이 $Q(x)$, 나머지가 R이므로

$$f(x) = (x-2)Q(x) + R$$

$$\begin{aligned}\therefore \ (x+1)f(x) &= (x+1)(x-2)Q(x) + R(x+1) \\ &= (x+1)(x-2)Q(x) + R(x-2) + 3R \\ &= (x-2)\{(x+1)Q(x) + R\} + 3R\end{aligned}$$

따라서 구하는 몫은 $(x+1)Q(x) + R$, 나머지는 $3R$이다.

0089 답 ⑤

$f(x)$를 $2x - 1$로 나누었을 때의 몫이 $Q(x)$, 나머지가 R이므로

$$f(x) = (2x-1)Q(x) + R$$

$$f(x+1) = (2x+1)Q(x+1) + R$$

$$\begin{aligned}\therefore \ xf(x+1) &= x(2x+1)Q(x+1) + Rx \\ &= \left(x + \frac{1}{2}\right) \times 2xQ(x+1) + R\left(x + \frac{1}{2}\right) - \frac{R}{2} \\ &= \left(x + \frac{1}{2}\right)\{2xQ(x+1) + R\} - \frac{R}{2}\end{aligned}$$

따라서 구하는 몫은 $2xQ(x+1) + R$, 나머지는 $-\dfrac{R}{2}$이다.

0090 답 ⑤

$x^4 + x^3 + x^2 + x + 1 = X$로 놓으면

$$\begin{aligned}&(x^5 + x^4 + x^3 + x^2 + x + 1)^2 - (x^4 + x^3 + x^2 + x + 1)^2 \\ &= (x^5 + X)^2 - X^2 \\ &= x^{10} + 2x^5 X \\ &= x^{10} + 2x^5(x^4 + x^3 + x^2 + x + 1) \\ &= x^{10} + 2x^9 + 2x^8 + 2x^7 + 2x^6 + 2x^5 \\ &= x^6(x^4 + 2x^3 + 2x^2 + 2x + 2) + 2x^5\end{aligned}$$

따라서 구하는 나머지는 $2x^5$이다.

0091 답 ②

$x = \dfrac{1 + \sqrt{3}}{2}$에서 $2x - 1 = \sqrt{3}$

양변을 제곱하면

$$4x^2 - 4x + 1 = 3 \qquad \therefore \ 2x^2 - 2x - 1 = 0$$

이때 $2x^4 - 8x^3 + 11x^2 - 5x + 5$를 $2x^2 - 2x - 1$로 나누면

$$\require{enclose}
\begin{array}{r}
x^2 - 3x + 3 \\
2x^2 - 2x - 1 \enclose{longdiv}{2x^4 - 8x^3 + 11x^2 - 5x + 5} \\
\underline{2x^4 - 2x^3 - x^2 } \\
-6x^3 + 12x^2 - 5x \\
\underline{-6x^3 + 6x^2 + 3x } \\
6x^2 - 8x + 5 \\
\underline{6x^2 - 6x - 3} \\
-2x + 8
\end{array}$$

$$\begin{aligned}\therefore \ & 2x^4 - 8x^3 + 11x^2 - 5x + 5 \\ &= (2x^2 - 2x - 1)(x^2 - 3x + 3) - 2x + 8 \\ &= -2x + 8 \ (\because \ 2x^2 - 2x - 1 = 0) \\ &= -2 \times \frac{1 + \sqrt{3}}{2} + 8 = 7 - \sqrt{3}\end{aligned}$$

0092 답 ③

$P(x)$를 $x - 1$로 나누었을 때의 몫이 $Q(x)$, 나머지가 R이므로

$$P(x) = (x-1)Q(x) + R$$

$$\begin{aligned}\therefore \ x^2 P(x) &= x^2(x-1)Q(x) + x^2 R \\ &= x^2(x-1)Q(x) + (x-1)(x+1)R + R \\ &= (x-1)\{x^2 Q(x) + (x+1)R\} + R\end{aligned}$$

따라서 구하는 몫은 $x^2 Q(x) + (x+1)R$이다.

0093 답 ①

$f(x)$를 $x^2 + 1$로 나누었을 때의 몫을 $Q(x)$라 하면

$f(x) = (x^2 + 1)Q(x) + x + 1$이므로

$$\begin{aligned}&\{f(x)\}^2 \\ &= (x^2+1)^2\{Q(x)\}^2 + 2(x^2+1)(x+1)Q(x) + (x+1)^2 \\ &= (x^2+1)[(x^2+1)\{Q(x)\}^2 + 2(x+1)Q(x)] + x^2 + 2x + 1 \\ &= (x^2+1)[(x^2+1)\{Q(x)\}^2 + 2(x+1)Q(x)] + (x^2+1) + 2x \\ &= (x^2+1)[(x^2+1)\{Q(x)\}^2 + 2(x+1)Q(x) + 1] + 2x\end{aligned}$$

따라서 $R(x) = 2x$이므로 $R(3) = 6$

0094 답 ③

전략 (나)에 $n = 1, 2, 3, 4$를 대입하여 $f_5(x)$를 구한 후 x항이 나오는 부분만 계산한다.

$f_{n+1}(x) = f_n(x+n)$에 $n = 1, 2, 3, 4$를 차례로 대입하면

$$f_2(x) = f_1(x+1) = 2(x+1)^3 - 5(x+1)^2 + 10$$

$$f_3(x) = f_2(x+2) = 2(x+3)^3 - 5(x+3)^2 + 10$$

$f_4(x)=f_3(x+3)=2(x+6)^3-5(x+6)^2+10$

$f_5(x)=f_4(x+4)=2(x+10)^3-5(x+10)^2+10$

이때 $f_5(x)$의 전개식에서 x항은

$2\times3x\times10^2-5\times2x\times10=600x-100x=500x$

따라서 x의 계수는 500이다.

0095 답 ②

전략 $f(x)$에 대한 등식을 세운 후 x에 $x+3$을 대입하여 $f(x+3)$을 구한 다음 $(2x+7)(x+5)$를 포함한 식으로 변형하여 나머지를 구한다.

$f(x)$를 $(2x+1)(x+2)(x-1)$로 나누었을 때의 몫이 $Q(x)$, 나머지가 $2x^2+6x-5$이므로

$f(x)=(2x+1)(x+2)(x-1)Q(x)+2x^2+6x-5$

$\therefore f(x+3)$

$\quad=(2x+7)(x+5)(x+2)Q(x+3)+2(x+3)^2+6(x+3)-5$

$\quad=(2x+7)(x+5)(x+2)Q(x+3)+2x^2+18x+31$

$\quad=(2x+7)(x+5)(x+2)Q(x+3)+(2x+7)(x+5)+x-4$

$\quad=(2x+7)(x+5)\{(x+2)Q(x+3)+1\}+x-4$

따라서 구하는 나머지는 $x-4$이다.

0096 답 3

전략 $P(x)$를 $Q(x)$와 R로 나타낸 후 $6Q(x)+3$을 포함한 항으로 변형한다. 이때 $6Q(x)+3$이 x에 대한 이차식임을 이용하여 몫과 나머지를 구한다.

삼차다항식 $P(x)$를 $3x+6$으로 나누었을 때의 몫이 $Q(x)$, 나머지가 R이므로

$P(x)=(3x+6)Q(x)+R$

$\quad=\left(\dfrac{1}{2}x+1\right)6Q(x)+R$

$\quad=\left(\dfrac{1}{2}x+1\right)6Q(x)+3\left(\dfrac{1}{2}x+1\right)-3\left(\dfrac{1}{2}x+1\right)+R$

$\quad=\{6Q(x)+3\}\left(\dfrac{1}{2}x+1\right)-\dfrac{3}{2}x-3+R$

따라서 $P(x)$를 $6Q(x)+3$으로 나누었을 때의 몫은 $\dfrac{1}{2}x+1$,

나머지는 $-\dfrac{3}{2}x-3+R$이므로

$h(x)-R=\left\{\left(\dfrac{1}{2}x+1\right)+\left(-\dfrac{3}{2}x-3+R\right)\right\}-R$

$\qquad\quad=-x-2$

$\therefore h(-5)-R=5-2=3$

0097 답 ④

전략 x^2의 계수를 a, b, c에 대한 식으로 나타낸 후 곱셈 공식의 변형을 이용하여 a, b, c의 값을 구하기 쉬운 꼴로 변형한다.

$(a^2x^2+bx-1)(b^2x^2+cx-1)(c^2x^2+ax-1)$의 전개식에서 x^2항은

$a^2x^2\times(-1)\times(-1)+(-1)\times b^2x^2\times(-1)$

$\quad+(-1)\times(-1)\times c^2x^2+bx\times cx\times(-1)+bx\times(-1)\times ax$

$\quad+(-1)\times cx\times ax$

$=(a^2+b^2+c^2-ab-bc-ca)x^2$

이때 x^2의 계수가 4이므로

$a^2+b^2+c^2-ab-bc-ca=4$

$2a^2+2b^2+2c^2-2ab-2bc-2ca=8$

$\therefore (a-b)^2+(b-c)^2+(c-a)^2=8$ $\quad$ ...... ㉠

㉠을 만족시키는 $(a-b)^2$, $(b-c)^2$, $(c-a)^2$의 값이 될 수 있는 수는 0, 1, 4이고, 이때 세 수의 합이 8이 되는 경우는 $0+4+4$뿐이므로 ㉠을 만족시키는 a, b, c의 값은 세 수 중 두 수는 같고, 서로 다른 두 수의 차가 2이다.

$a\geq b\geq c$라 하면 5 이하의 세 자연수 a, b, c는

5, 5, 3 또는 5, 3, 3 또는 4, 4, 2 또는 4, 2, 2 또는

3, 3, 1 또는 3, 1, 1

따라서 $a+b+c$의 값이 될 수 있는 수는 13, 11, 10, 8, 7, 5이므로 $a+b+c$의 최댓값은 13이다.

0098 답 ②

전략 $\overline{PH}=a$, $\overline{PI}=b$로 놓고 내접원과 직각삼각형의 넓이 사이의 관계를 이용하여 a, b에 대한 식을 세운 후 곱셈 공식의 변형을 이용한다.

직사각형 OHPI에서 $\overline{HI}=\overline{OP}=4$

$\overline{PH}=a$, $\overline{PI}=b$라 하면 직사각형 OHPI의 대각선의 길이가 4이므로

$\sqrt{a^2+b^2}=4$ $\qquad\therefore a^2+b^2=16$ $\quad$ ...... ㉠

삼각형 PIH에 내접하는 원의 반지름의 길이를 r라 하면

삼각형 PIH의 넓이는

$\dfrac{1}{2}\times\overline{PH}\times\overline{PI}=\dfrac{1}{2}\times r\times(\overline{PH}+\overline{PI}+\overline{HI})$

$\dfrac{1}{2}ab=\dfrac{1}{2}r(a+b+4)$ $\qquad\therefore ab=r(a+b+4)$ $\quad$ ...... ㉡

이때 삼각형 PIH에 내접하는 원의 넓이가 $\dfrac{\pi}{4}$이므로

$\pi r^2=\dfrac{\pi}{4}$, $r^2=\dfrac{1}{4}$ $\qquad\therefore r=\dfrac{1}{2}$ $(\because r>0)$

이를 ㉡에 대입하면 $ab=\dfrac{1}{2}(a+b+4)$

$\therefore a+b=2ab-4$ $\quad$ ...... ㉢

㉢의 양변을 제곱하면

$a^2+2ab+b^2=4a^2b^2-16ab+16$

㉠을 대입하면 $16+2ab=4a^2b^2-16ab+16$

$4a^2b^2-18ab=0$, $2ab(2ab-9)=0$

$\therefore ab=\dfrac{9}{2}$ $(\because a>0, b>0)$

이를 ㉢에 대입하면 $a+b=2\times\dfrac{9}{2}-4=5$

$\therefore \overline{PH}^3+\overline{PI}^3=a^3+b^3=(a+b)^3-3ab(a+b)$

$\qquad\qquad\qquad=5^3-3\times\dfrac{9}{2}\times5=\dfrac{115}{2}$

삼각형 PIH에 내접하는 원의 중심을 C라 하면 삼각형 PIH의 넓이는 세 삼각형 CHP, CPI, CIH의 넓이의 합과 같으므로

$\triangle PIH=\dfrac{1}{2}\times r\times(\overline{PH}+\overline{PI}+\overline{HI})$

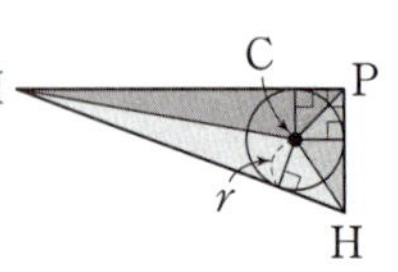

0099 답 216

전략 정사각형 A, B, C가 아닌 직사각형 6개의 넓이의 합을 a, b, c에 대한 식으로 나타낸 후 관계식을 구하고, 곱셈 공식의 변형을 이용하여 a, b, c에 대한 식의 값을 구한다.

$$a+b+c=108 \qquad \cdots\cdots \text{ⓐ}$$

세 정사각형 A, B, C의 넓이가 각각 a, b, c이므로 한 변의 길이가 각각 $\sqrt{a}$, $\sqrt{b}$, $\sqrt{c}$이다.

오른쪽 그림에서 정사각형 A, B, C가 아닌 직사각형 6개의 넓이의 합은

$$2(\sqrt{ab}+\sqrt{bc}+\sqrt{ca})$$
$$=324-(a+b+c)$$
$$=324-108$$
$$=216$$

$$\therefore \sqrt{ab}+\sqrt{bc}+\sqrt{ca}=108 \qquad \cdots\cdots \text{ⓑ}$$

이때 ⓐ, ⓑ에서

$$a+b+c=\sqrt{ab}+\sqrt{bc}+\sqrt{ca}$$
$$2a+2b+2c=2\sqrt{ab}+2\sqrt{bc}+2\sqrt{ca}$$
$$(a-2\sqrt{ab}+b)+(b-2\sqrt{bc}+c)+(c-2\sqrt{ca}+a)=0$$
$$(\sqrt{a}-\sqrt{b})^2+(\sqrt{b}-\sqrt{c})^2+(\sqrt{c}-\sqrt{a})^2=0$$
$$\therefore \sqrt{a}=\sqrt{b}=\sqrt{c}$$

이때 양수 a, b, c에 대하여 $a=b=c$이므로 ⓐ에서

$$3a=108$$
$$\therefore a=b=c=36$$
$$\therefore \sqrt{abc}=\sqrt{a}\times\sqrt{b}\times\sqrt{c}$$
$$=6^3=216$$

0100 답 ④

전략 직각삼각형의 닮음을 이용하여 x의 값을 구한 후 그 값이 0이 되는 이차식으로 $3x^3-5x^2+4x+7$을 나누었을 때의 나머지를 이용하여 식의 값을 구한다.

삼각형 ABC의 넓이가 $\dfrac{4}{3}$이므로

$$\frac{1}{2}\times\overline{AB}\times1=\frac{4}{3} \qquad \therefore \overline{AB}=\frac{8}{3}$$

$\triangle ACH\backsim\triangle CBH$ (AA 닮음)이므로

$\overline{AH}:\overline{CH}=\overline{CH}:\overline{BH}$에서

$$\left(\frac{8}{3}-x\right):1=1:x$$
$$\frac{8}{3}x-x^2=1$$
$$3x^2-8x+3=0 \qquad \therefore x=\frac{4\pm\sqrt{7}}{3}$$

이때 $0<x<1$이므로 $x=\dfrac{4-\sqrt{7}}{3}$

$3x^3-5x^2+4x+7$을 $3x^2-8x+3$으로 나누면

$$\begin{array}{r}
x+1 \\
3x^2-8x+3\,\overline{)\,3x^3-5x^2+4x+7} \\
\underline{3x^3-8x^2+3x} \\
3x^2+x+7 \\
\underline{3x^2-8x+3} \\
9x+4
\end{array}$$

$$\therefore 3x^3-5x^2+4x+7=(3x^2-8x+3)(x+1)+9x+4$$
$$=9x+4\,(\because 3x^2-8x+3=0)$$
$$=9\times\frac{4-\sqrt{7}}{3}+4$$
$$=16-3\sqrt{7}$$

☑ 중3 다시보기

이차방정식 $ax^2+bx+c=0\,(a\neq0)$의 근은

$$x=\frac{-b\pm\sqrt{b^2-4ac}}{2a}\,(\text{단, } b^2-4ac\geq0)$$

0101 답 ④

전략 원주각의 성질과 직각삼각형의 성질을 이용하여 a에 대한 방정식을 구한 후 $a-\dfrac{1}{a}$의 값을 이용하여 $a^3-\dfrac{1}{a^3}$의 값을 구한다.

선분 AB의 중점을 O라 하고 오른쪽 그림과 같이 $\overline{OC}$, $\overline{OD}$를 그으면 $\triangle AOC$와 $\triangle DOC$에서

$\overline{AC}=\overline{DC}$, $\overline{OA}=\overline{OD}$, $\overline{OC}$는 공통

즉, $\triangle AOC\equiv\triangle DOC$ (SSS 합동)이므로

$$\angle ACO=\angle DCO$$

$\overline{AD}$를 그어 $\overline{OC}$와 만나는 점을 M이라 하면

$\overline{CM}$이 $\angle ACD$의 이등분선이고

삼각형 CAD가 $\overline{CA}=\overline{CD}$인 이등변삼각형이므로

$$\overline{AM}=\overline{DM}, \angle AMC=90°$$

이때 $\angle ADB=90°$이므로

$\triangle AOM\backsim\triangle ABD$ (AA 닮음)이고

닮음비는 $\overline{AO}:\overline{AB}=a:2a=1:2$이다.

따라서 $\overline{OM}=\dfrac{1}{2}\overline{BD}=\dfrac{1}{2}\times8=4$이므로

$$\overline{CM}=\overline{OC}-\overline{OM}=a-4$$

직각삼각형 AMC에서 $\overline{AM}^2=\overline{AC}^2-\overline{CM}^2$이고,

직각삼각형 AOM에서 $\overline{AM}^2=\overline{AO}^2-\overline{OM}^2$이므로

$\overline{AC}^2-\overline{CM}^2=\overline{AO}^2-\overline{OM}^2$에서

$$(a-1)^2-(a-4)^2=a^2-4^2$$
$$a^2-6a-1=0$$

이 식의 양변을 a로 나누면

$$a-6-\frac{1}{a}=0 \qquad \therefore a-\frac{1}{a}=6$$

$$\therefore a^3-\frac{1}{a^3}=\left(a-\frac{1}{a}\right)^3+3\left(a-\frac{1}{a}\right)$$
$$=6^3+3\times6=234$$

☑ 중3 다시보기

반원에 대한 원주각의 크기는 90°이다.

➡ $\overline{AB}$가 원의 지름이면

$$\angle APB=\angle AQB=90°$$

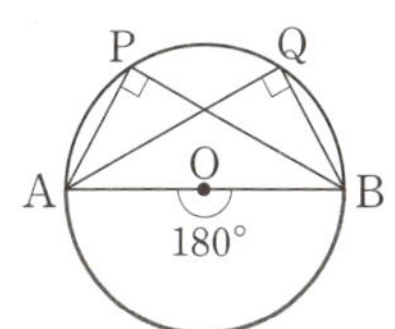

0102 답 ⑤

ㄱ. $x^2-2x+1=0$

ㄴ. $x^2-2x-3=x^2-2x$에서 $-3=0$이므로 성립하지 않는 등식이다.

ㄷ. $x^2=x^2$ (항등식)

ㄹ. $2x^2-3x-5=2x^2-3x-5$ (항등식)

따라서 보기에서 항등식인 것은 ㄷ, ㄹ이다.

0103 답 ③

주어진 등식의 우변을 전개하여 정리하면

$2x^2+ax+b=2x^2+x+3$

이 등식이 x에 대한 항등식이므로

$a=1$, $b=3$

$\therefore ab=3$

0104 답 5

주어진 등식의 양변의 x^2의 계수를 비교하면 $2=a$

주어진 등식의 양변에 $x=2$를 대입하면

$8=2c$　　$\therefore c=4$

주어진 등식의 양변에 $x=0$을 대입하면

$2=-2b$　　$\therefore b=-1$

$\therefore a+b+c=2+(-1)+4=5$

0105 답 13

주어진 등식의 양변에 $x=-1$을 대입하면

$6=6a$　　$\therefore a=1$

주어진 등식의 양변에 $x=1$을 대입하면

$12=-2b$　　$\therefore b=-6$

주어진 등식의 양변에 $x=2$를 대입하면

$18=3c$　　$\therefore c=6$

$\therefore a-b+c=1-(-6)+6=13$

0106 답 6

주어진 등식의 좌변을 x, y에 대하여 정리하면

$(a+b)x+(a-2b)y+c=4x+y+2$ 　　…… ❶

이 등식이 x, y에 대한 항등식이므로

$a+b=4$, $a-2b=1$, $c=2$

$a+b=4$, $a-2b=1$을 연립하여 풀면

$a=3$, $b=1$ 　　…… ❷

$\therefore abc=3\times1\times2=6$ 　　…… ❸

채점 기준	
❶ 등식의 좌변을 x, y에 대하여 정리하기	20%
❷ a, b, c의 값 구하기	60%
❸ abc의 값 구하기	20%

0107 답 ②

$(3x-4)^5(x^3-4x^2+3x-1)^6=a_0+a_1x+a_2x^2+\cdots+a_{23}x^{23}$

$$(a_0,\ a_1,\ ...,\ a_{23}\text{은 상수})$$

이라 하고 양변에 $x=1$을 대입하면

$(-1)^5\times(-1)^6=a_0+a_1+a_2+\cdots+a_{23}$

$\therefore a_0+a_1+a_2+\cdots+a_{23}=-1$

따라서 상수항을 포함한 모든 계수의 합은 -1이다.

참고 $f(x)=a_0+a_1x+\cdots+a_nx^n$에 대하여

① $f(x)$의 상수항 ➡ $f(0)=a_0$

② $f(x)$의 상수항을 포함한 모든 계수의 합 ➡ $f(1)=a_0+a_1+\cdots+a_n$

0108 답 ②

주어진 방정식에 $x=1$을 대입하면

$1+k(2p-3)-(p^2-2)k+q+2=0$

$(-p^2+2p-1)k+q+3=0$

이 등식이 k에 대한 항등식이므로

$-p^2+2p-1=0$, $q+3=0$

$-p^2+2p-1=0$에서 $p^2-2p+1=0$

$(p-1)^2=0$　　$\therefore p=1$

$q+3$에서 $q=-3$

$\therefore p+q=1+(-3)=-2$

0109 답 5

$x+y=1$에서 $y=1-x$이므로 주어진 등식에 대입하면

$2ax+a(1-x)-3=(1-b)x+b(1-x)$

$(a+2b-1)x+a-b-3=0$ 　　…… ❶

이 등식이 x에 대한 항등식이므로

$a+2b-1=0$, $a-b-3=0$

두 식을 연립하여 풀면

$a=\dfrac{7}{3}$, $b=-\dfrac{2}{3}$ 　　…… ❷

$\therefore a^2-b^2=\dfrac{49}{9}-\dfrac{4}{9}=5$ 　　…… ❸

채점 기준	
❶ 주어진 등식을 x에 대하여 정리하기	20%
❷ a, b의 값 구하기	60%
❸ a^2-b^2의 값 구하기	20%

0110 답 ⑤

$y=x^2+ax-2a$에서

$(x-2)a+x^2-y=0$

이 등식이 a에 대한 항등식이므로

$x-2=0$, $x^2-y=0$

따라서 $x=2$, $y=x^2=4$이므로 점 P의 좌표는 $(2, 4)$이다.

0111 답 ①

주어진 등식의 양변에 $x=1$을 대입하면

$1-5+a+1=-1$　　$\therefore a=2$

따라서 $x^3-5x^2+2x+1=(x-1)Q(x)-1$의 양변에 $x=2$를 대입하면
$8-20+4+1=Q(2)-1$　　$\therefore Q(2)=-6$
$\therefore Q(a)=Q(2)=-6$

0112　답 ⑤

$(x*a)+(y*b)=(y*2)+\{(-1)*4\}$에서
$(x+a+ax)+(y+b+by)=(y+2+2y)+(-1+4-4)$
$(a+1)x+(b-2)y+a+b-1=0$
이 등식이 x, y에 대한 항등식이므로
$a+1=0$, $b-2=0$, $a+b-1=0$
따라서 $a=-1$, $b=2$이므로
$b-a=3$

0113　답 ②

주어진 등식의 좌변을 변형하면
$(x+1)(x-3)P(x)+ax+b=2x^3-5x^2-2x-2$ ……㉠
㉠의 양변에 $x=-1$을 대입하면
$-a+b=-7$ ……㉡
㉠의 양변에 $x=3$을 대입하면
$3a+b=1$ ……㉢
㉡, ㉢을 연립하여 풀면 $a=2$, $b=-5$
$\therefore ab=-10$

0114　답 ⑤

$x^4+ax^3-bx^2$을 x^2+x-3으로 나누었을 때의 몫을
x^2+cx+d $(c, d$는 상수$)$라 하면
$x^4+ax^3-bx^2$
$=(x^2+x-3)(x^2+cx+d)+2x+3$
$=x^4+(c+1)x^3+(c+d-3)x^2+(-3c+d+2)x-3d+3$
이 등식이 x에 대한 항등식이므로
$a=c+1$, $-b=c+d-3$, $-3c+d+2=0$, $-3d+3=0$
$-3d+3=0$에서 $d=1$
$-3c+d+2=0$에서 $-3c+1+2=0$
$\therefore c=1$
$-b=c+d-3$에서 $-b=1+1-3$
$\therefore b=1$
$a=c+1$에서 $a=1+1=2$
$\therefore a+b=2+1=3$

0115　답 ④

주어진 등식이 x에 대한 항등식이므로 양변에 $x=1$을 대입하면
$(1-2-1)^{20}=a_0+a_1+a_2+a_3+\cdots+a_{39}+a_{40}$
$\therefore a_0+a_1+a_2+a_3+\cdots+a_{39}+a_{40}=2^{20}$ ……㉠
주어진 등식의 양변에 $x=-1$을 대입하면
$(1+2-1)^{20}=a_0-a_1+a_2-a_3+\cdots-a_{39}+a_{40}$
$\therefore a_0-a_1+a_2-a_3+\cdots-a_{39}+a_{40}=2^{20}$ ……㉡
㉠+㉡을 하면 $2(a_0+a_2+a_4+\cdots+a_{40})=2\times2^{20}$
$\therefore a_0+a_2+a_4+\cdots+a_{40}=2^{20}$

0116　답 ①

$\dfrac{ax-by+2}{2x+y-1}=k$ $(k$는 상수$)$라 하면
$ax-by+2=k(2x+y-1)$
$(a-2k)x-(b+k)y+2+k=0$
이 등식이 x, y에 대한 항등식이므로
$a-2k=0$, $b+k=0$, $2+k=0$
따라서 $k=-2$, $a=-4$, $b=2$이므로
$ab=-8$

0117　답 ③

오른쪽 조립제법에서
x^3-2x^2-4x+6
$=(x-2)(x^2-4)-2$
$=(x-2)\{(x-2)(x+2)\}-2$
$=(x-2)^2(x+2)-2$
$=(x-2)^2\{(x-2)+4\}-2$
$=(x-2)^3+4(x-2)^2-2$
따라서 $a=1$, $b=4$, $c=0$, $d=-2$이므로
$a+b-c-d=7$

```
2 | 1  -2  -4   6
  |      2   0  -8
2 | 1   0  -4  -2
  |      2   4
2 | 1   2   0
  |      2
    1   4
```

0118　답 ④

주어진 등식의 양변에 $x=1$을 대입하면
$(1+1-3)^5=a_0$　　$\therefore a_0=-1$
주어진 등식의 양변에 $x=0$을 대입하면
$(-3)^5=a_{10}-a_9+\cdots-a_1+a_0$
$\therefore a_{10}-a_9+\cdots-a_1+a_0=-3^5$ ……㉠
주어진 등식의 양변에 $x=2$를 대입하면
$(4+2-3)^5=a_{10}+a_9+\cdots+a_1+a_0$
$\therefore a_{10}+a_9+\cdots+a_1+a_0=3^5$ ……㉡
㉠+㉡을 하면
$2(a_{10}+a_8+a_6+a_4+a_2+a_0)=0$
따라서 $a_{10}+a_8+a_6+a_4+a_2+a_0=0$이므로
$a_{10}+a_8+a_6+a_4+a_2=-a_0=-(-1)=1$

0119　답 13

$P_1(x)=x-1$, $P_2(x)=(x-1)(x-2)$,
$P_3(x)=(x-1)(x-2)(x-3)$이므로 주어진 등식은
$2x^3-4x^2+3$
$=a+b(x-1)+c(x-1)(x-2)+d(x-1)(x-2)(x-3)$ ……㉠
㉠의 양변에 $x=1$을 대입하면 $2-4+3=a$
$\therefore a=1$
㉠의 양변에 $x=2$를 대입하면 $16-16+3=a+b$
$3=1+b$　　$\therefore b=2$
㉠의 양변에 $x=3$을 대입하면 $54-36+3=a+2b+2c$
$21=1+4+2c$　　$\therefore c=8$
㉠에서 양변의 x^3의 계수를 비교하면 $d=2$
$\therefore a+b+c+d=1+2+8+2=13$

0120 답 98

$$\begin{array}{r|rrrr}
\frac{1}{2} & 64 & -32 & -4 & 7 \\
  &   & 32 & 0 & -2 \\
\hline
\frac{1}{2} & 64 & 0 & -4 & \,5 \\
  &   & 32 & 16 & \\
\hline
\frac{1}{2} & 64 & 32 & \,12 & \\
  &   & 32 & & \\
\hline
  & 64 & \,64 & &
\end{array}$$

위의 조립제법에서

$64x^3-32x^2-4x+7$

$=\left(x-\dfrac{1}{2}\right)(64x^2-4)+5$

$=\left(x-\dfrac{1}{2}\right)\left\{\left(x-\dfrac{1}{2}\right)(64x+32)+12\right\}+5$

$=\left(x-\dfrac{1}{2}\right)^2(64x+32)+12\left(x-\dfrac{1}{2}\right)+5$

$=\left(x-\dfrac{1}{2}\right)^2\left\{64\left(x-\dfrac{1}{2}\right)+64\right\}+12\left(x-\dfrac{1}{2}\right)+5$

$=64\left(x-\dfrac{1}{2}\right)^3+64\left(x-\dfrac{1}{2}\right)^2+12\left(x-\dfrac{1}{2}\right)+5$

$=8(2x-1)^3+16(2x-1)^2+6(2x-1)+5$

따라서 $a=8$, $b=16$, $c=6$, $d=5$이므로

$ab-cd=128-30=98$

0121 답 ①

주어진 등식의 양변에 $x=\dfrac{1}{2}$을 대입하면

$\left(\dfrac{1}{2}-\dfrac{1}{2}+1\right)^5=a_0+\dfrac{a_1}{2}+\dfrac{a_2}{2^2}+\cdots+\dfrac{a_9}{2^9}+\dfrac{a_{10}}{2^{10}}$

$\therefore a_0+\dfrac{a_1}{2}+\dfrac{a_2}{2^2}+\cdots+\dfrac{a_9}{2^9}+\dfrac{a_{10}}{2^{10}}=1$ ……㉠

주어진 등식의 양변에 $x=-\dfrac{1}{2}$을 대입하면

$\left(\dfrac{1}{2}+\dfrac{1}{2}+1\right)^5=a_0-\dfrac{a_1}{2}+\dfrac{a_2}{2^2}-\cdots-\dfrac{a_9}{2^9}+\dfrac{a_{10}}{2^{10}}$

$\therefore a_0-\dfrac{a_1}{2}+\dfrac{a_2}{2^2}-\cdots-\dfrac{a_9}{2^9}+\dfrac{a_{10}}{2^{10}}=32$ ……㉡

㉠$-$㉡을 하면

$2\left(\dfrac{a_1}{2}+\dfrac{a_3}{2^3}+\dfrac{a_5}{2^5}+\dfrac{a_7}{2^7}+\dfrac{a_9}{2^9}\right)=-31$

$\therefore \dfrac{a_1}{2}+\dfrac{a_3}{2^3}+\dfrac{a_5}{2^5}+\dfrac{a_7}{2^7}+\dfrac{a_9}{2^9}=-\dfrac{31}{2}$

0122 답 ⑤

$f(x)$가 최고차항의 계수가 1인 삼차다항식이므로 ㈏에서 $f(x)$를 $(x-2)^2$으로 나눈 몫은 x의 계수가 1인 일차식이다.

따라서 $f(x)=(x-2)^2(x+a)+2(x-2)$ (a는 상수)라 하고 양변에 $x=0$을 대입하면

$f(0)=4a-4$

㈎에서 $4a-4=0$ $\therefore a=1$

$f(x)=(x-2)^2(x+1)+2(x-2)$

$\qquad=(x-2)\{(x-2)(x+1)+2\}$

$\qquad=(x-2)(x^2-x)$

$\qquad=(x-1)\{x(x-2)\}$

따라서 $Q(x)=x(x-2)$이므로

$Q(5)=5\times3=15$

0123 답 (1) 2 (2) -3

(1) $f(x^2)$을 $f(x)$로 나누었을 때의 몫이 x^2+2x-1이고 나머지가 $8x-6$이므로

$\quad f(x^2)=f(x)(x^2+2x-1)+8x-6$ ……㉠

$\quad f(x)$의 차수를 n이라 하면 좌변의 차수는 $2n$, 우변의 차수는 $n+2$이므로 $2n=n+2$에서 $n=2$

$\quad$따라서 $f(x)$의 차수는 2이다. ……❶

(2) $f(x)=ax^2+bx+c$ (a, b, c는 상수, $a\neq0$)라 하고 이를 ㉠에 대입하면

$\quad ax^4+bx^2+c=(ax^2+bx+c)(x^2+2x-1)+8x-6$

$\qquad\quad =ax^4+(2a+b)x^3+(-a+2b+c)x^2$
$\qquad\qquad +(-b+2c+8)x-c-6$ ……㉡

$\quad$㉡이 x에 대한 항등식이므로 양변의 상수항을 비교하면

$\quad c=-c-6$에서 $2c=-6$ $\therefore c=-3$

$\quad$㉡의 양변의 x의 계수를 비교하면

$\quad 0=-b+2c+8$에서 $0=-b-6+8$ $\therefore b=2$

$\quad$㉡의 양변의 x^3의 계수를 비교하면

$\quad 0=2a+b$에서 $0=2a+2$ $\therefore a=-1$

$\quad$따라서 $f(x)=-x^2+2x-3$이므로 ……❷

$\quad f(2)=-4+4-3=-3$ ……❸

<table>
<tr><td colspan="2">채점 기준</td></tr>
<tr><td>❶ $f(x)$의 차수 구하기</td><td>30%</td></tr>
<tr><td>❷ $f(x)$ 구하기</td><td>60%</td></tr>
<tr><td>❸ $f(2)$의 값 구하기</td><td>10%</td></tr>
</table>

0124 답 10

㈏에서 $f(0)=-1$이고, $f(x)$는 이차식이므로

$f(x)=ax^2+bx-1$ (a, b는 상수, $a\neq0$)이라 하면

$f(x^2)=ax^4+bx^2-1$이다.

㈎에서 $f(x^2)$이 $f(x)$로 나누어떨어지므로 몫을 x^2+cx+d (c, d는 상수)라 하면

$ax^4+bx^2-1=(ax^2+bx-1)(x^2+cx+d)$

$\qquad\quad =ax^4+(ac+b)x^3+(ad+bc-1)x^2+(bd-c)x-d$ ……㉠

㉠이 x에 대한 항등식이므로 양변의 상수항을 비교하면

$-1=-d$ $\therefore d=1$

㉠의 양변의 x의 계수를 비교하면

$0=bd-c$에서 $0=b-c$ $\therefore b=c$

㉠의 양변의 x^3의 계수를 비교하면

$0=ac+b$에서 $ab+b=0$, $b(a+1)=0$

$\therefore a=-1$ 또는 $b=0$

(i) $a=-1$일 때,

$\quad$㉠의 양변의 x^2의 계수를 비교하면

$\quad b=ad+bc-1$에서 $a=-1$, $b=c$, $d=1$이므로

$b=-1+b^2-1$, $b^2-b-2=0$
$(b+1)(b-2)=0$ $\therefore b=-1$ 또는 $b=2$
따라서 $f(x)=-x^2-x-1$ 또는 $f(x)=-x^2+2x-1$이므로
$f(2)=-7$ 또는 $f(2)=-1$
(ii) $b=0$일 때,
  ㉠의 양변의 x^2의 계수를 비교하면
  $b=ad+bc-1$에서 $b=c=0$, $d=1$이므로
  $0=a-1$ $\therefore a=1$
  따라서 $f(x)=x^2-1$이므로 $f(2)=3$
(i), (ii)에서 $f(2)$의 최댓값은 3, 최솟값은 -7이므로 그 차는
$3-(-7)=10$

0125 답 4

$f(x)=x^3+ax^2-7$이라 하자.
나머지 정리에 의하여 $f(2)=17$이므로
$8+4a-7=17$, $4a=16$ $\therefore a=4$

0126 답 ⑤

$f(x)=x^3+ax^2+12$라 하자.
나머지 정리에 의하여 $f(2)=2a-8$이므로
$8+4a+12=2a-8$, $2a=-28$ $\therefore a=-14$

0127 답 ②

$f(x)=x^3+mx^2+nx+1$이라 하자.
나머지 정리에 의하여 $f(-1)=5$, $f(2)=3$이므로
$f(-1)=5$에서 $-1+m-n+1=5$
$\therefore m-n=5$ ……㉠
$f(2)=3$에서 $8+4m+2n+1=3$
$\therefore 2m+n=-3$ ……㉡
㉠, ㉡을 연립하여 풀면 $m=\dfrac{2}{3}$, $n=-\dfrac{13}{3}$
$\therefore 3(m+n)=3\left(\dfrac{2}{3}-\dfrac{13}{3}\right)=-11$

0128 답 ③

$f(x)$를 $x-2$로 나누었을 때의 나머지가 3이므로
$f(2)=3$
$g(x)$를 $x-2$로 나누었을 때의 나머지가 -2이므로
$g(2)=-2$
따라서 $2f(x)-3g(x)$를 $x-2$로 나누었을 때의 나머지는
$2f(2)-3g(2)=2\times3-3\times(-2)=12$

0129 답 ①

$P(x)=(x+3)\{f(x)-2\}$라 하자.
$P(x)$를 $x-1$로 나눈 나머지가 16이므로 $P(1)=16$
즉, $4\{f(1)-2\}=16$이므로 $f(1)-2=4$
$\therefore f(1)=6$
따라서 $f(x)$를 $x-1$로 나눈 나머지는 6이다.

0130 답 ②

$\{f(x)\}^2+\{g(x)\}^2=(2x^2-x+1)h(x)$의 양변에 $x=1$을 대입
하면
$\{f(1)\}^2+\{g(1)\}^2=2h(1)$ ……㉠
$f(x)=2x^3-5x^2+3x-2$에서
$f(1)=2-5+3-2=-2$
$g(x)=2x^3-7x^2+4x-3$에서
$g(1)=2-7+4-3=-4$
이를 ㉠에 대입하면
$(-2)^2+(-4)^2=2h(1)$ $\therefore h(1)=10$
따라서 $h(x)$를 $x-1$로 나누었을 때의 나머지는 10이다.

0131 답 ②

나머지 정리에 의하여
$f\left(\dfrac{1}{2}\right)+3g\left(\dfrac{1}{2}\right)=7$, $2f\left(\dfrac{1}{2}\right)+g\left(\dfrac{1}{2}\right)=4$
두 식을 연립하여 풀면 $f\left(\dfrac{1}{2}\right)=1$, $g\left(\dfrac{1}{2}\right)=2$
따라서 $g\left(x-\dfrac{3}{2}\right)$을 $x-2$로 나누었을 때의 나머지는
$g\left(2-\dfrac{3}{2}\right)=g\left(\dfrac{1}{2}\right)=2$

0132 답 ⑤

$f(x)$를 $x-a$, $x+a$로 나누었을 때의 나머지가 각각 R_1, R_2이므로
$f(a)=R_1$, $f(-a)=R_2$
$R_1+R_2=4$에서 $f(a)+f(-a)=4$
$(a^3+a^2+2a+1)+(-a^3+a^2-2a+1)=4$
$2(a^2+1)=4$, $a^2+1=2$ $\therefore a^2=1$
따라서 $f(x)$를 $x-a^2$, 즉 $x-1$로 나누었을 때의 나머지는
$f(1)=1+1+2+1=5$

0133 답 ④

$P(x)$를 $x+1$로 나누었을 때의 몫이 $Q(x)$, 나머지가 5이므로
$P(x)=(x+1)Q(x)+5$ ……㉠
$Q(x)$를 $x+2$로 나누었을 때의 나머지가 -2이므로
$Q(-2)=-2$
$P(x)$를 $x+2$로 나누었을 때의 나머지는 $P(-2)$이므로
㉠의 양변에 $x=-2$를 대입하면
$P(-2)=(-2+1)\times Q(-2)+5$
      $=(-1)\times(-2)+5=7$

0134 답 ④

나머지 정리에 의하여
$f(4)+g(4)=2$, $f(4)g(4)=-5$
따라서 $\{f(x)\}^3+\{g(x)\}^3$을 $x-4$로 나누었을 때의 나머지는
$\{f(4)\}^3+\{g(4)\}^3=\{f(4)+g(4)\}^3-3f(4)g(4)\{f(4)+g(4)\}$
        $=2^3-3\times(-5)\times2=38$

0135 답 ③

$f(x)=x^5+ax^2+(a+1)x+2$라 하자.

나머지 정리에 의하여 $f(1)=6$이므로

$1+a+a+1+2=6,\ 2a=2$　$\therefore a=1$

따라서 $x^5+x^2+2x+2=(x-1)Q(x)+6$이므로

양변에 $x=2$를 대입하면

$32+4+4+2=Q(2)+6$

$\therefore Q(2)=36$

$\therefore a+Q(2)=1+36=37$

0136 답 ②

(가)에서 나머지 정리에 의하여 $P(1)=1$

(나)에서 나머지 정리에 의하여

$2P(2)=2$　$\therefore P(2)=1$

$P(x)$는 최고차항의 계수가 1인 이차다항식이므로

$P(x)=x^2+ax+b\,(a,\ b$는 상수$)$라 하면

$P(1)=1$에서 $1+a+b=1$

$\therefore a+b=0$　……　㉠

$P(2)=1$에서 $4+2a+b=1$

$\therefore 2a+b=-3$　……　㉡

㉠, ㉡을 연립하여 풀면 $a=-3,\ b=3$

따라서 $P(x)=x^2-3x+3$이므로

$P(4)=16-12+3=7$

다른 풀이

(가), (나)에서 나머지 정리에 의하여

$P(1)=1,\ 2P(2)=2,$ 즉 $P(1)=P(2)=1$이고

$P(x)$는 최고차항의 계수가 1인 이차다항식이므로

$P(x)-1=(x-1)(x-2)$

$\therefore P(x)=(x-1)(x-2)+1$

$\therefore P(4)=3\times2+1=7$

0137 답 9

x^3-2x^2+ax+5를 $x-2$로 나누었을 때의 몫이 $Q(x)$, 나머지가 R이므로

$x^3-2x^2+ax+5=(x-2)Q(x)+R$

양변에 $x=2$를 대입하면

$8-8+2a+5=R$　$\therefore R=2a+5$　……　ⓘ

$\therefore x^3-2x^2+ax+5=(x-2)Q(x)+2a+5$　……　㉠

$Q(x)$의 상수항을 포함한 모든 계수의 합이 3이므로

$Q(1)=3$

㉠의 양변에 $x=1$을 대입하면

$1-2+a+5=-Q(1)+2a+5$

$a+4=-3+2a+5$　$\therefore a=2$　……　ⓘ

$\therefore R=2a+5=2\times2+5=9$　……　ⓘ

채점 기준

ⓘ 나머지 R를 a에 대한 식으로 나타내기		40%
ⓘ a의 값 구하기		40%
ⓘ R의 값 구하기		20%

0138 답 ①

$P(x)=x^{10}$이라 하면 $P(x)$를 $x-2$로 나누었을 때의 나머지는 나머지 정리에 의하여

$P(2)=2^{10}$

즉, x^{10}을 $x-2$로 나누었을 때의 몫이 $Q(x)$이고 나머지가 2^{10}이므로

$x^{10}=(x-2)Q(x)+2^{10}$

양변에 $x=4$를 대입하면 $4^{10}=2Q(4)+2^{10}$

$2^{20}=2Q(4)+2^{10},\ 2Q(4)=2^{20}-2^{10}$

$\therefore Q(4)=2^{19}-2^9$

따라서 $Q(x)$를 $x-4$로 나누었을 때의 나머지는 $2^{19}-2^9$이다.

0139 답 ③

(가)에서 $f(x)-g(x)=a(x-1)^2\,(a$는 상수, $a\neq0)$　……　㉠

이라 하면 (나)에서 나머지 정리에 의하여 $f(2)=2,\ g(2)=5$이므로

㉠의 양변에 $x=2$를 대입하면

$f(2)-g(2)=a$　$\therefore a=2-5=-3$

$h(x)=f(x)-g(x)$라 하면 $h(x)=-3(x-1)^2$

따라서 $h(x)$를 $x+1$로 나누었을 때의 나머지는

$h(-1)=-3\times(-2)^2=-12$

✓ 중3 다시보기

① 두 근이 $\alpha,\ \beta$이고 x^2의 계수가 $a\,(a\neq0)$인 이차방정식

　➡ $a(x-\alpha)(x-\beta)=0$

② 중근이 α이고 x^2의 계수가 $a\,(a\neq0)$인 이차방정식

　➡ $a(x-\alpha)^2=0$

0140 답 ⑤

(가)에서 $g(x)=x^2f(x)$를 (나)에 대입하면

$x^2f(x)+(3x^2+4x)f(x)=x^3+ax^2+2x+b$

$(4x^2+4x)f(x)=x^3+ax^2+2x+b$

$\therefore 4x(x+1)f(x)=x^3+ax^2+2x+b$　……　㉠

㉠의 양변에 $x=0$을 대입하면 $0=b$

㉠의 양변에 $x=-1$을 대입하면

$0=-1+a-2+b$　$\therefore a=3$

$a=3,\ b=0$을 ㉠에 대입하면

$4x(x+1)f(x)=x^3+3x^2+2x$

$4(x+1)f(x)=x^2+3x+2=(x+1)(x+2)$

$4f(x)=x+2$　$\therefore f(x)=\dfrac{1}{4}(x+2)$

(가)에서 $g(x)=x^2f(x)=\dfrac{1}{4}x^2(x+2)$이므로

$g(4)=\dfrac{1}{4}\times4^2\times6=24$

따라서 $g(x)$를 $x-4$로 나눈 나머지는 24이다.

0141 답 91

$(x-2)P(x)-x^2$을 $P(x)-x$로 나누었을 때의 몫이 $Q(x)$, 나머지가 $P(x)-3x$이므로

$(x-2)P(x)-x^2=\{P(x)-x\}Q(x)+P(x)-3x$　……　㉠

이때 나머지 $P(x)-3x$의 차수는 $P(x)-x$의 차수보다 낮아야 한다.
$P(x)$의 차수가 1이 아니면 $P(x)-3x$와 $P(x)-x$의 차수가 같아지므로 $P(x)$의 차수는 1이고, 최고차항은 $3x$이다.
따라서 $P(x)=3x+a\,(a$는 상수)라 하고 ㉠에 대입하면
$(x-2)(3x+a)-x^2=(2x+a)Q(x)+a$
$(2x+a)Q(x)=2x^2+(a-6)x-3a$
$\qquad\qquad\quad=(2x+a)(x-3)$
$\therefore Q(x)=x-3$
$P(x)$를 $Q(x)=x-3$으로 나눈 나머지가 10이므로
$P(3)=10$
이때 $P(x)=3x+a$이므로 $9+a=10$ $\quad\therefore a=1$
따라서 $P(x)=3x+1$이므로
$P(30)=3\times30+1=91$

0142 답 7

x^3+2를 $(x+1)(x-2)$로 나누었을 때의 몫을 $Q(x)$라 하면 나머지가 $ax+b$이므로
$x^3+2=(x+1)(x-2)Q(x)+ax+b$
양변에 $x=-1$, $x=2$를 각각 대입하면
$-a+b=1$, $2a+b=10$
두 식을 연립하여 풀면 $a=3$, $b=4$
$\therefore a+b=7$

0143 답 0

나머지 정리에 의하여
$P(1)=3$, $P(-2)=6$
$P(x)$를 x^2+x-2로 나누었을 때의 몫을 $Q(x)$, 나머지 $R(x)$를 $ax+b\,(a,\,b$는 상수)라 하면
$P(x)=(x^2+x-2)Q(x)+ax+b$
$\qquad=(x-1)(x+2)Q(x)+ax+b$
양변에 $x=1$, $x=-2$를 각각 대입하면
$P(1)=a+b$, $P(-2)=-2a+b$
$\therefore a+b=3$, $-2a+b=6$
두 식을 연립하여 풀면 $a=-1$, $b=4$
따라서 $R(x)=-x+4$이므로
$R(4)=-4+4=0$

0144 답 ①

$f(2x+3)$을 $x+1$로 나누었을 때의 나머지는
$f(2\times(-1)+3)=f(1)$
$f(x)$를 $3x^2-2x-1$로 나누었을 때의 몫을 $Q(x)$라 하면 나머지가 $2x-5$이므로
$f(x)=(3x^2-2x-1)Q(x)+2x-5$
$\qquad=(3x+1)(x-1)Q(x)+2x-5$
양변에 $x=1$을 대입하면 $f(1)=-3$
따라서 구하는 나머지는 -3이다.

0145 답 ④

$x^{10}+x^8+x^5+x^2$을 x^3-x로 나누었을 때의 몫을 $Q(x)$, 나머지를 $ax^2+bx+c\,(a,\,b,\,c$는 상수)라 하면
$x^{10}+x^8+x^5+x^2=(x^3-x)Q(x)+ax^2+bx+c$
$\qquad\qquad\qquad=x(x+1)(x-1)Q(x)+ax^2+bx+c$ ……㉠
㉠의 양변에 $x=0$을 대입하면 $c=0$
㉠의 양변에 $x=-1$을 대입하면
$1+1-1+1=a-b+c$ $\quad\therefore a-b=2$ ……㉡
㉠의 양변에 $x=1$을 대입하면
$1+1+1+1=a+b+c$ $\quad\therefore a+b=4$ ……㉢
㉡, ㉢을 연립하여 풀면 $a=3$, $b=1$
따라서 구하는 나머지는 $3x^2+x$이다.

0146 답 ③

나머지 정리에 의하여 $f(-2)=1$, $f(2)=5$
$x^2f(x)$를 x^2-4로 나누었을 때의 몫을 $Q(x)$, 나머지 $R(x)$를 $ax+b\,(a,\,b$는 상수)라 하면
$x^2f(x)=(x^2-4)Q(x)+ax+b$
$\qquad\quad=(x+2)(x-2)Q(x)+ax+b$ ……㉠
㉠의 양변에 $x=-2$를 대입하면
$4f(-2)=-2a+b$ $\quad\therefore -2a+b=4$ ……㉡
㉠의 양변에 $x=2$를 대입하면
$4f(2)=2a+b$ $\quad\therefore 2a+b=20$ ……㉢
㉡, ㉢을 연립하여 풀면 $a=4$, $b=12$
따라서 $R(x)=4x+12$이므로
$R(-1)=-4+12=8$

0147 답 ①

나머지 정리에 의하여
$f(-1)=2$, $g(-1)=3$, $f(3)=1$, $g(3)=-2$
$f(x)g(x)$를 x^2-2x-3으로 나누었을 때의 몫을 $Q(x)$, 나머지를 $ax+b\,(a,\,b$는 상수)라 하면
$f(x)g(x)=(x^2-2x-3)Q(x)+ax+b$
$\qquad\qquad=(x+1)(x-3)Q(x)+ax+b$ ……㉠
㉠의 양변에 $x=-1$을 대입하면
$f(-1)g(-1)=-a+b$
$2\times3=-a+b$ $\quad\therefore -a+b=6$ ……㉡
㉠의 양변에 $x=3$을 대입하면
$f(3)g(3)=3a+b$
$1\times(-2)=3a+b$ $\quad\therefore 3a+b=-2$ ……㉢
㉡, ㉢을 연립하여 풀면 $a=-2$, $b=4$
따라서 구하는 나머지는 $-2x+4$이다.

0148 답 (1) 3, 3 (2) 3

(1) $P(x)$를 x^2-4x+3으로 나누었을 때의 몫을 $Q_1(x)$라 하면 나머지가 $3x$이므로
$\quad P(x)=(x^2-4x+3)Q_1(x)+3x$
$\qquad\quad=(x-1)(x-3)Q_1(x)+3x$
$\quad$ 양변에 $x=1$을 대입하면 $P(1)=3$ ……❶

$P(x)$를 x^2-5x+6으로 나누었을 때의 몫을 $Q_2(x)$라 하면 나머지가 $6x-9$이므로
$$P(x)=(x^2-5x+6)Q_2(x)+6x-9$$
$$=(x-2)(x-3)Q_2(x)+6x-9$$
양변에 $x=2$를 대입하면 $P(2)=3$ ······ ⓙ

(2) $P(x)$를 x^2-3x+2로 나누었을 때의 몫을 $Q(x)$, 나머지를 $ax+b\,(a,\ b$는 상수)라 하면
$$P(x)=(x^2-3x+2)Q(x)+ax+b$$
$$=(x-1)(x-2)Q(x)+ax+b$$ ······ ㉠ ······ ⓘ
㉠의 양변에 $x=1$, $x=2$를 각각 대입하면
$$P(1)=a+b,\ P(2)=2a+b$$
$$\therefore\ a+b=3,\ 2a+b=3$$
두 식을 연립하여 풀면 $a=0$, $b=3$
따라서 구하는 나머지는 3이다. ······ ⓥ

ⓘ $P(1)$의 값 구하기		20%
ⓙ $P(2)$의 값 구하기		20%
ⓘ 구하는 나머지를 $ax+b$로 놓고 식 세우기		20%
ⓥ 나머지 구하기		40%

0149 답 21

$2f(x)-3g(x)$를 $x+2$로 나누었을 때의 나머지는
$$2f(-2)-3g(-2)$$ ······ ㉠ ······ ⓘ
$f(x)$를 x^3+8로 나누었을 때의 몫을 $Q_1(x)$라 하면 나머지가 x^2+x+1이므로
$$f(x)=(x^3+8)Q_1(x)+x^2+x+1$$
양변에 $x=-2$를 대입하면 $x^3+8=0$이므로
$$f(-2)=4-2+1=3$$ ······ ⓙ
$g(x)$를 x^2-x-6으로 나누었을 때의 몫을 $Q_2(x)$라 하면 나머지가 $2x-1$이므로
$$g(x)=(x^2-x-6)Q_2(x)+2x-1$$
$$=(x+2)(x-3)Q_2(x)+2x-1$$
양변에 $x=-2$를 대입하면
$$g(-2)=-4-1=-5$$ ······ ⓚ
$f(-2)=3$, $g(-2)=-5$를 ㉠에 대입하면 구하는 나머지는
$$2f(-2)-3g(-2)=2\times3-3\times(-5)=21$$ ······ ⓥ

ⓘ 나머지를 $f(-2)$, $g(-2)$에 대한 식으로 나타내기		20%
ⓙ $f(-2)$의 값 구하기		30%
ⓚ $g(-2)$의 값 구하기		30%
ⓥ 나머지 구하기		20%

0150 답 ③

$P(x)$를 $x(x-1)$로 나누었을 때의 몫을 $Q_1(x)$라 하면 나머지가 $2x-3$이므로
$$P(x)=x(x-1)Q_1(x)+2x-3$$
양변에 $x=0$, $x=1$을 각각 대입하면
$$P(0)=-3,\ P(1)=-1$$

또 $P(x)$를 $(x-1)(x+1)$로 나누었을 때의 몫을 $Q_2(x)$라 하면 나머지가 $x-2$이므로
$$P(x)=(x-1)(x+1)Q_2(x)+x-2$$
양변에 $x=-1$을 대입하면 $P(-1)=-3$
$P(x)$를 $x(x-1)(x+1)$로 나누었을 때의 몫을 $Q(x)$, 나머지를 $ax^2+bx+c\,(a,\ b,\ c$는 상수)라 하면
$$P(x)=x(x-1)(x+1)Q(x)+ax^2+bx+c$$
양변에 $x=0$, $x=1$, $x=-1$을 각각 대입하면
$$P(0)=c,\ P(1)=a+b+c,\ P(-1)=a-b+c$$
$$\therefore\ c=-3,\ a+b+c=-1,\ a-b+c=-3$$
$a+b=2$, $a-b=0$을 연립하여 풀면
$$a=1,\ b=1$$
따라서 구하는 나머지는 x^2+x-3이다.

$P(x)$를 $x(x-1)(x+1)$로 나누었을 때의 몫을 $Q(x)$, 나머지를 $ax^2+bx+c\,(a,\ b,\ c$는 상수)라 하면
$$P(x)=x(x-1)(x+1)Q(x)+ax^2+bx+c$$ ······ ㉠
$P(x)$를 $x(x-1)$로 나누었을 때의 나머지가 $2x-3$이므로 ㉠에서 ax^2+bx+c를 $x(x-1)$로 나누었을 때의 나머지도 $2x-3$이다.
$$\therefore\ ax^2+bx+c=ax(x-1)+2x-3$$
이를 ㉠에 대입하면
$$P(x)=x(x-1)(x+1)Q(x)+ax(x-1)+2x-3$$ ······ ㉡
한편 $P(x)$를 $(x-1)(x+1)$로 나누었을 때의 몫을 $Q'(x)$라 하면 나머지가 $x-2$이므로
$$P(x)=(x-1)(x+1)Q'(x)+x-2$$
양변에 $x=-1$을 대입하면
$$P(-1)=-3$$
㉡의 양변에 $x=-1$을 대입하면
$$P(-1)=2a-5$$
즉, $-3=2a-5$이므로 $a=1$
따라서 구하는 나머지는
$$x(x-1)+2x-3=x^2+x-3$$

0151 답 ③

$1-f(x)$를 x^2-3x+2로 나누었을 때의 몫을 $Q_1(x)$라 하면 나머지가 $-2x$이므로
$$1-f(x)=(x^2-3x+2)Q_1(x)-2x$$
$$=(x-1)(x-2)Q_1(x)-2x$$ ······ ㉠
$x+f(x)$를 x^2+3x+2로 나누었을 때의 몫을 $Q_2(x)$라 하면 나머지가 1이므로
$$x+f(x)=(x^2+3x+2)Q_2(x)+1$$
$$=(x+1)(x+2)Q_2(x)+1$$ ······ ㉡
$f(x)$를 x^2-x-2로 나누었을 때의 몫을 $Q(x)$, 나머지 $R(x)$를 $ax+b\,(a,\ b$는 상수)라 하면
$$f(x)=(x^2-x-2)Q(x)+ax+b$$
$$=(x+1)(x-2)Q(x)+ax+b$$ ······ ㉢
㉠의 양변에 $x=2$를 대입하면
$$1-f(2)=-4\qquad\therefore\ f(2)=5$$

ⓒ의 양변에 $x=-1$을 대입하면
$-1+f(-1)=1$ $\quad\therefore f(-1)=2$
ⓒ의 양변에 $x=2$, $x=-1$을 각각 대입하면
$f(2)=2a+b$, $f(-1)=-a+b$
$\therefore 2a+b=5$, $-a+b=2$
두 식을 연립하여 풀면 $a=1$, $b=3$
따라서 $R(x)=x+3$이므로
$R(1)=1+3=4$

0152 답 3

$f(x)$를 $(x-2)^2(x-1)$로 나누었을 때의 몫을 $Q(x)$, 나머지 $R(x)$를 ax^2+bx+c (a, b, c는 상수)라 하면
$f(x)=(x-2)^2(x-1)Q(x)+ax^2+bx+c$ ······ ㉠
$f(x)$를 $(x-2)^2$으로 나누었을 때의 나머지가 $3x-3$이므로 ㉠에서 ax^2+bx+c를 $(x-2)^2$으로 나누었을 때의 나머지도 $3x-3$이다.
$\therefore ax^2+bx+c=a(x-2)^2+3x-3$
이를 ㉠에 대입하면
$f(x)=(x-2)^2(x-1)Q(x)+a(x-2)^2+3x-3$
나머지 정리에 의하여 $f(1)=2$이므로 위의 등식의 양변에 $x=1$을 대입하면
$f(1)=a$ $\quad\therefore a=2$
따라서 $R(x)=2(x-2)^2+3x-3$이므로
$R(2)=6-3=3$

0153 답 2

$f(x)$를 $x-5$로 나누었을 때의 나머지가 2이므로 $f(5)=2$
$f(3+x)=f(3-x)$가 x에 대한 항등식이므로 양변에 $x=2$를 대입하면
$f(5)=f(1)$ $\quad\therefore f(1)=2$ ······ ❶
$f(x)$를 $(x-1)(x-5)$로 나누었을 때의 몫을 $Q(x)$, 나머지를 $ax+b$ (a, b는 상수)라 하면
$f(x)=(x-1)(x-5)Q(x)+ax+b$ ······ ❷
위의 등식의 양변에 $x=1$, $x=5$를 각각 대입하면
$f(1)=a+b$, $f(5)=5a+b$
$\therefore a+b=2$, $5a+b=2$ ······ ❸
두 식을 연립하여 풀면 $a=0$, $b=2$
따라서 구하는 나머지는 2이다. ······ ❹

채점 기준	
❶ $f(1)$, $f(5)$의 값 구하기	30%
❷ 나머지를 $ax+b$로 놓고 식 세우기	20%
❸ $f(1)$, $f(5)$의 값을 이용하여 식 세우기	30%
❹ 나머지 구하기	20%

0154 답 ①

㈏의 식의 양변에 $x=0$을 대입하면 $f(1)=f(0)$
㈎에서 $f(0)=4$이므로 $f(1)=4$
㈏의 식의 양변에 $x=1$을 대입하면
$f(2)=f(1)-2=4-2=2$

$f(x)$를 x^2-3x+2로 나누었을 때의 몫을 $Q(x)$, 나머지를 $ax+b$ (a, b는 상수)라 하면
$f(x)=(x^2-3x+2)Q(x)+ax+b$
$\qquad=(x-1)(x-2)Q(x)+ax+b$
양변에 $x=1$, $x=2$를 각각 대입하면
$f(1)=a+b$, $f(2)=2a+b$
$\therefore a+b=4$, $2a+b=2$
두 식을 연립하여 풀면 $a=-2$, $b=6$
따라서 구하는 나머지는 $-2x+6$이다.

0155 답 ⑤

$P(x)-2$는 삼차다항식이므로 ㈎에서 x^2-x-1로 나누었을 때의 몫은 일차식이다. 이때의 몫을 $ax+b$ (a, b는 상수, $a\neq0$)라 하면
$P(x)-2=(x^2-x-1)(ax+b)$ ······ ㉠
㈏에서 $P(x+1)$을 x^2-4로 나누었을 때의 몫을 $Q(x)$라 하면
$P(x+1)=(x^2-4)Q(x)-3$
$\qquad\qquad=(x+2)(x-2)Q(x)-3$
양변에 $x=-2$, $x=2$를 각각 대입하면
$P(-1)=-3$, $P(3)=-3$
㉠의 양변에 $x=-1$을 대입하면
$P(-1)-2=-a+b$
$-5=-a+b$ $\quad\therefore a-b=5$ ······ ㉡
㉠의 양변에 $x=3$을 대입하면
$P(3)-2=5(3a+b)$
$-5=5(3a+b)$ $\quad\therefore 3a+b=-1$ ······ ㉢
㉡, ㉢을 연립하여 풀면 $a=1$, $b=-4$
이를 ㉠에 대입하면
$P(x)-2=(x^2-x-1)(x-4)$
따라서 $P(x)=(x^2-x-1)(x-4)+2$이므로
$P(1)=(-1)\times(-3)+2=5$
따라서 구하는 나머지는 5이다.

0156 답 ④

$f(x)$를 $(x+1)^3(x-2)$로 나누었을 때의 몫을 $Q(x)$라 하면 나머지가 $R(x)$이므로
$f(x)=(x+1)^3(x-2)Q(x)+R(x)$ ······ ㉠
$f(x)$를 $(x+1)^3$으로 나누었을 때의 나머지가 $2x^2-2x+5$이므로 ㉠에서 $R(x)$를 $(x+1)^3$으로 나누었을 때의 나머지도 $2x^2-2x+5$이다.
$\therefore R(x)=a(x+1)^3+2x^2-2x+5$ (a는 상수)
이를 ㉠에 대입하면
$f(x)=(x+1)^3(x-2)Q(x)+a(x+1)^3+2x^2-2x+5$
나머지 정리에 의하여 $f(2)=-18$이므로 위의 등식의 양변에 $x=2$를 대입하면
$f(2)=27a+8-4+5$
$-18=27a+9$ $\quad\therefore a=-1$
따라서 $R(x)=-(x+1)^3+2x^2-2x+5$이므로
$R(0)=-1+5=4$

 답 74

(개)에서 $f(x)$를 $g(x)$로 나누었을 때의 나머지가 $g(x)-2x^2$이므로 $g(x)$의 최고차항은 $2x^2$이다.

따라서 $g(x)=2x^2+ax+b\ (a,\ b$는 상수)라 하면

$$f(x)=g(x)\{g(x)-2x^2\}+g(x)-2x^2$$
$$=(2x^2+ax+b)(ax+b)+ax+b$$

이때 $f(x)$의 최고차항의 계수가 1이므로

$$2a=1 \qquad \therefore a=\frac{1}{2}$$

$$\therefore f(x)=\left(2x^2+\frac{1}{2}x+b\right)\left(\frac{1}{2}x+b\right)+\frac{1}{2}x+b \quad \cdots\cdots \text{㉠}$$

(내)에서 나머지 정리에 의하여 $f(1)=-\dfrac{9}{4}$이므로

㉠의 양변에 $x=1$을 대입하면

$$f(1)=\left(2+\frac{1}{2}+b\right)\left(\frac{1}{2}+b\right)+\frac{1}{2}+b\text{에서}$$

$$b^2+4b+\frac{7}{4}=-\frac{9}{4},\ b^2+4b+4=0$$

$$(b+2)^2=0 \qquad \therefore b=-2$$

따라서 $f(x)=\left(2x^2+\dfrac{1}{2}x-2\right)\left(\dfrac{1}{2}x-2\right)+\dfrac{1}{2}x-2$이므로

$$f(6)=(72+3-2)\times(3-2)+3-2=74$$

 답 ②

다항식 $(4x+2)^{10}$을 x로 나누었을 때의 몫을 $Q(x)$, 나머지를 R라고 하면

$$(4x+2)^{10}=xQ(x)+R$$

양변에 $x=0$을 대입하면

$$R=2^{10}=\boxed{\text{㈎ } 1024}$$

등식 $(4x+2)^{10}=xQ(x)+\boxed{\text{㈎ } 1024}$에 $x=505$를 대입하면

$$2022^{10}=505\times Q(505)+\boxed{\text{㈎ } 1024}$$

나머지는 505보다 작은 수이므로

$$2022^{10}=505\times Q(505)+\boxed{\text{㈎ } 1024}$$
$$=505\times Q(505)+505\times2+14$$
$$=505\times\{Q(505)+\boxed{\text{㈏ } 2}\}+\boxed{\text{㈐ } 14}\text{ 이다.}$$

따라서 2022^{10}을 505로 나누었을 때의 나머지는 $\boxed{\text{㈐ } 14}$ 이다.

$a=1024,\ b=2,\ c=14$이므로

$$a+b+c=1040$$

 답 ⑤

$2024=x$로 놓으면 $2024^4+2024^2+1=x^4+x^2+1$이고, $2022=x-2$이다.

x^4+x^2+1을 $x-2$로 나누었을 때의 몫을 $Q(x)$, 나머지를 R라 하면

$$x^4+x^2+1=(x-2)Q(x)+R$$

양변에 $x=2$를 대입하면

$$R=16+4+1=21$$

$$\therefore x^4+x^2+1=(x-2)Q(x)+21$$

양변에 $x=2024$를 대입하면

$$2024^4+2024^2+1=2022Q(2024)+21$$

따라서 구하는 나머지는 21이다.

 답 ⑤

$10=x$로 놓으면 $10^{21}+10^{19}+10^{17}+10^{15}=x^{21}+x^{19}+x^{17}+x^{15}$이고, $11=x+1$이다.

$x^{21}+x^{19}+x^{17}+x^{15}$을 $x+1$로 나누었을 때의 몫을 $Q(x)$, 나머지를 R라 하면

$$x^{21}+x^{19}+x^{17}+x^{15}=(x+1)Q(x)+R$$

양변에 $x=-1$을 대입하면

$$R=-1-1-1-1=-4$$

$$\therefore x^{21}+x^{19}+x^{17}+x^{15}=(x+1)Q(x)-4$$

양변에 $x=10$을 대입하면

$$10^{21}+10^{19}+10^{17}+10^{15}=11Q(10)-4$$
$$=11\{Q(10)-1\}+7$$

따라서 구하는 나머지는 7이다.

 답 ⑤

주어진 식을 변형하면

$$2^{2002}+2^{2001}+2^{2000}=(2^5)^{400}\times2^2+(2^5)^{400}\times2+(2^5)^{400}$$

$2^5=x$로 놓으면 $2^{2002}+2^{2001}+2^{2000}=4x^{400}+2x^{400}+x^{400}$이고, $31=2^5-1=x-1$이다.

$4x^{400}+2x^{400}+x^{400}$을 $x-1$로 나누었을 때의 몫을 $Q(x)$, 나머지를 R라 하면

$$4x^{400}+2x^{400}+x^{400}=(x-1)Q(x)+R$$

양변에 $x=1$을 대입하면 $R=4+2+1=7$

$$\therefore 4x^{400}+2x^{400}+x^{400}=(x-1)Q(x)+7$$

양변에 $x=2^5$을 대입하면

$$4\times2^{2000}+2\times2^{2000}+2^{2000}=31Q(32)+7$$

$$\therefore 2^{2002}+2^{2001}+2^{2000}=31Q(32)+7$$

따라서 구하는 나머지는 7이다.

 답 ④

$f(x)=x^3-2x^2-8x+a$라 하자.

$f(x)$가 $x-3$으로 나누어떨어지므로 $f(3)=0$

$$27-18-24+a=0 \qquad \therefore a=15$$

 답 13

$f(x)=x^3+ax+b$라 하자.

$f(x)$가 x^2-3x+2, 즉 $(x-1)(x-2)$로 나누어떨어지므로

$$f(1)=0,\ f(2)=0$$

$f(1)=0$에서 $1+a+b=0$

$$\therefore a+b=-1 \qquad \cdots\cdots \text{㉠}$$

$f(2)=0$에서 $8+2a+b=0$

$$\therefore 2a+b=-8 \qquad \cdots\cdots \text{㉡}$$

㉠, ㉡을 연립하여 풀면 $a=-7,\ b=6$

$$\therefore b-a=13$$

 답 ②

$f(x)=x^3+ax^2+bx+3$이라 하자.

$f(x)$가 $x+1$로 나누어떨어지므로 $f(-1)=0$

$$-1+a-b+3=0 \qquad \therefore a-b=-2 \qquad \cdots\cdots \text{㉠}$$

$f(x)$를 $x-2$로 나누었을 때의 나머지가 -3이므로
$f(2)=-3$, $8+4a+2b+3=-3$
$\therefore 2a+b=-7$ ...... $\bigcirc$
$\bigcirc$, $\bigcirc$을 연립하여 풀면 $a=-3$, $b=-1$
$\therefore a+b=-4$

0165 답 20

$f(x)=x^3-2x^2+ax+b$라 하자.
$f(x)$가 $x-1$, $x+2$를 인수로 가지므로
$f(1)=0$, $f(-2)=0$
$f(1)=0$에서 $1-2+a+b=0$
$\therefore a+b=1$ ...... $\bigcirc$
$f(-2)=0$에서 $-8-8-2a+b=0$
$\therefore -2a+b=16$ ...... $\bigcirc$
$\bigcirc$, $\bigcirc$을 연립하여 풀면 $a=-5$, $b=6$ ...... ❶
따라서 $g(x)=x^2-5x+6$이라 할 때,
$g(x)$를 $x+2$로 나누었을 때의 나머지는
$g(-2)=4+10+6=20$ ...... ❷

채점 기준

❶ a, b의 값 구하기	60%
❷ 나머지 구하기	40%

0166 답 ①

$P(x)+2$가 $x+2$로 나누어떨어지고, $P(x)-2$가 $x-2$로 나누어떨어지므로
$P(-2)+2=0$, $P(2)-2=0$
$\therefore P(-2)=-2$, $P(2)=2$
$P(x)=x^2+ax+b\,(a, b$는 상수$)$라 하면
$P(-2)=-2$에서 $4-2a+b=-2$
$\therefore 2a-b=6$ ...... $\bigcirc$
$P(2)=2$에서 $4+2a+b=2$
$\therefore 2a+b=-2$ ...... $\bigcirc$
$\bigcirc$, $\bigcirc$을 연립하여 풀면 $a=1$, $b=-4$
따라서 $P(x)=x^2+x-4$이므로
$P(3)=9+3-4=8$

0167 답 ②

$f(x)$를 $x-1$로 나누었을 때의 나머지가 4이므로
$f(1)=4$에서 $1+a+b+6=4$
$\therefore a+b=-3$ ...... $\bigcirc$
$f(x+2)$가 $x-1$로 나누어떨어지므로
$f(3)=0$에서 $27+9a+3b+6=0$
$\therefore 3a+b=-11$ ...... $\bigcirc$
$\bigcirc$, $\bigcirc$을 연립하여 풀면 $a=-4$, $b=1$
$\therefore b-a=5$

0168 답 -36

$f(x)=2x^3-11x^2+ax+b$가 x^2-5x+6, 즉 $(x-2)(x-3)$으로 나누어떨어지므로
$f(2)=0$, $f(3)=0$

$f(2)=0$에서 $16-44+2a+b=0$
$\therefore 2a+b=28$ ...... $\bigcirc$
$f(3)=0$에서 $54-99+3a+b=0$
$\therefore 3a+b=45$ ...... $\bigcirc$
$\bigcirc$, $\bigcirc$을 연립하여 풀면 $a=17$, $b=-6$ ...... ❶
$\therefore f(x)=2x^3-11x^2+17x-6$
따라서 $f(x)$를 $x+1$로 나누었을 때의 나머지는
$f(-1)=-2-11-17-6=-36$ ...... ❷

채점 기준

❶ a, b의 값 구하기	60%
❷ 나머지 구하기	40%

0169 답 ①

$P(x)-1$이 x^2-4x+3, 즉 $(x-1)(x-3)$으로 나누어떨어지므로
$P(1)-1=0$, $P(3)-1=0$
$\therefore P(1)=1$, $P(3)=1$
$P(x+1)$을 x^2-2x로 나누었을 때의 몫을 $Q(x)$, 나머지를 $ax+b\,(a, b$는 상수$)$라 하면
$P(x+1)=(x^2-2x)Q(x)+ax+b$
$\qquad\quad =x(x-2)Q(x)+ax+b$
양변에 $x=0$, $x=2$를 각각 대입하면
$P(1)=b$, $P(3)=2a+b$이므로
$b=1$, $2a+b=1$
$\therefore a=0$, $b=1$
따라서 구하는 나머지는 1이다.

0170 답 ③

$f(x)+g(x)$가 $x+2$로 나누어떨어지므로
$f(-2)+g(-2)=0$ ...... $\bigcirc$
$f(x)-g(x)$를 $x+2$로 나누었을 때의 나머지가 4이므로
$f(-2)-g(-2)=4$ ...... $\bigcirc$
$\bigcirc$, $\bigcirc$을 연립하여 풀면
$f(-2)=2$, $g(-2)=-2$
ㄱ. $A(x)=x+f(x)$라 하고 $x=-2$를 대입하면
$\quad A(-2)=-2+f(-2)=-2+2=0$
$\quad$ 따라서 $A(x)$는 $x+2$로 나누어떨어진다.
ㄴ. $B(x)=x^2+f(x)g(x)$라 하고 $x=-2$를 대입하면
$\quad B(-2)=(-2)^2+f(-2)g(-2)=4+2\times(-2)=0$
$\quad$ 따라서 $B(x)$는 $x+2$로 나누어떨어진다.
ㄷ. $C(x)=f(x)-xg(x)$라 하고 $x=-2$를 대입하면
$\quad C(-2)=f(-2)+2g(-2)=2+2\times(-2)=-2$
$\quad$ 따라서 $C(x)$는 $x+2$로 나누어떨어지지 않는다.
따라서 보기에서 $x+2$로 나누어떨어지는 것은 ㄱ, ㄴ이다.

0171 답 ⑤

$f(x)+2$, $g(x)-5$를 $x-1$로 나누었을 때의 나머지가 모두 3이므로 $f(1)+2=3$, $g(1)-5=3$
$\therefore f(1)=1$, $g(1)=8$ ...... $\bigcirc$

$f(x)+2$, $g(x)-5$를 $x+1$로 나누었을 때 모두 나누어떨어지므로
$f(-1)+2=0$, $g(-1)-5=0$
$\therefore f(-1)=-2$, $g(-1)=5$ ...... ㉡
$f(x)g(x)$를 x^2-1로 나누었을 때의 몫을 $Q(x)$, 나머지를 $ax+b$
(a, b는 상수)라 하면
$f(x)g(x)=(x^2-1)Q(x)+ax+b$
$\qquad\quad =(x+1)(x-1)Q(x)+ax+b$ ...... ㉢
㉢의 양변에 $x=1$을 대입하면 $f(1)g(1)=a+b$
㉠에 의하여 $a+b=8$ ...... ㉣
㉢의 양변에 $x=-1$을 대입하면 $f(-1)g(-1)=-a+b$
㉡에 의하여 $-a+b=-10$ ...... ㉤
㉣, ㉤을 연립하여 풀면 $a=9$, $b=-1$
따라서 구하는 나머지는 $9x-1$이다.

0172   답 (1) x^3+2x^2-x-2 (2) 16

(1) $f(-2)=f(-1)=f(1)=4$에서
   $Q(-2)=Q(-1)=Q(1)=0$
   따라서 $Q(x)$는 $x+2$, $x+1$, $x-1$을 인수로 갖고, x^3의 계수
   가 1이므로
   $Q(x)=(x+2)(x+1)(x-1)=x^3+2x^2-x-2$ ...... ❶
(2) $f(x)=Q(x)+4=x^3+2x^2-x+2$
   $\therefore f(2)=8+8-2+2=16$ ...... ❷

채점 기준	
❶ $Q(x)$ 구하기	60%
❷ $f(2)$의 값 구하기	40%

0173   답 ②

㈎에서 나머지 정리에 의하여 $f(4)=16$
㈏에서 인수 정리에 의하여 $-4f(-4)=0$, $3f(3)=0$이므로
$f(-4)=0$, $f(3)=0$
$f(x)$는 이차식이므로 $f(x)=a(x+4)(x-3)$ (a는 상수, $a\neq0$)
이라 하면 $f(4)=16$에서
$8a=16$ $\therefore a=2$
$\therefore f(x)=2(x+4)(x-3)$
따라서 $f(x)$를 $x-1$로 나누었을 때의 나머지는
$f(1)=2\times5\times(-2)=-20$

0174   답 ③

x^3+ax^2+bx-4를 $x+1$로 나누었을 때의 몫이 $Q(x)$이고 나머지
가 3이므로
$x^3+ax^2+bx-4=(x+1)Q(x)+3$ ...... ㉠
$(x^2+a)Q(x-2)$가 $x-2$로 나누어떨어지므로
$(4+a)Q(0)=0$
㉠의 양변에 $x=0$을 대입하면
$-4=Q(0)+3$ $\therefore Q(0)=-7$
즉, $Q(0)\neq0$이므로 $(4+a)Q(0)=0$에서
$4+a=0$ $\therefore a=-4$

㉠의 양변에 $x=-1$을 대입하면
$-1+a-b-4=3$ $\therefore a-b=8$
$a=-4$를 대입하면 $-4-b=8$ $\therefore b=-12$
따라서 ㉠에서 $x^3-4x^2-12x-4=(x+1)Q(x)+3$이므로
양변에 $x=1$을 대입하면
$1-4-12-4=2Q(1)+3$
$2Q(1)=-22$ $\therefore Q(1)=-11$

0175   답 ③

$g(x)$를 $f(x)$로 나누었을 때의 나머지가 $f(x)+x^2$이므로 $f(x)$의
최고차항은 $-x^2$이다.
따라서 $f(x)=-x^2+ax+b$ (a, b는 상수)라 하면
$f(x)$가 $x+1$을 인수로 가지므로 $f(-1)=0$에서
$-1-a+b=0$ $\therefore b=a+1$
따라서 $f(x)=-x^2+ax+a+1$이므로
$g(x)=f(x)\{f(x)+x^2\}+f(x)+x^2$
$\qquad\ =(-x^2+ax+a+1)(ax+a+1)+ax+a+1$ ...... ㉠
이때 $g(x)$가 $x-1$을 인수로 가지므로 $g(1)=0$
㉠의 양변에 $x=1$을 대입하면
$g(1)=2a(2a+1)+2a+1$에서
$4a^2+4a+1=0$, $(2a+1)^2=0$ $\therefore a=-\dfrac{1}{2}$
$a=-\dfrac{1}{2}$을 ㉠에 대입하면
$g(x)=\left(-x^2-\dfrac{1}{2}x+\dfrac{1}{2}\right)\left(-\dfrac{1}{2}x+\dfrac{1}{2}\right)-\dfrac{1}{2}x+\dfrac{1}{2}$
$\therefore g(3)=\left(-9-\dfrac{3}{2}+\dfrac{1}{2}\right)\left(-\dfrac{3}{2}+\dfrac{1}{2}\right)-\dfrac{3}{2}+\dfrac{1}{2}$
$\qquad\qquad =(-10)\times(-1)-1=9$

0176   답 ①

㈎에서 $f(1)=f(3)=f(5)=k$ (k는 상수)로 놓으면
$f(1)-k=0$, $f(3)-k=0$, $f(5)-k=0$
이때 $g(x)=f(x)-k$라 하면 $g(x)$도 삼차다항식이고,
$g(1)=g(3)=g(5)=0$이므로 최고차항의 계수를 a ($a\neq0$)라 하면
$g(x)=a(x-1)(x-3)(x-5)$
$g(x)=f(x)-k$에서
$f(x)=g(x)+k$
$\qquad =a(x-1)(x-3)(x-5)+k$ ...... ㉠
㈏에서 $f(-1)=0$이므로 ㉠의 양변에 $x=-1$을 대입하면
$0=a\times(-2)\times(-4)\times(-6)+k$
$\therefore -48a+k=0$ ...... ㉡
㈐에서 $f(2)=102$이므로 ㉠의 양변에 $x=2$를 대입하면
$102=a\times1\times(-1)\times(-3)+k$
$\therefore 3a+k=102$ ...... ㉢
㉡, ㉢을 연립하여 풀면 $a=2$, $k=96$
따라서 $f(x)=2(x-1)(x-3)(x-5)+96$이므로
$f(0)=2\times(-1)\times(-3)\times(-5)+96=66$

0177 답 ⑤

㈎에서 $f(x-1)+g(x-1)$이 $x-1$로 나누어떨어지므로
$f(0)+g(0)=0$
즉, $f(x)+g(x)$는 x를 인수로 갖는다.
이때 $f(x)+g(x)$는 이차항의 계수가 1인 이차식이고 ㈏에서 방정식 $f(x)+g(x)=0$이 중근을 가지므로
$f(x)+g(x)=x^2$
양변에 $x=2$를 대입하면
$f(2)+g(2)=4$ $\cdots\cdots$ ㉠
$f(x)-g(x)$를 $x-2$로 나누었을 때의 나머지가 4이므로
$f(2)-g(2)=4$ $\cdots\cdots$ ㉡
㉠$+$㉡을 하면 $2f(2)=8$
$\therefore f(2)=4$

최고수준 도전 기출   39~41쪽

0178 답 ②

전략 $f_1(x)$를 $(x-a)$의 거듭제곱에 대한 합으로 나타내어 $g_n(x)$를 구한다.

$f_1(x)=(x-a)f_2(x)+1$
$f_2(x)=(x-a)f_3(x)+2$
$f_3(x)=(x-a)f_4(x)+3$
$\qquad\vdots$
$f_n(x)=(x-a)f_{n+1}(x)+n$이므로
$f_1(x)=(x-a)\{(x-a)f_3(x)+2\}+1$
$\qquad=(x-a)^2 f_3(x)+2(x-a)+1$
$\qquad=(x-a)^2\{(x-a)f_4(x)+3\}+2(x-a)+1$
$\qquad=(x-a)^3 f_4(x)+3(x-a)^2+2(x-a)+1$
$\qquad\vdots$
$\qquad=(x-a)^n f_{n+1}(x)+n(x-a)^{n-1}+(n-1)(x-a)^{n-2}$
$\qquad\qquad\qquad\qquad\qquad +\cdots+2(x-a)+1$
따라서 $f_1(x)$를 $(x-a)^n$으로 나누었을 때의 나머지는
$g_n(x)=n(x-a)^{n-1}+(n-1)(x-a)^{n-2}+\cdots+2(x-a)+1$
$\therefore g_n(a)=1$

0179 답 ②

전략 몫과 나머지를 이용하여 세운 항등식의 양변이 각각 $x-3$을 인수로 가짐을 이용한다.

$x^n(x^2+ax+b)$를 $(x-3)^2$으로 나누었을 때의 몫을 $Q(x)$라 하면 나머지가 $3^{n+1}(x-3)$이므로
$x^n(x^2+ax+b)=(x-3)^2 Q(x)+3^{n+1}(x-3)$ $\cdots\cdots$ ㉠
㉠의 양변에 $x=3$을 대입하면
$3^n(9+3a+b)=0$, $9+3a+b=0$
$\therefore b=-3a-9$ $\cdots\cdots$ ㉡

이를 ㉠에 대입하면
$x^n(x^2+ax-3a-9)=(x-3)^2 Q(x)+3^{n+1}(x-3)$
$x^n(x-3)(x+a+3)=(x-3)^2 Q(x)+3^{n+1}(x-3)$
$x^n(x+a+3)=(x-3)Q(x)+3^{n+1}$
양변에 $x=3$을 대입하면
$3^n(a+6)=3^{n+1}$, $a+6=3$
$\therefore a=-3$
㉡에서 $b=-3a-9=9-9=0$이므로
$a-2b=-3-0=-3$

0180 답 ⑤

전략 주어진 등식의 양변에 $x=4$, $x=3$, $x=2$, $x=1$을 차례대로 대입하여 $f(x)$의 인수를 구한 후 인수 정리를 이용하여 $f(x)$를 구한다.

$xf(x-1)=(x-4)f(x)$ $\cdots\cdots$ ㉠
㉠의 양변에 $x=4$를 대입하면
$4f(3)=0$ $\therefore f(3)=0$
㉠의 양변에 $x=3$을 대입하면
$3f(2)=-f(3)$ $\therefore f(2)=0\,(\because f(3)=0)$
㉠의 양변에 $x=2$를 대입하면
$2f(1)=-2f(2)$ $\therefore f(1)=0\,(\because f(2)=0)$
㉠의 양변에 $x=1$을 대입하면
$f(0)=-3f(1)$ $\therefore f(0)=0\,(\because f(1)=0)$
즉, $f(x)$는 x, $x-1$, $x-2$, $x-3$을 인수로 갖고, 최고차항의 계수가 1이므로
$f(x)=x(x-1)(x-2)(x-3)$
따라서 $f(x)$를 $x-4$로 나누었을 때의 나머지는
$f(4)=4\times3\times2\times1=24$

0181 답 ②

전략 다항식을 x로 나누었을 때의 나머지는 상수이므로 x^2+2x-2로 나누었을 때의 나머지도 상수임을 이용한다.

$f(x)+g(x)$를 x로 나누었을 때의 나머지는 상수이므로
$x^2+2x-\dfrac{1}{2}f(x)=R\,(R$는 상수$)$라 하면
$f(x)=2x^2+4x-2R$
$f(x)+g(x)$는 최고차항의 계수가 1인 삼차다항식이고,
$f(x)+g(x)$를 x^2+2x-2로 나누었을 때의 나머지도 R이므로
$f(x)+g(x)=x(x^2+2x-2)+R$
$\therefore g(x)=\{x(x^2+2x-2)+R\}-(2x^2+4x-2R)$
$\qquad\quad=x^3-6x+3R$
$g(1)=7$에서 $-5+3R=7$
$\therefore R=4$
따라서 $f(x)=2x^2+4x-8$이므로
$f(3)=18+12-8=22$

0182　답 ①

전략　$f(x+3)-f(x)$에 $x=1$, $x=-2$를 각각 대입한 값을 이용하여 $f(-2)$, $f(1)$, $f(4)$의 값의 관계를 파악한 후 인수 정리를 이용하여 $f(x)$를 구한다.

㈎에서 $f(x+3)-f(x)$는 $x-1$, $x+2$를 인수로 갖는다.

$h(x)=f(x+3)-f(x)$라 하면 $h(1)=0$, $h(-2)=0$이므로

$f(4)-f(1)=0$, $f(1)-f(-2)=0$

$\therefore f(-2)=f(1)=f(4)$

$f(-2)=f(1)=f(4)=k\,(k$는 상수$)$라 하면

$f(x)-k$는 $x+2$, $x-1$, $x-4$를 인수로 갖는다.

이때 $f(x)$의 최고차항의 계수가 1이므로

$f(x)-k=(x+2)(x-1)(x-4)$

㈏에서 $f(2)=-3$이므로 양변에 $x=2$를 대입하면

$f(2)-k=4\times1\times(-2)$

$-3-k=-8$　$\therefore k=5$

따라서 $f(x)=(x+2)(x-1)(x-4)+5$이므로

$f(0)=2\times(-1)\times(-4)+5=13$

0183　답 ③

전략　나머지를 $ax+b$로 놓고 $x^{10}-x$에 대한 항등식을 세운 후 x^n-1의 성질을 이용하여 식을 변형하고 양변에 적당한 수를 대입하여 a, b의 값을 구한다.

$x^{10}-x$를 $(x-1)^2$으로 나누었을 때의 몫을 $Q(x)$, 나머지 $R(x)$를 $ax+b\,(a,\ b$는 상수$)$라 하면

$x^{10}-x=(x-1)^2Q(x)+ax+b$

양변에 $x=1$을 대입하면

$0=a+b$　$\therefore b=-a$　……㉠

$\therefore x^{10}-x=(x-1)^2Q(x)+ax-a$
$\qquad\qquad\quad=(x-1)\{(x-1)Q(x)+a\}$

이 등식의 좌변에서

$x^{10}-x=x(x^9-1)$
$\qquad\quad\ =x(x-1)(x^8+x^7+\cdots+x^2+x+1)$

이므로

$x(x-1)(x^8+x^7+\cdots+x^2+x+1)=(x-1)\{(x-1)Q(x)+a\}$

$x(x^8+x^7+\cdots+x^2+x+1)=(x-1)Q(x)+a$

양변에 $x=1$을 대입하면 $a=9$

이를 ㉠에 대입하면 $b=-9$이므로

$R(x)=9x-9$

$\therefore R(2)=18-9=9$

0184　답 ②

전략　$P(x)+2$의 식을 세워 주어진 등식에 대입한 후 항등식의 성질을 이용한다.

$P(x)$의 차수를 n이라 하면 주어진 항등식에서 좌변의 차수는 $2n$이고 우변은 이차식이므로 $n=1$이다.

즉, $P(x)$가 일차식이므로 $P(x)+2=px+q\,(p,\ q$는 상수, $p\neq0)$라 하면 주어진 등식은

$(px+q)^2=(x-a)(x-2a)+4$

$p^2x^2+2pqx+q^2=x^2-3ax+2a^2+4$　……㉠

㉠이 x에 대한 항등식이므로 양변의 x^2의 계수를 비교하면

$p^2=1$　$\therefore p=-1$ 또는 $p=1$

(ⅰ) $p=-1$일 때,

㉠의 양변의 x의 계수를 비교하면 $2pq=-3a$

$-2q=-3a$이므로 $a=\dfrac{2}{3}q$

㉠의 양변의 상수항을 비교하면 $q^2=2a^2+4$

$q^2=\dfrac{8}{9}q^2+4$, $q^2=36$

$\therefore q=-6$ 또는 $q=6$

따라서 $P(x)+2=-x-6$ 또는 $P(x)+2=-x+6$이므로

$P(x)=-x-8$ 또는 $P(x)=-x+4$이다.

$\therefore P(1)=-9$ 또는 $P(1)=3$

(ⅱ) $p=1$일 때,

㉠의 양변의 x의 계수를 비교하면 $2pq=-3a$

$2q=-3a$이므로 $a=-\dfrac{2}{3}q$

㉠의 양변의 상수항을 비교하면 $q^2=2a^2+4$

$q^2=\dfrac{8}{9}q^2+4$, $q^2=36$

$\therefore q=-6$ 또는 $q=6$

따라서 $P(x)+2=x-6$ 또는 $P(x)+2=x+6$이므로

$P(x)=x-8$ 또는 $P(x)=x+4$이다.

$\therefore P(1)=-7$ 또는 $P(1)=5$

(ⅰ), (ⅱ)에서 모든 $P(1)$의 값의 합은

$-9+3+(-7)+5=-8$

0185　답 20

전략　$f(x)g(x)$에 대한 항등식을 세운 후 등식의 양변의 차수를 비교하여 $f(x)-2x^2$의 차수와 $f(x)+xg(x)$의 차수를 구한 후 계수가 미지수인 다항식으로 나타낸다.

$f(x)g(x)$를 $f(x)-2x^2$으로 나누었을 때의 몫이 x^2-3x+3이고 나머지가 $f(x)+xg(x)$이므로

$f(x)g(x)=\{f(x)-2x^2\}(x^2-3x+3)+f(x)+xg(x)$　……㉠

㉠이 x에 대한 항등식이고 좌변이 삼차다항식이므로 우변도 삼차다항식이다.

즉, $\{f(x)-2x^2\}(x^2-3x+3)$이 삼차다항식이므로 $f(x)-2x^2$은 일차다항식이고, 일차다항식으로 나누었으므로 나머지 $f(x)+xg(x)$는 상수이다.

$f(x)-2x^2=ax+b\,(a,\ b$는 상수, $a\neq0)$라 하면 나머지 $f(x)+xg(x)=(2x^2+ax+b)+xg(x)$가 상수이므로

$g(x)=-2x-a$

따라서 $f(x)+xg(x)=b$이다.

$f(x)=2x^2+ax+b$, $g(x)=-2x-a$를 ㉠에 대입하면

$(2x^2+ax+b)(-2x-a)=(ax+b)(x^2-3x+3)+b$　……㉡

ⓛ이 x에 대한 항등식이므로 양변의 x^3의 계수를 비교하면
$2\times(-2)=a$ $\therefore a=-4$
ⓛ에 $a=-4$를 대입하면
$(2x^2-4x+b)(-2x+4)=(-4x+b)(x^2-3x+3)+b$
양변에 $x=2$를 대입하면
$0=(-8+b)+b$
$2b=8$ $\therefore b=4$
따라서 $f(x)=2x^2-4x+4$이므로
$f(-2)=8+8+4=20$

0186 답 9

전략 $f(x)$가 이차식이므로 ⑺에서 $f(x)$로 나누었을 때의 나머지 $g(x)$는 일차식 또는 상수이고, ⑷에서 $g(x)$로 나누었을 때의 나머지는 상수임을 이용하여 항등식을 세운다.

$f(x)$가 이차식이므로 ⑺에서 $g(x)$는 일차식 또는 상수이다.
⑷에서 $f(x)-x^2-x$가 상수이므로
$f(x)=x^2+x+k\,(k$는 상수)라 하자.
x^3+3x^2+5x+6을 $f(x)=x^2+x+k$로 나누면

$$
\begin{array}{r}
x+2 \\
x^2+x+k\,\overline{)\,x^3+3x^2+5x+6} \\
\underline{x^3+x^2+kx} \\
2x^2+(5-k)x+6 \\
\underline{2x^2+2x+2k} \\
(3-k)x+6-2k
\end{array}
$$

⑺에서 $g(x)=(3-k)x+6-2k=(3-k)(x+2)$
⑷에서 x^3+3x^2+5x+6을 $g(x)=(3-k)(x+2)$로 나누었을 때의 몫을 $Q(x)$라 하면 나머지가 k이므로
$x^3+3x^2+5x+6=(3-k)(x+2)Q(x)+k$
양변에 $x=-2$를 대입하면
 $-8+12-10+6=k$ $\therefore k=0$
따라서 $g(x)=3(x+2)$이므로
$g(1)=3\times3=9$

0187 답 ③

전략 $f(x)$를 $x+1$로 나누었을 때의 나머지가 상수이므로 이 나머지를 R라 하면 $x+1$, x^2-3이 $f(x)-R$의 인수임을 이용한다.

⑺에서 $f(x)$를 $x+1$로 나눈 나머지와 x^2-3으로 나눈 나머지를 R라 하면 $x+1$, x^2-3은 $f(x)-R$의 인수이다.
이때 $f(x)$는 최고차항의 계수가 1인 사차다항식이므로
$f(x)-R=(x+1)(x^2-3)(x+a)\,(a$는 상수)   ……ⓛ
라 하자.
⑷에서 $h(x)=f(x+1)-5$라 하면 $h(x)$가 x^2+x, 즉 $x(x+1)$로 나누어떨어지므로 $h(x)$는 x, $x+1$을 인수로 갖는다.
따라서 $h(0)=f(1)-5=0$, $h(-1)=f(0)-5=0$이므로
$f(0)=5$, $f(1)=5$
ⓛ의 양변에 $x=0$, $x=1$을 각각 대입하면
$5-R=-3a$, $5-R=-4(1+a)$
$\therefore 3a-R=-5$, $4a-R=-9$

두 식을 연립하여 풀면
$a=-4$, $R=-7$
따라서 $f(x)=(x+1)(x^2-3)(x-4)-7$이므로
$f(4)=-7$

0188 답 54

전략 주어진 항등식에 $x=0$, $x=1$을 대입한 후 실수 a, b에 대하여 $a^2+b^2=0$이면 $a=b=0$임을 이용하여 $Q(x)$의 인수를 구하고, 인수정리를 이용하여 $Q(x)$를 구한다.

$\{Q(x+1)\}^2+\{Q(x)\}^2=(x^2-x)P(x)$에서
$\{Q(x+1)\}^2+\{Q(x)\}^2=x(x-1)P(x)$ ……ⓛ
ⓛ의 양변에 $x=0$, $x=1$을 각각 대입하면
$\{Q(1)\}^2+\{Q(0)\}^2=0$, $\{Q(2)\}^2+\{Q(1)\}^2=0$
$\therefore Q(0)=Q(1)=Q(2)=0$
$Q(x)$는 최고차항의 계수가 1인 삼차다항식이고 x, $x-1$, $x-2$를 인수로 가지므로
$Q(x)=x(x-1)(x-2)$
이를 ⓛ에 대입하면
$\{(x+1)x(x-1)\}^2+\{x(x-1)(x-2)\}^2=x(x-1)P(x)$
$\therefore P(x)=x(x-1)(x+1)^2+x(x-1)(x-2)^2$
$\qquad=x(x-1)\{(x+1)^2+(x-2)^2\}$
$\qquad=x(x-1)(2x^2-2x+5)$
$\qquad=x(x-1)\{(x-2)\times2(x+1)+9\}$
$\qquad=x(x-1)(x-2)\times2(x+1)+9x(x-1)$
$\qquad=2(x+1)Q(x)+9x(x-1)$
따라서 $R(x)=9x(x-1)$이므로
$R(3)=9\times3\times2=54$

0189 답 ④

전략 $f(x)-3p^2$의 인수가 $x+2$, x^2+4임을 이용하여 $f(x)$를 p에 대한 식으로 나타낸 후 주어진 조건을 만족시키는 p의 값을 구한다.

⑺에서 $f(x)$를 $x+2$, x^2+4로 나누었을 때의 나머지가 $3p^2$으로 같으므로 $f(x)-3p^2$은 $x+2$, x^2+4를 인수로 갖는다.
이때 $f(x)-3p^2$은 최고차항의 계수가 1인 사차다항식이므로
$f(x)-3p^2=(x+2)(x^2+4)(x+a)\,(a$는 상수)라 하면
$f(x)=(x+2)(x^2+4)(x+a)+3p^2$
⑷에서 $f(1)=f(-1)$이므로
$15(1+a)+3p^2=5(-1+a)+3p^2$
$10a=-20$ $\therefore a=-2$
$\therefore f(x)=(x+2)(x^2+4)(x-2)+3p^2$
$\qquad=(x^2-4)(x^2+4)+3p^2$
$\qquad=x^4+3p^2-16$
⑸에서 $f(\sqrt{p})=0$이므로
$p^2+3p^2-16=0$, $p^2=4$
$\therefore p=2\,(\because p>0)$

0190　답 ④

① $8x^3+12x^2+6x+1$
$=(2x)^3+3\times(2x)^2\times1+3\times2x\times1^2+1^3$
$=(2x+1)^3$

② $10x^2+31x+15=(5x+3)(2x+5)$

③ $x^3+8y^3=x^3+(2y)^3$
$\qquad=(x+2y)\{x^2-x\times2y+(2y)^2\}$
$\qquad=(x+2y)(x^2-2xy+4y^2)$

④ $x^2+y^2+z^2-2xy+2yz-2zx$
$=x^2+(-y)^2+(-z)^2+2\times x\times(-y)+2\times(-y)\times(-z)$
$\qquad\qquad\qquad\qquad\qquad+2\times(-z)\times x$
$=(x-y-z)^2$

⑤ $mx^2-4my^2=m(x^2-4y^2)$
$\qquad\qquad=m(x+2y)(x-2y)$

따라서 인수분해가 옳지 않은 것은 ④이다.

0191　답 ⑤

$x^2+1=X$로 놓으면
$(x^2+1)^2+3(x^2+1)+2=X^2+3X+2$
$\qquad\qquad\qquad\qquad=(X+2)(X+1)$
$\qquad\qquad\qquad\qquad=(x^2+3)(x^2+2)$

따라서 $a=3$, $b=2$ 또는 $a=2$, $b=3$이므로
$a+b=5$

0192　답 ②

$x^2=X$로 놓으면
$x^4-x^2-12=X^2-X-12$
$\qquad\qquad=(X-4)(X+3)$
$\qquad\qquad=(x^2-4)(x^2+3)$
$\qquad\qquad=(x-2)(x+2)(x^2+3)$

따라서 $a=2$, $b=3$이므로
$a+b=5$

0193　답 ⑤

$x^2+5x=X$로 놓으면
$(x^2+5x+4)(x^2+5x+2)-24=(X+4)(X+2)-24$
$\qquad\qquad\qquad\qquad\qquad=X^2+6X-16$
$\qquad\qquad\qquad\qquad\qquad=(X+8)(X-2)$
$\qquad\qquad\qquad\qquad\qquad=(x^2+5x+8)(x^2+5x-2)$

따라서 $a=5$, $b=8$, $c=-2$ 또는 $a=5$, $b=-2$, $c=8$이므로
$a+b+c=11$

0194　답 $16\sqrt{3}$

$x^2y-3x^2-xy^2+3y^2=x^2y-xy^2-3x^2+3y^2$
$\qquad\qquad=xy(x-y)-3(x^2-y^2)$
$\qquad\qquad=xy(x-y)-3(x+y)(x-y)$
$\qquad\qquad=(x-y)\{xy-3(x+y)\}$　　　……㉠　　……ⓘ

$x=1-\sqrt{3}$, $y=1+\sqrt{3}$에서
$x+y=2$, $x-y=-2\sqrt{3}$, $xy=-2$　　　……ⓐ
이를 ㉠에 대입하면
$x^2y-3x^2-xy^2+3y^2=-2\sqrt{3}\times(-2-3\times2)$
$\qquad\qquad\qquad\qquad=16\sqrt{3}$　　　……ⓑ

채점 기준		
ⓘ $x^2y-3x^2-xy^2+3y^2$ 인수분해하기		40%
ⓐ $x+y$, $x-y$, xy의 값 구하기		30%
ⓑ $x^2y-3x^2-xy^2+3y^2$의 값 구하기		30%

0195　답 ④

$x^2=X$로 놓으면
$x^4-13x^2+4=X^2-13X+4$
$\qquad\qquad=X^2-4X+4-9X=(X-2)^2-9X$
$\qquad\qquad=(x^2-2)^2-9x^2=(x^2-2)^2-(3x)^2$
$\qquad\qquad=(x^2+3x-2)(x^2-3x-2)$

따라서 인수인 것은 ④이다.

0196　답 ①

$(x-1)(x+2)(x-3)(x+4)+24$
$=\{(x-1)(x+2)\}\{(x-3)(x+4)\}+24$
$=(x^2+x-2)(x^2+x-12)+24$

$x^2+x=X$로 놓으면
(주어진 식)$=(X-2)(X-12)+24$
$\qquad\qquad=X^2-14X+48=(X-6)(X-8)$
$\qquad\qquad=(x^2+x-6)(x^2+x-8)$
$\qquad\qquad=(x-2)(x+3)(x^2+x-8)$

0197　답 ②

주어진 식을 x에 대하여 내림차순으로 정리한 후 인수분해하면
$x^2-2xy+y^2+3x-3y+2=x^2+(-2y+3)x+y^2-3y+2$
$\qquad\qquad\qquad=x^2+(-2y+3)x+(y-1)(y-2)$
$\qquad\qquad\qquad=\{x-(y-1)\}\{x-(y-2)\}$
$\qquad\qquad\qquad=(x-y+1)(x-y+2)$

0198　답 ②

주어진 식을 x에 대하여 내림차순으로 정리한 후 인수분해하면
$x^2-4xy+3y^2+x-5y-2=x^2+(-4y+1)x+3y^2-5y-2$
$\qquad\qquad\qquad=x^2+(-4y+1)x+(y-2)(3y+1)$
$\qquad\qquad\qquad=\{x-(y-2)\}\{x-(3y+1)\}$
$\qquad\qquad\qquad=(x-y+2)(x-3y-1)$

따라서 두 일차식의 합은
$(x-y+2)+(x-3y-1)=2x-4y+1$

0199 답 ①

$x^2+4=X$로 놓으면

$$(x^2+4)^2-3x(x^2+4)-4x^2=X^2-3xX-4x^2$$
$$=(X-4x)(X+x)$$
$$=(x^2-4x+4)(x^2+x+4)$$
$$=(x-2)^2(x^2+x+4)$$

따라서 $a=-2$, $b=1$, $c=4$이므로

$$a+b+c=3$$

0200 답 ④

주어진 식을 a에 대하여 내림차순으로 정리한 후 인수분해하면

$$a^2+3b^2+c^2-4ab-4bc+2ca$$
$$=a^2+(-4b+2c)a+3b^2-4bc+c^2$$
$$=a^2+(-4b+2c)a+(3b-c)(b-c)$$
$$=\{a-(3b-c)\}\{a-(b-c)\}$$
$$=(a-3b+c)(a-b+c)$$

따라서 보기에서 인수인 것은 ㄴ, ㄹ이다.

0201 답 ③

$$a^2b-2ab+2a^2-4a+b+2=(a^2-2a+1)b+2a^2-4a+2$$
$$=(a^2-2a+1)b+2(a^2-2a+1)$$
$$=(a-1)^2(b+2)$$

즉, $(a-1)^2(b+2)=75=3\times5^2$이고, a, b가 자연수이므로

$$a-1=5,\ b+2=3$$

따라서 $a=6$, $b=1$이므로

$$a+b=7$$

0202 답 ⑤

$$(x-1)(x-4)(x-5)(x-8)+a$$
$$=\{(x-1)(x-8)\}\{(x-4)(x-5)\}+a$$
$$=(x^2-9x+8)(x^2-9x+20)+a$$

$x^2-9x=X$로 놓으면

$$(\text{주어진 식})=(X+8)(X+20)+a$$
$$=X^2+28X+160+a\quad\cdots\cdots㉠$$

이 식이 $(x+b)^2(x+c)^2$, 즉 $\{(x+b)(x+c)\}^2$으로 인수분해되려면 ㉠이 완전제곱식이어야 하므로

$$160+a=\left(\frac{28}{2}\right)^2$$

$$\therefore a=196-160=36$$

㉠에서

$$X^2+28X+160+a=X^2+28X+196$$
$$=(X+14)^2$$
$$=(x^2-9x+14)^2$$
$$=\{(x-2)(x-7)\}^2$$
$$=(x-2)^2(x-7)^2$$

따라서 $b=-2$, $c=-7$ 또는 $b=-7$, $c=-2$이므로

$$a+b+c=36+(-2)+(-7)=27$$

0203 답 2

주어진 식을 x에 대하여 내림차순으로 정리하면

$$x^2+kxy-3y^2+x+11y-6=x^2+(ky+1)x-3y^2+11y-6$$
$$=x^2+(ky+1)x-(3y-2)(y-3)$$

이때 x의 계수가 $ky+1$이므로 x에 대한 상수항을 두 일차식의 곱으로 인수분해했을 때 두 일차식의 합이 $ky+1$이어야 한다.

즉, $(3y-2)+\{-(y-3)\}=ky+1$이므로

$$2y+1=ky+1\qquad\therefore k=2$$

0204 답 ③

$$x^4-4x^3+5x^2-4x+1=x^2\left(x^2-4x+5-\frac{4}{x}+\frac{1}{x^2}\right)$$
$$=x^2\left\{x^2+\frac{1}{x^2}-4\left(x+\frac{1}{x}\right)+5\right\}$$
$$=x^2\left\{\left(x+\frac{1}{x}\right)^2-4\left(x+\frac{1}{x}\right)+3\right\}$$

$x+\dfrac{1}{x}=X$로 놓으면

$$\left(x+\frac{1}{x}\right)^2-4\left(x+\frac{1}{x}\right)+3=X^2-4X+3=(X-1)(X-3)$$
$$=\left(x+\frac{1}{x}-1\right)\left(x+\frac{1}{x}-3\right)$$

$$\therefore (\text{주어진 식})=x^2\left(x+\frac{1}{x}-1\right)\left(x+\frac{1}{x}-3\right)$$
$$=(x^2-x+1)(x^2-3x+1)$$

따라서 인수인 것은 ③이다.

0205 답 ①

주어진 식의 괄호를 풀고, a에 대하여 내림차순으로 정리한 후 인수분해하면

$$a(b+c)^2+b(c+a)^2+c(a+b)^2-4abc$$
$$=a(b^2+2bc+c^2)+b(c^2+2ca+a^2)+c(a^2+2ab+b^2)-4abc$$
$$=ab^2+ac^2+bc^2+ba^2+ca^2+cb^2+2abc$$
$$=(b+c)a^2+(b^2+2bc+c^2)a+bc^2+cb^2$$
$$=(b+c)a^2+(b+c)^2a+bc(b+c)$$
$$=(b+c)\{a^2+(b+c)a+bc\}$$
$$=(b+c)(a+b)(a+c)$$

따라서 보기에서 인수인 것은 ㄱ, ㄴ이다.

0206 답 ②

$a^3+b^3+c^3=3abc$에서 $a^3+b^3+c^3-3abc=0$

$$a^3+b^3+c^3-3abc$$
$$=(a+b+c)(a^2+b^2+c^2-ab-bc-ca)$$
$$=\frac{1}{2}(a+b+c)\{(a-b)^2+(b-c)^2+(c-a)^2\}$$

이므로 $\dfrac{1}{2}(a+b+c)\{(a-b)^2+(b-c)^2+(c-a)^2\}=0$이 성립한다. 이때 a, b, c는 서로 다른 실수이므로

$$(a-b)^2+(b-c)^2+(c-a)^2\neq0$$

따라서 $a+b+c=0$이므로

$$\frac{b+c}{a}+\frac{c+a}{b}+\frac{a+b}{c}=\frac{-a}{a}+\frac{-b}{b}+\frac{-c}{c}=-3$$

0207 답 ①

$x-2y=A$, $2y-3z=B$, $-x+3z=C$로 놓으면

$A+B+C=0$

$\therefore (x-2y)^3+(2y-3z)^3-(x-3z)^3$

$\quad =(x-2y)^3+(2y-3z)^3+(-x+3z)^3$

$\quad =A^3+B^3+C^3$

$\quad =(A+B+C)(A^2+B^2+C^2-AB-BC-CA)+3ABC$

$\quad =3ABC\,(\because A+B+C=0)$

$\quad =3(x-2y)(2y-3z)(-x+3z)$

따라서 보기에서 인수인 것은 ㄱ, ㄴ, ㄹ이다.

0208 답 15

$x^2-8=X$로 놓으면

$(x^2-5x-8)(x^2-x-8)-12x^2$

$=(X-5x)(X-x)-12x^2$

$=X^2-6xX-7x^2$

$=(X+x)(X-7x)$

$=(x^2+x-8)(x^2-7x-8)$

$=(x^2+x-8)(x+1)(x-8)$ …… ❶

따라서 $P(x)=x^2+x-8$이고 $Q(x)=x+1$, $R(x)=x-8$ 또는

$Q(x)=x-8$, $R(x)=x+1$이므로   …… ❷

$P(3)+Q(9)+R(9)=(9+3-8)+(9+1)+(9-8)$

$\qquad\qquad\qquad\qquad =4+10+1=15$ …… ❸

채점 기준	
❶ $(x^2-5x-8)(x^2-x-8)-12x^2$ 인수분해하기	40%
❷ $P(x)$, $Q(x)$, $R(x)$ 구하기	30%
❸ $P(3)+Q(9)+R(9)$의 값 구하기	30%

0209 답 ②

$(4x^2-8x-5)(x^2-x-2)+k$

$=(2x+1)(2x-5)(x+1)(x-2)+k$

$=\{(2x+1)(x-2)\}\{(2x-5)(x+1)\}+k$

$=(2x^2-3x-2)(2x^2-3x-5)+k$

$2x^2-3x=X$로 놓으면

(주어진 식)$=(X-2)(X-5)+k$

$\qquad\qquad\quad =X^2-7X+10+k$ …… ㉠

이 식이 최고차항의 계수가 2인 이차식의 제곱으로 인수분해되려면

㉠이 완전제곱식이어야 하므로

$10+k=\left(\dfrac{-7}{2}\right)^2$

$\therefore k=\dfrac{49}{4}-10=\dfrac{9}{4}$

㉠에서

$X^2-7X+10+k=X^2-7X+\dfrac{49}{4}=\left(X-\dfrac{7}{2}\right)^2$

$\qquad\qquad\qquad\qquad\qquad =\left(2x^2-3x-\dfrac{7}{2}\right)^2$

따라서 $f(x)=2x^2-3x-\dfrac{7}{2}$이므로

$f(1)=2-3-\dfrac{7}{2}=-\dfrac{9}{2}$

$\therefore \dfrac{f(1)}{k}=\dfrac{-\dfrac{9}{2}}{\dfrac{9}{4}}=-2$

0210 답 2

$P(x)=2x^3-7x^2+11x-4$라 하면

$P\left(\dfrac{1}{2}\right)=\dfrac{1}{4}-\dfrac{7}{4}+\dfrac{11}{2}-4=0$이므로

조립제법을 이용하여 $P(x)$를 인수분해하면

$$
\begin{array}{r|rrrr}
\frac{1}{2} & 2 & -7 & 11 & -4 \\
 & & 1 & -3 & 4 \\
\hline
 & 2 & -6 & 8 & 0
\end{array}
$$

$2x^3-7x^2+11x-4=\left(x-\dfrac{1}{2}\right)(2x^2-6x+8)$

$\qquad\qquad\qquad\qquad =(2x-1)(x^2-3x+4)$

따라서 $a=2$, $b=-1$, $c=-3$, $d=4$이므로

$a+b+c+d=2$

0211 답 ①

$P(x)=x^4+2x^3-9x^2-2x+8$이라 하면

$P(1)=1+2-9-2+8=0$,

$P(-1)=1-2-9+2+8=0$이므로

조립제법을 이용하여 $P(x)$를 인수분해하면

$$
\begin{array}{r|rrrrr}
1 & 1 & 2 & -9 & -2 & 8 \\
 & & 1 & 3 & -6 & -8 \\
\hline
-1 & 1 & 3 & -6 & -8 & 0 \\
 & & -1 & -2 & 8 & \\
\hline
 & 1 & 2 & -8 & 0 &
\end{array}
$$

$x^4+2x^3-9x^2-2x+8$

$=(x-1)(x+1)(x^2+2x-8)$

$=(x-1)(x+1)(x-2)(x+4)$

따라서 인수가 아닌 것은 ①이다.

$P(x)=x^4+2x^3-9x^2-2x+8$이라 하면

① $P(4)=256+128-144-8+8\neq0$이므로

   $x-4$는 $P(x)$의 인수가 아니다.

② $P(2)=16+16-36-4+8=0$이므로

   $x-2$는 $P(x)$의 인수이다.

③ $P(1)=1+2-9-2+8=0$이므로

   $x-1$은 $P(x)$의 인수이다.

④ $P(-1)=1-2-9+2+8=0$이므로

   $x+1$은 $P(x)$의 인수이다.

⑤ $P(-4)=256-128-144+8+8=0$이므로

   $x+4$는 $P(x)$의 인수이다.

0212 답 ④

$P(x)=x^3+2x^2-x-2$라 하면

$P(1)=1+2-1-2=0$이므로

조립제법을 이용하여 $P(x)$를 인수분해하면

$$\begin{array}{r|rrrr} 1 & 1 & 2 & -1 & -2 \\ & & 1 & 3 & 2 \\ \hline & 1 & 3 & 2 & 0 \end{array}$$

$P(x)=(x-1)(x^2+3x+2)=(x-1)(x+1)(x+2)$

$Q(x)=x^3+3x^2-4x-12$라 하면

$Q(2)=8+12-8-12=0$이므로

조립제법을 이용하여 $Q(x)$를 인수분해하면

$$\begin{array}{r|rrrr} 2 & 1 & 3 & -4 & -12 \\ & & 2 & 10 & 12 \\ \hline & 1 & 5 & 6 & 0 \end{array}$$

$Q(x)=(x-2)(x^2+5x+6)=(x-2)(x+2)(x+3)$

따라서 두 다항식의 공통인 인수는 $x+2$이다.

다른 풀이

$$\begin{aligned} x^3+2x^2-x-2 &= x^2(x+2)-(x+2) \\ &= (x^2-1)(x+2) \\ &= (x+1)(x-1)(x+2) \end{aligned}$$

$$\begin{aligned} x^3+3x^2-4x-12 &= x^2(x+3)-4(x+3) \\ &= (x^2-4)(x+3) \\ &= (x+2)(x-2)(x+3) \end{aligned}$$

따라서 두 다항식의 공통인 인수는 $x+2$이다.

0213 답 ②

$f(x)=x^3+ax^2-2x+4$라 하면 $f(x)$가 $x-2$를 인수로 가지므로

$f(2)=0$에서 $8+4a-4+4=0$

$\therefore a=-2$

$f(x)=x^3-2x^2-2x+4$이므로 조립제법을 이용하여 $f(x)$를 인수분해하면

$$\begin{array}{r|rrrr} 2 & 1 & -2 & -2 & 4 \\ & & 2 & 0 & -4 \\ \hline & 1 & 0 & -2 & 0 \end{array}$$

$f(x)=(x-2)(x^2-2)$

따라서 $b=0$, $c=-2$이므로

$a-b+c=-2-0+(-2)=-4$

0214 답 (1) $a=2$, $b=-8$ (2) $(x-1)(x+2)(x+4)$

(1) $P(x)$는 $x-1$로 나누어떨어지므로

　$P(1)=0$에서 $1+5+a+b=0$

　$\therefore a+b=-6$　……㉠

　$P(x)$를 $x-2$로 나누었을 때의 나머지가 24이므로

　$P(2)=24$에서 $8+20+2a+b=24$

　$\therefore 2a+b=-4$　……㉡　……❶

　㉠, ㉡을 연립하여 풀면 $a=2$, $b=-8$　……❷

(2) (1)에서 $P(x)=x^3+5x^2+2x-8$　……❸

　$P(x)$는 $x-1$로 나누어떨어지므로 $x-1$을 인수로 갖는다.

　따라서 조립제법을 이용하여 $P(x)$를 인수분해하면

$$\begin{array}{r|rrrr} 1 & 1 & 5 & 2 & -8 \\ & & 1 & 6 & 8 \\ \hline & 1 & 6 & 8 & 0 \end{array}$$

　$P(x)=(x-1)(x^2+6x+8)$

　$\qquad\quad =(x-1)(x+2)(x+4)$　……❹

채점 기준

❶ $P(1)=0$, $P(2)=24$임을 이용하여 식 세우기	30%
❷ a, b의 값 구하기	20%
❸ $P(x)$ 구하기	10%
❹ $P(x)$ 인수분해하기	40%

0215 답 ①

$f(x)=x^4+3x^3+ax^2+bx+2$라 하면 $f(x)$가 $x-1$, $x+2$를 인수로 가지므로 $f(1)=0$, $f(-2)=0$

$f(1)=0$에서 $1+3+a+b+2=0$

$\therefore a+b=-6$　……㉠

$f(-2)=0$에서 $16-24+4a-2b+2=0$

$\therefore 2a-b=3$　……㉡

㉠, ㉡을 연립하여 풀면 $a=-1$, $b=-5$

$f(x)=x^4+3x^3-x^2-5x+2$이므로 조립제법을 이용하여 $f(x)$를 인수분해하면

$$\begin{array}{r|rrrrr} 1 & 1 & 3 & -1 & -5 & 2 \\ & & 1 & 4 & 3 & -2 \\ \hline -2 & 1 & 4 & 3 & -2 & 0 \\ & & -2 & -4 & 2 & \\ \hline & 1 & 2 & -1 & 0 & \end{array}$$

$x^4+3x^3-x^2-5x+2=(x-1)(x+2)(x^2+2x-1)$

따라서 $Q(x)=x^2+2x-1$이므로

$Q(-1)=1-2-1=-2$

0216 답 ②

$f(x)=x^3+2x^2+3x+6$이라 하면

$f(-2)=-8+8-6+6=0$이므로

조립제법을 이용하여 $f(x)$를 인수분해하면

$$\begin{array}{r|rrrr} -2 & 1 & 2 & 3 & 6 \\ & & -2 & 0 & -6 \\ \hline & 1 & 0 & 3 & 0 \end{array}$$

$f(x)=(x+2)(x^2+3)$　$\therefore b=2$

$g(x)=x^3+x+a$라 하면 $g(x)$가 $x+2$로 나누어떨어지므로

$g(-2)=0$에서

$-8-2+a=0$　$\therefore a=10$

$\therefore a+b=10+2=12$

0217 답 ①

$f(x)=x^3+(1-2a)x^2+(a^2-2a-1)x+a^2-1$이라 하면
$f(-1)=-1+1-2a-a^2+2a+1+a^2-1=0$이므로
조립제법을 이용하여 $f(x)$를 인수분해하면

$$
\begin{array}{r|rrrr}
-1 & 1 & 1-2a & a^2-2a-1 & a^2-1 \\
   &   & -1   & 2a   & -a^2+1 \\
\hline
   & 1 & -2a & a^2-1   & 0
\end{array}
$$

$x^3+(1-2a)x^2+(a^2-2a-1)x+a^2-1$
$=(x+1)(x^2-2ax+a^2-1)$
$=(x+1)\{x^2-2ax+(a+1)(a-1)\}$
$=(x+1)(x-a-1)(x-a+1)$
따라서 인수인 것은 ①이다.

0218 답 ③

$x-1$이 $f(x)$의 인수이므로 $f(1)=0$에서
$a-b-c-a=0$　　$\therefore c=-b$
$\therefore ax^4-bx^3-cx-a=ax^4-bx^3+bx-a$
$\qquad\qquad\qquad\quad =a(x^4-1)-bx(x^2-1)$
$\qquad\qquad\qquad\quad =a(x^2-1)(x^2+1)-bx(x^2-1)$
$\qquad\qquad\qquad\quad =(x^2-1)(ax^2-bx+a)$
$\qquad\qquad\qquad\quad =(x+1)(x-1)(ax^2-bx+a)$
따라서 인수인 것은 ③이다.

0219 답 ④

$f(x)=x^3-(a+1)x^2-a(2a-1)x+2a^2$이라 하면
$f(1)=1-a-1-2a^2+a+2a^2=0$이므로
조립제법을 이용하여 $f(x)$를 인수분해하면

$$
\begin{array}{r|rrrr}
1 & 1 & -a-1 & -2a^2+a & 2a^2 \\
  &   & 1   & -a   & -2a^2 \\
\hline
  & 1 & -a   & -2a^2   & 0
\end{array}
$$

$x^3-(a+1)x^2-a(2a-1)x+2a^2$
$=(x-1)(x^2-ax-2a^2)$
$=(x-1)(x+a)(x-2a)$
이때 세 일차식의 합이 $3x-6$이므로
$(x-1)+(x+a)+(x-2a)=3x-6$
$-1-a=-6$　　$\therefore a=5$

0220 답 18

$P(x)=x^4+8x^3+5x^2-50x=x(x^3+8x^2+5x-50)$이라 하면
$P(0)=0,\ P(2)=2(8+32+10-50)=0$
조립제법을 이용하여 $x^3+8x^2+5x-50$을 인수분해하면

$$
\begin{array}{r|rrrr}
2 & 1 & 8 & 5 & -50 \\
  &   & 2 & 20 & 50 \\
\hline
  & 1 & 10 & 25 & 0
\end{array}
$$

$P(x)=x(x-2)(x^2+10x+25)$
$\qquad =x(x-2)(x+5)^2$ $\qquad\qquad\qquad$ ⋯⋯ ⓘ

즉, $f(x)g(x)=x(x-2)(x+5)^2$이고 $f(x)+g(x)$의 최고차항
의 계수가 2이므로 두 이차식의 이차항의 계수는 모두 1이다.
따라서 $f(x)=x(x-2)$ 또는 $f(x)=x(x+5)$ 또는
$f(x)=(x-2)(x+5)$ 또는 $f(x)=(x+5)^2$이다.
그런데 $f(1)=6$이므로
$f(x)=x(x+5)$ $\qquad\qquad\qquad\qquad$ ⋯⋯ ⓙ
따라서 $g(x)=(x-2)(x+5)$이므로
$g(4)=2\times9=18$ $\qquad\qquad\qquad$ ⋯⋯ ⓚ

채점 기준

ⓘ 두 이차식의 곱을 인수분해하기	40%
ⓙ $f(x)$ 구하기	40%
ⓚ $g(4)$의 값 구하기	20%

0221 답 89

$g(x)=x^4+ax+b$라 하면 $g(x)$가 $(x+2)^2$을 인수로 가지므로
$g(-2)=0$에서
$16-2a+b=0$
$\therefore b=2a-16$ $\qquad\qquad\qquad$ ⋯⋯ ㉠
$g(x)=x^4+ax+2a-16$이므로 조립제법을 이용하여 $g(x)$를 인
수분해하면

$$
\begin{array}{r|rrrrr}
-2 & 1 & 0 & 0   & a   & 2a-16 \\
   &   & -2 & 4   & -8   & -2a+16 \\
\hline
-2 & 1 & -2 & 4   & a-8 & 0 \\
   &   & -2 & 8   & -24 & \\
\hline
   & 1 & -4 & 12 & a-32 &
\end{array}
$$

이때 $a-32=0$이므로 $a=32$
㉠에서 $b=2\times32-16=48$ $\qquad\qquad$ ⋯⋯ ⓘ
$g(x)=(x+2)^2(x^2-4x+12)$이므로
$f(x)=x^2-4x+12$ $\qquad\qquad\qquad$ ⋯⋯ ⓙ
$\therefore f(1)=1-4+12=9$
$\therefore a+b+f(1)=32+48+9=89$ $\qquad$ ⋯⋯ ⓚ

채점 기준

ⓘ $a,\ b$의 값 구하기	50%
ⓙ $f(x)$ 구하기	30%
ⓚ $a+b+f(1)$의 값 구하기	20%

0222 답 ⑤

$P(x)=x^4-x^3-7x^2+13x-6$이라 하면
$P(1)=1-1-7+13-6=0,\ P(2)=16-8-28+26-6=0$
이므로 조립제법을 이용하여 $P(x)$를 인수분해하면

$$
\begin{array}{r|rrrrr}
1 & 1 & -1 & -7 & 13 & -6 \\
  &   & 1 & 0 & -7 & 6 \\
\hline
2 & 1 & 0 & -7 & 6 & 0 \\
  &   & 2 & 4 & -6 & \\
\hline
  & 1 & 2 & -3 & 0 &
\end{array}
$$

$P(x)=(x-1)(x-2)(x^2+2x-3)$
$\qquad =(x-1)^2(x-2)(x+3)$

(가)에서 $f(-a)g(-a)=0$이므로

$f(-a)=0$ 또는 $g(-a)=0$ …… ㉠

(나)에서 $f(-a)+g(-a)=0$ …… ㉡

㉠, ㉡에서 $f(-a)=0,\ g(-a)=0$

즉, $f(x)$와 $g(x)$는 모두 $x+a$를 인수로 가지므로

$x+a=x-1$ $\therefore a=-1$

두 이차식 $f(x),\ g(x)$의 최고차항의 계수가 1이므로

$f(x)+g(x)=(x-1)(x-2)+(x-1)(x+3)$

$\begin{aligned}
\therefore f(a)+g(a)&=f(-1)+g(-1)\\
&=(-2)\times(-3)+(-2)\times 2\\
&=2
\end{aligned}$

0223 답 ①

$f(-1)=-1+3+6-8=0$이므로 조립제법을 이용하여 $f(x)$를 인수분해하면

$$\begin{array}{r|rrrr}
-1 & 1 & 3 & -6 & -8\\
   &   & -1 & -2 & 8\\
\hline
   & 1 & 2 & -8 & \,0
\end{array}$$

$\begin{aligned}
f(x)&=(x+1)(x^2+2x-8)\\
&=(x+1)(x+4)(x-2)
\end{aligned}$

한편 $g(-1)=-2+2a-3+7-2a-2=0$이므로 조립제법을 이용하여 $g(x)$를 인수분해하면

$$\begin{array}{r|rrrr}
-1 & 2 & 2a-3 & -7 & -2a-2\\
   &   & -2 & -2a+5 & 2a+2\\
\hline
   & 2 & 2a-5 & -2a-2 & \,0
\end{array}$$

$g(x)=(x+1)\{2x^2+(2a-5)x-2a-2\}$

이때 두 다항식 $f(x),\ g(x)$가 같은 이차식으로 각각 나누어떨어지려면 $g(x)$가 $x+4$ 또는 $x-2$를 인수로 가져야 한다. 즉,

$g(-4)=0$ 또는 $g(2)=0$이어야 한다.

(i) $g(-4)=0$일 때,

$\quad -3\{32-4(2a-5)-2a-2\}=0$

$\quad -10a+50=0$ $\therefore a=5$

(ii) $g(2)=0$일 때,

$\quad 3\{8+2(2a-5)-2a-2\}=0$

$\quad 2a-4=0$ $\therefore a=2$

(i), (ii)에서 구하는 모든 a의 값의 합은

$5+2=7$

0224 답 ②

$f(x)=2x^3+ax^2+(2a+4)x+24$라 하면

$f(-2)=-16+4a-4a-8+24=0$이므로

조립제법을 이용하여 $f(x)$를 인수분해하면

$$\begin{array}{r|rrrr}
-2 & 2 & a & 2a+4 & 24\\
   &   & -4 & -2a+8 & -24\\
\hline
   & 2 & a-4 & 12 & \,0
\end{array}$$

$f(x)=(x+2)\{2x^2+(a-4)x+12\}$

이때 $f(x)$가 계수가 모두 정수인 세 일차식의 곱으로 인수분해되려면 $2x^2+(a-4)x+12$가 계수가 모두 정수인 두 일차식의 곱으로 인수분해되어야 한다.

a가 최대인 경우는 $a-4=2\times 12+1\times 1$

$\therefore a=29$

a가 최소인 경우는 $a-4=2\times(-12)+1\times(-1)$

$\therefore a=-21$

따라서 구하는 a의 최댓값과 최솟값의 합은

$29+(-21)=8$

0225 답 ⑤

$\{P(x)\}^3+\{Q(x)\}^3=12x^4+24x^3+12x^2+16$에서

$\{P(x)+Q(x)\}^3-3P(x)Q(x)\{P(x)+Q(x)\}$

$=12x^4+24x^3+12x^2+16$

이때 (가)에서 $P(x)+Q(x)=4$이므로

$4^3-3P(x)Q(x)\times 4=12x^4+24x^3+12x^2+16$

$-12P(x)Q(x)=12x^4+24x^3+12x^2-48$

$\therefore P(x)Q(x)=-x^4-2x^3-x^2+4$

$P(1)Q(1)=-1-2-1+4=0,$

$P(-2)Q(-2)=-16+16-4+4=0$이므로

조립제법을 이용하여 $P(x)Q(x)$를 인수분해하면

$$\begin{array}{r|rrrrr}
1 & -1 & -2 & -1 & 0 & 4\\
  &   & -1 & -3 & -4 & -4\\
\hline
-2 & -1 & -3 & -4 & -4 & \,0\\
  &   & 2 & 2 & 4 & \\
\hline
  & -1 & -1 & -2 & \,0 &
\end{array}$$

$\begin{aligned}
P(x)Q(x)&=(x-1)(x+2)(-x^2-x-2)\\
&=-(x-1)(x+2)(x^2+x+2)\\
&=-(x^2+x-2)(x^2+x+2)
\end{aligned}$

이때 $P(x)+Q(x)=4$이고 $P(x)$의 최고차항의 계수가 음수이므로

$P(x)=-x^2-x+2,\ Q(x)=x^2+x+2$

따라서 $P(2)=-4-2+2=-4,\ Q(3)=9+3+2=14$이므로

$P(2)+Q(3)=10$

0226 답 ③

$101^3-3\times 101^2+3\times 101-1$

$=101^3-3\times 101^2\times 1+3\times 101\times 1^2-1^3$

$=(101-1)^3$

$=100^3$

$=10^6$

0227 답 ⑤

$100=a$로 놓으면

$\sqrt{100\times 101\times 102\times 103+1}$

$=\sqrt{a(a+1)(a+2)(a+3)+1}$

$=\sqrt{\{a(a+3)\}\{(a+1)(a+2)\}+1}$

$=\sqrt{(a^2+3a)(a^2+3a+2)+1}$

$a^2+3a=X$로 놓으면

$$\text{(주어진 식)}=\sqrt{X(X+2)+1}$$
$$=\sqrt{X^2+2X+1}=\sqrt{(X+1)^2}$$
$$=X+1=a^2+3a+1$$
$$=100^2+3\times100+1$$
$$=10301$$

0228 답 ③

$f(-1)=1+8+18-27=0,\ f(3)=81-216+162-27=0$

이므로 조립제법을 이용하여 $f(x)$를 인수분해하면

$$
\begin{array}{r|rrrrr}
-1 & 1 & -8 & 18 & 0 & -27 \\
   &   & -1 & 9 & -27 & 27 \\
\hline
 3 & 1 & -9 & 27 & -27 & 0 \\
   &   & 3 & -18 & 27 & \\
\hline
   & 1 & -6 & 9 & 0 & \\
\end{array}
$$

$$f(x)=(x+1)(x-3)(x^2-6x+9)$$
$$=(x+1)(x-3)^3$$
$$\therefore\ f(3.1)=(3.1+1)(3.1-3)^3$$
$$=4.1\times0.1^3=0.0041$$

0229 답 ②

나무 블록의 부피를 $f(x)$라 하면

$$f(x)=x^2(x+3)-2\times1^3=x^3+3x^2-2$$

$f(-1)=-1+3-2=0$이므로

조립제법을 이용하여 $f(x)$를 인수분해하면

$$
\begin{array}{r|rrrr}
-1 & 1 & 3 & 0 & -2 \\
   &   & -1 & -2 & 2 \\
\hline
   & 1 & 2 & -2 & 0 \\
\end{array}
$$

$$f(x)=(x+1)(x^2+2x-2)$$

따라서 $a=1,\ b=2,\ c=-2$이므로

$$a\times b\times c=-4$$

0230 답 ③

$14=t$로 놓으면

$$(14^2+2\times14)^2-18\times(14^2+2\times14)+45$$
$$=(t^2+2t)^2-18(t^2+2t)+45$$

$t^2+2t=X$로 놓으면

$$(t^2+2t)^2-18(t^2+2t)+45=X^2-18X+45$$
$$=(X-3)(X-15)$$
$$=(t^2+2t-3)(t^2+2t-15)$$
$$=(t+3)(t-1)(t+5)(t-3)$$
$$=(t-3)(t-1)(t+3)(t+5)$$
$$=11\times13\times17\times19$$

$$\therefore\ a+b+c+d=11+13+17+19=60$$

0231 답 ④

$f(x)=x^3+8x^2+20x+16$이라 하면

$f(-2)=-8+32-40+16=0$이므로

조립제법을 이용하여 $f(x)$를 인수분해하면

$$
\begin{array}{r|rrrr}
-2 & 1 & 8 & 20 & 16 \\
   &   & -2 & -12 & -16 \\
\hline
   & 1 & 6 & 8 & 0 \\
\end{array}
$$

$$f(x)=(x+2)(x^2+6x+8)=(x+2)^2(x+4)$$

따라서 원기둥의 밑면의 반지름의 길이는 $x+2$, 높이는 $x+4$이므로 원기둥의 겉넓이는

$$2\times\pi(x+2)^2+2\pi(x+2)\times(x+4)$$
$$=2\pi(x+2)\{(x+2)+(x+4)\}$$
$$=4\pi(x+2)(x+3)$$

✔ 중1 **다시보기**

원기둥의 밑면의 반지름의 길이를 r, 높이를 h라 하면

(1) (원기둥의 겉넓이)=(밑넓이)$\times2+$(옆넓이)
$$=2\pi r^2+2\pi rh$$

(2) (원기둥의 부피)=(밑넓이)$\times$(높이)
$$=\pi r^2 h$$

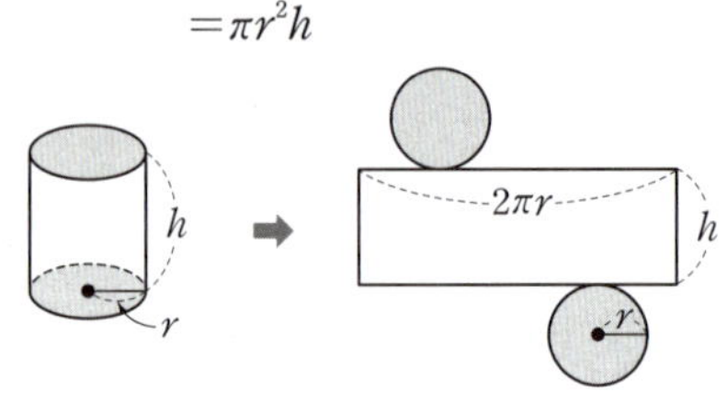

0232 답 ③

주어진 등식의 좌변을 a에 대하여 내림차순으로 정리한 후 인수분해하면

$$b^3-c^3-b^2c+bc^2+a^2b-a^2c=(b-c)a^2+b^3-b^2c+bc^2-c^3$$
$$=(b-c)a^2+b^2(b-c)+c^2(b-c)$$
$$=(b-c)(a^2+b^2+c^2)$$

이때 $(b-c)(a^2+b^2+c^2)=0$에서 $a^2+b^2+c^2>0$이므로

$$b-c=0\qquad\therefore\ b=c$$

따라서 주어진 조건을 만족시키는 삼각형은 $b=c$인 이등변삼각형이다.

0233 답 ①

$f(x)=8x^3-16x^2-8x+16$이라 하면

$f(1)=8-16-8+16=0$이므로

조립제법을 이용하여 $f(x)$를 인수분해하면

$$
\begin{array}{r|rrrr}
1 & 8 & -16 & -8 & 16 \\
  &   & 8 & -8 & -16 \\
\hline
  & 8 & -8 & -16 & 0 \\
\end{array}
$$

$$8x^3-16x^2-8x+16=(x-1)(8x^2-8x-16)$$
$$=8(x-1)(x^2-x-2)$$
$$=8(x+1)(x-1)(x-2)$$
$$=(2x+2)(2x-2)(2x-4)$$

따라서 이 직육면체의 밑면의 가로의 길이와 세로의 길이는 $2x-2$, $2x-4$이므로 이 직육면체에 들어갈 수 있는 가장 큰 구의 지름의 길이는 $2x-4$이고 반지름의 길이는 $x-2$이다.

0234 답 ④

$a^3+b^3+c^3=ab(a+b)-bc(b+c)+ca(c+a)$에서
$a^3+b^3+c^3-ab(a+b)+bc(b+c)-ca(c+a)=0$이므로
등식의 좌변을 a에 대하여 내림차순으로 정리한 후 인수분해하면
$a^3+b^3+c^3-ab(a+b)+bc(b+c)-ca(c+a)$
$=a^3-(b+c)a^2-(b^2+c^2)a+b^2(b+c)+c^2(b+c)$
$=a^3-(b+c)a^2-(b^2+c^2)a+(b^2+c^2)(b+c)$
$=a^2(a-b-c)-(b^2+c^2)(a-b-c)$
$=(a-b-c)(a^2-b^2-c^2)$
이때 $(a-b-c)(a^2-b^2-c^2)=0$에서 $a-b-c\neq0$이므로
$a^2-b^2-c^2=0$　　$\therefore a^2=b^2+c^2$
따라서 주어진 조건을 만족시키는 삼각형은 빗변의 길이가 a인 직
각삼각형이다.

참고 삼각형의 두 변의 길이의 합은 나머지 한 변의 길이보다 항상 크므로
$a<b+c$에서 $a-b-c\neq0$이다.

0235 답 5

직사각형 A의 넓이가 x^3+ax^2+2x이고, 세로의 길이가 $x(x+2)$
이므로 $f(x)=x^3+ax^2+2x$라 하면 $f(x)$는 $x(x+2)$를 인수로
가지므로 $f(-2)=0$에서
$-8+4a-4=0$　　$\therefore a=3$
$\therefore f(x)=x^3+3x^2+2x$
$\qquad=x(x+2)(x+1)$
즉, 직사각형 A의 가로의 길이는 $x+1$이다.
따라서 직사각형 B의 가로의 길이는 직사각형 A와 같은 $x+1$이고,
직사각형 B의 넓이는 $x^2+4x+3=(x+1)(x+3)$이므로 직사각
형 B의 세로의 길이는 $x+3$이다.
직사각형 C의 넓이가 $x^3+x^2-2x+12$이고, 세로의 길이가 $x+3$
이므로 조립제법을 이용하여 $x^3+x^2-2x+12$를 인수분해하면

$$\begin{array}{r|rrrr}
-3 & 1 & 1 & -2 & 12 \\
   &   & -3 & 6 & -12 \\
\hline
   & 1 & -2 & 4 & 0 \\
\end{array}$$

$x^3+x^2-2x+12=(x+3)(x^2-2x+4)$
따라서 직사각형 C의 가로의 길이는 x^2-2x+4이므로
$b=-2,\ c=4$
$\therefore a+b+c=3+(-2)+4=5$

다른 풀이
직사각형 A의 넓이가 x^3+ax^2+2x이고, 세로의 길이가 $x(x+2)$
이므로 가로의 길이를 $x+k\,(k$는 상수$)$라 하면
$x^3+ax^2+2x=x(x+2)(x+k)$
$\qquad\qquad\quad=x^3+(2+k)x^2+2kx$
이 등식이 x에 대한 항등식이므로
$a=2+k,\ 2=2k$
$\therefore k=1,\ a=3$
직사각형 A, B의 가로의 길이가 $x+1$이고, 직사각형 B의 넓이가
$x^2+4x+3=(x+1)(x+3)$이므로 직사각형 B의 세로의 길이는
$x+3$이다.

직사각형 C의 넓이가 $x^3+x^2-2x+12$이고, 가로, 세로의 길이가
각각 $x^2+bx+c,\ x+3$이므로
$x^3+x^2-2x+12=(x^2+bx+c)(x+3)$
$\qquad\qquad\qquad\quad=x^3+(b+3)x^2+(3b+c)x+3c$
이 등식이 x에 대한 항등식이므로
$1=b+3,\ -2=3b+c,\ 12=3c$
$\therefore b=-2,\ c=4$
$\therefore a+b+c=3+(-2)+4=5$

0236 답 ⑤

$$\begin{array}{r|rrrrr}
1 & 1 & -1 & 1 & -2 & 1 \\
  &   & 1 & 0 & 1 & -1 \\
\hline
1 & 1 & 0 & 1 & -1 & 0 \\
  &   & 1 & 1 & 2 & \\
\hline
1 & 1 & 1 & 2 & 1 & \\
  &   & 1 & 2 & & \\
\hline
1 & 1 & 2 & 4 & & \\
  &   & 1 & & & \\
\hline
  & 1 & 3 & & & \\
\end{array}$$

위의 조립제법에서
$x^4-x^3+x^2-2x+1$
$=(x-1)(x^3+x-1)$
$=(x-1)\{(x-1)(x^2+x+2)+1\}$
$=(x-1)^2(x^2+x+2)+(x-1)$
$=(x-1)^2\{(x-1)(x+2)+4\}+(x-1)$
$=(x-1)^3(x+2)+4(x-1)^2+(x-1)$
$=(x-1)^3\{(x-1)+3\}+4(x-1)^2+(x-1)$
$=(x-1)^4+3(x-1)^3+4(x-1)^2+(x-1)$
$\therefore f(x)=(x-1)^4+3(x-1)^3+4(x-1)^2+(x-1)$
$f(101)=100^4+3\times100^3+4\times100^2+100$
$\qquad\quad=103040100$
이므로 $f(101)$의 값의 각 자리의 숫자의 합은
$1+3+4+1=9$

0237 답 (1) $(x-1)(x^2+x+1)(x+1)(x^2-x+1)$
　　　　　(2) **6**　(3) **13**

(1) $x^6-1=(x^3-1)(x^3+1)$
$\qquad\quad=(x-1)(x^2+x+1)(x+1)(x^2-x+1)$ ……❶
(2) $7^6-1=(7-1)(7+1)(7^2-7+1)(7^2+7+1)$
$\qquad\quad=6\times8\times43\times57$
$\qquad\quad=(2\times3)\times2^3\times43\times(3\times19)$
$\qquad\quad=2^4\times3^2\times19\times43$
　따라서 2 이상의 한 자리의 자연수 n이 될 수 있는 수는
　2, 3, 4, 6, 8, 9의 6개이다. ……❷
(3) 두 자리의 자연수 n이 될 수 있는 수는
　$2^4,\ 2^4\times3,\ 2^3\times3,\ 2^3\times3^2,\ 2^2\times3,\ 2^2\times3^2,\ 2^2\times19,$
　$2\times3^2,\ 2\times19,\ 2\times43,\ 3\times19,\ 1\times19,\ 1\times43$의 13개이다.
　　　　　　　　　　　　　　　　　　　　 ……❸

0238 답 ②

$f(x)=x^3-3abx+a^3+b^3$이라 하면

$f(x)$가 $x-c$로 나누어떨어지므로

$f(c)=a^3+b^3+c^3-3abc=0$

$a^3+b^3+c^3-3abc$

$=(a+b+c)(a^2+b^2+c^2-ab-bc-ca)$

$=\dfrac{1}{2}(a+b+c)\{(a-b)^2+(b-c)^2+(c-a)^2\}$

이때 $(a+b+c)\{(a-b)^2+(b-c)^2+(c-a)^2\}=0$에서

$a+b+c=12$이므로

$(a-b)^2+(b-c)^2+(c-a)^2=0$

$\therefore a-b=0,\ b-c=0,\ c-a=0$ $\therefore a=b=c$

따라서 주어진 조건을 만족시키는 삼각형은 한 변의 길이가 4인 정삼각형이므로 구하는 넓이는

$\dfrac{\sqrt{3}}{4}\times4^2=4\sqrt{3}$

0239 답 60

주어진 등식의 좌변을 c에 대하여 내림차순으로 정리한 후 인수분해하면

$a^3+a^2b-ac^2+ab^2+b^3-bc^2$

$=-(a+b)c^2+a^3+b^3+a^2b+ab^2$

$=-(a+b)c^2+(a+b)(a^2-ab+b^2)+ab(a+b)$

$=(a+b)(-c^2+a^2-ab+b^2+ab)$

$=(a+b)(a^2+b^2-c^2)$

이때 $(a+b)(a^2+b^2-c^2)=0$에서 $a+b>0$이므로

$a^2+b^2-c^2=0$ $\therefore a^2+b^2=c^2$

따라서 주어진 조건을 만족시키는 삼각형은 빗변의 길이가 c인 직각삼각형이고 그 넓이는 $\dfrac{1}{2}ab$이므로

$\dfrac{1}{2}ab=30$

$\therefore ab=60$

0240 답 $ab+bc+ca$

직육면체 A, B의 부피는 각각 abc, $(a+b)(b+c)(c+a)$이고 직육면체 C의 부피는 두 직육면체 A, B의 부피의 합과 같으므로

$abc+(a+b)(b+c)(c+a)$이다.   ⋯⋯ ⓘ

$abc+(a+b)(b+c)(c+a)$

$=abc+(a+b)(bc+ab+c^2+ac)$

$=abc+abc+a^2b+ac^2+a^2c+b^2c+ab^2+bc^2+abc$

$=(b+c)a^2+(b^2+3bc+c^2)a+bc(b+c)$

$=(b+c)a^2+\{(b+c)^2+bc\}a+bc(b+c)$

$=(b+c)a^2+(b+c)^2a+bc(a+b+c)$

$=a(b+c)(a+b+c)+bc(a+b+c)$

$=(a+b+c)(ab+bc+ca)$ ⋯⋯ ⓘⓘ

따라서 직육면체 C의 밑면의 세로의 길이는 $ab+bc+ca$이다.

⋯⋯ ⓘⓘⓘ

다른 풀이

직육면체 C의 부피는 $abc+(a+b)(b+c)(c+a)$

$a+b+c=t$로 놓으면

$a+b=t-c,\ b+c=t-a,\ c+a=t-b$

$\therefore abc+(a+b)(b+c)(c+a)$

$=abc+(t-c)(t-a)(t-b)$

$=abc+t^3-(a+b+c)t^2+(ab+bc+ca)t-abc$

$=t\{t^2-(a+b+c)t+ab+bc+ca\}$

$=t(t^2-t\times t+ab+bc+ca)$

$=t(ab+bc+ca)$

$=(a+b+c)(ab+bc+ca)$

따라서 직육면체 C의 밑면의 세로의 길이는 $ab+bc+ca$이다.

0241 답 ②

전략 인수분해의 정의를 이용하여 x에 대한 항등식을 세운 후 항등식의 성질을 이용하여 a, b, n에 대한 식을 구한다.

$x^3+(ab-1)x-n=(x+1)(x-a)(x-b)$가 성립하므로

$x^3+(ab-1)x-n=x^3+(1-a-b)x^2+(ab-a-b)x+ab$

이 등식이 x에 대한 항등식이므로

$1-a-b=0,\ ab-1=ab-a-b,\ -n=ab$

따라서 $a+b=1,\ n=-ab$이므로

$n=-ab=-a(1-a)=a(a-1)$

즉, n은 연속하는 두 정수의 곱 꼴이다.

이때 a가 정수이고 n은 $10\leq n\leq50$인 자연수이므로

$n=4\times3=-3\times(-4)=12,$

$n=5\times4=-4\times(-5)=20,$

$n=6\times5=-5\times(-6)=30,$

$n=7\times6=-6\times(-7)=42$

따라서 주어진 조건을 만족시키는 n의 개수는 4이고, 구하는 다항식의 개수도 4이다.

참고

a의 값	n의 값	다항식 $(x+1)(x-a)(x-b)$
-6	$-6\times(-7)$	$(x+1)(x+6)(x-7)$
-5	$-5\times(-6)$	$(x+1)(x+5)(x-6)$
-4	$-4\times(-5)$	$(x+1)(x+4)(x-5)$
-3	$-3\times(-4)$	$(x+1)(x+3)(x-4)$
4	4×3	$(x+1)(x-4)(x+3)$
5	5×4	$(x+1)(x-5)(x+4)$
6	6×5	$(x+1)(x-6)(x+5)$
7	7×6	$(x+1)(x-7)(x+6)$

0242 답 ④

전략 $2b+2c-a=A$, $2c+2a-b=B$, $2a+2b-c=C$라 하면
$A+B+C=3(a+b+c)$, $A-B=-3(a-b)$, $B-C=-3(b-c)$, $C-A=-3(c-a)$가 됨을 이용한다.

$$f(x,\,y,\,z)=x^3+y^3+z^3-3xyz$$
$$=\frac{1}{2}(x+y+z)\{(x-y)^2+(y-z)^2+(z-x)^2\}$$

이고 $f(a,\,b,\,c)=1$이므로
$$\frac{1}{2}(a+b+c)\{(a-b)^2+(b-c)^2+(c-a)^2\}=1 \quad\cdots\cdots\;\ominus$$

$f(2b+2c-a,\,2c+2a-b,\,2a+2b-c)$에서
$2b+2c-a=A$, $2c+2a-b=B$, $2a+2b-c=C$라 하면
$$A+B+C=(2b+2c-a)+(2c+2a-b)+(2a+2b-c)$$
$$=3(a+b+c)$$
$$(A-B)^2=\{(2b+2c-a)-(2c+2a-b)\}^2$$
$$=(-3a+3b)^2$$
$$(B-C)^2=\{(2c+2a-b)-(2a+2b-c)\}^2$$
$$=(-3b+3c)^2$$
$$(C-A)^2=\{(2a+2b-c)-(2b+2c-a)\}^2$$
$$=(3a-3c)^2$$
$$\therefore\;f(2b+2c-a,\,2c+2a-b,\,2a+2b-c)$$
$$=f(A,\,B,\,C)$$
$$=\frac{1}{2}(A+B+C)\{(A-B)^2+(B-C)^2+(C-A)^2\}$$
$$=\frac{1}{2}\times3(a+b+c)\times\{(-3a+3b)^2+(-3b+3c)^2+(3a-3c)^2\}$$
$$=27\times\frac{1}{2}(a+b+c)\{(a-b)^2+(b-c)^2+(c-a)^2\}$$
$$=27\times1\;(\because\;\ominus)$$
$$=27$$

0243 답 13

전략 $P(x)$를 a에 대한 식으로 인수분해한 후 자연수의 성질을 이용하여 a가 될 수 있는 수를 구한다.

$P(x)$가 $x-a$를 인수로 가지므로 $P(a)=0$
즉, $a^4-290a^2+b=0$에서 $b=-a^4+290a^2=a^2(290-a^2)$
이때 b가 자연수이므로 $290-a^2>0$
따라서 a의 값이 될 수 있는 자연수는 1, 2, 3, $\cdots$, 17이다.

$$P(x)=x^4-290x^2+b=x^4-290x^2+a^2(290-a^2)$$에서
$x^2=X$로 놓으면
$$x^4-290x^2+a^2(290-a^2)$$
$$=X^2-290X-a^2(a^2-290)$$
$$=(X-a^2)(X+a^2-290)$$
$$=(x^2-a^2)(x^2+a^2-290)$$
$$=(x-a)(x+a)(x^2+a^2-290)$$
$$\therefore\;P(x)=(x-a)(x+a)(x^2+a^2-290)$$

주어진 조건을 만족시키려면 x^2+a^2-290이 계수와 상수항이 모두 정수인 서로 다른 두 일차식의 곱으로 인수분해되지 않아야 한다.
이때 $x^2+a^2-290=x^2-(290-a^2)$이 계수와 상수항이 모두 정수인 서로 다른 두 일차식의 곱으로 인수분해되는 경우는 $290-a^2$이 제곱수인 경우이다.
이때 $290=1^2+17^2=11^2+13^2$이므로
$290-a^2$이 제곱수가 되는 자연수 a는 1, 11, 13, 17이다.
따라서 조건을 만족시키는 자연수 a의 개수는 $17-4=13$이므로 모든 다항식 $P(x)$의 개수도 13이다.

0244 답 48

전략 ㈐의 식을 인수분해한 후 삼각형의 세 변의 길이에 대한 조건과 ㈎, ㈏의 조건을 이용하여 a, b, c의 값을 구한다.

㈐에서 $a^3+2a^2c+ac^2-ab^2-b^2c-bc^2-abc=0$이므로
$$a^3+2a^2c+ac^2-ab^2-b^2c-bc^2-abc$$
$$=(a-b)c^2+(2a^2-b^2-ab)c+a^3-ab^2$$
$$=(a-b)c^2+(a-b)(2a+b)c+a(a+b)(a-b)$$
$$=(a-b)\{c^2+(2a+b)c+a(a+b)\}$$
$$=(a-b)(c+a)(c+a+b)$$
이때 $(a-b)(c+a)(c+a+b)=0$에서
$c+a>0$, $c+a+b>0$이므로
$a-b=0$ $\therefore\;a=b$
$a=b$를 ㈎의 $a+5b=5c$에 대입하면
$6b=5c$ $\cdots\cdots\;\ominus$
㈏에서 $a+b+c=32$이므로 $a=b$를 대입하면
$2b+c=32$ $\cdots\cdots\;\bigcirc$
$\ominus$, $\bigcirc$을 연립하여 풀면 $b=10$, $c=12$
$$\therefore\;a=10$$
즉, 삼각형 ABC는 $a=b$인 이등변삼각형이므로 높이를 h라 하면
$$h=\sqrt{10^2-6^2}=8$$
따라서 삼각형 ABC의 넓이는
$$\frac{1}{2}\times12\times8=48$$

✔ 중2 다시보기

오른쪽 그림과 같은 이등변삼각형의 높이를 h라 하면
$$h=\sqrt{b^2-\left(\frac{a}{2}\right)^2}$$

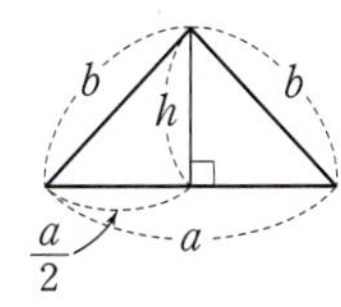

$z+\bar{z}=(a+bi)+(a-bi)=2a$ ➡ 실수
$z\bar{z}=(a+bi)(a-bi)=a^2+b^2$ ➡ 실수
따라서 보기에서 옳은 것은 ㅁ이다.

04 복소수

0245　답 ⑤

주어진 복소수 중 실수는 $\sqrt{13}-\sqrt{2}$, $\pi-3.14$, 0이므로
$a=3$
순허수는 $-36i$, $16i$이므로 $b=2$
순허수가 아닌 허수는 $5-\sqrt{5}i$, $3+i$, $-2+2i$, $-2i+2$, $\dfrac{i}{2}-1$이
므로 $c=5$
$\therefore 2a+3b-c=2\times3+3\times2-5=7$

0246　답 ④

$(x^2-5x-6)+(x+3)i$의 실수부분이 0이므로
$x^2-5x-6=0$, $(x+1)(x-6)=0$
$\therefore x=-1$ 또는 $x=6$
따라서 모든 실수 x의 값의 합은
$-1+6=5$

0247　답 ①

$3x+(2+i)y=1+2i$에서 $(3x+2y)+yi=1+2i$
복소수가 서로 같을 조건에 의하여 $3x+2y=1$, $y=2$
따라서 $x=-1$, $y=2$이므로
$x+y=1$

0248　답 ③

② $(-4+3i)-(3-4i)=-4+3i-3+4i=-7+7i$
③ $(2+\sqrt{5}i)(2-\sqrt{5}i)=4+5=9$
④ $(4+7i)(3-5i)=12-20i+21i+35=47+i$
⑤ $\dfrac{7+i}{1+i}=\dfrac{(7+i)(1-i)}{(1+i)(1-i)}=\dfrac{7-7i+i+1}{1+1}$
$\qquad=\dfrac{8-6i}{2}=4-3i$
따라서 옳지 않은 것은 ③이다.

0249　답 18

$(3+ai)(2-i)=13+bi$에서 $6-3i+2ai+a=13+bi$
$(a+6)+(2a-3)i=13+bi$
복소수가 서로 같을 조건에 의하여 $a+6=13$, $2a-3=b$
따라서 $a=7$, $b=11$이므로
$a+b=18$

0250　답 ②

ㄱ. $1-3i$는 복소수이면서 허수이다.
ㄴ. $\sqrt{3}$은 실수이므로 복소수이다.
ㄷ. 허수는 크기를 비교할 수 없다.
ㄹ. $z=1+i$일 때, $z^2=(1+i)^2=2i$ ➡ 허수

0251　답 ④

$\dfrac{a+3i}{2-i}=\dfrac{(a+3i)(2+i)}{(2-i)(2+i)}$
$\qquad=\dfrac{2a+ai+6i-3}{4+1}$
$\qquad=\dfrac{2a-3+(a+6)i}{5}$
따라서 실수부분이 $\dfrac{2a-3}{5}$, 허수부분이 $\dfrac{a+6}{5}$이므로
$\dfrac{2a-3}{5}+\dfrac{a+6}{5}=3$
$3a+3=15$, $3a=12$　　$\therefore a=4$

0252　답 ③

$\dfrac{1-i}{1+i}-2(i+2)+i^2=\dfrac{(1-i)^2}{(1+i)(1-i)}-2i-4-1$
$\qquad=\dfrac{1-2i-1}{1+1}-2i-5$
$\qquad=-i-2i-5$
$\qquad=-5-3i$
따라서 $a=-5$, $b=-3$이므로
$a-b=-2$

0253　답 ③

① $\alpha+\beta=(1+3i)+(2-i)=3+2i$　　$\therefore a=3$
② $\beta-\alpha=(2-i)-(1+3i)=1-4i$　　$\therefore a=1$
③ $\dfrac{\beta}{\alpha}=\dfrac{2-i}{1+3i}=\dfrac{(2-i)(1-3i)}{(1+3i)(1-3i)}=\dfrac{2-6i-i-3}{1+9}$
$\qquad=\dfrac{-1-7i}{10}=-\dfrac{1}{10}-\dfrac{7}{10}i$
$\qquad\therefore a=-\dfrac{1}{10}$
④ $\beta^2=(2-i)^2=4-4i-1=3-4i$　　$\therefore a=3$
⑤ $(\alpha-1)(\beta-1)=3i(1-i)=3+3i$　　$\therefore a=3$
따라서 a의 값이 가장 작은 것은 ③이다.

0254　답 ④

$\dfrac{1}{\bar{z}}+\dfrac{1}{\omega}=\dfrac{1}{5-3i}+\dfrac{1}{4-i}$
$\qquad=\dfrac{5+3i}{(5-3i)(5+3i)}+\dfrac{4+i}{(4-i)(4+i)}$
$\qquad=\dfrac{5+3i}{25+9}+\dfrac{4+i}{16+1}=\dfrac{13}{34}+\dfrac{5}{34}i$
따라서 $a=\dfrac{13}{34}$, $b=\dfrac{5}{34}$이므로
$a+b=\dfrac{18}{34}=\dfrac{9}{17}$

0255 답 ③

$$(4+i)-\overline{(3-2i)}(1-i)+\frac{1-7i}{1-2i}$$

$$=(4+i)-(3+2i)(1-i)+\frac{1-7i}{1-2i}$$

$$=4+i-(3-3i+2i+2)+\frac{(1-7i)(1+2i)}{(1-2i)(1+2i)}$$

$$=4+i-(5-i)+\frac{1+2i-7i+14}{1+4}$$

$$=4+i-5+i+\frac{15-5i}{5}$$

$$=-1+2i+3-i=2+i$$

따라서 $a=2$, $b=1$이므로

$$a+b=3$$

0256 답 $-\dfrac{37}{8}$

$y+xyi-\dfrac{1}{2}=3i+x$에서 $\left(y-\dfrac{1}{2}\right)+xyi=x+3i$

복소수가 서로 같을 조건에 의하여

$$y-\frac{1}{2}=x, \quad xy=3$$

즉, $x-y=-\dfrac{1}{2}$, $xy=3$이므로 $\qquad$ ……ⓘ

$$x^3-y^3=(x-y)^3+3xy(x-y)$$

$$=\left(-\frac{1}{2}\right)^3+3\times 3\times\left(-\frac{1}{2}\right)$$

$$=-\frac{1}{8}-\frac{9}{2}=-\frac{37}{8} \qquad ……ⓘⓘ$$

채점 기준

ⓘ $x-y$, xy의 값 구하기	60%	
ⓘⓘ 곱셈 공식의 변형을 이용하여 x^3-y^3의 값 구하기	40%	

0257 답 ③

$$(1-3i)\triangle(1+i)=(1-3i)(1+i)+\frac{1-3i}{1+i}i$$

$$=(1-3i)(1+i)+\frac{(1-3i)(1-i)}{(1+i)(1-i)}i$$

$$=1+i-3i+3+\frac{1-i-3i-3}{1+1}i$$

$$=4-2i+(-1-2i)i$$

$$=4-2i-i+2=6-3i$$

0258 답 ④

$$z_1=(1-i)^2=1-2i-1=-2i$$

$$z_2=\frac{\sqrt{2}+2i}{\sqrt{2}-2i}=\frac{(\sqrt{2}+2i)^2}{(\sqrt{2}-2i)(\sqrt{2}+2i)}$$

$$=\frac{2+4\sqrt{2}i-4}{2+4}=\frac{-2+4\sqrt{2}i}{6}=\frac{-1+2\sqrt{2}i}{3}$$

$$\therefore z_1z_2=(-2i)\times\frac{-1+2\sqrt{2}i}{3}=\frac{4\sqrt{2}+2i}{3}$$

따라서 $a=\dfrac{4\sqrt{2}}{3}$, $b=\dfrac{2}{3}$이므로

$$\frac{a}{b}=\frac{\dfrac{4\sqrt{2}}{3}}{\dfrac{2}{3}}=2\sqrt{2}$$

0259 답 315

주어진 식의 좌변과 우변을 각각 정리하면

$$(좌변)=\frac{x}{1+3i}+\frac{y}{1-3i}=\frac{x(1-3i)+y(1+3i)}{(1+3i)(1-3i)}$$

$$=\frac{x-3xi+y+3yi}{1+9}$$

$$=\frac{x+y}{10}-\frac{3(x-y)}{10}i \qquad ……㉠$$

$$(우변)=\frac{9}{2+i}=\frac{9(2-i)}{(2+i)(2-i)}$$

$$=\frac{18-9i}{4+1}=\frac{18}{5}-\frac{9}{5}i \qquad ……㉡$$

㉠, ㉡에서 복소수가 서로 같을 조건에 의하여

$$\frac{x+y}{10}=\frac{18}{5}, \quad \frac{3(x-y)}{10}=\frac{9}{5}$$이므로

$$x+y=36, \quad x-y=6$$

두 식을 연립하여 풀면 $x=21$, $y=15$

$$\therefore xy=315$$

0260 답 ②

$x(2-i)^2-y(3+i)=\overline{3y-(5-2x)i}$에서

$$x(4-4i-1)-3y-yi=3y+(5-2x)i$$

$$3x-4xi-3y-yi=3y+(5-2x)i$$

$$3(x-y)-(4x+y)i=3y-(2x-5)i$$

복소수가 서로 같을 조건에 의하여

$$x-y=y, \quad 4x+y=2x-5$$이므로

$$x-2y=0, \quad 2x+y=-5$$

두 식을 연립하여 풀면 $x=-2$, $y=-1$

$$\therefore x+y=-3$$

0261 답 ⑤

$iz=\overline{z}$에 $z=a+bi$, $\overline{z}=a-bi$를 대입하면

$$i(a+bi)=a-bi$$

$$-b+ai=a-bi$$

복소수가 서로 같을 조건에 의하여 $b=-a$

$$\therefore z=a-ai$$

ㄱ. $z+\overline{z}=(a-ai)+(a+ai)=2a=-2b$

ㄴ. $i\overline{z}=i(a+ai)=-a+ai$

$$=-(a-ai)=-z$$

ㄷ. $iz=\overline{z}$에서 $z\neq 0$, $\overline{z}\neq 0$이므로 $\dfrac{\overline{z}}{z}=i$, $\dfrac{z}{\overline{z}}=\dfrac{1}{i}$

$$\therefore \frac{\overline{z}}{z}+\frac{z}{\overline{z}}=i+\frac{1}{i}=i-i=0$$

따라서 보기에서 옳은 것은 ㄱ, ㄴ, ㄷ이다.

다른 풀이

ㄷ. $iz=\overline{z}$의 양변을 제곱하면

$$-z^2=\overline{z}^2 \qquad \therefore z^2+\overline{z}^2=0$$

이때 $z\overline{z}=(a-ai)(a+ai)=2a^2\neq 0$이므로

$$\frac{\overline{z}}{z}+\frac{z}{\overline{z}}=\frac{z^2+\overline{z}^2}{z\overline{z}}=0$$

0262 답 ①

$$f(1, 2)+f(2, 4)+f(3, 6)+\cdots+f(50, 100)$$
$$=\frac{1-2i}{1+2i}+\frac{2-4i}{2+4i}+\frac{3-6i}{3+6i}+\cdots+\frac{50-100i}{50+100i}$$
$$=\frac{1-2i}{1+2i}+\frac{1-2i}{1+2i}+\frac{1-2i}{1+2i}+\cdots+\frac{1-2i}{1+2i}$$
$$=50\times\frac{1-2i}{1+2i}=50\times\frac{(1-2i)^2}{(1+2i)(1-2i)}$$
$$=50\times\frac{1-4i-4}{1+4}=50\times\frac{-3-4i}{5}$$
$$=-30-40i$$

0263 답 ③

a^2이 최소이고 bc가 최대일 때, a^2-bc는 최솟값을 갖는다.

a^2이 최소가 되는 경우는 $a=5i$일 때이므로

$$a^2=(5i)^2=-25$$

bc가 최대가 되는 경우는

$b=-4i$, $c=5i$ 또는 $b=5i$, $c=-4i$일 때이므로

$$bc=(-4i)\times5i=20$$

따라서 a^2-bc의 최솟값은

$$-25-20=-45$$

0264 답 ④

$$z^2-4z=(2+\sqrt{2}i)^2-4(2+\sqrt{2}i)$$
$$=(2+4\sqrt{2}i)-8-4\sqrt{2}i$$
$$=-6$$

다른 풀이

$z=2+\sqrt{2}i$에서 $z-2=\sqrt{2}i$

양변을 제곱하면 $z^2-4z+4=-2$

$\therefore z^2-4z=-6$

0265 답 ⑤

$\bar{z}=2-i$이므로

$$z+i\bar{z}=(2+i)+i(2-i)$$
$$=2+i+2i+1$$
$$=3+3i$$

0266 답 ③

$$\frac{y}{x}+\frac{x}{y}=\frac{1+i}{1-i}+\frac{1-i}{1+i}=\frac{(1+i)^2+(1-i)^2}{(1-i)(1+i)}$$
$$=\frac{2i+(-2i)}{2}=0$$

다른 풀이

$x+y=(1-i)+(1+i)=2$, $xy=(1-i)(1+i)=2$

$$\therefore \frac{y}{x}+\frac{x}{y}=\frac{x^2+y^2}{xy}=\frac{(x+y)^2-2xy}{xy}$$
$$=\frac{2^2-2\times2}{2}=0$$

0267 답 ②

$$x+y=\frac{1+\sqrt{3}i}{2}+\frac{1-\sqrt{3}i}{2}=1$$
$$xy=\frac{1+\sqrt{3}i}{2}\times\frac{1-\sqrt{3}i}{2}=1$$
$$\therefore x^3+y^3=(x+y)^3-3xy(x+y)$$
$$=1^3-3\times1\times1=-2$$

다른 풀이

$$x^3+y^3=\left(\frac{1+\sqrt{3}i}{2}\right)^3+\left(\frac{1-\sqrt{3}i}{2}\right)^3$$
$$=\frac{1+3\sqrt{3}i+9i^2+3\sqrt{3}i^3}{8}+\frac{1-3\sqrt{3}i+9i^2-3\sqrt{3}i^3}{8}$$
$$=-1-1=-2$$

0268 답 ③

$\bar{z}=1-i$이므로

$$\frac{z+1}{z}+\frac{\bar{z}+1}{\bar{z}}=\frac{2+i}{1+i}+\frac{2-i}{1-i}$$
$$=\frac{(2+i)(1-i)+(2-i)(1+i)}{(1+i)(1-i)}$$
$$=\frac{(3-i)+(3+i)}{2}=3$$

다른 풀이

$$z+\bar{z}=(1+i)+(1-i)=2$$
$$z\bar{z}=(1+i)(1-i)=2$$
$$\therefore \frac{z+1}{z}+\frac{\bar{z}+1}{\bar{z}}=\frac{z\bar{z}+\bar{z}+z\bar{z}+z}{z\bar{z}}$$
$$=\frac{(z+\bar{z})+2z\bar{z}}{z\bar{z}}$$
$$=\frac{2+2\times2}{2}=3$$

0269 답 ④

$\bar{\alpha}\beta=1$에서 $\dfrac{1}{\bar{\alpha}}=\beta$

또 $\bar{\alpha}\beta=1$에서 $\overline{(\bar{\alpha}\beta)}=\alpha\bar{\beta}=1$이므로 $\alpha=\dfrac{1}{\bar{\beta}}$

$\therefore \alpha+\dfrac{1}{\bar{\alpha}}=\dfrac{1}{\bar{\beta}}+\beta=3i$

0270 답 ①

$z=\dfrac{10}{3-i}=\dfrac{10(3+i)}{(3-i)(3+i)}=3+i$이므로

$\bar{z}=3-i$

$$\therefore z+\bar{z}-z\bar{z}=(3+i)+(3-i)-(3+i)(3-i)$$
$$=6-10=-4$$

0271 답 ①

$$x+y=(-2+3i)+(2+3i)=6i$$
$$x-y=(-2+3i)-(2+3i)=-4$$
$$\therefore x^3+x^2y-xy^2-y^3=x^2(x+y)-y^2(x+y)$$
$$=(x^2-y^2)(x+y)$$
$$=(x-y)(x+y)^2$$
$$=(-4)\times(6i)^2=144$$

0272 답 ③

$x+y=(2+i)+(2-i)=4$,
$xy=(2+i)(2-i)=5$이므로
$x^2+y^2=(x+y)^2-2xy=4^2-2\times5=6$
$\therefore x^4+x^2y^2+y^4=(x^2+xy+y^2)(x^2-xy+y^2)$
$\qquad\qquad\qquad\qquad=(6+5)(6-5)=11$

0273 답 ③

$\alpha\bar{\alpha}-\bar{\alpha}\beta-\alpha\bar{\beta}+\beta\bar{\beta}=\bar{\alpha}(\alpha-\beta)-\bar{\beta}(\alpha-\beta)$
$\qquad\qquad\qquad\qquad=(\alpha-\beta)(\bar{\alpha}-\bar{\beta})$
$\qquad\qquad\qquad\qquad=(\alpha-\beta)\overline{(\alpha-\beta)}$
이때 $\alpha-\beta=(2-3i)-(3+2i)=-1-5i$이므로
$\overline{\alpha-\beta}=-1+5i$
$\therefore \alpha\bar{\alpha}-\bar{\alpha}\beta-\alpha\bar{\beta}+\beta\bar{\beta}=(\alpha-\beta)\overline{(\alpha-\beta)}$
$\qquad\qquad\qquad\qquad\qquad=(-1-5i)(-1+5i)=26$

0274 답 10

$\bar{\alpha}\alpha+\alpha\bar{\beta}+\bar{\alpha}\beta+\beta\bar{\beta}=\alpha(\bar{\alpha}+\bar{\beta})+\beta(\bar{\alpha}+\bar{\beta})$
$\qquad\qquad\qquad\qquad=(\alpha+\beta)(\bar{\alpha}+\bar{\beta})$
$\qquad\qquad\qquad\qquad=(\alpha+\beta)\overline{(\alpha+\beta)}$
이때 $\alpha=\dfrac{5}{1-2i}=\dfrac{5(1+2i)}{(1-2i)(1+2i)}=1+2i$,
$\beta=\dfrac{5}{2+i}=\dfrac{5(2-i)}{(2+i)(2-i)}=2-i$이므로
$\alpha+\beta=(1+2i)+(2-i)=3+i$, $\overline{\alpha+\beta}=3-i$
$\therefore \bar{\alpha}\alpha+\alpha\bar{\beta}+\bar{\alpha}\beta+\beta\bar{\beta}=(\alpha+\beta)\overline{(\alpha+\beta)}$
$\qquad\qquad\qquad\qquad\qquad=(3+i)(3-i)=10$

0275 답 -2

$a=\dfrac{2}{1+i}=\dfrac{2(1-i)}{(1+i)(1-i)}=1-i$,
$b=\dfrac{2}{1-i}=\dfrac{2(1+i)}{(1-i)(1+i)}=1+i$이므로
$a+b=(1-i)+(1+i)=2$
$ab=(1-i)(1+i)=2$ $\qquad\qquad$ …… ❶
$\therefore a^3+b^3+ab=(a+b)^3-3ab(a+b)+ab$
$\qquad\qquad\qquad=2^3-3\times2\times2+2=-2$ …… ❷

채점 기준

❶ $a+b$, ab의 값 구하기		40 %
❷ a^3+b^3+ab의 값 구하기		60 %

0276 답 ④

$\bar{\alpha}=\dfrac{1-\sqrt{3}i}{2}$이므로
$\alpha+\bar{\alpha}=\dfrac{1+\sqrt{3}i}{2}+\dfrac{1-\sqrt{3}i}{2}=1$
$\alpha\bar{\alpha}=\dfrac{1+\sqrt{3}i}{2}\times\dfrac{1-\sqrt{3}i}{2}=1$
$\therefore z\bar{z}=\dfrac{\alpha+3}{\alpha-1}\times\overline{\left(\dfrac{\alpha+3}{\alpha-1}\right)}=\dfrac{\alpha+3}{\alpha-1}\times\dfrac{\bar{\alpha}+3}{\bar{\alpha}-1}$
$\qquad=\dfrac{\alpha\bar{\alpha}+3(\alpha+\bar{\alpha})+9}{\alpha\bar{\alpha}-(\alpha+\bar{\alpha})+1}=\dfrac{1+3+9}{1-1+1}=13$

다른 풀이

$z=(\alpha+3)\times\dfrac{1}{\alpha-1}=\dfrac{7+\sqrt{3}i}{2}\times\dfrac{2}{-1+\sqrt{3}i}$
$\quad=\dfrac{7+\sqrt{3}i}{-1+\sqrt{3}i}=\dfrac{(7+\sqrt{3}i)(-1-\sqrt{3}i)}{(-1+\sqrt{3}i)(-1-\sqrt{3}i)}$
$\quad=\dfrac{-4-8\sqrt{3}i}{4}=-1-2\sqrt{3}i$
$\therefore z\bar{z}=(-1-2\sqrt{3}i)(-1+2\sqrt{3}i)=13$

0277 답 ③

$z=\dfrac{2+\sqrt{5}i}{2-\sqrt{5}i}=\dfrac{(2+\sqrt{5}i)^2}{(2-\sqrt{5}i)(2+\sqrt{5}i)}=\dfrac{-1+4\sqrt{5}i}{9}$
$z=\dfrac{-1+4\sqrt{5}i}{9}$에서 $9z+1=4\sqrt{5}i$
양변을 제곱하면
$81z^2+18z+1=-80$, $81z^2+18z=-81$
$\therefore 81z^2+18z+11=-81+11=-70$

0278 답 $\sqrt{3}i$

$x=\dfrac{1-\sqrt{3}i}{2}$에서 $2x-1=-\sqrt{3}i$
양변을 제곱하면
$4x^2-4x+1=-3$, $x^2-x+1=0$ $\qquad$ …… ❶
$\therefore x^3-x^2-x+1=x(x^2-x+1)-2x+1$
$\qquad\qquad\qquad=-2x+1=-(2x-1)$
$\qquad\qquad\qquad=\sqrt{3}i$ $\qquad\qquad$ …… ❷

채점 기준

❶ $x^2-x+1=0$임을 파악하기		60 %
❷ x^3-x^2-x+1의 값 구하기		40 %

0279 답 ②

$x=\dfrac{2-i}{1+i}=\dfrac{(2-i)(1-i)}{(1+i)(1-i)}=\dfrac{1-3i}{2}$
$x=\dfrac{1-3i}{2}$에서 $2x-1=-3i$
양변을 제곱하면
$4x^2-4x+1=-9$, $2x^2-2x+5=0$
$\therefore \dfrac{2x^3-4x^2+3x}{2x^2-2x+2}=\dfrac{(x-1)(2x^2-2x+5)-4x+5}{(2x^2-2x+5)-3}$
$\qquad=\dfrac{-4x+5}{-3}=\dfrac{4x-5}{3}=\dfrac{2(2x-1)-3}{3}$
$\qquad=\dfrac{2\times(-3i)-3}{3}=-1-2i$

0280 답 ②

$\overline{z^2}=-1+4i$에서 $\overline{z^2}=-1+4i$
$\therefore z^2=\overline{-1+4i}=-1-4i$
즉, $z^2+1=-4i$이므로 양변을 제곱하면
$z^4+2z^2+1=-16$, $z^4+2z^2+17=0$
$\therefore z^4+3z^2+20=(z^4+2z^2+17)+z^2+3$
$\qquad\qquad\qquad=z^2+3=(-1-4i)+3$
$\qquad\qquad\qquad=2-4i$
따라서 $a=2$, $b=-4$이므로 $a+b=-2$

0281 답 ②

$z^2=-1+3i$에서 $z^2+1=3i$

양변을 제곱하면 $z^4+2z^2+1=-9$, $z^4+2z^2+10=0$

$\therefore z^4+2z^3+2z^2+4z+\dfrac{20}{z}$

$\qquad =z^4+2z^2+10+\dfrac{2}{z}(z^4+2z^2+10)-10$

$\qquad =-10$

0282 답 ②

$z=x(1-2i)+3(2+i)=(x+6)+(-2x+3)i$

z가 순허수가 되려면 실수부분이 0이고 허수부분은 0이 아니어야 하므로

$x+6=0$ $\qquad \therefore x=-6$

0283 답 ①

$z=i(x-i)^2=i(x^2-2xi-1)=2x+(x^2-1)i$

z가 실수가 되려면 허수부분이 0이어야 하므로

$x^2-1=0$, $(x+1)(x-1)=0$

$\therefore x=-1$ 또는 $x=1$

따라서 모든 x의 값의 합은 $-1+1=0$

0284 답 ④

$z=a+bi\,(a,\ b$는 실수$)$라 하면 $\overline{z}=a-bi$

① $\overline{(\overline{z})}=\overline{a-bi}=a+bi=z$

② $z+\overline{z}=(a+bi)+(a-bi)=2a$ ➡ 실수

③ $z\overline{z}=(a+bi)(a-bi)=a^2+b^2$ ➡ 실수

④ ②에서 $z+\overline{z}=2a$이므로 $z+\overline{z}=0$을 만족시키려면

$\quad 2a=0$에서 $a=0$ $\quad \therefore z=bi$

$\quad$이때 z는 0이 아닌 복소수이므로 $b\neq0$

$\quad$따라서 z는 순허수이다.

⑤ $\dfrac{1}{z}-\dfrac{1}{\overline{z}}=\dfrac{1}{a+bi}-\dfrac{1}{a-bi}$

$\qquad\qquad =\dfrac{(a-bi)-(a+bi)}{(a+bi)(a-bi)}=\dfrac{-2b}{a^2+b^2}i$

$\quad z$가 허수이면 $b\neq0$이므로 $\dfrac{-2b}{a^2+b^2}$는 0이 아닌 실수이다.

$\quad$즉, $\dfrac{1}{z}-\dfrac{1}{\overline{z}}$은 순허수이다.

따라서 옳지 않은 것은 ④이다.

0285 답 ①

$z=a(a-i)-2a-2-(1+i)=(a^2-2a-3)-(a+1)i$

z가 순허수가 되려면 실수부분이 0이고 허수부분은 0이 아니어야 하므로

$a^2-2a-3=0$, $a+1\neq0$

$a^2-2a-3=0$에서 $(a+1)(a-3)=0$

$\therefore a=-1$ 또는 $a=3$ $\quad\cdots\cdots$ ㉠

$a+1\neq0$에서 $a\neq-1$ $\quad\cdots\cdots$ ㉡

㉠, ㉡에서 $a=3$

$\therefore z=-4i$

따라서 $\alpha=3$, $\beta=-4i$이므로

$\alpha^2+\beta^2=3^2+(-4i)^2=9+(-16)=-7$

0286 답 ②

$z=k(1+2i)-3+4i=(k-3)+(2k+4)i$

z^2이 실수가 되려면 z의 실수부분이 0이거나 허수부분이 0이어야 하므로

$k-3=0$ 또는 $2k+4=0$

$\therefore k=3$ 또는 $k=-2$

따라서 모든 k의 값의 곱은

$3\times(-2)=-6$

0287 답 2

$z=(1+i)x^2-(1+2i)x-2-3i$

$\quad =(x^2-x-2)+(x^2-2x-3)i$

z^2이 음의 실수가 되려면 z는 순허수이어야 하므로

$x^2-x-2=0$, $x^2-2x-3\neq0$

$x^2-x-2=0$에서 $(x+1)(x-2)=0$

$\therefore x=-1$ 또는 $x=2$ $\quad\cdots\cdots$ ㉠

$x^2-2x-3\neq0$에서 $(x+1)(x-3)\neq0$

$\therefore x\neq-1$이고 $x\neq3$ $\quad\cdots\cdots$ ㉡

㉠, ㉡에서 $x=2$

0288 답 ①

$z=2+ai(i-1)=(2-a)-ai$

z^2이 음의 실수이려면 z는 순허수이어야 하므로

$2-a=0$, $a\neq0$

따라서 $a=2$이므로 $z=-2i$

$\therefore z^6=(z^2)^3=(-4)^3=-64$

다른 풀이

$z=2+ai(i-1)=(2-a)-ai$이므로

$z^2=(2-a)^2-2a(2-a)i+(ai)^2$

$\quad =4(1-a)+2a(a-2)i$

z^2이 음의 실수이므로

$4(1-a)<0$, $2a(a-2)=0$

$4(1-a)<0$에서 $a>1$

$2a(a-2)=0$에서 $a=0$ 또는 $a=2$

따라서 $a=2$이므로 $z^2=-4$

$\therefore z^6=(z^2)^3=(-4)^3=-64$

0289 답 0

$z=(a+2i)(a-3i)+a^2(i-2)-5$

$\quad =a^2+6-ai+a^2i-2a^2-5$

$\quad =(-a^2+1)+(a^2-a)i$ $\qquad\cdots\cdots$ ⓘ

z^2이 양의 실수가 되려면 z의 실수부분은 0이 아니고 허수부분은 0이어야 하므로

$-a^2+1\neq0$, $a^2-a=0$ $\qquad\cdots\cdots$ ⓙ

$-a^2+1\neq0$에서 $(1+a)(1-a)\neq0$

$\therefore a\neq-1$이고 $a\neq1$ $\quad\cdots\cdots$ ㉠

$a^2-a=0$에서 $a(a-1)=0$

$\therefore\ a=0$ 또는 $a=1$ $\qquad$ …… ⓛ

ⓐ, ⓛ에서 $a=0$ $\qquad$ …… ⅲ

채점 기준

ⓘ z를 (실수부분)$+$(허수부분)i 꼴로 정리하기	20 %
ⅱ z^2이 양의 실수가 되기 위한 조건 알기	30 %
ⅲ z^2이 양의 실수가 되도록 하는 a의 값 구하기	50 %

0290 답 ④

$z=a+bi\,(a,\ b$는 실수$)$라 하면 $\bar{z}=a-bi$

ㄱ. $z+\bar{z}+z\bar{z}=(a+bi)+(a-bi)+(a+bi)(a-bi)$
$\qquad\qquad\quad =2a+a^2+b^2\ \Rightarrow$ 실수

ㄴ. $\bar{z}=a-bi$가 순허수이면 $a=0$, $b\neq0$에서 $z=bi$이므로 z도 순허수이다.

ㄷ. $z\bar{z}=0$이면 $(a+bi)(a-bi)=0$, $a^2+b^2=0$
따라서 $a=0$, $b=0$이므로 $z=0$

ㄹ. $z^2+\bar{z}^2=0$이면 $(a+bi)^2+(a-bi)^2=0$
$2a^2-2b^2=0$, $a^2=b^2$
따라서 $b=\pm a$이므로 $z=a\pm ai$

따라서 보기에서 옳은 것은 ㄱ, ㄴ, ㄷ이다.

0291 답 ④

$z-1=a+bi\,(a,\ b$는 실수$)$라 하면
$(z-1)^2=(a+bi)^2=(a^2-b^2)+2abi$
$(z-1)^2$이 실수이므로 $ab=0$
이때 z가 실수가 아닌 복소수이므로 $b\neq0$ $\qquad\therefore\ a=0$
$\therefore\ z=1+bi$

① $z-1=bi$의 실수부분은 0이다.

② $(z-1)^2=(bi)^2=-b^2<0$

③ $z+\bar{z}=(1+bi)+(1-bi)=2$

④ $(z+1)^2=(2+bi)^2=4-b^2+4bi$
$(\bar{z}+1)^2=(2-bi)^2=4-b^2-4bi$
이때 $(z+1)^2-(\bar{z}+1)^2=8bi\neq0\,(\because\ b\neq0)$이므로
$(z+1)^2\neq(\bar{z}+1)^2$

⑤ $(\bar{z}-1)^2=(-bi)^2=-b^2$이므로 실수이다.

따라서 옳지 않은 것은 ④이다.

0292 답 ④

$z=a+bi\,(a,\ b$는 실수, $b\neq0)$라 하면
$\bar{z}+\omega=0$에서 $\omega=-\bar{z}=-(a-bi)=-a+bi$

ㄱ. $z+\bar{\omega}=\overline{(\bar{z}+\omega)}=0$이므로 항상 실수이다.

ㄴ. $i(z+\omega)=i(a+bi-a+bi)=i\times2bi=-2b$이므로 항상 실수이다.

ㄷ. $\bar{z}\omega=\bar{z}\times(-\bar{z})=-\bar{z}^2=-(a-bi)^2=-a^2+b^2+2abi$에서 $a\neq0$이면 $\bar{z}\omega$는 실수가 아니다.

ㄹ. $\omega=-\bar{z}$에서 $\bar{\omega}=-\overline{\bar{z}}=-z$
$\dfrac{\bar{\omega}}{z}=\dfrac{-z}{z}=-1$이므로 항상 실수이다.

따라서 보기에서 항상 실수인 것은 ㄱ, ㄴ, ㄹ의 3개이다.

0293 답 ②

$z^2=(m-n)^2-(m+n-4)^2+2(m-n)(m+n-4)i$
z^2이 실수가 되려면 z^2의 허수부분이 0이어야 하므로
$2(m-n)(m+n-4)=0$
$m-n=0$ 또는 $m+n-4=0$
$\therefore\ m=n$ 또는 $m+n=4$

(ⅰ) $m=n$인 경우
순서쌍 $(m,\ n)$은 $(1,\ 1),\ (2,\ 2),\ (3,\ 3),\ (4,\ 4),\ (5,\ 5)$의 5개

(ⅱ) $m+n=4$인 경우
순서쌍 $(m,\ n)$은 $(1,\ 3),\ (2,\ 2),\ (3,\ 1)$의 3개

(ⅰ), (ⅱ)에서 순서쌍 $(2,\ 2)$가 중복되므로 모든 순서쌍 $(m,\ n)$의 개수는 7이다.

0294 답 ①

$z_1=a+bi\,(a,\ b$는 실수$)$라 하면 $\overline{z_1}=a-bi$

ㄱ. $z_1=\overline{z_2}$이면 $z_2=\overline{z_1}=a-bi$이므로 $z_1+z_2=2a$는 실수이다.

ㄴ. $z_1=\overline{z_2}$일 때, $z_2=\overline{z_1}=a-bi$이므로 $z_1z_2=0$이면
$z_1z_2=(a+bi)(a-bi)=a^2+b^2=0$
따라서 $a=b=0$이므로
$z_1=z_2=0$

ㄷ. $z_1=1+i$, $z_2=1-i$이면
$z_1^2+z_2^2=(1+i)^2+(1-i)^2=0$이지만 $z_1\neq0$, $z_2\neq0$이다.

ㄹ. $z_1\overline{z_1}=1$이면 $z_1\overline{z_1}=(a+bi)(a-bi)=a^2+b^2=1$
$\overline{z_1}-\dfrac{1}{z_1}=a-bi-\dfrac{1}{a-bi}=a-bi-\dfrac{a+bi}{a^2+b^2}$
$\qquad\qquad =a-bi-(a+bi)=-2bi$
이때 $b\neq0$이면 $\overline{z_1}-\dfrac{1}{z_1}$은 실수가 아니다.

ㅁ. $z_1=i$이면 $\overline{z_1}^2=(-i)^2=-1$이지만 z_1은 실수가 아니다.

따라서 보기에서 옳은 것은 ㄱ, ㄴ이다.

0295 답 ⑤

$z=a+bi\,(a,\ b$는 실수$)$라 하면 $\bar{z}=a-bi$
주어진 두 등식에 $z=a+bi$, $\bar{z}=a-bi$를 대입하면
$(a+bi)+(a-bi)=6$에서 $2a=6$ $\qquad\therefore\ a=3$
$(a+bi)(a-bi)=10$에서 $a^2+b^2=10$
$3^2+b^2=10$ $\qquad\therefore\ b=\pm1$
$\therefore\ z=3-i$ 또는 $z=3+i$

0296 답 29

$z=a+bi\,(a,\ b$는 실수$)$라 하면 $\bar{z}=a-bi$
주어진 등식에 $z=a+bi$, $\bar{z}=a-bi$를 대입하면
$3(a+bi)-2(a-bi)=5+10i$
$a+5bi=5+10i$
복소수가 서로 같을 조건에 의하여
$a=5,\ 5b=10$
$\therefore\ a=5,\ b=2$
따라서 $z=5+2i$이므로
$z\bar{z}=(5+2i)(5-2i)=29$

 답 $-3+i$ 또는 $3+i$

$z=a+bi$ (a, b는 실수)라 하면 $\bar{z}=a-bi$
주어진 등식에 $z=a+bi$, $\bar{z}=a-bi$를 대입하면
$3\{(a+bi)-(a-bi)\}+10=(a+bi)(a-bi)+6i$
$10+6bi=(a^2+b^2)+6i$ ...... ❶
복소수가 서로 같을 조건에 의하여
$10=a^2+b^2,\ 6b=6$
$\therefore a=-3,\ b=1$ 또는 $a=3,\ b=1$ ...... ❷
$\therefore z=-3+i$ 또는 $z=3+i$ ...... ❸

채점 기준		
❶ $z=a+bi$, $\bar{z}=a-bi$를 주어진 등식에 대입하여 정리하기	40%
❷ a, b의 값 구하기	40%
❸ 복소수 z 구하기	20%

0298 답 ⑤

$z=1+ai$ (a는 실수)라 하면 $\bar{z}=1-ai$
주어진 등식에 $z=1+ai$, $\bar{z}=1-ai$를 대입하면
$\dfrac{1+ai}{2+i}+\dfrac{1-ai}{2-i}=2,\ \dfrac{(1+ai)(2-i)+(1-ai)(2+i)}{(2+i)(2-i)}=2$
$\dfrac{2a+4}{5}=2,\ 2a+4=10 \qquad \therefore a=3$
따라서 $z=1+3i$이므로
$z\bar{z}=(1+3i)(1-3i)=10$

0299 답 ④

$z=a+bi$ (a, b는 실수)라 하면 $\bar{z}=a-bi$
주어진 등식에 $z=a+bi$, $\bar{z}=a-bi$를 대입하면
$(1-i)(a+bi)+(1+i)(a-bi)=10$
$a+bi-ai+b+a-bi+ai+b=10$
$2(a+b)=10 \qquad \therefore a+b=5$
ㄱ. $8+(-3)=5$ ㄴ. $(-2)+7=5$
ㄷ. $3+2=5$ ㄹ. $1+3=4$
따라서 보기에서 복소수 z가 될 수 있는 것은 ㄱ, ㄴ, ㄷ이다.

0300 답 ⑤

$z=x^2-(5-i)x+4-2i=(x^2-5x+4)+(x-2)i$에서
$\bar{z}=-z$이면
$(x^2-5x+4)-(x-2)i=-(x^2-5x+4)-(x-2)i$
$x^2-5x+4=0,\ (x-1)(x-4)=0$
$\therefore x=1$ 또는 $x=4$
따라서 모든 x의 값의 합은 $1+4=5$

0301 답 ③

$z=a+bi$ (a, b는 실수)라 하면
㈎에서 $z+(1-i)=(a+bi)+(1-i)=(a+1)+(b-1)i$
이 수가 양의 실수이므로 $a+1>0,\ b-1=0$
$\therefore a>-1,\ b=1$
따라서 $z=a+i$, $\bar{z}=a-i$이므로
㈏에서 $z\bar{z}=(a+i)(a-i)=a^2+1=7$
$a^2=6 \qquad \therefore a=\sqrt{6}\ (\because a>-1)$

$\therefore \dfrac{1}{2}(z+\bar{z})=\dfrac{1}{2}(\sqrt{6}+i+\sqrt{6}-i)$
$\qquad\qquad\quad =\dfrac{1}{2}\times 2\sqrt{6}=\sqrt{6}$

0302 답 ③

$\overline{z+\bar{z}i}=z+1+2i$에서
$\overline{z+\bar{z}i}=\overline{z+1+2i}=\bar{z}+1-2i$
$z=a+bi$ (a, b는 실수)라 하면 $\bar{z}=a-bi$이므로
$(a+bi)+(a-bi)i=(a-bi)+1-2i$
$a+bi+ai+b=a-bi+1-2i$
$(a+b)+(a+b)i=(a+1)-(b+2)i$
복소수가 서로 같을 조건에 의하여
$a+b=a+1,\ a+b=-b-2$
$\therefore a=-4,\ b=1$
따라서 $z=-4+i$, $\bar{z}=-4-i$이므로
$z^2+\bar{z}^2=(-4+i)^2+(-4-i)^2$
$\qquad\quad =(15-8i)+(15+8i)=30$

0303 답 1

$z=a+bi$ (a, b는 실수)라 하면 $\bar{z}=a-bi$
이때 z는 실수가 아닌 복소수이므로 $b\neq 0$
$z^2=\bar{z}$에서 $(a+bi)^2=a-bi$ ...... ❶
$(a^2-b^2)+2abi=a-bi$
복소수가 서로 같을 조건에 의하여
$a^2-b^2=a,\ 2ab=-b$
$2ab=-b$에서 $b\neq 0$이므로 $a=-\dfrac{1}{2}$
$a^2-b^2=a$에서 $a=-\dfrac{1}{2}$이므로
$\dfrac{1}{4}-b^2=-\dfrac{1}{2},\ b^2=\dfrac{3}{4} \qquad \therefore b=\pm\dfrac{\sqrt{3}}{2}$ ...... ❷
$\therefore (1+z)(1+\bar{z})=1+(z+\bar{z})+z\bar{z}$
$\qquad\qquad\qquad =1+(a+bi+a-bi)+(a+bi)(a-bi)$
$\qquad\qquad\qquad =1+2a+a^2+b^2$
$\qquad\qquad\qquad =1-1+\dfrac{1}{4}+\dfrac{3}{4}=1$ ...... ❸

채점 기준		
❶ $z=a+bi$로 놓고 $z^2=\bar{z}$를 a, b에 대하여 나타내기	30%
❷ a, b의 값 구하기	40%
❸ $(1+z)(1+\bar{z})$의 값 구하기	30%

0304 답 ②

$-z=\dfrac{1}{z}$에서 $z^2=-1$
$z=a+bi$ (a, b는 실수)라 하고, $z^2=-1$에 대입하면
$(a+bi)^2=-1,\ (a^2-b^2)+2abi=-1$
복소수가 서로 같을 조건에 의하여
$a^2-b^2=-1,\ 2ab=0$
$2ab=0$에서 $a=0$ 또는 $b=0$

이때 $b=0$이면 $a^2-b^2=-1$에서 $a^2=-1$을 만족시키는 실수 a의 값은 존재하지 않으므로 $a=0$이다.

$a^2-b^2=-1$에서 $b^2=1$ $\therefore b=-1$ 또는 $b=1$

$\therefore z=-i$ 또는 $z=i$

따라서 복소수 z는 2개이다.

0305 답 1

$\dfrac{z}{z^2+1}$가 실수이므로 $\dfrac{z}{z^2+1}=\overline{\left(\dfrac{z}{z^2+1}\right)}$에서

$\dfrac{z}{z^2+1}=\dfrac{\bar{z}}{\bar{z}^2+1}$, $z(\bar{z}^2+1)=\bar{z}(z^2+1)$

$z\bar{z}^2-\bar{z}z^2+z-\bar{z}=0$, $z-\bar{z}-z\bar{z}(z-\bar{z})=0$

$(z-\bar{z})(1-z\bar{z})=0$ $\therefore z=\bar{z}$ 또는 $z\bar{z}=1$

그런데 z가 허수이면 $z\neq\bar{z}$이므로 $z\bar{z}=1$

0306 답 1

$z+\dfrac{1}{z}$이 실수이므로 $z+\dfrac{1}{z}=\overline{z+\dfrac{1}{z}}$에서

$z+\dfrac{1}{z}=\bar{z}+\dfrac{1}{\bar{z}}$, $\dfrac{z^2+1}{z}=\dfrac{\bar{z}^2+1}{\bar{z}}$

$(z^2+1)\bar{z}=z(\bar{z}^2+1)$, $z^2\bar{z}+\bar{z}=z\bar{z}^2+z$

$z\bar{z}^2-(z^2+1)\bar{z}+z=0$, $(z\bar{z}-1)(\bar{z}-z)=0$

$\therefore z\bar{z}=1$ 또는 $\bar{z}=z$

그런데 z가 허수이면 $\bar{z}\neq z$이므로 $z\bar{z}=1$

$\therefore \dfrac{(z+\bar{z})^2-(z-\bar{z})^2}{4}=\dfrac{(z^2+2z\bar{z}+\bar{z}^2)-(z^2-2z\bar{z}+\bar{z}^2)}{4}$

$\qquad\qquad\qquad\qquad\qquad =\dfrac{4z\bar{z}}{4}=z\bar{z}=1$

다른 풀이

$z=a+bi\,(a,\ b$는 실수$)$라 하면 z가 허수이므로 $b\neq0$

$z+\dfrac{1}{z}=a+bi+\dfrac{1}{a+bi}=a+bi+\dfrac{a-bi}{a^2+b^2}$

$\qquad\quad =\left(a+\dfrac{a}{a^2+b^2}\right)+\left(b-\dfrac{b}{a^2+b^2}\right)i$

$z+\dfrac{1}{z}$이 실수이므로 $b-\dfrac{b}{a^2+b^2}=0$, $b\left(1-\dfrac{1}{a^2+b^2}\right)=0$

$b\neq0$이므로 $\dfrac{1}{a^2+b^2}=1$ $\therefore a^2+b^2=1$

$\therefore \dfrac{(z+\bar{z})^2-(z-\bar{z})^2}{4}=z\bar{z}=(a+bi)(a-bi)=a^2+b^2=1$

0307 답 ⑤

$z_1=a+bi$, $z_2=c+di$에서 $\overline{z_1}=a-bi$, $\overline{z_2}=c-di$

ㄱ. $z_1\overline{z_1}=10$에서 $z_1\overline{z_1}=(a+bi)(a-bi)=a^2+b^2=10$

ㄴ. $a^2+b^2=10$에서 $a,\ b$가 자연수이므로

$\quad a=1,\ b=3$ 또는 $a=3,\ b=1$ $\cdots\cdots$ ㉠

$\quad z_1+\overline{z_2}=(a+bi)+(c-di)=(a+c)+(b-d)i=3$이면

$\quad a+c=3,\ b-d=0$

$\quad$ 이때 c가 자연수이므로 $a+c=3$에서 $a<3$

$\quad$ 따라서 $a=1,\ c=2$이고 $b=d=3$이므로 $c+d=5$

ㄷ. $(z_1+z_2)(\overline{z_1+z_2})=\{(a+c)+(b+d)i\}\{(a+c)-(b+d)i\}$

$\qquad\qquad\qquad\qquad =(a+c)^2-\{(b+d)i\}^2$

$\qquad\qquad\qquad\qquad =(a+c)^2+(b+d)^2$

즉, $(a+c)^2+(b+d)^2=41$이면 $a+c,\ b+d$가 모두 1보다 큰 자연수이므로

$a+c=4,\ b+d=5$ 또는 $a+c=5,\ b+d=4$

(i) $a+c=4,\ b+d=5$일 때,

$\quad$ ㉠에 의하여

$\quad a=1$이면 $b=3,\ c=3,\ d=2$

$\quad a=3$이면 $b=1,\ c=1,\ d=4$

(ii) $a+c=5,\ b+d=4$일 때,

$\quad$ ㉠에 의하여

$\quad a=1$이면 $b=3,\ c=4,\ d=1$

$\quad a=3$이면 $b=1,\ c=2,\ d=3$

(i), (ii)에서 $z_2\overline{z_2}=(c+di)(c-di)=c^2+d^2$의 최댓값은

$1^2+4^2=17$

따라서 보기에서 옳은 것은 ㄱ, ㄴ, ㄷ이다.

0308 답 ①

(가)에서 $\bar{z}=-z$이므로 z는 순허수 또는 0이다.

(i) z가 순허수일 때,

$\quad z=ai\,(a$는 0이 아닌 실수$)$라 하면

$\quad$ (나)에서 $(ai)^2+(k^2-3k-4)ai+(k^2+2k-8)=0$

$\quad (-a^2+k^2+2k-8)+a(k^2-3k-4)i=0$

$\quad$ 복소수가 서로 같을 조건에 의하여

$\quad -a^2+k^2+2k-8=0$, $a(k^2-3k-4)=0$

$\quad a(k^2-3k-4)=0$에서 $a\neq0$이므로

$\quad k^2-3k-4=0$, $(k+1)(k-4)=0$

$\quad \therefore k=-1$ 또는 $k=4$

$\quad k=-1$을 $-a^2+k^2+2k-8=0$에 대입하면

$\quad -a^2-9=0$, $a^2=-9$

$\quad$ 이때 $a^2=-9$를 만족시키는 실수 a는 존재하지 않는다.

$\quad k=4$를 $-a^2+k^2+2k-8=0$에 대입하면

$\quad -a^2+16=0$, $a^2=16$

$\quad \therefore a=-4$ 또는 $a=4$

$\quad$ 즉, 조건을 만족시키는 실수 a가 존재하므로 $k=4$

(ii) $z=0$일 때,

$\quad$ (나)에서 $k^2+2k-8=0$

$\quad (k+4)(k-2)=0$ $\therefore k=-4$ 또는 $k=2$

(i), (ii)에서 $k=4$ 또는 $k=-4$ 또는 $k=2$이므로 그 곱은

$4\times(-4)\times2=-32$

0309 답 ②

$i+i^2+i^3+i^4=i-1-i+1=0$이므로

$i+i^2+i^3+i^4+\cdots+i^{200}$

$=(i+i^2+i^3+i^4)+i^4(i+i^2+i^3+i^4)+\cdots+i^{196}(i+i^2+i^3+i^4)$

$=0+0+\cdots+0=0$

0310 답 ③

$(1+i)^2=2i$, $(1-i)^2=-2i$이므로

$(1+i)^{20}-(1-i)^{20}+2=\{(1+i)^2\}^{10}-\{(1-i)^2\}^{10}+2$

$\qquad\qquad\qquad\qquad =(2i)^{10}-(-2i)^{10}+2$

$\qquad\qquad\qquad\qquad =2^{10}i^{10}-2^{10}i^{10}+2=2$

0311 답 ③

$$\frac{1-i}{1+i}=\frac{(1-i)^2}{(1+i)(1-i)}=\frac{-2i}{2}=-i$$

$$\frac{1+i}{1-i}=\frac{(1+i)^2}{(1-i)(1+i)}=\frac{2i}{2}=i$$

$$\therefore \left(\frac{1-i}{1+i}\right)^{100}-\left(\frac{1+i}{1-i}\right)^{101}=(-i)^{100}-i^{101}=i^{100}-i^{101}$$
$$=(i^4)^{25}-(i^4)^{25}\times i=1-i$$

0312 답 ②

$\dfrac{1}{i}+\dfrac{1}{i^2}+\dfrac{1}{i^3}+\dfrac{1}{i^4}=\dfrac{1}{i}-1-\dfrac{1}{i}+1=0$이므로

$$\frac{1}{i}+\frac{1}{i^2}+\frac{1}{i^3}+\frac{1}{i^4}+\cdots+\frac{1}{i^{99}}$$
$$=\left(\frac{1}{i}+\frac{1}{i^2}+\frac{1}{i^3}+\frac{1}{i^4}\right)+\frac{1}{i^4}\left(\frac{1}{i}+\frac{1}{i^2}+\frac{1}{i^3}+\frac{1}{i^4}\right)$$
$$\qquad+\cdots+\frac{1}{i^{92}}\left(\frac{1}{i}+\frac{1}{i^2}+\frac{1}{i^3}+\frac{1}{i^4}\right)+\frac{1}{i^{97}}+\frac{1}{i^{98}}+\frac{1}{i^{99}}$$
$$=\frac{1}{i^{97}}+\frac{1}{i^{98}}+\frac{1}{i^{99}}=\frac{1}{i^{4\times24+1}}+\frac{1}{i^{4\times24+2}}+\frac{1}{i^{4\times24+3}}$$
$$=\frac{1}{i}+\frac{1}{i^2}+\frac{1}{i^3}=\frac{1}{i}-1-\frac{1}{i}=-1$$

따라서 $a=-1$, $b=0$이므로 $a-b=-1$

0313 답 ①

$z=\dfrac{1-i}{1+i}=\dfrac{(1-i)^2}{(1+i)(1-i)}=\dfrac{-2i}{2}=-i$이므로

$$z+z^2+z^3+\cdots+z^{10}$$
$$=(-i)+(-i)^2+(-i)^3+\cdots+(-i)^{10}$$

이때 $(-i)+(-i)^2+(-i)^3+(-i)^4=-i-1+i+1=0$이므로

$$z+z^2+z^3+\cdots+z^{10}$$
$$=(-i)+(-i)^2+(-i)^3+\cdots+(-i)^{10}$$
$$=\{(-i)+(-i)^2+(-i)^3+(-i)^4\}$$
$$\qquad+\{(-i)^5+(-i)^6+(-i)^7+(-i)^8\}+(-i)^9+(-i)^{10}$$
$$=-i^9+i^{10}=-1-i$$

0314 답 ⑤

주어진 식의 좌변을 정리하면

$$i+2i^2+3i^3+\cdots+1001i^{1001}$$
$$=(i+2i^2+3i^3+4i^4)+i^4(5i+6i^2+7i^3+8i^4)$$
$$\qquad+\cdots+i^{996}(997i+998i^2+999i^3+1000i^4)+1001i^{1001}$$
$$=(i-2-3i+4)+(5i-6-7i+8)$$
$$\qquad+\cdots+(997i-998-999i+1000)+1001i$$
$$=(2-2i)+(2-2i)+\cdots+(2-2i)+1001i$$
$$=250(2-2i)+1001i$$
$$=500-500i+1001i$$
$$=500+501i$$

따라서 $a=500$, $b=501$이므로 $a+b=1001$

0315 답 0

$$z^2=\left(\frac{1+\sqrt{3}i}{2}\right)^2=\frac{-2+2\sqrt{3}i}{4}=\frac{-1+\sqrt{3}i}{2}$$

$$z^3=zz^2=\frac{1+\sqrt{3}i}{2}\times\frac{-1+\sqrt{3}i}{2}=\frac{-4}{4}=-1 \qquad\cdots\cdots\; \text{❶}$$

$$\therefore z+z^2+z^3+z^4+z^5+z^6$$
$$=z+z^2+z^3+zz^3+z^2z^3+(z^3)^2$$
$$=z+z^2+(-1)+(-z)+(-z^2)+1$$
$$=0 \qquad\cdots\cdots\; \text{❷}$$

채점 기준

❶ z^2, z^3의 값 구하기		50%
❷ 주어진 식의 값 구하기		50%

다른 풀이

$z=\dfrac{1+\sqrt{3}i}{2}$에서

$$2z-1=\sqrt{3}i$$

양변을 제곱하면

$$4z^2-4z+1=-3$$
$$\therefore z^2-z+1=0$$

$z+z^2+z^3+z^4+z^5+z^6$을 z^2-z+1로 나누면

$$
\begin{array}{r}
z^4+2z^3+2z^2+\ z \\[2pt]
z^2-z+1\ \overline{)\ z^6+\ z^5+\ z^4+\ z^3+\ z^2+z} \\
\underline{z^6-\ z^5+\ z^4} \\
2z^5\qquad\ +\ z^3 \\
\underline{2z^5-2z^4+2z^3} \\
2z^4-\ z^3+\ z^2 \\
\underline{2z^4-2z^3+2z^2} \\
z^3-\ z^2+z \\
\underline{z^3-\ z^2+z} \\
0
\end{array}
$$

$$\therefore z+z^2+z^3+z^4+z^5+z^6$$
$$=(z^2-z+1)(z^4+2z^3+2z^2+z)$$
$$=0$$

0316 답 ⑤

$$\left(\frac{1-i}{\sqrt{2}}\right)^2=\frac{-2i}{2}=-i$$

$$\left(\frac{\sqrt{2}}{1-i}\right)^2=\frac{2}{-2i}=-\frac{1}{i}=-\frac{i}{i^2}=i$$

$$\therefore \left(\frac{1-i}{\sqrt{2}}\right)^{8n}+\left(\frac{\sqrt{2}}{1-i}\right)^{8n}=\left\{\left(\frac{1-i}{\sqrt{2}}\right)^2\right\}^{4n}+\left\{\left(\frac{\sqrt{2}}{1-i}\right)^2\right\}^{4n}$$
$$=(-i)^{4n}+i^{4n}$$
$$=\{(-i)^4\}^n+(i^4)^n$$
$$=1^n+1^n$$
$$=1+1=2$$

0317 답 ⑤

$i+i^2+i^3+i^4=i+(-1)+(-i)+1=0$이므로

$$f(n)=i+i^2+i^3+i^4+\cdots+i^n$$
$$=(i+i^2+i^3+i^4)+i^4(i+i^2+i^3+i^4)+\cdots+i^n$$

따라서 음이 아닌 정수 a에 대하여

$$f(4a+1)=i, \ f(4a+2)=i-1, \ f(4a+3)=-1, \ f(4a+4)=0$$

이므로 $f(k)=i$가 되려면 $k=4a+1$ 꼴이어야 한다.

따라서 100 이하의 자연수 k는 1, 5, 9, $\cdots$, 97의 25개이다.

0318 답 ④

$z^2=\left(\dfrac{\sqrt{2}i}{1-i}\right)^2=\dfrac{-2}{-2i}=\dfrac{1}{i}=-i$

$z^4=(z^2)^2=(-i)^2=-1$

$z^6=z^2z^4=(-i)\times(-1)=i$

$z^8=(z^4)^2=(-1)^2=1$

따라서 $z^n=1$을 만족시키는 자연수 n의 최솟값은 8이다.

참고 $z^3=zz^2=-zi=\dfrac{\sqrt{2}}{1-i}$,

$z^5=zz^4=-z=\dfrac{-\sqrt{2}i}{1-i}$,

$z^7=zz^6=zi=\dfrac{-\sqrt{2}}{1-i}$

이므로 z^3, z^5, z^7은 1이 아니다.

0319 답 ⑤

$z=\dfrac{2}{1+\sqrt{3}i}=\dfrac{2(1-\sqrt{3}i)}{(1+\sqrt{3}i)(1-\sqrt{3}i)}=\dfrac{1-\sqrt{3}i}{2}$이므로

$z^2=\left(\dfrac{1-\sqrt{3}i}{2}\right)^2=\dfrac{-2-2\sqrt{3}i}{4}=\dfrac{-1-\sqrt{3}i}{2}$

$z^3=zz^2=\dfrac{1-\sqrt{3}i}{2}\times\dfrac{-1-\sqrt{3}i}{2}=\dfrac{-4}{4}=-1$

$z^6=(z^3)^2=(-1)^2=1$

따라서 $z^n=-1$을 만족시키는 자연수 n은

$n=6k+3$ (k는 음이 아닌 정수) 꼴이어야 하므로

200 이하의 자연수 n은 3, 9, 15, $\cdots$, 195의 33개이다.

0320 답 ③

$z^2=\left(\dfrac{1+i}{\sqrt{2}}\right)^2=\dfrac{2i}{2}=i$이므로

$\dfrac{1}{z^2}-\dfrac{1}{z^4}+\dfrac{1}{z^6}-\dfrac{1}{z^8}+\cdots+\dfrac{1}{z^{30}}=\dfrac{1}{i}-\dfrac{1}{i^2}+\dfrac{1}{i^3}-\dfrac{1}{i^4}+\cdots+\dfrac{1}{i^{15}}$

이때 $\dfrac{1}{i}-\dfrac{1}{i^2}+\dfrac{1}{i^3}-\dfrac{1}{i^4}=\dfrac{1}{i}+1-\dfrac{1}{i}-1=0$이므로

$\dfrac{1}{z^2}-\dfrac{1}{z^4}+\dfrac{1}{z^6}-\dfrac{1}{z^8}+\cdots+\dfrac{1}{z^{30}}$

$=\dfrac{1}{i}-\dfrac{1}{i^2}+\dfrac{1}{i^3}-\dfrac{1}{i^4}+\cdots+\dfrac{1}{i^{15}}$

$=\left(\dfrac{1}{i}-\dfrac{1}{i^2}+\dfrac{1}{i^3}-\dfrac{1}{i^4}\right)+\dfrac{1}{i^4}\left(\dfrac{1}{i}-\dfrac{1}{i^2}+\dfrac{1}{i^3}-\dfrac{1}{i^4}\right)$

$\qquad+\dfrac{1}{i^8}\left(\dfrac{1}{i}-\dfrac{1}{i^2}+\dfrac{1}{i^3}-\dfrac{1}{i^4}\right)+\dfrac{1}{i^{13}}-\dfrac{1}{i^{14}}+\dfrac{1}{i^{15}}$

$=\dfrac{1}{i^{13}}-\dfrac{1}{i^{14}}+\dfrac{1}{i^{15}}$

$=\dfrac{1}{i^{4\times3+1}}-\dfrac{1}{i^{4\times3+2}}+\dfrac{1}{i^{4\times3+3}}$

$=\dfrac{1}{i}-\dfrac{1}{i^2}+\dfrac{1}{i^3}$

$=\dfrac{1}{i}+1-\dfrac{1}{i}=1$

0321 답 i

$\dfrac{1+i}{1-i}=\dfrac{(1+i)^2}{(1-i)(1+i)}=\dfrac{2i}{2}=i$이므로

$\left(\dfrac{1+i}{1-i}\right)^n=-i$에서 $i^n=-i$

$i^1=i$, $i^2=-1$, $i^3=-i$이므로 $i^n=-i$를 만족시키는 자연수 n의

최솟값은 3이다. $\qquad\cdots\cdots$ ⓘ

$\therefore\left(\dfrac{1+i}{\sqrt{2}}\right)^{6n}=\left(\dfrac{1+i}{\sqrt{2}}\right)^{18}=\left\{\left(\dfrac{1+i}{\sqrt{2}}\right)^2\right\}^9=\left(\dfrac{2i}{2}\right)^9$

$\qquad\qquad\quad =i^9=i^{4\times2+1}=i$ $\qquad\cdots\cdots$ ⓘⓘ

채점 기준

ⓘ 자연수 n의 최솟값 구하기		60%
ⓘⓘ $\left(\dfrac{1+i}{\sqrt{2}}\right)^{6n}$의 값 구하기		40%

0322 답 25

$(1-i)^2=-2i$이므로 $(1-i)^{2n}=2^ni$에서

$(-2i)^n=2^ni$, $2^n\times(-i)^n=2^ni$

$\therefore(-i)^n=i$

$(-i)^1=-i$, $(-i)^2=-1$, $(-i)^3=i$, $(-i)^4=1$, $\cdots$이므로

$(-i)^n=i$를 만족시키는 자연수 n은

$n=4k+3$ (k는 음이 아닌 정수) 꼴이다.

따라서 100 이하의 자연수 n은 3, 7, 11, $\cdots$, 99의 25개이다.

0323 답 ③

$z^2=\left(\dfrac{\sqrt{2}i}{1+i}\right)^2=\dfrac{-2}{2i}=-\dfrac{1}{i}=i$이므로

$z^4=(z^2)^2=i^2=-1$

$z^6=z^2z^4=i\times(-1)=-i$

$z^8=(z^4)^2=(-1)^2=1$

$z^{1235}\times z^n=z^{88}$에서

$z^{8\times154+3}\times z^n=z^{8\times11}$

$z^3\times z^n=1$

$\therefore z^{n+3}=1$

따라서 $n+3$은 8의 배수이어야 하므로

100 이하의 자연수 n은 5, 13, 21, $\cdots$, 93의 12개이다.

참고 복소수 z에 대하여 $z^n=1$을 만족시키는 자연수 n의 최솟값이 8이면 자연수 k에 대하여 다음이 성립한다.

$z=z^{8k+1}$, $z^2=z^{8k+2}$, $z^3=z^{8k+3}$, $z^4=z^{8k+4}$,

$z^5=z^{8k+5}$, $z^6=z^{8k+6}$, $z^7=z^{8k+7}$, $z^8=z^{8k+8}$

따라서 z^n의 값은 8개의 값이 그 순서대로 반복된다.

0324 답 ⑤

$i+i^2+i^3+i^4=i-1-i+1=0$이므로

$f(1)+f(2)+f(3)+\cdots+f(100)$

$=\left(i^3+\dfrac{2}{i}\right)+\left(i^4+\dfrac{3}{i^2}\right)+\left(i^5+\dfrac{4}{i^3}\right)+\cdots+\left(i^{102}+\dfrac{101}{i^{100}}\right)$

$=(i^3+i^4+i^5+\cdots+i^{102})+\left(\dfrac{2}{i}+\dfrac{3}{i^2}+\dfrac{4}{i^3}+\cdots+\dfrac{101}{i^{100}}\right)$

$=\{i^2(i+i^2+i^3+i^4)+i^6(i+i^2+i^3+i^4)+\cdots+i^{98}(i+i^2+i^3+i^4)\}$

$\qquad+\left\{\left(\dfrac{2}{i}-3-\dfrac{4}{i}+5\right)+\left(\dfrac{6}{i}-7-\dfrac{8}{i}+9\right)\right.$

$\qquad\qquad\left.+\cdots+\left(\dfrac{98}{i}-99-\dfrac{100}{i}+101\right)\right\}$

$=(0+0+\cdots+0)+\left\{\left(2-\dfrac{2}{i}\right)+\left(2-\dfrac{2}{i}\right)+\cdots+\left(2-\dfrac{2}{i}\right)\right\}$

$=0+25\left(2-\dfrac{2}{i}\right)=50-\dfrac{50}{i}$

$=50+50i$

$z=\dfrac{\sqrt{2}}{1+i}$라 하면

$z^2=\left(\dfrac{\sqrt{2}}{1+i}\right)^2=\dfrac{2}{2i}=\dfrac{1}{i}=-i$,

$z^4=(z^2)^2=(-i)^2=i^2=-1$, $z^8=(z^4)^2=(-1)^2=1$, $\cdots$

$w=\dfrac{\sqrt{3}+i}{2}$라 하면

$w^2=\left(\dfrac{\sqrt{3}+i}{2}\right)^2=\dfrac{2+2\sqrt{3}i}{4}=\dfrac{1+\sqrt{3}i}{2}$,

$w^3=w^2\times w=\dfrac{1+\sqrt{3}i}{2}\times\dfrac{\sqrt{3}+i}{2}=i$,

$w^6=(w^3)^2=i^2=-1$, $w^{12}=(w^6)^2=(-1)^2=1$, $\cdots$

즉, $z^n+w^n=2$를 만족시키려면 $z^n=1$, $w^n=1$이어야 한다.

이때 $z^n=1$이려면 n은 8의 배수이어야 하고 $w^n=1$이려면 n은 12의 배수이어야 하므로 구하는 자연수 n의 최솟값은 8과 12의 최소공배수인 24이다.

0326 답 ⑤

z^2이 음의 실수이려면 z는 순허수이어야 하므로

$a^2-1=0$, $a-1\neq0$

$a^2-1=0$에서 $(a+1)(a-1)=0$ $\qquad\therefore a=-1$ 또는 $a=1$

이때 $a\neq1$이므로 $a=-1$, $z=-2i$

$\dfrac{(z-\bar{z})i}{4}=\dfrac{(-2i-2i)i}{4}=\dfrac{-4i^2}{4}=1$이므로

$\left(\dfrac{1-i}{\sqrt{2}}\right)^n=1$이 되도록 하는 100 이하의 자연수 n의 개수를 구하면

$\left(\dfrac{1-i}{\sqrt{2}}\right)^2=\dfrac{-2i}{2}=-i$

$\left(\dfrac{1-i}{\sqrt{2}}\right)^4=\left\{\left(\dfrac{1-i}{\sqrt{2}}\right)^2\right\}^2=(-i)^2=i^2=-1$

$\left(\dfrac{1-i}{\sqrt{2}}\right)^6=\left(\dfrac{1-i}{\sqrt{2}}\right)^2\left(\dfrac{1-i}{\sqrt{2}}\right)^4=(-i)\times(-1)=i$

$\left(\dfrac{1-i}{\sqrt{2}}\right)^8=\left\{\left(\dfrac{1-i}{\sqrt{2}}\right)^4\right\}^2=(-1)^2=1$

$\qquad\qquad\vdots$

따라서 $\left(\dfrac{1-i}{\sqrt{2}}\right)^n=1$이 되도록 하는 100 이하의 자연수 n은 8, 16, 24, $\cdots$, 96의 12개이다.

0327 답 ③

① $\sqrt{-2}\sqrt{3}=\sqrt{(-2)\times3}=\sqrt{-6}$

② $\sqrt{-2}\sqrt{-5}=-\sqrt{(-2)\times(-5)}=-\sqrt{10}$

③ $\dfrac{\sqrt{3}}{\sqrt{-2}}=-\sqrt{\dfrac{3}{-2}}=-\sqrt{-\dfrac{3}{2}}$

④ $\dfrac{\sqrt{-3}}{\sqrt{5}}=\sqrt{\dfrac{-3}{5}}=\sqrt{-\dfrac{3}{5}}$

⑤ $\dfrac{\sqrt{-3}}{\sqrt{-2}}=\sqrt{\dfrac{-3}{-2}}=\sqrt{\dfrac{3}{2}}$

따라서 옳지 않은 것은 ③이다.

0328 답 ④

① $a<0$, $b<0$이므로 $a^2>0$, $ab>0$
$\qquad\therefore \sqrt{a^3b}=\sqrt{a^2\times ab}=\sqrt{a^2}\sqrt{ab}=|a|\sqrt{ab}=-a\sqrt{ab}$

② $a<0$, $b<0$이므로 $\sqrt{a}\sqrt{b}=-\sqrt{ab}$

③ $a<0$, $b<0$이므로 $\dfrac{\sqrt{a}}{\sqrt{b}}=\sqrt{\dfrac{a}{b}}$

④ $a^2>0$, $b<0$이므로

$\qquad\sqrt{\dfrac{b}{a^2}}=\dfrac{\sqrt{b}}{\sqrt{a^2}}=\dfrac{\sqrt{b}}{|a|}=-\dfrac{\sqrt{b}}{a}$

⑤ $a<0$, $b<0$이므로

$\qquad\sqrt{a^2}\sqrt{b^2}=|a|\times|b|=(-a)\times(-b)=ab$

따라서 옳지 않은 것은 ④이다.

0329 답 ⑤

$\sqrt{\dfrac{x+2}{x-7}}=-\dfrac{\sqrt{x+2}}{\sqrt{x-7}}$이므로

$x+2\geq0$, $x-7<0$

따라서 $x\geq-2$, $x<7$이므로 정수 x는 -2, -1, 0, $\cdots$, 6의 9개이다.

0330 답 ②

$\sqrt{-3}\sqrt{-27}+2\sqrt{3}\sqrt{-9}+\dfrac{\sqrt{54}}{\sqrt{-2}}$

$=-\sqrt{81}+2\sqrt{-27}-\sqrt{-27}$

$=-9+6\sqrt{3}i-3\sqrt{3}i$

$=-9+3\sqrt{3}i$

0331 답 ⑤

① $\sqrt{-3}\sqrt{-12}+\sqrt{-27}\sqrt{3}=-\sqrt{36}+\sqrt{-81}$
$\qquad\qquad\qquad\qquad\qquad=-6+9i$

② $\sqrt{-2}(\sqrt{6}-\sqrt{-32})=\sqrt{-2}\sqrt{6}-\sqrt{-2}\sqrt{-32}$
$\qquad\qquad\qquad\qquad=\sqrt{-12}+\sqrt{64}=8+2\sqrt{3}i$

③ $\dfrac{\sqrt{-16}}{\sqrt{-2}}-\sqrt{-9}\sqrt{4}=\sqrt{8}-\sqrt{-36}$
$\qquad\qquad\qquad\qquad=2\sqrt{2}-6i$

④ $\dfrac{\sqrt{-25}\sqrt{2}}{\sqrt{-5}}-\dfrac{\sqrt{25}}{\sqrt{-5}}=\dfrac{\sqrt{-50}}{\sqrt{-5}}+\sqrt{-5}$
$\qquad\qquad\qquad\qquad=\sqrt{10}+\sqrt{5}i$

⑤ $\sqrt{-2}\sqrt{-6}-\dfrac{\sqrt{-21}}{\sqrt{-7}}=-\sqrt{12}-\sqrt{3}$
$\qquad\qquad\qquad\qquad=-2\sqrt{3}-\sqrt{3}=-3\sqrt{3}$

따라서 옳지 않은 것은 ⑤이다.

0332 답 ④

$(1+2i)x+(1-i)y=-3$에서

$(x+y)+(2x-y)i=-3$

복소수가 서로 같을 조건에 의하여

$x+y=-3$, $2x-y=0$

두 식을 연립하여 풀면 $x=-1$, $y=-2$

$\therefore \sqrt{2x}\sqrt{y}+\dfrac{\sqrt{8x}}{\sqrt{y}}=\sqrt{-2}\sqrt{-2}+\dfrac{\sqrt{-8}}{\sqrt{-2}}$

$\qquad\qquad\qquad=-\sqrt{4}+\sqrt{4}=0$

0333 답 ②

ㄱ. $-x<0$이므로 $\sqrt{x^2}+\sqrt{-x}\sqrt{-x}=\sqrt{x^2}-\sqrt{x^2}=0$

ㄴ. $y-x<0$이므로
$$\sqrt{(y-x)^2}=|y-x|=-(y-x)=x-y$$

ㄷ. $x>0$, $-y<0$이므로 $\sqrt{x}\sqrt{-y}=\sqrt{-xy}=\sqrt{xy}\,i$

ㄹ. $x-y>0$, $y-x<0$이므로
$$\frac{\sqrt{x-y}}{\sqrt{y-x}}=-\sqrt{\frac{x-y}{y-x}}=-\sqrt{-1}=-i$$

따라서 보기에서 옳은 것은 ㄱ, ㄴ이다.

0334 답 ⑤

$$z=\sqrt{-2}\sqrt{-18}+\frac{\sqrt{-36}}{\sqrt{-4}}-\sqrt{-3^2}-\sqrt{(-3)^2}+ai+a$$
$$=-\sqrt{36}+\sqrt{9}-\sqrt{-9}-\sqrt{9}+ai+a$$
$$=-6+3-3i-3+ai+a$$
$$=(a-6)+(a-3)i$$

z^2이 실수가 되려면 z의 실수부분과 허수부분의 곱이 0이어야 하므로
$(a-6)(a-3)=0$ ∴ $a=3$ 또는 $a=6$
따라서 모든 a의 값의 곱은 $3\times6=18$

0335 답 $2i$

$\sqrt{a}\sqrt{b}=-\sqrt{ab}$이고 $ab\neq0$이므로 $a<0$, $b<0$

$a<0$이므로 $-a>0$

∴ $\dfrac{\sqrt{a}}{\sqrt{-a}}=\sqrt{\dfrac{a}{-a}}=\sqrt{-1}=i$ $\quad\cdots\cdots$ ❶

$a<b$이므로 $a-b<0$, $b-a>0$

∴ $\dfrac{\sqrt{b-a}}{\sqrt{a-b}}=-\sqrt{\dfrac{b-a}{a-b}}=-\sqrt{\dfrac{-(a-b)}{a-b}}$
$\qquad\qquad =-\sqrt{-1}=-i$ $\quad\cdots\cdots$ ❷

∴ $\dfrac{\sqrt{a}}{\sqrt{-a}}-\dfrac{\sqrt{b-a}}{\sqrt{a-b}}=i-(-i)=2i$ $\quad\cdots\cdots$ ❸

❶ $\dfrac{\sqrt{a}}{\sqrt{-a}}$ 간단히 하기		40%
❷ $\dfrac{\sqrt{b-a}}{\sqrt{a-b}}$ 간단히 하기		40%
❸ $\dfrac{\sqrt{a}}{\sqrt{-a}}-\dfrac{\sqrt{b-a}}{\sqrt{a-b}}$ 간단히 하기		20%

0336 답 ⑤

$\sqrt{\dfrac{a}{b}}=-\dfrac{\sqrt{a}}{\sqrt{b}}$에서 $a>0$, $b<0$

① $a>0$, $b<0$에서 $ab<0$이므로 $|ab|=-ab$

② $b<0$이므로 $\sqrt{ab^2}=\sqrt{a}\sqrt{b^2}=\sqrt{a}\times|b|=-b\sqrt{a}$

③ $a>0$, $b<0$에서 $a-b>0$이므로 $|a-b|=a-b$

④ $a>0$, $b<0$이므로 $\sqrt{ab}=\sqrt{a}\sqrt{b}$

⑤ $-a<0$, $-b>0$이므로 $\sqrt{-a}\sqrt{-b}=\sqrt{(-a)(-b)}=\sqrt{ab}$

따라서 옳은 것은 ⑤이다.

0337 답 (1) $a<0$, $b<0$, $c>0$ (2) $-2a$

(1) $\sqrt{a}\sqrt{b}=-\sqrt{ab}$에서 $a<0$, $b<0$

$\dfrac{\sqrt{c}}{\sqrt{b}}=-\sqrt{\dfrac{c}{b}}$에서 $b<0$, $c>0$ $\quad\cdots\cdots$ ❶

(2) $a<0$, $b<0$이므로 $a+b<0$
$b<0$, $c>0$이므로 $b-c<0$
$a<0$, $c>0$이므로 $c-a>0$ $\quad\cdots\cdots$ ❷

∴ $\sqrt{(a+b)^2}-\sqrt{(b-c)^2}+|c-a|$
$\quad=|a+b|-|b-c|+|c-a|$
$\quad=-(a+b)+(b-c)+(c-a)$
$\quad=-a-b+b-c+c-a=-2a$ $\quad\cdots\cdots$ ❸

❶ a, b, c의 부호 정하기		30%
❷ $a+b$, $b-c$, $c-a$의 부호 정하기		30%
❸ $\sqrt{(a+b)^2}-\sqrt{(b-c)^2}+|c-a|$ 간단히 하기		40%

0338 답 ⑤

$\dfrac{\sqrt{x+1}}{\sqrt{y+2}}=-\sqrt{\dfrac{x+1}{y+2}}$에서

$x+1>0$, $y+2<0\,(\because x\neq-1)$
따라서 $x>-1$, $-y>2$이므로 $x-y>1$

∴ $\sqrt{(x+1)^2}-\sqrt{(y+2)^2}-\sqrt{(x-y)^2}$
$\quad=|x+1|-|y+2|-|x-y|$
$\quad=(x+1)+(y+2)-(x-y)$
$\quad=x+1+y+2-x+y$
$\quad=2y+3$

0339 답 ④

(나)에서 $\dfrac{\sqrt{b-2}}{\sqrt{a+2}}=-\sqrt{\dfrac{b-2}{a+2}}$이므로

$a+2<0$, $b-2>0$ ∴ $a<-2$, $b>2$
a가 음수, b가 양수이고, (가)에서 $b+c<a$, 즉 $0<b<a-c$이므로
$c<a$
∴ $c<a<b$

0340 답 ②

$\dfrac{\sqrt{a}}{\sqrt{b}}=-\sqrt{\dfrac{a}{b}}$에서 $a>0$, $b<0$

$z=\sqrt{a}+\sqrt{b}=\sqrt{a}+\sqrt{-b}\,i$이므로
$(2+i)z+(1-i)\bar{z}$
$=(2+i)(\sqrt{a}+\sqrt{-b}\,i)+(1-i)(\sqrt{a}-\sqrt{-b}\,i)$
$=(2\sqrt{a}+2\sqrt{-b}\,i+\sqrt{a}\,i-\sqrt{-b})+(\sqrt{a}-\sqrt{-b}\,i-\sqrt{a}\,i-\sqrt{-b})$
$=(3\sqrt{a}-2\sqrt{-b})+\sqrt{-b}\,i$

즉, $(3\sqrt{a}-2\sqrt{-b})+\sqrt{-b}\,i=1+i$이므로 복소수가 서로 같을 조건에 의하여
$3\sqrt{a}-2\sqrt{-b}=1$, $\sqrt{-b}=1$
$\sqrt{-b}=1$에서 $b=-1$
$3\sqrt{a}-2\sqrt{-b}=1$에서 $3\sqrt{a}-2=1$ ∴ $a=1$
∴ $ab=1\times(-1)=-1$

0341 답 ④

(개)에서 $a<0$, $b<0$

(내)에서 $z=a^2+bi-2a-3-i=(a^2-2a-3)+(b-1)i$

이때 z^2이 음수이려면 z의 실수부분은 0이어야 하므로

$a^2-2a-3=0$, $(a+1)(a-3)=0$

$\therefore a=-1 (\because a<0)$

$\therefore z=(b-1)i$

(내)에서 $z^2=-9$이므로

$\{(b-1)i\}^2=-9$, $b^2-2b-8=0$

$(b+2)(b-4)=0 \qquad \therefore b=-2 (\because b<0)$

$\therefore a-b=-1-(-2)=1$

최고수준 도전 기출   72~73쪽

0342 답 ④

전략 $z=a+bi$, $\omega=c+di$라 하고 주어진 조건을 이용하여 a, b, c, d에 대한 식을 세운다.

$z=a+bi$, $\omega=c+di$ (a, b, c, d는 실수)라 하면

$\bar{z}=a-bi$, $\bar{\omega}=c-di$

(개)에서 $a+c=b+d$ ······ ㉠

(내)에서 $a-d=6 \qquad \therefore d=a-6$ ······ ㉡

(대)에서 $\bar{z}-\omega=(a-bi)-(c+di)=(a-c)-(b+d)i$이므로

$a-c=4 \qquad \therefore c=a-4$ ······ ㉢

㉡, ㉢을 ㉠에 대입하면

$a+(a-4)=b+(a-6) \qquad \therefore b=a+2$

$z\omega=(a+bi)(c+di)=(ac-bd)+(ad+bc)i$이므로

$z\omega$의 실수부분은

$ac-bd=a(a-4)-(a+2)(a-6)$

$\qquad\qquad =a^2-4a-(a^2-4a-12)$

$\qquad\qquad =12$

0343 답 ③

전략 $z=a+bi$, $\omega=c+di$라 하고 a, b, c, d가 모두 0이 아닌 실수임을 이용하여 보기의 식의 참, 거짓을 판별한다.

$z=a+bi$, $\omega=c+di$ (a, b, c, d는 모두 0이 아닌 실수)라 하면

$z+\omega=(a+bi)+(c+di)=(a+c)+(b+d)i$

$z+\omega$의 실수부분이 0이므로 $a+c=0 \qquad \therefore c=-a$

$z\omega=(a+bi)(c+di)=(ac-bd)+(ad+bc)i$

$z\omega$의 허수부분이 0이므로

$ad+bc=0$, $ad-ab=0 (\because c=-a)$

$a(d-b)=0 \qquad \therefore b=d (\because a\neq0)$

$\therefore \omega=-a+bi$

ㄱ. $z^2+\omega^2=(a+bi)^2+(-a+bi)^2$

$\qquad\qquad =(a^2+2abi-b^2)+(a^2-2abi-b^2)$

$\qquad\qquad =2(a^2-b^2)$

이때 $|a|<|b|$이면 $z^2+\omega^2<0$이다.

ㄴ. $z-\omega=(a+bi)-(-a+bi)=2a\neq0$

ㄷ. $z\omega=(a+bi)(-a+bi)=-(a^2+b^2)<0$

따라서 보기에서 옳은 것은 ㄷ이다.

0344 답 13

전략   곱셈 공식과 인수분해 공식을 이용하여 식을 변형한 후 복소수가 서로 같을 조건을 이용하여 m, n에 대한 식을 세운다.

$(\alpha+\beta)^2=\alpha^2+\beta^2+2\alpha\beta$이므로

$(-1)^2=3+6i+2\alpha\beta$, $2\alpha\beta=-2-6i$

$\therefore \alpha\beta=-1-3i$

$\alpha^3-\beta^3=13i$에서

$(\alpha-\beta)(\alpha^2+\alpha\beta+\beta^2)=13i$

$(\alpha-\beta)(3+6i-1-3i)=13i$

$\therefore \alpha-\beta=\dfrac{13i}{2+3i}=\dfrac{13i(2-3i)}{(2+3i)(2-3i)}$

$\qquad\qquad =3+2i$

$\alpha+\beta=-1$, $\alpha-\beta=3+2i$이므로 두 식을 연립하여 풀면

$\alpha=1+i$, $\beta=-2-i$

$\alpha^3=(1+i)^3=1+3i+3i^2+i^3$

$\quad =-2+2i$

$\beta^3=(-2-i)^3=\{-(2+i)\}^3$

$\quad =-(2^3+3\times2^2\times i+3\times2\times i^2+i^3)$

$\quad =-8-12i+6+i=-2-11i$

$m\alpha^3+n\beta^3=-26$에서

$m(-2+2i)+n(-2-11i)=-26$

$(-2m-2n)+(2m-11n)i=-26$

복소수가 서로 같을 조건에 의하여

$-2m-2n=-26$, $2m-11n=0$

두 식을 연립하여 풀면 $m=11$, $n=2$

$\therefore m+n=13$

0345 답 ④

전략 $z^2\omega^2=(z\omega)^2$임을 이용하여 $z\omega$의 값을 구하고, $\dfrac{z+\omega}{z-\omega}=\dfrac{z^2+z\omega}{z^2-z\omega}$임을 이용하여 보기의 참, 거짓을 판별한다.

ㄱ. $z=\dfrac{\sqrt6}{2}+\dfrac{\sqrt6}{2}i$, $\omega=-\dfrac{\sqrt6}{2}+\dfrac{\sqrt6}{2}i$이면

$\quad z-\omega=\sqrt6$이므로 $(z-\omega)^2=6$

ㄴ. $(z+\omega)^2=z^2+\omega^2+2z\omega=3i+(-3i)+2z\omega=2z\omega$이고

$\quad z^2\omega^2=3i\times(-3i)=9$에서 $(z\omega)^2=9$이므로

$\quad (z+\omega)^4=\{(z+\omega)^2\}^2$

$\qquad\qquad\quad =(2z\omega)^2=4(z\omega)^2$

$\qquad\qquad\quad =4\times9=36$

ㄷ. $\dfrac{z+\omega}{z-\omega}=\dfrac{z(z+\omega)}{z(z-\omega)}=\dfrac{z^2+z\omega}{z^2-z\omega}$ 이고

$(z\omega)^2=9$에서 $z\omega=\pm3$이므로

(i) $z\omega=3$일 때,

$$\dfrac{z+\omega}{z-\omega}=\dfrac{z^2+z\omega}{z^2-z\omega}=\dfrac{3i+3}{3i-3}=\dfrac{i+1}{i-1}$$
$$=\dfrac{(i+1)^2}{(i-1)(i+1)}=\dfrac{2i}{-2}=-i$$

(ii) $z\omega=-3$일 때,

$$\dfrac{z+\omega}{z-\omega}=\dfrac{z^2+z\omega}{z^2-z\omega}=\dfrac{3i-3}{3i+3}=\dfrac{i-1}{i+1}$$
$$=\dfrac{(i-1)^2}{(i+1)(i-1)}=\dfrac{-2i}{-2}=i$$

(i), (ii)에서 $\dfrac{z+\omega}{z-\omega}$는 순허수이다.

따라서 보기에서 옳은 것은 ㄴ, ㄷ이다.

참고 ㄱ에서 $z=a+bi$, $\omega=c+di$ (a, b, c, d는 실수)라 하면
$z^2=3i$, $\omega^2=-3i$이므로 $a^2-b^2+2abi=3i$, $c^2-d^2+2cdi=-3i$

따라서 $a^2-b^2=0$, $c^2-d^2=0$, $ab=\dfrac{3}{2}$, $cd=-\dfrac{3}{2}$이므로

$|a|=|b|=|c|=|d|=\sqrt{\dfrac{3}{2}}$ 을 만족시키는 a, b, c, d의 값 중에서 ㄱ이

성립하지 않는 예를 찾을 수 있다.

0346 답 94

전략 $\dfrac{1+i}{\sqrt{2}}$의 거듭제곱의 값이 반복되는 규칙을 찾아서 $\left(\dfrac{1+i}{\sqrt{2}}\right)^m-i^n$

의 값이 -2 또는 2인 경우로 나누어 $m+n$의 최댓값을 구한다.

$z=\dfrac{1+i}{\sqrt{2}}$라 하면

$z^2=\left(\dfrac{1+i}{\sqrt{2}}\right)^2=\dfrac{2i}{2}=i$

$z^3=zz^2=\dfrac{1+i}{\sqrt{2}}\times i=\dfrac{-1+i}{\sqrt{2}}$

$z^4=(z^2)^2=i^2=-1$

$z^5=zz^4=-z=\dfrac{-1-i}{\sqrt{2}}$

$z^6=z^2z^4=i\times(-1)=-i$

$z^7=z^3z^4=\dfrac{-1+i}{\sqrt{2}}\times(-1)=\dfrac{1-i}{\sqrt{2}}$

$z^8=(z^4)^2=(-1)^2=1$

$\vdots$

즉, $\left(\dfrac{1+i}{\sqrt{2}}\right)^m$의 값은 위의 8개의 값이 그 순서대로 반복된다.

이때 $\left\{\left(\dfrac{1+i}{\sqrt{2}}\right)^m-i^n\right\}^2=4$에서

$\left(\dfrac{1+i}{\sqrt{2}}\right)^m-i^n=-2$ 또는 $\left(\dfrac{1+i}{\sqrt{2}}\right)^m-i^n=2$

(i) $\left(\dfrac{1+i}{\sqrt{2}}\right)^m-i^n=-2$인 경우

$\left(\dfrac{1+i}{\sqrt{2}}\right)^m=-1$, $i^n=1$이므로

$m=4$, 12, 20, $\cdots$, 44

$n=4$, 8, 12, $\cdots$, 48

따라서 $m=44$, $n=48$일 때, $m+n$은 최댓값 92를 갖는다.

(ii) $\left(\dfrac{1+i}{\sqrt{2}}\right)^m-i^n=2$인 경우

$\left(\dfrac{1+i}{\sqrt{2}}\right)^m=1$, $i^n=-1$이므로

$m=8$, 16, 24, $\cdots$, 48

$n=2$, 6, 10, $\cdots$, 46

따라서 $m=48$, $n=46$일 때, $m+n$은 최댓값 94를 갖는다.

(i), (ii)에서 $m+n$의 최댓값은 94이다.

0347 답 ①

전략 α의 거듭제곱과 β의 관계를 파악한 후 $\alpha^m\beta^n$을 α의 거듭제곱으로 나타낸다. α의 거듭제곱의 성질을 이용하여 $\alpha^m\beta^n=i$를 만족시키는 $m+2n$의 조건을 찾는다.

$\alpha^2=\left(\dfrac{2}{\sqrt{3}-i}\right)^2=\dfrac{4}{2-2\sqrt{3}i}=\dfrac{2}{1-\sqrt{3}i}$ 이므로 $\alpha^2=\beta$

$\therefore \alpha^m\beta^n=\alpha^m\alpha^{2n}=\alpha^{m+2n}$

한편

$\alpha^3=\alpha\alpha^2=\dfrac{2}{\sqrt{3}-i}\times\dfrac{2}{1-\sqrt{3}i}$

$\quad=\dfrac{4}{-4i}=\dfrac{1}{-i}=i$

$\alpha^6=(\alpha^3)^2=i^2=-1$

$\alpha^9=\alpha^3\alpha^6=i\times(-1)=-i$

$\alpha^{12}=(\alpha^6)^2=(-1)^2=1$

따라서 $\alpha^{m+2n}=i$를 만족시키는 $m+2n$의 값이 될 수 있는 수는

3, 15, 27, 39, 51, 63, $\cdots$

이때 m, n은 20 이하의 자연수이므로

$3\leq m+2n\leq60$

따라서 $m+2n$의 최댓값은 51이다.

0348 답 ③

전략 $\dfrac{z^2}{1+z}=k$ (k는 실수)라 하고 주어진 식을 k에 대한 식으로 변

형하거나 $\dfrac{z^2}{1+z}$이 실수이면 $\dfrac{z^2}{1+z}=\overline{\left(\dfrac{z^2}{1+z}\right)}$임을 이용하여 보기의

참, 거짓을 판별한다.

ㄱ. $\dfrac{z^2}{1+z}=k$ (k는 실수)라 하면 $1+z=\dfrac{z^2}{k}$이므로

$\overline{z}^2(1+z)=\overline{z}^2\times\dfrac{z^2}{k}=\dfrac{z^2\overline{z}^2}{k}=\dfrac{(z\overline{z})^2}{k}$

이때 $z\overline{z}$가 실수이므로 $\dfrac{(z\overline{z})^2}{k}$도 실수이다.

따라서 $\overline{z}^2(1+z)$는 실수이다.

ㄴ. $\dfrac{z^2}{1+z}$이 실수이므로 $\dfrac{z^2}{1+z}=\overline{\left(\dfrac{z^2}{1+z}\right)}$에서

$\dfrac{z^2}{1+z}=\dfrac{\overline{z}^2}{1+\overline{z}}$

$z^2(1+\overline{z})=\overline{z}^2(1+z)$, $z^2+z^2\overline{z}-\overline{z}^2-z\overline{z}^2=0$

$(z+\overline{z})(z-\overline{z})+z\overline{z}(z-\overline{z})=0$

$(z-\overline{z})(z+\overline{z}+z\overline{z})=0$

$\therefore z=\overline{z}$ 또는 $z+\overline{z}+z\overline{z}=0$

이때 z는 실수가 아니므로 $z \neq \bar{z}$

따라서 $z + \bar{z} + z\bar{z} = 0$이므로

$(z+1)(\bar{z}+1) = z\bar{z} + z + \bar{z} + 1 = 1$

ㄷ. $z = a + bi$ (a, b는 실수, $b \neq 0$)라 하면

$z + \bar{z} + z\bar{z} = (a+bi) + (a-bi) + (a+bi)(a-bi)$
$\qquad\qquad\quad = 2a + a^2 + b^2$

이때 $z + \bar{z} + z\bar{z} = 0$이므로 $2a + a^2 + b^2 = 0$

즉, $a = -\dfrac{1}{2}(a^2 + b^2) < 0$이므로 z의 실수부분은 음수이다.

따라서 보기에서 옳은 것은 ㄱ, ㄴ이다.

0349 답 ④

전략 $z^2 + z$가 실수이면 $z^2 + z = \overline{z^2 + z}$임을 이용하여 보기의 참, 거짓을 판별한다.

ㄱ. $z^2 + z$가 실수이므로 $z^2 + z = \overline{z^2 + z}$에서

$z^2 + z = \bar{z}^2 + \bar{z}$, $z^2 - \bar{z}^2 + z - \bar{z} = 0$

$(z - \bar{z})(z + \bar{z}) + (z - \bar{z}) = 0$

$(z - \bar{z})(z + \bar{z} + 1) = 0$

$\therefore z = \bar{z}$ 또는 $z + \bar{z} = -1$

그런데 $b \neq 0$이므로

$z \neq \bar{z}$

$\therefore z + \bar{z} = -1$

ㄴ. $z + \bar{z} = -1$이므로

$(a+bi) + (a-bi) = 2a = -1$

따라서 $a = -\dfrac{1}{2}$이므로 $\qquad$ ······ ㉠

$z\bar{z} = \left(-\dfrac{1}{2} + bi\right)\left(-\dfrac{1}{2} - bi\right) = \dfrac{1}{4} + b^2 > \dfrac{1}{4}$

ㄷ. $z^6 = z^3$에서 $z^3(z^3 - 1) = 0$

$z^3(z-1)(z^2 + z + 1) = 0$

이때 $z \neq 0$, $z \neq 1$이므로

$z^2 + z + 1 = 0$

㉠에서 $z = -\dfrac{1}{2} + bi$이므로

$\left(-\dfrac{1}{2} + bi\right)^2 + \left(-\dfrac{1}{2} + bi\right) + 1 = 0$

$\dfrac{1}{4} - bi - b^2 - \dfrac{1}{2} + bi + 1 = 0$, $\dfrac{3}{4} - b^2 = 0$

따라서 $b^2 = \dfrac{3}{4}$이므로

$a^2 + b^2 = \left(-\dfrac{1}{2}\right)^2 + \dfrac{3}{4} = 1$

따라서 보기에서 옳은 것은 ㄴ, ㄷ이다.

난이도별 **필수 기출** 76~95쪽

0350 답 ②

$x^2 + 4x + 7 = 0$에서

$x = -2 \pm \sqrt{2^2 - 1 \times 7} = -2 \pm \sqrt{3}\,i$

따라서 $a = -2$, $b = 3$이므로

$a - b = -5$

0351 답 ①

이차방정식 $x^2 - 2x + a = 0$의 한 근이 $3 + \sqrt{2}$이므로 $x = 3 + \sqrt{2}$를 대입하면

$(3 + \sqrt{2})^2 - 2(3 + \sqrt{2}) + a = 0$

$(11 + 6\sqrt{2}) - 6 - 2\sqrt{2} + a = 0$

$5 + 4\sqrt{2} + a = 0$

$\therefore a = -5 - 4\sqrt{2}$

0352 답 4

이차방정식 $x^2 - 3x + a = 0$의 한 근이 1이므로 $x = 1$을 대입하면

$1 - 3 + a = 0 \qquad \therefore a = 2$

이를 주어진 방정식에 대입하면

$x^2 - 3x + 2 = 0$, $(x-1)(x-2) = 0$

$\therefore x = 1$ 또는 $x = 2$

따라서 $b = 2$이므로 $ab = 2 \times 2 = 4$

다른 풀이

이차방정식의 근과 계수의 관계에 의하여

$1 + b = 3$, $1 \times b = a$

따라서 $a = 2$, $b = 2$이므로 $ab = 4$

0353 답 $x = -4$ 또는 $x = 4$

(ⅰ) $x < 0$일 때,

$\quad x^2 + x - 12 = 0$, $(x+4)(x-3) = 0$

$\quad \therefore x = -4$ 또는 $x = 3$

$\quad$ 그런데 $x < 0$이므로 $x = -4 \qquad$ ······ ❶

(ⅱ) $x \geq 0$일 때,

$\quad x^2 - x - 12 = 0$, $(x+3)(x-4) = 0$

$\quad \therefore x = -3$ 또는 $x = 4$

$\quad$ 그런데 $x \geq 0$이므로 $x = 4 \qquad$ ······ ❷

(ⅰ), (ⅱ)에서 주어진 방정식의 해는

$x = -4$ 또는 $x = 4 \qquad$ ······ ❸

채점 기준

❶ $x < 0$일 때 해 구하기		40%
❷ $x \geq 0$일 때 해 구하기		40%
❸ 방정식의 해 구하기		20%

다른 풀이

$x^2=|x|^2$이므로 $|x|^2-|x|-12=0$

$(|x|+3)(|x|-4)=0$ $\therefore |x|=-3$ 또는 $|x|=4$

그런데 $|x|\geq0$이므로 $|x|=4$

$\therefore x=-4$ 또는 $x=4$

참고 절댓값 기호를 포함한 방정식은

$|x-a|=\begin{cases}-x+a & (x<a)\\ x-a & (x\geq a)\end{cases}$ 임을 이용하여 절댓값 기호 안의 식의 값이 0이

되는 x의 값을 기준으로 x의 값의 범위를 나누어 푼다. 이때 나눈 범위에 속하

는 것만을 근으로 택한다.

0354 답 ③

$\begin{aligned}(x\circ x)+(4\circ x)+3&=(x^2-x-x)+(4x-4-x)+3\\ &=x^2+x-1\end{aligned}$

따라서 $x^2+x-1=0$의 해는

$x=\dfrac{-1\pm\sqrt{5}}{2}$

0355 답 ⑤

주어진 방정식의 양변에 $\sqrt{2}+1$을 곱하면

$(\sqrt{2}+1)(\sqrt{2}-1)x^2-(\sqrt{2}+1)(2+\sqrt{2})x+(\sqrt{2}+1)\times3=0$

$x^2-(4+3\sqrt{2})x+3+3\sqrt{2}=0$

$(x-1)(x-3-3\sqrt{2})=0$

$\therefore x=1$ 또는 $x=3+3\sqrt{2}$

따라서 유리수가 아닌 근은 $3+3\sqrt{2}$이다.

참고 x^2의 계수가 무리수인 이차방정식은 x^2의 계수를 유리화한 후 근을 구

한다.

✔ 중3 다시보기

무리수에 적당한 수를 곱하여 유리수로 고치는 것을 유리화

라 한다.

x^2의 계수가 $\sqrt{a}-\sqrt{b}$이면 등식의 양변에 $\sqrt{a}+\sqrt{b}$를 곱하여

x^2의 계수를 유리화할 수 있다.

$\Rightarrow (\sqrt{a}-\sqrt{b})(\sqrt{a}+\sqrt{b})=(\sqrt{a})^2-(\sqrt{b})^2=a-b$

0356 답 ②

(i) $x<-1$일 때,

$x^2+(x+1)-1=0$

$x^2+x=0,\ x(x+1)=0$

$\therefore x=-1$ 또는 $x=0$

그런데 $x<-1$이므로 이를 만족시키는 근은 없다.

(ii) $x\geq-1$일 때,

$x^2-(x+1)-1=0$

$x^2-x-2=0,\ (x+1)(x-2)=0$

$\therefore x=-1$ 또는 $x=2$

그런데 $x\geq-1$이므로 $x=-1$ 또는 $x=2$

(i), (ii)에서 주어진 방정식의 해는

$x=-1$ 또는 $x=2$

따라서 방정식의 모든 근의 곱은

$(-1)\times2=-2$

0357 답 ①

이차방정식 $(t-1)x^2-(t^2+4)x+2t+3=0$의 한 근이 1이므로

$x=1$을 대입하면

$t-1-t^2-4+2t+3=0$

$t^2-3t+2=0,\ (t-2)(t-1)=0$

$\therefore t=1$ 또는 $t=2$

이때 $t=1$이면 이차방정식이 될 수 없으므로 $t=2$

$t=2$를 주어진 방정식에 대입하면

$x^2-8x+7=0,\ (x-1)(x-7)=0$

$\therefore x=1$ 또는 $x=7$

따라서 $a=7$이므로 7^{200}의 일의 자리의 숫자를 구하면

7의 거듭제곱의 일의 자리의 숫자는 7, 9, 3, 1이 이 순서로 반복되므

로 7^{200}의 일의 자리의 숫자는 7^4의 일의 자리의 숫자와 같은 1이다.

✔ 중1 다시보기

자연수의 거듭제곱의 일의 자리의 숫자는 일정하게 반복되는

특징이 있다.

① 2의 거듭제곱의 일의 자리 숫자 ➡ 2, 4, 8, 6이 반복

② 3의 거듭제곱의 일의 자리 숫자 ➡ 3, 9, 7, 1이 반복

③ 4의 거듭제곱의 일의 자리 숫자 ➡ 4, 6이 반복

④ 5의 거듭제곱의 일의 자리 숫자 ➡ 모두 5

⑤ 6의 거듭제곱의 일의 자리 숫자 ➡ 모두 6

⑥ 7의 거듭제곱의 일의 자리 숫자 ➡ 7, 9, 3, 1이 반복

⑦ 8의 거듭제곱의 일의 자리 숫자 ➡ 8, 4, 2, 6이 반복

⑧ 9의 거듭제곱의 일의 자리 숫자 ➡ 9, 1이 반복

0358 답 ②

(i) $1<x<2$일 때,

$[x]=1$이므로 주어진 방정식은

$x^2-3=0$

$x^2=3$에서 $x=\sqrt{3}\ (\because 1<x<2)$

(ii) $2\leq x<3$일 때,

$[x]=2$이므로 주어진 방정식은

$x^2-4=0$

$x^2=4$에서 $x=2\ (\because 2\leq x<3)$

(i), (ii)에서 주어진 방정식의 모든 근의 곱은

$\sqrt{3}\times2=2\sqrt{3}$

참고 실수 x에 대하여 x보다 크지 않은 최대의 정수를 $[x]$로 나타낼 때,

$[\ ]$를 가우스 기호라 한다. 정수 n에 대하여

(1) $n\leq x<n+1$이면 $[x]=n$

(2) $[x]=n$이면 $n\leq x<n+1$

가우스 기호를 포함한 방정식은 위와 같은 성질을 이용하여 x의 값 또는 범위

를 구한다.

0359 답 ②

$x^2-2=\sqrt{x^2}+\sqrt{(x+1)^2}$에서

$x^2-2=|x|+|x+1|$

(ⅰ) $x<-1$일 때,

$x^2-2=-x-(x+1)$, $x^2+2x-1=0$

$\therefore x=-1\pm\sqrt{2}$

그런데 $x<-1$이므로 $x=-1-\sqrt{2}$

(ⅱ) $-1\le x<0$일 때,

$x^2-2=-x+(x+1)$, $x^2=3$

$\therefore x=\pm\sqrt{3}$

그런데 $-1\le x<0$이므로 이를 만족시키는 근은 없다.

(ⅲ) $x\ge0$일 때,

$x^2-2=x+(x+1)$, $x^2-2x-3=0$

$(x+1)(x-3)=0$ $\therefore x=-1$ 또는 $x=3$

그런데 $x\ge0$이므로 $x=3$

(ⅰ), (ⅱ), (ⅲ)에서 주어진 방정식의 근은

$x=-1-\sqrt{2}$ 또는 $x=3$

0360 답 ②

각 이차방정식의 판별식을 D라 하면

ㄱ. $D=1^2-4\times1\times7=-27<0$

즉, 서로 다른 두 허근을 갖는다.

ㄴ. $D=3^2-4\times1\times(-2)=17>0$

즉, 서로 다른 두 실근을 갖는다.

ㄷ. $\dfrac{D}{4}=(-2)^2-1\times5=-1<0$

즉, 서로 다른 두 허근을 갖는다.

ㄹ. $\dfrac{D}{4}=4^2-1\times16=0$

즉, 중근을 갖는다.

따라서 보기에서 허근을 갖는 이차방정식은 ㄱ, ㄷ이다.

0361 답 25

이차방정식 $x^2+10x+a=0$의 판별식을 D라 하면

$D=0$이어야 하므로

$\dfrac{D}{4}=5^2-a=0$ $\therefore a=25$

0362 답 6

이차방정식 $x^2+2(k-2)x+k^2-24=0$의 판별식을 D라 하면

$D>0$이어야 하므로

$\dfrac{D}{4}=(k-2)^2-(k^2-24)>0$

$-4k+28>0$ $\therefore k<7$

따라서 자연수 k는 1, 2, 3, 4, 5, 6의 6개이다.

0363 답 ④

이차방정식 $x^2-2kx+k^2+3k-22=0$의 판별식을 D라 하면

$D<0$이어야 하므로

$\dfrac{D}{4}=(-k)^2-(k^2+3k-22)<0$

$-3k+22<0$ $\therefore k>\dfrac{22}{3}$

따라서 자연수 k의 최솟값은 8이다.

0364 답 7

이차방정식 $x^2+2ax+a^2+4a-28=0$의 판별식을 D라 하면

$D\ge0$이어야 하므로

$\dfrac{D}{4}=a^2-(a^2+4a-28)\ge0$

$-4a+28\ge0$ $\therefore a\le7$

따라서 자연수 a는 1, 2, 3, …, 7의 7개이다.

0365 답 ③

이차방정식 $x^2-kx+k-1=0$의 판별식을 D라 하면 $D=0$이어야

하므로

$D=(-k)^2-4(k-1)=0$

$k^2-4k+4=0$, $(k-2)^2=0$

$\therefore k=2$

이를 주어진 방정식에 대입하면

$x^2-2x+1=0$, $(x-1)^2=0$

$\therefore x=1$

따라서 $a=1$이므로 $k+a=2+1=3$

0366 답 ⑤

이차방정식 $ax^2-4ax+3a+5=0$의 판별식을 D라 하면 $D=0$이

어야 하므로

$\dfrac{D}{4}=(-2a)^2-a(3a+5)=0$

$a^2-5a=0$, $a(a-5)=0$

$\therefore a=0$ 또는 $a=5$

이때 $a=0$이면 이차방정식이 될 수 없으므로 $a=5$

0367 답 ②

$\sqrt{a}\sqrt{b}=-\sqrt{ab}$에서 $a<0$, $b<0$ $(\because ab\ne0)$

이차방정식 $x^2+ax+b=0$의 판별식을 D라 하면

$D=a^2-4b>0$

따라서 서로 다른 두 실근을 갖는다.

0368 답 ②

이차방정식 $(a+c)x^2+2bx+a-c=0$의 판별식을 D라 하면

$D>0$이어야 하므로

$\dfrac{D}{4}=b^2-(a+c)(a-c)>0$

$b^2-a^2+c^2>0$ $\therefore a^2<b^2+c^2$

따라서 a, b, c를 세 변의 길이로 하는 삼각형은 예각삼각형이다.

0369 답 ⑤

주어진 이차식이 완전제곱식이 되려면 x에 대한 이차방정식

$x^2+(k-1)x+k+1=0$의 판별식을 D라 할 때, $D=0$이어야 하

므로

$D=(k-1)^2-4(k+1)=0$

$k^2-6k-3=0$

$\therefore k=3\pm2\sqrt{3}$

따라서 모든 실수 k의 값의 합은

$(3+2\sqrt{3})+(3-2\sqrt{3})=6$

참고 이차식 ax^2+bx+c가 완전제곱식이면 이차방정식 $ax^2+bx+c=0$
이 중근을 가지므로 $b^2-4ac=0$이다.

0370 답 ④

이차방정식 $x^2-2ax+b^2=0$의 판별식을 D_1이라 하면 $D_1=0$이어
야 하므로

$\dfrac{D_1}{4}=(-a)^2-b^2=0 \qquad \therefore a^2=b^2$

이차방정식 $x^2+ax+b^2+1=0$의 판별식을 D_2라 하면

$D_2=a^2-4(b^2+1)=a^2-4b^2-4$
$\quad=a^2-4a^2-4=-3a^2-4<0$

따라서 이차방정식 $x^2+ax+b^2+1=0$은 서로 다른 두 허근을 갖
는다.

0371 답 ⑤

이차방정식 $x^2+4x-a+3=0$의 판별식을 D_1이라 하면 $D_1=0$이
어야 하므로

$\dfrac{D_1}{4}=2^2-(-a+3)=0,\ a+1=0$

$\therefore a=-1$

$a=-1$을 $x^2-ax+b=0$에 대입하면 $x^2+x+b=0$

이차방정식 $x^2+x+b=0$의 판별식을 D_2라 하면 $D_2<0$이어야 하
므로

$D_2=1^2-4b<0 \qquad \therefore b>\dfrac{1}{4}$

따라서 정수 b의 최솟값은 1이다.

0372 답 6

이차방정식 $3x^2+5x+a-7=0$의 판별식을 D_1이라 하면 $D_1>0$이
어야 하므로

$D_1=5^2-4\times3\times(a-7)>0$

$-12a+109>0 \qquad \therefore a<\dfrac{109}{12}$

따라서 정수 a의 최댓값은 9이므로 $M=9$ $\qquad$ …… ⓘ

또 이차방정식 $x^2-3x+b=0$의 판별식을 D_2라 하면 $D_2<0$이어야
하므로

$D_2=(-3)^2-4b<0$

$-4b+9<0 \qquad \therefore b>\dfrac{9}{4}$

따라서 정수 b의 최솟값은 3이므로 $m=3$ $\qquad$ …… ⓙ

$\therefore M-m=9-3=6$ $\qquad$ …… ⓚ

채점 기준

ⓘ M의 값 구하기		40%
ⓙ m의 값 구하기		40%
ⓚ $M-m$의 값 구하기		20%

0373 답 ①

이차방정식 $x^2-2(m+a)x+m^2+m+b=0$의 판별식을 D라 하
면 $D=0$이어야 하므로

$\dfrac{D}{4}=\{-(m+a)\}^2-(m^2+m+b)=0$

$(2a-1)m+a^2-b=0$

이 등식이 m에 대한 항등식이므로

$2a-1=0,\ a^2-b=0$

$\therefore a=\dfrac{1}{2},\ b=\dfrac{1}{4}$

$\therefore 12(a+b)=12\times\dfrac{3}{4}=9$

0374 답 17

이차방정식 $ax^2+4x-a+\sqrt{b}=0$의 판별식을 D_1이라 하면 $D_1=0$
이어야 하므로

$\dfrac{D_1}{4}=2^2-a(-a+\sqrt{b})=0$

$a^2-\sqrt{b}\,a+4=0 \qquad \cdots\cdots ㉠ \qquad$ …… ⓘ

서로 다른 실수 a의 개수가 2이므로 a에 대한 이차방정식 ㉠은 서
로 다른 두 실근을 갖는다.

㉠의 판별식을 D_2라 하면 $D_2>0$이어야 하므로

$D_2=(-\sqrt{b})^2-16>0 \qquad$ …… ⓙ

$b-16>0 \qquad \therefore b>16$

따라서 자연수 b의 최솟값은 17이다. $\qquad$ …… ⓚ

채점 기준

ⓘ a에 대한 이차방정식 세우기		30%
ⓙ a에 대한 이차방정식이 서로 다른 두 실근을 가질 조건 구하기		30%
ⓚ b의 최솟값 구하기		40%

0375 답 ④

$\dfrac{\sqrt{b}}{\sqrt{a}}=-\sqrt{\dfrac{b}{a}}$에서 $a<0,\ b>0\ (\because b\neq0)$

$\therefore ab<0$

각 이차방정식의 판별식을 D라 하면

① $D=a^2+4b>0$이므로 서로 다른 두 실근을 갖는다.

② $D=b^2-4a>0$이므로 서로 다른 두 실근을 갖는다.

③ $D=1-4ab>0$이므로 서로 다른 두 실근을 갖는다.

④ $\dfrac{D}{4}=1+ab$의 부호를 정할 수 없으므로 근을 판별할 수 없다.

⑤ $D=b^2-4ab>0$이므로 서로 다른 두 실근을 갖는다.

따라서 항상 서로 다른 두 실근을 갖는 이차방정식이 아닌 것은 ④
이다.

0376 답 ③

이차방정식 $ax^2+4bx-a+4b-\dfrac{k}{a}=0$의 판별식을 D라 하면

$\dfrac{D}{4}=(2b)^2-a\left(-a+4b-\dfrac{k}{a}\right)$

$\quad=4b^2+a^2-4ab+k$

$\quad=(a-2b)^2+k$

ㄱ. $a=2b$, $k=0$이면 $\dfrac{D}{4}=0$

즉, 중근을 갖는다.

ㄴ. $(a-2b)^2\geq0$이므로 $k>0$이면 $\dfrac{D}{4}>0$

즉, 서로 다른 두 실근을 갖는다.

ㄷ. $k<0$이면 $\dfrac{D}{4}$의 부호를 정할 수 없으므로 근을 판별할 수 없다.

따라서 보기에서 옳은 것은 ㄱ, ㄴ이다.

0377 답 ③

이차방정식 $(4n-3)x^2+2nx+1=0$의 판별식을 D라 하면

$\dfrac{D}{4}=n^2-(4n-3)=n^2-4n+3$

$g(n)=n^2-4n+3$이라 하면

$g(0)=3>0$이므로 $f(0)=2$

$g(1)=0$이므로 $f(1)=1$

$g(2)=-1<0$이므로 $f(2)=0$

$\therefore f(0)+f(1)-f(2)=2+1-0=3$

0378 답 ④

이차방정식 $x^2+2(k+2a)x-ak^2-bk+c=0$의 판별식을 D라 하면 $D=0$이어야 하므로

$\dfrac{D}{4}=(k+2a)^2-(-ak^2-bk+c)=0$

$(a+1)k^2+(4a+b)k+4a^2-c=0$

이 등식이 k에 대한 항등식이므로

$a+1=0$, $4a+b=0$, $4a^2-c=0$

따라서 $a=-1$, $b=4$, $c=4$이므로

$a+b+c=7$

0379 답 ④

이차방정식 $x^2-ax+b=0$의 판별식을 D_1, 이차방정식 $x^2-bx-a=0$의 판별식을 D_2라 하면

$D_1=a^2-4b$, $D_2=b^2+4a$

ㄱ. $a+b>0$, $ab>0$이면 $a>0$, $b>0$

따라서 $D_1=a^2-4b$의 부호는 알 수 없지만 $D_2=b^2+4a>0$이다.

즉, ㉡이 서로 다른 두 실근을 가지므로 ㉠, ㉡ 중 적어도 하나는 실근을 갖는다.

ㄴ. $\sqrt{a}\sqrt{b}=-\sqrt{ab}$ 에서 $a<0$, $b<0$

따라서 $D_1=a^2-4b>0$이지만 $D_2=b^2+4a$의 부호는 알 수 없다.

즉, ㉠은 서로 다른 두 실근을 갖지만 ㉡의 근을 판별할 수 없다.

ㄷ. $\dfrac{\sqrt{a}}{\sqrt{b}}=-\sqrt{\dfrac{a}{b}}$ 에서 $a>0$, $b<0$

따라서 $D_1=a^2-4b>0$, $D_2=b^2+4a>0$이다.

즉, ㉠, ㉡ 모두 서로 다른 두 실근을 갖는다.

따라서 보기에서 옳은 것은 ㄱ, ㄷ이다.

0380 답 ⑤

이차방정식의 근과 계수의 관계에 의하여

$\alpha+\beta=\dfrac{1}{2}$, $\alpha\beta=\dfrac{5}{2}$

$\therefore (\alpha+1)(\beta+1)=\alpha\beta+\alpha+\beta+1$

$\qquad\qquad =\dfrac{5}{2}+\dfrac{1}{2}+1=4$

0381 답 ④

이차방정식의 근과 계수의 관계에 의하여

$\alpha+\beta=2$, $\alpha\beta=5$

$\therefore \dfrac{1}{\alpha}+\dfrac{1}{\beta}=\dfrac{\alpha+\beta}{\alpha\beta}=\dfrac{2}{5}$

0382 답 ①

이차방정식의 근과 계수의 관계에 의하여

$\alpha+\beta=-2$, $\alpha\beta=7$

$\therefore \alpha^2+\alpha\beta+\beta^2=(\alpha+\beta)^2-\alpha\beta$

$\qquad\qquad =(-2)^2-7=-3$

0383 답 ④

이차방정식의 근과 계수의 관계에 의하여

$\alpha+\beta=2$, $\alpha\beta=\dfrac{2}{3}$

$\therefore \dfrac{\alpha^2}{\beta}+\dfrac{\beta^2}{\alpha}=\dfrac{\alpha^3+\beta^3}{\alpha\beta}$

$\qquad\qquad =\dfrac{(\alpha+\beta)^3-3\alpha\beta(\alpha+\beta)}{\alpha\beta}$

$\qquad\qquad =\dfrac{2^3-3\times\dfrac{2}{3}\times2}{\dfrac{2}{3}}=\dfrac{4}{\dfrac{2}{3}}=6$

0384 답 15

β가 주어진 이차방정식의 근이므로

$\beta^2-3\beta-6=0$ $\quad\therefore \beta^2=3\beta+6$

이차방정식의 근과 계수의 관계에 의하여

$\alpha+\beta=3$

$\therefore 3\alpha+\beta^2=3\alpha+(3\beta+6)=3(\alpha+\beta)+6$

$\qquad\qquad =3\times3+6=15$

0385 답 ①

이차방정식의 근과 계수의 관계에 의하여

$\alpha+\beta=2$, $\alpha\beta=7$

$\therefore \dfrac{2}{\alpha}+\dfrac{2}{\beta}+\dfrac{\alpha^2-\alpha\beta+\beta^2}{\alpha\beta}$

$\qquad =\dfrac{2(\alpha+\beta)}{\alpha\beta}+\dfrac{(\alpha+\beta)^2-3\alpha\beta}{\alpha\beta}$

$\qquad =\dfrac{2\times2}{7}+\dfrac{2^2-3\times7}{7}=-\dfrac{13}{7}$

0386 답 $\sqrt{10}$

이차방정식의 근과 계수의 관계에 의하여
$\alpha+\beta=6,\ \alpha\beta=4$ $\qquad\cdots\cdots$ ⓘ
이때 $\alpha+\beta>0,\ \alpha\beta>0$에서 $\alpha>0,\ \beta>0$이므로
$$(\sqrt{\alpha}+\sqrt{\beta})^2=\alpha+2\sqrt{\alpha}\sqrt{\beta}+\beta$$
$$=\alpha+\beta+2\sqrt{\alpha\beta}$$
$$=6+2\times2=10 \qquad\cdots\cdots$ ⓘⓘ
$\sqrt{\alpha}+\sqrt{\beta}>0$이므로 $\sqrt{\alpha}+\sqrt{\beta}=\sqrt{10}$ $\qquad\cdots\cdots$ ⓘⓘⓘ

채점 기준

ⓘ $\alpha+\beta,\ \alpha\beta$의 값 구하기		30%
ⓘⓘ $(\sqrt{\alpha}+\sqrt{\beta})^2$의 값 구하기		50%
ⓘⓘⓘ $\sqrt{\alpha}+\sqrt{\beta}$의 값 구하기		20%

0387 답 ④

이차방정식의 근과 계수의 관계에 의하여
$\alpha+\beta=4,\ \alpha\beta=-1$
① $\alpha^2\beta+\alpha\beta^2=\alpha\beta(\alpha+\beta)=-1\times4=-4$
② $(\alpha+2)(\beta+2)=\alpha\beta+2(\alpha+\beta)+4$
$$=-1+2\times4+4=11$$
③ $(\alpha-\beta)^2=(\alpha+\beta)^2-4\alpha\beta$
$$=4^2-4\times(-1)=20$$
④ $\dfrac{2+\alpha}{2-\alpha}+\dfrac{2+\beta}{2-\beta}=\dfrac{(2+\alpha)(2-\beta)+(2+\beta)(2-\alpha)}{(2-\alpha)(2-\beta)}$
$$=\dfrac{2(4-\alpha\beta)}{4-2(\alpha+\beta)+\alpha\beta}$$
$$=\dfrac{2\times(4+1)}{4-2\times4-1}=-2$$
⑤ $\dfrac{\beta}{\alpha-3}+\dfrac{\alpha}{\beta-3}=\dfrac{\beta(\beta-3)+\alpha(\alpha-3)}{(\alpha-3)(\beta-3)}$
$$=\dfrac{\alpha^2+\beta^2-3(\alpha+\beta)}{\alpha\beta-3(\alpha+\beta)+9}$$
$$=\dfrac{(\alpha+\beta)^2-2\alpha\beta-3(\alpha+\beta)}{\alpha\beta-3(\alpha+\beta)+9}$$
$$=\dfrac{4^2-2\times(-1)-3\times4}{-1-3\times4+9}=-\dfrac{3}{2}$$

따라서 옳지 않은 것은 ④이다.

0388 답 7

$\alpha,\ \beta$가 주어진 이차방정식의 근이므로
$\alpha^2-3\alpha+4=0,\ \beta^2-3\beta+4=0$
$\therefore\ \alpha^2-\alpha+1=2\alpha-3,\ \beta^2-\beta+1=2\beta-3$
이차방정식의 근과 계수의 관계에 의하여
$\alpha+\beta=3,\ \alpha\beta=4$
$\therefore\ (\alpha^2-\alpha+1)(\beta^2-\beta+1)=(2\alpha-3)(2\beta-3)$
$$=4\alpha\beta-6(\alpha+\beta)+9$$
$$=4\times4-6\times3+9=7$$

0389 답 ⑤

$\alpha,\ \beta$가 주어진 이차방정식의 근이므로
$\alpha^2-2(3-p)\alpha+3=0,\ \beta^2-2(3-p)\beta+3=0$

$\therefore\ \alpha^2+2p\alpha+3=6\alpha,\ \beta^2+2p\beta+3=6\beta$
이차방정식의 근과 계수의 관계에 의하여 $\alpha\beta=3$
$\therefore\ (\alpha^2+2p\alpha+3)(\beta^2+2p\beta+3)$
$$=6\alpha\times6\beta=36\alpha\beta$$
$$=36\times3=108$$

0390 답 ③

$\alpha,\ \beta$가 주어진 이차방정식의 근이므로
$\alpha^2+2\alpha+3=0,\ \beta^2+2\beta+3=0$
$\therefore\ \alpha^2+3\alpha+3=\alpha,\ \beta^2+3\beta+3=\beta$
이차방정식의 근과 계수의 관계에 의하여
$\alpha+\beta=-2,\ \alpha\beta=3$
$\therefore\ \dfrac{1}{\alpha^2+3\alpha+3}+\dfrac{1}{\beta^2+3\beta+3}=\dfrac{1}{\alpha}+\dfrac{1}{\beta}=\dfrac{\alpha+\beta}{\alpha\beta}$
$$=-\dfrac{2}{3}$$

0391 답 ①

α가 주어진 이차방정식의 근이므로
$\alpha^2-5\alpha+3=0$ $\therefore\ \alpha^3-5\alpha^2=-3\alpha$
이차방정식의 근과 계수의 관계에 의하여
$\alpha+\beta=5,\ \alpha\beta=3$
$\therefore\ \alpha^3-5\alpha^2+2\alpha\beta-3\beta=-3\alpha+2\alpha\beta-3\beta$
$$=-3(\alpha+\beta)+2\alpha\beta$$
$$=-3\times5+2\times3=-9$$

0392 답 ⑤

$\alpha,\ \beta$가 주어진 이차방정식의 근이므로
$3\alpha^2-\alpha-9=0,\ 3\beta^2-\beta-9=0$
$\therefore\ 3\alpha^2=\alpha+9,\ 3\beta^2=\beta+9$
이차방정식의 근과 계수의 관계에 의하여
$\alpha+\beta=\dfrac{1}{3},\ \alpha\beta=-3$
$\therefore\ (6\alpha^2+\alpha)(3\beta^2+2\beta+9)=\{2(\alpha+9)+\alpha\}\{(\beta+9)+2\beta+9\}$
$$=(3\alpha+18)(3\beta+18)$$
$$=9(\alpha+6)(\beta+6)$$
$$=9\{\alpha\beta+6(\alpha+\beta)+36\}$$
$$=9\times\left(-3+6\times\dfrac{1}{3}+36\right)$$
$$=315$$

0393 답 ③

$P(x)=x^2-2x=x(x-2)$이므로
$\beta P(\alpha)+\alpha P(\beta)=\beta\times\alpha(\alpha-2)+\alpha\times\beta(\beta-2)$
$$=\alpha\beta(\alpha+\beta-4)$$
이차방정식의 근과 계수의 관계에 의하여
$\alpha+\beta=4,\ \alpha\beta=2$
$\therefore\ \beta P(\alpha)+\alpha P(\beta)=\alpha\beta(\alpha+\beta-4)$
$$=2\times(4-4)=0$$

0394 답 (1) 8 (2) 20 (3) 152

이차방정식의 근과 계수의 관계에 의하여
$\alpha+\beta=2,\ \alpha\beta=-2$
(1) $\alpha^2+\beta^2=(\alpha+\beta)^2-2\alpha\beta$
$$=2^2-2\times(-2)=8 \qquad \cdots\cdots\ \textbf{ⅰ}$$
(2) $\alpha^3+\beta^3=(\alpha+\beta)^3-3\alpha\beta(\alpha+\beta)$
$$=2^3-3\times(-2)\times2=20 \qquad \cdots\cdots\ \textbf{ⅱ}$$
(3) $(\alpha^2+\beta^2)(\alpha^3+\beta^3)=\alpha^5+\beta^5+\alpha^2\beta^3+\alpha^3\beta^2$
$$=\alpha^5+\beta^5+\alpha^2\beta^2(\alpha+\beta)$$
이므로
$\alpha^5+\beta^5=(\alpha^2+\beta^2)(\alpha^3+\beta^3)-\alpha^2\beta^2(\alpha+\beta)$
$$=8\times20-(-2)^2\times2=152 \qquad \cdots\cdots\ \textbf{ⅲ}$$

채점 기준

ⅰ $\alpha^2+\beta^2$의 값 구하기		20%
ⅱ $\alpha^3+\beta^3$의 값 구하기		30%
ⅲ $\alpha^5+\beta^5$의 값 구하기		50%

0395 답 ⑤

$\alpha,\ \beta$가 주어진 이차방정식의 근이므로
$\alpha^2-\sqrt{3}\,\alpha+1=0,\ \beta^2-\sqrt{3}\,\beta+1=0$
$\alpha^2+1=\sqrt{3}\,\alpha$의 양변을 제곱하면
$\alpha^4+2\alpha^2+1=3\alpha^2 \qquad \therefore\ \alpha^4-\alpha^2+1=0$
같은 방법으로 하면
$\beta^4-\beta^2+1=0$
이차방정식의 근과 계수의 관계에 의하여 $\alpha\beta=1$
$\therefore\ (\alpha^6+\alpha^4-\alpha^2+1)(\beta^6+\beta^4-\beta^2+1)=\alpha^6\beta^6=(\alpha\beta)^6$
$$=1$$

0396 답 4

이차방정식의 근과 계수의 관계에 의하여
$\alpha_n+\beta_n=n^2-3n-4,\ \alpha_n\beta_n=n+1$이고
n이 자연수이므로
$$\dfrac{1}{\alpha_n}+\dfrac{1}{\beta_n}=\dfrac{\alpha_n+\beta_n}{\alpha_n\beta_n}=\dfrac{n^2-3n-4}{n+1}$$
$$=\dfrac{(n+1)(n-4)}{n+1}=n-4$$
$\therefore\ \left(\dfrac{1}{\alpha_1}+\dfrac{1}{\alpha_2}+\cdots+\dfrac{1}{\alpha_8}\right)+\left(\dfrac{1}{\beta_1}+\dfrac{1}{\beta_2}+\cdots+\dfrac{1}{\beta_8}\right)$
$$=\left(\dfrac{1}{\alpha_1}+\dfrac{1}{\beta_1}\right)+\left(\dfrac{1}{\alpha_2}+\dfrac{1}{\beta_2}\right)+\cdots+\left(\dfrac{1}{\alpha_8}+\dfrac{1}{\beta_8}\right)$$
$$=(1-4)+(2-4)+\cdots+(8-4)$$
$$=(-3)+(-2)+(-1)+0+1+2+3+4$$
$$=4$$

0397 답 3

$\alpha,\ \beta$가 주어진 이차방정식의 근이므로
$\alpha^2+3\alpha+1=0,\ \beta^2+3\beta+1=0$
$(\alpha^2+3\alpha+1)^2=\alpha^4+9\alpha^2+1+2(3\alpha^3+3\alpha+\alpha^2)$
$$=\alpha^4+6\alpha^3+11\alpha^2+6\alpha+1$$

따라서 $\alpha^4+6\alpha^3+11\alpha^2+6\alpha+1=0$이므로
$\alpha^4+6\alpha^3+9\alpha^2-3\alpha-2$
$$=(\alpha^4+6\alpha^3+11\alpha^2+6\alpha+1)-2\alpha^2-9\alpha-3$$
$$=-2\alpha^2-9\alpha-3\,(\because\ \alpha^4+6\alpha^3+11\alpha^2+6\alpha+1=0)$$
$$=-2(\alpha^2+3\alpha+1)-3\alpha-1$$
$$=-3\alpha-1\,(\because\ \alpha^2+3\alpha+1=0)$$
$$=\alpha^2\,(\because\ \alpha^2+3\alpha+1=0)$$
같은 방법으로 하면
$\beta^4+6\beta^3+9\beta^2-3\beta-2=\beta^2$
이차방정식의 근과 계수의 관계에 의하여
$\alpha+\beta=-3,\ \alpha\beta=1$
이때 두 근의 곱이 양수, 합이 음수이므로 두 근은 모두 음수이다.
$\therefore\ \sqrt{\alpha^4+6\alpha^3+9\alpha^2-3\alpha-2}+\sqrt{\beta^4+6\beta^3+9\beta^2-3\beta-2}$
$$=\sqrt{\alpha^2}+\sqrt{\beta^2}=|\alpha|+|\beta|$$
$$=-\alpha-\beta=-(\alpha+\beta)=3$$

다른 풀이

$\alpha,\ \beta$가 주어진 이차방정식의 근이므로
$\alpha^2+3\alpha+1=0,\ \beta^2+3\beta+1=0$
$\alpha^4+6\alpha^3+9\alpha^2-3\alpha-2$를 $\alpha^2+3\alpha+1$로 나누면

$$
\begin{array}{r}
\alpha^2+3\alpha-1 \\
\alpha^2+3\alpha+1\,\overline{)\,\alpha^4+6\alpha^3+9\alpha^2-3\alpha-2} \\
\underline{\alpha^4+3\alpha^3+\ \alpha^2}\ \ \ \ \ \ \ \ \ \ \ \ \ \ \ \ \\
3\alpha^3+8\alpha^2-3\alpha \ \ \ \ \ \ \ \ \\
\underline{3\alpha^3+9\alpha^2+3\alpha}\ \ \ \ \ \ \ \ \\
-\ \alpha^2-6\alpha-2 \\
\underline{-\ \alpha^2-3\alpha-1} \\
-3\alpha-1
\end{array}
$$

$\alpha^4+6\alpha^3+9\alpha^2-3\alpha-2=(\alpha^2+3\alpha+1)(\alpha^2+3\alpha-1)-3\alpha-1$
이므로
$\alpha^4+6\alpha^3+9\alpha^2-3\alpha-2=-3\alpha-1=\alpha^2$
같은 방법으로 하면
$\beta^4+6\beta^3+9\beta^2-3\beta-2=-3\beta-1=\beta^2$

0398 답 ③

$x^2-ax+b=0$에서 이차방정식의 근과 계수의 관계에 의하여
$-1+2=a,\ -1\times2=b \qquad \therefore\ a=1,\ b=-2$
따라서 이차방정식 $2ax^2+(a+b)x+b=0$, 즉 $2x^2-x-2=0$의
두 근의 합은
$$-\dfrac{-1}{2}=\dfrac{1}{2}$$

0399 답 ②

이차방정식의 근과 계수의 관계에 의하여
$\alpha+\beta=a,\ \alpha\beta=-4$
$\dfrac{\alpha}{\beta}+\dfrac{\beta}{\alpha}=-6$이므로
$\dfrac{\alpha^2+\beta^2}{\alpha\beta}=\dfrac{(\alpha+\beta)^2-2\alpha\beta}{\alpha\beta}=\dfrac{a^2-2\times(-4)}{-4}=-6$
$a^2+8=24$이므로
$a^2=16 \qquad \therefore\ a=4\,(\because\ a>0)$

0400 답 ③

이차방정식의 근과 계수의 관계에 의하여

$\alpha+\beta=m,\ \alpha\beta=-m-1$

$\therefore\ \alpha^2+\beta^2=(\alpha+\beta)^2-2\alpha\beta$

$\qquad\qquad=m^2-2(-m-1)$

$\qquad\qquad=m^2+2m+2$

$\alpha^2+\beta^2=7$이므로

$m^2+2m+2=7$

$\therefore\ m^2+2m-5=0$

따라서 모든 상수 m의 값의 합은 이차방정식의 근과 계수의 관계에 의하여 -2이다.

참고 이차방정식 $m^2+2m-5=0$의 근이 $m=-1\pm\sqrt{6}$이므로 모든 상수 m의 값의 합은 $(-1+\sqrt{6})+(-1-\sqrt{6})=-2$임을 알 수 있다.

0401 답 ③

$x^2+ax-6=0$에서 이차방정식의 근과 계수의 관계에 의하여

$\alpha+\beta=-a,\ \alpha\beta=-6$ $\qquad$ ……㉠

$x^2+bx+18=0$에서 이차방정식의 근과 계수의 관계에 의하여

$(\alpha+\beta)+\alpha\beta=-b,\ (\alpha+\beta)\times\alpha\beta=18$ $\quad$ ……㉡

㉠을 ㉡에 대입하면

$-a-6=-b,\ (-a)\times(-6)=18$

따라서 $a=3,\ b=9$이므로

$a+b=12$

0402 답 ②

$x^2-ax+b=0$에서 이차방정식의 근과 계수의 관계에 의하여

$\alpha+\beta=a,\ \alpha\beta=b$ $\qquad$ ……㉠

$2x^2+ax+a+b=0$에서 이차방정식의 근과 계수의 관계에 의하여

$\dfrac{1}{\alpha}+\dfrac{1}{\beta}=-\dfrac{a}{2},\ \dfrac{1}{\alpha}\times\dfrac{1}{\beta}=\dfrac{a+b}{2}$

$\therefore\ \dfrac{\alpha+\beta}{\alpha\beta}=-\dfrac{a}{2},\ \dfrac{1}{\alpha\beta}=\dfrac{a+b}{2}$ $\quad$ ……㉡

㉠을 ㉡에 대입하면

$\dfrac{a}{b}=-\dfrac{a}{2},\ \dfrac{1}{b}=\dfrac{a+b}{2}$

이때 $a\neq0$이므로

$a=1,\ b=-2$

$\therefore\ ab=-2$

0403 답 ⑤

주어진 이차방정식의 두 근을 $\alpha,\ 2\alpha\,(\alpha\neq0)$라 하면

이차방정식의 근과 계수의 관계에 의하여

$\alpha+2\alpha=6k$ $\quad\therefore\ \alpha=2k$ $\qquad$ ……㉠

$\alpha\times2\alpha=7k+1$ $\quad\therefore\ 2\alpha^2-7k-1=0$ $\quad$ ……㉡

㉠을 ㉡에 대입하면

$8k^2-7k-1=0$

$(8k+1)(k-1)=0$

$\therefore\ k=-\dfrac{1}{8}$ 또는 $k=1$

그런데 $k<0$이므로 $k=-\dfrac{1}{8}$

0404 답 ⑤

이차방정식 $x^2-10x+a=0$의 두 근을 $2\alpha,\ 3\alpha\,(\alpha\neq0)$라 하면

이차방정식의 근과 계수의 관계에 의하여

$2\alpha+3\alpha=10$ $\qquad\therefore\ \alpha=2$

따라서 두 근은 $4,\ 6$이므로 이차방정식의 근과 계수의 관계에 의하여

$a=4\times6=24$이고, 이차방정식 $x^2+ax+2a+3=0$, 즉

$x^2+24x+51=0$의 두 근의 곱은 51이다.

0405 답 6

이차방정식의 근과 계수의 관계에 의하여

$\alpha+\beta=3,\ \alpha\beta=k$ $\qquad$ ……㉠

또 $\alpha,\ \beta$가 이차방정식 $x^2-3x+k=0$의 근이므로

$\alpha^2-3\alpha+k=0,\ \beta^2-3\beta+k=0$

$\therefore\ \alpha^2-\alpha+k=2\alpha,\ \beta^2-\beta+k=2\beta$

이를 주어진 등식에 대입하면

$\dfrac{1}{2\alpha}+\dfrac{1}{2\beta}=\dfrac{1}{4},\ \dfrac{\alpha+\beta}{2\alpha\beta}=\dfrac{1}{4}$

㉠을 이 식에 대입하면

$\dfrac{3}{2k}=\dfrac{1}{4},\ 2k=12$ $\qquad\therefore\ k=6$

0406 답 3

주어진 이차방정식의 두 근을 $\alpha,\ -\alpha\,(\alpha\neq0)$라 하면

이차방정식의 근과 계수의 관계에 의하여

$\alpha+(-\alpha)=-(m^2-2m-3)$ $\qquad$ ……㉠ $\qquad$ ……❶

$\alpha\times(-\alpha)=-4m+2$ $\qquad$ ……㉡

㉠에서 $m^2-2m-3=0,\ (m+1)(m-3)=0$

$\therefore\ m=-1$ 또는 $m=3$ $\qquad$ ……❷

이때 두 근의 부호가 서로 다르면 ㉡에서 $-4m+2<0$이므로

$m>\dfrac{1}{2}$

$\therefore\ m=3$ $\qquad$ ……❸

채점 기준		
❶ 두 근의 합과 곱을 m에 대한 식으로 나타내기		30%
❷ 두 근의 합에 대한 식을 이용하여 m의 값 구하기		30%
❸ 두 근의 곱에 대한 식을 이용하여 m의 값 구하기		40%

0407 답 ③

주어진 이차방정식의 두 근을 $3\alpha,\ 5\alpha\,(\alpha\neq0)$라 하면

이차방정식의 근과 계수의 관계에 의하여

$3\alpha+5\alpha=8k$ $\quad\therefore\ \alpha=k$ $\qquad$ ……㉠

$3\alpha\times5\alpha=-k+2$ $\quad\therefore\ 15\alpha^2+k-2=0$ $\quad$ ……㉡

㉠을 ㉡에 대입하면

$15k^2+k-2=0$

$(5k+2)(3k-1)=0$

$\therefore\ k=-\dfrac{2}{5}$ 또는 $k=\dfrac{1}{3}$

따라서 모든 실수 k의 값의 곱은

$-\dfrac{2}{5}\times\dfrac{1}{3}=-\dfrac{2}{15}$

0408 답 -3

두 근이 연속하는 정수이므로 두 근을 α, $\alpha+1$ (α는 정수)로 놓을
수 있다. …… ⓘ
이차방정식의 근과 계수의 관계에 의하여
$\alpha+(\alpha+1)=2k+1$ $\therefore \alpha=k$ …… ㉠
$\alpha(\alpha+1)=k^2+2k+3$ …… ㉡   …… ⓘⓘ
㉠을 ㉡에 대입하면
$k(k+1)=k^2+2k+3,\ k^2+k=k^2+2k+3$
$\therefore k=-3$ …… ⓘⓘⓘ

채점 기준	
ⓘ 두 근을 α, $\alpha+1$로 놓기	30%
ⓘⓘ 이차방정식의 근과 계수의 관계를 이용하여 식 세우기	30%
ⓘⓘⓘ k의 값 구하기	40%

0409 답 ①

이차방정식 $x^2-(2k+5)x-k-5=0$의 두 근을 α, $\alpha+3$이라 하
면 이차방정식의 근과 계수의 관계에 의하여
$\alpha+(\alpha+3)=2k+5$ $\therefore \alpha=k+1$ …… ㉠
$\alpha(\alpha+3)=-k-5$ …… ㉡
㉠을 ㉡에 대입하면 $(k+1)(k+4)=-k-5$
$k^2+6k+9=0,\ (k+3)^2=0$
$\therefore k=-3$
따라서 이차방정식 $x^2+(k+1)x+2k=0$, 즉 $x^2-2x-6=0$의
두 근의 곱은 이차방정식의 근과 계수의 관계에 의하여 -6이다.

0410 답 99

주어진 이차방정식의 두 근을 α, $\alpha+2$ (α는 양의 홀수)라 하면
이차방정식의 근과 계수의 관계에 의하여
$\alpha+(\alpha+2)=-4(k-2)$ $\therefore \alpha=3-2k$ …… ㉠
$\alpha(\alpha+2)=k^2-16k+42$ …… ㉡
㉠을 ㉡에 대입하면
$(3-2k)(5-2k)=k^2-16k+42$
$3k^2-27=0,\ k^2-9=0$
$(k+3)(k-3)=0$ $\therefore k=-3$ 또는 $k=3$
이때 $\alpha>0$이므로 ㉠에서 $k=-3$, $\alpha=9$
따라서 두 근의 곱은
$\alpha(\alpha+2)=9\times11=99$

0411 답 ③

이차방정식의 근과 계수의 관계에 의하여 주어진 이차방정식의 두
근의 곱은 48이고, 두 근의 곱이 양수이므로 두 근은 모두 음수이거
나 모두 양수이다.
두 근을 3α, α라 하면 이차방정식의 근과 계수의 관계에 의하여
$3\alpha+\alpha=5-p$ …… ㉠
$3\alpha\times\alpha=48$ …… ㉡
㉡에서 $\alpha^2=16$ $\therefore \alpha=-4$ 또는 $\alpha=4$

(ⅰ) 두 근이 모두 음수일 때,
$\alpha=-4$를 ㉠에 대입하면
$-12-4=5-p$ $\therefore p=21$
(ⅱ) 두 근이 모두 양수일 때,
$\alpha=4$를 ㉠에 대입하면
$12+4=5-p$ $\therefore p=-11$
(ⅰ), (ⅱ)에서 양수 p의 값은 21이다.

0412 답 8

이차방정식의 근과 계수의 관계에 의하여
$\alpha+\beta=\dfrac{5}{3}$, $\alpha\beta=\dfrac{k}{3}$

$\therefore (3\alpha-k)(\alpha-1)+(3\beta-k)(\beta-1)$
$=3\alpha^2-(k+3)\alpha+k+3\beta^2-(k+3)\beta+k$
$=3(\alpha^2+\beta^2)-(k+3)(\alpha+\beta)+2k$
$=3\{(\alpha+\beta)^2-2\alpha\beta\}-(k+3)(\alpha+\beta)+2k$
$=3\left\{\left(\dfrac{5}{3}\right)^2-2\times\dfrac{k}{3}\right\}-(k+3)\times\dfrac{5}{3}+2k$
$=-\dfrac{5}{3}k+\dfrac{10}{3}$

이때 $(3\alpha-k)(\alpha-1)+(3\beta-k)(\beta-1)=-10$이므로
$-\dfrac{5}{3}k+\dfrac{10}{3}=-10$
$-5k+10=-30$
$5k=40$ $\therefore k=8$

0413 답 4

$x^2-ax-3a=0$에서 이차방정식의 근과 계수의 관계에 의하여
$\alpha+\beta=a$ …… ㉠
$\alpha\beta=-3a$ …… ㉡
$x^2-2ax+3a=0$에서 이차방정식의 근과 계수의 관계에 의하여
$|\alpha|+|\beta|=2a$, $|\alpha||\beta|=3a$
$\alpha>\beta$라 하면 두 근의 부호가 서로 다르므로 $\alpha>0$, $\beta<0$
$|\alpha|+|\beta|=\alpha-\beta$, 즉 $\alpha-\beta=2a$ …… ㉢
㉠, ㉢을 연립하여 풀면 $\alpha=\dfrac{3}{2}a$, $\beta=-\dfrac{1}{2}a$
이를 ㉡에 대입하면 $\dfrac{3}{2}a\times\left(-\dfrac{1}{2}a\right)=-3a$
$\dfrac{3}{4}a^2-3a=0,\ \dfrac{3}{4}a(a-4)=0$
$\therefore a=0$ 또는 $a=4$
이때 $a=0$이면 $\alpha=\beta=0$이므로 $a=4$

0414 답 ①

$\alpha^2-4\alpha+5=3\beta^2$ …… ㉠
$\beta^2-4\beta+5=3\alpha^2$ …… ㉡
㉠$-$㉡을 하면 $\alpha^2-\beta^2-4(\alpha-\beta)=3(\beta^2-\alpha^2)$
$4(\alpha^2-\beta^2)-4(\alpha-\beta)=0,\ 4(\alpha-\beta)(\alpha+\beta-1)=0$
$\therefore \alpha+\beta-1=0\ (\because \alpha\neq\beta)$ …… ㉢
$2x^2+mx+n=0$에서 이차방정식의 근과 계수의 관계에 의하여
$\alpha+\beta=-\dfrac{m}{2}$, $\alpha\beta=\dfrac{n}{2}$

ⓒ에서 $\alpha+\beta=1$이므로 $-\dfrac{m}{2}=1$

$\therefore m=-2$

$\beta=1-\alpha$를 ㉠에 대입하면

$\alpha^2-4\alpha+5=3(1-\alpha)^2$

$\alpha^2-\alpha-1=0$ $\therefore \alpha=\dfrac{1\pm\sqrt{5}}{2}$

이때 $\beta=1-\alpha=\dfrac{1\mp\sqrt{5}}{2}$이므로 $\alpha\beta=\dfrac{n}{2}$에서

$n=2\alpha\beta=2\times\dfrac{1+\sqrt{5}}{2}\times\dfrac{1-\sqrt{5}}{2}=-2$

$\therefore m+n=-2+(-2)=-4$

0415 답 ①

$x^2-ax-1=0$에서 이차방정식의 근과 계수의 관계에 의하여

$\alpha+\beta=a$ $\cdots\cdots$ ㉠

$\alpha\beta=-1$ $\cdots\cdots$ ㉡

$x^2-(a+2)x+b=0$에서 이차방정식의 근과 계수의 관계에 의하여

$\alpha+\gamma=a+2$ $\cdots\cdots$ ㉢

$\alpha\gamma=b$ $\cdots\cdots$ ㉣

㉠$-$㉢을 하면

$\beta-\gamma=-2$ $\therefore \gamma=\beta+2$

$\gamma=\beta+2$를 $\alpha=2\beta+2\gamma$에 대입하면

$\alpha=2\beta+2(\beta+2)$, $\alpha=4\beta+4$

$\alpha=4\beta+4$를 ㉡에 대입하면 $(4\beta+4)\beta=-1$

$4\beta^2+4\beta+1=0$, $(2\beta+1)^2=0$

$\therefore \beta=-\dfrac{1}{2}$

이때 $\alpha=4\beta+4=4\times\left(-\dfrac{1}{2}\right)+4=2$,

$\gamma=\beta+2=-\dfrac{1}{2}+2=\dfrac{3}{2}$이므로

㉠에서 $a=\alpha+\beta=2+\left(-\dfrac{1}{2}\right)=\dfrac{3}{2}$

㉣에서 $b=\alpha\gamma=2\times\dfrac{3}{2}=3$

$\therefore 2a+b=2\times\dfrac{3}{2}+3=6$

0416 답 120

이차방정식의 근과 계수의 관계에 의하여

$\alpha+\beta=-2a$, $\alpha\beta=-b$

$\therefore |\alpha-\beta|=\sqrt{(\alpha-\beta)^2}=\sqrt{(\alpha+\beta)^2-4\alpha\beta}$

$=\sqrt{(-2a)^2-4\times(-b)}$

$=\sqrt{4a^2+4b}=2\sqrt{a^2+b}$

이때 $|\alpha-\beta|<12$이므로 $2\sqrt{a^2+b}<12$

$\sqrt{a^2+b}<6$

$\therefore a^2+b<36$ ($\because a$, b는 자연수)

(i) $a=1$일 때, $b<35$이므로 순서쌍 (a, b)는

$(1, 1)$, $(1, 2)$, $\cdots$, $(1, 34)$의 34개이다.

(ii) $a=2$일 때, $b<32$이므로 순서쌍 (a, b)는

$(2, 1)$, $(2, 2)$, $\cdots$, $(2, 31)$의 31개이다.

(iii) $a=3$일 때, $b<27$이므로 순서쌍 (a, b)는

$(3, 1)$, $(3, 2)$, $\cdots$, $(3, 26)$의 26개이다.

(iv) $a=4$일 때, $b<20$이므로 순서쌍 (a, b)는

$(4, 1)$, $(4, 2)$, $\cdots$, $(4, 19)$의 19개이다.

(v) $a=5$일 때, $b<11$이므로 순서쌍 (a, b)는

$(5, 1)$, $(5, 2)$, $\cdots$, $(5, 10)$의 10개이다.

(vi) $a\geq6$일 때, 자연수 b는 존재하지 않는다.

(i)$\sim$(vi)에서 모든 순서쌍 (a, b)의 개수는

$34+31+26+19+10=120$

0417 답 ④

구하는 이차방정식은

$2\{x^2-(-3+1)x+(-3)\times1\}=0$

$\therefore 2x^2+4x-6=0$

0418 답 ③

이차방정식의 근과 계수의 관계에 의하여

$\alpha+\beta=4$, $\alpha\beta=-1$

따라서 4, -1을 두 근으로 하고 x^2의 계수가 1인 이차방정식은

$x^2-(4-1)x+4\times(-1)=0$, 즉 $x^2-3x-4=0$

0419 답 $x^2+6x+1=0$

이차방정식의 근과 계수의 관계에 의하여

$(\alpha+2)+(\beta+2)=-2$ $\cdots\cdots$ ㉠

$(\alpha+2)(\beta+2)=-7$ $\cdots\cdots$ ㉡

㉠에서 $\alpha+\beta=-6$ $\cdots\cdots$ ❶

㉡에서 $\alpha\beta+2(\alpha+\beta)+11=0$이므로

$\alpha\beta+2\times(-6)+11=0$ $\therefore \alpha\beta=1$ $\cdots\cdots$ ❷

따라서 구하는 이차방정식은

$x^2+6x+1=0$ $\cdots\cdots$ ❸

채점 기준	
❶ $\alpha+\beta$의 값 구하기	30%
❷ $\alpha\beta$의 값 구하기	30%
❸ 이차방정식 구하기	40%

0420 답 ②

$x^2-12x+3=0$에서 이차방정식의 근과 계수의 관계에 의하여

$\alpha+\beta=12$, $\alpha\beta=3$

이때 $\dfrac{1}{\alpha}+\dfrac{1}{\beta}=\dfrac{\alpha+\beta}{\alpha\beta}=\dfrac{12}{3}=4$, $\dfrac{1}{\alpha}\times\dfrac{1}{\beta}=\dfrac{1}{\alpha\beta}=\dfrac{1}{3}$이므로

$\dfrac{1}{\alpha}$, $\dfrac{1}{\beta}$을 두 근으로 하고 x^2의 계수가 3인 이차방정식은

$3\left(x^2-4x+\dfrac{1}{3}\right)=0$ $\therefore 3x^2-12x+1=0$

따라서 $a=-12$, $b=1$이므로

$a+b=-11$

0421 답 ③

α, β가 주어진 이차방정식의 근이므로
$\alpha^2+3\alpha+1=0$, $\beta^2+3\beta+1=0$
$$\frac{\beta}{\alpha^2+5\alpha+2}=\frac{\beta}{(\alpha^2+3\alpha+1)+2\alpha+1}=\frac{\beta}{2\alpha+1}$$
$$\frac{\alpha}{\beta^2+5\beta+2}=\frac{\alpha}{(\beta^2+3\beta+1)+2\beta+1}=\frac{\alpha}{2\beta+1}$$
이차방정식의 근과 계수의 관계에 의하여
$\alpha+\beta=-3$, $\alpha\beta=1$이므로
$\alpha^2+\beta^2=(\alpha+\beta)^2-2\alpha\beta=(-3)^2-2\times1=7$
$$\frac{\beta}{2\alpha+1}+\frac{\alpha}{2\beta+1}=\frac{\beta(2\beta+1)+\alpha(2\alpha+1)}{(2\alpha+1)(2\beta+1)}$$
$$=\frac{2(\alpha^2+\beta^2)+(\alpha+\beta)}{4\alpha\beta+2(\alpha+\beta)+1}$$
$$=\frac{2\times7+(-3)}{4\times1+2\times(-3)+1}=-11$$
$$\frac{\beta}{2\alpha+1}\times\frac{\alpha}{2\beta+1}=\frac{\alpha\beta}{(2\alpha+1)(2\beta+1)}=\frac{\alpha\beta}{4\alpha\beta+2(\alpha+\beta)+1}$$
$$=\frac{1}{4\times1+2\times(-3)+1}=-1$$
따라서 구하는 이차방정식은 $x^2+11x-1=0$

0422 답 ⑤

$x^2+ax+b=0$에서 이차방정식의 근과 계수의 관계에 의하여
$2+\alpha=-a$, $2\alpha=b$
$\alpha=-a-2$를 $2\alpha=b$에 대입하면 $2(-a-2)=b$
$\therefore 2a+b=-4$ ······ ㉠
$x^2-(b-1)x-2(a+b)=0$에서 이차방정식의 근과 계수의 관계에 의하여
$-2+\beta=b-1$, $-2\beta=-2(a+b)$
$\beta=b+1$을 $-2\beta=-2(a+b)$에 대입하면
$-2(b+1)=-2(a+b)$, $b+1=a+b$ $\therefore a=1$
$a=1$을 ㉠에 대입하면 $2+b=-4$ $\therefore b=-6$
$\therefore \alpha=-a-2=-1-2=-3$, $\beta=b+1=-6+1=-5$
따라서 α, β를 두 근으로 하고 x^2의 계수가 1인 이차방정식은
$x^2-(-3-5)x+(-3)\times(-5)=0$
$\therefore x^2+8x+15=0$

0423 답 ⑤

이차방정식 $x^2-6x+10=0$의 근이 $x=3\pm i$이므로
$$x^2-6x+10=\{x-(3+i)\}\{x-(3-i)\}$$
$$=(x-3-i)(x-3+i)$$

0424 답 ②

현수는 x^2의 계수와 b는 바르게 보고 풀었으므로 두 근의 곱은
$-2\times\dfrac{1}{3}=\dfrac{b}{3}$ $\therefore b=-2$
수현이는 x^2의 계수와 a는 바르게 보고 풀었으므로 두 근의 합은
$2+\left(-\dfrac{5}{2}\right)=-\dfrac{a}{3}$ $\therefore a=\dfrac{3}{2}$
$\therefore a+b=\dfrac{3}{2}+(-2)=-\dfrac{1}{2}$

0425 답 ②

이차방정식 $5x^2-4x+4=0$의 근이 $x=\dfrac{2\pm4i}{5}$이므로
$$5x^2-4x+4=5\left(x-\frac{2+4i}{5}\right)\left(x-\frac{2-4i}{5}\right)$$
$$=\frac{1}{5}(5x-2-4i)(5x-2+4i)$$
따라서 $ac=(-2)\times(-2)=4$, $bd=(-4)\times4=-16$이므로
$ac+bd=4+(-16)=-12$

0426 답 ②

$f(x)=0$의 두 근이 α, β이므로 $f(\alpha)=0$, $f(\beta)=0$
$f(3x-5)=0$이려면 $3x-5=\alpha$ 또는 $3x-5=\beta$
$\therefore x=\dfrac{\alpha+5}{3}$ 또는 $x=\dfrac{\beta+5}{3}$
따라서 이차방정식 $f(3x-5)=0$의 두 근의 합은
$$\frac{\alpha+5}{3}+\frac{\beta+5}{3}=\frac{\alpha+\beta+10}{3}=\frac{2+10}{3}=4$$

0427 답 ③

지은이는 a와 b는 바르게 보고 풀었으므로 두 근의 합은
$-1+5=-\dfrac{b}{a}$
$\therefore b=-4a$ ······ ㉠
승건이는 a와 c는 바르게 보고 풀었으므로 두 근의 곱은
$(1+\sqrt{5}i)(1-\sqrt{5}i)=\dfrac{c}{a}$
$\therefore c=6a$ ······ ㉡
㉠, ㉡을 $ax^2+bx+c=0$에 대입하면
$ax^2-4ax+6a=0$
$a\neq0$이므로 양변을 a로 나누면 원래의 이차방정식은
$x^2-4x+6=0$
$\therefore x=2\pm\sqrt{2}i$
따라서 $p=2$, $q=\sqrt{2}$이므로 $pq=2\sqrt{2}$

0428 답 ⑤

$f(x)=0$의 두 근을 α, β라 하면 $\alpha+\beta=-3$, $\alpha\beta=6$
$f(\alpha)=0$, $f(\beta)=0$이므로 $f(2x+1)=0$이려면
$2x+1=\alpha$ 또는 $2x+1=\beta$
$\therefore x=\dfrac{\alpha-1}{2}$ 또는 $x=\dfrac{\beta-1}{2}$
따라서 이차방정식 $f(2x+1)=0$의 두 근의 곱은
$$\frac{\alpha-1}{2}\times\frac{\beta-1}{2}=\frac{\alpha\beta-(\alpha+\beta)+1}{4}$$
$$=\frac{6-(-3)+1}{4}=\frac{5}{2}$$

0429 답 ③

$f(\alpha)-2=0$, $f(\beta)-2=0$이므로 α, β는 이차방정식
$f(x)-2=0$의 두 근이다.
$x^2+2x-4=0$의 두 근이 α, β이고 $f(x)$의 x^2의 계수가 1이므로
$f(x)-2=x^2+2x-4$
따라서 $f(x)=x^2+2x-2$이므로
$f(2)=4+4-2=6$

0430 답 ③

$f(\alpha)=\alpha$, $f(\beta)=\beta$이므로 α, β는 이차방정식 $f(x)-x=0$의 두 근이다.

$x^2-x+2=0$의 두 근이 α, β이므로 상수 $k(k\neq0)$에 대하여

$f(x)-x=k(x-\alpha)(x-\beta)$로 놓으면

$f(x)-x=k(x^2-x+2)$

이때 $f(0)=4$이므로

$f(0)=2k=4$ $\therefore k=2$

따라서 $f(x)=2(x^2-x+2)+x=2x^2-x+4$이므로

$f(1)=2-1+4=5$

0431 답 ①

$f(2x+1)=0$의 두 근이 α, β이므로

$f(2\alpha+1)=0$, $f(2\beta+1)=0$

$f(x-2)=0$이려면

$x-2=2\alpha+1$ 또는 $x-2=2\beta+1$

$\therefore x=2\alpha+3$ 또는 $x=2\beta+3$

따라서 이차방정식 $f(x-2)=0$의 두 근의 곱은

$(2\alpha+3)(2\beta+3)=4\alpha\beta+6(\alpha+\beta)+9$
$\qquad\qquad\qquad\quad=4\times(-4)+6\times3+9=11$

0432 답 ①

이차방정식 $ax^2+bx+c=0$에서 근의 공식을 $x=\dfrac{b\pm\sqrt{b^2-ac}}{2a}$로 잘못 알고 풀어서 얻은 두 근이 -1, 2이므로

$\dfrac{b+\sqrt{b^2-ac}}{2a}+\dfrac{b-\sqrt{b^2-ac}}{2a}=-1+2$

$\dfrac{b}{a}=1$ $\therefore b=a$ ……㉠

$\dfrac{b+\sqrt{b^2-ac}}{2a}\times\dfrac{b-\sqrt{b^2-ac}}{2a}=-1\times2$

$\dfrac{b^2-(b^2-ac)}{4a^2}=-2$, $\dfrac{c}{4a}=-2$

$\therefore c=-8a$ ……㉡

㉠, ㉡을 $ax^2+bx+c=0$에 대입하면

$ax^2+ax-8a=0$

이차방정식의 근과 계수의 관계에 의하여

$\alpha+\beta=-\dfrac{a}{a}=-1$, $\alpha\beta=\dfrac{-8a}{a}=-8$

$\therefore \alpha^3+\beta^3=(\alpha+\beta)^3-3\alpha\beta(\alpha+\beta)$
$\qquad\qquad=(-1)^3-3\times(-8)\times(-1)$
$\qquad\qquad=-25$

0433 답 $2\sqrt{2}$

$x^2+x-1=0$에서 이차방정식의 근과 계수의 관계에 의하여

$\alpha+\beta=-1$, $\alpha\beta=-1$

$\alpha\beta=-1$에서 $\alpha=-\dfrac{1}{\beta}$, $\beta=-\dfrac{1}{\alpha}$

(가), (나)에서 $f(\alpha)=\dfrac{1}{\beta}=-\alpha$, $f(\beta)=\dfrac{1}{\alpha}=-\beta$

즉, $f(\alpha)+\alpha=0$, $f(\beta)+\beta=0$이므로 α, β는 이차방정식 $f(x)+x=0$의 두 근이다.

$x^2+x-1=0$의 두 근이 α, β이므로 상수 $k(k\neq0)$에 대하여

$f(x)+x=k(x-\alpha)(x-\beta)$로 놓으면

$f(x)+x=k(x^2+x-1)$ ……❶

이때 (다)에서 $f(0)=1$이므로

$f(0)=-k=1$ $\therefore k=-1$

$\therefore f(x)=-(x^2+x-1)-x=-x^2-2x+1$ ……❷

$f(x)=0$에서 $-x^2-2x+1=0$, 즉 $x^2+2x-1=0$이고 이 이차방정식의 두 근이 m, n이므로 이차방정식의 근과 계수의 관계에 의하여

$m+n=-2$, $mn=-1$

$(m-n)^2=(m+n)^2-4mn=(-2)^2-4\times(-1)=8$이므로

$|m-n|=\sqrt{8}=2\sqrt{2}$ ……❸

채점 기준

❶ $f(x)+x$에 대한 식 세우기		40%
❷ $f(x)$ 구하기		30%
❸ $|m-n|$의 값 구하기		30%

0434 답 ④

주어진 이차방정식의 계수가 실수이므로 $2-i$가 근이면 다른 한 근은 $2+i$이다.

이차방정식의 근과 계수의 관계에 의하여

$(2-i)+(2+i)=-\dfrac{a}{2}$ $\therefore a=-8$

$(2-i)(2+i)=\dfrac{b}{2}$ $\therefore b=10$

$\therefore b-a=10-(-8)=18$

0435 답 ①

계수가 실수인 이차방정식의 한 근이 $2-3i$이면 다른 한 근은 $2+3i$이다.

즉, $\alpha=2+3i$이므로

$\dfrac{1}{\alpha}=\dfrac{1}{2+3i}=\dfrac{2-3i}{(2+3i)(2-3i)}=\dfrac{2}{13}-\dfrac{3}{13}i$

따라서 $a=\dfrac{2}{13}$, $b=-\dfrac{3}{13}$이므로 $a+b=-\dfrac{1}{13}$

0436 답 ③

주어진 이차방정식의 계수가 실수이므로 $\dfrac{b}{2}+i$가 근이면 다른 한 근은 $\dfrac{b}{2}-i$이다.

이차방정식의 근과 계수의 관계에 의하여

$\left(\dfrac{b}{2}+i\right)+\left(\dfrac{b}{2}-i\right)=-a$ ……㉠

$\left(\dfrac{b}{2}+i\right)\left(\dfrac{b}{2}-i\right)=b$ ……㉡

㉠에서 $b=-a$

㉡에서 $\dfrac{b^2}{4}+1=b$, $b^2-4b+4=0$

$(b-2)^2=0$ $\therefore b=2$

따라서 $a=-2$, $b=2$이므로 $ab=-4$

0437 답 ④

$$\frac{5}{1+2i}=\frac{5(1-2i)}{(1+2i)(1-2i)}=1-2i$$

주어진 이차방정식의 계수가 실수이므로 $1-2i$가 근이면 다른 한 근은 $1+2i$이다.

이차방정식의 근과 계수의 관계에 의하여
$$(1-2i)+(1+2i)=2(a+b) \qquad \cdots\cdots \ \textcircled{\scriptsize ㄱ}$$
$$(1-2i)(1+2i)=-2ab-3 \qquad \cdots\cdots \ \textcircled{\scriptsize ㄴ}$$

$\textcircled{\scriptsize ㄱ}$에서 $2=2(a+b)$ $\quad \therefore a+b=1$

$\textcircled{\scriptsize ㄴ}$에서 $5=-2ab-3$ $\quad \therefore ab=-4$

$$\begin{aligned}
\therefore a^3+b^3&=(a+b)^3-3ab(a+b)\\
&=1^3-3\times(-4)\times1=13
\end{aligned}$$

0438 답 ④

$(2+\sqrt{3})^2+a(2+\sqrt{3})+b=0$에서
$$(7+2a+b)+(\boxed{\text{(가)}\ 4+a})\sqrt{3}=0$$

이때 a, b가 유리수이므로
$$7+2a+b=0, \ \boxed{\text{(가)}\ 4+a}=0$$
$$\therefore a=\boxed{\text{(나)}\ -4}, \ b=1$$

따라서 원래의 방정식은 $x^2+(\boxed{\text{(나)}\ -4})x+1=0$

이 방정식을 풀면 $x=2\pm\sqrt{3}$

따라서 $2-\sqrt{3}$도 주어진 이차방정식의 근이다.

0439 답 14

주어진 이차방정식의 계수가 실수이므로 두 허근 α, β는 켤레근이다. β는 α의 켤레복소수이므로 $\beta=\bar{\alpha}$, $\alpha=\bar{\beta}$이고, 이차방정식의 근과 계수의 관계에 의하여 $\alpha+\beta=6$, $\alpha\beta=11$이므로

$$\begin{aligned}
11\left(\frac{\bar{\alpha}}{\alpha}+\frac{\bar{\beta}}{\beta}\right)&=11\left(\frac{\beta}{\alpha}+\frac{\alpha}{\beta}\right)=11\times\frac{\alpha^2+\beta^2}{\alpha\beta}\\
&=11\times\frac{(\alpha+\beta)^2-2\alpha\beta}{\alpha\beta}\\
&=11\times\frac{6^2-2\times11}{11}=14
\end{aligned}$$

다른 풀이

이차방정식 $x^2-6x+11=0$의 근을 구하면
$$x=3\pm\sqrt{2}i$$

$\alpha=3+\sqrt{2}i$, $\beta=3-\sqrt{2}i$라 하면

$$\begin{aligned}
11\left(\frac{\bar{\alpha}}{\alpha}+\frac{\bar{\beta}}{\beta}\right)&=11\left(\frac{3-\sqrt{2}i}{3+\sqrt{2}i}+\frac{3+\sqrt{2}i}{3-\sqrt{2}i}\right)\\
&=11\times\frac{(3-\sqrt{2}i)^2+(3+\sqrt{2}i)^2}{(3+\sqrt{2}i)(3-\sqrt{2}i)}\\
&=11\times\frac{7-6\sqrt{2}i+7+6\sqrt{2}i}{11}=14
\end{aligned}$$

0440 답 ④

주어진 이차방정식의 계수가 실수이므로 $2-\sqrt{3}i$가 근이면 다른 한 근은 $2+\sqrt{3}i$이다.

이차방정식의 근과 계수의 관계에 의하여
$$(2-\sqrt{3}i)+(2+\sqrt{3}i)=-a \quad \therefore a=-4$$
$$(2-\sqrt{3}i)(2+\sqrt{3}i)=b \quad \therefore b=7$$

따라서 $a+b=3$, $a-b=-11$을 두 근으로 하고 x^2의 계수가 1인 이차방정식은

$$x^2-(3-11)x+3\times(-11)=0 \quad \therefore x^2+8x-33=0$$

0441 답 79

$$\frac{1}{4-\sqrt{15}}=\frac{4+\sqrt{15}}{(4-\sqrt{15})(4+\sqrt{15})}=4+\sqrt{15}$$

주어진 이차방정식의 계수가 유리수이므로 $4+\sqrt{15}$가 근이면 다른 한 근은 $4-\sqrt{15}$이다.

$x^2-mx+n=0$에서 이차방정식의 근과 계수의 관계에 의하여
$$(4+\sqrt{15})+(4-\sqrt{15})=m, \ (4+\sqrt{15})(4-\sqrt{15})=n$$
$$\therefore m=8, \ n=1$$

따라서 $m+n=9$, $m-n=7$을 두 근으로 하고 x^2의 계수가 1인 이차방정식은

$$x^2-(9+7)x+9\times7=0 \quad \therefore x^2-16x+63=0$$

즉, $a=-16$, $b=63$이므로 $b-a=79$

0442 답 1

유빈이는 b를 바르게 보고 풀었고, 계수가 실수이므로 $\dfrac{-3+\sqrt{15}i}{4}$가 근이면 다른 한 근은 $\dfrac{-3-\sqrt{15}i}{4}$이다.

두 근의 곱은 $\dfrac{-3+\sqrt{15}i}{4}\times\dfrac{-3-\sqrt{15}i}{4}=\dfrac{b}{2}$

$\therefore b=3$ $\qquad\qquad \cdots\cdots \ \textbf{\textcircled{\scriptsize i}}$

정호는 a를 바르게 보고 풀었고, 계수가 실수이므로 $\dfrac{1-i}{2}$가 근이면 다른 한 근은 $\dfrac{1+i}{2}$이다.

두 근의 합은 $\dfrac{1-i}{2}+\dfrac{1+i}{2}=-\dfrac{a}{2}$

$\therefore a=-2$ $\qquad\qquad \cdots\cdots \ \textbf{\textcircled{\scriptsize ii}}$

$\therefore a+b=-2+3=1$ $\qquad \cdots\cdots \ \textbf{\textcircled{\scriptsize iii}}$

채점 기준

\textcircled{\scriptsize i} b의 값 구하기	50%
\textcircled{\scriptsize ii} a의 값 구하기	40%
\textcircled{\scriptsize iii} $a+b$의 값 구하기	10%

0443 답 10

주어진 이차방정식의 계수가 실수이므로 한 허근을 $a+2i$ (a는 실수)라 하면 다른 한 근은 $a-2i$이다.

이차방정식의 근과 계수의 관계에 의하여
$$(a+2i)+(a-2i)=p \qquad \cdots\cdots \ \textcircled{\scriptsize ㄱ}$$
$$(a+2i)(a-2i)=p+19 \qquad \cdots\cdots \ \textcircled{\scriptsize ㄴ}$$

$\textcircled{\scriptsize ㄱ}$에서 $2a=p$ $\quad \therefore a=\dfrac{p}{2}$

$\textcircled{\scriptsize ㄴ}$에서 $a^2+4=p+19$

$a=\dfrac{p}{2}$를 이 식에 대입하면 $\dfrac{p^2}{4}+4=p+19$

$$p^2-4p-60=0, \ (p+6)(p-10)=0$$
$$\therefore p=10 \ (\because p>0)$$

0444 답 $x^2-7x+10=0$

$\dfrac{1}{i^3}-\dfrac{1}{i^{10}}+\dfrac{1}{i^{11}}=\dfrac{1}{-i}-\dfrac{1}{-1}+\dfrac{1}{-i}=i+1+i=1+2i$

이때 이차방정식 $x^2+ax+5b=0$의 계수가 실수이므로 $1+2i$가 근이면 다른 한 근은 $1-2i$이다.

이차방정식의 근과 계수의 관계에 의하여

$(1+2i)+(1-2i)=-a,\ (1+2i)(1-2i)=5b$

$\therefore a=-2,\ b=1$ $\qquad\cdots\cdots$ ❶

$a^2+b^2=(-2)^2+1^2=5,\ \dfrac{ab}{a+b}=\dfrac{-2\times1}{-2+1}=2$ $\qquad\cdots\cdots$ ❷

따라서 $a^2+b^2,\ \dfrac{ab}{a+b}$ 를 두 근으로 하고 x^2의 계수가 1인 이차방정식은

$x^2-(5+2)x+5\times2=0$ $\qquad\therefore x^2-7x+10=0$ $\quad\cdots\cdots$ ❸

채점 기준

❶ a, b의 값 구하기	40%
❷ $a^2+b^2,\ \dfrac{ab}{a+b}$의 값 구하기	30%
❸ 이차방정식 구하기	30%

0445 답 ④

$z=a+bi\,(a,\ b$는 실수$)$라 하면 $\bar{z}=a-bi$이므로

$z\bar{z}=(a+bi)(a-bi)=a^2+b^2$

$z+\bar{z}=(a+bi)+(a-bi)=2a$

따라서 주어진 이차방정식은 $x^2+(a^2+b^2)x+2a=0$이다.

이 이차방정식의 계수가 실수이므로 $\dfrac{-1+\sqrt{3}i}{2}$가 근이면 다른 한 근은 $\dfrac{-1-\sqrt{3}i}{2}$이다.

이차방정식의 근과 계수의 관계에 의하여

$\dfrac{-1+\sqrt{3}i}{2}+\dfrac{-1-\sqrt{3}i}{2}=-(a^2+b^2)$ $\quad\cdots\cdots$ ㉠

$\dfrac{-1+\sqrt{3}i}{2}\times\dfrac{-1-\sqrt{3}i}{2}=2a$ $\quad\cdots\cdots$ ㉡

㉡에서 $2a=1$ $\qquad\therefore a=\dfrac{1}{2}$

㉠에서 $-(a^2+b^2)=-1$ $\qquad\therefore a^2+b^2=1$

$a=\dfrac{1}{2}$을 $a^2+b^2=1$에 대입하면

$b^2=\dfrac{3}{4}$ $\qquad\therefore b=\pm\dfrac{\sqrt{3}}{2}$

$\therefore z=\dfrac{1\pm\sqrt{3}i}{2}$

0446 답 ②

a^2이 음의 실수이려면 a는 순허수이고, 주어진 이차방정식의 계수가 실수이므로 두 근을 $ai,\ -ai\,(a$는 실수, $a\neq0)$라 하면

이차방정식의 근과 계수의 관계에 의하여

$ai+(-ai)=-(p^2-4)$ $\quad\cdots\cdots$ ㉠

$ai\times(-ai)=-(p+1)$ $\quad\cdots\cdots$ ㉡

㉠에서 $p^2-4=0$이므로 $p=\pm2$

㉡에서 $p+1=-a^2$이므로 $p+1<0$

따라서 구하는 p의 값은 -2이다.

0447 답 ④

㈎에서 허수 z는 이차방정식 $x^2+mx+n=0$의 한 근이고, m, n이 실수이므로 $\bar{z}$도 이 방정식의 근이다.

따라서 이차방정식의 근과 계수의 관계에 의하여

$z+\bar{z}=-m,\ z\bar{z}=n$

이때 ㈏에서 $z+\bar{z}=8$이므로

$m=-8$

또한 이차방정식 $x^2-8x+n=0$이 서로 다른 두 허근을 가지므로 판별식을 D라 하면

$\dfrac{D}{4}=(-4)^2-n<0$

즉, $n>16$이므로 정수 n의 최솟값은 17이다.

따라서 $m+n$의 최솟값은

$-8+17=9$

0448 답 41

㈎에서 나머지 정리에 의하여 $f(1)=2$

즉, $1+a+b=2$에서 $a+b=1$ $\quad\cdots\cdots$ ㉠

㈏에서 이차방정식 $x^2+ax+b=0$의 계수가 실수이므로 $k+i$가 근이면 다른 한 근은 $k-i$이다.

$x^2+ax+b=0$에서 이차방정식의 근과 계수의 관계에 의하여

$(k+i)+(k-i)=-a,\ (k+i)(k-i)=b$

$\therefore a=-2k,\ b=k^2+1$

이를 ㉠에 대입하면 $-2k+k^2+1=1$

$k^2-2k=0,\ k(k-2)=0$

$\therefore k=2\ (\because k\neq0)$

따라서 $a=-2k=-4,\ b=k^2+1=5$이므로

$a^2+b^2=16+25=41$

0449 답 ①

α가 이차방정식 $x^2-2x-k=0$의 근이므로

$\alpha^2-2\alpha-k=0,\ \alpha^2=2\alpha+k$

$\therefore z=\alpha^2-\alpha+1=(2\alpha+k)-\alpha+1=\alpha+k+1$

$z\bar{z}=(\alpha+k+1)\overline{(\alpha+k+1)}$

$\quad=(\alpha+k+1)(\bar{\alpha}+k+1)$

$\quad=\alpha\bar{\alpha}+(k+1)(\alpha+\bar{\alpha})+(k+1)^2$ $\quad\cdots\cdots$ ㉠

이때 $x^2-2x-k=0$의 계수가 실수이므로 한 허근이 α이면 다른 한 근은 $\bar{\alpha}$이다.

이차방정식의 근과 계수의 관계에 의하여

$\alpha+\bar{\alpha}=2,\ \alpha\bar{\alpha}=-k$

이를 ㉠에 대입하면 $z\bar{z}=21$이므로

$-k+2(k+1)+(k+1)^2=21$

$k^2+3k-18=0,\ (k+6)(k-3)=0$

$\therefore k=-6\ 또는\ k=3$

또한 이차방정식 $x^2-2x-k=0$이 서로 다른 두 허근을 가지므로 판별식을 D라 하면

$\dfrac{D}{4}=(-1)^2-(-k)<0$

$\therefore k<-1$

따라서 구하는 k의 값은 -6이다.

0450 답 ①

올해 늘어난 밭의 넓이는
$(x+10)\{10+(x-10)\}-10^2=500$
$x^2+10x-600=0,\ (x+30)(x-20)=0$
$\therefore x=20\ (\because x>10)$

0451 답 ④

두 상자 A, B의 높이가 같으므로 부피의 비는 밑면의 넓이의 비와
같다.
상자 A의 한 모서리의 길이를 x cm라 하면 상자 A의 밑면의 넓이
는 x^2 cm²이고, 상자 B의 밑면의 넓이는 $(x-2)(x+1)$ cm²이다.
두 상자 A, B의 부피의 비가 $2:1$이므로
$x^2:(x-2)(x+1)=2:1$
$2(x-2)(x+1)=x^2,\ x^2-2x-4=0$
$\therefore x=1\pm\sqrt{5}$
그런데 $x>2$이므로 상자 A의 한 모서리의 길이는 $(1+\sqrt{5})$ cm 이다.

0452 답 3 m

도로의 폭을 x m라 하면 도로를 제외한 부분의 넓이는
$(16-2x)(10-x)=70$ $\qquad\cdots\cdots$ ❶
$2x^2-36x+160=70,\ x^2-18x+45=0$
$(x-3)(x-15)=0$ $\quad\therefore x=3$ 또는 $x=15$ $\qquad\cdots\cdots$ ❷
그런데 $0<x<8$이므로 $x=3$
따라서 도로의 폭은 3 m이다. $\qquad\cdots\cdots$ ❸

채점 기준	
❶ 이차방정식 세우기	40 %
❷ 이차방정식 풀기	40 %
❸ 도로의 폭 구하기	20 %

참고 활용 문제에서 길이, 넓이, 개수 등은 양수이므로 길이, 넓이, 개수 등을
x로 나타내면 그 값이 양수임을 이용하여 x의 값의 범위를 파악할 수 있어야
한다. 위의 풀이에서 x, $16-2x$, $10-x$는 길이를 나타내므로 $x>0$,
$16-2x>0$, $10-x>0$이다. 즉, $x>0$, $x<8$, $x<10$이므로 $0<x<8$인
범위에서 x의 값을 구해야 한다.

0453 답 ③

직사각형의 둘레의 길이가 28 cm이므로 가로, 세로의 길이의 합은
14 cm이다. 따라서 처음 직사각형의 가로의 길이를 x cm라 하면
세로의 길이는 $(14-x)$ cm이므로 새로 만들어진 직사각형의 가
로, 세로의 길이는 각각 $(x-2)$ cm, $(17-x)$ cm이다.
즉, 새로 만들어진 직사각형의 넓이는
$(x-2)(17-x)=\dfrac{9}{8}x(14-x)$
$-x^2+19x-34=\dfrac{9}{8}(-x^2+14x),\ x^2+26x-272=0$
$(x+34)(x-8)=0$ $\quad\therefore x=-34$ 또는 $x=8$
그런데 $2<x<14$이므로 $x=8$
따라서 처음 직사각형의 가로의 길이는 8 cm, 세로의 길이는 6 cm
이므로 처음 직사각형의 넓이는
$8\times 6=48\ (\text{cm}^2)$

0454 답 ⑤

두 삼각형 ABP와 ADQ에서
$\overline{AB}=\overline{AD},\ \overline{AP}=\overline{AQ},\ \angle ABP=\angle ADQ=90°$이므로
$\triangle ABP\equiv\triangle ADQ$ (RHS 합동)
따라서 $\overline{BP}=\overline{DQ}$이므로 $\overline{CP}=x$라 하면
$\overline{BP}=\overline{DQ}=2-x,\ \overline{CQ}=x$
두 삼각형 ABP와 PCQ에서
$\overline{AP}^2=\overline{AB}^2+\overline{BP}^2=2^2+(2-x)^2=x^2-4x+8$
$\overline{PQ}^2=\overline{CP}^2+\overline{CQ}^2=x^2+x^2=2x^2$
이때 $\overline{AP}=\overline{PQ}$이므로 $\overline{AP}^2=\overline{PQ}^2$에서
$x^2-4x+8=2x^2,\ x^2+4x-8=0$
$\therefore x=-2\pm 2\sqrt{3}$
그런데 $0<x<2$이므로 $x=2\sqrt{3}-2$
따라서 선분 CP의 길이는 $2\sqrt{3}-2$이다.

0455 답 $x^2-8x+9=0$

오른쪽 그림과 같이 $\overline{AC}$, $\overline{BC}$를 그으면
$\angle ACB$는 지름에 대한 원주각이므로
삼각형 ABC는 $\angle ACB=90°$인 직각
삼각형이다.
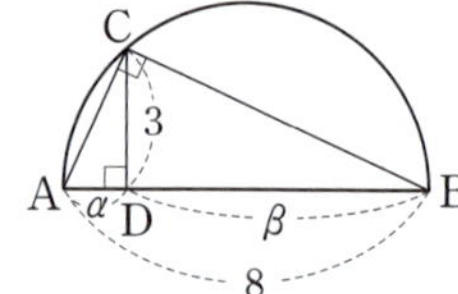
$\overline{AD}=\alpha$, $\overline{BD}=\beta$라 하면 $\triangle ADC\circ\!\!\!\backsim\triangle CDB$ (AA 닮음)이므로
$\overline{AD}:\overline{CD}=\overline{CD}:\overline{BD}$
즉, $\alpha:3=3:\beta$이므로 $\alpha\beta=9$ $\qquad\cdots\cdots$ ❶
따라서 $\alpha+\beta=8$, $\alpha\beta=9$이므로 두 선분 AD, BD의 길이를 두 근
으로 하고 x^2의 계수가 1인 이차방정식은
$x^2-8x+9=0$ $\qquad\cdots\cdots$ ❷

채점 기준	
❶ $\overline{AD}\times\overline{BD}$의 값 구하기	50 %
❷ 이차방정식 구하기	50 %

참고 두 삼각형 ADC와 CDB에서
$\angle ADC=\angle CDB=90°$, $\angle ACD=90°-\angle BCD=\angle CBD$이므로
$\triangle ADC\circ\!\!\!\backsim\triangle CDB$ (AA 닮음)이다.

✔ 중2 다시보기

$\angle A=90°$인 직각삼각형 ABC에
서 $\overline{AD}\perp\overline{BC}$일 때
(1) $\triangle ABC\circ\!\!\!\backsim\triangle DBA$ (AA 닮음)
이므로
$\overline{AB}:\overline{DB}=\overline{BC}:\overline{BA}$ ➡ $\overline{AB}^2=\overline{BD}\times\overline{BC}$
(2) $\triangle ABC\circ\!\!\!\backsim\triangle DAC$ (AA 닮음)이므로
$\overline{AC}:\overline{DC}=\overline{BC}:\overline{AC}$ ➡ $\overline{AC}^2=\overline{CD}\times\overline{CB}$
(3) $\triangle DBA\circ\!\!\!\backsim\triangle DAC$ (AA 닮음)이므로
$\overline{DB}:\overline{DA}=\overline{DA}:\overline{DC}$ ➡ $\overline{AD}^2=\overline{DB}\times\overline{DC}$
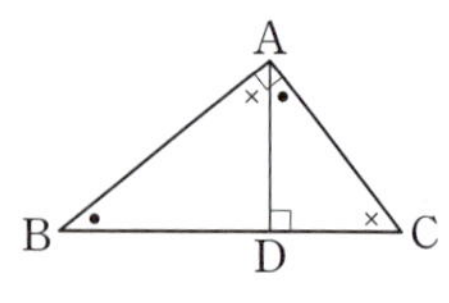

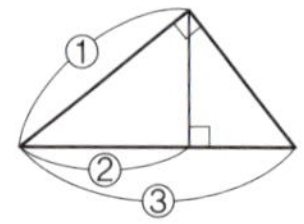 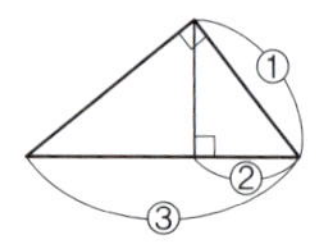 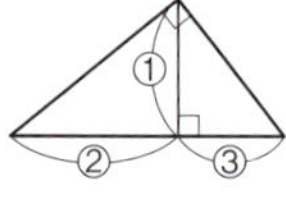

➡ ①² = ② × ③

0456 답 ⑤

$\overline{AQ}=\overline{AP}=a$, $\overline{CR}=\overline{CP}=b$이고, 내접원의 반지름의 길이가 1이므로

$\overline{AB}=a+1$, $\overline{BC}=b+1$

내접원의 성질에 의하여 삼각형 ABC의 넓이는

$$\frac{1}{2}\times1\times\{(a+1)+(b+1)+(a+b)\}=6$$

$2(a+b)+2=12$ ∴ $a+b=5$

또한 삼각형 ABC의 넓이는 $\frac{1}{2}\times\overline{AB}\times\overline{BC}$이므로

$$\frac{1}{2}\times(a+1)\times(b+1)=6$$

$ab+a+b+1=12$

$a+b=5$를 이 식에 대입하면 $ab+5+1=12$ ∴ $ab=6$

따라서 $a+b=5$, $ab=6$이므로 a, b를 두 근으로 하고 x^2의 계수가 1인 이차방정식은

$x^2-5x+6=0$

✓ 중2 다시보기

원 O가 삼각형 ABC의 내접원이고 세 점 P, Q, R가 그 접점일 때

➡ $\overline{AP}=\overline{AQ}$

$\overline{BQ}=\overline{BR}$

$\overline{CR}=\overline{CP}$

0457 답 ⑤

미술관의 입장료가 a원일 때 관람객 수를 b라 하자.

할인된 입장료는 $a\left(1-\dfrac{x}{100}\right)$원, 증가한 관람객 수는 $b\left(1+\dfrac{3x}{100}\right)$이므로 총수입은

$$ab\left(1-\frac{x}{100}\right)\left(1+\frac{3x}{100}\right)=ab\left(1+\frac{32}{100}\right)$$

$$1+\frac{2x}{100}-\frac{3x^2}{10000}=1+\frac{32}{100},\ 3x^2-200x+3200=0$$

$(x-40)(3x-80)=0$ ∴ $x=40$ 또는 $x=\dfrac{80}{3}$

그런데 x는 자연수이므로 $x=40$

0458 답 ②

$\overline{AE}=\alpha$, $\overline{AH}=\beta$라 하면 $\overline{PF}=10-\alpha$, $\overline{PG}=10-\beta$

직사각형 PFCG의 둘레의 길이는

$2(10-\alpha)+2(10-\beta)=28$

$40-2(\alpha+\beta)=28$ ∴ $\alpha+\beta=6$

직사각형 PFCG의 넓이는

$(10-\alpha)(10-\beta)=46$

$100-10(\alpha+\beta)+\alpha\beta=46$

$\alpha+\beta=6$을 이 식에 대입하면

$100-10\times6+\alpha\beta=46$ ∴ $\alpha\beta=6$

따라서 $\alpha+\beta=6$, $\alpha\beta=6$이므로 두 선분 AE와 AH의 길이를 두 근으로 하고 이차항의 계수가 1인 이차방정식은

$x^2-6x+6=0$

0459 답 ⑤

이차방정식의 근과 계수의 관계에 의하여

$\alpha+\beta=4$, $\alpha\beta=2$ …… ㉠

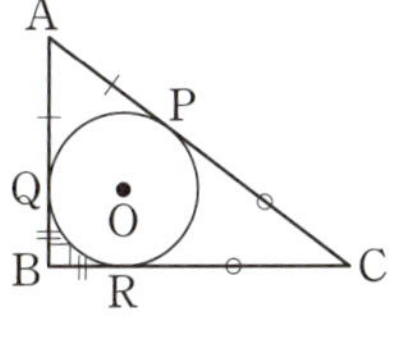

위의 그림과 같이 직각삼각형 ABC에 내접하는 정사각형 DBEF의 한 변의 길이를 k라 하자.

$\triangle ABC\backsim\triangle ADF$ (AA 닮음)이므로

$\overline{AB}:\overline{AD}=\overline{BC}:\overline{DF}$에서

$\alpha:(\alpha-k)=\beta:k$

$\alpha k=\beta(\alpha-k)$, $\alpha k=\alpha\beta-\beta k$

$(\alpha+\beta)k=\alpha\beta$

∴ $k=\dfrac{\alpha\beta}{\alpha+\beta}=\dfrac{2}{4}=\dfrac{1}{2}$ (∵ ㉠)

한 변의 길이가 $\dfrac{1}{2}$인 정사각형 DBEF의 넓이는 $\left(\dfrac{1}{2}\right)^2=\dfrac{1}{4}$,

둘레의 길이는 $4\times\dfrac{1}{2}=2$이므로 $\dfrac{1}{4}$, 2를 두 근으로 하고 x^2의 계수가 4인 이차방정식은

$$4\left\{x^2-\left(\frac{1}{4}+2\right)x+\frac{1}{4}\times2\right\}=0$$

∴ $4x^2-9x+2=0$

따라서 $m=-9$, $n=2$이므로

$m+n=-7$

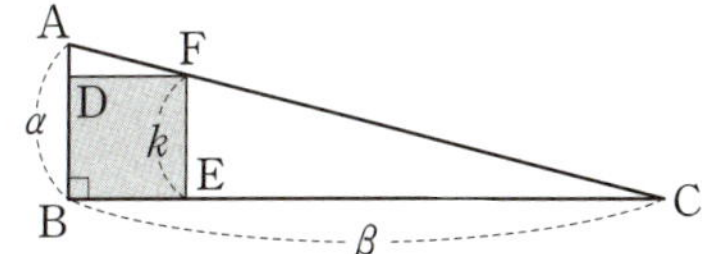

96~97쪽

0460 답 ③

전략 $x=2+\sqrt{3}$을 주어진 이차방정식에 대입한 후 무리수의 성질을 이용하여 a, b, c를 하나의 문자로 나타내어 이차방정식을 구한다.

$x=2+\sqrt{3}$을 주어진 이차방정식에 대입하면

$a(2+\sqrt{3})^2+\sqrt{3}b(2+\sqrt{3})+c=0$

$a(7+4\sqrt{3})+\sqrt{3}b(2+\sqrt{3})+c=0$

$(7a+3b+c)+(4a+2b)\sqrt{3}=0$

이때 a, b, c가 모두 유리수이므로

$7a+3b+c=0$, $4a+2b=0$

∴ $b=-2a$, $c=-a$

이를 주어진 이차방정식에 대입하면 $ax^2-2\sqrt{3}ax-a=0$

$a\neq0$이므로 양변을 a로 나누면 $x^2-2\sqrt{3}x-1=0$

∴ $x=\sqrt{3}\pm2$

따라서 $\beta=-2+\sqrt{3}$이므로

$$\alpha+\frac{1}{\beta}=2+\sqrt{3}+\frac{1}{-2+\sqrt{3}}$$

$$=2+\sqrt{3}-2-\sqrt{3}=0$$

참고 주어진 이차방정식의 계수가 모두 유리수가 아니므로 β를 $2+\sqrt{3}$의 켤레근 $2-\sqrt{3}$으로 생각하지 않도록 주의한다.

0461 답 ⑤

전략 이차방정식이 중근을 가지면 판별식이 0임을 이용하고, 곱셈공식의 변형을 이용하여 식의 값을 만족시키는 a, b, c의 조건을 구한다.

주어진 이차방정식의 판별식을 D라 하면 $D=0$이어야 하므로

$$\frac{D}{4}=(a+b+c)^2-3(ab+bc+ca)=0$$

$$a^2+b^2+c^2-ab-bc-ca=0$$

$$\frac{1}{2}\{(a-b)^2+(b-c)^2+(c-a)^2\}=0$$

$$\therefore a=b=c$$

따라서 a, b, c를 세 변의 길이로 하는 삼각형은 정삼각형이고, 이 삼각형의 넓이가 $16\sqrt{3}$이므로

$$\frac{\sqrt{3}}{4}a^2=16\sqrt{3}$$

$$a^2=64 \quad \therefore a=8\,(\because a>0)$$

$$\therefore \frac{1}{2}abc=\frac{1}{2}\times 8^3=256$$

0462 답 1

전략 삼각형의 닮음의 성질을 이용하여 변의 길이를 $\overline{AP}$에 대한 식으로 나타낸 후 사각형 APOS와 사각형 OQCR의 넓이의 합을 이차방정식으로 나타낸다.

삼각형 BCD, ORD에서

$\angle BCD=\angle ORD=90°$, $\angle BDC=\angle ODR$이므로

$\triangle BCD \backsim \triangle ORD$ (AA 닮음)

따라서 $\overline{OR}:\overline{RD}=\overline{BC}:\overline{CD}=6:4$이므로

$$3\overline{DR}=2\overline{OR}$$

이때 $\overline{AP}=\overline{DR}=x$라 하면 $\overline{OR}=\frac{3}{2}x$

또한 $\overline{AP}<\overline{PB}$이므로

$$x<4-x$$

$$\therefore x<2$$

사각형 APOS와 사각형 OQCR의 넓이의 합은

$$x\left(6-\frac{3}{2}x\right)+\frac{3}{2}x(4-x)=9$$

$$x^2-4x+3=0$$

$$(x-1)(x-3)=0$$

$$\therefore x=1\,(\because 0<x<2)$$

따라서 선분 AP의 길이는 1이다.

0463 답 ⑤

전략 이차방정식의 근과 계수의 관계를 이용하여 $\alpha+\beta$, $\alpha\beta$의 값을 구한 후 이차방정식의 판별식과 $\alpha+\beta$, $\alpha\beta$의 값을 이용하여 α, β의 부호를 파악한다.

이차방정식의 근과 계수의 관계에 의하여

$$\alpha+\beta=-2, \ \alpha\beta=-1$$

이차방정식 $x^2+2x-1=0$의 판별식을 D라 하면

$$\frac{D}{4}=1-(-1)=2>0$$이므로 α, β는 실수이다.

이때 두 근의 곱이 음수이고 $\alpha>\beta$이므로

$$\alpha>0, \ \beta<0$$

$$\therefore \left(\sqrt{\frac{\alpha}{2}}+\sqrt{\frac{2}{\beta}}\right)^2+\left(\sqrt{\frac{\beta}{2}}+\sqrt{\frac{2}{\alpha}}\right)^2$$

$$=\left(\frac{\alpha}{2}+2\sqrt{\frac{\alpha}{\beta}}+\frac{2}{\beta}\right)+\left(\frac{\beta}{2}+2\sqrt{\frac{\beta}{\alpha}}+\frac{2}{\alpha}\right)$$

$$=\frac{\alpha+\beta}{2}+2\left(\frac{1}{\alpha}+\frac{1}{\beta}\right)+2\left(\sqrt{\frac{\alpha}{\beta}}+\sqrt{\frac{\beta}{\alpha}}\right)$$

$$=\frac{\alpha+\beta}{2}+\frac{2(\alpha+\beta)}{\alpha\beta}+2\left(\sqrt{\frac{\alpha}{\beta}}+\sqrt{\frac{\beta}{\alpha}}\right)$$

$$=\frac{-2}{2}+\frac{2\times(-2)}{-1}+2\left(\sqrt{\frac{\alpha}{\beta}}+\sqrt{\frac{\beta}{\alpha}}\right)$$

$$=3+2\left(\sqrt{\frac{\alpha}{\beta}}+\sqrt{\frac{\beta}{\alpha}}\right)$$

이때 $\sqrt{\frac{\alpha}{\beta}}+\sqrt{\frac{\beta}{\alpha}}$의 값은

$$\sqrt{\frac{\alpha}{\beta}}+\sqrt{\frac{\beta}{\alpha}}=\sqrt{\frac{\alpha\beta}{\beta^2}}+\sqrt{\frac{\alpha\beta}{\alpha^2}}$$

$$=\frac{\sqrt{-1}}{|\beta|}+\frac{\sqrt{-1}}{|\alpha|}\,(\because \alpha\beta=-1)$$

$$=\frac{i}{\alpha}-\frac{i}{\beta}\,(\because \alpha>0, \beta<0)$$

$$=\frac{(\beta-\alpha)i}{\alpha\beta}$$

$$=(\alpha-\beta)i\,(\because \alpha\beta=-1)$$

이때 $\alpha-\beta=\sqrt{(\alpha+\beta)^2-4\alpha\beta}=\sqrt{(-2)^2-4\times(-1)}=2\sqrt{2}$이므로

$$\sqrt{\frac{\alpha}{\beta}}+\sqrt{\frac{\beta}{\alpha}}=(\alpha-\beta)i=2\sqrt{2}i$$

$$\therefore \left(\sqrt{\frac{\alpha}{2}}+\sqrt{\frac{2}{\beta}}\right)^2+\left(\sqrt{\frac{\beta}{2}}+\sqrt{\frac{2}{\alpha}}\right)^2=3+2\left(\sqrt{\frac{\alpha}{\beta}}+\sqrt{\frac{\beta}{\alpha}}\right)$$

$$=3+2\times 2\sqrt{2}i=3+4\sqrt{2}i$$

다른 풀이

이때 $\sqrt{\frac{\alpha}{\beta}}+\sqrt{\frac{\beta}{\alpha}}$의 값은

$$\left(\sqrt{\frac{\alpha}{\beta}}+\sqrt{\frac{\beta}{\alpha}}\right)^2=\frac{\alpha}{\beta}+2\sqrt{\frac{\alpha}{\beta}}\sqrt{\frac{\beta}{\alpha}}+\frac{\beta}{\alpha}$$에서

$$\frac{\alpha}{\beta}<0, \ \frac{\beta}{\alpha}<0$$이므로

$$\left(\sqrt{\frac{\alpha}{\beta}}+\sqrt{\frac{\beta}{\alpha}}\right)^2=\frac{\alpha}{\beta}-2\sqrt{\frac{\alpha}{\beta}\times\frac{\beta}{\alpha}}+\frac{\beta}{\alpha}$$

$$=\frac{\alpha}{\beta}+\frac{\beta}{\alpha}-2=\frac{\alpha^2+\beta^2}{\alpha\beta}-2$$

$$=\frac{(\alpha+\beta)^2-2\alpha\beta}{\alpha\beta}-2$$

$$=\frac{(-2)^2-2\times(-1)}{-1}-2$$

$$=-8$$

$$\therefore \sqrt{\frac{\alpha}{\beta}}+\sqrt{\frac{\beta}{\alpha}}=\sqrt{-8}=2\sqrt{2}i$$

0464 답 1

전략 이차방정식의 켤레근의 성질을 이용하여 b, c를 a에 대한 식으로 나타낸 후 이차방정식의 근과 계수의 관계를 이용하여 $f(\alpha)+f(\beta)$를 a에 대한 식으로 나타낸다.

이차방정식 $ax^2+bx+c=0$의 계수가 실수이므로 (가)에서 $2+i$가 근이면 다른 한 근은 $2-i$이다.

$ax^2+bx+c=0$에서 이차방정식의 근과 계수의 관계에 의하여

$(2+i)+(2-i)=-\dfrac{b}{a}$, $(2+i)(2-i)=\dfrac{c}{a}$

$\therefore b=-4a,\ c=5a$

이를 $f(x)=ax^2+bx+c$에 대입하면

$f(x)=ax^2-4ax+5a=a(x^2-4x+5)$이므로

$f(\alpha)+f(\beta)=a(\alpha^2-4\alpha+5)+a(\beta^2-4\beta+5)$
$\qquad\qquad=a(\alpha^2+\beta^2)-4a(\alpha+\beta)+10a$ $\quad$ ……㉠

$x^2-2x-1=0$에서 이차방정식의 근과 계수의 관계에 의하여

$\alpha+\beta=2,\ \alpha\beta=-1$

$\therefore \alpha^2+\beta^2=(\alpha+\beta)^2-2\alpha\beta$
$\qquad\qquad=2^2-2\times(-1)=6$

이를 ㉠에 대입하면

$f(\alpha)+f(\beta)=6a-4a\times2+10a=8a$

이때 (나)에서 $f(\alpha)+f(\beta)=4$이므로

$8a=4$ $\quad\therefore a=\dfrac{1}{2}$

따라서 $f(x)=\dfrac{1}{2}(x^2-4x+5)$이므로

$f(3)=\dfrac{1}{2}\times(9-12+5)=1$

0465 답 ②

전략 $f(\alpha^2)$, $f(\beta^2)$을 α^2, β^2을 이용하여 나타내고, α^2, β^2을 두 근으로 하고 x^2의 계수가 1인 이차방정식을 구한다.

$x^2-x+1=0$에서 이차방정식의 근과 계수의 관계에 의하여

$\alpha+\beta=1,\ \alpha\beta=1$ $\quad$ ……㉠

또 이차방정식 $x^2-x+1=0$의 두 근이 α, β이므로

$\alpha^2-\alpha+1=0,\ \beta^2-\beta+1=0$

$\therefore \alpha=\alpha^2+1,\ \beta=\beta^2+1$

$f(\alpha^2)=-4\alpha+2,\ f(\beta^2)=-4\beta+2$에서

$f(\alpha^2)=-4(\alpha^2+1)+2=-4\alpha^2-2$

$f(\beta^2)=-4(\beta^2+1)+2=-4\beta^2-2$

따라서 이차방정식 $f(x)=-4x-2$, 즉 $x^2+px+q=-4x-2$의 두 근이 α^2, β^2이다.

㉠에 의하여

$\alpha^2+\beta^2=(\alpha+\beta)^2-2\alpha\beta=1^2-2\times1=-1$

$\alpha^2\beta^2=(\alpha\beta)^2=1^2=1$

따라서 α^2, β^2을 두 근으로 하고 x^2의 계수가 1인 이차방정식은

$x^2+x+1=0$

이때 $x^2+px+q=-4x-2$, 즉 $x^2+(p+4)x+q+2=0$이

$x^2+x+1=0$과 같으므로

$p+4=1,\ q+2=1$

$\therefore p=-3,\ q=-1$

따라서 $f(x)=x^2-3x-1$이므로

$f(2x+3)=(2x+3)^2-3(2x+3)-1=4x^2+6x-1$이고 이차방정식 $f(2x+3)=0$, 즉 $4x^2+6x-1=0$의 두 근의 합은 이차방정식의 근과 계수의 관계에 의하여 $-\dfrac{3}{2}$이다.

0466 답 ②

전략 켤레근의 성질을 이용하여 a, b의 값을 구하고 $g(x)$와 $f(x)$에 대한 항등식을 세운다.

$f(1+bi)=0$에서 $1+bi$는 이차방정식 $x^2+ax+4=0$의 한 근이고, a가 실수이므로 이 방정식의 다른 한 근은 $1-bi$이다.

이차방정식의 근과 계수의 관계에 의하여

$(1+bi)+(1-bi)=-a$ $\quad\therefore a=-2$

$(1+bi)(1-bi)=4,\ b^2=3$ $\quad\therefore b=\sqrt{3}\ (\because b>0)$

$\therefore f(1\pm\sqrt{3}i)=0,\ g(1-\sqrt{3}i)=-4+3\sqrt{3}i$

$g(x)$를 $f(x)$로 나누었을 때의 몫을 $Q(x)$, 나머지를 $mx+n$ $(m,\ n$은 실수)이라 하면

$g(x)=f(x)Q(x)+mx+n$

이 식의 양변에 $x=1-\sqrt{3}i$를 대입하면

$g(1-\sqrt{3}i)=f(1-\sqrt{3}i)Q(1-\sqrt{3}i)+m(1-\sqrt{3}i)+n$

이때 $g(1-\sqrt{3}i)=-4+3\sqrt{3}i,\ f(1-\sqrt{3}i)=0$이므로

$-4+3\sqrt{3}i=m(1-\sqrt{3}i)+n$
$\qquad\qquad=(m+n)-m\sqrt{3}i$

복소수가 서로 같을 조건에 의하여

$-4=m+n,\ 3\sqrt{3}=-m\sqrt{3}$

$\therefore m=-3,\ n=-1$

따라서 구하는 나머지는 $-3x-1$이다.

0467 답 ④

전략 두 원에 적절한 보조선을 그어 직각삼각형을 만든 후 피타고라스 정리를 이용하여 두 원의 반지름의 길이에 대한 식을 세운다.

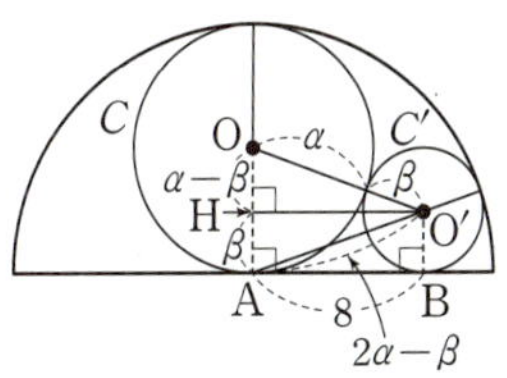

두 원 C, C'의 중심을 각각 O, O'이라 하고, 두 원 C, C'의 반지름의 길이를 각각 α, β라 하자.

점 O'에서 $\overline{OA}$에 내린 수선의 발을 H라 하면

$\overline{OO'}=\alpha+\beta,\ \overline{OH}=\alpha-\beta,\ \overline{O'H}=\overline{AB}=8$이므로

직각삼각형 OHO'에서

$(\alpha+\beta)^2=(\alpha-\beta)^2+8^2,\ 4\alpha\beta=64$

$\therefore \alpha\beta=16$ $\quad$ ……㉠

반원의 반지름의 길이는 원 C의 지름의 길이와 같으므로

$\overline{O'A}=2\alpha-\beta$

따라서 직각삼각형 O'AB에서

$(2\alpha-\beta)^2=8^2+\beta^2,\ 4\alpha^2-4\alpha\beta=64$

$\therefore \alpha^2-\alpha\beta=16$ $\quad$ ……㉡

㉠을 ㉡에 대입하면 $\alpha^2=32$ $\quad\therefore \alpha=4\sqrt{2}\ (\because \alpha>0)$

$\alpha=4\sqrt{2}$를 ㉠에 대입하면 $\beta=2\sqrt{2}$

따라서 $\alpha+\beta=4\sqrt{2}+2\sqrt{2}=6\sqrt{2},\ \alpha\beta=4\sqrt{2}\times2\sqrt{2}=16$이므로 두 원 C, C'의 반지름의 길이를 두 근으로 하고 x^2의 계수가 1인 이차방정식은

$x^2-6\sqrt{2}x+16=0$

06 이차방정식과 이차함수의 관계

난이도별 필수 기출 99~107쪽

0468 답 22

이차방정식 $x^2-6x-16=0$에서

$(x+2)(x-8)=0$ ∴ $x=-2$ 또는 $x=8$

따라서 $x_1=8$, $x_2=-2$이므로

$2x_1-3x_2=2\times8-3\times(-2)=22$

0469 답 30

이차함수 $y=x^2+ax+b$의 그래프와 x축의 교점의 x좌표가 -3, 5이므로 -3, 5는 이차방정식 $x^2+ax+b=0$의 두 근이다.

따라서 이차방정식의 근과 계수의 관계에 의하여

$-3+5=-a$, $-3\times5=b$

따라서 $a=-2$, $b=-15$이므로 $ab=30$

0470 답 4

이차함수 $y=-x^2+ax+b$의 그래프와 x축의 두 교점의 x좌표가 -6, 3이므로 -6, 3은 이차방정식 $-x^2+ax+b=0$, 즉 $x^2-ax-b=0$의 두 근이다.

따라서 이차방정식의 근과 계수의 관계에 의하여

$-6+3=a$, $-6\times3=-b$

∴ $a=-3$, $b=18$ ······ ❶

이때 이차함수 $y=x^2+\dfrac{b}{9}x+a$의 그래프와 x축의 교점의 x좌표는

이차방정식 $x^2+\dfrac{b}{9}x+a=0$, 즉 $x^2+2x-3=0$의 두 근이므로

$(x+3)(x-1)=0$ ∴ $x=-3$ 또는 $x=1$ ······ ❷

따라서 두 점의 좌표는 $(-3, 0)$, $(1, 0)$이므로 두 점 사이의 거리는 4이다. ······ ❸

채점 기준	
❶ a, b의 값 구하기	40%
❷ 그래프가 x축과 만나는 두 점의 x좌표 구하기	40%
❸ 두 점 사이의 거리 구하기	20%

0471 답 6

이차함수 $y=f(x)$의 그래프와 x축의 교점의 x좌표가 α, β이므로 α, β는 이차방정식 $f(x)=0$의 두 근이다.

이때 $\alpha+\beta=2$이므로 근과 계수의 관계에 의하여

$f(x)=x^2-2x+k(k$는 상수$)$라 하자.

$f(x)=x^2-2x+k=(x-1)^2+k-1$이므로 이차함수 $y=f(x)$의 그래프의 꼭짓점의 좌표는 $(1, k-1)$

이 꼭짓점이 직선 $y=3x-6$ 위에 있으므로

$k-1=3\times1-6$ ∴ $k=-2$

따라서 $f(x)=x^2-2x-2$이므로

$f(-2)=4+4-2=6$

0472 답 ②

이차방정식 $x^2-(k+1)x-2k=0$의 두 근을 α, β라 하면

근과 계수의 관계에 의하여

$\alpha+\beta=k+1$, $\alpha\beta=-2k$ ······ ㉠

이때 주어진 이차함수의 그래프와 x축이 만나는 두 점 사이의 거리가 5이므로 $|\alpha-\beta|=5$

양변을 제곱하면 $(\alpha-\beta)^2=25$

$(\alpha+\beta)^2-4\alpha\beta=25$

이 식에 ㉠을 대입하면 $(k+1)^2+8k=25$

$k^2+10k-24=0$, $(k+12)(k-2)=0$

∴ $k=-12$ 또는 $k=2$

그런데 $k<0$이므로 $k=-12$

다른 풀이

이차방정식 $x^2-(k+1)x-2k=0$의 두 근을 α, $\alpha+5$라 하면

근과 계수의 관계에 의하여

$\alpha+(\alpha+5)=k+1$ ······ ㉠

$\alpha(\alpha+5)=-2k$ ······ ㉡

㉠에서 $k=2\alpha+4$를 ㉡에 대입하면 $\alpha(\alpha+5)=-2(2\alpha+4)$

$\alpha^2+9\alpha+8=0$, $(\alpha+8)(\alpha+1)=0$

∴ $\alpha=-8$ 또는 $\alpha=-1$

$\alpha=-8$이면 $k=2\times(-8)+4=-12$

$\alpha=-1$이면 $k=2\times(-1)+4=2$

그런데 $k<0$이므로 $k=-12$

0473 답 ①

이차함수 $y=f(x)$의 그래프와 x축의 교점의 x좌표가 -1, 4이므로 -1, 4는 이차방정식 $f(x)=0$의 두 근이다.

즉, $f(-1)=0$, $f(4)=0$이므로 $f(2x+1)=0$이려면

$2x+1=-1$ 또는 $2x+1=4$ ∴ $x=-1$ 또는 $x=\dfrac{3}{2}$

따라서 이차방정식 $f(2x+1)=0$의 두 근의 곱은

$-1\times\dfrac{3}{2}=-\dfrac{3}{2}$

0474 답 31

이차함수의 그래프의 축이 직선 $x=3$이고, $\overline{PQ}=4$이므로 그래프의 x절편은 $3-2$와 $3+2$, 즉 1과 5이다.

즉, 이차방정식 $ax^2+bx+c=0$의 두 근이 1, 5이므로

$ax^2+bx+c=a(x-1)(x-5)$

$y=a(x-1)(x-5)$의 그래프가 꼭짓점 $(3, -4)$를 지나므로

$-4=a\times2\times(-2)$ ∴ $a=1$

$y=(x-1)(x-5)=x^2-6x+5$에서 $b=-6$, $c=5$

∴ $a-bc=1-(-6)\times5=31$

이차함수의 그래프는 축을 중심으로 좌우 대칭인 모양의 포물선이다. 따라서 이차함수의 그래프의 축이 직선 $x=p$이고 x축과 만나는 두 점 P, Q에 대하여 $\overline{PQ}=a$이면 두 점 P, Q의 x좌표는 $p-\dfrac{a}{2}$, $p+\dfrac{a}{2}$이다.

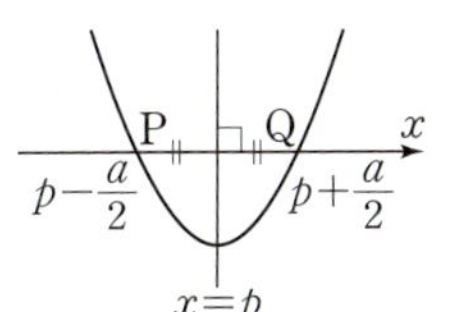

0475 답 ②

$y=x^2+ax-a-2$를 a에 대하여 정리하면
$$(x-1)a+(x^2-y-2)=0$$
이 등식이 a에 대한 항등식이므로
$$x-1=0,\ x^2-y-2=0$$
$$\therefore\ x=1,\ y=-1$$
따라서 점 P의 좌표는 $(1,\ -1)$이고 점 P가 이차함수의 그래프의 꼭짓점이므로 이차함수의 그래프의 식은
$$y=(x-1)^2-1=x^2-2x$$
이차방정식 $x^2-2x=0$에서
$$x(x-2)=0\qquad \therefore\ x=0\ \text{또는}\ x=2$$
따라서 그래프의 x절편의 합은 2이다.

0476 답 7

$f(x)$의 이차항의 계수가 1이므로
(가)에서 $f(x)=(x-3)^2+k\,(k\text{는 상수})$ 꼴이고
(나)에서 $f(x)+2$가 완전제곱식이므로 $f(x)+2=(x-3)^2$
$$\therefore\ f(x)=(x-3)^2-2=x^2-6x+7$$
따라서 이차방정식 $x^2-6x+7=0$의 두 근이 a, b이므로
이차방정식의 근과 계수의 관계에 의하여
$$ab=7$$

0477 답 ④

세 이차함수 $y=f(x)$, $y=g(x)$, $y=h(x)$의 최고차항의 계수의 절댓값이 같으므로 $f(x)$의 최고차항의 계수를 $a\,(a>0)$라 하면
$$f(x)=a(x+1)(x-1),\ g(x)=-a(x+2)(x-1),$$
$$h(x)=a(x-1)(x-2)$$
$$\begin{aligned}\therefore\ f(x)+g(x)+h(x)\\
=a(x+1)(x-1)-a(x+2)(x-1)+a(x-1)(x-2)\\
=a(x-1)\{(x+1)-(x+2)+(x-2)\}\\
=a(x-1)(x-3)\end{aligned}$$
방정식 $f(x)+g(x)+h(x)=0$에서
$$a(x-1)(x-3)=0\qquad \therefore\ x=1\ \text{또는}\ x=3$$
따라서 모든 근의 합은 $1+3=4$

0478 답 16

(가)에서 $y=-3x^2-12x-21=-3(x+2)^2-9$이므로
$$A(-2,\ -9)$$

$y=f(x)$의 그래프의 꼭짓점이 A이므로
$$f(x)=a(x+2)^2-9\,(a\neq0\text{인 상수}) \qquad \cdots\cdots \text{㉠}$$
라 하면 (나)에서 $\overline{BC}$가 삼각형 ABC의 밑변일 때, 높이는 점 A의 y좌표의 절댓값인 9이다.
즉, 삼각형 ABC의 넓이는
$$\frac{1}{2}\times\overline{BC}\times9=27 \qquad \therefore\ \overline{BC}=6 \qquad \cdots\cdots\ \text{ⅰ}$$
이차함수 $y=f(x)$의 그래프의 축이 직선 $x=-2$이고 $\overline{BC}=6$이므로 그래프가 x축과 만나는 두 점의 좌표는 $(-5,\ 0)$, $(1,\ 0)$이다.
즉, $y=f(x)$의 그래프가 점 $(1,\ 0)$을 지나므로 ㉠에서
$$0=9a-9\qquad \therefore\ a=1$$
따라서 $f(x)=(x+2)^2-9$이므로 $\qquad \cdots\cdots\ \text{ⅱ}$
$$f(3)=25-9=16 \qquad \cdots\cdots\ \text{ⅲ}$$

채점 기준

ⅰ 점 A의 좌표와 $\overline{BC}$의 길이 구하기		50%
ⅱ $f(x)$ 구하기		40%
ⅲ $f(3)$의 값 구하기		10%

0479 답 27

$y=2x^2-4ax=2(x-a)^2-2a^2$이므로
$$A(a,\ -2a^2)$$
이차방정식 $2x^2-4ax=0$에서 $2x(x-2a)=0$
$$\therefore\ x=0\ \text{또는}\ x=2a$$
따라서 $y=2x^2-4ax$의 그래프가 x축과 만나는 원점이 아닌 점 B의 좌표는 $B(2a,\ 0)$이고 $\overline{BC}=3$이므로 $C(2a+3,\ 0)$이다.
따라서 x^2의 계수가 -1이고 x축과 두 점 $B(2a,\ 0)$, $C(2a+3,\ 0)$에서 만나는 이차함수의 그래프의 식은
$$f(x)=-(x-2a)(x-2a-3)$$
$y=f(x)$의 그래프가 점 $A(a,\ -2a^2)$을 지나므로
$$-2a^2=-(a-2a)(a-2a-3)$$
$$-2a^2=-a^2-3a,\ a^2-3a=0$$
$$a(a-3)=0\qquad \therefore\ a=3\,(\because\ a>0)$$
$$\therefore\ A(3,\ -18)$$
따라서 삼각형 ABC의 넓이는
$$\frac{1}{2}\times3\times18=27$$

0480 답 ③

① 이차방정식 $-x^2+x+5=0$의 판별식을 D라 하면
$$D=1+20=21>0$$
이므로 이차함수의 그래프와 x축의 교점은 2개이다.

② 이차방정식 $-\dfrac{1}{3}x^2-6x+9=0$의 판별식을 D라 하면
$$\frac{D}{4}=9+3=12>0$$
이므로 이차함수의 그래프와 x축의 교점은 2개이다.

③ 이차방정식 $x^2+x+2=0$의 판별식을 D라 하면
$$D=1-8=-7<0$$
이므로 이차함수의 그래프와 x축의 교점은 없다.

④ 이차방정식 $x^2+2x-3=0$의 판별식을 D라 하면
$$\frac{D}{4}=1+3=4>0$$
이므로 이차함수의 그래프와 x축의 교점은 2개이다.
⑤ 이차방정식 $3x^2-12x-5=0$의 판별식을 D라 하면
$$\frac{D}{4}=36+15=51>0$$
이므로 이차함수의 그래프와 x축의 교점은 2개이다.
따라서 교점의 개수가 나머지 넷과 다른 하나는 ③이다.

0481 답 ⑤

이차방정식 $x^2+2(k-2)x+k^2=0$의 판별식을 D라 하면
$$\frac{D}{4}=(k-2)^2-k^2<0$$
$$-4k+4<0 \qquad \therefore k>1$$

0482 답 1

이차방정식 $x^2-(4k+1)x+4k^2+3k-1=0$의 판별식을 D라 하면
$$D=\{-(4k+1)\}^2-4(4k^2+3k-1)\geq0$$
$$-4k+5\geq0 \qquad \therefore k\leq\frac{5}{4}$$
따라서 정수 k의 최댓값은 1이다.

참고 이차함수 $y=ax^2+bx+c$의 그래프가 x축과 만난다.
➡ 이차방정식 $ax^2+bx+c=0$의 판별식을 D라 하면 $D\geq0$

0483 답 17

이차방정식 $x^2-6x+k=0$의 판별식을 D라 하면
$$\frac{D}{4}=9-k$$
$9-k>0$이면 $g(k)=2$이므로 $g(1)=g(2)=\cdots=g(8)=2$
$9-k=0$이면 $g(k)=1$이므로 $g(9)=1$
$9-k<0$이면 $g(k)=0$이므로 $g(10)=0$
$$\therefore g(1)+g(2)+\cdots+g(10)=8\times2+1=17$$

0484 답 -4

이차방정식 $x^2+2ax+a+2=0$의 판별식을 D라 하면
$$\frac{D}{4}=a^2-(a+2)=0$$
$$a^2-a-2=0,\ (a+1)(a-2)=0$$
$$\therefore a=2\,(\because a>0) \qquad\qquad \cdots\cdots\ \text{ⓘ}$$
$a=2$를 이차함수의 식에 대입하면 $y=x^2+4x+4=(x+2)^2$이므로 주어진 이차함수의 그래프는 점 $(-2,\,0)$에서 x축에 접한다.
따라서 $b=-2$이므로 $\qquad\qquad\qquad \cdots\cdots\ \text{ⓘⓘ}$
$$ab=2\times(-2)=-4 \qquad\qquad \cdots\cdots\ \text{ⓘⓘⓘ}$$

채점 기준	
ⓘ a의 값 구하기	50 %
ⓘⓘ b의 값 구하기	40 %
ⓘⓘⓘ ab의 값 구하기	10 %

0485 답 ③

이차방정식 $x^2+2kx+k+2=0$의 판별식을 D_1이라 하면
$$\frac{D_1}{4}=k^2-(k+2)=0$$
$$k^2-k-2=0,\ (k+1)(k-2)=0$$
$$\therefore k=-1 \text{ 또는 } k=2 \qquad \cdots\cdots\ \text{㉠}$$
이차방정식 $x^2-2x+2k-2=0$의 판별식을 D_2라 하면
$$\frac{D_2}{4}=(-1)^2-(2k-2)>0$$
$$3-2k>0 \qquad \therefore k<\frac{3}{2} \qquad \cdots\cdots\ \text{㉡}$$
㉠, ㉡에서 $k=-1$

0486 답 ③

이차함수 $y=x^2+ax+b$의 그래프가 점 $(1,\,0)$에서 x축에 접하므로 이차방정식 $x^2+ax+b=0$은 $x=1$을 중근으로 갖는다.
즉, $x^2+ax+b=(x-1)^2$이므로
$$x^2+ax+b=x^2-2x+1$$
$$\therefore a=-2,\ b=1$$
이차함수 $y=x^2+bx+a$, 즉 $y=x^2+x-2$의 그래프가 x축과 만나는 두 점의 x좌표는 이차방정식 $x^2+x-2=0$의 두 근이므로
$$(x+2)(x-1)=0 \qquad \therefore x=-2 \text{ 또는 } x=1$$
따라서 두 점 $(-2,\,0)$, $(1,\,0)$ 사이의 거리는
$$1-(-2)=3$$

0487 답 ④

ㄱ. 주어진 이차함수의 그래프는 x축과 서로 다른 두 점에서 만난다.
따라서 이차방정식 $ax^2+bx+c=0$의 판별식을 D_1이라 하면
$$D_1=b^2-4ac>0$$
ㄴ. -3, 1은 이차방정식 $ax^2+bx+c=0$의 두 근이므로 근과 계수의 관계에 의하여
$$-3+1=-\frac{b}{a},\ -3\times1=\frac{c}{a}$$
$$\therefore b=2a,\ c=-3a \qquad \cdots\cdots\ \text{㉠}$$
$$\therefore \frac{bc}{a^2}=\frac{2a\times(-3a)}{a^2}=-6$$
ㄷ. 이차방정식 $cx^2+ax+b=0$의 판별식을 D_2라 하면
$$D_2=a^2-4bc=a^2-4\times2a\times(-3a)=25a^2\,(\because \text{㉠})$$
이때 $a>0$이므로 $a^2>0 \qquad \therefore D_2>0$
따라서 이차함수 $y=cx^2+ax+b$의 그래프는 x축과 서로 다른 두 점에서 만난다.
따라서 보기에서 옳은 것은 ㄱ, ㄷ이다.

0488 답 2

이차방정식 $ax^2+bx+c=0$의 판별식을 D_1이라 하면
$$D_1=b^2-4ac<0 \qquad \cdots\cdots\ \text{㉠}$$
이차방정식 $bx^2-2(a+c)x+b=0$의 판별식을 D_2라 하면
$$\frac{D_2}{4}=\{-(a+c)\}^2-b^2=a^2+c^2+2ac-b^2$$

㉠에서 $-b^2>-4ac$이므로
$$a^2+c^2+2ac-b^2>a^2+c^2+2ac-4ac$$
$$=(a-c)^2$$
이때 $(a-c)^2\geq0$이므로 $\dfrac{D_2}{4}>0$

따라서 구하는 교점의 개수는 2이다.

0489 답 2

이차방정식 $x^2-2(a+k)x+k^2+2k+b=0$의 판별식을 D라 하면

$$\dfrac{D}{4}=\{-(a+k)\}^2-(k^2+2k+b)=0$$
$$a^2+2ak-2k-b=0 \qquad \cdots\cdots \text{ⓘ}$$

이 등식이 k에 대한 항등식이므로 k에 대하여 정리하면
$$(2a-2)k+a^2-b=0$$

따라서 $2a-2=0$, $a^2-b=0$이므로
$$a=1,\ b=1 \qquad \cdots\cdots \text{ⓙ}$$
$$\therefore a+b=2 \qquad \cdots\cdots \text{ⓚ}$$

채점 기준	
ⓘ 판별식 구하기	40%
ⓙ 항등식의 성질을 이용하여 a, b의 값 구하기	50%
ⓚ $a+b$의 값 구하기	10%

0490 답 ②

$x^2-3x+1=x+1$에서 $x^2-4x=0$

$x(x-4)=0 \qquad \therefore x=0$ 또는 $x=4$

따라서 두 점 A, B의 좌표는 $(0,\,1)$, $(4,\,5)$이므로
$$ab+cd=0\times1+4\times5=20$$

참고 이차함수 $y=ax^2+bx+c$의 그래프와 직선 $y=mx+n$의 교점의 x좌표는 이차방정식 $ax^2+bx+c=mx+n$, 즉 $ax^2+(b-m)x+c-n=0$의 실근과 같다.

0491 답 ④

이차방정식 $2x^2-6x+3=ax-2$, 즉 $2x^2-(a+6)x+5=0$의 두 근이 x_1, x_2이므로 근과 계수의 관계에 의하여
$$x_1+x_2=\dfrac{a+6}{2}$$

이때 $x_1+x_2=4$이므로 $\dfrac{a+6}{2}=4$, $a+6=8$

$$\therefore a=2$$

0492 답 2

이차함수 $y=3x^2-x-6$의 그래프와 직선 $y=ax+b$의 교점의 x좌표는 이차방정식 $3x^2-x-6=ax+b$, 즉 $3x^2-(a+1)x-b-6=0$의 두 근이므로 근과 계수의 관계에 의하여
$$-3=\dfrac{a+1}{3},\ 2=\dfrac{-b-6}{3} \qquad \therefore a=-10,\ b=-12$$

$$\therefore a-b=2$$

0493 답 ③

주어진 그림에서 이차함수 $y=x^2+mx+1$의 그래프와 직선 $y=-x+n$의 교점의 x좌표가 -3, 1이므로 -3, 1은 이차방정식 $x^2+mx+1=-x+n$, 즉 $x^2+(m+1)x+1-n=0$의 두 근이다.

따라서 이차방정식의 근과 계수의 관계에 의하여
$$-3+1=-(m+1),\ -3\times1=1-n$$
$$\therefore m=1,\ n=4$$
$$\therefore m+n=5$$

0494 답 8

이차방정식 $-x^2+ax+3=-2x+b$, 즉 $x^2-(a+2)x+b-3=0$의 한 근이 $2+\sqrt{5}$이다.

이때 이차방정식의 계수가 유리수이므로 $2+\sqrt{5}$가 근이면 다른 한 근은 $2-\sqrt{5}$이다. $\qquad \cdots\cdots \text{ⓘ}$

따라서 이차방정식의 근과 계수의 관계에 의하여
$$(2+\sqrt{5})+(2-\sqrt{5})=a+2$$
$$(2+\sqrt{5})(2-\sqrt{5})=b-3$$
$$\therefore a=2,\ b=2 \qquad \cdots\cdots \text{ⓙ}$$
$$\therefore a^2+b^2=4+4=8 \qquad \cdots\cdots \text{ⓚ}$$

채점 기준	
ⓘ $2+\sqrt{5}$가 근인 이차방정식과 다른 한 근 구하기	30%
ⓙ a, b의 값 구하기	50%
ⓚ a^2+b^2의 값 구하기	20%

0495 답 ④

α, β는 이차방정식 $x^2-5x-3=-ax+1$, 즉 $x^2+(a-5)x-4=0$의 두 근이므로 근과 계수의 관계에 의하여
$$\alpha+\beta=5-a,\ \alpha\beta=-4 \qquad \cdots\cdots \text{㉠}$$

$|\alpha-\beta|=4\sqrt{5}$의 양변을 제곱하면 $(\alpha-\beta)^2=80$
$$(\alpha+\beta)^2-4\alpha\beta=80$$

이 식에 ㉠을 대입하면 $(5-a)^2-4\times(-4)=80$
$$a^2-10a-39=0,\ (a+3)(a-13)=0$$
$$\therefore a=13\,(\because a>0)$$

0496 답 ③

이차함수 $y=2x^2-(a^2-2a+3)x+(3a-1)$의 그래프와 직선 $y=-2ax+a^2$의 두 교점의 x좌표를 α, β라 하면 α, β는 이차방정식 $2x^2-(a^2-2a+3)x+3a-1=-2ax+a^2$, 즉 $2x^2-(a^2-4a+3)x-a^2+3a-1=0$의 두 근이므로 근과 계수의 관계에 의하여
$$\alpha+\beta=\dfrac{a^2-4a+3}{2},\ \alpha\beta=\dfrac{-a^2+3a-1}{2}$$

이때 두 교점의 x좌표의 절댓값이 같고 부호가 다르므로
$$\alpha+\beta=0,\ \alpha\beta<0$$
$$\dfrac{a^2-4a+3}{2}=0$$에서 $(a-1)(a-3)=0$
$$\therefore a=1$$ 또는 $a=3$

$a=1$이면 $\alpha\beta=\dfrac{-1+3-1}{2}=\dfrac{1}{2}>0$

$a=3$이면 $\alpha\beta=\dfrac{-9+9-1}{2}=-\dfrac{1}{2}<0$

따라서 구하는 상수 a의 값은 3이다.

0497 답 ①

이차함수 $y=2x^2+ax+3$의 그래프와 직선 $y=x+2$의 두 교점의 x좌표를 α, β라 하면 α, β는 이차방정식 $2x^2+ax+3=x+2$, 즉 $2x^2+(a-1)x+1=0$의 두 근이므로 근과 계수의 관계에 의하여

$\alpha+\beta=\dfrac{1-a}{2}$ ······ ㉠

두 교점의 좌표는 $(\alpha,\ \alpha+2)$, $(\beta,\ \beta+2)$이고 y좌표의 합이 6이므로

$(\alpha+2)+(\beta+2)=6$ $\therefore \alpha+\beta=2$

㉠에서 $\dfrac{1-a}{2}=2$, $1-a=4$

$\therefore a=-3$

0498 답 ②

이차함수 $y=\dfrac{1}{2}(x-k)^2$의 그래프와 직선 $y=x$의 두 교점 A, B의 x좌표를 α, β라 하면 α, β는 이차방정식 $\dfrac{1}{2}(x-k)^2=x$, 즉 $x^2-2(k+1)x+k^2=0$의 두 근이므로 근과 계수의 관계에 의하여

$\alpha+\beta=2(k+1)$, $\alpha\beta=k^2$ ······ ㉠

이때 두 점 A, B의 x좌표가 α, β이면 두 점 C, D의 x좌표도 α, β이고, 선분 CD의 길이가 6이므로 $|\alpha-\beta|=6$

양변을 제곱하면 $(\alpha-\beta)^2=36$

$(\alpha+\beta)^2-4\alpha\beta=36$

이 식에 ㉠을 대입하면 $4(k+1)^2-4k^2=36$

$8k+4=36$ $\therefore k=4$

0499 답 ②

두 점 A, B에서 x축에 내린 수선의 발을 각각 A′, B′이라 하면

$\overline{OA}:\overline{OB}=2:1$이므로 $\overline{OA'}:\overline{OB'}=2:1$

즉, 두 점 A′, B′의 x좌표를 각각 $-2a$, $a\,(a>0)$라 하면 $-2a$, a는 이차방정식 $-x^2+4=kx$, 즉 $x^2+kx-4=0$의 두 근이므로 근과 계수의 관계에 의하여

$-2a+a=-k$, $-2a\times a=-4$

$\therefore k=a$, $a^2=2$

그런데 $a>0$이므로 $a=\sqrt{2}$

$\therefore k=\sqrt{2}$

0500 답 ⑤

이차함수 $f(x)=x^2-x+k$의 그래프와 직선 $y=x+1$의 두 교점의 x좌표가 α, β이므로 α, β는 이차방정식 $x^2-x+k=x+1$, 즉 $x^2-2x+k-1=0$의 두 근이다.

따라서 이차방정식의 근과 계수의 관계에 의하여

$\alpha+\beta=2$, $\alpha\beta=k-1$ ······ ㉠

$\overline{AB}=\beta-\alpha$이고

$\overline{BC}=f(\beta)-f(\alpha)=(\beta+1)-(\alpha+1)$
$\quad\ \ =\beta-\alpha$

이므로 삼각형 ABC의 넓이는

$\dfrac{1}{2}\times(\beta-\alpha)^2=18$

$(\beta-\alpha)^2=36$, $(\alpha+\beta)^2-4\alpha\beta=36$

이 식에 ㉠을 대입하면 $2^2-4(k-1)=36$

$-4k=28$ $\therefore k=-7$

따라서 $f(x)=x^2-x-7$이므로

$f(1)=1-1-7=-7$

0501 답 ①

㈎에서 $y=f(x)$의 그래프의 축의 방정식이 $x=\dfrac{(6-x)+x}{2}$, 즉 $x=3$이고 $f(x)$의 이차항의 계수가 1이므로 $f(x)=(x-3)^2+k\,(k$는 상수)라 하자.

㈏에서 $f(1)=1$이므로

$(-2)^2+k=1$ $\therefore k=-3$

$\therefore f(x)=(x-3)^2-3=x^2-6x+6$

이차함수 $y=x^2-6x+6$의 그래프와 직선 $y=2x-3$의 두 교점 A, B의 x좌표를 α, β라 하면 α, β는 이차방정식 $x^2-6x+6=2x-3$, 즉 $x^2-8x+9=0$의 두 근이므로 근과 계수의 관계에 의하여

$\alpha+\beta=8$, $\alpha\beta=9$

$(\alpha-\beta)^2=(\alpha+\beta)^2-4\alpha\beta=8^2-4\times9=28$이므로

$\alpha-\beta=\pm2\sqrt{7}$

$\therefore \overline{CD}=|\alpha-\beta|=2\sqrt{7}$

0502 답 ②

이차함수 $y=ax^2$의 그래프와 직선 $y=x+6$이 만나는 두 점의 x좌표가 α, β이므로 α, β는 이차방정식 $ax^2=x+6$, 즉 $ax^2-x-6=0$의 두 근이다.

따라서 이차방정식의 근과 계수의 관계에 의하여

$\alpha+\beta=\dfrac{1}{a}$, $\alpha\beta=-\dfrac{6}{a}$ ······ ㉠

이때 두 점 A, B는 직선 $y=x+6$ 위의 점이므로

A$(\alpha,\ \alpha+6)$, B$(\beta,\ \beta+6)$

C$(\beta,\ \alpha+6)$이므로

$\overline{BC}=(\beta+6)-(\alpha+6)=\dfrac{7}{2}$ $\therefore \alpha-\beta=-\dfrac{7}{2}$

양변을 제곱하면 $(\alpha-\beta)^2=\dfrac{49}{4}$

$(\alpha+\beta)^2-4\alpha\beta=\dfrac{49}{4}$

이 식에 ㉠을 대입하면 $\left(\dfrac{1}{a}\right)^2-4\times\left(-\dfrac{6}{a}\right)=\dfrac{49}{4}$

양변에 $4a^2$을 곱한 후 정리하면

$49a^2-96a-4=0$, $(49a+2)(a-2)=0$

$\therefore a=2\,(\because a>0)$

$a=2$를 ㉠에 대입하면 $\alpha+\beta=\dfrac{1}{2}$, $\alpha\beta=-3$이므로

$\alpha^2+\beta^2=(\alpha+\beta)^2-2\alpha\beta=\left(\dfrac{1}{2}\right)^2-2\times(-3)=\dfrac{25}{4}$

0503 답 7

두 점 A, B의 x좌표를 각각 α, β $(\beta<0<\alpha)$라 하면
$A(\alpha, \alpha^2)$, $B(\beta, \beta^2)$
α, β는 이차방정식 $x^2=x+3k$, 즉 $x^2-x-3k=0$의 두 근이므로
근과 계수의 관계에 의하여
$\alpha+\beta=1$, $\alpha\beta=-3k$ $\quad$ …… ㉠
$\overline{OC}=\alpha$, $\overline{AC}=\alpha^2$이므로 삼각형 AOC의 넓이는
$S_1=\dfrac{1}{2}\times\overline{OC}\times\overline{AC}=\dfrac{1}{2}\times\alpha\times\alpha^2=\dfrac{1}{2}\alpha^3$
$\overline{OD}=|\beta|=-\beta$, $\overline{BD}=\beta^2$이므로 삼각형 BOD의 넓이는
$S_2=\dfrac{1}{2}\times\overline{OD}\times\overline{BD}=\dfrac{1}{2}\times(-\beta)\times\beta^2=-\dfrac{1}{2}\beta^3$ $\quad$ …… ❶
$S_1-S_2=32$에서
$\dfrac{1}{2}\alpha^3+\dfrac{1}{2}\beta^3=32$, $\alpha^3+\beta^3=64$ $\quad$ …… ❷
$(\alpha+\beta)^3-3\alpha\beta(\alpha+\beta)=64$
이 식에 ㉠을 대입하면
$1^3-3\times(-3k)\times1=64$, $9k=63$
$\therefore k=7$ $\quad$ …… ❸

채점 기준	
❶ S_1, S_2를 α, β에 대한 식으로 나타내기	40%
❷ $\alpha^3+\beta^3$의 값 구하기	30%
❸ k의 값 구하기	30%

0504 답 ⑤

① 이차방정식 $x^2-3x+1=x+1$, 즉 $x^2-4x=0$의 판별식을 D라 하면
$\dfrac{D}{4}=4-0=4>0$

② 이차방정식 $x^2-3x+1=x-3$, 즉 $x^2-4x+4=0$의 판별식을 D라 하면
$\dfrac{D}{4}=4-4=0$

③ 이차방정식 $x^2-3x+1=2x-1$, 즉 $x^2-5x+2=0$의 판별식을 D라 하면
$D=25-8=17>0$

④ 이차방정식 $x^2-3x+1=-x+1$, 즉 $x^2-2x=0$의 판별식을 D라 하면
$\dfrac{D}{4}=1-0=1>0$

⑤ 이차방정식 $x^2-3x+1=-2x-1$, 즉 $x^2-x+2=0$의 판별식을 D라 하면
$D=1-8=-7<0$

따라서 주어진 이차함수의 그래프와 만나지 않는 직선은 ⑤이다.

0505 답 9

$x^2+4x+k=-2x+1$에서 $x^2+6x+k-1=0$
이 이차방정식의 판별식을 D라 하면
$\dfrac{D}{4}=9-(k-1)>0$
$10-k>0$ $\quad$ $\therefore k<10$
따라서 자연수 k의 최댓값은 9이다.

0506 답 ②

$x^2+ax+a^2=-x$에서
$x^2+(a+1)x+a^2=0$
이 이차방정식의 판별식을 D라 하면
$D=(a+1)^2-4a^2=0$
$3a^2-2a-1=0$, $(3a+1)(a-1)=0$
$\therefore a=-\dfrac{1}{3}$ 또는 $a=1$
그런데 $a>0$이므로 $a=1$

0507 답 ④

$x^2+5x+9=x+k$에서
$x^2+4x+9-k=0$
이 이차방정식의 판별식을 D라 하면
$\dfrac{D}{4}=4-(9-k)<0$
$k-5<0$ $\quad$ $\therefore k<5$
따라서 자연수 k는 1, 2, 3, 4의 4개이다.

0508 답 4

$2x+k=3x^2-2x+5$에서
$3x^2-4x+5-k=0$
이 이차방정식의 판별식을 D라 하면
$\dfrac{D}{4}=4-3(5-k)\geq0$
$3k-11\geq0$ $\quad$ $\therefore k\geq\dfrac{11}{3}$
따라서 자연수 k의 최솟값은 4이다.

0509 답 -1

$2x^2+x-1=3x+k$에서
$2x^2-2x-k-1=0$ $\quad$ …… ㉠
이 이차방정식의 판별식을 D라 하면
$\dfrac{D}{4}=1-2(-k-1)=0$
$2k+3=0$ $\quad$ $\therefore k=-\dfrac{3}{2}$ $\quad$ …… ❶
㉠에서 이차방정식 $2x^2-2x+\dfrac{1}{2}=0$의 근이 a이므로
$2a^2-2a+\dfrac{1}{2}=0$, $4a^2-4a+1=0$
$(2a-1)^2=0$ $\quad$ $\therefore a=\dfrac{1}{2}$
$y=3x-\dfrac{3}{2}$에 $x=\dfrac{1}{2}$, $y=b$를 대입하면
$b=3\times\dfrac{1}{2}-\dfrac{3}{2}=0$ $\quad$ …… ❷
$\therefore a+b+k=\dfrac{1}{2}+0+\left(-\dfrac{3}{2}\right)=-1$ $\quad$ …… ❸

채점 기준	
❶ k의 값 구하기	30%
❷ a, b의 값 구하기	60%
❸ $a+b+k$의 값 구하기	10%

0510 답 ④

구하는 직선의 기울기는 -2이므로 직선의 방정식을 $y=-2x+k$ (k는 상수)라 하자.

이 직선이 이차함수 $y=-x^2+2x-3$의 그래프와 접하므로 이차방정식 $-x^2+2x-3=-2x+k$, 즉 $x^2-4x+k+3=0$의 판별식을 D라 하면

$$\frac{D}{4}=4-(k+3)=0$$

$1-k=0$　　$\therefore k=1$

따라서 구하는 직선의 방정식은

$y=-2x+1$

0511 답 ④

직선 $y=ax+b$가 점 $(0, 8)$을 지나므로 $b=8$

직선 $y=ax+8$이 이차함수 $y=-\dfrac{1}{2}x^2+2x$의 그래프와 접하므로

이차방정식 $ax+8=-\dfrac{1}{2}x^2+2x$, 즉 $\dfrac{1}{2}x^2+(a-2)x+8=0$의

판별식을 D라 하면

$$D=(a-2)^2-4\times\frac{1}{2}\times 8=0$$

$a^2-4a-12=0,\ (a+2)(a-6)=0$

$\therefore a=-2\ (\because a<0)$

$\therefore a+b=-2+8=6$

0512 답 ③

이차방정식 $x^2+2(k+2)x+4=kx-5$, 즉 $x^2+(k+4)x+9=0$의 판별식을 D라 하면

$D=(k+4)^2-36=k^2+8k-20$　　$\cdots\cdots$ ㉠

$D=0$이면 $f(k)=1$이므로 ㉠에서

$k^2+8k-20=0,\ (k+10)(k-2)=0$

$\therefore k=-10$ 또는 $k=2$

$\therefore f(2)=1$

$k=1$이면 ㉠에서 $D=1+8-20=-11<0$이므로

$f(1)=0$

$k=3$이면 ㉠에서 $D=9+24-20=13>0$이므로

$f(3)=2$

마찬가지 방법으로 $k=4,\ 5,\ 6,\ \cdots,\ 10$일 때, $D>0$이므로

$f(3)=f(4)=\cdots=f(10)=2$

$\therefore f(1)+f(2)+\cdots+f(10)=0+1+2\times 8=17$

0513 답 ②

이차방정식 $x^2+3x+a=x+1$, 즉 $x^2+2x+a-1=0$의 판별식을 D_1이라 하면

$$\frac{D_1}{4}=1-(a-1)=0$$

$2-a=0$　　$\therefore a=2$

이차방정식 $x^2+3x+2=5x+b$, 즉 $x^2-2x+2-b=0$의 판별식을 D_2라 하면

$$\frac{D_2}{4}=1-(2-b)>0$$

$b-1>0$　　$\therefore b>1$

따라서 정수 b의 최솟값은 2이므로 $m=2$

$\therefore a+m=2+2=4$

0514 답 12

점 $(-3, 1)$을 지나는 직선의 방정식을 $y=m(x+3)+1$ (m은 상수)이라 하자.

이차방정식 $-x^2+2x+3=m(x+3)+1$, 즉

$x^2+(m-2)x+3m-2=0$의 판별식을 D_1이라 하면

$D_1=(m-2)^2-4(3m-2)=0$

$\therefore m^2-16m+12=0$

이차방정식 $m^2-16m+12=0$의 판별식을 D_2라 하면

$$\frac{D_2}{4}=64-12=52>0$$

이므로 이 이차방정식의 서로 다른 두 실근이 이차함수의 그래프에 접하는 두 직선의 기울기이다.

따라서 이차방정식의 근과 계수의 관계에 의하여 구하는 두 직선의 기울기의 곱은 12이다.

0515 답 $\dfrac{1}{4}$

이차방정식 $x^2+4ax+b=0$의 판별식을 D_1이라 하면

$$\frac{D_1}{4}=4a^2-b=0$$　　$\therefore b=4a^2$　　$\cdots\cdots$ ❶

이차방정식 $x^2+4ax+4a^2=2x$, 즉 $x^2+2(2a-1)x+4a^2=0$의 판별식을 D_2라 하면

$$\frac{D_2}{4}=(2a-1)^2-4a^2\geq 0$$

$-4a+1\geq 0$　　$\therefore a\leq\dfrac{1}{4}$　　$\cdots\cdots$ ❷

따라서 a의 최댓값은 $\dfrac{1}{4}$이다.　　$\cdots\cdots$ ❸

채점 기준	
❶ b를 a에 대한 식으로 나타내기	30%
❷ a의 값의 범위 구하기	50%
❸ a의 최댓값 구하기	20%

0516 답 ④

주어진 이차함수의 그래프와 직선이 한 점에서 만나므로 이차방정식 $-x^2+4x+5=2x+a$, 즉 $x^2-2x-a-5=0$의 판별식을 D라 하면

$$\frac{D}{4}=1-(a-5)=0$$

$6-a=0$　　$\therefore a=6$

이차방정식 $x^2-2x+a-5=0$, 즉 $x^2-2x+1=0$의 근이 점 A의 x좌표이므로

$(x-1)^2=0$　　$\therefore x=1$

점 A가 직선 $y=2x+a$, 즉 $y=2x+6$ 위의 점이므로 $x=1$을 $y=2x+6$에 대입하면

$y=8$　　$\therefore \text{A}(1, 8)$

이차함수 $y=-x^2+4x+5$의 그래프와 x축의 교점의 x좌표를 구하면 $-x^2+4x+5=0$에서

$x^2-4x-5=0,\ (x+1)(x-5)=0$

$\therefore x=-1$ 또는 $x=5$

따라서 B$(-1, 0)$, C$(5, 0)$이므로 $\overline{BC}=6$
$\overline{BC}$가 삼각형 ABC의 밑변일 때, 높이는 점 A의 y좌표인 8이므로
삼각형 ABC의 넓이는
$$\frac{1}{2}\times 6\times 8=24$$

0517 답 ④

이차함수 $y=x^2-3x+4$의 그래프가 직선 $y=-x+b$에 접하므로
이차방정식 $x^2-3x+4=-x+b$, 즉 $x^2-2x+4-b=0$의 판별식
을 D_1이라 하면
$$\frac{D_1}{4}=1-(4-b)=0, \ b-3=0$$
$$\therefore b=3$$
이차함수 $y=-2x^2+3x+a$의 그래프가 직선 $y=-x+3$에 접하
므로 이차방정식 $-2x^2+3x+a=-x+3$, 즉 $2x^2-4x+3-a=0$
의 판별식을 D_2라 하면
$$\frac{D_2}{4}=4-2(3-a)=0, \ 2a-2=0$$
$$\therefore a=1$$
$$\therefore a+b=1+3=4$$

0518 답 $-3, 1$

㈎에서 꼭짓점의 x좌표가 -1이고, $f(x)$의 이차항의 계수가 -1
이므로 $f(x)=-(x+1)^2+k \, (k$는 상수$)$라 하자.
㈏에서 이차방정식 $-(x+1)^2+k=2x+7$, 즉
$x^2+4x+8-k=0$의 판별식을 D라 하면
$$\frac{D}{4}=4-(8-k)=0$$
$$k-4=0 \qquad \therefore k=4$$
$$\therefore f(x)=-(x+1)^2+4$$
$$=-x^2-2x+3 \qquad\qquad \cdots\cdots \text{ⓘ}$$
$y=-x^2-2x+3$의 그래프와 x축의 교점의 x좌표를 구하면
$-x^2-2x+3=0$에서 $x^2+2x-3=0$
$(x+3)(x-1)=0 \qquad \therefore x=-3$ 또는 $x=1$
따라서 구하는 x좌표는 $-3, 1$이다. $\qquad\qquad \cdots\cdots \text{ⓘⓘ}$

채점 기준

ⓘ $f(x)$ 구하기	50%
ⓘⓘ $y=f(x)$의 그래프와 x축의 교점의 x좌표 구하기	50%

0519 답 ②

이차방정식 $x^2-2ax+a^2-5a=mx+n$, 즉
$x^2-(2a+m)x+a^2-5a-n=0$의 판별식을 D라 하면
$D=\{-(2a+m)\}^2-4(a^2-5a-n)=0$
$(4m+20)a+m^2+4n=0$
이 등식이 a에 대한 항등식이므로
$4m+20=0, \ m^2+4n=0$
$$\therefore m=-5, \ n=-\frac{25}{4}$$
$$\therefore 4mn=4\times(-5)\times\left(-\frac{25}{4}\right)=125$$

0520 답 ③

방정식 $|x^2-9|=k$의 실근의 개수는 함수 $y=|x^2-9|$의 그래프
와 직선 $y=k$의 교점의 개수와 같다.
$y=|x^2-9|$에서 $x=-3$, $x=3$을 기준으로 x의 값의 범위를 나누
어 함수식을 구하면
$$y=|x^2-9|=\begin{cases} x^2-9 & (x\leq-3 \text{ 또는 } x\geq3) \\ -(x^2-9) & (-3<x<3) \end{cases}$$
이때 교점이 4개이려면 다음 그림과 같이 직선 $y=k$가 원점을 지나
는 직선 $y=0$과 점 $(0, 9)$를 지나는 직선 $y=9$ 사이에 있어야 한다.

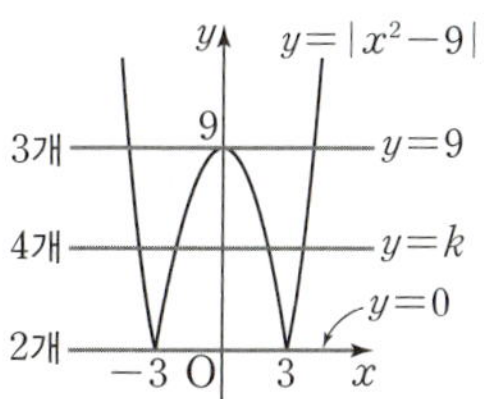

따라서 $0<k<9$이므로 정수 k의 최댓값은 8이다.

참고 함수 $y=|x^2-9|$의 그래프는 다음과 같은 순서로 그릴 수 있다.
① 함수 $y=x^2-9$의 그래프를 그린다.
② $y<0$인 부분, 즉 x축보다 아래쪽에 있는 부분을 x축에 대하여 대칭시킨
다.

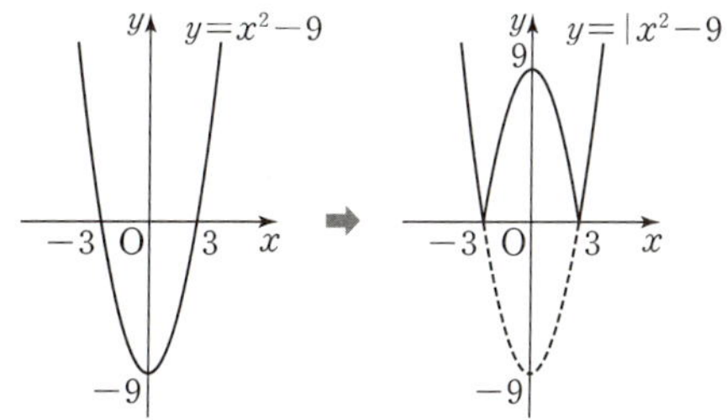

0521 답 ②

이차함수 $y=f(x)$의 그래프의 꼭짓점의 좌표가 $(2, 3)$이므로
$f(x)=a(x-2)^2+3 \, (a$는 상수$)$이라 하자.
이 그래프가 점 $(0, 0)$을 지나므로 $f(0)=0$에서
$$0=4a+3 \qquad \therefore a=-\frac{3}{4}$$
점 $(0, 6)$을 지나는 직선의 방정식을 $y=mx+6 \, (m<0)$이라 하면
$f(x)=-\dfrac{3}{4}(x-2)^2+3$의 그래프가 이 직선과 접하므로
이차방정식 $-\dfrac{3}{4}(x-2)^2+3=mx+6$이 중근을 갖는다.
이차방정식 $-3(x-2)^2+12=4mx+24$, 즉
$3x^2+4(m-3)x+24=0$의 판별식을 D라 하면
$$\frac{D}{4}=4(m-3)^2-3\times24=0$$
$$m^2-6m-9=0 \qquad \therefore m=3\pm3\sqrt{2}$$
이때 $m<0$이므로 구하는 직선의 기울기는 $3-3\sqrt{2}$이다.

✔ 중3 다시보기

> 꼭짓점의 좌표 (p, q)와 그래프 위의 다른 한 점 (x_1, y_1)이
> 주어질 때, 이차함수의 식은 다음과 같은 순서로 구한다.
> ① 이차함수의 식을 $y=a(x-p)^2+q$로 놓는다.
> ② ①의 식에 점 (x_1, y_1)의 좌표를 대입하여 a의 값을 구한
> 다.

0522　답 91

전략　이차함수의 그래프와 직선의 위치 관계를 이용하여 a의 값을 구한 후 $S_1-S_2=\triangle\text{BOH}-\triangle\text{AOH}$임을 이용한다.

이차함수 $y=x^2-4x+\dfrac{25}{4}$의 그래프가 직선 $y=ax$와 한 점에서만

만나므로 이차방정식 $x^2-4x+\dfrac{25}{4}=ax$, 즉

$x^2-(a+4)x+\dfrac{25}{4}=0$의 판별식을 D라 하면

$D=\{-(a+4)\}^2-4\times1\times\dfrac{25}{4}=0$

$a^2+8a-9=0$

$(a+9)(a-1)=0$

$\therefore a=1\ (\because a>0)$

이차함수 $y=x^2-4x+\dfrac{25}{4}$의 그래프가 직선 $y=x$와 만나는 점의

x좌표는 이차방정식 $x^2-4x+\dfrac{25}{4}=x$, 즉 $x^2-5x+\dfrac{25}{4}=0$의 실

근과 같다.

$\left(x-\dfrac{5}{2}\right)^2=0\qquad\therefore x=\dfrac{5}{2}$

$\therefore \text{A}\left(\dfrac{5}{2},\ \dfrac{5}{2}\right),\ \text{B}\left(0,\ \dfrac{25}{4}\right),\ \text{H}\left(\dfrac{5}{2},\ 0\right)$

삼각형 BOH의 넓이를 T_1, 삼각형 AOH

의 넓이를 T_2라 하면

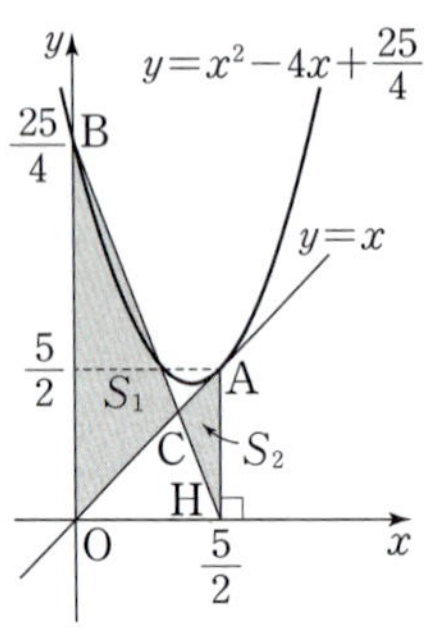

$S_1-S_2=T_1-T_2$

$\quad=\dfrac{1}{2}\times\dfrac{5}{2}\times\dfrac{25}{4}-\dfrac{1}{2}\times\dfrac{5}{2}\times\dfrac{5}{2}$

$\quad=\dfrac{75}{16}$

따라서 $p=16$, $q=75$이므로

$p+q=91$

0523　답 ①

전략　방정식 $|2x^2-2|-x-k=0$의 실근의 개수는 함수 $y=|2x^2-2|$의 그래프와 직선 $y=x+k$의 교점의 개수와 같음을 이용한다.

$|2x^2-2|-x-k=0$에서 $|2x^2-2|=x+k$이므로 방정식의 실근의 개수는 함수 $y=|2x^2-2|$의 그래프와 직선 $y=x+k$의 교점의 개수와 같다.

함수 $y=|2x^2-2|$에서

$y=|2x^2-2|=\begin{cases}2x^2-2 & (x\le-1 \text{ 또는 } x\ge1)\\ -(2x^2-2) & (-1<x<1)\end{cases}$

이때 교점이 3개인 경우는 오른쪽 그림

과 같이 $y=|2x^2-2|$의 그래프와 직선

$y=x+k$가 (i) 또는 (ii)와 같이 만나는

경우이다.

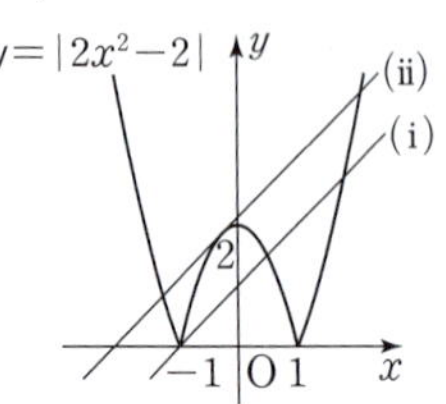

(i) 직선 $y=x+k$가 점 $(-1,\ 0)$을 지

　날 때,

　$\quad 0=-1+k\qquad\therefore k=1$

(ii) 직선 $y=x+k$가 이차함수 $y=-2x^2+2$의 그래프에 접할 때,

　이차방정식 $x+k=-2x^2+2$, 즉 $2x^2+x+k-2=0$의 판별식

　을 D라 하면

　$D=1-8(k-2)=0$

　$-8k+17=0\qquad\therefore k=\dfrac{17}{8}$

(i), (ii)에서 모든 실수 k의 값의 곱은

$1\times\dfrac{17}{8}=\dfrac{17}{8}$

0524　답 ②

전략　방정식 $f(x)=0$의 실근은 함수 $y=f(x)$의 그래프와 x축의 교점의 x좌표와 같고, 방정식 $f(x)=g(x)$의 실근은 두 함수 $y=f(x)$, $y=g(x)$의 그래프의 교점의 x좌표와 같음을 이용한다.

$f(x)=ax^2+bx+c$, $g(x)=mx+n\ (a,\ b,\ c,\ m,\ n$은 실수)이라

하자.

ㄱ. 이차함수 $y=f(x)$의 그래프와 x축의 교점의 x좌표가 β, γ이므

　로 이차방정식 $f(x)=0$의 두 근이 β, γ이다.

　방정식 $f(-x)=0$에서 $-x=\beta$ 또는 $-x=\gamma$

　$\therefore x=-\beta$ 또는 $x=-\gamma$

　따라서 $f(-x)=0$의 두 근은 $-\beta$, $-\gamma$이므로 두 근의 합은

　$-(\beta+\gamma)$이다.

ㄴ. α, δ가 방정식 $f(x)=g(x)$의 두 근이므로

　$ax^2+bx+c=mx+n$, 즉 $ax^2+(b-m)x+c-n=0$에서 이

　차방정식의 근과 계수의 관계에 의하여

　$a\delta=\dfrac{c-n}{a}$ 　……㉠

　방정식 $f(x)=g(-x)$, 즉 $f(x)-g(-x)=0$은

　$ax^2+(b+m)x+c-n=0$이고

　이 방정식의 두 근의 곱은 이차방정식의 근과 계수의 관계에 의

　하여 $\dfrac{c-n}{a}$, 즉 $a\delta$이다.

ㄷ. 방정식 $f(x)=0$의 두 근이 β, γ이므로 이차방정식의 근과 계

　수의 관계에 의하여

　$\beta\gamma=\dfrac{c}{a}$

　방정식 $f(x)=g(x)$의 두 근이 α, δ이므로 ㉠에서 $a\delta=\dfrac{c-n}{a}$

　$\beta\gamma-a\delta=\dfrac{c}{a}-\dfrac{c-n}{a}=\dfrac{n}{a}$

　이때 주어진 그래프에서 $a>0$, $n>0$이므로

　$\beta\gamma-a\delta>0\qquad\therefore \beta\gamma>a\delta$

따라서 보기에서 옳은 것은 ㄱ, ㄴ이다.

0525　답 ②

전략　이차함수 $y=f(x)$의 그래프와 직선 $y=g(x)$가 실수 k의 값에 관계없이 항상 접하려면 이차방정식 $f(x)-g(x)=0$의 판별식 D에 대하여 $D=0$이 실수 k에 대한 항등식임을 이용한다.

$l_1\colon y=mx+n$, $l_2\colon y=px+q\ (m,\ n,\ p,\ q$는 상수)라 하면

(가)에서 이차방정식 $-x^2+2ax-a^2=mx+n$이 중근을 가지므로

이차방정식 $x^2+(m-2a)x+a^2+n=0$의 판별식을 D_1이라 하면

$D_1=(m-2a)^2-4(a^2+n)=0$

이 식이 실수 a의 값에 관계없이 성립하므로 a에 대하여 정리하면
$$-4ma+(m^2-4n)=0$$
이 등식이 a에 대한 항등식이므로
$$m=0,\ m^2-4n=0$$
$$\therefore\ m=0,\ n=0$$
따라서 직선 l_1의 방정식은 $y=0$이다.
(나)에서 이차방정식 $x^2-2bx+b^2+2b+4=px+q$가 중근을 가지므로 이차방정식 $x^2-(2b+p)x+b^2+2b-q+4=0$의 판별식을 D_2라 하면
$$D_2=\{-(2b+p)\}^2-4(b^2+2b-q+4)=0$$
이 식이 실수 b의 값에 관계없이 성립하므로 b에 대하여 정리하면
$$4(p-2)b+p^2+4q-16=0$$
이 등식이 b에 대한 항등식이므로
$$4(p-2)=0,\ p^2+4q-16=0$$
$$\therefore\ p=2,\ q=3$$
따라서 직선 l_2의 방정식은 $y=2x+3$이다.
세 직선 $y=-x+3$, l_1, l_2는 오른쪽 그림과 같으므로 이 세 직선으로 만들어지는 삼각형의 넓이는

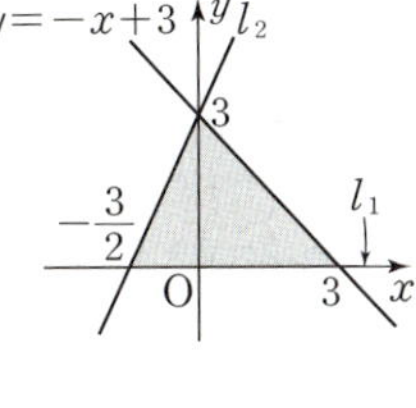

$$\frac{1}{2}\times\left\{3-\left(-\frac{3}{2}\right)\right\}\times3=\frac{1}{2}\times\frac{9}{2}\times3$$
$$=\frac{27}{4}$$

0526 답 ④

전략 두 함수 $y=f(x)$, $y=h(x)$의 그래프가 접하는 점의 x좌표가 k이면 $f(x)-h(x)=a(x-k)^2$임을 이용한다.

두 함수 $y=f(x)$, $y=h(x)$의 그래프가 $x=\alpha$인 점에서 접하므로 방정식 $f(x)-h(x)=0$은 중근 α를 갖는다.
이때 (가)에서 $f(x)$의 최고차항의 계수가 1이므로
$$f(x)-h(x)=(x-\alpha)^2 \qquad \cdots\cdots\ \bigcirc$$
두 함수 $y=g(x)$, $y=h(x)$의 그래프가 $x=\beta$인 점에서 접하므로 방정식 $g(x)-h(x)=0$은 중근 β를 갖는다.
이때 (가)에서 $g(x)$의 최고차항의 계수가 4이므로
$$g(x)-h(x)=4(x-\beta)^2$$
(나)에서 $\alpha:\beta=1:2$이므로 $\beta=2\alpha$
$$\therefore\ g(x)-h(x)=4(x-2\alpha)^2 \qquad \cdots\cdots\ \bigcirc$$
$\bigcirc-\bigcirc$을 하면
$$f(x)-g(x)=(x-\alpha)^2-4(x-2\alpha)^2$$
$$=-3x^2+14\alpha x-15\alpha^2$$
두 이차함수 $y=f(x)$, $y=g(x)$의 그래프가 $x=t$인 점에서 만나므로 $f(t)=g(t)$에서 $f(t)-g(t)=0$
즉, $-3t^2+14\alpha t-15\alpha^2=0$에서
$$3t^2-14\alpha t+15\alpha^2=0$$
$$(3t-5\alpha)(t-3\alpha)=0$$
$$\therefore\ t=\frac{5}{3}\alpha\ 또는\ t=3\alpha$$
그런데 $\alpha<t<\beta$, 즉 $\alpha<t<2\alpha$이므로 $t=\frac{5}{3}\alpha$
$$\therefore\ \frac{t}{\alpha}=\frac{5}{3}$$

0527 답 12

전략 x_1, x_2의 부호가 모두 0 이상인 경우와 하나가 음수인 경우로 나누어 $\dfrac{|x_1|+|x_2|}{2}$의 값을 생각한다.

직선 $y=n$이 이차함수 $y=x^2-4x+4$의 그래프와 만나는 점의 x좌표는 이차방정식 $x^2-4x+4=n$의 실근과 같다.
$(x-2)^2=n$에서 $x-2=\pm\sqrt{n}$이므로
$$x=2-\sqrt{n}\ 또는\ x=2+\sqrt{n}$$
x_1, x_2 중 작은 것을 α, 큰 것을 β라 하면
$$\alpha=2-\sqrt{n},\ \beta=2+\sqrt{n}$$
(i) $1\le n\le4$일 때,
$\alpha\ge0$, $\beta>0$이므로
$$\frac{|x_1|+|x_2|}{2}=\frac{\alpha+\beta}{2}$$
$$=\frac{2-\sqrt{n}+2+\sqrt{n}}{2}=2$$
따라서 $\dfrac{|x_1|+|x_2|}{2}$의 값이 자연수가 되는 n의 값은 1, 2, 3, 4의 4개이다.
(ii) $4<n\le100$일 때,
$\alpha<0$, $\beta>0$이므로
$$\frac{|x_1|+|x_2|}{2}=\frac{-\alpha+\beta}{2}$$
$$=\frac{-(2-\sqrt{n})+2+\sqrt{n}}{2}=\sqrt{n}$$
따라서 $\dfrac{|x_1|+|x_2|}{2}$의 값이 자연수가 되는 n의 값은 9, 16, 25, $\cdots$, 100의 8개이다.
(i), (ii)에서 구하는 자연수 n의 개수는
$$4+8=12$$

0528 답 2

전략 두 점 A, B의 좌표가 정해졌으므로 선분 AB가 밑변일 때 삼각형의 높이가 최대인 경우 점 C의 위치에 대하여 생각한다.

점 C를 지나고 이차함수 $y=x^2-3x-4$의 그래프에 접하는 직선이 두 점 A, B를 지나는 직선과 평행할 때, 삼각형 ABC의 넓이가 최대이다.

두 점 A, B를 지나는 직선의 기울기는 $\dfrac{6-0}{5-(-1)}=1$이므로 이차함수 $y=x^2-3x-4$의 그래프에 접하는 직선의 방정식을 $y=x+k$ (k는 상수)라 하자.
이차방정식 $x^2-3x-4=x+k$, 즉 $x^2-4x-4-k=0$의 판별식을 D라 하면
$$\frac{D}{4}=(-2)^2-(-4-k)=0$$
$$k+8=0 \qquad \therefore\ k=-8$$
따라서 직선의 방정식은 $y=x-8$이므로
$$x^2-3x-4=x-8에서$$
$$x^2-4x+4=0,\ (x-2)^2=0 \qquad \therefore\ x=2$$
$x=2$를 $y=x-8$에 대입하면 $y=-6$
따라서 $a=2$, $b=-6$이므로
$$4a+b=8+(-6)=2$$

07 이차함수의 최대, 최소

난이도별 **필수 기출** 111~119쪽

0529 답 **11**

$f(1)=14$, $f(2)=15$, $f(4)=11$이므로 최솟값은 11이다.

0530 답 ③

$y=x^2-2x-2=(x-1)^2-3$

$-2\leq x\leq 0$에서 $x=-2$일 때 최댓값은 6이고, $x=0$일 때 최솟값은 -2이므로

$M=6$, $m=-2$

$\therefore M-m=8$

0531 답 ①

$f(x)=x^2-4px=(x-2p)^2-4p^2$

(i) $p=1$일 때,

$f(x)=(x-2)^2-4$이므로 $0\leq x\leq 2$에서 $x=2$일 때 최솟값은 -4이다.

$\therefore g(1)=f(2)=-4$

(ii) $p=-\dfrac{1}{3}$일 때,

$f(x)=\left(x+\dfrac{2}{3}\right)^2-\dfrac{4}{9}$이므로 $0\leq x\leq 2$에서 $x=0$일 때 최솟값은 0이다.

$\therefore g\left(-\dfrac{1}{3}\right)=f(0)=0$

(i), (ii)에서 $g(1)+g\left(-\dfrac{1}{3}\right)=-4+0=-4$

0532 답 ⑤

$-x^2-y^2+2x-8y+4=-(x^2-2x+1)-(y^2+8y+16)+21$
$=-(x-1)^2-(y+4)^2+21$

이때 x, y가 실수이므로

$-(x-1)^2\leq 0$, $-(y+4)^2\leq 0$

$\therefore -x^2-y^2+2x-8y+4\leq 21$

따라서 구하는 최댓값은 21이다.

참고 x, y가 실수일 때, $ax^2+by^2+cx+dy+e$의 최대, 최소
➡ $a(x+p)^2+b(y+q)^2+r$ 꼴로 변형한 후
 $(x+p)^2\geq 0$, $(y+q)^2\geq 0$임을 이용한다.

0533 답 ④

$4x+y^2=2$에서 $y^2=2-4x$ ······ ㉠

그런데 $y^2\geq 0$이므로 $2-4x\geq 0$ $\therefore x\leq \dfrac{1}{2}$

이때 $S=x^2+y^2+3$이라 하고 ㉠을 대입하면

$S=x^2+(2-4x)+3$
$=x^2-4x+5=(x-2)^2+1$

따라서 $x\leq \dfrac{1}{2}$에서 $x=\dfrac{1}{2}$일 때 최솟값은 $\dfrac{13}{4}$이다.

0534 답 ④

x, y, z가 실수이므로

$2x^2+y^2+3z^2-4x+4y+6z+12$
$=2(x^2-2x+1)+(y^2+4y+4)+3(z^2+2z+1)+3$
$=2(x-1)^2+(y+2)^2+3(z+1)^2+3$
≥ 3

따라서 주어진 식은 $x=1$, $y=-2$, $z=-1$일 때 최솟값이 3이다.

0535 답 ②

$x^2+4x=t$로 놓으면 $t=(x+2)^2-4$

$x=-2$일 때 최솟값은 -4이므로 $t\geq -4$

이때 주어진 함수는

$y=(x^2+4x+5)(x^2+4x+7)+2(x^2+4x)+3$
$=(t+5)(t+7)+2t+3$
$=t^2+14t+38=(t+7)^2-11$

따라서 $t\geq -4$에서 $t=-4$일 때 최솟값은 -2이다.

참고 공통부분이 있는 함수의 최댓값과 최솟값은 다음과 같은 순서로 구한다.

(i) 공통부분을 t로 놓고 t의 값의 범위를 구한다.

(ii) $y=at^2+bt+c$를 $y=a(t-p)^2+q$ 꼴로 변형한다.

(iii) (i)에서 구한 범위에서 최댓값과 최솟값을 구한다.

0536 답 ①

$y=x^2+2mx-m^2+4m-1=(x+m)^2-2m^2+4m-1$이므로

$x=-m$일 때 최솟값 $-2m^2+4m-1$을 갖는다.

$\therefore g(m)=-2m^2+4m-1$
$=-2(m-1)^2+1$

따라서 $g(m)$은 $-1\leq m\leq 2$에서 $m=1$일 때 최댓값 1을 갖고, $m=-1$일 때 최솟값 -7을 가지므로 최댓값과 최솟값의 곱은

$1\times(-7)=-7$

0537 답 ②

$x^2-2x-2=t$로 놓으면 $t=(x-1)^2-3$

$-2\leq x\leq 2$에서 $x=-2$일 때 최댓값은 6이고, $x=1$일 때 최솟값은 -3이므로

$-3\leq t\leq 6$

이때 주어진 함수는

$y=t^2-4t+1=(t-2)^2-3$

따라서 $-3\leq t\leq 6$에서 $t=-3$일 때 최댓값은 22이고, $t=2$일 때 최솟값은 -3이므로

$M=22$, $m=-3$

$\therefore M+m=19$

0538 답 6

$f(x)=x^2+|x|+1$이라 하면

(i) $-1\leq x<0$일 때,
$$f(x)=x^2-x+1=\left(x-\frac{1}{2}\right)^2+\frac{3}{4}$$

(ii) $0\leq x\leq 2$일 때,
$$f(x)=x^2+x+1=\left(x+\frac{1}{2}\right)^2+\frac{3}{4}$$

(i), (ii)에서 $-1\leq x\leq 2$일 때 $y=f(x)$의 그래프는 오른쪽 그림과 같다. …… 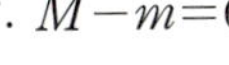

따라서 $-1\leq x\leq 2$에서 $x=2$일 때 최댓값은 7이고, $x=0$일 때 최솟값은 1이므로

$M=7,\ m=1$

$\therefore M-m=6$ …… 

채점 기준	
ⓘ $y=x^2+|x|+1$의 그래프 그리기	50 %
ⓘⓘ $M-m$의 값 구하기	50 %

0539 답 ②

$f(x)=|x^2-4x-5|$라 하면

(i) $3\leq x<5$일 때,
$$f(x)=-x^2+4x+5=-(x-2)^2+9$$

(ii) $5\leq x\leq 6$일 때,
$$f(x)=x^2-4x-5=(x-2)^2-9$$

(i), (ii)에서 $3\leq x\leq 6$일 때 $y=f(x)$의 그래프는 오른쪽 그림과 같다.

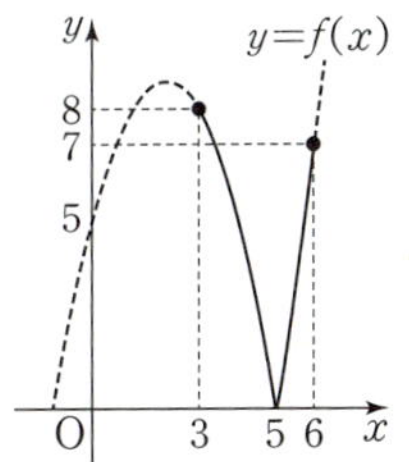

따라서 $3\leq x\leq 6$에서 $x=3$일 때 최댓값은 8이고, $x=5$일 때 최솟값은 0이므로 최댓값과 최솟값의 합은 8이다.

참고 $|x^2-4x-5|=|(x+1)(x-5)|$이므로 절댓값 안의 식의 값이 0이면서 $3\leq x\leq 6$에 속하는 $x=5$를 기준으로 x의 값의 범위를 나누어 $f(x)$를 구한다.

0540 답 최댓값: 94, 최솟값: -6

$y=(x-1)(x-3)(x+3)(x+5)+30$
$\quad=\{(x-1)(x+3)\}\{(x-3)(x+5)\}+30$
$\quad=(x^2+2x-3)(x^2+2x-15)+30$

$x^2+2x=t$로 놓으면 $t=(x+1)^2-1$

$-1\leq x\leq 3$에서 $x=3$일 때 최댓값은 15이고, $x=-1$일 때 최솟값은 -1이므로 $-1\leq t\leq 15$ …… ⓘ

이때 주어진 함수는

$y=(x^2+2x-3)(x^2+2x-15)+30$
$\quad=(t-3)(t-15)+30$
$\quad=t^2-18t+75=(t-9)^2-6$ …… ⓘⓘ

따라서 $-1\leq t\leq 15$에서 $t=-1$일 때 최댓값은 94이고, $t=9$일 때 최솟값은 -6이다. …… ⓘⓘⓘ

채점 기준	
ⓘ 공통부분을 t로 놓고 t의 값의 범위 구하기	40 %
ⓘⓘ 주어진 함수를 $y=(t-p)^2+q$ 꼴로 나타내기	30 %
ⓘⓘⓘ 최댓값과 최솟값 구하기	30 %

0541 답 ③

ㄱ. 이차방정식 $ax^2-2ax+b=0$의 판별식을 D라 하면
$$\frac{D}{4}=(-a)^2-ab>0$$
$a(a-b)>0$에서 $a>1$이므로 $a-b>0$
$\therefore a>b$

ㄴ. $f(x)=ax^2-2ax+b=a(x-1)^2-a+b$이고 $b=f(0)$이므로 $y=f(x)$의 그래프가 오른쪽 그림과 같으면 $b>0$이다.

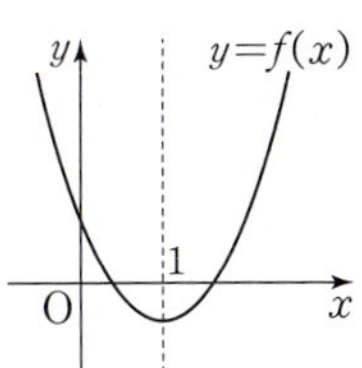

ㄷ. $0\leq x\leq 3$에서 $x=3$일 때 최댓값은 $f(3)=3a+b$이다.

따라서 보기에서 항상 옳은 것은 ㄱ, ㄷ이다.

0542 답 ③

$(\sqrt{1+5x}+\sqrt{1+4y})^2=2+5x+4y+2\sqrt{(1+5x)(1+4y)}$

이때 $5x+4y=20$에서 $4y=20-5x$이고 $y>0$이므로

$20-5x>0$ $\therefore 0<x<4$

$2+5x+4y+2\sqrt{(1+5x)(1+4y)}$
$=2+20+2\sqrt{(1+5x)(21-5x)}$
$=22+2\sqrt{-25x^2+100x+21}$
$=22+2\sqrt{-25(x-2)^2+121}$

따라서 $0<x<4$에서 $x=2$일 때 $(\sqrt{1+5x}+\sqrt{1+4y})^2$의 최댓값은 $22+2\sqrt{121}=22+22=44$

0543 답 ①

(나)에서 이차방정식 $f(x)=-2x+1$, 즉 $f(x)+2x-1=0$의 한 근이 $1-\sqrt{2}$이고, 이차방정식의 계수가 모두 유리수이므로 다른 한 근은 $1+\sqrt{2}$이다.

$(1-\sqrt{2})+(1+\sqrt{2})=2$, $(1-\sqrt{2})(1+\sqrt{2})=-1$이므로

$f(x)+2x-1=a(x^2-2x-1)$ (a는 상수)이라 하자.

(가)에서 $f(3)=-1$이므로 $x=3$을 대입하면

$-1+6-1=2a$ $\therefore a=2$

$f(x)+2x-1=2(x^2-2x-1)$이므로

$f(x)=2x^2-6x-1=2\left(x-\frac{3}{2}\right)^2-\frac{11}{2}$

따라서 $2\leq x\leq 5$에서 $x=5$일 때 $f(x)$의 최댓값은

$f(5)=50-30-1=19$

0544 답 ②

$f(x)=ax^2+bx+c$ (a, b, c는 실수, $a\neq 0$)라 하면

(가)에서 $f(0)=c=1$

(나)에서

$a(x+1)^2+b(x+1)+1-\{a(x-1)^2+b(x-1)+1\}=4x+8$

이므로

$ax^2+(2a+b)x+a+b+1-\{ax^2+(-2a+b)x+a-b+1\}$
$=4x+8$

$4ax+2b=4x+8$

이 등식이 x에 대한 항등식이므로 $4a=4$, $2b=8$

$\therefore a=1$, $b=4$

$\therefore f(x)=x^2+4x+1=(x+2)^2-3$

따라서 $0\leq x\leq 2$에서 $x=2$일 때 최댓값은 13, $x=0$일 때 최솟값은 1이므로 $f(x)$의 최댓값과 최솟값의 곱은 13이다.

0545 답 ③

(i) $-1\leq x<2$일 때,
$$\begin{aligned} f(x)\times f(|x-2|)&=f(x)\times f(-x+2)\\ &=(x-3)(-x-1)\\ &=-x^2+2x+3\\ &=-(x-1)^2+4 \end{aligned}$$
이므로 $-1\leq x<2$에서 $x=1$일 때 최댓값은 4, $x=-1$일 때 최솟값은 0이다.

(ii) $2\leq x\leq 5$일 때,
$$\begin{aligned} f(x)\times f(|x-2|)&=f(x)\times f(x-2)\\ &=(x-3)(x-5)\\ &=x^2-8x+15\\ &=(x-4)^2-1 \end{aligned}$$
이므로 $2\leq x\leq 5$에서 $x=2$일 때 최댓값은 3, $x=4$일 때 최솟값은 -1이다.

(i), (ii)에서 $f(x)\times f(|x-2|)$의 최댓값은 4, 최솟값은 -1이므로 구하는 합은
$$4+(-1)=3$$

0546 답 ②

$f(x)=-x^2-2x+k=-(x+1)^2+k+1$

$-4\leq x\leq -2$에서 $x=-2$일 때 최댓값 k를 가지므로
$$k=4$$
따라서 $f(x)=-(x+1)^2+5$의 최솟값은
$$f(-4)=-9+5=-4$$

0547 답 ③

$$2x^2+\frac{1}{3}y^2-4x+2y+k$$
$$=2(x^2-2x+1)+\frac{1}{3}(y^2+6y+9)+k-5$$
$$=2(x-1)^2+\frac{1}{3}(y+3)^2+k-5$$

이때 x, y가 실수이므로
$(x-1)^2\geq 0$, $(y+3)^2\geq 0$
$$\therefore 2x^2+\frac{1}{3}y^2-4x+2y+k\geq k-5$$
따라서 $k-5=15$이므로
$$k=20$$

0548 답 7

$y=x^2-6x+a=(x-3)^2+a-9$

$-2\leq x\leq 4$에서 $x=-2$일 때 최댓값은 $a+16$이고, $x=3$일 때 최솟값은 $a-9$이다.

이때 최댓값과 최솟값의 합이 21이므로
$$(a+16)+(a-9)=21,\ 2a=14$$
$$\therefore a=7$$

0549 답 ②

$y=ax^2-8ax+b=a(x-4)^2-16a+b$

$a<0$이므로 $2\leq x\leq 5$에서 $x=4$일 때 최댓값은 $-16a+b$이고,
$x=2$일 때 최솟값은 $-12a+b$이다.

이때 $-16a+b=17$, $-12a+b=13$이므로 두 식을 연립하여 풀면
$$a=-1,\ b=1$$
$$\therefore ab=-1$$

0550 답 7

$x^2+4x+1=t$로 놓으면
$$t=(x+2)^2-3 \qquad \therefore t\geq -3$$
이때 주어진 함수는
$$y=t^2+4(t-1)+k=(t+2)^2+k-8$$
따라서 $t\geq -3$에서 $t=-2$일 때 최솟값은 $k-8$이므로
$$k-8=-1 \qquad \therefore k=7$$

0551 답 ②

$f(x)=-x^2+4x-1=-(x-2)^2+3$이라 하면
$f(2)=3$이므로 $a<2$
즉, $-1\leq x\leq a$에서 $y=f(x)$의 그래프는 오른쪽 그림과 같다.

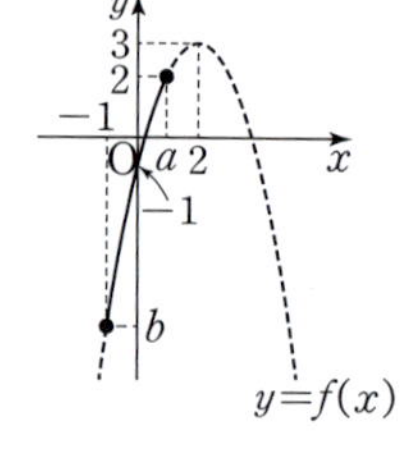

$x=-1$에서 최솟값 b를 가지므로
$$b=-9+3=-6$$
또 $x=a$에서 최댓값 2를 가지므로
$$2=-a^2+4a-1,\ a^2-4a+3=0$$
$$(a-1)(a-3)=0$$
$$\therefore a=1\ \text{또는}\ a=3$$
그런데 $a<2$이므로 $a=1$
$$\therefore a+b=1+(-6)=-5$$

0552 답 ②

$x^2-2x+2=t$로 놓으면 $t=(x-1)^2+1$

$1\leq x\leq 3$에서 $x=1$일 때 최솟값은 1이고, $x=3$일 때 최댓값은 5이므로 $1\leq t\leq 5$

이때 주어진 함수를 $y=f(t)$라 하면
$$f(t)=-t^2+6t+k=-(t-3)^2+k+9$$
$1\leq t\leq 5$에서 $t=1$ 또는 $t=5$일 때 최솟값은 $k+5$이므로
$$k+5=0 \qquad \therefore k=-5$$
따라서 $t=3$일 때 $f(t)$의 최댓값은 $k+9=-5+9=4$이다.

0553 답 ③

$f(x)=x^2-2kx+11=(x-k)^2-k^2+11$이라 하면

(i) $k<1$일 때,
　$x\geq 1$에서 최솟값은 $f(1)$이므로 $f(1)=2$
　$$12-2k=2 \qquad \therefore k=5$$
　이는 $k<1$을 만족시키지 않는다.

(ii) $k\geq 1$일 때,
　$x\geq 1$에서 최솟값은 $f(k)$이므로 $f(k)=2$

$-k^2+11=2$, $k^2=9$

$\therefore k=\pm3$

이때 $k\geq1$이므로 $k=3$

(i), (ii)에서 $k=3$

0554 답 ④

(가)에서 이차함수 $y=f(x)$의 그래프의 축의 방정식은

$x=\dfrac{-1+3}{2}$, 즉 $x=1$이고, (나)에서 $f(x)$의 최솟값이 -3이므로

$f(x)$는 $x=1$에서 최솟값 -3을 갖는다. 이때 x^2의 계수는 1이므로

$f(x)=(x-1)^2-3=x^2-2x-2$

$\therefore a=-2$, $b=-2$

$2\leq x\leq5$에서 $f(x)=(x-1)^2-3$의 최댓값은

$f(5)=13$ $\therefore M=13$

$\therefore a-b+M=-2-(-2)+13=13$

참고 이차함수 $f(x)$에 대하여

① $f(m)=f(n)$이 성립하면

➡ 축의 방정식: $x=\dfrac{m+n}{2}$, 꼭짓점의 x좌표: $\dfrac{m+n}{2}$

② x의 값의 범위가 실수 전체일 때, $f(x)$의 최댓값 또는 최솟값이 k이면

➡ 꼭짓점의 y좌표: k

다른 풀이

(가)에서 $1-a+b=9+3a+b$

$-4a=8$ $\therefore a=-2$

$\therefore f(x)=x^2-2x+b=(x-1)^2+b-1$

따라서 $f(x)$는 $x=1$에서 최솟값 $b-1$을 가지므로 (나)에서

$b-1=-3$ $\therefore b=-2$

$2\leq x\leq5$에서 $f(x)=(x-1)^2-3$의 최댓값은

$f(5)=13$ $\therefore M=13$

$\therefore a-b+M=-2-(-2)+13=13$

0555 답 2

(가)에서 이차방정식 $f(x)=2kx-6$, 즉 $f(x)-(2kx-6)=0$의 두 근이 2, 4이고, $f(x)$의 최고차항의 계수가 k이므로

$f(x)-(2kx-6)=k(x-2)(x-4)$

$\therefore f(x)=k(x^2-6x+8)+(2kx-6)$

$\quad\quad\quad =kx^2-4kx+8k-6$

$\quad\quad\quad =k(x-2)^2+4k-6$ $\cdots\cdots$ ❶

$1\leq x\leq4$에서 $f(x)$의 최댓값은 $f(4)$이고 (나)에서 최댓값이 10이므로

$8k-6=10$, $8k=16$

$\therefore k=2$ $\cdots\cdots$ ❷

채점 기준

❶ $f(x)$를 $k(x-p)^2+q$ 꼴로 나타내기	50%
❷ k의 값 구하기	50%

0556 답 3

$f(x)=ax^2+bx+5=a\left(x^2+\dfrac{b}{a}x+\dfrac{b^2}{4a^2}\right)-\dfrac{b^2}{4a}+5$

$\quad\quad =a\left(x+\dfrac{b}{2a}\right)^2-\dfrac{b^2}{4a}+5$

(가)에서 $a<0$, $b<0$이므로 이차함수 $y=f(x)$의 그래프는 위로 볼록하고 꼭짓점의 좌표는 $\left(-\dfrac{b}{2a},\ -\dfrac{b^2}{4a}+5\right)$이다.

이때 $-\dfrac{b}{2a}<0$이므로 $1\leq x\leq2$에 꼭짓점의 x좌표가 포함되지 않는다.

따라서 $1\leq x\leq2$에서 $f(x)$의 최댓값은 $f(1)$이고 (나)에서 최댓값이 3이므로 $f(1)=3$

즉, $a+b+5=3$이므로 $a+b=-2$

이때 a, b는 음의 정수이므로 $a=-1$, $b=-1$

따라서 $f(x)=-x^2-x+5$이므로

$f(-2)=-4+2+5=3$

0557 답 3

(가)에서 이차방정식 $f(x)=0$이 중근을 가지므로 $f(x)=0$의 판별식을 D라 하면

$D=p^2-4q=0$ $\therefore q=\dfrac{p^2}{4}$ $\cdots\cdots$ ❶

$\therefore f(x)=x^2-px+\dfrac{p^2}{4}=\left(x-\dfrac{p}{2}\right)^2$

$-p\leq x\leq p$에서 $f(x)$의 최댓값은 $f(-p)$이고 (나)에서 최댓값이 9이므로 $f(-p)=9$

즉, $\dfrac{9}{4}p^2=9$이므로 $p^2=4$

$\therefore p=2\ (\because p>0)$

이때 $q=\dfrac{p^2}{4}=\dfrac{4}{4}=1$이므로 $\cdots\cdots$ ❷

$p+q=2+1=3$ $\cdots\cdots$ ❸

채점 기준

❶ q를 p에 대한 식으로 나타내기		30%
❷ p, q의 값 구하기		60%
❸ $p+q$의 값 구하기		10%

0558 답 ①

(가)에서 $x=1$이 $-2\leq x\leq2$에 포함되고

$f(x)=x^2-(2a-b)x+a^2-4b$

$\quad\quad =\left(x-\dfrac{2a-b}{2}\right)^2+a^2-4b-\left(\dfrac{2a-b}{2}\right)^2$

이므로 $f(x)$는 $x=\dfrac{2a-b}{2}$에서 최솟값을 가진다.

즉, $\dfrac{2a-b}{2}=1$이므로

$b=2a-2$

이를 $f(x)$에 대입하면

$f(x)=x^2-(2a-2a+2)x+a^2-4(2a-2)$

$\quad\quad =x^2-2x+a^2-8a+8$

$\quad\quad =(x-1)^2+a^2-8a+7$

$-2\leq x\leq2$에서 $f(x)$의 최댓값은 $f(-2)$이고 (나)에서 최댓값이 0이므로 $f(-2)=0$

즉, $a^2-8a+16=0$이므로 $(a-4)^2=0$ $\therefore a=4$

$b=2a-2=2\times4-2=6$

$\therefore a+b=4+6=10$

$f(x)=x^2-2ax+2a^2=(x-a)^2+a^2$

(i) $0<a<2$일 때,

$\quad f(x)$의 최솟값은 $f(a)$이므로 $f(a)=10$에서

$\quad a^2=10 \qquad \therefore a=\pm\sqrt{10}$

$\quad$ 이때 $0<a<2$인 범위를 만족시키는 a의 값이 존재하지 않는다.

(ii) $a\geq2$일 때,

$\quad f(x)$의 최솟값은 $f(2)$이므로 $f(2)=10$에서

$\quad 2a^2-4a+4=10,\ a^2-2a-3=0$

$\quad (a+1)(a-3)=0 \qquad \therefore a=3\,(\because a\geq2)$

(i), (ii)에서 $f(x)=x^2-6x+18=(x-3)^2+9$

따라서 $f(x)$의 최댓값은 $f(0)=18$

0560 답 ⑤

$f(x)=-x^2+3x+m-1=-\left(x-\dfrac{3}{2}\right)^2+m+\dfrac{5}{4}$라 하면

$m\leq x\leq m+1$에서 $f(x)$의 최댓값은 다음과 같이 경우를 나누어 구한다.

(i) $m+1<\dfrac{3}{2}$, 즉 $m<\dfrac{1}{2}$일 때,

$\quad f(x)$의 최댓값은 $f(m+1)$이므로 $f(m+1)=2$

$\quad -(m+1)^2+3(m+1)+m-1=2$

$\quad m^2-2m+1=0,\ (m-1)^2=0 \qquad \therefore m=1$

$\quad$ 이때 $m<\dfrac{1}{2}$인 범위를 만족시키는 m의 값이 존재하지 않는다.

(ii) $m<\dfrac{3}{2}\leq m+1$, 즉 $\dfrac{1}{2}\leq m<\dfrac{3}{2}$일 때,

$\quad f(x)$의 최댓값은 $f\left(\dfrac{3}{2}\right)$이므로 $f\left(\dfrac{3}{2}\right)=2$

$\quad m+\dfrac{5}{4}=2 \qquad \therefore m=\dfrac{3}{4}$

(iii) $\dfrac{3}{2}\leq m$일 때,

$\quad f(x)$의 최댓값은 $f(m)$이므로 $f(m)=2$

$\quad -m^2+3m+m-1=2$

$\quad m^2-4m+3=0,\ (m-1)(m-3)=0$

$\quad \therefore m=3\left(\because m\geq\dfrac{3}{2}\right)$

(i), (ii), (iii)에서 모든 실수 m의 값의 합은

$\dfrac{3}{4}+3=\dfrac{15}{4}$

0561 답 ⑤

$y=-5x^2+6x+5=-5\left(x-\dfrac{3}{5}\right)^2+\dfrac{34}{5}$

따라서 $0\leq x\leq\dfrac{3}{2}$에서 $x=\dfrac{3}{5}$일 때 최댓값이 $\dfrac{34}{5}$이므로 가장 높이 올라갔을 때의 수면으로부터의 높이는 $\dfrac{34}{5}$ m이다.

0562 답 ③

$h=10$일 때 $b^2=4a(10-a)$이므로

$b^2=4a(10-a)=-4a^2+40a=-4(a-5)^2+100$

따라서 $0<a<10$에서 $a=5$일 때 b^2의 최댓값은 100이다.

0563 답 16

$f(x)=x^2-4ax+14a=(x-2a)^2-4a^2+14a$이므로

$\mathrm{A}(2a,\ -4a^2+14a),\ \mathrm{B}(2a,\ 0)$

$\overline{\mathrm{OB}}=|2a|=2a$

$\overline{\mathrm{AB}}=|-4a^2+14a|=-4a^2+14a$

$\overline{\mathrm{OB}}+\overline{\mathrm{AB}}=g(a)$라 하면

$g(a)=2a+(-4a^2+14a)=-4a^2+16a$

$\qquad\quad =-4(a-2)^2+16$

따라서 $0<a<\dfrac{7}{2}$에서 $a=2$일 때 $g(a)$의 최댓값은 16이므로

$\overline{\mathrm{OB}}+\overline{\mathrm{AB}}$의 최댓값은 16이다.

0564 답 ③

물받이의 높이를 x cm라 하면 칠한 직사각형의 가로의 길이가 $(60-2x)$ cm, 세로의 길이가 x cm이므로 $0<x<30$

칠한 직사각형의 넓이를 S cm²라 하면

$S=x(60-2x)=-2x^2+60x$

$\quad =-2(x-15)^2+450$

따라서 $0<x<30$에서 $x=15$일 때 S의 최댓값이 450이므로 직사각형의 넓이가 최대가 될 때 물받이의 높이는 15 cm이다.

0565 답 4000원

튀김 1인분의 가격을 $50x$원 올리면 튀김 1인분의 가격은 $(3000+50x)$원, 하루 판매량은 $(100-x)$인분 $(0<x<100)$이 되므로 하루 판매 금액을 y원이라 하면

$y=(3000+50x)(100-x)$ $\qquad$ …… ❶

$\quad =-50x^2+2000x+300000$

$\quad =-50(x-20)^2+320000$

따라서 $0<x<100$에서 $x=20$일 때 최댓값이 320000이므로 $x=20$일 때 하루 판매 금액이 최대가 된다. $\qquad$ …… ❷

이때의 튀김 1인분의 가격은

$3000+50x=3000+50\times20=4000$(원) $\qquad$ …… ❸

채점 기준	
❶ 하루 판매 금액에 대한 이차함수의 식 세우기	40%
❷ 하루 판매 금액이 최대가 되는 x의 값 구하기	40%
❸ 하루 판매 금액이 최대가 되는 튀김 1인분의 가격 구하기	20%

0566 답 10

$y=-x^2+4x$의 그래프와 x축의 교점의 x좌표를 구하면

$-x^2+4x=0$에서 $x(x-4)=0 \qquad \therefore x=0$ 또는 $x=4$

오른쪽 그림과 같이 점 Q의 좌표를 $(a,\ 0)\,(0<a<2)$이라 하면

$\overline{\mathrm{QR}}=4-2a,\ \overline{\mathrm{PQ}}=-a^2+4a$

직사각형 PQRS의 둘레의 길이를 l이라 하면

$l=2(\overline{\mathrm{QR}}+\overline{\mathrm{PQ}})=2(4-2a-a^2+4a)$

$\quad =-2a^2+4a+8=-2(a-1)^2+10$

따라서 $0<a<2$에서 $a=1$일 때 최댓값이 10이므로 직사각형 PQRS의 둘레의 길이의 최댓값은 10이다.

0567 답 ③

$\triangle ABC \sim \triangle DFC$ (AA 닮음)이므로 $\overline{DF}=6x$, $\overline{FC}=8x$라 하면

$\overline{BF}=8-8x$

이때 변의 길이는 양수이므로 $0<x<1$

직사각형 EBFD의 넓이를 S라 하면

$S=\overline{DF}\times\overline{BF}=6x(8-8x)$

$\quad=-48x^2+48x$

$\quad=-48\left(x-\dfrac{1}{2}\right)^2+12$

따라서 $0<x<1$에서 $x=\dfrac{1}{2}$일 때 최댓값이 12이므로 직사각형 EBFD의 넓이의 최댓값은 12이다.

0568 답 ③

$\overline{PQ}=x$이고 $\angle QPB=\angle QPC=90°$이므로 두 삼각형 QPB, QPC는 직각삼각형이다.

$\therefore \overline{BQ}^2=\overline{CQ}^2=1+x^2$

$\overline{AP}=\dfrac{\sqrt{3}}{2}\times2=\sqrt{3}$이므로 $\overline{AQ}=\sqrt{3}-x$

$\therefore \overline{AQ}^2+\overline{BQ}^2+\overline{CQ}^2=(\sqrt{3}-x)^2+2(1+x^2)$

$\qquad\qquad\qquad\qquad\quad=3x^2-2\sqrt{3}x+5$

$\qquad\qquad\qquad\qquad\quad=3\left(x-\dfrac{\sqrt{3}}{3}\right)^2+4$

따라서 $0<x<\sqrt{3}$에서 $x=\dfrac{\sqrt{3}}{3}$일 때 최솟값이 4이므로

$a=\dfrac{\sqrt{3}}{3}$, $m=4$

$\therefore \dfrac{m}{a}=\dfrac{4}{\dfrac{\sqrt{3}}{3}}=4\sqrt{3}$

참고 주어진 삼각형 ABC에서 변 BC의 중점이 P이면

$\overline{BP}=\overline{PC}$이고, $\angle B=\angle C$, $\overline{AB}=\overline{AC}$이므로

$\triangle ABP\equiv\triangle ACP$ (SAS 합동)

따라서 $\angle APB=\angle APC=90°$가 성립한다.

0569 답 ②

두 점 P, Q의 좌표는

$P(t, 2t^2+1)$, $Q(t, -(t-3)^2+1)$

$\therefore \overline{PQ}=(2t^2+1)-\{-(t-3)^2+1\}$

$\qquad\quad=3t^2-6t+9$

$\overline{AB}=3$이고 $\overline{AB}\perp\overline{PQ}$이므로 사각형 PAQB의 넓이를 S라 하면

$S=\dfrac{1}{2}\times\overline{AB}\times\overline{PQ}=\dfrac{3}{2}(3t^2-6t+9)$

$\quad=\dfrac{9}{2}(t-1)^2+9$

따라서 $0<t<3$에서 $t=1$일 때 최솟값이 9이므로 사각형 PAQB의 넓이의 최솟값은 9이다.

0570 답 ②

두 점 A, B는 주어진 이차함수의 그래프와 x축의 교점이므로 이차방정식 $x^2-(a+4)x+3a+3=0$에서

$(x-3)\{x-(a+1)\}=0$

$\therefore x=3$ 또는 $x=a+1$

$0<a<2$이므로 $A(a+1, 0)$, $B(3, 0)$

$\therefore \overline{AB}=3-(a+1)=2-a$

점 C는 주어진 이차함수의 그래프와 y축의 교점이므로

$C(0, 3a+3)$ $\quad\therefore \overline{OC}=3a+3$

삼각형 ABC의 넓이를 S라 하면

$S=\dfrac{1}{2}\times\overline{AB}\times\overline{OC}=\dfrac{1}{2}(2-a)(3a+3)$

$\quad=-\dfrac{3}{2}a^2+\dfrac{3}{2}a+3=-\dfrac{3}{2}\left(a-\dfrac{1}{2}\right)^2+\dfrac{27}{8}$

따라서 $0<a<2$에서 $a=\dfrac{1}{2}$일 때 최댓값이 $\dfrac{27}{8}$이므로 삼각형 ABC의 넓이의 최댓값은 $\dfrac{27}{8}$이다.

0571 답 8

점 A는 주어진 이차함수의 그래프와 y축의 교점이므로

$A(0, 3)$

두 점 B, C는 주어진 이차함수의 그래프와 x축의 교점이므로 이차방정식 $x^2-4x+3=0$에서

$(x-1)(x-3)=0$ $\quad\therefore x=1$ 또는 $x=3$

$\therefore B(1, 0)$, $C(3, 0)$

점 $P(a, b)$가 점 A에서 점 C까지 움직이므로

$0\le a\le3$

또 점 $P(a, b)$가 이차함수 $y=x^2-4x+3$의 그래프 위의 점이므로

$b=a^2-4a+3$

$\therefore 2a+b=2a+(a^2-4a+3)$

$\qquad\qquad=a^2-2a+3=(a-1)^2+2$

따라서 $0\le a\le3$에서 $a=1$일 때 최솟값은 2이고, $a=3$일 때 최댓값은 6이므로 구하는 최댓값과 최솟값의 합은

$6+2=8$

0572 답 ⑤

$l_1: 2x-y+1=0$, $l_2: x+y-4=0$에서 두 식을 연립하여 풀면

$x=1$, $y=3$

두 직선 l_1, l_2의 x절편이 각각 $-\dfrac{1}{2}$, 4이므로 x축 위에 있는 직사각형의 두 꼭짓점의 x좌표를 각각 a, $b\left(-\dfrac{1}{2}<a<1, 1<b<4\right)$라 하면 나머지 두 꼭짓점의 좌표는 $(a, 2a+1)$, $(b, -b+4)$이다.

이때 두 꼭짓점의 y좌표가 같으므로

$2a+1=-b+4$ $\quad\therefore b=-2a+3$

직사각형의 넓이를 S라 하면

$S=(b-a)(2a+1)=(-2a+3-a)(2a+1)$

$\quad=-6a^2+3a+3=-6\left(a-\dfrac{1}{4}\right)^2+\dfrac{27}{8}$

따라서 $-\dfrac{1}{2}<a<1$에서 $a=\dfrac{1}{4}$일 때 최댓값이 $\dfrac{27}{8}$이므로 직사각형의 넓이의 최댓값은 $\dfrac{27}{8}$이다.

0573 답 ②

작년 이 상품의 판매 가격을 a원, 판매량을 b개라 하면 올해 이 상품의 판매 가격은 $a\left(1+\dfrac{x}{100}\right)$원, 판매량은 $b\left(1-\dfrac{3x}{500}\right)$개이다.

이때 올해 이 상품의 총판매 금액을 y원이라 하면

$$y=ab\left(1+\frac{x}{100}\right)\left(1-\frac{3x}{500}\right)$$
$$=\frac{ab}{50000}(-3x^2+200x+50000)$$
$$=\frac{ab}{50000}\left\{-3\left(x-\frac{100}{3}\right)^2+\frac{160000}{3}\right\}$$

따라서 $20\le x\le 50$에서 $x=\dfrac{100}{3}$일 때 총판매 금액이 최대가 된다.

0574 답 3

오른쪽 그림과 같이 점 P에서 $\overline{BC}$에 내린 수선의 발을 D, $\overline{AB}$에 내린 수선의 발을 E라 하고, $\overline{PD}=x\,(0<x<2)$라 하자.

$\triangle CPD \backsim \triangle CAB$ (AA 닮음)이므로

$\overline{CD}=\sqrt{3}\,x$

$\overline{BD}=2\sqrt{3}-\sqrt{3}\,x$

$\overline{AC}=\sqrt{2^2+(2\sqrt{3})^2}=4$이므로

$\overline{PC}=2x \qquad \therefore \overline{PC}^2=4x^2$

삼각형 PAE에서

$\overline{PA}^2=\overline{AE}^2+\overline{PE}^2$
$\qquad =(2-x)^2+(2\sqrt{3}-\sqrt{3}\,x)^2$
$\qquad =4(2-x)^2$

삼각형 PBD에서

$\overline{PB}^2=\overline{PD}^2+\overline{BD}^2$
$\qquad =x^2+(2\sqrt{3}-\sqrt{3}\,x)^2$
$\qquad =x^2+3(2-x)^2$

$\therefore \overline{PA}^2-\overline{PB}^2+\overline{PC}^2=4(2-x)^2-\{x^2+3(2-x)^2\}+4x^2$
$\qquad =(2-x)^2+3x^2=4x^2-4x+4$
$\qquad =4\left(x-\dfrac{1}{2}\right)^2+3$

따라서 $0<x<2$에서 $x=\dfrac{1}{2}$일 때 최솟값은 3이다.

다른 풀이

위의 그림과 같이 점 P에서 $\overline{BC}$에 내린 수선의 발을 D, $\overline{AB}$에 내린 수선의 발을 E라 하면

$\overline{PA}^2-\overline{PB}^2+\overline{PC}^2$
$=(\overline{AE}^2+\overline{PE}^2)-(\overline{PE}^2+\overline{EB}^2)+(\overline{PD}^2+\overline{CD}^2)$
$=\overline{AE}^2+\overline{CD}^2$

이때 $\overline{PD}=x\,(0<x<2)$라 하면 $\overline{AE}=2-x$

$\triangle CPD \backsim \triangle CAB$ (AA 닮음)이므로 $\overline{CD}=\sqrt{3}\,x$

$\therefore \overline{PA}^2-\overline{PB}^2+\overline{PC}^2=\overline{AE}^2+\overline{CD}^2=(2-x)^2+3x^2$
$\qquad\qquad\qquad =4x^2-4x+4=4\left(x-\dfrac{1}{2}\right)^2+3$

따라서 $0<x<2$에서 $x=\dfrac{1}{2}$일 때 최솟값은 3이다.

0575 답 ④

전략 $x-m=X$로 놓고 $f(x-m)$을 X에 대한 식으로 나타낸 후 최솟값이 11이 되도록 하는 실수 m의 값을 구한다.

$x-m=X$로 놓으면 $-1-m\le X\le 3-m$일 때
$f(x-m)=f(X)=X^2-2X-4$
$\qquad\qquad\quad =(X-1)^2-5$

(i) $3-m<1$, 즉 $m>2$일 때,

$f(X)$의 최솟값은 $f(3-m)$이므로 $f(3-m)=11$

$(2-m)^2-5=11$

$m^2-4m-12=0,\ (m+2)(m-6)=0$

$\therefore m=6\,(\because m>2)$

(ii) $-1-m<1\le 3-m$, 즉 $-2<m\le 2$일 때,

$f(X)$의 최솟값은 $f(1)=-5$이므로 조건을 만족시키는 m의 값이 존재하지 않는다.

(iii) $1\le -1-m$, 즉 $m\le -2$일 때,

$f(X)$의 최솟값은 $f(-1-m)$이므로 $f(-1-m)=11$

$(-2-m)^2-5=11$

$m^2+4m-12=0,\ (m+6)(m-2)=0$

$\therefore m=-6\,(\because m\le -2)$

(i), (ii), (iii)에서 모든 실수 m의 값의 곱은

$6\times(-6)=-36$

0576 답 ⑤

전략 점 A에서 $\overline{DG}$, $\overline{BC}$에 수선의 발을 내린 후 닮음인 삼각형을 이용하여 각 변의 길이를 하나의 미지수로 나타낸다.

점 A에서 $\overline{DG}$, $\overline{BC}$에 내린 수선의 발을 각각 H, I라 하고, 원과 선분 BC의 교점을 J라 하자.

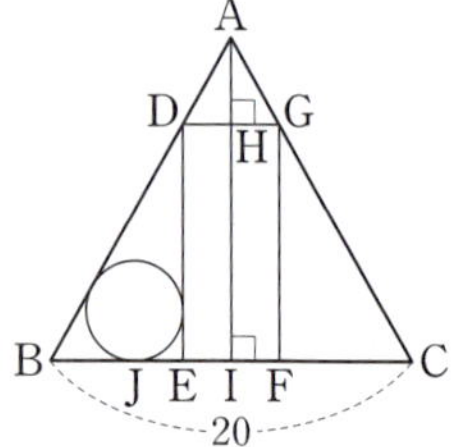

$\triangle ADH \backsim \triangle ABI$ (AA 닮음)이므로

$\overline{DH}=a\,(0<a<10)$라 하면

$\overline{AH}=\sqrt{3}\,a$

$\overline{BI}=\dfrac{1}{2}\overline{BC}=\dfrac{1}{2}\times 20=10,\ \overline{AI}=\dfrac{\sqrt{3}}{2}\times 20=10\sqrt{3}$이므로

$\overline{DE}=\overline{HI}=10\sqrt{3}-\sqrt{3}\,a$

직사각형 DEFG의 넓이를 S라 하면

$S=2a(10\sqrt{3}-\sqrt{3}\,a)$
$\quad =-2\sqrt{3}\,a^2+20\sqrt{3}\,a$
$\quad =-2\sqrt{3}(a-5)^2+50\sqrt{3}$

따라서 $0<a<10$에서 $a=5$일 때 최댓값이 $50\sqrt{3}$이므로 직사각형 DEFG의 넓이가 최대이다.

$\overline{DH}=5$일 때 $\overline{BE}=5$, $\overline{DE}=5\sqrt{3}$, $\overline{BD}=10$

삼각형 DBE에 내접하는 원의 반지름의 길이를 r라 하면 직각삼각형 DBE의 넓이에 대하여

$$\frac{1}{2}\times 5\times 5\sqrt{3}=\frac{1}{2}\times r\times(5+5\sqrt{3}+10)$$

$$\therefore r = \frac{25\sqrt{3}}{15+5\sqrt{3}} = \frac{5(\sqrt{3}-1)}{2}$$

원의 둘레의 길이는

$$2\pi r = 2\pi \times \frac{5(\sqrt{3}-1)}{2} = (5\sqrt{3}-5)\pi$$

따라서 $p=5$, $q=-5$이므로

$$p^2+q^2 = 25+25 = 50$$

0577 답 121

전략 두 직선 $y=4a$, $y=ax$의 교점을 E라 하면 $\square ACDB = \triangle ACE - \triangle BDE$임을 이용하여 사각형 ACDB의 넓이를 a에 대한 식으로 나타낸다.

두 점 A, B는 직선 $y=4a$와 함수 $f(x)=ax^2$의 그래프가 만나는 점이므로

$$4a=ax^2, \quad x^2=4$$
$$\therefore x=\pm 2$$
$$\therefore A(-2, 4a), \ B(2, 4a)$$

두 점 C, D는 직선 $y=ax$와 함수 $g(x)=-a(x-a)^2+a^2$의 그래프가 만나는 점이므로

$$ax=-a(x-a)^2+a^2$$
$$x^2-(2a-1)x+a(a-1)=0$$
$$(x-a+1)(x-a)=0$$
$$\therefore x=a-1 \ \text{또는} \ x=a$$
$$\therefore C(a-1, a^2-a), \ D(a, a^2)$$

직선 $y=4a$와 직선 $y=ax$가 만나는 점을 E라 하면

$$4a=ax \qquad \therefore x=4$$
$$\therefore E(4, 4a)$$

$\overline{AE}=|4-(-2)|=6$, $\overline{BE}=|4-2|=2$이다.

점 $C(a-1, a^2-a)$와 직선 $y=4a$ 사이의 거리를 h_1이라 하면

$$h_1=|4a-(a^2-a)|=-a^2+5a$$

삼각형 ACE의 넓이를 S_1이라 하면

$$S_1=\frac{1}{2}\times\overline{AE}\times h_1 = \frac{1}{2}\times 6\times(-a^2+5a)$$
$$=-3a^2+15a$$

점 $D(a, a^2)$과 직선 $y=4a$ 사이의 거리를 h_2라 하면

$$h_2=|4a-a^2|=-a^2+4a$$

삼각형 BDE의 넓이를 S_2라 하면

$$S_2=\frac{1}{2}\times\overline{BE}\times h_2 = \frac{1}{2}\times 2\times(-a^2+4a)$$
$$=-a^2+4a$$

사각형 ACDB의 넓이를 S라 하면

$$S=S_1-S_2$$
$$=(-3a^2+15a)-(-a^2+4a)$$
$$=-2a^2+11a$$
$$=-2\left(a-\frac{11}{4}\right)^2+\frac{121}{8}$$

따라서 $2<a<4$에서 $a=\dfrac{11}{4}$일 때 최댓값이 $\dfrac{121}{8}$이므로 사각형 ACDB의 넓이의 최댓값은 $M=\dfrac{121}{8}$

$$\therefore 8\times M = 121$$

0578 답 ①

전략 a의 값이 $a=2$, $2<a\leq 6$, $6<a\leq 10$인 경우로 나누어 주어진 조건을 만족시키는지 확인한다.

이차함수 $f(x)=(x-a)^2$의 그래프의 꼭짓점의 좌표는 $(a, 0)$이고 ㈎에서 $2\leq a\leq 10$이다.

(i) $a=2$일 때,

$2\leq x\leq 6$에서 함수 $f(x)$의 최댓값과 $6\leq x\leq 10$에서 함수 $f(x)$의 최솟값은 $f(6)$으로 같으므로 ㈏를 만족시킨다.

$$\therefore f(-1)=(-1-2)^2=9$$

(ii) $2<a\leq 6$일 때,

$2\leq x\leq 6$에서 함수 $f(x)$의 최댓값은 $f(2)$ 또는 $f(6)$

$6\leq x\leq 10$에서 함수 $f(x)$의 최솟값은 $f(6)$이므로 ㈏에 의하여 $f(2)\leq f(6)$

즉, $(2-a)^2\leq(6-a)^2$이므로 $8a-32\leq 0$

$$\therefore 2<a\leq 4 \ (\because 2<a\leq 6)$$

이때 $-5\leq -1-a<-3$이므로 $f(-1)=(-1-a)^2$의 값의 범위는 $9<f(-1)\leq 25$

(iii) $6<a\leq 10$일 때,

$2\leq x\leq 6$에서 함수 $f(x)$의 최댓값은 $f(2)$이고

$6\leq x\leq 10$에서 함수 $f(x)$의 최솟값은 0이다.

이때 $f(2)>0$이므로 ㈏를 만족시키지 않는다.

(i), (ii), (iii)에서 $9\leq f(-1)\leq 25$이므로 $M=25$, $m=9$

$$\therefore M+m=34$$

0579 답 27

전략 이차함수의 그래프가 축에 대하여 대칭임을 이용하여 축의 방정식을 구한 후 이차함수의 그래프의 성질과 주어진 최솟값을 이용하여 이차함수 $f(x)$를 구한다.

㈎에서 이차함수 $y=f(x)$의 그래프의 축의 방정식이 $x=\dfrac{0+4}{2}$,

즉 $x=2$이므로 $f(x)=a(x-2)^2+b$ (a, b는 실수, $a\neq 0$)라 하자.

$f(1)\neq f(4)$이고, ㈏에서 $f(1)=-|f(4)|<0$이므로

$$f(4)>0, \ |f(1)|=|f(4)| \qquad \cdots\cdots \ \bigcirc$$

(i) $a<0$인 경우

$f(4)<f(1)<0$이 되어 $\bigcirc$을 만족시키지 않는다.

(ii) $a>0$인 경우

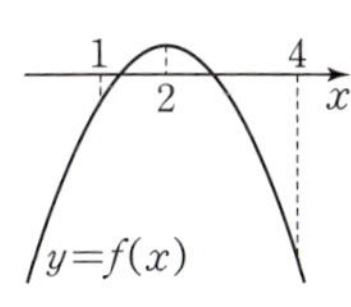

$\bigcirc$에서 $f(1)<0$, $f(4)>0$이므로

$$f(1)+f(4)=(a+b)+(4a+b)$$
$$=5a+2b=0 \qquad \cdots\cdots \ \bigcirc$$

(i), (ii)에서 $a>0$이므로 ㈐에서 함수 $f(x)$는 $-2\leq x\leq 5$에서 $x=2$일 때 최솟값 -5를 갖는다.

즉, $b=f(2)=-5$이므로 $\bigcirc$에서

$$5a-10=0 \qquad \therefore a=2$$

따라서 $f(x)=2(x-2)^2-5$이므로 $-2\leq x\leq 5$에서 $f(x)$의 최댓값은

$$f(-2)=2\times 16-5=27$$

0580 답 ⑤

전략 축의 위치를 기준으로 경우를 나누고, 주어진 이차함수의 최솟값을 이용한다.

ㄱ. $a=\dfrac{3}{2}$일 때 $f(x)=\left(x-\dfrac{3}{2}\right)^2+b$

$f(x)$는 $x=\dfrac{3}{2}$에서 최솟값 5를 가지므로

$$f\left(\dfrac{3}{2}\right)=b=5$$

ㄴ. $a\le 1$일 때 $f(x)$는 $x=1$에서 최솟값을 가지므로

$$f(1)=(1-a)^2+b=5$$
$$\therefore b=-a^2+2a+4$$

ㄷ. (i) $a\le 1$일 때,

ㄴ에서 $b=-a^2+2a+4$이므로

$$a+b=-a^2+3a+4=-\left(a-\dfrac{3}{2}\right)^2+\dfrac{25}{4}$$

따라서 $a+b$는 $a=1$일 때 최댓값 6을 갖는다.

(ii) $1<a\le 2$일 때,

$f(x)$는 $x=a$에서 최솟값 $b=5$를 갖는다.

즉, $6<a+b\le 7$이므로 $a+b$는 $a=2$일 때 최댓값 7을 갖는다.

(iii) $a>2$일 때,

$f(x)$는 $x=2$에서 최솟값을 가지므로

$$f(2)=(2-a)^2+b=5$$

즉, $b=-a^2+4a+1$이므로

$$a+b=-a^2+5a+1=-\left(a-\dfrac{5}{2}\right)^2+\dfrac{29}{4}$$

따라서 $a+b$는 $a=\dfrac{5}{2}$일 때 최댓값 $\dfrac{29}{4}$를 갖는다.

(i), (ii), (iii)에서 $a+b$의 최댓값은 $\dfrac{29}{4}$이다.

따라서 보기에서 옳은 것은 ㄱ, ㄴ, ㄷ이다.

0581 답 ①

전략 $k\le x\le k+1$에서 이차함수 $f(x)=x^2-4$의 최댓값은 $x=k$ 또는 $x=k+1$일 때이다. 따라서 $f(k)>f(k+1)$인 경우와 $f(k)\le f(k+1)$인 경우로 나누어 $g(k)$를 구한 후 $g(k)$의 최솟값을 구한다.

$f(x)=x^2-4$라 하자.

(i) $f(k)>f(k+1)$인 경우

$g(k)=f(k)$이므로 $f(k)>f(k+1)$에서

$$k^2-4>(k+1)^2-4$$
$$0>2k+1 \qquad \therefore k<-\dfrac{1}{2}$$

즉, $k<-\dfrac{1}{2}$이면 $g(k)=k^2-4$이다.

(ii) $f(k)\le f(k+1)$인 경우

$g(k)=f(k+1)$이므로 $f(k)\le f(k+1)$에서

$$k^2-4\le(k+1)^2-4$$
$$0\le 2k+1 \qquad \therefore k\ge-\dfrac{1}{2}$$

즉, $k\ge-\dfrac{1}{2}$이면 $g(k)=(k+1)^2-4$이다.

(i), (ii)에서 $g(k)=\begin{cases} k^2-4 & \left(k<-\dfrac{1}{2}\right) \\ (k+1)^2-4 & \left(k\ge-\dfrac{1}{2}\right) \end{cases}$

$k<-\dfrac{1}{2}$인 모든 실수 k에 대하여 $g(k)>g\left(-\dfrac{1}{2}\right)$이고 $k\ge-\dfrac{1}{2}$인 모든 실수 k에 대하여 $g(k)\ge g\left(-\dfrac{1}{2}\right)$이므로 $g(k)$의 최솟값은 $g\left(-\dfrac{1}{2}\right)=-\dfrac{15}{4}$이다.

참고 $y=g(k)$의 그래프는 오른쪽 그림과 같으므로 $g(k)$의 최솟값은 $g\left(-\dfrac{1}{2}\right)=-\dfrac{15}{4}$이다.

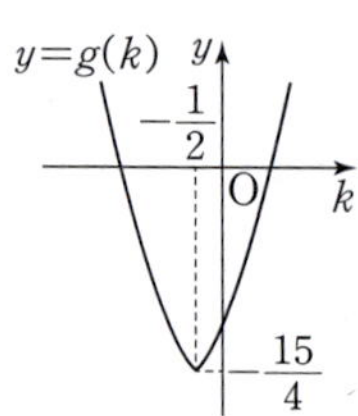

0582 답 ②

전략 이차함수 $f(x)$가 모든 실수 x에 대하여 $f(x)\le f(k)$이면 함수 $y=f(x)$의 그래프는 위로 볼록하고, $x=k$일 때 최대임을 이용한다.

(나)에서 함수 $y=f(x)$의 그래프는 위로 볼록하고, $x=-1$일 때 최댓값을 갖는다.

따라서 $y=f(x)$의 그래프는 오른쪽 그림과 같이 직선 $x=-1$을 축으로 하고, (가)에서 $f(-4)=0$이므로 $f(2)=f(-4)=0$이다. $f(x)=a(x+4)(x-2)\ (a<0)$라 하면

$$\cdots\cdots \ \ㄱ$$

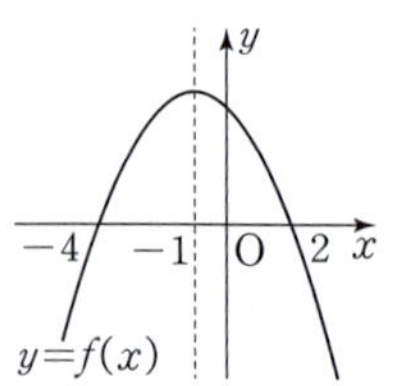

(i) $p=-2$일 때,

$f(p)=f(p+2)$이므로 $g(p)=f(p)$

(ii) $p<-2$일 때,

$f(p)<f(p+2)$이므로 $g(p)=f(p)$

(iii) $p>-2$일 때,

$f(p)>f(p+2)$이므로 $g(p)=f(p+2)$

(i), (ii), (iii)에서 $g(p)=\begin{cases} f(p) & (p\le -2) \\ f(p+2) & (p>-2) \end{cases}$

$p\le -2$인 모든 실수 p에 대하여 $f(p)\le f(-2)$이므로 $g(p)\le f(-2)$

$p>-2$인 모든 실수 p에 대하여 $f(p+2)<f(0)$

이때 $f(0)=f(-2)$이므로 $g(p)<f(-2)$

따라서 $g(p)$의 최댓값은 $f(-2)$이다.

$f(-2)=4$이므로 ㄱ에서

$$a\times 2\times(-4)=4 \qquad \therefore a=-\dfrac{1}{2}$$

따라서 $f(x)=-\dfrac{1}{2}(x+4)(x-2)$이므로

$$f(3)=-\dfrac{1}{2}\times 7\times 1=-\dfrac{7}{2}$$

08 삼차방정식과 사차방정식

난이도별 필수 기출 123~136쪽

0583 답 ③

주어진 방정식의 좌변을 인수분해하면
$(x-2)(x^2+2x+4)=0$
$\therefore x=2$ 또는 $x=-1\pm\sqrt{3}i$

0584 답 **0**

$f(x)=x^3-2x^2-2x+1$이라 하면
$f(-1)=0$이므로 조립제법을 이용
하여 $f(x)$를 인수분해하면

$$
\begin{array}{r|rrrr}
-1 & 1 & -2 & -2 & 1 \\
   &   & -1 & 3 & -1 \\
\hline
   & 1 & -3 & 1 & 0 \\
\end{array}
$$

$f(x)=(x+1)(x^2-3x+1)$
즉, 주어진 방정식은 $(x+1)(x^2-3x+1)=0$
$\therefore x=-1$ 또는 $x=\dfrac{3\pm\sqrt{5}}{2}$

이때 $\alpha<\beta<\gamma$이므로 $\alpha=-1$, $\beta=\dfrac{3-\sqrt{5}}{2}$, $\gamma=\dfrac{3+\sqrt{5}}{2}$

$\therefore \alpha+\beta\gamma=-1+\dfrac{3-\sqrt{5}}{2}\times\dfrac{3+\sqrt{5}}{2}$
$$=-1+1=0$$

0585 답 ①

$f(x)=x^3+2x-3$이라 하면 $f(1)=0$
이므로 조립제법을 이용하여 $f(x)$를 인
수분해하면

$$
\begin{array}{r|rrrr}
1 & 1 & 0 & 2 & -3 \\
  &   & 1 & 1 & 3 \\
\hline
  & 1 & 1 & 3 & 0 \\
\end{array}
$$

$f(x)=(x-1)(x^2+x+3)$
즉, 주어진 방정식은 $(x-1)(x^2+x+3)=0$
$\therefore x=1$ 또는 $x=\dfrac{-1\pm\sqrt{11}i}{2}$

따라서 $a=-\dfrac{1}{2}$, $b=\pm\dfrac{\sqrt{11}}{2}$이므로

$a^2b^2=\dfrac{1}{4}\times\dfrac{11}{4}=\dfrac{11}{16}$

다른 풀이

주어진 삼차방정식의 계수가 실수이므로 한 근이 $a+bi$이면 $a-bi$
도 근이다.
이때 $f(x)=x^3+2x-3$이라 하면 $f(1)=0$이므로 $x=1$은 나머
지 한 근이다.
따라서 세 근이 1, $a+bi$, $a-bi$이므로 삼차방정식의 근과 계수의
관계에 의하여
$1+(a+bi)+(a-bi)=0$
$(a+bi)+(a+bi)(a-bi)+(a-bi)=2$
$(a+bi)(a-bi)=3$
따라서 $a=-\dfrac{1}{2}$, $b=\pm\dfrac{\sqrt{11}}{2}$이므로

$a^2b^2=\dfrac{1}{4}\times\dfrac{11}{4}=\dfrac{11}{16}$

0586 답 ⑤

$x^2=X$로 놓으면 주어진 방정식은
$X^2+3X-18=0$
$(X+6)(X-3)=0$
$\therefore X=-6$ 또는 $X=3$
즉, $x^2=-6$ 또는 $x^2=3$이므로
$x=\pm\sqrt{6}i$ 또는 $x=\pm\sqrt{3}$
따라서 주어진 방정식의 모든 허근의 곱은
$-\sqrt{6}i\times\sqrt{6}i=6$

0587 답 ④

$x^4-24x^2+16=0$에서
$x^4-8x^2+16-16x^2=0$
$(x^2-4)^2-(4x)^2=0$
$(x^2+4x-4)(x^2-4x-4)=0$
$x^2+4x-4=0$ 또는 $x^2-4x-4=0$이므로
$x=-2\pm2\sqrt{2}$ 또는 $x=2\pm2\sqrt{2}$
따라서 보기에서 주어진 방정식의 근인 것은 ㄴ, ㄹ이다.

0588 답 ⑤

$f(x)=x^4-7x^3+16x^2-14x+4$라 하면 $f(1)=0$, $f(2)=0$이므
로 조립제법을 이용하여 $f(x)$를 인수분해하면

$$
\begin{array}{r|rrrrr}
1 & 1 & -7 & 16 & -14 & 4 \\
  &   & 1 & -6 & 10 & -4 \\
\hline
2 & 1 & -6 & 10 & -4 & 0 \\
  &   & 2 & -8 & 4 & \\
\hline
  & 1 & -4 & 2 & 0 & \\
\end{array}
$$

$f(x)=(x-1)(x-2)(x^2-4x+2)$
즉, 주어진 방정식은
$(x-1)(x-2)(x^2-4x+2)=0$
$\therefore x=1$ 또는 $x=2$ 또는 $x=2\pm\sqrt{2}$
따라서 $\alpha=2+\sqrt{2}$, $\beta=2-\sqrt{2}$이므로
$\alpha+\beta=4$

0589 답 ⑤

$f(x)=x^3+x^2+x-3$이라 하면
$f(1)=0$이므로 조립제법을 이용하여
$f(x)$를 인수분해하면

$$
\begin{array}{r|rrrr}
1 & 1 & 1 & 1 & -3 \\
  &   & 1 & 2 & 3 \\
\hline
  & 1 & 2 & 3 & 0 \\
\end{array}
$$

$f(x)=(x-1)(x^2+2x+3)$
즉, 주어진 방정식은 $(x-1)(x^2+2x+3)=0$
이때 주어진 방정식의 두 허근 α, β는 이차방정식 $x^2+2x+3=0$
의 근이므로
$\alpha^2+2\alpha+3=0$, $\beta^2+2\beta+3=0$
즉, $\alpha^2+2\alpha=-3$, $\beta^2+2\beta=-3$이므로
$(\alpha^2+2\alpha+6)(\beta^2+2\beta+8)=(-3+6)\times(-3+8)$
$$=3\times5=15$$

0590 답 -1

$f(x)=x^4+4x^3+3x^2-2x-6$이라 하면 $f(1)=0$, $f(-3)=0$이
므로 조립제법을 이용하여 $f(x)$를 인수분해하면

$$
\begin{array}{r|rrrr}
1 & 1 & 4 & 3 & -2 & -6 \\
  &   & 1 & 5 & 8 & 6 \\
\hline
-3 & 1 & 5 & 8 & 6 & 0 \\
   &   & -3 & -6 & -6 \\
\hline
   & 1 & 2 & 2 & 0
\end{array}
$$

$f(x)=(x-1)(x+3)(x^2+2x+2)$

즉, 주어진 방정식은 $(x-1)(x+3)(x^2+2x+2)=0$ ...... ❶

이때 주어진 방정식의 두 허근 α, β는 이차방정식 $x^2+2x+2=0$
의 근이므로 근과 계수의 관계에 의하여

$\alpha+\beta=-2$ ...... ❷

$$
\therefore \left\{\left(\frac{\alpha+\beta}{2}\right)i\right\}^{1234}=(-i)^{1234}=(i^4)^{308}\times i^2
$$
$$
=i^2=-1 \quad\text{...... ❸}
$$

채점 기준

❶ 사차방정식의 좌변을 인수분해하기		50 %
❷ $\alpha+\beta$의 값 구하기		20 %
❸ $\left\{\left(\dfrac{\alpha+\beta}{2}\right)i\right\}^{1234}$의 값 구하기		30 %

0591 답 1

$x^2+3x=X$로 놓으면 주어진 방정식은

$(X-1)^2+7X+3=0$

$X^2+5X+4=0$, $(X+1)(X+4)=0$

즉, 주어진 방정식은

$(x^2+3x+1)(x^2+3x+4)=0$

이차방정식 $x^2+3x+1=0$의 판별식을 D_1, $x^2+3x+4=0$의 판별
식을 D_2라 하면

$D_1=9-4=5>0$, $D_2=9-16=-7<0$

이므로 $x^2+3x+1=0$에서 두 실근, $x^2+3x+4=0$에서 두 허근을
갖는다.

즉, 주어진 방정식의 두 허근 α, β는 이차방정식 $x^2+3x+4=0$의
근이므로 근과 계수의 관계에 의하여

$\alpha+\beta=-3$, $\alpha\beta=4$

$$
\therefore \alpha^2+\beta^2=(\alpha+\beta)^2-2\alpha\beta
$$
$$
=(-3)^2-2\times4=1
$$

0592 답 ①

$x^2-3x=X$로 놓으면 주어진 방정식은 $X(X+6)+5=0$

$X^2+6X+5=0$, $(X+1)(X+5)=0$

즉, 주어진 방정식은

$(x^2-3x+1)(x^2-3x+5)=0$

이차방정식 $x^2-3x+1=0$의 판별식을 D_1, $x^2-3x+5=0$의 판별
식을 D_2라 하면

$D_1=9-4=5>0$, $D_2=9-20=-11<0$

이므로 주어진 방정식의 두 실근 α, β는 이차방정식 $x^2-3x+1=0$
의 근이다. 따라서 이차방정식의 근과 계수의 관계에 의하여

$\alpha\beta=1$

0593 답 ②

$f(x)=x^3+(k-1)x^2-k$라 하면

$f(1)=0$이므로 조립제법을 이용하여

$f(x)$를 인수분해하면

$$
\begin{array}{r|rrrr}
1 & 1 & k-1 & 0 & -k \\
  &   & 1 & k & k \\
\hline
  & 1 & k & k & 0
\end{array}
$$

$f(x)=(x-1)(x^2+kx+k)$

즉, 주어진 방정식은

$(x-1)(x^2+kx+k)=0$

이때 주어진 방정식의 한 허근 z는 이차방정식 $x^2+kx+k=0$의 근
이고, 계수가 실수이므로 이 이차방정식의 다른 한 근은 $\bar{z}$이다.

따라서 이차방정식의 근과 계수의 관계에 의하여

$z+\bar{z}=-k$ $\quad\therefore k=2$

0594 답 ①

$x^3+(k+1)x^2+(4k-3)x+k+7=0$에 $x=1$을 대입하면

$1+(k+1)+(4k-3)+k+7=0$, $6k=-6$

$\therefore k=-1$

이를 주어진 방정식에 대입하면 $x^3-7x+6=0$

$f(x)=x^3-7x+6$이라 하면

$f(1)=0$이므로 조립제법을 이용하여

$f(x)$를 인수분해하면

$$
\begin{array}{r|rrrr}
1 & 1 & 0 & -7 & 6 \\
  &   & 1 & 1 & -6 \\
\hline
  & 1 & 1 & -6 & 0
\end{array}
$$

$f(x)=(x-1)(x^2+x-6)$
$=(x-1)(x-2)(x+3)$

즉, 주어진 방정식은

$(x-1)(x-2)(x+3)=0$

$\therefore x=1$ 또는 $x=2$ 또는 $x=-3$

$\therefore |\alpha-\beta|=|2-(-3)|=5$

0595 답 ④

$x^4-ax^3-(3a+1)x^2+8x+6a=0$에 $x=-1$을 대입하면

$1+a-(3a+1)-8+6a=0$, $4a=8$

$\therefore a=2$

이를 주어진 방정식에 대입하면 $x^4-2x^3-7x^2+8x+12=0$

$f(x)=x^4-2x^3-7x^2+8x+12$라 하면 $f(-1)=0$, $f(2)=0$이
므로 조립제법을 이용하여 $f(x)$를 인수분해하면

$$
\begin{array}{r|rrrrr}
-1 & 1 & -2 & -7 & 8 & 12 \\
   &   & -1 & 3 & 4 & -12 \\
\hline
2 & 1 & -3 & -4 & 12 & 0 \\
   &   & 2 & -2 & -12 \\
\hline
   & 1 & -1 & -6 & 0
\end{array}
$$

$f(x)=(x+1)(x-2)(x^2-x-6)$
$=(x+1)(x-2)(x+2)(x-3)$

즉, 주어진 방정식은

$(x+1)(x-2)(x+2)(x-3)=0$

$\therefore x=-2$ 또는 $x=-1$ 또는 $x=2$ 또는 $x=3$

따라서 가장 큰 근과 가장 작은 근의 합은

$3+(-2)=1$

0596 답 ②

주어진 방정식의 두 근이 -1, 2이므로 $x=-1$, $x=2$를 각각 대입하면

$2+a+b-3+a+4=0$, $32-8a+4b+6+a+4=0$

$\therefore 2a+b=-3$, $7a-4b=42$

두 식을 연립하여 풀면 $a=2$, $b=-7$

이를 주어진 방정식에 대입하면 $2x^4-2x^3-7x^2+3x+6=0$

$f(x)=2x^4-2x^3-7x^2+3x+6$이라 하면 $f(-1)=0$, $f(2)=0$

이므로 조립제법을 이용하여 $f(x)$를 인수분해하면

```
-1 | 2  -2  -7   3   6
   |    -2   4   3  -6
 2 | 2  -4  -3   6 |  0
   |     4   0  -6
   | 2   0  -3 |  0
```

$f(x)=(x+1)(x-2)(2x^2-3)$

즉, 주어진 방정식은 $(x+1)(x-2)(2x^2-3)=0$

따라서 주어진 방정식의 나머지 두 근은 이차방정식 $2x^2-3=0$의 근이므로 근과 계수의 관계에 의하여 두 근의 곱은 $-\dfrac{3}{2}$이다.

0597 답 -4

$(x-1)(x-2)(x+3)(x+4)-14=0$에서

$\{(x-1)(x+3)\}\{(x-2)(x+4)\}-14=0$

$(x^2+2x-3)(x^2+2x-8)-14=0$

$x^2+2x=X$로 놓으면 $(X-3)(X-8)-14=0$

$X^2-11X+10=0$, $(X-1)(X-10)=0$

$\therefore X=1$ 또는 $X=10$ ······ ❶

(i) $X=1$일 때,

$x^2+2x=1$에서 $x^2+2x-1=0$

이차방정식의 근과 계수의 관계에 의하여 두 근의 합은 -2이다.

(ii) $X=10$일 때,

$x^2+2x=10$에서 $x^2+2x-10=0$

이차방정식의 근과 계수의 관계에 의하여 두 근의 합은 -2이다. ······ ❷

(i), (ii)에서 주어진 방정식의 모든 근의 합은

$-2+(-2)=-4$ ······ ❸

채점 기준	
❶ $x^2+2x=X$로 놓고, X에 대한 이차방정식 풀기	50%
❷ X의 값에 따른 각각의 x에 대한 이차방정식의 두 근의 합 구하기	40%
❸ 모든 근의 합 구하기	10%

0598 답 ①

$x\neq0$이므로 주어진 방정식의 양변을 x^2으로 나누면

$x^2+2x-1+\dfrac{2}{x}+\dfrac{1}{x^2}=0$

$\left(x^2+\dfrac{1}{x^2}\right)+2\left(x+\dfrac{1}{x}\right)-1=0$

$\left(x+\dfrac{1}{x}\right)^2+2\left(x+\dfrac{1}{x}\right)-3=0$

$x+\dfrac{1}{x}=X$로 놓으면

$X^2+2X-3=0$, $(X+3)(X-1)=0$

$\therefore X=-3$ 또는 $X=1$

(i) $X=-3$일 때,

$x+\dfrac{1}{x}=-3$에서 $x^2+3x+1=0$

이 이차방정식의 판별식을 D_1이라 하면

$D_1=9-4=5>0$

따라서 이 이차방정식은 서로 다른 두 실근을 갖는다.

(ii) $X=1$일 때,

$x+\dfrac{1}{x}=1$에서 $x^2-x+1=0$

이 이차방정식의 판별식을 D_2라 하면

$D_2=1-4=-3<0$

따라서 이 이차방정식은 서로 다른 두 허근을 갖는다.

(i), (ii)에서 a는 방정식 $x+\dfrac{1}{x}=-3$의 근이므로

$a+\dfrac{1}{a}=-3$

0599 답 ②

$(a+k)^2$이 음수이려면 $a+k$가 순허수이어야 한다.

$x^4+5x^2+9=0$에서 $x^4+6x^2+9-x^2=0$

$(x^2+3)^2-x^2=0$, $(x^2+x+3)(x^2-x+3)=0$

$\therefore x=\dfrac{-1\pm\sqrt{11}i}{2}$ 또는 $x=\dfrac{1\pm\sqrt{11}i}{2}$

즉, $a=\dfrac{-1\pm\sqrt{11}i}{2}$ 또는 $a=\dfrac{1\pm\sqrt{11}i}{2}$이다.

따라서 $a+k$가 순허수이려면

$k=\pm\dfrac{1}{2}$ $\therefore k^2=\dfrac{1}{4}$

0600 답 ④

$f(x)=x^3-x^2+(k-6)x-3k$라 하면 $f(3)=0$이므로 조립제법을 이용하여 $f(x)$를 인수분해하면

```
3 | 1  -1  k-6  -3k
  |     3   6    3k
  | 1   2   k  |  0
```

$f(x)=(x-3)(x^2+2x+k)$

즉, 주어진 방정식은 $(x-3)(x^2+2x+k)=0$

이 방정식의 근이 모두 실수이려면 이차방정식 $x^2+2x+k=0$이 실근을 가져야 하므로 이 이차방정식의 판별식을 D라 하면

$\dfrac{D}{4}=1-k\geq0$ $\therefore k\leq1$

따라서 정수 k의 최댓값은 1이다.

0601 답 ⑤

$f(x)=x^3+(a-1)x-a$라 하면 $f(1)=0$이므로 조립제법을 이용하여 $f(x)$를 인수분해하면

```
1 | 1  0  a-1  -a
  |    1   1    a
  | 1  1   a  |  0
```

$f(x)=(x-1)(x^2+x+a)$

즉, 주어진 방정식은 $(x-1)(x^2+x+a)=0$

이 방정식이 서로 다른 세 실근을 가지려면 이차방정식
$x^2+x+a=0$이 $x\neq1$인 서로 다른 두 실근을 가져야 한다.
$x=1$은 이차방정식 $x^2+x+a=0$의 근이 아니어야 하므로
$1+1+a\neq0$ $\therefore a\neq-2$ ……㉠
이차방정식 $x^2+x+a=0$의 판별식을 D라 하면
$D=1-4a>0$ $\therefore a<\dfrac{1}{4}$ ……㉡
㉠, ㉡을 모두 만족시키는 a의 값의 범위는
$a<-2$ 또는 $-2<a<\dfrac{1}{4}$

0602 답 ①

$f(x)=x^3+(k-1)x^2-2kx+k$
라 하면 $f(1)=0$이므로 조립제법
을 이용하여 $f(x)$를 인수분해하면
$f(x)=(x-1)(x^2+kx-k)$

	1	$k-1$	$-2k$	k
1		1	k	$-k$
	1	k	$-k$	0

즉, 주어진 방정식은 $(x-1)(x^2+kx-k)=0$
이 방정식이 중근을 가지려면 이차방정식 $x^2+kx-k=0$이 중근을
갖거나 1을 근으로 가져야 한다.
(ⅰ) 이차방정식 $x^2+kx-k=0$이 중근을 가질 때,
　　이 이차방정식의 판별식을 D라 하면
　　$D=k^2+4k=0$, $k(k+4)=0$
　　$\therefore k=-4$ 또는 $k=0$
(ⅱ) 이차방정식 $x^2+kx-k=0$이 1을 근으로 가질 때,
　　$1+k-k=0$에서 $1\neq0$이므로 조건을 만족시키지 않는다.
(ⅰ), (ⅱ)에서 모든 실수 k의 값의 합은
$-4+0=-4$

0603 답 ②

$f(x)=x^3-6x^2+(a+8)x-2a$라
하면 $f(2)=0$이므로 조립제법을 이
용하여 $f(x)$를 인수분해하면
$f(x)=(x-2)(x^2-4x+a)$

	1	-6	$a+8$	$-2a$
2		2	-8	$2a$
	1	-4	a	0

즉, 주어진 방정식은 $(x-2)(x^2-4x+a)=0$
이 방정식이 한 개의 실근과 두 개의 허근을 가지려면 이차방정식
$x^2-4x+a=0$이 두 개의 허근을 가져야 한다.
이차방정식 $x^2-4x+a=0$의 판별식을 D라 하면
$\dfrac{D}{4}=4-a<0$ $\therefore a>4$
따라서 자연수 a의 최솟값은 5이다.

0604 답 7

$f(x)=x^3-5x^2+(a+4)x-a$라
하면 $f(1)=0$이므로 조립제법을 이
용하여 $f(x)$를 인수분해하면
$f(x)=(x-1)(x^2-4x+a)$

	1	-5	$a+4$	$-a$
1		1	-4	a
	1	-4	a	0

즉, 주어진 방정식은 $(x-1)(x^2-4x+a)=0$
이 방정식의 서로 다른 실근의 개수가 2가 되려면 이차방정식
$x^2-4x+a=0$이 $x=1$과 다른 한 실근을 갖거나 $x=1$이 아닌 중
근을 가져야 한다.

(ⅰ) 이차방정식 $x^2-4x+a=0$이 $x=1$과 다른 한 실근을 가질 때,
　　$x^2-4x+a=0$에 $x=1$을 대입하면
　　$1-4+a=0$ $\therefore a=3$
　　이를 $x^2-4x+a=0$에 대입하면
　　$x^2-4x+3=0$, $(x-1)(x-3)=0$
　　$\therefore x=1$ 또는 $x=3$
　　따라서 $a=3$이면 이차방정식 $x^2-4x+a=0$은 $x=1$과 다른 한
　　실근을 갖는다.
(ⅱ) 이차방정식 $x^2-4x+a=0$이 $x=1$이 아닌 중근을 가질 때,
　　이 이차방정식의 판별식을 D라 하면
　　$\dfrac{D}{4}=4-a=0$ $\therefore a=4$
　　이를 $x^2-4x+a=0$에 대입하면
　　$x^2-4x+4=0$, $(x-2)^2=0$
　　$\therefore x=2$(중근)
　　따라서 $a=4$이면 이차방정식 $x^2-4x+a=0$은 $x=1$이 아닌 중
　　근을 갖는다.
(ⅰ), (ⅱ)에서 모든 실수 a의 값의 합은
$3+4=7$

0605 답 -7

$f(x)=x^3+4x^2-(k+5)x+k$라
하면 $f(1)=0$이므로 조립제법을
이용하여 $f(x)$를 인수분해하면
$f(x)=(x-1)(x^2+5x-k)$

	1	4	$-k-5$	k
1		1	5	$-k$
	1	5	$-k$	0

즉, 주어진 방정식은 $(x-1)(x^2+5x-k)=0$
이 방정식의 서로 다른 실근이 한 개이려면 이차방정식
$x^2+5x-k=0$이 허근을 갖거나 $x=1$을 중근으로 가져야 한다.
　　……❶

(ⅰ) 이차방정식 $x^2+5x-k=0$이 허근을 가질 때,
　　이 이차방정식의 판별식을 D라 하면
　　$D=25+4k<0$
　　$\therefore k<-\dfrac{25}{4}$
(ⅱ) 이차방정식 $x^2+5x-k=0$이 $x=1$을 중근으로 가질 때,
　　$1+5-k=0$ $\therefore k=6$
　　이를 $x^2+5x-k=0$에 대입하면
　　$x^2+5x-6=0$, $(x+6)(x-1)=0$
　　$\therefore x=-6$ 또는 $x=1$
　　따라서 이차방정식 $x^2+5x-k=0$은 $x=1$을 중근으로 갖지 않
　　는다.　　……❷
(ⅰ), (ⅱ)에서 $k<-\dfrac{25}{4}$
따라서 정수 k의 최댓값은 -7이다.　　……❸

채점 기준

❶ 방정식의 좌변을 인수분해하여 서로 다른 실근이 한 개일 조건 파악하기		30%
❷ 각각의 경우에서 k의 값의 범위 구하기		60%
❸ 정수 k의 최댓값 구하기		10%

0606 답 ⑤

$x^3-x^2-kx+k=0$에서

$x^2(x-1)-k(x-1)=0$, $(x-1)(x^2-k)=0$

$\therefore x=1$ 또는 $x^2=k$

0이 아닌 실수 k에 대하여 $k>0$이면 주어진 방정식의 모든 근이 실수이므로 α, β 중 실수는 하나뿐이라는 조건을 만족시키지 않는다.

$k<0$이면 주어진 방정식의 실근은 $x=1$뿐이므로 $\alpha=1$ 또는 $\beta=1$이다.

(i) $\alpha=1$일 때,

$\alpha^2=-2\beta$에서 $\beta=-\dfrac{1}{2}\alpha^2=-\dfrac{1}{2}$이므로 α, β 중 실수는 하나뿐이라는 조건을 만족시키지 않는다.

(ii) $\beta=1$일 때,

$\alpha^2=-2\beta$에서 $\alpha^2=-2$

이때 α, γ는 방정식 $x^2=k$의 근이므로

$k=-2$, $\gamma^2=-2$

(i), (ii)에서 $\beta=1$, $\gamma^2=-2$이므로

$\beta^2+\gamma^2=-1$

0607 답 ③

$f(x)=x^4-(k+4)x^3+(3k+4)x^2+(k^2-2k)x-2k^2$이라 하면

$f(2)=0$, $f(k)=0$이므로 조립제법을 이용하여 $f(x)$를 인수분해하면

$$
\begin{array}{r|rrrr}
2 & 1 & -k-4 & 3k+4 & k^2-2k & -2k^2 \\
  &   & 2 & -2k-4 & 2k & 2k^2 \\
\hline
k & 1 & -k-2 & k & k^2 & 0 \\
  &   & k & -2k & -k^2 & \\
\hline
  & 1 & -2 & -k & 0 & \\
\end{array}
$$

$f(x)=(x-2)(x-k)(x^2-2x-k)$

즉, 주어진 방정식은 $(x-2)(x-k)(x^2-2x-k)=0$

$\therefore x=2$ 또는 $x=k$ 또는 $x^2-2x-k=0$

이 방정식이 서로 다른 네 실근을 가지려면 $k\neq2$이어야 하고, 이차방정식 $x^2-2x-k=0$이 $x=2$, $x=k$가 아닌 서로 다른 두 실근을 가져야 한다.

이차방정식 $x^2-2x-k=0$의 판별식을 D라 하면

$\dfrac{D}{4}=1+k>0$

$\therefore k>-1$

이때 $x=2$, $x=k$가 모두 이차방정식 $x^2-2x-k=0$의 근이 아니어야 하므로

$2^2-2\times2-k\neq0$, $k^2-2k-k\neq0$

$\therefore k\neq0$, $k\neq3$

따라서 $k>-1$이고, $k\neq0$, $k\neq2$, $k\neq3$을 만족시키는 5 이하의 정수 k는 1, 4, 5의 3개이다.

0608 답 ②

삼차방정식의 근과 계수의 관계에 의하여

$\alpha+\beta+\gamma=3$, $\alpha\beta+\beta\gamma+\gamma\alpha=4$, $\alpha\beta\gamma=-9$

$\therefore \dfrac{1}{\alpha\beta}+\dfrac{1}{\beta\gamma}+\dfrac{1}{\gamma\alpha}=\dfrac{\alpha+\beta+\gamma}{\alpha\beta\gamma}$

$=\dfrac{3}{-9}=-\dfrac{1}{3}$

0609 답 109

삼차방정식의 근과 계수의 관계에 의하여

$\alpha+\beta+\gamma=4$, $\alpha\beta+\beta\gamma+\gamma\alpha=-\dfrac{5}{2}$, $\alpha\beta\gamma=5$ ⋯⋯ ❶

$\therefore \alpha^3+\beta^3+\gamma^3$

$=(\alpha+\beta+\gamma)(\alpha^2+\beta^2+\gamma^2-\alpha\beta-\beta\gamma-\gamma\alpha)+3\alpha\beta\gamma$

$=(\alpha+\beta+\gamma)\{(\alpha+\beta+\gamma)^2-3(\alpha\beta+\beta\gamma+\gamma\alpha)\}+3\alpha\beta\gamma$ ⋯⋯ ❷

$=4\times\left\{4^2-3\times\left(-\dfrac{5}{2}\right)\right\}+3\times5$

$=109$ ⋯⋯ ❸

채점 기준	
❶ $\alpha+\beta+\gamma$, $\alpha\beta+\beta\gamma+\gamma\alpha$, $\alpha\beta\gamma$의 값 구하기	40%
❷ $\alpha^3+\beta^3+\gamma^3$을 변형하기	40%
❸ $\alpha^3+\beta^3+\gamma^3$의 값 구하기	20%

0610 답 ⑤

삼차방정식의 근과 계수의 관계에 의하여 세 근의 곱은 105이다.

$105=3\times5\times7$이고 세 근이 모두 2보다 큰 자연수이므로 세 근은 3, 5, 7이다.

세 근의 합은 $3+5+7=-p$ $\therefore p=-15$

두 근끼리의 곱의 합은 $3\times5+5\times7+7\times3=q$ $\therefore q=71$

$\therefore p+q=56$

0611 답 6

삼차방정식의 근과 계수의 관계에 의하여

$\alpha+\beta+\gamma=7$, $\alpha\beta+\beta\gamma+\gamma\alpha=10$, $\alpha\beta\gamma=-6$

$\therefore (2-\alpha)(2-\beta)(2-\gamma)$

$=2^3-(\alpha+\beta+\gamma)\times2^2+(\alpha\beta+\beta\gamma+\gamma\alpha)\times2-\alpha\beta\gamma$

$=8-7\times4+10\times2-(-6)$

$=6$

다른 풀이

$f(x)=x^3-7x^2+10x+6$이라 하면

방정식 $x^3-7x^2+10x+6=0$의 세 근이 α, β, γ이므로

$f(x)=(x-\alpha)(x-\beta)(x-\gamma)$

$\therefore (2-\alpha)(2-\beta)(2-\gamma)=f(2)$

$=2^3-7\times2^2+10\times2+6$

$=6$

0612 답 ⑤

주어진 삼차방정식의 계수가 모두 유리수이므로 $2-\sqrt{2}$가 근이면 $2+\sqrt{2}$도 근이다.

나머지 한 근을 α라 하면 삼차방정식의 근과 계수의 관계에 의하여

$(2-\sqrt{2})+(2+\sqrt{2})+\alpha=\alpha+2$ ⋯⋯ ㉠

$(2-\sqrt{2})(2+\sqrt{2})+(2+\sqrt{2})\alpha+\alpha(2-\sqrt{2})=b \quad \cdots\cdots ㉡$

$(2-\sqrt{2})(2+\sqrt{2})\alpha=-4 \quad \cdots\cdots ㉢$

㉢에서 $2\alpha=-4 \quad \therefore \alpha=-2$

㉠에서 $4+\alpha=a+2 \quad \therefore a=0$

㉡에서 $2+4\alpha=b \quad \therefore b=-6$

$\therefore a-b=6$

0613 답 ②

주어진 삼차방정식의 계수가 모두 실수이므로 $1+i$가 근이면 $1-i$도 근이다.

나머지 한 근을 α라 하면 삼차방정식의 근과 계수의 관계에 의하여

$(1+i)+(1-i)+\alpha=-p \quad \cdots\cdots ㉠$

$(1+i)(1-i)+\alpha(1-i)+\alpha(1+i)=q \quad \cdots\cdots ㉡$

$\alpha(1+i)(1-i)=-6 \quad \cdots\cdots ㉢$

㉢에서 $2\alpha=-6 \quad \therefore \alpha=-3$

㉠에서 $2+\alpha=-p \quad \therefore p=1$

㉡에서 $2+2\alpha=q \quad \therefore q=-4$

$\therefore p+q=-3$

다른 풀이

주어진 삼차방정식에 $x=1+i$를 대입하면

$(1+i)^3+p(1+i)^2+q(1+i)+6=0$

$(-2+2i)+2pi+q+qi+6=0$

$(4+q)+(2+2p+q)i=0$

p, q가 실수이므로 복소수가 서로 같을 조건에 의하여

$4+q=0, 2+2p+q=0$

따라서 $p=1$, $q=-4$이므로

$p+q=-3$

0614 답 ④

삼차방정식의 근과 계수의 관계에 의하여

$\alpha+\beta+\gamma=0, \alpha\beta+\beta\gamma+\gamma\alpha=3, \alpha\beta\gamma=1$

$\therefore \dfrac{\beta\gamma}{\alpha}+\dfrac{\gamma\alpha}{\beta}+\dfrac{\alpha\beta}{\gamma}$

$=\dfrac{\beta^2\gamma^2+\gamma^2\alpha^2+\alpha^2\beta^2}{\alpha\beta\gamma}$

$=\dfrac{(\alpha\beta+\beta\gamma+\gamma\alpha)^2-2(\alpha\beta^2\gamma+\alpha\beta\gamma^2+\alpha^2\beta\gamma)}{\alpha\beta\gamma}$

$=\dfrac{(\alpha\beta+\beta\gamma+\gamma\alpha)^2-2\alpha\beta\gamma(\alpha+\beta+\gamma)}{\alpha\beta\gamma}$

$=\dfrac{3^2-2\times1\times0}{1}=9$

0615 답 ③

삼차방정식 $2x^3-7x^2+ax+b=0$의 세 근을 $k, 2k, 4k (k\neq0)$라 하면 근과 계수의 관계에 의하여

$k+2k+4k=\dfrac{7}{2} \quad \cdots\cdots ㉠$

$2k^2+8k^2+4k^2=\dfrac{a}{2} \quad \cdots\cdots ㉡$

$k\times2k\times4k=-\dfrac{b}{2} \quad \cdots\cdots ㉢$

㉠에서 $7k=\dfrac{7}{2} \quad \therefore k=\dfrac{1}{2}$

㉡에서 $14k^2=\dfrac{a}{2} \quad \therefore a=7$

㉢에서 $8k^3=-\dfrac{b}{2} \quad \therefore b=-2$

$\therefore a-b=9$

0616 답 15

삼차방정식 $x^3-ax^2+26x-b=0$의 세 근을

$\alpha-1, \alpha, \alpha+1 (\alpha>1)$이라 하면 근과 계수의 관계에 의하여 두 근끼리의 곱의 합은

$(\alpha-1)\alpha+\alpha(\alpha+1)+(\alpha+1)(\alpha-1)=26$

$3\alpha^2=27, \alpha^2=9 \quad \therefore \alpha=3 (\because \alpha>1)$

따라서 세 근은 2, 3, 4이다. $\quad \cdots\cdots$ ❶

세 근의 합은 $2+3+4=a \quad \therefore a=9$

세 근의 곱은 $2\times3\times4=b \quad \therefore b=24 \quad \cdots\cdots$ ❷

$\therefore b-a=15 \quad \cdots\cdots$ ❸

채점 기준	
❶ 세 근 구하기	50%
❷ a, b의 값 구하기	40%
❸ $b-a$의 값 구하기	10%

0617 답 ⑤

삼차방정식 $x^3-4x^2-2x+5=0$에서 근과 계수의 관계에 의하여

$\alpha+\beta+\gamma=4, \alpha\beta+\beta\gamma+\gamma\alpha=-2, \alpha\beta\gamma=-5$

$5x^3+ax^2+bx+c=0$의 세 근 $\dfrac{1}{\alpha}, \dfrac{1}{\beta}, \dfrac{1}{\gamma}$에 대하여

$\dfrac{1}{\alpha}+\dfrac{1}{\beta}+\dfrac{1}{\gamma}=\dfrac{\alpha\beta+\beta\gamma+\gamma\alpha}{\alpha\beta\gamma}=\dfrac{-2}{-5}=\dfrac{2}{5}$

$\dfrac{1}{\alpha}\times\dfrac{1}{\beta}+\dfrac{1}{\beta}\times\dfrac{1}{\gamma}+\dfrac{1}{\gamma}\times\dfrac{1}{\alpha}=\dfrac{\alpha+\beta+\gamma}{\alpha\beta\gamma}=\dfrac{4}{-5}=-\dfrac{4}{5}$

$\dfrac{1}{\alpha}\times\dfrac{1}{\beta}\times\dfrac{1}{\gamma}=\dfrac{1}{\alpha\beta\gamma}=\dfrac{1}{-5}=-\dfrac{1}{5}$

즉, $\dfrac{1}{\alpha}, \dfrac{1}{\beta}, \dfrac{1}{\gamma}$을 세 근으로 하고 x^3의 계수가 5인 삼차방정식은

$5\left(x^3-\dfrac{2}{5}x^2-\dfrac{4}{5}x+\dfrac{1}{5}\right)=0$

$\therefore 5x^3-2x^2-4x+1=0$

따라서 $a=-2, b=-4, c=1$이므로 $abc=8$

참고 세 수 α, β, γ를 근으로 하고 x^3의 계수가 a인 삼차방정식은

$a\{x^3-(\alpha+\beta+\gamma)x^2+(\alpha\beta+\beta\gamma+\gamma\alpha)x-\alpha\beta\gamma\}=0$

0618 답 ①

주어진 삼차방정식의 세 근을 $-1, \alpha, \beta$라 하면 근과 계수의 관계에 의하여

$-1+\alpha+\beta=-a \quad \cdots\cdots ㉠$

$-\alpha-\beta+\alpha\beta=b \quad \cdots\cdots ㉡$

$-\alpha\beta=3 \quad \cdots\cdots ㉢$

㉢에서 $\alpha\beta=-3$이고 나머지 두 근의 제곱의 합이 6이므로

$\alpha^2+\beta^2=(\alpha+\beta)^2-2\alpha\beta$에서

$6=(\alpha+\beta)^2+6 \quad \therefore \alpha+\beta=0$

㉠에서 $a=1-(\alpha+\beta)=1$
㉡에서 $b=\alpha\beta-(\alpha+\beta)=-3$
$\therefore a+b=-2$

0619 답 ②

삼차방정식 $2x^3+8x^2-ax+3=0$의 세 근을 α, β, γ라 하고, 이 중에서 α, β를 삼차방정식 $2x^3+6x^2+bx=0$의 두 근이라 하자.
$2x^3+6x^2+bx=0$에서 $x(2x^2+6x+b)=0$이고
$2x^3+8x^2-ax+3=0$에서 $x\neq0$이므로 α, β는 이차방정식
$2x^2+6x+b=0$의 두 근이다.
$2x^3+8x^2-ax+3=0$에서 근과 계수의 관계에 의하여
$\alpha+\beta+\gamma=-4$ $\qquad$ ……㉠
$\alpha\beta\gamma=-\dfrac{3}{2}$ $\qquad$ ……㉡
$2x^2+6x+b=0$에서 근과 계수의 관계에 의하여
$\alpha+\beta=-3$이므로 ㉠에서 $\gamma=-1$
$\alpha\beta=\dfrac{b}{2}$이므로 ㉡에서 $\dfrac{b}{2}\times(-1)=-\dfrac{3}{2}$
$\therefore b=3$
$x=-1$이 $2x^3+8x^2-ax+3=0$의 근이므로
$-2+8+a+3=0$ $\quad\therefore a=-9$
$\therefore a+b=-6$

0620 답 ②

삼차방정식 $x^3+ax^2-7x+4b=0$의 세 근을 1, 1, α라 하면 근과 계수의 관계에 의하여
$1+1+\alpha=-a$ $\qquad$ ……㉠
$1+\alpha+\alpha=-7$ $\qquad$ ……㉡
$\alpha=-4b$ $\qquad$ ……㉢
㉡에서 $2\alpha=-8$ $\quad\therefore \alpha=-4$
㉠에서 $a=-\alpha-2=2$
㉢에서 $b=-\dfrac{\alpha}{4}=1$
$\therefore ab=2$

다른 풀이

주어진 삼차방정식이 중근 1을 가지므로 등식의 좌변은 $(x-1)^2$을 인수로 갖는다.
즉, 주어진 삼차방정식은 $(x-1)^2(x+4b)=0$으로 좌변이 인수분해된다.
$(x-1)^2(x+4b)=0$에서
$(x^2-2x+1)(x+4b)=0$
$x^3+(4b-2)x^2+(1-8b)x+4b=0$
따라서 $a=4b-2$, $-7=1-8b$이므로
$a=2$, $b=1$
$\therefore ab=2$

0621 답 ③

삼차방정식 $f(x)=0$의 세 근을 α, β, γ라 하면
$\alpha+\beta+\gamma=303$

이때 방정식 $f(121-3x)=0$의 근은
$121-3x=\alpha$ 또는 $121-3x=\beta$ 또는 $121-3x=\gamma$에서
$x=\dfrac{121-\alpha}{3}$ 또는 $x=\dfrac{121-\beta}{3}$ 또는 $x=\dfrac{121-\gamma}{3}$
따라서 방정식 $f(121-3x)=0$의 세 근의 합은
$$\dfrac{121-\alpha}{3}+\dfrac{121-\beta}{3}+\dfrac{121-\gamma}{3}=\dfrac{363-(\alpha+\beta+\gamma)}{3}$$
$$=\dfrac{363-303}{3}=20$$

0622 답 ③

삼차방정식 $x^3+ax^2+bx+c=0$의 계수가 모두 실수이므로 $2-i$가 근이면 $2+i$도 근이다.
이때 $(2-i)(2+i)=5\neq20$이므로 $2-i$, $2+i$는 이차방정식
$x^2+ax+20=0$의 근이 아니다.
즉, 공통인 근 m은 $2-i$, $2+i$가 아닌 다른 한 근이다.
삼차방정식 $x^3+ax^2+bx+c=0$의 세 근이 m, $2-i$, $2+i$이므로
근과 계수의 관계에 의하여
$m+(2-i)+(2+i)=-a$ $\qquad$ ……㉠
$m(2-i)+m(2+i)+(2-i)(2+i)=b$ $\qquad$ ……㉡
$m(2-i)(2+i)=-c$ $\qquad$ ……㉢
㉠에서 $a=-m-4$이고 m이 방정식 $x^2+ax+20=0$의 한 근이므로
$m^2+(-m-4)\times m+20=0$, $-4m+20=0$
$\therefore m=5$
$m=5$를 ㉠, ㉡, ㉢에 각각 대입하여 풀면
$a=-m-4=-9$, $b=4m+5=25$, $c=-5m=-25$
$\therefore m+a+b+c=5+(-9)+25+(-25)=-4$

0623 답 7

주어진 사차방정식은 α를 근으로 가지면 $-\alpha$도 근으로 가지므로 양의 실근 2개, 음의 실근 2개를 갖는다.
이때 서로 다른 네 실근을
α, β, $-\beta(=\gamma)$, $-\alpha(=\delta)$ $(\alpha<\beta<0)$
라 할 수 있다.
$x^2=X$로 놓으면 주어진 사차방정식은
$X^2-(2a-9)X+4=0$
이고 이 이차방정식의 두 근은 α^2, β^2이다.
따라서 이차방정식의 근과 계수의 관계에 의하여
$\alpha^2+\beta^2=2a-9$
즉, $2a-9=5$이므로
$a=7$

0624 답 ①

주어진 사차방정식의 계수가 모두 실수이므로 $1-2i$가 근이면
$1+2i$도 근이다.
$1-2i$, $1+2i$를 두 근으로 하고 x^2의 계수가 1인 이차방정식은
$x^2-(1-2i+1+2i)x+(1-2i)(1+2i)=0$
$\therefore x^2-2x+5=0$
따라서 주어진 사차방정식의 좌변은 x^2-2x+5를 인수로 갖는다.

또한 $f(x)=x^4-x^3+kx^2+(10-k)x-10$이라 하면 $f(1)=0$이므로 주어진 사차방정식의 좌변은 일차식 $x-1$을 인수로 갖는다.
$x^4-x^3+kx^2+(10-k)x-10=(x^2-2x+5)(x-1)(x-a)$
(a는 실수)라 하면
$x^4-x^3+kx^2+(10-k)x-10$
$=(x^2-2x+5)\{x^2-(a+1)x+a\}$
위의 식의 양변의 상수항을 비교하면 $-10=5a$이므로
$a=-2$
$\therefore x^4-x^3+kx^2+(10-k)x-10=(x^2-2x+5)(x^2+x-2)$
$\qquad\qquad\qquad\qquad\qquad\qquad =x^4-x^3+x^2+9x-10$
$\therefore k=1$

0625 답 18

$f(x)$의 계수가 모두 실수이므로 ㈏에서 $1+i$가 방정식 $f(x)=0$의 근이면 $1-i$도 근이다.
$1+i$, $1-i$를 두 근으로 하고 x^2의 계수가 1인 이차방정식은
$x^2-(1+i+1-i)x+(1+i)(1-i)=0$, 즉 $x^2-2x+2=0$이므로 $f(x)$는 x^2-2x+2를 인수로 갖는다.
방정식 $f(x)=0$의 중근을 k(k는 실수)라 하면 ㈎에서 $f(x)$의 최고차항의 계수가 1이므로
$f(x)=(x^2-2x+2)(x-k)^2$ $\qquad\qquad$ …… ❶
$f(x)=(x^2-2x+2)(x^2-2kx+k^2)$의 삼차항은
$x^2\times(-2kx)+(-2x)\times x^2=(-2k-2)x^3$
㈎에서 $f(x)$의 삼차항의 계수가 0이므로
$-2k-2=0$ $\quad\therefore k=-1$ $\qquad\qquad$ …… ❷
따라서 $f(x)=(x^2-2x+2)(x+1)^2$이므로
$f(2)=(4-4+2)\times9=18$ $\qquad\qquad$ …… ❸

채점 기준

❶ 방정식 $f(x)=0$의 중근을 k로 놓고, $f(x)$를 k에 대한 식으로 나타내기	40%
❷ k의 값 구하기	40%
❸ $f(2)$의 값 구하기	20%

0626 답 ④

$f(-1)=f(2)=f(5)=3$에서
$f(-1)-3=0$, $f(2)-3=0$, $f(5)-3=0$
즉, 삼차방정식 $f(x)-3=0$의 세 근이 -1, 2, 5이다.
$f(x)-3=a(x+1)(x-2)(x-5)$(a는 실수, $a\neq0$)라 하면
$f(x)=a(x+1)(x-2)(x-5)+3$
$f(1)=19$에서
$a\times2\times(-1)\times(-4)+3=19$
$\therefore a=2$
$\therefore f(x)=2(x+1)(x-2)(x-5)+3$
$\qquad\quad =2x^3-12x^2+6x+23$
따라서 삼차방정식 $f(x)=0$의 모든 근의 합은 근과 계수의 관계에 의하여
$-\dfrac{-12}{2}=6$

0627 답 ②

삼차방정식 $x^3+px^2-2x-3=0$의 계수가 모두 실수이므로 두 허근 α, α^2은 서로 켤레복소수이다.
$\alpha=a+bi$(a, b는 실수, $b\neq0$)라 하면 $\alpha^2=\overline{\alpha}$이므로
$(a+bi)^2=a-bi$
$(a^2-b^2)+2abi=a-bi$
$\therefore a^2-b^2=a$, $2ab=-b$
$2ab=-b$에서 $b(2a+1)=0$ $\quad\therefore a=-\dfrac{1}{2}$ ($\because b\neq0$)
$a^2-b^2=a$에서 $\dfrac{1}{4}-b^2=-\dfrac{1}{2}$
$b^2=\dfrac{3}{4}$ $\qquad\therefore b=\pm\dfrac{\sqrt{3}}{2}$
따라서 주어진 삼차방정식의 두 허근은 $\dfrac{-1\pm\sqrt{3}i}{2}$이고, 한 실근을 k라 하면 삼차방정식의 근과 계수의 관계에 의하여
세 근의 곱은
$\dfrac{-1+\sqrt{3}i}{2}\times\dfrac{-1-\sqrt{3}i}{2}\times k=3$
$\therefore k=3$
세 근의 합은
$\dfrac{-1+\sqrt{3}i}{2}+\dfrac{-1-\sqrt{3}i}{2}+3=-p$
$\therefore p=-2$

0628 답 ③

α가 방정식 $x^4-5x^3+7x^2-x-2=0$의 근이므로
$\alpha^4-5\alpha^3+7\alpha^2-\alpha-2=0$
$\therefore \alpha^4-5\alpha^3+7\alpha^2=\alpha+2$
마찬가지로 $\beta^4-5\beta^3+7\beta^2=\beta+2$, $\gamma^4-5\gamma^3+7\gamma^2=\gamma+2$,
$\delta^4-5\delta^3+7\delta^2=\delta+2$이므로
$(\alpha^4-5\alpha^3+7\alpha^2)(\beta^4-5\beta^3+7\beta^2)(\gamma^4-5\gamma^3+7\gamma^2)(\delta^4-5\delta^3+7\delta^2)$
$=(\alpha+2)(\beta+2)(\gamma+2)(\delta+2)$ $\qquad$ …… ㉠
주어진 사차방정식의 네 근이 α, β, γ, δ이므로
$x^4-5x^3+7x^2-x-2=(x-\alpha)(x-\beta)(x-\gamma)(x-\delta)$
$x=-2$를 대입하면
$16+40+28+2-2=(-2-\alpha)(-2-\beta)(-2-\gamma)(-2-\delta)$
$\therefore (\alpha+2)(\beta+2)(\gamma+2)(\delta+2)=84$
따라서 ㉠에서 구하는 식의 값은 84이다.

0629 답 ①

㈎에서 삼차방정식 $P(x)=0$의 한 실근을 α, 서로 다른 두 허근을 β, γ라 하면
$\beta\gamma=5$ $\qquad\qquad$ …… ㉠
㈏에서 삼차방정식 $P(3x-1)=0$의 근은
$3x-1=\alpha$ 또는 $3x-1=\beta$ 또는 $3x-1=\gamma$에서
$x=\dfrac{\alpha+1}{3}$ 또는 $x=\dfrac{\beta+1}{3}$ 또는 $x=\dfrac{\gamma+1}{3}$이므로
$\dfrac{\alpha+1}{3}=0$, $\dfrac{\beta+1}{3}+\dfrac{\gamma+1}{3}=2$
$\therefore \alpha=-1$, $\beta+\gamma=4$ $\qquad$ …… ㉡

㉠, ㉡에서 α, β, γ를 세 근으로 하고 x^3의 계수가 1인 삼차방정식은
$(x+1)(x^2-4x+5)=0$
따라서 $P(x)=(x+1)(x^2-4x+5)=x^3-3x^2+x+5$이므로
$a=-3$, $b=1$, $c=5$
$\therefore a+b+c=3$

0630 답 ⑤

$f(x)=ax^3+bx^2+cx+d$라 하면 삼차방정식 $f(x)=0$의 세 근이
α, β, γ이다.

ㄱ. 방정식 $a(x-1)^3+b(x-1)^2+c(x-1)+d=0$, 즉
   $f(x-1)=0$의 근은
   $x-1=\alpha$ 또는 $x-1=\beta$ 또는 $x-1=\gamma$에서
   $x=\alpha+1$ 또는 $x=\beta+1$ 또는 $x=\gamma+1$
   따라서 주어진 방정식의 세 근은 $\alpha+1$, $\beta+1$, $\gamma+1$이다.

ㄴ. $ax^3-bx^2+cx-d=0$의 양변에 -1을 곱하면
   $-ax^3+bx^2-cx+d=0$
   $a(-x)^3+b(-x)^2+c(-x)+d=0$
   즉, 방정식 $f(-x)=0$의 근은
   $-x=\alpha$ 또는 $-x=\beta$ 또는 $-x=\gamma$에서
   $x=-\alpha$ 또는 $x=-\beta$ 또는 $x=-\gamma$
   따라서 주어진 방정식의 세 근은 $-\alpha$, $-\beta$, $-\gamma$이다.

ㄷ. $ax^3+\dfrac{b}{2}x^2+\dfrac{c}{4}x+\dfrac{d}{8}=0$의 양변에 8을 곱하면
   $8ax^3+4bx^2+2cx+d=0$
   $a(2x)^3+b(2x)^2+c(2x)+d=0$
   즉, 방정식 $f(2x)=0$의 근은
   $2x=\alpha$ 또는 $2x=\beta$ 또는 $2x=\gamma$에서
   $x=\dfrac{\alpha}{2}$ 또는 $x=\dfrac{\beta}{2}$ 또는 $x=\dfrac{\gamma}{2}$
   따라서 주어진 방정식의 세 근은 $\dfrac{\alpha}{2}$, $\dfrac{\beta}{2}$, $\dfrac{\gamma}{2}$이다.

ㄹ. $dx^3+cx^2+bx+a=0$의 양변을 x^3으로 나누면
   $\dfrac{a}{x^3}+\dfrac{b}{x^2}+\dfrac{c}{x}+d=0$
   $a\left(\dfrac{1}{x}\right)^3+b\left(\dfrac{1}{x}\right)^2+c\left(\dfrac{1}{x}\right)+d=0$
   즉, 방정식 $f\left(\dfrac{1}{x}\right)=0$의 근은
   $\dfrac{1}{x}=\alpha$ 또는 $\dfrac{1}{x}=\beta$ 또는 $\dfrac{1}{x}=\gamma$에서
   $x=\dfrac{1}{\alpha}$ 또는 $x=\dfrac{1}{\beta}$ 또는 $x=\dfrac{1}{\gamma}$
   따라서 주어진 방정식의 세 근은 $\dfrac{1}{\alpha}$, $\dfrac{1}{\beta}$, $\dfrac{1}{\gamma}$이다.

따라서 보기에서 옳은 것은 ㄴ, ㄷ, ㄹ이다.

0631 답 ③

$x^3=1$에서 $x^3-1=0$, $(x-1)(x^2+x+1)=0$
ω는 방정식 $x^3=1$의 한 허근이므로
$\omega^3=1$, $\omega^2+\omega+1=0$
$\therefore \omega^{50}+\omega^{51}+\omega^{52}=\omega^{50}(1+\omega+\omega^2)$
$\qquad\qquad\qquad\qquad\quad =0$

0632 답 ④

$\omega^3=1$, $\omega^2+\omega+1=0$이므로
① $\omega^3=1$
② $\omega^2+\omega=-1$
③ $1+\omega+\omega^2+\cdots+\omega^8$
   $=(1+\omega+\omega^2)+\omega^3(1+\omega+\omega^2)+\omega^6(1+\omega+\omega^2)$
   $=0$
④ $(1+\omega)(1+\omega^2)(1+\omega^3)=(-\omega^2)\times(-\omega)\times(1+1)$
                       $=2\omega^3=2$
⑤ $\dfrac{\omega^2}{1+\omega}+\dfrac{1+\omega^2}{\omega}+\dfrac{1}{\omega+\omega^2}=\dfrac{\omega^2}{-\omega^2}+\dfrac{-\omega}{\omega}+\dfrac{1}{-1}$
                             $=-1-1-1=-3$
따라서 그 값이 가장 큰 것은 ④이다.

0633 답 ④

$x^3+1=0$에서 $(x+1)(x^2-x+1)=0$
이때 ω는 방정식 $x^2-x+1=0$의 한 허근이므로 $\overline{\omega}$도 이 방정식의
근이다.
따라서 이차방정식의 근과 계수의 관계에 의하여
$\omega+\overline{\omega}=1$, $\omega\overline{\omega}=1$
$\therefore (2\omega-1)(2\overline{\omega}-1)=4\omega\overline{\omega}-2(\omega+\overline{\omega})+1$
$\qquad\qquad\qquad\qquad =4\times1-2\times1+1=3$

0634 답 ④

이차방정식 $x^2+x+1=0$의 한 허근이 ω이므로
$\omega^2+\omega+1=0$
양변에 $\omega-1$을 곱하면
$(\omega-1)(\omega^2+\omega+1)=0$, $\omega^3-1=0$ $\qquad \therefore \omega^3=1$
$\therefore 1+\omega+\omega^2+\omega^3+\cdots+\omega^{90}$
   $=(1+\omega+\omega^2)+\omega^3(1+\omega+\omega^2)+\cdots+\omega^{87}(1+\omega+\omega^2)+\omega^{90}$
   $=\omega^{90}=(\omega^3)^{30}=1$

0635 답 ③

$x^3=1$에서 $x^3-1=0$, $(x-1)(x^2+x+1)=0$
ω는 이차방정식 $x^2+x+1=0$의 한 허근이므로
$\omega^3=1$, $\omega^2+\omega+1=0$
$\therefore \dfrac{1}{1+\omega^{20}}-\dfrac{1}{1+\omega^{21}}+\dfrac{1}{1+\omega^{22}}$
   $=\dfrac{1}{1+(\omega^3)^6\times\omega^2}-\dfrac{1}{1+(\omega^3)^7}+\dfrac{1}{1+(\omega^3)^7\times\omega}$
   $=\dfrac{1}{1+\omega^2}-\dfrac{1}{2}+\dfrac{1}{1+\omega}=\dfrac{1}{-\omega}-\dfrac{1}{2}+\dfrac{1}{-\omega^2}$
   $=-\dfrac{\omega+1}{\omega^2}-\dfrac{1}{2}=-\dfrac{-\omega^2}{\omega^2}-\dfrac{1}{2}$
   $=1-\dfrac{1}{2}=\dfrac{1}{2}$

0636 답 ③

$x^3=1$에서 $x^3-1=0$, $(x-1)(x^2+x+1)=0$
ω는 이차방정식 $x^2+x+1=0$의 한 허근이므로
$\omega^3=1$, $\omega^2+\omega+1=0$

이차방정식 $x^2+x+1=0$의 두 근이 ω, $\overline{\omega}$이므로 근과 계수의 관계에 의하여
$$\omega+\overline{\omega}=-1,\ \omega\overline{\omega}=1$$
ㄱ. $\omega+\overline{\omega}=-\omega\overline{\omega}=-1$
ㄴ. $\omega^2-\omega+1=(\omega^2+\omega+1)-2\omega=-2\omega\neq0$
ㄷ. $\omega^3+\overline{\omega}^3=1+1=2$
$$\omega\overline{\omega}-(\omega^2+\overline{\omega}^2)=\omega\overline{\omega}-\{(\omega+\overline{\omega})^2-2\omega\overline{\omega}\}$$
$$=3\omega\overline{\omega}-(\omega+\overline{\omega})^2$$
$$=3-(-1)^2=2$$
$$\therefore\ \omega^3+\overline{\omega}^3=\omega\overline{\omega}-(\omega^2+\overline{\omega}^2)$$
따라서 보기에서 옳은 것은 ㄱ, ㄷ이다.

0637 답 ⑤

$x^3=1$에서 $x^3-1=0$, $(x-1)(x^2+x+1)=0$
ω는 이차방정식 $x^2+x+1=0$의 한 허근이므로
$$\omega^3=1,\ \omega^2+\omega+1=0$$
ㄱ. $1+\dfrac{1}{\omega}+\dfrac{1}{\omega^2}+\dfrac{1}{\omega^3}=1+\dfrac{1}{\omega^3}(\omega^2+\omega+1)$
$$=1(\because\ \omega^2+\omega+1=0)$$
ㄴ. $\omega^2+1=\dfrac{(\omega^2+1)(\omega+1)}{\omega+1}=\dfrac{\omega^3+\omega^2+\omega+1}{\omega+1}$
$$=\dfrac{1+0}{\omega+1}=\dfrac{1}{\omega+1}$$
ㄷ. $(1+\omega)(1+\omega^2)(1+\omega^3)(1+\omega^4)(1+\omega^5)$
$$=(1+\omega)(1+\omega^2)(1+1)(1+\omega)(1+\omega^2)$$
$$=(-\omega^2)\times(-\omega)\times2\times(-\omega^2)\times(-\omega)$$
$$=\omega^3\times2\times\omega^3=1\times2\times1=2$$
따라서 보기에서 옳은 것은 ㄱ, ㄴ, ㄷ이다.

다른 풀이

ㄴ. $\omega^2+1=-\omega=-\dfrac{\omega^3}{\omega^2}=-\dfrac{1}{-(\omega+1)}=\dfrac{1}{\omega+1}$

0638 답 ④

$x^3-1=0$에서 $(x-1)(x^2+x+1)=0$
ω는 이차방정식 $x^2+x+1=0$의 한 허근이므로
$$\omega^3=1,\ \omega^2+\omega+1=0$$
$\therefore\ 1-2\omega+3\omega^2-4\omega^3+5\omega^4-6\omega^5$
$$=1-2\omega+3\omega^2-4+5\omega-6\omega^2$$
$$=-3+3\omega-3\omega^2$$
$$=-3+3\omega-3(-\omega-1)\ (\because\ \omega^2+\omega+1=0)$$
$$=-3+3\omega+3\omega+3$$
$$=6\omega$$
따라서 $a=6$, $b=0$이므로 $a+b=6$

0639 답 ④

$z+\overline{z}=-1$, $z\overline{z}=1$이므로 z, $\overline{z}$는 이차방정식 $x^2+x+1=0$의 두 근이다.
이차방정식의 양변에 $x-1$을 곱하면
$$(x-1)(x^2+x+1)=0$$
즉, $x^3-1=0$이므로 $x^3=1$

따라서 $z^3=1$, $\overline{z}^3=1$이므로
$$\dfrac{\overline{z}}{z^5}+\dfrac{(\overline{z})^2}{z^4}+\dfrac{(\overline{z})^3}{z^3}+\dfrac{(\overline{z})^4}{z^2}+\dfrac{(\overline{z})^5}{z}$$
$$=\dfrac{\overline{z}}{z^2}+\dfrac{(\overline{z})^2}{z}+\dfrac{1}{1}+\dfrac{\overline{z}}{z^2}+\dfrac{(\overline{z})^2}{z}$$
$$=\dfrac{2\overline{z}}{z^2}+\dfrac{2(\overline{z})^2}{z}+1$$
$$=\dfrac{2z\overline{z}}{z^3}+\dfrac{2z^2(\overline{z})^2}{z^3}+1$$
$$=2+2+1=5$$

0640 답 ⑤

$x^3+1=0$에서 $(x+1)(x^2-x+1)=0$
ω는 이차방정식 $x^2-x+1=0$의 한 허근이므로
$$\omega^3=-1,\ \omega^2-\omega+1=0$$
ㄱ. $\omega^2-\omega+1=0$의 양변을 ω로 나누면
$$\omega-1+\dfrac{1}{\omega}=0\qquad\therefore\ \omega+\dfrac{1}{\omega}=1$$
ㄴ. $1+\omega+\omega^2+\cdots+\omega^{20}$
$$=(1+\omega+\omega^2)+\omega^3(1+\omega+\omega^2)+\cdots+\omega^{18}(1+\omega+\omega^2)$$
$$=(1+\omega+\omega^2)-(1+\omega+\omega^2)+\cdots+(1+\omega+\omega^2)$$
$$=1+\omega+\omega^2=(\omega^2-\omega+1)+2\omega$$
$$=2\omega$$
ㄷ. 이차방정식 $x^2-x+1=0$의 두 근이 ω, $\overline{\omega}$이므로 근과 계수의 관계에 의하여
$$\omega+\overline{\omega}=1,\ \omega\overline{\omega}=1$$
$\therefore\ z\overline{z}=\dfrac{\omega+1}{2\omega-1}\times\dfrac{\overline{\omega}+1}{2\overline{\omega}-1}=\dfrac{\omega\overline{\omega}+\omega+\overline{\omega}+1}{4\omega\overline{\omega}-2(\omega+\overline{\omega})+1}$
$$=\dfrac{1+1+1}{4-2+1}=1$$
따라서 보기에서 옳은 것은 ㄱ, ㄴ, ㄷ이다.

0641 답 ②

방정식 $x+\dfrac{1}{x}=-1$의 한 허근이 ω이므로
$$\omega+\dfrac{1}{\omega}=-1$$
양변에 ω를 곱하면 $\omega^2+1=-\omega$
$$\therefore\ \omega^2+\omega+1=0$$
양변에 $\omega-1$을 곱하면 $(\omega-1)(\omega^2+\omega+1)=0$
$$\omega^3-1=0$$
즉, $\omega^3=1$이므로
$$\omega^3+\dfrac{1}{\omega^3}=1+1=2$$
$$\omega^5+\dfrac{1}{\omega^5}=\omega^2+\dfrac{1}{\omega^2}=\left(\omega+\dfrac{1}{\omega}\right)^2-2=(-1)^2-2=-1$$
$$\omega^7+\dfrac{1}{\omega^7}=\omega+\dfrac{1}{\omega}=-1$$
$$\vdots$$
$\therefore\ \left(\omega+\dfrac{1}{\omega}\right)+\left(\omega^3+\dfrac{1}{\omega^3}\right)+\left(\omega^5+\dfrac{1}{\omega^5}\right)+\cdots+\left(\omega^{19}+\dfrac{1}{\omega^{19}}\right)$
$$=(-1+2-1)+(-1+2-1)+(-1+2-1)+(-1)$$
$$=-1$$

0642 답 ⑤

$x^4-4x^3+x-4=0$에서

$x^3(x-4)+(x-4)=0$

$(x^3+1)(x-4)=0$

$(x+1)(x^2-x+1)(x-4)=0$

즉, 주어진 방정식은 $(x+1)(x-4)(x^2-x+1)=0$이므로 이 방정식의 허근 α는 이차방정식 $x^2-x+1=0$의 근이다.

따라서 $\alpha^2-\alpha+1=0$이므로 양변에 $\alpha+1$을 곱하면

$(\alpha+1)(\alpha^2-\alpha+1)=0$

$\alpha^3+1=0$ $\therefore \alpha^3=-1$

$\alpha^4=-\alpha,\ \alpha^5=-\alpha^2,\ \alpha^6=1,\ \cdots$이므로

$$\alpha^{503}+\alpha^{504}+\alpha^{505}=\alpha^{6\times83+5}+\alpha^{6\times84}+\alpha^{6\times84+1}$$
$$=\alpha^5+1+\alpha$$
$$=-\alpha^2+\alpha+1$$
$$=(-\alpha+1)+\alpha+1\,(\because \alpha^2-\alpha+1=0)$$
$$=2$$

0643 답 -1

$x^3=1$에서 $x^3-1=0$

$(x-1)(x^2+x+1)=0$

$\alpha,\ \beta$는 방정식 $x^3=1$의 근이므로

$\alpha^3=1,\ \beta^3=1$

$\alpha,\ \beta$는 이차방정식 $x^2+x+1=0$의 두 근이므로 근과 계수의 관계에 의하여

$\alpha+\beta=-1,\ \alpha\beta=1$　　　　　$\cdots\cdots$ ❶

$f(n)=\alpha^n+\beta^n$에서

$f(1)=\alpha+\beta=-1$

$f(2)=\alpha^2+\beta^2=(\alpha+\beta)^2-2\alpha\beta=1-2=-1$

$f(3)=\alpha^3+\beta^3=1+1=2$

$f(4)=\alpha^4+\beta^4=\alpha+\beta=-1$

　　　　$\vdots$

$f(100)=\alpha^{100}+\beta^{100}=\alpha+\beta=-1$　　$\cdots\cdots$ ❷

$\therefore f(1)+f(2)+f(3)+\cdots+f(100)$

$=(-1-1+2)+(-1-1+2)+\cdots+(-1)$

$=-1$　　　　　$\cdots\cdots$ ❸

채점 기준	
❶ $\alpha^3,\ \beta^3,\ \alpha+\beta,\ \alpha\beta$의 값 구하기	30 %
❷ $f(n)$의 규칙 찾기	50 %
❸ 식의 값 구하기	20 %

0644 답 ①

$x^3=1$에서 $x^3-1=0$

$(x-1)(x^2+x+1)=0$

ω는 이차방정식 $x^2+x+1=0$의 한 허근이므로

$\omega^3=1,\ \omega^2+\omega+1=0$

이차방정식 $x^2+x+1=0$의 두 근이 $\omega,\ \overline{\omega}$이므로 근과 계수의 관계에 의하여 $\omega\overline{\omega}=1$

$\therefore \dfrac{\overline{\omega}}{\omega}=\overline{\omega}\times\dfrac{1}{\omega}=\dfrac{1}{\omega}\times\dfrac{1}{\omega}=\dfrac{1}{\omega^2}=\dfrac{\omega^3}{\omega^2}=\omega$

즉, $\overline{\omega}=\omega,\ \dfrac{\omega}{\omega}=\dfrac{1}{\omega}$이므로

$$\dfrac{\overline{\omega}}{\omega}+\dfrac{\overline{\omega}^2}{\omega^2}+\dfrac{\overline{\omega}^3}{\omega^3}+\dfrac{\overline{\omega}^4}{\omega^4}+\dfrac{\overline{\omega}^5}{\omega^5}+\cdots+\dfrac{\overline{\omega}^{100}}{\omega^{100}}$$
$$=\omega+\dfrac{1}{\omega^2}+\omega^3+\dfrac{1}{\omega^4}+\omega^5+\cdots+\dfrac{1}{\omega^{100}}$$
$$=(\omega+\omega^3+\omega^5+\cdots+\omega^{99})+\left(\dfrac{1}{\omega^2}+\dfrac{1}{\omega^4}+\dfrac{1}{\omega^6}+\cdots+\dfrac{1}{\omega^{100}}\right)$$

이때

$$\omega+\omega^3+\omega^5+\cdots+\omega^{99}$$
$$=(\omega+1+\omega^2)+(\omega+1+\omega^2)+\cdots+(\omega+1+\omega^2)+\omega+1$$
$$=\omega+1$$

이고, $\dfrac{1}{\omega^2}+\dfrac{1}{\omega}+1=\dfrac{1+\omega+\omega^2}{\omega^2}=0$이므로

$$\dfrac{1}{\omega^2}+\dfrac{1}{\omega^4}+\dfrac{1}{\omega^6}+\cdots+\dfrac{1}{\omega^{100}}$$
$$=\left(\dfrac{1}{\omega^2}+\dfrac{1}{\omega}+1\right)+\left(\dfrac{1}{\omega^2}+\dfrac{1}{\omega}+1\right)$$
$$\qquad+\cdots+\left(\dfrac{1}{\omega^2}+\dfrac{1}{\omega}+1\right)+\dfrac{1}{\omega^2}+\dfrac{1}{\omega}$$
$$=\dfrac{1}{\omega^2}+\dfrac{1}{\omega}=\dfrac{1+\omega}{\omega^2}=\dfrac{-\omega^2}{\omega^2}=-1$$

$\therefore \dfrac{\overline{\omega}}{\omega}+\dfrac{\overline{\omega}^2}{\omega^2}+\dfrac{\overline{\omega}^3}{\omega^3}+\dfrac{\overline{\omega}^4}{\omega^4}+\dfrac{\overline{\omega}^5}{\omega^5}+\cdots+\dfrac{\overline{\omega}^{100}}{\omega^{100}}=\omega+1+(-1)=\omega$

0645 답 ②

$x^3=1$에서 $x^3-1=0,\ (x-1)(x^2+x+1)=0$

ω는 이차방정식 $x^2+x+1=0$의 한 허근이므로

$\omega^3=1,\ \omega^2+\omega+1=0$

음이 아닌 정수 k에 대하여

(ⅰ) $n=3k+1$일 때,

$\qquad \omega^n=\omega^{3k+1}=(\omega^3)^k\times\omega=\omega$

$\qquad \omega^{2n}=\omega^{6k+2}=(\omega^3)^{2k}\times\omega^2=\omega^2$

$\qquad \therefore f(n)=\dfrac{1+\omega^n}{\omega^{2n}}=\dfrac{1+\omega}{\omega^2}=\dfrac{-\omega^2}{\omega^2}=-1$

(ⅱ) $n=3k+2$일 때,

$\qquad \omega^n=\omega^{3k+2}=(\omega^3)^k\times\omega^2=\omega^2$

$\qquad \omega^{2n}=\omega^{6k+4}=(\omega^3)^{2k+1}\times\omega=\omega$

$\qquad \therefore f(n)=\dfrac{1+\omega^n}{\omega^{2n}}=\dfrac{1+\omega^2}{\omega}=\dfrac{-\omega}{\omega}=-1$

(ⅲ) $n=3k+3$일 때,

$\qquad \omega^n=\omega^{3k+3}=(\omega^3)^{k+1}=1$

$\qquad \omega^{2n}=\omega^{6k+6}=(\omega^3)^{2k+2}=1$

$\qquad \therefore f(n)=\dfrac{1+\omega^n}{\omega^{2n}}=\dfrac{1+1}{1}=2$

(ⅰ), (ⅱ), (ⅲ)에서

$f(1)+f(2)+f(3)+\cdots+f(50)$

$=16\times(-1-1+2)+(-1)+(-1)=-2$

0646 답 ③

$x^3=27$에서 $x^3-27=0,\ (x-3)(x^2+3x+9)=0$

이 방정식의 허근 ω는 이차방정식 $x^2+3x+9=0$의 근이고 계수가 모두 실수이므로 $x^2+3x+9=0$의 두 근은 $\omega,\ \overline{\omega}$이다.

$\therefore \omega^3=\overline{\omega}^3=27,\ \omega^2+3\omega+9=0,\ \overline{\omega}^2+3\overline{\omega}+9=0$

이차방정식의 근과 계수의 관계에 의하여
$\omega+\overline{\omega}=-3$, $\omega\overline{\omega}=9$

ㄱ. $\dfrac{\overline{\omega}}{\omega}+\dfrac{\omega}{\overline{\omega}}=\dfrac{\omega^2+\overline{\omega}^2}{\omega\overline{\omega}}=\dfrac{(\omega+\overline{\omega})^2-2\omega\overline{\omega}}{\omega\overline{\omega}}=\dfrac{9-2\times9}{9}=-1$

ㄴ. $\overline{\omega}^2+3\overline{\omega}+9=0$이므로
$\overline{\omega}^2=-3\overline{\omega}-9=-3(-\omega-3)-9=3\omega$ $\quad\cdots\cdots$ ㉠

ㄷ. $\omega^2+3\omega+9=0$에서 $\omega^2+9=-3\omega$이고 ㉠에서 $\overline{\omega}^2=3\omega$이므로
$\dfrac{\overline{\omega}^2}{\omega^2+9}=\dfrac{3\omega}{-3\omega}=-1$

따라서 보기에서 옳은 것은 ㄱ, ㄷ이다.

0647 답 ②

이차방정식 $x^2+x+1=0$의 한 허근이 ω이므로
$\omega^2+\omega+1=0$
양변에 $\omega-1$을 곱하면
$(\omega-1)(\omega^2+\omega+1)=0$, $\omega^3-1=0$ $\quad\therefore \omega^3=1$
이차방정식 $x^2+x+1=0$의 두 근이 ω, $\overline{\omega}$이므로 근과 계수의 관계
에 의하여
$\omega+\overline{\omega}=-1$, $\omega\overline{\omega}=1$ $\quad\therefore \overline{\omega}=\dfrac{1}{\omega}=\dfrac{\omega^2}{\omega^3}=\omega^2$

$\therefore (\omega^2+1)^{3n}\times(\overline{\omega}+1)^n=\{(\omega^2+1)^3\times(\overline{\omega}+1)\}^n$
$\qquad\qquad\qquad\qquad\qquad=\{(-\omega)^3\times(\omega^2+1)\}^n$
$\qquad\qquad\qquad\qquad\qquad=\{-\omega^3\times(-\omega)\}^n=\omega^n$

따라서 ω^n의 값이 양의 실수가 되려면 n은 3의 배수이어야 하므로
50 이하의 자연수 n은 3, 6, 9, $\cdots$, 48의 16개이다.

0648 답 ④

$x^3+1=0$에서 $(x+1)(x^2-x+1)=0$
ω는 이차방정식 $x^2-x+1=0$의 한 허근이므로
$\omega^3=-1$, $\omega^2-\omega+1=0$
$\therefore 1-\omega=-\omega^2$
이를 $\omega^{4n}+(1-\omega)^{4n}+1=0$에 대입하면
$\omega^{4n}+(-\omega^2)^{4n}+1=0$ $\quad\therefore \omega^{8n}+\omega^{4n}+1=0$
음이 아닌 정수 k에 대하여
(ⅰ) $n=3k+1$일 때,
$\omega^{8n}+\omega^{4n}+1=\omega^{24k+8}+\omega^{12k+4}+1$
$\qquad\qquad\qquad=(\omega^3)^{8k+2}\times\omega^2+(\omega^3)^{4k+1}\times\omega+1$
$\qquad\qquad\qquad=(-1)^{8k+2}\times\omega^2+(-1)^{4k+1}\times\omega+1$
$\qquad\qquad\qquad=\omega^2-\omega+1=0$
(ⅱ) $n=3k+2$일 때,
$\omega^{8n}+\omega^{4n}+1=\omega^{24k+16}+\omega^{12k+8}+1$
$\qquad\qquad\qquad=(\omega^3)^{8k+5}\times\omega+(\omega^3)^{4k+2}\times\omega^2+1$
$\qquad\qquad\qquad=(-1)^{8k+5}\times\omega+(-1)^{4k+2}\times\omega^2+1$
$\qquad\qquad\qquad=-\omega+\omega^2+1=0$
(ⅲ) $n=3k+3$일 때,
$\omega^{8n}+\omega^{4n}+1=\omega^{24k+24}+\omega^{12k+12}+1$
$\qquad\qquad\qquad=(\omega^3)^{8k+8}+(\omega^3)^{4k+4}+1$
$\qquad\qquad\qquad=(-1)^{8k+8}+(-1)^{4k+4}+1$
$\qquad\qquad\qquad=1+1+1=3\neq0$

(ⅰ), (ⅱ), (ⅲ)에서 $n=3k+1$ 또는 $n=3k+2$일 때,
$\omega^{4n}+(1-\omega)^{4n}+1=0$을 만족시킨다.
따라서 100 이하의 자연수 중 $n=3k+3$인 자연수, 즉 3의 배수인
자연수 33개를 제외하면 구하는 자연수 n의 개수는
$100-33=67$

0649 답 ②

처음 정육면체의 한 모서리의 길이를 x라 하면
$(x-1)(x+2)^2=50$
$x^3+3x^2-54=0$ $\quad\cdots\cdots$ ㉠
$f(x)=x^3+3x^2-54$라 하면
$f(3)=0$이므로 조립제법을 이용하여
$f(x)$를 인수분해하면

$$\begin{array}{r|rrrr}
3 & 1 & 3 & 0 & -54 \\
  &   & 3 & 18 & 54 \\
\hline
  & 1 & 6 & 18 & 0
\end{array}$$

$f(x)=(x-3)(x^2+6x+18)$
따라서 ㉠에서 $(x-3)(x^2+6x+18)=0$
$\therefore x=3$ 또는 $x=-3\pm3i$
이때 x는 실수이므로 $x=3$
따라서 처음 정육면체의 부피는
$x^3=3^3=27$

0650 답 3

상자의 밑면의 가로의 길이와 세로의 길이는 각각 $(20-2x)$ cm,
$(16-2x)$ cm이므로
$x(20-2x)(16-2x)=420$
$4x(x-10)(x-8)=420$
$x^3-18x^2+80x-105=0$ $\quad\cdots\cdots$ ㉠
$f(x)=x^3-18x^2+80x-105$라
하면 $f(3)=0$이므로 조립제법을
이용하여 $f(x)$를 인수분해하면

$$\begin{array}{r|rrrr}
3 & 1 & -18 & 80 & -105 \\
  &   & 3 & -45 & 105 \\
\hline
  & 1 & -15 & 35 & 0
\end{array}$$

$f(x)=(x-3)(x^2-15x+35)$
따라서 ㉠에서 $(x-3)(x^2-15x+35)=0$
$\therefore x=3$ 또는 $x=\dfrac{15\pm\sqrt{85}}{2}$
따라서 자연수 x의 값은 3이다.

0651 답 6 m

원기둥의 밑면의 반지름의 길이를 x m라 하면 높이는 $2x$ m이다.
27π m³의 물을 부었을 때 물의 높이가 $(2x-3)$ m이므로
$\pi x^2(2x-3)=27\pi$ $\quad\cdots\cdots$ ❶
$2x^3-3x^2-27=0$ $\quad\cdots\cdots$ ㉠
$f(x)=2x^3-3x^2-27$이라 하면
$f(3)=0$이므로 조립제법을 이용하여
$f(x)$를 인수분해하면

$$\begin{array}{r|rrrr}
3 & 2 & -3 & 0 & -27 \\
  &   & 6 & 9 & 27 \\
\hline
  & 2 & 3 & 9 & 0
\end{array}$$

$f(x)=(x-3)(2x^2+3x+9)$
따라서 ㉠에서 $(x-3)(2x^2+3x+9)=0$
$\therefore x=3$ 또는 $x=\dfrac{-3\pm3\sqrt{7}i}{4}$
이때 x는 실수이므로 $x=3$ $\quad\cdots\cdots$ ❷
따라서 수족관의 높이는 $2x=2\times3=6$(m) $\quad\cdots\cdots$ ❸

❶ 원기둥의 밑면의 반지름의 길이를 x m로 놓고, 방정식 세우기		40 %
❷ x의 값 구하기		50 %
❸ 수족관의 높이 구하기		10 %

0652 답 ④

처음 직육면체에서 직육면체 모양의 구멍을 파내고 남은 부분의 부피가 228 cm³이므로

$$x(x+1)(x+2)-\frac{1}{2}x^3=228$$

$$x^3+6x^2+4x-456=0 \quad \cdots\cdots \text{㉠}$$

$f(x)=x^3+6x^2+4x-456$이라

하면 $f(6)=0$이므로 조립제법을

이용하여 $f(x)$를 인수분해하면

$$
\begin{array}{r|rrrr}
6 & 1 & 6 & 4 & -456 \\
  &   & 6 & 72 & 456 \\
\hline
  & 1 & 12 & 76 & 0
\end{array}
$$

$$f(x)=(x-6)(x^2+12x+76)$$

따라서 ㉠에서 $(x-6)(x^2+12x+76)=0$

$$\therefore x=6 \text{ 또는 } x=-6\pm 2\sqrt{10}\,i$$

이때 x는 실수이므로 $x=6$

0653 답 ①

작은 구의 반지름의 길이를 x라 하면 큰 구의 반지름의 길이는

$2x+1$이고, 두 구의 부피의 차가 $\dfrac{1264}{3}\pi$이므로

$$\frac{4}{3}\pi(2x+1)^3-\frac{4}{3}\pi x^3=\frac{1264}{3}\pi$$

$$7x^3+12x^2+6x-315=0 \quad \cdots\cdots \text{㉠}$$

$f(x)=7x^3+12x^2+6x-315$라 하

면 $f(3)=0$이므로 조립제법을 이

용하여 $f(x)$를 인수분해하면

$$
\begin{array}{r|rrrr}
3 & 7 & 12 & 6 & -315 \\
  &   & 21 & 99 & 315 \\
\hline
  & 7 & 33 & 105 & 0
\end{array}
$$

$$f(x)=(x-3)(7x^2+33x+105)$$

따라서 ㉠에서 $(x-3)(7x^2+33x+105)=0$

이때 x는 실수이므로 $x=3$

따라서 작은 구의 반지름의 길이는 3이다.

참고 방정식 $(x-3)(7x^2+33x+105)=0$에서 이차방정식

$7x^2+33x+105=0$의 판별식을 D라 하면

$$D=33^2-4\times 7\times 105=-1851<0$$

이므로 방정식 $(x-3)(7x^2+33x+105)=0$의 실근은 $x=3$이다.

0654 답 ④

$f(x)=x^3-10x^2+(a+16)x-2a$

라 하면 $f(2)=0$이므로 조립제법을

이용하여 $f(x)$를 인수분해하면

$$
\begin{array}{r|rrrr}
2 & 1 & -10 & a+16 & -2a \\
  &   & 2 & -16 & 2a \\
\hline
  & 1 & -8 & a & 0
\end{array}
$$

$$f(x)=(x-2)(x^2-8x+a)$$

즉, 주어진 방정식은 $(x-2)(x^2-8x+a)=0$

$$\therefore x=2 \text{ 또는 } x^2-8x+a=0$$

이때 주어진 삼차방정식의 세 근이 이등변삼각형의 세 변의 길이와 같으므로 이차방정식 $x^2-8x+a=0$이 2를 근으로 갖거나 중근을 가져야 한다.

(ⅰ) 2를 근으로 가질 때,

$$4-16+a=0 \quad \therefore a=12$$

이때 $(x-2)(x^2-8x+a)=0$에서

$$(x-2)^2(x-6)=0$$

따라서 삼차방정식의 세 근은 2, 2, 6이다.

그런데 $2+2<6$이므로 삼각형의 세 변의 길이가 될 수 없다.

(ⅱ) 중근을 가질 때,

이차방정식 $x^2-8x+a=0$의 판별식을 D라 하면

$$\frac{D}{4}=16-a=0 \quad \therefore a=16$$

이때 $(x-2)(x^2-8x+a)=0$에서

$$(x-2)(x-4)^2=0$$

따라서 삼차방정식의 세 근은 2, 4, 4이다.

이때 $2+4>4$이므로 삼각형의 세 변의 길이가 될 수 있다.

(ⅰ), (ⅱ)에서 구하는 세 변의 길이는 2, 4, 4이다.

0655 답 ②

직육면체의 밑면의 가로, 세로의 길이와 높이를 각각 a, b, c라 하자. a, b, c가 삼차방정식 $x^3-4\sqrt{2}x^2+10x+k=0$의 세 근이므로 근과 계수의 관계에 의하여

$$a+b+c=4\sqrt{2}, \quad ab+bc+ca=10$$

직육면체의 서로 다른 두 꼭짓점 사이의 거리의 최댓값은 직육면체의 대각선의 길이와 같으므로 구하는 최댓값은

$$\sqrt{a^2+b^2+c^2}=\sqrt{(a+b+c)^2-2(ab+bc+ca)}$$
$$=\sqrt{(4\sqrt{2})^2-2\times 10}$$
$$=\sqrt{12}=2\sqrt{3}$$

0656 답 ④

직육면체의 세 모서리의 길이를 각각 a cm, b cm, c cm라 하면 모든 모서리의 길이의 합이 32 cm이므로

$$4(a+b+c)=32 \quad \therefore a+b+c=8$$

겉넓이가 34 cm²이므로

$$2(ab+bc+ca)=34 \quad \therefore ab+bc+ca=17$$

부피가 10 cm³이므로

$$abc=10$$

이때 a, b, c를 세 근으로 하고 x^3의 계수가 1인 삼차방정식은

$$x^3-8x^2+17x-10=0 \quad \cdots\cdots \text{㉠}$$

$f(x)=x^3-8x^2+17x-10$이라 하면

$f(1)=0$이므로 조립제법을 이용하여

$f(x)$를 인수분해하면

$$
\begin{array}{r|rrrr}
1 & 1 & -8 & 17 & -10 \\
  &   & 1 & -7 & 10 \\
\hline
  & 1 & -7 & 10 & 0
\end{array}
$$

$$f(x)=(x-1)(x^2-7x+10)$$
$$=(x-1)(x-2)(x-5)$$

따라서 ㉠에서 $(x-1)(x-2)(x-5)=0$

$$\therefore x=1 \text{ 또는 } x=2 \text{ 또는 } x=5$$

따라서 세 모서리의 길이는 1 cm, 2 cm, 5 cm이므로 가장 긴 모서리의 길이와 가장 짧은 모서리의 길이의 합은

$$5+1=6(\text{cm})$$

0657 답 3 mm

반구의 반지름의 길이를 x mm라 하면 주어진 캡슐의 부피가
72π mm³이므로

$$\frac{4}{3}\pi x^3+\pi x^2(10-2x)=72\pi \qquad \cdots\cdots\ \text{❶}$$

$$x^3-15x^2+108=0 \qquad \cdots\cdots\ \text{㉠}$$

$f(x)=x^3-15x^2+108$이라 하
면 $f(3)=0$이므로 조립제법을
이용하여 $f(x)$를 인수분해하면

$$
\begin{array}{r|rrrr}
3 & 1 & -15 & 0 & 108 \\
  &   & 3 & -36 & -108 \\
\hline
  & 1 & -12 & -36 & 0
\end{array}
$$

$f(x)=(x-3)(x^2-12x-36)$

따라서 ㉠에서 $(x-3)(x^2-12x-36)=0$

$$\therefore\ x=3\ \text{또는}\ x=6\pm6\sqrt{2} \qquad \cdots\cdots\ \text{❷}$$

그런데 $0<x<5$이므로 $x=3$

따라서 반구의 반지름의 길이는 3 mm이다. $\qquad \cdots\cdots\ \text{❸}$

채점 기준	
❶ 방정식 세우기	40 %
❷ 방정식 풀기	50 %
❸ 반구의 반지름의 길이 구하기	10 %

0658 답 5

삼각형 AOB의 밑변이 $\overline{\mathrm{AB}}$일 때 높이는 점 A의 y좌표인 k이므로

$$\frac{1}{2}\times\overline{\mathrm{AB}}\times k=15 \qquad \therefore\ \overline{\mathrm{AB}}\times k=30 \qquad \cdots\cdots\ \text{㉠}$$

$\mathrm{A}(\alpha,\ k)$, $\mathrm{B}(\beta,\ k)$라 하면 α, β는 이차방정식 $x^2-8x+12=k$,
즉 $x^2-8x+12-k=0$의 두 근이므로 근과 계수의 관계에 의하여

$\alpha+\beta=8$, $\alpha\beta=12-k$

$$\therefore\ \overline{\mathrm{AB}}=\beta-\alpha=\sqrt{(\alpha+\beta)^2-4\alpha\beta}$$
$$=\sqrt{64-4(12-k)}=\sqrt{4k+16}$$

㉠에서 $\overline{\mathrm{AB}}^2\times k^2=900$이므로

$$k^2(4k+16)=900,\ k^3+4k^2-225=0 \qquad \cdots\cdots\ \text{㉡}$$

$f(k)=k^3+4k^2-225$라 하면
$f(5)=0$이므로 조립제법을 이용하
여 $f(k)$를 인수분해하면

$$
\begin{array}{r|rrrr}
5 & 1 & 4 & 0 & -225 \\
  &   & 5 & 45 & 225 \\
\hline
  & 1 & 9 & 45 & 0
\end{array}
$$

$f(k)=(k-5)(k^2+9k+45)$

따라서 ㉡에서 $(k-5)(k^2+9k+45)=0$

$$\therefore\ k=5\ \text{또는}\ k=\frac{-9\pm3\sqrt{11}\,i}{2}$$

이때 k는 양수이므로 $k=5$

0659 답 ③

$f(x)=x^3-8x^2+(12+k)x-2k$
라 하면 $f(2)=0$이므로 조립제법
을 이용하여 $f(x)$를 인수분해하면

$$
\begin{array}{r|rrrr}
2 & 1 & -8 & 12+k & -2k \\
  &   & 2 & -12 & 2k \\
\hline
  & 1 & -6 & k & 0
\end{array}
$$

$f(x)=(x-2)(x^2-6x+k)$

즉, 주어진 방정식은 $(x-2)(x^2-6x+k)=0$

이때 주어진 삼차방정식의 서로 다른 세 실근이 직각삼각형의 세 변
의 길이와 같으므로 이차방정식 $x^2-6x+k=0$이 2가 아닌 서로 다
른 두 실근을 갖는다.

$4-12+k\neq0$이므로 $k\neq8$ $\qquad \cdots\cdots\ \text{㉠}$

이차방정식 $x^2-6x+k=0$의 판별식을 D라 하면

$$\frac{D}{4}=9-k>0 \qquad \therefore\ k<9 \qquad \cdots\cdots\ \text{㉡}$$

㉠, ㉡에서 $k<8$ 또는 $8<k<9$ $\qquad \cdots\cdots\ \text{㉢}$

이차방정식 $x^2-6x+k=0$의 두 근을 α, $\beta\,(\alpha<\beta)$라 하면 근과 계
수의 관계에 의하여

$\alpha+\beta=6$, $\alpha\beta=k$

2, α, β는 직각삼각형의 세 변의 길이이므로 빗변의 길이가 2 또는
β이다.

(i) 빗변의 길이가 2인 경우

$\alpha^2+\beta^2=4$이므로 $(\alpha+\beta)^2-2\alpha\beta=4$

$6^2-2k=4 \qquad \therefore\ k=16$

이는 ㉢을 만족시키지 않는다.

(ii) 빗변의 길이가 β인 경우

$\alpha^2+4=\beta^2$이므로 $\alpha^2-\beta^2=-4$

$(\alpha+\beta)(\alpha-\beta)=-4$, $6(\alpha-\beta)=-4$

$$\therefore\ \alpha-\beta=-\frac{2}{3}$$

$\alpha+\beta=6$, $\alpha-\beta=-\dfrac{2}{3}$를 연립하여 풀면

$$\alpha=\frac{8}{3},\ \beta=\frac{10}{3} \qquad \therefore\ k=\frac{8}{3}\times\frac{10}{3}=\frac{80}{9}$$

(i), (ii)에서 $k=\dfrac{80}{9}$

$$\therefore\ 36k=36\times\frac{80}{9}=320$$

참고 2, α, β가 직각삼각형의 세 변의 길이이고 $\alpha<\beta$일 때, $\alpha+\beta=6$이면
$6-\beta<\beta \qquad \therefore\ \beta>3$

따라서 β가 2, α, β 중 가장 크므로 빗변의 길이는 β이다.

0660 답 ①

전략 주어진 사차방정식의 좌변을 두 이차식의 곱으로 인수분해한
후 a의 값에 따른 두 이차방정식의 근을 판별하여 $f(a)$의 값을 구한다.

$x^4+2ax^3+(a^2+7)x^2+7ax+12=0$의 좌변을 a에 대하여 내림
차순으로 정리하면

$x^2a^2+(2x^3+7x)a+x^4+7x^2+12=0$

$x^2a^2+x(2x^2+7)a+(x^2+3)(x^2+4)=0$

$$\therefore\ (x^2+ax+3)(x^2+ax+4)=0 \qquad \cdots\cdots\ \text{㉠}$$

두 이차방정식 $x^2+ax+3=0$, $x^2+ax+4=0$의 판별식을 각각
D_1, D_2라 하면

$D_1=a^2-12$, $D_2=a^2-16$

(i) $a=-6$일 때,

$D_1>0$, $D_2>0$이므로 방정식 ㉠의 서로 다른 실근의 개수는
$f(-6)=2+2=4$

(ii) $a=-4$일 때,

$D_1>0$, $D_2=0$이므로 방정식 ㉠의 서로 다른 실근의 개수는
$f(-4)=2+1=3$

(iii) $a=3$일 때,

$D_1<0$, $D_2<0$이므로 방정식 ㉠의 서로 다른 실근의 개수는

$f(3)=0+0=0$

(iv) $a=5$일 때,

$D_1>0$, $D_2>0$이므로 방정식 ㉠의 서로 다른 실근의 개수는

$f(5)=2+2=4$

(i)~(iv)에서

$f(-6)+f(-4)+f(3)+f(5)=4+3+0+4=11$

참고 두 이차방정식 $x^2+ax+3=0$, $x^2+ax+4=0$이 공통근 k를 갖는다고 하면 $k^2+ak+3=0$, $k^2+ak+4=0$

이때 $k^2+ak=-3$, $k^2+ak=-4$이므로 두 식을 모두 만족시키는 실수 k의 값은 존재하지 않는다. 따라서 두 이차방정식은 공통근을 갖지 않는다.

0661 답 20

전략 사차방정식의 좌변이 x^4, x^2, 상수항으로 이루어진 복이차식이면 방정식의 두 실근끼리의 절댓값이 같고 부호가 서로 반대임을 이용하여 방정식을 세운 후 계수를 비교한다.

주어진 사차방정식이 α를 근으로 가지면 $-\alpha$도 근으로 갖고, $|\alpha|\neq|\beta|$이므로 $\beta\neq-\alpha$이다.

따라서 β, $-\beta$도 주어진 사차방정식의 근이므로 주어진 사차방정식의 네 근은 α, $-\alpha$, β, $-\beta$이다.

주어진 사차방정식의 좌변에서

$$x^4-27x^2+2a-4=(x+\alpha)(x-\alpha)(x+\beta)(x-\beta)$$
$$=(x^2-\alpha^2)(x^2-\beta^2)$$
$$=x^4-(\alpha^2+\beta^2)x^2+\alpha^2\beta^2$$

$\therefore \alpha^2\beta^2=2a-4$

이때 $\alpha\beta=6$이므로 $2a-4=(\alpha\beta)^2=36$

$2a=40$ $\therefore a=20$

0662 답 16

전략 삼차방정식의 좌변을 인수분해하여 허근 ω를 구하고, ω와 $\overline{\omega}$ 사이의 관계를 이용하여 $\omega\overline{\omega}-\omega$를 간단히 정리한 후 허근의 거듭제곱의 성질을 이용한다.

$f(x)=x^3-3x^2+4x-2$라 하면

$f(1)=0$이므로 조립제법을 이용하여

$f(x)$를 인수분해하면

	1	-3	4	-2
1		1	-2	2
	1	-2	2	0

$f(x)=(x-1)(x^2-2x+2)$

즉, 주어진 방정식은 $(x-1)(x^2-2x+2)=0$

이때 허근 ω는 이차방정식 $x^2-2x+2=0$의 근이다.

이차방정식 $x^2-2x+2=0$의 두 허근이 ω, $\overline{\omega}$이므로 근과 계수의 관계에 의하여 $\omega+\overline{\omega}=2$, $\omega\overline{\omega}=2$

$\therefore \omega(\overline{\omega}-1)=\omega\overline{\omega}-\omega=2-\omega=\overline{\omega}$

이차방정식 $x^2-2x+2=0$의 두 근은 $1+i$, $1-i$이므로

(i) $\omega=1+i$, $\overline{\omega}=1-i$일 때,

$\overline{\omega}^2=(1-i)^2=-2i$, $\overline{\omega}^4=(-2i)^2=-4$이므로

$\overline{\omega}^{16}=(-4)^4=256$

(ii) $\omega=1-i$, $\overline{\omega}=1+i$일 때,

$\overline{\omega}^2=(1+i)^2=2i$, $\overline{\omega}^4=(2i)^2=-4$이므로

$\overline{\omega}^{16}=(-4)^4=256$

(i), (ii)에서 $\{\omega(\overline{\omega}-1)\}^n=\overline{\omega}^n=256$을 만족시키는 자연수 n의 값은 16이다.

0663 답 ①

전략 방정식 $(2x+3)^3+a(2x+3)^2+b(2x+3)+c=0$의 근은 방정식 $f(2x+3)=0$의 근임을 이용한다.

(나)에서 삼차방정식 $f(x)=0$의 계수가 모두 유리수이므로 $\sqrt{3}-2$가 근이면 $-\sqrt{3}-2$도 근이다.

(가)에서 나머지 한 근이 -1이므로 방정식 $f(x)=0$의 세 근은

$x=-1$ 또는 $x=\sqrt{3}-2$ 또는 $x=-\sqrt{3}-2$

방정식 $(2x+3)^3+a(2x+3)^2+b(2x+3)+c=0$, 즉 $f(2x+3)=0$의 근은

$2x+3=-1$ 또는 $2x+3=\sqrt{3}-2$ 또는 $2x+3=-\sqrt{3}-2$에서

$x=-2$ 또는 $x=\dfrac{\sqrt{3}-5}{2}$ 또는 $x=\dfrac{-\sqrt{3}-5}{2}$

따라서 방정식 $f(2x+3)=0$의 모든 근의 합은

$-2+\dfrac{\sqrt{3}-5}{2}+\dfrac{-\sqrt{3}-5}{2}=-7$

0664 답 ④

전략 세 근 $\dfrac{1}{\alpha\beta}$, $\dfrac{1}{\beta\gamma}$, $\dfrac{1}{\gamma\alpha}$에 대하여 세 근의 합, 두 근끼리의 곱의 합, 세 근의 곱을 이용하여 a, b, c에 대한 식을 세운다.

삼차방정식 $x^3+ax^2+bx+c=0$에서 근과 계수의 관계에 의하여

$\alpha+\beta+\gamma=-a$, $\alpha\beta+\beta\gamma+\gamma\alpha=b$, $\alpha\beta\gamma=-c$

삼차방정식 $x^3-3x^2-2x-1=0$에서 근과 계수의 관계에 의하여

$\dfrac{1}{\alpha\beta}+\dfrac{1}{\beta\gamma}+\dfrac{1}{\gamma\alpha}=3$이므로

$\dfrac{\alpha+\beta+\gamma}{\alpha\beta\gamma}=3$, $\dfrac{-a}{-c}=3$ $\therefore a=3c$ ······㉠

$\dfrac{1}{\alpha\beta}\times\dfrac{1}{\beta\gamma}+\dfrac{1}{\beta\gamma}\times\dfrac{1}{\gamma\alpha}+\dfrac{1}{\gamma\alpha}\times\dfrac{1}{\alpha\beta}=-2$이므로

$\dfrac{1}{\alpha\beta^2\gamma}+\dfrac{1}{\alpha\beta\gamma^2}+\dfrac{1}{\alpha^2\beta\gamma}=-2$

$\dfrac{\alpha\beta+\beta\gamma+\gamma\alpha}{(\alpha\beta\gamma)^2}=-2$, $\dfrac{b}{(-c)^2}=-2$ $\therefore b=-2c^2$ ······㉡

$\dfrac{1}{\alpha\beta}\times\dfrac{1}{\beta\gamma}\times\dfrac{1}{\gamma\alpha}=1$이므로

$\dfrac{1}{(\alpha\beta\gamma)^2}=1$, $\dfrac{1}{(-c)^2}=1$ $\therefore c^2=1$ ······㉢

㉠, ㉢에서 $a^2=9c^2=9$

㉡, ㉢에서 $b=-2$이므로 $b^2=4$

$\therefore (abc)^2=a^2b^2c^2=9\times4\times1=36$

0665 답 ⑤

전략 $x^2=X$로 치환한 후 인수분해하여 방정식을 풀었을 때, 실근과 허근을 모두 갖도록 a의 값의 범위를 정한다.

$x^2=X$로 놓으면 주어진 방정식은

$X^2+(3-2a)X+(a+2)(a-5)=0$

$\{X-(a+2)\}\{X-(a-5)\}=0$

$\therefore X=a+2$ 또는 $X=a-5$

즉, $x^2=a+2$ 또는 $x^2=a-5$이므로

$x=\pm\sqrt{a+2}$ 또는 $x=\pm\sqrt{a-5}$

이때 주어진 사차방정식이 실근과 허근을 모두 가지므로

$a+2\geq0,\ a-5<0$ $\therefore -2\leq a<5$ $\cdots\cdots$ ㉠

따라서 실근은 $x=\pm\sqrt{a+2}$, 허근은 $x=\pm\sqrt{a-5}$이다.

ㄱ. $a=1$이면 실근은 $x=\pm\sqrt{3}$이므로 모든 실근의 곱은

$$-\sqrt{3}\times\sqrt{3}=-3$$

ㄴ. 모든 실근의 곱이 -4이면 $-\sqrt{a+2}\times\sqrt{a+2}=-4$

$-a-2=-4$ $\therefore a=2$

따라서 허근은 $x=\pm\sqrt{3}i$이므로 그 곱은 $-\sqrt{3}i\times\sqrt{3}i=3$

ㄷ. 주어진 방정식이 정수인 근을 가지려면 $\pm\sqrt{a+2}$가 정수이어야

하므로 $a+2$가 어떤 정수의 제곱이어야 한다.

㉠에서 $0\leq a+2<7$

따라서 $a+2$의 값이 될 수 있는 수는 $0,\ 1,\ 4$이므로

$a=-2$ 또는 $a=-1$ 또는 $a=2$이고 그 합은

$$-2+(-1)+2=-1$$

따라서 보기에서 옳은 것은 ㄱ, ㄴ, ㄷ이다.

0666 답 ⑤

전략 $\omega^3=1$을 만족시키는 허근의 성질과 이차방정식의 근과 계수의 관계를 이용하여 $\omega,\ \overline{\omega}$ 사이의 관계식을 구한다.

$x^3=1$에서 $x^3-1=0,\ (x-1)(x^2+x+1)=0$

ω는 이차방정식 $x^2+x+1=0$의 한 허근이다.

ㄱ. $\alpha=3+\omega$이면 $a=3,\ b=1$이므로

$$N(\alpha)=3^2+1^2-3=7$$

ㄴ. 이차방정식 $x^2+x+1=0$의 두 근이 $\omega,\ \overline{\omega}$이므로 근과 계수의 관계에 의하여

$$\omega+\overline{\omega}=-1,\ \omega\overline{\omega}=1$$

$\alpha=a+b\omega$이므로

$$\alpha\overline{\alpha}=(a+b\omega)(a+b\overline{\omega})=a^2+ab(\omega+\overline{\omega})+b^2\omega\overline{\omega}$$
$$=a^2-ab+b^2=N(\alpha)$$

ㄷ. ㄴ에 의하여

$$N(\alpha\beta)=\alpha\beta\overline{\alpha\beta}=\alpha\overline{\alpha}\beta\overline{\beta}=N(\alpha)N(\beta)$$

따라서 보기에서 옳은 것은 ㄱ, ㄴ, ㄷ이다.

0667 답 2

전략 합동인 삼각형을 찾아 직각삼각형의 변의 길이를 x로 나타내고, 주어진 넓이를 이용하여 x에 대한 식을 세운다.

오른쪽 그림과 같이 직사각형 모양의 종이의 대각선을 따라 접었을 때, 두 삼각형 ADE 와 CBE에서

$\angle D=\angle B=90^\circ,\ \angle AED=\angle CEB,$

$\overline{AD}=\overline{CB}$

이므로 $\triangle ADE\equiv\triangle CBE$ (ASA 합동)

$\overline{AE}=a\,\mathrm{cm}$라 하면

$\overline{CE}=\overline{AE}=a(\mathrm{cm}),\ \overline{BE}=10-a(\mathrm{cm})$

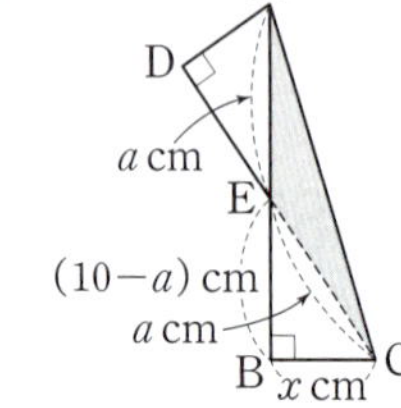

삼각형 CBE에서

$a^2=x^2+(10-a)^2,\ a^2=x^2+100-20a+a^2$

$\therefore a=\dfrac{x^2+100}{20}$ $\cdots\cdots$ ㉠

삼각형 AEC의 밑변의 길이가 $\overline{AE}$이면 높이가 $\overline{BC}$이므로 겹쳐지는 부분의 넓이는 $\dfrac{1}{2}ax\,\mathrm{cm}^2$이다.

즉, $\dfrac{1}{2}ax=\dfrac{26}{5}$이므로 ㉠을 대입하면

$$\dfrac{1}{2}\times\dfrac{x^2+100}{20}\times x=\dfrac{26}{5}$$

$x^3+100x-208=0$ $\cdots\cdots$ ㉡

$f(x)=x^3+100x-208$이라 하면

$f(2)=0$이므로 조립제법을 이용하여 $f(x)$를 인수분해하면

$$
\begin{array}{r|rrrr}
2 & 1 & 0 & 100 & -208 \\
  &   & 2 & 4   & 208 \\
\hline
  & 1 & 2 & 104 & 0
\end{array}
$$

$f(x)=(x-2)(x^2+2x+104)$

따라서 ㉡에서 $(x-2)(x^2+2x+104)=0$

$\therefore x=2$ 또는 $x=-1\pm\sqrt{103}i$

이때 x는 실수이므로 $x=2$

0668 답 40

전략 인수분해를 이용하여 주어진 삼차방정식의 한 근을 구한 후 이차방정식의 근과 계수의 관계를 이용하여 나머지 두 근이 될 수 있는 경우를 생각한다.

주어진 방정식이 x에 대한 삼차방정식이므로 $a\neq0$이다.

$f(x)=ax^3+(-a+b)x^2+(-5a-2b)x+6a$라 하면 $f(2)=0$이므로 조립제법을 이용하여 $f(x)$를 인수분해하면

$$
\begin{array}{r|rrrr}
2 & a & -a+b & -5a-2b & 6a \\
  &   & 2a   & 2a+2b & -6a \\
\hline
  & a & a+b & -3a   & 0
\end{array}
$$

$f(x)=(x-2)\{ax^2+(a+b)x-3a\}$

즉, 주어진 방정식은 $(x-2)\{ax^2+(a+b)x-3a\}=0$

이때 주어진 삼차방정식이 서로 다른 세 정수를 근으로 가지므로 이차방정식 $ax^2+(a+b)x-3a=0$은 $x\neq2$인 서로 다른 두 정수를 근으로 갖는다.

이차방정식의 근과 계수의 관계에 의하여 두 근의 곱이 $\dfrac{-3a}{a}=-3$

이므로 가능한 두 근은

$1,\ -3$ 또는 $-1,\ 3$

따라서 두 근의 합은 -2 또는 2이므로

$$-\dfrac{a+b}{a}=-2 \text{ 또는 } -\dfrac{a+b}{a}=2$$

$\therefore b=a$ 또는 $b=-3a$

(ⅰ) $b=a$일 때,

순서쌍 $(a,\ b)$는 $(-15,\ -15),\ (-14,\ -14),\ \cdots,$

$(-1,\ -1),\ (1,\ 1),\ (2,\ 2),\ \cdots,\ (15,\ 15)$의 30개이다.

(ⅱ) $b=-3a$일 때,

순서쌍 $(a,\ b)$는 $(-5,\ 15),\ (-4,\ 12),\ (-3,\ 9),\ (-2,\ 6),$

$(-1,\ 3),\ (1,\ -3),\ (2,\ -6),\ (3,\ -9),\ (4,\ -12),$

$(5,\ -15)$의 10개이다.

(ⅰ), (ⅱ)에서 순서쌍 $(a,\ b)$의 개수는 $30+10=40$

0669 답 ①

전략 주어진 삼차방정식의 좌변을 인수분해하여 한 실근을 구한 후 α, β, γ가 각각 그 실근인 경우로 나누어 나머지 조건을 확인한다.

$f(x)=x^3-(a^2+a-1)x^2-a(a-3)x+4a$라 하면
$f(-1)=0$이므로 조립제법을 이용하여 $f(x)$를 인수분해하면

$$
\begin{array}{r|rrrr}
-1 & 1 & -a^2-a+1 & -a^2+3a & 4a \\
   &   & -1   & a^2+a   & -4a \\
\hline
   & 1 & -a^2-a   & 4a   & 0
\end{array}
$$

$f(x)=(x+1)\{x^2-a(a+1)x+4a\}$
즉, 주어진 방정식은 $(x+1)\{x^2-a(a+1)x+4a\}=0$ $\quad\cdots\cdots$ ㉠
이고 $x=-1$은 주어진 방정식의 근이다.

(i) $\alpha=-1$인 경우
$\alpha\times\gamma=-4$에서 $\gamma=4$이므로 $-1<\beta<4$이다.
이차방정식 $x^2-a(a+1)x+4a=0$의 두 근이 β, 4이므로
이차방정식의 근과 계수의 관계에 의하여
$4\beta=4a$ $\quad\therefore \beta=a$
$x=4$를 $x^2-a(a+1)x+4a=0$에 대입하면 $16-4a^2=0$
$a^2=4$ $\quad\therefore a=\pm2$
$a=-2$이면 $\beta=-2$이므로 $-1<\beta<4$를 만족시키지 않고,
$a=2$이면 $\beta=2$이므로 $-1<\beta<4$를 만족시킨다.
$\quad\therefore a=2$

(ii) $\beta=-1$인 경우
이차방정식 $x^2-a(a+1)x+4a=0$의 두 근이 α, γ이므로
이차방정식의 근과 계수의 관계에 의하여
$\alpha\gamma=4a=-4$ $\quad\therefore a=-1$
$a=-1$을 ㉠에 대입하면 $(x+1)(x^2-4)=0$
따라서 $\alpha=-2$, $\gamma=2$이므로 $\alpha<\beta<\gamma$를 만족시킨다.

(iii) $\gamma=-1$인 경우
$\alpha\times\gamma=-4$에서 $\alpha=4$이므로 $\alpha<\beta<\gamma$를 만족시키지 않는다.

(i), (ii), (iii)에서 $a=-1$ 또는 $a=2$
따라서 모든 실수 a의 값의 합은 $-1+2=1$

0670 답 ①

전략 $\omega^3=-1$, $\omega^2-\omega+1=0$임을 이용하여 ω의 거듭제곱의 값의 규칙을 찾고, $\omega^m+\omega^n$의 값이 될 수 있는 음수를 찾는다.

$x^3=-1$에서 $x^3+1=0$, $(x+1)(x^2-x+1)=0$
ω는 이차방정식 $x^2-x+1=0$의 한 허근이므로
$\omega^3=-1$, $\omega^2-\omega+1=0$
이때 $\omega^2=\omega-1$, $\omega^3=-1$, $\omega^4=-\omega$, $\omega^5=-\omega+1$, $\omega^6=1$, $\cdots$이
므로 $\omega^m+\omega^n$의 값이 음수가 되는 경우는
$\omega^m+\omega^n=-1$ 또는 $\omega^m+\omega^n=-2$이다.

(i) $\omega^m+\omega^n=-1$인 경우
음이 아닌 정수 p, q에 대하여 m과 n은 $6p+2$와 $6q+4$ 꼴이므
로 조건을 만족시키는 9 이하의 자연수 m, n의 순서쌍 (m, n)은
$(2, 4)$, $(4, 2)$, $(4, 8)$, $(8, 4)$이고 a는 6, 12이다.

(ii) $\omega^m+\omega^n=-2$인 경우
음이 아닌 정수 p, q에 대하여 m과 n은 $6p+3$과 $6q+3$ 꼴이므
로 조건을 만족시키는 9 이하의 자연수 m, n의 순서쌍 (m, n)은
$(3, 3)$, $(3, 9)$, $(9, 3)$, $(9, 9)$이고 a는 6, 12, 18이다.

0671 답 12

전략 주어진 사차방정식의 좌변을 인수분해한 후 이 방정식이 서로 다른 세 실근을 가지려면 중근을 가져야 함을 이용한다.

$x^4+(2a+1)x^3+(3a+2)x^2+(a+2)x=0$에서
$x\{x^3+(2a+1)x^2+(3a+2)x+a+2\}=0$
$f(x)=x^3+(2a+1)x^2+(3a+2)x+a+2$라 하면
$f(-1)=0$이므로 조립제법을 이용하여 $f(x)$를 인수분해하면

$$
\begin{array}{r|rrrr}
-1 & 1 & 2a+1 & 3a+2 & a+2 \\
   &   & -1   & -2a & -a-2 \\
\hline
   & 1 & 2a   & a+2 & 0
\end{array}
$$

$f(x)=(x+1)(x^2+2ax+a+2)$
즉, 주어진 방정식은
$x(x+1)(x^2+2ax+a+2)=0$ $\quad\cdots\cdots$ ㉠
이때 주어진 방정식이 서로 다른 세 실근을 가지려면 이차방정식
$x^2+2ax+a+2=0$이 0 또는 -1을 근으로 갖거나 0, -1이 아닌
중근을 가져야 한다.

(i) 이차방정식 $x^2+2ax+a+2=0$이 0을 근으로 갖는 경우
$x=0$을 대입하면
$a+2=0$ $\quad\therefore a=-2$
이를 ㉠에 대입하면
$x(x+1)(x^2-4x)=0$ $\quad\therefore x^2(x+1)(x-4)=0$
따라서 $a=-2$일 때 주어진 방정식은 서로 다른 세 실근을 갖는
다.

(ii) 이차방정식 $x^2+2ax+a+2=0$이 -1을 근으로 갖는 경우
$x=-1$을 대입하면
$1-2a+a+2=0$ $\quad\therefore a=3$
이를 ㉠에 대입하면
$x(x+1)(x^2+6x+5)=0$ $\quad\therefore x(x+1)^2(x+5)=0$
따라서 $a=3$일 때 주어진 방정식은 서로 다른 세 실근을 갖는다.

(iii) 이차방정식 $x^2+2ax+a+2=0$이 0, -1이 아닌 중근을 갖는
경우
$x^2+2ax+a+2=0$의 판별식을 D라 하면
$\dfrac{D}{4}=a^2-a-2=0$
$(a+1)(a-2)=0$ $\quad\therefore a=-1$ 또는 $a=2$
① $a=-1$을 ㉠에 대입하면
$x(x+1)(x^2-2x+1)=0$ $\quad\therefore x(x+1)(x-1)^2=0$
따라서 $a=-1$일 때 주어진 방정식은 서로 다른 세 실근을
갖는다.
② $a=2$를 ㉠에 대입하면
$x(x+1)(x^2+4x+4)=0$ $\quad\therefore x(x+1)(x+2)^2=0$
따라서 $a=2$일 때 주어진 방정식은 서로 다른 세 실근을 갖
는다.

(i), (ii), (iii)에서
$a=-2$ 또는 $a=-1$ 또는 $a=2$ 또는 $a=3$
따라서 모든 실수 a의 값의 곱은
$-2\times(-1)\times2\times3=12$

난이도별 필수 기출 141~146쪽

0672 답 5

$x-y=3$에서 $y=x-3$ ⋯⋯ ㉠

㉠을 $x^2-3xy+2y^2=6$에 대입하면

$x^2-3x(x-3)+2(x-3)^2=6$

$-3x=-12$ ∴ $x=4$

이를 ㉠에 대입하면 $y=1$

따라서 $\alpha=4$, $\beta=1$이므로 $\alpha+\beta=5$

0673 답 ③

$6x^2-xy-2y^2=0$에서 $(2x+y)(3x-2y)=0$

∴ $y=-2x$ 또는 $2y=3x$

(i) $y=-2x$를 $3x-2y=7$에 대입하면

$3x-2(-2x)=7$, $7x=7$ ∴ $x=1$

이를 $y=-2x$에 대입하면 $y=-2$

(ii) $2y=3x$를 $3x-2y=7$에 대입하면

$0=7$이므로 등식이 성립하지 않는다.

(i), (ii)에서 $x=1$, $y=-2$이므로

$\alpha-\beta=1-(-2)=3$

0674 답 $a=1$, $b=-1$, 나머지 한 근: $x=0$, $y=1$

$x=1$, $y=-2$를 주어진 연립방정식에 대입하면

$a=3x+y=3-2=1$

$b=x^2-xy-y^2=1+2-4=-1$ ⋯⋯ ❶

$3x+y=1$에서 $y=-3x+1$ ⋯⋯ ㉠

㉠을 $x^2-xy-y^2=-1$에 대입하면

$x^2-x(-3x+1)-(-3x+1)^2=-1$

$5x^2-5x=0$, $5x(x-1)=0$

∴ $x=0$ 또는 $x=1$

$x=0$을 ㉠에 대입하면 $y=1$이므로 주어진 연립방정식의 나머지 한 근은

$x=0$, $y=1$ ⋯⋯ ❷

<table>
<tr><td colspan="2">채점 기준</td></tr>
<tr><td>❶ a, b의 값 구하기</td><td>40%</td></tr>
<tr><td>❷ 나머지 한 근 구하기</td><td>60%</td></tr>
</table>

0675 답 ①

$3x^2-4xy-4y^2=0$에서 $(3x+2y)(x-2y)=0$

∴ $y=-\dfrac{3}{2}x$ 또는 $y=\dfrac{1}{2}x$

이때 $xy<0$에서 x, y의 부호가 서로 다르므로

$y=-\dfrac{3}{2}x$

이를 $x^2-y-10=0$에 대입하면

$x^2+\dfrac{3}{2}x-10=0$, $2x^2+3x-20=0$

$(x+4)(2x-5)=0$ ∴ $x=-4$ 또는 $x=\dfrac{5}{2}$

그런데 x는 정수이므로 $x=-4$

이를 $y=-\dfrac{3}{2}x$에 대입하면 $y=6$

∴ $x+y=2$

0676 답 42

두 연립방정식의 공통인 해는 연립방정식 $\begin{cases} 3x+y=4 \\ x^2-y^2=-48 \end{cases}$ 의 해와 같다.

$3x+y=4$에서 $y=-3x+4$ ⋯⋯ ㉠

㉠을 $x^2-y^2=-48$에 대입하면

$x^2-(-3x+4)^2=-48$, $x^2-3x-4=0$

$(x+1)(x-4)=0$ ∴ $x=-1$ 또는 $x=4$

이를 각각 ㉠에 대입하면 위의 연립방정식의 해는

$x=-1$, $y=7$ 또는 $x=4$, $y=-8$ ⋯⋯ ❶

(i) $x=-1$, $y=7$을 $ax^2-y^2=-1$, $x+y=b$에 각각 대입하면

$a-49=-1$, $-1+7=b$

∴ $a=48$, $b=6$

(ii) $x=4$, $y=-8$을 $ax^2-y^2=-1$, $x+y=b$에 각각 대입하면

$16a-64=-1$, $4-8=b$

∴ $a=\dfrac{63}{16}$, $b=-4$ ⋯⋯ ❷

(i), (ii)에서 정수 a, b의 값은 $a=48$, $b=6$이므로

$a-b=42$ ⋯⋯ ❸

<table>
<tr><td colspan="2">채점 기준</td></tr>
<tr><td>❶ 주어진 연립방정식의 공통인 해 구하기</td><td>40%</td></tr>
<tr><td>❷ a, b의 값 구하기</td><td>50%</td></tr>
<tr><td>❸ $a-b$의 값 구하기</td><td>10%</td></tr>
</table>

0677 답 ③

$x^2-y^2=6$에서 $(x+y)(x-y)=6$ ⋯⋯ ㉠

$(x+y)^2-2(x+y)=3$에서 $(x+y)^2-2(x+y)-3=0$

$(x+y+1)(x+y-3)=0$

∴ $x+y=-1$ 또는 $x+y=3$

(i) $x+y=-1$을 ㉠에 대입하면

$-(x-y)=6$, $x-y=-6$

$x+y=-1$, $x-y=-6$을 연립하여 풀면

$x=-\dfrac{7}{2}$, $y=\dfrac{5}{2}$

이때 x가 음수이므로 구하는 해가 아니다.

(ii) $x+y=3$을 ㉠에 대입하면

$3(x-y)=6$, $x-y=2$

$x+y=3$, $x-y=2$를 연립하여 풀면

$x=\dfrac{5}{2}$, $y=\dfrac{1}{2}$

(i), (ii)에서 $x=\dfrac{5}{2}$, $y=\dfrac{1}{2}$이므로

$12xy=12\times\dfrac{5}{2}\times\dfrac{1}{2}=15$

0678 답 ①

$x+y=-3$에서 $y=-x-3$ $\quad$ ······ ㉠

㉠을 $xy=2$에 대입하면

$x(-x-3)=2$, $x^2+3x+2=0$

$(x+1)(x+2)=0$ $\quad$ ∴ $x=-1$ 또는 $x=-2$

이를 각각 ㉠에 대입하면 주어진 연립방정식의 해는

$x=-1$, $y=-2$ 또는 $x=-2$, $y=-1$

$a=x^2+y^2=(-1)^2+(-2)^2=5$이고

$b=5x-3y$는

$5\times(-1)-3\times(-2)=1$ 또는 $5\times(-2)-3\times(-1)=-7$

이때 $b<0$이므로 $b=-7$

∴ $a+b=5+(-7)=-2$

0679 답 ③

$x+y=a$에서 $y=-x+a$이므로 이를 $x^2-2xy=-3$에 대입하면

$x^2-2x(-x+a)=-3$

$3x^2-2ax+3=0$

이 이차방정식이 중근을 가져야 하므로 판별식을 D라 하면

$\dfrac{D}{4}=a^2-9=0$

$a^2=9$ $\quad$ ∴ $a=\pm3$

그런데 $a>0$이므로 $a=3$

0680 답 2

$x-y=2a$에서 $y=x-2a$이므로 이를 $2x^2-xy=-a^2-a+1$에 대입하면

$2x^2-x(x-2a)=-a^2-a+1$

$x^2+2ax+a^2+a-1=0$

이 이차방정식이 실근을 갖지 않으므로 판별식을 D라 하면

$\dfrac{D}{4}=a^2-(a^2+a-1)<0$

$-a+1<0$ $\quad$ ∴ $a>1$

따라서 정수 a의 최솟값은 2이다.

0681 답 ③

$x+y=4$에서 $y=-x+4$이므로 이를 $xy+x+y=a$에 대입하면

$x(-x+4)+x+(-x+4)=a$

$x^2-4x+a-4=0$

이 이차방정식이 실근을 가져야 하므로 판별식을 D라 하면

$\dfrac{D}{4}=4-(a-4)\geq0$

$8-a\geq0$ $\quad$ ∴ $a\leq8$

따라서 실수 a의 최댓값은 8이다.

다른 풀이

주어진 연립방정식에서 $x+y=4$, $xy=a-(x+y)=a-4$이므로

x, y를 두 근으로 하는 t에 대한 이차방정식은

$t^2-4t+a-4=0$

이 이차방정식이 실근을 가져야 하므로 판별식을 D라 하면

$\dfrac{D}{4}=4-(a-4)\geq0$

$8-a\geq0$ $\quad$ ∴ $a\leq8$

따라서 실수 a의 최댓값은 8이다.

0682 답 ②

$x-y=3$에서 $y=x-3$이므로 이를 $x^2-xy-y^2=k$에 대입하면

$x^2-x(x-3)-(x-3)^2=k$

$x^2-9x+9+k=0$

이 이차방정식이 서로 다른 두 실근을 가져야 하므로 판별식을 D라 하면

$D=81-4(9+k)>0$

$45-4k>0$ $\quad$ ∴ $k<\dfrac{45}{4}$

따라서 자연수 k의 최댓값은 11이다.

0683 답 ①

주어진 두 이차방정식의 공통근이 α이므로

$\alpha^2+(2k+1)\alpha+6=0$ $\quad$ ······ ㉠

$\alpha^2-(k+1)\alpha-3k+4=0$ $\quad$ ······ ㉡

㉠-㉡을 하면

$(3k+2)\alpha+(3k+2)=0$, $(3k+2)(\alpha+1)=0$

∴ $k=-\dfrac{2}{3}$ 또는 $\alpha=-1$

(i) $k=-\dfrac{2}{3}$일 때,

두 이차방정식이 모두 $x^2-\dfrac{1}{3}x+6=0$이므로 서로 다른 두 이차방정식이라는 조건을 만족시키지 않는다.

(ii) $\alpha=-1$일 때,

$\alpha=-1$을 ㉠에 대입하면

$1-(2k+1)+6=0$, $2k=6$ $\quad$ ∴ $k=3$

(i), (ii)에서 $\alpha=-1$, $k=3$이므로

$\alpha-k=-4$

0684 답 ④

$x^3+ax^2+bx+c=0$의 계수가 모두 실수이므로 $1+\sqrt{2}i$가 근이면 $1-\sqrt{2}i$도 근이다.

$1+\sqrt{2}i$, $1-\sqrt{2}i$를 두 근으로 하고 x^2의 계수가 1인 이차방정식은

$x^2-2x+3=0$

즉, $m\neq1\pm\sqrt{2}i$이다.

방정식 $x^3+ax^2+bx+c=0$의 세 근은 $1+\sqrt{2}i$, $1-\sqrt{2}i$, m이므로

$x^3+ax^2+bx+c=(x^2-2x+3)(x-m)$

$\qquad\qquad\qquad =x^3+(-m-2)x^2+(2m+3)x-3m$

∴ $a=-m-2$, $b=2m+3$, $c=-3m$ $\quad$ ······ ㉠

연립방정식의 근이 m이므로 $m^2+am+6=0$

이 식에 $a=-m-2$를 대입하면

$m^2+(-m-2)m+6=0$

$-2m+6=0$ $\quad$ ∴ $m=3$

$m=3$을 ㉠에 대입하면

$a=-3-2=-5$, $b=6+3=9$, $c=-9$

∴ $a+b+c+m=-5+9+(-9)+3=-2$

0685 답 24

$$\begin{cases} 12x^2+5x-7y=-26 & \cdots\cdots \ ㉠ \\ 2x^2+x-y=-2 & \cdots\cdots \ ㉡ \end{cases}$$

㉠$-$㉡$\times6$을 하면

$-x-y=-14 \qquad \therefore y=-x+14$

이를 ㉡에 대입하면 $2x^2+x-(-x+14)=-2$

$x^2+x-6=0,\ (x+3)(x-2)=0 \qquad \therefore x=-3$ 또는 $x=2$

그런데 x는 양수이므로 $x=2$

이를 $y=-x+14$에 대입하면 $y=12$

$\therefore xy=24$

다른 풀이

$2x^2+x-y=-2$에서 $y=2x^2+x+2 \qquad \cdots\cdots \ ㉠$

이를 $12x^2+5x-7y=-26$에 대입하면

$12x^2+5x-7(2x^2+x+2)=-26$

$x^2+x-6=0,\ (x+3)(x-2)=0 \qquad \therefore x=-3$ 또는 $x=2$

그런데 x는 양수이므로 $x=2$

이를 ㉠에 대입하면 $y=12$

$\therefore xy=24$

0686 답 ②

주어진 연립방정식을 변형하면 $\begin{cases} xy+(x+y)=11 \\ xy(x+y)=30 \end{cases}$

$x+y=u,\ xy=v$로 놓으면 $\begin{cases} u+v=11 \\ uv=30 \end{cases}$

$u+v=11$에서 $v=-u+11 \qquad \cdots\cdots \ ㉠$

㉠을 $uv=30$에 대입하면

$u(-u+11)=30,\ u^2-11u+30=0$

$(u-5)(u-6)=0 \qquad \therefore u=5$ 또는 $u=6$

이를 각각 ㉠에 대입하면

$u=5,\ v=6$ 또는 $u=6,\ v=5$

(i) $u=5,\ v=6$, 즉 $x+y=5,\ xy=6$일 때,

$\quad x,\ y$를 두 근으로 하는 t에 대한 이차방정식은

$\quad t^2-5t+6=0,\ (t-2)(t-3)=0$

$\quad \therefore t=2$ 또는 $t=3$

$\quad \therefore x=2,\ y=3$ 또는 $x=3,\ y=2$

(ii) $u=6,\ v=5$, 즉 $x+y=6,\ xy=5$일 때,

$\quad x,\ y$를 두 근으로 하는 t에 대한 이차방정식은

$\quad t^2-6t+5=0,\ (t-1)(t-5)=0$

$\quad \therefore t=1$ 또는 $t=5$

$\quad \therefore x=1,\ y=5$ 또는 $x=5,\ y=1$

(i), (ii)에서 $2x-y$의 최댓값은 $2\times5-1=9$

0687 답 $\dfrac{1}{2}$

$$\begin{cases} 12x^2-y^2=2 & \cdots\cdots \ ㉠ \\ 2x^2+xy=1 & \cdots\cdots \ ㉡ \end{cases}$$

㉠$-$㉡$\times2$를 하면

$8x^2-2xy-y^2=0,\ (4x+y)(2x-y)=0$

$\therefore y=-4x$ 또는 $y=2x$ $\qquad\cdots\cdots \ ⓘ$

(i) $y=-4x$를 ㉠에 대입하면

$\quad 12x^2-16x^2=2,\ x^2=-\dfrac{1}{2}$

$\quad$ 이를 만족시키는 실수 x의 값이 존재하지 않는다.

(ii) $y=2x$를 ㉠에 대입하면

$\quad 12x^2-4x^2=2,\ x^2=\dfrac{1}{4}$

$\quad \therefore x=\pm\dfrac{1}{2},\ y=\pm1$ (복부호동순)

(i), (ii)에서 $\alpha=-\dfrac{1}{2},\ \beta=-1$ 또는 $\alpha=\dfrac{1}{2},\ \beta=1$이므로

$|\alpha-\beta|=\dfrac{1}{2} \qquad\cdots\cdots \ ⓘⓘ$

채점 기준

ⓘ	y를 x에 대한 일차식으로 나타내기	50 %
ⓘⓘ	$|\alpha-\beta|$의 값 구하기	50 %

0688 답 2

두 방정식 $f(x)=0,\ g(x)=0$의 공통근을 α라 하면

$\alpha^2-p\alpha-2q=0 \qquad \cdots\cdots \ ㉠$

$\alpha^2-q\alpha-2p=0 \qquad \cdots\cdots \ ㉡$

㉠$-$㉡을 하면 $(q-p)\alpha-2(q-p)=0$

$(q-p)(\alpha-2)=0 \qquad \therefore p=q$ 또는 $\alpha=2$

그런데 $p=q$이면 두 방정식이 일치하므로 서로 다른 두 이차식이라는 조건을 만족시키지 않는다.

$\therefore \alpha=2$

공통근이 아닌 $f(x)=0$의 근과 $g(x)=0$의 근의 비가 $2:1$이므로 두 근을 $2k,\ k\,(k\neq0)$라 하면 이차방정식의 근과 계수의 관계에 의하여

$2+2k=p,\ 2\times2k=-2q \qquad \therefore p=2k+2,\ q=-2k$

$2+k=q,\ 2\times k=-2p \qquad \therefore q=k+2,\ p=-k$

즉, $2k+2=-k$이므로 $k=-\dfrac{2}{3}$

따라서 $p=\dfrac{2}{3},\ q=\dfrac{4}{3}$이므로

$\dfrac{q}{p}=\dfrac{\dfrac{4}{3}}{\dfrac{2}{3}}=2$

0689 답 5

(i) $x\geq y$일 때,

$\quad [x,\ y]=y,\ \langle x,\ y\rangle=x$이므로 주어진 연립방정식은

$\quad \begin{cases} x-y=2y+2 & \cdots\cdots \ ㉠ \\ x^2-xy+y^2=x+16 & \cdots\cdots \ ㉡ \end{cases}$

$\quad$ ㉠에서 $x=3y+2$이고 이를 ㉡에 대입하면

$\quad (3y+2)^2-(3y+2)y+y^2=3y+2+16$

$\quad y^2+y-2=0,\ (y+2)(y-1)=0$

$\quad \therefore y=-2$ 또는 $y=1$

$\quad$ 이를 각각 $x=3y+2$에 대입하면

$\quad x=-4,\ y=-2$ 또는 $x=5,\ y=1$

$\quad$ 그런데 $x\geq y$이므로 $x=5,\ y=1 \qquad\cdots\cdots \ ⓘ$

(ii) $x<y$일 때,

$[x, y]=x$, $\langle x, y \rangle=y$이므로 주어진 연립방정식은

$$\begin{cases} x-y=2x+2 & \cdots\cdots \ \textcircled{\tiny ㄷ} \\ x^2-xy+y^2=y+16 & \cdots\cdots \ \textcircled{\tiny ㄹ} \end{cases}$$

$\textcircled{\tiny ㄷ}$에서 $x=-y-2$이고 이를 $\textcircled{\tiny ㄹ}$에 대입하면

$(-y-2)^2-(-y-2)y+y^2=y+16$

$3y^2+5y-12=0$, $(3y-4)(y+3)=0$

$\therefore y=\dfrac{4}{3}$ 또는 $y=-3$

이를 각각 $x=-y-2$에 대입하면

$x=-\dfrac{10}{3}$, $y=\dfrac{4}{3}$ 또는 $x=1$, $y=-3$

그런데 $x<y$이므로 $x=-\dfrac{10}{3}$, $y=\dfrac{4}{3}$ $\quad\cdots\cdots$ ⅱ

(i), (ii)에서 주어진 연립방정식의 해는

$x=5$, $y=1$ 또는 $x=-\dfrac{10}{3}$, $y=\dfrac{4}{3}$

따라서 xy의 최댓값은 5이다. $\quad\cdots\cdots$ ⅲ

채점 기준	
ⅰ $x\geq y$일 때 x, y의 값 구하기	40%
ⅱ $x<y$일 때 x, y의 값 구하기	40%
ⅲ xy의 최댓값 구하기	20%

0690 답 ⑤

두 원의 반지름의 길이를 각각 r_1, r_2라 하면

$$\begin{cases} 2\pi r_1+2\pi r_2=12\pi \\ \pi r_1^2+\pi r_2^2=26\pi \end{cases} \therefore \begin{cases} r_1+r_2=6 & \cdots\cdots \ \textcircled{\tiny ㄱ} \\ r_1^2+r_2^2=26 & \cdots\cdots \ \textcircled{\tiny ㄴ} \end{cases}$$

$\textcircled{\tiny ㄱ}$에서 $r_2=-r_1+6$ $\quad\cdots\cdots \ \textcircled{\tiny ㄷ}$

$\textcircled{\tiny ㄷ}$을 $\textcircled{\tiny ㄴ}$에 대입하면

$r_1^2+(-r_1+6)^2=26$, $r_1^2-6r_1+5=0$

$(r_1-1)(r_1-5)=0$ $\quad \therefore r_1=1$ 또는 $r_1=5$

이를 각각 $\textcircled{\tiny ㄷ}$에 대입하면

$r_1=1$, $r_2=5$ 또는 $r_1=5$, $r_2=1$

따라서 두 원 중 큰 원의 반지름의 길이는 5이다.

0691 답 ③

직각을 낀 두 변의 길이를 각각 x cm, y cm라 하면

$x^2+y^2=169$

삼각형의 넓이가 30 cm²이므로 $\dfrac{1}{2}xy=30$ $\quad \therefore xy=60$

$\therefore (x+y)^2=x^2+y^2+2xy=169+2\times60=289$

이때 $x>0$, $y>0$이므로 $x+y=17$

$$\therefore \begin{cases} x+y=17 \\ xy=60 \end{cases}$$

x, y는 t에 대한 이차방정식 $t^2-17t+60=0$의 두 근이다.

$(t-5)(t-12)=0$ $\quad \therefore t=5$ 또는 $t=12$

$\therefore x=5$, $y=12$ 또는 $x=12$, $y=5$

따라서 짧은 변의 길이는 5 cm이다.

0692 답 38

$$\begin{cases} 2a+2b=62 \\ a^2+b^2=25^2 \end{cases} \therefore \begin{cases} a+b=31 & \cdots\cdots \ \textcircled{\tiny ㄱ} \\ a^2+b^2=625 & \cdots\cdots \ \textcircled{\tiny ㄴ} \end{cases}$$

$\textcircled{\tiny ㄱ}$에서 $b=-a+31$ $\quad\cdots\cdots \ \textcircled{\tiny ㄷ}$

$\textcircled{\tiny ㄷ}$을 $\textcircled{\tiny ㄴ}$에 대입하면

$a^2+(-a+31)^2=625$, $a^2-31a+168=0$

$(a-7)(a-24)=0$ $\quad \therefore a=7$ 또는 $a=24$

이를 각각 $\textcircled{\tiny ㄷ}$에 대입하면 $a=7$, $b=24$ 또는 $a=24$, $b=7$

그런데 $a>b$이므로 $a=24$, $b=7$

$\therefore a+2b=24+14=38$

0693 답 6

$$\begin{cases} 4a+4b=120 \\ b^2-a^2=180 \end{cases} \therefore \begin{cases} a+b=30 & \cdots\cdots \ \textcircled{\tiny ㄱ} \\ b^2-a^2=180 & \cdots\cdots \ \textcircled{\tiny ㄴ} \end{cases} \quad\cdots\cdots$ ⅰ$$

$\textcircled{\tiny ㄱ}$에서 $b=-a+30$ $\quad\cdots\cdots \ \textcircled{\tiny ㄷ}$

$\textcircled{\tiny ㄷ}$을 $\textcircled{\tiny ㄴ}$에 대입하면

$(-a+30)^2-a^2=180$

$-60a=-720$ $\quad \therefore a=12$

이를 $\textcircled{\tiny ㄷ}$에 대입하면 $b=18$ $\quad\cdots\cdots$ ⅱ

$\therefore 2a-b=2\times12-18=6$ $\quad\cdots\cdots$ ⅲ

채점 기준	
ⅰ 연립방정식 세우기	30%
ⅱ a, b의 값 구하기	60%
ⅲ $2a-b$의 값 구하기	10%

0694 답 ①

처음 꽃밭의 가로의 길이와 세로의 길이를 각각 x m, y m라 하면

$$\begin{cases} x^2+y^2=100 & \cdots\cdots \ \textcircled{\tiny ㄱ} \\ (x+3)(y+3)=xy+51 & \cdots\cdots \ \textcircled{\tiny ㄴ} \end{cases}$$

$\textcircled{\tiny ㄴ}$에서 $y=14-x$ $\quad\cdots\cdots \ \textcircled{\tiny ㄷ}$

$\textcircled{\tiny ㄷ}$을 $\textcircled{\tiny ㄱ}$에 대입하면

$x^2+(14-x)^2=100$, $x^2-14x+48=0$

$(x-6)(x-8)=0$ $\quad \therefore x=6$ 또는 $x=8$

이를 각각 $\textcircled{\tiny ㄷ}$에 대입하면

$x=6$, $y=8$ 또는 $x=8$, $y=6$

따라서 처음 꽃밭의 가로의 길이와 세로의 길이의 차는 2 m이다.

0695 답 ①

할인하기 전 제품 A의 개당 판매 가격을 x원, 할인하기 전 판매량을 y개라 하면

$$\begin{cases} xy=120000 & \cdots\cdots \ \textcircled{\tiny ㄱ} \\ (x-100)(y+200)=150000 & \cdots\cdots \ \textcircled{\tiny ㄴ} \end{cases}$$

$\textcircled{\tiny ㄴ}$에서 $xy+200x-100y-20000=150000$

$xy+200x-100y=170000$

이 식에 $\textcircled{\tiny ㄱ}$을 대입하면

$120000+200x-100y=170000$

$2x-y=500$ $\quad \therefore y=2x-500$

이를 $\textcircled{\tiny ㄱ}$에 대입하면

$x(2x-500)=120000$, $x^2-250x-60000=0$

$(x+150)(x-400)=0$ $\quad \therefore x=400 \ (\because x>0)$

따라서 할인하기 전 제품 A의 개당 판매 가격은 400원이다.

0696 답 43

$x>y$이므로 ⑺에서 $x-y=10$

⑷에서 물통의 부피는 $\pi x^2 \times 50 - \pi y^2 \times 50 = 16000\pi$이므로

$x^2-y^2=320$

$\therefore \begin{cases} x-y=10 & \cdots\cdots \ \text{㉠} \\ x^2-y^2=320 & \cdots\cdots \ \text{㉡} \end{cases}$

㉠에서 $y=x-10$ $\cdots\cdots$ ㉢

㉢을 ㉡에 대입하면 $x^2-(x-10)^2=320$

$20x=420$ $\therefore x=21$

$x=21$을 ㉢에 대입하면 $y=11$

$\therefore x+2y=21+2\times11=43$

0697 답 83

처음 자연수의 십의 자리의 숫자를 x, 일의 자리의 숫자를 y라 하면

$\begin{cases} x^2+y^2=73 \\ (10y+x)+(10x+y)=121 \end{cases}$

$\therefore \begin{cases} x^2+y^2=73 & \cdots\cdots \ \text{㉠} \\ x+y=11 & \cdots\cdots \ \text{㉡} \end{cases}$

㉡에서 $y=-x+11$ $\cdots\cdots$ ㉢

㉢을 ㉠에 대입하면

$x^2+(-x+11)^2=73,\ x^2-11x+24=0$

$(x-3)(x-8)=0$ $\therefore x=3$ 또는 $x=8$

이를 각각 ㉢에 대입하면

$x=3,\ y=8$ 또는 $x=8,\ y=3$

이때 처음 수가 바꾼 수보다 더 크므로 처음 수는 83이다.

0698 답 12

두 정사각형 B, C의 한 변의 길이를 각각 x, y라 하면 정사각형 A의 한 변의 길이는 $11-x$이고 정사각형 D의 한 변의 길이는 $x-y$이다.

두 정사각형 B, C의 한 변의 길이의 합이 정사각형 A의 한 변의 길이와 같으므로

$x+y=11-x$ $\therefore 2x+y=11$

두 정사각형 A, D의 넓이의 차가 48이므로

$(11-x)^2-(x-y)^2=48$

$\therefore \begin{cases} 2x+y=11 & \cdots\cdots \ \text{㉠} \\ (11-x)^2-(x-y)^2=48 & \cdots\cdots \ \text{㉡} \end{cases}$

㉠에서 $y=-2x+11$ $\cdots\cdots$ ㉢

㉢을 ㉡에 대입하면

$(11-x)^2-(x+2x-11)^2=48$

$2x^2-11x+12=0,\ (2x-3)(x-4)=0$

$\therefore x=\dfrac{3}{2}$ 또는 $x=4$

이를 각각 ㉢에 대입하면

$x=\dfrac{3}{2},\ y=8$ 또는 $x=4,\ y=3$

이때 $x>y$이므로 $x=4,\ y=3$

따라서 정사각형 C의 한 변의 길이는 3이므로 둘레의 길이는

$4\times3=12$

0699 답 3

두 원 C_1, C_2의 반지름의 길이를 각각 x, y라 하면 정사각형의 대각선의 길이가 $\sqrt{2}(4+2\sqrt{2})=4(1+\sqrt{2})$이므로

$\sqrt{2}x+x+y+\sqrt{2}y=4(1+\sqrt{2})$

$x(1+\sqrt{2})+y(1+\sqrt{2})=4(1+\sqrt{2})$

$(x+y)(1+\sqrt{2})=4(1+\sqrt{2})$

$\therefore x+y=4$

또 두 원 C_1, C_2의 넓이의 합이 10π이므로

$\pi x^2+\pi y^2=10\pi$ $\therefore x^2+y^2=10$

$\therefore \begin{cases} x+y=4 & \cdots\cdots \ \text{㉠} \\ x^2+y^2=10 & \cdots\cdots \ \text{㉡} \end{cases}$

㉠에서 $y=-x+4$ $\cdots\cdots$ ㉢

㉢을 ㉡에 대입하면

$x^2+(-x+4)^2=10,\ x^2-4x+3=0$

$(x-1)(x-3)=0$ $\therefore x=1$ 또는 $x=3$

이를 각각 ㉢에 대입하면

$x=1,\ y=3$ 또는 $x=3,\ y=1$

$\therefore xy=3$

0700 답 39

두 삼각형 ABC와 DBA에서

$\angle BCA=\angle BAD$, $\angle B$는 공통이므로

$\triangle ABC \circ\!\!\!\backslash\ \triangle DBA$ (AA 닮음)

$\overline{CD}=x$, $\overline{AC}=x-1$, $\overline{AB}=y$라 하면

$\overline{AB}:\overline{DB}=\overline{AC}:\overline{DA}$이므로 $y:8=(x-1):6$

$6y=8(x-1)$ $\therefore 4x-3y=4$

$\overline{AB}:\overline{DB}=\overline{BC}:\overline{BA}$이므로 $y:8=(8+x):y$

$y^2=8(8+x)$ $\therefore y^2=8x+64$

$\therefore \begin{cases} 4x-3y=4 & \cdots\cdots \ \text{㉠} \\ y^2=8x+64 & \cdots\cdots \ \text{㉡} \end{cases}$

㉠에서 $x=\dfrac{3}{4}y+1$ $\cdots\cdots$ ㉢

㉢을 ㉡에 대입하면

$y^2=8\left(\dfrac{3}{4}y+1\right)+64,\ y^2-6y-72=0$

$(y+6)(y-12)=0$ $\therefore y=12\ (\because y>0)$

$y=12$를 ㉢에 대입하면 $x=10$

$\therefore \overline{AB}=12,\ \overline{BC}=8+10=18,\ \overline{CA}=10-1=9$

따라서 삼각형 ABC의 둘레의 길이는

$12+18+9=39$

0701 답 ②

$x^2+y^2-6x+4y+9=0$에서

$(x-3)^2+(y+2)^2=4$

$x-3$, $y+2$가 모두 정수이므로

$x-3=0,\ y+2=\pm2$ 또는 $x-3=\pm2,\ y+2=0$

따라서 정수 x, y의 순서쌍 $(x,\ y)$는

$(3,\ 0),\ (3,\ -4),\ (5,\ -2),\ (1,\ -2)$의 4개이다.

0702 답 ③

$xy-x-y-1=0$에서

$x(y-1)-(y-1)-2=0$

$\therefore (x-1)(y-1)=2$

(i) $x-1=-2$, $y-1=-1$일 때, $x=-1$, $y=0$

(ii) $x-1=-1$, $y-1=-2$일 때, $x=0$, $y=-1$

(iii) $x-1=1$, $y-1=2$일 때, $x=2$, $y=3$

(iv) $x-1=2$, $y-1=1$일 때, $x=3$, $y=2$

(i)~(iv)에서 $x+y$의 최댓값은

$2+3=5$

0703 답 ⑤

주어진 식의 좌변을 x에 대하여 내림차순으로 정리하면

$2x^2-2(y+1)x+y^2-2y+5=0$ ······ ㉠

x가 실수이므로 x에 대한 이차방정식 ㉠의 판별식을 D라 하면

$\dfrac{D}{4}=\{-(y+1)\}^2-2(y^2-2y+5)\geq0$

$y^2-6y+9\leq0$, $(y-3)^2\leq0$

이때 y가 실수이므로

$y-3=0$ $\therefore y=3$

이를 ㉠에 대입하면 $2x^2-8x+8=0$

$x^2-4x+4=0$, $(x-2)^2=0$

$\therefore x=2$

따라서 $x=2$, $y=3$이므로

$xy=6$

0704 답 4

두 사람이 모은 장난감의 개수를 각각 x, $y\,(x>y)$라 하면

$xy=2(x-y)+13$, $xy-2x+2y-4=9$

$x(y-2)+2(y-2)=9$ $\therefore (x+2)(y-2)=9$ ······ ❶

이때 x, y가 자연수이므로 $x+2$는 3 이상의 자연수이고 $y-2$는 -1 이상의 정수이다.

(i) $x+2=3$, $y-2=3$일 때, $x=1$, $y=5$

(ii) $x+2=9$, $y-2=1$일 때, $x=7$, $y=3$

그런데 $x>y$이므로 $x=7$, $y=3$ ······ ❷

$\therefore x-y=4$ ······ ❸

채점 기준	
❶ 장난감의 개수에 대한 부정방정식 세우기	40%
❷ 부정방정식 풀기	40%
❸ 장난감의 개수의 차 구하기	20%

0705 답 ④

$(2x^2+y^2-11)^2+(xy+x-2y-4)^2=0$에서 x, y가 정수이므로

$2x^2+y^2-11=0$, $xy+x-2y-4=0$

$\begin{cases} 2x^2+y^2=11 & \cdots\cdots ㉠ \\ xy+x-2y=4 & \cdots\cdots ㉡ \end{cases}$

㉡에서 $x(y+1)-2(y+1)=2$ $\therefore (x-2)(y+1)=2$

$x-2$와 $y+1$은 모두 정수이므로

(i) $x-2=-1$, $y+1=-2$일 때, $x=1$, $y=-3$

(ii) $x-2=-2$, $y+1=-1$일 때, $x=0$, $y=-2$

(iii) $x-2=1$, $y+1=2$일 때, $x=3$, $y=1$

(iv) $x-2=2$, $y+1=1$일 때, $x=4$, $y=0$

(i)~(iv)에서 ㉠을 만족시키는 x, y의 값은 $x=1$, $y=-3$

$\therefore x-y=4$

0706 답 ①

$m^2+2m+4=k^2\,(k$는 정수$)$으로 놓으면

$m^2+2m+1-k^2=-3$

$(m+1)^2-k^2=-3$

$\therefore (m+1+k)(m+1-k)=-3$

$m+1+k$, $m+1-k$는 모두 정수이므로

(i) $m+1+k=1$, $m+1-k=-3$일 때,

  $m+k=0$, $m-k=-4$를 연립하여 풀면

  $m=-2$, $k=2$

(ii) $m+1+k=-3$, $m+1-k=1$일 때,

  $m+k=-4$, $m-k=0$을 연립하여 풀면

  $m=-2$, $k=-2$

(iii) $m+1+k=-1$, $m+1-k=3$일 때,

  $m+k=-2$, $m-k=2$를 연립하여 풀면

  $m=0$, $k=-2$

(iv) $m+1+k=3$, $m+1-k=-1$일 때,

  $m+k=2$, $m-k=-2$를 연립하여 풀면

  $m=0$, $k=2$

(i)~(iv)에서 정수 m의 값은 -2, 0이므로 그 합은

$-2+0=-2$

최고수준 도전 기출 147쪽

0707 답 ①

전략 이차방정식의 두 근을 α, β라 하고 근과 계수의 관계를 이용하여 α, β에 대한 식을 세운 후 이 식을 정리하여 얻은 부정방정식의 두 근이 정수임을 이용하여 α, β의 값을 구한다.

주어진 이차방정식의 정수인 두 근을 α, β라 하면 근과 계수의 관계에 의하여

$\alpha+\beta=k$ ······ ㉠

$\alpha\beta=k+2$ ······ ㉡

㉠을 ㉡에 대입하면 $\alpha\beta=\alpha+\beta+2$

$\alpha\beta-\alpha-\beta=2$, $\alpha(\beta-1)-(\beta-1)=3$

$\therefore (\alpha-1)(\beta-1)=3$

이때 α, β가 정수이므로 $\alpha-1$, $\beta-1$도 정수이다.

(i) $\alpha-1=-1$, $\beta-1=-3$일 때, $\alpha=0$, $\beta=-2$

(ii) $\alpha-1=-3$, $\beta-1=-1$일 때, $\alpha=-2$, $\beta=0$

(iii) $\alpha-1=1$, $\beta-1=3$일 때, $\alpha=2$, $\beta=4$

(iv) $\alpha-1=3$, $\beta-1=1$일 때, $\alpha=4$, $\beta=2$

㉠에서 $k=\alpha+\beta$이므로 (i)~(iv)에서

$k=-2$ 또는 $k=6$

따라서 모든 실수 k의 값의 곱은

$-2\times6=-12$

0708 답 ②

전략 $x+y=u$, $xy=v$로 놓고 u, v에 대한 연립방정식을 푼 후 x, y가 t에 대한 이차방정식 $t^2-ut+v=0$의 두 근임을 이용하여 x, y의 값을 구한다.

주어진 연립방정식을 변형하면
$$\begin{cases}(x+y)^2+(x+y)-2xy=2\\(x+y)^2-xy=1\end{cases}$$
$x+y=u$, $xy=v$로 놓으면
$$\begin{cases}u^2+u-2v=2 &\cdots\cdots\ \text{㉠}\\u^2-v=1 &\cdots\cdots\ \text{㉡}\end{cases}$$
㉡에서 $v=u^2-1$ $\cdots\cdots$ ㉢

㉢을 ㉠에 대입하면
$u^2+u-2(u^2-1)=2$, $u^2-u=0$
$u(u-1)=0$
$\therefore u=0$ 또는 $u=1$

이를 각각 ㉢에 대입하면
$u=0$, $v=-1$ 또는 $u=1$, $v=0$

(i) $u=0$, $v=-1$, 즉 $x+y=0$, $xy=-1$일 때,
 x, y를 두 근으로 하는 t에 대한 이차방정식은
 $t^2-1=0$
 $\therefore t=\pm1$
 $\therefore x=-1$, $y=1$ 또는 $x=1$, $y=-1$

(ii) $u=1$, $v=0$, 즉 $x+y=1$, $xy=0$일 때,
 x, y를 두 근으로 하는 t에 대한 이차방정식은
 $t^2-t=0$, $t(t-1)=0$
 $\therefore t=0$ 또는 $t=1$
 $\therefore x=0$, $y=1$ 또는 $x=1$, $y=0$

(i), (ii)에서 $x+2y$의 최솟값은
$1+2\times(-1)=-1$

다른 풀이
$$\begin{cases}x^2+y^2+x+y=2 &\cdots\cdots\ \text{㉠}\\x^2+xy+y^2=1 &\cdots\cdots\ \text{㉡}\end{cases}$$
㉡$-$㉠을 하면 $xy-x-y=-1$
$x(y-1)-(y-1)=0$, $(x-1)(y-1)=0$
$\therefore x=1$ 또는 $y=1$

(i) $x=1$일 때,
 $x=1$을 ㉡에 대입하면 $y^2+y=0$
 $y(y+1)=0$
 $\therefore y=-1$ 또는 $y=0$
 따라서 연립방정식의 해는
 $x=1$, $y=-1$ 또는 $x=1$, $y=0$

(ii) $y=1$일 때,
 $y=1$을 ㉡에 대입하면 $x^2+x=0$
 $x(x+1)=0$
 $\therefore x=-1$ 또는 $x=0$
 따라서 연립방정식의 해는
 $x=-1$, $y=1$ 또는 $x=0$, $y=1$

(i), (ii)에서 $x+2y$의 최솟값은
$1+2\times(-1)=-1$

0709 답 ④

전략 $\overline{BP}=x$ m, $\overline{CQ}=y$ m로 놓고 삼각형 APQ가 정삼각형임을 이용하여 연립이차방정식을 세운다.

오른쪽 그림에서 $\overline{AP}=\overline{AQ}$이고
$\angle PAQ=60\degree$이므로 삼각형 APQ
는 정삼각형이다.

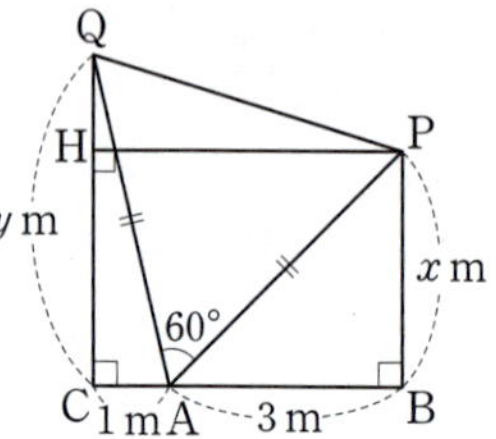

$\overline{BP}=x$ m, $\overline{CQ}=y$ m라 하고 점 P
에서 선분 CQ에 내린 수선의 발을 H
라 하자.

$\overline{AP}^2=\overline{AQ}^2$에서 $x^2+3^2=y^2+1^2$ $\therefore x^2-y^2=-8$

$\overline{PH}=\overline{BC}=4(\text{m})$, $\overline{HQ}=\overline{CQ}-\overline{BP}=y-x(\text{m})$이므로 삼각형 PQH에서
$\overline{PQ}^2=(y-x)^2+4^2$

$\overline{PQ}^2=\overline{AQ}^2$에서 $(y-x)^2+4^2=y^2+1^2$
$\therefore x^2-2xy=-15$

$\therefore \begin{cases}x^2-y^2=-8 &\cdots\cdots\ \text{㉠}\\x^2-2xy=-15 &\cdots\cdots\ \text{㉡}\end{cases}$

㉠$\times15-$㉡$\times8$을 하면
$7x^2+16xy-15y^2=0$
$(x+3y)(7x-5y)=0$
$\therefore x=-3y$ 또는 $7x=5y$

그런데 $x>0$, $y>0$이므로 $7x=5y$
$\therefore 7\overline{BP}=5\overline{CQ}$

따라서 $t=7$, $s=5$이므로 $t+s=12$

0710 답 ⑤

전략 연립방정식의 두 식을 변형하면 $(x+y)^2=m^2$이므로 경우를 나누어 부정방정식의 해를 구한다.
$$\begin{cases}x^2+y^2=m^2+4m-6 &\cdots\cdots\ \text{㉠}\\xy=3-2m &\cdots\cdots\ \text{㉡}\end{cases}$$
㉠$+$㉡$\times2$를 하면
$(x+y)^2=m^2$ $\therefore m=\pm(x+y)$

(i) $m=x+y$일 때,
 이를 ㉡에 대입하면 $xy=3-2(x+y)$
 $xy+2x+2y-3=0$
 $x(y+2)+2(y+2)=7$
 $\therefore (x+2)(y+2)=7$
 그런데 $x+2>2$, $y+2>2$이므로 이를 만족시키는 자연수 x, y
 는 존재하지 않는다.

(ii) $m=-(x+y)$일 때,
 이를 ㉡에 대입하면 $xy=3+2(x+y)$
 $xy-2x-2y-3=0$
 $x(y-2)-2(y-2)=7$
 $\therefore (x-2)(y-2)=7$
 이때 x, y가 자연수이므로
 $x-2=1$, $y-2=7$ 또는 $x-2=7$, $y-2=1$
 $\therefore x=3$, $y=9$ 또는 $x=9$, $y=3$

(i), (ii)에서 $x+y=3+9=12$

10 연립일차부등식

난이도별 필수 기출 149~158쪽

0711 답 ⑤

$5x-2\geq3x$에서 $2x\geq2$

$\therefore x\geq1$ ……㉠

$2x-1>4x+5$에서 $-2x>6$

$\therefore x<-3$ ……㉡

㉠, ㉡을 수직선 위에 나타내면 오른쪽 그림과 같으므로 연립부등식의 해는 없다.

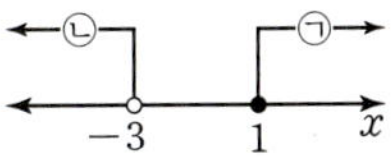

0712 답 ②

$3(x-1)<2x+3$에서 $3x-3<2x+3$

$\therefore x<6$ ……㉠

$2+2(x-2)\leq3x+11$에서 $2+2x-4\leq3x+11$

$-x\leq13$ $\therefore x\geq-13$ ……㉡

㉠, ㉡을 수직선 위에 나타내면 오른쪽 그림과 같으므로 연립부등식의 해는

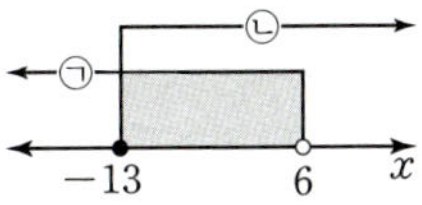

$-13\leq x<6$

따라서 $a=-13$, $b=6$이므로 $a+b=-7$

0713 답 ③

$x+2\leq\dfrac{3x+1}{2}$에서 $2(x+2)\leq3x+1$

$2x+4\leq3x+1$, $-x\leq-3$

$\therefore x\geq3$ ……㉠

$\dfrac{3x+1}{2}\leq\dfrac{1}{3}x+4$에서 $3(3x+1)\leq6\left(\dfrac{1}{3}x+4\right)$

$9x+3\leq2x+24$, $7x\leq21$

$\therefore x\leq3$ ……㉡

㉠, ㉡을 수직선 위에 나타내면 오른쪽 그림과 같으므로 부등식의 해는

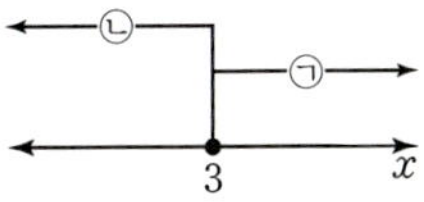

$x=3$

0714 답 ②

$1.5x-2.4<\dfrac{x}{2}+1$에서

$15x-24<5x+10$, $10x<34$

$\therefore x<\dfrac{17}{5}$ ……㉠

$\dfrac{x-1}{2}+3\geq\dfrac{3-2x}{4}$에서

$2(x-1)+12\geq3-2x$, $4x\geq-7$

$\therefore x\geq-\dfrac{7}{4}$ ……㉡

㉠, ㉡을 수직선 위에 나타내면 오른쪽 그림과 같으므로 연립부등식의 해는

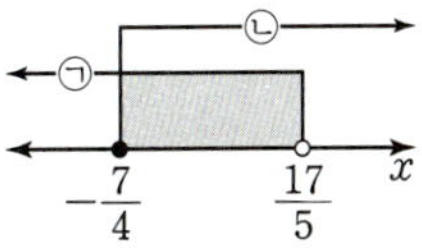

$-\dfrac{7}{4}\leq x<\dfrac{17}{5}$

따라서 정수 x의 최솟값은 -1이다.

0715 답 ②

ㄱ. $2x<2-x$에서 $x<\dfrac{2}{3}$

 $3+x\geq4x$에서 $x\leq1$

 $\therefore x<\dfrac{2}{3}$

ㄴ. $x-1>2x+3$에서 $x<-4$

 $2x-1\geq-3$에서 $x\geq-1$

 $\therefore$ 해는 없다.

ㄷ. $3x-1\geq2-3x$에서 $x\geq\dfrac{1}{2}$

 $2(3-x)>4x+3$에서 $6-2x>4x+3$

 $\therefore x<\dfrac{1}{2}$

 $\therefore$ 해는 없다.

ㄹ. $0.5x-1.5\leq0.3x+2$에서

 $5x-15\leq3x+20$ $\therefore x\leq\dfrac{35}{2}$

 $\dfrac{1}{2}x+1<\dfrac{3}{4}x-2$에서

 $2x+4<3x-8$ $\therefore x>12$

 $\therefore 12<x\leq\dfrac{35}{2}$

ㅁ. $2x-3<2(1-2x)$에서

 $2x-3<2-4x$ $\therefore x<\dfrac{5}{6}$

 $2(1-2x)\leq4x-1$에서

 $2-4x\leq4x-1$ $\therefore x\geq\dfrac{3}{8}$

 $\therefore \dfrac{3}{8}\leq x<\dfrac{5}{6}$

따라서 보기에서 해가 없는 것은 ㄴ, ㄷ이다.

0716 답 4

$\dfrac{3}{10}x-\dfrac{1}{5}<0.5x+0.2$에서 $3x-2<5x+2$

$-2x<4$ $\therefore x>-2$ ……㉠ …… ❶

$0.5x+0.2<0.4x+0.5$에서 $5x+2<4x+5$

$\therefore x<3$ ……㉡ …… ❷

㉠, ㉡을 수직선 위에 나타내면 오른쪽 그림과 같으므로 부등식의 해는

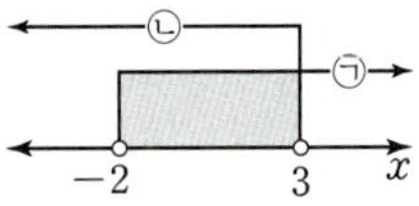

$-2<x<3$

따라서 정수 x는 -1, 0, 1, 2의 4개이다. …… ❸

채점 기준

❶ 부등식 $\dfrac{3}{10}x-\dfrac{1}{5}<0.5x+0.2$의 해 구하기	30%
❷ 부등식 $0.5x+0.2<0.4x+0.5$의 해 구하기	30%
❸ 정수 x의 개수 구하기	40%

0717 답 ③

$2x-1\leq3$에서 $2x\leq4$ $\therefore x\leq2$

$3x+2a+2>5$에서 $3x>-2a+3$

$\therefore x>\dfrac{-2a+3}{3}$

주어진 그림에서 연립부등식의 해가 $-1<x\le2$이므로
$$\frac{-2a+3}{3}=-1,\ -2a=-6\qquad\therefore a=3$$
참고 연립부등식 $\begin{cases}ax+b\le0\\cx+d>0\end{cases}$ 의 해가 $\alpha<x\le\beta$이면 α는 방정식
$cx+d=0$의 해이고, β는 방정식 $ax+b=0$의 해이다. (단, $a>0,\ c>0$)

0718 답 ③

$3x-7>a-2x$에서 $5x>a+7$
$$\therefore x>\frac{a+7}{5}$$
$4x-5\le x+4$에서 $3x\le9$ $\quad\therefore x\le3$
주어진 연립부등식의 해가 $2<x\le b$이므로
$$\frac{a+7}{5}=2,\ b=3$$
따라서 $a=3,\ b=3$이므로
$a+b=6$

0719 답 ②

$\dfrac{x-a}{2}<x+4$에서
$x-a<2(x+4),\ x-a<2x+8$
$-x<a+8$ $\quad\therefore x>-a-8$
$x+4\le-x-2a$에서
$2x\le-2a-4$ $\quad\therefore x\le-a-2$
주어진 부등식의 해가 $-4<x\le2$이므로
$-a-8=-4$ $\quad\therefore a=-4$

0720 답 4

$2x+b\ge x-1+a$에서 $x\ge a-b-1$
$3x-a\le5+b$에서 $3x\le a+b+5$
$$\therefore x\le\frac{a+b+5}{3}\qquad\qquad\cdots\cdots\ \text{❶}$$
주어진 연립부등식의 해가 $x=-3$이므로
$$a-b-1=-3,\ \frac{a+b+5}{3}=-3$$
$\therefore a-b=-2,\ a+b=-14$
두 식을 연립하여 풀면 $a=-8,\ b=-6$ $\qquad\cdots\cdots\ \text{❷}$
$\therefore a-2b=-8-2\times(-6)=4$ $\qquad\cdots\cdots\ \text{❸}$

채점 기준

❶ 각 일차부등식의 해 구하기	50%
❷ $a,\ b$의 값 구하기	40%
❸ $a-2b$의 값 구하기	10%

0721 답 ②

ㄱ. $a<b$이면 연립부등식의 해는
　　$a<x<b$

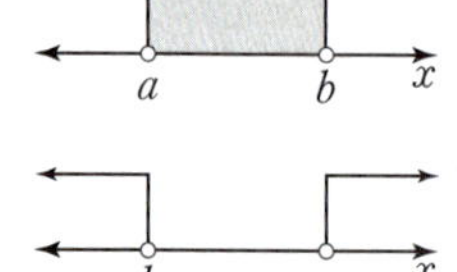

ㄴ. $a>b$이면 연립부등식의 해는 없다.

ㄷ. $a\le b$이면 연립부등식의 해는 $a<x<b$이거나 없다.
ㄹ. $a\ge b$이면 연립부등식의 해는 없다.
따라서 보기에서 옳은 것은 ㄱ, ㄹ이다.

0722 답 ⑤

$x+3\le2x+k$에서 $x\ge3-k$
$3x+2\ge-x+2k+3$에서 $4x\ge2k+1$
$$\therefore x\ge\frac{2k+1}{4}$$
주어진 연립부등식의 해가 $x\ge2$이므로
$$3-k=2\ \text{또는}\ \frac{2k+1}{4}=2$$
(ⅰ) $3-k=2$, 즉 $k=1$일 때,

주어진 연립부등식은 $\begin{cases}x\ge2\\x\ge\dfrac{3}{4}\end{cases}$ 이므로 해가 $x\ge2$를 만족시킨다.

(ⅱ) $\dfrac{2k+1}{4}=2$, 즉 $k=\dfrac{7}{2}$일 때,

주어진 연립부등식은 $\begin{cases}x\ge-\dfrac{1}{2}\\x\ge2\end{cases}$ 이므로 해가 $x\ge2$를 만족시킨다.

(ⅰ), (ⅱ)에서 모든 상수 k의 값의 합은
$$1+\frac{7}{2}=\frac{9}{2}$$

0723 답 ③

$4-x<2(x-1)$에서
$4-x<2x-2,\ -3x<-6$
$\therefore x>2$ $\qquad\qquad\cdots\cdots\ \text{㉠}$
$3x-a\le2x$에서 $x\le a$ $\qquad\cdots\cdots\ \text{㉡}$
주어진 연립부등식이 해를 갖지 않으려면
오른쪽 그림에서
$a\le2$

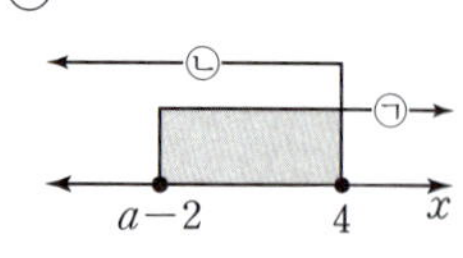

따라서 상수 a의 최댓값은 2이다.

0724 답 ①

$2x+a-6\le3x-4$에서
$-x\le-a+2$ $\quad\therefore x\ge a-2$ $\qquad\cdots\cdots\ \text{㉠}$
$3x-4\le12-x$에서
$4x\le16$ $\quad\therefore x\le4$ $\qquad\cdots\cdots\ \text{㉡}$
주어진 부등식이 해를 가지려면 오른쪽
그림에서
$a-2\le4$
$\therefore a\le6$

0725 답 ④

$\dfrac{x}{2}-\dfrac{a}{4}\ge\dfrac{x}{4}-\dfrac{1}{8}$에서 $4x-2a\ge2x-1$
$2x\ge2a-1$ $\quad\therefore x\ge a-\dfrac{1}{2}$ $\qquad\cdots\cdots\ \text{㉠}$
$3x-1\ge5x-7$에서 $-2x\ge-6$
$\therefore x\le3$ $\qquad\qquad\cdots\cdots\ \text{㉡}$

주어진 연립부등식을 만족시키는 정수
x가 5개이려면 오른쪽 그림에서
$$-2<a-\frac{1}{2}\leq-1$$
$$\therefore\ -\frac{3}{2}<a\leq-\frac{1}{2}$$
따라서 상수 a의 최댓값은 $-\frac{1}{2}$이다.

0726 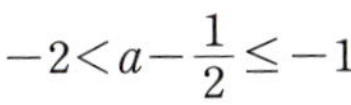 ③

$2(x-2)-1<4x+1$에서 $2x-5<4x+1$
$-2x<6$ $\quad\therefore\ x>-3$ $\quad\cdots\cdots\ \bigcirc$
$4x+1\leq3x+2a$에서 $x\leq2a-1$ $\quad\cdots\cdots\ \bigcirc$
주어진 부등식을 만족시키는 정수 x가 12개
이상이려면 오른쪽 그림에서
$2a-1\geq9,\ 2a\geq10$
$\therefore\ a\geq5$
따라서 상수 a의 최솟값은 5이다.

0727 답 ④

$3x+1<2(3-x)$에서 $3x+1<6-2x$
$5x<5$ $\quad\therefore\ x<1$ $\quad\cdots\cdots\ \bigcirc$
$x-a\leq2x-3$에서 $-x\leq a-3$
$\therefore\ x\geq-a+3$ $\quad\cdots\cdots\ \bigcirc$
주어진 연립부등식을 만족시키는 정수 x
가 -1과 0뿐이려면 오른쪽 그림에서
$-2<-a+3\leq-1,\ -5<-a\leq-4$
$\therefore\ 4\leq a<5$
따라서 $\alpha=4,\ \beta=5$이므로
$\alpha\beta=20$

0728 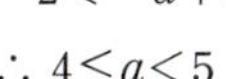 2

$3(x-a)-2<x+4$에서 $3x-3a-2<x+4$
$2x<3a+6$ $\quad\therefore\ x<\frac{3}{2}a+3$ $\quad\cdots\cdots\ \bigcirc$
$x+4\leq4(x-2)$에서 $x+4\leq4x-8$
$-3x\leq-12$ $\quad\therefore\ x\geq4$ $\quad\cdots\cdots\ \bigcirc$ $\quad\cdots\cdots\ \text{❶}$
주어진 부등식을 만족시키는 정수 x의 값
의 합이 $9=4+5$이려면 오른쪽 그림에서
$5<\frac{3}{2}a+3\leq6,\ 2<\frac{3}{2}a\leq3$
$\therefore\ \frac{4}{3}<a\leq2$ $\quad\cdots\cdots\ \text{❷}$
따라서 a의 최댓값은 2이다. $\quad\cdots\cdots\ \text{❸}$

	채점 기준	
❶	연립부등식으로 변형하여 각 부등식의 해 구하기	40 %
❷	a의 값의 범위 구하기	50 %
❸	a의 최댓값 구하기	10 %

0729 답 ②

$4x-1\leq2x+k$에서 $2x\leq k+1$ $\quad\therefore\ x\leq\frac{k+1}{2}$
$5x-3<6x+1$에서 $-x<4$ $\quad\therefore\ x>-4$
$\therefore\ \begin{cases} x\leq\dfrac{k+1}{2} & \cdots\cdots\ \bigcirc \\ x>-4 & \cdots\cdots\ \bigcirc \end{cases}$

ㄱ. $k=-11$이면 $\bigcirc$에서 $x\leq-5$이므로 연립부등식 $\begin{cases} x\leq-5 \\ x>-4 \end{cases}$의
해는 없다.

ㄴ. 연립부등식이 해를 갖지 않으려면 오
른쪽 그림에서
$$\frac{k+1}{2}\leq-4$$
$k+1\leq-8$ $\quad\therefore\ k\leq-9$
따라서 k의 최댓값은 -9이다.

ㄷ. $k=9$이면 $\bigcirc$에서 $x\leq5$이므로 연립부등식 $\begin{cases} x\leq5 \\ x>-4 \end{cases}$의 해는
$-4<x\leq5$
따라서 정수 x는 $-3,\ -2,\ \cdots,\ 0,\ 1,\ 2,\ \cdots,\ 5$의 9개이다.
따라서 보기에서 옳은 것은 ㄴ이다.

참고 두 정수 $m,\ n\,(m<n)$에 대하여
① $m<x<n$을 만족시키는 정수 x의 개수 ➡ $n-m-1$
② $m<x\leq n$(또는 $m\leq x<n$)을 만족시키는 정수 x의 개수 ➡ $n-m$
③ $m\leq x\leq n$을 만족시키는 정수 x의 개수 ➡ $n-m+1$

0730 답 ②

$3x-a<2x$에서 $x<a$
$2x<bx+2$에서 $(2-b)x<2$
주어진 부등식의 해가 $-1<x<3$이므로
$x<a$가 $x<3$이다.
$\therefore\ a=3$
$(2-b)x<2$의 해가 $x>-1$이므로 $2-b<0$이고 $x>\dfrac{2}{2-b}$이다.
$\dfrac{2}{2-b}=-1$이므로 $2=-2+b$ $\quad\therefore\ b=4$
$\therefore\ a-b=3-4=-1$

참고 $(2-b)x<2$에서
(i) $2-b>0$이면 $x<\dfrac{2}{2-b}$
(ii) $2-b=0$이면 $0\times x<2$
(i), (ii)에서 주어진 부등식의 해는 $-1<x<3$이 될 수 없다.

0731 답 6

$6x-2>3x+10$에서 $3x>12$ $\quad\therefore\ x>4$
$(a-1)x-5<x-2$에서 $(a-2)x<3$
(i) $a-2<0$, 즉 $a<2$일 때,
$$x>\frac{3}{a-2}$$
(ii) $a-2=0$, 즉 $a=2$일 때,
$0\times x<3$이므로 해는 모든 실수이다.
(iii) $a-2>0$, 즉 $a>2$일 때,
$$x<\frac{3}{a-2}$$

주어진 연립부등식이 해를 갖지 않으려면 $a>2$이고 $x<\dfrac{3}{a-2}$이어야 하므로 오른

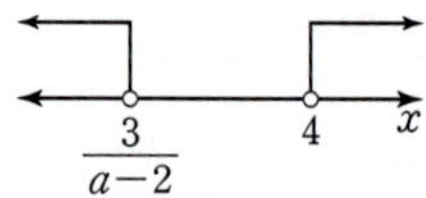

쪽 그림에서

$\dfrac{3}{a-2}\leq4,\ 3\leq4(a-2)$

$3\leq4a-8,\ -4a\leq-11$ $\quad\therefore\ a\geq\dfrac{11}{4}$

따라서 정수 a의 최솟값은 3이므로 $m=3$

주어진 연립부등식이 해를 가지려면 $a<\dfrac{11}{4}$이어야 하므로 정수 a

의 최댓값은 2이다.

$\therefore n=2$

$\therefore mn=3\times2=6$

0732 답 ④

$3x-a\leq x+2a$에서 $2x\leq3a$ $\quad\therefore\ x\leq\dfrac{3}{2}a$

$3x-a<4x-b$에서 $x>-a+b$

부등식을 잘못 나타내어 푼 해가 $3<x\leq9$이므로

$x\leq\dfrac{3}{2}a$가 $x\leq9$이고, $x>-a+b$가 $x>3$이다.

즉, $\dfrac{3}{2}a=9,\ -a+b=3$이므로

$a=6,\ b=9$

따라서 부등식 $3x-6\leq x+12<4x-9$에서

$\begin{cases}3x-6\leq x+12 & \cdots\cdots\ \text{㉠} \\ x+12<4x-9 & \cdots\cdots\ \text{㉡}\end{cases}$

㉠에서 $2x\leq18$ $\quad\therefore\ x\leq9$ $\quad\cdots\cdots\ \text{㉢}$

㉡에서 $-3x<-21$ $\quad\therefore\ x>7$ $\quad\cdots\cdots\ \text{㉢}$

㉢, ㉣에서 처음 부등식의 해는 $7<x\leq9$

0733 답 $x\geq2$

$\begin{cases}ax-b<0 \\ cx-d\leq0\end{cases}$에서 $\begin{cases}ax<b \\ cx\leq d\end{cases}$

이 연립부등식의 해가 $-2\leq x<3$이므로

$ax<b$의 해는 $x<3$

따라서 $a>0$이고 $x<\dfrac{b}{a}$이므로 $\dfrac{b}{a}=3$

$cx\leq d$의 해는 $x\geq-2$

따라서 $c<0$이고 $x\geq\dfrac{d}{c}$이므로 $\dfrac{d}{c}=-2$ $\quad\cdots\cdots\ \text{ⓘ}$

$\begin{cases}ax+b>0 \\ cx+d\leq0\end{cases}$에서 $\begin{cases}ax>-b \\ cx\leq-d\end{cases}$ $\quad\therefore\ \begin{cases}x>-\dfrac{b}{a} \\ x\geq-\dfrac{d}{c}\end{cases}$

따라서 $\begin{cases}x>-3 \\ x\geq2\end{cases}$이므로 연립부등식의 해는

$x\geq2$ $\quad\cdots\cdots\ \text{ⓘⓘ}$

채점 기준	
ⓘ $a,\ c$의 부호와 a와 b, c와 d 사이의 관계식 구하기	50%
ⓘⓘ 연립부등식 $\begin{cases}ax+b>0 \\ cx+d\leq0\end{cases}$의 해 구하기	50%

0734 답 ④

$ax-1\leq-x+2$에서 $(a+1)x\leq3$ $\quad\cdots\cdots\ \text{㉠}$

$-x+2<bx+3$에서 $-1<(b+1)x$ $\quad\cdots\cdots\ \text{㉡}$

이때 주어진 부등식의 해가 $-\dfrac{3}{4}<x\leq\dfrac{6}{5}$이므로

ㄱ. ㉠의 해는 $x\leq\dfrac{6}{5}$

　　따라서 $a+1>0$이므로 $a>-1$

ㄴ. ㉡의 해는 $x>-\dfrac{3}{4}$

　　따라서 $b+1>0$이므로 $b>-1$

ㄷ. ㉠에서 $x\leq\dfrac{3}{a+1}$이므로 $\dfrac{3}{a+1}=\dfrac{6}{5}$

　　$6a+6=15,\ 6a=9$ $\quad\therefore\ a=\dfrac{3}{2}$

　　㉡에서 $x>-\dfrac{1}{b+1}$이므로 $-\dfrac{1}{b+1}=-\dfrac{3}{4}$

　　$3b+3=4,\ 3b=1$ $\quad\therefore\ b=\dfrac{1}{3}$

　　$\therefore ab=\dfrac{3}{2}\times\dfrac{1}{3}=\dfrac{1}{2}$

따라서 보기에서 옳은 것은 ㄱ, ㄷ이다.

0735 답 ②

$|9-2x|<3$에서 $-3<9-2x<3$

$-12<-2x<-6$ $\quad\therefore\ 3<x<6$

따라서 $a=3,\ b=6$이므로 $b-a=3$

0736 답 7

$2x+5\leq9$에서 $2x\leq4$ $\quad\therefore\ x\leq2$ $\quad\cdots\cdots\ \text{㉠}$

$|x-3|\leq7$에서 $-7\leq x-3\leq7$

$\therefore -4\leq x\leq10$ $\quad\cdots\cdots\ \text{㉡}$

㉠, ㉡에서 연립부등식의 해는 $-4\leq x\leq2$

따라서 정수 x는 $-4,\ -3,\ \cdots,\ 0,\ 1,\ 2$의 7개이다.

0737 답 ⑤

$|x-a|+2\leq b$에서 $|x-a|\leq b-2$

$-b+2\leq x-a\leq b-2$ $\quad\therefore\ a-b+2\leq x\leq a+b-2$

주어진 부등식의 해가 $-2\leq x\leq8$이므로

$a-b+2=-2,\ a+b-2=8$

즉, $a-b=-4,\ a+b=10$

두 식을 연립하여 풀면 $a=3,\ b=7$

$\therefore ab=21$

0738 답 ③

$|x-2|>1$에서 $x-2<-1$ 또는 $x-2>1$

$\therefore x<1$ 또는 $x>3$ $\quad\cdots\cdots\ \text{㉠}$

$|x-2|\leq3$에서 $-3\leq x-2\leq3$

$\therefore -1\leq x\leq5$ $\quad\cdots\cdots\ \text{㉡}$

㉠, ㉡의 공통부분을 구하면
$-1 \leq x < 1$ 또는 $3 < x \leq 5$
따라서 정수 x는 -1, 0, 4, 5의 4개이다.

다른 풀이

$1 < |x-2| \leq 3$에서 $x-2=0$, 즉 $x=2$를 기준으로 구간을 나누면

(i) $x < 2$일 때,
$\quad 1 < -(x-2) \leq 3,\ 1 < -x+2 \leq 3$
$\quad -1 < -x \leq 1 \qquad \therefore -1 \leq x < 1$

(ii) $x \geq 2$일 때,
$\quad 1 < x-2 \leq 3 \qquad \therefore 3 < x \leq 5$

(i), (ii)에서 주어진 부등식의 해는
$-1 \leq x < 1$ 또는 $3 < x \leq 5$
따라서 정수 x는 -1, 0, 4, 5의 4개이다.

0739 답 ③

$|2x-a| < 7$에서 $-7 < 2x-a < 7$
$a-7 < 2x < a+7 \qquad \therefore \dfrac{a-7}{2} < x < \dfrac{a+7}{2}$
$3-2x \leq 5$에서 $-2x \leq 2 \qquad \therefore x \geq -1$
주어진 연립부등식의 해가 $b \leq x < 4$이므로
$b = -1,\ 4 = \dfrac{a+7}{2}$
따라서 $a=1$, $b=-1$이므로 $a+b=0$

0740 답 ②

$|2x+a| < 3$에서 $-3 < 2x+a < 3,\ -a-3 < 2x < 3-a$
$\therefore \dfrac{-a-3}{2} < x < \dfrac{3-a}{2} \qquad \cdots\cdots ㉠$
㉠을 만족시키는 정수 x의 최댓값이 4이므로
$4 < \dfrac{3-a}{2} \leq 5,\ 8 < 3-a \leq 10,\ 5 < -a \leq 7$
$\therefore -7 \leq a < -5$
따라서 모든 정수 a의 값의 합은
$-7 + (-6) = -13$

0741 답 ③

$|x-1| < n$에서 $-n < x-1 < n$
$\therefore 1-n < x < 1+n$
위의 식을 만족시키는 정수 x의 개수가 9이므로 정수 x는
$-3, -2, -1, 0, 1, 2, 3, 4, 5$이고
$5 < 1+n \leq 6 \qquad \therefore 4 < n \leq 5$
따라서 자연수 n의 값은 5이다.

다른 풀이

$|x-1| < n$에서 $-n < x-1 < n$
$\therefore 1-n < x < 1+n$
n이 자연수이면 $1-n$, $1+n$이 정수이고, 위의 식을 만족시키는 정수 x의 개수가 9이므로
$(1+n) - (1-n) - 1 = 9,\ 2n = 10 \qquad \therefore n = 5$

0742 답 ③

$|x-1| < 2x-7$에서 $x-1=0$, 즉 $x=1$을 기준으로 구간을 나누면

(i) $x < 1$일 때,
$\quad -(x-1) < 2x-7,\ -x+1 < 2x-7$
$\quad -3x < -8 \qquad \therefore x > \dfrac{8}{3}$
$\quad$ 그런데 $x < 1$이므로 해는 없다.

(ii) $x \geq 1$일 때,
$\quad x-1 < 2x-7,\ -x < -6 \qquad \therefore x > 6$
$\quad$ 그런데 $x \geq 1$이므로 $x > 6$

(i), (ii)에서 주어진 부등식의 해는 $x > 6$

0743 답 ⑤

$x > |3x+1| - 7$에서 $3x+1=0$, 즉 $x = -\dfrac{1}{3}$을 기준으로 구간을 나누면

(i) $x < -\dfrac{1}{3}$일 때,
$\quad x > -(3x+1) - 7,\ x > -3x-8$
$\quad 4x > -8 \qquad \therefore x > -2$
$\quad$ 그런데 $x < -\dfrac{1}{3}$이므로 $-2 < x < -\dfrac{1}{3}$

(ii) $x \geq -\dfrac{1}{3}$일 때,
$\quad x > (3x+1) - 7,\ x > 3x-6$
$\quad -2x > -6 \qquad \therefore x < 3$
$\quad$ 그런데 $x \geq -\dfrac{1}{3}$이므로 $-\dfrac{1}{3} \leq x < 3$

(i), (ii)에서 주어진 부등식의 해는 $-2 < x < 3$
따라서 정수 x의 값은 -1, 0, 1, 2이므로 구하는 합은
$-1 + 0 + 1 + 2 = 2$

0744 답 8

$|3x-1| < 4$에서 $-4 < 3x-1 < 4$
$-3 < 3x < 5 \qquad \therefore -1 < x < \dfrac{5}{3} \qquad \cdots\cdots ❶$
$ax - 3a + b < 0$에서 $ax < 3a - b \qquad \cdots\cdots ㉠$
주어진 연립부등식의 해가 $-1 < x < 1$이므로 부등식 ㉠의 해는
$x < 1$이어야 한다.
㉠에서 $a > 0$
$x < \dfrac{3a-b}{a}$에서 $\dfrac{3a-b}{a} = 1$이므로
$3a - b = a \qquad \therefore b = 2a \qquad \cdots\cdots ❷$
$ax - 2a - 3b \geq 0$에 $b = 2a$를 대입하면
$ax - 2a - 6a \geq 0,\ ax \geq 8a$
$\therefore x \geq 8 \ (\because a > 0) \qquad \cdots\cdots ❸$
따라서 x의 최솟값은 8이다.

채점 기준

❶ 부등식 $|3x-1| < 4$의 해 구하기		20%
❷ a의 부호와 a, b 사이의 관계식 구하기		40%
❸ x의 최솟값 구하기		40%

0745 답 ③

$2|1-x|+3|x+1|<9$에서

(i) $x<-1$일 때,

$\quad 2(1-x)-3(x+1)<9,\ -5x-1<9$

$\quad -5x<10 \quad \therefore x>-2$

$\quad$ 그런데 $x<-1$이므로 $-2<x<-1$

(ii) $-1\leq x<1$일 때,

$\quad 2(1-x)+3(x+1)<9,\ x+5<9 \quad \therefore x<4$

$\quad$ 그런데 $-1\leq x<1$이므로 $-1\leq x<1$

(iii) $x\geq 1$일 때,

$\quad -2(1-x)+3(x+1)<9,\ 5x+1<9$

$\quad 5x<8 \quad \therefore x<\dfrac{8}{5}$

$\quad$ 그런데 $x\geq 1$이므로 $1\leq x<\dfrac{8}{5}$

(i), (ii), (iii)에서 주어진 부등식의 해는

$$-2<x<\dfrac{8}{5}$$

따라서 정수 x는 $-1,\ 0,\ 1$의 3개이다.

0746 답 ④

$3|x-1|+2|x+1|>11$에서

(i) $x<-1$일 때,

$\quad -3(x-1)-2(x+1)>11,\ -5x+1>11$

$\quad -5x>10 \quad \therefore x<-2$

$\quad$ 그런데 $x<-1$이므로 $x<-2$

(ii) $-1\leq x<1$일 때,

$\quad -3(x-1)+2(x+1)>11,\ -x+5>11$

$\quad -x>6 \quad \therefore x<-6$

$\quad$ 그런데 $-1\leq x<1$이므로 해가 없다.

(iii) $x\geq 1$일 때,

$\quad 3(x-1)+2(x+1)>11,\ 5x-1>11$

$\quad 5x>12 \quad \therefore x>\dfrac{12}{5}$

$\quad$ 그런데 $x\geq 1$이므로 $x>\dfrac{12}{5}$

(i), (ii), (iii)에서 주어진 부등식의 해는

$$x<-2 \text{ 또는 } x>\dfrac{12}{5}$$

따라서 $\alpha=-2,\ \beta=\dfrac{12}{5}$이므로 $\alpha+\beta=\dfrac{2}{5}$

0747 답 ③

$|2x-4|\leq x+a$에서 $2x-4=0$, 즉 $x=2$를 기준으로 구간을 나누면

(i) $x<2$일 때,

$\quad -(2x-4)\leq x+a,\ -2x+4\leq x+a$

$\quad -3x\leq a-4 \quad \therefore x\geq\dfrac{4-a}{3}$

$\quad$ 그런데 $x<2$이고 $a>0$에서 $\dfrac{4-a}{3}<\dfrac{4}{3}$이므로

$\quad \dfrac{4-a}{3}\leq x<2$

(ii) $x\geq 2$일 때,

$\quad 2x-4\leq x+a \quad \therefore x\leq a+4$

$\quad$ 그런데 $x\geq 2$이고 $a>0$에서 $a+4>4$이므로

$\quad 2\leq x\leq a+4$

(i), (ii)에서 주어진 부등식의 해는

$$\dfrac{4-a}{3}\leq x\leq a+4$$

이는 $\dfrac{1}{3}\leq x\leq 7$과 같으므로

$$\dfrac{4-a}{3}=\dfrac{1}{3},\ a+4=7$$

$\therefore a=3$

0748 답 9

$|x-3k|<k^2$에서 $-k^2<x-3k<k^2$

$\therefore -k^2+3k<x<k^2+3k$

이 부등식의 해가 $2<x<10$이므로

$-k^2+3k=2$에서 $k^2-3k+2=0$

$(k-1)(k-2)=0$

$\therefore k=1$ 또는 $k=2 \quad\quad \cdots\cdots\ \bigcirc$

$k^2+3k=10$에서 $k^2+3k-10=0$

$(k+5)(k-2)=0$

$\therefore k=-5$ 또는 $k=2 \quad\quad \cdots\cdots\ \bigcirc$

$\bigcirc$, $\bigcirc$에서 $k=2 \quad\quad\quad\quad\quad\quad \cdots\cdots\ ❶$

부등식 $|x-3|<k$, 즉 $|x-3|<2$에서

$-2<x-3<2 \quad \therefore 1<x<5 \quad\quad \cdots\cdots\ ❷$

따라서 구하는 모든 정수 x의 값의 합은

$2+3+4=9 \quad\quad\quad\quad\quad\quad\quad \cdots\cdots\ ❸$

채점 기준	
❶ k의 값 구하기	50 %
❷ 부등식 $|x-3|<k$의 해 구하기	30 %
❸ 모든 정수 x의 값의 합 구하기	20 %

0749 답 ④

$\sqrt{(x-1)^2}=|x-1|$이므로 주어진 부등식은

$2|x+2|+|x-1|\leq 6$

(i) $x<-2$일 때,

$\quad -2(x+2)-(x-1)\leq 6,\ -3x-3\leq 6$

$\quad -3x\leq 9 \quad \therefore x\geq -3$

$\quad$ 그런데 $x<-2$이므로 $-3\leq x<-2$

(ii) $-2\leq x<1$일 때,

$\quad 2(x+2)-(x-1)\leq 6,\ x+5\leq 6 \quad \therefore x\leq 1$

$\quad$ 그런데 $-2\leq x<1$이므로 $-2\leq x<1$

(iii) $x\geq 1$일 때,

$\quad 2(x+2)+(x-1)\leq 6,\ 3x+3\leq 6$

$\quad 3x\leq 3 \quad \therefore x\leq 1$

$\quad$ 그런데 $x\geq 1$이므로 $x=1$

(i), (ii), (iii)에서 주어진 부등식의 해는

$$-3\leq x\leq 1$$

따라서 정수 x는 $-3,\ -2,\ -1,\ 0,\ 1$의 5개이다.

0750 답 ⑤

$x+|2x-3|\leq6$에서 $2x-3=0$, 즉 $x=\dfrac{3}{2}$을 기준으로 구간을 나누면

(i) $x<\dfrac{3}{2}$일 때,

$x-(2x-3)\leq6$, $-x+3\leq6$

$-x\leq3$ $\therefore x\geq-3$

그런데 $x<\dfrac{3}{2}$이므로 $-3\leq x<\dfrac{3}{2}$

(ii) $x\geq\dfrac{3}{2}$일 때,

$x+(2x-3)\leq6$, $3x-3\leq6$

$3x\leq9$ $\therefore x\leq3$

그런데 $x\geq\dfrac{3}{2}$이므로 $\dfrac{3}{2}\leq x\leq3$

(i), (ii)에서 부등식 $x+|2x-3|\leq6$의 해는

$-3\leq x\leq3$ …… ㉠

$|x-1|>a$에서

$x-1<-a$ 또는 $x-1>a$

$\therefore x<1-a$ 또는 $x>a+1$ …… ㉡

주어진 연립부등식을 만족시키는 정수 x의 개수가 1이려면 다음 그림과 같아야 한다.

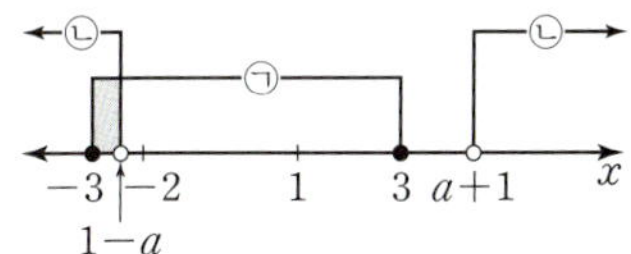

따라서 $-3<1-a\leq-2$이므로

$-4<-a\leq-3$ $\therefore 3\leq a<4$

따라서 양수 a의 값이 될 수 있는 것은 ⑤ 3이다.

0751 답 ④

$b<0$이면 $|ax-1|<b$의 해가 존재하지 않으므로 $b>0$

이때 $ab<0$이므로 $a<0$

$|ax-1|<b$에서 $-b<ax-1<b$

$-b+1<ax<b+1$

$\therefore \dfrac{b+1}{a}<x<\dfrac{-b+1}{a}$ ($\because a<0$)

주어진 부등식의 해가 $-5<x<3$이므로

$\dfrac{b+1}{a}=-5$, $\dfrac{-b+1}{a}=3$

$5a+b=-1$, $3a+b=1$

두 식을 연립하여 풀면 $a=-1$, $b=4$

$\therefore b-a=5$

0752 답 ③

$||x-2|+3|<7$에서 $-7<|x-2|+3<7$

$-10<|x-2|<4$

이때 $|x-2|\geq0$이므로 $0\leq|x-2|<4$

$-4<x-2<4$ $\therefore -2<x<6$

따라서 정수 x는 -1, 0, 1, $...$, 5의 7개이다.

$||x-2|+3|<7$에서 $x-2=0$, 즉 $x=2$를 기준으로 구간을 나누면

(i) $x<2$일 때,

$|-(x-2)+3|<7$, $-7<-x+5<7$

$-12<-x<2$ $\therefore -2<x<12$

그런데 $x<2$이므로 $-2<x<2$

(ii) $x\geq2$일 때,

$|(x-2)+3|<7$, $-7<x+1<7$ $\therefore -8<x<6$

그런데 $x\geq2$이므로 $2\leq x<6$

(i), (ii)에서 주어진 부등식의 해는 $-2<x<6$

따라서 정수 x는 -1, 0, 1, $...$, 5의 7개이다.

0753 답 ①

$|\sqrt{x^2-6x+9}+|x+4||\leq8$에서

$||x-3|+|x+4||\leq8$

$-8\leq|x-3|+|x+4|\leq8$

이때 $|x-3|\geq0$, $|x+4|\geq0$이므로

$0\leq|x-3|+|x+4|\leq8$

(i) $x<-4$일 때,

$0\leq-(x-3)-(x+4)\leq8$

$0\leq-2x-1\leq8$, $1\leq-2x\leq9$

$\therefore -\dfrac{9}{2}\leq x\leq-\dfrac{1}{2}$

그런데 $x<-4$이므로 $-\dfrac{9}{2}\leq x<-4$

(ii) $-4\leq x<3$일 때,

$0\leq-(x-3)+(x+4)\leq8$

$0\leq0\times x+7\leq8$이므로 부등식은 항상 성립한다.

그런데 $-4\leq x<3$이므로 $-4\leq x<3$

(iii) $x\geq3$일 때,

$0\leq(x-3)+(x+4)\leq8$

$0\leq2x+1\leq8$, $-1\leq2x\leq7$

$\therefore -\dfrac{1}{2}\leq x\leq\dfrac{7}{2}$

그런데 $x\geq3$이므로 $3\leq x\leq\dfrac{7}{2}$

(i), (ii), (iii)에서 주어진 부등식의 해는

$-\dfrac{9}{2}\leq x\leq\dfrac{7}{2}$

따라서 $a=-\dfrac{9}{2}$, $b=\dfrac{7}{2}$이므로

$4ab=4\times\left(-\dfrac{9}{2}\right)\times\dfrac{7}{2}=-63$

0754 답 ③

(i) $x<-3$일 때,

$2|x+3|+|x-3|=-2(x+3)-(x-3)$

$\qquad\qquad\qquad\quad =-3x-3$

그런데 $x<-3$이므로 $-3x-3>6$

$\therefore 2|x+3|+|x-3|>6$

(ii) $-3 \leq x < 3$일 때,
$$2|x+3|+|x-3|=2(x+3)-(x-3)$$
$$=x+9$$
그런데 $-3 \leq x < 3$이므로 $6 \leq x+9 < 12$
$$\therefore 6 \leq 2|x+3|+|x-3| < 12$$
(iii) $x \geq 3$일 때,
$$2|x+3|+|x-3|=2(x+3)+(x-3)$$
$$=3x+3$$
그런데 $x \geq 3$이므로 $3x+3 \geq 12$
$$\therefore 2|x+3|+|x-3| \geq 12$$
(i), (ii), (iii)에서 $2|x+3|+|x-3| \geq 6$
따라서 주어진 부등식이 해를 가지려면 $k \geq 6$

0755 답 2

$|x-a|+|x| \leq b$에 $a=n$, $b=n+5$를 대입하면
$|x-n|+|x| \leq n+5$
(i) $x < 0$일 때,
$$-(x-n)-x \leq n+5, \ -2x \leq 5 \qquad \therefore x \geq -\frac{5}{2}$$
그런데 $x < 0$이므로 $-\frac{5}{2} \leq x < 0$
(ii) $0 \leq x < n$일 때,
$$-(x-n)+x \leq n+5$$
$0 \times x \leq 5$이므로 부등식은 항상 성립한다.
그런데 $0 \leq x < n$이므로 $0 \leq x < n$
(iii) $x \geq n$일 때,
$$(x-n)+x \leq n+5$$
$$2x \leq 2n+5 \qquad \therefore x \leq n+\frac{5}{2}$$
그런데 $x \geq n$이므로 $n \leq x \leq n+\frac{5}{2}\left(\because n < n+\frac{5}{2}\right)$
(i), (ii), (iii)에서 $-\frac{5}{2} \leq x \leq n+\frac{5}{2}$ $\quad$ …… ㉠
$f(n, n+5)=7$에서 ㉠을 만족시키는 정수 x가 7개이므로 다음 그림과 같아야 한다.

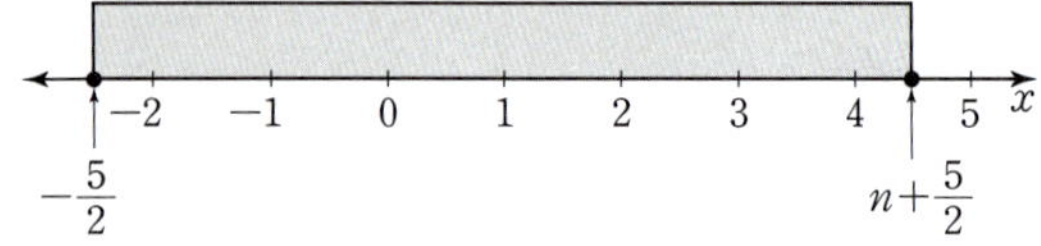

따라서 $4 \leq n+\frac{5}{2} < 5$이므로
$$\frac{3}{2} \leq n < \frac{5}{2}$$
따라서 자연수 n의 값은 2이다.

0756 답 ②

어떤 자연수를 x라 하면
㈎에서 $6x-320 > 40$
$6x > 360 \qquad \therefore x > 60$ $\quad$ …… ㉠
㈏에서 $3x-190 \leq 5$
$3x \leq 195 \qquad \therefore x \leq 65$ $\quad$ …… ㉡
㉠, ㉡에서 $60 < x \leq 65$
따라서 자연수 x는 61, 62, 63, 64, 65의 5개이다.

0757 답 ③

과자를 x개 산다고 하면 사탕은 $(20-x)$개 살 수 있으므로
$$\begin{cases} x > 20-x \\ 700x+500(20-x) \leq 13000 \end{cases}$$
$x > 20-x$에서 $2x > 20$
$$\therefore x > 10 \qquad \text{……㉠}$$
$700x+500(20-x) \leq 13000$에서
$700x+10000-500x \leq 13000, \ 200x \leq 3000$
$$\therefore x \leq 15 \qquad \text{……㉡}$$
㉠, ㉡의 공통부분을 구하면 $10 < x \leq 15$
따라서 과자는 최대 15개까지 살 수 있다.

0758 답 27

직사각형의 세로의 길이를 x cm라 하면 가로의 길이는 $(3x-4)$ cm이므로
$$88 \leq 2\{(3x-4)+x\} \leq 112$$
$$88 \leq 8x-8 \leq 112, \ 96 \leq 8x \leq 120$$
$$\therefore 12 \leq x \leq 15$$
따라서 세로의 길이는 12 cm 이상 15 cm 이하이므로
$a=12$, $b=15$ $\qquad \therefore a+b=27$

0759 답 25

연속하는 세 홀수를 $x-2$, x, $x+2$라 하면
$63 < (x-2)+x+(x+2) < 72$ $\quad$ …… ❶
$63 < 3x < 72 \qquad \therefore 21 < x < 24$ $\quad$ …… ❷
이때 x는 홀수이므로 $x=23$
따라서 연속하는 세 홀수는 21, 23, 25이므로 가장 큰 수는 25이다.
$\qquad$ …… ❸

채점 기준	
❶ 부등식 세우기	40 %
❷ 부등식 풀기	40 %
❸ 세 홀수 중 가장 큰 수 구하기	20 %

0760 답 ③

증명사진을 x장 인화했을 때, 한 장당 가격이 400원 이상 450원 미만이 되려면 총가격이 $400x$원 이상 $450x$원 미만이어야 하므로
$$400x \leq 5000+(x-8) \times 200 < 450x$$
$$400x \leq 200x+3400 < 450x$$
$400x \leq 200x+3400$에서
$200x \leq 3400 \qquad \therefore x \leq 17$ $\quad$ …… ㉠
$200x+3400 < 450x$에서
$-250x < -3400 \qquad \therefore x > \frac{68}{5}$ $\quad$ …… ㉡
㉠, ㉡에서 $\frac{68}{5} < x \leq 17$
따라서 최소 14장을 인화해야 한다.

0761 답 $9<x<18$

세 변의 길이는 각각 x cm, x cm, $(36-2x)$ cm이다.

(i) 가장 긴 변의 길이가 x cm일 때,

$36-2x\leq x$에서 $-3x\leq-36$ $\quad\therefore x\geq12$ $\quad\cdots\cdots$ ㉠

또 $x<x+(36-2x)$이어야 하므로

$2x<36$ $\quad\therefore x<18$ $\quad\cdots\cdots$ ㉡

㉠, ㉡의 공통부분을 구하면 $12\leq x<18$ $\quad\cdots\cdots$ ❶

(ii) 가장 긴 변의 길이가 $(36-2x)$ cm일 때,

$x\leq36-2x$에서 $3x\leq36$ $\quad\therefore x\leq12$ $\quad\cdots\cdots$ ㉢

또 $36-2x<x+x$이어야 하므로

$-4x<-36$ $\quad\therefore x>9$ $\quad\cdots\cdots$ ㉣

㉢, ㉣의 공통부분을 구하면 $9<x\leq12$ $\quad\cdots\cdots$ ❷

(i), (ii)에서 삼각형을 만들 수 있는 x의 값의 범위는

$9<x<18$ $\quad\cdots\cdots$ ❸

채점 기준	
❶ 가장 긴 변의 길이가 x cm일 때, x의 값의 범위 구하기	40 %
❷ 가장 긴 변의 길이가 $(36-2x)$ cm일 때, x의 값의 범위 구하기	40 %
❸ x의 값의 범위 구하기	20 %

0762 답 ②

식품 A의 섭취량을 x g이라 하면 식품 B의 섭취량은 $(300-x)$ g이므로

$$\begin{cases} \dfrac{150}{100}x+\dfrac{200}{100}(300-x)\geq500 & \cdots\cdots ㉠ \\ \dfrac{23}{100}x+\dfrac{13}{100}(300-x)\geq50 & \cdots\cdots ㉡ \end{cases}$$

㉠에서 $15x+20(300-x)\geq5000$

$15x+6000-20x\geq5000$, $-5x\geq-1000$

$\therefore x\leq200$ $\quad\cdots\cdots$ ㉢

㉡에서 $23x+13(300-x)\geq5000$

$23x+3900-13x\geq5000$, $10x\geq1100$

$\therefore x\geq110$ $\quad\cdots\cdots$ ㉣

㉢, ㉣의 공통부분을 구하면 $110\leq x\leq200$

따라서 식품 A의 최소 섭취량과 최대 섭취량의 합은

$110+200=310$(g)

0763 답 3

세 점 $A(-1)$, $B(4)$, $P(x)$에 대하여

$\overline{AP}=|x+1|$, $\overline{BP}=|x-4|$

$\overline{AP}-\overline{BP}\leq3$에서

$|x+1|-|x-4|\leq3$

(i) $x<-1$일 때,

$-(x+1)+(x-4)\leq3$

$0\times x\leq8$이므로 부등식은 항상 성립한다.

그런데 $x<-1$이므로 $x<-1$

(ii) $-1\leq x<4$일 때,

$(x+1)+(x-4)\leq3$, $2x\leq6$ $\quad\therefore x\leq3$

그런데 $-1\leq x<4$이므로 $-1\leq x\leq3$

(iii) $x\geq4$일 때,

$(x+1)-(x-4)\leq3$

$0\times x\leq-2$이므로 부등식의 해는 없다.

(i), (ii), (iii)에서 주어진 부등식의 해는 $x\leq3$

따라서 x의 최댓값은 3이다.

0764 답 11

회원 수를 x라 하면 전체 쿠폰의 개수는

$11+3(x-1)=3x+8$

회장이 받는 쿠폰의 개수는 전체 쿠폰의 개수에서 나머지 회원들에게 나누어 준 쿠폰의 개수를 뺀 것과 같다. 회장을 제외한 나머지 회원들에게 4장씩 주면 회장은 쿠폰을 1장 이상 4장 미만으로 받으므로

$1\leq3x+8-4(x-1)<4$

$1\leq-x+12<4$, $-11<-x<-8$

$\therefore 8<x\leq11$

따라서 최대 회원 수는 11이다.

0765 답 65

과즙 10 % 함유 음료 200 g에 들어 있는 과즙의 양은

$$200\times\frac{10}{100}=20\text{(g)}$$

더 넣어야 하는 과즙의 양을 x g이라 할 때, 과즙 함유율이 20 % 이상 25 % 이하이려면

$$\frac{20}{100}\times(200+x)\leq20+x\leq\frac{25}{100}\times(200+x)$$

$\dfrac{20}{100}\times(200+x)\leq20+x$에서

$200+x\leq100+5x$, $-4x\leq-100$ $\quad\therefore x\geq25$ $\quad\cdots\cdots$ ㉠

$20+x\leq\dfrac{25}{100}\times(200+x)$에서

$80+4x\leq200+x$, $3x\leq120$ $\quad\therefore x\leq40$ $\quad\cdots\cdots$ ㉡

㉠, ㉡의 공통부분을 구하면 $25\leq x\leq40$

따라서 더 넣어야 하는 과즙의 양의 최댓값은 40 g, 최솟값은 25 g이므로 $M=40$, $m=25$

$\therefore M+m=65$

✓ 중1 다시보기

① (소금물의 농도)$=\dfrac{\text{(소금의 양)}}{\text{(소금물의 양)}}\times100(\%)$

② (소금의 양)$=\dfrac{\text{(소금물의 농도)}}{100}\times(\text{소금물의 양})$

0766 답 16시간

오른쪽 그림과 같이 태풍의 중심의 위치를 B라 하면 지점 A가 t시간 후 폭풍권에 있을 조건은

$\overline{AB}\leq$(폭풍권의 반지름의 길이)이므로

$|400-20t|\leq50+5t$ $\quad\cdots\cdots$ ❶

(i) $t<20$일 때,

$400-20t\leq50+5t$, $-25t\leq-350$ $\quad\therefore t\geq14$

그런데 $t<20$이므로 $14\leq t<20$

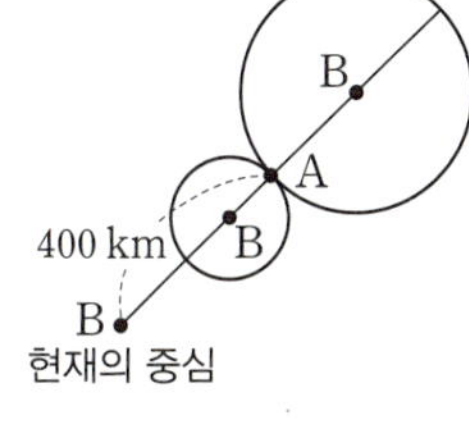

(ii) $t\geq20$일 때,

$\quad-(400-20t)\leq50+5t,\ 15t\leq450$

$\quad\therefore t\leq30$

$\quad$그런데 $t\geq20$이므로 $20\leq t\leq30$

(i), (ii)에서 $14\leq t\leq30$ $\qquad\cdots\cdots$ ⓘ

따라서 지점 A는 $30-14=16$(시간) 동안 태풍의 폭풍권에 들어 있다. $\qquad\cdots\cdots$ ⓘ

채점 기준

ⓘ 부등식 세우기		40%
ⓘ 부등식 풀기		40%
ⓘ 태풍의 폭풍권에 들어 있는 시간 구하기		20%

0767 답 19

학생 수를 x라 하면 낱개 과자의 개수는 $4(x-4)$이다.

낱개 과자를 3개씩 먹으면 과자가 두 상자 이하, 즉 낱개 과자가 0개 이상 10개 이하로 남으므로

$3x\leq4(x-4)\leq3x+10$

$3x\leq4(x-4)$에서

$3x\leq4x-16$

$\therefore x\geq16$ $\qquad\cdots\cdots$ ㉠

$4(x-4)\leq3x+10$에서

$4x-16\leq3x+10$

$\therefore x\leq26$ $\qquad\cdots\cdots$ ㉡

㉠, ㉡의 공통부분을 구하면

$16\leq x\leq26$

이때 x는 자연수이고 $4(x-4)$는 5의 배수이어야 하므로 $x=19$ 또는 $x=24$이다.

따라서 최소 학생 수는 19이다.

0768 답 ④

한 방에 6명씩 배정하면 9명의 회원이 남으므로 방의 개수를 x라 하면 회원은 $(6x+9)$명이다.

한 방에 8명씩 배정하면 방이 4개 남으므로 $(x-5)$개의 방에는 8명씩 배정되고, 나머지 한 방에는 1명 이상 8명 이하가 배정된다.

즉, $8(x-5)+1\leq6x+9\leq8(x-4)$

$8(x-5)+1\leq6x+9$에서

$8x-39\leq6x+9,\ 2x\leq48$

$\therefore x\leq24$ $\qquad\cdots\cdots$ ㉠

$6x+9\leq8(x-4)$에서

$6x+9\leq8x-32,\ -2x\leq-41$

$\therefore x\geq\dfrac{41}{2}$ $\qquad\cdots\cdots$ ㉡

㉠, ㉡에서

$\dfrac{41}{2}\leq x\leq24$

이때 x는 자연수이므로

$x=21$ 또는 $x=22$ 또는 $x=23$ 또는 $x=24$

따라서 회원은 135명 또는 141명 또는 147명 또는 153명이므로 회원 수가 될 수 있는 것은 ④이다.

0769 답 ①

전략 $|f(x)|<|g(x)|$ 꼴의 부등식은 $|f(x)|^2<|g(x)|^2$임을 이용하여 부등식의 해를 구한다.

$|x-a|<|x-b|$에서 양변을 제곱하면

$x^2-2ax+a^2<x^2-2bx+b^2$

$2(a-b)x>(a+b)(a-b)$

이때 $a-b<0$이므로

$x<\dfrac{a+b}{2}$ $\qquad\cdots\cdots$ ㉠

$|x-b|<|x-c|$에서 양변을 제곱하면

$x^2-2bx+b^2<x^2-2cx+c^2$

$2(b-c)x>(b+c)(b-c)$

이때 $b-c<0$이므로

$x<\dfrac{b+c}{2}$ $\qquad\cdots\cdots$ ㉡

$\dfrac{a+b}{2}<\dfrac{b+c}{2}$이므로 ㉠, ㉡에서 주어진 부등식의 해는

$x<\dfrac{a+b}{2}$

다른 풀이

$|x-a|<|x-b|$에서

(i) $x<a$일 때,

$\quad-x+a<-x+b$에서 $a<b$이므로 부등식은 항상 성립한다.

$\quad$그런데 $x<a$이므로 $x<a$

(ii) $a\leq x<b$일 때,

$\quad x-a<-x+b,\ 2x<a+b$ $\quad\therefore x<\dfrac{a+b}{2}$

$\quad$그런데 $a\leq x<b$이므로 $a\leq x<\dfrac{a+b}{2}$

(iii) $x\geq b$일 때,

$\quad x-a<x-b$에서 $b<a$이므로 부등식의 해는 없다.

(i), (ii), (iii)에서 부등식 $|x-a|<|x-b|$의 해는

$x<\dfrac{a+b}{2}$ $\qquad\cdots\cdots$ ㉠

$|x-b|<|x-c|$에서

(iv) $x<b$일 때,

$\quad-x+b<-x+c$에서 $b<c$이므로 부등식은 항상 성립한다.

$\quad$그런데 $x<b$이므로 $x<b$

(v) $b\leq x<c$일 때,

$\quad x-b<-x+c,\ 2x<b+c$ $\quad\therefore x<\dfrac{b+c}{2}$

$\quad$그런데 $b\leq x<c$이므로 $b\leq x<\dfrac{b+c}{2}$

(vi) $x\geq c$일 때,

$\quad x-b<x-c$에서 $c<b$이므로 부등식의 해는 없다.

(iv), (v), (vi)에서 부등식 $|x-b|<|x-c|$의 해는

$x<\dfrac{b+c}{2}$ $\qquad\cdots\cdots$ ㉡

$\dfrac{a+b}{2}<\dfrac{b+c}{2}$이므로 ㉠, ㉡에서 주어진 부등식의 해는

$x<\dfrac{a+b}{2}$

0770 답 ③

 부등식 $|x|+|x-8|<10$의 해를 구한 후 수직선에 나타냈을 때 연립부등식의 해가 $|a|<x<3|a|$, $|a|<x<9$인 경우로 나누어 조건을 만족시키는 정수 a의 값을 구한다.

$|x|+|x-8|<10$에서

(i) $x<0$일 때,

$-x-x+8<10$, $-2x<2$ $\therefore x>-1$

그런데 $x<0$이므로 $-1<x<0$

(ii) $0\leq x<8$일 때,

$x-x+8<10$에서 $8<10$이므로 부등식은 항상 성립한다.

그런데 $0\leq x<8$이므로 $0\leq x<8$

(iii) $x\geq 8$일 때,

$x+x-8<10$, $2x<18$ $\therefore x<9$

그런데 $x\geq 8$이므로 $8\leq x<9$

(i), (ii), (iii)에서 부등식 $|x|+|x-8|<10$의 해는 $-1<x<9$

따라서 주어진 연립부등식은

$\begin{cases} -1<x<9 & \cdots\cdots \ \bigcirc \\ |a|<x<3|a| & \cdots\cdots \ \bigcirc \end{cases}$

$\bigcirc$, $\bigcirc$을 모두 만족시키는 범위에서 정수 x의 개수가 3이 되도록 하는 조건은

(iv) $3|a|\leq 9$일 때,

$\bigcirc$, $\bigcirc$은 오른쪽 그림과 같으므로 연립부등식의 해는

$|a|<x<3|a|$

이때 $|a|$, $3|a|$가 모두 정수이므로 정수 x의 개수는

$3|a|-|a|-1=3$, $2|a|=4$

따라서 $|a|=2$이므로 $a=\pm 2$

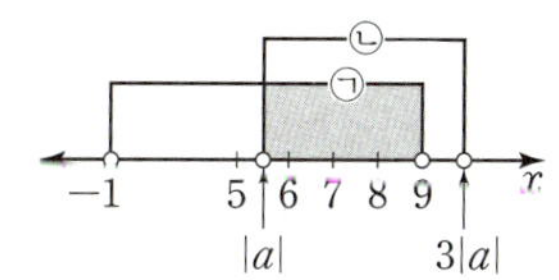

(v) $3|a|>9$일 때,

$\bigcirc$, $\bigcirc$은 오른쪽 그림과 같으므로 연립부등식의 해는

$|a|<x<9$

이를 만족시키는 정수 x가 6, 7, 8의 3개이려면

$5\leq |a|<6$

이때 a가 정수이므로 $|a|=5$ $\therefore a=\pm 5$

(iv), (v)에서 정수 a는 -5, -2, 2, 5의 4개이다.

0771 답 10

 a의 x %만큼을 늘리면 $a+a\times\dfrac{x}{100}$, x %만큼을 줄이면 $a-a\times\dfrac{x}{100}$임을 이용하여 식을 세운다.

이번 달까지 매달 저축한 금액과 소비한 금액의 합은 42만 원이다.

7만 원의 x %만큼을 늘리고 35만 원의 7 %만큼을 줄이면 42만 원의 4 % 넘게 줄게 되므로

$7\left(1+\dfrac{x}{100}\right)+35\times\dfrac{93}{100}<42\times\dfrac{96}{100}$

$7(100+x)+35\times 93<42\times 96$

$700+7x+3255<4032$, $7x<77$

$\therefore x<11$ $\cdots\cdots \ \bigcirc$

7만 원의 8 %만큼을 늘리고 35만 원의 x %만큼을 줄이면 42만 원의 7 % 이상 줄게 되므로

$7\times\dfrac{108}{100}+35\left(1-\dfrac{x}{100}\right)\leq 42\times\dfrac{93}{100}$

$7\times 108+35(100-x)\leq 42\times 93$

$756+3500-35x\leq 3906$, $-35x\leq -350$

$\therefore x\geq 10$ $\cdots\cdots \ \bigcirc$

$\bigcirc$, $\bigcirc$에서 $10\leq x<11$

따라서 정수 x의 값은 10이다.

0772 답 ③

 주어진 일차부등식의 해를 이용하여 a, b 사이의 관계식을 구한 후 이를 연립부등식에 대입한다.

일차부등식 $(2a-b)x>a-4$의 해가 $x<1$이므로

$2a-b<0$이고 $x<\dfrac{a-4}{2a-b}$

따라서 $\dfrac{a-4}{2a-b}=1$이므로 $a-4=2a-b$

$\therefore b=a+4$ $\cdots\cdots \ \bigcirc$

$\bigcirc$을 $(a+2)x+3a<b(x-1)+6$에 대입하면

$(a+2)x+3a<(a+4)(x-1)+6$

$ax+2x+3a<ax+4x-a-4+6$

$-2x<-4a+2$

$\therefore x>2a-1$ $\cdots\cdots \ \bigcirc$

$\bigcirc$을 $ax+2a+b>(b-3)x+4$에 대입하면

$ax+2a+a+4>(a+4-3)x+4$

$ax+3a+4>ax+x+4$

$\therefore x<3a$ $\cdots\cdots \ \bigcirc$

ㄱ. $a=1$이면 $\bigcirc$에서 $x>1$, $\bigcirc$에서 $x<3$이므로 주어진 연립부등식의 해는

$1<x<3$

위의 부등식을 만족시키는 정수 x는 2의 한 개이므로

$f(1)=1$

ㄴ. $a=0$이면 $\bigcirc$에서 $x>-1$, $\bigcirc$에서 $x<0$이므로 주어진 연립부등식의 해는

$-1<x<0$

위의 부등식을 만족시키는 정수 x는 존재하지 않으므로

$f(0)=0$

따라서 $a=0$일 때 $f(a)=0$이지만 $a>-1$이다.

ㄷ. 주어진 연립부등식의 해가 존재하려면 $\bigcirc$, $\bigcirc$에서

$2a-1<3a$ $\therefore a>-1$

이때 연립부등식의 해는 $2a-1<x<3a$이고, a가 정수이면

$f(a)=3a-(2a-1)-1=a$

즉, $1<f(a)<10-a$에서 $1<a<10-a$

$\therefore 1<a<5$

이때 $a=4$이면 $\bigcirc$에서 $b=8$이고, 부등식 $(2a-b)x>a-4$, 즉 $0\times x>0$은 해가 존재하지 않으므로 주어진 조건을 만족시키지 않는다.

따라서 $1<f(a)<10-a$를 만족시키는 정수 a는 2, 3의 2개이다.

따라서 보기에서 옳은 것은 ㄱ, ㄷ이다.

11 이차부등식

0773 답 ③

이차방정식 $x^2-2x-1=0$의 해는 $x=1\pm\sqrt{2}$

따라서 이차부등식 $x^2-2x-1<0$의 해는

$1-\sqrt{2}<x<1+\sqrt{2}$

이때 $1<\sqrt{2}<2$이므로 $-2<-\sqrt{2}<-1$

$-1<1-\sqrt{2}<0,\ 2<1+\sqrt{2}<3$

따라서 정수 x는 0, 1, 2이므로 구하는 합은

$0+1+2=3$

0774 답 ⑤

$x^2+6x-7\geq0$에서 $(x+7)(x-1)\geq0$

$\therefore\ x\leq-7$ 또는 $x\geq1$　……㉠

① $|x+2|\leq5$에서 $-5\leq x+2\leq5$　$\therefore\ -7\leq x\leq3$

② $|x-3|\geq2$에서 $x-3\leq-2$ 또는 $x-3\geq2$

　　$\therefore\ x\leq1$ 또는 $x\geq5$

③ $|x-3|\leq2$에서 $-2\leq x-3\leq2$　$\therefore\ 1\leq x\leq5$

④ $|x+3|\leq4$에서 $-4\leq x+3\leq4$　$\therefore\ -7\leq x\leq1$

⑤ $|x+3|\geq4$에서 $x+3\leq-4$ 또는 $x+3\geq4$

　　$\therefore\ x\leq-7$ 또는 $x\geq1$

이상에서 해가 ㉠과 같은 것은 ⑤이다.

0775 답 ③

ㄱ. $2x^2\geq3x-6$에서 $2x^2-3x+6\geq0$

　　$2\left(x-\dfrac{3}{4}\right)^2+\dfrac{39}{8}\geq0$

　　따라서 해는 모든 실수이다.

ㄴ. $x^2+81>18x$에서 $x^2-18x+81>0$

　　$(x-9)^2>0$

　　따라서 해는 $x\neq9$인 모든 실수이다.

ㄷ. $-16x^2+8x-1>0$에서 $16x^2-8x+1<0$

　　$(4x-1)^2<0$

　　따라서 해는 없다.

ㄹ. $x^2-12x+36\geq0$에서 $(x-6)^2\geq0$

　　따라서 해는 모든 실수이다.

따라서 보기에서 해가 모든 실수인 부등식은 ㄱ, ㄹ이다.

0776 답 ②

① $x^2-4x+3>0$에서 $(x-1)(x-3)>0$

　　$\therefore\ x<1$ 또는 $x>3$

② $x^2-2x+4<0$에서 $(x-1)^2+3<0$이므로 이차부등식

　　$x^2-2x+4<0$의 해는 없다.

③ $-9x^2+12x-4<0$에서 $9x^2-12x+4>0$

　　$(3x-2)^2>0$

　　따라서 해는 $x\neq\dfrac{2}{3}$인 모든 실수이다.

④ $-2x^2+5x-2\geq0$에서 $2x^2-5x+2\leq0$

　　$(2x-1)(x-2)\leq0$　$\therefore\ \dfrac{1}{2}\leq x\leq2$

⑤ $x^2-6x+9\geq0$에서 $(x-3)^2\geq0$이므로 이차부등식

　　$x^2-6x+9\geq0$의 해는 모든 실수이다.

0777 답 ③

부등식 $f(x)-g(x)\leq0$, 즉 $f(x)\leq g(x)$의 해는 이차함수

$y=f(x)$의 그래프가 이차함수 $y=g(x)$의 그래프보다 아래쪽에 있

거나 만나는 부분의 x의 값의 범위와 같으므로

$-1\leq x\leq4$

0778 답 ⑤

$ax^2+(b-m)x+c-n>0$에서

$ax^2+bx+c>mx+n$

이 부등식의 해는 이차함수 $y=ax^2+bx+c$의 그래프가 직선

$y=mx+n$보다 위쪽에 있는 부분의 x의 값의 범위와 같으므로

$-\dfrac{8}{3}<x<\dfrac{9}{2}$

0779 답 ②

부등식 $x^2-|x|-6<0$에서 $x=0$을 기준으로 구간을 나누면

(i) $x<0$일 때,

　　$x^2+x-6<0,\ (x+3)(x-2)<0$

　　$\therefore\ -3<x<2$

　　그런데 $x<0$이므로 $-3<x<0$

(ii) $x\geq0$일 때,

　　$x^2-x-6<0,\ (x+2)(x-3)<0$

　　$\therefore\ -2<x<3$

　　그런데 $x\geq0$이므로 $0\leq x<3$

(i), (ii)에서 주어진 부등식의 해는 $-3<x<3$

다른 풀이

$x^2-|x|-6<0$에서 $|x|^2-|x|-6<0$

$(|x|+2)(|x|-3)<0$

이때 $|x|+2>0$이므로 $|x|-3<0$

$|x|<3$　$\therefore\ -3<x<3$

0780 답 ②

이차함수 $y=f(x)$의 그래프와 직선 $y=2x+1$의 두 교점의 y좌표

가 1, 7이므로 이를 $y=2x+1$에 대입하면 두 교점의 x좌표는 0, 3

이다.

이차부등식 $f(x)-2x-1>0$에서 $f(x)>2x+1$

이 부등식의 해는 이차함수 $y=f(x)$의 그래프가 직선 $y=2x+1$보

다 위쪽에 있는 부분의 x의 값의 범위와 같으므로

$0<x<3$

따라서 정수 x는 1, 2의 2개이다.

0781 답 $x<-3$ 또는 $-2<x<1$ 또는 $x>2$

$f(x)g(x)<0$에서

$f(x)>0,\ g(x)<0$ 또는 $f(x)<0,\ g(x)>0$　……❶

(i) $f(x)>0,\ g(x)<0$을 만족시키는 x의 값의 범위는

　　$x<-3$ 또는 $x>2$

(ii) $f(x)<0$, $g(x)>0$을 만족시키는 x의 값의 범위는

$\qquad -2<x<1$ ..... ⅱ

(i), (ii)에서 주어진 부등식의 해는

$x<-3$ 또는 $-2<x<1$ 또는 $x>2$ ..... ⅲ

ⅰ $f(x)g(x)<0$이 되는 경우 파악하기	20 %	
ⅱ 경우를 나누어 각각을 만족시키는 x의 값의 범위 구하기	60 %	
ⅲ 부등식의 해 구하기	20 %	

0782 답 ②

$|2x+3|<2$에서 $-2<2x+3<2$, $-5<2x<-1$

$\therefore -\dfrac{5}{2}<x<-\dfrac{1}{2}$

해가 $-\dfrac{5}{2}<x<-\dfrac{1}{2}$이고 x^2의 계수가 2인 이차부등식은

$2\left(x+\dfrac{5}{2}\right)\left(x+\dfrac{1}{2}\right)<0 \qquad \therefore 2x^2+6x+\dfrac{5}{2}<0$

따라서 $a=6$, $b=\dfrac{5}{2}$이므로 $ab=15$

0783 답 ③

해가 $x<b$ 또는 $x>4$이고 x^2의 계수가 2인 이차부등식은

$2(x-4)(x-b)>0 \qquad \therefore 2x^2-2(4+b)x+8b>0$

이 이차부등식이 $2x^2-12x+4a>0$과 같으므로

$2(4+b)=12$, $8b=4a \qquad \therefore a=4$, $b=2$

$\therefore a+b=6$

$2x^2-12x+4a>0$의 해가 $x<b$ 또는 $x>4$이므로 b, 4는 이차방정식 $2x^2-12x+4a=0$의 해이다.

$x=4$를 $2x^2-12x+4a=0$에 대입하면

$32-48+4a=0$, $4a=16 \qquad \therefore a=4$

이차방정식의 근과 계수의 관계에 의하여

$b+4=-\dfrac{-12}{2}=6 \qquad \therefore b=2$

$\therefore a+b=4+2=6$

0784 답 ⑤

$ax-b>0$의 해가 $x>\dfrac{1}{4}$이므로 $a>0$

해가 $x>\dfrac{b}{a}$이므로 $\dfrac{b}{a}=\dfrac{1}{4} \qquad \therefore b=\dfrac{a}{4}$

$ax^2-ax+b>0$, 즉 $ax^2-ax+\dfrac{a}{4}>0$에서 양변을 a로 나누면

$x^2-x+\dfrac{1}{4}>0$, $\left(x-\dfrac{1}{2}\right)^2>0$

이 이차부등식의 해는 $x\neq\dfrac{1}{2}$인 모든 실수이다.

0785 답 ④

이차함수 $y=x^2-ax+b$의 그래프가 직선 $y=x+2$보다 아래쪽에 있으려면

$x^2-ax+b<x+2$

$\therefore x^2-(a+1)x+b-2<0$ ..... ㉠

이때 해가 $1<x<4$이고 x^2의 계수가 1인 이차부등식은

$(x-1)(x-4)<0 \qquad \therefore x^2-5x+4<0$

이 부등식이 ㉠과 같으므로

$a+1=5$, $b-2=4 \qquad \therefore a=4$, $b=6$

$\therefore a+b=10$

0786 답 ②

이차부등식 $f(x)\leq0$의 해가 $-5\leq x\leq-3$이므로

$f(x)=a(x+3)(x+5)\,(a>0)$라 하면

$f(10-3x)=a(10-3x+3)(10-3x+5)$

$\qquad\qquad =a(3x-13)(3x-15)$

부등식 $f(10-3x)>0$, 즉 $a(3x-13)(3x-15)>0$에서

$(3x-13)(3x-15)>0\,(\because a>0)$

$\therefore x<\dfrac{13}{3}$ 또는 $x>5$

따라서 부등식 $f(10-3x)>0$을 만족시키는 정수 x의 값이 될 수 없는 것은 ② 5이다.

$f(x)\leq0$의 해가 $-5\leq x\leq-3$이므로

$f(x)>0$의 해는 $x<-5$ 또는 $x>-3$

$f(10-3x)>0$의 해는 $10-3x<-5$ 또는 $10-3x>-3$에서

$-3x<-15$ 또는 $-3x>-13$

$\therefore x<\dfrac{13}{3}$ 또는 $x>5$

따라서 부등식 $f(10-3x)>0$을 만족시키는 정수 x의 값이 될 수 없는 것은 ② 5이다.

0787 답 ①

$x^2+2(a-2)x+a^2-4a\leq0$에서

$(x+a)(x+a-4)\leq0$

$\therefore -a\leq x\leq-a+4$

$-a$와 $-a+4$가 모두 정수이므로 부등식을 만족시키는 모든 정수 x의 값의 합은

$-a+(-a+1)+(-a+2)+(-a+3)+(-a+4)$

$=-5a+10$

따라서 $-5a+10=5$이므로 $a=1$

0788 답 ①

이차부등식 $ax^2+bx+c<0$의 해가 $x<-3$ 또는 $x>4$이므로

$a<0$

해가 $x<-3$ 또는 $x>4$이고 x^2의 계수가 1인 이차부등식은

$(x+3)(x-4)>0 \qquad \therefore x^2-x-12>0$

양변에 a를 곱하면 $ax^2-ax-12a<0\,(\because a<0)$

이 부등식이 $ax^2+bx+c<0$과 같으므로

$b=-a$, $c=-12a$

이를 $cx^2+ax-b<0$에 대입하면 $-12ax^2+ax+a<0$

양변을 $-a$로 나누면 $12x^2-x-1<0\,(\because -a>0)$

$(4x+1)(3x-1)<0 \qquad \therefore -\dfrac{1}{4}<x<\dfrac{1}{3}$

0789 답 ⑤

ㄱ, ㄴ. $ax^2+bx+c \geq 0$의 해가 $x=3$뿐이면 $y=ax^2+bx+c$의 그래프가 위로 볼록하고 x축에 접한다.

$\therefore a<0, \ b^2-4ac=0$

ㄷ. $ax^2+bx+c=a(x-3)^2$이 성립하므로

$ax^2+bx+c=ax^2-6ax+9a$

따라서 $b=-6a, \ c=9a$이므로

$3a+b+\dfrac{c}{3}=3a-6a+\dfrac{9a}{3}=0$

ㄹ. $a-b+c=a+6a+9a=16a<0$

따라서 보기에서 옳은 것은 ㄷ, ㄹ이다.

0790 답 7

$ax^2+bx+c<0$의 해가 $-1<x<5$이므로

$ax^2+bx+c=a(x+1)(x-5) \ (a>0)$라 하면

$a(x-3)^2+b(x-3)+c=a\{(x-3)+1\}\{(x-3)-5\}$

$\qquad\qquad\qquad\qquad\qquad =a(x-2)(x-8)$

따라서 $a(x-3)^2+b(x-3)+c \leq 0$, 즉 $a(x-2)(x-8) \leq 0$에서

$(x-2)(x-8) \leq 0 \ (\because a>0)$

$\therefore 2 \leq x \leq 8$

즉, 정수 x는 2, 3, 4, …, 8의 7개이다.

0791 답 2

$x^2-(k+1)x+k \leq 0$에서

$(x-1)(x-k) \leq 0$

(i) $k<1$일 때,

$(x-1)(x-k) \leq 0$에서 $k \leq x \leq 1$

이 이차부등식을 만족시키는 정수 x가 5개이려면 오른쪽 그림에서 $-4<k \leq -3$

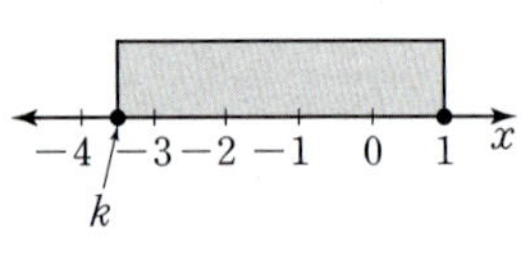

즉, 정수 k의 값은 -3이다. …… ❶

(ii) $k=1$일 때,

$(x-1)(x-k) \leq 0$에서 $(x-1)^2 \leq 0$

이 이차부등식을 만족시키는 정수 x가 1뿐이므로 주어진 조건을 만족시키지 않는다. …… ❷

(iii) $k>1$일 때,

$(x-1)(x-k) \leq 0$에서 $1 \leq x \leq k$

이 이차부등식을 만족시키는 정수 x가 5개이려면 오른쪽 그림에서 $5 \leq k<6$

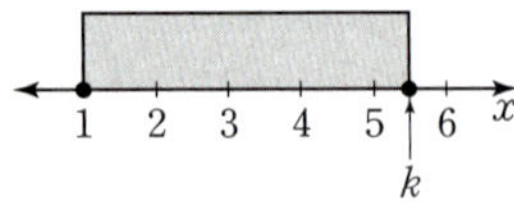

즉, 정수 k의 값은 5이다. …… ❸

(i), (ii), (iii)에서 정수 k의 값은 -3, 5이므로 구하는 합은

$-3+5=2$ …… ❹

채점 기준	
❶ $k<1$일 때, 정수 k의 값 구하기	30%
❷ $k=1$일 때, 조건을 만족시키는지 확인하기	30%
❸ $k>1$일 때, 정수 k의 값 구하기	30%
❹ 모든 정수 k의 값의 합 구하기	10%

0792 답 ①

$P(x)=ax^2+bx+c \ (a, b, c$는 상수, $a \neq 0)$라 하면

㈎의 $P(x) \geq -2x-3$에서 $ax^2+bx+c \geq -2x-3$

$\therefore ax^2+(b+2)x+c+3 \geq 0$ …… ㉠

이차부등식 ㉠의 해가 $0 \leq x \leq 1$이므로 $a<0$

해가 $0 \leq x \leq 1$이고 x^2의 계수가 1인 이차부등식은

$x(x-1) \leq 0$ $\therefore x^2-x \leq 0$

양변에 a를 곱하면 $ax^2-ax \geq 0 \ (\because a<0)$

이 부등식이 ㉠과 같으므로

$b+2=-a, \ c+3=0$ $\therefore b=-a-2, \ c=-3$

$\therefore P(x)=ax^2-(a+2)x-3$ …… ㉡

㈏의 $P(x)=-3x-2$에서 $ax^2-(a+2)x-3=-3x-2$

$\therefore ax^2-(a-1)x-1=0$

이 이차방정식이 중근을 가지므로 판별식을 D라 하면

$D=(a-1)^2+4a=0, \ a^2+2a+1=0$

$(a+1)^2=0$ $\therefore a=-1$

이를 ㉡에 대입하면 $P(x)=-x^2-x-3$

$\therefore P(-1)=-1+1-3=-3$

0793 답 ④

주어진 이차함수 $y=f(x)$의 그래프가 x축과 두 점 $(-1, 0)$, $(2, 0)$에서 만나고 위로 볼록하므로

$f(x)=a(x+1)(x-2) \ (a<0)$라 하면

$f\left(\dfrac{x+k}{2}\right)=a\left(\dfrac{x+k}{2}+1\right)\left(\dfrac{x+k}{2}-2\right)$

$\qquad\qquad\quad =\dfrac{a}{4}(x+k+2)(x+k-4)$

부등식 $f\left(\dfrac{x+k}{2}\right) \geq 0$, 즉 $\dfrac{a}{4}(x+k+2)(x+k-4) \geq 0$에서

$(x+k+2)(x+k-4) \leq 0 \ (\because a<0)$

$\therefore -k-2 \leq x \leq -k+4$

이때 부등식 $f\left(\dfrac{x+k}{2}\right) \geq 0$의 해가 $-4 \leq x \leq 2$이므로

$-k-2=-4, \ -k+4=2$ $\therefore k=2$

0794 답 ④

n이 정수일 때, $[x-n]=[x]-n$이므로

$[x-2]=[x]-2$

즉, 부등식 $[x-2]^2-[x]-10 \leq 0$에서

$([x]-2)^2-[x]-10 \leq 0$

$[x]^2-5[x]-6 \leq 0, \ ([x]+1)([x]-6) \leq 0$

$\therefore -1 \leq [x] \leq 6$

그런데 $[x]$는 정수이므로 $[x]=-1, 0, 1, 2, 3, 4, 5, 6$

$[x]=-1$일 때, $-1 \leq x<0$

$[x]=0$일 때, $0 \leq x<1$

$[x]=1$일 때, $1 \leq x<2$

$\qquad\qquad\vdots$

$[x]=5$일 때, $5 \leq x<6$

$[x]=6$일 때, $6 \leq x<7$

따라서 구하는 부등식의 해는 $-1 \leq x<7$이므로

$\alpha=-1, \ \beta=7$ $\therefore \alpha+\beta=6$

0795 답 ②

$(a+c)x^2+(a+b)x+(b+c)>0$의 해가 $-2<x<-1$이므로
$a+c<0$
$(a+c)x^2+(a+b)x+(b+c)>0$의 양변을 $a+c$로 나누면
$x^2+\dfrac{a+b}{a+c}x+\dfrac{b+c}{a+c}<0$ ······ ㉠
해가 $-2<x<-1$이고 x^2의 계수가 1인 이차부등식은
$(x+2)(x+1)<0$
$\therefore x^2+3x+2<0$ ······ ㉡
㉠, ㉡이 같으므로 $\dfrac{a+b}{a+c}=3$, $\dfrac{b+c}{a+c}=2$
$a+b=3(a+c)$, $b+c=2(a+c)$
$\therefore 2a-b+3c=0$, $2a-b+c=0$
두 식을 연립하여 풀면
$b=2a$, $c=0$
이때 $a+c<0$에서 $a<0$
$ax^2+bx+c>0$에 $b=2a$, $c=0$을 대입하면
$ax^2+2ax>0$
$x^2+2x<0$ ($\because a<0$)
$x(x+2)<0$ $\therefore -2<x<0$

0796 답 27

㈎에서 두 이차함수 $y=f(x)$, $y=g(x)$의 그래프의 축의 방정식이
$x=p$이므로
$f(x)=\dfrac{1}{2}(x-p)^2+m$, $g(x)=2(x-p)^2+n$ (m, n은 상수)
이라 하자.
㈏에서 $\dfrac{1}{2}(x-p)^2+m\geq2(x-p)^2+n$, 즉
$\dfrac{3}{2}(x-p)^2+n-m\leq0$의 해가 $-1\leq x\leq5$이므로
해가 $-1\leq x\leq5$이고 x^2의 계수가 $\dfrac{3}{2}$인 이차부등식을 구하면
$\dfrac{3}{2}(x+1)(x-5)\leq0$
$\dfrac{3}{2}(x^2-4x-5)\leq0$
$\therefore \dfrac{3}{2}(x-2)^2-\dfrac{27}{2}\leq0$
$\therefore p=2$, $n-m=-\dfrac{27}{2}$ ······ ㉠
$f(x)=\dfrac{1}{2}(x-2)^2+m$, $g(x)=2(x-2)^2+n$이므로
$f(2)=m$, $g(2)=n$
따라서 ㉠에서
$p\times\{f(2)-g(2)\}=2(m-n)$
$\qquad\qquad\qquad\quad =2\times\dfrac{27}{2}=27$

0797 답 8

이차부등식 $2x^2+8x+a\leq0$의 해가 오직 한 개이므로 이차방정식
$2x^2+8x+a=0$의 판별식을 D라 하면
$\dfrac{D}{4}=16-2a=0$
$\therefore a=8$

0798 답 ④

모든 실수 x에 대하여 이차부등식 $x^2+(m+2)x+2m+1>0$이
성립하려면 이차방정식 $x^2+(m+2)x+2m+1=0$의 판별식을
D라 할 때
$D=(m+2)^2-4(2m+1)<0$
$m^2-4m<0$, $m(m-4)<0$
$\therefore 0<m<4$
따라서 정수 m은 1, 2, 3이므로 구하는 합은
$1+2+3=6$

0799 답 ①

이차부등식 $x^2-2(k+2)x-4(k+2)<0$이 해를 갖지 않으려면
모든 실수 x에 대하여 $x^2-2(k+2)x-4(k+2)\geq0$이 성립해야
한다.
이차방정식 $x^2-2(k+2)x-4(k+2)=0$의 판별식을 D라 하면
$\dfrac{D}{4}=(k+2)^2+4(k+2)\leq0$
$k^2+8k+12\leq0$, $(k+6)(k+2)\leq0$
$\therefore -6\leq k\leq-2$
따라서 k의 최댓값은 -2이다.
참고 이차부등식 $ax^2+bx+c<0$이 해를 갖지 않을 조건은 모든 실수 x에
대하여 $ax^2+bx+c\geq0$이 성립할 조건과 같다.

0800 답 ④

모든 실수 x에 대하여 $-x^2+(m+3)x-m<3$, 즉
$x^2-(m+3)x+m+3>0$이 성립해야 한다.
이차방정식 $x^2-(m+3)x+m+3=0$의 판별식을 D라 하면
$D=(m+3)^2-4(m+3)<0$
$m^2+2m-3<0$, $(m+3)(m-1)<0$
$\therefore -3<m<1$

0801 답 ③

모든 실수 x에 대하여 $x^2+x+3a>2x+a+1$, 즉
$x^2-x+2a-1>0$이 성립해야 한다.
이차방정식 $x^2-x+2a-1=0$의 판별식을 D라 하면
$D=1-4(2a-1)<0$
$5-8a<0$ $\therefore a>\dfrac{5}{8}$
따라서 정수 a의 최솟값은 1이다.

0802 답 ③

모든 실수 x에 대하여 $-x^2+(k+1)x-5<x-1$, 즉
$x^2-kx+4>0$이 성립해야 한다.
이차방정식 $x^2-kx+4=0$의 판별식을 D라 하면
$D=k^2-16<0$
$(k+4)(k-4)<0$
$\therefore -4<k<4$
따라서 정수 k는 -3, -2, -1, ..., 3의 7개이다.

0803 답 ②

이차부등식 $(k-1)x^2+2(k-1)x-2\geq0$의 해가 오직 한 개이므로
$k-1<0$ $\therefore k<1$
이차방정식 $(k-1)x^2+2(k-1)x-2=0$의 판별식을 D라 하면
$$\frac{D}{4}=(k-1)^2+2(k-1)=0$$
$k^2=1$ $\therefore k=\pm1$
그런데 $k<1$이므로 $k=-1$

참고 이차부등식 $f(x)\geq0$의 해가 오직 한 개이려면
이차함수 $y=f(x)$의 그래프가 오른쪽 그림과 같아야
하므로 이차방정식 $f(x)=0$의 판별식을 D라 할 때,
(이차항의 계수)<0, $D=0$이어야 한다.

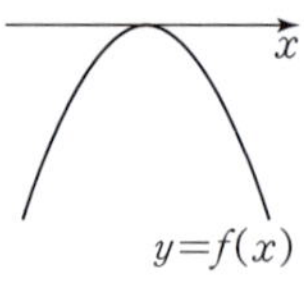

0804 답 ②

$f(x)=-x^2+2x+3a+1$이라 하면
$f(x)=-(x-1)^2+3a+2$
$x\geq2$에서 $f(x)\leq0$이어야 하므로 이차함수
$y=f(x)$의 그래프는 오른쪽 그림과 같아야
한다. $f(2)\leq0$에서
$-4+4+3a+1\leq0$ $\therefore a\leq-\dfrac{1}{3}$

따라서 a의 최댓값은 $-\dfrac{1}{3}$이다.

0805 답 ①

$f(x)=2x^2+4x+a^2+3a-20$이라 하면
$f(x)=2(x+1)^2+a^2+3a-22$
$-2\leq x\leq2$에서 $f(x)<0$이어야 하므로 이
차함수 $y=f(x)$의 그래프는 오른쪽 그림과
같아야 한다.
$-2\leq x\leq2$에서 $f(x)$는 $x=2$일 때 최대
이므로 $f(2)<0$에서
$8+8+a^2+3a-20<0$
$a^2+3a-4<0$, $(a+4)(a-1)<0$
$\therefore -4<a<1$
따라서 정수 a는 -3, -2, -1, 0이므로 구하는 합은
$-3+(-2)+(-1)+0=-6$

0806 답 ⑤

$\sqrt{x^2+2(k+1)x+2k^2-k-9}$가 실수이려면
$x^2+2(k+1)x+2k^2-k-9\geq0$이어야 한다.
모든 실수 x에 대하여 위의 부등식이 성립하려면 x에 대한 이차방
정식 $x^2+2(k+1)x+2k^2-k-9=0$의 판별식 D에 대하여
$$\frac{D}{4}=(k+1)^2-(2k^2-k-9)\leq0$$
$k^2-3k-10\geq0$, $(k+2)(k-5)\geq0$
$\therefore k\leq-2$ 또는 $k\geq5$

0807 답 4

이차부등식 $ax^2+2(a+2)x+2a+1<0$이 해를 갖지 않으려면 모
든 실수 x에 대하여 $ax^2+2(a+2)x+2a+1\geq0$이 성립해야 하므
로 $a>0$이어야 한다.   ⋯⋯ ❶

이차방정식 $ax^2+2(a+2)x+2a+1=0$의 판별식을 D라 하면
$$\frac{D}{4}=(a+2)^2-a(2a+1)\leq0$$
$a^2-3a-4\geq0$, $(a+1)(a-4)\geq0$
$\therefore a\leq-1$ 또는 $a\geq4$ ⋯⋯ ❷
그런데 $a>0$이므로 $a\geq4$
따라서 a의 최솟값은 4이다.   ⋯⋯ ❸

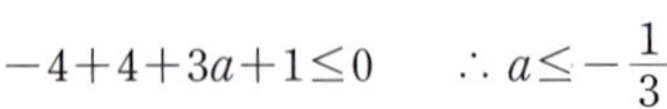

채점 기준	
❶ a의 부호 구하기	30%
❷ a의 값의 범위 구하기	50%
❸ a의 최솟값 구하기	20%

0808 답 ④

(i) $a>0$일 때,
주어진 이차부등식이 해를 가지려면 이차방정식
$ax^2+2(a+1)x+6(a+1)=0$이 실근을 가져야 하므로 이 이
차방정식의 판별식을 D라 하면
$$\frac{D}{4}=(a+1)^2-6a(a+1)\geq0$$
$5a^2+4a-1\leq0$, $(a+1)(5a-1)\leq0$
$\therefore -1\leq a\leq\dfrac{1}{5}$

그런데 $a>0$이므로 $0<a\leq\dfrac{1}{5}$

(ii) $a<0$일 때,
이차함수 $y=ax^2+2(a+1)x+6(a+1)$의 그래프는 위로 볼
록하므로 주어진 이차부등식은 항상 해를 갖는다.
$\therefore a<0$

(i), (ii)에서 a의 값의 범위는

$a<0$ 또는 $0<a\leq\dfrac{1}{5}$

0809 답 ②

두 이차함수의 그래프가 서로 만나지 않으려면 이차함수
$y=x^2-6x+4$의 그래프가 이차함수 $y=-x^2+2kx+2$의 그래프
보다 항상 위쪽에 있어야 하므로 모든 실수 x에 대하여
$x^2-6x+4>-x^2+2kx+2$, 즉 $x^2-(k+3)x+1>0$이 성립해
야 한다.
이차방정식 $x^2-(k+3)x+1=0$의 판별식을 D라 하면
$D=(k+3)^2-4<0$, $k^2+6k+5<0$
$(k+5)(k+1)<0$ $\therefore -5<k<-1$
따라서 정수 k는 -4, -3, -2의 3개이다.

0810 답 ⑤

(i) $a=1$일 때,
$0\times x^2+0\times x+6>0$이므로 x의 값에 관계없이 주어진 부등식
이 항상 성립한다. $\therefore a=1$

(ii) $a\neq1$일 때,
x의 값에 관계없이 주어진 부등식이 항상 성립하려면
$a-1>0$ $\therefore a>1$ ⋯⋯ ㉠

이차방정식 $(a-1)x^2+2(a-1)x+4a+2=0$의 판별식을 D
라 하면
$$\frac{D}{4}=(a-1)^2-(a-1)(4a+2)<0$$
$$3a^2-3>0,\ (a+1)(a-1)>0$$
$$\therefore\ a<-1\ \text{또는}\ a>1\quad\cdots\cdots\ \text{ⓛ}$$
ⓗ, ⓛ의 공통부분을 구하면 $a>1$
(i), (ii)에서 a의 값의 범위는 $a\geq1$

0811 답 $-3\leq a<-1$

$f(x)>g(x)$에서 $ax^2-2ax+3>-3x^2+6x+1$
$$(a+3)x^2-2(a+3)x+2>0\quad\cdots\cdots\ \text{ⓗ}\qquad\cdots\cdots\ \text{❶}$$
(i) $a+3=0$, 즉 $a=-3$일 때,
　부등식 ⓗ에서 $0\times x^2-0\times x+2>0$이므로 모든 실수 x에 대하
　여 성립한다.
$$\therefore\ a=-3\qquad\cdots\cdots\ \text{❷}$$
(ii) $a+3\neq0$, 즉 $a\neq-3$일 때,
　부등식 ⓗ이 모든 실수 x에 대하여 성립하려면
$$a+3>0\quad\therefore\ a>-3\quad\cdots\cdots\ \text{ⓛ}$$
　이차방정식 $(a+3)x^2-2(a+3)x+2=0$의 판별식을 D라 하면
$$\frac{D}{4}=(a+3)^2-2(a+3)<0$$
$$a^2+4a+3<0,\ (a+3)(a+1)<0$$
$$\therefore\ -3<a<-1\qquad\cdots\cdots\ \text{ⓒ}$$
　ⓛ, ⓒ의 공통부분을 구하면 $-3<a<-1$　$\cdots\cdots$ ❸
(i), (ii)에서 a의 값의 범위는
$$-3\leq a<-1\qquad\cdots\cdots\ \text{❹}$$

채점 기준

❶ $f(x)>g(x)$를 x에 대한 이차부등식으로 나타내기	20%
❷ 부등식의 x^2의 계수가 0일 때, a의 값 구하기	30%
❸ 부등식의 x^2의 계수가 0이 아닐 때, a의 값의 범위 구하기	30%
❹ a의 값의 범위 구하기	20%

0812 답 ②

$(x-1)(x-5)\leq k(x-p)$에서 $x^2-6x+5-kx+kp\leq0$
$$x^2-(k+6)x+kp+5\leq0$$
이 이차부등식이 실수 k의 값에 관계없이 항상 해를 가져야 하므로
이차방정식 $x^2-(k+6)x+kp+5=0$의 판별식을 D_1이라 하면
$D_1\geq0$이어야 한다.
$D_1=(k+6)^2-4(kp+5)\geq0$이므로
$$k^2+12k+36-4kp-20\geq0$$
$$k^2-2(2p-6)k+16\geq0$$
이 부등식이 실수 k의 값에 관계없이 항상 성립해야 하므로 이차방
정식 $k^2-2(2p-6)k+16=0$의 판별식을 D_2라 하면 $D_2\leq0$이어
야 한다.
$\dfrac{D_2}{4}=(2p-6)^2-16\leq0$이므로
$$p^2-6p+5\leq0,\ (p-1)(p-5)\leq0$$
$$\therefore\ 1\leq p\leq5$$
따라서 $\alpha=1$, $\beta=5$이므로 $\alpha+\beta=6$

0813 답 13

(나)에서 이차함수 $y=f(x)$의 그래프의 축의 방정식은
$$x=\frac{(x+3)+(1-x)}{2},\ \text{즉}\ x=2\text{이고}\ f(x)\text{의 최고차항의 계수가}$$
1이므로 $f(x)=(x-2)^2+a$ (a는 상수)라 하자.
(가)에서 나머지 정리에 의하여 $f(1)=4$이므로
$$1+a=4\quad\therefore\ a=3$$
$$\therefore\ f(x)=(x-2)^2+3=x^2-4x+7$$
$f(2x)+f(-x)\geq k$에서
$$(4x^2-8x+7)+(x^2+4x+7)\geq k$$
$$5x^2-4x+14-k\geq0$$
이 부등식이 항상 성립해야 하므로 이차방정식
$5x^2-4x+14-k=0$의 판별식을 D라 하면
$$\frac{D}{4}=4-5(14-k)\leq0$$
$$5k-66\leq0\quad\therefore\ k\leq\frac{66}{5}$$
따라서 정수 k의 최댓값은 13이다.

0814 답 ⑤

$f(x)>g(x)$에서 $f(x)-g(x)>0$
$$\begin{aligned}f(x)-g(x)&=(x^2-2ax+a+2)-(-x^2+2ax-a^2)\\&=2x^2-4ax+a^2+a+2\\&=2(x-a)^2-a^2+a+2\end{aligned}$$
이므로 이차함수 $y=f(x)-g(x)$의 그래프의 꼭짓점의 좌표는
$(a,\ -a^2+a+2)$이다.
(i) $a<0$일 때,
　$0\leq x\leq2$에서 $f(x)-g(x)$의 최솟값은
　$f(0)-g(0)=a^2+a+2$이고
$$a^2+a+2=\left(a+\frac{1}{2}\right)^2+\frac{7}{4}>0$$
　즉, $a<0$에서 $f(x)-g(x)>0$이 성립한다.
(ii) $0\leq a<2$일 때,
　$0\leq x\leq2$에서 $f(x)-g(x)$의 최솟값은
　$f(a)-g(a)=-a^2+a+2$이므로
$$-a^2+a+2>0,\ a^2-a-2<0$$
$$(a+1)(a-2)<0\quad\therefore\ -1<a<2$$
　그런데 $0\leq a<2$이므로 $0\leq a<2$
(iii) $a\geq2$일 때,
　$0\leq x\leq2$에서 $f(x)-g(x)$의 최솟값은
　$f(2)-g(2)=a^2-7a+10$이므로
$$a^2-7a+10>0,\ (a-2)(a-5)>0$$
$$\therefore\ a<2\ \text{또는}\ a>5$$
　그런데 $a\geq2$이므로 $a>5$
(i), (ii), (iii)에서 a의 값의 범위는 $a<2$ 또는 $a>5$

0815 답 ⑤

(가)에서 $\dfrac{1-x}{4}=t$로 놓으면 $x=1-4t$
부등식 $f(t)\leq0$의 해가 $-7\leq x\leq9$이므로
$$-7\leq1-4t\leq9,\ -8\leq-4t\leq8\quad\therefore\ -2\leq t\leq2$$

즉, 부등식 $f(x) \leq 0$의 해가 $-2 \leq x \leq 2$이므로
$f(x) = a(x^2 - 4)\,(a > 0)$라 하자.

(나)에서 이차부등식 $a(x^2 - 4) \geq 2x - \dfrac{13}{3}$, 즉

$ax^2 - 2x - 4a + \dfrac{13}{3} \geq 0$이 모든 실수 x에 대하여 성립한다.

이차방정식 $ax^2 - 2x - 4a + \dfrac{13}{3} = 0$의 판별식을 D라 하면

$\dfrac{D}{4} = 1 - a\left(-4a + \dfrac{13}{3}\right) \leq 0$

$4a^2 - \dfrac{13}{3}a + 1 \leq 0$, $12a^2 - 13a + 3 \leq 0$

$(3a - 1)(4a - 3) \leq 0$ $\quad \therefore \dfrac{1}{3} \leq a \leq \dfrac{3}{4}$ $\quad \cdots\cdots$ ㉠

$f(3) = a(9 - 4) = 5a$이고

㉠에서 $\dfrac{5}{3} \leq 5a \leq \dfrac{15}{4}$

따라서 $f(3)$의 최댓값은 $\dfrac{15}{4}$, 최솟값은 $\dfrac{5}{3}$이므로

$M = \dfrac{15}{4}$, $m = \dfrac{5}{3}$ $\quad \therefore M - m = \dfrac{25}{12}$

0816 답 ①

$x^2 + 6x + 5 \geq 0$에서 $(x + 5)(x + 1) \geq 0$

$\therefore x \leq -5$ 또는 $x \geq -1$ $\quad \cdots\cdots$ ㉠

$x^2 + 4x - 21 < 0$에서 $(x + 7)(x - 3) < 0$

$\therefore -7 < x < 3$ $\quad \cdots\cdots$ ㉡

㉠, ㉡의 공통부분을 구하면

$-7 < x \leq -5$ 또는 $-1 \leq x < 3$

따라서 정수 x는 $-6, -5, -1, 0, 1, 2$이므로 구하는 합은

$-6 + (-5) + (-1) + 0 + 1 + 2 = -9$

0817 답 $-2 \leq x \leq 1$ 또는 $x = 3$

$x^2 + 4x - 6 \leq 2x^2 - 3$에서

$x^2 - 4x + 3 \geq 0$, $(x - 1)(x - 3) \geq 0$

$\therefore x \leq 1$ 또는 $x \geq 3$ $\quad \cdots\cdots$ ㉠ $\qquad\qquad \cdots\cdots$ ❶

$2x^2 - 3 \leq x^2 + x + 3$에서

$x^2 - x - 6 \leq 0$, $(x + 2)(x - 3) \leq 0$

$\therefore -2 \leq x \leq 3$ $\quad \cdots\cdots$ ㉡ $\qquad\qquad \cdots\cdots$ ❷

㉠, ㉡의 공통부분을 구하면 $-2 \leq x \leq 1$ 또는 $x = 3$ $\quad \cdots\cdots$ ❸

채점 기준	
❶ 부등식 $x^2 + 4x - 6 \leq 2x^2 - 3$의 해 구하기	40%
❷ 부등식 $2x^2 - 3 \leq x^2 + x + 3$의 해 구하기	40%
❸ 주어진 부등식의 해 구하기	20%

0818 답 ①

$2x^2 + 3x - 14 > 0$에서 $(2x + 7)(x - 2) > 0$

$\therefore x < -\dfrac{7}{2}$ 또는 $x > 2$ $\quad \cdots\cdots$ ㉠

$x^2 - 2x > 3$에서 $x^2 - 2x - 3 > 0$, $(x + 1)(x - 3) > 0$

$\therefore x < -1$ 또는 $x > 3$ $\quad \cdots\cdots$ ㉡

㉠, ㉡의 공통부분을 구하면 $x < -\dfrac{7}{2}$ 또는 $x > 3$

해가 $x < -\dfrac{7}{2}$ 또는 $x > 3$이고 x^2의 계수가 2인 이차부등식은

$2\left(x + \dfrac{7}{2}\right)(x - 3) > 0$ $\quad \therefore 2x^2 + x - 21 > 0$

이 부등식이 $2x^2 + ax + b > 0$과 같으므로

$a = 1$, $b = -21$

$\therefore a + b = -20$

0819 답 ④

$x^2 - 2x - 15 < 0$에서 $(x + 3)(x - 5) < 0$

$\therefore -3 < x < 5$ $\quad \cdots\cdots$ ㉠

$x^2 - 3|x| - 4 < 0$에서 $x = 0$을 기준으로 구간을 나누면

(i) $x < 0$일 때,

   $x^2 + 3x - 4 < 0$, $(x + 4)(x - 1) < 0$

   $\therefore -4 < x < 1$

   그런데 $x < 0$이므로 $-4 < x < 0$

(ii) $x \geq 0$일 때,

   $x^2 - 3x - 4 < 0$, $(x + 1)(x - 4) < 0$

   $\therefore -1 < x < 4$

   그런데 $x \geq 0$이므로 $0 \leq x < 4$

(i), (ii)에서 $x^2 - 3|x| - 4 < 0$의 해는

$-4 < x < 4$ $\quad \cdots\cdots$ ㉡

㉠, ㉡의 공통부분을 구하면 $-3 < x < 4$

따라서 정수 x는 $-2, -1, 0, 1, 2, 3$의 6개이다.

0820 답 ①

$\begin{cases} x(x + 1) < 2(x + 6) & \cdots\cdots \text{㉠} \\ 2(x + 6) < x^2 + 3x + 6 & \cdots\cdots \text{㉡} \end{cases}$

㉠에서 $x^2 - x - 12 < 0$, $(x + 3)(x - 4) < 0$

$\therefore -3 < x < 4$ $\quad \cdots\cdots$ ㉢

㉡에서 $x^2 + x - 6 > 0$, $(x + 3)(x - 2) > 0$

$\therefore x < -3$ 또는 $x > 2$ $\quad \cdots\cdots$ ㉣

㉢, ㉣의 공통부분을 구하면 $2 < x < 4$

해가 $2 < x < 4$이고 x^2의 계수가 1인 이차부등식은

$(x - 2)(x - 4) < 0$ $\quad \therefore x^2 - 6x + 8 < 0$

따라서 $a = -6$, $b = 8$이므로

$a + b = 2$

0821 답 ③

$x^2 - 2x - 8 = 0$에서 $(x + 2)(x - 4) = 0$

$\therefore x = -2$ 또는 $x = 4$

$\therefore f(x) = \begin{cases} -x^2 + 2x + 8 & (-2 < x < 4) \\ x^2 - 2x - 8 & (x \leq -2 \text{ 또는 } x \geq 4) \end{cases}$

(i) $-2 < x < 4$일 때,

   $f(x) \leq g(x)$에서 $-x^2 + 2x + 8 \leq x + 6$

   $x^2 - x - 2 \geq 0$, $(x + 1)(x - 2) \geq 0$

   $\therefore x \leq -1$ 또는 $x \geq 2$

   그런데 $-2 < x < 4$이므로

   $-2 < x \leq -1$ 또는 $2 \leq x < 4$

(ii) $x\leq-2$ 또는 $x\geq4$일 때,

$f(x)\leq g(x)$에서 $x^2-2x-8\leq x+6$

$x^2-3x-14\leq0$ $\qquad\therefore \dfrac{3-\sqrt{65}}{2}\leq x\leq\dfrac{3+\sqrt{65}}{2}$

그런데 $x\leq-2$ 또는 $x\geq4$이므로

$\dfrac{3-\sqrt{65}}{2}\leq x\leq-2$ 또는 $4\leq x\leq\dfrac{3+\sqrt{65}}{2}$

(i), (ii)에서 $f(x)\leq g(x)$의 해는

$\dfrac{3-\sqrt{65}}{2}\leq x\leq-1$ 또는 $2\leq x\leq\dfrac{3+\sqrt{65}}{2}$

따라서 정수 x는 -2, -1, 2, 3, 4, 5이므로 구하는 합은

$-2+(-1)+2+3+4+5=11$

참고 $8<\sqrt{65}<9$이므로 $-3<\dfrac{3-\sqrt{65}}{2}<-2.5<\dfrac{3+\sqrt{65}}{2}<6$이다.

0822 답 ③

$x^2-3x-10>0$에서 $(x+2)(x-5)>0$

$\therefore x<-2$ 또는 $x>5$ $\qquad\cdots\cdots$ ㉠

$x^2-(8+a)x+8a\leq0$에서

$(x-8)(x-a)\leq0$ $\qquad\cdots\cdots$ ㉡

㉠, ㉡의 공통부분이 $5<x\leq8$이려면 오른쪽 그림에서

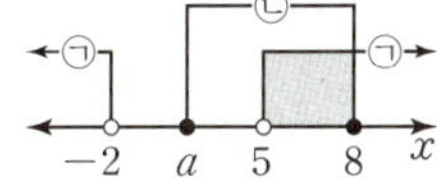

$-2\leq a\leq5$

따라서 a의 최댓값은 5이다.

0823 답 ①

주어진 연립부등식의 해가 $-2<x\leq0$ 또는 $2\leq x<3$이려면 오른쪽 그림과 같아야 한다.

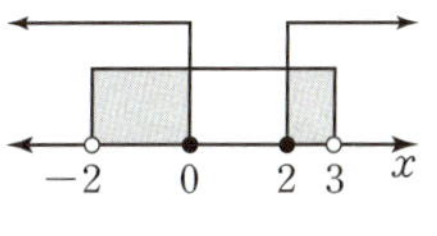

$x^2-x-a<0$은 해가 $-2<x<3$이고 x^2의 계수가 1인 이차부등식이므로

$(x+2)(x-3)<0$, $x^2-x-6<0$ $\qquad\therefore a=6$

$x^2-2x+b\geq0$은 해가 $x\leq0$ 또는 $x\geq2$이고 x^2의 계수가 1인 이차부등식이므로

$x(x-2)\geq0$, $x^2-2x\geq0$ $\qquad\therefore b=0$

$\therefore a+b=6$

다른 풀이

$x^2-x-a<0$의 해가 $-2<x<3$이므로 이차방정식 $x^2-x-a=0$의 두 근은 -2, 3이다.

따라서 이차방정식의 근과 계수의 관계에 의하여

$-2\times3=-a$ $\qquad\therefore a=6$

또 $x^2-2x+b\geq0$의 해가 $x\leq0$ 또는 $x\geq2$이므로 이차방정식 $x^2-2x+b=0$의 두 근은 0, 2이다.

따라서 이차방정식의 근과 계수의 관계에 의하여

$0\times2=b$ $\qquad\therefore b=0$

$\therefore a+b=6$

0824 답 ①

$|x-5|<1$에서 $-1<x-5<1$ $\qquad\therefore 4<x<6$ $\qquad\cdots\cdots$ ㉠

$x^2-4ax+3a^2>0$에서 $(x-a)(x-3a)>0$

이때 a는 자연수이므로

$x<a$ 또는 $x>3a$ $\qquad\cdots\cdots$ ㉡

㉠, ㉡의 공통부분이 존재하지 않으려면 오른쪽 그림에서

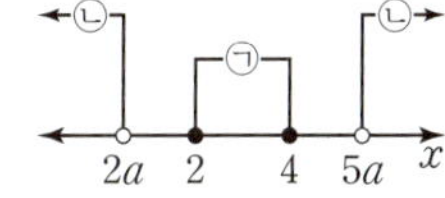

$a\leq4$, $3a\geq6$

$\therefore 2\leq a\leq4$

따라서 자연수 a는 2, 3, 4의 3개이다.

0825 답 ①

$x^2-6x+8\leq0$에서 $(x-2)(x-4)\leq0$

$\therefore 2\leq x\leq4$ $\qquad\cdots\cdots$ ㉠

$x^2-7ax+10a^2>0$에서 $(x-2a)(x-5a)>0$

이때 a는 양수이므로

$x<2a$ 또는 $x>5a$ $\qquad\cdots\cdots$ ㉡

㉠, ㉡의 공통부분이 존재하지 않으려면 오른쪽 그림에서

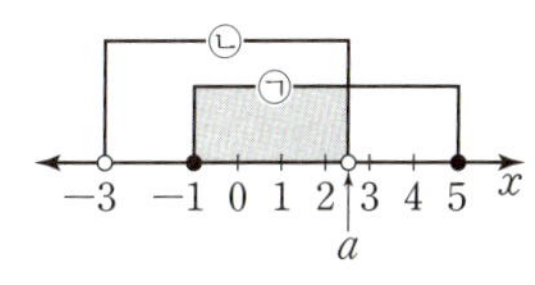

$2a\leq2$, $5a\geq4$ $\qquad\therefore \dfrac{4}{5}\leq a\leq1$

따라서 $\alpha=\dfrac{4}{5}$, $\beta=1$이므로 $\alpha\beta=\dfrac{4}{5}$

0826 답 ②

$x^2-4x-5\leq0$에서 $(x+1)(x-5)\leq0$

$\therefore -1\leq x\leq5$ $\qquad\cdots\cdots$ ㉠

$x^2+(3-a)x-3a<0$에서

$(x-a)(x+3)<0$ $\qquad\cdots\cdots$ ㉡

연립부등식을 만족시키는 정수 x가 4개이려면 오른쪽 그림에서

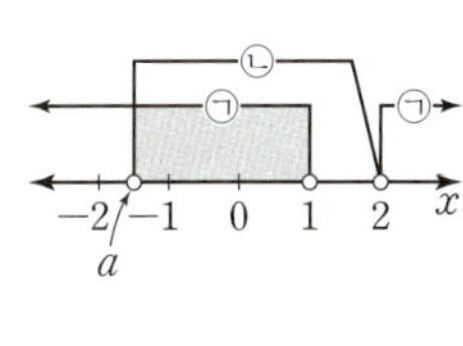

$2<a\leq3$

따라서 a의 최댓값은 3이다.

0827 답 ②

$x^2-3x+2>0$에서 $(x-1)(x-2)>0$

$\therefore x<1$ 또는 $x>2$ $\qquad\cdots\cdots$ ㉠

$x^2-(a+2)x+2a<0$에서

$(x-a)(x-2)<0$ $\qquad\cdots\cdots$ ㉡

연립부등식을 만족시키는 정수 x의 값이 -1과 0뿐이려면 오른쪽 그림에서

$-2\leq a<-1$

따라서 $\alpha=-2$, $\beta=-1$이므로

$\alpha+\beta=-3$

0828 답 6

$a<b<c$이므로

$(x-a)(x-b)>0$에서 $x<a$ 또는 $x>b$ $\qquad\cdots\cdots$ ㉠

$(x-b)(x-c)>0$에서 $x<b$ 또는 $x>c$ $\qquad\cdots\cdots$ ㉡

㉠, ㉡의 공통부분을 구하면 $x<a$ 또는 $x>c$이므로

$a=-3$, $c=4$

즉, 이차부등식 $x^2+ax-c<0$은 $x^2-3x-4<0$이므로

$(x+1)(x-4)<0$ $\qquad\therefore -1<x<4$

따라서 정수 x는 0, 1, 2, 3이므로 구하는 합은

$0+1+2+3=6$

0829 답 $\dfrac{3}{2} < a \leq \dfrac{9}{2}$

$-x^2+1 < x^2+2x+a$에서

$2x^2+2x+a-1 > 0$

이 이차부등식이 모든 실수 x에 대하여 성립하려면 이차방정식

$2x^2+2x+a-1=0$의 판별식을 D_1이라 할 때, $D_1<0$이어야 하므로

$\dfrac{D_1}{4}=1-2(a-1)<0$

$3-2a<0$ $\quad \therefore a>\dfrac{3}{2}$ $\quad$ ……㉠ $\qquad$ ……ⓘ

$x^2+2x+a \leq 3x^2+5$에서

$2x^2-2x+5-a \geq 0$

이 이차부등식이 모든 실수 x에 대하여 성립하려면 이차방정식

$2x^2-2x+5-a=0$의 판별식을 D_2라 할 때, $D_2 \leq 0$이어야 하므로

$\dfrac{D_2}{4}=1-2(5-a) \leq 0$

$2a-9 \leq 0$ $\quad \therefore a \leq \dfrac{9}{2}$ $\quad$ ……㉡ $\qquad$ ……ⓘⓘ

㉠, ㉡의 공통부분을 구하면 $\dfrac{3}{2}<a \leq \dfrac{9}{2}$ $\quad$ ……ⓘⓘⓘ

채점 기준	
ⓘ $-x^2+1<x^2+2x+a$가 항상 성립하도록 하는 a의 값의 범위 구하기	40%
ⓘⓘ $x^2+2x+a \leq 3x^2+5$가 항상 성립하도록 하는 a의 값의 범위 구하기	40%
ⓘⓘⓘ a의 값의 범위 구하기	20%

0830 답 ⑤

$(x-a)^2 < a^2$에서 $x^2-2ax<0$

$x(x-2a)<0$

$\therefore 2a<x<0 \ (\because a<0)$ $\quad$ ……㉠

$x^2+a<(a+1)x$에서 $x^2-(a+1)x+a<0$

$(x-1)(x-a)<0$

$\therefore a<x<1 \ (\because a<0)$ $\quad$ ……㉡

㉠, ㉡을 수직선 위에 나타내면 오른쪽 그림과 같으므로 주어진 연립부등식의 해는

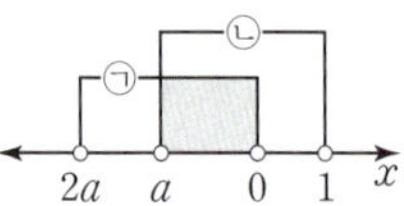

$a<x<0$

이 해가 $b<x<b+1$과 같으므로

$a=b, \ 0=b+1$

따라서 $a=b=-1$이므로

$a+b=-2$

0831 답 $-\dfrac{3}{2} \leq a < -1$ 또는 $2<a \leq \dfrac{5}{2}$

$x^2-2x-15 \leq 0$에서 $(x+3)(x-5) \leq 0$

$\therefore -3 \leq x \leq 5$ $\quad$ ……㉠

$x^2-(2a+1)x+2a<0$에서

$(x-1)(x-2a)<0$ $\quad$ ……㉡ $\qquad$ ……ⓘ

(i) $2a<1$, 즉 $a<\dfrac{1}{2}$일 때,

부등식 ㉡의 해는 $2a<x<1$ $\quad$ ……㉢

㉠, ㉡의 공통부분에 속하는 정수 x의 개수가 3이 되도록 ㉠, ㉢을 수직선 위에 나타내면 오른쪽 그림과 같으므로

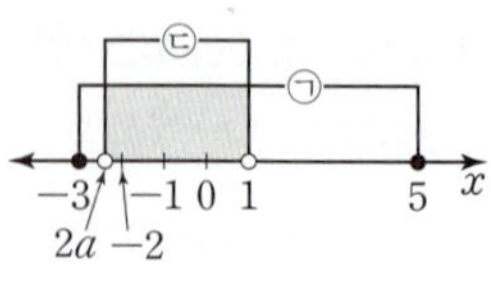

$-3 \leq 2a < -2$ $\quad \therefore -\dfrac{3}{2} \leq a < -1$

그런데 $a<\dfrac{1}{2}$이므로 $-\dfrac{3}{2} \leq a < -1$

(ii) $2a=1$, 즉 $a=\dfrac{1}{2}$일 때,

부등식 ㉡에서 $(x-1)^2<0$이므로 주어진 두 부등식을 모두 만족시키는 x의 값은 없다.

$\therefore a \neq \dfrac{1}{2}$

(iii) $2a>1$, 즉 $a>\dfrac{1}{2}$일 때,

부등식 ㉡의 해는 $1<x<2a$ $\quad$ ……㉣

㉠, ㉣의 공통부분에 속하는 정수 x의 개수가 3이 되도록 ㉠, ㉣을 수직선 위에 나타내면 오른쪽 그림과 같으므로

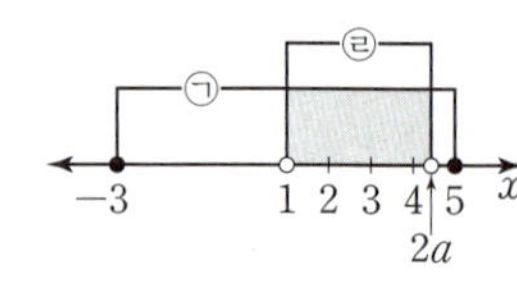

$4<2a \leq 5$ $\quad \therefore 2<a \leq \dfrac{5}{2}$

그런데 $a>\dfrac{1}{2}$이므로 $2<a \leq \dfrac{5}{2}$ $\quad$ ……ⓘⓘ

(i), (ii), (iii)에서 a의 값의 범위는

$-\dfrac{3}{2} \leq a < -1$ 또는 $2<a \leq \dfrac{5}{2}$ $\quad$ ……ⓘⓘⓘ

채점 기준	
ⓘ 두 부등식의 해를 a에 대한 식으로 나타내기	20%
ⓘⓘ 범위를 나누어 조건을 만족시키는 a의 값의 범위 구하기	60%
ⓘⓘⓘ a의 값의 범위 구하기	20%

0832 답 ④

(i) $2x+a \leq x^2$에서 $x^2-2x-a \geq 0$

$f(x)=x^2-2x-a$라 하면 $f(x)=(x-1)^2-a-1$

$-1 \leq x \leq 1$에서 $f(x)$는 $x=1$에서 최소이므로 $f(1) \geq 0$에서

$-a-1 \geq 0$ $\quad \therefore a \leq -1$

(ii) $x^2 \leq 2x+b$에서 $x^2-2x-b \leq 0$

$g(x)=x^2-2x-b$라 하면 $g(x)=(x-1)^2-b-1$

$-1 \leq x \leq 1$에서 $g(x)$는 $x=-1$에서 최대이므로 $g(-1) \leq 0$에서

$3-b \leq 0$ $\quad \therefore b \geq 3$

(i), (ii)에서 $a=-1$, $b=3$일 때 $b-a$의 값이 최소이므로 구하는 최솟값은

$3-(-1)=4$

0833 답 10

$x^2-(a^2-3)x-3a^2<0$에서 $(x+3)(x-a^2)<0$

$\therefore -3<x<a^2 \ (\because a^2>4)$ $\quad$ ……㉠

$x^2+(a-9)x-9a>0$에서 $(x+a)(x-9)>0$

$\therefore x<-a$ 또는 $x>9 \ (\because a>2)$ $\quad$ ……㉡

㉠, ㉡의 공통부분이 존재하지 않으려면 다음 그림에서

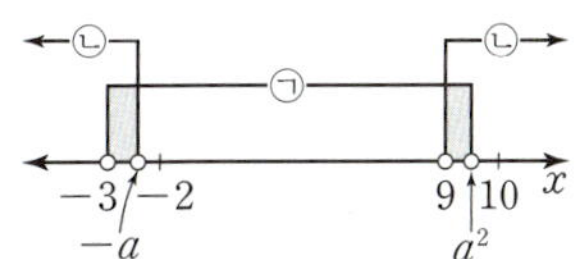

$a^2 \leq 10$, $-a \leq -2$ $\therefore 2 < a \leq \sqrt{10}\ (\because a > 2)$
따라서 $M = \sqrt{10}$이므로 $M^2 = 10$

0834 답 ③

$x^2 + 6x - 16 \leq 0$에서 $(x+8)(x-2) \leq 0$
$\therefore -8 \leq x \leq 2$ ······ ㉠
$x^2 - 3kx - 4k^2 > 0$에서
$(x+k)(x-4k) > 0$ ······ ㉡
(i) $k > 0$일 때,
　부등식 ㉡의 해는 $x < -k$ 또는 $x > 4k$
　㉠과 공통부분이 존재하려면
　$-k > -8$ 또는 $4k < 2$
　$k < 8$ 또는 $k < \dfrac{1}{2}$ $\therefore k < 8$
　그런데 $k > 0$이므로 $0 < k < 8$
(ii) $k = 0$일 때,
　㉡에서 $x^2 > 0$이므로 해는 $x \neq 0$인 모든 실수이고 ㉠과 공통부분이 존재한다.
　$\therefore k = 0$
(iii) $k < 0$일 때,
　부등식 ㉡의 해는 $x < 4k$ 또는 $x > -k$
　㉠과 공통부분이 존재하려면
　$4k > -8$ 또는 $-k < 2$ $\therefore k > -2$
　그런데 $k < 0$이므로 $-2 < k < 0$
(i), (ii), (iii)에서 k의 값의 범위는 $-2 < k < 8$

0835 답 21

$|x-n| > 2$에서 $x-n < -2$ 또는 $x-n > 2$
$\therefore x < n-2$ 또는 $x > n+2$ ······ ㉠
$x^2 - 14x + 40 \leq 0$에서 $(x-4)(x-10) \leq 0$
$\therefore 4 \leq x \leq 10$ ······ ㉡
(i) $n-2 < 4$, 즉 $n < 6$일 때,
　$n+2 < 8$이므로 오른쪽 그림에서 연립부등식을 만족시키는 자연수 x는 3개 이상이다.
(ii) $n-2 \geq 4$, $n+2 \leq 10$, 즉 $6 \leq n \leq 8$일 때,
　$n = 6$이면 오른쪽 그림에서 연립부등식을 만족시키는 자연수 x는 9, 10의 2개이다.

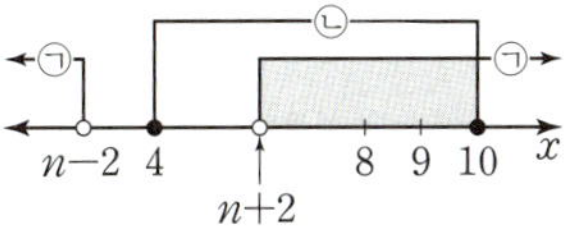

　$n = 7$이면 오른쪽 그림에서 연립부등식을 만족시키는 자연수 x는 4, 10의 2개이다.

　$n = 8$이면 오른쪽 그림에서 연립부등식을 만족시키는 자연수 x는 4, 5의 2개이다.

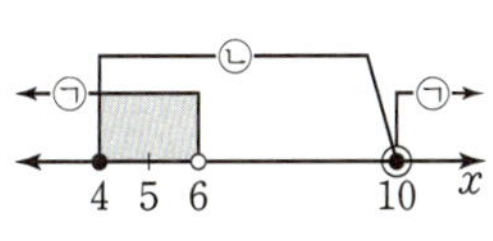

(iii) $n+2 > 10$, 즉 $n > 8$일 때,
　$n-2 > 6$이므로 오른쪽 그림에서 연립부등식을 만족시키는 자연수 x는 3개 이상이다.

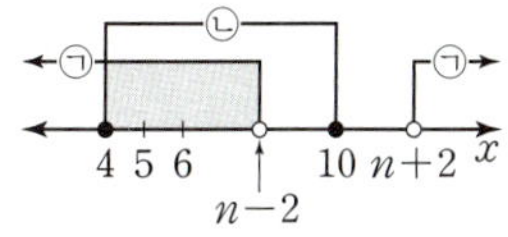

(i), (ii), (iii)에서 n은 6, 7, 8이므로 구하는 합은
$6 + 7 + 8 = 21$

0836 답 ②

$|x+b| \leq 1$에서 $-1 \leq x+b \leq 1$
$\therefore -1-b \leq x \leq 1-b$ ······ ㉠
$x^2 + x + a \geq 0$의 해를
$x \leq \alpha$ 또는 $x \geq \beta\ (\alpha < \beta)$ ······ ㉡
라 하면 이차방정식 $x^2 + x + a = 0$의 두 근이 α, β이므로 근과 계수의 관계에 의하여 $\alpha + \beta = -1$, $\alpha\beta = a$ ······ ㉢
연립부등식의 해가 $2 \leq x \leq 3$이므로
(i) ㉠, ㉡이 오른쪽 그림과 같은 경우
　$1-b = 3$이므로 $b = -2$
　$\beta = 2$이므로 ㉢에서
　$\alpha = -3$, $a = -6$

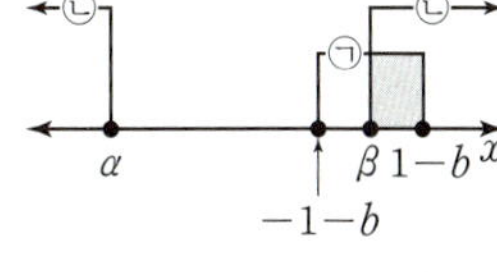

(ii) ㉠, ㉡이 오른쪽 그림과 같은 경우
　$-1-b = 2$이므로 $b = -3$
　$\alpha = 3$이므로 ㉢에서 $\beta = -4$

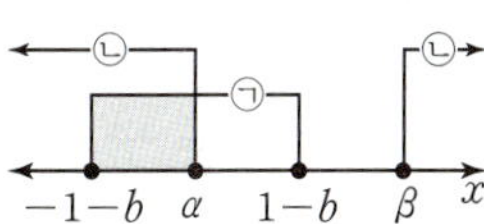

　그런데 $\alpha < \beta$를 만족시키지 않으므로 조건을 만족시키지 않는다.
(i), (ii)에서 $a = -6$, $b = -2$
이차부등식 $x^2 + ax - 4b \leq 0$, 즉 $x^2 - 6x + 8 \leq 0$의 해를 구하면
$(x-2)(x-4) \leq 0$ $\therefore 2 \leq x \leq 4$
따라서 정수 x는 2, 3, 4의 3개이다.

참고 (i)에서 $b = -2$이면 $-1-b = 1 < 2$이므로 연립부등식의 해가 $2 \leq x \leq 3$이 되려면 $\beta = 2$이어야 한다.
(ii)에서 $b = -3$이면 $1-b = 4 > 3$이므로 연립부등식의 해가 $2 \leq x \leq 3$이 되려면 $\alpha = 3$이어야 한다.

0837 답 11

$x^2 - 11x + 24 < 0$에서 $(x-3)(x-8) < 0$
$\therefore 3 < x < 8$ ······ ㉠
$x^2 - 2kx + k^2 - 9 > 0$에서 $x^2 - 2kx + (k+3)(k-3) > 0$
$(x-k+3)(x-k-3) > 0$
$\therefore x < k-3$ 또는 $x > k+3$ ······ ㉡
(i) $3 < k-3 < 8$, 즉 $6 < k < 11$일 때,
　$k+3 > 9$이므로 연립부등식의 해는
　$3 < x < k-3$
　이때 $\alpha = 3$, $\beta = k-3$이므로
　$\beta - \alpha = 2$에서 $k-3-3 = 2$ $\therefore k = 8$

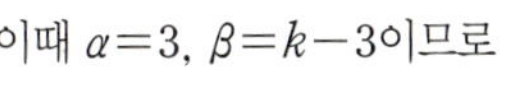

(ii) $3 < k+3 < 8$, 즉 $0 < k < 5$일 때,
　$k-3 < 2$이므로 연립부등식의 해는
　$k+3 < x < 8$
　이때 $\alpha = k+3$, $\beta = 8$이므로
　$\beta - \alpha = 2$에서 $8 - (k+3) = 2$ $\therefore k = 3$

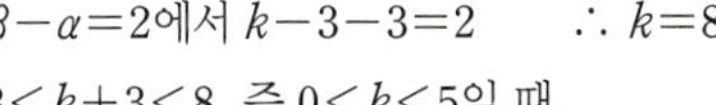
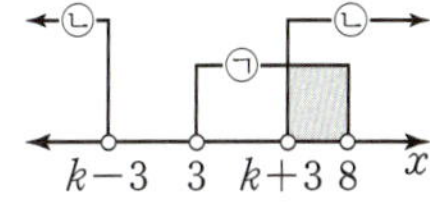

(i), (ii)에서 모든 k의 값의 합은 $8 + 3 = 11$

0838 답 13

모든 실수 x에 대하여 부등식 $-x^2-x+1\le mx+n$, 즉
$x^2+(m+1)x+n-1\ge0$이 성립해야 하므로 이차방정식
$x^2+(m+1)x+n-1=0$의 판별식을 D_1이라 하면
$D_1=(m+1)^2-4(n-1)\le0$
$4n\ge m^2+2m+5$ ...... ㉠ ...... ❶
모든 실수 x에 대하여 부등식 $mx+n\le x^2-5x+3$, 즉
$x^2-(m+5)x+3-n\ge0$이 성립해야 하므로 이차방정식
$x^2-(m+5)x+3-n=0$의 판별식을 D_2라 하면
$D_2=(m+5)^2-4(3-n)\le0$
$4n\le -m^2-10m-13$ ...... ㉡ ...... ❷
㉠, ㉡에서
$m^2+2m+5\le 4n\le -m^2-10m-13$ ...... ㉢
$m^2+2m+5\le -m^2-10m-13$이므로
$2m^2+12m+18\le0,\ 2(m+3)^2\le0$
$\therefore m=-3$
$m=-3$을 ㉢에 대입하면 $8\le4n\le8$이므로 $n=2$ ...... ❸
$\therefore m^2+n^2=(-3)^2+2^2=13$ ...... ❹

채점 기준

❶ $-x^2-x+1\le mx+n$이 항상 성립하는 조건 구하기	30%
❷ $mx+n\le x^2-5x+3$이 항상 성립하는 조건 구하기	30%
❸ m, n의 값 구하기	30%
❹ m^2+n^2의 값 구하기	10%

0839 답 ①

$-2x-|a|\le|b|-3$에서 $-2x\le|a|+|b|-3$
$|a|+|b|=3$이므로 $-2x\le0$ $\therefore x\ge0$
이차방정식 $x^2+ax+b=0$의 두 근을 α, $\beta\ (\alpha<\beta)$라 하면 이차부
등식 $x^2+ax+b<0$의 해는 $\alpha<x<\beta$이고, 연립부등식의 해가
$0\le x<2$이려면 $\alpha<0$, $\beta=2$이어야 한다.
이차방정식의 근과 계수의 관계에 의하여 $\alpha\beta=b$에서
$2a=b<0$
$\beta=2$는 이차방정식 $x^2+ax+b=0$의 근이므로
$4+2a+b=0$ $\therefore b=-2a-4$ ...... ㉠
$|a|+|b|=3$에 ㉠을 대입하면
$|a|+|-2a-4|=3$ $\therefore |a|+2|a+2|=3$
이때 $b<0$, 즉 $-2a-4<0$이므로 $a>-2$
(i) $-2<a<0$일 때,
　$-a+2(a+2)=3$ $\therefore a=-1$
　$a=-1$을 ㉠에 대입하면 $b=-2$
(ii) $a\ge0$일 때,
　$a+2(a+2)=3,\ 3a=-1$ $\therefore a=-\dfrac{1}{3}$
　그런데 $a\ge0$인 조건을 만족시키지 않는다.
(i), (ii)에서 $a=-1$, $b=-2$이므로 $a+b=-3$

0840 답 ⑤

공의 높이가 지면으로부터 $3\,\text{m}$ 이상이려면
$-5t^2+7t+1\ge3,\ 5t^2-7t+2\le0$

$(5t-2)(t-1)\le0$ $\therefore \dfrac{2}{5}\le t\le1$

0841 답 ⑤

처음 정사각형의 한 변의 길이를 $x\,\text{cm}$라 하면 직사각형의 넓이는
$(x+3)(x+2)\,\text{cm}^2$이므로
$42\le(x+3)(x+2)\le72$에서
$\begin{cases}42\le(x+3)(x+2) & \cdots\cdots ㉠\\ (x+3)(x+2)\le72 & \cdots\cdots ㉡\end{cases}$
㉠에서 $x^2+5x-36\ge0$
$(x+9)(x-4)\ge0$ $\therefore x\le-9$ 또는 $x\ge4$
그런데 $x>0$이므로 $x\ge4$ ...... ㉢
㉡에서 $x^2+5x-66\le0$
$(x+11)(x-6)\le0$ $\therefore -11\le x\le6$
그런데 $x>0$이므로 $0<x\le6$ ...... ㉣
㉢, ㉣의 공통부분을 구하면 $4\le x\le6$
따라서 처음 정사각형의 한 변의 길이의 최댓값은 $6\,\text{cm}$이다.

0842 답 ①

꽃밭의 넓이는 한 변의 길이가 $(10-x)$ m인 정사각형의 넓이와 같
고, 꽃밭의 넓이가 $81\,\text{m}^2$ 이상이 되려면
$(10-x)^2\ge81,\ x^2-20x+19\ge0$
$(x-1)(x-19)\ge0$ $\therefore x\le1$ 또는 $x\ge19$ ...... ㉠
이때 $x>0$, $10-x>0$이므로 $0<x<10$ ...... ㉡
㉠, ㉡의 공통부분을 구하면 $0<x\le1$

참고 다음 세 직사각형에서 칠한 부분의 넓이는 모두 같다.

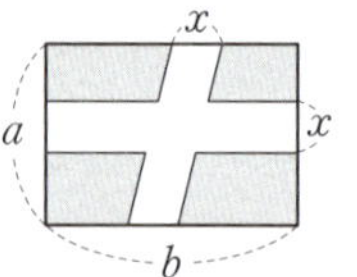 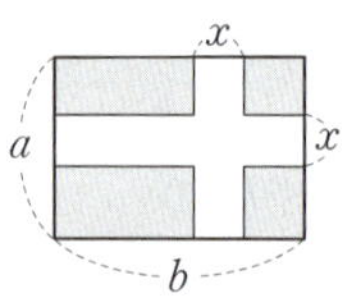 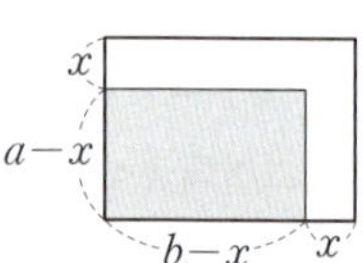

➡ (칠한 부분의 넓이)$=(a-x)(b-x)$

0843 답 ④

㈎에서 가로의 길이와 세로의 길이의 합이 $\dfrac{1}{2}\times24=12\,(\text{m})$이므
로 가로의 길이는 $(12-x)$ m이다.
㈏, ㈐에서 $\begin{cases}x>2(12-x) & \cdots\cdots ㉠\\ x(12-x)\ge20 & \cdots\cdots ㉡\end{cases}$
㉠에서 $x>24-2x,\ 3x>24$ $\therefore x>8$ ...... ㉢
㉡에서 $x^2-12x+20\le0$
$(x-2)(x-10)\le0$ $\therefore 2\le x\le10$ ...... ㉣
㉢, ㉣의 공통부분을 구하면 $8<x\le10$

0844 답 ③

라면 한 그릇의 가격을 $100x$원 내리면 하루 판매량은 $20x$그릇이
늘어나므로 하루의 라면 판매액의 합계가 442000원 이상이 되려면
$(2000-100x)(200+20x)\ge442000$
$x^2-10x+21\le0,\ (x-3)(x-7)\le0$
$\therefore 3\le x\le7$
따라서 라면 한 그릇의 가격의 최댓값은 $x=3$일 때이므로
$2000-100\times3=1700\,(\text{원})$

0845　답 ⑤

변의 길이는 양수이므로
$x-2>0$　　∴ $x>2$　　　$\cdots\cdots$ ㉠
세 변 중 가장 긴 변의 길이는 $x+2$이므로
$x+2<x+(x-2)$　　∴ $x>4$　　　$\cdots\cdots$ ㉡
이 삼각형이 둔각삼각형이 되려면
$(x+2)^2>x^2+(x-2)^2$
$x^2+4x+4>x^2+x^2-4x+4$
$x^2-8x<0$, $x(x-8)<0$
∴ $0<x<8$　　　$\cdots\cdots$ ㉢
㉠, ㉡, ㉢의 공통부분을 구하면
$4<x<8$
따라서 자연수 x는 5, 6, 7이므로 구하는 합은
$5+6+7=18$

✔ 중2 다시보기

삼각형의 세 변의 길이가 a, b, c (c가 가장 긴 변의 길이)일 때
① $c^2<a^2+b^2$ ➡ 예각삼각형
② $c^2=a^2+b^2$ ➡ 직각삼각형
③ $c^2>a^2+b^2$ ➡ 둔각삼각형

0846　답 15

오른쪽 그림에서 세 삼각형 ABC, APR, PBQ는 모두 직각이등변삼각형이다.
$\overline{QC}=a$이므로 $0<a<10$
$\overline{PR}=a$, $\overline{BQ}=10-a$이므로
$\overline{AR}=\overline{PR}=a$, $\overline{PQ}=\overline{BQ}=10-a$
직사각형 PQCR의 넓이는 $a(10-a)$,

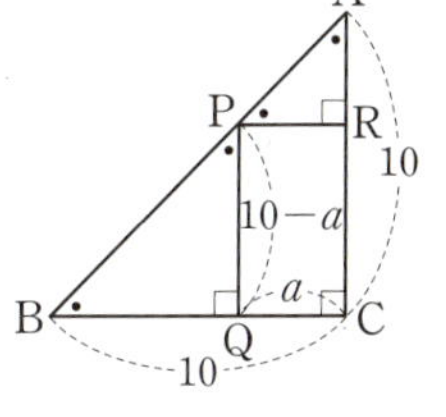

삼각형 APR의 넓이는 $\dfrac{1}{2}a^2$, 삼각형 PBQ의 넓이는 $\dfrac{1}{2}(10-a)^2$
이므로
$\begin{cases} a(10-a)>\dfrac{1}{2}a^2 & \cdots\cdots ㉠ \\ a(10-a)>\dfrac{1}{2}(10-a)^2 & \cdots\cdots ㉡ \end{cases}$

㉠에서 $\dfrac{3}{2}a^2-10a<0$
$a(3a-20)<0$　　∴ $0<a<\dfrac{20}{3}$　　　$\cdots\cdots$ ㉢
㉡에서 $(10-a)\left\{a-\dfrac{1}{2}(10-a)\right\}>0$
$(a-10)\left(\dfrac{3}{2}a-5\right)<0$　　∴ $\dfrac{10}{3}<a<10$　　　$\cdots\cdots$ ㉣
㉢, ㉣의 공통부분을 구하면 $\dfrac{10}{3}<a<\dfrac{20}{3}$
따라서 자연수 a는 4, 5, 6이므로 구하는 합은
$4+5+6=15$

0847　답 ④

$\overline{AE}=x$ ($x>0$)라 하면 두 직사각형 AFIE, IGCH의 넓이의 합은
x^2+2x, 둘레의 길이의 합은 $4x+2(x+2)$이므로
$\begin{cases} x^2+2x\ge24 & \cdots\cdots ㉠ \\ 4x+2(x+2)\le40 & \cdots\cdots ㉡ \end{cases}$

㉠에서 $x^2+2x-24\ge0$
$(x+6)(x-4)\ge0$　　∴ $x\le-6$ 또는 $x\ge4$
그런데 $x>0$이므로 $x\ge4$　　　$\cdots\cdots$ ㉢
㉡에서 $6x\le36$　　∴ $x\le6$
그런데 $x>0$이므로 $0<x\le6$　　　$\cdots\cdots$ ㉣
㉢, ㉣의 공통부분을 구하면 $4\le x\le6$
따라서 선분 AE의 길이의 범위는
$4\le\overline{AE}\le6$

0848　답 70

일반 우편보다 등기 우편을 이용하는 것이 유리한 경우는
$\dfrac{1}{2}x+7<\dfrac{1}{4}x+8$, $\dfrac{1}{4}x<1$　　∴ $x<4$
그런데 $x>0$이므로 $0<x<4$　　　$\cdots\cdots$ ㉠
익일 특급 우편보다 등기 우편을 이용하는 것이 유리한 경우는
$\dfrac{1}{2}x+7<\dfrac{1}{2}x^2+x+1$
$x^2+x-12>0$, $(x+4)(x-3)>0$
∴ $x<-4$ 또는 $x>3$
그런데 $x>0$이므로 $x>3$　　　$\cdots\cdots$ ㉡
㉠, ㉡의 공통부분을 구하면 $3<x<4$
∴ $30<10x<40$
따라서 $a=30$, $b=40$이므로 $a+b=70$

0849　답 50

이용료를 인상하기 전의 한 달 이용료를 A원, 회원 수를 B라 하면
$x\%$만큼 인상한 이용료는 $A\left(1+\dfrac{x}{100}\right)$원, $0.4x\%$만큼 감소한 회원 수는 $B\left(1-\dfrac{0.4x}{100}\right)$이므로
$A\left(1+\dfrac{x}{100}\right)\times B\left(1-\dfrac{0.4x}{100}\right)\ge AB\left(1+\dfrac{20}{100}\right)$　　　$\cdots\cdots$ ❶
$\left(1+\dfrac{x}{100}\right)\left(1-\dfrac{x}{250}\right)\ge1+\dfrac{1}{5}$
$(100+x)(250-x)\ge30000$
$x^2-150x+5000\le0$
$(x-50)(x-100)\le0$
∴ $50\le x\le100$　　　$\cdots\cdots$ ❷
따라서 x의 최솟값은 50이다.　　　$\cdots\cdots$ ❸

채점 기준

❶ 부등식 세우기	40%
❷ x의 값의 범위 구하기	40%
❸ x의 최솟값 구하기	20%

0850　답 15

점 A가 y축 위의 점이므로 $A(0,\ k^2+4)$
$y=f(x)$의 그래프와 직선 $y=k^2+4$의 교점의 x좌표는
$-x^2+2kx+k^2+4=k^2+4$
$x^2-2kx=0$, $x(x-2k)=0$　　∴ $x=0$ 또는 $x=2k$
∴ $B(2k,\ k^2+4)$

$C(2k, 0)$이므로
$g(k)=2\{2k+(k^2+4)\}=2(k^2+2k+4)$
부등식 $14\leq g(k)\leq 78$에서 $14\leq 2(k^2+2k+4)\leq 78$
$7\leq k^2+2k+4\leq 39$
$7\leq k^2+2k+4$에서 $k^2+2k-3\geq 0$
$(k+3)(k-1)\geq 0$ $\therefore k\leq -3$ 또는 $k\geq 1$
그런데 $k>0$이므로 $k\geq 1$ …… ㉠
$k^2+2k+4\leq 39$에서 $k^2+2k-35\leq 0$
$(k+7)(k-5)\leq 0$ $\therefore -7\leq k\leq 5$
그런데 $k>0$이므로 $0<k\leq 5$ …… ㉡
㉠, ㉡의 공통부분을 구하면 $1\leq k\leq 5$
따라서 자연수 k는 1, 2, 3, 4, 5이므로 구하는 합은
$1+2+3+4+5=15$

0851 답 ③

꼭짓점 A에서 선분 BC에 내린 수선의 발을 E라 하면
$\overline{BE}=\dfrac{1}{2}(d-12)=\dfrac{1}{2}d-6$

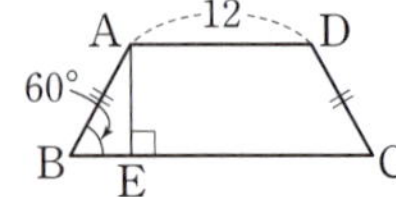

직각삼각형 ABE에서
$\overline{AE}=\overline{BE}\tan 60°=\left(\dfrac{1}{2}d-6\right)\sqrt{3}=\dfrac{\sqrt{3}}{2}d-6\sqrt{3}$

$\overline{AB}=\dfrac{\overline{BE}}{\cos 60°}=\dfrac{\dfrac{1}{2}d-6}{\dfrac{1}{2}}=d-12$

선분 AD의 길이는 선분 AB의 길이의 2배보다 길지 않으므로
$\overline{AD}\leq 2\overline{AB}$에서
$12\leq 2(d-12)$ $\therefore d\geq 18$ …… ㉠
사다리꼴 ABCD의 넓이가 $64\sqrt{3}$ 이하이므로
$\dfrac{1}{2}\times(\overline{AD}+\overline{BC})\times\overline{AE}\leq 64\sqrt{3}$에서
$\dfrac{1}{2}\times(d+12)\times\left(\dfrac{\sqrt{3}}{2}d-6\sqrt{3}\right)\leq 64\sqrt{3}$
$\dfrac{\sqrt{3}}{4}(d+12)(d-12)\leq 64\sqrt{3}$
$d^2-144\leq 256,\ d^2\leq 400$
$\therefore 0<d\leq 20$ …… ㉡
㉠, ㉡의 공통부분을 구하면 $18\leq d\leq 20$
따라서 d의 최댓값과 최솟값의 합은
$20+18=38$

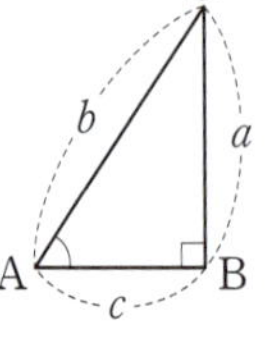

$\angle B=90°$인 직각삼각형 ABC에서
① $\angle A$의 크기와 빗변의 길이 b를 알 때
   ➡ $a=b\sin A,\ c=b\cos A$
② $\angle A$의 크기와 밑변의 길이 c를 알 때
   ➡ $a=c\tan A,\ b=\dfrac{c}{\cos A}$
③ $\angle A$의 크기와 높이 a를 알 때
   ➡ $b=\dfrac{a}{\sin A},\ c=\dfrac{a}{\tan A}$

0852 답 9

$\overline{AB}=3x$라 하면 $\overline{AD}=3x+6$이므로
$S_1=\dfrac{1}{2}\times(3x+6)\times 3x=\dfrac{9}{2}(x^2+2x)$
$S_2=\triangle P_1Q_2D-\triangle P_2Q_1D$
$=\dfrac{1}{2}\times\dfrac{2}{3}(3x+6)\times\left(\dfrac{2}{3}\times 3x\right)-\dfrac{1}{2}\times\dfrac{1}{3}(3x+6)\times\left(\dfrac{1}{3}\times 3x\right)$
$=2x(x+2)-\dfrac{1}{2}x(x+2)$
$=\dfrac{3}{2}(x^2+2x)$
$\therefore S_1-S_2=\dfrac{9}{2}(x^2+2x)-\dfrac{3}{2}(x^2+2x)$
$=3(x^2+2x)$
$9\leq S_1-S_2\leq 24$에서
$9\leq 3(x^2+2x)\leq 24$
$3\leq x^2+2x\leq 8$
$3\leq x^2+2x$에서 $x^2+2x-3\geq 0$
$(x+3)(x-1)\geq 0$ $\therefore x\leq -3$ 또는 $x\geq 1$
그런데 $x>0$이므로 $x\geq 1$ …… ㉠
$x^2+2x\leq 8$에서 $x^2+2x-8\leq 0$
$(x+4)(x-2)\leq 0$ $\therefore -4\leq x\leq 2$
그런데 $x>0$이므로 $0<x\leq 2$ …… ㉡
㉠, ㉡의 공통부분을 구하면 $1\leq x\leq 2$
$\therefore 3\leq 3x\leq 6$
따라서 변 AB의 길이의 최댓값과 최솟값의 합은
$6+3=9$

0853 답 ③

이차방정식 $x^2+4ax+3a^2+25=0$의 판별식을 D라 하면
$\dfrac{D}{4}=(2a)^2-(3a^2+25)<0,\ a^2-25<0$
$(a+5)(a-5)<0$ $\therefore -5<a<5$

0854 답 ⑤

이차방정식 $x^2+ax-a+3=0$의 판별식을 D_1이라 하면
$D_1=a^2-4(-a+3)>0,\ a^2+4a-12>0$
$(a+6)(a-2)>0$
$\therefore a<-6$ 또는 $a>2$ …… ㉠
이차방정식 $x^2+(a+2)x+2a+1=0$의 판별식을 D_2라 하면
$D_2=(a+2)^2-4(2a+1)<0,\ a^2-4a<0$
$a(a-4)<0$
$\therefore 0<a<4$ …… ㉡
㉠, ㉡의 공통부분을 구하면 $2<a<4$

0855 답 ④

이차방정식 $x^2-3ax+a(2a+1)=0$의 판별식을 D_1이라 하면
$D_1=(-3a)^2-4a(2a+1)\geq 0$
$a^2-4a\geq 0,\ a(a-4)\geq 0$
$\therefore a\leq 0$ 또는 $a\geq 4$ …… ㉠

이차방정식 $x^2+2(3a+1)x+4a^2+9=0$의 판별식을 D_2라 하면

$$\frac{D_2}{4}=(3a+1)^2-(4a^2+9)<0$$

$5a^2+6a-8<0,\ (a+2)(5a-4)<0$

$$\therefore\ -2<a<\frac{4}{5}\qquad \cdots\cdots\ ⓛ$$

㉠, ㉡의 공통부분을 구하면

$-2<a\leq 0$

0856 답 ③

두 이차방정식 $ax^2+4x+3=0,\ x^2-5x-a=0$의 판별식을 각각 $D_1,\ D_2$라 하면

$$\frac{D_1}{4}=4-3a,\ D_2=25+4a$$

(i) 실근의 개수가 모두 2인 경우

$$\frac{D_1}{4}=4-3a>0에서\ a<\frac{4}{3}\qquad \cdots\cdots\ ㉠$$

$$D_2=25+4a>0에서\ a>-\frac{25}{4}\qquad \cdots\cdots\ ㉡$$

㉠, ㉡의 공통부분을 구하면 $-\dfrac{25}{4}<a<\dfrac{4}{3}$

(ii) 실근의 개수가 모두 1인 경우

$$\frac{D_1}{4}=4-3a=0에서\ a=\frac{4}{3}\qquad \cdots\cdots\ ㉢$$

$$D_2=25+4a=0에서\ a=-\frac{25}{4}\qquad \cdots\cdots\ ㉣$$

㉢, ㉣의 공통부분이 존재하지 않는다.

(iii) 실근의 개수가 모두 0인 경우

$$\frac{D_1}{4}=4-3a<0에서\ a>\frac{4}{3}\qquad \cdots\cdots\ ㉤$$

$$D_2=25+4a<0에서\ a<-\frac{25}{4}\qquad \cdots\cdots\ ㉥$$

㉤, ㉥의 공통부분이 존재하지 않는다.

(i), (ii), (iii)에서 a의 값의 범위는

$$-\frac{25}{4}<a<\frac{4}{3}$$

이때 $a\neq 0$이므로 정수 a는 $-6,\ -5,\ -4,\ -3,\ -2,\ -1,\ 1$의 7개이다.

0857 답 4

이차방정식 $x^2+2mx+2m+3=0$의 판별식을 D_1이라 하면

$$\frac{D_1}{4}=m^2-(2m+3)\geq 0$$

$m^2-2m-3\geq 0,\ (m+1)(m-3)\geq 0$

$$\therefore\ m\leq -1\ 또는\ m\geq 3\qquad \cdots\cdots\ ㉠\qquad \cdots\cdots\ ⓘ$$

모든 실수 x에 대하여 $(m+2)x^2-2(m+2)x+7>0$이 성립하므로

(i) $m=-2$일 때,

$0\times x^2-0\times x+7>0$이므로 모든 실수 x에 대하여 부등식이 성립한다.

(ii) $m\neq -2$일 때,

모든 실수 x에 대하여 부등식이 성립하려면 이차함수 $y=(m+2)x^2-2(m+2)x+7$의 그래프가 아래로 볼록해야 하므로

$$m+2>0\qquad \therefore\ m>-2\qquad \cdots\cdots\ ㉡$$

이차방정식 $(m+2)x^2-2(m+2)x+7=0$의 판별식을 D_2라 하면

$$\frac{D_2}{4}=(m+2)^2-7(m+2)<0$$

$m^2-3m-10<0,\ (m+2)(m-5)<0$

$$\therefore\ -2<m<5\qquad \cdots\cdots\ ㉢$$

㉡, ㉢의 공통부분을 구하면 $-2<m<5$

(i), (ii)에서 $-2\leq m<5\qquad \cdots\cdots\ ㉣\qquad \cdots\cdots\ ⓘⓘ$

㉠, ㉣의 공통부분을 구하면 $-2\leq m\leq -1$ 또는 $3\leq m<5$

따라서 정수 m은 $-2,\ -1,\ 3,\ 4$이므로 구하는 합은

$$-2+(-1)+3+4=4\qquad \cdots\cdots\ ⓘⓘⓘ$$

0858 답 3

두 이차방정식 $x^2+2ax+3a=0,\ ax^2+ax+1=0$의 판별식을 각각 $D_1,\ D_2$라 하면

$$\frac{D_1}{4}=a^2-3a,\ D_2=a^2-4a$$

(i) $x^2+2ax+3a=0$이 허근을 갖는 경우

$$\frac{D_1}{4}<0,\ D_2\geq 0이어야 한다.$$

$a^2-3a<0$에서 $a(a-3)<0$ $\quad\therefore\ 0<a<3$

$a^2-4a\geq 0$에서 $a(a-4)\geq 0$ $\quad\therefore\ a\leq 0$ 또는 $a\geq 4$

따라서 조건을 만족시키는 a의 값이 존재하지 않는다.

(ii) $ax^2+ax+1=0$이 허근을 갖는 경우

$$\frac{D_1}{4}\geq 0,\ D_2<0이어야 한다.$$

$a^2-3a\geq 0$에서 $a(a-3)\geq 0$ $\quad\therefore\ a\leq 0$ 또는 $a\geq 3$

$a^2-4a<0$에서 $a(a-4)<0$ $\quad\therefore\ 0<a<4$

따라서 조건을 만족시키는 a의 값의 범위는

$$3\leq a<4$$

(i), (ii)에서 a의 값의 범위는 $3\leq a<4$

따라서 a의 최솟값은 3이다.

0859 답 ④

이차방정식 $x^2-ax+a=0$의 판별식을 D_1이라 할 때, 이 방정식이 실근을 가지려면

$D_1=a^2-4a\geq 0,\ a(a-4)\geq 0$

$$\therefore\ a\leq 0\ 또는\ a\geq 4\qquad \cdots\cdots\ ㉠$$

이차방정식 $x^2-2x-a^2+5=0$의 판별식을 D_2라 할 때, 이 방정식이 실근을 가지려면

$$\frac{D_2}{4}=1-(-a^2+5)\geq 0,\ a^2-4\geq 0$$

$(a+2)(a-2)\geq 0$ $\quad\therefore\ a\leq -2\ 또는\ a\geq 2\qquad \cdots\cdots\ ㉡$

㉠, ㉡에서 두 이차방정식 중 적어도 하나가 실근을 갖도록 하는 a의 값의 범위는 ㉠, ㉡을 합친 범위이므로

$a\leq 0\ 또는\ a\geq 2$

0860 답 4

$x^2+kx=X$로 놓으면 주어진 방정식은
$(X+2)(X+6)+3=0$
$X^2+8X+15=0,\ (X+3)(X+5)=0$
$(x^2+kx+3)(x^2+kx+5)=0$
두 이차방정식 $x^2+kx+3=0,\ x^2+kx+5=0$의 판별식을 각각
$D_1,\ D_2$라 하면
$D_1=k^2-12,\ D_2=k^2-20$
주어진 사차방정식이 실근과 허근을 모두 가지려면
$D_1<0,\ D_2\geq0$ 또는 $D_1\geq0,\ D_2<0$이어야 한다.
(i) $D_1<0,\ D_2\geq0$일 때,
$k^2-12<0,\ k^2-20\geq0$, 즉 $k^2<12,\ k^2\geq20$을 만족시키는 자연수 k는 존재하지 않는다.
(ii) $D_1\geq0,\ D_2<0$일 때,
$k^2-12\geq0$에서 $k^2\geq12$
$k^2-20<0$에서 $k^2<20$
즉, $12\leq k^2<20$이고 k는 자연수이므로
$k^2=16$ ∴ $k=4$
(i), (ii)에서 자연수 k의 값은 4이다.

0861 답 ④

㈎에서 이차함수 $y=f(x)$의 그래프의 축의 방정식은
$x=\dfrac{(2+x)+(2-x)}{2}$, 즉 $x=2$이므로
$f(x)=a(x-2)^2+b\ (a,\ b$는 자연수$)$라 하면
㈏에서 방정식 $a(x-2)^2+b=2x-4$가 한 실근을 갖는다.
이차방정식 $ax^2-2(2a+1)x+4a+b+4=0$의 판별식을 D_1이라
하면
$\dfrac{D_1}{4}=(2a+1)^2-a(4a+b+4)=0$
∴ $ab=1$
이때 $a,\ b$는 자연수이므로 $a=b=1$
∴ $f(x)=(x-2)^2+1=x^2-4x+5$
이차함수 $y=f(x)$의 그래프와 직선 $y=kx+6-k-k^2$이 서로 다른 두 점에서 만나므로 방정식 $x^2-4x+5=kx+6-k-k^2$이 서로 다른 두 실근을 갖는다.
이차방정식 $x^2-(k+4)x+k^2+k-1=0$의 판별식을 D_2라 하면
$D_2=(k+4)^2-4(k^2+k-1)>0$
$3k^2-4k-20<0,\ (k+2)(3k-10)<0$
∴ $-2<k<\dfrac{10}{3}$
따라서 정수 k는 $-1,\ 0,\ 1,\ 2,\ 3$의 5개이다.

0862 답 ③

$f(x)=x^3+(a-1)x^2+ax-2a$라 하면
$f(1)=0$이므로 조립제법을 이용하여
$f(x)$를 인수분해하면
$f(x)=(x-1)(x^2+ax+2a)$

$$
\begin{array}{c|cccc}
1 & 1 & a-1 & a & -2a \\
  &   & 1 & a & 2a \\
\hline
  & 1 & a & 2a & 0
\end{array}
$$

즉, 주어진 방정식은 $(x-1)(x^2+ax+2a)=0$
이 방정식이 한 실근과 서로 다른 두 허근을 가지려면 이차방정식
$x^2+ax+2a=0$이 서로 다른 두 허근을 가져야 한다.
이차방정식 $x^2+ax+2a=0$의 판별식을 D라 하면
$D=a^2-8a<0,\ a(a-8)<0$
∴ $0<a<8$
따라서 정수 a는 $1,\ 2,\ 3,\ \cdots,\ 7$의 7개이다.

0863 답 ①

$f(x)=x^3+(8-a)x^2+(a^2-8a)x-a^3$이라 하면
$f(a)=0$이므로 조립제법을 이용하여 $f(x)$를 인수분해하면
$f(x)=(x-a)(x^2+8x+a^2)$

$$
\begin{array}{c|cccc}
a & 1 & 8-a & a^2-8a & -a^3 \\
  &   & a & 8a & a^3 \\
\hline
  & 1 & 8 & a^2 & 0
\end{array}
$$

즉, 주어진 방정식은 $(x-a)(x^2+8x+a^2)=0$
이 방정식이 서로 다른 세 실근을 가지려면 이차방정식
$x^2+8x+a^2=0$이 $x\neq a$인 서로 다른 두 실근을 가져야 한다.
이차방정식 $x^2+8x+a^2=0$의 판별식을 D라 하면
$\dfrac{D}{4}=16-a^2>0,\ a^2-16<0$
$(a+4)(a-4)<0$ ∴ $-4<a<4$ ······ ㉠
이때 $x\neq a$이어야 하므로 $a^2+8a+a^2\neq0$
$2a^2+8a\neq0,\ 2a(a+4)\neq0$
∴ $a\neq-4,\ a\neq0$ ······ ㉡
㉠, ㉡에서 $-4<a<0$ 또는 $0<a<4$
따라서 정수 a는 $-3,\ -2,\ -1,\ 1,\ 2,\ 3$의 6개이다.

0864 답 ③

두 함수 $y=f(x),\ y=g(x)$의 그래프와 x축이 만나는 점의 개수가 같으면 두 이차방정식 $f(x)=0,\ g(x)=0$의 실근의 개수가 같다.
두 이차방정식 $f(x)=0,\ g(x)=0$의 판별식을 각각 $D_1,\ D_2$라 하면
$\dfrac{D_1}{4}=4-(-3k^2-12k+40)$
$=3k^2+12k-36=3(k^2+4k-12)$
$=3(k+6)(k-2)$ ······ ㉠
$\dfrac{D_2}{4}=36-(3k^2-36k+96)$
$=-3k^2+36k-60=-3(k^2-12k+20)$
$=-3(k-2)(k-10)$ ······ ㉡
(i) 실근의 개수가 0으로 같은 경우
$D_1<0,\ D_2<0$이므로 ㉠, ㉡에서
$\begin{cases}3(k+6)(k-2)<0 \\ -3(k-2)(k-10)<0\end{cases}$
$3(k+6)(k-2)<0$에서 $-6<k<2$ ······ ㉢
$-3(k-2)(k-10)<0$에서 $(k-2)(k-10)>0$
∴ $k<2$ 또는 $k>10$ ······ ㉣
㉢, ㉣의 공통부분을 구하면 $-6<k<2$
따라서 정수 k는 $-5,\ -4,\ -3,\ -2,\ -1,\ 0,\ 1$의 7개이다.
(ii) 실근의 개수가 1로 같은 경우
$D_1=0,\ D_2=0$이므로 ㉠, ㉡에서
$\begin{cases}3(k+6)(k-2)=0 \\ -3(k-2)(k-10)=0\end{cases}$

$3(k+6)(k-2)=0$에서 $k=-6$ 또는 $k=2$

$-3(k-2)(k-10)=0$에서 $k=2$ 또는 $k=10$

따라서 정수 k는 2의 1개이다.

(iii) 실근의 개수가 2로 같은 경우

$D_1>0$, $D_2>0$이므로 ㉠, ㉡에서

$$\begin{cases} 3(k+6)(k-2)>0 \\ -3(k-2)(k-10)>0 \end{cases}$$

$3(k+6)(k-2)>0$에서 $k<-6$ 또는 $k>2$ $\qquad$ ……㉢

$-3(k-2)(k-10)>0$에서 $(k-2)(k-10)<0$

$\therefore\ 2<k<10$ $\qquad$ ……㉣

㉢, ㉣의 공통부분을 구하면 $2<k<10$

따라서 정수 k는 3, 4, 5, 6, 7, 8, 9의 7개이다.

(i), (ii), (iii)에서 모든 정수 k의 개수는 $7+1+7=15$이다.

0865 답 ⑤

이차방정식 $ax^2+bx+c=0$의 판별식을 D라 하면

$D=b^2-4ac>0$이므로 서로 다른 두 실근을 갖는다.

이때 $a>0$, $b>0$, $c>0$이므로 이차방정식의 근과 계수의 관계에 의하여

$$(\text{두 근의 합})=-\frac{b}{a}<0$$

$$(\text{두 근의 곱})=\frac{c}{a}>0$$

즉, 두 근의 합은 음수이고 두 근의 곱은 양수이므로 두 근은 모두 음수이다.

따라서 주어진 이차방정식은 서로 다른 두 개의 음의 근을 갖는다.

0866 답 ③

이차방정식 $x^2-2kx+3k+4=0$의 판별식을 D, 두 근을 α, β라 하면 두 근이 모두 양수이므로

(i) $\dfrac{D}{4}=k^2-(3k+4)\geq0$, $k^2-3k-4\geq0$

$\quad (k+1)(k-4)\geq0$ $\quad \therefore\ k\leq-1$ 또는 $k\geq4$

(ii) $\alpha+\beta=2k>0$ $\quad \therefore\ k>0$

(iii) $\alpha\beta=3k+4>0$ $\quad \therefore\ k>-\dfrac{4}{3}$

(i), (ii), (iii)에서 k의 값의 범위는 $k\geq4$

0867 답 9

이차방정식 $x^2+2(k+1)x-k+5=0$의 판별식을 D라 하면

(i) $\dfrac{D}{4}=(k+1)^2-(-k+5)>0$, $k^2+3k-4>0$

$\quad (k+4)(k-1)>0$ $\quad \therefore\ k<-4$ 또는 $k>1$

(ii) $\alpha\beta=-k+5>0$ $\quad \therefore\ k<5$

(i), (ii)에서 k의 값의 범위는

$k<-4$ 또는 $1<k<5$

따라서 자연수 k는 2, 3, 4이므로 구하는 합은

$2+3+4=9$

참고 두 실근 α, β에 대하여 '서로 다른'이라는 조건이 없으면 $D\geq0$이고, '서로 다른'이라는 조건이 있으면 $D>0$이다.

0868 답 ②

$\sqrt{a}\sqrt{\beta}=-\sqrt{a\beta}$, $a\beta\neq0$에서 $a<0$, $\beta<0$이므로 주어진 이차방정식의 서로 다른 두 실근은 모두 음수이다.

(i) 이차방정식 $x^2-2(a-2)x+a=0$의 판별식을 D라 하면

$$\frac{D}{4}=(a-2)^2-a>0, \ a^2-5a+4>0$$

$\quad (a-1)(a-4)>0$ $\quad \therefore\ a<1$ 또는 $a>4$

(ii) $a+\beta=2(a-2)<0$ $\quad \therefore\ a<2$

(iii) $a\beta=a>0$

(i), (ii), (iii)에서 a의 값의 범위는 $0<a<1$

0869 답 ①

두 근 사이에 1이 있어야 하므로 $f(x)=x^2+2mx+2$라 하면 $f(1)<0$이어야 한다.

$f(1)=1+2m+2<0$, $2m<-3$ $\quad \therefore\ m<-\dfrac{3}{2}$

따라서 정수 m의 최댓값은 -2이다.

0870 답 ④

$f(x)=x^2-2kx+25$라 할 때

(i) 이차방정식 $f(x)=0$의 판별식을 D라 하면

$$\frac{D}{4}=k^2-25\geq0$$

$\quad (k+5)(k-5)\geq0$ $\quad \therefore\ k\leq-5$ 또는 $k\geq5$

(ii) $f(1)>0$에서 $1-2k+25>0$

$\quad -2k>-26$ $\quad \therefore\ k<13$

(iii) 이차함수 $y=f(x)$의 그래프의 축의 방정식이 $x=k$이므로 $k>1$

(i), (ii), (iii)에서 k의 값의 범위는 $5\leq k<13$

따라서 정수 k의 최댓값은 12이다.

0871 답 ④

$f(x)=x^2+2(k+2)x-k-2$라 할 때

(i) 이차방정식 $f(x)=0$의 판별식을 D라 하면

$$\frac{D}{4}=(k+2)^2+(k+2)\geq0, \ k^2+5k+6\geq0$$

$\quad (k+2)(k+3)\geq0$ $\quad \therefore\ k\leq-3$ 또는 $k\geq-2$

(ii) $f(-1)>0$에서 $1-2(k+2)-k-2>0$

$\quad -3k>5$ $\quad \therefore\ k<-\dfrac{5}{3}$

(iii) $f(4)>0$에서 $16+8(k+2)-k-2>0$

$\quad 7k>-30$ $\quad \therefore\ k>-\dfrac{30}{7}$

(iv) 이차함수 $y=f(x)$의 그래프의 축의 방정식이 $x=-k-2$이므로

$\quad -1<-k-2<4$

$\quad 1<-k<6$ $\quad \therefore\ -6<k<-1$

(i)~(iv)에서 k의 값의 범위는

$-\dfrac{30}{7}<k\leq-3$ 또는 $-2\leq k<-\dfrac{5}{3}$

따라서 k의 값이 될 수 없는 것은 ④ $-\dfrac{5}{2}$이다.

0872 답 **44**

$f(x)=x^2-2kx+k+2$라 하면 이차방정식 $f(x)=0$의 서로 다른
두 근이 모두 0과 3 사이에 있으므로

(i) 이차방정식 $f(x)=0$의 판별식을 D라 하면

$$\frac{D}{4}=k^2-(k+2)>0, \ k^2-k-2>0$$

$$(k+1)(k-2)>0 \qquad \therefore \ k<-1 \ \text{또는} \ k>2$$

(ii) $f(0)>0$에서 $k+2>0$ $\quad \therefore \ k>-2$

(iii) $f(3)>0$에서 $9-6k+k+2>0$

$$-5k>-11 \qquad \therefore \ k<\frac{11}{5}$$

(iv) 이차함수 $y=f(x)$의 그래프의 축의 방정식이 $x=k$이므로

$$0<k<3$$

(i)~(iv)에서 k의 값의 범위는 $2<k<\frac{11}{5}$

따라서 $\alpha=2$, $\beta=\frac{11}{5}$이므로 $10\alpha\beta=44$

0873 답 ①

이차방정식 $x^2+(2a^2+a-15)x+a-2=0$의 두 근을 α, β라 하
면 근과 계수의 관계에 의하여

$$\alpha+\beta=-(2a^2+a-15), \ \alpha\beta=a-2$$

이때 α, β의 부호는 서로 다르므로 $\alpha\beta<0$

즉, $a-2<0$에서 $a<2$ $\qquad\qquad \cdots\cdots\ \bigcirc$

또 양수인 근의 절댓값이 음수인 근의 절댓값보다 크므로 $\alpha+\beta>0$

즉, $-(2a^2+a-15)>0$에서 $2a^2+a-15<0$

$$(a+3)(2a-5)<0 \qquad \therefore \ -3<a<\frac{5}{2} \quad \cdots\cdots\ \bigcirc$$

$\bigcirc$, $\bigcirc$의 공통부분을 구하면 $-3<a<2$

따라서 정수 a는 -2, -1, 0, 1의 4개이다.

참고 서로 다른 부호의 두 실근을 갖는 이차방정식은 이차항의 계수와 상수항
의 곱이 음수이므로 판별식의 부호가 항상 양수이다.

즉, $x^2+(2a^2+a-15)x+a-2=0$의 판별식을 D라 하면

$D=(2a^2+a-15)^2-4(a-2)>0 \ (\because \ a-2<0)$

따라서 실근을 가질 조건을 생각하지 않아도 된다.

0874 답 ④

$x^2+5x+6=0$에서 $(x+3)(x+2)=0$

$\therefore \ x=-3$ 또는 $x=-2$

즉, 이차방정식 $x^2-ax+2=0$의 두 근 중에서 한 근만이 -3과
-2 사이에 있어야 하므로 $f(x)=x^2-ax+2$라 하면 이차함수
$y=f(x)$의 그래프는 다음 그림과 같다.

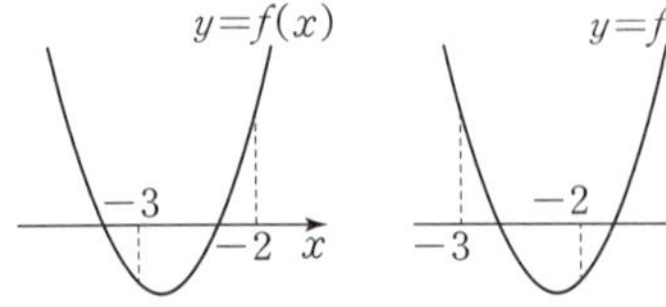

$f(-3)=3a+11$, $f(-2)=2a+6$이고,

$f(-3)f(-2)<0$이므로 $(3a+11)(2a+6)<0$

$$\therefore \ -\frac{11}{3}<a<-3$$

따라서 $\alpha=-\frac{11}{3}$, $\beta=-3$이므로 $\alpha\beta=11$

0875 답 ③

주어진 이차방정식의 판별식을 D라 하면

$$\frac{D}{4}=m^2-(-4m-5)>0$$

$$m^2+4m+5>0, \ (m+2)^2+1>0$$

즉, m의 값에 관계없이 항상 서로 다른 두 실근을 갖는다.

이차방정식 $x^2+2mx-4m-5=0$의 서로 다른 두 실근을 α, β라
하고, α, β가 모두 0 또는 양의 실수인 경우를 생각한다.

(i) $\alpha+\beta=-2m>0$ $\quad \therefore \ m<0$

(ii) $\alpha\beta=-4m-5\geq0$ $\quad \therefore \ m\leq-\frac{5}{4}$

(i), (ii)에서 서로 다른 두 근이 0 또는 양의 실수가 되도록 하는 m의
값의 범위는 $m\leq-\frac{5}{4}$

따라서 두 근 중 적어도 하나가 음의 실수가 되려면 $m>-\frac{5}{4}$이므
로 정수 m의 최솟값은 -1이다.

0876 답 ①

$x^4+mx^2-2m+5=0$에서 $x^2=X$로 놓으면

$X^2+mX-2m+5=0 \qquad \cdots\cdots\ \bigcirc$

이때 주어진 사차방정식이 서로 다른 네 실근을 가지려면 이차방정
식 $\bigcirc$이 서로 다른 두 양의 실근을 가져야 한다.

이차방정식 $\bigcirc$의 판별식을 D, 두 실근을 α, β라 하면

(i) $D=m^2-4(-2m+5)>0, \ m^2+8m-20>0$

$$(m+10)(m-2)>0 \qquad \therefore \ m<-10 \ \text{또는} \ m>2$$

(ii) $\alpha+\beta=-m>0$ $\quad \therefore \ m<0$

(iii) $\alpha\beta=-2m+5>0$ $\quad \therefore \ m<\frac{5}{2}$

(i), (ii), (iii)에서 m의 값의 범위는 $m<-10$

따라서 정수 m의 최댓값은 -11이다.

0877 답 **11**

$f(x)=x^2-2(m+2)x-m$이라 하면

(i) 이차방정식 $f(x)=0$의 두 근 중 한 근만 $-2\leq x\leq3$에 속하는
경우

$f(-2)=3m+12$, $f(3)=-7m-3$이고,

$f(-2)f(3)\leq0$이므로

$$(3m+12)(-7m-3)\leq0, \ (m+4)(7m+3)\geq0$$

$$\therefore \ m\leq-4 \ \text{또는} \ m\geq-\frac{3}{7}$$

(ii) 이차방정식 $f(x)=0$의 두 근이 모두 $-2\leq x\leq3$에 속하는 경우

이차방정식 $f(x)=0$의 판별식을 D라 하면

$$\frac{D}{4}=(m+2)^2+m\geq0, \ m^2+5m+4\geq0$$

$$(m+4)(m+1)\geq0$$

$$\therefore \ m\leq-4 \ \text{또는} \ m\geq-1 \qquad \cdots\cdots\ \bigcirc$$

$f(-2)\geq0$에서 $3m+12\geq0$

$$\therefore \ m\geq-4 \qquad\qquad\qquad\qquad \cdots\cdots\ \bigcirc$$

$f(3)\geq0$에서 $-7m-3\geq0$

$$\therefore \ m\leq-\frac{3}{7} \qquad\qquad\qquad\qquad \cdots\cdots\ \bigcirc$$

이차함수 $y=f(x)$의 그래프의 축의 방정식이 $x=m+2$이므로

$-2 \le m+2 \le 3$ $\therefore -4 \le m \le 1$ $\cdots\cdots$ ㉣

㉠~㉣에서 $m=-4$ 또는 $-1 \le m \le -\dfrac{3}{7}$

(i), (ii)에서 $m \le -4$ 또는 $m \ge -1$

그런데 $-6 \le m \le 6$이므로

$-6 \le m \le -4$ 또는 $-1 \le m \le 6$

따라서 정수 m은 -6, -5, -4, -1, 0, 1, 2, 3, 4, 5, 6의 11개이다.

0878 답 $-3 < a < -2$

이차방정식 $ax^2-2x+a^2-4=0$의 한 근은 -2와 -1 사이에 있고, 다른 한 근은 0과 1 사이에 있어야 한다.

$f(x)=ax^2-2x+a^2-4$라 하면 이차함수 $y=f(x)$의 그래프는 다음 그림과 같다.

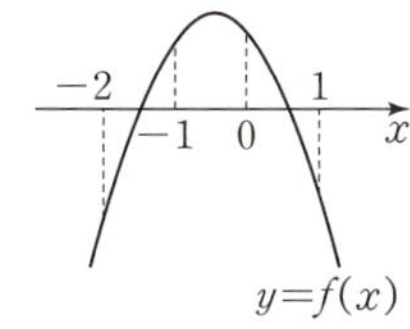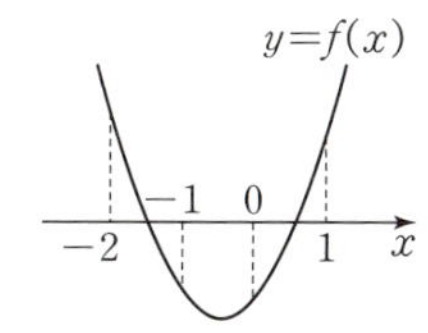

따라서 $f(-2)f(-1)<0$이고 $f(0)f(1)<0$이다. $\cdots\cdots$ ❶

(i) $f(-2)f(-1)<0$일 때,

$f(-2)=a^2+4a=a(a+4)$,

$f(-1)=a^2+a-2=(a+2)(a-1)$

$f(-2)>0$, $f(-1)<0$ 또는 $f(-2)<0$, $f(-1)>0$이므로

① $f(-2)>0$, $f(-1)<0$일 때,

$a(a+4)>0$에서 $a<-4$ 또는 $a>0$ $\cdots\cdots$ ㉠

$(a+2)(a-1)<0$에서 $-2<a<1$ $\cdots\cdots$ ㉡

㉠, ㉡의 공통부분을 구하면 $0<a<1$

② $f(-2)<0$, $f(-1)>0$일 때,

$a(a+4)<0$에서 $-4<a<0$ $\cdots\cdots$ ㉢

$(a+2)(a-1)>0$에서 $a<-2$ 또는 $a>1$ $\cdots\cdots$ ㉣

㉢, ㉣의 공통부분을 구하면 $-4<a<-2$

①, ②에서 $-4<a<-2$ 또는 $0<a<1$ $\cdots\cdots$ ❷

(ii) $f(0)f(1)<0$일 때,

$f(0)=a^2-4=(a+2)(a-2)$,

$f(1)=a^2+a-6=(a+3)(a-2)$

$f(0)>0$, $f(1)<0$ 또는 $f(0)<0$, $f(1)>0$이므로

① $f(0)>0$, $f(1)<0$일 때,

$(a+2)(a-2)>0$에서 $a<-2$ 또는 $a>2$ $\cdots\cdots$ ㉤

$(a+3)(a-2)<0$에서 $-3<a<2$ $\cdots\cdots$ ㉥

㉤, ㉥의 공통부분을 구하면 $-3<a<-2$

② $f(0)<0$, $f(1)>0$일 때,

$(a+2)(a-2)<0$에서 $-2<a<2$ $\cdots\cdots$ ㉦

$(a+3)(a-2)>0$에서 $a<-3$ 또는 $a>2$ $\cdots\cdots$ ㉧

㉦, ㉧의 공통부분은 존재하지 않는다.

①, ②에서 $-3<a<-2$ $\cdots\cdots$ ❸

(i), (ii)에서 $f(-2)f(-1)<0$이고 $f(0)f(1)<0$을 만족시키는 a의 값의 범위는

$-3<a<-2$ $\cdots\cdots$ ❹

---

❶ $f(-2)f(-1)$, $f(0)f(1)$의 부호 구하기	30%
❷ $f(-2)f(-1)<0$일 때, a의 값의 범위 구하기	30%
❸ $f(0)f(1)<0$일 때 a의 값의 범위 구하기	30%
❹ 실수 a의 값의 범위 구하기	10%

0879 답 37

전략 A를 소수 첫째 자리에서 반올림한 값이 a이면 $a-0.5 \le A < a+0.5$임을 이용하여 이차부등식을 세운다.

소수 첫째 자리에서 반올림한 값이 $1+5x$이므로 $1+5x$는 정수이고, $5x$도 정수이다.

$(1+5x)-0.5 \le (x+1)(x-2) < (1+5x)+0.5$이므로

$5x+0.5 \le x^2-x-2 < 5x+1.5$

부등식의 각 변에 $11-5x$를 더하면 $11.5 \le x^2-6x+9 < 12.5$

$11.5 \le (x-3)^2 < 12.5$ $\cdots\cdots$ ㉠

이때 $5x$는 정수이므로 $x-3=\dfrac{n}{5}$ (n은 정수)라 하고, 이를 ㉠에 대입하면 $11.5 \le \dfrac{n^2}{25} < 12.5$

$\therefore 287.5 \le n^2 < 312.5$

따라서 정수 n의 값은 ± 17이므로

$x=-\dfrac{2}{5}$ 또는 $x=\dfrac{32}{5}$

이때 p, q는 서로소인 자연수이므로 $p=5$, $q=32$

$\therefore p+q=37$

0880 답 ⑤

전략 x의 값의 범위를 나누어 각 범위에서 이차함수 $y=f(x)$에 대하여 $f(x) \ge 0$을 만족시키려면 $(f(x)$의 최솟값$) \ge 0$임을 이용한다.

(i) $x<1$일 때,

$\dfrac{1}{2}x^2-x+k \ge -x+1-x+4$

$x^2+2x+2k-10 \ge 0$, $(x+1)^2+2k-11 \ge 0$

이차함수 $y=(x+1)^2+2k-11$은 $x<1$에서 $x=-1$일 때 최소이므로

$2k-11 \ge 0$ $\therefore k \ge \dfrac{11}{2}$

(ii) $1 \le x < 4$일 때,

$\dfrac{1}{2}x^2-x+k \ge x-1-x+4$

$x^2-2x+2k-6 \ge 0$, $(x-1)^2+2k-7 \ge 0$

이차함수 $y=(x-1)^2+2k-7$은 $1 \le x < 4$에서 $x=1$일 때 최소이므로

$2k-7 \ge 0$ $\therefore k \ge \dfrac{7}{2}$

(iii) $x \ge 4$일 때,

$\dfrac{1}{2}x^2-x+k \ge x-1+x-4$

$x^2-6x+2k+10\geq0,\ (x-3)^2+2k+1\geq0$

이차함수 $y=(x-3)^2+2k+1$은 $x\geq4$에서 $x=4$일 때 최소이므로

$2k+2\geq0$ $\therefore k\geq-1$

(i), (ii), (iii)에서 주어진 부등식이 x의 값에 관계없이 항상 성립하려면 $k\geq\dfrac{11}{2}$

따라서 실수 k의 최솟값은 $\dfrac{11}{2}$이다.

다른 풀이

$f(x)=\dfrac{1}{2}x^2-x+k,\ g(x)=|x-1|+|x-4|$라 하면

$f(x)=\dfrac{1}{2}(x-1)^2+k-\dfrac{1}{2}$

$g(x)=\begin{cases}-2x+5 & (x<1)\\ 3 & (1\leq x<4)\\ 2x-5 & (x\geq4)\end{cases}$

주어진 부등식이 모든 x에 대하여 성립하면서 실수 k의 값이 최소일 때는 오른쪽 그림과 같이 함수 $y=f(x)$의 그래프가 $x<1$에서 함수 $y=g(x)$의 그래프와 접할 때이다.

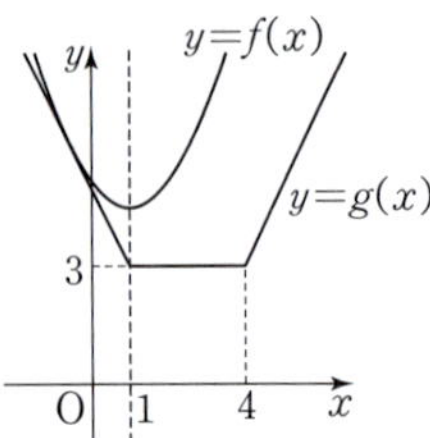

방정식 $\dfrac{1}{2}x^2-x+k=-2x+5$, 즉

$x^2+2x+2k-10=0$의 판별식을 D라 하면

$\dfrac{D}{4}=1-(2k-10)=0,\ 11-2k=0$ $\therefore k=\dfrac{11}{2}$

따라서 실수 k의 최솟값은 $\dfrac{11}{2}$이다.

0881 답 ⑤

전략 이차부등식 $f(x)>0$이 x의 값에 관계없이 항상 성립하려면 x^2의 계수가 양수이고, 이차방정식 $f(x)=0$이 실근을 갖지 않음을 이용한다.

ㄱ, ㄴ. $ax^2-2bx+c>0$이 x의 값에 관계없이 항상 성립하므로 이차방정식 $ax^2-2bx+c=0$의 판별식을 D_1이라 하면

$a>0,\ \dfrac{D_1}{4}=b^2-ac<0$ …… ㉠

$px^2-2qx+r>0$이 x의 값에 관계없이 항상 성립하므로 이차방정식 $px^2-2qx+r=0$의 판별식을 D_2라 하면

$p>0,\ \dfrac{D_2}{4}=q^2-pr<0$ …… ㉡

㉠, ㉡에서 $a>0,\ p>0$이므로 $ap>0$

㉠, ㉡에서 $b^2<ac,\ q^2<pr$이므로

$b^2+q^2<ac+pr$

ㄷ. 두 부등식 $ax^2-2bx+c>0,\ px^2-2qx+r>0$을 변끼리 더하면

$(a+p)x^2-2(b+q)x+c+r>0$

주어진 두 부등식이 항상 성립하므로 위의 부등식도 항상 성립한다. 따라서 이차방정식 $(a+p)x^2-2(b+q)x+c+r=0$의 판별식을 D_3이라 하면

$a+p>0,\ \dfrac{D_3}{4}=(b+q)^2-(a+p)(c+r)<0$

$\therefore (b+q)^2<(a+p)(c+r)$

따라서 보기에서 옳은 것은 ㄱ, ㄴ, ㄷ이다.

0882 답 117

전략 $f(\alpha)=f(\beta)$이면 이차함수 $y=f(x)$의 그래프의 축의 방정식이 $x=\dfrac{\alpha+\beta}{2}$이고, 축의 방정식이 $x=k$이면 최솟값 또는 최댓값이 $f(k)$임을 이용한다.

㈎의 $f(3)-f(-1)=0$에서 $f(3)=f(-1)$이므로 이차함수 $y=f(x)$의 그래프의 축의 방정식은 $x=\dfrac{3+(-1)}{2}$, 즉 $x=1$이다.

㈎의 $f(1)+g(1)=10$에서 $f(1)=10-g(1)$이고, 이차함수 $f(x)$의 x^2의 계수가 1이므로 $f(x)=(x-1)^2+10-g(1)$이라 하면 함수 $f(x)$의 최솟값은 $10-g(1)$이고, ㈏에서 함수 $g(x)$의 최댓값은 $19-g(1)$이다.

이차함수 $g(x)$의 x^2의 계수가 -1이므로

$g(x)=-(x-a)^2+19-g(1)\ (a는 상수)$ …… ㉠

이라 하면 ㈐에서 부등식 $f(x)<g(x)$는

$(x-1)^2+10-g(1)<-(x-a)^2+19-g(1)$

$2x^2-2(a+1)x+a^2-8<0$

이 부등식의 해가 $1<x<4$이므로

$2x^2-2(a+1)x+a^2-8=2(x-1)(x-4)$

$\qquad\qquad\qquad\qquad\quad =2x^2-10x+8$

즉, $2(a+1)=10$이므로 $a=4$

$a=4$를 ㉠에 대입하면

$g(x)=-(x-4)^2+19-g(1)$

이 식에 $x=1$을 대입하면

$g(1)=-9+19-g(1)$ $\therefore g(1)=5$

따라서 $f(x)=(x-1)^2+5,\ g(x)=-(x-4)^2+14$이므로

$f(3)g(3)=9\times13=117$

0883 답 ④

전략 $f(x)-g(x)\leq0$을 p에 대한 식으로 나타내고 p의 부호에 따라 경우를 나누어 부등식을 푼다.

$f(x)=x^2+px+p=\left(x+\dfrac{p}{2}\right)^2-\dfrac{p^2}{4}+p$이므로

$A\left(-\dfrac{p}{2},\ -\dfrac{p^2}{4}+p\right)$

$f(0)=p$이므로 $B(0,\ p)$

이차함수 $f(x)$의 x^2의 계수가 1이고 이차함수 $y=f(x)$의 그래프와 직선 $y=g(x)$의 교점의 x좌표가 $-\dfrac{p}{2},\ 0$이므로

$f(x)-g(x)=x\left(x+\dfrac{p}{2}\right)$

(i) $p>0$일 때,

$x\left(x+\dfrac{p}{2}\right)\leq0$의 해는 $-\dfrac{p}{2}\leq x\leq0$

이 부등식을 만족시키는 정수 x의 개수가 10이려면

$-10<-\dfrac{p}{2}\leq-9$ $\therefore 18\leq p<20$

(ii) $p<0$일 때,

$x\left(x+\dfrac{p}{2}\right)\leq0$의 해는 $0\leq x\leq-\dfrac{p}{2}$

이 부등식을 만족시키는 정수 x의 개수가 10이려면

$9\leq-\dfrac{p}{2}<10$ $\therefore -20<p\leq-18$

(i), (ii)에서 p의 값의 범위는

$-20<p\leq-18$ 또는 $18\leq p<20$

따라서 정수 p는 -19, -18, 18, 19이므로

$M=19$, $m=-19$

$\therefore M-m=38$

0884 답 ②

 두 점 P, Q에서 x축에 내린 수선의 발을 각각 H_1, H_2라 할 때, $\overline{OP}=\overline{PQ}$이면 $\overline{OH_1}=\overline{H_1H_2}$이므로 두 점 P, Q의 x좌표를 k, $2k$로 놓고 $f(x)$, $g(x)$를 k에 대한 식으로 나타낸다.

㈐에서 $\overline{OP}=\overline{PQ}$이므로 점 P의 x좌표를 $k\,(k>0)$라 하면 점 Q의 x좌표는 $2k$이고, 두 함수 $y=f(x)$, $y=g(x)$의 그래프와 직선 $y=x$는 오른쪽 그림과 같다.

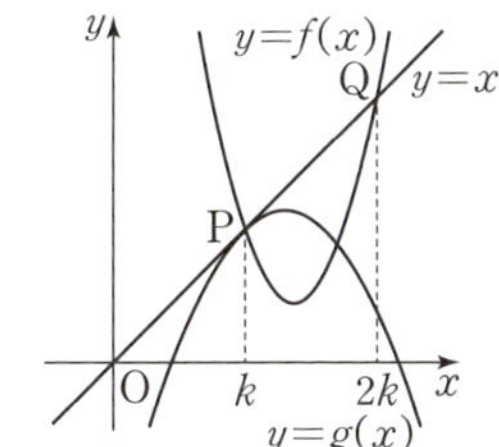

㈎에서 이차방정식 $f(x)=x$는 k, $2k$를 두 근으로 갖고, $f(x)$의 최고차항의 계수가 2이므로

$f(x)-x=2(x-k)(x-2k)$

$\therefore f(x)=2(x-k)(x-2k)+x$

㈏에서 이차방정식 $g(x)=x$는 k를 중근으로 갖고, $g(x)$의 최고차항의 계수가 -1이므로

$g(x)-x=-(x-k)^2$

$\therefore g(x)=-(x-k)^2+x$

$\therefore f(x)+g(x)=2(x-k)(x-2k)+x-(x-k)^2+x$
$\qquad\qquad\qquad =x^2+2(1-2k)x+3k^2$

부등식 $f(x)+g(x)\geq0$, 즉 $x^2+2(1-2k)x+3k^2\geq0$의 해가 모든 실수이므로 이차방정식 $x^2+2(1-2k)x+3k^2=0$의 판별식을 D라 하면

$\dfrac{D}{4}=(1-2k)^2-3k^2\leq0$, $k^2-4k+1\leq0$

$\therefore 2-\sqrt{3}\leq k\leq2+\sqrt{3}$

따라서 점 P의 x좌표의 최댓값은 $2+\sqrt{3}$이다.

0885 답 ④

 $x\geq1$, $x<1\leq x+3$, $x+3<1$인 경우로 나누어 $f(x)$를 구한 후 부등식 $f(x)\leq x$를 만족시키는 x의 값의 범위를 구한다.

$g(t)=t^2-2t-2=(t-1)^2-3$이라 하자.

(i) $x\geq1$일 때,

$x\leq t\leq x+3$에서 $g(t)$는 $t=x$일 때 최솟값 x^2-2x-2를 가지므로 $f(x)=x^2-2x-2$

$f(x)\leq x$에서

$x^2-2x-2\leq x$, $x^2-3x-2\leq0$

$\therefore \dfrac{3-\sqrt{17}}{2}\leq x\leq\dfrac{3+\sqrt{17}}{2}$

그런데 $x\geq1$이므로 $1\leq x\leq\dfrac{3+\sqrt{17}}{2}$

(ii) $x<1\leq x+3$, 즉 $-2\leq x<1$일 때,

$x\leq t\leq x+3$에서 $g(t)$는 $t=1$일 때 최솟값 -3을 가지므로

$f(x)=-3$

$f(x)\leq x$에서 $-3\leq x$

그런데 $-2\leq x<1$이므로 $-2\leq x<1$

(iii) $x+3<1$, 즉 $x<-2$일 때,

$x\leq t\leq x+3$에서 $g(t)$는 $t=x+3$일 때 최솟값 $(x+2)^2-3$을 가지므로 $f(x)=(x+2)^2-3=x^2+4x+1$

$f(x)\leq x$에서

$x^2+4x+1\leq x$, $x^2+3x+1\leq0$

$\therefore \dfrac{-3-\sqrt{5}}{2}\leq x\leq\dfrac{-3+\sqrt{5}}{2}$

그런데 $x<-2$이므로 $\dfrac{-3-\sqrt{5}}{2}\leq x<-2$

(i), (ii), (iii)에서 x의 값의 범위는

$\dfrac{-3-\sqrt{5}}{2}\leq x\leq\dfrac{3+\sqrt{17}}{2}$

따라서 정수 x는 -2, -1, 0, 1, 2, 3의 6개이다.

0886 답 ⑤

 $a=1$인 경우와 $a\neq1$인 경우로 나누어 생각한다. 이때 이차방정식의 근의 공식을 이용하여 직접 해를 구하거나, 판별식을 이용하여 서로 다른 허근의 개수가 2이기 위한 a의 값의 범위를 구한다.

(i) $a=1$일 때,

주어진 방정식은 $(x^2+x+1)^2=0$

이때 방정식 $x^2+x+1=0$의 근은 $x=\dfrac{-1\pm\sqrt{3}i}{2}$

따라서 방정식 $(x^2+x+1)^2=0$의 서로 다른 허근의 개수는 2이다.

(ii) $a\neq1$일 때,

두 이차방정식 $x^2+ax+a=0$, $x^2+x+a=0$의 판별식을 각각 D_1, D_2라 하면

$D_1=a^2-4a$, $D_2=1-4a$

ⓐ $D_1\geq0$, $D_2<0$일 때,

$a^2-4a\geq0$에서 $a(a-4)\geq0$

$\therefore a\leq0$ 또는 $a\geq4$ ...... ㉠

$1-4a<0$에서 $a>\dfrac{1}{4}$ ...... ㉡

㉠, ㉡의 공통부분을 구하면 $a\geq4$

ⓑ $D_1<0$, $D_2\geq0$일 때,

$a^2-4a<0$에서 $a(a-4)<0$

$\therefore 0<a<4$ ...... ㉢

$1-4a\geq0$에서 $a\leq\dfrac{1}{4}$ ...... ㉣

㉢, ㉣의 공통부분을 구하면 $0<a\leq\dfrac{1}{4}$

ⓐ, ⓑ에서 $0<a\leq\dfrac{1}{4}$ 또는 $a\geq4$

(i), (ii)에서 a의 값의 범위는

$0<a\leq\dfrac{1}{4}$ 또는 $a=1$ 또는 $a\geq4$

따라서 $k=\dfrac{1}{4}$, $m=1$, $n=4$이므로

$8k+4m+2n=2+4+8=14$

12 합의 법칙과 곱의 법칙

난이도별 필수 기출 185~192쪽

0887 답 10
지원하는 방법의 수는 $2+3+5=10$

0888 답 ①
두 주사위에서 나오는 눈의 수를 순서쌍으로 나타내면
(i) 눈의 수의 합이 6인 경우
  $(1, 5), (2, 4), (3, 3), (4, 2), (5, 1)$의 5가지
(ii) 눈의 수의 합이 10인 경우
  $(4, 6), (5, 5), (6, 4)$의 3가지
(i), (ii)에서 구하는 경우의 수는
$5+3=8$

0889 답 ②
1부터 50까지의 자연수 중에서 2의 배수는 25개, 5의 배수는 10개이다.
이때 2의 배수이면서 5의 배수인 수, 즉 10의 배수는 5개이다.
따라서 구하는 자연수의 개수는
$25+10-5=30$

0890 답 ⑤
x, y가 음이 아닌 정수이므로 $x+y$가 될 수 있는 값은 0, 1, 2, 3이다.
(i) $x+y=0$일 때, 순서쌍 (x, y)는 $(0, 0)$의 1개
(ii) $x+y=1$일 때, 순서쌍 (x, y)는 $(0, 1), (1, 0)$의 2개
(iii) $x+y=2$일 때, 순서쌍 (x, y)는
  $(0, 2), (1, 1), (2, 0)$의 3개
(iv) $x+y=3$일 때, 순서쌍 (x, y)는
  $(0, 3), (1, 2), (2, 1), (3, 0)$의 4개
(i)~(iv)에서 구하는 순서쌍 (x, y)의 개수는
$1+2+3+4=10$

0891 답 ①
y의 값을 기준으로 경우를 나누어 순서쌍 (x, y)의 개수를 구하면
(i) $y=1$일 때, 순서쌍 (x, y)는
  $(8, 1), (7, 1), \cdots, (1, 1)$의 8개
(ii) $y=2$일 때, 순서쌍 (x, y)는
  $(6, 2), (5, 2), \cdots, (1, 2)$의 6개
(iii) $y=3$일 때, 순서쌍 (x, y)는
  $(4, 3), (3, 3), (2, 3), (1, 3)$의 4개
(iv) $y=4$일 때, 순서쌍 (x, y)는
  $(2, 4), (1, 4)$의 2개
(i)~(iv)에서 구하는 순서쌍 (x, y)의 개수는
$8+6+4+2=20$

0892 답 8
10의 약수 중 두 주사위에서 나오는 눈의 수의 합이 될 수 있는 값은 2, 5, 10이다. ······ ❶
두 주사위에서 나오는 눈의 수를 순서쌍으로 나타내면
(i) 눈의 수의 합이 2인 경우
  $(1, 1)$의 1가지
(ii) 눈의 수의 합이 5인 경우
  $(1, 4), (2, 3), (3, 2), (4, 1)$의 4가지
(iii) 눈의 수의 합이 10인 경우
  $(4, 6), (5, 5), (6, 4)$의 3가지 ······ ❷
(i), (ii), (iii)에서 구하는 경우의 수는
$1+4+3=8$ ······ ❸

채점 기준

❶ 두 눈의 수의 합이 될 수 있는 값 구하기		20 %
❷ 각각의 경우의 수 구하기		60 %
❸ 경우의 수 구하기		20 %

0893 답 ④
$|a-b| \leq 2$이므로 $|a-b|$가 될 수 있는 값은 0, 1, 2이다.
(i) $|a-b|=0$일 때, 순서쌍 (a, b)는
  $(1, 1), (2, 2), (3, 3), (4, 4)$의 4개
(ii) $|a-b|=1$일 때, 순서쌍 (a, b)는
  $(1, 2), (2, 1), (2, 3), (3, 2), (3, 4), (4, 3)$의 6개
(iii) $|a-b|=2$일 때, 순서쌍 (a, b)는
  $(1, 3), (2, 4), (3, 1), (4, 2)$의 4개
(i), (ii), (iii)에서 구하는 경우의 수는 $4+6+4=14$

0894 답 ⑤
a_1의 값에 따른 a_2, a_3의 순서쌍 (a_2, a_3)은
(i) $a_1=1$일 때, $a_2+a_3=2$이므로
  $(1, 1)$의 1개
(ii) $a_1=2$일 때, $a_2+a_3=4$이므로
  $(1, 3), (2, 2), (3, 1)$의 3개
(iii) $a_1=3$일 때, $a_2+a_3=6$이므로
  $(1, 5), (2, 4), (3, 3), (4, 2), (5, 1)$의 5개
(iv) $a_1=4$일 때, $a_2+a_3=8$이므로
  $(2, 6), (3, 5), (4, 4), (5, 3), (6, 2)$의 5개
(v) $a_1=5$일 때, $a_2+a_3=10$이므로
  $(4, 6), (5, 5), (6, 4)$의 3개
(vi) $a_1=6$일 때, $a_2+a_3=12$이므로
  $(6, 6)$의 1개
(i)~(vi)에서 구하는 경우의 수는
$1+3+5+5+3+1=18$

0895 답 4
한 개의 가격이 400원, 800원인 빵을 각각 x개, y개 산다고 하면
$400x+800y=3600$
$\therefore x+2y=9$

이때 x, y는 자연수이므로 이 방정식을 만족시키는 x, y의 값을 순서쌍 (x, y)로 나타내면

$(1, 4), (3, 3), (5, 2), (7, 1)$

따라서 구하는 방법의 수는 4이다.

0896 답 15

꼭짓점 A에서 출발하여 가장 먼저 꼭짓점 B를 거쳐 꼭짓점 E에 도착하는 경우를 수형도로 나타내면 오른쪽과 같다.

같은 방법으로 꼭짓점 A에서 출발하여 가장 먼저 꼭짓점 C 또는 D를 거쳐 꼭짓점 E에 도착하는 경우도 각각 5가지이므로 구하는 경우의 수는

$5 \times 3 = 15$

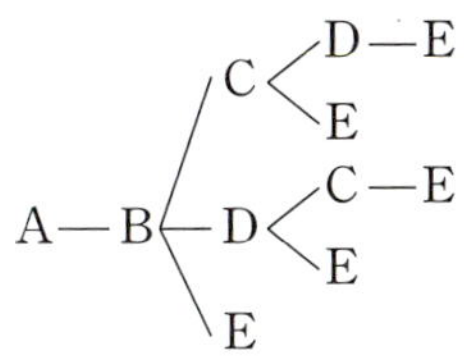

0897 답 ②

y의 값에 따른 x, z의 순서쌍 (x, z)는

(i) $y=1$일 때, $x+z=8$이므로

$(1, 7), (2, 6), (3, 5), (4, 4), (5, 3), (6, 2), (7, 1)$의 7개

(ii) $y=2$일 때, $x+z=6$이므로

$(1, 5), (2, 4), (3, 3), (4, 2), (5, 1)$의 5개

(iii) $y=3$일 때, $x+z=4$이므로

$(1, 3), (2, 2), (3, 1)$의 3개

(iv) $y=4$일 때, $x+z=2$이므로

$(1, 1)$의 1개

(i)~(iv)에서 구하는 순서쌍 (x, y, z)의 개수는

$7+5+3+1=16$

0898 답 ③

36을 소인수분해 하면 $36=2^2 \times 3^2$

즉, 36과 서로소가 아닌 자연수는 2 또는 3을 소인수로 갖는 자연수이므로 2의 배수 또는 3의 배수이다.

1부터 100까지의 자연수 중에서 2의 배수는 50개, 3의 배수는 33개이다.

이때 2의 배수이면서 3의 배수인 수, 즉 6의 배수는 16개이다.

따라서 구하는 자연수의 개수는 $50+33-16=67$

0899 답 ①

이차방정식 $ax^2+6x+b=0$의 판별식을 D라 하면

$\dfrac{D}{4}=9-ab>0$ $\therefore ab<9$

$ab<9$를 만족시키는 순서쌍 (a, b)는

$(1, 1), (1, 2), (1, 3), (1, 4), (1, 5), (2, 1), (2, 2), (2, 3),$
$(2, 4), (3, 1), (3, 2), (4, 1), (4, 2), (5, 1)$의 14개이다.

0900 답 14

z의 값에 따른 x, y의 순서쌍 (x, y)는

(i) $z=0$일 때, $x+2y=11$이므로

$(7, 2), (5, 3), (3, 4), (1, 5)$의 4개

(ii) $z=1$일 때, $x+2y=8$이므로

$(8, 0), (6, 1), (4, 2), (2, 3), (0, 4)$의 5개

(iii) $z=2$일 때, $x+2y=5$이므로

$(5, 0), (3, 1), (1, 2)$의 3개

(iv) $z=3$일 때, $x+2y=2$이므로

$(2, 0), (0, 1)$의 2개

(i)~(iv)에서 구하는 순서쌍 (x, y, z)의 개수는

$4+5+3+2=14$

0901 답 12

100원, 300원, 600원짜리 사탕을 각각 x개, y개, z개 산다고 하면 그 금액의 합이 1500원이므로

$100x+300y+600z=1500$

$\therefore x+3y+6z=15$

따라서 구하는 방법의 수는 이 방정식을 만족시키는 음이 아닌 정수 x, y, z의 순서쌍 (x, y, z)의 개수와 같다.   ······ ❶

z의 값에 따른 x, y의 순서쌍 (x, y)는

(i) $z=0$일 때, $x+3y=15$이므로

$(15, 0), (12, 1), (9, 2), (6, 3), (3, 4), (0, 5)$의 6개

(ii) $z=1$일 때, $x+3y=9$이므로

$(9, 0), (6, 1), (3, 2), (0, 3)$의 4개

(iii) $z=2$일 때, $x+3y=3$이므로

$(3, 0), (0, 1)$의 2개   ······ ❷

(i), (ii), (iii)에서 구하는 방법의 수는

$6+4+2=12$ ······ ❸

채점 기준	
❶ 방정식의 해에 대한 순서쌍으로 생각하기	30 %
❷ $z=0, 1, 2$인 경우로 나누어 순서쌍 (x, y)의 개수 구하기	60 %
❸ 방법의 수 구하기	10 %

0902 답 ③

네 학생 A, B, C, D의 학생증을 각각 a, b, c, d라 할 때, 네 학생이 모두 자신의 것이 아닌 학생증을 받는 경우를 수형도로 나타내면 오른쪽과 같다.

따라서 구하는 경우의 수는 9이다.

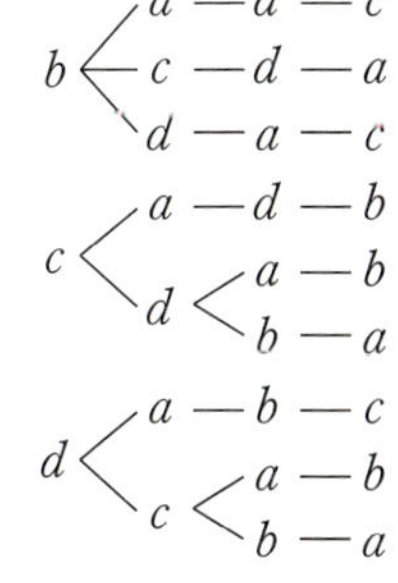

0903 답 9

$a_2=2$, $a_k \neq k\,(k=1, 3, 4, 5)$를 만족시키는 경우를 수형도로 나타내면 오른쪽과 같다.

따라서 구하는 자연수의 개수는 9이다.

0904 답 17

함수 $y=x^2$의 그래프와 직선 $y=ax-b$가 서로 다른 두 점에서 만나면 이차방정식 $x^2=ax-b$, 즉 $x^2-ax+b=0$이 서로 다른 두 실근을 갖는다.

이 이차방정식의 판별식을 D라 할 때

$$D=a^2-4b>0 \qquad \therefore a^2>4b \qquad \cdots\cdots ⓐ$$

b의 값에 따른 a, b의 순서쌍 (a, b)는

(i) $b=1$일 때, $a^2>4$이므로

  $(3, 1)$, $(4, 1)$, $(5, 1)$, $(6, 1)$의 4개

(ii) $b=2$일 때, $a^2>8$이므로

  $(3, 2)$, $(4, 2)$, $(5, 2)$, $(6, 2)$의 4개

(iii) $b=3$일 때, $a^2>12$이므로

  $(4, 3)$, $(5, 3)$, $(6, 3)$의 3개

(iv) $b=4$일 때, $a^2>16$이므로

  $(5, 4)$, $(6, 4)$의 2개

(v) $b=5$일 때, $a^2>20$이므로

  $(5, 5)$, $(6, 5)$의 2개

(vi) $b=6$일 때, $a^2>24$이므로

  $(5, 6)$, $(6, 6)$의 2개 $\qquad \cdots\cdots ⓑ$

(i)~(vi)에서 구하는 순서쌍 (a, b)의 개수는

$$4+4+3+2+2+2=17 \qquad \cdots\cdots ⓒ$$

채점 기준	
ⓐ a, b 사이의 관계식 구하기	20 %
ⓑ b의 값의 경우를 나누어 순서쌍 (a, b)의 개수 각각 구하기	60 %
ⓒ 순서쌍 (a, b)의 개수 구하기	20 %

0905 답 12

$a\geq b\geq c$이고, $a+b+c=24$이므로 $a\geq 8$ $\qquad \cdots\cdots ㉠$

삼각형의 두 변의 길이의 합은 나머지 한 변의 길이보다 길어야 하므로 $b+c>a$

이때 $b+c=24-a$이므로 $24-a>a$ $\qquad \therefore a<12 \qquad \cdots\cdots ㉡$

㉠, ㉡에서 $8\leq a<12$ $\qquad \cdots\cdots ⓐ$

a의 값에 따른 b, c의 순서쌍 (b, c)는

(i) $a=8$일 때, $8\geq b\geq c$이고, $b+c=16$이므로

  $(8, 8)$의 1개

(ii) $a=9$일 때, $9\geq b\geq c$이고, $b+c=15$이므로

  $(9, 6)$, $(8, 7)$의 2개

(iii) $a=10$일 때, $10\geq b\geq c$이고, $b+c=14$이므로

  $(10, 4)$, $(9, 5)$, $(8, 6)$, $(7, 7)$의 4개

(iv) $a=11$일 때, $11\geq b\geq c$이고, $b+c=13$이므로

  $(11, 2)$, $(10, 3)$, $(9, 4)$, $(8, 5)$, $(7, 6)$의 5개 $\qquad \cdots\cdots ⓑ$

(i)~(iv)에서 구하는 삼각형의 개수는

$$1+2+4+5=12 \qquad \cdots\cdots ⓒ$$

채점 기준	
ⓐ a의 값의 범위 구하기	30 %
ⓑ a의 값의 경우를 나누어 순서쌍 (b, c)의 개수 각각 구하기	60 %
ⓒ 삼각형의 개수 구하기	10 %

0906 답 ②

500 이하의 자연수 중에서 7의 배수는

7, 14, 21, …, 497의 71개

500 이하의 자연수 중에서 5로 나누었을 때의 나머지가 4인 자연수는

4, 9, 14, …, 499의 100개

500 이하의 자연수 중에서 7의 배수이면서 5로 나누었을 때의 나머지가 4인 자연수는

14, 49, 84, …, 469의 14개

따라서 구하는 자연수의 개수는

$$500-(71+100-14)=343$$

참고 7의 배수이면서 5로 나누었을 때의 나머지가 4인 자연수는

$35m+14$ (m은 음이 아닌 정수) 꼴이다.

0907 답 ②

이차방정식 $x^2+ax+b=0$의 판별식을 D_1이라 하면

$$D_1=a^2-4b<0 \qquad \therefore a^2<4b \qquad \cdots\cdots ㉠$$

이차방정식 $x^2+4x+b=0$의 판별식을 D_2라 하면

$$\frac{D_2}{4}=4-b\geq 0 \qquad \therefore b\leq 4$$

이때 b는 6 이하의 자연수이므로 $b=1, 2, 3, 4$

b의 값에 따른 a, b의 순서쌍 (a, b)는

(i) $b=1$일 때, ㉠에서 $a^2<4$이므로

  $(1, 1)$의 1개

(ii) $b=2$일 때, ㉠에서 $a^2<8$이므로

  $(1, 2)$, $(2, 2)$의 2개

(iii) $b=3$일 때, ㉠에서 $a^2<12$이므로

  $(1, 3)$, $(2, 3)$, $(3, 3)$의 3개

(iv) $b=4$일 때, ㉠에서 $a^2<16$이므로

  $(1, 4)$, $(2, 4)$, $(3, 4)$의 3개

(i)~(iv)에서 구하는 순서쌍 (a, b)의 개수는

$$1+2+3+3=9$$

0908 답 ④

m의 값에 따른 m, n의 순서쌍 (m, n)은

(i) $m=1$일 때,

  n이 어떤 자연수의 네제곱이어야 하므로

  $(1, 1)$, $(1, 16)$의 2개

(ii) $m=2$일 때, $n^2=●^4$

  n이 어떤 자연수의 제곱이어야 하므로

  $(2, 1)$, $(2, 4)$, $(2, 9)$, $(2, 16)$의 4개

(iii) $m=3$일 때, $n^3=●^4$

  n이 어떤 자연수의 네제곱이어야 하므로

  $(3, 1)$, $(3, 16)$의 2개

(iv) $m=4$일 때, $n^4=●^4$

  n은 자연수이므로

  $(4, 1)$, $(4, 2)$, $(4, 3)$, …, $(4, 16)$의 16개

(i)~(iv)에서 구하는 순서쌍 (m, n)의 개수는

$$2+4+2+16=24$$

0909 답 ⑤

$a\geq-2$, $c\geq4$에서 $a+c\geq-2+4=2$ ······ ㉠
$a-2b+c=6$에서 $a+c=2b+6$ ······ ㉡
㉠, ㉡에서 $2b+6\geq2$이므로 $b\geq-2$
또한 $b\leq2$이므로 $-2\leq b\leq2$
b의 값에 따른 a, c의 순서쌍 (a, c)는

(ⅰ) $b=-2$일 때, ㉡에서 $a+c=2$이므로
　$(-2, 4)$의 1개
(ⅱ) $b=-1$일 때, ㉡에서 $a+c=4$이므로
　$(-2, 6)$, $(-1, 5)$, $(0, 4)$의 3개
(ⅲ) $b=0$일 때, ㉡에서 $a+c=6$이므로
　$(-2, 8)$, $(-1, 7)$, $(0, 6)$, $(1, 5)$, $(2, 4)$의 5개
(ⅳ) $b=1$일 때, ㉡에서 $a+c=8$이므로
　$(-2, 10)$, $(-1, 9)$, $(0, 8)$, $(1, 7)$, $(2, 6)$,
　$(3, 5)$, $(4, 4)$의 7개
(ⅴ) $b=2$일 때, ㉡에서 $a+c=10$이므로
　$(-2, 12)$, $(-1, 11)$, $(0, 10)$, $(1, 9)$, $(2, 8)$,
　$(3, 7)$, $(4, 6)$, $(5, 5)$, $(6, 4)$의 9개
(ⅰ)~(ⅴ)에서 구하는 순서쌍 (a, b, c)의 개수는
$1+3+5+7+9=25$

0910 답 9

두 자연수의 백의 자리의 숫자의 합을 a, 십의 자리의 숫자의 합을
b, 일의 자리의 숫자의 합을 c라 하면 두 수의 합은
$100a+10b+c<500$

(ⅰ) $a=3=1+2$일 때,
　b는 1, 2를 제외한 3, 4, 5, 6에서 두 수를 뽑아 합한 값이 된다.
　즉, 7, 8, 9, 10, 11이 될 수 있고 a, b의 값이 정해지면 c의 값도
　정해지므로 경우의 수는 5이다.
(ⅱ) $a=4=1+3$일 때,
　b는 1, 3을 제외한 2, 4, 5, 6에서 두 수를 뽑아 합한 값이 된다.
　즉, 6, 7, 8, 9, 10, 11이 될 수 있는데 10과 11이 되는 경우 합
　이 500보다 커지므로 제외해야 한다.
　또 a, b의 값이 정해지면 c의 값도 정해지므로 경우의 수는 4이
　다.
(ⅰ), (ⅱ)에서 합이 500보다 작은 경우의 수는
$5+4=9$

0911 답 ⑤

한 개의 동전에서 나오는 경우의 수는 2, 한 개의 주사위에서 나오
는 경우의 수는 6이므로 구하는 경우의 수
$2\times2\times6\times6=144$

0912 답 45

백의 자리에 올 수 있는 숫자는 3, 6, 9의 3개
십의 자리에 올 수 있는 숫자는 1, 2, 4의 3개
일의 자리에 올 수 있는 숫자는 1, 3, 5, 7, 9의 5개
따라서 구하는 자연수의 개수는
$3\times3\times5=45$

0913 답 ④

$72=2^3\times3^2$이므로 72의 약수의 개수는
$(3+1)\times(2+1)=12$　∴ $a=12$
$189=3^3\times7$이므로 189의 약수의 개수는
$(3+1)\times(1+1)=8$　∴ $b=8$
∴ $a+b=12+8=20$

> ✓ 중1 다시보기
>
> 자연수 A가
> $$A=a^m\times b^n\times c^l$$
> 　　　　　(a, b, c는 서로 다른 소수, m, n, l은 자연수)
> 으로 소인수분해 될 때,
> $$A의 약수 \Rightarrow (a^m의 약수)\times(b^n의 약수)\times(c^l의 약수) 꼴$$
> 이므로 A의 약수의 개수는 $(m+1)\times(n+1)\times(l+1)$이다.

0914 답 ②

㈎에서 일의 자리에 올 수 있는 숫자는 0, 2, 4, 6, 8의 5개
㈏에서 십의 자리에 올 수 있는 숫자는 1, 2, 3, 6의 4개
따라서 구하는 자연수의 개수는
$5\times4=20$

0915 답 5

희연이가 커피와 케이크를 주문하는 경우의 수는 $n\times4=4n$
동균이가 커피와 케이크를 주문하는 경우의 수는
$(n-1)\times3=3(n-1)$
$4n\times3(n-1)=240$이므로
$n^2-n-20=0$, $(n+4)(n-5)=0$
∴ $n=5$ (∵ n은 자연수)

0916 답 ②

$(a+b)(p+q)(x+y+z)$에서 a, b에 곱해지는 항이 각각 p, q의
2개이고, 그 각각에 대하여 곱해지는 항이 각각 x, y, z의 3개이므
로 구하는 항의 개수는
$2\times2\times3=12$

0917 답 ①

$4^k\times7^3=2^{2k}\times7^3$의 약수의 개수는
$(2k+1)\times(3+1)=36$
$2k+1=9$　∴ $k=4$

0918 답 ③

(ⅰ) A → B → C → D로 가는 경우의 수는
　$2\times2\times1=4$
(ⅱ) A → C → B → D로 가는 경우의 수는
　$3\times2\times3=18$
(ⅰ), (ⅱ)에서 구하는 경우의 수는
$4+18=22$

0919 답 ④

A에 칠할 수 있는 색은 4가지
C에 칠할 수 있는 색은 A에 칠한 색을 제외한 3가지
B에 칠할 수 있는 색은 A와 C에 칠한 색을 제외한 2가지
D에 칠할 수 있는 색은 A와 C에 칠한 색을 제외한 2가지
이므로 구하는 경우의 수는
$4 \times 3 \times 2 \times 2 = 48$

0920 답 ①

$108 = 2^2 \times 3^3$과 $360 = 2^3 \times 3^2 \times 5$의 최대공약수는 $2^2 \times 3^2$
108과 360의 공약수의 개수는 $2^2 \times 3^2$의 약수의 개수와 같으므로
$(2+1) \times (2+1) = 9$

> ✔ 중1 다시보기
>
> (1) 두 개 이상의 자연수의 공약수는 그 수들의 최대공약수의 약수이다.
> (2) 자연수가 소인수분해 된 꼴로 주어졌을 때, 최대공약수와 최소공배수는 소인수의 지수끼리 비교하여 다음과 같이 구한다.
>   ① 최대공약수 ➡ 공통인 소인수 중 지수가 작거나 같은 것을 택한다.
>   ② 최소공배수 ➡ 공통인 소인수 중 지수가 크거나 같은 것을 택하고, 공통이 아닌 소인수도 모두 곱한다.

0921 답 9

$(x+y)^2(a+b+c) = (x^2+2xy+y^2)(a+b+c)$
이때 x^2, $2xy$, y^2에 곱해지는 항이 각각 a, b, c의 3개이므로 구하는 항의 개수는
$3 \times 3 = 9$

참고 두 다항식 A, B의 각 항의 문자가 모두 다를 때, 다항식 AB의 전개식의 항의 개수는
➡ (A의 항의 개수) × (B의 항의 개수)

0922 답 ⑤

(ⅰ) A → B → C → A로 가는 경우의 수는
  $3 \times 4 \times 2 = 24$
(ⅱ) A → C → B → A로 가는 경우의 수는
  $2 \times 4 \times 3 = 24$
(ⅰ), (ⅱ)에서 구하는 경우의 수는
$24 + 24 = 48$

0923 답 ③

10000원짜리 지폐 1장으로 지불할 수 있는 금액과 5000원짜리 지폐 2장으로 지불할 수 있는 금액은 같다.
즉, 10000원짜리 지폐 1장을 5000원짜리 지폐 2장으로 생각하면 구하는 금액의 수는 1000원짜리 지폐 2장, 5000원짜리 지폐 5장으로 지불할 수 있는 금액의 수와 같다.

1000원짜리 지폐 2장으로 지불할 수 있는 금액은
0원, 1000원, 2000원으로 그 금액의 수는 3
5000원짜리 지폐 5장으로 지불할 수 있는 금액은
0원, 5000원, 10000원, 15000원, 20000원, 25000원으로 그 금액의 수는 6
이때 0원을 지불하는 경우는 제외하므로 구하는 금액의 수는
$3 \times 6 - 1 = 17$

참고 금액이 중복되는 경우 m원짜리 지폐 1장으로 지불할 수 있는 금액과 n원짜리 지폐 p장으로 지불할 수 있는 금액이 같으면 m원짜리 지폐 1장을 n원짜리 지폐 p장으로 바꾸어 생각할 수 있다. (단, n원짜리 지폐의 수가 p 이상일 때만 가능하다.)
따라서 이 문제에서 10000원짜리 지폐 1장을 5000원짜리 지폐 2장으로 바꾸어 생각할 수 있다. 하지만 1000원짜리 지폐의 수가 5000원짜리 지폐 1장을 1000원짜리로 바꾸는 5장보다 작으므로 5000원짜리 지폐는 1000원짜리 지폐로 바꾸어 생각하면 안 된다.

0924 답 ④

십의 자리의 숫자와 일의 자리의 숫자의 합이 짝수인 경우는 두 자리의 숫자가 모두 짝수이거나 모두 홀수인 경우이다.
두 자리의 숫자가 모두 짝수인 자연수의 개수는
$4 \times 5 = 20$
두 자리의 숫자가 모두 홀수인 자연수의 개수는
$5 \times 5 = 25$
따라서 구하는 자연수의 개수는
$20 + 25 = 45$

0925 답 ②

C에 칠할 수 있는 색은 5가지
A에 칠할 수 있는 색은 C에 칠한 색을 제외한 4가지
B에 칠할 수 있는 색은 A, C에 칠한 색을 제외한 3가지
E에 칠할 수 있는 색은 B, C에 칠한 색을 제외한 3가지
D에 칠할 수 있는 색은 C, E에 칠한 색을 제외한 3가지
따라서 구하는 경우의 수는
$5 \times 4 \times 3 \times 3 \times 3 = 540$

0926 답 28

540을 소인수분해 하면
$540 = 2^2 \times 3^3 \times 5$ …… ⅰ
짝수는 2를 인수로 가지므로 540의 약수 중 짝수의 개수는
$2 \times 3^3 \times 5$의 약수의 개수와 같다.
$\therefore a = (1+1) \times (3+1) \times (1+1) = 16$ …… ⅱ
9의 배수는 3^2을 인수로 가지므로 540의 약수 중 9의 배수의 개수는
$2^2 \times 3 \times 5$의 약수의 개수와 같다.
$\therefore b = (2+1) \times (1+1) \times (1+1) = 12$ …… ⅲ
$\therefore a + b = 16 + 12 = 28$ …… ⅳ

채점 기준	
ⅰ 540을 소인수분해 하기	10%
ⅱ a의 값 구하기	40%
ⅲ b의 값 구하기	40%
ⅳ $a+b$의 값 구하기	10%

0927 답 ②

(ⅰ) A와 C에 같은 색을 칠하는 경우

A에 칠할 수 있는 색은 4가지

B에 칠할 수 있는 색은 A에 칠한 색을 제외한 3가지

C에 칠할 수 있는 색은 A에 칠한 색과 같은 색이므로 1가지

D에 칠할 수 있는 색은 A(C)에 칠한 색을 제외한 3가지

따라서 칠하는 경우의 수는

$4 \times 3 \times 1 \times 3 = 36$

(ⅱ) A와 C에 다른 색을 칠하는 경우

A에 칠할 수 있는 색은 4가지

B에 칠할 수 있는 색은 A에 칠한 색을 제외한 3가지

C에 칠할 수 있는 색은 A와 B에 칠한 색을 제외한 2가지

D에 칠할 수 있는 색은 A와 C에 칠한 색을 제외한 2가지

따라서 칠하는 경우의 수는

$4 \times 3 \times 2 \times 2 = 48$

(ⅰ), (ⅱ)에서 구하는 경우의 수는

$36 + 48 = 84$

다른 풀이

(ⅰ) 모두 다른 색을 칠하는 경우의 수는

$4 \times 3 \times 2 \times 1 = 24$

(ⅱ) A와 C에만 같은 색을 칠하는 경우의 수는

$4 \times 3 \times 2 = 24$

(ⅲ) B와 D에만 같은 색을 칠하는 경우의 수는

$4 \times 3 \times 2 = 24$

(ⅳ) A와 C, B와 D에 각각 같은 색을 칠하는 경우의 수는

$4 \times 3 = 12$

(ⅰ)~(ⅳ)에서 구하는 경우의 수는

$24 + 24 + 24 + 12 = 84$

0928 답 67

구하는 자연수의 개수는 $2^2 \times 3^3 \times 5^2 \times 7$의 약수의 개수에서

1, 2, 3, 5, 7의 5개를 제외한 것과 같다.

$2^2 \times 3^3 \times 5^2 \times 7$의 약수의 개수는

$(2+1) \times (3+1) \times (2+1) \times (1+1) = 72$

따라서 구하는 자연수의 개수는

$72 - 5 = 67$

0929 답 4

B 지점과 D 지점을 연결하는 x개의 도로를 추가한다고 하면

(ⅰ) A → B → C로 가는 경우의 수는 $2 \times 1 = 2$

(ⅱ) A → D → C로 가는 경우의 수는 $3 \times 2 = 6$

(ⅲ) A → B → D → C로 가는 경우의 수는 $2 \times x \times 2 = 4x$

(ⅳ) A → D → B → C로 가는 경우의 수는 $3 \times x \times 1 = 3x$

(ⅰ)~(ⅳ)에서 A 지점에서 출발하여 C 지점으로 가는 경우의 수

$2 + 6 + 4x + 3x = 7x + 8$

즉, $7x + 8 = 36$이므로 $7x = 28$

$\therefore x = 4$

따라서 추가해야 하는 도로의 개수는 4이다.

0930 답 135

$abc + a + b + c$의 값이 짝수가 되는 경우는 a, b, c가

모두 짝수이거나 또는 모두 홀수이거나

또는 두 수는 홀수이고 한 수는 짝수인 경우이다.

(ⅰ) a, b, c가 모두 짝수인 경우

a, b, c가 될 수 있는 수는 모두 2, 4, 6의 3가지이므로

a, b, c가 모두 짝수인 경우의 수는

$3 \times 3 \times 3 = 27$

(ⅱ) a, b, c가 모두 홀수인 경우

a, b, c가 될 수 있는 수는 모두 1, 3, 5의 3가지이므로

a, b, c가 모두 홀수인 경우의 수는

$3 \times 3 \times 3 = 27$

(ⅲ) a, b, c 중 두 수는 홀수이고 한 수는 짝수인 경우

a, b, c 중 짝수를 정하는 경우의 수는 3이고 a, b, c가 될 수 있

는 수를 정하는 경우의 수는 각각 3이므로

a, b, c 중 두 수는 홀수이고 한 수는 짝수인 경우의 수는

$3 \times 3 \times 3 \times 3 = 81$

(ⅰ), (ⅱ), (ⅲ)에서 구하는 경우의 수는

$27 + 27 + 81 = 135$

다른 풀이

$abc + a + b + c$의 값이 짝수가 되는 경우의 수는 한 개의 주사위를

세 번 던져서 나오는 모든 경우의 수에서 $abc + a + b + c$의 값이 홀

수가 되는 경우의 수를 뺀 것과 같다.

한 개의 주사위를 세 번 던져서 나오는 모든 경우의 수는

$6 \times 6 \times 6 = 216$

$abc + a + b + c$의 값이 홀수가 되는 경우는 a, b, c 중 두 수는 짝수

이고 한 수는 홀수인 경우이다. a, b, c 중 홀수를 정하는 경우의 수

는 3이고 a, b, c가 될 수 있는 수를 정하는 경우의 수는 각각 3이므

로 $abc + a + b + c$의 값이 홀수가 되는 경우의 수는

$3 \times 3 \times 3 \times 3 = 81$

따라서 구하는 경우의 수는

$216 - 81 = 135$

0931 답 ④

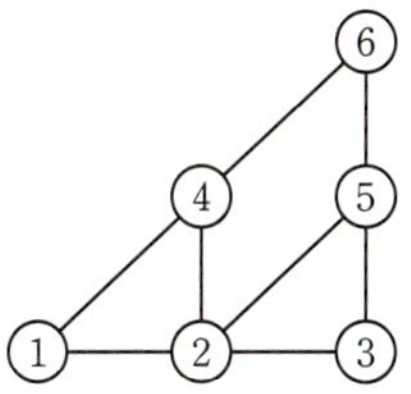

오른쪽 그림과 같이 6개의 섬에 번호를 부

여하면 ②번 섬은 다른 4개의 섬과 다리로

연결되어 있으므로 ②번 섬에 세우는 깃발

의 색을 먼저 정한다.

②번 섬에 세우는 깃발과 같은 색의 다른

깃발은 항상 ⑥번 섬에 세워야 한다.

남은 두 색의 깃발 중 한 가지 색을 선택하면 ①번 섬에 깃발을 세

우는 경우의 수는 2이다.

①번 섬에 세우는 깃발과 같은 색의 다른 깃발은 ③번 또는 ⑤번

섬에 세워야 하고, 두 섬 중 한 섬을 선택하는 경우의 수는 2이다.

나머지 두 섬에는 남은 깃발을 세운다.

따라서 섬에 깃발을 세우는 경우의 수는

$3 \times 2 \times 2 = 12$

0932 답 72

오른쪽 그림과 같이 각 정사각형을 A, B,
C, D, E, F라 하자.
(i) B와 C에 같은 색을 칠하는 경우
    A에 칠할 수 있는 색은 3가지
    B와 C에 칠할 수 있는 색은 A에 칠한
    색을 제외한 2가지
    D에 칠할 수 있는 색은 B, C에 칠한 색을 제외한 2가지
    E에 칠할 수 있는 색은 C에 칠한 색을 제외한 2가지
    F에 칠할 수 있는 색은 B에 칠한 색을 제외한 2가지
    따라서 칠하는 경우의 수는
    $3 \times 2 \times 2 \times 2 \times 2 = 48$
(ii) B와 C에 다른 색을 칠하는 경우
    A에 칠할 수 있는 색은 3가지
    B에 칠할 수 있는 색은 A에 칠한 색을 제외한 2가지
    C에 칠할 수 있는 색은 A, B에 칠한 색을 제외한 1가지
    D에 칠할 수 있는 색은 B, C에 칠한 색을 제외한 1가지
    E에 칠할 수 있는 색은 C에 칠한 색을 제외한 2가지
    F에 칠할 수 있는 색은 B에 칠한 색을 제외한 2가지
    따라서 칠하는 경우의 수는
    $3 \times 2 \times 1 \times 1 \times 2 \times 2 = 24$
(i), (ii)에서 구하는 경우의 수는
$48 + 24 = 72$

0933 답 ⑤

숫자 3을 일의 자리 또는 십의 자리 또는 백의 자리에 쓰는 경우로
각각 나누어 쓰는 횟수를 구해 보자.
(i) 숫자 3을 일의 자리에 쓰는 경우
    ① 한 자리의 수일 때, 그 횟수는 3의 1
    ② 두 자리의 수일 때,
        십의 자리에 올 수 있는 숫자는
        1, 2, 3, …, 9의 9개
        일의 자리에 올 수 있는 숫자는 3의 1개
        $\therefore 9 \times 1 = 9$
    ③ 세 자리의 수일 때,
        백의 자리에 올 수 있는 숫자는
        1, 2, 3, 4, 5, 6의 6개
        십의 자리에 올 수 있는 숫자는
        0, 1, 2, …, 9의 10개
        일의 자리에 올 수 있는 숫자는 3의 1개
        $\therefore 6 \times 10 \times 1 = 60$
    ①, ②, ③에서 숫자 3을 일의 자리에 쓰는 횟수는
    $1 + 9 + 60 = 70$
(ii) 숫자 3을 십의 자리에 쓰는 경우
    ① 두 자리의 수일 때,
        십의 자리에 올 수 있는 숫자는 3의 1개
        일의 자리에 올 수 있는 숫자는
        0, 1, 2, …, 9의 10개
        $\therefore 1 \times 10 = 10$

    ② 세 자리의 수일 때,
        백의 자리에 올 수 있는 숫자는 1, 2, 3, 4, 5, 6의 6개
        십의 자리에 올 수 있는 숫자는 3의 1개
        일의 자리에 올 수 있는 숫자는
        0, 1, 2, …, 9의 10개
        $\therefore 6 \times 1 \times 10 = 60$
    ①, ②에서 숫자 3을 십의 자리에 쓰는 횟수는
    $10 + 60 = 70$
(iii) 숫자 3을 백의 자리에 쓰는 경우
    백의 자리에 올 수 있는 숫자는 3의 1개
    십의 자리에 올 수 있는 숫자는
    0, 1, 2, …, 9의 10개
    일의 자리에 올 수 있는 숫자는
    0, 1, 2, …, 9의 10개
    $\therefore 1 \times 10 \times 10 = 100$
(i), (ii), (iii)에서 숫자 3을 쓰는 총 횟수는
$70 + 70 + 100 = 240$

0934 답 ③

전략 순서쌍 $(|x|, |y|, |z|)$가 될 수 있는 경우를 먼저 구한 후 0
을 포함하는 경우와 포함하지 않는 경우로 나누어 각각의 순서쌍의 개
수를 구한다.

주어진 조건을 만족시키는 순서쌍 $(|x|, |y|, |z|)$는
$(11, 1, 0), (10, 2, 0), (9, 3, 0), (8, 4, 0), (7, 5, 0),$
$(9, 2, 1), (8, 3, 1), (7, 4, 1), (6, 5, 1), (7, 3, 2),$
$(6, 4, 2), (5, 4, 3)$
(i) 0을 포함하는 경우
    $(11, 1, 0), (10, 2, 0), (9, 3, 0), (8, 4, 0), (7, 5, 0)$의 5개
    이때 $(|x|, |y|, |z|) = (a, b, 0)$ 꼴에서 (x, y, z)는
    $(a, b, 0), (a, -b, 0), (-a, b, 0), (-a, -b, 0)$의 4개가
    있다.
    따라서 0을 포함하는 순서쌍 (x, y, z)의 개수는
    $5 \times 4 = 20$
(ii) 0을 포함하지 않는 경우
    $(9, 2, 1), (8, 3, 1), (7, 4, 1), (6, 5, 1), (7, 3, 2),$
    $(6, 4, 2), (5, 4, 3)$의 7개
    이때 $(|x|, |y|, |z|) = (a, b, c)$ 꼴에서 (x, y, z)는
    $(a, b, c), (a, b, -c), (a, -b, c), (-a, b, c),$
    $(a, -b, -c), (-a, b, -c), (-a, -b, c),$
    $(-a, -b, -c)$의 8개가 있다.
    따라서 0을 포함하지 않는 순서쌍 (x, y, z)의 개수는
    $7 \times 8 = 56$
(i), (ii)에서 구하는 순서쌍 (x, y, z)의 개수는
$20 + 56 = 76$

0935 답 ①

전략 $a_1=2$, $a_1=3$, $a_1=4$, $a_1=5$인 경우로 나누어 수형도를 이용하여 자연수의 개수를 구한다.

오른쪽 수형도를 이용하면 $a_1=2$일 때, 조건을 만족시키는 자연수의 개수는 11이다.

같은 방법으로 수형도를 이용하면 $a_1=3$, $a_1=4$, $a_1=5$일 때 조건을 만족시키는 자연수의 개수는 각각 11이다.

따라서 구하는 자연수의 개수는

$11 \times 4 = 44$

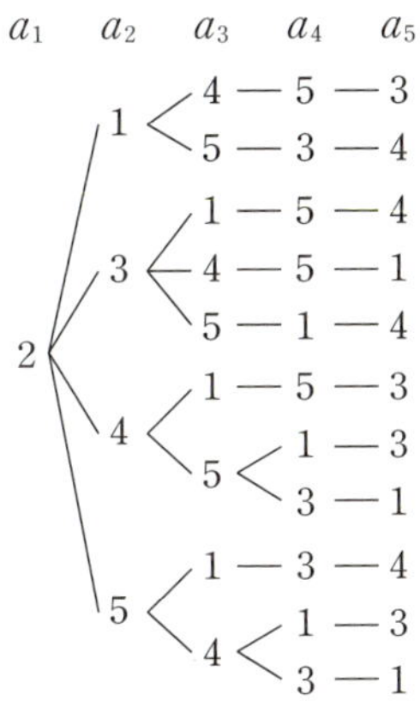

참고 $a_1=3$, $a_1=4$, $a_1=5$일 때의 수형도는 다음과 같다.

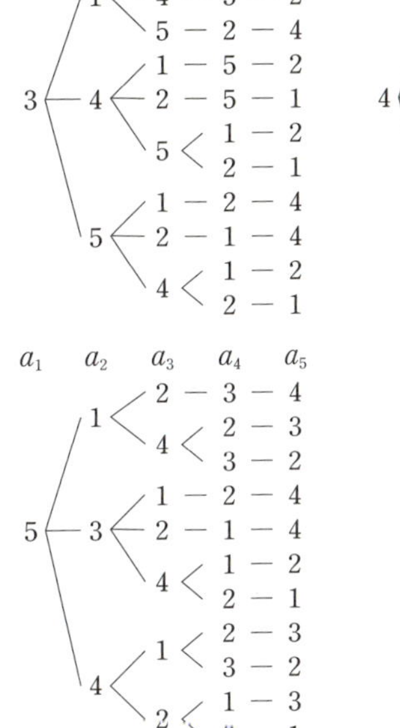

0936 답 ⑤

전략 2^m의 일의 자리의 숫자와 3^n의 일의 자리의 숫자가 각각 반복됨을 이용하여 그 합의 일의 자리의 숫자가 3이 되는 경우의 수를 구한다.

2^m의 일의 자리의 숫자는 2, 4, 8, 6이 반복되고,

3^n의 일의 자리의 숫자는 3, 9, 7, 1이 반복된다.

2^m+3^n의 일의 자리의 숫자가 3이 되는 경우는

(i) 일의 자리의 숫자가 2^m은 2이고, 3^n은 1인 경우

2^m의 일의 자리의 숫자가 2일 때 m의 값은

1, 5, 9, …, 29의 8가지

3^n의 일의 자리의 숫자가 1일 때 n의 값은

4, 8, 12, …, 28의 7가지

따라서 2^m+3^n의 일의 자리의 숫자가 3이 되는 경우의 수는

$8 \times 7 = 56$

(ii) 일의 자리의 숫자가 2^m은 4이고, 3^n은 9인 경우

2^m의 일의 자리의 숫자가 4일 때 m의 값은

2, 6, 10, …, 30의 8가지

3^n의 일의 자리의 숫자가 9일 때 n의 값은

2, 6, 10, …, 30의 8가지

따라서 2^m+3^n의 일의 자리의 숫자가 3이 되는 경우의 수는

$8 \times 8 = 64$

(iii) 일의 자리의 숫자가 2^m은 6이고, 3^n은 7인 경우

2^m의 일의 자리의 숫자가 6일 때 m의 값은

4, 8, 12, …, 28의 7가지

3^n의 일의 자리의 숫자가 7일 때 n의 값은

3, 7, 11, …, 27의 7가지

따라서 2^m+3^n의 일의 자리의 숫자가 3이 되는 경우의 수는

$7 \times 7 = 49$

(i), (ii), (iii)에서 구하는 경우의 수는

$56+64+49=169$

0937 답 ②

전략 조건 A를 만족시키는 경우의 수를 구하기 어려울 때에는 모든 경우의 수에서 조건 A를 만족시키지 않는 경우의 수를 빼서 구한다.

$$\begin{cases} x^2+ax-y=0 & \cdots\cdots \ \text{㉠} \\ bx+y+c=0 & \cdots\cdots \ \text{㉡} \end{cases}$$

㉠+㉡을 하면

$x^2+(a+b)x+c=0$

이 이차방정식이 실수인 해를 가져야 하므로 판별식을 D라 하면

$D=(a+b)^2-4c \geq 0$

$\therefore (a+b)^2 \geq 4c \quad \cdots\cdots \ \text{㉢}$

이때 ㉢을 만족시키는 경우의 수는 모든 경우의 수에서

$(a+b)^2 < 4c$를 만족시키는 경우의 수를 뺀 것과 같다.

c의 값에 따른 $(a+b)^2 < 4c$를 만족시키는 a, b의 순서쌍 (a, b)를 구하면

(i) $c=1$일 때, $(a+b)^2<4$를 만족시키는 a, b는 존재하지 않는다.

(ii) $c=2$일 때, $(a+b)^2<8$이므로

$(1, 1)$의 1개

(iii) $c=3$일 때, $(a+b)^2<12$이므로

$(1, 1)$, $(1, 2)$, $(2, 1)$의 3개

(iv) $c=4$일 때, $(a+b)^2<16$이므로

$(1, 1)$, $(1, 2)$, $(2, 1)$의 3개

(v) $c=5$일 때, $(a+b)^2<20$이므로

$(1, 1)$, $(1, 2)$, $(1, 3)$, $(2, 1)$, $(2, 2)$, $(3, 1)$의 6개

(vi) $c=6$일 때, $(a+b)^2<24$이므로

$(1, 1)$, $(1, 2)$, $(1, 3)$, $(2, 1)$, $(2, 2)$, $(3, 1)$의 6개

(i)~(vi)에서 $(a+b)^2<4c$를 만족시키는 경우의 수는

$1+3+3+6+6=19$

한 개의 주사위를 세 번 던져서 a, b, c를 정하는 모든 경우의 수는

$6 \times 6 \times 6 = 216$이므로 구하는 경우의 수는

$216-19=197$

0938 답 ⑤

구하는 경우의 수는 6명의 학생을 일렬로 세우는 경우의 수와 같으므로

$6!=720$

0939 답 ⑤

$_7\mathrm{P}_3=210$

0940 답 **990**

서로 다른 11개에서 3개를 택하는 순열의 수와 같으므로

$_{11}\mathrm{P}_3=990$

0941 답 ②

D 칸에 올 수 있는 수는 2, 4, 6이므로 3개이다.

그 각각에 대하여 D 칸에 적은 수를 제외한 나머지 5개의 수 중에서 3개를 택하여 3개의 칸 A, B, C에 적는 방법의 수는 $_5\mathrm{P}_3=60$

따라서 구하는 방법의 수는

$3\times 60=180$

0942 답 **10**

n명 중에서 3명을 택하는 순열의 수가 720이므로 $_n\mathrm{P}_3=720$

$720=10\times 9\times 8$이므로

$n(n-1)(n-2)=10\times 9\times 8$

$\therefore n=10\,(\because n$은 자연수$)$

0943 답 **12**

첫 번째 발표회에서 발표 순서를 정하는 경우의 수는 $3!=6$

두 번째 발표회에서 발표 순서를 정하는 경우의 수는 $2!=2$

따라서 전체 발표 순서를 정하는 경우의 수는

$6\times 2=12$

0944 답 **240**

정민이와 지은이 사이에 5명이 일렬로 서는 경우의 수는 $5!=120$

정민이와 지은이가 자리를 바꾸는 경우의 수는 $2!=2$

따라서 구하는 경우의 수는

$120\times 2=240$

0945 답 ⑤

여학생 2명을 한 명으로 생각하여 남학생 4명과 일렬로 세우는 경우의 수는 $5!=120$

여학생끼리 자리를 바꾸는 경우의 수는 $2!=2$

따라서 구하는 경우의 수는

$120\times 2=240$

0946 답 ④

주장이 첫 번째 순서에 공을 찰 때, 나머지 4명의 선수의 순서를 정하는 경우의 수는

$_8\mathrm{P}_4=1680$

주장이 다섯 번째 순서에 공을 찰 때, 나머지 4명의 선수의 순서를 정하는 경우의 수는

$_8\mathrm{P}_4=1680$

따라서 구하는 경우의 수는

$1680+1680=3360$

0947 답 ⑤

학생 5명을 일렬로 세우는 경우의 수는 $5!=120$

학생 사이사이와 양 끝에 선생님 3명을 세우는 경우의 수는

$_6\mathrm{P}_3=120$

따라서 구하는 경우의 수는

$120\times 120=14400$

0948 답 **3**

고등학생 4명을 한 명으로 생각하여 $(n+1)$명을 일렬로 세우는 경우의 수는 $(n+1)!$

고등학생 4명이 자리를 바꾸는 경우의 수는 $4!=24$

이때 고등학생끼리 서로 이웃하게 세우는 경우의 수가 576이므로

$(n+1)!\times 24=576$ ······ ⓘ

$(n+1)!=24=4\times 3\times 2\times 1$

따라서 $n+1=4$이므로 $n=3$ ······ ⓘⓘ

채점 기준	
ⓘ 고등학생끼리 서로 이웃하게 세우는 경우의 수를 이용하여 식 세우기	50%
ⓘⓘ n의 값 구하기	50%

0949 답 ⑤

홀수인 1, 3, 5가 적힌 3장의 카드를 일렬로 나열하는 경우의 수는

$3!=6$

홀수가 적힌 카드 사이사이와 양 끝의 4개의 자리에 짝수인 2, 4가 적힌 2장의 카드를 나열하는 경우의 수는

$_4\mathrm{P}_2=12$

따라서 구하는 경우의 수는

$6\times 12=72$

0950 답 ①

남학생 사이사이에 항상 2명의 여학생이 있도록 세우는 경우는 다음과 같다.

남 여 여 남 여 여 남

남학생 3명을 세우는 경우의 수는 $3!=6$

여학생 4명을 세우는 경우의 수는 $4!=24$

따라서 구하는 경우의 수는

$6\times 24=144$

0951 답 ③

남학생, 여학생의 순서로 교대로 서는 경우의 수는

$4! \times 4! = 24 \times 24 = 576$

여학생, 남학생의 순서로 교대로 서는 경우의 수는

$4! \times 4! = 24 \times 24 = 576$

따라서 구하는 경우의 수는

$576 + 576 = 1152$

0952 답 ②

1학년 학생끼리 한 묶음, 2학년 학생끼리 한 묶음, 3학년 학생끼리 한 묶음으로 생각하여 3묶음을 일렬로 세우는 경우의 수는

$3! = 6$

각각의 묶음에서 자리를 바꾸는 경우의 수는 $2!, 2!, 3!$이므로 구하는 경우의 수는

$6 \times 2! \times 2! \times 3! = 6 \times 2 \times 2 \times 6 = 144$

0953 답 ③

6명의 학생이 일렬로 서는 경우의 수는 $6! = 720$

가현이와 강빈이를 한 묶음으로 생각하여 일렬로 서는 경우의 수는

$5! \times 2! = 120 \times 2 = 240$

따라서 가현이와 강빈이 사이에 적어도 한 명의 학생이 서서 사진을 찍는 경우의 수는

$720 - 240 = 480$

0954 답 192

(i) 20대 참가자가 첫 번째와 마지막 무대에 오르는 경우

20대 참가자 3명 중에서 2명을 뽑아 첫 번째와 마지막 무대에 세우는 경우의 수는 $_3P_2 = 6$

나머지 참가자 4명을 무대에 세우는 경우의 수는 $4! = 24$

따라서 20대 참가자가 첫 번째와 마지막 무대에 오르는 경우의 수는 $6 \times 24 = 144$ ⋯⋯ ❶

(ii) 30대 참가자가 첫 번째와 마지막 무대에 오르는 경우

30대 참가자 2명을 첫 번째와 마지막 무대에 세우는 경우의 수는 $2! = 2$

나머지 참가자 4명을 무대에 세우는 경우의 수는 $4! = 24$

따라서 30대 참가자가 첫 번째와 마지막 무대에 오르는 경우의 수는 $2 \times 24 = 48$ ⋯⋯ ❷

(i), (ii)에서 구하는 경우의 수는

$144 + 48 = 192$ ⋯⋯ ❸

채점 기준

❶ 20대 참가자가 첫 번째와 마지막 무대에 오르는 경우의 수 구하기	40 %
❷ 30대 참가자가 첫 번째와 마지막 무대에 오르는 경우의 수 구하기	40 %
❸ 경우의 수 구하기	20 %

0955 답 24

3명이 내리게 될 3개의 층과 1층을 제외하면 사람이 내리지 않는 층은 3개이다.

이 3개의 층 사이사이와 양 끝의 4개의 층 중에서 서로 다른 3개를 택하여 각각 1명씩 내리면 된다.

따라서 구하는 경우의 수는 서로 다른 4개에서 3개를 택하여 일렬로 나열하는 순열의 수와 같으므로

$_4P_3 = 24$

0956 답 120

1학년 학생 10명을 일렬로 세우는 경우의 수는 10!

$$\vee \boxed{1,1} \vee \boxed{1,1} \vee \boxed{1,1} \vee \boxed{1,1} \vee \boxed{1,1} \vee$$

이때 1학년 학생을 2명씩 묶어서 묶음 사이사이와 양 끝의 6개의 자리에 2학년 학생 3명을 세우는 경우의 수는

$_6P_3 = 120$

따라서 $120 \times 10! = n \times 10!$이므로 $n = 120$

0957 답 ④

이웃하지 않는 두 개의 케이지를 선택하는 경우는

a와 c, a와 e, a와 f, b와 d, b와 f, c와 d, c와 e, c와 f, e와 f

의 9가지이다.

이 두 케이지에 고양이와 햄스터를 넣는 경우의 수는

$2! = 2$

나머지 4개의 케이지에 4마리의 동물을 넣는 경우의 수는

$4! = 24$

따라서 구하는 경우의 수는

$9 \times 2 \times 24 = 432$

0958 답 1200

오른쪽 그림에서 서로 이웃한 2개 지역을 고르는 경우는

1과 2, 1과 5, 1과 6, 2와 3, 2와 6, 3과 4, 3과 6, 4와 5, 4와 6, 5와 6

의 10가지이다.

이웃한 2개 지역을 담당하는 1명을 정하고, 나머지 4개 지역을 담당하는 4명을 정하는 경우의 수는 $5! = 120$

따라서 구하는 경우의 수는

$10 \times 120 = 1200$

0959 답 ①

천의 자리에 올 수 있는 숫자는 0을 제외한 4개

나머지 자리에 천의 자리의 숫자를 제외한 4개의 숫자 중에서 3개를 택하여 일렬로 배열하는 경우의 수는 $_4P_3 = 24$

따라서 구하는 자연수의 개수는

$4 \times 24 = 96$

참고 서로 다른 n개의 숫자를 한 번씩 사용하여 만들 수 있는 r자리의 자연수의 개수

(1) n개의 숫자에 0이 없는 경우 ➡ $_nP_r$

(2) n개의 숫자에 0이 있는 경우 ➡ $(n-1) \times _{n-1}P_{r-1}$

0960 답 ⑤

일의 자리에 올 수 있는 숫자는 1, 3, 5, 7의 4개

나머지 자리에 일의 자리의 숫자를 제외한 6개의 숫자 중에서 4개를 택하여 일렬로 배열하는 경우의 수는 $_6P_4 = 360$

따라서 구하는 홀수의 개수는

$4 \times 360 = 1440$

0961　답 312

짝수이려면 일의 자리의 숫자가 0 또는 2 또는 4이어야 한다.

(ⅰ) 일의 자리의 숫자가 0인 짝수의 개수

　　0을 제외한 5개의 숫자를 일렬로 배열하는 경우의 수와 같으므

　　로 $5!=120$　　　　　　　　　　　　　　　…… ⅰ

(ⅱ) 일의 자리의 숫자가 2인 짝수의 개수

　　첫째 자리에 올 수 있는 숫자는 0과 2를 제외한 4개

　　나머지 자리에 첫째 자리에 오는 숫자와 2를 제외한 4개의 숫자

　　를 일렬로 배열하는 경우의 수는 $4!=24$

　　일의 자리의 숫자가 2인 짝수의 개수는 $4\times24=96$　…… ⅱ

(ⅲ) 일의 자리의 숫자가 4인 짝수의 개수

　　(ⅱ)와 같은 방법으로 하면 96　　　　　　　　　…… ⅲ

(ⅰ), (ⅱ), (ⅲ)에서 구하는 짝수의 개수는

$120+96+96=312$　　　　　　　　　　　　　　…… ⅳ

채점 기준		
ⅰ 일의 자리의 숫자가 0인 짝수의 개수 구하기	30%
ⅱ 일의 자리의 숫자가 2인 짝수의 개수 구하기	30%
ⅲ 일의 자리의 숫자가 4인 짝수의 개수 구하기	30%
ⅳ 짝수의 개수 구하기	10%

0962　답 ①

9개의 숫자 중에서 4개의 숫자를 사용하여 네 자리의 비밀번호를 만드는 경우의 수는 $_9P_4=3024$

짝수만을 이용하여 네 자리의 비밀번호를 만드는 경우의 수는 $4!=24$

따라서 구하는 비밀번호의 개수는

$3024-24=3000$

0963　답 54

$57\square\square$ 꼴인 자연수의 개수는 $3!=6$

$6\square\square\square\square$ 꼴인 자연수의 개수는 $4!=24$

$7\square\square\square\square$ 꼴인 자연수의 개수는 $4!=24$

따라서 구하는 자연수의 개수는

$6+24+24=54$

0964　답 ①

5의 배수이려면 일의 자리의 숫자가 5이어야 한다.

$1\square\square\square5$ 꼴인 자연수의 개수는 $3!=6$

$2\square\square\square5$ 꼴인 자연수의 개수는 $3!=6$

따라서 구하는 자연수의 개수는

$6+6=12$

0965　답 ②

$1\square\square\square$ 꼴인 자연수의 개수는 $_4P_3=24$

$2\square\square\square$ 꼴인 자연수의 개수는 $_4P_3=24$

$30\square\square$ 꼴인 자연수의 개수는 $_3P_2=6$

$310\square$ 꼴인 자연수는 3102, 3104이므로 3104는

$24+24+6+2=56$(번째)로 작은 수이다.

0966　답 ③

$7\square\square$ 꼴인 자연수의 개수는 $_4P_2=12$

$5\square\square$ 꼴인 자연수의 개수는 $_4P_2=12$

$3\square\square$ 꼴인 자연수의 개수는 $_4P_2=12$

이때 $12+12+12=36$이므로 $1\square\square$ 꼴인 자연수를 큰 수부터 나열해 보면 175, 173, 170, 157, …

따라서 40번째에 오는 수는 157이다.

0967　답 20

3의 배수가 되려면 각 자리의 숫자의 합이 3의 배수이어야 한다.

5개의 숫자 0, 2, 4, 6, 8 중에서 서로 다른 3개를 택할 때, 그 합이 3의 배수인 경우는 다음과 같다.

0, 2, 4 또는 0, 4, 8 또는 2, 4, 6 또는 4, 6, 8　　…… ⅰ

(ⅰ) 0, 2, 4로 만들 수 있는 세 자리의 자연수의 개수는

　　$2\times2!=4$

(ⅱ) 0, 4, 8로 만들 수 있는 세 자리의 자연수의 개수는

　　$2\times2!=4$

(ⅲ) 2, 4, 6으로 만들 수 있는 세 자리의 자연수의 개수는

　　$3!=6$

(ⅳ) 4, 6, 8로 만들 수 있는 세 자리의 자연수의 개수는

　　$3!=6$　　　　　　　　　　　　　　　　　　…… ⅱ

(ⅰ)~(ⅳ)에서 3의 배수인 세 자리의 자연수의 개수는

$4+4+6+6=20$　　　　　　　　　　　　　　…… ⅲ

채점 기준		
ⅰ 3의 배수가 되도록 3개의 숫자를 택하는 경우 모두 구하기	30%
ⅱ 각 경우에서 만들 수 있는 세 자리의 자연수의 개수 구하기	60%
ⅲ 3의 배수인 세 자리의 자연수의 개수 구하기	10%

0968　답 ④

4의 배수는 끝에서 두 자리의 수가 4의 배수이어야 한다.

주어진 숫자로 만들 수 있는 4의 배수인 끝에서 두 자리의 수는

04, 12, 20, 24, 32, 40, 52

(ⅰ) 끝에서 두 자리의 수가 04, 20, 40인 경우

　　4개의 숫자 중에서 나머지 두 자리의 수를 만드는 경우의 수는

　　$_4P_2=12$

(ⅱ) 끝에서 두 자리의 수가 12, 24, 32, 52인 경우

　　천의 자리에 올 수 있는 숫자는 끝의 두 자리의 두 수와 0을 제외한 3개이고, 백의 자리에 올 수 있는 숫자는 나머지 3개이므로 4의 배수를 만드는 경우의 수는 $3\times3=9$

(ⅰ), (ⅱ)에서 4의 배수의 개수는 $3\times12+4\times9=72$

0969　답 ④

(개)에서 2, 3, 5가 서로 이웃하지 않아야 하고, (내)에서 4, 6이 서로 이웃하지 않아야 한다.

1, 4, 6을 일렬로 배열하는 경우의 수는 $3!=6$

1, 4, 6 사이사이와 양 끝에 2, 3, 5를 배열하는 경우의 수는 $_4P_3=24$

따라서 소수끼리 서로 이웃하지 않게 배열하는 경우의 수는

$6\times24=144$

이때 4, 6이 서로 이웃하면서 소수끼리 서로 이웃하지 않게 배열하는 경우의 수는 4, 6을 한 묶음으로 생각하여 1, (4와 6) 사이와 양 끝에 2, 3, 5를 배열하는 경우의 수와 같으므로

$2! \times 2! \times {}_3P_3 = 2 \times 2 \times 6 = 24$

따라서 만들 수 있는 자연수의 개수는 $144 - 24 = 120$

0970 답 ③

9의 배수이려면 각 자리의 숫자의 합이 9의 배수이어야 하므로 9개의 숫자 0, 1, 2, 3, 4, 5, 6, 7, 8 중에서 서로 다른 3개를 사용하여 9의 배수를 만드는 경우는

$(0, 1, 8)$, $(0, 2, 7)$, $(0, 3, 6)$, $(0, 4, 5)$, $(1, 2, 6)$, $(1, 3, 5)$, $(2, 3, 4)$, $(3, 7, 8)$, $(4, 6, 8)$, $(5, 6, 7)$

(i) $(0, 1, 8)$, $(0, 2, 7)$, $(0, 3, 6)$, $(0, 4, 5)$를 사용하여 9의 배수를 만드는 경우

백의 자리에 올 수 있는 숫자는 0을 제외한 2개

나머지 자리에 백의 자리의 숫자를 제외한 2개의 숫자를 일렬로 나열하는 경우의 수는 $2! = 2$

따라서 9의 배수의 개수는 $4 \times 2 \times 2 = 16$

(ii) $(1, 2, 6)$, $(1, 3, 5)$, $(2, 3, 4)$, $(3, 7, 8)$, $(4, 6, 8)$, $(5, 6, 7)$을 사용하여 9의 배수를 만드는 경우

3개의 숫자를 일렬로 나열하는 경우의 수는 $3! = 6$

따라서 9의 배수의 개수는 $6 \times 6 = 36$

(i), (ii)에서 구하는 9의 배수의 개수는 $16 + 36 = 52$

0971 답 ③

각 자리의 숫자들의 합이 홀수이려면 세 자리의 숫자가 모두 홀수이거나 두 자리의 숫자는 0 또는 짝수, 한 자리의 숫자는 홀수이어야 한다.

(i) 세 자리의 숫자가 모두 홀수인 경우

1, 3, 5, 7, 9의 5개의 숫자 중에서 3개를 뽑아 일렬로 배열하는 경우의 수와 같으므로 ${}_5P_3 = 60$

(ii) 두 자리의 숫자는 0 또는 짝수, 한 자리의 숫자는 홀수인 경우

① (홀수, 0 또는 짝수, 0 또는 짝수)인 경우

백의 자리의 숫자를 택하는 경우의 수는 5

십의 자리, 일의 자리의 숫자를 택하는 경우의 수는 ${}_5P_2 = 20$

따라서 자연수의 개수는 $5 \times 20 = 100$

② (짝수, 홀수, 0 또는 짝수)인 경우

백의 자리의 숫자를 택하는 경우의 수는 4

십의 자리의 숫자를 택하는 경우의 수는 5

일의 자리의 숫자를 택하는 경우의 수는 4

따라서 자연수의 개수는 $4 \times 5 \times 4 = 80$

③ (짝수, 0 또는 짝수, 홀수)인 경우

백의 자리의 숫자를 택하는 경우의 수는 4

십의 자리의 숫자를 택하는 경우의 수는 4

일의 자리의 숫자를 택하는 경우의 수는 5

따라서 자연수의 개수는 $4 \times 4 \times 5 = 80$

①, ②, ③에서 자연수의 개수는 $100 + 80 + 80 = 260$

(i), (ii)에서 구하는 자연수의 개수는

$60 + 260 = 320$

0972 답 96

400보다 크고 4000보다 작은 자연수를 세 자리의 자연수인 경우와 네 자리의 자연수인 경우로 나누어 구해 보자.

(i) 세 자리의 자연수

백의 자리에 올 수 있는 숫자는 4, 5의 2개

나머지 자리에 백의 자리의 숫자를 제외한 4개의 숫자 중에서 2개를 택하여 일렬로 나열하는 경우의 수는 ${}_4P_2 = 12$

따라서 세 자리의 자연수의 개수는

$2 \times 12 = 24$

(ii) 네 자리의 자연수

천의 자리의 숫자에 올 수 있는 숫자는 1, 2, 3의 3개

나머지 자리에 천의 자리의 숫자를 제외한 4개의 숫자 중에서 3개를 택하여 일렬로 나열하는 경우의 수는 ${}_4P_3 = 24$

따라서 네 자리의 자연수의 개수는

$3 \times 24 = 72$

(i), (ii)에서 구하는 자연수의 개수는

$24 + 72 = 96$

0973 답 336

9개의 숫자 중에서 3개를 택하여 만들 수 있는 세 자리 자연수의 개수는 ${}_9P_3 = 504$

각 자리의 수 중에서 두 수의 합이 9가 되는 경우는

$(1, 8)$, $(2, 7)$, $(3, 6)$, $(4, 5)$의 4가지

각각의 경우에 대하여 이미 택한 2개의 숫자를 제외한 나머지 7개의 숫자 중에서 1개를 택하여 일렬로 배열하여 만들 수 있는 세 자리 자연수의 개수는

$4 \times {}_7P_1 \times 3! = 4 \times 7 \times 6 = 168$

따라서 구하는 자연수의 개수는

$504 - 168 = 336$

0974 답 673

1부터 9까지의 자연수 중 소수는 2, 3, 5, 7의 4개이고 비밀번호는 소수가 2개 이상 포함되어야 하므로 가장 큰 수부터 생각하면

(i) 9□□ 꼴인 자연수의 개수

${}_4P_2 = 12$

(ii) 8□□ 꼴인 자연수의 개수

${}_4P_2 = 12$

(iii) 7□□ 꼴인 자연수의 개수

소수를 2개 포함하는 경우는

$3 \times 5 \times 2! = 30$

소수를 3개 포함하는 경우는

${}_3P_2 = 6$

$\therefore 30 + 6 = 36$

(i), (ii), (iii)에서 백의 자리의 숫자가 9, 8, 7인 자연수의 개수는

$12 + 12 + 36 = 60$

따라서 61번째의 수는 백의 자리의 숫자가 6이고 소수를 2개 포함하는 수 중에서 가장 큰 수이므로 675이고 62번째의 수는 백의 자리의 숫자가 6이고 소수를 2개 포함하는 수 중에서 두 번째로 큰 수이므로 673이다.

0975 답 ①

전송한 다섯 자리의 수를 $4abc0$이라 하면 $a+b+c=$(짝수)인 경우는 a, b, c가 모두 0 또는 짝수이거나 a, b, c 중 하나는 0 또는 짝수이고, 나머지는 홀수인 경우이다.

(단, a, b, c는 0, 1, 2, …, 9인 서로 다른 정수)

(ⅰ) a, b, c가 모두 0 또는 짝수인 경우

a, b, c를 정하는 방법의 수는 0, 2, 4, 6, 8의 5개 중에서 서로 다른 3개를 뽑아 일렬로 배열하는 경우의 수와 같으므로

$_5\mathrm{P}_3=60$

(ⅱ) a, b, c 중 하나는 0 또는 짝수이고, 나머지는 홀수인 경우

　① a가 0 또는 짝수일 때,

　　a는 0, 2, 4, 6, 8의 5개 중에서 하나이다.

　　b, c를 정하는 방법의 수는 1, 3, 5, 7, 9의 5개 중에서 2개를 뽑아 일렬로 배열하는 경우의 수와 같으므로

　　$5\times_5\mathrm{P}_2=5\times20=100$

　② b가 0 또는 짝수일 때,

　　①과 같은 방법으로 하면 $5\times_5\mathrm{P}_2=5\times20=100$

　③ c가 0 또는 짝수일 때,

　　①과 같은 방법으로 하면 $5\times_5\mathrm{P}_2=5\times20=100$

　①, ②, ③에서 a, b, c 중 하나는 0 또는 짝수이고, 나머지는 홀수인 경우의 수는

　　$100+100+100=300$

(ⅰ), (ⅱ)에서 구하는 경우의 수는

$60+300=360$

0976 답 720

2개의 문자 e를 한 묶음으로 생각하여 6개의 문자를 일렬로 배열하는 경우의 수는 $6!=720$

2개의 문자 e는 같은 문자이므로 자리를 바꾸는 경우의 수는 1

따라서 구하는 경우의 수는 $720\times1=720$

0977 답 1440

4개의 자음 p, r, v, d 중에서 양 끝에 오는 2개의 자음을 택하여 배열하는 경우의 수는 $_4\mathrm{P}_2=12$

나머지 5개의 문자를 일렬로 배열하는 경우의 수는 $5!=120$

따라서 구하는 경우의 수는

$12\times120=1440$

0978 답 ⑤

모음 i와 e를 한 묶음으로 생각하여 5개의 문자를 일렬로 배열하는 경우의 수는 $5!=120$

i와 e의 자리를 바꾸는 경우의 수는 $2!=2$

따라서 구하는 경우의 수는

$120\times2=240$

0979 답 480

C, D, E, F를 일렬로 배열하는 경우의 수는 $4!=24$

배열한 C, D, E, F 사이사이와 양 끝의 5개의 자리에 A, B를 배열하는 경우의 수는 $_5\mathrm{P}_2=20$

따라서 구하는 경우의 수는

$24\times20=480$

6개의 문자를 일렬로 배열하는 경우의 수는 $6!=720$

A와 B를 한 묶음으로 생각하여 5개의 문자를 일렬로 배열하는 경우의 수는 $5!=120$

A와 B가 서로 자리를 바꾸는 경우의 수는 $2!=2$

A와 B가 서로 이웃하도록 배열하는 경우의 수는

$120\times2=240$

따라서 구하는 경우의 수는 $720-240=480$

0980 답 ②

6개의 문자를 일렬로 배열하는 경우의 수는 $6!=720$

4개의 자음 l, m, n, d 중에서 양 끝에 오는 2개의 자음을 택하여 배열하는 경우의 수는

$_4\mathrm{P}_2=12$

그 각각에 대하여 나머지 4개의 문자를 일렬로 배열하는 경우의 수는

$4!=24$

양 끝에 모두 자음이 오는 경우의 수는

$12\times24=288$

따라서 구하는 경우의 수는

$720-288=432$

0981 답 144

자음은 j, s, t, c의 4개이고 모음은 u, i, e의 3개이므로 자음 4개를 일렬로 배열하고 그 사이사이에 모음 3개를 배열하면 된다.

따라서 구하는 경우의 수는

$4!\times3!=24\times6=144$

0982 답 ⑤

모음은 a, e의 2개이므로 1, 3, 5번째 자리 중 두 자리에 모음을 배열하는 경우의 수는 $_3\mathrm{P}_2=6$

나머지 네 자리에 자음 4개를 배열하는 경우의 수는 $4!=24$

따라서 구하는 경우의 수는

$6\times24=144$

0983 답 79번째

a□□□□ 꼴인 문자열의 개수는 $4!=24$

m□□□□ 꼴인 문자열의 개수는 $4!=24$

r□□□□ 꼴인 문자열의 개수는 $4!=24$

sa□□□ 꼴인 문자열의 개수는 $3!=6$　　……❶

sm□□□ 꼴인 문자열에서 smart는 첫 번째이므로 smart가 나타나는 순서는

$24+24+24+6+1=79$(번째)　　……❷

0984 답 4

7개의 알파벳을 일렬로 배열하는 경우의 수는 $7!=5040$

모음의 개수를 n이라 하면 양 끝에 모두 모음이 오도록 배열하는 경우의 수는

$$_n\mathrm{P}_2\times5!=120\times{_n\mathrm{P}_2}$$

이때 적어도 한쪽 끝에 자음이 오도록 배열하는 경우의 수가 4320이므로

$$5040-120\times{_n\mathrm{P}_2}=4320$$

$$120\times{_n\mathrm{P}_2}=720 \qquad \therefore {_n\mathrm{P}_2}=6$$

즉, $n(n-1)=6=3\times2$이므로 $n=3$ ($\because$ n은 자연수)

따라서 모음의 개수가 3이므로 자음의 개수는 $7-3=4$

0985 답 ⑤

C와 G 사이에 C와 G를 제외한 5개의 문자 중 3개의 문자를 택하여 일렬로 배열하는 경우의 수는 $_5\mathrm{P}_3=60$

C와 G의 자리를 바꾸는 경우의 수는 $2!=2$

C□□□G를 한 문자로 생각하여 3개의 문자를 일렬로 배열하는 경우의 수는 $3!=6$

따라서 구하는 경우의 수는

$$60\times2\times6=720$$

0986 답 ④

a와 b가 이웃하는 경우의 수는 a와 b를 한 묶음으로 생각하여 일렬로 배열한 후 a와 b가 자리를 바꾸는 경우의 수를 곱한 것과 같으므로

$$4!\times2!=24\times2=48$$

마찬가지 방법으로 b와 c가 이웃하는 경우의 수는 48

이때 a와 b, b와 c가 모두 이웃하는 경우의 수는 abc 또는 cba를 하나로 생각하여 일렬로 배열하는 경우의 수와 같으므로

$$2\times3!=2\times6=12$$

따라서 구하는 경우의 수는

$$48+48-12=84$$

0987 답 $dbace$

a□□□□ 꼴인 문자열의 개수는 $4!=24$

b□□□□ 꼴인 문자열의 개수는 $4!=24$

c□□□□ 꼴인 문자열의 개수는 $4!=24$

da□□□ 꼴인 문자열의 개수는 $3!=6$ ⋯⋯ ❶

이때 a□□□□ 꼴인 문자열부터 da□□□ 꼴인 문자열까지의 총개수는

$$24+24+24+6=78$$ ⋯⋯ ❷

따라서 79번째에 오는 문자열은 $dbace$이다. ⋯⋯ ❸

❶ a, b, c, da로 시작하는 문자열의 개수 각각 구하기	40 %
❷ da로 시작하는 문자열까지의 총개수 구하기	30 %
❸ 79번째에 오는 문자열 구하기	30 %

0988 답 ④

(가), (나)에서 A와 B를 한 묶음, C와 D를 한 묶음으로 생각하여 5명을 일렬로 세우는 경우의 수는

$$5!\times2!\times2!=120\times2\times2=480$$

이때 (가), (나)를 만족시키면서 B와 C가 서로 이웃하는 경우는

(i) ABCD를 한 묶음으로 생각하여 4명을 일렬로 세우는 경우의 수

$$4!=24$$

(ii) DCBA를 한 묶음으로 생각하여 4명을 일렬로 세우는 경우의 수

$$4!=24$$

(i), (ii)에서 구하는 경우의 수는

$$480-(24+24)=432$$

0989 답 ③

6개의 문자를 일렬로 배열하는 경우의 수는 $6!=720$

(i) V와 S 사이에 문자가 없는 경우

V, S가 이웃하는 경우이므로 V, S를 한 묶음으로 생각하여 배열하는 경우의 수는

$$5!\times2!=120\times2=240$$

(ii) V와 S 사이에 한 개의 문자가 있는 경우

V와 S를 제외한 4개의 문자 중에서 V와 S 사이에 들어갈 문자 1개를 택한 후 세 문자를 한 묶음으로 생각하여 배열하는 경우의 수는

$$4\times4!\times2!=4\times24\times2=192$$

(i), (ii)에서 V와 S 사이에 문자가 2개 미만인 경우의 수는

$$240+192=432$$

따라서 V와 S 사이에 문자가 2개 이상인 경우의 수는

$$720-432=288$$

(i) V와 S 사이에 문자가 2개 있는 경우의 수는

$$_4\mathrm{P}_2\times2!\times3!=12\times2\times6=144$$

(ii) V와 S 사이에 문자가 3개 있는 경우의 수는

$$_4\mathrm{P}_3\times2!\times2!=24\times2\times2=96$$

(iii) V와 S 사이에 문자가 4개 있는 경우의 수는

$$4!\times2!=24\times2=48$$

(i), (ii), (iii)에서 구하는 경우의 수는

$$144+96+48=288$$

0990 답 ⑤

(i) b와 d 사이에 a, e를 배열하는 경우

b, a, e, d를 한 묶음으로 생각하여 배열하는 경우의 수는 $3!=6$

b와 d가 자리를 바꾸는 경우의 수는 $2!=2$

a와 e가 자리를 바꾸는 경우의 수는 $2!=2$

따라서 b와 d 사이에 a, e를 배열하는 경우의 수는

$$6\times2\times2=24$$

(ii) b와 d 사이에 c, f를 배열하는 경우

b, c, f, d를 한 묶음으로 생각하고 a, e를 한 묶음으로 생각하여 배열하는 경우의 수는 $2!=2$

b와 d가 자리를 바꾸는 경우의 수는 $2!=2$

c와 f가 자리를 바꾸는 경우의 수는 $2!=2$

a와 e가 자리를 바꾸는 경우의 수는 $2!=2$

따라서 b와 d 사이에 c, f를 배열하는 경우의 수는

$$2\times2\times2\times2=16$$

(i), (ii)에서 구하는 경우의 수는 $24+16=40$

0991 답 ②

5개의 문자를 일렬로 배열하는 경우의 수는 $5! = 120$

AB를 한 문자로 생각하여 4개의 문자를 일렬로 배열하는 경우의
수는 $4! = 24$

BC를 한 문자로 생각하여 4개의 문자를 일렬로 배열하는 경우의
수는 $4! = 24$

CA를 한 문자로 생각하여 4개의 문자를 일렬로 배열하는 경우의
수는 $4! = 24$

ABC를 한 문자로 생각하여 3개의 문자를 일렬로 배열하는 경우의
수는 $3! = 6$

BCA를 한 문자로 생각하여 3개의 문자를 일렬로 배열하는 경우의
수는 $3! = 6$

CAB를 한 문자로 생각하여 3개의 문자를 일렬로 배열하는 경우의
수는 $3! = 6$

따라서 구하는 문자열의 개수는
$$120 - \{(24+24+24) - (6+6+6)\} = 66$$

참고 AB가 포함된 문자열은 ABC, CAB가 포함된 문자열을 포함하고,
BC가 포함된 문자열은 ABC, BCA가 포함된 문자열을 포함하고, CA가 포
함된 문자열은 BCA, CAB가 포함된 문자열을 포함한다.
따라서 AB, BC, CA가 포함된 문자열의 개수의 합에는 ABC, BCA,
CAB가 포함된 문자열의 개수가 중복으로 더해졌으므로 ABC, BCA,
CAB가 포함된 문자열의 개수의 합을 뺀다.

0992 답 576

앞줄에 여학생이 앉는 경우의 수는 $_4\mathrm{P}_3 = 24$
뒷줄에 남학생이 앉는 경우의 수는 $4! = 24$
따라서 구하는 경우의 수는
$$24 \times 24 = 576$$

0993 답 ②

부부끼리 묶어 한 사람으로 생각하면 3명이 일렬로 앉는 경우의 수
는 $3! = 6$
부부끼리 서로 자리를 바꾸는 경우의 수는 각각 $2! = 2$
따라서 구하는 경우의 수는
$$6 \times 2 \times 2 \times 2 = 48$$

0994 답 84

(i) A, B가 2인용 소파에 이웃하여 앉는 경우의 수는
$\quad 2! \times 3! = 2 \times 6 = 12$

(ii) A, B가 3인용 소파에 이웃하여 앉는 경우의 수는
$\quad 2 \times 2! \times 3! = 2 \times 2 \times 6 = 24$

(i), (ii)에서 A, B가 이웃하여 앉는 경우의 수는
$12 + 24 = 36$ ······ ❶

5명이 소파에 나누어 앉는 전체 경우의 수는 $5! = 120$이므로 A와
B가 이웃하지 않도록 앉는 경우의 수는
$120 - 36 = 84$ ······ ❷

채점 기준	
❶ A와 B가 이웃하여 앉는 경우의 수 구하기	60%
❷ A와 B가 이웃하지 않도록 앉는 경우의 수 구하기	40%

0995 답 ②

두 명의 학생이 빈 의자 9개 중에서 서로 다른 의자에 앉는 경우의
수는 $_9\mathrm{P}_2 = 72$
두 명의 학생 사이에 빈 의자가 없도록 이웃하여 앉는 경우의 수는
$8 \times 2 = 16$
따라서 두 명 사이에 적어도 하나의 빈 의자가 있도록 앉는 경우의
수는
$$72 - 16 = 56$$

0996 답 ③

2년 학생 4명이 일렬로 앉는 경우의 수는 $4! = 24$
2년 학생 사이사이의 3개의 자리에 1학년 학생 2명이 앉는 경우
의 수는 $_3\mathrm{P}_2 = 6$
따라서 구하는 경우의 수는
$$24 \times 6 = 144$$

다른 풀이

양 끝에 있는 의자에 2학년 학생 4명 중에서 2명이 앉는 경우의 수
는 $_4\mathrm{P}_2 = 12$
나머지 4개의 의자에 1학년 학생끼리는 서로
이웃하지 않도록 앉는 경우는 오른쪽 그림과
같이 3가지가 있다.
각각의 경우에 대하여 1학년 학생 2명이 앉는
경우의 수는 $2! = 2$
2학년 학생 2명이 앉는 경우의 수는 $2! = 2$
따라서 구하는 경우의 수는
$$12 \times 3 \times 2 \times 2 = 144$$

0997 답 720

여학생 2명 사이에 빈 의자가 없도록 이웃하여 앉는 경우의 수는
$6 \times 2 = 12$
남은 5개의 의자에 남학생 3명이 앉는 경우의 수는
$_5\mathrm{P}_3 = 60$
따라서 구하는 경우의 수는
$$12 \times 60 = 720$$

0998 답 ⑤

A, B가 앉는 줄을 선택하는 경우의 수는 2
한 줄에 놓인 3개의 좌석 중에서 2개의 좌석을 택하여 A, B가 앉는
경우의 수는 $_3\mathrm{P}_2 = 6$
나머지 세 명이 맞은편 줄의 좌석에 앉는 경우의 수는 $3! = 6$
따라서 구하는 경우의 수는
$$2 \times 6 \times 6 = 72$$

0999 답 ⑤

할아버지와 할머니는 같은 열, 아버지와 어머니는 다른 열에 앉도록 나누는 경우는

{(할아버지, 할머니, 아버지), (어머니, 아들, 딸)} 또는

{(할아버지, 할머니, 어머니), (아버지, 아들, 딸)}

두 묶음의 열을 정하는 경우의 수는 $2!=2$

할아버지와 할머니가 있는 열에서 두 분이 이웃하게 앉는 경우의 수는

$2 \times 2!=4$

할아버지와 할머니가 없는 열에서 세 명이 앉는 경우의 수는

$3!=6$

따라서 구하는 경우의 수는

$2 \times 2 \times 4 \times 6 = 96$

1000 답 ⑤

같은 학년 학생이 앉는 자리를 [ ] 로 나타내어 좌석 6개를 3개의 영역으로 나누면 같은 학년 학생끼리 앞뒤로 앉거나 옆으로 나란히 앉는 방법은 오른쪽과 같이 3가지 경우가 있다.

F1	F2	F3
G1	G2	G3

F1	F2	F3
G1	G2	G3

F1	F2	F3
G1	G2	G3

같은 학년 학생을 묶어 한 사람으로 생각하면 3명이 3개의 영역에 앉는 방법의 수는 $3!=6$

그 각각에 대하여 같은 학년 학생끼리 서로 자리를 바꾸는 방법의 수는 각각 $2!=2$

따라서 구하는 방법의 수는

$3 \times 6 \times 2 \times 2 \times 2 = 144$

1001 답 576

㈎에서 A와 B가 앉는 줄을 고르는 경우의 수는 3

A와 B가 자리를 바꾸는 경우의 수는 $2!=2$

따라서 A와 B가 같은 2인용 의자에 이웃하여 앉는 경우의 수는

$3 \times 2 = 6$

A와 B가 앉은 좌석을 제외한 5개의 좌석에 C와 D가 앉는 경우의 수는 $_5P_2=20$

C와 D가 같은 2인용 의자에 이웃하여 앉는 경우의 수는

$2 \times 2! = 4$

따라서 C와 D가 같은 2인용 의자에 이웃하여 앉지 않는 경우의 수는

$20 - 4 = 16$

A, B, C, D가 앉은 좌석을 제외한 나머지 3개의 좌석에 E, F, G가 앉는 경우의 수는 $3!=6$

따라서 구하는 경우의 수는

$6 \times 16 \times 6 = 576$

1002 답 40

(i) A의 양옆에 여학생이 앉는 경우

A의 양옆에 여학생을 배열하는 경우의 수는 $2!=2$

(여, A, 여)의 묶음과 나머지 2명을 배열하는 경우의 수는

$3!=6$

따라서 A의 양옆에 여학생이 앉는 경우의 수는

$2 \times 6 = 12$

(ii) B의 양옆에 남학생이 앉는 경우

B의 양옆에 남학생을 배열하는 경우의 수는

$_3P_2=6$

(남, B, 남)의 묶음과 나머지 2명을 배열하는 경우의 수는

$3!=6$

따라서 B의 양옆에 남학생이 앉는 경우의 수는

$6 \times 6 = 36$

(iii) A의 양옆에 여학생이 앉고, B의 양옆에 남학생이 앉는 경우

B, A 또는 A, B의 왼쪽과 오른쪽에 앉을 학생을 선택하는 경우의 수는 각각 $2 \times 1 = 2$

(남, B, A, 여) 또는 (여, A, B, 남)의 묶음과 나머지 1명을 배열하는 경우의 수는

$2!=2$

따라서 A의 양옆에 여학생이 앉고 B의 양옆에 남학생이 앉는 경우의 수는

$(2+2) \times 2 = 8$

(i), (ii), (iii)에서 구하는 경우의 수는

$12 + 36 - 8 = 40$

1003 답 ①

둥근 의자를 a_1, a_2, a_3, 사각 의자를 b_1, b_2, b_3이라 하자.

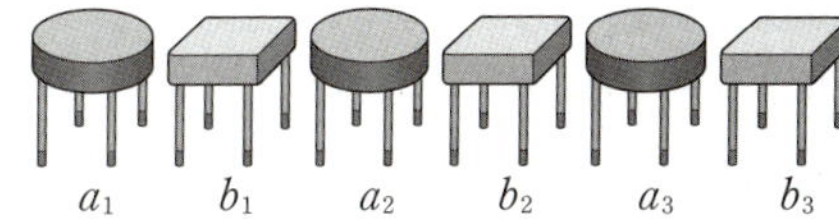

(i) 2학년 2명이 b_1, b_2에 앉는 경우

2학년 2명이 b_1과 b_2에 앉는 경우의 수는 $2!=2$

a_3, b_3에 1학년 1명과 3학년 1명이 앉는 경우의 수는

$2 \times 2 \times 2! = 8$

남은 1학년 1명과 3학년 1명이 a_1, a_2에 앉는 경우의 수는

$2!=2$

따라서 2학년 2명이 b_1, b_2에 앉는 경우의 수는

$2 \times 8 \times 2 = 32$

(ii) 2학년 2명이 b_1, b_3에 앉는 경우

2학년 2명이 b_1과 b_3에 앉는 경우의 수는 $2!=2$

ⓘ 1학년 2명이 a_1, b_2에 앉고, 3학년 2명이 a_2, a_3에 앉는 경우의 수는

$2! \times 2! = 4$

ⓘ 3학년 2명이 a_1, b_2에 앉고, 1학년 2명이 a_2, a_3에 앉는 경우의 수는

$2! \times 2! = 4$

따라서 2학년 2명이 b_1, b_3에 앉는 경우의 수는

$2 \times (4+4) = 16$

(iii) 2학년 2명이 b_2, b_3에 앉는 경우

2학년 2명이 b_2와 b_3에 앉는 경우의 수는 $2!=2$

ⓘ 1학년 2명이 a_1, a_2에 앉고, 3학년 2명이 b_1, a_3에 앉는 경우의 수는

$2! \times 2! = 4$

(ii) 3학년 2명이 a_1, a_2에 앉고, 1학년 2명이 b_1, b_3에 앉는 경우의 수는

$$2! \times 2! = 4$$

따라서 2학년 2명이 b_2, b_3에 앉는 경우의 수는

$$2 \times (4+4) = 16$$

(i), (ii), (iii)에서 구하는 경우의 수는

$$32+16+16=64$$

1004 답 ⑤

전략 5개의 숫자로 만들 수 있는 세 자리의 자연수를 구한 후 이 수들의 백의 자리의 숫자의 총합, 십의 자리의 숫자의 총합, 일의 자리의 숫자의 총합으로 나누어 생각한다.

5개의 숫자에서 서로 다른 3개를 택하여 만든 세 자리의 자연수는 123, 124, 125, $\cdots$, 542, 543이고, 그 개수는 $_5\mathrm{P}_3=60$이다.

이 수들의 총합을 S, 백의 자리의 숫자의 총합을 S_1, 십의 자리의 숫자의 총합을 S_2, 일의 자리의 숫자의 총합을 S_3이라 하면

$$123=1\times100+2\times10+3$$
$$124=1\times100+2\times10+4$$
$$\vdots$$
$$543=5\times100+4\times10+3$$
$$\therefore S=S_1\times100+S_2\times10+S_3$$

이때 S_1에는 1, 2, 3, 4, 5가 각각 $60\div5=12$(개)씩 있으므로

$$S_1=(1+2+3+4+5)\times12=180$$

같은 방법으로 $S_2=S_3=180$이므로

$$S=180\times(100+10+1)=19980$$

1005 답 ③

전략 경우의 수를 구하여 A를 $_m\mathrm{P}_r$ 꼴로 나타낸 후 주어진 식에 대입하여 a, b의 값을 구한다.

다음 그림과 같이 본점에서 가까운 순서대로 지점 1, 2, 3, $\cdots$, $2n+1$이라 하자.

본점   지점   지점   지점 $\cdots$ 지점
1   2   3 $2n+1$

갑, 을, 병을 제외한 $(2n-2)$명의 직원에 대하여

첫 번째 직원이 지점을 선택하는 경우의 수는 $2n+1$

두 번째 직원이 지점을 선택하는 경우의 수는 $2n$

세 번째 직원이 지점을 선택하는 경우의 수는 $2n-1$

$\vdots$

$(2n-2)$번째 직원이 지점을 선택하는 경우의 수는 4

이때 남은 3개의 지점 중에서 가까운 순서대로 갑, 을, 병을 보내는 경우의 수는 1이다.

$$A=(2n+1)\times2n\times(2n-1)\times\cdots\times4=\,_{2n+1}\mathrm{P}_{2n-2}$$이므로

$$_{2n-1}\mathrm{P}_{n-2}+\frac{A}{(n+1)!}$$
$$=\,_{2n-1}\mathrm{P}_{n-2}+\frac{_{2n+1}\mathrm{P}_{2n-2}}{(n+1)!}$$
$$=\frac{(2n-1)!}{(n+1)!}+\frac{(2n+1)!}{3!\,(n+1)!}$$
$$=\frac{(2n-1)!}{(n+1)!}+\frac{(2n+1)\times2n\times(2n-1)!}{3!\,(n+1)!}$$
$$=\frac{3(2n-1)!+(2n+1)\times n\times(2n-1)!}{3(n+1)!}$$
$$=\frac{(2n-1)!\times(2n^2+n+3)}{3(n+1)!}$$

따라서 $a=-1$, $b=3$이므로 $ab=-3$

1006 답 ②

전략 A가 24번 의자에 앉는 경우와 25번 의자에 앉는 경우로 나누어 경우의 수를 구한다.

(가)에서 A는 24번 또는 25번 의자에 앉을 수 있고, B는 11번 또는 12번 또는 13번 또는 14번 의자에 앉을 수 있으며 (나), (다)에서 어느 두 학생도 양옆 또는 앞뒤로 이웃하여 앉을 수 없다.

(i) A가 24번 의자에 앉는 경우

11	12	13	14	15	16	17
		23	A	25		

A를 제외한 4명의 학생은 11번, 13번, 15번, 17번 의자에 각각 한 명씩 앉아야 한다.

이때 B는 11번 또는 13번 의자 중 1개의 의자에 앉아야 하므로 B가 의자를 택하여 앉는 경우의 수는 2

이 각각에 대하여 A, B를 제외한 3명의 학생이 나머지 3개의 의자에 앉는 경우의 수는 $3!=6$

따라서 A가 24번 의자에 앉는 경우의 수는

$$2\times6=12$$

(ii) A가 25번 의자에 앉는 경우

11	12	13	14	15	16	17
		23	24	A		

A를 제외한 4명의 학생은 11번 또는 12번 의자 중 1개, 14번 의자, 16번 또는 17번 의자 중 1개, 23번 의자에 각각 한 명씩 앉아야 한다.

11번 또는 12번 의자 중 1개를 택하고, 16번 또는 17번 의자 중 1개를 택하는 경우의 수는 $2\times2=4$

이때 B는 11번 또는 12번 의자 중 택한 의자 또는 14번 의자 중 1개의 의자에 앉아야 하므로 B가 의자를 택하여 앉는 경우의 수는 2

이 각각에 대하여 A, B를 제외한 3명의 학생이 나머지 3개의 의자에 앉는 경우의 수는 $3!=6$

따라서 A가 25번 의자에 앉는 경우의 수는

$$4\times2\times6=48$$

(i), (ii)에서 구하는 경우의 수는

$$12+48=60$$

14 조합

1007　답 ②

$$_8P_2 + {}_7C_4 = {}_8P_2 + {}_7C_3 = 8 \times 7 + \frac{7 \times 6 \times 5}{3 \times 2 \times 1} = 56 + 35 = 91$$

1008　답 ④

① $0! = 1$

② $_7C_0 = 1$

③ $_7P_7 = 7! = 5040$

④ $_7P_6 = 7 \times 6 \times 5 \times 4 \times 3 \times 2 = 7!$

⑤ $_7C_2 = \dfrac{7 \times 6}{2} = 21$

따라서 옳은 것은 ④이다.

1009　답 8

$_nP_3 : {}_nP_4 = 1 : 5$에서 $5 \times {}_nP_3 = {}_nP_4$

$5n(n-1)(n-2) = n(n-1)(n-2)(n-3)$

이때 $_nP_4$에서 $n \geq 4$이므로 양변을 $n(n-1)(n-2)$로 나누면

$5 = n-3$　　$\therefore n = 8$

1010　답 22

$_nC_7 = {}_nC_5$에서 $n-7 = 5$　　$\therefore n = 12$　　$\cdots\cdots$ ⓘ

$_{10}C_r = {}_{10}C_{r-2}$에서 $10-r = r-2$　　$\therefore r = 6$　　$\cdots\cdots$ ⓘⓘ

$_7C_3 + {}_7C_4 = {}_8C_k$에서 $k = 4$　　$\cdots\cdots$ ⓘⓘⓘ

$\therefore n+r+k = 12+6+4 = 22$　　$\cdots\cdots$ ⓘⱽ

채점 기준	
ⓘ n의 값 구하기	30 %
ⓘⓘ r의 값 구하기	30 %
ⓘⓘⓘ k의 값 구하기	30 %
ⓘⱽ $n+r+k$의 값 구하기	10 %

1011　답 ②

$$_6C_1 + {}_6C_2 + {}_7C_3 + {}_8C_4 + {}_9C_5 + {}_{10}C_6 = {}_7C_2 + {}_7C_3 + {}_8C_4 + {}_9C_5 + {}_{10}C_6$$
$$= {}_8C_3 + {}_8C_4 + {}_9C_5 + {}_{10}C_6$$
$$= {}_9C_4 + {}_9C_5 + {}_{10}C_6$$
$$= {}_{10}C_5 + {}_{10}C_6 = {}_{11}C_6 = {}_{11}C_5$$
$$= \frac{11 \times 10 \times 9 \times 8 \times 7}{5 \times 4 \times 3 \times 2 \times 1} = 462$$

1012　답 6

$3 \times {}_{n-1}P_2 + 4 \times {}_nC_2 = {}_nP_3$에서

$$3(n-1)(n-2) + 4 \times \frac{n(n-1)}{2} = n(n-1)(n-2)$$

이때 $_nP_3$에서 $n \geq 3$이므로 양변을 $n-1$로 나누면

$3(n-2) + 2n = n(n-2)$

$n^2 - 7n + 6 = 0$, $(n-1)(n-6) = 0$

$\therefore n = 6 \,(\because n \geq 3)$

1013　답 ⑤

$$n \times {}_{n-1}C_{r-1} = n \times \frac{(n-1)!}{(r-1)! \times (\boxed{\text{⑦}\ n-r})!}$$

$$= \frac{n \times (n-1)!}{(r-1)! \times (n-r)!}$$

$$= \frac{\boxed{\text{⑭}\ n}!}{(r-1)!(\boxed{\text{⑦}\ n-r})!}$$

$$= r \times \frac{\boxed{\text{⑭}\ n}!}{r!(\boxed{\text{⑦}\ n-r})!}$$

$$= r \times {}_nC_r$$

따라서 ⑦ $n-r$, ⑭ n이므로 두 식의 합은

$(n-r) + n = 2n-r$

1014　답 ①

$$_{n-1}P_r + r \times {}_{n-1}P_{r-1} = \frac{(n-1)!}{\boxed{\text{⑦}\ (n-r-1)!}} + r \times \frac{(n-1)!}{\boxed{\text{⑭}\ (n-r)!}}$$

$$= \frac{(n-1)!(n-r)}{(n-r)!} + r \times \frac{(n-1)!}{(n-r)!}$$

$$= \frac{(n-1)!}{(n-r)!} \times \{(n-r) + r\}$$

$$= \frac{(n-1)!}{(n-r)!} \times \boxed{\text{⑮}\ n}$$

$$= \frac{\boxed{\text{⑯}\ n!}}{(n-r)!} = {}_nP_r$$

1015　답 ②

$$_nC_{r-1} + 2 \times {}_nC_r + {}_nC_{r+1} = {}_nC_{r-1} + {}_nC_r + {}_nC_r + {}_nC_{r+1}$$
$$= {}_{n+1}C_r + {}_{n+1}C_{r+1}$$
$$= {}_{n+2}C_{r+1}$$

1016　답 ②

$_{n+1}P_4 - 3 \times {}_{n+1}P_3 - 7 \times {}_nP_2 \leq 0$에서

$(n+1)n(n-1)(n-2) - 3(n+1)n(n-1) - 7n(n-1) \leq 0$

이때 $_{n+1}P_4$에서 $n \geq 3$이므로 양변을 $n(n-1)$로 나누면

$(n+1)(n-2) - 3(n+1) - 7 \leq 0$

$n^2 - 4n - 12 \leq 0$, $(n+2)(n-6) \leq 0$

$\therefore 3 \leq n \leq 6 \,(\because n \geq 3)$

따라서 모든 자연수 n의 값의 합은

$3+4+5+6 = 18$

1017　답 ③

① $_nC_0 = 1$, $_nC_n = 1$이므로 $_nC_0 = {}_nC_n$

② $_nC_r = \dfrac{{}_nP_r}{r!}$이므로 $_nP_r = {}_nC_r \times r!$

③ $_{n+1}C_r = {}_{n+1}C_{n+1-r}$

⑤ $n \times {}_{n-1}C_{r-1} = n \times \dfrac{(n-1)!}{(r-1)!(n-r)!} = \dfrac{n!}{(r-1)!(n-r)!}$

　　$r \times {}_nC_r = r \times \dfrac{n!}{r!(n-r)!} = \dfrac{n!}{(r-1)!(n-r)!}$

　　$\therefore n \times {}_{n-1}C_{r-1} = r \times {}_nC_r$

따라서 옳지 않은 것은 ③이다.

1018 답 ④

$_{n+3}C_{n+1}=28$에서 $_{n+3}C_{n+1}=_{n+3}C_{(n+3)-(n+1)}=_{n+3}C_2$이므로

$_{n+3}C_2=28$

$\dfrac{(n+3)(n+2)}{2}=28$, $n^2+5n-50=0$

$(n+10)(n-5)=0$ $\therefore n=-10$ 또는 $n=5$

이때 n은 자연수이므로 $n=5$

$_{11}C_{r+2}=_{11}C_{3r-3}$에서

(i) $r+2=3r-3$이면 $2r=5$ $\therefore r=\dfrac{5}{2}$

   이때 r는 자연수라는 조건을 만족시키지 않는다.

(ii) $_{11}C_{r+2}=_{11}C_{11-(r+2)}=_{11}C_{9-r}=_{11}C_{3r-3}$이므로

   $9-r=3r-3$이면 $4r=12$ $\therefore r=3$

(i), (ii)에서 $r=3$

$\therefore n+r=5+3=8$

1019 답 8

이차방정식의 근과 계수의 관계에 의하여

$-6+4=-\dfrac{_nC_r}{5}$, $-6\times4=-\dfrac{2}{5}\times_nP_r$

$\therefore _nC_r=10$, $_nP_r=60$

이때 $_nC_r=\dfrac{_nP_r}{r!}$이므로 $10=\dfrac{60}{r!}$, $r!=6$

$6=3\times2\times1$이므로 $r!=3\times2\times1$

$\therefore r=3$ ...... ⓘ

$_nP_3=60$에서 $n(n-1)(n-2)=60$

$60=5\times4\times3$이므로 $n(n-1)(n-2)=5\times4\times3$

이때 n은 자연수이므로 $n=5$ ...... ⓙ

$\therefore n+r=5+3=8$ ...... ⓚ

채점 기준

ⓘ r의 값 구하기		50%
ⓙ n의 값 구하기		40%
ⓚ $n+r$의 값 구하기		10%

참고 이차방정식 $ax^2+bx+c=0$의 두 근을 α, β라 하면 근과 계수의 관계에 의하여 다음이 성립한다.

$$\alpha+\beta=-\dfrac{b}{a}, \alpha\beta=\dfrac{c}{a}$$

1020 답 ④

$_nP_r=a$라 하면 $_nP_r+_nC_r=140$에서

$_nC_r=140-a$

이때 $_nP_r\geq_nC_r$이므로 $a\geq140-a$ $\therefore a\geq70$

$_nP_r\times_nC_r=2400$에서

$a(140-a)=2400$, $a^2-140a+2400=0$

$(a-20)(a-120)=0$ $\therefore a=120\,(\because a\geq70)$

따라서 $_nP_r=120$, $_nC_r=140-a=20$이므로

$_nP_r=r!\times_nC_r$에서 $120=r!\times20$

$r!=6=3\times2\times1$ $\therefore r=3$

$_nP_3=120$에서 $120=6\times5\times4$이므로 $n=6$

$\therefore nr=6\times3=18$

1021 답 ④

생활 공예반 6개 중에서 2개를 택하는 경우의 수는 $_6C_2=15$

손뜨개반 4개 중에서 2개를 택하는 경우의 수는 $_4C_2=6$

따라서 구하는 경우의 수는

$15\times6=90$

1022 답 ④

빨간 구슬 2개를 꺼내는 경우의 수는 $_5C_2=10$

노란 구슬 1개를 꺼내는 경우의 수는 $_4C_1=4$

따라서 구하는 경우의 수는

$10\times4=40$

1023 답 ③

A 모둠 학생 6명 중에서 3명을 뽑는 경우의 수는 $_6C_3=20$

B 모둠 학생 5명 중에서 3명을 뽑는 경우의 수는 $_5C_3=_5C_2=10$

따라서 구하는 경우의 수는

$20+10=30$

1024 답 ②

$_nC_3=455$이므로 $\dfrac{n(n-1)(n-2)}{3\times2\times1}=455$

$n(n-1)(n-2)=2730=15\times14\times13$

$\therefore n=15\,(\because n$은 자연수$)$

1025 답 ⑤

① $_6C_3=20$

② $_5P_2=20$

③ $_4C_3+_5C_3=_4C_1+_5C_2=4+10=14$

④ 두 눈의 수의 차가 1인 경우는

   $(1, 2), (2, 3), (3, 4), (4, 5), (5, 6),$

   $(2, 1), (3, 2), (4, 3), (5, 4), (6, 5)$

   의 10가지이다.

⑤ 남자 3명이 일렬로 서는 경우의 수가 $3!=6$

   남자 사이사이와 양 끝에 여자들이 교대로 서는 경우의 수는

   $2\times3!=2\times6=12$

   따라서 남자와 여자가 교대로 서는 경우의 수는

   $6\times12=72$

이상에서 경우의 수가 가장 큰 것은 ⑤이다.

1026 답 ①

A 음식점에서 주문하는 경우의 수는

$_3C_2\times_2C_1=_3C_1\times_2C_1=3\times2=6$

B 음식점에서 주문하는 경우의 수는

$_4C_2\times_4C_1=6\times4=24$

C 음식점에서 주문하는 경우의 수는
$_2C_2 \times _5C_1 = 1 \times 5 = 5$
따라서 구하는 경우의 수는
$6 + 24 + 5 = 35$

1027 답 13

$_nC_2 = 78$이므로 $\dfrac{n(n-1)}{2 \times 1} = 78$

$n(n-1) = 156 = 13 \times 12$ $\therefore n = 13 \, (\because n\text{은 자연수})$

1028 답 ②

선택한 카드에 적혀 있는 수의 합이 짝수이려면 홀수가 적혀 있는 카드 2장, 짝수가 적혀 있는 카드 3장 또는 홀수가 적혀 있는 카드 4장, 짝수가 적혀 있는 카드 1장을 택해야 한다.

(ⅰ) 홀수가 적혀 있는 카드 2장, 짝수가 적혀 있는 카드 3장을 택하는 경우의 수는
　$_4C_2 \times _4C_3 = _4C_2 \times _4C_1 = 6 \times 4 = 24$

(ⅱ) 홀수가 적혀 있는 카드 4장, 짝수가 적혀 있는 카드 1장을 택하는 경우의 수는
　$_4C_4 \times _4C_1 = 1 \times 4 = 4$

(ⅰ), (ⅱ)에서 구하는 경우의 수는
$24 + 4 = 28$

1029 답 10

남학생과 여학생의 수를 각각 n이라 하자.

전체에서 3명을 택하는 경우의 수는 $_{2n}C_3$

남학생 중에서 3명을 택하는 경우의 수는 $_nC_3$

전체에서 3명을 택하는 경우의 수는 남학생 중에서 3명을 택하는 경우의 수의 12배이므로

$_{2n}C_3 = 12 \times _nC_3$ ...... ❶

$\dfrac{2n(2n-1)(2n-2)}{3 \times 2 \times 1} = 12 \times \dfrac{n(n-1)(n-2)}{3 \times 2 \times 1}$

이때 $n \geq 3$이므로 양변을 $n(n-1)$로 나눈 후 정리하면

$2n-1 = 3(n-2)$

$\therefore n = 5$ ...... ❷

따라서 남학생과 여학생의 수는 각각 5이므로 여학생 중에서 3명을 택하는 경우의 수는

$_5C_3 = _5C_2 = 10$ ...... ❸

채점 기준	
❶ 주어진 조건을 조합을 이용한 식으로 나타내기	30 %
❷ 남학생과 여학생의 수 구하기	40 %
❸ 여학생 중에서 3명을 택하는 경우의 수 구하기	30 %

1030 답 ①

구하는 경우의 수는 빨간색, 주황색, 노란색을 제외한 4가지 색 중에서 3가지 색을 택하는 경우의 수와 같으므로
$_4C_3 = _4C_1 = 4$

1031 답 220

13명 중에서 3명을 뽑는 경우의 수는 $_{13}C_3 = 286$

여자만 3명을 뽑는 경우의 수는 $_5C_3 = _5C_2 = 10$

남자만 3명을 뽑는 경우의 수는 $_8C_3 = 56$

따라서 구하는 경우의 수는
$286 - (10 + 56) = 220$

1032 답 ①

구하는 자연수의 개수는 8개의 1을 일렬로 배열한 후 1 사이사이와 맨 끝의 8개의 자리에 4개의 0을 배열하는 경우의 수와 같으므로
$_8C_4 = 70$

1033 답 ②

성은이와 희근이를 포함하여 5명을 뽑는 경우의 수는 성은이와 희근이를 제외한 7명 중에서 3명을 뽑는 경우의 수와 같으므로
$_7C_3 = 35$

성은이와 희근이를 한 사람으로 생각하여 4명을 일렬로 세우는 경우의 수는 $4! = 24$

성은이와 희근이가 서로 자리를 바꾸는 경우의 수는 $2! = 2$

따라서 구하는 경우의 수는
$35 \times 24 \times 2 = 1680$

1034 답 ②

전체 10개의 공 중에서 4개의 공을 택하는 경우의 수는 $_{10}C_4 = 210$

(ⅰ) 빨간 공을 포함하지 않고 택하는 경우의 수
　노란 공과 파란 공에서 4개를 택하는 경우의 수와 같으므로
　$_6C_4 = _6C_2 = 15$

(ⅱ) 빨간 공이 1개 포함되도록 택하는 경우의 수
　빨간 공에서 1개를 택하고 노란 공과 파란 공에서 3개를 택하는 경우의 수와 같으므로
　$_4C_1 \times _6C_3 = 4 \times 20 = 80$

(ⅰ), (ⅱ)에서 구하는 경우의 수는
$210 - (15 + 80) = 115$

다른 풀이

빨간 공이 2개 포함되는 경우의 수는 $_4C_2 \times _6C_2 = 6 \times 15 = 90$

빨간 공이 3개 포함되는 경우의 수는 $_4C_3 \times _6C_1 = 4 \times 6 = 24$

빨간 공이 4개 포함되는 경우의 수는 $_4C_4 = 1$

따라서 구하는 경우의 수는
$90 + 24 + 1 = 115$

1035 답 ④

서로 다른 7가지 토핑 중에서 3가지 이상 7가지 이하를 선택하는 경우의 수는

$_7C_3 + _7C_4 + _7C_5 + _7C_6 + _7C_7 = _7C_3 + _7C_3 + _7C_2 + _7C_1 + _7C_7$
$\qquad\qquad = 35 + 35 + 21 + 7 + 1$
$\qquad\qquad = 99$

1036 답 $a<b<c$

남자 2명, 여자 2명을 뽑는 경우의 수는

$a={}_5C_2\times{}_4C_2=10\times6=60$ ⋯⋯ ❶

여자를 적어도 1명 뽑는 경우는 전체 9명 중에서 4명을 뽑는 경우에서 남자만 4명을 뽑는 경우를 제외하면 되므로 그 경우의 수는

$b={}_9C_4-{}_5C_4={}_9C_4-{}_5C_1=126-5=121$ ⋯⋯ ❷

여자 1명, 남자 1명을 반드시 포함하는 경우의 수는 남자 5명 중에서 1명을 뽑고, 여자 4명 중에서 1명을 뽑은 후 나머지 2명을 뽑는 경우의 수와 같으므로

$c={}_5C_1\times{}_4C_1\times{}_7C_2=5\times4\times21=420$ ⋯⋯ ❸

따라서 a, b, c의 대소를 비교하면 $a<b<c$이다. ⋯⋯ ❹

채점 기준	
❶ a의 값 구하기	30%
❷ b의 값 구하기	30%
❸ c의 값 구하기	30%
❹ a, b, c의 대소 비교하기	10%

1037 답 ②

3학년 학생 4명 중에서 2명을 택하는 경우의 수는 ${}_4C_2=6$

1학년 학생 2명과 3학년 학생 2명의 순서를 정하는 경우의 수는

$4!=24$

순서를 정한 1학년 학생 2명과 3학년 학생 2명의 사이사이와 양 끝의 5개의 자리에 2학년 학생 3명을 배정하면 되므로 ${}_5P_3=60$

따라서 구하는 경우의 수는

$6\times24\times60=8640$

1038 답 ③

(i) $a=5$일 때,

$c<b<5$이므로 1, 2, 3, 4 중에서 2개를 뽑아 큰 수를 b, 작은 수를 c로 정하는 경우의 수는 ${}_4C_2=6$

(ii) $a=6$일 때,

$c<b<6$이므로 1, 2, 3, 4, 5 중에서 2개를 뽑아 큰 수를 b, 작은 수를 c로 정하는 경우의 수는 ${}_5C_2=10$

(i), (ii)에서 구하는 자연수의 개수는

$6+10=16$

1039 답 ④

B가 뽑은 카드에 적힌 숫자의 최솟값이 19이므로 B는 20 이상의 숫자가 적힌 11장의 카드 중에서 9장의 카드를 뽑으면 된다. 이 경우의 수는

${}_{11}C_9={}_{11}C_2=55$

A가 뽑은 카드에 적힌 숫자의 최솟값이 8이므로 A는 9 이상의 숫자가 적힌 카드 중 B가 뽑는 카드를 제외한 12장의 카드 중에서 9장의 카드를 뽑으면 된다. 이 경우의 수는

${}_{12}C_9={}_{12}C_3=220$

따라서 $k^2=55\times220=110^2$이므로 $k=110$

1040 답 ③

5켤레의 양말 중에서 짝이 맞는 한 켤레를 택하는 경우의 수는

${}_5C_1=5$

나머지 4켤레의 양말 8짝 중에서 2짝을 택하는 경우의 수는

${}_8C_2=28$

이때 양말 4켤레 중에서 짝이 맞는 한 켤레의 양말을 택하는 경우의 수는 ${}_4C_1=4$

즉, 양말 8짝 중에서 짝이 맞지 않는 2짝을 택하는 경우의 수는

$28-4=24$

따라서 구하는 경우의 수는

$5\times24=120$

1041 답 5명

전체 경우의 수는 ${}_{12}C_3=220$

남자 회원의 수를 n이라 하면 남자 회원 중에서만 운영진 3명을 뽑는 경우의 수는

${}_nC_3=\dfrac{n(n-1)(n-2)}{3!}=\dfrac{n(n-1)(n-2)}{6}$

여자 회원이 적어도 1명은 포함되도록 운영진 3명을 뽑는 경우의 수가 185이므로

$220-\dfrac{n(n-1)(n-2)}{6}=185$ ⋯⋯ ❶

$\dfrac{n(n-1)(n-2)}{6}=35$

$n(n-1)(n-2)=210=7\times6\times5$

이때 n은 자연수이므로 $n=7$

따라서 남자 회원이 7명이므로 여자 회원은 5명이다. ⋯⋯ ❷

채점 기준	
❶ 여자 회원이 적어도 1명 포함되도록 뽑는 경우의 수를 식으로 나타내기	60%
❷ 여자 회원 수 구하기	40%

1042 답 11

육상부 선수의 수를 n이라 하면 A, B를 제외한 $(n-2)$명 중에서 2명을 뽑는 경우의 수는 ${}_{n-2}C_2$

뽑은 4명을 일렬로 세우는 경우의 수는 $4!=24$

이때 주어진 경우의 수가 864이므로

${}_{n-2}C_2\times24=864$, ${}_{n-2}C_2=36$

$\dfrac{(n-2)(n-3)}{2\times1}=36$, $(n-2)(n-3)=72=9\times8$

이때 n은 자연수이므로 $n-2=9$ ∴ $n=11$

따라서 육상부 선수의 수는 11이다.

1043 답 ④

일주일 중에서 A 제품을 홍보하는 3일을 택하는 경우의 수는

${}_7C_3=35$

A 제품을 홍보하는 날을 제외한 나머지 4일 중에서 B 제품을 홍보하는 2일을 택하는 경우의 수는 ${}_4C_2=6$

C, D, E, F 제품 중에서 두 제품을 택하여 나머지 2일에 배정하는 경우의 수는 ${}_4P_2=12$

따라서 구하는 경우의 수는

$35\times6\times12=2520$

1044 답 16

8개의 인형 중에서 5개를 선택하면 종류별 인형의 개수는
2개, 2개, 1개 또는 2개, 1개, 1개, 1개를 선택한다.

(i) 인형을 종류별로 2개, 2개, 1개를 선택하는 경우

네 종류의 인형 중에서 2개를 선택하는 두 종류의 인형을 고르고, 나머지 두 종류의 인형 중에서 1개를 선택하는 한 종류의 인형을 고르는 경우의 수는

$$_4C_2\times{}_2C_1=6\times2=12$$

(ii) 인형을 종류별로 2개, 1개, 1개, 1개를 선택하는 경우

네 종류의 인형 중에서 2개를 선택하는 한 종류의 인형을 고르고, 나머지 세 종류의 인형 중에서 1개를 선택하는 세 종류의 인형을 고르는 경우의 수는

$$_4C_1\times{}_3C_3=4\times1=4$$

(i), (ii)에서 구하는 경우의 수는

$$12+4=16$$

1045 답 ⑤

11개의 공 중에서 5개의 공을 꺼낼 때, 꺼낸 공의 색이 3종류이려면 색깔별 공의 개수가 2개, 2개, 1개 또는 3개, 1개, 1개이어야 한다.

(i) 각 색깔별로 2개, 2개, 1개의 공을 꺼내는 경우

흰 공, 검은 공, 파란 공 중 2개의 공을 꺼낼 색을 고르는 경우의 수는 $_3C_2={}_3C_1=3$

흰 공, 검은 공, 파란 공 중 2개의 공을 꺼내지 않은 색깔의 공과 빨간 공, 노란 공 중에서 1개의 공을 꺼낼 색을 고르는 경우의 수는 $_3C_1=3$

따라서 각 색깔별로 2개, 2개, 1개의 공을 꺼내는 경우의 수는

$$3\times3=9$$

(ii) 각 색깔별로 3개, 1개, 1개의 공을 꺼내는 경우

공이 3개 이상인 것은 흰 공뿐이므로 흰 공 3개를 꺼내야 한다.
남은 검은 공, 파란 공, 빨간 공, 노란 공 중에서 1개의 공을 꺼낼 색을 고르는 경우의 수는 $_4C_2=6$

따라서 각 색깔별로 3개, 1개, 1개의 공을 꺼내는 경우의 수는

$$1\times6=6$$

(i), (ii)에서 구하는 경우의 수는

$$9+6=15$$

1046 답 ①

계단을 두 단씩 올라가는 횟수는 0, 1, 2, 3, 4의 5가지이고, 그 각각에 대하여 나머지는 모두 한 단씩 올라가는 경우의 수를 구하면

(i) 두 단씩 올라가는 횟수가 0인 경우

계단을 오르는 8번 중에서 두 단을 오르는 경우가 없으므로 경우의 수는 1

(ii) 두 단씩 올라가는 횟수가 1인 경우

계단을 오르는 7번 중에서 두 단을 오르는 1번을 고르는 경우의 수는 $_7C_1=7$

(iii) 두 단씩 올라가는 횟수가 2인 경우

계단을 오르는 6번 중에서 두 단을 오르는 2번을 고르는 경우의 수는 $_6C_2=15$

(iv) 두 단씩 올라가는 횟수가 3인 경우

계단을 오르는 5번 중에서 두 단을 오르는 3번을 고르는 경우의 수는 $_5C_3={}_5C_2=10$

(v) 두 단씩 올라가는 횟수가 4인 경우

계단을 오르는 4번 중에서 두 단을 오르는 4번을 고르는 경우의 수는 $_4C_4=1$

(i)~(v)에서 구하는 경우의 수는

$$1+7+15+10+1=34$$

1047 답 ⑤

18개의 자연수 중에서
3으로 나누었을 때의 나머지가 1인 수는 1, 4, 7, 10, 13, 16의 6개
3으로 나누었을 때의 나머지가 2인 수는 2, 5, 8, 11, 14, 17의 6개
3의 배수는 3, 6, 9, 12, 15, 18의 6개
네 수의 곱이 3의 배수이므로 네 수 중 적어도 하나는 3의 배수이다.
또 네 수의 합이 3의 배수이므로 나머지 세 수를 각각 3으로 나눈 나머지의 합이 3의 배수이어야 한다.
따라서 조건을 만족시키는 네 수는 3으로 나누었을 때의 나머지가 각각 0, 0, 0, 0 또는 0, 0, 1, 2 또는 0, 1, 1, 1 또는 0, 2, 2, 2인 경우이다.

(i) 3의 배수를 4개 택하는 경우의 수는

$$_6C_4={}_6C_2=15$$

(ii) 3의 배수를 2개, 3으로 나누었을 때의 나머지가 1인 수를 1개, 나머지가 2인 수를 1개 택하는 경우의 수는

$$_6C_2\times{}_6C_1\times{}_6C_1=15\times6\times6=540$$

(iii) 3의 배수를 1개, 3으로 나누었을 때의 나머지가 1인 수를 3개 택하는 경우의 수는

$$_6C_1\times{}_6C_3=6\times20=120$$

(iv) 3의 배수를 1개, 3으로 나누었을 때의 나머지가 2인 수를 3개 택하는 경우의 수는

$$_6C_1\times{}_6C_3=6\times20=120$$

(i)~(iv)에서 구하는 경우의 수는

$$15+540+120+120=795$$

1048 답 42

다음 그림과 같이 세로 방향의 직선 도로를 왼쪽에서부터 차례대로 1, 2, 3, …, 9라 하자.

B
1 2 3 4 5 6 7 8 9
A

A 지점에서 출발하여 B 지점까지 갈 때, 1번 도로 또는 9번 도로를 선택하여 지나는 경우에는 각 도로를 지날 때 진행 방향을 1번 바꾸게 되고, 2번, 3번, …, 8번 도로를 선택하여 지나는 경우에는 각 도로를 지날 때 진행 방향을 2번 바꾸게 된다.

따라서 진행 방향을 5번 바꾸려면 1번 또는 9번 도로 중 하나를 선택하여 지나고 2번, 3번, …, 8번의 도로 중 2개를 선택하여 지나야 한다.

즉, 구하는 경우의 수는

$$_2C_1\times{}_7C_2=2\times21=42$$

1049 답 130

오른쪽 그림과 같이 정삼각형에 적힌 수를
a, 정사각형에 적힌 수를 각각 b, c, d라 하면
㈎에서 $a>b$, $a>c$, $a>d$이고,
㈏에서 $b\neq c$, $c\neq d$

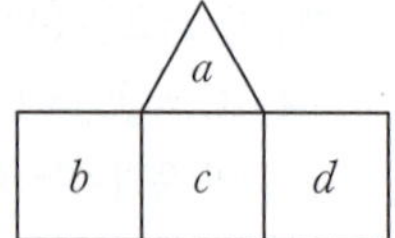

(i) $b=d$일 때,

6개의 숫자 중에서 서로 다른 3개를 택하여 가장 큰 수를 a로 정
하고, 나머지 두 수를 $b(d)$와 c에 배열하면 되므로
$$_6\mathrm{C}_3\times 2!=20\times 2=40$$

(ii) $b\neq d$일 때,

6개의 숫자 중에서 서로 다른 4개를 택하여 가장 큰 수를 a로 정
하고, 나머지 세 수를 b, c, d에 배열하면 되므로
$$_6\mathrm{C}_4\times 3!=_6\mathrm{C}_2\times 3!=15\times 6=90$$

(i), (ii)에서 구하는 경우의 수는
$$40+90=130$$

1050 답 ⑤

구하는 사각형의 개수는 8개의 점 중에서 4개를 택하는 경우의 수와
같으므로
$$_8\mathrm{C}_4=70$$

1051 답 ②

8개의 꼭짓점 중에서 2개를 연결하여 만들 수 있는 선분의 개수는
$$_8\mathrm{C}_2=28$$
이때 팔각형의 변의 개수는 8이므로 구하는 대각선의 개수는
$$28-8=20$$

참고 n각형의 대각선의 개수는 n개의 꼭짓점 중에서 2개를 택하여 만들 수
있는 선분의 개수에서 n각형의 변의 개수를 뺀 것과 같다.
$$\Rightarrow {}_n\mathrm{C}_2-n=\frac{n(n-3)}{2}$$

1052 답 210

가로 방향의 평행한 직선 5개 중에서 2개, 세로 방향의 평행한 직선
7개 중에서 2개를 택하면 한 개의 평행사변형이 결정되므로 구하는
평행사변형의 개수는
$$_5\mathrm{C}_2\times _7\mathrm{C}_2=10\times 21=210$$

참고 m개의 평행선과 이와 평행하지 않은 n개의 평행선이 만날 때 만들어지
는 평행사변형의 개수 $\Rightarrow {}_m\mathrm{C}_2\times {}_n\mathrm{C}_2$

1053 답 ②

서로 평행한 두 직선 위의 점을 하나씩 택하여 연결하면 하나의 직
선을 만들 수 있으므로
$$_6\mathrm{C}_1\times _9\mathrm{C}_1=6\times 9=54$$
한 직선 위의 점들로 만들 수 있는 직선이 2개이므로 구하는 직선의
개수는
$$54+2=56$$

1054 답 45

(i) l_1, l_2, l_3 중에서 2개, m_1, m_2, m_3 중
에서 2개를 택하는 경우의 수는
$$_3\mathrm{C}_2\times _3\mathrm{C}_2=_3\mathrm{C}_1\times _3\mathrm{C}_1$$
$$=3\times 3=9 \quad\cdots\cdots\ \text{①}$$

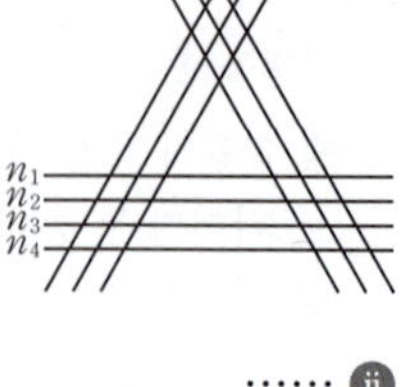

(ii) m_1, m_2, m_3 중에서 2개, n_1, n_2, n_3,
n_4 중에서 2개를 택하는 경우의 수는
$$_3\mathrm{C}_2\times _4\mathrm{C}_2=_3\mathrm{C}_1\times _4\mathrm{C}_2=3\times 6=18 \quad\cdots\cdots\ \text{②}$$

(iii) l_1, l_2, l_3 중에서 2개, n_1, n_2, n_3, n_4 중에서 2개를 택하는 경우
의 수는
$$_3\mathrm{C}_2\times _4\mathrm{C}_2=_3\mathrm{C}_1\times _4\mathrm{C}_2=3\times 6=18 \quad\cdots\cdots\ \text{③}$$

(i), (ii), (iii)에서 구하는 평행사변형의 개수는
$$9+18+18=45 \quad\cdots\cdots\ \text{④}$$

채점 기준	
① 직선 l_x, m_y 중에서 택하는 경우의 수 구하기	30%
② 직선 m_x, n_y 중에서 택하는 경우의 수 구하기	30%
③ 직선 l_x, n_y 중에서 택하는 경우의 수 구하기	30%
④ 평행사변형의 개수 구하기	10%

1055 답 6

$_n\mathrm{C}_2\times _{n+2}\mathrm{C}_2=420$이므로
$$\frac{n(n-1)}{2\times 1}\times\frac{(n+2)(n+1)}{2\times 1}=420$$
$$n(n-1)(n+2)(n+1)=1680$$
$$(n+2)(n+1)n(n-1)=8\times 7\times 6\times 5$$
이때 n은 자연수이므로 $n+2=8$
$$\therefore\ n=6$$

1056 답 ②

9개의 점 중에서 3개를 택하는 경우의 수는
$$_9\mathrm{C}_3=84$$
한 직선 위에 있는 4개의 점 중에서 3개를 택하는 경우의 수는
$$_4\mathrm{C}_3=_4\mathrm{C}_1=4$$
이때 한 직선 위에 4개의 점이 있는 직선은 3개이고, 한 직선 위에
있는 3개의 점으로는 삼각형을 만들 수 없으므로 구하는 삼각형의
개수는
$$84-3\times 4=72$$

1057 답 ③

10개의 점 중에서 2개를 택하는 경우의 수는
$$_{10}\mathrm{C}_2=45$$
이때 10개의 점으로 만들 수 있는 서로 다른 직선의 개수가 31이므로
$$45-_n\mathrm{C}_2+1=31,\ _n\mathrm{C}_2=15$$
$$\frac{n(n-1)}{2\times 1}=15,\ n(n-1)=30=6\times 5$$
$$\therefore\ n=6\ (\because\ n\text{은 자연수})$$

1058 답 756

18개의 점 중에서 3개를 택하는 경우의 수는 $_{18}C_3=816$
한 직선 위에 있는 6개의 점 중에서 3개를 택하는 경우의 수는
$_6C_3=20$
이때 한 직선 위에 6개의 점이 있는 직선은 3개이고, 한 직선 위에
있는 3개의 점으로는 삼각형을 만들 수 없으므로 구하는 삼각형의
개수는
$816-3\times20=756$

다른 풀이

(ⅰ) 세 모서리에서 각각 1개의 점을 선택하면 1개의 삼각형이 결정
되므로 삼각형의 개수는
$_6C_1\times{_6}C_1\times{_6}C_1=6\times6\times6=216$

(ⅱ) 한 모서리에서 2개의 점을 선택하고 다른 한 모서리에서 1개의
점을 선택하면 삼각형이 결정되므로 삼각형의 개수는
$_3C_1\times{_6}C_2\times({_6}C_1+{_6}C_1)=3\times15\times(6+6)=540$

(ⅰ), (ⅱ)에서 구하는 삼각형의 개수는
$216+540=756$

1059 답 (1) 26 (2) 120

(1) 11개의 점 중에서 2개를 택하는 경우의 수는 $_{11}C_2=55$
직선 l 위에 있는 5개의 점 중에서 2개를 택하는 경우의 수는
$_5C_2=10$
직선 m 위에 있는 7개의 점 중에서 2개를 택하는 경우의 수는
$_7C_2=21$
따라서 구하는 직선의 개수는
$55-10-21+2=26$ 

(2) 11개의 점 중에서 3개를 택하는 경우의 수는 $_{11}C_3=165$
직선 l 위에 있는 5개의 점 중에서 3개를 택하는 경우의 수는
$_5C_3={_5}C_2=10$
직선 m 위에 있는 7개의 점 중에서 3개를 택하는 경우의 수는
$_7C_3=35$
한 직선 위에 있는 점 중에서 3개를 택하면 삼각형을 만들 수 없
으므로 구하는 삼각형의 개수는
$165-10-35=120$ ⋯⋯ ⅱ

채점 기준

ⅰ 서로 다른 직선의 개수 구하기	50%
ⅱ 삼각형의 개수 구하기	50%

1060 답 ⑤

10개의 점 중에서 4개를 택하는 경우의 수는 $_{10}C_4=210$
한 변 위의 4개의 점 중에서 4개를 택하는 경우의 수는 $_4C_4=1$
한 변 위의 4개의 점 중에서 3개를 택하고, 다른 변 위의 6개의 점
중에서 한 개를 택하는 경우의 수는
$_4C_3\times{_6}C_1={_4}C_1\times{_6}C_1=4\times6=24$
한 변 위의 3개의 점 중에서 3개를 택하고, 다른 변 위의 7개의 점
중에서 한 개를 택하는 경우의 수는
$_3C_3\times{_7}C_1=1\times7=7$

따라서 구하는 사각형의 개수는
$210-(1+24+7)=178$

1061 답 ③

18개의 점 중에서 2개를 택하는 경우의 수는 $_{18}C_2=153$
서로 다른 두 점을 이어서 만든 선분 중에서 길이가 유리수인 경우
는 가로 방향의 직선 위의 점 중에서 2개, 세로 방향의 직선 위의 점
중에서 2개를 택할 때이다.
가로 방향의 직선은 3개이고 각각에 대하여 한 직선 위에 있는 6개
의 점 중에서 2개를 택하는 경우의 수는 $_6C_2$이므로 가로 방향의 직
선 위의 점 중에서 2개를 택하는 경우의 수는
$3\times{_6}C_2=3\times15=45$
세로 방향의 직선은 6개이고 각각에 대하여 한 직선 위에 있는 3개
의 점 중에서 2개를 택하는 경우의 수는 $_3C_2$이므로 세로 방향의 직
선 위의 점 중에서 2개를 택하는 경우의 수는
$6\times{_3}C_2=6\times{_3}C_1=6\times3=18$
즉, 선분 중에서 길이가 유리수인 것의 개수는
$45+18=63$
따라서 선분 중에서 길이가 무리수인 것의 개수는
$153-63=90$

1062 답 ①

오른쪽 그림과 같이 두 선분 l, m을 연장하
여 큰 정사각형을 만들고 가로 방향의 선 6개
중에서 2개, 세로 방향의 선 6개 중에서 2개
를 택하면 한 개의 직사각형이 결정되므로 만
들 수 있는 직사각형의 개수는

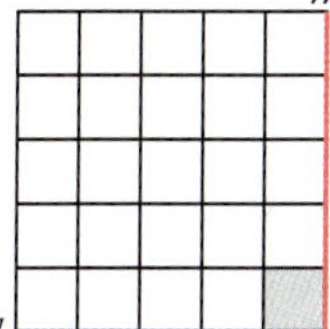

$_6C_2\times{_6}C_2=15\times15=225$
이때 색칠한 정사각형을 포함하는 직사각형을 만드는 경우의 수는
가로, 세로 방향의 선을 2개씩 택할 때, 두 선분 l, m이 포함되는
경우의 수와 같으므로
$_5C_1\times{_5}C_1=5\times5=25$
따라서 구하는 직사각형의 개수는
$225-25=200$

1063 답 ③

$a={_6}C_3\times{_3}C_3\times\dfrac{1}{2!}=20\times1\times\dfrac{1}{2}=10$

$b={_6}C_2\times{_4}C_4=15\times1=15$

$\therefore b-a=5$

1064 답 ①

우유 3개를 한 개씩 받는 사람을 택하는 경우의 수는
$_5C_3={_5}C_2=10$
서로 다른 빵 3개 중 2개를 우유를 받지 않은 사람에게 나누어 주는
경우의 수는 서로 다른 3개에서 2개를 택하는 순열의 수이므로
$_3P_2=6$
따라서 구하는 경우의 수는
$10\times6=60$

1065 답 ⑤

7명의 학생을 3명, 2명, 2명으로 나누는 경우의 수는
$$_7C_3 \times {}_4C_2 \times {}_2C_2 \times \frac{1}{2!} = 35 \times 6 \times 1 \times \frac{1}{2}$$
$$= 105$$
3개의 조를 3곳의 봉사 활동 장소에 배정하는 경우의 수는
$$3! = 6$$
따라서 구하는 경우의 수는
$$105 \times 6 = 630$$

1066 답 ①

5명을 3개의 조로 나누는 방법은
1명, 1명, 3명 또는 1명, 2명, 2명
(i) 1명, 1명, 3명으로 나누는 경우의 수는
$$_5C_1 \times {}_4C_1 \times {}_3C_3 \times \frac{1}{2!} = 5 \times 4 \times 1 \times \frac{1}{2}$$
$$= 10$$
(ii) 1명, 2명, 2명으로 나누는 경우의 수는
$$_5C_1 \times {}_4C_2 \times {}_2C_2 \times \frac{1}{2!} = 5 \times 6 \times 1 \times \frac{1}{2}$$
$$= 15$$
(i), (ii)에서 구하는 경우의 수는
$$10 + 15 = 25$$

1067 답 ③

3개의 역 중에서 내리는 2개의 역을 택하는 경우의 수는
$$_3C_2 = {}_3C_1 = 3$$
5명의 사람을 1명, 4명 또는 2명, 3명으로 나누는 경우의 수는
$$_5C_1 \times {}_4C_4 + {}_5C_2 \times {}_3C_3 = 5 \times 1 + 10 \times 1$$
$$= 15$$
나눈 사람들이 2개의 역에 각각 내리는 경우의 수는
$$2! = 2$$
따라서 구하는 경우의 수는
$$3 \times 15 \times 2 = 90$$

1068 답 90

구하는 경우의 수는 6개의 팀을 3개, 3개의 두 조로 나눈 후 각각을 2개, 1개의 두 조로 나누는 경우의 수와 같다.　　　……❶
(i) 6개의 팀을 3개, 3개로 나누는 경우의 수는
$$_6C_3 \times {}_3C_3 \times \frac{1}{2!} = 20 \times 1 \times \frac{1}{2} = 10$$
(ii) 3개의 팀을 2개, 1개로 나누는 경우의 수는
$$_3C_2 \times {}_1C_1 = {}_3C_1 \times {}_1C_1 = 3 \times 1 = 3$$　　　……❷
(i), (ii)에서 구하는 경우의 수는
$$10 \times 3 \times 3 = 90$$　　　……❸

❶ 6개의 팀을 나누는 경우 파악하기	30 %	
❷ 각각의 경우의 수 구하기	40 %	
❸ 경우의 수 구하기	30 %	

1069 답 ③

각 조에 적어도 한 명의 여학생이 포함되려면 남학생 4명과 여학생 1명, 남학생 3명과 여학생 2명의 두 개의 조로 나누어야 한다.
남학생 7명 중에서 4명과 여학생 3명 중에서 1명을 뽑아 한 조가 되는 경우의 수는
$$_7C_4 \times {}_3C_1 = {}_7C_3 \times {}_3C_1$$
$$= 35 \times 3 = 105$$

10명을 5명, 5명의 2개의 조로 나누는 경우의 수는
$$_{10}C_5 \times {}_5C_5 \times \frac{1}{2!} = 252 \times 1 \times \frac{1}{2} = 126$$
여학생 3명이 같은 조에 포함되도록 나누는 경우의 수는 남학생 7명을 2명, 5명으로 나누는 경우의 수와 같으므로
$$_7C_2 \times {}_5C_5 = 21 \times 1 = 21$$
따라서 구하는 경우의 수는
$$126 - 21 = 105$$

1070 답 ④

서로 다른 공 7개를 똑같은 상자 3개에 빈 상자가 없도록 나누어 담을 때, 각 상자에 담을 수 있는 공의 개수는
1, 1, 5 또는 1, 2, 4 또는 1, 3, 3 또는 2, 2, 3
(i) 1개, 1개, 5개로 나누어 담는 경우의 수는
$$_7C_1 \times {}_6C_1 \times {}_5C_5 \times \frac{1}{2!} = 7 \times 6 \times 1 \times \frac{1}{2} = 21$$
(ii) 1개, 2개, 4개로 나누어 담는 경우의 수는
$$_7C_1 \times {}_6C_2 \times {}_4C_4 = 7 \times 15 \times 1 = 105$$
(iii) 1개, 3개, 3개로 나누어 담는 경우의 수는
$$_7C_1 \times {}_6C_3 \times {}_3C_3 \times \frac{1}{2!} = 7 \times 20 \times 1 \times \frac{1}{2} = 70$$
(iv) 2개, 2개, 3개로 나누어 담는 경우의 수는
$$_7C_2 \times {}_5C_2 \times {}_3C_3 \times \frac{1}{2!} = 21 \times 10 \times 1 \times \frac{1}{2} = 105$$
(i)~(iv)에서 구하는 경우의 수는
$$21 + 105 + 70 + 105 = 301$$

1071 답 315

구하는 경우의 수는 7개의 팀을 4개, 3개의 두 조로 나눈 후
4개인 조를 다시 2개, 2개의 두 조로 나누고
3개인 조를 2개, 1개의 두 조로 나누는 경우의 수와 같다.
(i) 7개의 팀을 4개, 3개로 나누는 경우의 수는
$$_7C_4 \times {}_3C_3 = {}_7C_3 \times {}_3C_3 = 35 \times 1 = 35$$
(ii) 4개의 팀을 2개, 2개로 나누는 경우의 수는
$$_4C_2 \times {}_2C_2 \times \frac{1}{2!} = 6 \times 1 \times \frac{1}{2} = 3$$
(iii) 3개의 팀을 2개, 1개로 나누는 경우의 수는
$$_3C_2 \times {}_1C_1 = {}_3C_1 \times {}_1C_1 = 3 \times 1 = 3$$
(i), (ii), (iii)에서 구하는 경우의 수는
$$35 \times 3 \times 3 = 315$$

1072 답 210

(i) 2명인 조에 A가 속하고, 3명인 조에 B가 속하는 경우

A와 같은 조가 될 한 명을 정하는 경우의 수는

$$_6C_1=6$$

나머지 5명을 B와 같은 조가 될 2명과 나머지 3명으로 나누는

경우의 수는

$$_5C_2\times_3C_3=10\times1=10$$

따라서 2명인 조에 A가 속하고, 3명인 조에 B가 속하는 경우의

수는

$$6\times10=60$$

(ii) 3명인 조에 A가 속하고, 2명인 조에 B가 속하는 경우

(i)의 경우의 수와 같으므로 그 경우의 수는 60이다.

(iii) A와 B가 각각 3명인 서로 다른 조에 속하는 경우

A, B를 제외한 나머지 6명을 A와 같은 조가 될 2명, B와 같은

조가 될 2명, 나머지 2명으로 나누는 경우의 수는

$$_6C_2\times_4C_2\times_2C_2=15\times6\times1=90$$

(i), (ii), (iii)에서 구하는 경우의 수는

$$60+60+90=210$$

다른 풀이

8명의 학생을 2명, 3명, 3명의 3개 조로 나누는 경우의 수는

$$_8C_2\times_6C_3\times_3C_3\times\frac{1}{2!}=28\times20\times1\times\frac{1}{2}=280$$

A와 B가 같은 조에 속하는 경우는 A와 B가 2명인 조 또는 3명인

조에 속하는 경우이다.

(i) A와 B가 2명인 조에 속하는 경우

A, B를 제외한 6명을 3명, 3명의 2개 조로 나누는 경우의 수는

$$_6C_3\times_3C_3\times\frac{1}{2!}=20\times1\times\frac{1}{2}=10$$

(ii) A와 B가 3명인 조에 속하는 경우

A, B와 같은 조가 될 1명을 정하고, 나머지 5명을 2명, 3명의

2개 조로 나누는 경우의 수는

$$_6C_1\times_5C_2\times_3C_3=6\times10\times1=60$$

(i), (ii)에서 A와 B가 같은 조에 속하는 경우의 수는

$$10+60=70$$

따라서 구하는 경우의 수는

$$280-70=210$$

1073 답 450

(i) 빨간색 공을 바구니에 넣는 경우의 수

(나)에서 빨간색 공을 한 바구니에 2개 이상 넣을 수 없으므로 서

로 다른 3개의 바구니에 빨간색 공이 하나씩 들어가야 한다.

따라서 빨간색 공을 바구니에 넣는 경우의 수는

$$_5C_3=_5C_2=10$$

(ii) 파란색 공을 바구니에 넣는 경우의 수

(가)에서 모든 바구니에 공이 1개 이상 들어가야 하므로 빨간색

공을 넣지 않은 2개의 빈 바구니에 파란색 공을 각각 1개씩 넣

고, 남은 4개의 파란색 공을 전체 5개의 바구니에 각각 2개 이하

로 넣으면 된다.

① 2개의 바구니에 파란색 공을 2개씩 넣는 경우

5개의 바구니에서 파란색 공을 넣을 2개의 바구니를 택하는

경우와 같으므로 그 경우의 수는

$$_5C_2=10$$

② 3개의 바구니에 파란색 공을 2개, 1개, 1개 넣는 경우

5개의 바구니에서 파란색 공 2개를 넣을 바구니 1개를 택하

고, 남은 4개의 바구니에서 파란색 공을 1개씩 넣을 바구니 2

개를 택하는 경우와 같으므로 그 경우의 수는

$$_5C_1\times_4C_2=5\times6=30$$

③ 4개의 바구니에 파란색 공을 1개씩 넣는 경우의 수는

$$_5C_4=_5C_1=5$$

①, ②, ③에서 파란색 공을 바구니에 넣는 경우의 수는

$$10+30+5=45$$

(i), (ii)에서 구하는 경우의 수는

$$10\times45=450$$

최고수준 **도전 기출** 221쪽

1074 답 ②

전략 A, B가 선택하는 과목 중에서 서로 일치하는 과목이 수학 과목인 경우와 과학 과목인 경우로 나누어 경우의 수를 구한다.

(i) 서로 일치하는 과목이 수학 과목일 때

3개의 수학 과목 중에서 1개를 선택하는 경우의 수는 $_3C_1=3$

위의 각 경우에 대하여 나머지 6개의 과목 중에서 A가 2개를 선

택하고, 나머지 4개의 과목 중에서 B가 2개를 선택하는 경우의

수는

$$_6C_2\times_4C_2=15\times6=\boxed{\text{(가) }90}$$

이때의 경우의 수는 $3\times\boxed{\text{(가) }90}$

(ii) 서로 일치하는 과목이 과학 과목일 때

4개의 과학 과목 중에서 1개를 선택하는 경우의 수는 $_4C_1=4$

위의 각 경우에 대하여 나머지 6개의 과목 중에서 A, B는 수학

과목을 1개 이상 선택해야 하므로 다음 두 가지 경우로 나눌 수

있다.

(ii-1) A, B 모두 수학 과목 1개와 과학 과목 1개를 선택하는

경우의 수는

$$(_3C_1\times_3C_1)\times(_2C_1\times_2C_1)=3\times3\times2\times2=36$$

(ii-2) A, B 중 한 명은 수학 과목 2개를 선택하고, 다른 한 명

은 수학 과목 1개와 과학 과목 1개를 선택하는 경우의 수는

A, B 중 수학 과목 2개를 선택할 학생을 택하는 경우의 수는

$$_2C_1=2$$

이 학생이 3개의 수학 과목 중 2개를 선택하는 경우의 수는

$$_3C_2=_3C_1=3$$

다른 한 명이 남아 있는 수학 과목 1개를 선택하는 경우의 수

는 $_1C_1=1$

이 학생이 과학 과목 중 공통으로 선택한 한 과목을 제외한 3개

의 과목 중 1개를 선택하는 경우의 수는 $_3C_1=3$이므로

$$2\times3\times1\times3=\boxed{\text{(나) }18}$$

이때의 경우의 수는 $4 \times (36 + \boxed{\text{(나) } 18})$

(i), (ii)에 의하여 구하는 경우의 수는

$3 \times \boxed{\text{(가) } 90} + 4 \times (36 + \boxed{\text{(나) } 18})$이다.

따라서 $p=90$, $q=18$이므로

$p+q=108$

1075 답 762

전략 A, B 두 학생이 같은 종류의 아이스크림을 1개 구매하는 경우와 2개 구매하는 경우로 나누어 생각한다.

(i) A, B 두 학생이 같은 종류의 아이스크림을 1개 구매하는 경우

A가 두 종류를 택하는 경우의 수는

$_4C_2=6$

B가 A가 택한 종류와 A가 택하지 않은 두 종류 중에서 하나씩 택하는 경우의 수는

$_2C_1 \times _2C_1 = 2 \times 2 = 4$

C, D가 택하는 경우의 수는 전체 경우의 수에서 C, D가 모두 A, B가 공통으로 택한 종류를 택하는 경우의 수를 뺀 것과 같으므로

$_4C_2 \times _4C_2 - (_1C_1 \times _3C_1 \times _1C_1 \times _3C_1) = 6 \times 6 - 9 = 27$

따라서 A, B 두 학생이 같은 종류의 아이스크림을 1개 구매하는 경우의 수는

$6 \times 4 \times 27 = 648$

(ii) A, B 두 학생이 같은 종류의 아이스크림을 2개 구매하는 경우

A가 두 종류를 택하는 경우의 수는

$_4C_2=6$

B가 A가 택한 종류를 택하는 경우의 수는

$_2C_2=1$

C, D가 택하는 경우의 수는 전체 경우의 수에서 C, D가 모두 A, B가 택한 종류를 택하는 경우의 수를 뺀 것과 같다.

C, D가 모두 A, B가 택한 종류를 택하는 경우는

① A, B가 택한 두 종류 중 하나를 C, D가 모두 택하는 경우

C, D가 각각 A, B가 택한 두 종류 중에서 하나, A, B가 택하지 않은 두 종류 중에서 하나를 택하는 경우의 수는

$(_2C_1 \times _2C_1) \times (_2C_1 \times _2C_1) = 2 \times 2 \times 2 \times 2 = 16$

② A, B가 택한 두 종류를 C, D가 모두 택하는 경우

C, D가 택하는 경우의 수는

$_2C_2 \times _2C_2 = 1 \times 1 = 1$

①, ②에서 C, D가 택하는 경우의 수는

$_4C_2 \times _4C_2 - (16+1) = 6 \times 6 - 17 = 19$

따라서 A, B 두 학생이 같은 종류의 아이스크림을 2개 구매하는 경우의 수는

$6 \times 1 \times 19 = 114$

(i), (ii)에서 구하는 경우의 수는

$648 + 114 = 762$

1076 답 53

전략 첫 번째 단과 마지막 단의 폭을 정하는 경우로 나누어 각각의 경우에서 50 cm인 단, 100 cm인 단, 150 cm인 단의 개수를 구한 후 경우의 수를 구한다.

$\overline{AC}=3(m)$이므로 (가)에서 단의 전체 개수는

$300 \div 30 = 10$

(나)에서 각 단의 폭은 50 cm, 100 cm, 150 cm 중 하나이고, (다)에서 첫 번째 단과 마지막 단의 폭은 각각

100 cm, 100 cm 또는 100 cm, 150 cm 또는 150 cm, 150 cm

(i) 첫 번째 단과 마지막 단의 폭이 각각 100 cm, 100 cm인 경우

첫 번째 단과 마지막 단 사이에 있는 8개의 단의 폭의 합은 500 cm이다.

① 폭이 50 cm인 단 6개와 폭이 100 cm인 단 2개를 설계하는 경우의 수는 8개의 단을 6개와 2개로 나누는 경우의 수와 같으므로

$_8C_6 \times _2C_2 = _8C_2 \times _2C_2$

$\qquad = 28 \times 1 = 28$

② 폭이 50 cm인 단 7개와 폭이 150 cm인 단 1개를 설계하는 경우의 수는 8개의 단을 7개와 1개로 나누는 경우의 수와 같으므로

$_8C_7 \times _1C_1 = _8C_1 \times _1C_1$

$\qquad = 8 \times 1 = 8$

①, ②에서 첫 번째 단과 마지막 단의 폭이 100 cm, 100 cm인 경우의 수는

$28 + 8 = 36$

(ii) 첫 번째 단과 마지막 단의 폭이 각각 100 cm, 150 cm인 경우

첫 번째 단과 마지막 단 사이에 있는 8개의 단의 폭의 합은 450 cm이다.

폭이 50 cm인 단 7개와 폭이 100 cm인 단 1개를 설계하고, 첫 번째 단과 마지막 단을 설계하는 경우의 수는

$_8C_7 \times _1C_1 \times 2! = _8C_1 \times _1C_1 \times 2!$

$\qquad = 8 \times 1 \times 2 = 16$

(iii) 첫 번째 단과 마지막 단의 폭이 각각 150 cm, 150 cm인 경우

첫 번째 단과 마지막 단 사이에 있는 8개의 단의 폭의 합은 400 cm이므로 8개의 단의 폭은 모두 50 cm이다.

즉, 폭이 50 cm인 단 8개로 계단을 설계하는 경우의 수는

$_8C_8=1$

(i), (ii), (iii)에서 계단을 설계하는 경우의 수는

$36 + 16 + 1 = 53$

참고 (i)에서 8개의 단의 폭이 모두 50 cm이면 그 합이 400 cm로 100 cm가 부족하므로 2개의 단이 100 cm이거나 1개의 단이 150 cm이어야 한다.

(ii)에서 8개의 단의 폭이 모두 50 cm이면 그 합이 400 cm로 50 cm가 부족하므로 1개의 단이 100 cm이어야 한다.

15 행렬의 연산

1077 답 ⑤

주어진 표를 행렬로 나타내면 $\begin{pmatrix} 6 & 250 & 80 \\ 4 & 420 & 115 \\ 5 & 510 & 49 \end{pmatrix}$

따라서 c는 5월에 사용한 문자(건)이다.

1078 답 0

행렬이 서로 같을 조건에 의하여

$3x-5=-2$, $-3=y-2$

따라서 $x=1$, $y=-1$이므로 $x+y=0$

1079 답 ④

① 행렬 A는 3×3 행렬이다.

② 제2행의 모든 성분의 합은 $1+(-2)+2=1$

③ $i+j=4$를 만족시키는 모든 성분의 합은

$a_{13}+a_{22}+a_{31}=-1+(-2)+2=-1$

④ $j=3$인 모든 성분의 합은

$a_{13}+a_{23}+a_{33}=-1+2+4=5$

⑤ $i<j$인 모든 성분의 합은

$a_{12}+a_{13}+a_{23}=3+(-1)+2=4$

따라서 옳은 것은 ④이다.

1080 답 ④

$a_{11}=1^2+1^2-1\times1=1$, $a_{12}=1^2+2^2-1\times2=3$,

$a_{13}=1^2+3^2-1\times3=7$, $a_{21}=2^2+1^2-2\times1=3$,

$a_{22}=2^2+2^2-2\times2=4$, $a_{23}=2^2+3^2-2\times3=7$

$\therefore A=\begin{pmatrix} 1 & 3 & 7 \\ 3 & 4 & 7 \end{pmatrix}$

1081 답 ③

i가 홀수, 즉 $i=1$일 때,

$a_{11}=3\times1+1=4$, $a_{12}=3\times1+2=5$

i가 짝수, 즉 $i=2$일 때,

$a_{21}=3\times2-1=5$, $a_{22}=3\times2-2=4$

따라서 행렬 A의 모든 성분의 합은

$a_{11}+a_{12}+a_{21}+a_{22}=4+5+5+4=18$

1082 답 ①

1번 책은 1번, 4번 키워드를 포함하고 있으므로

$a_{11}=1$, $a_{12}=0$, $a_{13}=0$, $a_{14}=1$

2번 책은 1번, 2번, 4번 키워드를 포함하고 있으므로

$a_{21}=1$, $a_{22}=1$, $a_{23}=0$, $a_{24}=1$

3번 책은 3번 키워드를 포함하고 있으므로

$a_{31}=0$, $a_{32}=0$, $a_{33}=1$, $a_{34}=0$

4번 책은 2번, 3번 키워드를 포함하고 있으므로

$a_{41}=0$, $a_{42}=1$, $a_{43}=1$, $a_{44}=0$

$\therefore A=\begin{pmatrix} 1 & 0 & 0 & 1 \\ 1 & 1 & 0 & 1 \\ 0 & 0 & 1 & 0 \\ 0 & 1 & 1 & 0 \end{pmatrix}$

1083 답 1

$\begin{pmatrix} 4+a\sqrt{3} & -2 \\ 4 & b\sqrt{3} \end{pmatrix}=\begin{pmatrix} c-\sqrt{3} & -2 \\ b^2 & d+2\sqrt{3} \end{pmatrix}$이므로 행렬이 서로 같을

조건에 의하여

$4+a\sqrt{3}=c-\sqrt{3}$, $4=b^2$, $b\sqrt{3}=d+2\sqrt{3}$ ⋯⋯ ❶

$4+a\sqrt{3}=c-\sqrt{3}$에서 a, c가 유리수이므로

$a=-1$, $c=4$

$b\sqrt{3}=d+2\sqrt{3}$에서 b, d가 유리수이므로

$b=2$, $d=0$ ⋯⋯ ❷

$\therefore a-b+c-d=-1-2+4-0=1$ ⋯⋯ ❸

채점 기준		
❶ 행렬이 서로 같을 조건을 이용하여 식 세우기		40 %
❷ a, b, c, d의 값 구하기		40 %
❸ $a-b+c-d$의 값 구하기		20 %

1084 답 5

$a_{12}=p\times1+q\times2-2=p+2q-2=5$이므로

$p+2q=7$ ⋯⋯ ㉠

$a_{13}=p\times1+q\times3-2=p+3q-2=7$이므로

$p+3q=9$ ⋯⋯ ㉡

㉠, ㉡을 연립하여 풀면 $p=3$, $q=2$

$\therefore p+q=5$

1085 답 ③

$\begin{pmatrix} 1-x & x+y \\ -1 & xy \end{pmatrix}=\begin{pmatrix} y-2 & xy+1 \\ -1 & 4-xy \end{pmatrix}$이므로

$1-x=y-2$, $xy=4-xy$

$\therefore x+y=3$, $xy=2$

$\therefore x^3+y^3=(x+y)^3-3xy(x+y)$

$=3^3-3\times2\times3=9$

1086 답 ⑤

a_{11}은 $3\times1+4\times1+1=8$, 즉 2^3의 약수의 개수이므로

$a_{11}=4$

a_{12}는 $3\times1+4\times2+1=12$, 즉 $2^2\times3$의 약수의 개수이므로

$a_{12}=(2+1)\times(1+1)=6$

a_{21}은 $3\times2+4\times1+1=11$의 약수의 개수이므로

$a_{21}=2$

a_{22}는 $3\times2+4\times2+1=15$, 즉 3×5의 약수의 개수이므로

$a_{22}=(1+1)\times(1+1)=4$

$\therefore A=\begin{pmatrix} 4 & 6 \\ 2 & 4 \end{pmatrix}$

 a, b, c는 서로 다른 소수, l, m, n은 자연수일 때,
① a^l의 약수의 개수 ➡ $l+1$
② $a^l \times b^m$의 약수의 개수 ➡ $(l+1)(m+1)$
③ $a^l \times b^m \times c^n$의 약수의 개수 ➡ $(l+1)(m+1)(n+1)$

1087 답 ①

$a_{11}=p+q$, $a_{12}=p+2q$, $a_{21}=2p+q$, $a_{22}=2p+2q$이므로

$$A=\begin{pmatrix} p+q & p+2q \\ 2p+q & 2p+2q \end{pmatrix}$$

$b_{11}=3\times1=3$, $b_{12}=3^1-1=2$, $b_{21}=3^2-2=7$, $b_{22}=3\times2=6$이므로

$$B=\begin{pmatrix} 3 & 2 \\ 7 & 6 \end{pmatrix}$$

$A=B$에서 $\begin{pmatrix} p+q & p+2q \\ 2p+q & 2p+2q \end{pmatrix}=\begin{pmatrix} 3 & 2 \\ 7 & 6 \end{pmatrix}$이므로

$p+q=3$, $p+2q=2$

두 식을 연립하여 풀면 $p=4$, $q=-1$

$\therefore pq=-4$

1088 답 ③

$a_{11}=2\times1\times(1-1)=0$, $a_{12}=2\times1\times(2-1)=2$,
$a_{13}=2\times1\times(3-1)=4$, $a_{21}=2\times2\times(1-2)=-4$,
$a_{22}=2\times2\times(2-2)=0$, $a_{23}=2\times2\times(3-2)=4$

$b_{ij}=2a_{ji}$이므로

$b_{11}=2a_{11}=0$, $b_{12}=2a_{21}=-8$, $b_{21}=2a_{12}=4$, $b_{22}=2a_{22}=0$,
$b_{31}=2a_{13}=8$, $b_{32}=2a_{23}=8$

$$\therefore B=\begin{pmatrix} 0 & -8 \\ 4 & 0 \\ 8 & 8 \end{pmatrix}$$

1089 답 ②

행렬이 서로 같을 조건에 의하여

$x+y=-1$ ······ ㉠
$x+z=5$ ······ ㉡
$y+z=-2$ ······ ㉢

㉠, ㉡, ㉢을 변끼리 더하면

$2(x+y+z)=2$ $\therefore x+y+z=1$

㉠에서 $z=1-(x+y)=1-(-1)=2$

㉡에서 $y=1-(x+z)=1-5=-4$

㉢에서 $x=1-(y+z)=1-(-2)=3$

$\therefore xyz=3\times(-4)\times2=-24$

1090 답 27

$a_{11}=-a_{11}$, $a_{22}=-a_{22}$, $a_{33}=-a_{33}$이므로

$a_{11}=a_{22}=a_{33}=0$

$\therefore a=b=c=0$

$a_{12}=-a_{21}$이므로 $3e=-9$ $\therefore e=-3$

$a_{13}=-a_{31}$이므로 $-d=-f$ $\therefore d=f$

$a_{23}=-a_{32}$이므로 $d=-(-e)$ $\therefore d=e$

$\therefore d=e=f=-3$

$\therefore abc-def=0\times0\times0-(-3)\times(-3)\times(-3)=27$

1091 답 ③

$a_{11}=1$, $a_{12}=0$, $a_{13}=0$이므로 $1\rightarrow1$로 가는 도로 1개만 있다.

$a_{21}=1$, $a_{22}=0$, $a_{23}=2$이므로 $2\rightarrow1$로 가는 도로가 1개,
$2\rightarrow2$로 가는 도로는 없고, $2\rightarrow3$으로 가는 도로가 2개 있다.

$a_{31}=1$, $a_{32}=0$, $a_{33}=1$이므로 $3\rightarrow1$로 가는 도로가 1개,
$3\rightarrow2$로 가는 도로는 없고, $3\rightarrow3$으로 가는 도로가 1개 있다.

따라서 도로의 연결 상태를 바르게 나타낸 것은 ③이다.

1092 답 27

$i=1$, $j=1$일 때, $f(x)=x^3+x^2-x+1$을 $x-1$로 나누었을 때의 나머지는

$a_{11}=f(1)=1+1-1+1=2$

$i=1$, $j=2$일 때, $f(x)=x^3+x^2-2x+1$을 $x-2$로 나누었을 때의 나머지는

$a_{12}=f(2)=8+4-4+1=9$

$i=2$, $j=1$일 때, $f(x)=x^3+2x^2-x+1$을 $x-1$로 나누었을 때의 나머지는

$a_{21}=f(1)=1+2-1+1=3$

$i=2$, $j=2$일 때, $f(x)=x^3+2x^2-2x+1$을 $x-2$로 나누었을 때의 나머지는

$a_{22}=f(2)=8+8-4+1=13$ ······ ❶

따라서 행렬 A의 모든 성분의 합은

$a_{11}+a_{12}+a_{21}+a_{22}=2+9+3+13=27$ ······ ❷

채점 기준	
❶ a_{11}, a_{12}, a_{21}, a_{22}의 값 구하기	80%
❷ 행렬 A의 모든 성분의 합 구하기	20%

 다항식 $f(x)$를 $x-\alpha$로 나누었을 때의 나머지는 $f(\alpha)$와 같고 이를 나머지 정리라 한다.

1093 답 ②

이차함수 $y=x^2-2(i+j)x+9$의 그래프와 x축이 만나는 점의 개수는 이차방정식 $x^2-2(i+j)x+9=0$의 서로 다른 실근의 개수와 같다.

이차방정식 $x^2-2(i+j)x+9=0$의 판별식을 D라 하면

$$\frac{D}{4}=(i+j)^2-9$$

$i=1$, $j=1$일 때, $\dfrac{D}{4}=(1+1)^2-9=-5<0$이므로 $a_{11}=0$

$i=1$, $j=2$일 때, $\dfrac{D}{4}=(1+2)^2-9=0$이므로 $a_{12}=1$

$i=2$, $j=1$일 때, $\dfrac{D}{4}=(2+1)^2-9=0$이므로 $a_{21}=1$

$i=2$, $j=2$일 때, $\dfrac{D}{4}=(2+2)^2-9=7>0$이므로 $a_{22}=2$

$$\therefore A=\begin{pmatrix} 0 & 1 \\ 1 & 2 \end{pmatrix}$$

1번 주머니에서 카드 3장을 뽑아 만들 수 있는 세 자리의 자연수의
개수는

$a_{11}={}_5\mathrm{P}_3=60$

1번 주머니에서 카드 3장을 뽑아 만들 수 있는 2의 배수는 일의 자
리의 숫자가 2 또는 4인 수이므로 그 개수는

$a_{12}=2\times{}_4\mathrm{P}_2=2\times12=24$

2번 주머니에서 카드 3장을 뽑아 만들 수 있는 세 자리의 자연수의
개수는

$a_{21}=5\times{}_5\mathrm{P}_2=5\times20=100$

2번 주머니에서 카드 3장을 뽑아 만들 수 있는 2의 배수는 일의 자
리의 숫자가 0 또는 2 또는 4인 수이므로 그 개수는

$a_{22}={}_5\mathrm{P}_2+4\times4+4\times4=20+16+16=52$

따라서 행렬 A의 모든 성분의 합은

$a_{11}+a_{12}+a_{21}+a_{22}=60+24+100+52=236$

1095 답 384

$A=\begin{pmatrix} a & b & c \\ d & e & f \\ g & h & i \end{pmatrix}$ 라 하면 $a, b, \cdots, i$는 2부터 9까지의 자연수 중

하나이다.

(내)에서 $beh=27=3\times3\times3$

$\therefore b=3, e=3, h=3$

(개)에서 $abc=30$

$b=3$을 대입하면 $3ac=30$ $\therefore ac=10$

이를 만족시키는 순서쌍 (a, c)는 $(2, 5)$, $(5, 2)$의 2개이다.

(대)에서 $ghi=48$

$h=3$을 대입하면 $3gi=48$ $\therefore gi=16$

이를 만족시키는 순서쌍 (g, i)는 $(2, 8)$, $(4, 4)$, $(8, 2)$의 3개이
다.

d, f는 각각 8개의 수 중 하나이므로 행렬 A의 개수는

$2\times3\times8\times8=384$

1096 답 ④

$A+2B=\begin{pmatrix} 1 & 2 \\ 1 & 0 \end{pmatrix}+2\begin{pmatrix} 0 & 1 \\ 3 & 2 \end{pmatrix}$

$\qquad=\begin{pmatrix} 1 & 2 \\ 1 & 0 \end{pmatrix}+\begin{pmatrix} 0 & 2 \\ 6 & 4 \end{pmatrix}=\begin{pmatrix} 1 & 4 \\ 7 & 4 \end{pmatrix}$

따라서 $A+2B$의 $(1, 2)$ 성분은 4이다.

다른 풀이

$(1, 2)$ 성분끼리만 계산하면 $2+2\times1=4$

1097 답 ④

$A+B=\begin{pmatrix} 2 & 0 \\ 1 & 0 \end{pmatrix}+\begin{pmatrix} a & 0 \\ 2 & -3 \end{pmatrix}=\begin{pmatrix} a+2 & 0 \\ 3 & -3 \end{pmatrix}$

$A+B$의 모든 성분의 합이 6이므로

$(a+2)+0+3+(-3)=6$ $\therefore a=4$

1098 답 17

$2\begin{pmatrix} a & 1 \\ 5 & b \end{pmatrix}-3\begin{pmatrix} -2 & a \\ b & 5 \end{pmatrix}=\begin{pmatrix} 4 & 5 \\ -2 & -7 \end{pmatrix}$ 에서

$\begin{pmatrix} 2a+6 & 2-3a \\ 10-3b & 2b-15 \end{pmatrix}=\begin{pmatrix} 4 & 5 \\ -2 & -7 \end{pmatrix}$

행렬이 서로 같을 조건에 의하여

$2a+6=4, 10-3b=-2$

따라서 $a=-1, b=4$이므로

$a^2+b^2=1+16=17$

1099 답 ①

$2A+B=\begin{pmatrix} 5 & 2 \\ 3 & -1 \end{pmatrix}$ 에서

$B=\begin{pmatrix} 5 & 2 \\ 3 & -1 \end{pmatrix}-2A=\begin{pmatrix} 5 & 2 \\ 3 & -1 \end{pmatrix}-2\begin{pmatrix} 2 & 0 \\ 0 & -1 \end{pmatrix}$

$\quad=\begin{pmatrix} 5 & 2 \\ 3 & -1 \end{pmatrix}-\begin{pmatrix} 4 & 0 \\ 0 & -2 \end{pmatrix}=\begin{pmatrix} 1 & 2 \\ 3 & 1 \end{pmatrix}$

1100 답 ⑤

$2\left(P-\dfrac{1}{2}Q\right)-(P-3Q)=2P-Q-P+3Q=P+2Q$

$\qquad=\begin{pmatrix} 3 & 0 \\ 2 & 1 \end{pmatrix}+2\begin{pmatrix} 1 & -1 \\ 0 & 2 \end{pmatrix}$

$\qquad=\begin{pmatrix} 3 & 0 \\ 2 & 1 \end{pmatrix}+\begin{pmatrix} 2 & -2 \\ 0 & 4 \end{pmatrix}$

$\qquad=\begin{pmatrix} 5 & -2 \\ 2 & 5 \end{pmatrix}$

1101 답 21

$2(X-2A)=4X+3(A-4X)$ 에서

$2X-4A=4X+3A-12X, 10X=7A$

$\therefore X=\dfrac{7}{10}A$

이때 A의 모든 성분의 합이 30이므로 X의 모든 성분의 합은

$\dfrac{7}{10}\times30=21$

1102 답 25

$2X-3A=3(X-B)+A$ 에서

$2X-3A=3X-3B+A$

$\therefore X=-4A+3B=-4\begin{pmatrix} 1 & 2 \\ 0 & -1 \end{pmatrix}+3\begin{pmatrix} 4 & 3 \\ -2 & 6 \end{pmatrix}$

$\qquad=\begin{pmatrix} -4 & -8 \\ 0 & 4 \end{pmatrix}+\begin{pmatrix} 12 & 9 \\ -6 & 18 \end{pmatrix}=\begin{pmatrix} 8 & 1 \\ -6 & 22 \end{pmatrix}$

따라서 X의 모든 성분의 합은

$8+1+(-6)+22=25$

1103 답 ②

$A+B=\begin{pmatrix} -3 & 4 \\ 2 & 3 \end{pmatrix}$ ……㉠

$A-2B=\begin{pmatrix} -2 & 3 \\ 1 & 4 \end{pmatrix}$ ……㉡

㉠-㉡을 하면

$$3B=\begin{pmatrix} -3 & 4 \\ 2 & 3 \end{pmatrix}-\begin{pmatrix} -2 & 3 \\ 1 & 4 \end{pmatrix}=\begin{pmatrix} -1 & 1 \\ 1 & -1 \end{pmatrix}$$

$$\therefore B=\frac{1}{3}\begin{pmatrix} -1 & 1 \\ 1 & -1 \end{pmatrix}=\begin{pmatrix} -\dfrac{1}{3} & \dfrac{1}{3} \\ \dfrac{1}{3} & -\dfrac{1}{3} \end{pmatrix}$$

$$B=\begin{pmatrix} -\dfrac{1}{3} & \dfrac{1}{3} \\ \dfrac{1}{3} & -\dfrac{1}{3} \end{pmatrix}$$을 ㉡의 양변에 더하면

$$(A-2B)+B=A-B$$

$$=\begin{pmatrix} -2 & 3 \\ 1 & 4 \end{pmatrix}+\begin{pmatrix} -\dfrac{1}{3} & \dfrac{1}{3} \\ \dfrac{1}{3} & -\dfrac{1}{3} \end{pmatrix}=\begin{pmatrix} -\dfrac{7}{3} & \dfrac{10}{3} \\ \dfrac{4}{3} & \dfrac{11}{3} \end{pmatrix}$$

따라서 $A-B$의 모든 성분의 합은

$$-\frac{7}{3}+\frac{10}{3}+\frac{4}{3}+\frac{11}{3}=6$$

참고 행렬 A, B에 대한 두 등식이 주어지면 A, B에 대한 연립방정식으로 생각하여 A 또는 B를 소거한다.

1104 답 ①

$xA+yB=C$에서

$$x\begin{pmatrix} 5 & -1 \\ 1 & 2 \end{pmatrix}+y\begin{pmatrix} 4 & 5 \\ 1 & 3 \end{pmatrix}=\begin{pmatrix} -1 & 6 \\ 0 & 1 \end{pmatrix}$$

$$\begin{pmatrix} 5x+4y & -x+5y \\ x+y & 2x+3y \end{pmatrix}=\begin{pmatrix} -1 & 6 \\ 0 & 1 \end{pmatrix}$$

행렬이 서로 같을 조건에 의하여

$$5x+4y=-1,\ -x+5y=6$$

두 식을 연립하여 풀면 $x=-1$, $y=1$

$$\therefore xy=-1$$

1105 답 7

$$X+Y=A-2B \quad \cdots\cdots ㉠$$
$$X-Y=2A+B \quad \cdots\cdots ㉡$$

㉠+㉡을 하면

$$2X=3A-B$$

$$=3\begin{pmatrix} 1 & 0 \\ -1 & 2 \end{pmatrix}-\begin{pmatrix} 3 & 0 \\ -1 & 2 \end{pmatrix}$$

$$=\begin{pmatrix} 3 & 0 \\ -3 & 6 \end{pmatrix}-\begin{pmatrix} 3 & 0 \\ -1 & 2 \end{pmatrix}$$

$$=\begin{pmatrix} 0 & 0 \\ -2 & 4 \end{pmatrix}$$

$$\therefore X=\frac{1}{2}\begin{pmatrix} 0 & 0 \\ -2 & 4 \end{pmatrix}=\begin{pmatrix} 0 & 0 \\ -1 & 2 \end{pmatrix} \quad \cdots\cdots ⓘ$$

㉠-㉡을 하면

$$2Y=-A-3B$$

$$=-\begin{pmatrix} 1 & 0 \\ -1 & 2 \end{pmatrix}-3\begin{pmatrix} 3 & 0 \\ -1 & 2 \end{pmatrix}$$

$$=\begin{pmatrix} -1 & 0 \\ 1 & -2 \end{pmatrix}-\begin{pmatrix} 9 & 0 \\ -3 & 6 \end{pmatrix}$$

$$=\begin{pmatrix} -10 & 0 \\ 4 & -8 \end{pmatrix}$$

$$\therefore Y=\frac{1}{2}\begin{pmatrix} -10 & 0 \\ 4 & -8 \end{pmatrix}=\begin{pmatrix} -5 & 0 \\ 2 & -4 \end{pmatrix} \quad \cdots\cdots ⓘⓘ$$

따라서 $M=2$, $m=-5$이므로

$$M-m=7 \quad \cdots\cdots ⓘⓘⓘ$$

채점 기준

ⓘ X 구하기	40%
ⓘⓘ Y 구하기	40%
ⓘⓘⓘ $M-m$의 값 구하기	20%

1106 답 10

$xA+yB=C$에서

$$x\begin{pmatrix} 2 & 1 \\ 0 & 1 \end{pmatrix}+y\begin{pmatrix} 3 & a \\ 2 & -4 \end{pmatrix}=\begin{pmatrix} -1 & 2 \\ 2 & b \end{pmatrix}$$

$$\begin{pmatrix} 2x+3y & x+ay \\ 2y & x-4y \end{pmatrix}=\begin{pmatrix} -1 & 2 \\ 2 & b \end{pmatrix}$$

행렬이 서로 같을 조건에 의하여

$$2x+3y=-1,\ x+ay=2,\ 2y=2,\ x-4y=b$$

$2y=2$에서 $y=1$

$2x+3y=-1$에 $y=1$을 대입하면

$$2x+3=-1 \qquad \therefore x=-2$$

$x+ay=2$에 $x=-2$, $y=1$을 대입하면

$$-2+a=2 \qquad \therefore a=4$$

$x-4y=b$에 $x=-2$, $y=1$을 대입하면

$$-2-4=b \qquad \therefore b=-6$$

$$\therefore a-b=4-(-6)=10$$

1107 답 14

$a_{ij}=a_{ji}$에서 $a_{12}=a_{21}$

$a_{11}=x$, $a_{12}=a_{21}=y$, $a_{22}=z$라 하면 $A=\begin{pmatrix} x & y \\ y & z \end{pmatrix}$

$b_{ij}=-b_{ji}$에서 $b_{11}=-b_{11}$이므로 $b_{11}=0$

$b_{22}=-b_{22}$이므로 $b_{22}=0$

$b_{12}=-b_{21}$이므로 $b_{12}=w$라 하면 $B=\begin{pmatrix} 0 & w \\ -w & 0 \end{pmatrix}$

$A+B=\begin{pmatrix} 8 & 15 \\ -1 & 7 \end{pmatrix}$에서

$$\begin{pmatrix} x & y \\ y & z \end{pmatrix}+\begin{pmatrix} 0 & w \\ -w & 0 \end{pmatrix}=\begin{pmatrix} 8 & 15 \\ -1 & 7 \end{pmatrix}$$

$$\therefore \begin{pmatrix} x & y+w \\ y-w & z \end{pmatrix}=\begin{pmatrix} 8 & 15 \\ -1 & 7 \end{pmatrix}$$

행렬이 서로 같을 조건에 의하여

$$x=8,\ y+w=15,\ y-w=-1,\ z=7$$

$y+w=15$, $y-w=-1$을 연립하여 풀면

$$y=7,\ w=8$$

$$\therefore a_{21}+a_{22}=y+z=7+7=14$$

1108 답 ⑤

A는 2×1 행렬, B는 2×2 행렬, C는 1×2 행렬이다.

ㄱ. 2×1 행렬과 2×2 행렬의 곱은 정의되지 않는다.

ㄴ. 2×2 행렬과 2×1 행렬의 곱은 2×1 행렬이 된다.

ㄷ. 2×2 행렬과 1×2 행렬의 곱은 정의되지 않는다.

ㄹ. 1×2 행렬과 2×1 행렬의 곱은 1×1 행렬이 된다.

ㅁ. 1×2 행렬과 2×2 행렬의 곱은 1×2 행렬이 된다.

ㅂ. 1×2 행렬과 1×2 행렬의 곱은 정의되지 않는다.

따라서 보기에서 그 곱이 정의되는 행렬은 ㄴ, ㄹ, ㅁ이다.

참고 두 행렬 A, B의 곱 AB는 (A의 열의 개수)$=$(B의 행의 개수)일 때 정의된다.

1109 답 21

$A-B=\begin{pmatrix} 1 & 4 \\ 5 & 1 \end{pmatrix}-\begin{pmatrix} 0 & 2 \\ 2 & 0 \end{pmatrix}=\begin{pmatrix} 1 & 2 \\ 3 & 1 \end{pmatrix}$

$\therefore (A-B)C=\begin{pmatrix} 1 & 2 \\ 3 & 1 \end{pmatrix}\begin{pmatrix} 3 \\ 3 \end{pmatrix}=\begin{pmatrix} 9 \\ 12 \end{pmatrix}$

따라서 $(A-B)C$의 모든 성분의 합은

$9+12=21$

1110 답 ②

$X+AB=B$에서

$X=B-AB=\begin{pmatrix} 0 & 1 \\ 1 & 0 \end{pmatrix}-\begin{pmatrix} 1 & -1 \\ 1 & -1 \end{pmatrix}\begin{pmatrix} 0 & 1 \\ 1 & 0 \end{pmatrix}$

$=\begin{pmatrix} 0 & 1 \\ 1 & 0 \end{pmatrix}-\begin{pmatrix} -1 & 1 \\ -1 & 1 \end{pmatrix}=\begin{pmatrix} 1 & 0 \\ 2 & -1 \end{pmatrix}$

따라서 X의 모든 성분의 합은

$1+0+2+(-1)=2$

1111 답 36

$AB=O$에서

$\begin{pmatrix} 1 & 2 \\ 3 & x \end{pmatrix}\begin{pmatrix} y & -2 \\ -3 & 1 \end{pmatrix}=\begin{pmatrix} 0 & 0 \\ 0 & 0 \end{pmatrix}$

$\begin{pmatrix} y-6 & 0 \\ 3y-3x & -6+x \end{pmatrix}=\begin{pmatrix} 0 & 0 \\ 0 & 0 \end{pmatrix}$

행렬이 서로 같을 조건에 의하여

$y-6=0$, $-6+x=0$

따라서 $x=6$, $y=6$이므로

$xy=36$

1112 답 ②

$YX=\begin{pmatrix} 37 & 47 \\ 59 & 65 \end{pmatrix}\begin{pmatrix} 23000 & 28000 \\ 56000 & 72000 \end{pmatrix}$

YX의 $(2, 1)$ 성분은

$59 \times 23000+65 \times 56000$

이는 가게 A의 5월의 축구공과 축구화의 판매 총액과 같다.

1113 답 13

$a_{11}=1-1+1=1$, $a_{12}=1-2+1=0$,

$a_{21}=2-1+1=2$, $a_{22}=2-2+1=1$이므로

$A=\begin{pmatrix} 1 & 0 \\ 2 & 1 \end{pmatrix}$

$b_{11}=1+1+1=3$, $b_{12}=1+2+1=4$,

$b_{21}=2+1+1=4$, $b_{22}=2+2+1=5$이므로

$B=\begin{pmatrix} 3 & 4 \\ 4 & 5 \end{pmatrix}$

$\therefore AB=\begin{pmatrix} 1 & 0 \\ 2 & 1 \end{pmatrix}\begin{pmatrix} 3 & 4 \\ 4 & 5 \end{pmatrix}=\begin{pmatrix} 3 & 4 \\ 10 & 13 \end{pmatrix}$

따라서 AB의 $(2, 2)$ 성분은 13이다.

1114 답 ①

$A^2=\begin{pmatrix} -1 & a \\ b & 2 \end{pmatrix}\begin{pmatrix} -1 & a \\ b & 2 \end{pmatrix}=\begin{pmatrix} 1+ab & a \\ b & ab+4 \end{pmatrix}$이므로

$A^2=A$에서

$\begin{pmatrix} 1+ab & a \\ b & ab+4 \end{pmatrix}=\begin{pmatrix} -1 & a \\ b & 2 \end{pmatrix}$

행렬이 서로 같을 조건에 의하여

$1+ab=-1$ $\therefore ab=-2$

이때 $a^2+b^2=10$이므로

$(a+b)^2=a^2+b^2+2ab=10+2 \times (-2)=6$

1115 답 10

$A+B=\begin{pmatrix} 1 & 3 \\ 2 & 3 \end{pmatrix}$ ...... ㉠

$A-B=\begin{pmatrix} 1 & -1 \\ 2 & -1 \end{pmatrix}$ ...... ㉡

㉠+㉡을 하면

$2A=\begin{pmatrix} 1 & 3 \\ 2 & 3 \end{pmatrix}+\begin{pmatrix} 1 & -1 \\ 2 & -1 \end{pmatrix}=\begin{pmatrix} 2 & 2 \\ 4 & 2 \end{pmatrix}$

$\therefore A=\frac{1}{2}\begin{pmatrix} 2 & 2 \\ 4 & 2 \end{pmatrix}=\begin{pmatrix} 1 & 1 \\ 2 & 1 \end{pmatrix}$ ...... ❶

㉠-㉡을 하면

$2B=\begin{pmatrix} 1 & 3 \\ 2 & 3 \end{pmatrix}-\begin{pmatrix} 1 & -1 \\ 2 & -1 \end{pmatrix}=\begin{pmatrix} 0 & 4 \\ 0 & 4 \end{pmatrix}$

$\therefore B=\frac{1}{2}\begin{pmatrix} 0 & 4 \\ 0 & 4 \end{pmatrix}=\begin{pmatrix} 0 & 2 \\ 0 & 2 \end{pmatrix}$ ...... ❷

$\therefore A^2-B^2=\begin{pmatrix} 1 & 1 \\ 2 & 1 \end{pmatrix}\begin{pmatrix} 1 & 1 \\ 2 & 1 \end{pmatrix}-\begin{pmatrix} 0 & 2 \\ 0 & 2 \end{pmatrix}\begin{pmatrix} 0 & 2 \\ 0 & 2 \end{pmatrix}$

$=\begin{pmatrix} 3 & 2 \\ 4 & 3 \end{pmatrix}-\begin{pmatrix} 0 & 4 \\ 0 & 4 \end{pmatrix}=\begin{pmatrix} 3 & -2 \\ 4 & -1 \end{pmatrix}$ ...... ❸

따라서 $a=3$, $b=-2$, $c=4$, $d=-1$이므로

$ac-bd=12-2=10$ ...... ❹

채점 기준	
❶ A 구하기	30%
❷ B 구하기	30%
❸ A^2-B^2 구하기	30%
❹ $ac-bd$의 값 구하기	10%

주의 일반적으로 행렬에서는 곱셈에 대한 교환법칙이 성립하지 않으므로 $A^2-B^2=(A+B)(A-B)$로 생각하여

$A^2-B^2=\begin{pmatrix} 1 & 3 \\ 2 & 3 \end{pmatrix}\begin{pmatrix} 1 & -1 \\ 2 & -1 \end{pmatrix}=\begin{pmatrix} 7 & -4 \\ 8 & -5 \end{pmatrix}$로 계산하지 않도록 주의한다.

1116 답 ③

$PQ=\begin{pmatrix} 30 & 40 \\ 10 & 20 \end{pmatrix}\begin{pmatrix} 5.1 & 21.4 \\ 10.7 & 11.5 \end{pmatrix}$

$=\begin{pmatrix} 30 \times 5.1+40 \times 10.7 & 30 \times 21.4+40 \times 11.5 \\ 10 \times 5.1+20 \times 10.7 & 10 \times 21.4+20 \times 11.5 \end{pmatrix}$

$$QP=\begin{pmatrix} 5.1 & 21.4 \\ 10.7 & 11.5 \end{pmatrix}\begin{pmatrix} 30 & 40 \\ 10 & 20 \end{pmatrix}$$

$$=\begin{pmatrix} 5.1\times30+21.4\times10 & 5.1\times40+21.4\times20 \\ 10.7\times30+11.5\times10 & 10.7\times40+11.5\times20 \end{pmatrix}$$

(지원자 수)$=$(채용 인원수)$\times$(경쟁률)이므로

두 직군 A, B의 신입 채용 지원자 수의 합은

$m=30\times5.1+40\times10.7$

즉, m의 값은 행렬 PQ의 $(1, 1)$ 성분과 같다.

직군 B의 신입과 경력직 채용 지원자 수의 합은

$n=40\times10.7+20\times11.5$

즉, n의 값은 행렬 QP의 $(2, 2)$ 성분과 같다.

따라서 $m+n$의 값은 행렬 PQ의 $(1, 1)$ 성분과 행렬 QP의 $(2, 2)$ 성분의 합과 같다.

1117　답 ②

$$A^2=\begin{pmatrix} a^2 & 3 \\ 2 & a+1 \end{pmatrix}\begin{pmatrix} a^2 & 3 \\ 2 & a+1 \end{pmatrix}$$

$$=\begin{pmatrix} a^4+6 & 3a^2+3(a+1) \\ 2a^2+2(a+1) & 6+(a+1)^2 \end{pmatrix}$$

A^2의 $(1, 1)$ 성분과 $(2, 2)$ 성분이 서로 같으므로

$a^4+6=6+(a+1)^2$, $a^4-(a+1)^2=0$

$(a^2+a+1)(a^2-a-1)=0$

$\therefore a^2+a+1=0$ 또는 $a^2-a-1=0$

이차방정식 $a^2+a+1=0$의 판별식을 D_1이라 하면

$D_1=1-4=-3<0$

즉, $a^2+a+1=0$은 서로 다른 두 허근을 갖는다.

이차방정식 $a^2-a-1=0$의 판별식을 D_2라 하면

$D_2=1+4=5>0$

즉, $a^2-a-1=0$은 서로 다른 두 실근을 갖는다.

이때 이차방정식의 근과 계수의 관계를 이용하면 모든 실수 a의 값의 곱은 -1이다.

1118　답 ①

$$A^2-xE=\begin{pmatrix} 1 & 2 \\ -1 & 0 \end{pmatrix}\begin{pmatrix} 1 & 2 \\ -1 & 0 \end{pmatrix}-x\begin{pmatrix} 1 & 0 \\ 0 & 1 \end{pmatrix}$$

$$=\begin{pmatrix} -1 & 2 \\ -1 & -2 \end{pmatrix}-\begin{pmatrix} x & 0 \\ 0 & x \end{pmatrix}=\begin{pmatrix} -1-x & 2 \\ -1 & -2-x \end{pmatrix}$$

$f(A^2-xE)=0$에서

$(-1-x)^2-2\times(-1)\times(-2-x)=0$

$x^2+2x+1-4-2x=0$, $x^2=3$

$\therefore x=-\sqrt{3}$ 또는 $x=\sqrt{3}$

따라서 모든 실근의 곱은 $-\sqrt{3}\times\sqrt{3}=-3$

1119　답 ⑤

이차방정식의 근과 계수의 관계에 의하여

$\alpha+\beta=5$, $\alpha\beta=-4$

$$AB=\begin{pmatrix} 1 & \alpha \\ 2 & -1 \end{pmatrix}\begin{pmatrix} 1 & -1 \\ -1 & \beta \end{pmatrix}=\begin{pmatrix} 1-\alpha & -1+\alpha\beta \\ 3 & -2-\beta \end{pmatrix}$$

이므로 AB의 모든 성분의 합은

$1-\alpha+(-1+\alpha\beta)+3+(-2-\beta)$

$=-(\alpha+\beta)+\alpha\beta+1=-5+(-4)+1=-8$

1120　답 8

$$ABC=(x\quad 2)\begin{pmatrix} 2 & 1 \\ 3 & 1 \end{pmatrix}\begin{pmatrix} x \\ 2 \end{pmatrix}$$

$$=(2x+6\quad x+2)\begin{pmatrix} x \\ 2 \end{pmatrix}$$

$$=((2x+6)x+(x+2)\times2)$$

$$=(2x^2+8x+4)$$

$$=(2(x+2)^2-4) \qquad\qquad \cdots\cdots \text{ⓘ}$$

ABC의 성분은 $x=-2$일 때, 최솟값 -4를 가지므로

$a=-2$, $m=-4$

$\therefore am=8 \qquad\qquad \cdots\cdots \text{ⓘⓘ}$

채점 기준	
ⓘ ABC의 성분에 대한 식 구하기	50%
ⓘⓘ am의 값 구하기	50%

1121　답 ①

A가 $A^2=E$를 만족시키므로

$$A^2=\begin{pmatrix} a^2+bc & 2b(a+3) \\ 2c(a+3) & (a+6)^2+bc \end{pmatrix}=\begin{pmatrix} 1 & 0 \\ 0 & 1 \end{pmatrix}$$

행렬이 서로 같을 조건에 의하여

$a^2+bc=1$, $2b(a+3)=0$, $2c(a+3)=0$, $(a+6)^2+bc=1$

(i) $a\neq\boxed{\text{(가)}\ -3}$인 경우

　$2b(a+3)=0$, $2c(a+3)=0$에서 $b=0$이고 $c=0$이므로

$$A^2=\begin{pmatrix} a^2 & 0 \\ 0 & (a+6)^2 \end{pmatrix} \qquad \cdots\cdots \text{㉠}$$

　이다.

　㉠에서 $a^2\neq(a+6)^2$이므로 $A^2\neq E$

　따라서 주어진 조건에 모순이다.

(ii) $a=\boxed{\text{(가)}\ -3}$인 경우

　주어진 조건 $A^2=E$에서 $a^2+bc=1$

　$a=-3$을 대입하면 $9+bc=1$이므로 $bc=\boxed{\text{(나)}\ -8}$이다.

　b, c가 정수이므로 $bc=\boxed{\text{(나)}\ -8}$을 만족시키는 순서쌍 (b, c)를 모두 구하면

　$(-8, 1)$, $(-4, 2)$, $(-2, 4)$, $(-1, 8)$,

　$(1, -8)$, $(2, -4)$, $(4, -2)$, $(8, -1)$

　따라서 순서쌍 (b, c)의 개수는 $\boxed{\text{(다)}\ 8}$이다.

　따라서 $A^2=E$를 만족시키는 행렬 A의 개수는 $\boxed{\text{(다)}\ 8}$이다.

따라서 $p=-3$, $q=-8$, $r=8$이므로

$p+q+r=-3$

1122　답 ③

$$\begin{pmatrix} 1 & -2 \\ x & y \end{pmatrix}\begin{pmatrix} x-1 \\ y-2 \end{pmatrix}=\begin{pmatrix} 0 \\ n \end{pmatrix}$$에서

$$\begin{pmatrix} x-1-2(y-2) \\ x(x-1)+y(y-2) \end{pmatrix}=\begin{pmatrix} 0 \\ n \end{pmatrix}$$

행렬이 서로 같을 조건에 의하여

$x-1-2(y-2)=0 \qquad \cdots\cdots \text{㉠}$

$x(x-1)+y(y-2)=n \qquad \cdots\cdots \text{㉡}$

㉠에서
$$x-1-2y+4=0 \qquad \therefore x=2y-3$$
이를 ㉡에 대입하면
$$(2y-3)(2y-4)+y(y-2)=n$$
$$5y^2-16y+12-n=0 \qquad \cdots\cdots ㉢$$
실수 y가 존재하므로 y에 대한 이차방정식 ㉢의 실근이 존재해야
한다. ㉢의 판별식을 D라 하면
$$\frac{D}{4}=64-5(12-n)\geq 0$$
$$5n\geq -4 \qquad \therefore n\geq -\frac{4}{5}$$
따라서 정수 n의 최솟값은 0이다.

1123 답 ④

도시형 가옥 1채를 짓기 위해 필요한 철재와 목재의 구매 비용은
$$8\times 35+20\times 12$$
도시형 가옥 1채를 짓기 위해 필요한 철재와 목재의 운송비는
$$8\times 5+20\times 2$$
전원형 가옥 1채를 짓기 위해 필요한 철재와 목재의 구매 비용은
$$5\times 35+25\times 12$$
전원형 가옥 1채를 짓기 위해 필요한 철재와 목재의 운송비는
$$5\times 5+25\times 2$$
이때 $\begin{pmatrix} 8\times 35+20\times 12 & 5\times 35+25\times 12 \\ 8\times 5+20\times 2 & 5\times 5+25\times 2 \end{pmatrix}=\begin{pmatrix} 35 & 12 \\ 5 & 2 \end{pmatrix}\begin{pmatrix} 8 & 5 \\ 20 & 25 \end{pmatrix}$
이고, 도시형 가옥은 4채, 전원형 가옥은 6채를 지으므로 구하는 행
렬의 식은
$$\begin{pmatrix} 35 & 12 \\ 5 & 2 \end{pmatrix}\begin{pmatrix} 8 & 5 \\ 20 & 25 \end{pmatrix}\begin{pmatrix} 4 \\ 6 \end{pmatrix}$$

1124 답 ①

처음 두 용기 A, B에 들어 있는 소금의 양은 각각
$$100\times \frac{a_0}{100}=a_0(\text{g}),\ 100\times \frac{b_0}{100}=b_0(\text{g})\text{이고,}$$
덜어 내는 10 g의 소금물에 들어 있는 소금의 양은 각각
$$10\times \frac{a_0}{100}=0.1a_0(\text{g}),\ 10\times \frac{b_0}{100}=0.1b_0(\text{g})$$
이므로 덜어 내어 섞는 작업을 한 번 시행한 후 용기 A, B에 들어 있
는 소금의 양은 각각
$$(0.9a_0+0.1b_0)\,\text{g},\ (0.9b_0+0.1a_0)\,\text{g}$$
1회 시행한 후 두 용기 A, B의 소금물의 농도를 각각 $a_1\,\%$, $b_1\,\%$라
하면
$$a_1=\frac{0.9a_0+0.1b_0}{100}\times 100=0.9a_0+0.1b_0$$
$$b_1=\frac{0.9b_0+0.1a_0}{100}\times 100=0.1a_0+0.9b_0$$
$$\therefore \begin{pmatrix} a_1 \\ b_1 \end{pmatrix}=\begin{pmatrix} 0.9 & 0.1 \\ 0.1 & 0.9 \end{pmatrix}\begin{pmatrix} a_0 \\ b_0 \end{pmatrix}$$
a_1, b_1에 대하여 같은 시행을 반복하므로 2번 시행한 후 두 용기 A,
B의 소금물의 농도를 각각 $a_2\,\%$, $b_2\,\%$라 하면
$$a_2=0.9a_1+0.1b_1,\ b_2=0.1a_1+0.9b_1$$
$$\therefore \begin{pmatrix} a_2 \\ b_2 \end{pmatrix}=\begin{pmatrix} 0.9 & 0.1 \\ 0.1 & 0.9 \end{pmatrix}\begin{pmatrix} a_1 \\ b_1 \end{pmatrix}=\begin{pmatrix} 0.9 & 0.1 \\ 0.1 & 0.9 \end{pmatrix}^2\begin{pmatrix} a_0 \\ b_0 \end{pmatrix}$$

따라서 5번 시행한 후 두 용기 A, B의 소금물의 농도 $a\,\%$, $b\,\%$에
대하여
$$\begin{pmatrix} a \\ b \end{pmatrix}=\begin{pmatrix} 0.9 & 0.1 \\ 0.1 & 0.9 \end{pmatrix}^5\begin{pmatrix} a_0 \\ b_0 \end{pmatrix}$$
$$\therefore T=\begin{pmatrix} 0.9 & 0.1 \\ 0.1 & 0.9 \end{pmatrix}^5$$

1125 답 24

$MA+B=\begin{pmatrix} -1 & -2 \\ 3 & -6 \end{pmatrix}$에서 MA와 B는 각각 이차정사각행렬
이다. 이때 $M=\begin{pmatrix} 4 \\ -5 \end{pmatrix}$, 즉 M이 2×1 행렬이므로 A는 1×2 행
렬이다.

$A=(x\ \ y)$, $B=\begin{pmatrix} a & b \\ c & d \end{pmatrix}$라 하면 $MA+B=\begin{pmatrix} -1 & -2 \\ 3 & -6 \end{pmatrix}$에서
$$MA+B=\begin{pmatrix} 4 \\ -5 \end{pmatrix}(x\ \ y)+\begin{pmatrix} a & b \\ c & d \end{pmatrix}$$
$$=\begin{pmatrix} 4x & 4y \\ -5x & -5y \end{pmatrix}+\begin{pmatrix} a & b \\ c & d \end{pmatrix}$$
$$=\begin{pmatrix} 4x+a & 4y+b \\ -5x+c & -5y+d \end{pmatrix}$$
$$\therefore \begin{pmatrix} 4x+a & 4y+b \\ -5x+c & -5y+d \end{pmatrix}=\begin{pmatrix} -1 & -2 \\ 3 & -6 \end{pmatrix}$$
이때 우변의 모든 성분의 합은 $-1+(-2)+3+(-6)=-6$이므
로 좌변의 모든 성분의 합도 -6이다.
또 행렬 B의 모든 성분의 합이 18이므로 $a+b+c+d=18$
$$(4x+a)+(4y+b)+(-5x+c)+(-5y+d)=-6$$이므로
$$-x-y+a+b+c+d=-6$$
$$-(x+y)+18=-6$$
$$\therefore x+y=24$$
따라서 행렬 A의 모든 성분의 합은 24이다.

1126 답 2

$$(x\ \ y)\begin{pmatrix} a & b \\ b & a \end{pmatrix}\begin{pmatrix} x \\ y \end{pmatrix}=(ax+by\ \ bx+ay)\begin{pmatrix} x \\ y \end{pmatrix}$$
$$=((ax+by)x+(bx+ay)y)$$
$$=(ax^2+2bxy+ay^2)$$
모든 실수 x, y에 대하여 이 행렬의 성분이 음이 아니므로
$$ax^2+2bxy+ay^2\geq 0$$이 항상 성립한다.
x에 대한 이차방정식 $ax^2+2bxy+ay^2=0$의 판별식을 D라 하면
$a>0$, $D\leq 0$이어야 하므로
$$\frac{D}{4}=(by)^2-a\times ay^2\leq 0$$
$$(b^2-a^2)y^2\leq 0$$
모든 실수 y에 대하여 $y^2\geq 0$이므로
$$b^2-a^2\leq 0 \qquad \therefore a^2\geq b^2$$
$$\therefore a^2+(b-2)^2\geq b^2+(b-2)^2$$
$$=2b^2-4b+4=2(b-1)^2+2$$
$$\geq 2$$
따라서 $a^2+(b-2)^2$의 최솟값은 2이다.

1127 답 7

$(A-E)(A^2+A+E)=A^3+A^2+A-A^2-A-E^2$
$$=A^3-E^2=A^3-E$$

$A^2=AA=\begin{pmatrix}1&-3\\0&2\end{pmatrix}\begin{pmatrix}1&-3\\0&2\end{pmatrix}=\begin{pmatrix}1&-9\\0&4\end{pmatrix}$

$A^3=A^2A=\begin{pmatrix}1&-9\\0&4\end{pmatrix}\begin{pmatrix}1&-3\\0&2\end{pmatrix}=\begin{pmatrix}1&-21\\0&8\end{pmatrix}$

$\therefore (A-E)(A^2+A+E)=A^3-E$
$$=\begin{pmatrix}1&-21\\0&8\end{pmatrix}-\begin{pmatrix}1&0\\0&1\end{pmatrix}$$
$$=\begin{pmatrix}0&-21\\0&7\end{pmatrix}$$

따라서 $(2, 2)$ 성분은 7이다.

1128 답 8

$A(B+C)-(C+A)B+C(A+B)$
$=AB+AC-CB-AB+CA+CB$
$=AC+CA$
$=\begin{pmatrix}1&0\\1&1\end{pmatrix}\begin{pmatrix}1&0\\-2&3\end{pmatrix}+\begin{pmatrix}1&0\\-2&3\end{pmatrix}\begin{pmatrix}1&0\\1&1\end{pmatrix}$
$=\begin{pmatrix}1&0\\-1&3\end{pmatrix}+\begin{pmatrix}1&0\\1&3\end{pmatrix}=\begin{pmatrix}2&0\\0&6\end{pmatrix}$

따라서 구하는 모든 성분의 합은
$2+0+0+6=8$

1129 답 25

$\begin{pmatrix}2a-3c\\2b-3d\end{pmatrix}=\begin{pmatrix}2a\\2b\end{pmatrix}+\begin{pmatrix}-3c\\-3d\end{pmatrix}=2\begin{pmatrix}a\\b\end{pmatrix}-3\begin{pmatrix}c\\d\end{pmatrix}$이므로

$A\begin{pmatrix}2a-3c\\2b-3d\end{pmatrix}=2A\begin{pmatrix}a\\b\end{pmatrix}-3A\begin{pmatrix}c\\d\end{pmatrix}$
$$=2\begin{pmatrix}2\\-3\end{pmatrix}-3\begin{pmatrix}-1\\4\end{pmatrix}$$
$$=\begin{pmatrix}4\\-6\end{pmatrix}-\begin{pmatrix}-3\\12\end{pmatrix}=\begin{pmatrix}7\\-18\end{pmatrix}$$

따라서 $p=7$, $q=-18$이므로
$p-q=25$

1130 답 3

$(A+2E)(A-2E)=-3E$에서
$A^2-4E=-3E$　　$\therefore A^2=E$
$A^2=\begin{pmatrix}-1&1\\a&b\end{pmatrix}\begin{pmatrix}-1&1\\a&b\end{pmatrix}=\begin{pmatrix}1+a&-1+b\\-a+ab&a+b^2\end{pmatrix}$
즉, $\begin{pmatrix}1+a&-1+b\\-a+ab&a+b^2\end{pmatrix}=\begin{pmatrix}1&0\\0&1\end{pmatrix}$이므로
행렬이 서로 같을 조건에 의하여
$1+a=1$, $-1+b=0$
따라서 $a=0$, $b=1$이므로
$2a+3b=0+3=3$

1131 답 ③

$(A+B)^2=A^2+2AB+B^2$에서
$A^2+AB+BA+B^2=A^2+2AB+B^2$

$\therefore AB=BA$
즉, $\begin{pmatrix}1&0\\2&0\end{pmatrix}\begin{pmatrix}0&x\\2y&-3\end{pmatrix}=\begin{pmatrix}0&x\\2y&-3\end{pmatrix}\begin{pmatrix}1&0\\2&0\end{pmatrix}$이므로
$\begin{pmatrix}0&x\\0&2x\end{pmatrix}=\begin{pmatrix}2x&0\\2y-6&0\end{pmatrix}$
행렬이 서로 같을 조건에 의하여
$x=0$, $0=2y-6$　　$\therefore y=3$
$\therefore x+y=3$

1132 답 ③

$A^2-AB+2BA-2B^2=A(A-B)+2B(A-B)$
$$=(A+2B)(A-B)$$
$A+2B=\begin{pmatrix}0&0\\4&-1\end{pmatrix}+2\begin{pmatrix}1&-3\\-2&0\end{pmatrix}$
$$=\begin{pmatrix}0&0\\4&-1\end{pmatrix}+\begin{pmatrix}2&-6\\-4&0\end{pmatrix}=\begin{pmatrix}2&-6\\0&-1\end{pmatrix}$$
$A-B=\begin{pmatrix}0&0\\4&-1\end{pmatrix}-\begin{pmatrix}1&-3\\-2&0\end{pmatrix}=\begin{pmatrix}-1&3\\6&-1\end{pmatrix}$
$\therefore A^2-AB+2BA-2B^2=(A+2B)(A-B)$
$$=\begin{pmatrix}2&-6\\0&-1\end{pmatrix}\begin{pmatrix}-1&3\\6&-1\end{pmatrix}$$
$$=\begin{pmatrix}-38&12\\-6&1\end{pmatrix}$$

1133 답 15

$A\begin{pmatrix}2a\\2b\end{pmatrix}=2A\begin{pmatrix}a\\b\end{pmatrix}=2\begin{pmatrix}5\\2\end{pmatrix}=\begin{pmatrix}10\\4\end{pmatrix}$

$A\begin{pmatrix}-2c\\-2d\end{pmatrix}=-2A\begin{pmatrix}c\\d\end{pmatrix}=-2\begin{pmatrix}x\\y\end{pmatrix}=\begin{pmatrix}-2x\\-2y\end{pmatrix}$

따라서 $A\begin{pmatrix}2a&-2c\\2b&-2d\end{pmatrix}=\begin{pmatrix}10&-2x\\4&-2y\end{pmatrix}$이므로

$\begin{pmatrix}10&-2x\\4&-2y\end{pmatrix}=\begin{pmatrix}z&4\\w&-6\end{pmatrix}$

행렬이 서로 같을 조건에 의하여
$10=z$, $-2x=4$, $4=w$, $-2y=-6$
$\therefore x=-2$, $y=3$, $z=10$, $w=4$
$\therefore x+y+z+w=15$

참고 이차정사각행렬 A에 대하여
$A\begin{pmatrix}a_1\\b_1\end{pmatrix}=\begin{pmatrix}x_1\\y_1\end{pmatrix}$, $A\begin{pmatrix}a_2\\b_2\end{pmatrix}=\begin{pmatrix}x_2\\y_2\end{pmatrix}$이면 $A\begin{pmatrix}a_1&a_2\\b_1&b_2\end{pmatrix}=\begin{pmatrix}x_1&x_2\\y_1&y_2\end{pmatrix}$

1134 답 ④

$(2A-3B)^2=4A^2-12AB+9B^2$에서
$4A^2-6AB-6BA+9B^2=4A^2-12AB+9B^2$
$AB+BA=2AB$　　$\therefore AB=BA$
즉, $\begin{pmatrix}1&1\\x&y\end{pmatrix}\begin{pmatrix}1&2\\2&3\end{pmatrix}=\begin{pmatrix}1&2\\2&3\end{pmatrix}\begin{pmatrix}1&1\\x&y\end{pmatrix}$이므로
$\begin{pmatrix}3&5\\x+2y&2x+3y\end{pmatrix}=\begin{pmatrix}1+2x&1+2y\\2+3x&2+3y\end{pmatrix}$
행렬이 서로 같을 조건에 의하여
$3=1+2x$, $5=1+2y$
따라서 $x=1$, $y=2$이므로
$x^2+y^2=1+4=5$

1135　답 ③

$A^2=2A-E$이므로

$$A^2\binom{2}{1}=(2A-E)\binom{2}{1}=2A\binom{2}{1}-E\binom{2}{1}$$

$$=2\binom{1}{2}-\binom{2}{1}=\binom{2}{4}-\binom{2}{1}=\binom{0}{3}$$

1136　답 18

$A^2+A^3=-3A-3E$의 양변에 A^2을 곱하면

$A^2(A^2+A^3)=A^2(-3A-3E)$

$\therefore\ A^4+A^5=-3A^3-3A^2=-3(A^2+A^3)$

$\qquad\qquad\quad=-3(-3A-3E)$

$\qquad\qquad\quad=9A+9E$

이때 A의 모든 성분의 합이 0이므로 $9A$의 모든 성분의 합도 0이다.

또 $9E$의 모든 성분의 합은 18이므로 A^4+A^5의 모든 성분의 합은

$0+18=18$

1137　답 1

$(A+B)(A-B)=A^2-B^2$에서

$A^2-AB+BA-B^2=A^2-B^2$

$\therefore\ AB=BA$　　　　　　　…… ❶

즉, $\begin{pmatrix}x & y\\ 1 & x\end{pmatrix}\begin{pmatrix}x & 1\\ y & 1\end{pmatrix}=\begin{pmatrix}x & 1\\ y & 1\end{pmatrix}\begin{pmatrix}x & y\\ 1 & x\end{pmatrix}$이므로

$\begin{pmatrix}x^2+y^2 & x+y\\ x+xy & 1+x\end{pmatrix}=\begin{pmatrix}x^2+1 & xy+x\\ xy+1 & y^2+x\end{pmatrix}$

행렬이 서로 같을 조건에 의하여

$x^2+y^2=x^2+1,\ x+xy=xy+1$

$\therefore\ x=1,\ y^2=1$　　　　　　　…… ❷

따라서 $(x,\ y)$는 $(1,\ -1)$, $(1,\ 1)$이므로 이 두 점과 원점을 꼭짓점으로 하는 삼각형의 넓이는

$\dfrac{1}{2}\times 2\times 1=1$　　　　　　　…… ❸

채점 기준

❶ $AB=BA$임을 알기		20 %
❷ x, y^2의 값 구하기		50 %
❸ 도형의 넓이 구하기		30 %

1138　답 ④

$(A+2E)^2=5A+6E$에서

$A^2+4A+4E=5A+6E$

$\therefore\ A^2=A+2E$

$(A+2E)^2=5A+6E$의 양변에 $A+2E$를 곱하면

$(A+2E)^3=(5A+6E)(A+2E)$

$\qquad\qquad\ =5A^2+16A+12E$

$\qquad\qquad\ =5(A+2E)+16A+12E$

$\qquad\qquad\ =5A+10E+16A+12E$

$\qquad\qquad\ =21A+22E$

따라서 $p=21$, $q=22$이므로

$p+q=43$

1139　답 ③

실수 a, b에 대하여 $a\binom{1}{-2}+b\binom{3}{1}=\binom{15}{-2}$가 성립한다고 하면

$\binom{a+3b}{-2a+b}=\binom{15}{-2}$

행렬이 서로 같을 조건에 의하여

$a+3b=15,\ -2a+b=-2$

두 식을 연립하여 풀면 $a=3$, $b=4$

$\therefore\ A\binom{15}{-2}=A\left\{3\binom{1}{-2}+4\binom{3}{1}\right\}$

$\qquad\qquad\ =3A\binom{1}{-2}+4A\binom{3}{1}$

$\qquad\qquad\ =3\binom{1}{3}+4\binom{-1}{3}$

$\qquad\qquad\ =\binom{3}{9}+\binom{-4}{12}=\binom{-1}{21}$

따라서 $p=-1$, $q=21$이므로

$p+q=20$

다른 풀이

$A=\begin{pmatrix}a & b\\ c & d\end{pmatrix}$라 하면

$\begin{pmatrix}a & b\\ c & d\end{pmatrix}\binom{1}{-2}=\binom{1}{3}$, $\begin{pmatrix}a & b\\ c & d\end{pmatrix}\binom{3}{1}=\binom{-1}{3}$에서

$\binom{a-2b}{c-2d}=\binom{1}{3}$, $\binom{3a+b}{3c+d}=\binom{-1}{3}$

행렬이 서로 같을 조건에 의하여

$a-2b=1,\ c-2d=3,\ 3a+b=-1,\ 3c+d=3$

$\therefore\ a=-\dfrac{1}{7},\ b=-\dfrac{4}{7},\ c=\dfrac{9}{7},\ d=-\dfrac{6}{7}$

따라서 $A=\begin{pmatrix}-\dfrac{1}{7} & -\dfrac{4}{7}\\[2mm] \dfrac{9}{7} & -\dfrac{6}{7}\end{pmatrix}$이므로

$A\binom{15}{-2}=\begin{pmatrix}-\dfrac{1}{7} & -\dfrac{4}{7}\\[2mm] \dfrac{9}{7} & -\dfrac{6}{7}\end{pmatrix}\binom{15}{-2}=\binom{-1}{21}$

$\therefore\ p+q=-1+21=20$

1140　답 ④

$A^2+A=2E$에서 $B(A^2+A)=B(2E)$

$BAA+BA=2B$

$BA=4E$를 대입하면

$(4E)A+4E=2B$

$4A+4E=2B$　　$\therefore\ B=2A+2E$

$\therefore\ B^2=(2A+2E)^2$

$\qquad\ =4A^2+8A+4E$

$\qquad\ =4(-A+2E)+8A+4E$

$\qquad\ =-4A+8E+8A+4E$

$\qquad\ =4A+12E$

따라서 $p=4$, $q=12$이므로

$pq=48$

1141 답 ②

$AB-BA=\begin{pmatrix} -2 & 0 \\ -2 & 2 \end{pmatrix}$에서

$A(AB-BA)=A\begin{pmatrix} -2 & 0 \\ -2 & 2 \end{pmatrix}$

$A^2B-ABA=A\begin{pmatrix} -2 & 0 \\ -2 & 2 \end{pmatrix}$ ······ ㉠

또 $AB-BA=\begin{pmatrix} -2 & 0 \\ -2 & 2 \end{pmatrix}$에서

$(AB-BA)A=\begin{pmatrix} -2 & 0 \\ -2 & 2 \end{pmatrix}A$

$ABA-BA^2=\begin{pmatrix} -2 & 0 \\ -2 & 2 \end{pmatrix}A$ ······ ㉡

㉠$+$㉡을 하면

$A^2B-BA^2=A\begin{pmatrix} -2 & 0 \\ -2 & 2 \end{pmatrix}+\begin{pmatrix} -2 & 0 \\ -2 & 2 \end{pmatrix}A$

$\qquad=\begin{pmatrix} 1 & 0 \\ 1 & 1 \end{pmatrix}\begin{pmatrix} -2 & 0 \\ -2 & 2 \end{pmatrix}+\begin{pmatrix} -2 & 0 \\ -2 & 2 \end{pmatrix}\begin{pmatrix} 1 & 0 \\ 1 & 1 \end{pmatrix}$

$\qquad=\begin{pmatrix} -2 & 0 \\ -4 & 2 \end{pmatrix}+\begin{pmatrix} -2 & 0 \\ 0 & 2 \end{pmatrix}=\begin{pmatrix} -4 & 0 \\ -4 & 4 \end{pmatrix}$

1142 답 ④

$(A-3B)^2=A^2-6AB+9B^2$에서

$A^2-3AB-3BA+9B^2=A^2-6AB+9B^2$

$AB+BA=2AB$ $\therefore AB=BA$

$\therefore A^3-B^3=(A-B)^3+3AB(A-B)$ ······ ㉠

$A-B=\begin{pmatrix} 1 & 2 \\ -2 & -1 \end{pmatrix}$에서

$(A-B)^2=\begin{pmatrix} 1 & 2 \\ -2 & -1 \end{pmatrix}\begin{pmatrix} 1 & 2 \\ -2 & -1 \end{pmatrix}=\begin{pmatrix} -3 & 0 \\ 0 & -3 \end{pmatrix}$

$\qquad\quad=-AB$

따라서 ㉠에서

$A^3-B^3=(A-B)^2(A-B)+3AB(A-B)$

$\qquad\quad=-AB(A-B)+3AB(A-B)$

$\qquad\quad=2AB(A-B)$

$\qquad\quad=2\begin{pmatrix} 3 & 0 \\ 0 & 3 \end{pmatrix}\begin{pmatrix} 1 & 2 \\ -2 & -1 \end{pmatrix}$

$\qquad\quad=2\begin{pmatrix} 3 & 6 \\ -6 & -3 \end{pmatrix}=\begin{pmatrix} 6 & 12 \\ -12 & -6 \end{pmatrix}$

1143 답 ⑤

(나)의 $A\begin{pmatrix} x \\ y \end{pmatrix}=\begin{pmatrix} 1 \\ 2 \end{pmatrix}$에서

$A^2\begin{pmatrix} x \\ y \end{pmatrix}=A\begin{pmatrix} 1 \\ 2 \end{pmatrix}$

(가)를 대입하면

$\begin{pmatrix} 1 & 2 \\ 0 & -2 \end{pmatrix}\begin{pmatrix} x \\ y \end{pmatrix}=A\begin{pmatrix} 1 \\ 2 \end{pmatrix}$

$\therefore A\begin{pmatrix} 1 \\ 2 \end{pmatrix}=\begin{pmatrix} x+2y \\ -2y \end{pmatrix}$

$\therefore A\begin{pmatrix} x+1 \\ y+2 \end{pmatrix}=A\left\{\begin{pmatrix} x \\ y \end{pmatrix}+\begin{pmatrix} 1 \\ 2 \end{pmatrix}\right\}=A\begin{pmatrix} x \\ y \end{pmatrix}+A\begin{pmatrix} 1 \\ 2 \end{pmatrix}$

$\qquad\qquad=\begin{pmatrix} 1 \\ 2 \end{pmatrix}+\begin{pmatrix} x+2y \\ -2y \end{pmatrix}=\begin{pmatrix} x+2y+1 \\ 2-2y \end{pmatrix}$

따라서 $A\begin{pmatrix} x+1 \\ y+2 \end{pmatrix}$의 모든 성분의 합은

$(x+2y+1)+(2-2y)=x+3$

1144 답 12

$A-B=\begin{pmatrix} 3 & 0 \\ 0 & 3 \end{pmatrix}=3E$에서 $A=3E+B$이므로

$AB=(3E+B)B=3B+B^2=B(3E+B)=BA$

즉, $AB=BA$이므로

$A^2+B^2=(A-B)^2+2AB$

$\qquad=\begin{pmatrix} 3 & 0 \\ 0 & 3 \end{pmatrix}\begin{pmatrix} 3 & 0 \\ 0 & 3 \end{pmatrix}+2\begin{pmatrix} -2 & 1 \\ 0 & -2 \end{pmatrix}$

$\qquad=\begin{pmatrix} 9 & 0 \\ 0 & 9 \end{pmatrix}+\begin{pmatrix} -4 & 2 \\ 0 & -4 \end{pmatrix}=\begin{pmatrix} 5 & 2 \\ 0 & 5 \end{pmatrix}$

따라서 구하는 모든 성분의 합은

$5+2+0+5=12$

1145 답 ②

$A=\begin{pmatrix} 0 & -1 \\ 1 & 0 \end{pmatrix}$에서

$A^2=AA=\begin{pmatrix} 0 & -1 \\ 1 & 0 \end{pmatrix}\begin{pmatrix} 0 & -1 \\ 1 & 0 \end{pmatrix}=\begin{pmatrix} -1 & 0 \\ 0 & -1 \end{pmatrix}=-E$

$A^3=A^2A=(-E)A=-A=\begin{pmatrix} 0 & 1 \\ -1 & 0 \end{pmatrix}$

$A^4=(A^2)^2=(-E)^2=E^2=E=\begin{pmatrix} 1 & 0 \\ 0 & 1 \end{pmatrix}$

따라서 A^n은 A, $-E$, $-A$, E가 반복되므로

행렬 A^n이 될 수 없는 것은 ② $\begin{pmatrix} -1 & 0 \\ 0 & 1 \end{pmatrix}$이다.

1146 답 ④

$A=\begin{pmatrix} 1 & 1 \\ -3 & -2 \end{pmatrix}$에서

$A^2=AA=\begin{pmatrix} 1 & 1 \\ -3 & -2 \end{pmatrix}\begin{pmatrix} 1 & 1 \\ -3 & -2 \end{pmatrix}=\begin{pmatrix} -2 & -1 \\ 3 & 1 \end{pmatrix}$

$A^3=A^2A=\begin{pmatrix} -2 & -1 \\ 3 & 1 \end{pmatrix}\begin{pmatrix} 1 & 1 \\ -3 & -2 \end{pmatrix}=\begin{pmatrix} 1 & 0 \\ 0 & 1 \end{pmatrix}=E$

$\therefore A^{212}=(A^3)^{70}A^2=E^{70}A^2=A^2$

$A^2=\begin{pmatrix} -2 & -1 \\ 3 & 1 \end{pmatrix}$이므로 구하는 모든 성분의 곱은

$-2\times(-1)\times3\times1=6$

1147 답 ②

$A=\begin{pmatrix} -2 & 3 \\ -1 & 2 \end{pmatrix}$에서

$A^2=AA=\begin{pmatrix} -2 & 3 \\ -1 & 2 \end{pmatrix}\begin{pmatrix} -2 & 3 \\ -1 & 2 \end{pmatrix}=\begin{pmatrix} 1 & 0 \\ 0 & 1 \end{pmatrix}=E$

$$\therefore A^{1010}=(A^2)^{505}=E^{505}=E$$

$A^{1010}\binom{p}{q}=\binom{5}{1}$에서

$$E\binom{p}{q}=\binom{5}{1}, \ \binom{p}{q}=\binom{5}{1}$$

따라서 $p=5$, $q=1$이므로

$$p-q=4$$

1148 답 ④

$A=\begin{pmatrix} -1 & 3 \\ -1 & -1 \end{pmatrix}$에서

$$A^2=AA=\begin{pmatrix} -1 & 3 \\ -1 & -1 \end{pmatrix}\begin{pmatrix} -1 & 3 \\ -1 & -1 \end{pmatrix}=\begin{pmatrix} -2 & -6 \\ 2 & -2 \end{pmatrix}$$

$$A^3=A^2A=\begin{pmatrix} -2 & -6 \\ 2 & -2 \end{pmatrix}\begin{pmatrix} -1 & 3 \\ -1 & -1 \end{pmatrix}=\begin{pmatrix} 8 & 0 \\ 0 & 8 \end{pmatrix}=8E$$

$$\therefore A^9=(A^3)^3=(8E)^3=512E$$

$$\therefore A^9\binom{1}{1}=512E\binom{1}{1}=512\binom{1}{1}=\binom{512}{512}$$

따라서 $p=512$, $q=512$이므로

$$p+q=1024$$

1149 답 24

$A=\begin{pmatrix} 1 & -1 \\ 1 & 1 \end{pmatrix}$에서

$$A^2=AA=\begin{pmatrix} 1 & -1 \\ 1 & 1 \end{pmatrix}\begin{pmatrix} 1 & -1 \\ 1 & 1 \end{pmatrix}=\begin{pmatrix} 0 & -2 \\ 2 & 0 \end{pmatrix}$$

$$A^4=A^2A^2=\begin{pmatrix} 0 & -2 \\ 2 & 0 \end{pmatrix}\begin{pmatrix} 0 & -2 \\ 2 & 0 \end{pmatrix}=\begin{pmatrix} -4 & 0 \\ 0 & -4 \end{pmatrix}=-4E$$

$$\therefore A^2+A^4+A^6+A^8+A^{10}$$
$$=A^2+A^4+A^4A^2+(A^4)^2+(A^4)^2A^2$$
$$=A^2-4E-4EA^2+(-4E)^2+(-4E)^2A^2$$
$$=A^2-4E-4A^2+16E+16A^2$$
$$=13A^2+12E$$
$$=13\begin{pmatrix} 0 & -2 \\ 2 & 0 \end{pmatrix}+12\begin{pmatrix} 1 & 0 \\ 0 & 1 \end{pmatrix}$$
$$=\begin{pmatrix} 0 & -26 \\ 26 & 0 \end{pmatrix}+\begin{pmatrix} 12 & 0 \\ 0 & 12 \end{pmatrix}$$
$$=\begin{pmatrix} 12 & -26 \\ 26 & 12 \end{pmatrix}$$

따라서 $A^2+A^4+A^6+A^8+A^{10}$의 모든 성분의 합은

$$12+(-26)+26+12=24$$

1150 답 762

$A=\begin{pmatrix} -4 & 8 \\ -3 & 6 \end{pmatrix}$에서

$$A^2=AA=\begin{pmatrix} -4 & 8 \\ -3 & 6 \end{pmatrix}\begin{pmatrix} -4 & 8 \\ -3 & 6 \end{pmatrix}=\begin{pmatrix} -8 & 16 \\ -6 & 12 \end{pmatrix}=2A$$

$$A^3=A^2A=2AA=2(2A)=4A$$

$$A^4=A^3A=4AA=4(2A)=8A$$

$$\vdots$$

$$A^n=2^{n-1}A \ (n은 \ 자연수) \quad \cdots\cdots \ ⓘ$$

$$\therefore A+A^2+A^3+\cdots+A^7$$
$$=A+2A+4A+8A+16A+32A+64A$$
$$=127A \quad \cdots\cdots \ ⓘⓘ$$

따라서 행렬 $127A$의 $(2, 2)$ 성분은

$$127\times6=762 \quad \cdots\cdots \ ⓘⓘⓘ$$

채점 기준

ⓘ	A의 거듭제곱의 규칙 찾기	40 %
ⓘⓘ	$A+A^2+A^3+\cdots+A^7$을 간단히 하기	40 %
ⓘⓘⓘ	$127A$의 $(2, 2)$ 성분 구하기	20 %

참고 케일리-해밀턴 정리에 의하여 다음과 같이 $A^2=2A$임을 알 수 있다.
$$A^2-(-4+6)A+\{-4\times6-8\times(-3)\}E=O$$
$$A^2-2A=O \qquad \therefore A^2=2A$$

1151 답 34

$A=\begin{pmatrix} 1 & 0 \\ 3 & 1 \end{pmatrix}$에서

$$A^2=AA=\begin{pmatrix} 1 & 0 \\ 3 & 1 \end{pmatrix}\begin{pmatrix} 1 & 0 \\ 3 & 1 \end{pmatrix}=\begin{pmatrix} 1 & 0 \\ 6 & 1 \end{pmatrix}$$

$$A^3=A^2A=\begin{pmatrix} 1 & 0 \\ 6 & 1 \end{pmatrix}\begin{pmatrix} 1 & 0 \\ 3 & 1 \end{pmatrix}=\begin{pmatrix} 1 & 0 \\ 9 & 1 \end{pmatrix}$$

$$A^4=A^3A=\begin{pmatrix} 1 & 0 \\ 9 & 1 \end{pmatrix}\begin{pmatrix} 1 & 0 \\ 3 & 1 \end{pmatrix}=\begin{pmatrix} 1 & 0 \\ 12 & 1 \end{pmatrix}$$

$$\vdots$$

$$A^n=\begin{pmatrix} 1 & 0 \\ 3n & 1 \end{pmatrix}$$

따라서 행렬 A^n의 $(2, 1)$ 성분은 $3n$이므로 $a_n=3n$

$a_n>100$에서 $3n>100$ $\quad \therefore n>\dfrac{100}{3}$

따라서 자연수 n의 최솟값은 34이다.

1152 답 ⑤

$A=\begin{pmatrix} 1 & 2 \\ 4 & 8 \end{pmatrix}$에서 행렬 A의 모든 성분의 합은 $1+2+4+8=15$

$$A^2=AA=\begin{pmatrix} 1 & 2 \\ 4 & 8 \end{pmatrix}\begin{pmatrix} 1 & 2 \\ 4 & 8 \end{pmatrix}=\begin{pmatrix} 9 & 18 \\ 36 & 72 \end{pmatrix}=9A$$

$$A^3=A^2A=9AA=9(9A)=9^2A$$

$$A^4=A^3A=9^2AA=9^2(9A)=9^3A$$

$$\vdots$$

$$A^n=9^{n-1}A \ (n은 \ 자연수)$$

따라서 $A^{10}=9^9A=3^{18}A$이고, 행렬 A의 모든 성분의 합이 15이므로 A^{10}의 모든 성분의 합은

$$3^{18}\times15=3^{19}\times5$$

참고 케일리-해밀턴 정리에 의하여 다음과 같이 $A^2=9A$임을 알 수 있다.
$$A^2-(1+8)A+(1\times8-2\times4)E=O$$
$$A^2-9A=O \qquad \therefore A^2=9A$$

1153 답 51

이차방정식의 근과 계수의 관계에 의하여

$$\alpha+\beta=-\frac{1}{2}, \ \alpha\beta=-2$$

$$\therefore 2\alpha+2\beta+1=2(\alpha+\beta)+1=2\times\left(-\frac{1}{2}\right)+1=0,$$

$$\frac{4}{\alpha}+\frac{4}{\beta}=\frac{4(\alpha+\beta)}{\alpha\beta}=\frac{4\times\left(-\frac{1}{2}\right)}{-2}=1$$

즉, $A=\begin{pmatrix}1 & 2\alpha+2\beta+1\\ \alpha\beta & \frac{4}{\alpha}+\frac{4}{\beta}\end{pmatrix}=\begin{pmatrix}1 & 0\\ -2 & 1\end{pmatrix}$이므로

$$A^2=AA=\begin{pmatrix}1 & 0\\ -2 & 1\end{pmatrix}\begin{pmatrix}1 & 0\\ -2 & 1\end{pmatrix}=\begin{pmatrix}1 & 0\\ -4 & 1\end{pmatrix}$$

$$A^3=A^2A=\begin{pmatrix}1 & 0\\ -4 & 1\end{pmatrix}\begin{pmatrix}1 & 0\\ -2 & 1\end{pmatrix}=\begin{pmatrix}1 & 0\\ -6 & 1\end{pmatrix}$$

$$A^4=A^3A=\begin{pmatrix}1 & 0\\ -6 & 1\end{pmatrix}\begin{pmatrix}1 & 0\\ -2 & 1\end{pmatrix}=\begin{pmatrix}1 & 0\\ -8 & 1\end{pmatrix}$$

$$\vdots$$

$$A^n=\begin{pmatrix}1 & 0\\ -2n & 1\end{pmatrix}$$

A^n의 모든 성분의 합이 -100이므로

$$1+0+(-2n)+1=-100,\ 2n=102$$

$$\therefore n=51$$

1154 답 2

$$(A+B)^2=A^2+AB+BA+B^2$$
$$=\begin{pmatrix}3 & -4\\ 1 & -2\end{pmatrix}+\begin{pmatrix}-3 & 4\\ 0 & 3\end{pmatrix}=\begin{pmatrix}0 & 0\\ 1 & 1\end{pmatrix}\quad\cdots\cdots\ \text{❶}$$

$$(A+B)^4=(A+B)^2(A+B)^2=\begin{pmatrix}0 & 0\\ 1 & 1\end{pmatrix}\begin{pmatrix}0 & 0\\ 1 & 1\end{pmatrix}=\begin{pmatrix}0 & 0\\ 1 & 1\end{pmatrix}$$

$$(A+B)^6=(A+B)^4(A+B)^2=\begin{pmatrix}0 & 0\\ 1 & 1\end{pmatrix}\begin{pmatrix}0 & 0\\ 1 & 1\end{pmatrix}=\begin{pmatrix}0 & 0\\ 1 & 1\end{pmatrix}$$

$$\vdots$$

$$(A+B)^{30}=\begin{pmatrix}0 & 0\\ 1 & 1\end{pmatrix}\quad\cdots\cdots\ \text{❷}$$

따라서 $(A+B)^{30}$의 모든 성분의 합은

$$0+0+1+1=2\quad\cdots\cdots\ \text{❸}$$

채점 기준

❶ $(A+B)^2$ 구하기		40%
❷ $(A+B)^{30}$ 구하기		40%
❸ $(A+B)^{30}$의 모든 성분의 합 구하기		20%

1155 답 4

$$AB+A=\begin{pmatrix}a & -1\\ 1 & b\end{pmatrix}\begin{pmatrix}-1 & -1\\ 0 & -2\end{pmatrix}+\begin{pmatrix}a & -1\\ 1 & b\end{pmatrix}$$

$$=\begin{pmatrix}-a & -a+2\\ -1 & -1-2b\end{pmatrix}+\begin{pmatrix}a & -1\\ 1 & b\end{pmatrix}$$

$$=\begin{pmatrix}0 & -a+1\\ 0 & -b-1\end{pmatrix}$$

$AB+A=O$에서

$$\begin{pmatrix}0 & -a+1\\ 0 & -b-1\end{pmatrix}=\begin{pmatrix}0 & 0\\ 0 & 0\end{pmatrix}$$

행렬이 서로 같을 조건에 의하여

$$-a+1=0,\ -b-1=0$$

$$\therefore a=1,\ b=-1$$

따라서 $A=\begin{pmatrix}1 & -1\\ 1 & -1\end{pmatrix}$이므로

$$A^2=AA=\begin{pmatrix}1 & -1\\ 1 & -1\end{pmatrix}\begin{pmatrix}1 & -1\\ 1 & -1\end{pmatrix}=\begin{pmatrix}0 & 0\\ 0 & 0\end{pmatrix}=O$$

$A^3=A^4=\cdots=A^{2010}=O$이므로

$$A+A^2+A^3+\cdots+A^{2010}=A=\begin{pmatrix}1 & -1\\ 1 & -1\end{pmatrix}$$

따라서 $p=1,\ q=-1,\ r=1,\ s=-1$이므로

$$p^2+q^2+r^2+s^2=1+1+1+1=4$$

1156 답 200

$A=\begin{pmatrix}1 & 2\\ 0 & 1\end{pmatrix}$에서

$$A^2=AA=\begin{pmatrix}1 & 2\\ 0 & 1\end{pmatrix}\begin{pmatrix}1 & 2\\ 0 & 1\end{pmatrix}=\begin{pmatrix}1 & 4\\ 0 & 1\end{pmatrix}$$

$$A^3=A^2A=\begin{pmatrix}1 & 4\\ 0 & 1\end{pmatrix}\begin{pmatrix}1 & 2\\ 0 & 1\end{pmatrix}=\begin{pmatrix}1 & 6\\ 0 & 1\end{pmatrix}$$

$$A^4=A^3A=\begin{pmatrix}1 & 6\\ 0 & 1\end{pmatrix}\begin{pmatrix}1 & 2\\ 0 & 1\end{pmatrix}=\begin{pmatrix}1 & 8\\ 0 & 1\end{pmatrix}$$

$$\vdots$$

$$A^m=\begin{pmatrix}1 & 2m\\ 0 & 1\end{pmatrix}$$

$B=\begin{pmatrix}1 & 3\\ 0 & 1\end{pmatrix}$에서

$$B^2=BB=\begin{pmatrix}1 & 3\\ 0 & 1\end{pmatrix}\begin{pmatrix}1 & 3\\ 0 & 1\end{pmatrix}=\begin{pmatrix}1 & 6\\ 0 & 1\end{pmatrix}$$

$$B^3=B^2B=\begin{pmatrix}1 & 6\\ 0 & 1\end{pmatrix}\begin{pmatrix}1 & 3\\ 0 & 1\end{pmatrix}=\begin{pmatrix}1 & 9\\ 0 & 1\end{pmatrix}$$

$$B^4=B^3B=\begin{pmatrix}1 & 9\\ 0 & 1\end{pmatrix}\begin{pmatrix}1 & 3\\ 0 & 1\end{pmatrix}=\begin{pmatrix}1 & 12\\ 0 & 1\end{pmatrix}$$

$$\vdots$$

$$B^n=\begin{pmatrix}1 & 3n\\ 0 & 1\end{pmatrix}$$

$$\therefore A^m-B^n=\begin{pmatrix}1 & 2m\\ 0 & 1\end{pmatrix}-\begin{pmatrix}1 & 3n\\ 0 & 1\end{pmatrix}=\begin{pmatrix}0 & 2m-3n\\ 0 & 0\end{pmatrix}$$

A^m-B^n의 모든 성분의 합이 10이므로 $2m-3n=10$

이를 $m+n=30$과 연립하여 풀면 $m=20,\ n=10$

$$\therefore mn=200$$

1157 답 ②

$A=\begin{pmatrix}\omega & 1\\ \omega+1 & -\omega\end{pmatrix}$에서

$$A^2=AA=\begin{pmatrix}\omega & 1\\ \omega+1 & -\omega\end{pmatrix}\begin{pmatrix}\omega & 1\\ \omega+1 & -\omega\end{pmatrix}$$

$$=\begin{pmatrix}\omega^2+\omega+1 & 0\\ 0 & \omega^2+\omega+1\end{pmatrix}$$

방정식 $x^3=1$, 즉 $(x-1)(x^2+x+1)=0$의 한 허근이 ω이므로

$$\omega^2+\omega+1=0$$

$$\therefore A^2=\begin{pmatrix}0 & 0\\ 0 & 0\end{pmatrix}=O$$

$A^2=A^3=A^4=\cdots=A^{300}=O$이므로

$$A+A^2+A^3+\cdots+A^{300}=A+O+O+\cdots+O=A$$

1158 답 3

$A=\begin{pmatrix} \sqrt{2} & -1 \\ 3 & -\sqrt{2} \end{pmatrix}$ 에서

$A^2=AA=\begin{pmatrix} \sqrt{2} & -1 \\ 3 & -\sqrt{2} \end{pmatrix}\begin{pmatrix} \sqrt{2} & -1 \\ 3 & -\sqrt{2} \end{pmatrix}=\begin{pmatrix} -1 & 0 \\ 0 & -1 \end{pmatrix}=-E$

$A^3=A^2A=(-E)A=-A$

$A^4=(A^2)^2=(-E)^2=E$ $\quad\cdots\cdots$ ❶

$A+A^2+A^3+A^4=A+(-E)+(-A)+E=O$

$\therefore A+A^2+A^3+\cdots+A^{81}$

$\quad =(A+A^2+A^3+A^4)+A^4(A+A^2+A^3+A^4)$

$\quad\quad +A^8(A+A^2+A^3+A^4)+\cdots+A^{76}(A+A^2+A^3+A^4)+A^{81}$

$\quad =A^{81}=(A^4)^{20}A=E^{20}A=A$ $\quad\cdots\cdots$ ❷

$A\begin{pmatrix} p \\ q \end{pmatrix}+A^2\begin{pmatrix} p \\ q \end{pmatrix}+A^3\begin{pmatrix} p \\ q \end{pmatrix}+\cdots+A^{81}\begin{pmatrix} p \\ q \end{pmatrix}$

$=(A+A^2+A^3+\cdots+A^{81})\begin{pmatrix} p \\ q \end{pmatrix}$

$=A\begin{pmatrix} p \\ q \end{pmatrix}$

$A\begin{pmatrix} p \\ q \end{pmatrix}=\begin{pmatrix} 0 \\ 1 \end{pmatrix}$ 이므로 $\begin{pmatrix} \sqrt{2} & -1 \\ 3 & -\sqrt{2} \end{pmatrix}\begin{pmatrix} p \\ q \end{pmatrix}=\begin{pmatrix} 0 \\ 1 \end{pmatrix}$

$\begin{pmatrix} \sqrt{2}p-q \\ 3p-\sqrt{2}q \end{pmatrix}=\begin{pmatrix} 0 \\ 1 \end{pmatrix}$

행렬이 서로 같을 조건에 의하여

$\sqrt{2}p-q=0,\ 3p-\sqrt{2}q=1$ $\quad\cdots\cdots$ ❸

두 식을 연립하여 풀면

$p=1,\ q=\sqrt{2}$

$\therefore p^2+q^2=1+2=3$ $\quad\cdots\cdots$ ❹

채점 기준	
❶ A의 거듭제곱의 규칙 찾기	30 %
❷ $A+A^2+A^3+\cdots+A^{81}$ 간단히 하기	40 %
❸ p, q에 대한 식 세우기	20 %
❹ p^2+q^2의 값 구하기	10 %

1159 답 8

$A=\begin{pmatrix} 3 & -6 \\ -1 & 2 \end{pmatrix}$ 에서

$A^2=AA=\begin{pmatrix} 3 & -6 \\ -1 & 2 \end{pmatrix}\begin{pmatrix} 3 & -6 \\ -1 & 2 \end{pmatrix}=\begin{pmatrix} 15 & -30 \\ -5 & 10 \end{pmatrix}=5A$

$A^3=A^2A=(5A)A=5A^2=5(5A)=5^2A$

$A^4=A^3A=(5^2A)A=5^2A^2=5^2(5A)=5^3A$

$\quad\vdots$

$A^n=5^{n-1}A=5^{n-1}\begin{pmatrix} 3 & -6 \\ -1 & 2 \end{pmatrix}$

$\quad =\begin{pmatrix} 3\times5^{n-1} & -6\times5^{n-1} \\ -5^{n-1} & 2\times5^{n-1} \end{pmatrix}$

$\therefore f(n)=|3\times5^{n-1}\times(-5^{n-1})-(-6\times5^{n-1})\times(2\times5^{n-1})|$

$\quad\quad =|-3\times5^{2n-2}+12\times5^{2n-2}|$

$\quad\quad =|9\times5^{2n-2}|$

$\quad\quad =3^2\times5^{2n-2}$

$f(n)$의 약수의 개수는 $(2+1)\times(2n-2+1)=6n-3$

약수의 개수가 45이려면

$6n-3=45,\ 6n=48$

$\therefore n=8$

참고 케일리–해밀턴 정리에 의하여 다음과 같이 $A^2=5A$임을 알 수 있다.

$\quad A^2-(3+2)A+\{3\times2-(-6)\times(-1)\}E=O$

$\quad A^2-5A=O \quad \therefore A^2=5A$

1160 답 15

$AB=\begin{pmatrix} 1 & 0 \\ 0 & -1 \end{pmatrix}\begin{pmatrix} 2 & 0 \\ 0 & 1 \end{pmatrix}=\begin{pmatrix} 2 & 0 \\ 0 & -1 \end{pmatrix}$

$BA=\begin{pmatrix} 2 & 0 \\ 0 & 1 \end{pmatrix}\begin{pmatrix} 1 & 0 \\ 0 & -1 \end{pmatrix}=\begin{pmatrix} 2 & 0 \\ 0 & -1 \end{pmatrix}$

즉, $AB=BA$이므로 $A^nB^n=(AB)^n$

$AB=\begin{pmatrix} 2 & 0 \\ 0 & -1 \end{pmatrix}$ 에서

$(AB)^2=\begin{pmatrix} 2 & 0 \\ 0 & -1 \end{pmatrix}\begin{pmatrix} 2 & 0 \\ 0 & -1 \end{pmatrix}=\begin{pmatrix} 4 & 0 \\ 0 & 1 \end{pmatrix}$

$(AB)^3=\begin{pmatrix} 4 & 0 \\ 0 & 1 \end{pmatrix}\begin{pmatrix} 2 & 0 \\ 0 & -1 \end{pmatrix}=\begin{pmatrix} 8 & 0 \\ 0 & -1 \end{pmatrix}$

$(AB)^4=\begin{pmatrix} 8 & 0 \\ 0 & -1 \end{pmatrix}\begin{pmatrix} 2 & 0 \\ 0 & -1 \end{pmatrix}=\begin{pmatrix} 16 & 0 \\ 0 & 1 \end{pmatrix}$

$\quad\vdots$

$(AB)^n=\begin{pmatrix} 2^n & 0 \\ 0 & (-1)^n \end{pmatrix}$ (단, n은 자연수)

$\therefore A^{100}B^{100}+A^{101}B^{101}+A^{102}B^{102}+A^{103}B^{103}$

$\quad =(AB)^{100}+(AB)^{101}+(AB)^{102}+(AB)^{103}$

$\quad =\begin{pmatrix} 2^{100} & 0 \\ 0 & 1 \end{pmatrix}+\begin{pmatrix} 2^{101} & 0 \\ 0 & -1 \end{pmatrix}+\begin{pmatrix} 2^{102} & 0 \\ 0 & 1 \end{pmatrix}+\begin{pmatrix} 2^{103} & 0 \\ 0 & -1 \end{pmatrix}$

$\quad =\begin{pmatrix} 2^{100}+2^{101}+2^{102}+2^{103} & 0 \\ 0 & 0 \end{pmatrix}$

따라서 모든 성분의 합은

$2^{100}+2^{101}+2^{102}+2^{103}=(1+2+2^2+2^3)2^{100}$

$\quad\quad\quad\quad\quad =15\times2^{100}$

$\therefore k=15$

다른 풀이

$A=\begin{pmatrix} 1 & 0 \\ 0 & -1 \end{pmatrix}$ 에서

$A^2=\begin{pmatrix} 1 & 0 \\ 0 & -1 \end{pmatrix}\begin{pmatrix} 1 & 0 \\ 0 & -1 \end{pmatrix}=\begin{pmatrix} 1 & 0 \\ 0 & 1 \end{pmatrix}=E$

$B=\begin{pmatrix} 2 & 0 \\ 0 & 1 \end{pmatrix}$ 에서

$B^2=\begin{pmatrix} 2 & 0 \\ 0 & 1 \end{pmatrix}\begin{pmatrix} 2 & 0 \\ 0 & 1 \end{pmatrix}=\begin{pmatrix} 4 & 0 \\ 0 & 1 \end{pmatrix}$

$B^3=\begin{pmatrix} 4 & 0 \\ 0 & 1 \end{pmatrix}\begin{pmatrix} 2 & 0 \\ 0 & 1 \end{pmatrix}=\begin{pmatrix} 8 & 0 \\ 0 & 1 \end{pmatrix}$

$B^4=\begin{pmatrix} 8 & 0 \\ 0 & 1 \end{pmatrix}\begin{pmatrix} 2 & 0 \\ 0 & 1 \end{pmatrix}=\begin{pmatrix} 16 & 0 \\ 0 & 1 \end{pmatrix}$

$\quad\vdots$

$B^n=\begin{pmatrix} 2^n & 0 \\ 0 & 1 \end{pmatrix}$ (단, n은 자연수)

$$\therefore A^{100}B^{100}+A^{101}B^{101}+A^{102}B^{102}+A^{103}B^{103}$$
$$=(A^2)^{50}B^{100}+(A^2)^{50}AB^{101}+(A^2)^{51}B^{102}+(A^2)^{51}AB^{103}$$
$$=E^{50}B^{100}+E^{50}AB^{101}+E^{51}B^{102}+E^{51}AB^{103}$$
$$=B^{100}+AB^{101}+B^{102}+AB^{103}$$
$$=\begin{pmatrix}2^{100}&0\\0&1\end{pmatrix}+\begin{pmatrix}1&0\\0&-1\end{pmatrix}\begin{pmatrix}2^{101}&0\\0&1\end{pmatrix}+\begin{pmatrix}2^{102}&0\\0&1\end{pmatrix}$$
$$\qquad\qquad\qquad\qquad+\begin{pmatrix}1&0\\0&-1\end{pmatrix}\begin{pmatrix}2^{103}&0\\0&1\end{pmatrix}$$
$$=\begin{pmatrix}2^{100}&0\\0&1\end{pmatrix}+\begin{pmatrix}2^{101}&0\\0&-1\end{pmatrix}+\begin{pmatrix}2^{102}&0\\0&1\end{pmatrix}+\begin{pmatrix}2^{103}&0\\0&-1\end{pmatrix}$$
$$=\begin{pmatrix}2^{100}+2^{101}+2^{102}+2^{103}&0\\0&0\end{pmatrix}$$

따라서 모든 성분의 합은

$2^{100}+2^{101}+2^{102}+2^{103}=(1+2+2^2+2^3)2^{100}=15\times2^{100}$

$\therefore k=15$

1161 답 32

$$AB=\frac{1}{2}\begin{pmatrix}2&0\\1&1\end{pmatrix}\begin{pmatrix}-1&0\\1&-2\end{pmatrix}=\frac{1}{2}\begin{pmatrix}-2&0\\0&-2\end{pmatrix}=\begin{pmatrix}-1&0\\0&-1\end{pmatrix}$$
$$=-E$$
$$BA=\frac{1}{2}\begin{pmatrix}-1&0\\1&-2\end{pmatrix}\begin{pmatrix}2&0\\1&1\end{pmatrix}=\frac{1}{2}\begin{pmatrix}-2&0\\0&-2\end{pmatrix}=\begin{pmatrix}-1&0\\0&-1\end{pmatrix}$$
$$=-E$$

즉, $AB=BA$이므로 $B^nA^n=(BA)^n$ (단, n은 자연수)

$\therefore B^4A^8=(BA)^4A^4=(-E)^4A^4=A^4$ ······ ㉠

$A=\begin{pmatrix}2&0\\1&1\end{pmatrix}$에서

$$A^2=AA=\begin{pmatrix}2&0\\1&1\end{pmatrix}\begin{pmatrix}2&0\\1&1\end{pmatrix}=\begin{pmatrix}4&0\\3&1\end{pmatrix}$$
$$A^3=A^2A=\begin{pmatrix}4&0\\3&1\end{pmatrix}\begin{pmatrix}2&0\\1&1\end{pmatrix}=\begin{pmatrix}8&0\\7&1\end{pmatrix}$$
$$A^4=A^3A=\begin{pmatrix}8&0\\7&1\end{pmatrix}\begin{pmatrix}2&0\\1&1\end{pmatrix}=\begin{pmatrix}16&0\\15&1\end{pmatrix}$$

따라서 ㉠에서 $B^4A^8=A^4=\begin{pmatrix}16&0\\15&1\end{pmatrix}$이므로 B^4A^8의 모든 성분의

합은 $16+0+15+1=32$

1162 답 ③

$A=\begin{pmatrix}0&1\\-1&0\end{pmatrix}$, $X_1=\begin{pmatrix}1&3\\2&4\end{pmatrix}$이므로

$$X_2=AX_1=\begin{pmatrix}0&1\\-1&0\end{pmatrix}\begin{pmatrix}1&3\\2&4\end{pmatrix}=\begin{pmatrix}2&4\\-1&-3\end{pmatrix}$$
$$X_3=X_2A=\begin{pmatrix}2&4\\-1&-3\end{pmatrix}\begin{pmatrix}0&1\\-1&0\end{pmatrix}=\begin{pmatrix}-4&2\\3&-1\end{pmatrix}$$
$$X_4=AX_3=\begin{pmatrix}0&1\\-1&0\end{pmatrix}\begin{pmatrix}-4&2\\3&-1\end{pmatrix}=\begin{pmatrix}3&-1\\4&-2\end{pmatrix}$$
$$X_5=X_4A=\begin{pmatrix}3&-1\\4&-2\end{pmatrix}\begin{pmatrix}0&1\\-1&0\end{pmatrix}=\begin{pmatrix}1&3\\2&4\end{pmatrix}=X_1$$

$X_6=AX_5=AX_1=X_2$, $X_7=X_6A=X_2A=X_3$

$X_8=AX_7=AX_3=X_4$

$\vdots$

따라서 음이 아닌 정수 k에 대하여

$$X_{4k+1}=X_1=\begin{pmatrix}1&3\\2&4\end{pmatrix},\ X_{4k+2}=X_2=\begin{pmatrix}2&4\\-1&-3\end{pmatrix},$$
$$X_{4k+3}=X_3=\begin{pmatrix}-4&2\\3&-1\end{pmatrix},\ X_{4k+4}=X_4=\begin{pmatrix}3&-1\\4&-2\end{pmatrix}$$

$\therefore X_{15}+X_{20}+X_{25}-X_{30}$
$$=X_3+X_4+X_1-X_2$$
$$=\begin{pmatrix}-4&2\\3&-1\end{pmatrix}+\begin{pmatrix}3&-1\\4&-2\end{pmatrix}+\begin{pmatrix}1&3\\2&4\end{pmatrix}-\begin{pmatrix}2&4\\-1&-3\end{pmatrix}$$
$$=\begin{pmatrix}-2&0\\10&4\end{pmatrix}$$

따라서 $X_{15}+X_{20}+X_{25}-X_{30}$의 모든 성분의 합은

$-2+0+10+4=12$

1163 답 ③

$A+B=O$에서 $B=-A$

$AB=E$에 $B=-A$를 대입하면 $A(-A)=E$

$\therefore A^2=-E,\ A^4=E$

같은 방법으로 하면 $B^2=-E,\ B^4=E$

$\therefore A^{100}+B^{102}=(A^4)^{25}+(B^4)^{25}B^2$
$$\qquad\qquad=E+B^2=E+(-E)=O$$

1164 답 ⑤

$A^2-2A+E=O$에서

$A^2-A=A-E$

$A^3-A^2=A(A^2-A)=A(A-E)=A^2-A$
$$\qquad\quad=A-E$$
$A^4-A^3=A(A^3-A^2)=A(A-E)=A^2-A$
$$\qquad\quad=A-E$$
$$\vdots$$
$A^n-A^{n-1}=A-E$

위 등식들을 변끼리 더하면

$A^n-A=\boxed{\text{(가) } (n-1)}(A-E)$

$\therefore A^n=(n-1)A-(n-1)E+A$
$$=\boxed{\text{(나) } n}A-\boxed{\text{(가) } (n-1)}E$$

따라서 $f(n)=n-1,\ g(n)=n$이므로

$f(100)+g(100)=99+100=199$

1165 답 ②

$A+B=-E$에서 $B=-A-E$

이를 $AB=E$에 대입하면

$A(-A-E)=E,\ -A^2-A=E$

$\therefore A^2+A+E=O$

같은 방법으로 하면 $B^2+B+E=O$

$\therefore (A+B)+(A^2+B^2)+\cdots+(A^{2011}+B^{2011})$
$$=(A+A^2+A^3+\cdots+A^{2011})+(B+B^2+B^3+\cdots+B^{2011})$$
$$=A+A^2(E+A+A^2)+\cdots+A^{2009}(E+A+A^2)$$
$$\qquad+B+B^2(E+B+B^2)+\cdots+B^{2009}(E+B+B^2)$$
$$=A+B=-E$$

1166 답 ①

$A^{n+1}=A^{n+2}+A^{n}$에서 $A^{n+2}=A^{n+1}-A^{n}$이므로

$A^3=A^2-A$

$A^4=A^3-A^2=(A^2-A)-A^2=-A$

$A^5=A^4-A^3=(-A)-(A^2-A)=-A^2$

$A^6=A^5-A^4=(-A^2)-(-A)=-A^2+A$

$A^7=A^6-A^5=(-A^2+A)-(-A^2)=A$

$\therefore A^{100}+A^{102}=(A^7)^{14}A^2+(A^7)^{14}A^4$

$\qquad\qquad\ =A^{14}A^2+A^{14}A^4$

$\qquad\qquad\ =(A^7)^2A^2+(A^7)^2A^4$

$\qquad\qquad\ =A^2A^2+A^2A^4$

$\qquad\qquad\ =A^4+A^6$

$\qquad\qquad\ =(-A)+(-A^2+A)$

$\qquad\qquad\ =-A^2$

1167 답 -54

$A-B=-3E$에서

$A(A-B)=A(-3E)$, $A^2-AB=-3A$

$AB=O$이므로

$A^2=-3A$

$\therefore A^3=-3A^2=-3(-3A)=9A$　$\cdots\cdots$ ⓘ

또 $A-B=-3E$에서

$(A-B)B=(-3E)B$, $AB-B^2=-3B$

$AB=O$이므로

$B^2=3B$

$\therefore B^3=3B^2=3(3B)=9B$　$\cdots\cdots$ ⓘⓘ

$\therefore A^3-B^3=9A-9B=9(A-B)$

$\qquad\qquad\ =9(-3E)=-27E$

$\qquad\qquad\ =-27\begin{pmatrix}1&0\\0&1\end{pmatrix}=\begin{pmatrix}-27&0\\0&-27\end{pmatrix}$　$\cdots\cdots$ ⓘⓘⓘ

따라서 A^3-B^3의 모든 성분의 합은

$-27+0+0+(-27)=-54$　$\cdots\cdots$ ⓘⓥ

채점 기준	
ⓘ A^3을 A에 대한 식으로 나타내기	30%
ⓘⓘ B^3을 B에 대한 식으로 나타내기	30%
ⓘⓘⓘ A^3-B^3 구하기	30%
ⓘⓥ A^3-B^3의 모든 성분의 합 구하기	10%

1168 답 ⑤

$A^2+2A+4E=O$의 양변에 $A-2E$를 곱하면

$(A-2E)(A^2+2A+4E)=O$

$A^3-8E=O$　$\therefore A^3=8E$

따라서 $A^{30}=(A^3)^{10}=(8E)^{10}=8^{10}E=2^{30}E$이므로

$k=2^{30}$

다른 풀이

$A^2+2A+4E=O$에서 $A^2=-2A-4E$

양변에 A를 곱하면

$A^3=-2A^2-4A=-2(-2A-4E)-4A=8E$

따라서 $A^{30}=(A^3)^{10}=(8E)^{10}=8^{10}E=2^{30}E$이므로

$k=2^{30}$

1169 답 64

$A^2-A+E=O$에서 $A^2=A-E$

양변에 A를 곱하면

$A^3=A^2-A=(A-E)-A=-E$

$\therefore A^7=(A^3)^2A=(-E)^2A=A$

$B^2+2B=O$에서 $B^2=-2B$

양변에 B를 곱하면

$B^3=-2B^2=-2(-2B)=4B$

$B^4=4B^2=4(-2B)=-8B$

$B^5=-8B^2=-8(-2B)=16B$

$B^6=16B^2=16(-2B)=-32B$

$B^7=-32B^2=-32(-2B)=64B$

따라서 $A^7B^7=A(64B)=64AB$이므로

$k=64$

1170 답 ③

$A\begin{pmatrix}4\\0\end{pmatrix}=A\begin{pmatrix}1\\-2\end{pmatrix}+A\begin{pmatrix}3\\2\end{pmatrix}=\begin{pmatrix}-2\\4\end{pmatrix}+\begin{pmatrix}0\\0\end{pmatrix}=\begin{pmatrix}-2\\4\end{pmatrix}$

$A^2\begin{pmatrix}4\\0\end{pmatrix}=A\begin{pmatrix}-2\\4\end{pmatrix}=-2A\begin{pmatrix}1\\-2\end{pmatrix}=-2\begin{pmatrix}-2\\4\end{pmatrix}$

$A^3\begin{pmatrix}4\\0\end{pmatrix}=-2A\begin{pmatrix}-2\\4\end{pmatrix}=4A\begin{pmatrix}1\\-2\end{pmatrix}=4\begin{pmatrix}-2\\4\end{pmatrix}$

$A^4\begin{pmatrix}4\\0\end{pmatrix}=4A\begin{pmatrix}-2\\4\end{pmatrix}=-8A\begin{pmatrix}1\\-2\end{pmatrix}=-8\begin{pmatrix}-2\\4\end{pmatrix}$

$\qquad\qquad\qquad\vdots$

$A^{10}\begin{pmatrix}4\\0\end{pmatrix}=(-2)^9\begin{pmatrix}-2\\4\end{pmatrix}=\begin{pmatrix}2^{10}\\-2^{11}\end{pmatrix}$

따라서 $p=2^{10}$, $q=-2^{11}$이므로

$\dfrac{p}{q}=\dfrac{2^{10}}{-2^{11}}=-\dfrac{1}{2}$

1171 답 ⑤

ㄱ. $k\langle x,\,y\rangle=k\begin{pmatrix}x&y\\y&x\end{pmatrix}=\begin{pmatrix}kx&ky\\ky&kx\end{pmatrix}$

$\quad\ \langle kx,\,ky\rangle=\begin{pmatrix}kx&ky\\ky&kx\end{pmatrix}$

$\quad\ \therefore k\langle x,\,y\rangle=\langle kx,\,ky\rangle$

ㄴ. $\langle a,\,b\rangle-\langle c,\,d\rangle=\begin{pmatrix}a&b\\b&a\end{pmatrix}-\begin{pmatrix}c&d\\d&c\end{pmatrix}=\begin{pmatrix}a-c&b-d\\b-d&a-c\end{pmatrix}$

$\quad\ \langle a-c,\,b-d\rangle=\begin{pmatrix}a-c&b-d\\b-d&a-c\end{pmatrix}$

$\quad\ \therefore \langle a,\,b\rangle-\langle c,\,d\rangle=\langle a-c,\,b-d\rangle$

ㄷ. $\langle a,\,b\rangle\langle c,\,d\rangle=\begin{pmatrix}a&b\\b&a\end{pmatrix}\begin{pmatrix}c&d\\d&c\end{pmatrix}=\begin{pmatrix}ac+bd&ad+bc\\bc+ad&bd+ac\end{pmatrix}$

$\quad\ \langle c,\,d\rangle\langle a,\,b\rangle=\begin{pmatrix}c&d\\d&c\end{pmatrix}\begin{pmatrix}a&b\\b&a\end{pmatrix}=\begin{pmatrix}ac+bd&bc+ad\\ad+bc&bd+ac\end{pmatrix}$

$\quad\ \therefore \langle a,\,b\rangle\langle c,\,d\rangle=\langle c,\,d\rangle\langle a,\,b\rangle$

따라서 보기에서 옳은 것은 ㄱ, ㄴ, ㄷ이다.

1172 답 ④

ㄱ. $(A+B)(A-B)=A^2-AB+BA-B^2=A^2-B^2$

ㄴ. $A=\begin{pmatrix} 1 & 0 \\ 0 & 0 \end{pmatrix}$, $B=\begin{pmatrix} 0 & 0 \\ 0 & 1 \end{pmatrix}$이면

$$AB+BA=\begin{pmatrix} 1 & 0 \\ 0 & 0 \end{pmatrix}\begin{pmatrix} 0 & 0 \\ 0 & 1 \end{pmatrix}+\begin{pmatrix} 0 & 0 \\ 0 & 1 \end{pmatrix}\begin{pmatrix} 1 & 0 \\ 0 & 0 \end{pmatrix}$$

$$=\begin{pmatrix} 0 & 0 \\ 0 & 0 \end{pmatrix}+\begin{pmatrix} 0 & 0 \\ 0 & 0 \end{pmatrix}=O$$

즉, $AB+BA=O$이지만 $A\neq O$, $B\neq O$이다.

ㄷ. $AB=BA$이므로 $A+2BA=BA+E$에서

$A+2AB=AB+E$, $A+AB=E$

$\therefore A(B+E)=E$

따라서 보기에서 옳은 것은 ㄱ, ㄷ이다.

1173 답 ②

ㄱ. $A\diamond B=AB-BA$

$B\diamond A=BA-AB=-(AB-BA)$

$\therefore A\diamond B\neq B\diamond A$

ㄴ. $kA\diamond kB=(kA)(kB)-(kB)(kA)=k^2AB-k^2BA$

$k(A\diamond B)=k(AB-BA)=kAB-kBA$

$k^2AB-k^2BA=kAB-kBA$에서

$(k^2-k)AB=(k^2-k)BA$, $k(k-1)AB=k(k-1)BA$

따라서 $k=1$이거나 $AB=BA$인 경우에만

$kA\diamond kB=k(A\diamond B)$가 성립한다.

ㄷ. $(A\diamond B)+(A\diamond C)=AB-BA+AC-CA$

$A\diamond(B+C)=A(B+C)-(B+C)A$

$\qquad\qquad\qquad =AB+AC-BA-CA$

$\therefore (A\diamond B)+(A\diamond C)=A\diamond(B+C)$

따라서 보기에서 옳은 것은 ㄷ이다.

1174 답 ④

ㄱ. $A^2=O$의 양변에 A를 곱하면

$A^3=AO=O$

ㄴ. $A=\begin{pmatrix} 1 & 1 \\ 0 & 1 \end{pmatrix}$이면

$$A-E=\begin{pmatrix} 1 & 1 \\ 0 & 1 \end{pmatrix}-\begin{pmatrix} 1 & 0 \\ 0 & 1 \end{pmatrix}=\begin{pmatrix} 0 & 1 \\ 0 & 0 \end{pmatrix}$$

$$(A-E)^2=\begin{pmatrix} 0 & 1 \\ 0 & 0 \end{pmatrix}\begin{pmatrix} 0 & 1 \\ 0 & 0 \end{pmatrix}=\begin{pmatrix} 0 & 0 \\ 0 & 0 \end{pmatrix}=O$$

즉, $(A-E)^2=O$이지만 $A\neq E$이다.

ㄷ. $A+B=O$에서 $B=-A$이므로

$AB=A(-A)=-A^2$, $BA=(-A)A=-A^2$

$\therefore AB=BA$

ㄹ. $A(A-E)=E$에서 $A^2-A=E$

$(A^2-A)B=EB$, $AAB-AB=B$

$AB=E$를 대입하면

$AE-E=B$ $\qquad\therefore B=A-E$

$\therefore B^2=(A-E)^2=A^2-2A+E$

$\qquad =(A+E)-2A+E=-A+2E$

따라서 보기에서 옳은 것은 ㄱ, ㄷ, ㄹ이다.

1175 답 ④

ㄱ. $A=\begin{pmatrix} 0 & 1 \\ 1 & 0 \end{pmatrix}$이면

$$A^2=\begin{pmatrix} 0 & 1 \\ 1 & 0 \end{pmatrix}\begin{pmatrix} 0 & 1 \\ 1 & 0 \end{pmatrix}=\begin{pmatrix} 1 & 0 \\ 0 & 1 \end{pmatrix}=E$$

즉, $A^2=E$이지만 $A\neq E$이다.

ㄴ. $(A+2B)^2=A^2+2AB+2BA+4B^2$,

$(A-2B)^2=A^2-2AB-2BA+4B^2$이므로

$(A+2B)^2=(A-2B)^2$이면

$2AB+2BA=-2AB-2BA$

$4AB+4BA=O$

$\therefore AB+BA=O$

ㄷ. $AB=A$에서 $ABAB=A^2$

이때 $BA=B$이므로 $ABB=A^2$

또 $AB=A$이므로 $AB=A^2$

$\therefore A^2=A$

같은 방법으로 하면 $B^2=B$이므로

$A^2+B^2=A+B$

따라서 보기에서 옳은 것은 ㄴ, ㄷ이다.

1176 답 ④

$$AB=\begin{pmatrix} a_{11} & a_{12} \\ a_{21} & a_{22} \end{pmatrix}\begin{pmatrix} b_{11} & b_{12} \\ b_{21} & b_{22} \end{pmatrix}$$

$$=\begin{pmatrix} a_{11}b_{11}+a_{12}b_{21} & a_{11}b_{12}+a_{12}b_{22} \\ a_{21}b_{11}+a_{22}b_{21} & a_{21}b_{12}+a_{22}b_{22} \end{pmatrix}$$

이므로

$x=a_{11}b_{11}+a_{12}b_{21}$

$y=a_{11}b_{12}+a_{12}b_{22}$

$z=a_{21}b_{11}+a_{22}b_{21}$

$w=a_{21}b_{12}+a_{22}b_{22}$

ㄱ. 상반기에 판매된 제품 (가)의 제조 원가 금액은 $a_{11}b_{11}$만 원

상반기에 판매된 제품 (나)의 제조 원가 금액은 $a_{12}b_{21}$만 원

즉, 상반기에 판매된 두 제품의 제조 원가 총액은

$a_{11}b_{11}+a_{12}b_{21}=x$(만 원)

ㄴ. 상반기에 판매된 제품 (가)의 판매 금액은 $a_{21}b_{11}$만 원

상반기에 판매된 제품 (나)의 판매 금액은 $a_{22}b_{21}$만 원

하반기에 판매된 제품 (가)의 판매 금액은 $a_{21}b_{12}$만 원

하반기에 판매된 제품 (나)의 판매 금액은 $a_{22}b_{22}$만 원

즉, 1년 동안 판매된 두 제품의 판매 총액은

$a_{21}b_{11}+a_{22}b_{21}+a_{21}b_{12}+a_{22}b_{22}=z+w$(만 원)

ㄷ. 하반기에 판매된 제품 (가)의 판매 이익금은

$(a_{21}-a_{11})b_{12}=a_{21}b_{12}-a_{11}b_{12}$(만 원)

하반기에 판매된 제품 (나)의 판매 이익금은

$(a_{22}-a_{12})b_{22}=a_{22}b_{22}-a_{12}b_{22}$(만 원)

즉, 하반기에 판매된 두 제품의 판매 이익금 총액은

$a_{21}b_{12}-a_{11}b_{12}+a_{22}b_{22}-a_{12}b_{22}$

$=a_{21}b_{12}+a_{22}b_{22}-(a_{11}b_{12}+a_{12}b_{22})=w-y$(만 원)

따라서 보기에서 옳은 것은 ㄴ, ㄷ이다.

1177 답 ⑤

ㄱ. $AB=kA$에서
$(AB)A=(kA)A$
$\therefore ABA=kA^2$ $\qquad$ ······ ㉠
$BA=kB$에서
$A(BA)=A(kB)$
$\therefore ABA=kAB=k(kA)=k^2A$ $\qquad$ ······ ㉡
㉠, ㉡에서 $kA^2=k^2A$
$\therefore A^2=kA$

ㄴ. $AB^2A=ABBA=(kA)(kB)=k^2AB$
$\qquad\quad =k^2(kA)=k^3A$

ㄷ. $AB^n=ABB^{n-1}=(kA)B^{n-1}$
$\qquad\quad =kABB^{n-2}=k(kA)B^{n-2}$
$\qquad\quad =k^2AB^{n-2}=\cdots=k^{n-1}AB$
$\qquad\quad =k^{n-1}(kA)=k^nA$
$A^nB=A^{n-1}AB=A^{n-1}(kA)=kA^n$
$\qquad\quad =kA^2A^{n-2}=k(kA)A^{n-2}$
$\qquad\quad =k^2A^{n-1}=\cdots=k^{n-1}A^2$
$\qquad\quad =k^{n-1}(kA)=k^nA$
$\therefore AB^n=A^nB$

따라서 보기에서 옳은 것은 ㄱ, ㄴ, ㄷ이다.

1178 답 ⑤

ㄱ. $A+B=E$에서 $B=-A+E$
이를 $AB=-E$에 대입하면
$A(-A+E)=-E,\ -A^2+A=-E$
$\therefore A^2=A+E$ $\qquad$ ······ ㉠
같은 방법으로 하면
$B^2=B+E$ $\qquad$ ······ ㉡
$\therefore A^2+B^2=(A+E)+(B+E)$
$\qquad\qquad\quad =(A+B)+2E=E+2E=3E$

ㄴ. ㉠의 $A^2=A+E$에서
$A^2A^n=(A+E)A^n$
$\therefore A^{n+2}=A^{n+1}+A^n$ $\qquad$ ······ ㉢
㉡의 $B^2=B+E$에서
$B^2B^n=(B+E)B^n$
$\therefore B^{n+2}=B^{n+1}+B^n$ $\qquad$ ······ ㉣
㉢+㉣을 하면
$A^{n+2}+B^{n+2}=A^{n+1}+B^{n+1}+A^n+B^n$ $\qquad$ ······ ㉤

ㄷ. ㉤에서
$A^3+B^3=A^2+B^2+A+B=3E+E=4E$
$A^4+B^4=A^3+B^3+A^2+B^2=4E+3E=7E$
$A^5+B^5=A^4+B^4+A^3+B^3=7E+4E=11E$
$A^6+B^6=A^5+B^5+A^4+B^4=11E+7E=18E$
$A^7+B^7=A^6+B^6+A^5+B^5=18E+11E=29E$
$A^8+B^8=A^7+B^7+A^6+B^6=29E+18E=47E$
$A^9+B^9=A^8+B^8+A^7+B^7=47E+29E=76E$

따라서 보기에서 옳은 것은 ㄱ, ㄴ, ㄷ이다.

1179 답 ④

ㄱ. $A+B=2E$에서 $B=-A+2E$
이를 $AB=3B$에 대입하면
$A(-A+2E)=3(-A+2E)$
$-A^2+2A=-3A+6E,\ A^2-5A+6E=O$
$(A-2E)(A-3E)=O$
이때 $A=2E$, $B=O$이면 $A+B=2E$, $AB=3B$가 성립하지
만 $A\neq3E$이다.

ㄴ. $A+B=2E$에서 $A=-B+2E$
이를 $AB=3B$에 대입하면
$(-B+2E)B=3B,\ -B^2+2B=3B$
$\therefore B^2+B=O$ $\qquad$ ······ ㉠

ㄷ. $AB=3B$의 좌변에 $B=-A+2E$를 대입하면
$A(-A+2E)=3B$
$-A^2+2A=3B$ $\qquad \therefore A^2=2A-3B$
또 ㉠에서 $B^2=-B$이므로
$A^2-B^2=(2A-3B)-(-B)$
$\qquad\quad =2A-2B=2(A-B)$

따라서 보기에서 옳은 것은 ㄴ, ㄷ이다.

1180 답 ②

$A=\begin{pmatrix} 1 & 3 \\ -1 & -2 \end{pmatrix}$에서

$A^2=AA=\begin{pmatrix} 1 & 3 \\ -1 & -2 \end{pmatrix}\begin{pmatrix} 1 & 3 \\ -1 & -2 \end{pmatrix}=\begin{pmatrix} -2 & -3 \\ 1 & 1 \end{pmatrix}$

$A^3=A^2A=\begin{pmatrix} -2 & -3 \\ 1 & 1 \end{pmatrix}\begin{pmatrix} 1 & 3 \\ -1 & -2 \end{pmatrix}=\begin{pmatrix} 1 & 0 \\ 0 & 1 \end{pmatrix}=E$

ㄱ. $S(A)=1+3+(-1)+(-2)=1$
$S(A^2)=-2+(-3)+1+1=-3$
$S(A^3)=1+0+0+1=2$
$\therefore S(A)+S(A^2)+S(A^3)=0$ $\qquad$ ······ ㉠
$A+A^2+A^3=\begin{pmatrix} 0 & 0 \\ 0 & 0 \end{pmatrix}=O$이므로
$S(A+A^2+A^3)=0$
$\therefore S(A)+S(A^2)+S(A^3)=S(A+A^2+A^3)$

ㄴ. $A=A^4=A^7=\cdots$,
$A^2=A^5=A^8=\cdots$,
$A^3=A^6=A^9=\cdots$이므로
$S(A)+S(A^2)+\cdots+S(A^{100})$
$=\{S(A)+S(A^2)+S(A^3)\}+\{S(A)+S(A^2)+S(A^3)\}$
$\qquad\qquad +\cdots+\{S(A)+S(A^2)+S(A^3)\}+S(A)$
$=33\{S(A)+S(A^2)+S(A^3)\}+S(A)$
$=0+1\,(\because\ ㉠)$
$=1$

ㄷ. $m=1$, $n=2$일 때,
$S(AA^2)=S(A^3)=2$
$S(A)\times S(A^2)=1\times(-3)=-3$
$\therefore S(AA^2)\neq S(A)\times S(A^2)$

따라서 보기에서 옳은 것은 ㄱ, ㄴ이다.

1181 답 ⑤

ㄱ. $A^2 = \begin{pmatrix} a & -b \\ b & a \end{pmatrix}\begin{pmatrix} a & -b \\ b & a \end{pmatrix} = \begin{pmatrix} a^2-b^2 & -2ab \\ 2ab & a^2-b^2 \end{pmatrix} = \begin{pmatrix} 0 & 0 \\ 0 & 0 \end{pmatrix}$이

면 $a^2-b^2=0$, $2ab=0$

$2ab=0$에서 $a=0$ 또는 $b=0$

$a=0$이면 $a^2-b^2=0$에서 $b=0$

$b=0$이면 $a^2-b^2=0$에서 $a=0$

따라서 $a=b=0$이므로 $A=O$이다.

ㄴ. $A^2+E = \begin{pmatrix} a^2-b^2+1 & -2ab \\ 2ab & a^2-b^2+1 \end{pmatrix} = \begin{pmatrix} 0 & 0 \\ 0 & 0 \end{pmatrix}$이면

$a^2-b^2+1=0$, $2ab=0$

$2ab=0$에서 $a=0$ 또는 $b=0$

$a=0$이면 $a^2-b^2+1=0$에서 $b^2=1$

$\therefore b=\pm 1$

$b=0$이면 $a^2-b^2+1=0$에서 $a^2=-1$을 만족시키는 실수 a의

값이 존재하지 않는다.

따라서 $A^2+E=O$를 만족시키는 행렬 A는

$\begin{pmatrix} 0 & -1 \\ 1 & 0 \end{pmatrix}$, $\begin{pmatrix} 0 & 1 \\ -1 & 0 \end{pmatrix}$의 2개이다.

ㄷ. $A^2-A = \begin{pmatrix} a^2-b^2-a & -2ab+b \\ 2ab-b & a^2-b^2-a \end{pmatrix} = \begin{pmatrix} 0 & 0 \\ 0 & 0 \end{pmatrix}$이면

$a^2-b^2-a=0$, $2ab-b=0$

$2ab-b=0$에서 $(2a-1)b=0$

$\therefore a=\dfrac{1}{2}$ 또는 $b=0$

$a=\dfrac{1}{2}$이면 $a^2-b^2-a=0$에서 $b^2=-\dfrac{1}{4}$을 만족시키는 실수 b

의 값이 존재하지 않는다.

$b=0$이면 $a^2-b^2-a=0$에서

$a^2-a=0$, $a(a-1)=0$

$\therefore a=0$ 또는 $a=1$

따라서 $A^2-A=O$를 만족시키는 행렬 A는 $\begin{pmatrix} 0 & 0 \\ 0 & 0 \end{pmatrix}$, $\begin{pmatrix} 1 & 0 \\ 0 & 1 \end{pmatrix}$

의 2개이다.

따라서 보기에서 옳은 것은 ㄱ, ㄴ, ㄷ이다.

1182 답 ⑤

ㄱ. $A^2+A+E=O$에서 양변에 $A-E$를 곱하면

$(A-E)(A^2+A+E)=O$, $A^3-E=O$

$\therefore A^3=E$

ㄴ. $B=A-E$이므로

$AB=A(A-E)=A^2-A$

$BA=(A-E)A=A^2-A$

$\therefore AB=BA$

ㄷ. $B=A-E$에서 $A-B=E$이고 ㄴ에서 $AB=BA$가 성립하

므로

$(A+B)(A^2+B^2)(A^4+B^4)$

$=(A-B)(A+B)(A^2+B^2)(A^4+B^4)$

$=(A^2-B^2)(A^2+B^2)(A^4+B^4)$

$=(A^4-B^4)(A^4+B^4)$

$=A^8-B^8$ $\quad\cdots\cdots$ ㉠

ㄱ에서 $A^3=E$이므로

$A^8=(A^3)^2 A^2=A^2=-A-E\ (\because A^2+A+E=O)$

$B^2=(A-E)^2=A^2-2A+E^2$

$\quad=(-A-E)-2A+E=-3A$

$B^4=(B^2)^2=(-3A)^2=9A^2$

$B^8=(B^4)^2=(9A^2)^2=81A^4=81A^3 A=81A$

따라서 ㉠에서

$(A+B)(A^2+B^2)(A^4+B^4)=A^8-B^8$

$\qquad\qquad\qquad\qquad =-A-E-81A$

$\qquad\qquad\qquad\qquad =-82A-E$

따라서 보기에서 옳은 것은 ㄱ, ㄴ, ㄷ이다.

1183 답 ①

전략 주어진 행렬의 곱셈의 결과가 나타내는 규칙을 찾는다.

수요일에 처음 설정한 번호가 $\boxed{1}\,\boxed{1}\,\boxed{2}\,\boxed{5}$이므로

$\begin{pmatrix} 1 & 0 \\ 2 & 1 \end{pmatrix}\begin{pmatrix} 1 & 1 \\ 2 & 5 \end{pmatrix} = \begin{pmatrix} 1 & 1 \\ 4 & 7 \end{pmatrix}$

$\begin{pmatrix} 1 & 0 \\ 2 & 1 \end{pmatrix}\begin{pmatrix} 1 & 1 \\ 4 & 7 \end{pmatrix} = \begin{pmatrix} 1 & 1 \\ 6 & 9 \end{pmatrix}$

$\begin{pmatrix} 1 & 0 \\ 2 & 1 \end{pmatrix}\begin{pmatrix} 1 & 1 \\ 6 & 9 \end{pmatrix} = \begin{pmatrix} 1 & 1 \\ 8 & 11 \end{pmatrix}$

$\vdots$

이때 $(2, 1)$ 성분과 $(2, 2)$ 성분이 2씩 커지므로 5일 후, 즉 다음 주 월요일에 처음 설정한 번호와 일치하게 된다.

1184 답 21

전략 $A^2+2A-E=O$에서 $A(A+2E)=E$임을 이용하여 $\begin{pmatrix} x \\ y \end{pmatrix}$를 구한다.

㈎의 $A^2+2A-E=O$에서

$A^2+2A=E$, $A(A+2E)=E$

$(A+2E)\begin{pmatrix} x \\ y \end{pmatrix} = \begin{pmatrix} 3 \\ -3 \end{pmatrix}$에서

$A(A+2E)\begin{pmatrix} x \\ y \end{pmatrix} = A\begin{pmatrix} 3 \\ -3 \end{pmatrix}$

$E\begin{pmatrix} x \\ y \end{pmatrix} = 3A\begin{pmatrix} 1 \\ -1 \end{pmatrix}$

$\therefore \begin{pmatrix} x \\ y \end{pmatrix} = 3A\begin{pmatrix} 1 \\ -1 \end{pmatrix} = 3\begin{pmatrix} 3 \\ 4 \end{pmatrix}\ (\because ㈏)$

$\qquad = \begin{pmatrix} 9 \\ 12 \end{pmatrix}$

따라서 $x=9$, $y=12$이므로

$x+y=21$

1185 답 40

전략 $A+kB=\begin{pmatrix} 2 & 2 \\ 1 & 3 \end{pmatrix}$, $A+B=E$를 연립하여 B에 대한 식으로 나타낸 후 $B^2=B$를 이용하여 식을 간단히 한다.

$A+kB=\begin{pmatrix} 2 & 2 \\ 1 & 3 \end{pmatrix}$, $A+B=E$를 각 변끼리 빼면

$$kB-B=\begin{pmatrix} 2 & 2 \\ 1 & 3 \end{pmatrix}-E$$

$$(k-1)B=\begin{pmatrix} 2 & 2 \\ 1 & 3 \end{pmatrix}-\begin{pmatrix} 1 & 0 \\ 0 & 1 \end{pmatrix}=\begin{pmatrix} 1 & 2 \\ 1 & 2 \end{pmatrix}$$

$$\{(k-1)B\}^2=\begin{pmatrix} 1 & 2 \\ 1 & 2 \end{pmatrix}\begin{pmatrix} 1 & 2 \\ 1 & 2 \end{pmatrix}=\begin{pmatrix} 3 & 6 \\ 3 & 6 \end{pmatrix}$$

$$(k-1)^2B^2=3\begin{pmatrix} 1 & 2 \\ 1 & 2 \end{pmatrix}=3(k-1)B$$

이때 $B^2=B$이므로

$(k-1)^2B=3(k-1)B$

$B\neq O$, $k\neq 1$이므로

$k-1=3$ ∴ $k=4$

∴ $10k=40$

1186 답 ③

전략 행렬 B의 각 성분을 미지수로 놓고, 행렬이 서로 같을 조건을 이용하여 미지수에 대한 식을 세운다.

$B=\begin{pmatrix} p & q \\ r & s \end{pmatrix}$라 하면 ㈎에서

$$\begin{pmatrix} p & q \\ r & s \end{pmatrix}\begin{pmatrix} 1 \\ -1 \end{pmatrix}=\begin{pmatrix} 0 \\ 0 \end{pmatrix}, \ \begin{pmatrix} p-q \\ r-s \end{pmatrix}=\begin{pmatrix} 0 \\ 0 \end{pmatrix}$$

행렬이 서로 같을 조건에 의하여

$p-q=0$, $r-s=0$

즉, $p=q$, $r=s$이므로 $B=\begin{pmatrix} p & p \\ r & r \end{pmatrix}$로 나타낼 수 있다.

㈏의 $AB=2A$에서

$$\begin{pmatrix} 1 & 1 \\ a & a \end{pmatrix}\begin{pmatrix} p & p \\ r & r \end{pmatrix}=\begin{pmatrix} 2 & 2 \\ 2a & 2a \end{pmatrix}$$

$$\begin{pmatrix} p+r & p+r \\ a(p+r) & a(p+r) \end{pmatrix}=\begin{pmatrix} 2 & 2 \\ 2a & 2a \end{pmatrix}$$

행렬이 서로 같을 조건에 의하여

$p+r=2$ ······ ㉠

또 ㈏의 $BA=4B$에서

$$\begin{pmatrix} p & p \\ r & r \end{pmatrix}\begin{pmatrix} 1 & 1 \\ a & a \end{pmatrix}=\begin{pmatrix} 4p & 4p \\ 4r & 4r \end{pmatrix}$$

$$\begin{pmatrix} p(1+a) & p(1+a) \\ r(1+a) & r(1+a) \end{pmatrix}=\begin{pmatrix} 4p & 4p \\ 4r & 4r \end{pmatrix}$$

행렬이 서로 같을 조건에 의하여

$p(1+a)=4p$, $r(1+a)=4r$

$pa-3p=0$, $ra-3r=0$

$p(a-3)=0$, $r(a-3)=0$

∴ $a=3$ 또는 $p=0$, $r=0$

이때 ㉠에서 $a=3$

따라서 $A+B=\begin{pmatrix} 1 & 1 \\ 3 & 3 \end{pmatrix}+\begin{pmatrix} p & p \\ r & r \end{pmatrix}=\begin{pmatrix} 1+p & 1+p \\ 3+r & 3+r \end{pmatrix}$이므로

행렬 $A+B$의 $(1, 2)$ 성분과 $(2, 1)$ 성분의 합은

$(1+p)+(3+r)=4+p+r$

$\qquad\qquad\quad =4+2=6 (\because ㉠)$

1187 답 ②

전략 R_1 지점에서 S_2 지점까지 갈 때 반드시 지나는 두 지점을 생각하여 경우를 나누어 최단 거리로 가는 방법의 수를 구한다.

주어진 두 개의 도로망 중 오른쪽의 도로망은 왼쪽의 도로망을 위아래로 이어 붙인 것과 같다.

따라서 R_1, R_2 지점에서 T_1 또는 T_2 지점까지 최단 거리로 가는 방법의 수는 P_1, P_2 지점에서 Q_1 또는 Q_2 지점까지 최단 거리로 가는 방법의 수와 같고, T_1, T_2 지점에서 S_1 또는 S_2 지점까지 최단 거리로 가는 방법의 수도 P_1, P_2 지점에서 Q_1 또는 Q_2 지점까지 최단 거리로 가는 방법의 수와 같다.

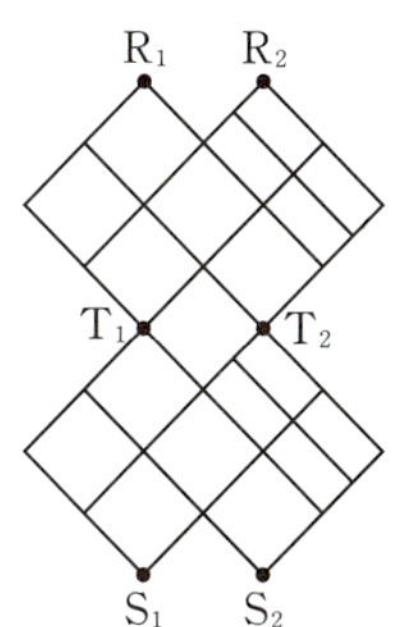

R_1 지점에서 S_2 지점까지 최단 거리로 갈 때, T_1 또는 T_2 지점 중 하나는 반드시 지나고 두 지점을 동시에 지날 수는 없다.

(i) $R_1 \rightarrow T_1 \rightarrow S_2$로 가는 경우

$R_1 \rightarrow T_1$로 가는 방법의 수는 $P_1 \rightarrow Q_1$로 가는 방법의 수와 같으므로

a_{11}

$T_1 \rightarrow S_2$로 가는 방법의 수는 $P_1 \rightarrow Q_2$로 가는 방법의 수와 같으므로

a_{12}

따라서 $R_1 \rightarrow T_1 \rightarrow S_2$로 가는 방법의 수는

$a_{11}a_{12}$

(ii) $R_1 \rightarrow T_2 \rightarrow S_2$로 가는 경우

$R_1 \rightarrow T_2$로 가는 방법의 수는 $P_1 \rightarrow Q_2$로 가는 방법의 수와 같으므로

a_{12}

$T_2 \rightarrow S_2$로 가는 방법의 수는 $P_2 \rightarrow Q_2$로 가는 방법의 수와 같으므로

a_{22}

따라서 $R_1 \rightarrow T_2 \rightarrow S_2$로 가는 방법의 수는

$a_{12}a_{22}$

(i), (ii)에서 $R_1 \rightarrow S_2$로 가는 방법의 수는

$a_{11}a_{12}+a_{12}a_{22}$ ······ ㉠

이때 $A=\begin{pmatrix} a_{11} & a_{12} \\ a_{21} & a_{22} \end{pmatrix}$에서

$$A^2=\begin{pmatrix} a_{11} & a_{12} \\ a_{21} & a_{22} \end{pmatrix}\begin{pmatrix} a_{11} & a_{12} \\ a_{21} & a_{22} \end{pmatrix}$$

$$=\begin{pmatrix} a_{11}^2+a_{12}a_{21} & a_{11}a_{12}+a_{12}a_{22} \\ a_{11}a_{21}+a_{21}a_{22} & a_{12}a_{21}+a_{22}^2 \end{pmatrix}$$

따라서 ㉠은 행렬 A^2의 $(1, 2)$ 성분과 같다.

1188 답 9

 $A\binom{2}{1}$과 $A\binom{-2}{4}$를 구한 후 $A\binom{-8}{11}$을 이 두 식의 합, 차, 실수배를 이용하여 나타낸다.

㈎의 $A^2\binom{2}{1}=\binom{2}{1}$의 양변에 A를 곱하면

$$AA^2\binom{2}{1}=A\binom{2}{1},\ A^3\binom{2}{1}=A\binom{2}{1}$$

$$\therefore\ A\binom{2}{1}=\binom{-2}{4}\ (\because \text{㈏})$$

위의 식의 양변에 A를 곱하면

$$A^2\binom{2}{1}=A\binom{-2}{4}$$

$$\therefore\ A\binom{-2}{4}=\binom{2}{1}\ (\because \text{㈎})$$

실수 a, b에 대하여 $a\binom{2}{1}+b\binom{-2}{4}=\binom{-8}{11}$이라 하면

$$\binom{2a-2b}{a+4b}=\binom{-8}{11}\text{에서}$$

$2a-2b=-8,\ a+4b=11$

두 식을 연립하여 풀면 $a=-1$, $b=3$

$$\therefore\ A\binom{-8}{11}=A\left\{-\binom{2}{1}+3\binom{-2}{4}\right\}$$

$$=-A\binom{2}{1}+3A\binom{-2}{4}$$

$$=-\binom{-2}{4}+3\binom{2}{1}=\binom{8}{-1}$$

따라서 $p=8$, $q=-1$이므로

$p-q=9$

1189 답 ③

 주어진 식을 적절히 변형하여 $AB=BA$임을 먼저 확인한다. 또 주어진 두 식을 통해 AB와 A^3을 E로 나타낼 수 있으므로 이를 이용하여 거듭제곱을 간단히 나타낸다.

ㄱ. $ABA-A^2=E$에서

$$(AB-A)A=E \qquad \cdots\cdots ㉠$$

$$A(BA-A)=E \qquad \cdots\cdots ㉡$$

㉡의 양변의 왼쪽에 $AB-A$를 곱하면

$$(AB-A)A(BA-A)=AB-A$$

$$E(BA-A)=AB-A\,(\because ㉠)$$

$$BA-A=AB-A$$

$$\therefore\ AB=BA \qquad \cdots\cdots ㉢$$

ㄴ. $AB+B=A$에서 $AB-A=-B$

이를 ㉠에 대입하면

$$-BA=E \qquad \therefore\ BA=-E$$

㉢에서 $AB=BA=-E \qquad \cdots\cdots ㉣$

$$\therefore\ A^{99}B^{99}=(AB)^{99}=(-E)^{99}=-E$$

ㄷ. ㉣을 ㉠에 대입하면

$$(-E-A)A=E,\ -A-A^2=E$$

$$\therefore\ A^2+A+E=O \qquad \cdots\cdots ㉤$$

양변에 $A-E$를 곱하면

$$(A-E)(A^2+A+E)=O$$

$$A^3-E=O \qquad \therefore\ A^3=E$$

㉤에서 $A^2=-A-E$이므로

$$(A-E)^2=A^2-2A+E=(-A-E)-2A+E$$

$$=-3A$$

$$\therefore\ (A-E)^{200}=\{(A-E)^2\}^{100}$$

$$=(-3A)^{100}=3^{100}(A^3)^{33}A$$

$$=3^{100}E^{33}A=3^{100}A$$

따라서 보기에서 옳은 것은 ㄱ, ㄷ이다.

visang